AF533967

DELIUS KLASING

Herausgeber: R. Etzold

Euan Doig

So wird's gemacht

pflegen – warten – reparieren

Übertragen und bearbeitet
von Udo Stünkel

Band 162

Opel Corsa E

Benziner
1,2 l (1229 cm^3)
1,4 l (1398 cm^3)
1,4 l (1364 cm^3) – Turbo

Diesel
1,3 l (1248 cm^3)

Delius Klasing Verlag

Die englische Originalausgabe mit dem Titel »Vauxhall/Opel Corsa Owners Workshop Manual« erschien 2018 bei Haynes Publishing.

Autor: Euan Doig

Bibliografische Information der Deutschen Nationalbibliothek
Die Deutsche Nationalbibliothek verzeichnet diese Publikation in der Deutschen Nationalbibliografie; detaillierte bibliografische Daten sind im Internet über http://dnb.dnb.de abrufbar.

1. Auflage
ISBN 978-3-667-11578-2
Die Rechte für die deutsche Ausgabe liegen beim Verlag Delius Klasing & Co. KG, Bielefeld.

Übertragen und bearbeitet von Udo Stünkel
Lektorat: Hanno Vienken
Umschlaggestaltung: Gabriele Engel
Satz: Bernd Pettke · Digitale Dienste, Bielefeld
Printed in Malaysia 2019

Delius Klasing Verlag, Siekerwall 21, D - 33602 Bielefeld
Tel.: 0521/559-0, Fax: 0521/559-115
E-Mail: info@delius-klasing.de
www.delius-klasing.de

Inhalt

Einleitung

Die fünfte Generation des Opel Corsa wird seit November 2014 in Eisenach (Thüringen) und Saragossa (Spanien) gebaut und löst den seit 2006 produzierten Corsa D ab. Baugleich mit dem Opel Corsa ist das britische Modell Vauxhall Corsa. Der Corsa wird als drei- oder fünftüriger Kompakt-Pkw sowie als dreitüriger Lieferwagen (»Corsavan«) angeboten. Als Benzinmotoren sind ein Einliter-Dreizylinder-Turbo (nicht im Buch behandelt) und Vierzylindermotoren mit 1,2 Liter (Saugmotor) 1,4 Liter (mit und ohne Turbolader) und 1,6 Liter (Turbo) erhältlich (letzterer wird ebenfalls nicht behandelt). Außerdem kann ein 1,3 l-Turbodiesel geordert werden.

Je nach Motortyp kann der Corsa mit einem Fünf- oder Sechsgang-Schaltgetriebe oder einem 6-Stufen-Automatikgetriebe ausgerüstet sein. Das für einige Modelle außerdem angebotene automatisierte Fünfgang-Schaltgetriebe wird in diesem Buch nicht behandelt.

Alle Modelle verfügen über Vorderradantrieb mit einzeln aufgehängten Rädern sowie eine hintere Verbundlenkerachse mit Drehstäben und Längslenkern.

Je nach Ausstattungsvariante kann der Corsa serienmäßig oder optional mit verschiedenem Zubehör ausgerüstet sein, darunter eine elektrische Servolenkung, eine Klimaanlage, einer Zentralverriegelung mit Fernbedienung, eine Alarmanlage, elektrische Fensterheber, ein elektrisches Schiebedach, ABS und SRS (Gurtstraffer).

Vorausgesetzt, das Fahrzeug wurde und wird regelmäßig entsprechend der Herstellervorgaben gewartet, gilt der Corsa als zuverlässiges und wirtschaftliches Automobil. Für den Hobbyschrauber ist der Corsa ein unkompliziert zu wartendes Fahrzeug, bei dem die meisten der regelmäßig Aufmerksamkeit erfordernden Bauteile leicht zugänglich sind.

Über dieses Handbuch

Der Sinn dieses Buches ist es, Ihnen dabei zu helfen, mit Ihrem Fahrzeug viel Freude zu haben. Diese Hilfe kann auf verschiedenen Wegen geschehen: Sie können entscheiden, welche Arbeiten erledigt werden müssen und was Sie davon selbst ausführen können; Ihnen werden Informationen zur Instandhaltung und Pflege Ihres Autos gegeben; es werden Ihnen Diagnosen und Reparatur-Reihenfolgen angeboten, um Störungen zu beseitigen.

Wir wünschen uns, dass Sie mit diesem Handbuch viele Arbeiten selber erledigen können. Bei vielen simplen Arbeiten kann es einfacher sein, sie selber auszuführen, als einen Werkstatttermin auszumachen und das Auto zum Händler zu bringen und wieder abzuholen. Noch wichtiger ist, dass man schon viel Geld sparen kann, wenn man auch nur einige Vorarbeiten erledigt – noch mehr, wenn man alle Reparaturen selber erledigt. Ebenfalls ein wichtiger Punkt ist das gute Gefühl, das entsteht, wenn man eine Arbeit erfolgreich zu Ende gebracht hat.

Angaben für die rechte oder linke Seite beziehen sich – soweit nicht anders angegeben – auf die Fahrtrichtung. Im ursprünglich bei Haynes in England erschienenen Handbuch wurde ein Rechtslenker-Modell von Vauxhall behandelt. Wir haben versucht, alle für Linkslenker relevanten Informationen zu berücksichtigen, dennoch kann es vorkommen, dass auf Fotos manche Bauteile auf der »falschen« Seite angeordnet sind.

Projekt-Fahrzeuge

Das bei der Erstellung dieses Handbuchs vor allem verwendete Fahrzeug war ein Vauxhall Corsa mit 1,4-Liter-Benzinmotor samt Turbolader. Manche Arbeiten wurden auch an einem Modell mit 1,3-Liter-Turbodiesel erledigt.

Danksagung

Einige Abbildungen stammen von der Vauxhall Motors Limited und wurden mit deren Erlaubnis veröffentlicht. Dank an Draper Tools, die uns einige der gezeigten Werkzeuge zur Verfügung gestellt haben. Wir möchten uns auch bei allen Menschen in Sparkford bedanken, die uns bei der Produktion dieses Handbuchs geholfen haben.

Wir sind stets sehr um die Richtigkeit der Informationen in allen unseren Büchern bemüht, doch es kommt immer wieder vor, dass Fahrzeughersteller während der Produktion technische Veränderungen vornehmen, von denen wir nichts wissen. Autor und Verlag können deshalb keine Verantwortung für fehlende oder falsche Informationen übernehmen, die dem Kunden Schaden oder Verletzungen zugefügt haben.

Sicherheit geht vor!

Professionelle Mechaniker haben während ihrer Ausbildung viel über Arbeitssicherheit gelernt. Doch auch der Enthusiast sollte sich bei seinen Tätigkeiten die Zeit nehmen, um sicherzustellen, dass er sich nicht unnötig in Gefahr begibt. Eine kurze Unachtsamkeit kann genauso zu einem Unfall führen wie die Nichtbeachtung simpler Vorsichtsmaßnahmen.
Es gibt unendlich viele Möglichkeiten, einen Unfall herbeizuführen – und es kann hier keine umfassende Liste aller Gefahren wiedergegeben werden; vielmehr soll auf das Risiko hingewiesen und auf eine sichere Herangehensweise an alle Arbeiten am Auto aufmerksam gemacht werden.

Asbest

• Verschiedene Reibmaterialien, Isolierungen und Dichtungen (z. B. Brems- und Kupplungsbeläge, Kopfdichtungen, Hitzeschilde usw.) können gefährliche Fasern wie Asbest enthalten. Absolute Vorsicht ist beim Einatmen des Staubs solcher Teile geboten, da dieser äußerst gesundheitsschädlich sein kann. Im Zweifelsfall sollte man immer davon ausgehen, dass Asbest enthalten ist.

Feuer

• Denken Sie immer daran, dass Benzin leicht entzündbar ist. Rauchen Sie niemals bei der Arbeit am Fahrzeug und lassen Sie keine offenen Flammen in die Nähe kommen. Hiermit ist das Feuerrisiko jedoch noch nicht gebannt, denn Funken durch einen elektrischen Kurzschluss, das Aneinanderschlagen zweier Metallteile, der unbedachte Einsatz von Werkzeugen oder die statische Aufladung des Körpers oder der Kleidung können in geschlossenen Räumen Benzindämpfe entzünden, die sich zu einem hochexplosiven Gemisch entwickelt haben. Verwenden Sie Benzin niemals als Reinigungsmittel, sondern benutzen Sie ungefährlichere Lösungsmittel.
• Trennen Sie vor jeder Arbeit am Kraftstoff- oder Zündsystem den Masseanschluss (–) von der Batterie. Lassen Sie niemals Benzin auf den heißen Motor oder Auspuff tropfen.
• In der Garage oder der Werkstatt muss ein für brennende Flüssigkeiten geeigneter Feuerlöscher griffbereit gehalten werden. Löschen Sie niemals brennendes Benzin oder unter Strom stehende Teile mit Wasser!

Dämpfe

• Manche Dämpfe sind hochgiftig und können schnell zur Bewusstlosigkeit oder gar zum Tod führen, wenn sie in einer bestimmten Konzentration eingeatmet werden. Benzindämpfe gehören genauso dazu wie Dämpfe von Lösungsmitteln wie Trichlorethylen. Sämtlicher Umgang mit solch flüchtigen Stoffen darf nur in gut belüfteten Bereichen geschehen.
• Bei der Verwendung von Reinigungs- oder Lösungsmitteln müssen stets sorgfältig die Anwendungshinweise durchgelesen werden. Benutzen Sie niemals Stoffe aus unbeschrifteten Behältern und mischen Sie niemals verschiedene an sich harmlose Lösungsmittel – sie können giftige Dämpfe freisetzen.
• Lassen Sie niemals einen Verbrennungsmotor in geschlossenen Räumen laufen. Auspuffgase enthalten Kohlenmonoxid, das extrem giftig ist. Wenn ein Motor gestartet werden muss, hat dies möglichst im Freien zu geschehen, zumindest ist das Auto so hinzustellen, dass der Auspuff nach draußen zeigt.

Batterie

• Setzen Sie die Batterie nie offenem Feuer oder Funken aus, da sie immer etwas Wasserstoff abgibt, der hochexplosiv ist.
• Trennen Sie vor der Arbeit am Kraftstoff- oder Zündsystem den Masse-Anschluss (–) von der Batterie – außer, die Stromzufuhr wird ausdrücklich verlangt.
• Lockern Sie beim Laden der Batterie die Einfüllstopfen. Laden Sie die Batterie nicht mit einer zu hohen Rate, da sie hierdurch beschädigt wird.
• Beim Auffüllen, Reinigen und Tragen der Batterie ist Vorsicht geboten. Die Batteriesäure ist auch im verdünnten Zustand stark ätzend. Haut- und Augenkontakt muss durch das Tragen von Gummihandschuhen und einer Schutzbrille mit Gesichtsschutz vermieden werden. Muss die Batteriesäure selber vorbereitet werden, darf nur die Säure langsam dem Wasser zugefügt werden – kippen Sie niemals das Wasser in die Säure!

Elektrizität

• Beim Einsatz von Elektrowerkzeugen, Lampen usw. muss immer ein korrekter Stromanschluss und ggf. Masseanschluss sichergestellt sein. Verwenden Sie keine Elektrogeräte in feuchter Umgebung oder in der Nähe von Benzin oder Benzindämpfen. Achten Sie darauf, dass alle Geräte und das Stromnetz den Sicherheitsstandards entsprechen.
• Einen starken Stromschlag kann man beim Berühren bestimmter Teile der elektrischen Anlage bekommen, so zum Beispiel beim Anfassen der Zündkabel bei laufendem oder durchgedrehtem Motor – und besonders, wenn Bauteile feucht sind oder eine defekte Isolierung haben. Bei elektronischen Zündanlagen kann die Zündspannung lebensgefährlich sein!

Niemals ...

• den Motor starten, ohne geprüft zu haben, dass sich das Getriebe im Leerlauf befindet.
• plötzlich den Deckel eines heißen Kühlsystems entfernen – sondern ihn mit Lappen abdecken und langsam den Druck ablassen, um sich nicht durch austretendes Kühlmittel zu verbrühen.
• aus einem heißen Motor Öl ablassen, sondern ihn erst etwas abkühlen lassen, um sich nicht zu verbrennen.
• Teile eines heißen Motors oder Auspuffs anfassen, um sich nicht zu verbrennen.
• Bremsflüssigkeit oder Kühlmittel auf Lack oder Kunststoffteile gelangen lassen.
• giftige Flüssigkeiten wie Benzin, Bremsflüssigkeit oder Frostschutzmittel mit dem Mund ansaugen oder auf die Haut gelangen lassen.
• Staub einatmen, der gesundheitsschädlich sein kann (siehe oben unter Asbest).
• Öl oder Fett auf dem Boden belassen, sondern es aufwischen, bevor jemand darauf ausrutscht.
• verschlissene Werkzeuge benutzen, da man damit abrutschen und sich verletzen kann.
• schwere Bauteile allein heben, sondern einen Assistenten zu Hilfe holen.
• in Zeitnot arbeiten oder die Arbeit auf gefährlichen Wegen abkürzen.
• Kinder oder Tieren ermöglichen, sich in der Nähe eines unbeobachteten Fahrzeugs aufzuhalten.
• einen Reifen über den erlaubten Maximaldruck aufpumpen. Abgesehen von der Überlastung der Karkasse kann er in Extremfällen platzen.

Stets ...

• dafür sorgen, dass das Fahrzeug sicher steht. Besonders wichtig ist dies, wenn das Auto für den Ausbau eines Rades oder einer Radaufhängung aufgebockt wird.
• festsitzende Schrauben oder Muttern vorsichtig lockern. An einem Schlüssel zu ziehen, ist immer besser als ihn zu drücken, damit man beim Abrutschen nicht gegen das Bauteil stößt.

- beim Einsatz von Bohrern, Schleifern und anderen Maschinen eine Schutzbrille tragen.
- beim Arbeiten in schmutzigen Bereichen die Hände mit Schutzcreme versehen, die nicht nur vor Infektionen schützt, sondern auch das Reinigen erleichtert. Längerer Kontakt mit Motoröl kann ein Gesundheitsrisiko sein. Passen Sie auf, dass die Hände durch die Creme nicht rutschig werden.
- Kleidungsstücke wie Ärmel, Halstücher oder lange Haare außerhalb des Arbeitsbereichs beweglicher Teile halten.
- Schmuck und Uhren vor der Arbeit – besonders an elektrischen Bauteilen – ablegen.
- den Arbeitsbereich sauber und geordnet halten, um nicht über herumliegende Teile zu fallen.
- beim Zusammendrücken von Federn für den Aus- oder Einbau, Spannen und Entspannen vorsichtig sein.
- Federn nur mit geeigneten Werkzeugen greifen, die die Feder nicht plötzlich wegspringen lassen.
- aufpassen, dass Hebevorrichtungen genügend Tragkraft für die zu verrichtende Arbeit haben.
- jemanden regelmäßig die Arbeit kontrollieren lassen, wenn man allein am Fahrzeug arbeitet.
- die Arbeit in einer logischen Reihenfolge ausführen und anschließend prüfen, ob alles korrekt montiert und gesichert ist.
- daran denken, dass die Sicherheit des Fahrzeugs auch Ihre eigene Sicherheit und die anderer bedeutet. Bei jedem Zweifel muss professioneller Rat eingeholt werden.
- **Da man sich trotz des Befolgens dieser Hinweise verletzen kann, muss dafür gesorgt werden, dass immer jemand (nötigenfalls per Telefon) erreichbar ist, der einem zu Hilfe kommen kann.**

Straßenrand-Reparaturen

Auf den folgenden Seiten werden typische Pannen und Startprobleme behandelt. Detailliertere Fehlersuchen finden sich im Anhang dieses Buchs; Informationen zu Reparaturen sind in den entsprechenden Kapiteln zu finden.

Motor startet nicht und Anlasser dreht nicht

☐ Prüfen Sie bei einem Automatikmodell zunächst, ob der Wählhebel auf P oder N steht.
☐ Öffnen Sie die Motorhaube und prüfen Sie, ob die Batteriekabel sauber sind und fest sitzen.
☐ Schalten Sie das Fahrlicht ein und versuchen Sie, den Motor zu starten – wenn das Licht dabei sehr schwach wird, wird die Batterie wahrscheinlich stark entladen sein. Lassen Sie sich Starthilfe geben (siehe nächste Seite).

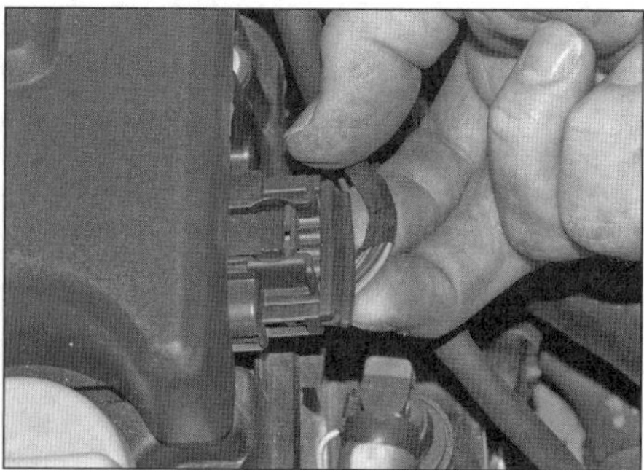

A Prüfen Sie am Benzinmotor den festen Sitz des Steckers am Zündmodul …

B … und am Luftmassenmesser sowie dem Temperatursensor.

C Kontrollieren Sie die Festigkeit und den Zustand der Batterieanschlüsse.

Motor startet nicht, obwohl der Anlasser normal dreht

☐ Befindet sich Kraftstoff im Tank?
☐ Sind elektrische Komponenten im Motorraum feucht? Schalten Sie die Zündung aus und wischen Sie Feuchtigkeit mit einem trockenen Lappen ab. Sprühen Sie Kontakte des Zündsystems und der Kraftstoffversorgung mit wasserverdrängendem Mittel (z. B. WD 40) ein (siehe Abbildungen) – achten Sie dabei besonders auf den Zündspulenstecker und die Zündkabel.

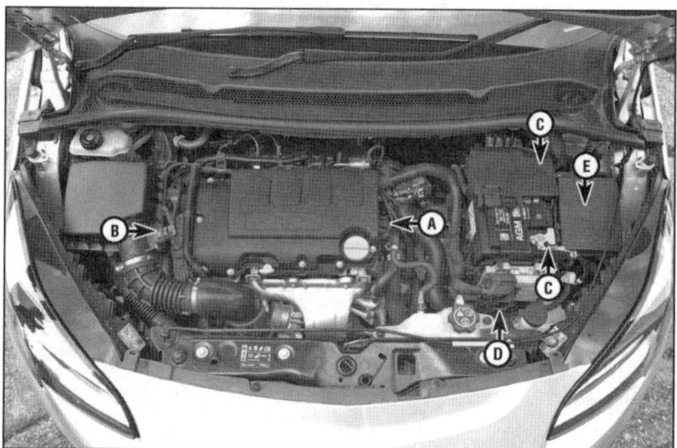

Bei ausgeschalteter Zündung muss geprüft werden, ob alle elektrischen Anschlüsse sicher verbunden sind. Sprühen Sie alle Kontakte mit wasserverdrängendem Mittel (z. B. WD 40) ein, falls Feuchtigkeit das Problem sein kann.

D Prüfen Sie, ob alle zum Zündsystem gehörenden Mehrfachstecker fest verbunden sind.

E Kontrollieren Sie alle Sicherungen auf geschmolzene Drähte.

Starthilfe

Beim Überbrücken eines Fahrzeugs mithilfe einer Fremdbatterie müssen die folgenden Vorsichtsmaßnahmen berücksichtigt werden:

✓ Vor dem Anklemmen der Fremdbatterie muss die Zündung ausgeschaltet werden.

Achtung: Ziehen Sie den Zündschlüssel ab, falls die Zentralverriegelung beim Anschließen der Fremdbatterie das Fahrzeug verriegelt.

✓ Sämtliche elektrischen Verbraucher (Licht, Lüftung, Scheibenwischer etc.) müssen abgeschaltet sein.
✓ Alle auf der Batterie zu findenden Sicherheitshinweise müssen beachtet werden.
✓ Die Fremdbatterie muss die gleiche Spannung haben wie die Fahrzeugbatterie.
✓ Falls die Fremdbatterie in einem anderen Auto eingebaut ist, dürfen sich die beiden Autos keinesfalls berühren.
✓ Das Getriebe muss sich im Leerlauf befinden (Automatikgetriebe auf P)

Praxis-Tipp

Starthilfe bringt den Wagen zwar erst einmal wieder in Fahrt, doch muss der Fehler umgehend behoben werden, der die Batterie zum Schwächeln brachte. Es gibt drei Möglichkeiten:

1. ***Die Batterie wurde durch wiederholte Startversuche oder Anlassen der Beleuchtung entleert.***
2. ***Das Ladesystem funktioniert nicht richtig (Keilrippenriemen locker oder gerissen, Kabel mit Kontaktproblemen, Lichtmaschine selbst defekt).***
3. ***Die Batterie ist defekt (Säurepegel niedrig oder physikalische Schäden).***

Praxis-Tipp

Verwenden Sie ausreichend dimensionierte Überbrückungskabel. Die beträchtlichen Strommengen können dünne Kabel sehr heiß werden lassen.

1 Verbinden Sie eine Klemme des roten Überbrückungskabels mit dem Pluspol (+) der leeren Batterie.

2 Die andere Klemme des roten Überbrückungskabels wird mit dem Pluspol (+) der Starthilfebatterie verbunden.

3 Eine Klemme des schwarzen Überbrückungskabels wird mit dem Minuspol (–) der Starthilfebatterie verbunden.

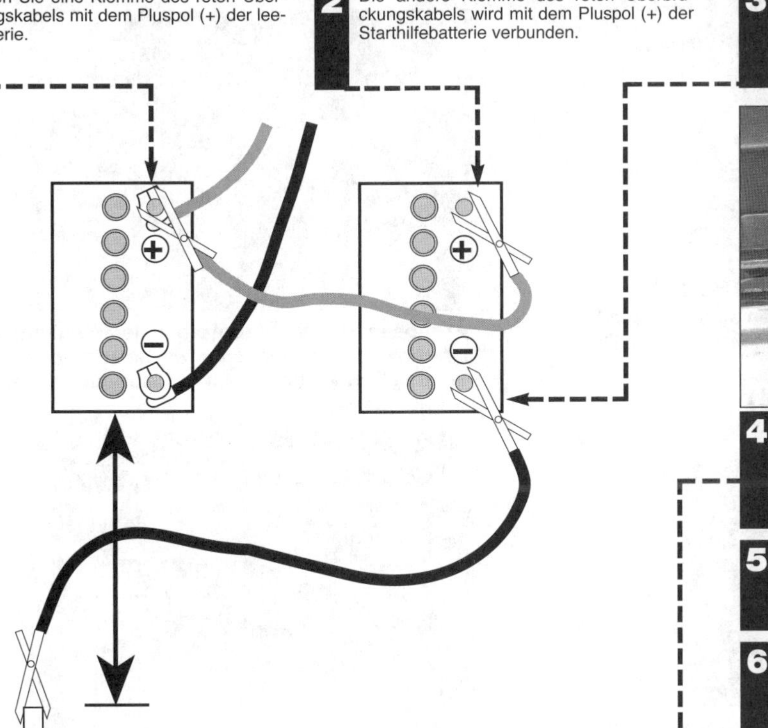

4 Die andere Klemme des schwarzen Überbrückungskabels wird entfernt von der Batterie mit einer Schraube oder einem blanken Halter des zu startenden Motors verbunden.

5 Sorgen Sie dafür, dass kein Kabel mit dem Kühlerventilator, Antriebsriemen oder anderen beweglichen Teilen in Berührung kommt.

6 Starten Sie den Motor mithilfe der Fremdbatterie und lassen Sie ihn im erhöhten Standgas laufen. Schalten Sie alle größeren Verbraucher (Scheinwerfer, Heckscheibenheizung, Gebläse usw.) ein und trennen Sie die Überbrückungskabel in exakt der umgekehrten Anschluss-Reihenfolge. Schalten Sie die Verbraucher wieder ab. Installieren Sie ggf. entfernte Batterie-Abdeckungen.

Radwechsel

Anmerkung: *Manche Modelle sind mit einem Reparaturset statt eines Reserverades ausgerüstet – beachten Sie in diesem Fall die Hinweise auf der folgenden Seite.*

Warnung: Ein Radwechsel darf niemals in Situationen durchgeführt werden, wo ein Gefährdungsrisiko durch andere Verkehrsteilnehmer besteht. An belebten Straßen muss versucht werden, in einer Parkbucht oder einer Einfahrt zu halten. Bei Radwechsel muss der Verkehr stets beobachtet werden – bei der Arbeit kann man leicht abgelenkt werden.

Vorbereitung

- ☐ Sobald ein Druckverlust bemerkt wird, muss angehalten werden, solange dies gefahrlos möglich ist.
- ☐ Gestoppt werden muss möglichst auf einem ebenen Untergrund und abseits des Verkehrs.
- ☐ Falls nötig, muss die Warnblinkanlage eingeschaltet werden.
- ☐ Falls das Fahrzeug am Straßenrand steht, müssen andere Verkehrsteilnehmer mithilfe des Warndreiecks gewarnt werden.
- ☐ Ziehen Sie die Handbremse an und legen Sie den ersten oder den Rückwärtsgang ein (Automatik auf P).
- ☐ Das dem Plattfuß diagonal gegenüberliegende Rad muss verkeilt werden – ein paar größere Steine reichen aus.
- ☐ Auf weichem Untergrund muss die Last unterhalb des Wagenhebers mit einem Stück Holz oder Ähnlichem verteilt werden.

Austausch der Räder

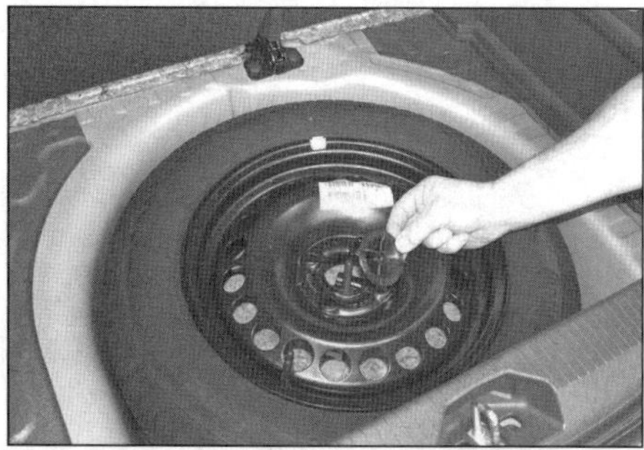

1 **Heben Sie den Kofferraumboden an und lösen Sie die Reserverad-Klemmmutter. Heben Sie das Rad heraus.**

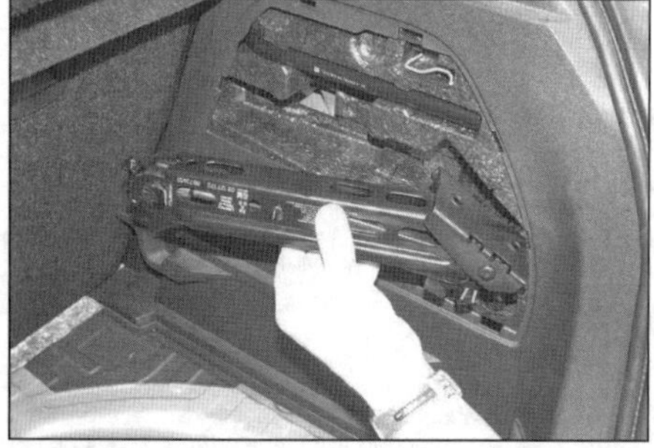

2 **Der Wagenheber und das Bordwerkzeug befinden sich in einem Fach in der rechten Kofferraum-Wand – öffnen Sie den Deckel und heben Sie die Werkzeuge heraus.**

3 **Hebeln Sie ggf. die Radkappe oder die Radmuttern-Abdeckungen ab und lockern Sie bei noch auf dem Boden stehendem Rad die Bolzen um jeweils eine halbe Umdrehung.**

4 **Positionieren Sie den Wagenheber unter der nächsten markierten Verstärkung des Schwellers (durch einen Pfeil angezeigt). Drehen Sie den Heber auseinander, bis er den Boden berührt, und prüfen Sie, ob er gerade steht. Heben Sie das Fahrzeug an, bis das Rad nicht mehr den Boden berührt. Bedenken Sie, dass ein aufgepumptes Rad etwas mehr Platz benötigt als eines mit plattem Reifen.**

5 **Lösen Sie die Radbolzen vollständig, entnehmen Sie das Rad, und legen Sie es zur Sicherheit unter den Schweller, um ein ggf. abrutschendes Fahrzeug abzufangen.**

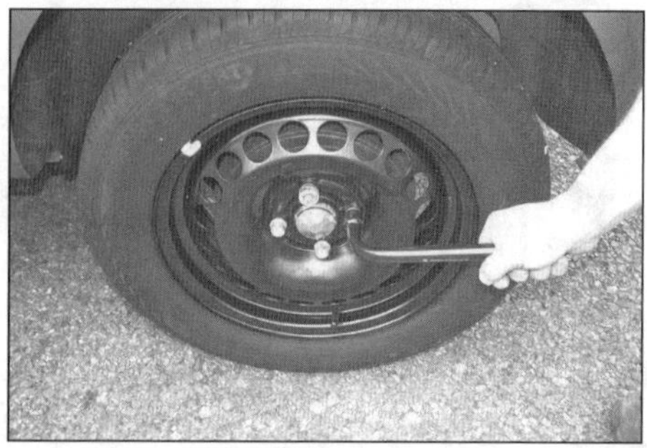

6 **Setzen Sie das Reserverad an der Radnabe an, installieren Sie die Bolzen, und ziehen Sie sie etwas an.**

7 **Senken Sie das Fahrzeug ab. Ziehen Sie die Radmuttern über Kreuz fest an und montieren Sie ggf. die Radkappe.**

Zum Schluss ...

- ☐ ... wird der Keil entfernt.
- ☐ ... werden das defekte Rad und das Werkzeug in ihren Fächern im Kofferraum verstaut.
- ☐ ... wird der Luftdruck des soeben montierten Rades geprüft. Falls er niedrig ist oder kein Messgerät zur Hand ist, muss langsam zur nächsten Werkstatt oder Tankstelle gefahren werden, um dort den Reifen aufzupumpen.
- ☐ ... werden die Radbolzen bei nächster Gelegenheit gelockert und mit dem korrekten Drehmoment (110 Nm) angezogen.
- ☐ ... wird der defekte Reifen möglichst bald repariert oder ausgetauscht.

Reifenpannen-Reparaturset

Warnung: Eine Reifen-Reparatur darf niemals in Situationen durchgeführt werden, wo ein Gefährdungsrisiko durch andere Verkehrsteilnehmer besteht. An belebten Straßen muss versucht werden, in einer Parkbucht oder einer Einfahrt zu halten. Bei der Reparatur muss der Verkehr stets beobachtet werden – bei der Arbeit kann man leicht abgelenkt werden.

Vorbereitung

- ☐ Sobald ein Druckverlust bemerkt wird, muss angehalten werden, solange dies gefahrlos möglich ist.
- ☐ Gestoppt werden muss möglichst auf einem ebenen Untergrund und abseits des Verkehrs.
- ☐ Falls nötig, muss die Warnblinkanlage eingeschaltet werden.
- ☐ Falls das Fahrzeug am Straßenrand steht, müssen andere Verkehrsteilnehmer mithilfe des Warndreiecks gewarnt werden.
- ☐ Ziehen Sie die Handbremse an und legen Sie den ersten oder den Rückwärtsgang ein (Automatik auf P).

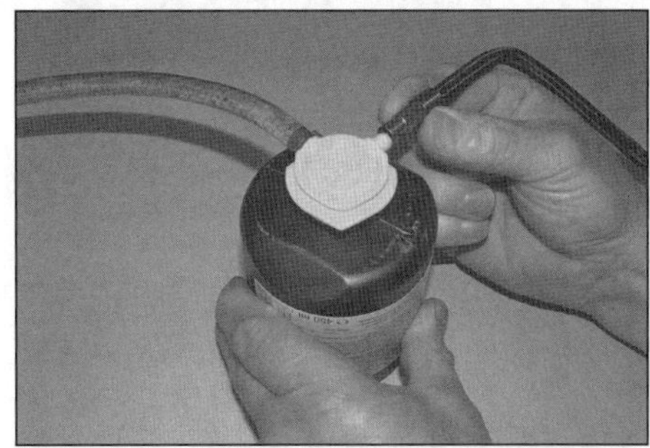

1 **Öffnen Sie die Abdeckung in der rechten Kofferraum-Wand und nehmen Sie die Dichtmittel-Flasche samt Halter, Luftschlauch und Kabel heraus.**

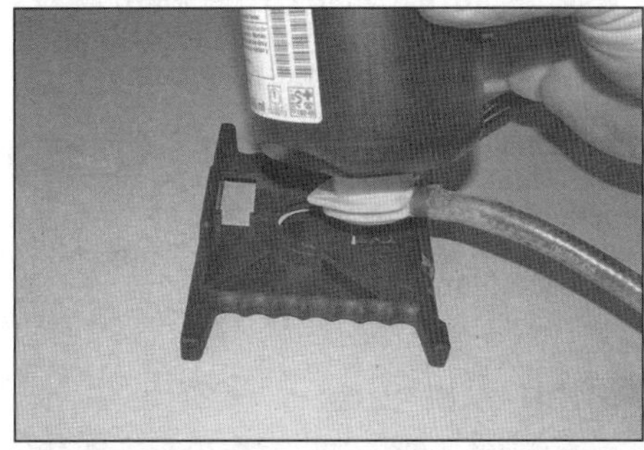

2 **Trennen Sie den Luftschlauch vom Halter und drehen Sie ihn auf den Flaschen-Anschluss.**

3 **Schieben Sie die Flasche auf den Halter, bis sie einrastet.**

4 **Drehen Sie am defekten Reifen die Staubkappe vom Ventil und schrauben Sie den kurzen Schlauch auf.**

5 Führen Sie den langen Schlauch zum Kompressor im Werkzeugfach und schließen Sie ihn an. Um die Fahrzeugbatterie nicht mit dem Kompressor zu entladen, sollte der Motor gestartet werden.

6 Verbinden Sie das Kompressorkabel mit dem Zigarettenanzünder oder der Steckdose und drücken Sie den Plus-Knopf, um die Pumpe zu starten. Zunächst wird etwa 30 Sekunden lang das Dichtmittel in den Reifen gepumpt – hierbei zeigt das Manometer bis zu 6 bar an, anschließend fällt der Druck wieder ab. Um den Reifen auf den korrekten Luftdruck zu bringen (beachten sie den Aufkleber im Tankdeckel oder an der rechten A-Säule), benötigt der Kompressor etwa 10 Minuten. Drücken Sie dann erneut den Plus-Knopf, um die Pumpe abzuschalten.

Wichtige Anmerkungen

- ☐ Falls der korrekte Reifendruck nicht nach 10 Minuten erreicht ist, wird der Reifen möglicherweise so stark beschädigt sein, dass er mit der Dichtmasse nicht repariert werden kann.
- ☐ Falls nach dem Aufpumpen wieder Druck abgelassen werden soll, muss an der Pumpe die Minus-Taste gedrückt werden.
- ☐ Der an der Dichtmittel-Flasche angebrachte Aufkleber für die Maximal-Geschwindigkeit muss im Sichtbereich des Fahrers im Cockpit angebracht werden. Bis zum Austausch des Reifens darf diese Geschwindigkeit nicht überschritten werden.
- ☐ Trennen Sie nach dem Aufpumpen den langen Schlauch von der Dichtmittelflasche und verbinden Sie den kurzen Schlauch mit dessen Anschluss, um keine weitere Dichtmasse austreten zu lassen.
- ☐ Fahren Sie rasch los, um das Dichtmittel innerhalb des Reifens gut zu verteilen.
- ☐ Halten Sie nach etwa 10 km oder 10 Minuten an und prüfen Sie erneut den Reifendruck, indem Sie den langen Schlauch direkt mit dem Ventil verbinden. Solange der Druck nicht unter 1,3 bar gefallen ist, kann der Reifen mit dem Kompressor aufgepumpt werden. Falls der Druck unter 1,3 bar liegt, war die Reparatur nicht erfolgreich, und die Fahrt darf nicht fortgesetzt werden – rufen Sie stattdessen einen Pannendienst an.

Undichtigkeiten

Pfützen auf dem Garagenboden oder in der Einfahrt, eine triefende Motorhaube und eine komplett durchfeuchtete Fahrzeug-Unterseite weisen auf Lecks hin, die abgedichtet werden müssen. Manchmal ist es nicht einfach, die Quelle zu entdecken (vor allem, wenn der Motorraum und die Unterseite stark verschmutzt sind). Fahrtwind-Verwirbelungen tragen ebenfalls dazu bei, die Ursache zu verschleiern.

Warnung: Die meisten im Fahrzeug verwendeten Schmiermittel und Flüssigkeiten sind giftig! Falls man mit ihnen in Berührung kommt, muss kontaminierte Bekleidung unverzüglich ausgezogen und verunreinigte Haut abgewaschen werden.

Praxis-Tipp

Der Geruch der aus dem Auto tropfenden Flüssigkeit kann Hinweise auf deren Ursprung geben. Manche Flüssigkeiten haben auch eine spezielle Farbe. Um den Austrittspunkt zu bestimmen, kann hilfreich sein, den Motorraum und den Unterboden sorgfältig zu reinigen und über Nacht sauberes Papier unter das Auto zu legen.
Manche Flüssigkeiten treten allerdings nur aus, wenn der Motor läuft und/oder das Fahrzeug bewegt wird.

Ölwanne

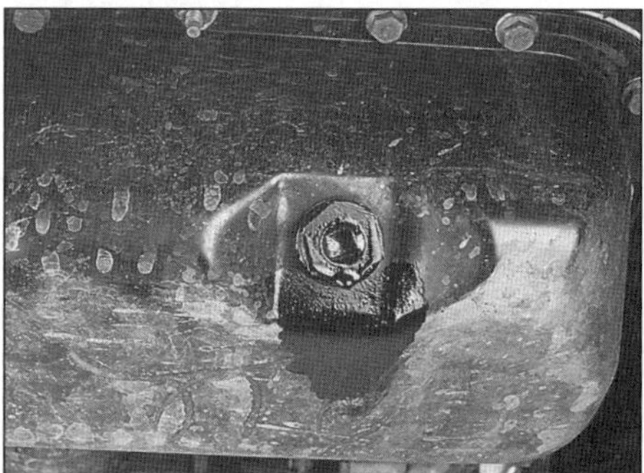

Motoröl kann an der Ablassschraube ...

Ölfilter

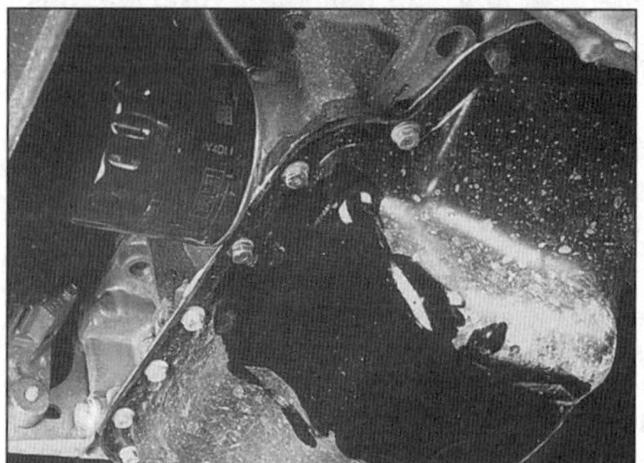

... oder am Ölfilter austreten.

Getriebeöl

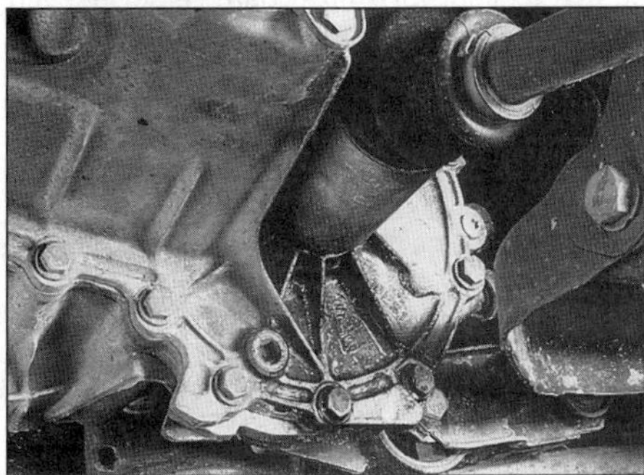

Getriebeöl hat einen speziellen Geruch. Es kann durch die Dichtringe zur Kupplung oder an den Antriebswellen-Flanschen austreten.

Frostschutzmittel

Ausgetretenes Kühlmittel hinterlässt oft kristalline Ablagerungen.

Bremsflüssigkeit

Flüssigkeit im Bereich der Radaufhängungen stammt mit großer Sicherheit aus der Bremse.

Abschleppen

Wenn nichts mehr geht, muss das Auto abgeschleppt werden. Lange Strecken sollten nur von einem professionellen Abschleppdienst bewältigt werden. Kurze Strecken können mithilfe eines anderen Autos erledigt werden – dabei sind folgende Hinweise zu beachten:

☐ Abschleppen darf nur mit einem speziellen Abschleppseil oder einer Abschleppstange erfolgen. Bei beiden Fahrzeuge müssen die Warnblinkanlagen eingeschaltet sein.

☐ Beim gezogenen Fahrzeug muss der Zündschlüssel so weit gedreht werden, bis das Lenkschloss entriegelt ist und die Bremsleuchten funktionieren.

☐ Die Abschleppöse ist zusammen mit dem Bordwerkzeug im Fach in der rechten Kofferraum-Wand verstaut. Entfernen Sie die runde Abdeckung aus der entsprechenden Stoßstange, drehen Sie die Öse links herum in das dahinter sitzende Gewinde und ziehen Sie sie fest an – sie hat ein Linksgewinde!

☐ Das Abschleppseil oder die Abschleppstange darf nur an der Abschleppöse befestigt werden.

☐ Vor dem Abschleppen muss die Handbremse gelöst und der Leerlauf eingelegt sein.

☐ Weil die Bremskraftverstärkung des Motors fehlt, muss mit erhöhtem Pedaldruck beim Bremsen gerechnet werden.

☐ Auch die Lenkung wird bei einer nicht funktionierenden Servolenkung deutlich schwergängiger.

☐ Der Fahrer des gezogenen Fahrzeugs muss stets dafür sorgen, dass das Abschleppseil gespannt ist.

☐ Beide Fahrer müssen vor Abfahrt die Route besprechen.

☐ Das Tempo muss moderat sein, die abzuschleppende Distanz möglichst gering. Der Fahrer des Zugfahrzeugs darf nur sanft an Kreuzungen usw. heranfahren.

Einleitung

Es gibt einige sehr simple Checkpunkte, die nur wenige Minuten dauern – aber vor reichlich Unannehmlichkeiten und hohen Kosten schützen können.

Diese »Wöchentlichen Kontrollen« erfordern keine großen Kenntnisse oder Spezialwerkzeuge; und das bisschen Zeit für ihre Ausführung kann eine sehr gute Investition sein. Zum Beispiel:

- ☐ Ein gelegentlicher Blick auf den Zustand und den Luftdruck der Reifen schützt nicht nur vor frühzeitigem Verschleiß und höherem Kraftstoffverbrauch, sondern kann tatsächlich Leben retten.
- ☐ Viele Pannen sind auf Elektrikprobleme zurückzuführen. Besonders häufig sind defekte Batterien die Ursache. Regelmäßige Schnell-Checks können die Mehrzahl dieser Pannen verhindern.
- ☐ Falls im Bremssystem eine Undichtigkeit auftritt, merkt man dies möglicherweise erst, wenn die Bremse nicht mehr korrekt funktioniert. Eine regelmäßige Kontrolle des Flüssigkeitspegels kann vorzeitig auf Probleme hinweisen.
- ☐ Falls Öl oder Kühlmittel austritt, ist eine Abdichtung des Lecks deutlich billiger als die Reparatur eines Motorschadens.

Motorraum-Checkpunkte

(abgebildet sind Rechtslenkermodelle – einige Bauteile sind bei Linkslenkern anders positioniert.)

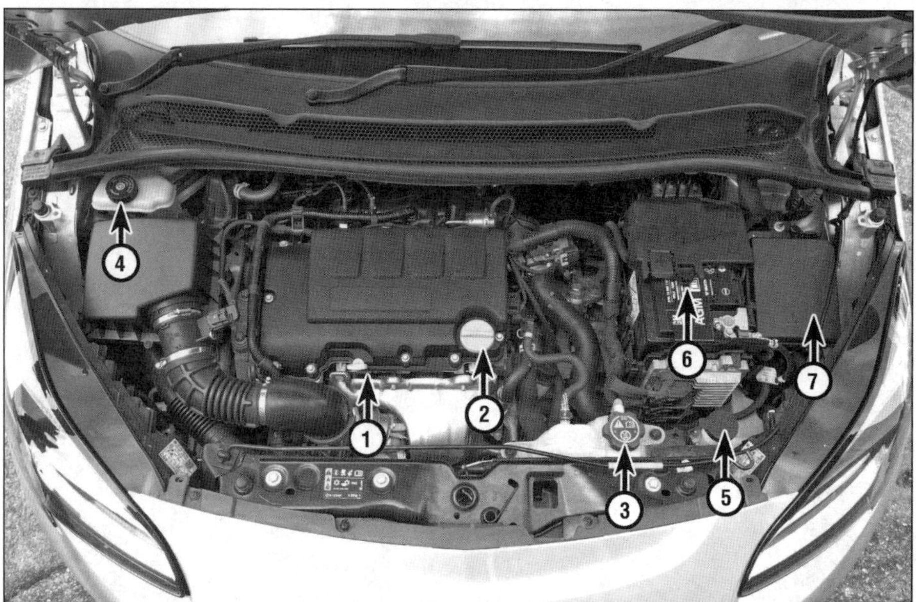

◀ Modelle mit Benzinmotoren

1 *Motoröl-Peilstab*
2 *Motoröl-Einfülldeckel*
3 *Kühlmittel-Ausgleichsbehälter*
4 *Brems- und Kupplungsflüssigkeitsbehälter (bei Linkslenkern auf der anderen Seite)*
5 *Wischwasserbehälter*
6 *Batterie*
7 *Sicherungs-/Relaisbox*

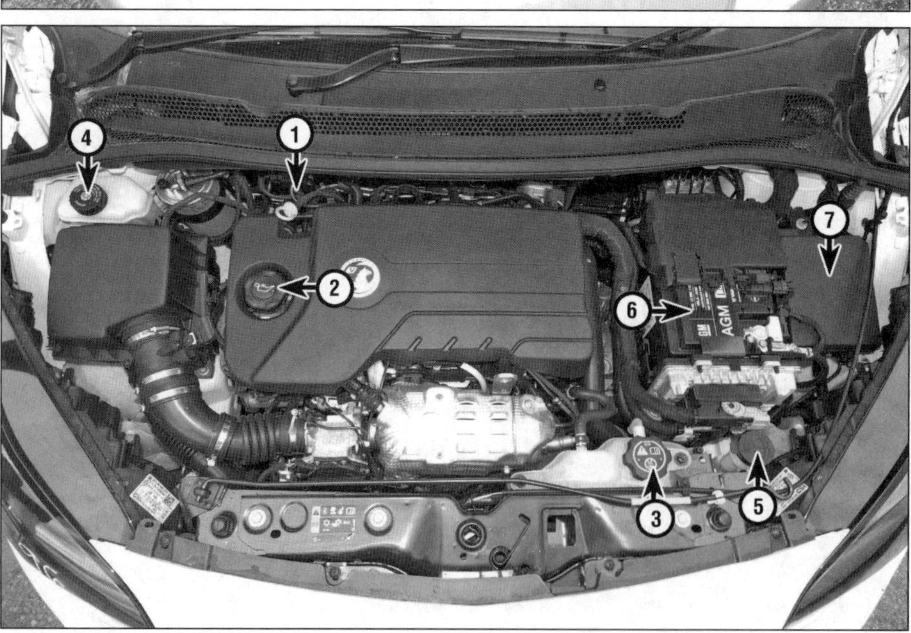

◀ Modelle mit Dieselmotoren

1 *Motoröl-Peilstab*
2 *Motoröl-Einfülldeckel*
3 *Kühlmittel-Ausgleichsbehälter*
4 *Brems- und Kupplungsflüssigkeitsbehälter (bei Linkslenkern auf der anderen Seite)*
5 *Wischwasserbehälter*
6 *Batterie*
7 *Sicherungs-/Relaisbox*

Motorölpegel

Vor Beginn:

✓ Das Fahrzeug muss auf einem ebenen Untergrund stehen.
✓ Der Ölpegel sollte bei warmem Motor, aber erst fünf Minuten nach dem Abschalten des Motors kontrolliert werden.

Praxis-Tipp

Falls das Öl direkt nach dem Abschalten des Motors kontrolliert wird, sorgt das noch im oberen Bereich des Motors befindliche Öl dafür, dass am Peilstab möglicherweise ein niedriger Pegel festgestellt wird.

Das richtige Öl

Moderne Motoren stellen hohe Ansprüche an ihr Öl. Die von Opel vorgeschriebenen Schmiermittel finden sich auf Seite 23.

Vorsichtsmaßnahmen:

- Ein geringer Ölverbrauch ist normal. Falls jedoch regelmäßig Öl nachgefüllt werden muss, sollten die Gründe des Ölverlustes gefunden werden (siehe Praxis-Tipp auf Seite 14). Sind keine Anzeichen von Lecks an Verbindungen und Dichtungen festzustellen, wird das Öl vom Motor verbrannt (siehe *Fehlersuche*).
- Der Ölpegel muss stets zwischen den beiden Markierungen am Peilstab stehen (Abb. 3). Bei zu niedrigem Pegel können schwere Motorschäden entstehen. Falls das Motoröl überfüllt wird, können Dichtringe und Dichtungen beschädigt werden.

1 Der hinten am Motor sitzende Peilstab ist durch eine markante Farbgebung gut erkennbar – ziehen Sie ihn heraus.

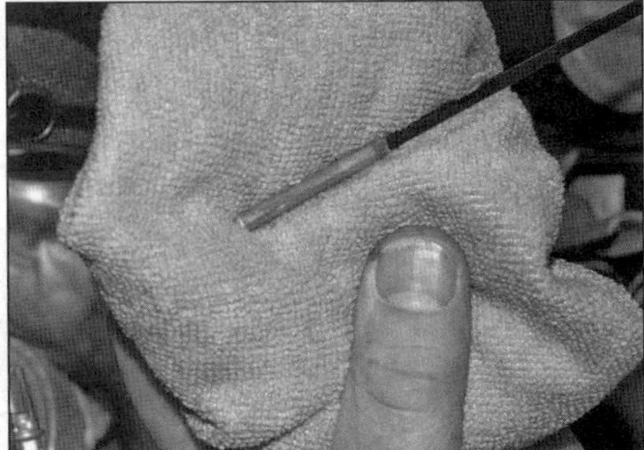

2 Der Peilstab wird mithilfe eines sauberen Lappens oder Papiertuchs abgewischt und wieder bis zum Anschlag in sein Rohr gesteckt.

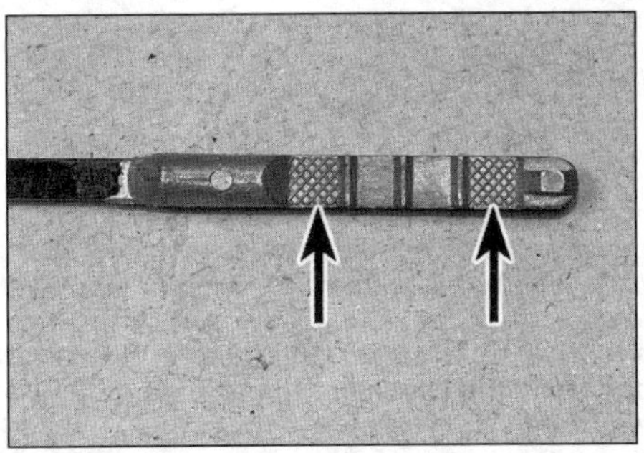

3 Am unteren Ende des wieder herausgezogenen Peilstabs wird kontrolliert, ob der Ölpegel im Bereich zwischen den beiden Markierungen steht. Die Differenz zwischen der unteren und der oberen Markierung beträgt etwa 1,0 Liter.

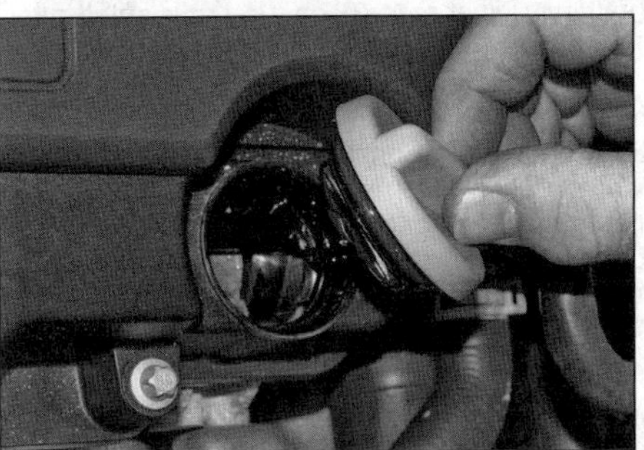

4 Falls Öl nachgefüllt werden muss, geschieht dies über den Einfülldeckel am Zylinderkopf – nötigenfalls mithilfe eines Trichters. Da das Öl erst durch den Motor laufen muss, sollte vor der erneuten Kontrolle einen Moment gewartet werden. Der Motor darf nicht überfüllt werden (siehe oben).

Kühlmittelpegel

Warnung: NIEMALS darf bei heißem Motor der Deckel des Ausgleichsbehälters entfernt werden, da eine hohe Verbrühungsgefahr besteht. Kühlmittel darf niemals in offenen Behältern gelagert werden – es ist giftig und kann durch seinen süßlichen Geruch Kindern und Tieren zum Verhängnis werden.

Vorsichtsmaßnahmen

• Bei einem abgedichteten Kühlsystem sollte nicht regelmäßig Kühlflüssigkeit nachgefüllt werden müssen. Falls der Pegel stetig abfällt, wird wahrscheinlich ein Leck entstanden sein. Überprüfen Sie den Kühler, alle Schläuche und Anschlüsse auf Flecken und Feuchtigkeit. Alle Schäden müssen umgehend behoben werden.
• Es ist wichtig, Frostschutz ganzjährig zu verwenden und nicht nur im Winter. Füllen Sie bei gesunkenem Pegel nicht nur Wasser auf, um die Flüssigkeit nicht zu verdünnen.
• Der Kühlmittelpegel variiert mit der Motortemperatur. Bei kaltem Motor muss der Pegel knapp über der KALT/COLD-Markierung seitlich am Behälter stehen. Mit zunehmender Motortemperatur steigt der Pegel an.

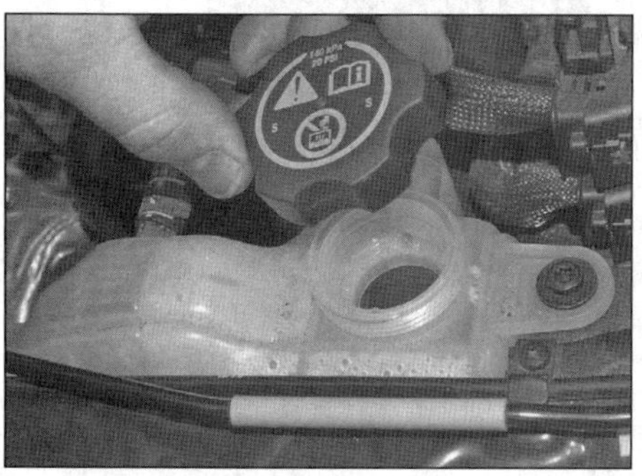

1 Falls Kühlmittel nachgefüllt werden muss, wird **bei abgekühltem Motor** der Deckel entfernt – drehen Sie ihn langsam ab, um möglichen Druck sicher entweichen zu lassen.

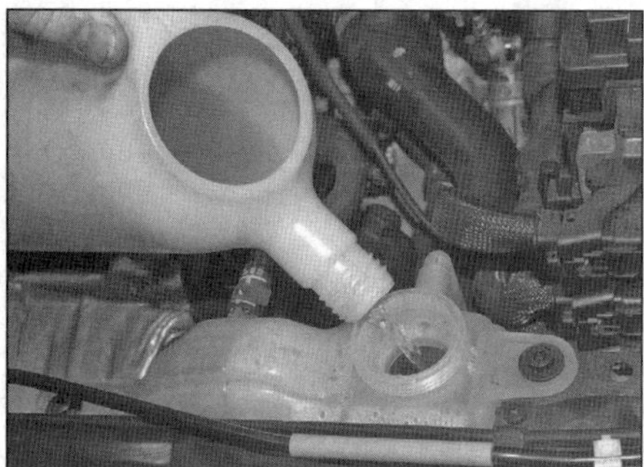

2 Füllen Sie das aus Wasser und Frostschutzmittel bestehende Kühlmittel bis knapp über die KALT/COLD-Markierung auf. Drehen Sie den Deckel fest zu.

Brems- und Kupplungsflüssigkeit

Warnung:
• Bremsflüssigkeit kann zu Augenverletzungen führen und Lackoberflächen angreifen, bewahren Sie deshalb beim Umgang hiermit größte Sorgfalt.
• Benutzen Sie keine Bremsflüssigkeit, die längere Zeit offen gestanden hat, da sie Feuchtigkeit aus der Luft absorbiert, was zu einem gefährlichen Verlust an Bremswirkung führen kann.
• Das Fahrzeug muss auf ebenem Untergrund stehen.
• Der Pegel im Ausgleichsbehälter sinkt langsam ab, da die Bremsbeläge verschleißen. Der Pegel darf jedoch NIEMALS unter den MIN-Pegel sinken!

Sicherheit geht vor!

• Falls der Ausgleichsbehälter regelmäßig aufgefüllt werden muss, ist dies ein Hinweis auf ein Leck im Hydrauliksystem, das unverzüglich abgedichtet werden muss.
• Falls ein Leck vermutet wird, darf das Fahrzeug nicht gefahren werden, solange das Bremssystem nicht kontrolliert wurde. Schadhafte Bremsen stellen ein extrem hohes Sicherheitsrisiko dar.

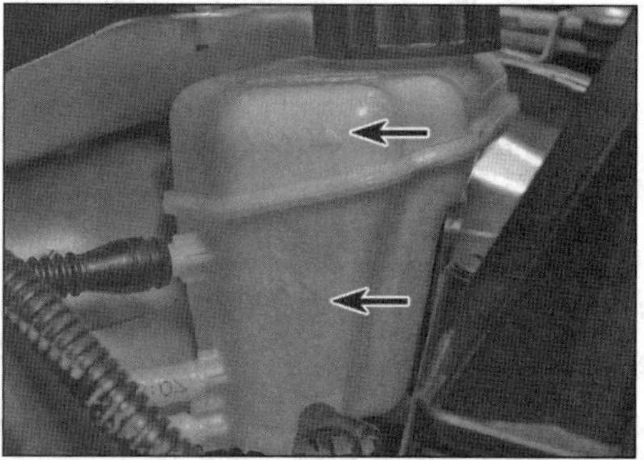

1 Die MIN- und MAX-Markierungen sind seitlich am Ausgleichsbehälter zu sehen, der sich hinten im Motorraum befindet. Der Bremsflüssigkeitspegel muss stets zwischen diesen beiden Markierungen stehen.

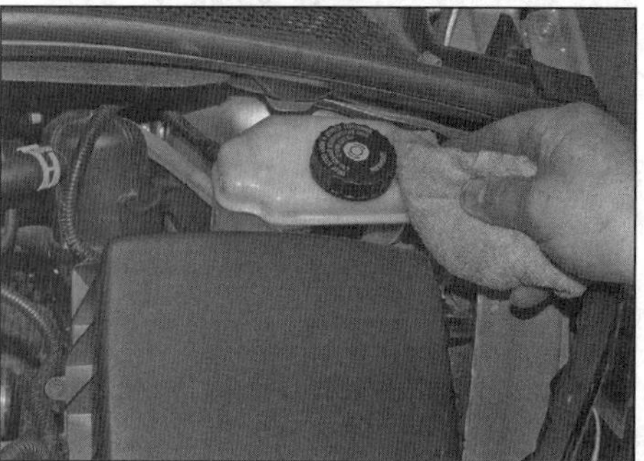

2 Falls Hydraulikflüssigkeit nachgefüllt werden muss, sollte zuerst der Bereich um den Einfülldeckel herum abgewischt werden, damit kein Schmutz ins Hydrauliksystem gerät. Schrauben Sie den Deckel ab.

3 Füllen Sie vorsichtig frische Hydraulikflüssigkeit auf, ohne dass dabei Spritzer auf umliegende Bauteile gelangen. Verwenden Sie ausschließlich Bremsflüssigkeit vom Typ DOT 4 – das Mischen unterschiedlicher Typen kann dem Bremssystem schaden! Nach dem Auffüllen werden der Deckel aufgeschraubt und mögliche Spritzer abgewischt.

Wischwasserpegel

• Wischwasserzusätze sorgen nicht nur für klare Sicht durch die Windschutzscheibe, sondern verhindern auch, dass das Wischwasser im Winter einfriert – eine Zeit, in der es am häufigsten gebraucht wird. Daher darf der Behälter niemals mit klarem Wasser nachgefüllt werden.

Auf keinen Fall darf Kühler-Frostschutzmittel für die Scheibenwaschanlage verwendet werden, da es den Lack des Fahrzeugs angreift!

1 Der Wischwasserbehälter für die Windschutzscheibe, die Heckscheibe und ggf. die Scheinwerfer sitzt links vorn im Motorraum. Für die Kontrolle des Pegels muss der Deckel geöffnet und hineingeschaut werden.

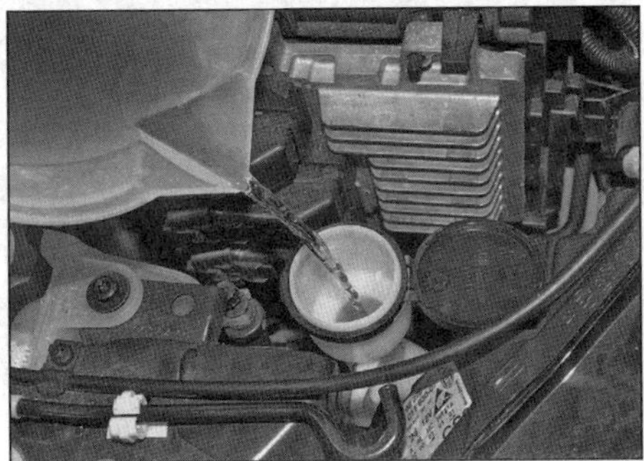

2 Zum Auffüllen des Behälters muss das korrekte Gemisch aus Wasser und Zusatzmittel verwendet werden.

Reifen – Zustand und Luftdruck

Die Reifen müssen sich stets in einem guten Zustand befinden und den korrekten Luftdruck aufweisen – ein Reifenschaden kann bei jeder Geschwindigkeit ein hohes Risiko darstellen. Der Reifenverschleiß hängt stark von der Fahrweise ab – starkes Beschleunigen und Bremsen sowie hohe Kurvengeschwindigkeiten beschleunigen den Verschleiß. Generell gilt, dass bei unterschiedlich abgefahrenen Reifen diejenigen mit der größeren Profiltiefe hinten montiert sein sollten – es wird jedoch empfohlen, alle vier Reifen gleichzeitig auszutauschen.

Entfernen Sie alle Nägel, scharfkantigen Steine und andere Fremdkörper aus dem Reifenprofil, bevor sie sich nach innen arbeiten können. Falls nach dem Entfernen eines Nagels Luft entweicht, muss er wieder hineingesteckt werden, um die Stelle für eine Reparatur zu markieren. Tauschen Sie das Rad gegen das Reserverad aus und lassen Sie den Reifen unverzüglich reparieren.

Die Seitenwände der Reifen müssen regelmäßig auf Risse oder Beulen überprüft werden. Demontieren Sie die Räder gelegentlich, um sie innen und außen zu reinigen. Kontrollieren Sie regelmäßig die Felgen auf Korrosion und Beschädigungen. Leichtmetallfelgen können leicht beim Überfahren von Bordsteinen beschädigt werden; auch Stahlfelgen können hier verbeult werden. Bei größeren Schäden hilft meistens nur der Austausch der Felge.

Neue Reifen müssen nach der Montage ausgewuchtet werden. Allerdings müssen sie manchmal bei einem gewissen Verschleiß neu gewuchtet werden; das Gleiche gilt, wenn Gewichte verloren gegangen sind. Nicht ausgewuchtete Reifen beeinträchtigen nicht nur den Fahrkomfort, sondern lassen auch Federelemente, die Lenkung und die Reifen selbst schneller verschleißen. Eine Unwucht zeigt sich üblicherweise durch Vibrationen – meistens bei Geschwindigkeiten um 80 km/h herum. Falls diese Vibrationen lediglich im Lenkrad fühlbar sind, sind wahrscheinlich nur die Vorderräder nicht ausgewuchtet. Sind die Vibrationen im gesamten Auto spürbar, werden die Hinterräder nicht ausgewuchtet sein. Räder können bei jedem Reifenhändler ausgewuchtet werden.

1 **Profiltiefe – Sichtkontrolle**
Die meisten Reifen besitzen Profiltiefen-Indikatoren (B), auf die an den Flanken mit Dreiecken oder der Bezeichnung TWI hingewiesen wird (A). Diese Indikatoren müssen **nicht** den vorgeschriebenen 1,6 mm entsprechen!

2 Profiltiefe – Messen
Mithilfe eines einfachen und preiswerten Profiltiefen-Messgeräts wird die Profiltiefe an der am stärksten verschlissenen Stelle des Reifens ermittelt – die Polizei wird es bei einer Kontrolle ebenso tun.

3 Luftdruck – Kontrolle
Der Luftdruck muss bei **kaltem** Reifen überprüft werden – also nicht direkt nach längerer Fahrt, denn hierbei wird der Reifen warm und der Luftdruck steigt. Der korrekte Druck kann bei geöffneter Fahrertür auf einem Aufkleber an der A-Säule abgelesen werden.

Reifenverschleißmuster

Seitlicher Verschleiß

Zu niedriger Luftdruck (Verschleiß an beiden Rändern)

Geringer Luftdruck sorgt für starke Erwärmung des Reifens, da er während der Fahrt zu stark walkt. Überhitzung kann zum plötzlichen Ausfall des Reifens führen! Da die Lauffläche nicht korrekt auf der Fahrbahn aufliegt, wird die Traktion vermindert und der Verschleiß stark erhöht. *Der Luftdruck muss sofort auf den korrekten Wert gebracht werden!*

Unkorrekter Sturz (Verschleiß an einer Seite)

Der Sturzwinkel des Fahrzeugs muss eingestellt werden. Beschädigte Teile des Fahrwerks müssen ersetzt werden.

Hohe Kurvengeschwindigkeiten

Der Reifen kann von der Felge springen! Langsam fahren und bei nächster Gelegenheit den Luftdruck erhöhen!

Mittiger Verschleiß

Zu hoher Luftdruck

Zu hoher Reifendruck erhöht den Verschleiß in der Laufflächenmitte, verringert die Traktion, verschlechtert den Fahrkomfort und erhöht die Gefahr eines plötzlichen Schadens an der Reifenstruktur.
Der Luftdruck muss sofort auf den korrekten Wert gebracht werden!

Falls die Reifen manchmal wegen hoher Reisegeschwindigkeiten stärker aufgepumpt werden müssen, darf nicht vergessen werden, den Druck anschließend wieder auf die normalen Werte abzusenken.

Ungleichmäßiger Verschleiß

Vorderreifen verschleißen manchmal aufgrund falscher Spureinstellungen ungleichmäßig. Viele Reifenhändler und Werkstätten sind in der Lage, die Spur zu kontrollieren und korrekt einzustellen.

Unkorrekter Sturz oder Nachlauf

Verschlissene oder beschädigte Teile des Fahrwerks müssen ersetzt werden.

Unausgewuchtete Räder

Die Räder müssen ausgewuchtet werden.

Unkorrekte Spureinstellung

Die Spur der Vorderräder muss eingestellt werden.
Anmerkung: *Ungleichmäßig verschlissene Profilblöcke, die auf eine unkorrekte Spureinstellung hinweisen, lassen sich am besten per Auge und Fingergefühl ermitteln.*

Scheibenwischer

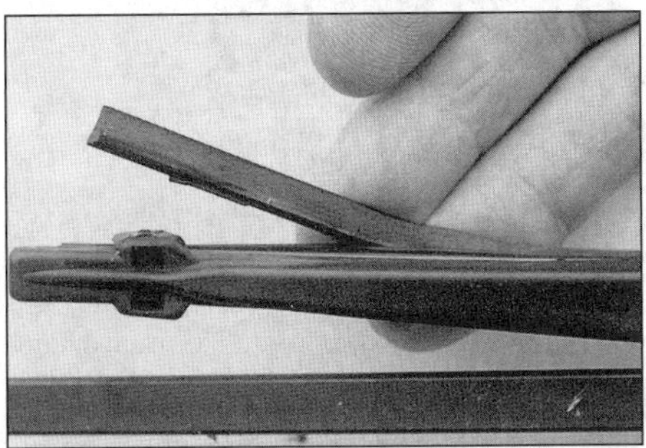

1 Kontrollieren Sie den Zustand der Wischerblätter. Ist ein Blatt eingerissen oder spröde oder erzeugt es auf der Windschutzscheibe Schlieren, muss es ersetzt werden. Wischerblätter sollten jährlich erneuert werden.

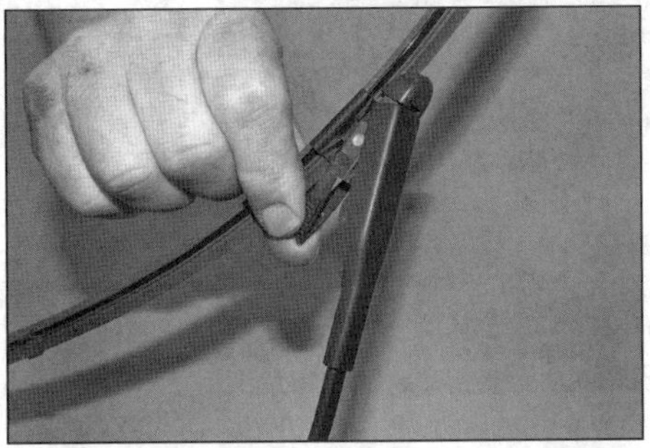

2 Um ein Windschutzscheiben-Wischerblatt zu demontieren, wird der Wischerarm von der Windschutzscheibe abgehoben, bis er einrastet. Drücken Sie die Laschen an der Seite des Wischerblatts und befreien Sie es vom Wischerarm.

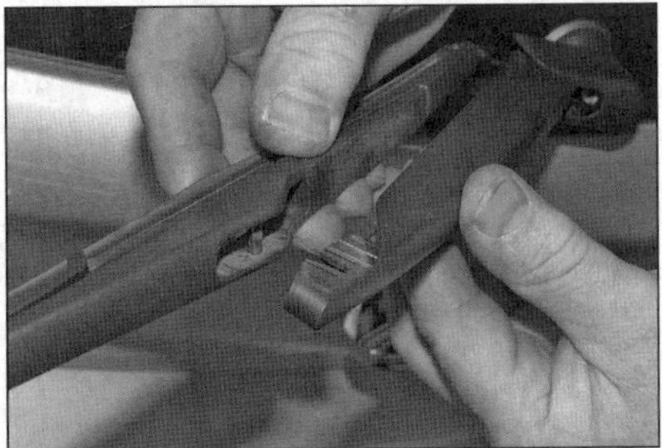

3 Am Heckscheibenwischer wird das Wischerblatt einfach vom Wischerarm abgezogen.

Batterie

Achtung: Bevor an der Fahrzeugbatterie gearbeitet wird, müssen die Hinweise in der Sektion »Sicherheit geht vor!« am Anfang dieses Kapitels durchgelesen werden.

✓ Der Batteriehalter muss sich in einem guten Zustand befinden und die Halterung muss fest sitzen. Korrosion am Halter, der Klemme und der Batterie selbst kann mithilfe von Sodalauge entfernt werden, anschließend werden alle gereinigten Bereiche mit Wasser abgespült. Durch Korrosion beschädigte Metallteile sollten umgehend mit Zink-Grundierung behandelt und anschließend lackiert werden.

✓ Etwa vierteljährlich sollte der Ladezustand der Batterie überprüft werden (siehe Kapitel 5A, Sektion 3).

✓ Muss das Fahrzeug wegen einer entladenen Batterie überbrückt werden, sind die Hinweise auf Seite 11 zu beachten.

Praxis-Tipp

Korrosion der Batteriepole kann auf ein Minimum reduziert werden, wenn man sie nach dem Anschließen der Kabel mit Polfett oder Vaseline versieht. Für diesen Zweck sind auch Sprays erhältlich. Verwenden Sie kein Fett auf Mineralbasis.

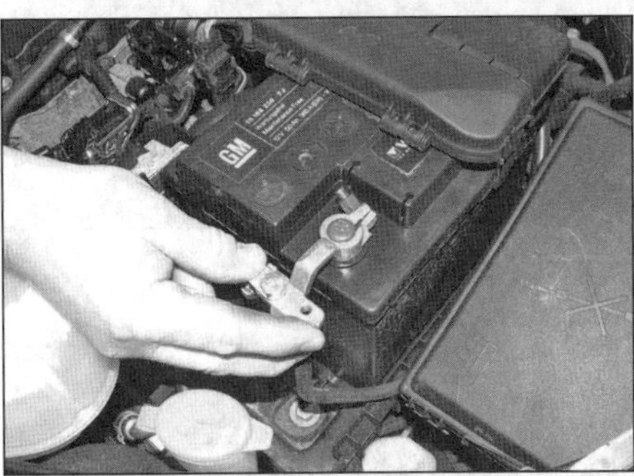

1 Die Batterie ist links im Motorraum untergebracht. Öffnen Sie ggf. den um die Batterie liegenden Isoliermantel und prüfen Sie die Festigkeit der Batterieklemmen, um eine gute elektrische Verbindung sicherzustellen. Die Anschlüsse dürfen sich nicht von Hand bewegen lassen. Alle Batteriekabel müssen auf Risse in der Isolierung und abgerissene Litzen überprüft werden.

2 Falls Korrosion (weiße, flockige Ablagerungen) festgestellt wird, müssen die Kabelklemmen von den Batteriepolen befreit, die Pole mit einer kleinen Drahtbürste gereinigt und die Klemmen wieder gesichert werden. Im Autozubehörhandel sind Werkzeuge erhältlich, mit denen sich sowohl die Batteriepole ...

3 ... als auch die Kabelklemmen reinigen lassen.

Lampen und Sicherungen

✓ Kontrollieren Sie alle Leuchten außen am Fahrzeug sowie die Hupe. Falls Stromkreise nicht funktionieren, müssen die Hinweise in Kapitel 12, Sektion 2 beachtet werden.
✓ Begutachten Sie alle zugänglichen Kabelstecker sowie die Verkabelungen und ihre Befestigungen auf sichere Anschlüsse und Hinweise auf Scheuerstellen und Beschädigungen.

Praxis-Tipp ***Um Bremslichter ohne fremde Hilfe kontrollieren zu können, wird das Fahrzeug rückwärts vor eine helle Wand oder ein Garagentor gefahren und die Bremse betätigt – durch die Reflexionen lässt sich erkennen, ob alle Bremsleuchten funktionieren.***

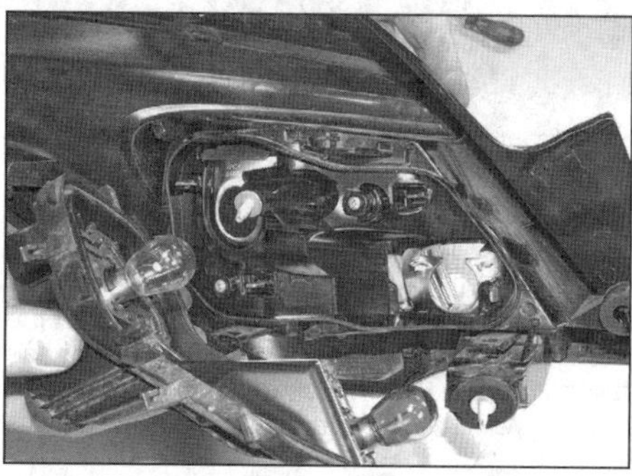

1 Falls ein einzelner Blinker, ein Bremslicht, ein Standlicht, ein Rücklicht oder ein Scheinwerfer ausfällt, muss wahrscheinlich die Lampe ersetzt werden (siehe Kapitel 12, Sektion 5). Falls alle Bremsleuchten ausfallen, wird wahrscheinlich der Bremslichtschalter defekt sein (siehe Kapitel 9, Sektion 19).

2 Falls mehr als ein Blinker oder beide Rücklichter ausfallen, wird wahrscheinlich eine Sicherung durchgebrannt sein oder im Stromkreis ein Defekt vorliegen. Die Hauptsicherungen befinden sich in der Box links vorn im Motorraum.

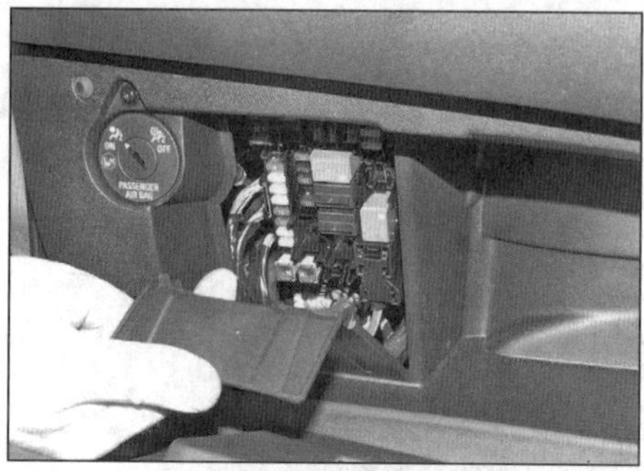

3 Weitere Sicherungen und Relais sitzen hinter einer Abdeckung im Handschuhfach. Öffnen Sie das Handschuhfach und entfernen Sie den Deckel, um Zugang zu erhalten. Bei manchen Modellen befinden sich weitere Sicherungen hinter der Abdeckung an der linken Kofferraum-Wand. Beachten Sie für die Zuordnung der Sicherungen die Schaltpläne am Ende von Kapitel 12.

4 In der Sicherungsbox befinden sich mehrere Sicherungen sowie Ersatzsicherungen. Ziehen Sie mithilfe der beigefügten kleinen Zange die defekte Sicherung heraus und installieren Sie eine gleich starke Ersatzsicherung (siehe Kapitel 12, Sektion 3). Falls die neue Sicherung sofort wieder durchbrennt, muss vor dem Einbau der nächsten Sicherung die Ursache gefunden und beseitigt werden (siehe Kapitel 12, Sektion 2).

Schmierstoffe und Flüssigkeiten

Motoröl .... SAE 5W/30-Mehrbereichsöl nach GM Dexos 2-Vorgaben

Schaltgetriebeöl .... Vauxhall/Opel-Getriebeöl (09 120 541)

Automatikgetriebeöl..................... Vauxhall/Opel-Automatikgetriebeöl (91 17 946)

Kühlmittel .... Silikatfreies Vauxhall/Opel-Kühlmittel (09 194 431 / 19 40 650)

Brems- und Kupplungsflüssigkeit .... DOT 4-Bremsflüssigkeit

Reifen-Luftdruck

Die Luftdruck-Werte sind auf einem Aufkleber innerhalb der Tankdeckel-Klappe oder an der rechten A-Säule angegeben.

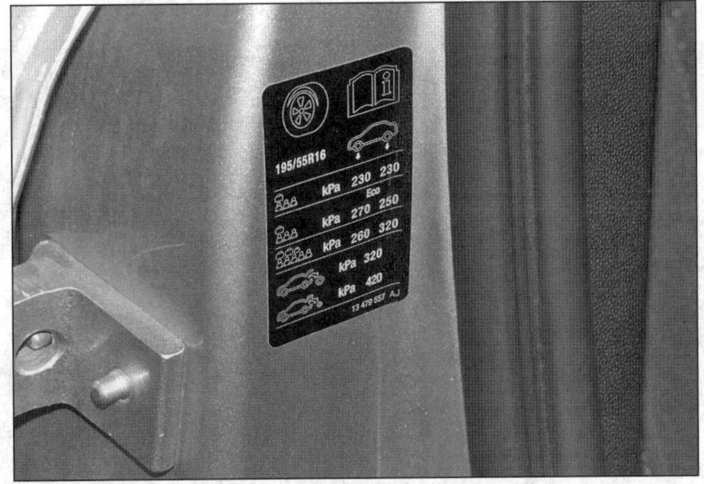

Auswahl des Motoröls
Das Motoröl dient nicht nur der Schmierung beweglicher Teile, sondern es unterstützt auch die Kühlung, minimiert den Verschleiß, reinigt Bauteile, steigert die Motorleistung und sorgt für geringen Kraftstoffverbrauch.

Wie Motoröl funktioniert

- **Verschleißminderung**
Ohne Öl würden die beweglichen Teile des Motor aneinander reiben, sich dabei stark erhitzen und schmelzen bzw. miteinander verschweißen – ein rascher Motorschaden wäre die Folge. Motoröl erzeugt zwischen beweglichen Teilen einen Film, der vor Verschleiß und Überhitzung schützt.

- **Hotspot-Kühlung**
Im Motor können Temperaturen von über 1000 °C entstehen. Das zirkulierende Motoröl dient dabei als Kühlmittel, indem es die Hitze in die Ölwanne transferiert.

- **Motorreinigung**
Hochwertiges Motoröl reinigt Motorbauteile und nimmt Verbrennungsrückstände auf, um sie im Ölfilter abzulagern. Spezielle Additive sorgen dafür, dass sich kleinste Schwebeteilchen nicht absetzen, sondern im Öl verbleiben und beim nächsten Ölwechsel herausgespült werden.

Achtung: Motoröl darf nicht mehr verwendet werden und muss in einen auslaufsicheren Behälter gefüllt werden. Jeder Händler, der technische Öle verkauft, ist auch dazu verpflichtet, entsprechende Mengen Altöl zurückzunehmen und zur fachgerechten Entsorgung oder zum Recycling zu bringen. Lassen Sie nie Altöl in die Kanalisation gelangen oder im Boden versickern!

Kapitel 1A

Einstellungs- und Wartungsarbeiten – Modelle mit Benzinmotoren

Inhalt **Sektion**

Schwierigkeitsgrade

Leicht. Geeignet für Anfänger mit wenig Erfahrung.	**Relativ leicht.** Geeignet für Anfänger mit etwas Erfahrung.	**Relativ schwierig.** Geeignet für geübte Selbstschrauber.	**Schwer.** Geeignet für Selbstschrauber mit viel Erfahrung. 	**Sehr schwer.** Geeignet für Experten und Profis. 

Technische Daten

Schmiermittel und Flüssigkeiten . . . . **siehe Seite 23**

Füllmengen
Motoröl

Öl- und Filterwechsel	4,0 Liter
Differenz zwischen MIN- und MAX-Markierungen am Peilstab	1,0 Liter
Kühlsystem	4,5 Liter
Getriebeöl	
5-Gang-Modelle	1,6 Liter
6-Gang-Modelle	1,8 Liter
Automatikgetriebe (bei Ölwechsel)	ca. 5 Liter
Wischwasserbehälter	2,5 Liter
Kraftstofftank	45 Liter

Kühlsystem

Frostschutzgemisch (Ethylenglykol)	**Frostschutzmittel**	**Wasser**
Frostschutz bis –40 °C	50 %	50 %

Anmerkung: *Beachten Sie die Hinweise des Herstellers auf der Verpackung.*

Zündsystem

Zündkerzen	Erkundigen Sie sich im Fachhandel
Elektrodenabstand	0,9 mm

Bremsen
Bremsbelag-Verschleißgrenze

Scheibenbremsen-Beläge	2,0 mm
Trommelbremsen-Backen	2,0 mm

Anzugsdrehmomente	**Nm**
Ölfiltergehäuse-Deckel an Gehäuse	25
Motoröl-Ablassschraube	14
Radbolzen	110
Zündkerzen	25

1 Wartungsplan

Die in diesem Handbuch angegebenen Wartungsintervalle beziehen sich darauf, dass der Fahrzeugbesitzer – und nicht die Werkstatt – die Arbeiten durchführt. Es sind die von uns empfohlenen Minimum-Wartungsintervalle für täglich bewegte Fahrzeuge. Wer sein Auto in einem hervorragenden Zustand erhalten will, muss einige dieser Punkte öfter ausführen. Wir empfehlen, alle Wartungen regelmäßig durchzuführen, da hierdurch die Wirtschaftlichkeit, die Leistungsfähigkeit und der Wiederverkaufswert des Fahrzeugs erhalten bleiben. Falls der Wagen viel mit geringem Tempo (viel Stadtverkehr), mit Anhänger oder auf kurzen Strecken gefahren wird, empfehlen wir, die Wartungsintervalle zu verkürzen oder gar zu halbieren. Ein Neufahrzeug sollte bis zum Ablaufen der Garantie von einer von Opel anerkannten Fachwerkstatt gewartet werden, da andernfalls Garantieansprüche möglicherweise nicht anerkannt werden. Während der Garantiezeit dürfen nur Original-Ersatzteile eingebaut werden.

Alle 400 km oder wöchentlich

- ☐ Alle »Wöchentlichen Kontrollen«

Alle 10.000 km oder spätestens nach 6 Monaten

- ☐ Wechsel des Motoröls und des Ölfilters (Sektion 5)*

* **Anmerkung**: *Opel schreibt den Austausch des Motoröls alle 30.000 km oder 12 Monate vor. Weil sich der Austausch des Motoröls und des Ölfilters sich äußerst positiv auf den Motor auswirkt, empfehlen wir jedoch, diesen Wechsel mindestens zweimal jährlich durchzuführen – besonders wenn das Fahrzeug viel auf Kurzstrecke eingesetzt wird.*

Alle 20.000 km oder spätestens nach 12 Monaten

- ☐ Kontrolle des Motorraums, aller Leitungen und Schläuche auf Undichtigkeiten (Sektion 6)
- ☐ Kontrolle der Vorderrad- und ggf. Hinterrad-Bremsbeläge, der Bremssättel und der Bremsscheiben (Sektion 7)
- ☐ Kontrolle der Hinterrad-Bremsbacken (Trommelbremse) (Sektion 8)
- ☐ Kontrolle aller Bremsleitungen und -Schläuche (Sektion 9)
- ☐ Kontrolle der Vorderradaufhängung und der Lenkung – insbesondere der Gummimanschetten und Dichtungen (Sektion 10)
- ☐ Kontrolle der Antriebswellenmanschetten und -Gelenke (Sektion 11)
- ☐ Kontrolle der Auspuffanlage und ihrer Aufnahmen (Sektion 12)
- ☐ Kontrolle der Hinterradaufhängung (Sektion 13)
- ☐ Kontrolle der Karosserie und des Unterbodens auf Schäden und Korrosion, Kontrolle des Unterbodenschutzes (Sektion 14)
- ☐ Festigkeitsprüfung der Radbolzen (Sektion 15)
- ☐ Schmieren aller Schlösser und Scharniere (Sektion 16)
- ☐ Kontrolle der Hupe, aller Lampen, der Scheibenwischer und der Wischwaschanlage (Sektion 17)
- ☐ Probefahrt (Sektion 18)
- ☐ Zurücksetzen der Inspektionsanzeige (Sektion 19)

Alle 40.000 km oder spätestens nach 2 Jahren

- ☐ Austausch des Pollenfilters (Sektion 20)
- ☐ Kontrolle des Keilrippenriemens und des Spanners (Sektion 21)
- ☐ Kontrolle und ggf. Einstellung der Handbremse (Sektion 22)
- ☐ Kontrolle der Leuchtweitenverstellung (Sektion 23)

Alle 2 Jahre (ungeachtet der Laufleistung)

- ☐ Austausch der Fernbedienungs-Batterie (Sektion 24)
- ☐ Austausch der Brems- und Kupplungsflüssigkeit (Sektion 25)
- ☐ Austausch des Kühlmittels (Sektion 26)*
- ☐ Abgasprüfung (Sektion 27)

* *Das silikatfreie Vauxhall/Opel-Kühlmittel muss nicht regelmäßig ausgetauscht werden.*

Alle 80.000 km oder spätestens nach 4 Jahren

- ☐ Austausch des Luftfilterelements (Sektion 28)
- ☐ Austausch der Zündkerzen (Sektion 29)
- ☐ Austausch des Automatikgetriebeöls (Sektion 30)

Alle 160.000 km oder spätestens nach 6 Jahren

- ☐ Austausch des Zahnrippenriemens (Sektion 31)

2 Lage der Baugruppen

Motorraum – gezeigt am 1,4 l-Turbomotor

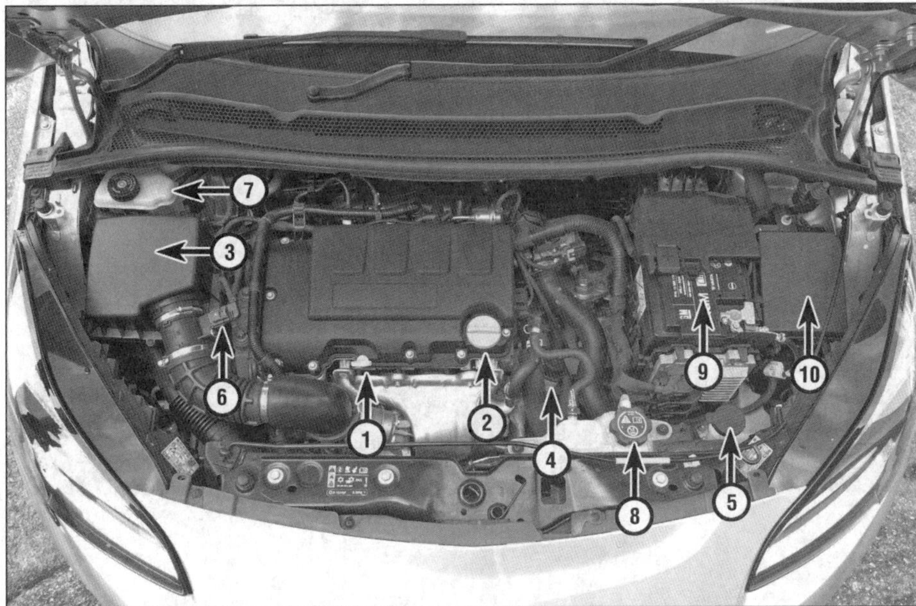

1 *Motoröl-Peilstab*
2 *Motoröl-Einfülldeckel*
3 *Luftfiltergehäuse*
4 *Ölfilter*
5 *Wischwasserbehälter*
6 *Luftmassenmesser*
7 *Brems-/Kupplungsflüssigkeitsbehälter (bei Linkslenkern auf der anderen Seite)*
8 *Kühlmittel-Ausgleichsbehälter*
9 *Batterie*
10 *Sicherungs-/Relaisbox*

Unterseite Frontbereich

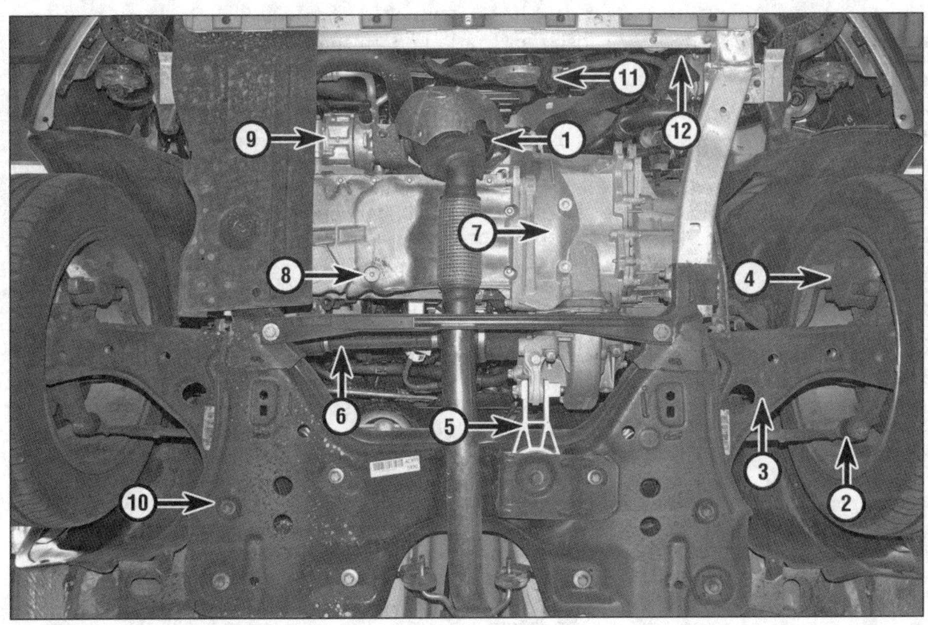

1 *Auspuffrohr*
2 *Spurstange*
3 *Unterer Querlenker*
4 *Bremssattel*
5 *Motorhalterung hinten / Drehmomentstütze*
6 *Rechte Antriebswelle*
7 *Schaltgetriebe*
8 *Motoröl-Ablassschraube*
9 *Klimaanlagen-Kompressor*
10 *Vorderer Hilfsrahmen*
11 *Kühlerventilator*
12 *Kühlmittel-Ablassschraub*

Unterseite – Heckbereich

1 Auspuff-Endrohr mit Schalldämpfer
2 Verbundlenker-Hinterachse mit Längslenkern
3 Kraftstofftank
4 Handbremsen-Seilzüge
5 Reserverad-Mulde
6 Schraubenfeder
7 Untere Stoßdämpfer-aufnahme
8 Hitzeschild

3 Allgemeine Informationen

1 Dieses Kapitel soll dem Hobbyschrauber helfen, sein Fahrzeug in einem sicheren und technisch guten Zustand zu halten, sodass es immer voll leistungsfähig ist und eine lange Lebensdauer erreicht.
2 Dieses Kapitel beinhaltet einen Master-Wartungsplan und Sektionen, die sich im Einzelnen mit jeder Aufgabe in diesem Plan beschäftigt; darin finden sich Sichtkontrollen, Einstellungen, der Austausch von Komponenten und andere hilfreiche Dinge. Das Auffinden der diversen Komponenten wird mithilfe der Motorraum- und Unterseitenbilder auf den vorherigen Seiten erleichtert.
3 Werden die Arbeiten am Fahrzeug entsprechend des Wartungsplans (s. o.) und der folgenden Sektionen durchgeführt, sollte dies zu einem lange und zuverlässig funktionierendem Fahrzeug führen. Es handelt sich um einen sehr umfangreichen Plan – und das regelmäßige Warten einiger Komponenten, aber die Vernachlässigung anderer Baugruppen bringt nicht die gleichen Ergebnisse.
4 Während der Wartungsarbeiten wird auffallen, dass viele Prozeduren gemeinsam erledigt werden können – entweder wegen der speziellen Prozeduren oder der unmittelbaren Nähe zweier ansonsten nicht zusammenhängender Komponenten. Wird das Fahrzeug beispielsweise aus einem bestimmten Grund angehoben, kann neben einer Kontrolle der Lenkung und Radaufhängungen auch gleich eine Inspektion des Auspuffs durchgeführt werden.
5 Der erste Schritt dieses Wartungsprogramms ist, sich selbst vor der eigentlichen Arbeit korrekt vorzubereiten. Alle relevanten Sektionen müssen sorgfältig durchgelesen werden. Dann wird eine Liste erstellt und alle erforderlichen Teile und Werkzeuge müssen beschafft werden. Falls ein Problem auftritt, muss Rat bei einem Ersatzteilhändler oder einer Fachwerkstatt gesucht werden.

4 Große Inspektion

1 Wenn das Fahrzeug von Beginn an nach Wartungsplan inspiziert wurde und entsprechend der Hinweise in diesem Handbuch regelmäßig Flüssigkeitspegel und Verschleißteile überprüft worden sind, kann davon ausgegangen werden, dass sich der Motor in einem relativ guten Zustand befindet und kaum zusätzliche Arbeiten nötig sind.
2 Möglicherweise lief der Motor mangels regelmäßiger Wartung nicht korrekt. Dies kann bei Gebrauchtwagen, die nicht regelmäßig gewartet wurden, durchaus auftreten. In solchen Fällen können neben den üblichen Wartungsintervallen zusätzliche Arbeiten auftreten.
3 Bei Verdacht auf erhöhten Motorverschleiß kann ein Kompressionstest (siehe Kapitel 2A, Sektion 2) wertvolle Informationen über die Gesamtperformance wichtiger Motorinnereien liefern. Solch ein Test kann als Grundlage genutzt werden, um zu entscheiden, wie umfangreich die Arbeit ausfallen wird. Falls ein Kompressionstest beispielsweise auf einen hochgradigen Verschleiß von Motorkomponenten hinweist, würde die in diesem Kapitel beschriebene konventionelle Wartung die Leistungsfähigkeit des Motors kaum verbessern und sich stattdessen als Zeit- und Geldverschwendung erweisen, solange nicht zuvor umfangreiche Überholungen (siehe Kapitel 2C) stattgefunden haben.
4 Die folgenden Arbeitsabläufe sind oft nötig, um die Leistungsfähigkeit eines generell schlecht laufenden Motors zu verbessern:

Primär-Tätigkeiten

a) Reinigung, Kontrolle und Testen der Batterie (siehe Wöchentliche Kontrollen)
b) Kontrolle aller für den Motor wichtigen Betriebsflüssigkeiten (siehe Wöchentliche Kontrollen*)*

c) Kontrolle des Zustands und der Spannung des Keilrippenriemens (Sektion 21)
d) Austausch der Zündkerzen (Sektion 29)
e) Kontrolle und ggf. Austausch des Luftfilterelements (Sektion 28).
f) Kontrolle aller Schläuche auf Undichtigkeit (Sektion 6)

5 Falls die oben beschriebenen Tätigkeiten nicht das gewünschte Ergebnis bringen, müssen zusätzlich die folgenden Arbeiten durchgeführt werden:

Sekundär-Tätigkeiten

g) Kontrolle des Zündsystems (siehe Kapitel 5B)
h) Kontrolle des Batterieladesystems (siehe Kapitel 5A)
i) Kontrolle des Kraftstoffsystems, der Auspuffanlage und der Abgasreinigung (siehe Kapitel 4A oder C)

Alle 10.000 km oder spätestens nach 6 Monaten

5 Motoröl und Ölfilter – Austausch

Praxis-Tipp

Ein regelmäßiger Öl- und Filterwechsel ist die wichtigste präventive Wartungsarbeit, die ein Hobbyschrauber zum Erhalt seines Fahrzeugs erledigen kann. Motoröl wird mit der Zeit schlecht und verunreinigt, sodass vorzeitiger Motorverschleiß einsetzt.

1 Bevor mit dieser Prozedur begonnen wird, müssen alle erforderlichen Werkzeuge beschafft sein. Um Spritzer aufzuwischen, werden Lappen oder Zeitungspapier benötigt. Motoröl sollte möglichst gewechselt werden, wenn der Motor nach einer Fahrt auf Betriebstemperatur ist; warmes Öl und Ölschlamm fließen so leichter ab. Bei Arbeiten unter dem Fahrzeug dürfen weder der Auspuff noch andere heiße Komponenten berührt werden. Um Verbrühungen vorzubeugen und sich selbst vor Hautreizungen und im Öl enthaltenen giftigen Stoffen zu schützen, sollten bei dieser Arbeit Handschuhe getragen werden.

Praxis-Tipp

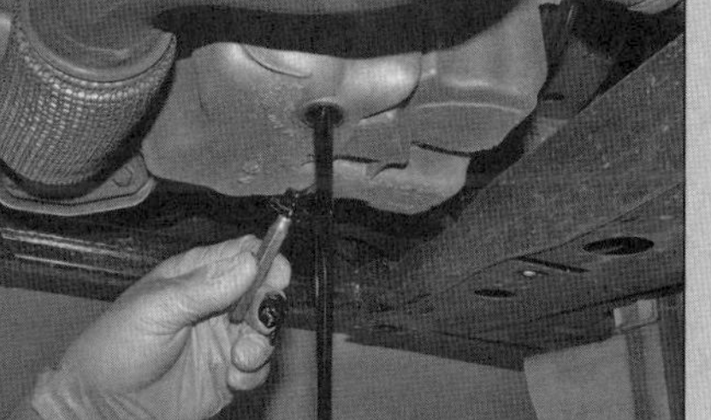

Drücken Sie die Ablassschraube während der letzten Umdrehungen von Hand gegen die Ölwanne und ziehen Sie sie dann rasch weg – so läuft das Öl nicht über die Hand und den Arm.

2 Der Zugang zur Unterseite des Autos wird deutlich besser, wenn es angehoben, auf Rampen gefahren oder mit Böcken abgestützt wird (siehe Seite 351). Bei allen Methoden muss sichergestellt sein, dass das Fahrzeug waagerecht steht, damit sämtliches Öl aus der Ablassbohrung fließen kann.
3 Drehen Sie den Öleinfülldeckel (im Ventildeckel) eine Vierteldrehung nach links und entfernen Sie ihn – so wird der Motor belüftet und daran erinnert, dass sich kein Öl im Motor befindet.
4 Lockern Sie mit einem passenden Torxschlüssel die Ablassschraube etwa eine halbe Umdrehung, stellen Sie einen geeigneten Sammelbehälter unter die Ablassschraube, und drehen Sie diese vollständig heraus (siehe Praxis-Tipp).
5 Geben Sie dem Öl genug Zeit zum Ablaufen – nötigenfalls muss der Behälter umgesetzt werden, wenn es nur noch tröpfelt.
6 Positionieren Sie einen anderen Sammelbehälter unter dem links vorn am Motor sitzenden Ölfilter.
7 Lösen Sie den Ölfilterdeckel und ziehen Sie ihn samt Filter vom Gehäuse ab.
8 Ziehen Sie den Ölfilter aus dem Deckel.
9 Wischen Sie mit Lappen Ölrückstände, Schmutz und Schlamm aus dem Ölfilterdeckel.
10 Entfernen Sie den O-Ring vom Ölfilterdeckel.
11 Rüsten Sie den Ölfilterdeckel mit einem neuen O-Ring aus und positionieren Sie den neuen Ölfilter darin, bis er einrastet (siehe Abbildungen).

5.11a Rüsten Sie den Ölfilterdeckel mit einem neuen O-Ring aus ...

5.11b ... und lassen Sie den neuen Ölfilter darin einrasten.

12 Schrauben Sie den Deckel samt Ölfilter ins Gehäuse an und ziehen Sie ihn mit 25 Nm an.
13 Nachdem das Öl vollständig abgelaufen ist, werden die Ablassschraube und ihr Gewinde in der Ölwanne sowie der Dichtring gesäubert (und nötigenfalls ersetzt). Drehen Sie die Schraube samt Dichtring in die Ölwanne und ziehen Sie sie mit 14 Nm an.
14 Entfernen Sie den mit Altöl gefüllten Sammelbehälter und sämtliches unter dem Fahrzeug liegendes Werkzeug und senken Sie den Wagen ab.

15 Füllen Sie etwa die Hälfte (ca. 2 Liter) des vorgeschriebenen Motoröls (siehe *Wöchentliche Kontrollen*) durch die Öffnung im Ventildeckel ein. Warten Sie ein paar Minuten, damit das Öl in die Ölwanne sickern kann. Füllen Sie dann Öl in kleinen Mengen nach, bis der Pegel an der unteren Markierung des Peilstabs erreicht ist. Bis zur oberen Markierung muss jetzt noch etwa 1,0 Liter nachgefüllt werden. Installieren Sie den Einfülldeckel.

16 Starten Sie den Motor. Die Öldruck-Warnlampe wird noch einige Sekunden leuchten, bis der Ölfilter und alle Ölkanäle im Motor gefüllt sind. Die Drehzahl darf in diesem Zeitraum nicht erhöht werden. Lassen Sie den Motor einige Minuten laufen und kontrollieren Sie die Bereiche um den Ölfilter und die Ablassschraube auf Undichtigkeiten.

17 Schalten Sie den Motor ab und warten Sie einige Minuten, damit sich das Öl wieder in der Ölwanne gesammelt hat. Kontrollieren Sie erneut den Pegel und füllen Sie nötigenfalls etwas Öl nach.

18 Das alte Motoröl kann nicht mehr verwendet werden und muss in einen auslaufsicheren Behälter gefüllt werden. Jeder Händler, der technische Öle verkauft, ist auch dazu verpflichtet, entsprechende Mengen Altöl zurückzunehmen und zur fachgerechten Entsorgung oder zum Recycling zu bringen. Lassen Sie nie Altöl in die Kanalisation gelangen oder im Boden versickern!

Alle 20.000 km oder spätestens nach 12 Monaten

6 Schläuche und Undichtigkeiten – Kontrolle

Anmerkung: *Beachten Sie auch die Hinweise in Sektion 9.*

1 Unterziehen Sie alle Motor-Dichtflächen, Dichtungen und Dichtringe auf Spuren ausgetretenen Öls oder Kühlmittels – beachten Sie dabei besonders die Bereiche um die Zylinderkopf-, die Ventildeckel-, die Ölfilter- und die Ölwannendichtung. Kontrollieren Sie ebenfalls das Getriebe und ggf. den Klimaanlagen-Kompressor auf Undichtigkeiten. Mit der Zeit können Dichtungen zu »schwitzen« beginnen, was aber normal ist; an »echten« Undichtigkeiten tropft Flüssigkeit ab. Werden solche Lecks entdeckt, muss die entsprechende Dichtung oder der Dichtring erneuert werden – beachten Sie das entsprechende Kapitel in diesem Handbuch.

Praxis-Tipp

Ein Leck im Kühlsystem zeigt sich normalerweise als weiße oder rostbraune Ablagerung.

2 Kontrollieren Sie ebenfalls sorgfältig sämtliche mit dem Motor verbundenen Schläuche und Rohre; diese müssen korrekt (ggf. mit Schellen) an ihren Anschlüssen und in ihren Halterungen gesichert sein. Gerissene oder fehlende Halterungen können dazu führen, dass Rohre reißen und Schläuche scheuern – mit entsprechenden ernsthaften Folgen.

3 Überprüfen Sie sorgfältig alle Kühler- und Heizungsschläuche auf ihrer gesamten Länge. Alle Schläuche, die Risse aufweisen, angeschwollen oder spröde sind, müssen ersetzt werden. Risse zeigen sich besser, wenn man den Schlauch von Hand an mehreren Stellen quetscht. Achten Sie besonders auf die Schellen, mit denen die Schläuche an den Kühlsystem-Komponenten gesichert sind. Eine zu fest angezogene Schlauchschelle kann einen Schlauch abklemmen oder durchstechen, sodass Kühlmittel austritt. Ersetzen Sie ggf. vorhandene Einweg-Schellen durch wiederverwendbare Schraubschellen.

4 Kontrollieren Sie alle Kühlsystem-Komponenten (Schläuche, Anschlüsse, Verbindungsstücke) auf Undichtigkeit. Wo Probleme dieser Art entdeckt werden, müssen entsprechende Bauteile oder Dichtungen ersetzt werden (siehe Kapitel 3). Ein Leck im Kühlsystem hinterlässt üblicherweise rostbraune oder weiße Ablagerungen (siehe Praxis-Tipp).

5 Kontrollieren Sie ggf. den Ölkühler des Automatikgetriebes auf Undichtigkeit und gealterte Gummis.

6 Kontrollieren Sie bei angehobenem Fahrzeug den Tank und den Einfüllstutzen auf Beulen, Risse und andere Beschädigungen (die Verbindung zwischen Stutzen und Tank ist besonders kritisch). Manchmal leckt ein Gummistutzen oder ein Verbindungsschlauch aufgrund lockerer Schellen oder Rissen im Gummi.

7 Überprüfen Sie sorgfältig alle vom Tank wegführenden Schläuche und Rohre. Achten Sie auf lockere Anschlüsse, spröde Schläuche, geknickte Rohre und andere Schäden. Begutachten Sie auch alle Ent- und Belüftungsleitungen, die oft am Einfüllstutzen entlang verlaufen und leicht verstopfen oder gequetscht werden können. Folgen Sie der Kraftstoffleitung und der Rücklaufleitung nach vorn in den Motorraum und achten Sie auf Schäden oder Korrosion. Ersetzen Sie nötigenfalls schadhafte Segmente.

8 Inspizieren Sie bei angehobenem Fahrzeug auch alle Bremsleitungen (siehe Kapitel 9).

9 Kontrollieren Sie im Motorraum alle Benzinschläuche und Benzinleitungsanschlüsse auf Alterungserscheinungen und Scheuerstellen. Prüfen Sie die Schläuche besonders in Biegungen und an Anschlüssen auf Risse. Kontrollieren Sie Rohrleitungen auf Knicke, Korrosion und Scheuerstellen.

7 Bremsbeläge und Bremsscheiben – Kontrolle

1 Ziehen Sie die Handbremse fest an, heben Sie dann das Fahrzeug vorn an, und stützen Sie es sicher ab (siehe Seite 351). Demontieren Sie die Vorderräder.

2 Die Belagstärke kann jetzt durch die Öffnung im Bremssattel kontrolliert werden (siehe Praxis-Tipp). Messen Sie mit einem Lineal nach – falls das Belagmaterial auch nur eines Bremsbelages unter der Verschleißgrenze von 2 mm liegt, müssen alle vier Bremsbeläge beider Bremssättel als Set ausgetauscht werden (siehe Kapitel 9, Sektion 4).

3 Für eine umfangreiche Kontrolle müssen die Bremsbeläge ausgebaut und gereinigt werden (siehe Kapitel 9) – hierbei können auch die Funktion der Bremssättel und die Bremsscheiben überprüft werden.

4 Montieren Sie die Vorderräder und senken Sie das Fahrzeug ab.

Praxis-Tipp

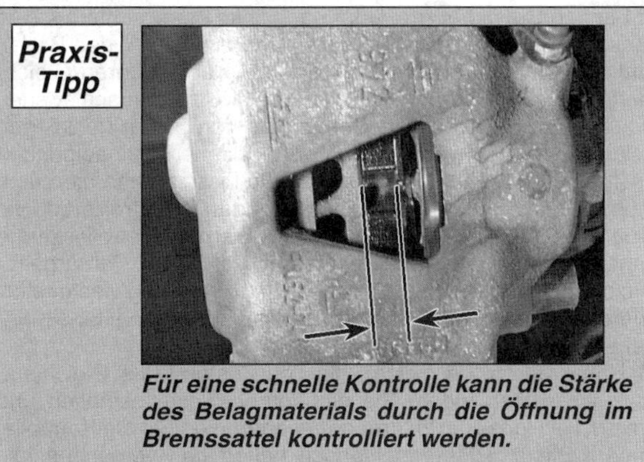

Für eine schnelle Kontrolle kann die Stärke des Belagmaterials durch die Öffnung im Bremssattel kontrolliert werden.

8 Bremsbacken (Hinterradbremse) – Kontrolle

1 Blockieren Sie die Vorderräder, heben Sie dann das Fahrzeug hinten an, und stützen Sie es sicher ab (siehe Seite 351). Demontieren Sie die Hinterräder.
2 Eine schnelle Prüfung der Belagstärke kann durch die Inspektionsbohrung in der Bremsankerplatte erfolgen – entfernen Sie dazu den Gummistopfen (siehe Abbildung) und leuchten Sie mit einer Taschenlampe in die Bremstrommel. Halten Sie einen 2 mm starken Draht gegen das Belagmaterial, um dessen Verschleiß zu ermitteln – falls eine Bremsbacke weniger als 2 mm Belagmaterial trägt, müssen alle vier Backen beider Hinterradbremsen ausgetauscht werden.

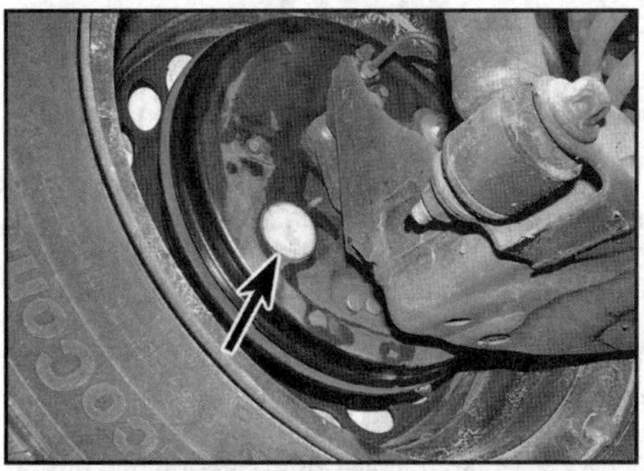

8.2 Die Bremsbackenstärke der Hinterrad-Trommelbremse kann nach dem Entfernen des Gummistopfens überprüft werden.

3 Eine umfangreiche Kontrolle der Bremstrommel sowie der Austausch der Bremsbacken erfordert deren Ausbau und Reinigung der Bremsen (siehe Kapitel 9, Sektion 8).

9 Bremsleitungen und -Schläuche – Kontrolle

1 Die Bremshydraulik beinhaltet zahlreiche Metallrohre, die vom Hauptbremszylinder zum ABS-Hydraulikmodulator und zu den einzelnen Bremsen verlaufen. Zwischen den Rohren und an den Bremszylindern finden sich flexible Schläuche, um die Bewegung der Federung und der Lenkung zu ermöglichen.
2 Achten Sie bei der Kontrolle vor allem auf Undichtigkeiten an den Rohr- oder Schlauchanschlüssen. Begutachten Sie dann die Schläuche auf Risse, Scheuerstellen und Alterungserscheinungen. Biegen Sie die Schläuche zwischen den Fingern (aber knicken Sie sie nicht ab!) und kontrollieren Sie sie auf versteckte Risse (siehe Abbildung). Prüfen Sie, ob alle Rohre und Schläuche sicher unter dem Fahrzeug befestigt sind.

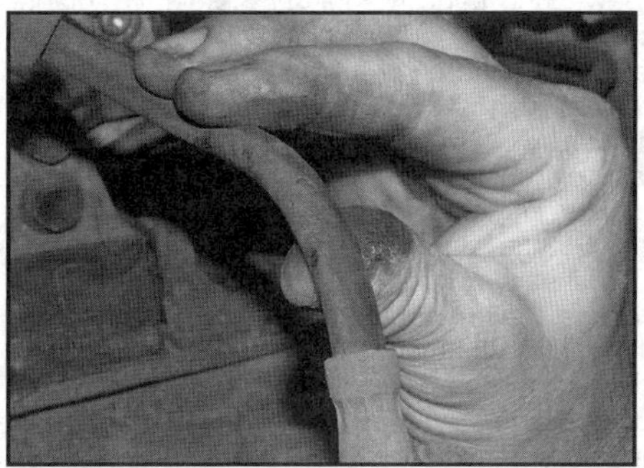

9.2 Biegen Sie die Schläuche, um versteckte Risse zu entdecken.

3 Kontrollieren Sie sämtliche Rohrleitungen auf Knicke, Korrosion und Scheuerstellen. Leichter Rostbefall kann mit Schleifpapier entfernt werden, tiefe Rostlöcher und andere Schäden erfordern jedoch den Austausch der Bremsleitung.

10 Vorderradaufhängung und Lenkung – Kontrolle

1 Ziehen Sie die Handbremse an, heben Sie das Fahrzeug vorn an, und stützen Sie es sicher ab (siehe Seite 351).
2 Begutachten Sie die Staubkappen der Spurstangenköpfe und die Lenkstangen-Manschetten auf Risse, Scheuerstellen und Alterungserscheinungen.
3 Jeder Schaden an diesen Komponenten lässt Schmutz und Wasser eindringen und Schmiermittel austreten, sodass die Spurstangenköpfe und das Lenkgestänge rapide verschleißen.

10.4 Wackeln Sie so am angehobenen Rad, um mögliches Spiel der Radlager zu ermitteln.

4 Greifen Sie das Rad in der 12-Uhr- und der 6-Uhr-Position und versuchen Sie, daran zu wackeln (siehe Abbildung). Sehr geringes Spiel ist normal, doch wenn deutliche Bewegung spürbar ist, müssen weitere Untersuchungen die Ursache ermitteln. Wackeln Sie weiter am Rad, während ein Assistent das Bremspedal betätigt. Wenn die Bewegung jetzt verschwunden oder deutlich verringert ist, werden wahrscheinlich die Radlager defekt sein oder ggf. Einstellungen benötigen. Ist das Spiel auch bei betätigter Bremse vorhanden, wird der Verschleiß an den Radaufhängungen oder Federsystemen zu suchen sein.

5 Greifen Sie jetzt das Rad in der 9-Uhr- und der 3-Uhr-Position und versuchen Sie erneut, daran zu wackeln. Jede jetzt fühlbare Bewegung kann wieder auf defekte Radlager zurückzuführen sein – oder auf Verschleiß in den Spurstangenköpfen. Falls das innere oder äußere Lenkgestänge-Kugelgelenk verschlissen ist, wird seine Bewegung deutlich zu beobachten sein.

6 Mithilfe eines zwischen die Federelemente und ihren Befestigungspunkten eingesetzten großen Schraubendrehers oder einer flachen Stange kann durch Hebeln Verschleiß in den Lagerbuchsen ermittelt werden. Da die Buchsen aus Gummi bestehen, ist etwas Bewegung normal, doch übermäßiger Verschleiß sollte deutlich fühlbar sein. Kontrollieren Sie auch den Zustand aller sichtbaren Gummibuchsen; achten Sie auf Risse und sprödes Gummi.

7 Kontrollieren Sie das Federbein- oder Stoßdämpfergehäuse sowie die Gummidichtung der Kolbenstange auf ausgetretenes Öl – in diesem Fall ist das Bauteil defekt und muss ersetzt werden.

Anmerkung: *Die Federbeine oder Stoßdämpfer einer Achse müssen stets paarweise ersetzt werden.*

8 Während das Fahrzeug wieder auf seinen Rädern steht, dreht ein Assistent das Lenkrad etwa eine achtel Umdrehung hin und her – die Räder müssen sich ein kleines Stück bewegen. Ist dies nicht der Fall, müssen alle zuvor beschriebenen Gelenke und Halterungen genau untersucht werden, zusätzlich müssen auch die Kreuzgelenke und das Zahnstangengetriebe auf Verschleiß überprüft werden.

9 Die Funktion der Federbeine kann geprüft werden, indem das Fahrzeug an jeder vorderen Ecke heruntergedrückt wird. Die Karosserie sollte in ihre normale Position zurückkehren und dort verbleiben; falls sie sich über die ursprüngliche Lage hinaus anhebt und wieder einsackt, wird das Federbein wahrscheinlich defekt sein. Kontrollieren Sie auch seine obere Aufnahme auf Verschleiß.

11 Antriebswellen – Kontrolle

1 Das Fahrzeug muss vorn angehoben und sicher abgestützt sein (siehe Seite 351).

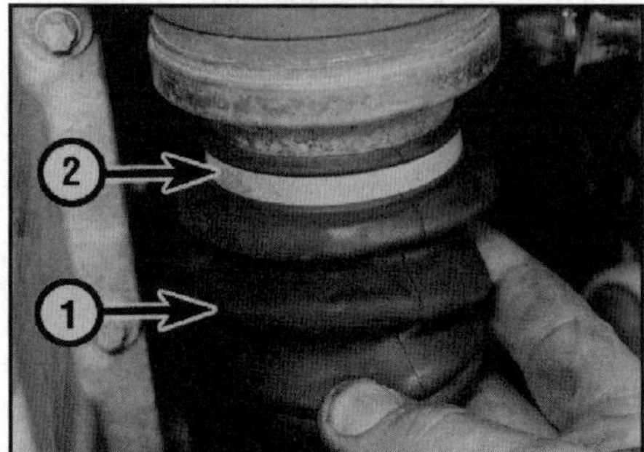

11.2 Kontrollieren Sie die Antriebswellen-Manschetten (1) und ihre Schellen (2).

2 Lenken Sie die Vorderräder nach links oder rechts bis zum Anschlag und drehen Sie dann langsam eines der Räder, um den Zustand der Manschette über dem äußeren Gleichlaufgelenk zu ermitteln – drücken Sie diese an verschiedenen Stellen von Hand, um die Bereiche in den Falten freizulegen (siehe Abbildung). Falls Risse oder andere Beschädigungen festgestellt werden, die Fett austreten lassen, kann hierdurch auch Wasser und Schmutz eindringen. Kontrollieren Sie ebenfalls die Schellen. Wiederholen Sie die Kontrolle an der inneren Manschette und am anderen Vorderrad. Falls irgendwelche Schäden oder Hinweise auf Alterung festgestellt werden, müssen die Manschetten ersetzt werden (siehe Kapitel 8, Sektion 3).

3 Kontrollieren Sie gleichzeitig den Zustand des Gleichlaufgelenks selbst, indem Sie die Antriebswelle festhalten und versuchen, das Rad zu drehen. Wiederholen Sie die Kontrolle, indem Sie den inneren Flansch halten und versuchen, die Antriebswelle zu drehen. Jedes fühlbare Spiel weist auf Verschleiß im Gelenk oder in den Mitnehmerverzahnungen hin – oder auf eine lockere Antriebswellenmutter.

12 Auspuffanlage – Kontrolle

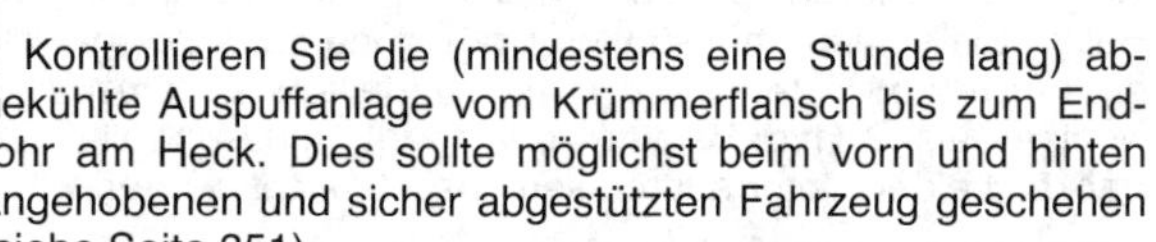

1 Kontrollieren Sie die (mindestens eine Stunde lang) abgekühlte Auspuffanlage vom Krümmerflansch bis zum Endrohr am Heck. Dies sollte möglichst beim vorn und hinten angehobenen und sicher abgestützten Fahrzeug geschehen (siehe Seite 351).

2 Überprüfen Sie alle Rohre und Anschlüsse auf Undichtigkeit, starke Korrosion und Beschädigungen. Alle Halterungen und Gummis müssen in Ordnung sein und zusammen mit allen fest angezogenen Schrauben und Muttern den Auspuff sicher halten. Falls eine der Halterungen ersetzt werden muss, ist sicherzustellen, dass baugleiche Ersatzteile beschafft werden. Undichtigkeiten an Anschlüssen oder anderen Bereichen des Auspuffsystems zeigen sich üblicherweise durch schwarze Ablagerungen.

3 Klappern und andere Geräusche weisen oft auf Defekte an der Auspuffanlage hin – meistens auf schadhafte Haltegummis (siehe Abbildung). Versuchen Sie, an den Schalldämpfern und am Katalysator zu wackeln; falls dabei Auspuffteile gegen die Karosserie schlagen, müssen sie mit neuen Halterungen gesichert werden. Trennen Sie nötigenfalls – und falls möglich – die Auspuff-Komponenten und verdrehen Sie die Rohre, um den Abstand zur Karosserie zu vergrößern.

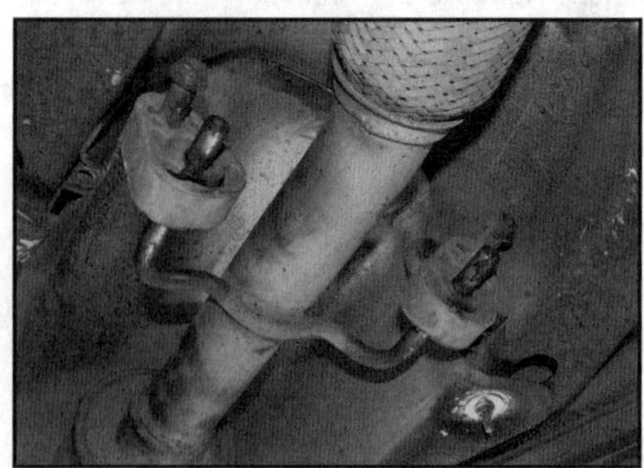

12.3 Auspuffanlagen-Haltegummis

13 Hinterradaufhängung – Kontrolle

1 Blockieren Sie die Vorderräder, heben Sie dann das Fahrzeug hinten an, und stützen Sie es sicher ab (siehe Seite 351). Demontieren Sie die Hinterräder.
2 Begutachten Sie die Komponenten der Hinterradaufhängung auf Schäden und Verschleiß – beachten Sie dabei besonders die Gummibuchsen und ersetzen Sie sie nötigenfalls (siehe Kapitel 10).
3 Greifen Sie das Rad in der 12-Uhr- und der 6-Uhr-Position und versuchen Sie, daran zu wackeln – jegliches Spiel weist auf ein verschlissenes Radlager hin. Auch rumpelnde Geräusche oder ein rauer Lauf beim langsamen Drehen weisen auf Verschleiß hin. Die Radlager können ausgetauscht werden – beachten Sie die Hinweise in Kapitel 10, Sektion 9).
4 Kontrollieren Sie das Stoßdämpfergehäuse sowie die Gummidichtung der Kolbenstange auf ausgetretenes Öl – in diesem Fall ist das Bauteil defekt und muss ersetzt werden.
Anmerkung: *Die Stoßdämpfer einer Achse müssen stets paarweise ersetzt werden.*
5 Die Funktion der Stoßdämpfer kann geprüft werden, indem das Fahrzeug an jeder hinteren Ecke heruntergedrückt wird. Die Karosserie sollte in ihre normale Position zurückkehren und dort verbleiben; falls sie sich über die ursprüngliche Lage hinaus anhebt und wieder einsackt, wird der Stoßdämpfer wahrscheinlich defekt sein.

14 Karosserie und Unterboden – Kontrolle

Anmerkung: *Um die langjährige Garantie auf Korrosionsschäden nicht zu gefährden, sollte diese Arbeit von einer Opel-Werkstatt durchgeführt werden. Hierzu gehören eine sorgfältige Inspektion der Lackschichten auf der Karosserie und an den Fahrwerksegmenten auf Korrosion und Beschädigungen.*

Karosserieschäden und Korrosion – Kontrolle

1 Nachdem das Fahrzeug sorgfältig gereinigt und von Teerflecken und anderen Verunreinigungen befreit ist, wird die Lackierung sorgfältig auf Kratzer und Abplatzungen überprüft. Achten Sie besonders auf empfindliche Bereiche wie die Frontschürze, die Motorhaube und die Radkästen. Jeder Lackschaden muss unverzüglich repariert werden; um die langjährige Garantie auf Korrosionsschäden nicht zu gefährden, sollte diese Arbeit von einer Opel-Werkstatt durchgeführt werden.
2 Falls eine frische Abplatzung oder ein kleiner Kratzer noch freie von Rost ist, kann dieser mit einem (beim Opel-Händler erhältlichen) Lackstift abgedeckt werden. Ernsthafte Schäden oder verrostete Steinschlag-Beschädigungen können wie in Kapitel 11, Sektion 4 beschrieben repariert werden. Ist der Schaden so stark, dass Bleche ausgetauscht werden müssen, muss möglichst bald professioneller Rat eingeholt werden.
3 Prüfen Sie stets, ob Ablaufbohrungen an Türen und in Belüftungskanälen frei sind, sodass eingedrungenes Wasser ablaufen kann.

Korrosionsschutz-Kontrolle

4 Einmal jährlich sollte der Unterbodenschutz überprüft werden – dies sollte möglichst vor dem Winter geschehen. Führen Sie eine Unterbodenwäsche durch, aber entfernen Sie dabei nicht das relativ weiche Wachs. Jeder Schaden an der Wachsschicht muss mit speziellem Dichtmittel auf Wachsbasis repariert werden. Falls Karosserieteile für Reparaturarbeiten demontiert werden müssen, darf nicht vergessen werden, sie anschließend wieder zu schützen. Auch die Hohlräume in Türen, Schwellern und Karosserieteilen müssen mit Wachs behandelt werden; um die langjährige Garantie auf Korrosionsschäden nicht zu gefährden, sollte diese Arbeit von einer Opel-Werkstatt durchgeführt werden.

15 Radbolzen – Festigkeitsprüfung

1 Entfernen Sie ggf. die Radkappen von den Felgen.
2 Ziehen Sie die Radbolzen mithilfe eines Drehmomentschlüssels nacheinander mit 110 Nm an.
3 Stecken Sie ggf. zum Schluss die Radkappen wieder auf – sie müssen korrekt und sicher sitzen.

16 Scharniere und Schlösser – Schmieren

1 Schmieren Sie alle Tür-, Motorhauben- und Kofferraum-Scharniere mit Mehrzweck- oder Maschinenöl.
2 Schmieren Sie ebenfalls die Motorhaubenverriegelung samt Bowdenzug und alle Schließmechanismen.
3 Kontrollieren Sie sorgfältig die Sicherheit und Funktion aller Scharniere, Verriegelungen und Schlösser, und stellen Sie sie nötigenfalls ein (siehe Kapitel 11). Prüfen Sie ggf. die Funktion der Zentralverriegelung.
4 Kontrollieren Sie die Gasfedern der Motorhaube und der Heckklappe – falls eine undicht ist oder sie die Haube bzw. Heckklappe nicht mehr sicher halten kann, muss sie ersetzt werden.

17 Elektrik – Kontrolle

1 Prüfen Sie die Funktion aller elektrischen Verbraucher: Beleuchtung, Blinker, Hupe usw. Beachten Sie für entsprechende Details die entsprechende Sektion in Kapitel 12, falls ein Stromkreis ausgefallen ist.
2 Beachten Sie, dass der Bremslichtschalter in Kapitel 9 behandelt wird.
3 Kontrollieren Sie alle zugänglichen Kabelstecker, Verkabelungen und Befestigungen auf lockere Verbindungen, Scheuerstellen und andere Schäden – beseitigen Sie diese.

18 Probefahrt

Instrumente und Elektrik

1 Kontrollieren Sie die Funktion aller Instrumente, aller Lampen und anderen elektrischen Bauteile.
2 Stellen Sie sicher, dass alle Instrumente korrekt anzeigen und sämtliche Schalter korrekt funktionieren.

Lenkung und Radaufhängungen

3 Vergewissern Sie sich, dass die Lenkung, die Federung, das Handling und die Straßenlage keine Auffälligkeiten aufweisen.
4 Kontrollieren Sie beim Fahren, ob keine ungewöhnlichen Vibrationen oder Geräusche auftreten.
5 Die Lenkung darf sich nicht schwammig oder rau anfühlen. Beim Durchfahren von Kurven oder auf schlechten Straßen dürfen die Federelemente keine Geräusche erzeugen.

Antrieb

6 Kontrollieren Sie die Leistungsfähigkeit des Motors, der Kupplung, des Getriebes und der Antriebswellen.
7 Aus dem Motor und dem Antrieb dürfen keine ungewöhnlichen Geräusche zu hören sein.
8 Der Motor muss sich warm und kalt problemlos starten lassen, im Standgas rund laufen und verzögerungsfrei beschleunigen.
9 Beim Schaltgetriebe muss die Kupplung sanft und progressiv die Kraft übertragen und darf weder schleifen noch rutschen. Der Pedalweg darf nicht zu lang sein. Bei gedrücktem Kupplungspedal dürfen keine Geräusche auftreten. Details finden sich in Kapitel 6.
10 Alle Gänge des manuellen Schaltgetriebes müssen sich sanft und geräuschfrei einlegen lassen. Im Schalthebel muss das Einrasten der Gänge deutlich fühlbar sein.
11 Beim Automatikgetriebe müssen die Gangwechsel sanft und ruckfrei sowie ohne ein Ansteigen der Motordrehzahl zwischen den Fahrstufen erfolgen. Mit dem Wahlhebel müssen sich bei stehendem Fahrzeug alle Fahrstufen auswählen lassen. Falls ein Problem auftritt, muss eine Fachwerkstatt zurate gezogen werden.
12 Bei langsamer Fahrt mit vollständig eingeschlagener Lenkung dürfen im Frontbereich keine klickenden Geräusche auftreten. Führen Sie diesen Test in beide Richtungen durch. Klicken würde auf einen Schmiermangel oder Verschleiß in den äußeren Gleichlaufgelenken der Antriebswellen hinweisen (siehe Kapitel 8)

Bremsanlage

13 Prüfen Sie, ob das Fahrzeug beim Bremsen nicht zu einer Seite zieht und die Räder bei Vollbremsungen nicht frühzeitig blockieren.
14 Beim Bremsen dürfen in der Lenkung keine Vibrationen auftreten.
Anmerkung: *Durch das ABS können beim heftigen Bremsen im Bremspedal Vibrationen spürbar sein – dies ist normal und beeinträchtigt nicht die Funktion der Bremse.*
15 Prüfen Sie, ob die Handbremse korrekt funktioniert – sie muss das Fahrzeug problemlos an einem Gefälle halten können.
16 Prüfen Sie die Funktion der Servobremse bei ausgeschaltetem Motor wie folgt: Treten Sie vier- bis fünfmal auf die Bremse, um den Unterdruck abzubauen. Starten Sie dann den Motor – das Bremspedal muss sich unverzüglich durch den aufgebauten Unterdruck weiter herunterdrücken lassen. Lassen Sie den Motor mindestens zwei Minuten laufen und schalten Sie ihn wieder ab. Wird die Bremse nun erneut gedrückt, sollte dabei ein Zischen aus der Servopumpe zu hören sein. Nach vier bis fünf Tritten auf die Bremse sollte kein Zischen mehr hörbar sein und der Pedaldruck deutlich härter werden.

19 Inspektionsanzeige – Zurücksetzen

1 Nach einer Wartung muss die Inspektionsanzeige wie folgt zurückgesetzt werden:
2 Bei eingeschalteter Zündung (aber nicht laufendem Motor) wird der Menü-Knopf am Blinkerhebel gedrückt und gehalten. Wählen Sie jetzt mit dem Einstellrad ›Vehicle Information System‹ und dann ›Remaining Oil Life‹. Drücken Sie dann den SET/CLR-Knopf, um die Anzeige zurückzusetzen.

Alle 40.000 km oder spätestens nach zwei Jahren

20 Pollenfilter – Ersetzen

1 Demontieren Sie das Handschuhfach (siehe Kapitel 11, Sektion 27).

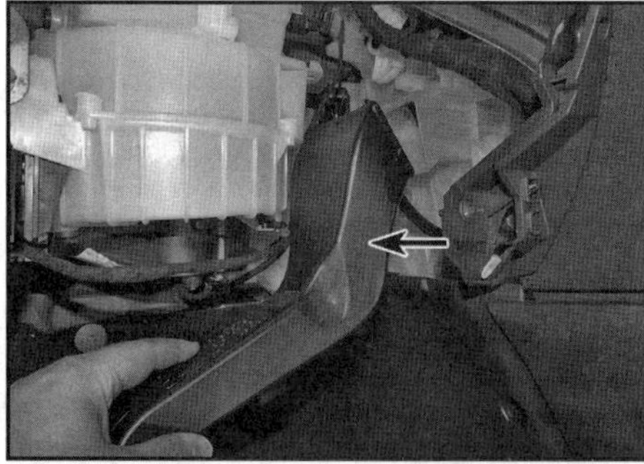

20.2 Befreien Sie den Spreizniet und entfernen Sie den Lüftungskanal.

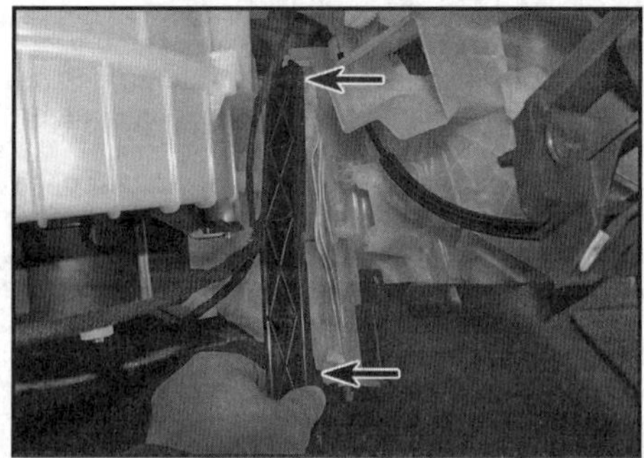

20.3 Pollenfilter-Abdeckung am Lüftergehäuse

2 Befreien Sie den Kunststoff-Spreizniet und entfernen Sie den Lüftungskanal für den Beifahrerfußraum (siehe Abbildung).
3 Lösen Sie seitlich am Lüftergehäuse die Abdeckung des Pollenfilters (siehe Abbildung).
4 Ziehen Sie den Pollenfilter aus dem Gehäuse (siehe Abbildung).

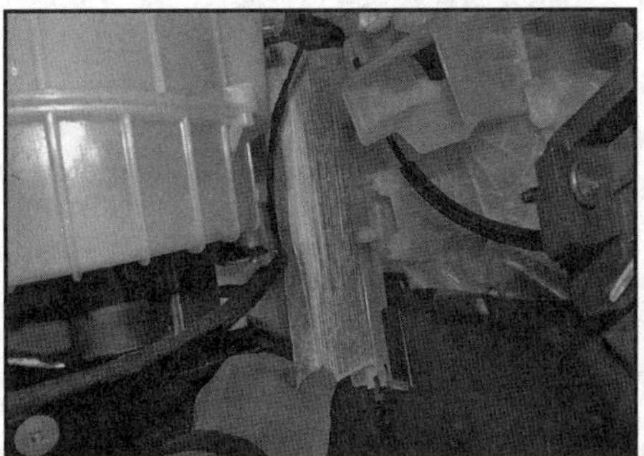

20.4 Ziehen Sie den Pollenfilter aus dem Gehäuse.

5 Installieren Sie den neuen Filter in der umgekehrten Ausbaureihenfolge – achten Sie auf die korrekte Einbaurichtung (markiert am Rand des Filters).

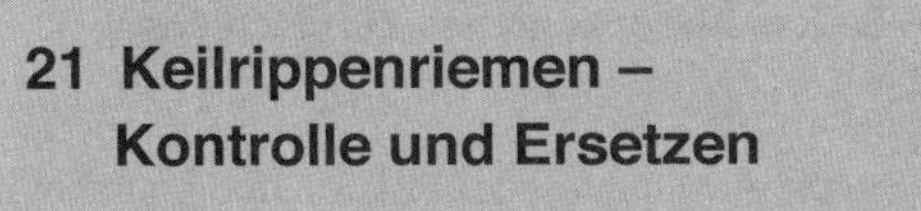

21 Keilrippenriemen – Kontrolle und Ersetzen

Anmerkung: *Opel empfiehlt, die Spannrolle kontrolliert und zusammen mit dem Riemen auszutauschen.*

Kontrolle

1 Aufgrund ihrer Funktion und des Materials verschleißen Keilrippenriemen mit der Zeit und können reißen – eine regelmäßige Kontrolle ist daher unerlässlich.
2 Ziehen Sie die Handbremse, heben Sie das Fahrzeug vorn an und stützen Sie es sicher ab (siehe Seite 351). Demontieren Sie das rechte Vorderrad und die Radlaufabdeckung, um Zugang zum Motor zu erhalten.
3 Drehen Sie mithilfe eines Steckschlüssels samt Verlängerung die Kurbelwellen-Riemenscheibe im Uhrzeigersinn, um den/die Riemen über die gesamte Länge auf glänzende Scheuerstellen, Risse, ablösendes oder ausgefranstes Gewebe und andere Schäden inspizieren zu können. Verdrehen Sie den Riemen, um beide Seiten betrachten zu können. Ein schadhafter Riemen muss ersetzt werden. Kontrollieren Sie auch die Riemenscheiben auf Kerben, Risse, Verformungen und Korrosion und ersetzen Sie sie nötigenfalls.

Ersetzen

4 Verschaffen Sie sich Zugang zur rechten Motorseite (Schritt 2).
5 Zur Verbesserung des Zugangs kann die Luftfilter-Baugruppe entfernt werden (siehe Kapitel 4A, Sektion 3).
6 Falls der Keilrippenriemen wiederverwendet werden soll, muss er entsprechend seiner normalen Laufrichtung markiert werden.
7 Stützen Sie den Motor ab und demontieren Sie die rechte Motorhalterung (siehe Kapitel 2A, Sektion 16) – sie ist inmitten des Riemens angebracht.
8 Merken Sie sich die Verlegung des Riemens und lösen Sie mit einem Torx-Ringschlüssel (oder dem Opel-Spezialwerkzeug EN-48488) den Riemenscheiben-Bolzen, drehen Sie den Spanner im Uhrzeigersinn gegen die Feder und halten Sie ihn mit einem in die Bohrung gesteckten 4 mm starken Arretierstift oder Bohrers in dieser Position (siehe Abbildung). **Achtung: Stecken Sie den Bohrer nicht durch die Bohrung des Spanners und die Löcher des Motorgehäuses, da hierdurch der Riemen nicht ausreichend entspannt wird.** Der Riemen muss vollständig entspannt sein, um den Bohrer hinter dem Gehäuseloch einschieben zu können.
Anmerkung: *Falls kein Ringschlüssel vorhanden ist, muss die Motorhalterung vom Motor entfernt werden, da ein Steckschlüssel nicht passt.*

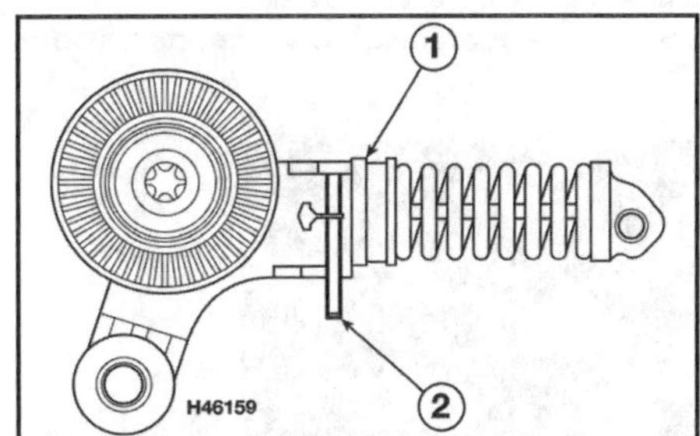

21.8 Führen Sie einen Bohrer durch die Bohrung im Spanner und die Strebe in den Motorblock ein.

1 Spannergehäuse
2 Arretierstift / 4-mm-Bohrer

9 Heben Sie den Keilrippenriemen von den Riemenscheiben.
10 Verlegen Sie den zu montierenden Keilrippenriemen korrekt über die Riemenscheiben – achten Sie bei einem gebrauchten Riemen auf die zuvor angebrachte Laufrichtungs-Markierung.
11 Ziehen Sie den Spanner zurück und entfernen Sie den Arretierstift. Achten Sie beim Anlegen der Spannrolle darauf, dass die Rippen des Riemens korrekt über den Riemenscheiben liegen.
12 Montieren Sie die rechte Motorhalterung (siehe Kapitel 2A, Sektion 16).
13 Montieren Sie ggf. die Luftfilter-Baugruppe sowie die Radlaufabdeckung und das Vorderrad. Senken Sie das Fahrzeug ab.

22 Handbremse – Kontrolle und Einstellung

Kontrolle

1 An leichtem Gefälle muss die mit drei Klicks angezogene Handbremse das Fahrzeug sicher halten.
2 Falls es mit drei Klicks losrollt, muss die Handbremse wie folgt eingestellt werden:
3 Blockieren Sie die Vorderräder, heben Sie dann das Fahrzeug hinten an, und stützen Sie es sicher ab (siehe Seite 351).
4 Betätigen Sie mindestens fünfmal kräftig das Bremspedal. Ziehen Sie ebenfalls mindestens fünfmal nacheinander die Handbremse.
5 Befreien Sie die Handbremsen-Manschette aus der Mittelkonsole und falten Sie sie über dem Bremshebel hoch, um Zugang zur Einstellmutter des Handbremsen-Seilzugs zu erhalten (siehe Abbildungen).

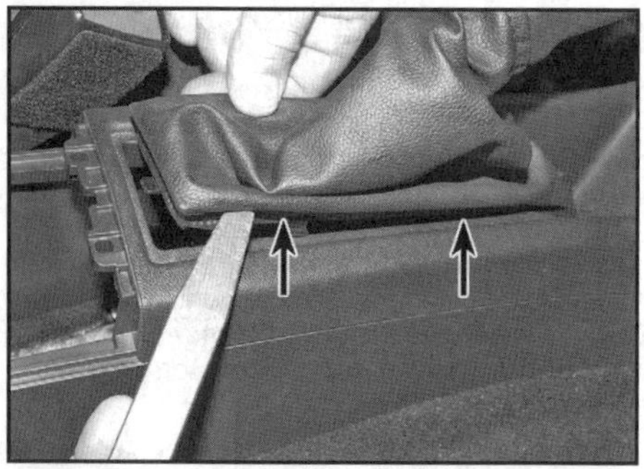

22.5a Befreien Sie die Handbremsen-Manschette aus der Mittelkonsole, ...

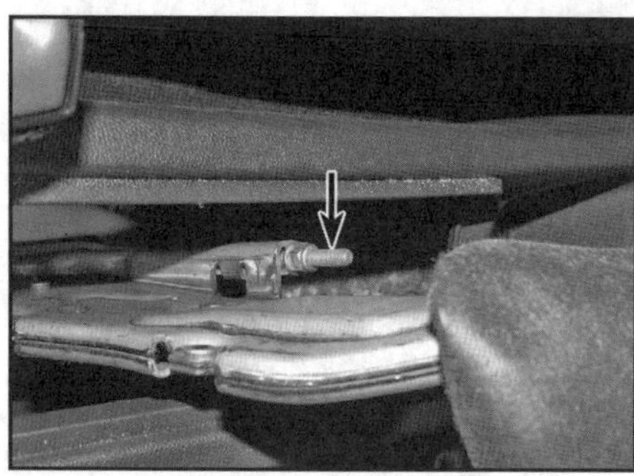

22.5b ... um Zugang zur Einstellmutter des Handbremsen-Seilzugs zu erhalten.

6 Schwenken Sie den Handbremshebel vollständig herunter und drehen Sie die Einstellmutter gegen den Uhrzeigersinn, um den Seilzug zu entspannen.
7 Ziehen Sie die Handbremse um 2 Klicks an und drehen Sie die Einstellmutter im Uhrzeigersinn, bis zum Drehen der Hinterräder etwas Kraft benötigt wird.
Anmerkung: *Beide Räder müssen sich mit gleichem Kraftaufwand drehen lassen.*
8 Ziehen Sie die Handbremse jetzt bis zum dritten Klick an und prüfen Sie, ob beide Hinterräder blockiert sind. Wenn dies der Fall ist, wird die Handbremse gelöst und geprüft, ob sich die Räder frei drehen lassen. Kontrollieren Sie die Einstellung, indem Sie die Handbremse vollständig anziehen und dabei die Klicks zählen; stellen Sie die Bremse nötigenfalls nach.
9 Lassen Sie nach der Einstellung die Manschette wieder in der Mittelkonsole einrasten und senken Sie das Fahrzeug ab.

23 Leuchtweiteneinstellung – Kontrolle

Eine akkurate Einstellung der Scheinwerfer-Ausrichtung ist nur mit speziellen Messgeräten möglich, sodass sie von einer entsprechend ausgerüsteten Fachwerkstatt durchgeführt werden sollte. Weitere Informationen finden sich in Kapitel 12, Sektion 8.

Alle 2 Jahre

24 Fernbedienung – Batteriewechsel

1 Hebeln Sie mit einem kleinen Schraubendreher die Abdeckung vom Schlüsselgehäuse (siehe Abbildung).

24.1 Hebeln Sie die Abdeckung des Zündschlüssel-Gehäuses ab.

2 Beachten Sie die Ausrichtung der Batterie und entnehmen Sie sie aus dem Gehäuse.
3 Installieren Sie die neue Batterie (Typ: CR 2032) – die Plus-Seite kommt nach oben (siehe Abbildung). Vermeiden Sie das Berühren der beiden Batterieseiten mit den Fingern. Drücken Sie die beiden Gehäusehälften zusammen, bis sie einrasten. Prüfen Sie die Funktion der Fernbedienung.

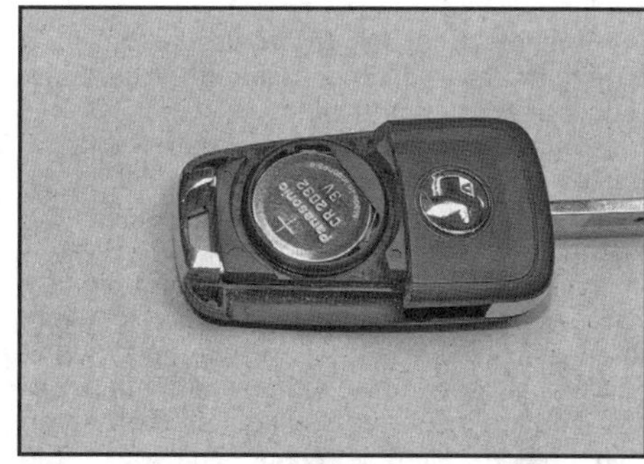

24.3 Legen Sie die neue Batterie mit der Plus-Seite nach oben ein.

4 Nach dem Batteriewechsel muss die Fahrertür mit dem Schlüssel im Türschloss verschlossen und wieder entriegelt werden, dann wird damit die Zündung eingeschaltet, um die Fernbedienung wieder zu synchronisieren.

25 Hydraulikflüssigkeit – Austausch

Warnung:
- ***Hydraulikflüssigkeit kann zu Augenverletzungen führen und Lackoberflächen angreifen, bewahren Sie deshalb beim Umgang hiermit größte Sorgfalt.***
- ***Benutzen Sie NIEMALS Bremsflüssigkeit, die längere Zeit offen gestanden hat, da sie Feuchtigkeit aus der Luft absorbiert, was zu einem gefährlichen Verlust an Bremswirkung führen kann.***

1 Die Prozedur ähnelt dem Entlüften der Hydraulik, wie in Kapitel 9, Sektion 2 (Bremse) oder Kapitel 6, Sektion 2 (Kupplung) beschrieben. Nur wird hier der Ausgleichsbehälter zunächst entleert – möglichst durch Abpumpen – und dann beim Herauspumpen beobachtet, wann frische Bremsflüssigkeit austritt.
2 Gehen Sie wie in Kapitel 9, Sektion 2 beschrieben vor, öffnen Sie das erste Entlüftungsventil, und pumpen Sie sanft mit dem Bremspedal, bis fast die gesamte Bremsflüssigkeit aus dem Ausgleichsbehälter abgepumpt ist.

Praxis-Tipp ***Alte Hydraulikflüssigkeit ist deutlich dunkler als frische. Pumpen Sie so lange Hydraulikflüssigkeit heraus, bis helle Flüssigkeit austritt.***

3 Füllen Sie bis zur MAX-Markierung frische Hydraulikflüssigkeit in den Ausgleichsbehälter und pumpen Sie sie so lange durch, bis sämtliche alte Flüssigkeit aus dem System gepumpt ist. Füllen Sie dabei regelmäßig frische Hydraulikflüssigkeit nach. Ziehen Sie die Entlüftungsschraube anschließend sorgfältig an und stecken Sie die Kappe auf.
4 Gehen Sie bei den anderen Entlüftungsschrauben genauso vor. Achten Sie darauf, dass der Pegel im Ausgleichsbehälter nicht unter die MIN-Markierung fällt – falls Luft ins Hydrauliksystem eindringt, muss es zeitaufwendig entlüftet werden.
5 Entlüften Sie die Bremse wie in Kapitel 6, Sektion 2 beschrieben.
6 Prüfen Sie zum Schluss, ob alle Entlüftungsschrauben fest sitzen und mit den Gummikappen ausgerüstet sind. Waschen Sie Spritzer ab und kontrollieren Sie erneut den Pegel im Ausgleichsbehälter.
7 Prüfen Sie die Funktion der Bremse bzw. der Kupplung, bevor Sie das Fahrzeug im Straßenverkehr bewegen.
8 Entsorgen Sie die alte Hydraulikflüssigkeit (separat von Ölen!) im Fachhandel, wo sie auch verkauft wird – hier ist man verpflichtet, »handelsübliche« Mengen wieder zurückzunehmen.

26 Kühlflüssigkeit – Austausch

Anmerkung: *Opel schreibt keine Wechselintervalle für das Kühlmittel vor, da ab Werk ein Gemisch aufgefüllt wird, das für immer im System verbleiben kann. Wir empfehlen jedoch, das Kühlmittel zum Schutz vor Korrosion alle zwei Jahre zu erneuern – dies gilt besonders, wenn das Frostschutzmittel bereits irgendwann gegen ein anderes Mittel ausgetauscht wurde. Viele Mittel verlieren mit der Zeit ihre korrosionshemmenden Eigenschaften.*

Warnung: Diese Arbeit darf erst ausgeführt werden, wenn der Motor abgekühlt ist. Lassen Sie Frostschutzmittel nicht auf die Haut oder lackierte Teile des Fahrzeugs gelangen. Spülen Sie Spritzer umgehend mit reichlich Wasser ab. Kühlmittel darf niemals in offenen Behältern gelagert werden – es ist giftig und kann durch seinen süßlichen Geruch Kindern und Tieren zum Verhängnis werden.

Ablassen

1 Umwickeln Sie den Kühlerdeckel mit Lappen und drehen Sie ihn langsam nach links, bis der erste Anschlag erreicht ist. Warten Sie, bis zischende Geräusche verschwinden und jeglicher Druck abgebaut ist, drücken Sie ihn herunter, und drehen Sie ihn weiter nach links bis zum zweiten Anschlag – jetzt kann er entnommen werden.
2 Stellen Sie einen ausreichend großen Behälter links unter den Kühler – heben Sie das Fahrzeug nötigenfalls etwas an (siehe Seite 351).
3 Die Kühlmittel-Ablassschraube sitzt links unten am Kühler (siehe Abbildung) – lösen Sie sie und lassen Sie das Kühlmittel ablaufen.

26.3 Ablassschraube des Kühlers

4 Sobald das Kühlmittel abgelaufen ist, wird die Schraube wieder installiert und sorgfältig angezogen.
5 Da im Motorblock keine Ablassschraube vorhanden ist, kann hier das Kühlmittel nicht abgelassen werden – beachten Sie dies beim Mischen des Kühlmittels.
6 Falls das Kühlmittel aufgrund einer Reparatur am Motor oder Kühlsystem abgelassen wurde und noch nicht sehr alt sowie sauber ist, darf es später wiederverwendet werden.

Spülen

7 Falls der Wechsel des Kühlmittels vernachlässigt oder das Gemisch verdünnt wurde, verliert das Kühlsystem mit der Zeit seine Wirksamkeit, da sich die Kühlkanäle mit Rost, Ablagerungen und anderen Sedimenten zusetzen. Die Wirksamkeit kann durch das Spülen des Systems wiederhergestellt werden.
8 Der Kühler sollte unabhängig vom Motor gespült werden, damit er nicht unnötig kontaminiert wird.

Wasserkühler

9 Ziehen Sie alle Schläuche vom Kühler ab (siehe Kapitel 3, Sektion 2).
10 Verbinden Sie einen Gartenschlauch mit dem oberen Kühlerstutzen und lassen Sie solange Wasser durch den Kühler strömen, bis dies unten sauber wieder austritt.

11 Falls das austretende Wasser auch nach längerer Zeit nicht aufklart, kann der Kühler mit einem speziellen Kühler-Reinigungsmittel gespült werden – beachten Sie die beigefügten Hinweise. Spülen Sie den Kühler nötigenfalls in Gegenrichtung von unten nach oben durch.

Motor

12 Zum Spülen des Motors muss der Thermostat demontiert werden (siehe Kapitel 3, Sektion 4), da er ansonsten schließt und das Durchströmen des Motors verhindert. Achten Sie dabei darauf, keine Fremdkörper in den Motor gelangen zu lassen.
13 Sobald der untere Kühlerschlauch getrennt ist, wird ein Gartenschlauch in die Thermostatöffnung eingeführt und der Motor mit Frischwasser durchspült, bis dies am Kühlerschlauch wieder klar austritt.
14 Montieren Sie anschließend den Thermostaten (siehe Kapitel 3, Sektion 4) und verbinden Sie alle Schläuche.

Auffüllen

15 Zunächst muss geprüft werden, ob alle Schläuche und Schellen in Ordnung und fest verbunden sind. Prüfen Sie auch den festen Sitz aller die Ablass- und Entlüftungsschrauben. Um Korrosion im Motor zu verhindern, muss das Kühlsystem ganze Jahr über mit Frostschutzmittel befüllt sein (siehe unten).
16 Entfernen Sie den Deckel des Ausgleichsbehälters.
17 Schrauben Sie das seitlich am Ausgleichsbehälter sitzende Entlüftungsventil auf (siehe Abbildung).

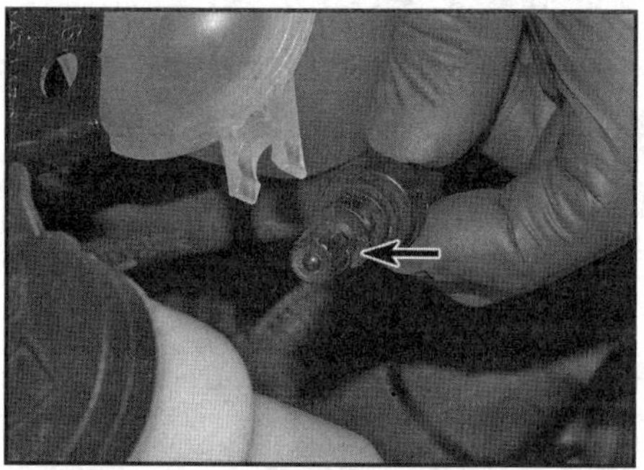

26.17 Schrauben Sie das Entlüftungsventil auf.

18 Füllen Sie das Kühlsystem langsam bis zum Einfüllstutzen des Ausgleichsbehälters mit Kühlmittel auf, damit sich keine Luftblasen bilden.
19 Drehen Sie das Entlüftungsventil zu, sobald hier Kühlmittel austritt.
20 Installieren Sie den Ausgleichsbehälterdeckel.
21 Starten Sie den Motor und lassen Sie ihn mit 2000 bis 2500/min laufen und schalten Sie ihn etwa zwei Minuten nach dem Zuschalten des Kühlerventilators ab.
22 Lassen Sie den Motor abkühlen und kontrollieren Sie den Kühlmittelpegel (siehe *Wöchentliche Kontrollen*) – füllen Sie nötigenfalls Kühlmittel auf.

Frostschutzgemisch

23 Verwenden Sie stets das vorgeschriebene Frostschutzmittel (siehe Seite 23) – die Gesamt-Füllmenge beträgt etwa 4,5 Liter.
24 Das Kühlmittel sollte alle zwei Jahre ausgetauscht werden. Dies garantiert nicht nur einen Schutz gegen zerstörerische Eisbildung, sondern hilft auch gegen Korrosion – beide Eigenschaften gehen im Frostschutzmittel mit der Zeit verloren.
25 Bevor Frostschutzmittel zugefügt wird, muss das gesamte Kühlsystem entleert, möglichst gespült und auf Undichtigkeiten überprüft werden. Kontrollieren Sie alle Schläuche regelmäßig auf Risse und Alterungserscheinungen.
26 Nach dem Auffüllen frischen Kühlmittels muss am Ausgleichsbehälter ein Hinweis angebracht werden, auf dem der Typ, die Konzentration, das Datum und die Laufleistung vermerkt ist. Zum Nachfüllen darf nur das gleiche Mittel verwendet werden.
Achtung: Verwenden Sie kein Motor-Kühlmittel im Wischwasserbehälter, da es den Lack angreift; hierfür gibt es spezielle Frostschutzmittel.

27 Abgaskontrolle

1 Der Schadstoffgehalt der Abgase wird bei jeder Hauptuntersuchung (zuerst nach drei Jahren, dann alle zwei Jahre) überprüft. Soweit der Motor korrekt läuft und die Motor-Warnlampe im Cockpit nicht aufleuchtet, sind keine weiteren Kontrollen nötig.
2 Falls der Verdacht besteht, die Abgasregelung sei nicht in Ordnung, muss am Diagnosestecker des Motorsteuergeräts ein Prüfgerät angeschlossen werden, um Fehler auslesen und ggf. beheben zu können (siehe Kapitel 4C, Sektion 2) – bringen Sie das Fahrzeug dazu in eine Fachwerkstatt.

Alle 80.000 km oder spätestens nach 4 Jahren

28 Luftfilterelement – Ersetzen

1 Das Luftfiltergehäuse sitzt rechts im Motorraum.
2 Befreien Sie an der Seite des Luftfilterdeckels den Kabelbaum.
3 Lösen Sie die Schrauben des Deckels, heben Sie diesen ab, und entfernen Sie das Filterelement (siehe Abbildungen).

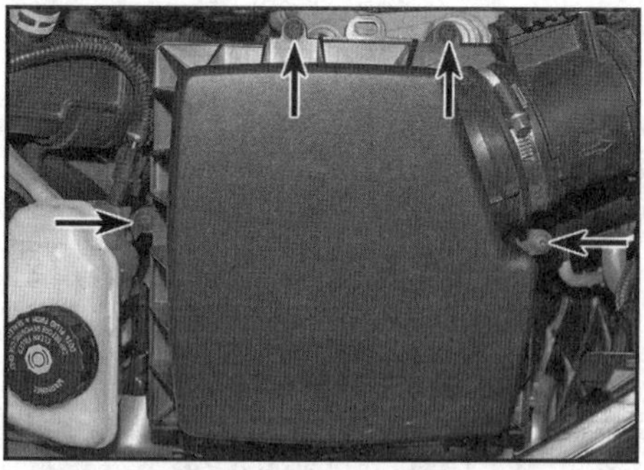

28.3a Lösen Sie die Schrauben, ...

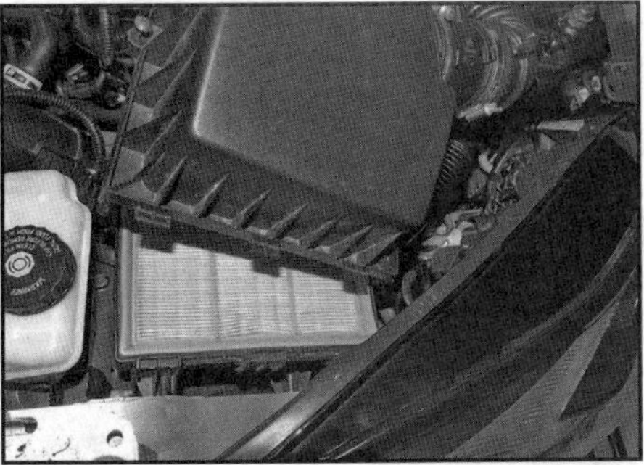

28.3b ... heben Sie den Deckel ab, ...

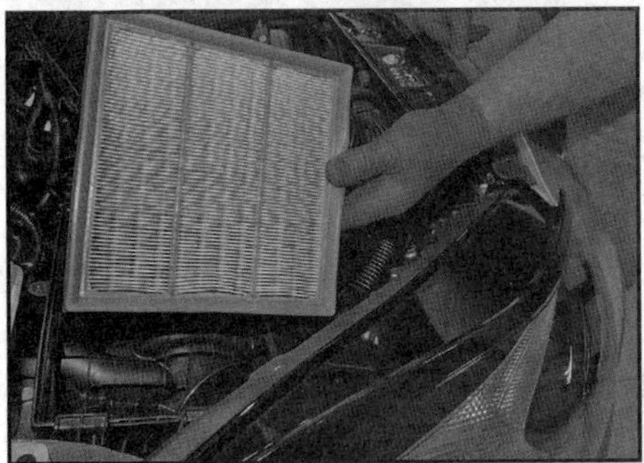

28.3c ... und entfernen Sie das Filterelement.

4 Wischen Sie das Gehäuse innen mit einem feuchten Lappen sauber und entfernen Sie ggf. hineingefallenen Partikel.
5 Installieren Sie den korrekt ausgerichteten Luftfilter mit dem Gummiflansch nach oben in das Gehäuse. Setzen Sie den Deckel auf und sichern Sie ihn mit den Schrauben.

29 Zündkerzen – Ersetzen

1 Damit ein Motor rund, leistungsfähig und wirtschaftlich läuft, müssen die Zündkerzen mit maximaler Effizienz funktionieren. Der wichtigste Faktor hierfür ist, dass die passenden Zündkerzen installiert sind – erkundigen Sie sich hierfür bei einem Fachhändler.
2 Befindet sich der Motor in einem guten Zustand, sollten die Zündkerzen zwischen den Wechselintervallen keine Aufmerksamkeit verlangen. Zündkerzen müssen bei Einspritzmotoren nur selten gereinigt werden. Solange nicht die nötigen Hilfsmittel zur Hand sind, sollten Reinigungsversuche auch unterbleiben, damit die Elektroden nicht beschädigt werden.
3 Hebeln Sie die vordere Kante der Motorabdeckung ab, um diese befreien zu können.
4 Entfernen Sie das Zündmodul von den Zündkerzen (siehe Kapitel 5B, Sektion 3).
5 Vor dem Ausbau der Zündkerzen sollten ihre Sitze mit einer Bürste, Druckluft und/oder einem Sauger von Verunreinigungen befreit werden, damit nichts in die Brennräume fallen kann.
6 Der Austausch von Zündkerzen erfordert einen geeigneten Schlüssel samt Verlängerung und Knarre – möglichst auch einen Drehmomentschlüssel. Ein Zündkerzenschlüssel ist innen mit einem Gummiring ausgerüstet, damit der aus Porzellan bestehende Isolator nicht beschädigt wird und die Kerze aus ihrem Sitz im Zylinderkopf herausgehoben werden kann (siehe Abbildungen).

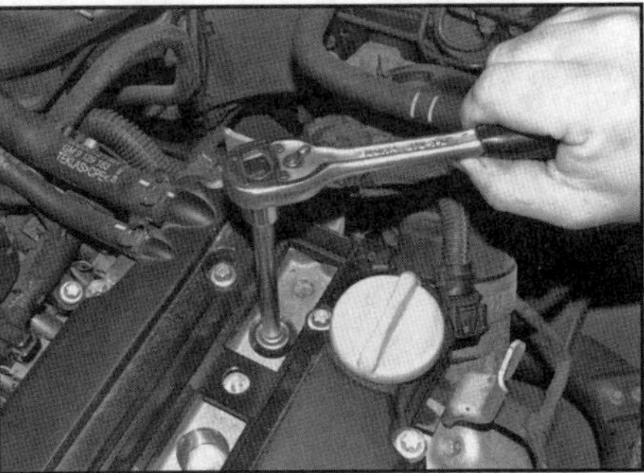

29.6a Drehen Sie die Zündkerzen mit einem geeigneten Kerzenschlüssel heraus ...

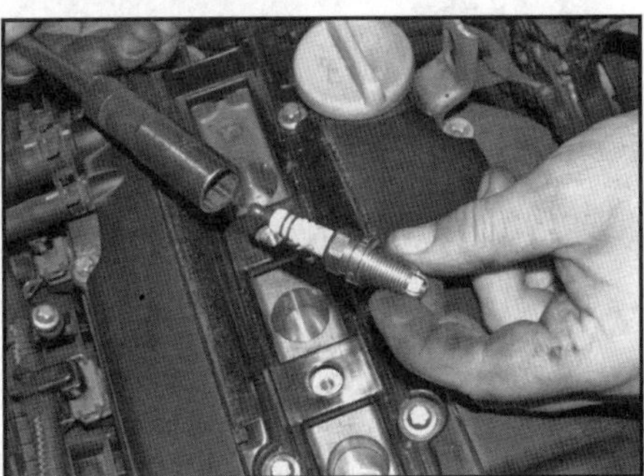

29.6b ... und befreien Sie sie aus dem Steckschlüssel.

Praxis-Tipp

Zündkerzen können für viele Symptome verantwortlich sein: Schlechtes Anspringen, ungleichmäßiges Standgas, Fehlzündungen, hoher Verbrauch, mangelnde Leistung usw. Ein Kerzenwechsel bewirkt hier oft Wunder.

7 Begutachten Sie die Zündkerzen, um gute Hinweise über den Zustand des Motors zu erhalten. Ein weißer Isolator ist ein Hinweis auf zu mageres Gemisch oder eine »zu heiße« Zündkerze (die wenig Wärme von der Elektrode ans Gehäuse überträgt).
8 Falls die Mittelelektrode und der Isolator mit harten schwarzen Ablagerungen bedeckt sind, weist dies auf zu fettes Gemisch oder eine »zu kalte« Zündkerze (die viel Wärme von der Elektrode ans Gehäuse überträgt); auch Motorverschleiß kann die Ursache sein.
9 Hellbraune oder graubraune Ablagerungen weisen darauf hin, dass das Gemisch korrekt ist und der Motor sich in einem guten Zustand befindet.
10 Der Elektrodenabstand bestimmt die Länge des Zündfunkens, die wiederum für eine korrekte Verbrennung sehr wichtig ist. Für einen optimalen Zündfunken muss der Abstand zwischen der Mittelelektrode und dem Masseelektroden-Bügel 0,9 mm betragen.
11 Messen Sie den Abstand möglichst mithilfe einer Drahtlehre – notfalls kann auch eine Fühlerlehre verwendet werden (siehe Abbildungen). Verbiegen Sie dann ggf. vorsichtig die Masseelektrode, um den korrekten Wert zu erhalten. Niemals darf die Mittelelektrode verbogen werden – hierbei würde der Isolator brechen und schlimmstenfalls im laufenden Betrieb in den Brennraum fallen.

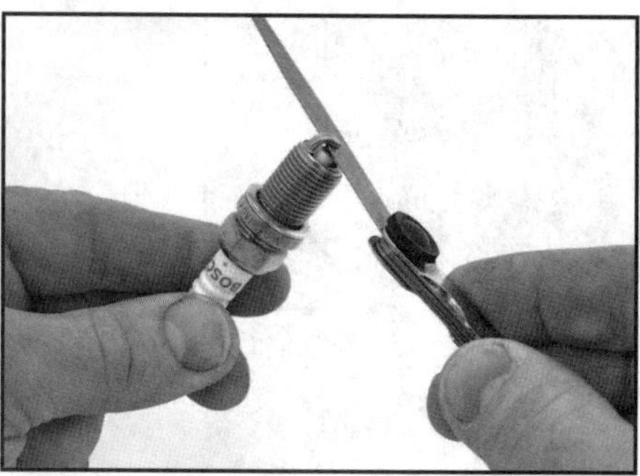

29.11a Der Elektrodenabstand kann mit einer Fühlerlehre ...

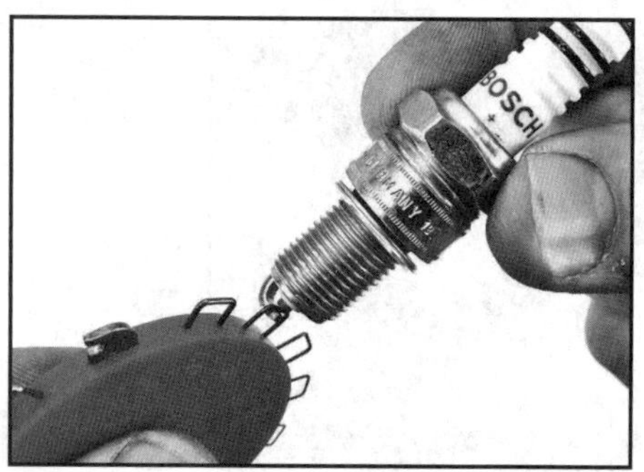

29.11b ... oder einer speziellen Drahtlehre ermittelt werden.

12 Im Fachhandel sind spezielle Werkzeuge zum Einstellen des Elektrodenabstands erhältlich.
13 Vor dem Einbau der Zündkerze muss ggf. geprüft werden, ob die Hülse fest auf die Gewindespitze geschraubt ist. Die Zündkerze und ihr Gewinde müssen sauber sein. Versehen Sie das Zündkerzengewinde zum Schutz vor Korrosion dünn mit Kupferpaste und drehen Sie die Kerze möglichst weit per Hand in den Motor – so wird verhindert, dass die Zündkerze verkantet (siehe Praxis-Tipp).

Praxis-Tipp

Zündkerzen lassen sich oft nur schwer in den Motor schrauben. Damit sie auch in tiefere Kanäle von Hand geschraubt werden können (sodass sie nicht verkanten), wird ein Schlauch aufgeschoben, der flexibel genug ist, die Kerze senkrecht zu ihrem Gewinde aufzusetzen. Sollte die Zündkerze beim Einschrauben verkanten, wird der Schlauch überrutschen, und es muss ein neuer Versuch gestartet werden.

14 Sobald die Zündkerze handfest eingeschraubt ist, wird sie mithilfe des Drehmomentschlüssels mit 25 Nm angezogen. Installieren Sie die anderen Zündkerzen auf die gleiche Weise.

15 Montieren Sie das Zündmodul (siehe Kapitel 5A, Sektion 3) und die Motorabdeckung.

30 Automatikgetriebeöl – Austausch

1 Beachten Sie die Hinweise in Kapitel 7B, Sektion 2.

Alle 160.000 km oder spätestens nach 6 Jahren

31 Keilrippenriemen – Ersetzen

1 Beachten Sie die Hinweise in Sektion 21.

Kapitel 1B

Einstellungs- und Wartungsarbeiten – Modelle mit Dieselmotoren

Inhalt **Sektion**

Schwierigkeitsgrade

Leicht. Geeignet für Anfänger mit wenig Erfahrung. 	**Relativ leicht.** Geeignet für Anfänger mit etwas Erfahrung.	**Relativ schwierig.** Geeignet für geübte Selbstschrauber. 	**Schwer.** Geeignet für Selbstschrauber mit viel Erfahrung. 	**Sehr schwer.** Geeignet für Experten und Profis. 

Technische Daten

Schmiermittel und Flüssigkeiten .... siehe Seite 23

Füllmengen

Motoröl

Öl- und Filterwechsel	4,0 Liter
Differenz zwischen MIN- und MAX-Markierungen am Peilstab	1,0 Liter
Kühlsystem	5,2 Liter

Getriebeöl

5-Gang-Modelle	1,5 Liter
6-Gang-Modelle	1,8 Liter
Wischwasserbehälter	2,2 Liter
Kraftstofftank	45 Liter

Kühlsystem

Frostschutzgemisch (Ethylenglykol)	**Frostschutzmittel**	**Wasser**
Frostschutz bis –40 °C	50 %	50 %

Anmerkung: *Beachten Sie die Hinweise des Herstellers auf der Verpackung.*

Bremsen

Bremsbelag-Verschleißgrenze

Scheibenbremsen-Beläge	2,0 mm
Trommelbremsen-Backen	2,0 mm

Anzugsdrehmomente	**Nm**
Ölfiltergehäuse-Deckel	25
Motoröl-Ablassschraube	20
Radbolzen	110

1 Wartungsplan

Die in diesem Handbuch angegebenen Wartungsintervalle beziehen sich darauf, dass der Fahrzeugbesitzer – und nicht die Werkstatt – die Arbeiten durchführt. Es sind die von uns empfohlenen Minimum-Wartungsintervalle für täglich bewegte Fahrzeuge. Wer sein Auto in einem hervorragenden Zustand erhalten will, muss einige dieser Punkte öfter ausführen. Wir empfehlen, alle Wartungen regelmäßig durchzuführen, da hierdurch die Wirtschaftlichkeit, die Leistungsfähigkeit und der Wiederverkaufswert des Fahrzeugs erhalten bleiben. Falls der Wagen viel mit geringem Tempo (viel Stadtverkehr), mit Anhänger oder auf kurzen Strecken gefahren wird, empfehlen wir, die Wartungsintervalle zu verkürzen oder gar zu halbieren. Ein Neufahrzeug sollte bis zum Ablaufen der Garantie von einer von Opel anerkannten Fachwerkstatt gewartet werden, da andernfalls Garantieansprüche möglicherweise nicht anerkannt werden. Während der Garantiezeit dürfen nur Original-Ersatzteile eingebaut werden.

Alle 400 km oder wöchentlich

- ☐ Alle »Wöchentlichen Kontrollen«

Alle 10.000 km oder spätestens nach 6 Monaten

- ☐ Wechsel des Motoröls und des Ölfilters (Sektion 5)*

* **Anmerkung**: *Opel schreibt den Austausch des Motoröls alle 30.000 km oder 12 Monate vor. Weil sich der Austausch des Motoröls und des Ölfilters sich äußerst positiv auf den Motor auswirkt, empfehlen wir jedoch, diesen Wechsel mindestens zweimal jährlich durchzuführen – besonders wenn das Fahrzeug viel auf Kurzstrecke eingesetzt wird.*

Alle 20.000 km oder spätestens nach 12 Monaten

- ☐ Kontrolle des Motorraums, aller Leitungen und Schläuche auf Undichtigkeiten (Sektion 6)
- ☐ Entwässern des Kraftstofffilters (Sektion 7)
- ☐ Kontrolle der Vorderrad- und ggf. Hinterrad-Bremsbeläge, der Bremssättel und der Bremsscheiben (Sektion 8)
- ☐ Kontrolle der Hinterrad-Bremsbacken (Trommelbremse) (Sektion 9)
- ☐ Kontrolle aller Bremsleitungen und -Schläuche (Sektion 10)
- ☐ Kontrolle der Vorderradaufhängung und der Lenkung – insbesondere der Gummimanschetten und Dichtungen (Sektion 11)
- ☐ Kontrolle der Antriebswellenmanschetten und -Gelenke (Sektion 12)
- ☐ Kontrolle der Auspuffanlage und ihrer Aufnahmen (Sektion 13)
- ☐ Kontrolle der Hinterradaufhängung (Sektion 14)
- ☐ Kontrolle der Karosserie und des Unterbodens auf Schäden und Korrosion, Kontrolle des Unterbodenschutzes (Sektion 15)
- ☐ Festigkeitsprüfung der Radbolzen (Sektion 16)
- ☐ Schmieren aller Schlösser und Scharniere (Sektion 17)
- ☐ Kontrolle der Hupe, aller Lampen, der Scheibenwischer und der Wischwaschanlage (Sektion 18)
- ☐ Probefahrt (Sektion 19)
- ☐ Zurücksetzen der Inspektionsanzeige (Sektion 20)

Alle 40.000 km oder spätestens nach 2 Jahren

- ☐ Austausch des Pollenfilters (Sektion 21)
- ☐ Austausch des Kraftstofffilters (Sektion 22)
- ☐ Kontrolle des Keilrippenriemens und des Spanners (Sektion 23)
- ☐ Kontrolle und ggf. Einstellung der Handbremse (Sektion 24)
- ☐ Kontrolle der Leuchtweitenverstellung (Sektion 25)

Alle 2 Jahre (ungeachtet der Laufleistung)

- ☐ Austausch der Fernbedienungs-Batterie (Sektion 26)
- ☐ Austausch der Brems- und Kupplungsflüssigkeit (Sektion 27)
- ☐ Austausch des Kühlmittels (Sektion 28)*
- ☐ Abgasprüfung (Sektion 29)

* *Das silikatfreie Vauxhall/Opel-Kühlmittel muss nicht regelmäßig ausgetauscht werden.*

Alle 80.000 km oder spätestens nach 4 Jahren

- ☐ Austausch des Luftfilterelements (Sektion 30)

Alle 160.000 km oder spätestens nach 6 Jahren

- ☐ Austausch des Zahnrippenriemens (Sektion 31)

2 Lage der Baugruppen

Motorraum

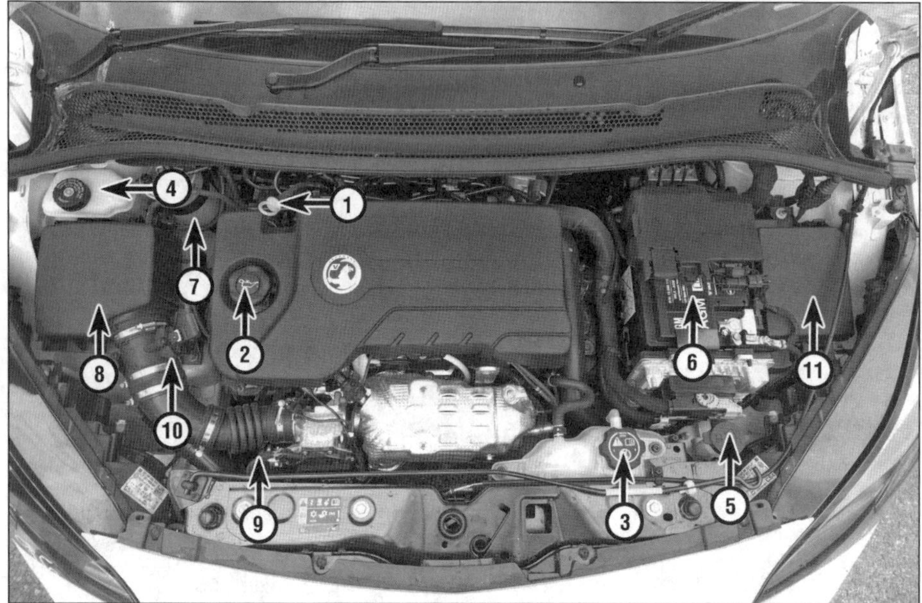

1 *Motoröl-Peilstab*
2 *Motoröl-Einfülldeckel*
3 *Kühlmittel-Ausgleichsbehälter*
4 *Brems-/Kupplungsflüssigkeitsbehälter (bei Linkslenkern auf der anderen Seite)*
5 *Wischwasserbehälter*
6 *Batterie*
7 *Kraftstofffilter*
8 *Luftfiltergehäuse*
9 *Ölfilter*
10 *Luftmassenmesser*
11 *Sicherungs-/Relaisbox*

Unterseite Frontbereich

1 *Auspuffrohr*
2 *Spurstange*
3 *Unterer Querlenker*
4 *Bremssattel*
5 *Motorhalterung hinten / Drehmomentstütze*
6 *Rechte Antriebswelle*
7 *Schaltgetriebe*
8 *Motoröl-Ablassschraube*
9 *Klimaanlagen-Kompressor*
10 *Vorderer Hilfsrahmen*
11 *Kühlerventilator*
12 *Kühlmittel-Ablassschraube*

Unterseite – Heckbereich

1 *Auspuff-Endrohr mit Schalldämpfer*
2 *Verbundlenker-Hinterachse mit Längslenkern*
3 *Kraftstofftank*
4 *Handbremsen-Seilzüge*
5 *Reserverad-Mulde*
6 *Schraubenfeder*
7 *Untere Stoßdämpfer-aufnahme*
8 *Hitzeschild*

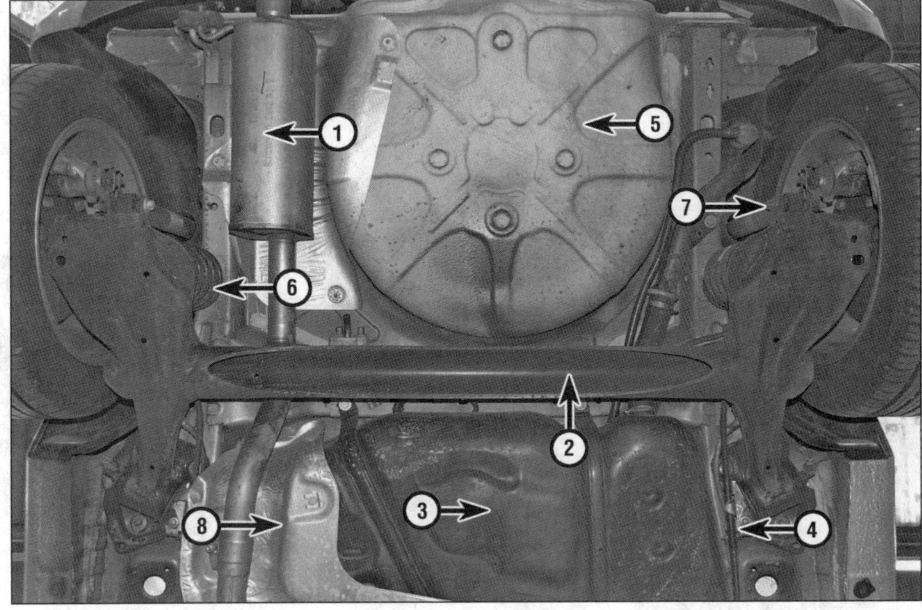

3 Allgemeine Informationen

1 Dieses Kapitel soll dem Hobbyschrauber helfen, sein Fahrzeug in einem sicheren und technisch guten Zustand zu halten, sodass es immer voll leistungsfähig ist und eine lange Lebensdauer erreicht.
2 Dieses Kapitel beinhaltet einen Master-Wartungsplan und Sektionen, die sich im Einzelnen mit jeder Aufgabe in diesem Plan beschäftigt; darin finden sich Sichtkontrollen, Einstellungen, der Austausch von Komponenten und andere hilfreiche Dinge. Das Auffinden der diversen Komponenten wird mithilfe der Motorraum- und Unterseitenbilder auf den vorherigen Seiten erleichtert.
3 Werden die Arbeiten am Fahrzeug entsprechend des Wartungsplans (s. o.) und der folgenden Sektionen durchgeführt, sollte dies zu einem lange und zuverlässig funktionierendem Fahrzeug führen. Es handelt sich um einen sehr umfangreichen Plan – und das regelmäßige Warten einiger Komponenten, aber die Vernachlässigung anderer Baugruppen bringt nicht die gleichen Ergebnisse.
4 Während der Wartungsarbeiten wird auffallen, dass viele Prozeduren gemeinsam erledigt werden können – entweder wegen der speziellen Prozeduren oder der unmittelbaren Nähe zweier ansonsten nicht zusammenhängender Komponenten. Wird das Fahrzeug beispielsweise aus einem bestimmten Grund angehoben, kann neben einer Kontrolle der Lenkung und Radaufhängungen auch gleich eine Inspektion des Auspuffs durchgeführt werden.
5 Der erste Schritt dieses Wartungsprogramms ist, sich selbst vor der eigentlichen Arbeit korrekt vorzubereiten. Alle relevanten Sektionen müssen sorgfältig durchgelesen werden. Dann wird eine Liste erstellt und alle erforderlichen Teile und Werkzeuge müssen beschafft werden. Falls ein Problem auftritt, muss Rat bei einem Ersatzteilhändler oder einer Fachwerkstatt gesucht werden.

4 Große Inspektion

1 Wenn das Fahrzeug von Beginn an nach Wartungsplan inspiziert wurde und entsprechend der Hinweise in diesem Handbuch regelmäßig Flüssigkeitspegel und Verschleißteile überprüft worden sind, kann davon ausgegangen werden, dass sich der Motor in einem relativ guten Zustand befindet und kaum zusätzliche Arbeiten nötig sind.
2 Möglicherweise lief der Motor mangels regelmäßiger Wartung nicht korrekt. Dies kann bei Gebrauchtwagen, die nicht regelmäßig gewartet wurden, durchaus auftreten. In solchen Fällen können neben den üblichen Wartungsintervallen zusätzliche Arbeiten auftreten.
3 Bei Verdacht auf erhöhten Motorverschleiß kann ein Kompressionstest (siehe Kapitel 2B, Sektion 2) wertvolle Informationen über die Gesamtperformance wichtiger Motorinnereien liefern. Solch ein Test kann als Grundlage genutzt werden, um zu entscheiden, wie umfangreich die Arbeit ausfallen wird. Falls ein Kompressionstest beispielsweise auf einen hochgradigen Verschleiß von Motorkomponenten hinweist, würde die in diesem Kapitel beschriebene konventionelle Wartung die Leistungsfähigkeit des Motors kaum verbessern und sich stattdessen als Zeit- und Geldverschwendung erweisen, solange nicht zuvor umfangreiche Überholungen (siehe Kapitel 2C) stattgefunden haben.
4 Die folgenden Arbeitsabläufe sind oft nötig, um die Leistungsfähigkeit eines generell schlecht laufenden Motors zu verbessern:

Primär-Tätigkeiten

a) Reinigung, Kontrolle und Testen der Batterie (siehe Wöchentliche Kontrollen)
b) Kontrolle aller für den Motor wichtigen Betriebsflüssigkeiten (siehe Wöchentliche Kontrollen)

c) *Kontrolle des Zustands und der Spannung des Keilrippenriemens (Sektion 23)*
d) *Kontrolle und ggf. Austausch des Luftfilterelements (Sektion 30).*
e) *Austausch des Kraftstofffilters (Sektion 22)*
f) *Kontrolle aller Schläuche auf Undichtigkeit (Sektion 6)*

5 Falls die oben beschriebenen Tätigkeiten nicht das gewünschte Ergebnis bringen, müssen zusätzlich die folgenden Arbeiten durchgeführt werden:

Sekundär-Tätigkeiten

g) *Kontrolle des Batterieladesystems (siehe Kapitel 5A)*
h) *Kontrolle der Kraftstoffvorwärmung und der Glühkerzen (siehe Kapitel 5A)*
i) *Kontrolle des Kraftstoffsystems, der Auspuffanlage und der Abgasreinigung (siehe Kapitel 4B oder C)*

Alle 10.000 km oder spätestens nach 6 Monaten

5 Motoröl und Ölfilter – Austausch

Praxis-Tipp

Ein regelmäßiger Öl- und Filterwechsel ist die wichtigste präventive Wartungsarbeit, die ein Hobbyschrauber zum Erhalt seines Fahrzeugs erledigen kann. Motoröl wird mit der Zeit schlecht und verunreinigt, sodass vorzeitiger Motorverschleiß einsetzt.

1 Bevor mit dieser Prozedur begonnen wird, müssen alle erforderlichen Werkzeuge beschafft sein. Um Spritzer aufzuwischen, werden Lappen oder Zeitungspapier benötigt. Motoröl sollte möglichst gewechselt werden, wenn der Motor nach einer Fahrt auf Betriebstemperatur ist; warmes Öl und Ölschlamm fließen so leichter ab. Bei Arbeiten unter dem Fahrzeug dürfen weder der Auspuff noch andere heiße Komponenten berührt werden. Um Verbrühungen vorzubeugen und sich selbst vor Hautreizungen und im Öl enthaltenen giftigen Stoffen zu schützen, sollten bei dieser Arbeit Handschuhe getragen werden.

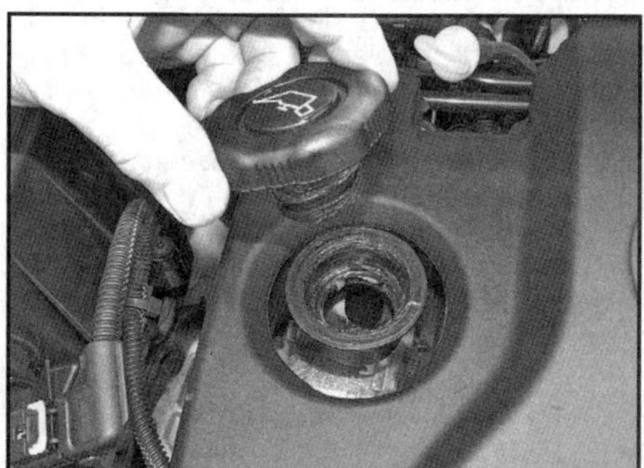

5.4 Entfernen Sie den Öleinfülldeckel.

2 Der Zugang zur Unterseite des Autos wird deutlich besser, wenn es angehoben, auf Rampen gefahren oder mit Böcken abgestützt wird (siehe Seite 351). Bei allen Methoden muss sichergestellt sein, dass das Fahrzeug waagerecht steht, damit sämtliches Öl aus der Ablassbohrung fließen kann.

3 Um Zugang zum Ölfilter zu erhalten, müssen das Luftfiltergehäuse und der Ansaugtrakt demontiert werden (siehe Kapitel 4B, Sektion 3).

4 Schrauben Sie den Öleinfülldeckel aus dem Ventildeckel (siehe Abbildung).

5 Lockern Sie mit einem passenden Torxschlüssel die Ablassschraube etwa eine halbe Umdrehung (siehe Abbildung), stellen Sie einen geeigneten Sammelbehälter unter die Ablassschraube, und drehen Sie diese vollständig heraus (siehe Praxis-Tipp).

5.5 Ölablassschraube

Praxis-Tipp

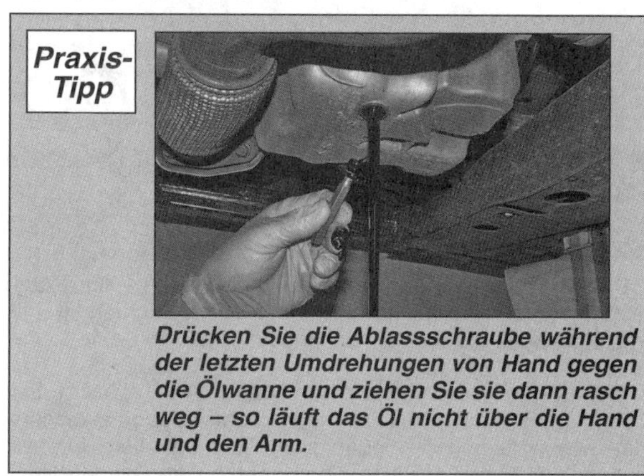

Drücken Sie die Ablassschraube während der letzten Umdrehungen von Hand gegen die Ölwanne und ziehen Sie sie dann rasch weg – so läuft das Öl nicht über die Hand und den Arm.

6 Geben Sie dem Öl genug Zeit zum Ablaufen – nötigenfalls muss der Behälter umgesetzt werden, wenn es nur noch tröpfelt.

7 Positionieren Sie einen anderen Sammelbehälter unter dem links vorn am Motor sitzenden Ölfilter (siehe Abbildung).

5.7 Position des Ölfilters

8 Lösen Sie mit einem großen Steckschlüssel den Ölfilterdeckel und ziehen Sie ihn samt Filter vom Gehäuse ab. Ziehen Sie den Ölfilter aus dem Deckel.

9 Wischen Sie mit Lappen Ölrückstände, Schmutz und Schlamm aus dem Ölfilterdeckel und dem Gehäuse positionieren Sie den neuen Ölfilter darin.
10 Entfernen Sie den O-Ring vom Ölfilterdeckel. Schmieren Sie den neuen O-Ring mit Öl, installieren Sie ihn an den Deckel (siehe Abbildungen), und ziehen Sie diesen mit 25 Nm an.

5.10a Rüsten Sie den Ölfilterdeckel mit einem neuen O-Ring aus …

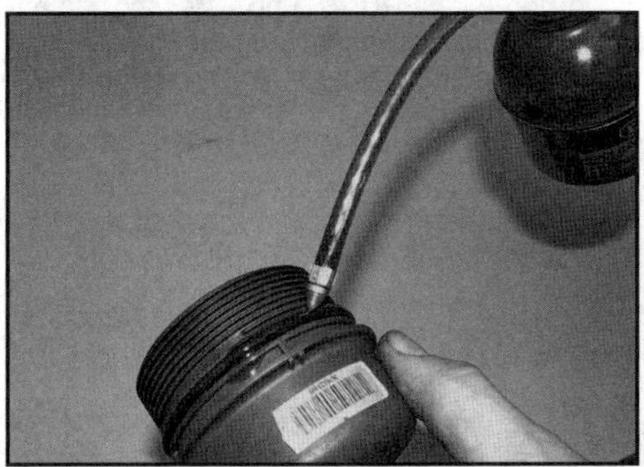

5.10b … und schmieren Sie ihn.

11 Montieren Sie das Luftfiltergehäuse und den Ansaugtrakt (siehe Kapitel 4B, Sektion 3).
12 Nachdem das Öl vollständig abgelaufen ist, werden die Ablassschraube und ihr Gewinde in der Ölwanne sowie der Dichtring gesäubert (und nötigenfalls ersetzt). Drehen Sie die Schraube samt Dichtring in die Ölwanne und ziehen Sie sie mit 20 Nm an.
13 Entfernen Sie den mit Altöl gefüllten Sammelbehälter und sämtliches unter dem Fahrzeug liegendes Werkzeug und senken Sie den Wagen ab.
14 Füllen Sie etwa die Hälfte (ca. 2 Liter) des vorgeschriebenen Motoröls (siehe *Wöchentliche Kontrollen*) durch die Öffnung im Ventildeckel ein. Warten Sie ein paar Minuten, damit das Öl in die Ölwanne sickern kann. Füllen Sie dann Öl in kleinen Mengen nach, bis der Pegel an der unteren Markierung des Peilstabs erreicht ist. Bis zur oberen Markierung muss jetzt noch etwa 1,0 Liter nachgefüllt werden. Installieren Sie den Einfülldeckel.
15 Starten Sie den Motor. Die Öldruck-Warnlampe wird noch einige Sekunden leuchten, bis der Ölfilter und alle Ölkanäle im Motor gefüllt sind. Die Drehzahl darf in diesem Zeitraum nicht erhöht werden. Lassen Sie den Motor einige Minuten laufen und kontrollieren Sie die Bereiche um den Ölfilter und die Ablassschraube auf Undichtigkeiten.
16 Schalten Sie den Motor ab und warten Sie einige Minuten, damit sich das Öl wieder in der Ölwanne gesammelt hat. Kontrollieren Sie erneut den Pegel und füllen Sie nötigenfalls etwas Öl nach.
17 Das alte Motoröl kann nicht mehr verwendet werden und muss in einen auslaufsicheren Behälter gefüllt werden. Jeder Händler, der technische Öle verkauft, ist auch dazu verpflichtet, entsprechende Mengen Altöl zurückzunehmen und zur fachgerechten Entsorgung oder zum Recycling zu bringen. Lassen Sie nie Altöl in die Kanalisation gelangen oder im Boden versickern!

Alle 20.000 km oder spätestens nach 12 Monaten

6 Schläuche und Undichtigkeiten – Kontrolle

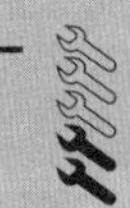

Anmerkung: *Beachten Sie auch die Hinweise in Sektion 10.*
1 Unterziehen Sie alle Motor-Dichtflächen, Dichtungen und Dichtringe auf Spuren ausgetretenen Öls oder Kühlmittels – beachten Sie dabei besonders die Bereiche um die Zylinderkopf-, die Ventildeckel-, die Ölfilter- und die Ölwannendichtung. Kontrollieren Sie ebenfalls das Getriebe und ggf. den Klimaanlagen-Kompressor auf Undichtigkeiten. Mit der Zeit können Dichtungen zu »schwitzen« beginnen, was aber normal ist; an »echten« Undichtigkeiten tropft Flüssigkeit ab. Werden solche Lecks entdeckt, muss die entsprechende Dichtung oder der Dichtring erneuert werden – beachten Sie das entsprechende Kapitel in diesem Handbuch.
2 Kontrollieren Sie ebenfalls sorgfältig sämtliche mit dem Motor verbundenen Schläuche und Rohre; diese müssen korrekt (ggf. mit Schellen) an ihren Anschlüssen und in ihren Halterungen gesichert sein. Gerissene oder fehlende Halterungen können dazu führen, dass Rohre reißen und Schläuche scheuern – mit entsprechenden ernsthaften Folgen.
3 Überprüfen Sie sorgfältig alle Kühler- und Heizungsschläuche auf ihrer gesamten Länge. Alle Schläuche, die Risse aufweisen, angeschwollen oder spröde sind, müssen ersetzt werden. Risse zeigen sich besser, wenn man den Schlauch von Hand an mehreren Stellen quetscht. Achten Sie besonders auf die Schellen, mit denen die Schläuche an den Kühlsystem-Komponenten gesichert sind. Eine zu fest angezogene Schlauchschelle kann einen Schlauch abklemmen oder durchstechen, sodass Kühlmittel austritt. Ersetzen Sie ggf. vorhandene Einweg-Schellen durch wiederverwendbare Schraubschellen.
4 Kontrollieren Sie alle Kühlsystem-Komponenten (Schläuche, Anschlüsse, Verbindungsstücke) auf Undichtigkeit. Wo Probleme dieser Art entdeckt werden, müssen entsprechende Bauteile oder Dichtungen ersetzt werden (siehe Kapitel 3). Ein Leck im Kühlsystem hinterlässt üblicherweise rostbraune oder weiße Ablagerungen (siehe Praxis-Tipp).

Praxis-Tipp

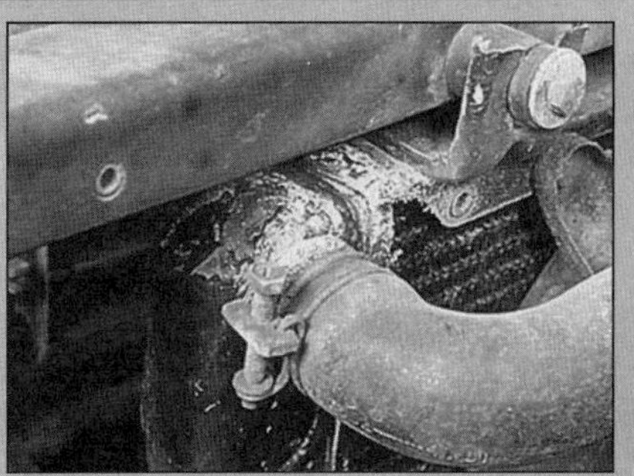

Ein Leck im Kühlsystem zeigt sich normalerweise als weiße oder rostbraune Ablagerung.

5 Kontrollieren Sie bei angehobenem Fahrzeug den Tank und den Einfüllstutzen auf Beulen, Risse und andere Beschädigungen (die Verbindung zwischen Stutzen und Tank ist besonders kritisch). Manchmal leckt ein Gummistutzen oder ein Verbindungsschlauch aufgrund lockerer Schellen oder Rissen im Gummi.
6 Überprüfen Sie sorgfältig alle vom Tank wegführenden Schläuche und Rohre. Achten Sie auf lockere Anschlüsse, spröde Schläuche, geknickte Rohre und andere Schäden. Begutachten Sie auch alle Ent- und Belüftungsleitungen, die oft am Einfüllstutzen entlang verlaufen und leicht verstopfen oder gequetscht werden können. Folgen Sie der Kraftstoffleitung und der Rücklaufleitung nach vorn in den Motorraum und achten Sie auf Schäden oder Korrosion. Ersetzen Sie nötigenfalls schadhafte Segmente.
7 Inspizieren Sie bei angehobenem Fahrzeug auch alle Bremsleitungen (siehe Kapitel 9).
8 Kontrollieren Sie im Motorraum alle Benzinschläuche und Benzinleitungsanschlüsse auf Alterungserscheinungen und Scheuerstellen. Prüfen Sie die Schläuche besonders in Biegungen und an Anschlüssen auf Risse. Kontrollieren Sie Rohrleitungen auf Knicke, Korrosion und Scheuerstellen.

7 Kraftstofffilter – Entwässern

Achtung: Vor Arbeiten am Kraftstofffilter muss dieser und seine Umgebung sauber gewischt werden – es dürfen keinesfalls irgendwelche Fremdkörper ins System gelangen. Beschaffen Sie einen Behälter, in den der Filter entwässert werden kann. Legen Sie Lappen oder ähnliches unter die Filterbaugruppe, um Spritzer aufzunehmen. Lassen Sie Dieselkraftstoff nicht auf Bauteile wie die Lichtmaschine, den Anlasser, Kühlerschläuche, Motorhaltegummis und Kabel geraten.
1 Der Kraftstofffilter sitzt rechts hinten im Motorraum.

7.2 Kraftstofffilter-Entwässerungsschraube

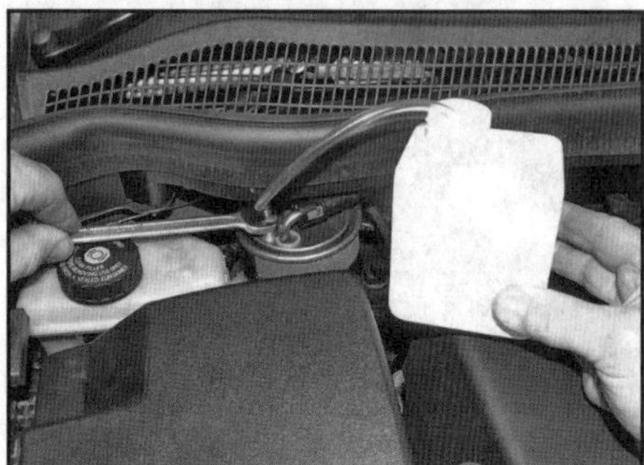

7.3 Lösen Sie die Entwässerungsschraube um etwa zwei Umdrehungen.

2 Stecken Sie einen Schlauch auf den Stutzen der oben am Filter sitzenden Entwässerungsschraube (siehe Abbildung) und halten Sie sein anderes Ende in einen Sammelbehälter.
3 Lösen Sie die Entwässerungsschraube um etwa zwei Umdrehungen (siehe Abbildung).
4 Schalten Sie für ca. 20 Sekunden die Zündung ein – die im Tank sitzende Kraftstoffpumpe wird das System unter Druck setzen und angesammeltes Wasser aus der Entwässerungsschraube pressen.
5 Schalten Sie die Zündung ab und ziehen Sie die Entwässerungsschraube sorgfältig an. Ziehen Sie den Schlauch ab und entsorgen Sie das Wasser/Diesel-Gemisch fachgerecht.

8 Bremsbeläge und Bremsscheiben – Kontrolle

1 Ziehen Sie die Handbremse fest an, heben Sie dann das Fahrzeug vorn an, und stützen Sie es sicher ab (siehe Seite 351). Demontieren Sie die Vorderräder.
2 Die Belagstärke kann jetzt durch die Öffnung im Bremssattel kontrolliert werden (siehe Praxis-Tipp). Messen Sie mit einem Lineal nach – falls das Belagmaterial auch nur eines Bremsbelages unter der Verschleißgrenze von 2 mm liegt, müssen alle vier Bremsbeläge beider Bremssättel als Set ausgetauscht werden (siehe Kapitel 9, Sektion 4).

Praxis-Tipp

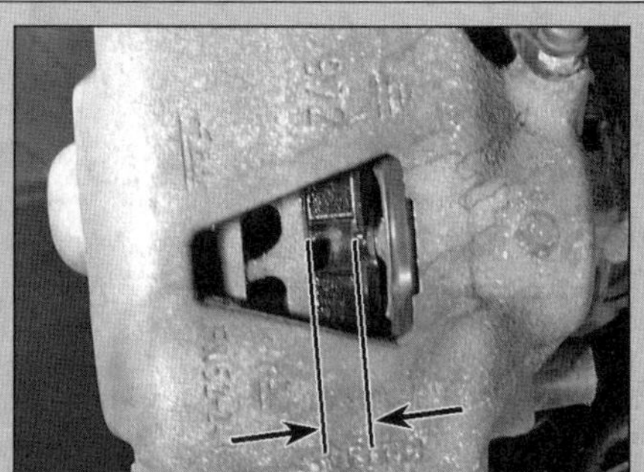

Für eine schnelle Kontrolle kann die Stärke des Belagmaterials durch die Öffnung im Bremssattel kontrolliert werden.

3 Für eine umfangreiche Kontrolle müssen die Bremsbeläge ausgebaut und gereinigt werden (siehe Kapitel 9) – hierbei können auch die Funktion der Bremssättel und die Bremsscheiben überprüft werden.
4 Montieren Sie die Vorderräder und senken Sie das Fahrzeug ab.

9 Bremsbacken (Hinterradbremse) – Kontrolle

1 Blockieren Sie die Vorderräder, heben Sie dann das Fahrzeug hinten an, und stützen Sie es sicher ab (siehe Seite 351). Demontieren Sie die Hinterräder.
2 Eine schnelle Prüfung der Belagstärke kann durch die Inspektionsbohrung in der Bremsankerplatte erfolgen – entfernen Sie dazu den Gummistopfen (siehe Abbildung) und leuchten Sie mit einer Taschenlampe in die Bremstrommel. Halten Sie einen 2 mm starken Draht gegen das Belagmaterial, um dessen Verschleiß zu ermitteln – falls eine Bremsbacke weniger als 2 mm Belagmaterial trägt, müssen alle vier Backen beider Hinterradbremsen ausgetauscht werden.

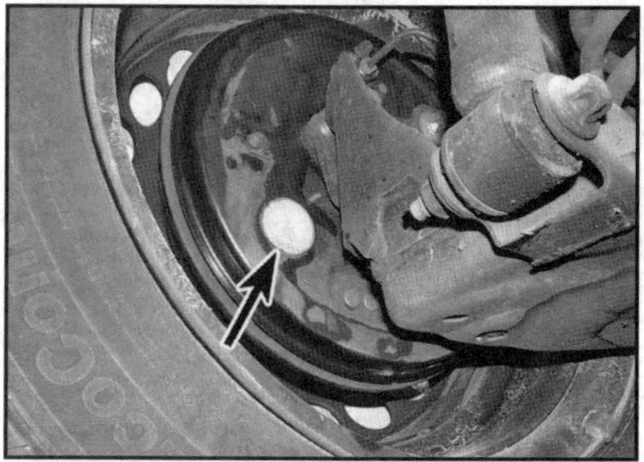

9.2 Die Bremsbackenstärke der Hinterrad-Trommelbremse kann nach dem Entfernen des Gummistopfens überprüft werden.

3 Eine umfangreiche Kontrolle der Bremstrommel sowie der Austausch der Bremsbacken erfordert deren Ausbau und Reinigung der Bremsen (siehe Kapitel 9, Sektion 8).

10 Bremsleitungen und -Schläuche – Kontrolle

1 Die Bremshydraulik beinhaltet zahlreiche Metallrohre, die vom Hauptbremszylinder zum ABS-Hydraulikmodulator und zu den einzelnen Bremsen verlaufen. Zwischen den Rohren und an den Bremszylindern finden sich flexible Schläuche, um die Bewegung der Federung und der Lenkung zu ermöglichen.
2 Achten Sie bei der Kontrolle vor allem auf Undichtigkeiten an den Rohr- oder Schlauchanschlüssen. Begutachten Sie dann die Schläuche auf Risse, Scheuerstellen und Alterungserscheinungen. Biegen Sie die Schläuche zwischen den Fingern (aber knicken Sie sie nicht ab!) und kontrollieren Sie sie auf versteckte Risse. Prüfen Sie, ob alle Rohre und Schläuche sicher unter dem Fahrzeug befestigt sind.
3 Kontrollieren Sie sämtliche Rohrleitungen auf Knicke, Korrosion und Scheuerstellen. Leichter Rostbefall kann mit Schleifpapier entfernt werden, tiefe Rostlöcher und andere Schäden erfordern jedoch den Austausch der Bremsleitung.

11 Vorderradaufhängung und Lenkung – Kontrolle

1 Ziehen Sie die Handbremse an, heben Sie das Fahrzeug vorn an, und stützen Sie es sicher ab (siehe Seite 351).
2 Begutachten Sie die Staubkappen der Spurstangenköpfe und die Lenkstangen-Manschetten auf Risse, Scheuerstellen und Alterungserscheinungen.
3 Jeder Schaden an diesen Komponenten lässt Schmutz und Wasser eindringen und Schmiermittel austreten, sodass die Spurstangenköpfe und das Lenkgestänge rapide verschleißen.
4 Greifen Sie das Rad in der 12-Uhr- und der 6-Uhr-Position und versuchen Sie, daran zu wackeln (siehe Abbildung). Sehr geringes Spiel ist normal, doch wenn deutliche Bewegung spürbar ist, müssen weitere Untersuchungen die Ursache ermitteln. Wackeln Sie weiter am Rad, während ein Assistent das Bremspedal betätigt. Wenn die Bewegung jetzt verschwunden oder deutlich verringert ist, werden wahrscheinlich die Radlager defekt sein oder ggf. Einstellungen benötigen. Ist das Spiel auch bei betätigter Bremse vorhanden, wird der Verschleiß an den Radaufhängungen oder Federsystemen zu suchen sein.

11.4 Wackeln Sie so am angehobenen Rad, um mögliches Spiel der Radlager zu ermitteln.

5 Greifen Sie jetzt das Rad in der 9-Uhr- und der 3-Uhr-Position und versuchen Sie erneut, daran zu wackeln. Jede jetzt fühlbare Bewegung kann wieder auf defekte Radlager zurückzuführen sein – oder auf Verschleiß in den Spurstangenköpfen. Falls das innere oder äußere Lenkgestänge-Kugelgelenk verschlissen ist, wird seine Bewegung deutlich zu beobachten sein.
6 Mithilfe eines zwischen die Federelemente und ihren Befestigungspunkten eingesetzten großen Schraubendrehers oder einer flachen Stange kann durch Hebeln Verschleiß in den Lagerbuchsen ermittelt werden. Da die Buchsen aus Gummi bestehen, ist etwas Bewegung normal, doch übermäßiger Verschleiß sollte deutlich fühlbar sein. Kontrollieren Sie auch den Zustand aller sichtbaren Gummibuchsen; achten Sie auf Risse und sprödes Gummi.
7 Kontrollieren Sie das Federbein- oder Stoßdämpfergehäuse sowie die Gummidichtung der Kolbenstange auf ausgetretenes Öl – in diesem Fall ist das Bauteil defekt und muss ersetzt werden.
Anmerkung: *Die Federbeine oder Stoßdämpfer einer Achse müssen stets paarweise ersetzt werden.*
8 Während das Fahrzeug wieder auf seinen Rädern steht, dreht ein Assistent das Lenkrad etwa eine achtel Umdrehung hin und her – die Räder müssen sich ein kleines Stück bewegen. Ist dies nicht der Fall, müssen alle zuvor beschriebenen Gelenke und Halterungen genau untersucht werden, zusätzlich müssen auch die Kreuzgelenke und das Zahnstangengetriebe auf Verschleiß überprüft werden.
9 Die Funktion der Federbeine kann geprüft werden, indem das Fahrzeug an jeder vorderen Ecke heruntergedrückt wird. Die Karosserie sollte in ihre normale Position zurückkehren und dort verbleiben; falls sie sich über die ursprüngliche Lage hinaus anhebt und wieder einsackt, wird das Federbein wahrscheinlich defekt sein. Kontrollieren Sie auch seine obere Aufnahme auf Verschleiß.

12 Antriebswellen – Kontrolle

1 Das Fahrzeug muss vorn angehoben und sicher abgestützt sein (siehe Seite 351).
2 Lenken Sie die Vorderräder nach links oder rechts bis zum Anschlag und drehen Sie dann langsam eines der Räder, um den Zustand der Manschette über dem äußeren Gleichlaufgelenk zu ermitteln – drücken Sie diese an verschiedenen Stellen von Hand, um die Bereiche in den Falten freizulegen (siehe Abbildung). Falls Risse oder andere Beschädigungen festgestellt werden, die Fett austreten lassen, kann hierdurch auch Wasser und Schmutz eindringen. Kontrollieren Sie ebenfalls die Schellen. Wiederholen Sie die Kontrolle an der inneren Manschette und am anderen Vorderrad. Falls irgend-

welche Schäden oder Hinweise auf Alterung festgestellt werden, müssen die Manschetten ersetzt werden (siehe Kapitel 8, Sektion 3).

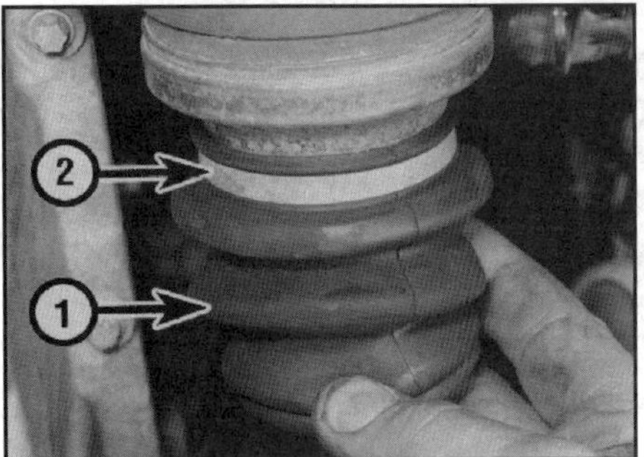

12.2 Kontrollieren Sie die Antriebswellen-Manschetten (1) und ihre Schellen (2).

3 Kontrollieren Sie gleichzeitig den Zustand des Gleichlaufgelenks selbst, indem Sie die Antriebswelle festhalten und versuchen, das Rad zu drehen. Wiederholen Sie die Kontrolle, indem Sie den inneren Flansch halten und versuchen, die Antriebswelle zu drehen. Jedes fühlbare Spiel weist auf Verschleiß im Gelenk oder in den Mitnehmerverzahnungen hin – oder auf eine lockere Antriebswellenmutter.

13 Auspuffanlage – Kontrolle

1 Kontrollieren Sie die (mindestens eine Stunde lang) abgekühlte Auspuffanlage vom Krümmerflansch bis zum Endrohr am Heck. Dies sollte möglichst beim vorn und hinten angehobenen und sicher abgestützten Fahrzeug geschehen (siehe Seite 351).
2 Überprüfen Sie alle Rohre und Anschlüsse auf Undichtigkeit, starke Korrosion und Beschädigungen. Alle Halterungen und Gummis müssen in Ordnung sein und zusammen mit allen fest angezogenen Schrauben und Muttern den Auspuff sicher halten. Falls eine der Halterungen ersetzt werden muss, ist sicherzustellen, dass baugleiche Ersatzteile beschafft werden. Undichtigkeiten an Anschlüssen oder anderen Bereichen des Auspuffsystems zeigen sich üblicherweise durch schwarze Ablagerungen.
3 Klappern und andere Geräusche weisen oft auf Defekte an der Auspuffanlage hin – meistens auf schadhafte Haltegummis (siehe Abbildung). Versuchen Sie, an den Schalldämpfern und am Katalysator zu wackeln; falls dabei Auspuffteile gegen die Karosserie schlagen, müssen sie mit neuen Halterungen gesichert werden. Trennen Sie nötigenfalls – und falls möglich – die Auspuff-Komponenten und verdrehen Sie die Rohre, um den Abstand zur Karosserie zu vergrößern.

13.3 Auspuffanlagen-Haltegummis

14 Hinterradaufhängung – Kontrolle

1 Blockieren Sie die Vorderräder, heben Sie dann das Fahrzeug hinten an, und stützen Sie es sicher ab (siehe Seite 351). Demontieren Sie die Hinterräder.
2 Begutachten Sie die Komponenten der Hinterradaufhängung auf Schäden und Verschleiß – beachten Sie dabei besonders die Gummibuchsen und ersetzen Sie sie nötigenfalls (siehe Kapitel 10).
3 Greifen Sie das Rad in der 12-Uhr- und der 6-Uhr-Position und versuchen Sie, daran zu wackeln – jegliches Spiel weist auf ein verschlissenes Radlager hin. Auch rumpelnde Geräusche oder ein rauer Lauf beim langsamen Drehen weisen auf Verschleiß hin. Die Radlager können ausgetauscht werden – beachten Sie die Hinweise in Kapitel 10, Sektion 9).
4 Kontrollieren Sie das Stoßdämpfergehäuse sowie die Gummidichtung der Kolbenstange auf ausgetretenes Öl – in diesem Fall ist das Bauteil defekt und muss ersetzt werden.
Anmerkung: *Die Stoßdämpfer einer Achse müssen stets paarweise ersetzt werden.*
5 Die Funktion der Stoßdämpfer kann geprüft werden, indem das Fahrzeug an jeder hinteren Ecke heruntergedrückt wird. Die Karosserie sollte in ihre normale Position zurückkehren und dort verbleiben; falls sie sich über die ursprüngliche Lage hinaus anhebt und wieder einsackt, wird der Stoßdämpfer wahrscheinlich defekt sein.

15 Karosserie und Unterboden – Kontrolle

Anmerkung: *Um die langjährige Garantie auf Korrosionsschäden nicht zu gefährden, sollte diese Arbeit von einer Opel-Werkstatt durchgeführt werden. Hierzu gehören eine sorgfältige Inspektion der Lackschichten auf der Karosserie und an den Fahrwerksegmenten auf Korrosion und Beschädigungen.*

Karosserieschäden und Korrosion – Kontrolle

1 Nachdem das Fahrzeug sorgfältig gereinigt und von Teerflecken und anderen Verunreinigungen befreit ist, wird die Lackierung sorgfältig auf Kratzer und Abplatzungen überprüft. Achten Sie besonders auf empfindliche Bereiche wie die Frontschürze, die Motorhaube und die Radkästen. Jeder Lackschaden muss unverzüglich repariert werden; um die langjährige Garantie auf Korrosionsschäden nicht zu gefährden, sollte diese Arbeit von einer Opel-Werkstatt durchgeführt werden.
2 Falls eine frische Abplatzung oder ein kleiner Kratzer noch freie von Rost ist, kann dieser mit einem (beim Opel-Händler erhältlichen) Lackstift abgedeckt werden. Ernsthafte Schäden oder verrostete Steinschlag-Beschädigungen können wie in Kapitel 11, Sektion 4 beschrieben repariert werden. Ist der Schaden so stark, dass Bleche ausgetauscht werden müssen, muss möglichst bald professioneller Rat eingeholt werden.
3 Prüfen Sie stets, ob Ablaufbohrungen an Türen und in Belüftungskanälen frei sind, sodass eingedrungenes Wasser ablaufen kann.

Korrosionsschutz-Kontrolle

4 Einmal jährlich sollte der Unterbodenschutz überprüft werden – dies sollte möglichst vor dem Winter geschehen. Führen Sie eine Unterbodenwäsche durch, aber entfernen Sie dabei nicht das relativ weiche Wachs. Jeder Schaden an der Wachsschicht muss mit speziellem Dichtmittel auf Wachsbasis repariert werden. Falls Karosserieteile für Reparaturarbeiten demontiert werden müssen, darf nicht vergessen werden, sie anschließend wieder zu schützen. Auch die Hohlräume in Türen, Schwellern und Karosserieteilen müssen mit Wachs behandelt werden; um die langjährige Garantie auf Korrosionsschäden nicht zu gefährden, sollte diese Arbeit von einer Opel-Werkstatt durchgeführt werden.

16 Radbolzen – Festigkeitsprüfung

1 Entfernen Sie ggf. die Radkappen von den Felgen.
2 Ziehen Sie die Radbolzen mithilfe eines Drehmomentschlüssels nacheinander mit 110 Nm an.
3 Stecken Sie ggf. zum Schluss die Radkappen wieder auf – sie müssen korrekt und sicher sitzen.

17 Scharniere und Schlösser – Schmieren

1 Schmieren Sie alle Tür-, Motorhauben- und Kofferraum-Scharniere mit Mehrzweck- oder Maschinenöl.
2 Schmieren Sie ebenfalls die Motorhaubenverriegelung samt Bowdenzug und alle Schließmechanismen.
3 Kontrollieren Sie sorgfältig die Sicherheit und Funktion aller Scharniere, Verriegelungen und Schlösser, und stellen Sie sie nötigenfalls ein (siehe Kapitel 11). Prüfen Sie ggf. die Funktion der Zentralverriegelung.
4 Kontrollieren Sie die Gasfedern der Motorhaube und der Heckklappe – falls eine undicht ist oder sie die Haube bzw. Heckklappe nicht mehr sicher halten kann, muss sie ersetzt werden.

18 Elektrik – Kontrolle

1 Prüfen Sie die Funktion aller elektrischen Verbraucher: Beleuchtung, Blinker, Hupe usw. Beachten Sie für entsprechende Details die entsprechende Sektion in Kapitel 12, falls ein Stromkreis ausgefallen ist.
2 Beachten Sie, dass der Bremslichtschalter in Kapitel 9 behandelt wird.
3 Kontrollieren Sie alle zugänglichen Kabelstecker, Verkabelungen und Befestigungen auf lockere Verbindungen, Scheuerstellen und andere Schäden – beseitigen Sie diese.

19 Probefahrt

Instrumente und Elektrik

1 Kontrollieren Sie die Funktion aller Instrumente, aller Lampen und anderen elektrischen Bauteile.
2 Stellen Sie sicher, dass alle Instrumente korrekt anzeigen und sämtliche Schalter korrekt funktionieren.

Lenkung und Radaufhängungen

3 Vergewissern Sie sich, dass die Lenkung, die Federung, das Handling und die Straßenlage keine Auffälligkeiten aufweisen.
4 Kontrollieren Sie beim Fahren, ob keine ungewöhnlichen Vibrationen oder Geräusche auftreten.
5 Die Lenkung darf sich nicht schwammig oder rau anfühlen. Beim Durchfahren von Kurven oder auf schlechten Straßen dürfen die Federelemente keine Geräusche erzeugen.

Antrieb

6 Kontrollieren Sie die Leistungsfähigkeit des Motors, der Kupplung, des Getriebes und der Antriebswellen.
7 Aus dem Motor und dem Antrieb dürfen keine ungewöhnlichen Geräusche zu hören sein.
8 Der Motor muss sich warm und kalt problemlos starten lassen, im Standgas rund laufen und verzögerungsfrei beschleunigen.
9 Beim Schaltgetriebe muss die Kupplung sanft und progressiv die Kraft übertragen und darf weder schleifen noch rutschen. Der Pedalweg darf nicht zu lang sein. Bei gedrücktem Kupplungspedal dürfen keine Geräusche auftreten. Details finden sich in Kapitel 6.
10 Alle Gänge des manuellen Schaltgetriebes müssen sich sanft und geräuschfrei einlegen lassen. Im Schalthebel muss das Einrasten der Gänge deutlich fühlbar sein.
11 Bei langsamer Fahrt mit vollständig eingeschlagener Lenkung dürfen im Frontbereich keine klickenden Geräusche auftreten. Führen Sie diesen Test in beide Richtungen durch. Klicken würde auf einen Schmiermangel oder Verschleiß in den äußeren Gleichlaufgelenken der Antriebswellen hinweisen (siehe Kapitel 8)

Bremsanlage

12 Prüfen Sie, ob das Fahrzeug beim Bremsen nicht zu einer Seite zieht und die Räder bei Vollbremsungen nicht frühzeitig blockieren.
13 Beim Bremsen dürfen in der Lenkung keine Vibrationen auftreten.
Anmerkung: *Durch das ABS können beim heftigen Bremsen im Bremspedal Vibrationen spürbar sein – dies ist normal und beeinträchtigt nicht die Funktion der Bremse.*
14 Prüfen Sie, ob die Handbremse korrekt funktioniert – sie muss das Fahrzeug problemlos an einem Gefälle halten können.
15 Prüfen Sie die Funktion der Servobremse bei ausgeschaltetem Motor wie folgt: Treten Sie vier- bis fünfmal auf die Bremse, um den Unterdruck abzubauen. Starten Sie dann den Motor – das Bremspedal muss sich unverzüglich durch den aufgebauten Unterdruck weiter herunterdrücken lassen. Lassen Sie den Motor mindestens zwei Minuten laufen und schalten Sie ihn wieder ab. Wird die Bremse nun erneut gedrückt, sollte dabei ein Zischen aus der Servopumpe zu hören sein. Nach vier bis fünf Tritten auf die Bremse sollte kein Zischen mehr hörbar sein und der Pedaldruck deutlich härter werden.

20 Inspektionsanzeige – Zurücksetzen

1 Nach einer Wartung muss die Inspektionsanzeige wie folgt zurückgesetzt werden:

2 Bei eingeschalteter Zündung (aber nicht laufendem Motor) wird der Menü-Knopf am Blinkerhebel gedrückt und gehalten. Wählen Sie jetzt mit dem Einstellrad ›Vehicle Information System‹ und dann ›Remaining Oil Life‹. Drücken Sie dann den SET/CLR-Knopf, um die Anzeige zurückzusetzen.

Alle 40.000 km oder spätestens nach zwei Jahren

21 Pollenfilter – Ersetzen

1 Demontieren Sie das Handschuhfach (siehe Kapitel 11, Sektion 27).
2 Befreien Sie den Kunststoff-Spreizniet und entfernen Sie den Lüftungskanal für den Beifahrerfußraum (siehe Abbildung).

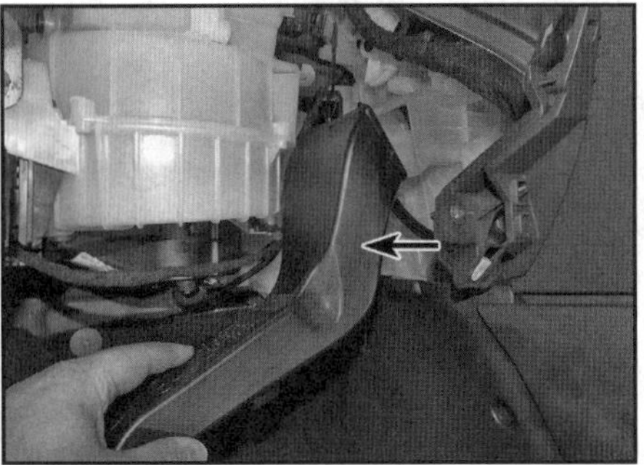

21.2 Befreien Sie den Spreizniet und entfernen Sie den Lüftungskanal.

3 Lösen Sie seitlich am Lüftergehäuse die Abdeckung des Pollenfilters (siehe Abbildung).

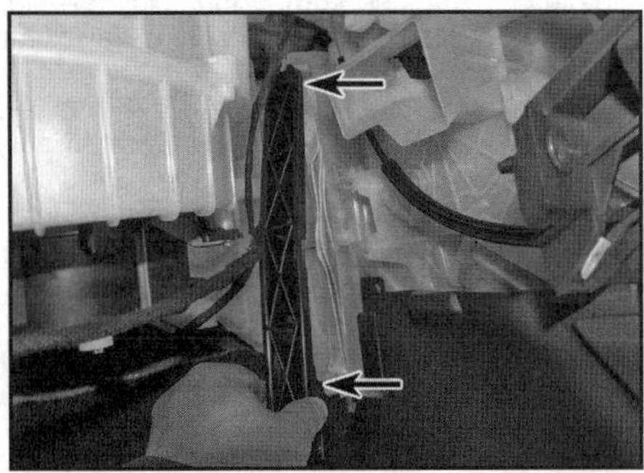

21.3 Pollenfilter-Abdeckung am Lüftergehäuse

4 Ziehen Sie den Pollenfilter aus dem Gehäuse (siehe Abbildung).

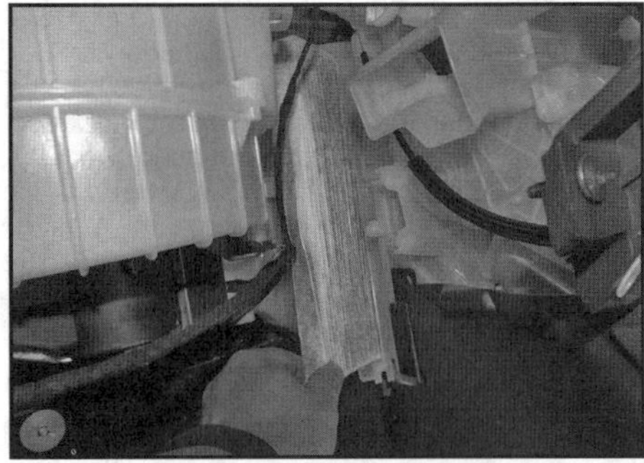

21.4 Ziehen Sie den Pollenfilter aus dem Gehäuse.

5 Installieren Sie den neuen Filter in der umgekehrten Ausbaureihenfolge – achten Sie auf die korrekte Einbaurichtung (markiert am Rand des Filters).

22 Kraftstofffilter – Ersetzen

Achtung: Vor Arbeiten am Kraftstofffilter muss dieser und seine Umgebung sauber gewischt werden – es dürfen keinesfalls irgendwelche Fremdkörper ins System gelangen. Beschaffen Sie einen Behälter, in den der Filter entwässert werden kann. Legen Sie Lappen oder ähnliches unter die Filterbaugruppe, um Spritzer aufzunehmen. Lassen Sie Dieselkraftstoff nicht auf Bauteile wie die Lichtmaschine, den Anlasser, Kühlerschläuche, Motorhaltegummis und Kabel geraten.
1 Der Kraftstofffilter sitzt rechts hinten im Motorraum.
2 Demontieren Sie das Luftfiltergehäuse und den Ansaugtrakt (siehe Kapitel 4B, Sektion 3).
3 Lösen Sie die Schraube der Kraftstofffilter-Klemme und entfernen Sie diese (siehe Abbildung). Heben Sie den Filter aus der Halterung.

22.3 Lösen Sie die Schraube und heben Sie den Filter samt Halterung ab.

4 Trennen Sie die zwei Schnellverschlüsse der Kraftstoffleitungen und befreien Sie diese vom Filter; zum Lösen der Verbindungslaschen werden entweder das Opel-Spezialwerkzeug KM-796-A, zwei vorsichtig eingesetzte Schraubendreher oder eine passende Spitzzange benötigt (siehe Abbildung). Bedecken oder verstopfen Sie die offenen Anschlüsse, damit kein Schmutz eindringt.

22.4 Die Laschen der Schnellverschlüsse können mit zwei Schraubendrehern eingedrückt werden.

5 Trennen Sie unten am Filter den Stecker des Heizelement/Wasserpegel-Sensors und entnehmen Sie den Filter (siehe Abbildung).

22.5 Trennen Sie den Stecker des Heizelement/Wasserpegel-Sensors.

6 Schrauben Sie den Heizelement/Wasserpegel-Sensor unten aus dem Filter, übertragen Sie ihn auf den neuen Filter, und ziehen Sie ihn sorgfältig an.
7 Verbinden Sie die Kraftstoffleitungen und den Kabelstecker mit dem neuen Filter und positionieren Sie diesen in der Halterung – die Erhebung oben am Filter muss in die Nut des Halters greifen. Installieren Sie die Klemmschraube und ziehen Sie sie sorgfältig an.
8 Montieren Sie das Luftfiltergehäuse und den Ansaugtrakt (siehe Kapitel 4B, Sektion 3).
9 Entlüften Sie das Kraftstoffsystem (siehe Kapitel 4B, Sektion 5) und überprüfen Sie nach dem Starten des Motors alle zuvor demontierten Komponenten auf Undichtigkeiten (Kraftstoff oder Luft).
10 Entsorgen Sie den alten Filter und das abgelassene Wasser/Diesel-Gemisch fachgerecht.

23 Keilrippenriemen – Kontrolle und Ersetzen

Anmerkung: *Opel empfiehlt, die Spannrolle kontrolliert und zusammen mit dem Riemen auszutauschen.*

Kontrolle

1 Aufgrund ihrer Funktion und des Materials verschleißen Keilrippenriemen mit der Zeit und können reißen – eine regelmäßige Kontrolle ist daher unerlässlich.
2 Ziehen Sie die Handbremse, heben Sie das Fahrzeug vorn an und stützen Sie es sicher ab (siehe Seite 351). Demontieren Sie das rechte Vorderrad und die Radlaufabdeckung, um Zugang zum Motor zu erhalten.
3 Drehen Sie mithilfe eines Steckschlüssels samt Verlängerung die Kurbelwellen-Riemenscheibe im Uhrzeigersinn, um den/die Riemen über die gesamte Länge auf glänzende Scheuerstellen, Risse, ablösendes oder ausgefranstes Gewebe und andere Schäden inspizieren zu können. Verdrehen Sie den Riemen, um beide Seiten betrachten zu können. Ein schadhafter Riemen muss ersetzt werden. Kontrollieren Sie auch die Riemenscheiben auf Kerben, Risse, Verformungen und Korrosion und ersetzen Sie sie nötigenfalls.

Ersetzen

4 Verschaffen Sie sich Zugang zur rechten Motorseite (Schritt 2).
5 Zur Verbesserung des Zugangs kann die Luftfilter-Baugruppe entfernt werden (siehe Kapitel 4B, Sektion 3).
6 Falls der Keilrippenriemen wiederverwendet werden soll, muss er entsprechend seiner normalen Laufrichtung markiert werden.
7 Drehen Sie den Spanner mit einem an den Spannrollenbolzen angesetzten Ringschlüssel im Uhrzeigersinn gegen die Federspannung und halten Sie ihn in dieser Position, während Sie einen geeigneten Arretierstift oder Bohrer in die dafür vorgesehene Bohrung einschieben (siehe Abbildung).

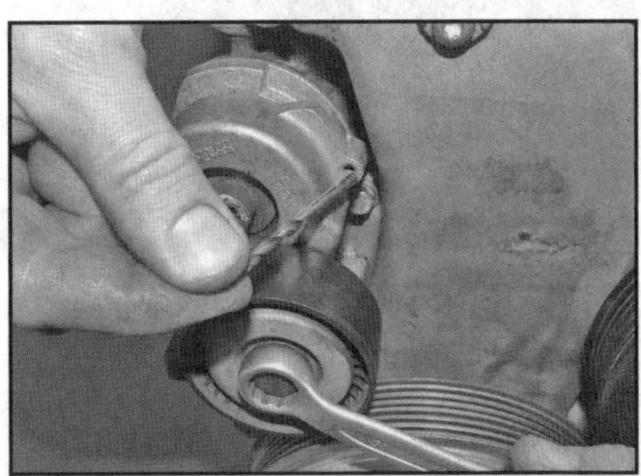

23.7 Arretieren Sie den Riemenspanner z. B. mit einem Bohrer, damit der Keilrippenriemen entspannt wird.

8 Heben Sie den Keilrippenriemen von den Riemenscheiben.
9 Verlegen Sie den zu montierenden Keilrippenriemen korrekt über die Riemenscheiben – achten Sie bei einem gebrauchten Riemen auf die zuvor angebrachte Laufrichtungs-Markierung.
10 Ziehen Sie den Spanner zurück und entfernen Sie den Arretierstift. Achten Sie beim Anlegen der Spannrolle darauf, dass die Rippen des Riemens korrekt über den Riemenscheiben liegen.
11 Montieren Sie ggf. die Luftfilter-Baugruppe sowie die Radlaufabdeckung und das Vorderrad. Senken Sie das Fahrzeug ab.

24 Handbremse – Kontrolle und Einstellung

Kontrolle

1 An leichtem Gefälle muss die mit 3 Klicks angezogene Handbremse das Fahrzeug sicher halten.
2 Falls es mit drei Klicks losrollt, muss die Handbremse wie folgt eingestellt werden:
3 Blockieren Sie die Vorderräder, heben Sie dann das Fahrzeug hinten an, und stützen Sie es sicher ab (siehe Seite 351).

4 Betätigen Sie mindestens fünfmal kräftig das Bremspedal. Ziehen Sie ebenfalls mindestens fünfmal nacheinander die Handbremse.
5 Befreien Sie die Handbremsen-Manschette aus der Mittelkonsole und falten Sie sie über dem Bremshebel hoch, um Zugang zur Einstellmutter des Handbremsen-Seilzugs zu erhalten (siehe Abbildungen).

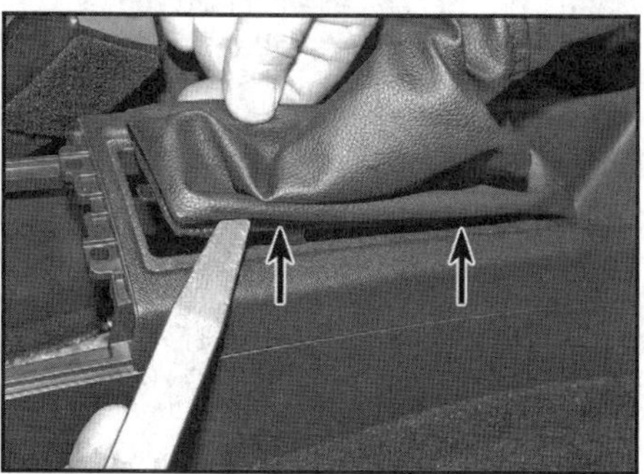

24.5a Befreien Sie die Handbremsen-Manschette aus der Mittelkonsole, ...

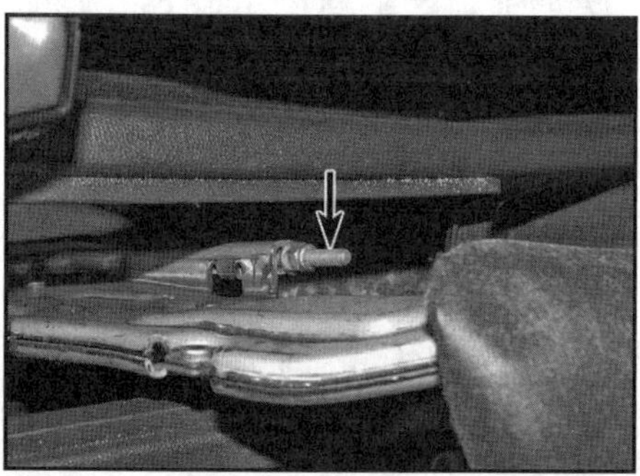

24.5b ... um Zugang zur Einstellmutter des Handbremsen-Seilzugs zu erhalten.

6 Schwenken Sie den Handbremshebel vollständig herunter und drehen Sie die Einstellmutter gegen den Uhrzeigersinn, um den Seilzug zu entspannen.
7 Ziehen Sie die Handbremse um 2 Klicks an und drehen Sie die Einstellmutter im Uhrzeigersinn, bis zum Drehen der Hinterräder etwas Kraft benötigt wird.
Anmerkung: *Beide Räder müssen sich mit gleichem Kraftaufwand drehen lassen.*
8 Ziehen Sie die Handbremse jetzt bis zum dritten Klick an und prüfen Sie, ob beide Hinterräder blockiert sind. Wenn dies der Fall ist, wird die Handbremse gelöst und geprüft, ob sich die Räder frei drehen lassen. Kontrollieren Sie die Einstellung, indem Sie die Handbremse vollständig anziehen und dabei die Klicks zählen; stellen Sie die Bremse nötigenfalls nach.
9 Lassen Sie nach der Einstellung die Manschette wieder in der Mittelkonsole einrasten und senken Sie das Fahrzeug ab.

25 Leuchtweiteneinstellung – Kontrolle

Eine akkurate Einstellung der Scheinwerfer-Ausrichtung ist nur mit speziellen Messgeräten möglich, sodass sie von einer entsprechend ausgerüsteten Fachwerkstatt durchgeführt werden sollte. Weitere Informationen finden sich in Kapitel 12, Sektion 8.

Alle 2 Jahre

26 Fernbedienung – Batteriewechsel

1 Hebeln Sie mit einem kleinen Schraubendreher die Abdeckung vom Schlüsselgehäuse (siehe Abbildung).

26.1 Hebeln Sie die Abdeckung des Zündschlüssel-Gehäuses ab.

2 Beachten Sie die Ausrichtung der Batterie und entnehmen Sie sie aus dem Gehäuse.
3 Installieren Sie die neue Batterie (Typ: CR 2032) – die Plus-Seite kommt nach oben (siehe Abbildung). Vermeiden Sie das Berühren der beiden Batterieseiten mit den Fingern. Drücken Sie die beiden Gehäusehälften zusammen, bis sie einrasten. Prüfen Sie die Funktion der Fernbedienung.

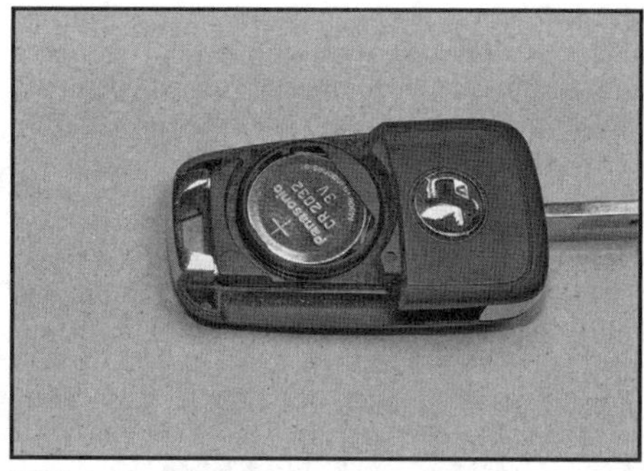

26.3 Legen Sie die neue Batterie mit der Plus-Seite nach oben ein.

4 Nach dem Batteriewechsel muss die Fahrertür mit dem Schlüssel im Türschloss verschlossen und wieder entriegelt werden, dann wird damit die Zündung eingeschaltet, um die Fernbedienung wieder zu synchronisieren.

27 Hydraulikflüssigkeit – Austausch

Warnung:
- ***Hydraulikflüssigkeit kann zu Augenverletzungen führen und Lackoberflächen angreifen, bewahren Sie deshalb beim Umgang hiermit größte Sorgfalt.***
- ***Benutzen Sie NIEMALS Bremsflüssigkeit, die längere Zeit offen gestanden hat, da sie Feuchtigkeit aus der Luft absorbiert, was zu einem gefährlichen Verlust an Bremswirkung führen kann.***

1 Die Prozedur ähnelt dem Entlüften der Hydraulik, wie in Kapitel 9, Sektion 2 (Bremse) oder Kapitel 6, Sektion 2 (Kupplung) beschrieben. Nur wird hier der Ausgleichsbehälter zunächst entleert – möglichst durch Abpumpen – und dann beim Herauspumpen beobachtet, wann frische Bremsflüssigkeit austritt.
2 Gehen Sie wie in Kapitel 9, Sektion 2 beschrieben vor, öffnen Sie das erste Entlüftungsventil, und pumpen Sie sanft mit dem Bremspedal, bis fast die gesamte Bremsflüssigkeit aus dem Ausgleichsbehälter abgepumpt ist.

Praxis-Tipp ***Alte Hydraulikflüssigkeit ist deutlich dunkler als frische. Pumpen Sie so lange Hydraulikflüssigkeit heraus, bis helle Flüssigkeit austritt.***

3 Füllen Sie bis zur MAX-Markierung frische Hydraulikflüssigkeit in den Ausgleichsbehälter und pumpen Sie sie so lange durch, bis sämtliche alte Flüssigkeit aus dem System gepumpt ist. Füllen Sie dabei regelmäßig frische Hydraulikflüssigkeit nach. Ziehen Sie die Entlüftungsschraube anschließend sorgfältig an und stecken Sie die Kappe auf.
4 Gehen Sie bei den anderen Entlüftungsschrauben genauso vor. Achten Sie darauf, dass der Pegel im Ausgleichsbehälter nicht unter die MIN-Markierung fällt – falls Luft ins Hydrauliksystem eindringt, muss es zeitaufwendig entlüftet werden.
5 Entlüften Sie die Bremse wie in Kapitel 6, Sektion 2 beschrieben.
6 Prüfen Sie zum Schluss, ob alle Entlüftungsschrauben fest sitzen und mit den Gummikappen ausgerüstet sind. Waschen Sie Spritzer ab und kontrollieren Sie erneut den Pegel im Ausgleichsbehälter.
7 Prüfen Sie die Funktion der Bremse bzw. der Kupplung, bevor Sie das Fahrzeug im Straßenverkehr bewegen.
8 Entsorgen Sie die alte Hydraulikflüssigkeit (separat von Ölen!) im Fachhandel, wo sie auch verkauft wird – hier ist man verpflichtet, »handelsübliche« Mengen wieder zurückzunehmen.

28 Kühlflüssigkeit – Austausch

Anmerkung: *Opel schreibt keine Wechselintervalle für das Kühlmittel vor, da ab Werk ein Gemisch aufgefüllt wird, das für immer im System verbleiben kann. Wir empfehlen jedoch, das Kühlmittel zum Schutz vor Korrosion alle zwei Jahre zu erneuern – dies gilt besonders, wenn das Frostschutzmittel bereits irgendwann gegen ein anderes Mittel ausgetauscht wurde. Viele Mittel verlieren mit der Zeit ihre korrosionshemmenden Eigenschaften.*

Warnung: Diese Arbeit darf erst ausgeführt werden, wenn der Motor abgekühlt ist. Lassen Sie Frostschutzmittel nicht auf die Haut oder lackierte Teile des Fahrzeugs gelangen. Spülen Sie Spritzer umgehend mit reichlich Wasser ab. Kühlmittel darf niemals in offenen Behältern gelagert werden – es ist giftig und kann durch seinen süßlichen Geruch Kindern und Tieren zum Verhängnis werden.

Ablassen

1 Umwickeln Sie den Kühlerdeckel mit Lappen und drehen Sie ihn langsam nach links, bis der erste Anschlag erreicht ist. Warten Sie, bis zischende Geräusche verschwinden und jeglicher Druck abgebaut ist, drücken Sie ihn herunter, und drehen Sie ihn weiter nach links bis zum zweiten Anschlag – jetzt kann er entnommen werden.
2 Entfernen Sie den ggf. vorhandenen Unterfahrschutz. Stellen Sie einen ausreichend großen Behälter links unter den Kühler – heben Sie das Fahrzeug nötigenfalls etwas an (siehe Seite 351).
3 Die Kühlmittel-Ablassschraube sitzt links unten am Kühler (siehe Abbildung) – lösen Sie sie und lassen Sie das Kühlmittel ablaufen.

28.3 Ablassschraube des Kühlers

4 Sobald das Kühlmittel abgelaufen ist, wird die Schraube wieder installiert und sorgfältig angezogen.
5 Da im Motorblock keine Ablassschraube vorhanden ist, kann hier das Kühlmittel nicht abgelassen werden – beachten Sie dies beim Mischen des Kühlmittels.
6 Falls das Kühlmittel aufgrund einer Reparatur am Motor oder Kühlsystem abgelassen wurde und noch nicht sehr alt sowie sauber ist, darf es später wiederverwendet werden.

Spülen

7 Falls der Wechsel des Kühlmittels vernachlässigt oder das Gemisch verdünnt wurde, verliert das Kühlsystem mit der Zeit seine Wirksamkeit, da sich die Kühlkanäle mit Rost, Ablagerungen und anderen Sedimenten zusetzen. Die Wirksamkeit kann durch das Spülen des Systems wiederhergestellt werden.
8 Der Kühler sollte unabhängig vom Motor gespült werden, damit er nicht unnötig kontaminiert wird.

Wasserkühler

9 Ziehen Sie alle Schläuche vom Kühler ab (siehe Kapitel 3, Sektion 2).

10 Verbinden Sie einen Gartenschlauch mit dem oberen Kühlerstutzen und lassen Sie solange Wasser durch den Kühler strömen, bis dies unten sauber wieder austritt.
11 Falls das austretende Wasser auch nach längerer Zeit nicht aufklart, kann der Kühler mit einem speziellen Kühler-Reinigungsmittel gespült werden – beachten Sie die beigefügten Hinweise. Spülen Sie den Kühler nötigenfalls in Gegenrichtung von unten nach oben durch.

Motor

12 Zum Spülen des Motors muss der Thermostat demontiert werden (siehe Kapitel 3, Sektion 4), da er ansonsten schließt und das Durchströmen des Motors verhindert. Achten Sie dabei darauf, keine Fremdkörper in den Motor gelangen zu lassen.
13 Sobald der untere Kühlerschlauch getrennt ist, wird ein Gartenschlauch in die Thermostatöffnung eingeführt und der Motor mit Frischwasser durchspült, bis dies am Kühlerschlauch wieder klar austritt.
14 Montieren Sie anschließend den Thermostaten (siehe Kapitel 3, Sektion 4) und verbinden Sie alle Schläuche.

Auffüllen

15 Zunächst muss geprüft werden, ob alle Schläuche und Schellen in Ordnung und fest verbunden sind. Prüfen Sie auch den festen Sitz aller die Ablass- und Entlüftungsschrauben. Um Korrosion im Motor zu verhindern, muss das Kühlsystem ganze Jahr über mit Frostschutzmittel befüllt sein (siehe unten).
16 Entfernen Sie den Deckel des Ausgleichsbehälters.
17 Schrauben Sie das seitlich am Ausgleichsbehälter sitzende Entlüftungsventil auf (siehe Abbildung).

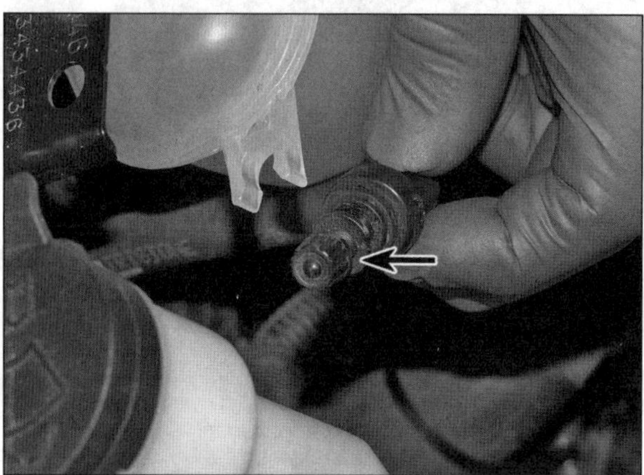

28.17 Schrauben Sie das Entlüftungsventil auf.

18 Füllen Sie das Kühlsystem langsam bis zum Einfüllstutzen des Ausgleichsbehälters mit Kühlmittel auf, damit sich keine Luftblasen bilden.
19 Drehen Sie das Entlüftungsventil zu, sobald hier Kühlmittel austritt.
20 Installieren Sie den Ausgleichsbehälterdeckel.
21 Starten Sie den Motor und lassen Sie ihn mit 2000 bis 2500/min laufen und schalten Sie ihn etwa zwei Minuten nach dem Zuschalten des Kühlerventilators ab.
22 Lassen Sie den Motor abkühlen und kontrollieren Sie den Kühlmittelpegel (siehe *Wöchentliche Kontrollen*) – füllen Sie nötigenfalls Kühlmittel auf.

Frostschutzgemisch

23 Verwenden Sie stets das vorgeschriebene Frostschutzmittel (siehe Seite 23) – die Gesamt-Füllmenge beträgt etwa 5,2 Liter.
24 Das Kühlmittel sollte alle zwei Jahre ausgetauscht werden. Dies garantiert nicht nur einen Schutz gegen zerstörerische Eisbildung, sondern hilft auch gegen Korrosion – beide Eigenschaften gehen im Frostschutzmittel mit der Zeit verloren.
25 Bevor Frostschutzmittel zugefügt wird, muss das gesamte Kühlsystem entleert, möglichst gespült und auf Undichtigkeiten überprüft werden. Kontrollieren Sie alle Schläuche regelmäßig auf Risse und Alterungserscheinungen.
26 Nach dem Auffüllen frischen Kühlmittels muss am Ausgleichsbehälter ein Hinweis angebracht werden, auf dem der Typ, die Konzentration, das Datum und die Laufleistung vermerkt ist. Zum Nachfüllen darf nur das gleiche Mittel verwendet werden.
Achtung: Verwenden Sie kein Motor-Kühlmittel im Wischwasserbehälter, da es den Lack angreift; hierfür gibt es spezielle Frostschutzmittel.

29 Abgaskontrolle

1 Der Schadstoffgehalt der Abgase wird bei jeder Hauptuntersuchung (zuerst nach drei Jahren, dann alle zwei Jahre) überprüft. Soweit der Motor korrekt läuft und die Motor-Warnlampe im Cockpit nicht aufleuchtet, sind keine weiteren Kontrollen nötig.
2 Falls der Verdacht besteht, die Abgasregelung sei nicht in Ordnung, muss am Diagnosestecker des Motorsteuergeräts ein Prüfgerät angeschlossen werden, um Fehler auslesen und ggf. beheben zu können (siehe Kapitel 4C, Sektion 2) – bringen Sie das Fahrzeug dazu in eine Fachwerkstatt.

Alle 80.000 km oder spätestens nach 4 Jahren

30 Luftfilterelement – Ersetzen

1 Das Luftfiltergehäuse sitzt rechts vorn im Motorraum.
2 Lösen Sie die Schrauben des Deckels und heben Sie diesen zusammen mit dem oberen Einlassschlauch ab (siehe Abbildungen).

30.2a Lösen Sie die Schrauben des Deckels ...

30.2b ... und heben Sie samt oberen Einlassschlauch ab.

3 Entfernen Sie das Filterelement (siehe Abbildungen).

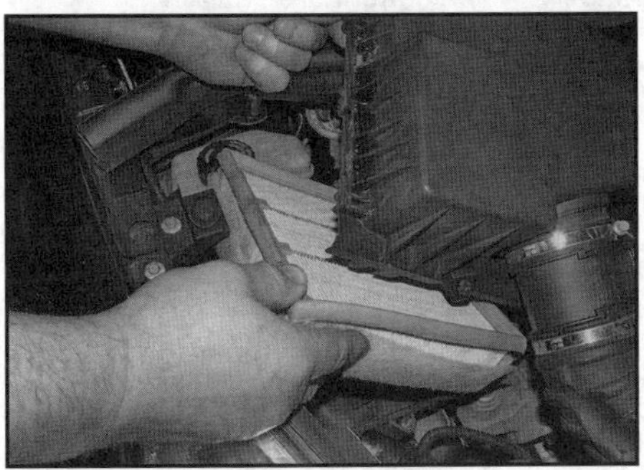

30.3 Heben Sie das Filterelement heraus.

4 Wischen Sie das Gehäuse innen mit einem feuchten Lappen sauber und entfernen Sie ggf. hineingefallenen Partikel.
5 Installieren Sie den korrekt ausgerichteten Luftfilter mit dem Gummiflansch nach oben in das Gehäuse. Setzen Sie den Deckel auf und sichern Sie ihn mit den Schrauben.

Alle 160.000 km oder spätestens nach 6 Jahren

31 Keilrippenriemen – Ersetzen

1 Beachten Sie die Hinweise in Sektion 23.

Kapitel 2, Teil A

Reparaturen am eingebauten Benzinmotor

Inhalt — Sektion

Technische Daten

Motor

Motortyp	Wassergekühlter Vierzylinder-Reihenmotor, zwei kettengetriebene obenliegende Nockenwellen (DOHC) mit variablen Steuerzeiten, Schlepphebeln und Hydrostößeln, 4 Ventile je Brennraum
Motorcode*	
1,2 l-Motor	B12XER(L) (LDC)
1,4 l-Turbo-Motor	B14NEH (LUJ), B14NEJ (LUJ), B14NEL (LUJ)
1,4 l-Saugmotor	B14XEJ (LDD), B14XER (LDD)
Bohrung	
1,2 l-Motor	73,4 mm
1,4 l-Turbo-Motor	72,5 mm
1,4 l-Saugmotor	73,4 mm
Hub	
1,2 l-Motor	72,6 mm
1,4 l-Motoren	82,6 mm
Hubraum	
1,2 l-Motor	1229 cm³
1,4 l-Turbo-Motor	1364 cm³
1,4 l-Saugmotor	1398 cm³
Position von Zylinder Nr. 1	rechts (an Steuerketten-Seite)
Kurbelwellen-Drehrichtung	im Uhrzeigersinn (von rechts betrachtet)
Zündfolge	1-3-4-2

* *eingeschlagen vor der Motornummer rechts an der horizontalen Fläche vorn am Motorblock*

Schmiersystem

Minimaler Öldruck bei 80° C	1,5 bar bei Standgas
Ölpumpe	
Typ	Variable Flügelzellenpumpe, direkt auf der Kurbelwelle sitzend
Gleitstift – freie Federlänge	76,5 mm
Axialspiel zwischen Flügelzellenrotor und Gehäuse (max.)	0,01 mm
Axialspiel zwischen Flügelzellen und Gehäuse (max.)	0,09 mm
Axialspiel zwischen Flügelzellenring und Gehäuse (max.)	0,04 mm
Axialspiel zwischen Pumpen-Gleitring und Gehäuse (max.)	0,08 mm
Axialspiel zwischen Gleitringdichtung und Gehäuse (max.)	0,09 mm
Radialspiel zwischen Flügelzellenrotor und Flügelzellen (max.)	0,05 mm
Radialspiel zwischen Flügelzellen und Pumpe (max.)	0,2 mm

Schwierigkeitsgrade

Leicht. Geeignet für Anfänger mit wenig Erfahrung. 	**Relativ leicht.** Geeignet für Anfänger mit etwas Erfahrung. 	**Relativ schwierig.** Geeignet für geübte Selbstschrauber. 	**Schwer.** Geeignet für Selbstschrauber mit viel Erfahrung.	**Sehr schwer.** Geeignet für Experten und Profis. 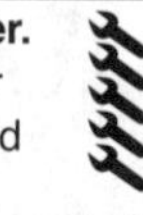

Anzugsdrehmomente	**Nm**
Antriebsplatten-Schrauben (Automatikgetriebe)*	60
Auspuffrohr an Katalysator – Muttern*	20
Motorgehäusehälften-Schrauben*	
M6-Schrauben	
Schritt 1	10
Schritt 2	um 60° weiter
Schritt 3	um 15° weiter
M8-Schrauben	
Schritt 1	25
Schritt 2	um 60° weiter
Schritt 3	um 15° weiter
Klimaanlagenkompressor – Schrauben der Halterung	22
Keilrippenriemenspanner-Befestigungsschrauben	
M8-Schraube	22
M10-Schraube	55
Motorblock-Verschlussstopfen (für OT-Einstellwerkzeug)	40
Motorhalterungen	
Hintere Halterung / Drehmomentstütze*	
Schritt 1	80
Schritt 2	um 60° weiter
Hintere Halterung / Drehmomentstütze an Getriebe*	
Schritt 1	80
Schritt 2	um 60° weiter
Linke Halterung	
Halterung an Getriebeträger*	
Schritt 1	80
Schritt 2	um 60° weiter
Getriebeträger an Getriebe*	80
Rechte Halterung	
Halterung an Steuerkettendeckel*	60
Halterung an Karosserie*	60
Halterung an Träger*	
Schritt 1	80
Schritt 2	um 60° weiter
Motor / Getriebe – Verbindungsschrauben	
M10-Schrauben	40
M12-Schrauben	60
Nockenwellen-Lagerdeckelschrauben	8
Nockenwellen-Riemenscheibenbolzen*	
Schritt 1	150
Schritt 2	um 60° weiter
Nockenwellenritzel-Schrauben*	
Schritt 1	50
Schritt 2	um 60° weiter
Öldruckregelventil-Kappe	50
Ölfiltergehäusedeckel an Filtergehäuse	25
Ölfiltergehäuse an Motorgehäuse	20
Ölpumpendeckel-Schrauben	8
Ölwanne an untere Motorgehäusehälfte / Steuerkettendeckel	10
Ölwanne an Getriebe	40
Pleuelfußschrauben*	
Schritt 1	25
Schritt 2	um 60° weiter
Radbolzen	110
Schwungscheiben-Schrauben*	
Schritt 1	35
Schritt 2	um 30° weiter
Schritt 3	um 15° weiter
Steuerkettendeckelschrauben	
M6-Schrauben	8
M10-Schrauben	35
Steuerkettendeckel-Verschlussstopfen (für Arretierstift)	50
Steuerkettenführungsschienen-Schrauben	8
Steuerkettengleitschiene an Motorblock	8
Steuerkettenspannerschienen-Gelenkschraube	20
Steuerkettenspannerschrauben	8
Variable Steuerzeiten-Magnetventil – Schrauben	8
Ventildeckelschrauben	8
Wasserpumpenschrauben	8
Wasserpumpenrad-Schrauben	22
Zylinderkopfschrauben*	
Schritt 1	35
Schritt 2	um 180° weiter

** Stets durch Neuteile zu ersetzen*

1 Allgemeine Informationen

Der Zweck dieses Kapitels

1 Dieses Kapitel beinhaltet Reparaturen, die bei im Fahrzeug montiertem Motor durchgeführt werden können. Falls der Motor ausgebaut und entsprechend freigelegt ist, können nicht zutreffende Schritte ignoriert werden. Kapitel 2C beinhaltet den Ausbau des Motors samt Getriebe aus dem Fahrzeug und die dann mögliche Komplettüberholung.
2 Obwohl es technisch möglich ist, Bauteile wie Kolben und Pleuelstangen bei eingebautem Motor zu überholen, werden solche Tätigkeiten normalerweise nicht als separate Arbeiten durchgeführt. Üblicherweise müssen verschiedene weitere Prozeduren (nicht zu vergessen die Reinigung von Bauteilen und Ölkanälen) durchgeführt werden, sodass solche Aufgaben zu den größeren Überholprozessen gezählt werden, die in Kapitel 2C beschrieben sind.

Motor – Beschreibung

3 Der Vierzylindermotor wird mit zwei obenliegenden Nockenwellen (DOHC) und vier Ventilen je Zylinder gesteuert. Der Motor ist quer eingebaut und das Getriebe ist links angeflanscht.
4 Die Motoren werden aufgrund ihrer speziell geformten Einlasskanäle und Brennräume als »Twinport« bezeichnet. Innerhalb der Einlassstutzen sitzende per Unterdruck gesteuerte Klappen werden je nach Lastzustand des Motors geöffnet oder geschlossen, um unterschiedliche Ansaugdrücke zu gewährleisten. Dieses System bietet hinsichtlich der Motorleistung, des Kraftstoffverbrauchs und der Abgaswerte beträchtliche Vorteile.
5 Das Motorgehäuse besteht aus Gusseisen und die Zylinderbohrungen sind darin integriert. Die unten angeschraubte Hauptlagerplatte dient als untere Gehäusehälfte.
6 Die Kurbelwelle des komplett gleitgelagerten Motors läuft in fünf Lagerschalen. Ihr Axialspiel wird durch Anlauf-Halbringe an Hauptlager Nr. 3 begrenzt.
7 Die Pleuel drehen sich mit horizontal gebrochenen Lagerschalen auf den Hubzapfen. Die aus einer Aluminiumlegierung bestehenden Kolben sind mit drei Kolbenringen (zwei Kompressionsringen und einem Ölabstreifring) ausgerüstet und mit Kolbenbolzen im oberen Pleuelauge gelagert.
8 Die Nockenwellen werden über eine hydraulisch gespannte Steuerkette von der Kurbelwelle angetrieben. Die vier Ventile jedes Zylinders (2 Einlass-, 2 Auslassventile) werden über Schlepphebel betätigt, die an ihren Gelenk-Enden auf hydraulisch geführten Stößeln (Hydrostößeln) gelagert sind. Eine Nockenwelle betätigt die Einlassventile, die andere ist für die Auslassventile zuständig. Die Ein- und Auslassventile werden von je einer Schraubenfeder geschlossen.
9 Alle Motoren sind mit variablen Steuerzeitenverstellungen ausgerüstet, bei denen die Nockenwellen durch das Motorsteuergerät so eingestellt werden können, dass sich sowohl mehr Drehmoment bei niedrigen Drehzahlen, mehr Spitzenleistung und bessere Abgaswerte erreichen lassen. Die Steuerzeitenversteller sind in die Nockenwellenritzel integriert und werden über zwei in jede Nockenwelle integrierte Druckölleitungen aktiviert. Für jede Nockenwelle ist in den Steuerkettendeckel ein elektromagnetisches Ventil integriert, das anhand der Steuergerät-Informationen die Ölversorgung der jeweiligen Nockenwelle regelt. Jeder Versteller enthält zwei Kammern und je nachdem, welche der zwei Ölkanäle vom Magnetventil aktiviert ist, verdreht sich die Nockenwelle im Uhrzeigersinn (Frühverstellung) oder gegen den Uhrzeigersinn (Spätverstellung), um die Steuerzeiten anzupassen. Wenn in beiden Ölkanälen kein Druck vorhanden ist, gehen die Steuerzeiten in die »Halteposition«. Innerhalb eines vorgegebenen Steuerzeiten-Freiraums lassen sich so beliebige Kombinationen einstellen.
10 Eine innerhalb des Steuerkettendeckels sitzende Flügelzellen-Ölpumpe mit variabler Fördermenge wird direkt von der Kurbelwelle angetrieben.
11 Die vom Keilrippenriemen angetriebene Kühlwasserpumpe sitzt außen am Steuerkettendeckel.

Reparaturen, die bei eingebautem Motor möglich sind

12 Die folgenden Arbeiten können erledigt werden, ohne dass der Motor dafür aus dem Fahrzeug ausgebaut werden muss:
a) Zylinderkopf – Ausbau und Einbau
b) Steuerkettendeckel – Ausbau und Einbau
c) Steuerkette, Spanner und Ritzel – Ausbau und Einbau
d) Nockenwellen – Ausbau und Einbau
e) Ölwanne – Ausbau und Einbau
*f) Pleuelfußlager, Pleuel und Kolben – Ausbau und Einbau**
g) Ölpumpe – Ausbau und Einbau
h) Ölfiltergehäuse – Ausbau und Einbau
i) Kurbelwellendichtringe – Ausbau und Einbau
j) Motor- und Getriebehalterungen – Ausbau und Einbau
k) Schwungscheibe / Antriebsplatte – Ausbau und Einbau
** Obwohl diese Komponenten theoretisch bei eingebautem Motor ausgebaut werden können, wird aus Gründen der besseren Zugänglichkeit und Sauberkeit empfohlen, den Motor dafür auszubauen – siehe Kapitel 2C.*

2 Kompressionsprüfung – Beschreibung und Auswertung

1 Wenn die Motorleistung sinkt oder Fehlzündungen entstehen, die nicht auf das Zünd- oder Kraftstoffsystem zurückzuführen sind, kann eine Kompressionsprüfung Hinweise auf den Zustand des Motors liefern. Wenn dieser Test regelmäßig durchgeführt wird, kann er vor Problemen warnen, bevor andere Symptome offensichtlich werden.
2 Aufgrund der bei diesen Motoren verwendeten elektronischen Drosselklappensteuerung (ohne Gaszug zwischen Pedal und Klappe) kann eine Kompressionsprüfung nur durchgeführt werden, wenn das Motorsteuergerät an ein spezielles Diagnosegerät angeschlossen ist – ohne dies öffnet die Drosselklappe nicht und der Test bringt kein verwertbares Ergebnis. Auch bei durchgetretenem Gaspedal regelt das Motorsteuergerät die Drosselklappe nur, sobald der Motor läuft – und dann auch nur entsprechend der tatsächlich benötigten Luftmenge. Die Prüfausrüstung aktiviert dagegen die Drosselklappe unabhängig vom Befehl des Steuergeräts und öffnet sie vollständig.
3 Weil eine solche Ausrüstung dem Hobbyschrauber kaum zur Verfügung steht, sollte die Kompressionsprüfung in einer entsprechend ausgerüsteten Fachwerkstatt durchgeführt werden.

3 Ventildeckel – Ausbau und Einbau

Anmerkung: *Beim Einbau werden eine neue Gummidichtung sowie Silikondichtmasse (für die obere Steuerketten-Dichtfläche) benötigt.*

Ausbau

1 Trennen Sie das Massekabel (–) von der Batterie (siehe Kapitel 5A, Sektion 4).

2 Demontieren Sie das mittig auf dem Ventildeckel sitzende Zündmodul (siehe Kapitel 5B, Sektion 3).

3 Trennen Sie die Kabelstecker der jeweiligen Steuerzeitenversteller-Magnetventile und, Nockenwellensensoren, des Thermostaten und des Öldruckschalters. Befreien Sie den Kabelbaum aus den Führungen des Ventildeckels und verlagern Sie ihn beiseite (siehe Abbildungen).

3.3a Trennen Sie die Kabelstecker der beiden Steuerzeitenversteller-Magnetventile, ...

3.3b ... der beiden Nockenwellensensoren ...

3.3c ... und des Themostaten, ...

3.3d ... und befreien Sie den Kabelbaum aus der seitlichen ...

3.3e ... und hinteren Führung des Ventildeckels.

4 Befreien Sie den Ölpeilstab aus dem Ventildeckel.

5 Lockern Sie schrittweise die 15 Ventildeckelschrauben. Wenn alle locker sind, können sie vollständig gelöst werden – sie verbleiben im Ventildeckel, während dieser entnommen wird.

6 Heben Sie den Ventildeckel vom Zylinderkopf.

Einbau

7 Entfernen Sie die alte Dichtung aus dem Ventildeckel und begutachten Sie die Innenseite des Ventildeckels auf Ölschlamm und andere Ablagerungen – reinigen Sie ihn nötigenfalls mit Petroleum oder einem wasserlöslichen Lösungsmittel.

8 Drücken Sie eine neue Ventildeckeldichtung in die Nut des Ventildeckels (siehe Abbildung).

3.8 Rüsten Sie den Ventildeckel mit einer neuen Gummidichtung aus.

9 Kontrollieren Sie die Dichtfläche des Zylinderkopfs und schneiden Sie ggf. vorstehendes Dichtmaterial der Steuerkettendeckel-Dichtung mit einem scharfen Messer ab.

10 Reinigen Sie die Dichtflächen des Ventildeckels und des Zylinderkopfs.

11 Tragen Sie an beiden Seiten über den Kontaktstellen des Steuerkettendeckels zum Zylinderkopf eine 2 mm starke Raupe Silikondichtmasse auf (siehe Abbildung).

3.11 Tragen Sie an den Kontaktstellen des Steuerkettendeckels zum Zylinderkopf Silikondichtmasse auf.

12 Setzen Sie den Ventildeckel auf den Zylinderkopf und drehen Sie die Schrauben ein; ziehen Sie sie anschließend schrittweise bis zum Drehmoment von 8 Nm an.
13 Der Rest des Einbaus entspricht der umgekehrten Ausbaureihenfolge.

4 Steuerzeiten – Kontrolle und Einstellung

Anmerkung: *Für diese Arbeit werden einige Spezialwerkzeuge benötigt. Lesen Sie die gesamte Sektion durch und machen Sie sich mit dem Umfang der Tätigkeit vertraut. Beschaffen Sie sich anschließend die Spezialwerkzeuge oder geeignete Alternativen. Zudem werden diverse neue Dichtungen und Dichtringe benötigt.*

Allgemeines

1 Für eine akkurate Kontrolle und ggf. erforderliche Einstellung der Steuerzeiten werden verschiedene Spezialwerkzeuge benötigt, mit deren Hilfe die Nockenwellen, ihre Ritzel, die Phasenscheiben der Nockenwellensensoren und die Kurbelwelle so positioniert werden können, dass der Kolben in Zylinder Nr. 1 im oberen Totpunkt (OT) des Verdichtungstaktes steht.
2 Opel führt die Spezialwerkzeuge unter folgenden Teilenummern auf:

OT-Positionierung für die Kurbelwelle:	EN-952
Nockenwellen-Arretierung:	EN-953-A
Nockenwellenritzel-Haltewerkzeug:	EN-49977-200
Phasenscheiben-Einstellwerkzeug für Nockenwellensensor:	EN-49977-100

3 Neben den speziell für ihren Einsatzzweck konstruierten Opel-Werkzeugen sind auch preiswerte Alternativen aus dem Werkstattzubehör erhältlich (siehe Abbildung). Ohne Spezialwerkzeuge sollten Arbeiten an der Steuerkette, den Nockenwellen oder dem Zylinderkopf einer Fachwerkstatt überlassen werden.

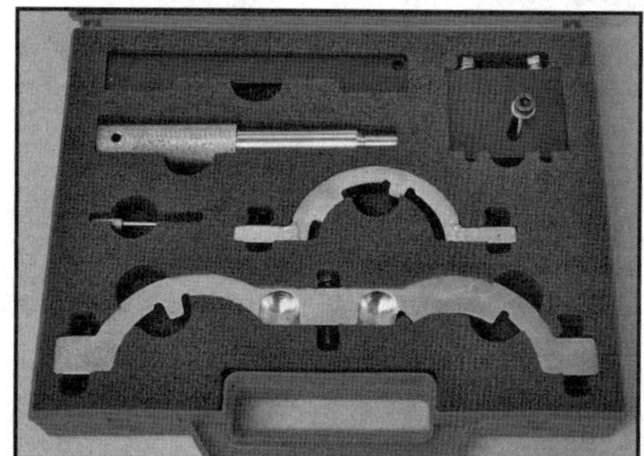

4.3 Ein typisches Werkzeugset für die Kontrolle und Einstellung der Steuerzeiten

Kontrolle

4 Trennen Sie das Massekabel von der Batterie (siehe Kapitel 5A, Sektion 4).
5 Entfernen Sie die Luftfilterbaugruppe (siehe Kapitel 4A, Sektion 3).
6 Demontieren Sie den Ventildeckel (siehe Sektion 3).
7 Lockern Sie die Radbolzen des rechten Vorderrads, ziehen Sie die Handbremse, heben Sie das Fahrzeug vorn an und stützen Sie es sicher ab (siehe Seite 351). Bauen Sie das rechte Vorderrad ab und entfernen Sie die untere Radhausschalen-Abdeckung, um Zugang zur Kurbelwellen-Riemenscheibe zu erhalten.
8 Setzen Sie am Riemenscheibenbolzen einen Steckschlüssel an und drehen Sie die Kurbelwelle ausschließlich im Uhrzeigersinn, bis die Bohrung in der Riemenscheibe zum Anguss am Steuerkettendeckel ausgerichtet ist (siehe Abbildung).

4.8 Drehen Sie die Kurbelwelle rechts herum, bis die Bohrung in der Riemenscheibe zum Anguss am Steuerkettendeckel (Pfeil) ausgerichtet ist.

9 Der Kolben in Zylinder Nr. 1 (rechts neben der Steuerkette) steht im Verdichtungstakt, wenn die versetzt angeordneten Nuten in den linken Enden der Nockenwellen oberhalb der Zylinderkopf-Dichtfläche liegen (siehe Abbildung) – falls dies nicht der Fall ist, steht der Kolben im Gaswechsel-OT und die Kurbelwelle muss eine volle Umdrehung weitergedreht werden, bis die Bohrung wieder mit dem Anguss fluchtet – jetzt müssen die Nuten wie gezeigt stehen.

4.9 Wenn der Kolben in Zylinder Nr. 1 im Verdichtungstakt steht. Liegen die Nuten der Nockenwellen (Pfeile) oberhalb der Zylinderkopf-Dichtfläche.

10 Lösen Sie den rechts vorn in der Hauptlagerplatte sitzenden Verschlussstopfen aus dem Motorblock (siehe Abbildung) – beim Einbau wird ein neuer Dichtring benötigt.

4.10 OT-Arretierungs-Verschlussstopfen

11 Installieren Sie die OT-Positionierung für die Kurbelwelle in die Bohrung und drücken Sie sie gegen die Kurbelwelle (siehe Abbildung). Drehen Sie die Kurbelwelle langsam im

Uhrzeigersinn, bis das Werkzeug vollständig in ihre OT-Nut geschoben werden kann.

4.11 Installieren Sie die OT-Positionierung in die Bohrung des Verschlussstopfens.

12 Positionieren Sie die Nockenwellen-Arretierung in die Nuten links in den Nockenwellen, sodass es beide Wellen arretiert (siehe Abbildungen).

4.12a Positionieren Sie die Nockenwellen-Arretierung in die Nuten der Nockenwellen, ...

4.12b ... sodass beide Wellen arretiert sind.

13 Falls sich die Nockenwellen-Arretierung nicht installieren lässt, sind die Steuerzeiten nicht korrekt und müssen eingestellt werden (siehe unten).

14 Wenn bis hierher alles in Ordnung ist, müssen die Positionen der Nockenwellensensor-Phasenscheiben kontrolliert werden – verwenden Sie hierzu das entsprechende Einstellwerkzeug, und prüfen Sie, ob es sich sowohl in die Phasenscheiben beider Nockenwellen installieren lässt als auch rechtwinklig zur Dichtfläche des Steuerkettendeckels sitzt. Wenn dies möglich ist, wird mit Schritt 31 fortgefahren, andernfalls ist eine Einstellung nötig:

Einstellung

Anmerkung: *Bei dieser Arbeit werden neue Nockenwellen-Ritzelbolzen benötigt.*

15 Entfernen Sie das Phasenscheiben-Einstellwerkzeug, aber belassen Sie die Nockenwellen-Arretierung und die OT-Positionierung für die Kurbelwelle an ihren Positionen.

16 Lösen Sie die vier Schrauben, mit denen die Steuerzeiten-Magnetventile im Steuerkettendeckel gesichert sind. Drehen Sie das Magnetventil der (hinteren) Einlassnockenwelle etwas gegen den Uhrzeigersinn, während Sie es gleichzeitig senkrecht aus dem Steuerkettendeckel ziehen. Wiederholen Sie dies mit dem Magnetventil der Auslassnockenwelle, aber drehen Sie diese diesmal im Uhrzeigersinn (siehe Abbildungen).

4.16a Lösen Sie die Schrauben der Steuerzeiten-Magnetventile ...

4.16b ... und entfernen Sie diese.

17 Lockern Sie die Ritzelbolzen beider Nockenwellen – kontern Sie die Wellen dabei mit einem am Sechskant angesetzten Maulschlüssel (siehe Abbildungen).

4.17a Lockern Sie die Ritzelbolzen beider Nockenwellen, ...

4.17b ... kontern Sie die Wellen dabei mit einem Maulschlüssel.

18 Entfernen Sie beide Nockenwellen-Ritzelbolzen samt der Sensor-Phasenscheiben.

19 Sichern Sie die Phasenscheiben mit den neuen Ritzelbolzen an beide Nockenwellen und ziehen Sie sie zunächst handfest an – die Phasenscheiben müssen sich noch drehen lassen.

20 Drehen Sie die Nockenwellen nötigenfalls mithilfe des an den Sechskanten angesetzten Maulschlüssels etwas, bis die Nockenwellen-Arretierung wieder in die Nuten der Wellen installiert werden kann.

21 Lösen Sie die zwei Schrauben, mit denen die Steuerketten-Gleitschiene oben am Zylinderkopf gesichert ist, und entfernen Sie diese (siehe Abbildung).

4.21 Schrauben der Steuerketten-Gleitschiene

22 Lockern Sie die Schraube hinten am Nockenwellenritzel-Haltewerkzeug, platzieren Sie dies auf dem Zylinderkopf, und sichern Sie es mit den zwei Gleitschienen-Befestigungsschrauben. Schieben Sie den verzahnten Teil des Werkzeugs in die Zähne des Einlassnockenwellenritzels, halten Sie ihn dort, und ziehen Sie die Schraube an (siehe Abbildungen).

4.22a Lockern Sie die Schraube hinten am Nockenwellenritzel-Haltewerkzeug.

4.22b Schieben Sie den verzahnten Teil des Werkzeugs in die Zähne des Einlassnockenwellenritzels, ...

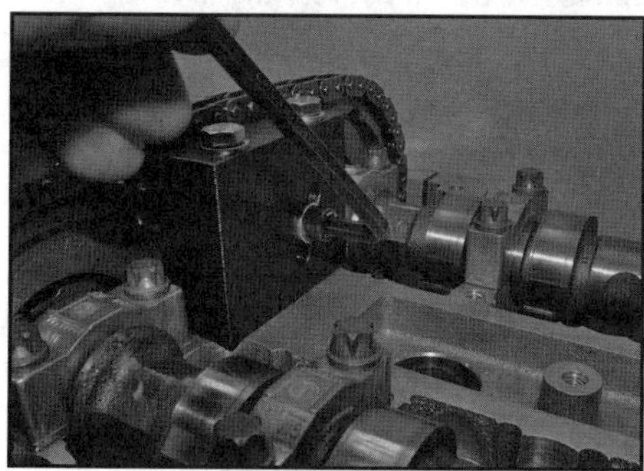

4.22c ... halten Sie ihn dort und ziehen Sie die Schraube an.

23 Positionieren Sie die Phasenscheiben wie gezeigt, um das Einstellwerkzeug über ihnen aufzulegen. Installieren Sie das Werkzeug so mit den drei Schrauben am Steuerkettendeckel (siehe Abbildungen) – es muss korrekt in die Phasenscheiben greifen und senkrecht auf der Dichtfläche des Steuerkettendeckels sitzen.

4.23a Positionieren Sie die Phasenscheiben so, ...

4.23b ... um das Einstellwerkzeug über ihnen aufzulegen.

4.23c Setzen Sie das Werkzeug mit den Scheiben am Steuerkettendeckel an und sichern Sie es mit den drei Schrauben (Pfeile).

24 Ziehen Sie den Ritzelbolzen der Einlassnockenwelle zunächst mit 50 Nm an und dann mithilfe einer Gradscheibe um 60° weiter (siehe Abbildungen) – kontern Sie dabei die Nockenwelle mit dem Maulschlüssel. Wiederholen Sie dies an der Auslassnockenwelle.

4.24a Ziehen Sie den Ritzelbolzen der Nockenwelle zunächst mit 50 Nm an …

4.24b … und dann mithilfe einer Gradscheibe um 60° weiter.

25 Entfernen Sie das Phasenscheiben-Einstellwerkzeug und das Nockenwellenritzel-Haltewerkzeug.
26 Montieren Sie die Steuerketten-Gleitschiene auf den Zylinderkopf und ziehen Sie ihre beiden Schrauben mit 8 Nm an.
27 Entfernen Sie die Nockenwellen-Arretierung und die OT-Positionierung der Kurbelwelle.
28 Drehen Sie die Kurbelwelle zwei volle Umdrehungen im Uhrzeigersinn und stoppen Sie kurz bevor die Bohrung in der Riemenscheibe mit dem Anguss am Steuerkettendeckel fluchtet (Abb. 4.8).
29 Drehen Sie die Kurbelwelle langsam weiter, bis die OT-Positionierung wieder in die Kurbelwelle eingeschoben werden kann (Schritt 11).
30 Jetzt muss es möglich sein, die Nockenwellen-Arretierung in die Nuten der Nockenwelle einzuschieben und das Phasenscheiben-Einstellwerkzeug über die Scheiben zu setzen – andernfalls muss die gesamte Einstellung wiederholt werden.
31 Wenn alles in Ordnung ist, werden alle Werkzeuge entfernt und der Motorblock-Verschlussstopfen mit einer neuen Dichtscheibe installiert; ziehen Sie den Stopfen mit 40 Nm an.
32 Rüsten Sie die Steuerzeiten-Magnetventile mit neuen Dichtringen aus, schmieren Sie ihre Dichtlippen mit Motoröl und installieren Sie sie vorsichtig in ihre Sitze im Steuerkettendeckel. Positionieren Sie die Magnetventile wie gezeigt, installieren Sie ihre Schrauben, und ziehen Sie sie sorgfältig an (siehe Abbildung).

4.32 Korrekte Positionierung der Steuerzeiten-Magnetventile

33 Der Rest des Einbaus entspricht der umgekehrten Ausbaureihenfolge.

5 Kurbelwellen-Riemenscheibe – Ausbau und Einbau

Ausbau

1 Lockern Sie die Radbolzen des rechten Vorderrads, ziehen Sie die Handbremse, heben Sie das Fahrzeug vorn an und stützen Sie es sicher ab (siehe Seite 351). Bauen Sie das rechte Vorderrad ab und entfernen Sie die untere Radhausschalen-Abdeckung, um Zugang zur Kurbelwellen-Riemenscheibe zu erhalten.
2 Drehen Sie den Spanner mit einem an den Spannrollenbolzen angesetzten Ringschlüssel im Uhrzeigersinn gegen die Federspannung und halten Sie ihn in dieser Position, während Sie einen geeigneten Arretierstift oder Bohrer in die dafür vorgesehene Bohrung einschieben (siehe Abbildung).

5.2 Arretieren Sie den Riemenspanner z. B. mit einem Bohrer, damit der Keilrippenriemen entspannt wird.

3 Heben Sie den entspannten Keilrippenriemen von der Kurbelwellen-Riemenscheibe.

Anmerkung: *Der Riemen muss nicht vollständig entfernt werden – dies würde den Ausbau der rechten Motorhalterung nötig machen.*

4 Setzen Sie am Riemenscheibenbolzen einen Steckschlüssel an und drehen Sie die Kurbelwelle ausschließlich im Uhrzeigersinn, bis die Bohrung in der Riemenscheibe zum Anguss am Steuerkettendeckel ausgerichtet ist (Abb. 4.8).

5 Um den Riemenscheibenbolzen lockern zu können, muss das Riemenrad gekontert werden – Opel bietet hierfür die Spezialwerkzeuge EN-49979 und EN-956-1 an, doch lässt sich ein geeignetes Werkzeug auch leicht selbst anfertigen (siehe Praxis-Tipp).

Praxis-Tipp

Aus zwei ca. 6 mm starken und ca. 30 mm breiten Blechstreifen ((ca. 60 und 20 cm lang) kann ein Riemenscheiben-Abzieher angefertigt werden: Schrauben Sie die Streifen wie gezeigt zusammen, sodass sie sich noch bewegen lassen. Drehen Sie an den Enden der Streifen geeignete Schrauben ein und sichern Sie sie mit Muttern, damit sie in die Langlöcher der Riemenscheibe greifen können.

6 Blockieren Sie mit dem Werkzeug die Riemenscheibe und lockern Sie den zentralen Bolzen. Entfernen Sie das Werkzeug, drehen Sie den Bolzen heraus und entfernen Sie die Riemenscheibe (siehe Abbildungen) – beim Einbau wird ein neuer Bolzen benötigt.

5.6a Lösen Sie den Riemenscheibenbolzen ...

5.6b ... und befreien Sie das Riemenrad.

Einbau

7 Richten Sie die kleine Bohrung der Riemenscheibe zum Anguss des Steuerkettendeckels aus und schieben Sie die Riemenscheibe auf die Kurbelwelle – ihr Flansch muss mit den Sechskant des Ölpumpenrotors fluchten (dazu muss der Rotor eventuell mithilfe eines Schraubendrehers neu positioniert werden). Wenn die Riemenscheibe korrekt sitzt, beträgt der Abstand zwischen ihrem Innenrand und dem Anguss des Steuerkettendeckels nicht weniger als 5,5 mm.

8 Installieren Sie den neuen Riemenscheiben-Bolzen, blockieren Sie die Riemenscheibe mit dem Spezialwerkzeug und ziehen Sie den Bolzen zunächst mit 150 Nm an und dann um 60° weiter.

9 Legen Sie den Keilrippenriemen über die Riemenscheibe.

10 Ziehen Sie den Spanner zurück und entfernen Sie den Arretierstift. Achten Sie beim Anlegen der Spannrolle darauf, dass die Rippen des Riemens korrekt über allen Riemenscheiben liegen.

11 Montieren Sie die Radlaufabdeckung und das Vorderrad. Senken Sie das Fahrzeug ab und ziehen Sie die Radbolzen mit 110 Nm an.

6 Steuerkette und Deckel – Ausbau und Einbau

Anmerkung: *Für diese Arbeit werden die in Sektion 4 aufgeführten Spezialwerkzeuge benötigt. Lesen Sie die gesamte Sektion durch und machen Sie sich mit dem Umfang der Tätigkeit vertraut. Beschaffen Sie sich anschließend die Spezialwerkzeuge oder geeignete Alternativen. Zudem werden diverse neue Dichtungen und Dichtringe sowie Silikondichtmasse (für die obere Steuerketten-Dichtfläche) benötigt. Weiterhin müssen neue Nockenwellenritzel-Bolzen, ein neuer Riemenscheiben-Bolzen für die Kurbelwelle und neue Schrauben für die rechte Motorhalterung beschafft werden.*

Ausbau

1 Bringen Sie den Kolben von Zylinder Nr. 1 in den Verdichtungs-OT (siehe Sektion 4).

2 Entleeren Sie das Kühlsystem (siehe Kapitel 1A, Sektion 26). Ziehen Sie die Ablassschraube anschließend wieder sorgfältig an.

3 Lassen Sie das Motoröl ab (siehe Kapitel 1A, Sektion 5). Reinigen Sie die Ablassschraube und ziehen Sie sie anschließend wieder mit 14 Nm an.

4 Drehen Sie den Spanner mit einem an den Spannrollenbolzen angesetzten Ringschlüssel im Uhrzeigersinn gegen die Federspannung und halten Sie ihn in dieser Position, während Sie einen geeigneten Arretierstift oder Bohrer in die dafür vorgesehene Bohrung einschieben (Abb. 5.2). Beachten Sie die Laufrichtung des Keilrippenriemens und bringen Sie nötigenfalls Markierungen darauf an.

Anmerkung: *Der Keilrippenriemen kann erst vollständig entfernt werden, wenn die rechte Motorhalterung demontiert ist.*

5 Trennen Sie ggf. den Stecker des Klimaanlagen-Kompressors und befreien Sie den Kabelbaum aus allen Befestigungen. Schrauben Sie den Kompressor vom Halter am Motorblock und lagern Sie ihn abseits des Motors – trennen Sie nicht die Kältemittel-Leitungen.

6 Lösen Sie ggf. die drei Schrauben der Kompressorhalterung und befreien Sie diese vom Motorblock und Steuerkettendeckel (siehe Abbildung).

6.6 Schrauben der Kompressorhalterung

7 Entfernen Sie die Riemenscheibe von der Kurbelwelle (siehe Sektion 5).
8 Demontieren Sie die Lichtmaschine (siehe Kapitel 5A, Sektion 8).
9 Demontieren Sie die Ölwanne (siehe Sektion 11).
10 Weil jetzt die rechte Motorhalterung demontiert wird, muss der Motor entsprechend abgestützt werden – entweder mithilfe eines Werkstattkrans oder eines Rangierwagenhebers samt Hölzern zum Schutz des Motorgehäuses.
11 Demontieren Sie die rechte Motorhalterung (siehe Sektion 16) und entnehmen Sie den Keilrippenriemen.
12 Lösen Sie am Steuerkettendeckel die drei Schrauben des rechten Motorhalterungsträgers und entfernen Sie diesen – die Schrauben müssen später durch Neuteile ersetzt werden.
13 Lösen Sie die obere und untere Schraube des Keilrippenriemenspanners und entfernen Sie diesen vom Steuerkettendeckel (siehe Abbildung).

6.13 Lösen Sie die Schrauben des Keilrippenriemenspanners und entfernen Sie diesen.

14 Entfernen Sie die Wasserpumpe (siehe Kapitel 3, Sektion 7).
15 Lösen Sie die vier Schrauben, mit denen die Steuerzeiten-Magnetventile im Steuerkettendeckel gesichert sind. Drehen Sie das Magnetventil der (hinteren) Einlassnockenwelle etwas gegen den Uhrzeigersinn, während Sie es gleichzeitig senkrecht aus dem Steuerkettendeckel ziehen. Wiederholen Sie dies mit dem Magnetventil der Auslassnockenwelle, aber drehen Sie diese diesmal im Uhrzeigersinn (Abb. 4.16a und b). Entfernen Sie den jeweiligen hinter dem Magnetventil sitzenden Dichtring – diese müssen später durch Neuteile ersetzt werden.
16 Lockern Sie die Ritzelbolzen beider Nockenwellen – kontern Sie die Wellen dabei mit einem am Sechskant angesetzten Maulschlüssel (Abb. 4.17a und b).
17 Lösen Sie die 15 Schrauben des Steuerkettendeckels und nehmen Sie diesen vom Motor ab (siehe Abbildung) – zunächst kann er durch die Dichtmasse und die Passhülsen sehr fest sitzen, sodass er rundherum mit einem weichen Hammer abgeklopft werden muss.

6.17 Lösen Sie die 15 Schrauben des Steuerkettendeckels und nehmen Sie diesen vom Motor ab.

18 Drücken Sie den Steuerkettenspanner vollständig zurück und sichern Sie ihn mit einem in die Spannergehäusebohrung eingesetzten 2 mm starken Draht oder einem kleinen Bohrer in dieser Position (siehe Abbildung).

6.18 Sichern Sie den Kettenspannerkolben mit einem in das Gehäuse gesteckten 2-mm-Bohrer in der entspannten Position.

19 Lösen Sie die zwei Schrauben, mit denen die Steuerketten-Gleitschiene oben am Zylinderkopf gesichert ist, und entfernen Sie diese (Abb. 4.21).
20 Lösen Sie die zwei Schrauben, mit denen die Steuerketten-Führungsschiene vorn am Motorblock gesichert ist, und entfernen Sie diese (siehe Abbildungen).

6.20a Lösen Sie die Schrauben der Steuerketten-Führungsschiene ...

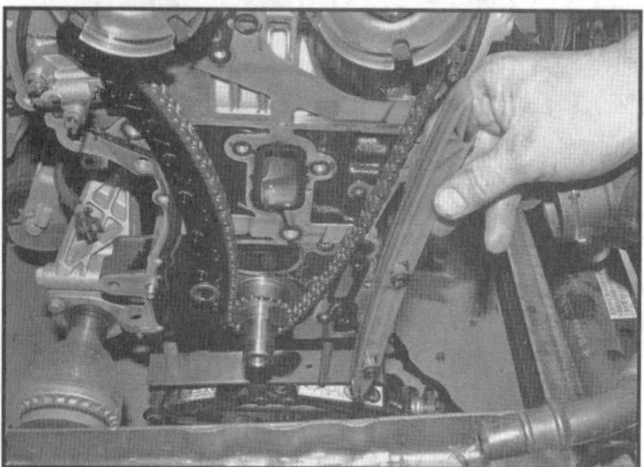

6.20b ... und entfernen Sie diese.

21 Lösen Sie unten an der (hinteren) Spannerschiene den Gelenkbolzen und entnehmen Sie die Schiene vom Motorblock (siehe Abbildungen).

6.21a Lösen Sie den Gelenkbolzen ...

6.21b ... und heben Sie die Führungsschiene aus dem Motorblock.

22 Ziehen Sie das Antriebsritzel samt Steuerkette von der Kurbelwelle und heben Sie die Kette von den Nockenwellenritzeln (siehe Abbildungen).

6.22a Ziehen Sie das Antriebsritzel samt Steuerkette von der Kurbelwelle ...

6.22b ... und heben Sie die Kette von den Nockenwellenritzeln.

23 Entfernen Sie die Verbundstoff-Dichtung von den Motorgehäusehälften und dem Zylinderkopf – befreien Sie sie nötigenfalls mithilfe eines Plastikspachtels. **Anmerkung**: *Falls der Zylinderkopf jemals zuvor demontiert wurde, ist die Dichtung an dessen Kontaktfläche geteilt.* Beim Einbau wird auf jeden Fall eine neue Dichtung benötigt.

24 Reinigen Sie sorgfältig den Steuerkettendeckel und entfernen Sie sämtliche Dichtungsreste von seiner Dichtfläche. Reinigen Sie ebenfalls die Dichtflächen der Motorgehäusehälften und des Zylinderkopfs, sodass sie absolut sauber sind – dies gilt vor allem für den Kontaktbereich des Zylinderkopfs auf dem Motorgehäuse.

25 Kontrollieren Sie die Steuerkette sowie die Ritzel, die Gleit-, Führungs- und Spannerschienen auf Verschleiß und Verformung, und ersetzen Sie schadhafte Teile. Die Nockenwellen-Dichtringe im Steuerkettendeckel sollten auf jeden Fall ausgetauscht werden (siehe Sektion 13).

26 Es ist ratsam, zu diesem Zeitpunkt den Steuerkettenspanner zu kontrollieren (siehe Sektion 7).

27 Beschaffen Sie alle neuen Dichtungen, Schrauben und anderen für den Zusammenbau erforderlichen Teile.

Einbau

28 Tragen Sie vorn und hinten an den Verbindungen des Zylinderkopfs zum Motorgehäuse eine 2 mm starke Raupe aus Dichtmasse auf – sie muss lang genug sein, um den Bereich unter der Steuerkettendeckel-Kontaktfläche abzudecken. Tragen Sie ebenso Dichtmasse im Kontaktbereich der beiden Motorgehäusehälften auf.

29 Legen Sie die neue Steuerkettendeckel-Dichtung über die Passhülsen auf die Dichtflächen des Zylinderkopfs und der beiden Motorgehäusehälften (siehe Abbildung).

6.29 Legen Sie die neue Steuerkettendeckel-Dichtung über die Passhülsen auf.

30 Legen Sie die Steuerkette über die Nockenwellenritzel, platzieren Sie das Kurbelwellenritzel mit der Markierung nach außen in der Kette, und schieben Sie es auf die Kurbelwelle (siehe Abbildung).

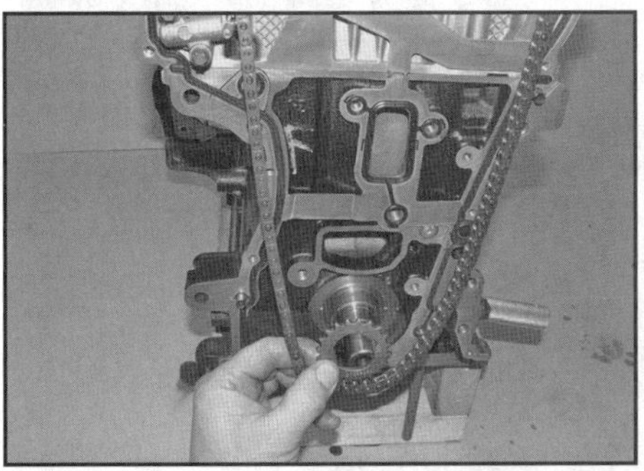

6.30 Legen Sie die Steuerkette über die Nockenwellenritzel und platzieren Sie das Kurbelwellenritzel darin.

31 Positionieren Sie die Steuerketten-Spannerschiene am Motorgehäuse, installieren Sie den Gelenkbolzen und ziehen Sie ihn mit 20 Nm an (siehe Abbildung).

6.31 Positionieren Sie die Steuerketten-Führungsschiene und ziehen Sie den Gelenkbolzen mit 20 Nm an.

32 Montieren Sie vorn die Führungsschiene, installieren Sie die zwei Schrauben und ziehen Sie mit 8 Nm an (siehe Abbildung).

6.32 Montieren Sie vorn die Führungsschiene und ziehen Sie ihre zwei Schrauben mit 8 Nm an.

33 Entfernen Sie den Stift, der den Steuerkettenspanner in der gelösten Position sichert (siehe Abbildung).

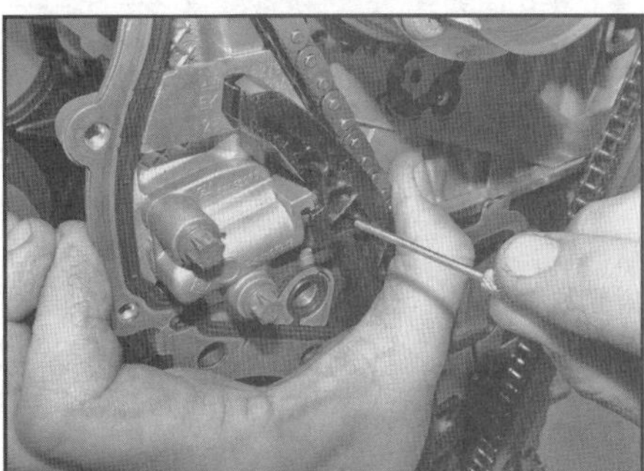

6.33 Ziehen Sie den Arretierstift aus dem Steuerkettenspannergehäuse.

34 Setzen Sie den Steuerkettendeckel an den Motor und drehen Sie alle 15 Schrauben zunächst handfest ein. Die zwei M10-Schrauben kommen nach rechts unten und die längere M6-Schraube wird rechts neben der Kurbelwelle eingedreht (siehe Abbildung). Ziehen Sie alle Schrauben dann schrittweise mit 8 Nm (M6) bzw. 35 Nm (M10) an.

6.34 Position der längeren M6-Schraube

35 Richten Sie die kleine Bohrung der Riemenscheibe zum Anguss des Steuerkettendeckels aus und schieben Sie die Riemenscheibe auf die Kurbelwelle – ihr Flansch muss mit den Sechskant des Ölpumpenrotors fluchten (dazu muss der Rotor eventuell mithilfe eines Schraubendrehers neu positioniert werden). Wenn die Riemenscheibe korrekt sitzt, beträgt der Abstand zwischen ihrem Innenrand und dem Anguss des Steuerkettendeckels nicht weniger als 5,5 mm.

36 Installieren Sie den neuen Riemenscheiben-Bolzen, blockieren Sie die Riemenscheibe mit dem Spezialwerkzeug und ziehen Sie den Bolzen zunächst mit 150 Nm an und dann um 60° weiter.

37 Rüsten Sie die Steuerzeiten-Magnetventile mit neuen Dichtringen aus, schmieren Sie ihre Dichtlippen mit Motoröl und installieren Sie sie vorsichtig in ihre Sitze im Steuerkettendeckel. Positionieren Sie die Magnetventile wie in Abb. 4.32 gezeigt, installieren Sie ihre Schrauben, und ziehen Sie sie sorgfältig an.
38 Stellen Sie die Steuerzeiten ein (siehe Sektion 4).
39 Der Rest des Einbaus entspricht der umgekehrten Ausbaureihenfolge.

7 Steuerkettenspanner – Ausbau, Kontrolle und Einbau

Ausbau

1 Demontieren Sie den Steuerkettendeckel und die Steuerkette (siehe Sektion 6).
2 Lösen Sie die zwei Befestigungsschrauben des Spanners und befreien Sie ihn vom Zylinderkopf (siehe Abbildung).

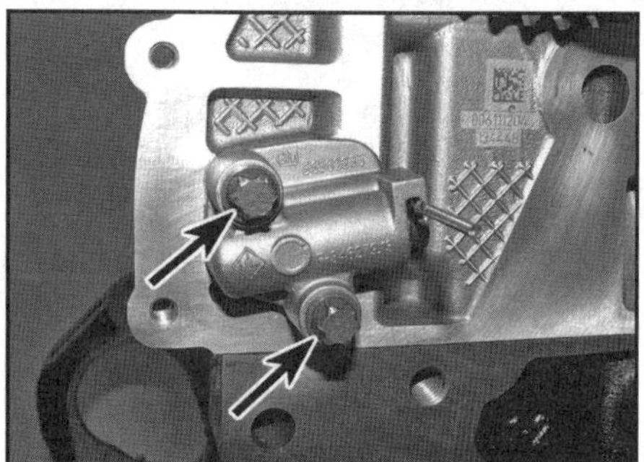

7.2 Steuerkettenspanner-Schrauben

3 Halten Sie den Spannerkolben und befreien Sie die Spannhülse, die den Spannerkolben in der zurückgezogenen Position sichert. Ziehen Sie den Spannerkolben samt Feder heraus.

Kontrolle

4 Begutachten Sie alle Komponenten auf Verschleiß, Verformung und andere Schäden und ersetzen Sie nötigenfalls den gesamten Spanner.

Einbau

5 Schmieren Sie die Spannerfeder und den Kolben und installieren Sie zuerst die Feder und dann den Kolben ins Spannergehäuse.
6 Drücken Sie den Kolben vollständig ein und installieren Sie die Spannhülse.
7 Setzen Sie den Spanner an den Zylinderkopf und ziehen Sie seine Schrauben mit 8 Nm an.
8 Installieren Sie die Steuerkette und den Deckel (siehe Sektion 8).

8 Nockenwellenritzel – Ausbau und Einbau

Anmerkung: *Für diese Arbeit werden die in Sektion 4 aufgeführten Spezialwerkzeuge benötigt. Lesen Sie die gesamte Sektion durch und machen Sie sich mit dem Umfang der Tätigkeit vertraut. Beschaffen Sie sich anschließend die Spezialwerkzeuge oder geeignete Alternativen. Zudem werden diverse neue Dichtungen und Dichtringe sowie neue Nockenwellenritzel-Bolzen benötigt.*

Ausbau

1 Bringen Sie den Kolben von Zylinder Nr. 1 in den Verdichtungs-OT (siehe Sektion 4).
2 Lösen Sie die vier Schrauben, mit denen die Steuerzeiten-Magnetventile im Steuerkettendeckel gesichert sind. Drehen Sie das Magnetventil der (hinteren) Einlassnockenwelle etwas gegen den Uhrzeigersinn, während Sie es gleichzeitig senkrecht aus dem Steuerkettendeckel ziehen. Wiederholen Sie dies mit dem Magnetventil der Auslassnockenwelle, aber drehen Sie diese diesmal im Uhrzeigersinn (Abb. 4.16a und b). Entfernen Sie den jeweiligen hinter dem Magnetventil sitzenden Dichtring – diese müssen später durch Neuteile ersetzt werden.
3 Lösen Sie vorn am Steuerkettendeckel unterhalb des Heizungsschlauch-Anschlusses der Wasserpumpe den Steuerkettenspanner-Verschlussstopfen (siehe Abbildung) – sein Dichtring muss später erneuert werden.

8.3 Schrauben Sie den Steuerkettenspanner-Verschlussstopfen aus dem Steuerkettendeckel.

4 Beschaffen Sie eine 2 mm starke und 30 mm lange Spannhülse oder ähnliches, um sie als Arretierwerkzeug für den Steuerkettenspanner zu verwenden.
5 Setzen Sie am Sechskant der Einlassnockenwelle einen Maulschlüssel an und spannen Sie sie (von rechts betrachtet) im Uhrzeigersinn, um die Steuerkette am Spanner zu spannen und den Spannerkolben vollständig in sein Gehäuse zu drücken.
6 Halten Sie die Nockenwelle in dieser Position und sichern Sie den Spannerkolben mit der ins Spannergehäuse eingeführten Spannhülse (siehe Abbildungen).

8.6a Führen Sie einen 2 mm starke Spannhülse, einen Bohrer oder einen Stift durch den Sitz des Verschlussstopfens …

8.6b ... in die Bohrung des Steuerkettenspanners ein.

7 Lösen Sie die zwei Schrauben, mit denen die Steuerketten-Gleitschiene oben am Zylinderkopf gesichert ist, und entfernen Sie diese (Abb. 4.21).
8 Lockern Sie die Ritzelbolzen beider Nockenwellen – kontern Sie die Wellen dabei mit einem am Sechskant angesetzten Maulschlüssel (Abb. 4.17a und b).
9 Drehen Sie beide Ritzelbolzen heraus und entfernen Sie sie samt der Nockenwellensensor-Phasenscheiben.
10 Ziehen Sie beide Ritzel von den Nockenwellen und befreien Sie sie aus der Steuerkette.

Einbau

11 Legen Sie die Steuerkette über die Nockenwellenritzel und positionieren Sie diese an den Nockenwellen. Sichern Sie die Phasenscheiben mit den neuen Ritzelbolzen an beide Nockenwellen und ziehen Sie sie zunächst handfest an – die Phasenscheiben müssen sich noch drehen lassen.
12 Entfernen Sie die Spannhülse, die den Spannerkolben in der zurückgezogenen Position sichert.
13 Stellen Sie die Steuerzeiten ein (siehe Sektion 4).
14 Der Rest des Einbaus entspricht der umgekehrten Ausbaureihenfolge – rüsten Sie den Verschlussstopfen im Steuerkettendeckel mit einem neuen Dichtring aus und ziehen Sie ihn mit 50 Nm an.

9 Nockenwellen, Hydrostößel und Schlepphebel – Ausbau, Kontrolle und Einbau

Ausbau

1 Demontieren Sie beide Nockenwellenritzel (siehe Sektion 8).
2 Schauen Sie sich die Identifikationsnummern und Markierungen an den Lagerdeckeln an (siehe Abbildung). Bei dem von uns bearbeiteten Motor waren die Lagerdeckel der Auslassnockenwelle mit ungeraden und diejenigen der Einlassnockenwelle mit geraden Ziffern versehen – dies muss allerdings nicht bei allen Motoren der Fall sein. Da die Einbaurichtung der Lagerdeckel nicht vorgegeben ist, müssen sie entsprechend markiert werden, um in ihrer ursprünglichen Einbaurichtung aufgesetzt zu werden. Bei unserem Motor waren die Ziffern von der Auslassnockenwelle betrachtet richtig herum lesbar – auch dies kann bei anderen Motoren anders sein.

9.2 Identifikationsnummern der Nockenwellen-Lagerdeckel

3 Lockern Sie die Lagerdeckelschrauben in der gezeigten Reihenfolge um jeweils eine halbe Umdrehung (siehe Abbildung). Wiederholen Sie diese Durchgänge solange, bis alle Schrauben vollständig gelockert sind – die Nockenwelle wird dabei durch den Druck der Ventilfedern gleichmäßig angehoben und kann nicht verkanten.

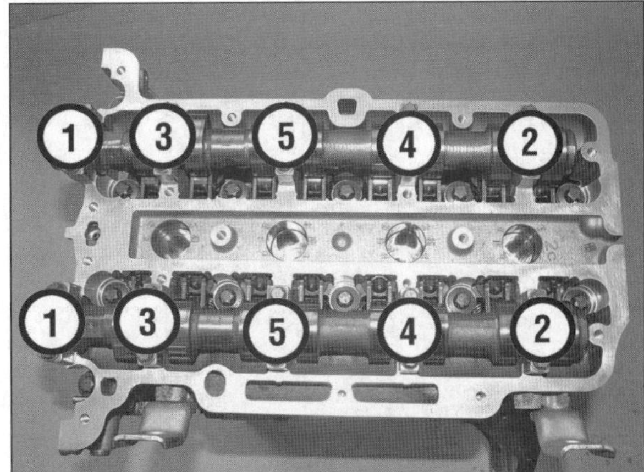

9.3 LOCKERUNGS-Reihenfolge der Nockenwellen-Lagerdeckelschrauben

4 Wenn alle Schrauben gelockert sind, werden sie herausgezogen und die Lagerdeckel entnommen – beachten Sie die Hinweise in Schritt 2 (siehe Abbildung).

9.4 Entfernen Sie die Lagerdeckel-Schrauben und heben Sie die Deckel ab.

5 Heben Sie die Nockenwellen vorsichtig aus dem Zylinderkopf (siehe Abbildung). Falls beide Wellen ausgebaut werden sollen, müssen sie entsprechend ihrer Positionen markiert werden.

9.5 Heben Sie die Nockenwellen vorsichtig aus dem Zylinderkopf.

6 Beschaffen Sie 16 kleine saubere Behälter und nummerieren Sie sie mit Einlass 1 bis 8 und Auslass 1 bis 8; alternativ kann ein größerer Behälter in 16 Fächer unterteilt und entsprechend markiert werden. Füllen Sie die Behälter oder Fächer mit frischem Motoröl, um die Hydrostößel darin eintauchen zu können. Ziehen Sie die Schlepphebel samt ihrer Hydrostößel aus dem Zylinderkopf und legen Sie sie in ihre Behälter/Fächer (siehe Abbildungen). Halten Sie die Schlepphebel und ihre Hydrostößel stets zusammen, um später keinen erhöhten Verschleiß zu riskieren.

9.6a Ziehen Sie die Schlepphebel ...

9.6b ... samt ihrer Hydrostößel aus dem Zylinderkopf ...

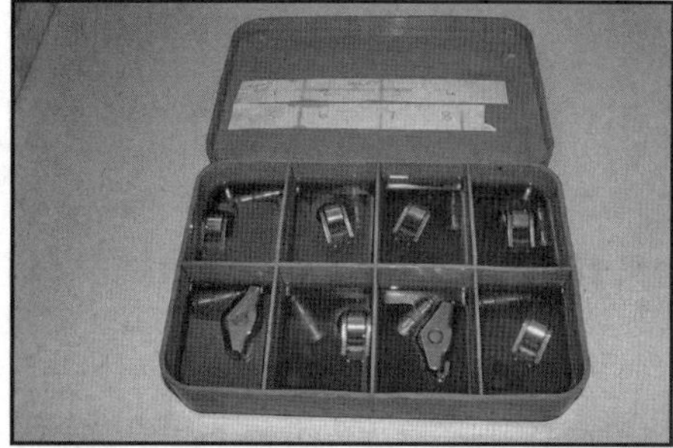

9.6c ... und legen Sie sie in die vorbereiteten Behälter/Fächer.

Kontrolle

7 Begutachten Sie die Nocken und Lager der Nockenwellen sowie die Lagerflächen der Nockenwellen im Zylinderkopf und den Lagerdeckeln auf Riefen und tiefe Kratzer. Inspizieren Sie die Nocken und die Lagerflächen der Nockenwelle(n) auf Riefen und andere Verschleißmerkmale (blaue Verfärbung des Stahls weist auf Überhitzung hin). Sobald die gehärtete Oberfläche der Nocken angegriffen wurde, nimmt der Verschleiß massiv zu. Lassen Sie alle Teile nötigenfalls von einem Motorenfachbetrieb untersuchen.
8 Inspizieren Sie die Schlepphebel- und Hydrostößel-Lagerflächen auf Riefen und andere Verschleißerscheinungen und ersetzen Sie die Teile nötigenfalls.
9 Falls eine Nockenwelle ausgetauscht werden muss, sind ebenfalls die dazugehörigen Schlepphebel und Hydrostößel durch Neuteile zu ersetzen.

Einbau

10 Reinigen Sie zunächst sorgfältig alle Bauteile sowie den Zylinderkopf und die Lagerdeckel.
11 Ölen Sie ausgiebig die Hydrostößel und ihre Bohrungen im Zylinderkopf. Installieren Sie vorsichtig die Stößel in ihre ursprünglichen Bohrungen.
12 Legen Sie den entsprechenden Schlepphebel über den jeweiligen Hydrostößel.
13 Schmieren Sie die Lagerflächen des Zylinderkopfs und der Nockenwelle(n) ausgiebig mit Motoröl und installieren Sie die jeweilige Welle in ihren entsprechenden Sitz.
14 Drehen Sie die Nockenwellen so, dass die versetzten Nuten an ihren linken Enden oberhalb der Mitte parallel zur Dichtfläche des Zylinderkopfs liegen – die Vertiefungen zwischen den Nocken müssen zur jeweils anderen Nockenwelle zeigen (siehe Abbildung).

9.14 Die Vertiefungen zwischen den Nocken müssen zur jeweils anderen Nockenwelle zeigen.

15 Positionieren Sie die Lagerdeckel korrekt und richtig herum über der jeweiligen Nockenwelle.
16 Installieren Sie die Lagerdeckelschrauben und ziehen Sie sie in der gezeigten Reihenfolge um jeweils eine halbe Umdrehung an (siehe Abbildung). Wiederholen Sie diese Durchgänge solange, bis alle Lagerdeckel auf dem Zylinderkopf aufliegen und die Schrauben leicht angezogen sind. Ziehen Sie die Schrauben erneut in der gezeigten Reihenfolge mit 8 Nm an.

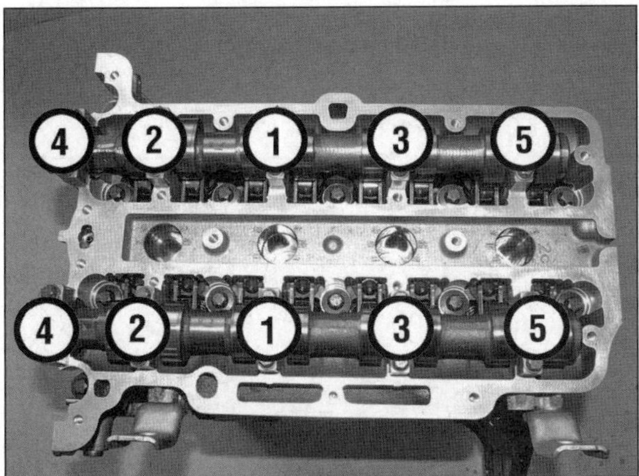

9.16 ANZUGS-Reihenfolge der Nockenwellen-Lagerdeckelschrauben

17 Montieren Sie die Nockenwellenritzel (siehe Sektion 8).

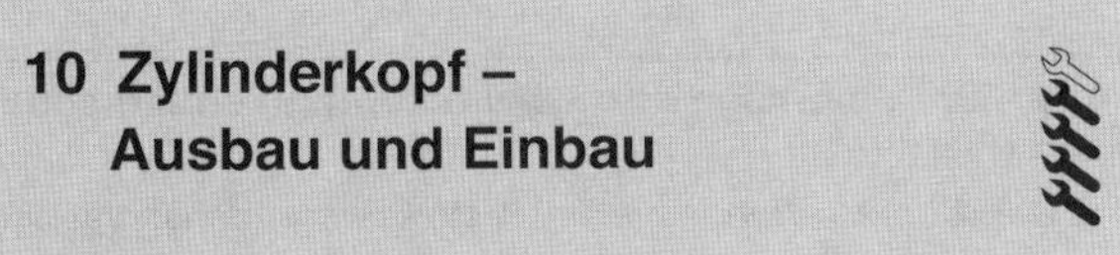

10 Zylinderkopf – Ausbau und Einbau

Anmerkung 1: *Der Motor muss vollständig abgekühlt sein, bevor mit der Arbeit begonnen werden darf.*
Anmerkung 2: *Für diese Arbeit werden eine neue Zylinderkopfdichtung, eine neue Steuerkettendeckel-Dichtung, neue Zylinderkopfschrauben, neue Nockenwellenritzel-Bolzen, neue Schrauben für die rechte Motorhalterung und neue Dichtringe sowie Silikondichtmasse (für die obere Steuerketten-Dichtfläche) benötigt.*
Anmerkung 3: *Für diese Arbeit werden die in Sektion 4 aufgeführten Spezialwerkzeuge benötigt. Lesen Sie die gesamte Sektion sowie Sektion 4 durch und machen Sie sich mit dem Umfang der Tätigkeit vertraut. Beschaffen Sie sich anschließend die Spezialwerkzeuge oder geeignete Alternativen.*

Ausbau

1 Trennen Sie den Masseanschluss (–) der Batterie (siehe Kapitel 5A, Sektion 4).
2 Entfernen Sie die Luftfilter-Baugruppe (siehe Kapitel 4A, Sektion 3).
3 Demontieren Sie den Ventildeckel (siehe Sektion 3).
4 Lockern Sie die Radbolzen des rechten Vorderrads, ziehen Sie die Handbremse, heben Sie das Fahrzeug vorn an und stützen Sie es sicher ab (siehe Seite 351). Bauen Sie das rechte Vorderrad ab und entfernen Sie die untere Radhausschalen-Abdeckung, um Zugang zur Kurbelwellen-Riemenscheibe zu erhalten.
5 Entleeren Sie das Kühlsystem (siehe Kapitel 1, Sektion 26).
6 Demontieren Sie den Einlassstutzen (siehe Kapitel 4A, Sektion 12).
7 Demontieren Sie den Auspuffstutzen (siehe Kapitel 4A, Sektion 14).
8 Lösen Sie rechts am Zylinderkopf den Drahtbügel, der den Entlüftungsschlauch am Kühlwasserstutzen sichert (siehe Abbildung).

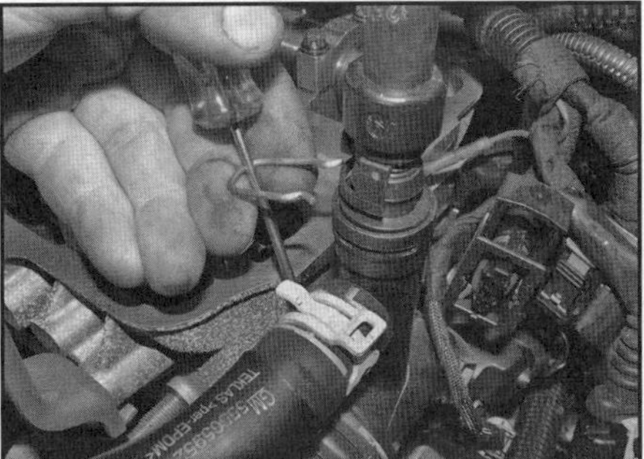

10.8 Lösen Sie den Bügel des Entlüftungsschlauchs und ziehen Sie diesen vom Rücklaufstutzen.

9 Lösen Sie am Rücklaufstutzen die Schellen der zum Wasserkühler, zum Ölkühler und zum Wärmetauscher der Heizung führenden Schläuche (siehe Abbildungen).

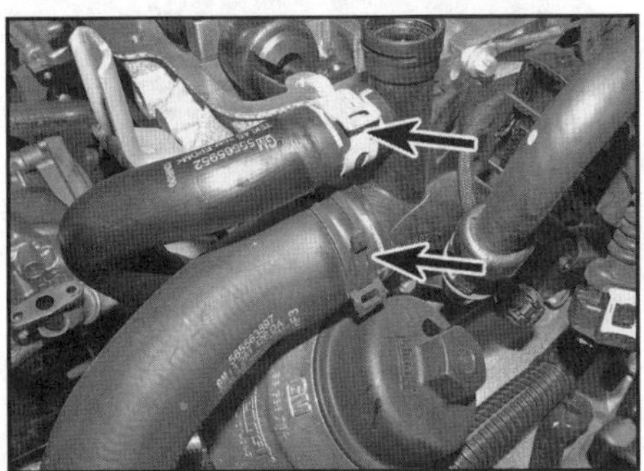

10.9a Lösen Sie die Schellen der zum Wasserkühler, zum Ölkühler ...

10.9b ... und zum Wärmetauscher der Heizung führenden Schläuche.

10 Trennen Sie am Rücklaufstutzen den Kabelstecker des Temperatursensors.
11 Lösen Sie links am Zylinderkopf die Schraube des Massekabels (siehe Abbildung).

10.11 Massekabel-Schraube links am Zylinderkopf

12 Lösen Sie am Thermostatgehäuse den Drahtbügel des Kühlerschlauchstutzens und trennen Sie diesen (siehe Abbildung).

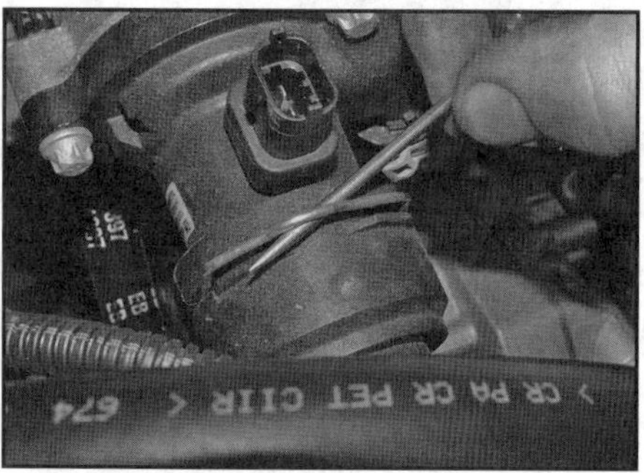

10.12 Drahtbügel des Kühlerschlauchstutzens am Thermostatgehäuse

13 Drehen Sie den Keilrippenriemenspanner mit einem an den Spannrollenbolzen angesetzten Ringschlüssel im Uhrzeigersinn gegen die Federspannung und halten Sie ihn in dieser Position, während Sie einen geeigneten Arretierstift oder Bohrer in die dafür vorgesehene Bohrung einschieben (Abb. 5.2). Beachten Sie die Laufrichtung des Keilrippenriemens und bringen Sie nötigenfalls Markierungen darauf an. **Anmerkung**: *Der Keilrippenriemen kann erst vollständig entfernt werden, wenn die rechte Motorhalterung demontiert ist.*
14 Weil jetzt die rechte Motorhalterung demontiert wird, muss der Motor entsprechend abgestützt werden – entweder mithilfe eines Werkstattkrans oder eines Rangierwagenhebers samt Hölzern zum Schutz des Motorgehäuses.
15 Demontieren Sie die rechte Motorhalterung (siehe Sektion 16) und entnehmen Sie den Keilrippenriemen.
16 Lösen Sie am Steuerkettendeckel die drei Schrauben des rechten Motorhalterungsträgers und entfernen Sie diesen – die Schrauben müssen später durch Neuteile ersetzt werden.
17 Halten Sie die Wasserpumpenwelle mit einem 24er-Maulschlüssel, lösen Sie die drei Riemenscheiben-Schrauben und entnehmen Sie die Riemenscheibe (siehe Abbildungen).

10.17a Kontern Sie die Wasserpumpenwelle, lösen Sie die drei Riemenscheiben-Schrauben ...

10.17b ... und entnehmen Sie die Riemenscheibe.

18 Lösen Sie die Schrauben, mit denen die Wasserpumpe und der Steuerkettendeckel am Zylinderkopf befestigt sind (siehe Abbildung) – die fünf kürzeren Schrauben, mit denen die Wasserpumpe am Steuerkettendeckel gesichert sind, müssen nicht entfernt werden.

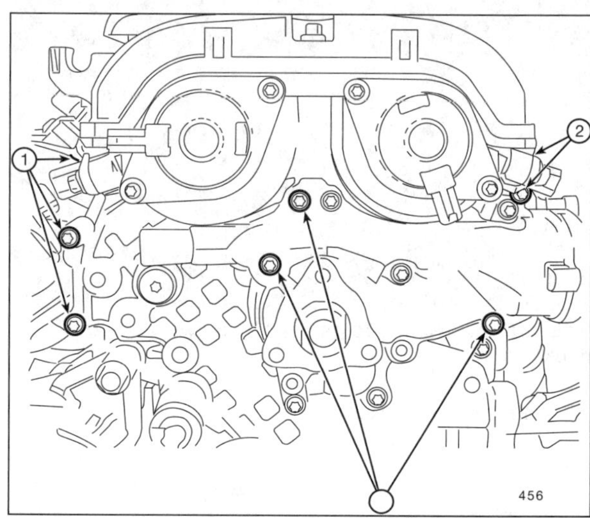

10.18 Für Demontage des Zylinderkopfs zu entfernende Schrauben

1 und 2: Steuerkettendeckel-Schrauben *3: Wasserpumpenschrauben*

19 Demontieren Sie die Steuerkettenritzel von den Nockenwellen (siehe Sektion 8) – belassen Sie die Steuerkette aufgelegt und verlagern Sie die Ritzel samt Kette in den Steuerkettendeckel.
20 Lockern Sie die Zylinderkopfschrauben in der gezeigten Reihenfolge um jeweils eine halbe Umdrehung, bis alle von Hand herausgedreht werden können (siehe Abbildung) – die Schrauben müssen beim Einbau durch Neuteile ersetzt werden.

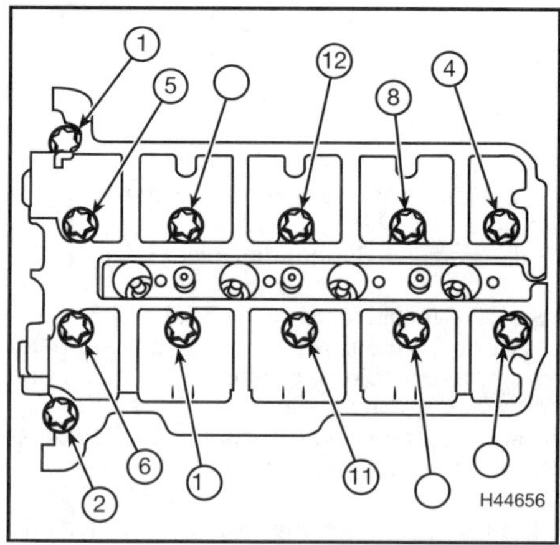

10.20 LOCKERUNGS-Reihenfolge der Zylinderkopfschrauben

21 Heben Sie den Zylinderkopf ein kleines Stück an und ziehen Sie ihn nach links (zum Getriebe) ab – er kann durch das Dichtmittel am Motorblock und am Steuerkettendeckel klemmen, sodass er rundherum abgeklopft werden kann. Die Passhülsen sitzen in Langlöchern im Zylinderkopf, sodass er etwas verschoben werden kann.
22 Sobald genug Platz besteht, kann der Zylinderkopf vom Motorblock gehoben werden – befreien Sie dabei die Steuer-

ketten-Führungsschiene vom Zapfen im Zylinderkopf und führen Sie den Kettenspanner aus der Spannerschiene heraus. Prüfen Sie, dass bei der Arbeit nicht der Arretierstift aus dem Spanner herausrutscht. Legen Sie den Zylinderkopf auf Hölzer, um nicht die Ventile zu beschädigen. Entnehmen Sie die Zylinderkopfdichtung.

Vorbereitung für den Einbau

23 Die Dichtflächen des Zylinderkopfes und des Zylinderblocks müssen absolut sauber sein. Entfernen Sie dazu Dichtungsreste und Kohleablagerungen mithilfe eines Hartplastik- oder Holzschabers; reinigen Sie auch die Kolbenböden. Die Ablagerungen dürfen keinesfalls in Öl- oder Wasserkanäle gelangen – bereits kleinste Partikel können Öldüsen verstopfen! Kleben Sie daher alle Bohrungen des Zylinderkopfs/Motorgehäuses mit Kreppband ab. Damit keine Ablagerungen zwischen die Kolben und Zylinderwände gelangen, muss hier etwas Fett aufgetragen werden (anschließend kann es samt anhaftender Partikel mit einem sauberen Lappen abgewischt werden). Wischen Sie die Dichtflächen anschließend mit Verdünner oder Aceton ab.
Achtung: Achten Sie bei der Reinigung darauf, nicht das relativ weiche Aluminium abzutragen.
24 Kontrollieren Sie die Dichtflächen des Zylinderkopfes und des Zylinderblocks auf Riefen, tiefe Kratzer und andere Schäden. Kleine Unebenheiten können mit einer Feile geschlichtet werden; größere erfordern jedoch maschinelles Planen oder den Austausch. Falls ein Verzug des Zylinderkopfes vermutet wird, muss dieser mit einem Richtwinkel geprüft werden (siehe Kapitel 2C, Sektion 8).
25 Reinigen Sie sorgfältig die Gewindebohrungen im Zylinderblock – die Schrauben müssen sich von Hand darin drehen lassen und es dürfen sich keine Öl- oder Wasserreste darin befinden.
26 Schneiden Sie mit einem scharfen Messer die Steuerkettendeckel-Dichtung bündig zur Motorblock-Dichtfläche ein. Befreien Sie die Dichtung vom Deckel und biegen Sie sie herunter, um sie am Einschnitt abzubrechen. Entfernen Sie die obere Dichtungshälfte und reinigen Sie sorgfältig die Dichtfläche – achten Sie dabei besonders auf die Kante.
27 Drehen Sie vor dem Einbau des Zylinderkopfs die Nockenwellen mithilfe des an ihnen angesetzten Maulschlüssels, bis die in Sektion 4 beschriebene Arretierung in die Nuten links in den Wellen installiert werden kann (siehe Abbildung).

10.27 Drehen Sie die Nockenwellen so, dass die Arretierung in ihre Nuten installiert werden kann.

Einbau

28 Tragen Sie an beiden Seiten der Verbindung zwischen dem Motorblock und dem Steuerkettendeckel eine 2 mm starke Dichtmassen-Raupe auf.
29 Stellen Sie sicher, dass die Passhülsen im Motorblock stecken, und legen Sie die neue Zylinderkopfdichtung so auf, dass »OBEN/TOP« oben zu lesen ist (siehe Abbildung). Drücken Sie die Dichtung fest in die Dichtmasse am Steuerkettendeckel.

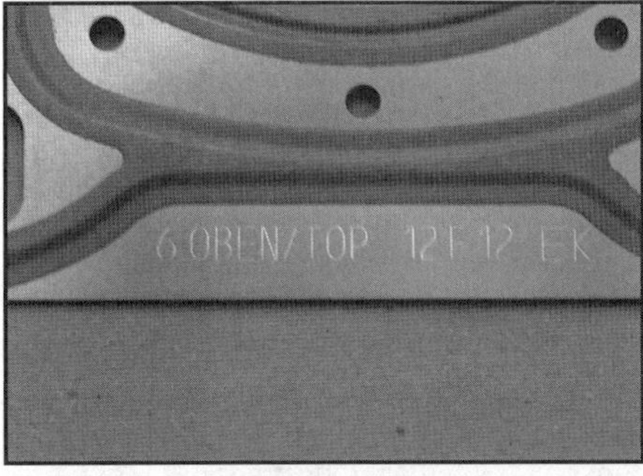

10.29 Legen Sie die neue Zylinderkopfdichtung so auf den Motorblock, dass »OBEN/TOP« oben zu lesen ist.

30 Positionieren Sie den oberen Teil der neuen Steuerkettendeckeldichtung an den Deckel, sodass ihre unteren Enden in der Dichtmasse stecken. Installieren Sie übergangsweise die linke und rechte obere Deckelschraube, um die Dichtung korrekt zu positionieren.
31 Tragen Sie zwei weitere 2 mm starke Dichtmassen-Raupen an den Verbindungen zwischen dem Motorblock und dem Steuerkettendeckel auf.
32 Senken Sie den Zylinderkopf vorsichtig über der Zylinderkopfdichtung ab, führen Sie dabei gleichzeitig den Steuerkettenspanner hinter der Spannerschiene und den Spanner-Arretierstift in die Stopfenbohrung des Steuerkettendeckels. Prüfen Sie auch, ob die Steuerketten-Führungsschiene über den Zylinderkopf-Zapfen greift.
33 Sobald der Zylinderkopf über den Passhülsen aufliegt, muss er mit einem Gummihammer gegen den Steuerkettendeckel geklopft werden.
34 Installieren Sie die drei gezeigten Wasserpumpen- und Steuerkettendeckel-Schrauben (siehe Abbildung) und ziehen Sie sie mit 8 Nm an.

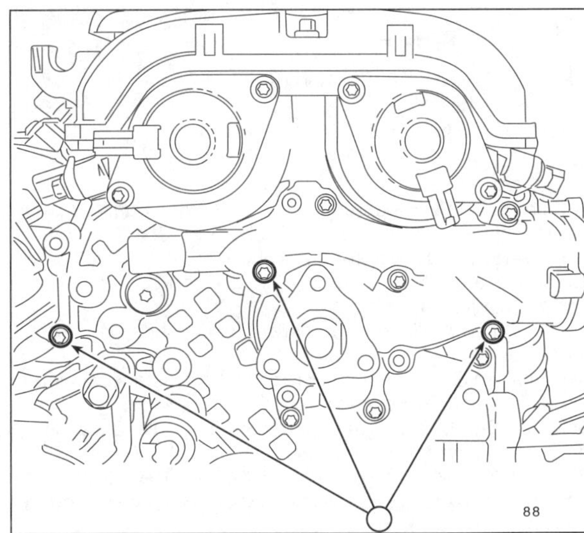

10.34 Installieren Sie diese drei Wasserpumpen- und Steuerkettendeckel-Schrauben und ziehen Sie sie mit 8 Nm an.

35 Installieren Sie die neuen Zylinderkopfschrauben und drehen Sie sie handfest ein.
36 Entfernen Sie die Nockenwellenarretierung aus den Nuten der Wellen.
37 Ziehen Sie die Zylinderkopfschrauben in der **UMGEKEHRTEN** Lockerungsreihenfolge (Abb. 10.20) zunächst mit 35 Nm an und dann in der gleichen Reihenfolge um eine halbe

Umdrehung (180°) weiter – verwenden Sie dafür nötigenfalls eine Gradscheibe.

38 Lockern Sie die drei Wasserpumpen- und Steuerkettendeckel-Schrauben wieder (Abb. 10.34).

39 Installieren Sie die verbliebenen Wasserpumpen- und Steuerkettendeckel-Schrauben und ziehen Sie alle Schrauben korrekt an (M6: 8 Nm; M10: 35 Nm).

40 Drehen Sie die Nockenwellen erneut mithilfe des an ihnen angesetzten Maulschlüssels, bis die in Sektion 4 beschriebene Arretierung in die Nuten links in den Wellen installiert werden kann (Abb. 10.27).

41 Installieren Sie die Riemenscheibe der Wasserpumpe und ziehen Sie ihre Schrauben mit 22 Nm an.

42 Montieren Sie den Motorhalterungsträger an die Aufnahme am Steuerkettendeckel, installieren Sie die drei neuen Schrauben und ziehen Sie sie zunächst mit 80 Nm an und dann um 60° weiter – verwenden Sie hierfür nötigenfalls eine Gradscheibe.

43 Legen Sie den korrekt verlegten Keilrippenriemen über die Riemenscheiben – achten Sie auf seine Laufrichtung.

44 Ziehen Sie den Spanner zurück und entfernen Sie den Arretierstift. Achten Sie beim Anlegen der Spannrolle darauf, dass die Rippen des Riemens korrekt über allen Riemenscheiben liegen.

45 Montieren Sie die rechte Motorhalterung (siehe Sektion 16).

46 Setzen Sie die Steuerkettenritzel an die Nockenwellen, rüsten Sie die neuen Bolzen mit den Phasenscheiben aus und drehen Sie sie nur leicht ein, sodass die Scheiben noch gedreht werden können.

47 Entfernen Sie die Spannhülse, die den Steuerkettenspanner-Kolben in der zurückgezogenen Position sichert.

48 Stellen Sie die Steuerzeiten ein (siehe Sektion 4).

49 Der Rest des Einbaus entspricht der umgekehrten Ausbaureihenfolge.

11 Ölwanne – Ausbau und Einbau

Ausbau

1 Ziehen Sie die Handbremse, heben Sie das Fahrzeug vorn an und stützen Sie es sicher ab (siehe Seite 351).

2 Lassen Sie das Motoröl ab (siehe Kapitel 1A, Sektion 5), säubern Sie die Ablassschraube, installieren Sie sie und ziehen Sie sie mit 14 Nm an.

3 Demontieren Sie das vordere Auspuffrohr (siehe Kapitel 4A, Sektion 15).

4 Entfernen Sie unterhalb der rechten Radkastenverkleidung die Keilrippenriemenabdeckung.

5 Lösen Sie die drei Schrauben, mit denen die Ölwanne an der Getriebeglocke gesichert ist.

6 Lösen Sie die 16 Schrauben, mit denen die Ölwanne an der unteren Motorgehäusehälfte und am Steuerkettendeckel gesichert ist.

7 Führen Sie in die Nut zwischen der Ölwanne und dem Motorblock (links vorn am Motor) einen Schraubendreher ein und hebeln Sie die Ölwanne vorsichtig ab, um die Dichtung zu trennen. Befreien Sie die Ölwanne unter dem Fahrzeug heraus.

8 Um das Ölleitblech entfernen zu können, müssen seine sieben Schrauben gelöst werden.

Einbau

9 Reinigen Sie die Ölwanne innen und außen. Befreien Sie die Dichtflächen des Motorgehäuses, des Ölleitblechs und der Ölwanne von alten Dichtungsresten. Reinigen Sie auch die Nut im Steuerkettendeckel. Achten Sie darauf, die Dichtflächen der Ölwanne, des Ölleitblechs und des Motorgehäuses nicht zu zerkratzen, zu verbiegen oder anderweitig zu beschädigen, da der Motor andernfalls kaum wieder öldicht zu bekommen ist.

10 Falls entfernt, muss das Ölleitblech ans Motorgehäuse gesetzt und mit seinen Schrauben sorgfältig gesichert werden.

11 Um die Ölwanne korrekt ansetzen zu können, sollten zwei etwa 30 mm lange M6-Stehbolzen beschafft und oben eingesägt werden, um sie mit einem Schraubendreher wieder herausdrehen zu können. Umwickeln Sie die Stehbolzen mit einer Lage Kreppband, damit sie stramm in die Schraubenbohrungen der Ölwanne greifen. Drehen Sie die Stehbolzen in zwei der Schraubenbohrungen ins Motorgehäuse (siehe Abbildung).

11.11 Drehen Sie die zwei Stehbolzen an beiden Seiten des Motorgehäuses ein.

12 Tragen Sie eine durchgehende 2 mm starke Raupe aus Silikondichtmasse (erhältlich beim Opel-Händler) auf der Dichtfläche der Ölwanne auf – sie muss nahe am Innenrand und innerhalb der Schraubenbohrungen liegen (siehe Abbildung).

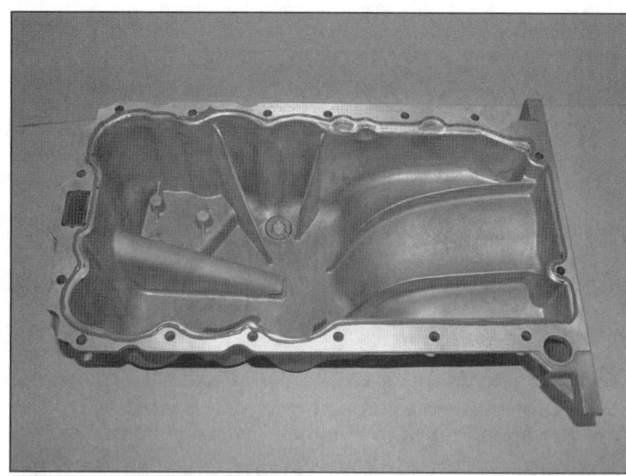

11.12 Die Dichtmasse muss rundherum innerhalb der Schraubenlöcher aufgetragen sein.

13 Tragen Sie weitere 2 mm starke Dichtmassen-Raupen in der Nut des Steuerkettendeckels und um die Schraubenbohrung herum hinten am Motorblock auf (siehe Abbildungen).

11.13a Tragen Sie Dichtmasse in der Nut des Steuerkettendeckels ...

11.13b ... und um die Schraubenbohrung herum hinten am Motorblock auf.

14 Führen Sie die Ölwanne über die Stehbolzen ans Motorgehäuse.
15 Installieren Sie an beiden Seiten zwei der Ölwannenschrauben an und ziehen Sie sie soweit an, dass die Ölwanne in Position verbleibt. Entfernen Sie die zwei Stehbolzen und installieren Sie die verbliebenen Schrauben, mit denen die Ölwanne an den Motorblock und den Steuerkettendeckel verbunden wird.
16 Installieren Sie die drei Schrauben, mit denen die Ölwanne an der Getriebeglocke gesichert ist, und ziehen Sie sie mit 40 Nm an. Ziehen Sie dann die anderen Ölwannen-Schrauben mit 10 Nm an.
17 Der Rest des Einbaus entspricht der umgekehrten Ausbaureihenfolge.

12 Ölpumpe – Ausbau, Kontrolle und Einbau

Ausbau

1 Entfernen Sie den Steuerkettendeckel und die Kette (siehe Sektion 6).
2 Lösen Sie hinten im Steuerkettendeckel die 8 Schrauben des Ölpumpendeckels und ziehen Sie diesen ab (siehe Abbildung).

12.2 Entnehmen Sie den Ölpumpendeckel.

3 Bringen Sie einen Schraubendreher in Kontakt mit dem Ölpumpen-Gleitstift, drücken Sie dessen Feder ein und hebeln Sie den Stift samt Feder vorsichtig heraus – schützen Sie dabei den Rand des Ölpumpengehäuses mit einem geeigneten Werkzeug aus Kunststoff (siehe Abbildungen). Es wird empfohlen, die Feder mit einem Lappen abzudecken, damit sie nicht plötzlich wegspringen kann.

12.3a Komprimieren Sie die Gleitstift-Feder ...

12.3b ... und hebeln Sie den Stift samt Feder vorsichtig heraus.

4 Heben Sie die zwei Federn der Ölpumpe zusammen mit den beiden Gleitstück-Dichtungen heraus (siehe Abbildungen).

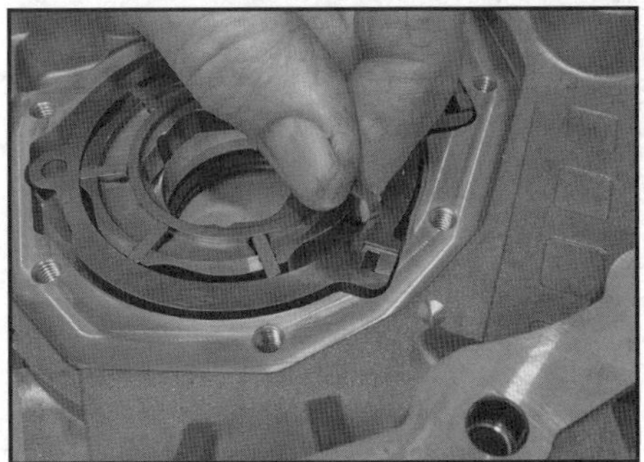

12.4a Heben Sie die zwei Federn ...

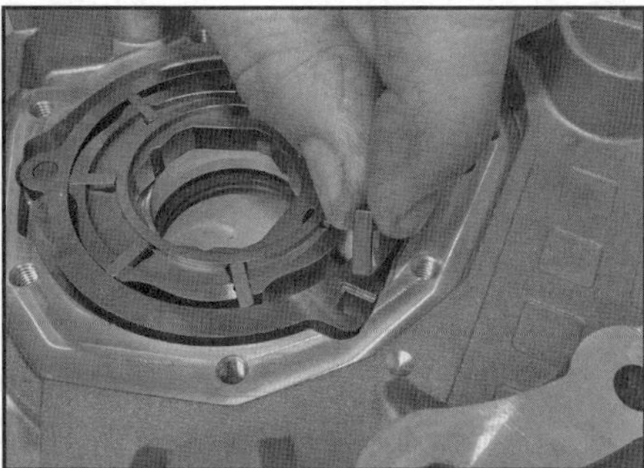

12.4b ... zusammen mit den beiden Gleitstück-Dichtungen aus der Ölpumpe.

5 Heben Sie den äußeren Flügelradring aus der Ölpumpe (siehe Abbildung).

12.5 Heben Sie den äußeren Flügelradring heraus.

6 Entfernen Sie die sieben Flügelräder und heben Sie dann den Flügelradrotor heraus (siehe Abbildungen).

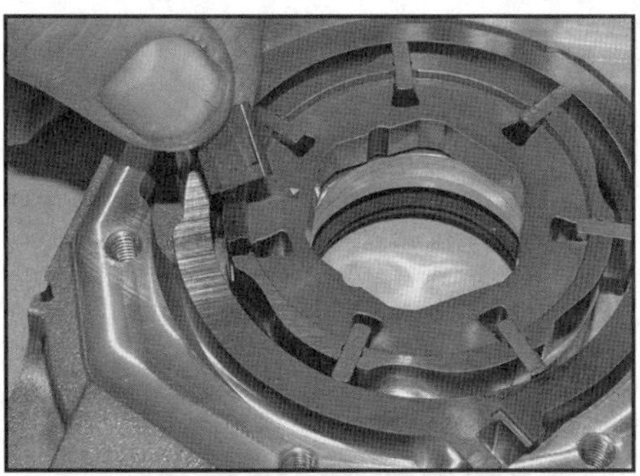

12.6a Entfernen Sie die sieben Flügelräder ...

12.6b ... und heben Sie dann den Flügelradrotor heraus.

7 Heben Sie den inneren Flügelradring gefolgt vom Gleitstück aus der Ölpumpe (siehe Abbildungen).

12.7a Heben Sie den inneren Flügelradring ...

12.7b ... und das Gleitstück aus der Ölpumpe.

8 Die Feder und der Kolben des Ölpumpen-Überdruckventils können aus dem Steuerkettendeckel entfernt werden, nachdem der Verschlussstopfen herausgedreht wurde (siehe Abbildungen).

12.8a Lösen Sie den Verschlussstopfen ...

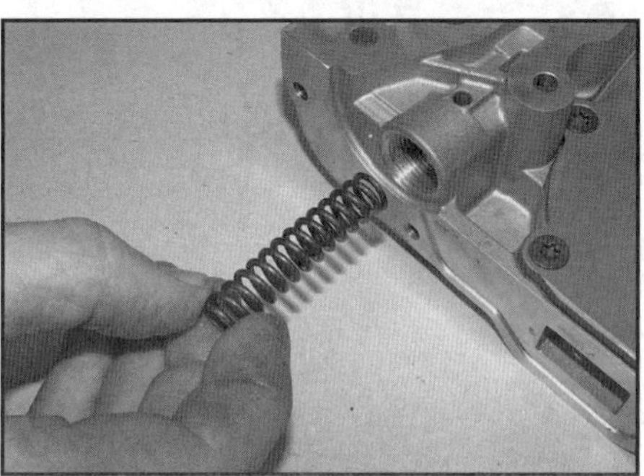

12.8b ... und entfernen Sie die Feder ...

12.8c ... sowie den Kolben.

Kontrolle

9 Reinigen Sie sorgfältig alle Komponenten der Ölpumpe sowie das Gehäuse im Steuerkettendeckel. Blasen Sie alle Ölkanäle möglichst mit Druckluft aus.

Warnung: Tragen Sie bei der Arbeit mit Druckluft stets eine Schutzbrille!

10 Kontrollieren Sie alle Bauteile auf Scheuerstellen, Riefen, Verschleiß und Verformung. Falls irgendwelche Schäden festgestellt werden, kann beim Opel-Händler ein Reparaturset beschafft werden. Bei Schäden am Pumpengehäuse muss der Steuerkettendeckel ausgetauscht werden.

11 Messen Sie die freie Länge der Gleitstift-Feder – falls sie kürzer als 76,5 mm ist, muss sie ersetzt werden (siehe Abbildung).

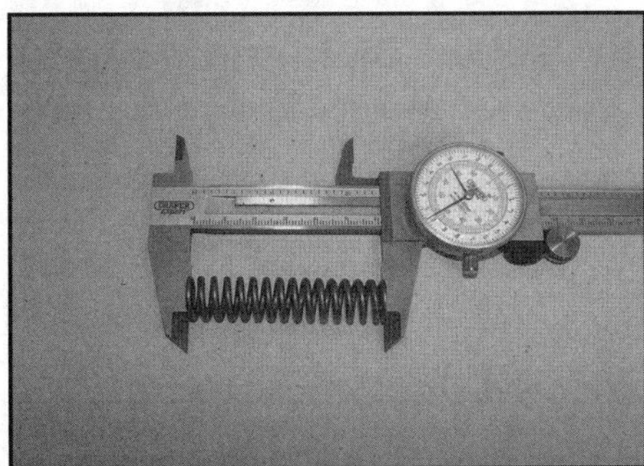

12.11 Messen Sie die freie Länge der Gleitstift-Feder.

12 Begutachten Sie die Feder und den Kolben des Überdruckventils und ersetzen Sie die Teile, falls Verschleiß oder Beschädigungen festgestellt werden.

13 Das Spiel der Ölpumpen-Komponenten wird erst nach dem Zusammenbau kontrolliert.

14 Stellen Sie vor dem Zusammenbau sicher, dass alle Ölpumpen-Bauteile und das Gehäuse im Steuerkettendeckel absolut sauber sind.

Einbau

15 Reinigen Sie sorgfältig die Bauteile des Überdruckventils und schmieren Sie sie vor dem Einbau mit frischem Motoröl. Installieren Sie den Kolben und die Feder, drehen Sie den Verschluss ein und ziehen Sie ihn mit 50 Nm an.

16 Stecken Sie das Gleitstück auf den Lagerzapfen und legen Sie den inneren Flügelradring hinein.

17 Installieren Sie den Flügelradrotor mit der Markierung zum Ölpumpendeckel zeigend (siehe Abbildung).

12.17 Die Markierung am Flügelradrotor muss zum Ölpumpendeckel zeigen.

18 Installieren Sie die sieben Pumpenflügel in die Nuten des Rotors – die durch die Flügelradringe entstandenen feinen Scheuerstellen müssen zum Flügelradrotor zeigen (siehe Abbildung).

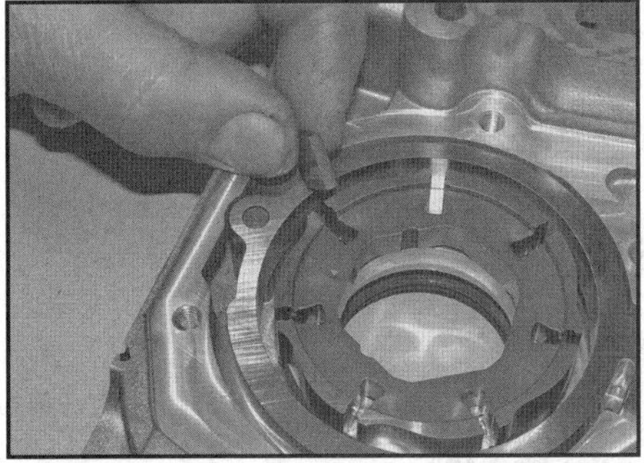

12.18 Installieren Sie die 7 Pumpenflügel in die Rotornuten.

19 Legen Sie den äußeren Flügelradring auf den Rotor.

20 Installieren Sie die zwei Gleitstück-Dichtungen und ihre Federn (siehe Abbildung).

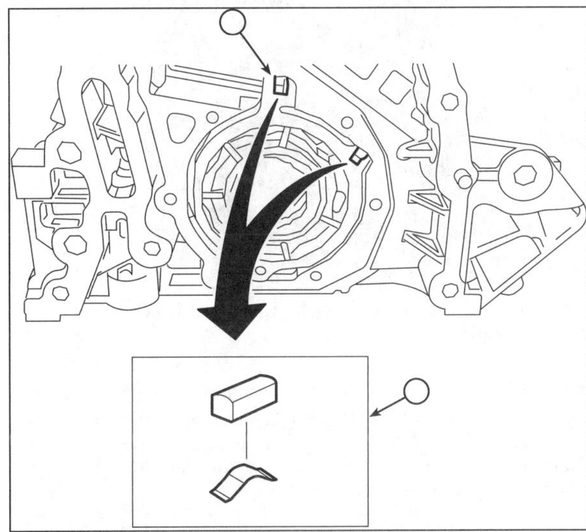

12.20 Installieren Sie die zwei Gleitstück-Dichtungen und ihre Federn (2) in die gezeigten Positionen (1).

21 Stecken Sie den Gleitstift in die Feder, sodass der Pilz zur Oberseite des Steuerkettendeckels zeigt (siehe Abbildung) und installieren Sie beides ins Ölpumpengehäuse – drücken Sie die Feder dazu wie beim Ausbau mit einem Schraubendreher zusammen.

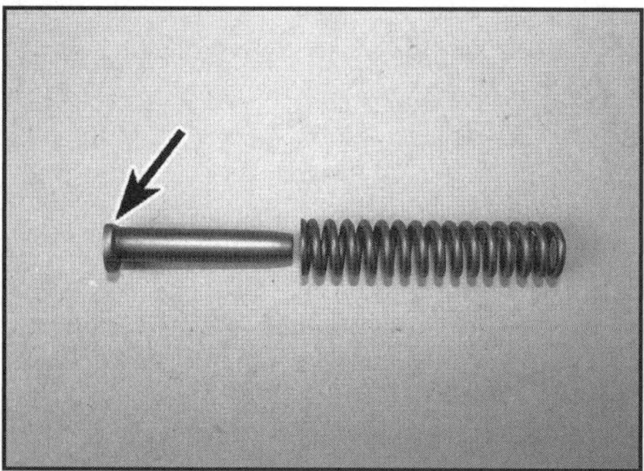

12.21 Die flache Seite des Ölpumpen-Gleitstifts muss zur Oberseite des Steuerkettendeckels zeigen.

22 Sobald die Ölpumpe zusammengesetzt ist, kann mithilfe eines Richtlineals und einer Fühlerlehre das Axial- und Radialspiel der verschiedenen Komponenten gemessen werden (siehe Abbildungen) – falls irgendein Wert die in den technischen Daten angegebenen Maße überschreitet, muss ein Ölpumpen-Reparaturset und/oder ein neuer Steuerkettendeckel beschafft werden.

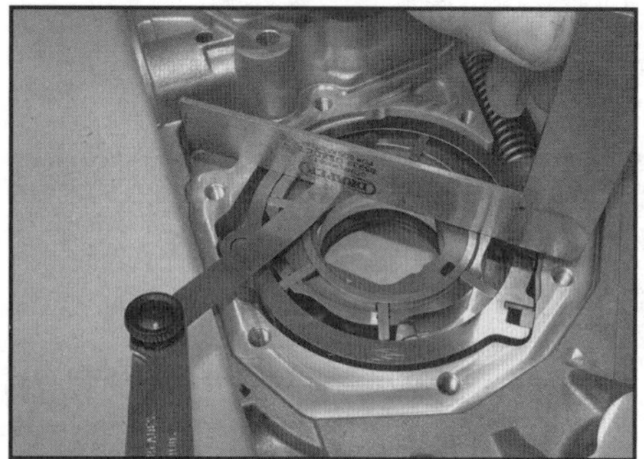

12.22a Messen Sie das Axialspiel ...

12.22b ... und das Radialspiel der verschiedenen Komponenten.

23 Wenn alles in Ordnung ist, werden die internen Komponenten der Ölpumpe ausgiebig mit frischem Motoröl geschmiert und der Pumpendeckel aufgesetzt (siehe Abbildung). Ziehen Sie die Deckelschrauben schrittweise und über Kreuz bis zum Drehmoment von 8 Nm an.

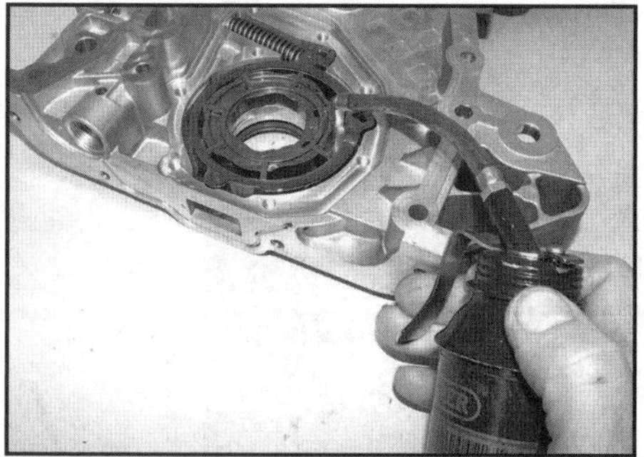

12.23 Schmieren Sie die internen Komponenten der Ölpumpe ausgiebig mit frischem Motoröl und montieren Sie den Deckel.

24 Montieren Sie übergangsweise die Kurbelwellen-Riemenscheibe an den Steuerkettendeckel und lassen Sie ihre Welle in den Flügelradrotor greifen – Drehen Sie die Riemenscheibe in die normale Laufrichtung, um zu prüfen, ob sich die Pumpe sanft und leicht drehen lässt.
25 Installieren Sie einen neuen Kurbelwellendichtring in den Steuerkettendeckel (siehe Sektion 13).
26 Montieren Sie die Steuerkette und ihren Deckel (siehe Sektion 6).

13 Kurbelwellen-Dichtringe – Ersetzen

Steuerkettendeckel-Dichtring (rechts)

1 Demontieren Sie die Kurbelwellen-Riemenscheibe (siehe Sektion 5).
2 Der Dichtring kann jetzt vorsichtig mit einem Schraubendreher oder ähnlichem Werkzeug heraus gehebelt werden (siehe Abbildung).

13.2 Hebeln Sie den Dichtring vorsichtig aus dem Steuerkettendeckel.

3 Reinigen Sie den Dichtring-Sitz mit einem Schaber aus Kunststoff oder Holz.
4 Klopfen Sie den neuen Dichtring mit einem Werkzeug, das nur seinen Außenrand berührt, bündig in seinen Sitz (siehe Abbildung).

13.4 Einbau des Dichtrings mit einem speziellen Dichtring-Eintreiber – ein Steckschlüssel oder Holz eignet sich ebenfalls.

5 Schmieren Sie die Dichtring-Lippen mit frischem Motoröl und installieren Sie die Kurbelwellen-Riemenscheibe (siehe Sektion 5).

Getriebeseiten-Dichtring (links)

6 Entfernen Sie die Schwungscheibe bzw. die Antriebsplatte (siehe Sektion 15).
7 Der Dichtring kann jetzt vorsichtig mit einem Schraubendreher oder ähnlichem Werkzeug heraus gehebelt werden.
8 Reinigen Sie den Dichtring-Sitz mit einem Schaber aus Kunststoff oder Holz.
9 Rüsten Sie das Ende der Kurbelwelle möglichst mit einer Schutzhülle aus, um die Dichtlippe des neuen Dichtrings bei dessen Montage zu schützen (siehe Abbildung).

13.9 Installieren Sie möglichst eine Schutzhülle über das linke Kurbelwellen-Ende.

10 Schmieren Sie die Dichtring-Lippen mit frischem Motoröl und schieben Sie ihn über die Schutzhülle bzw. äußerst vorsichtig über die Kurbelwelle. Drücken Sie den Dichtring in seinen Sitz im Motorgehäuse (siehe Abbildung) und entfernen Sie ggf. die Schutzhülle.

13.10 Schmieren Sie die Dichtring-Lippen mit frischem Motoröl und schieben Sie ihn über die Schutzhülle

11 Treiben oder klopfen Sie den Dichtring mit einem Steckschlüssel, Rohr oder Holzblock ein, bis er bündig zum Gehäuse sitzt (siehe Abbildung).

13.11 Installieren Sie den Dichtring bündig ins Motorgehäuse.

12 Montieren Sie die Schwungscheibe bzw. die Antriebsplatte (siehe Sektion 15).

14 Ölfiltergehäuse – Ausbau und Einbau

Ausbau

1 Demontieren Sie den Auspuffstutzen (siehe Kapitel 4A, Sektion 14).
2 Lösen Sie die drei Befestigungsschrauben des Ölfiltergehäuses und befreien Sie es vom Motorblock. Entfernen Sie die Gummidichtung – beim Einbau wird eine neue Dichtung benötigt.

Einbau

3 Der Einbau entspricht der umgekehrten Ausbaureihenfolge – beachten Sie dabei die folgenden Punkte:

a) *Rüsten Sie den Filtergehäuseflansch mit einer neuen Gummidichtung aus – sie muss rundherum in dessen Nut sitzen.*
b) *Ziehen Sie die Filtergehäuse-Befestigungsschrauben mit 20 Nm an.*
c) *Montieren Sie den Auspuffstutzen (siehe Kapitel 4A, Sektion 14).*

15 Schwungscheibe / Antriebsplatte – Ausbau, Kontrolle und Einbau

Ausbau

Anmerkung: *Beim Einbau werden neue Befestigungsschrauben für die Schwungscheibe bzw. Antriebsplatte benötigt.*

Modelle mit Schaltgetriebe

1 Demontieren Sie das Getriebe (siehe Kapitel 7A, Sektion 8) und die Kupplung (siehe Kapitel 6, Sektion 6).
2 Obwohl die Bohrungen der Schwungscheibenschrauben versetzt angeordnet sind, sodass die Schwungscheibe nur in einer Position montiert werden kann, erleichtern Markierungen zwischen ihr und dem Kurbelwellenstumpf den Einbau.

3 Hindern Sie die Schwungscheibe am Mitdrehen, indem Sie den Anlasserzahnkranz mit einem geeigneten Werkzeug blockieren (siehe Abbildung).

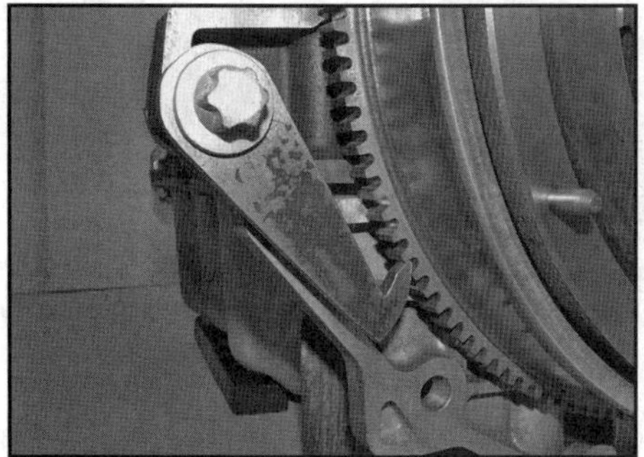

15.3 Blockieren Sie den Anlasserzahnkranz der Schwungscheibe mit einem geeigneten Werkzeug.

4 Lösen Sie die 6 Schwungscheibenschrauben und heben Sie die Schwungscheibe ab (siehe Abbildung).
Achtung: Die Schwungscheibe ist sehr schwer!

15.4 Heben Sie die Schwungscheibe von der Kurbelwelle.

Modelle mit Automatikgetriebe

5 Demontieren Sie das Automatikgetriebe (siehe Kapitel 7B, Sektion 8) und befreien Sie die Antriebsplatte wie in den Schritten 3 und 4 beschrieben.

Kontrolle

Schwungscheibe

6 Inspizieren Sie die Schwungscheibe auf Verschleiß oder ausgebrochene Zähne am Anlasserzahnkranz. Der Zahnkranz kann nicht demontiert werden, sodass bei Schäden eine neue Schwungscheibe beschafft werden muss.
7 Begutachten Sie die Schwungscheibe auf Riefen auf der Kupplungs-Reibfläche – falls diese deutlich vorhanden sind, muss eine neue Schwungscheibe beschafft werden.
8 Falls Zweifel über den Zustand der Schwungscheibe bestehen, sollte Rat bei einer Fachwerkstatt eingeholt werden.

Antriebsplatte

9 Inspizieren Sie die Antriebsplatte und den Anlasserzahnkranz auf Verschleiß und Beschädigungen. Falls Risse erkennbar sind oder am Zahnkranz Zähne ausgebrochen sind, muss die Antriebsplatte ersetzt werden.
10 Falls Zweifel über den Zustand der Antriebsplatte bestehen, sollte Rat bei einer Fachwerkstatt eingeholt werden.

Einbau

Schwungscheibe

11 Reinigen Sie die Kontaktfläche der Schwungscheibe und der Kurbelwelle. Setzen Sie die korrekt ausgerichtete Schwungscheibe (siehe Schritt 2) an der Kurbelwelle an und blockieren Sie sie (Abb. 15.3).
12 Falls die neuen Schwungscheibenschrauben nicht bereits mit Sicherungspaste versehen sind, müssen sie mit solcher bestrichen werden. Installieren Sie die Schrauben und ziehen Sie sie zunächst mit 30 Nm an. Ziehen Sie sie dann in einem zweiten Durchgang um 30° und in einem dritten Durchgang um zusätzliche 15° weiter (siehe Abbildungen).

15.12a Ziehen Sie die neuen Schwungscheibenschrauben zunächst mit 30 Nm an ...

15.12b ... und dann in zwei Durchgängen um 30 und 15° weiter.

13 Montieren Sie die Kupplung (siehe Kapitel 6, Sektion 6) und das Getriebe (siehe Kapitel 7A, Sektion 8).

Antriebsplatte

14 Reinigen Sie die Kontaktfläche der Antriebsplatte und der Kurbelwelle.
15 Setzen Sie die Antriebsplatte an der Kurbelwelle an und blockieren Sie sie.
16 Falls die neuen Schwungscheibenschrauben nicht bereits mit Sicherungspaste versehen sind, müssen sie mit solcher bestrichen werden. Installieren Sie die Schrauben und ziehen Sie sie mit 60 Nm an.
17 Entfernen Sie das Blockierwerkzeug und montieren Sie das Automatikgetriebe (siehe Kapitel 7B, Sektion 8).

16 Motorhalterungen – Kontrolle und Ersetzen

Anmerkung: *Viele Motorhalterungs-Schrauben und Muttern müssen beim Einbau durch Neuteile ersetzt werden – beachten Sie die Sterne in den Anzugsdrehmomenten der technischen Daten.*
Anmerkung: *Motorhalterungen erfordern nur selten Aufmerksamkeit. Falls jedoch eine Halterung gebrochen oder anderweitig beschädigt ist, muss sie unverzüglich ersetzt werden,*

da die zusätzliche Belastung des Antriebsstrangs zu Schäden oder erhöhtem Verschleiß führen kann.

Kontrolle

1 Ziehen Sie die Handbremse, heben Sie das Fahrzeug vorn an und stützen Sie es sicher ab (siehe Seite 351).
2 Inspizieren Sie die Gummiblöcke der Halterungen – wenn sie rissig, verhärtet oder irgendwo vom Metall getrennt sind, müssen die Halteblöcke ersetzt werden.
3 Prüfen Sie, ob alle Befestigungsmuttern und Schrauben sorgfältig angezogen sind – verwenden Sie hierfür möglichst einen Drehmomentschlüssel.
4 Kontrollieren Sie den Verschleiß der Halteblöcke, indem Sie mit einem großen Schraubendreher oder ähnlichem Werkzeug vorsichtig daran hebeln und mögliches Spiel ermitteln. Wo dies nicht möglich ist, sollte ein Assistent den Motorblock vor und zurück sowie zu beiden Seiten drücken, während die Halterungen beobachtet werden. Während geringes Spiel normal ist, dürfen keine übermäßigen Bewegungen festgestellt werden. Wenn die Befestigungen bei übermäßigem Spiel korrekt angezogen sind, müssen verschlissene Komponenten ausgetauscht werden (siehe unten).

Ausbau

Anmerkung: *Bevor Muttern oder Schrauben der Motorhalterungen gelockert werden, müssen die relativen Positionen der Halterungen zueinander markiert werden, damit beim Zusammenbau alles korrekt ausgerichtet werden kann.*

Rechte Motorhalterung (Steuerkettendeckel)

5 Demontieren Sie die Luftfilter-Baugruppe (siehe Kapitel 4A, Sektion 3).
6 Positionieren Sie einen Rangierwagenheber mit einem Stück Holz unter der Ölwanne oder heben Sie den Motor mit einem Werkstattkran leicht an, um ihn zu entlasten – heben Sie damit nicht das Fahrzeug von der Abstützung!
7 Lösen Sie die zwei Schrauben, mit denen die rechte Motorhalterung an der Aufnahme des Motors befestigt ist (siehe Abbildung).

16.7 Halterungs-Schrauben an Motoraufnahme (A) und an Karosserie (B)

8 Lösen Sie die drei Schrauben, mit denen die Halterung an der Karosserie befestigt ist, und entfernen Sie sie. Nötigenfalls kann die Halterung auch von der Aufnahme am Motor geschraubt werden.
9 Der Einbau entspricht der umgekehrten Ausbaureihenfolge – beachten Sie die Drehmomentangaben (samt Stern) in den technischen Daten.

Linke Motorhalterung (Getriebe)

10 Entfernen Sie die Batterie samt Träger (siehe Kapitel 5A, Sektion 4).
11 Stützen Sie das Getriebe mit einem Rangierwagenheber samt Holzblock ab.
12 Lösen Sie die Schrauben, mit denen die Halterung an der Getriebehalterung befestigt ist (siehe Abbildung).

16.12 Schrauben der Halterung am Getriebe

13 Lösen Sie die zwei Schrauben, mit denen die Halterung an der Karosserie befestigt ist, senken Sie den Motor etwas ab und befreien Sie die Halterung aus dem Motorraum.
14 Der Einbau entspricht der umgekehrten Ausbaureihenfolge – beachten Sie die Drehmomentangaben (samt Stern) in den technischen Daten.

Hintere Halterung/Drehmomentstütze

15 Ziehen Sie die Handbremse, heben Sie das Fahrzeug vorn an und stützen Sie es sicher ab (siehe Seite 351).
16 Lösen Sie unter dem Fahrzeug die Schraube, mit denen die Drehmomentstütze an der Getriebeaufnahme gesichert ist (siehe Abbildung).

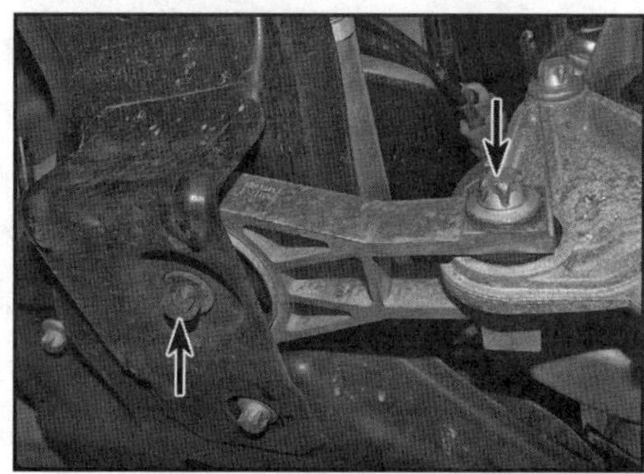

16.16 Drehmomentstützen-Aufnahmen am Hilfsrahmen (links) und an Getriebeaufnahme (rechts)

17 Lösen Sie die Schraube, mit denen die Drehmomentstütze am Hilfsrahmen gesichert ist, und entnehmen Sie die Stütze.
18 Lösen Sie die Schrauben, mit denen die Getriebeaufnahme am Getriebe gesichert ist, und entfernen Sie sie.
19 Positionieren Sie die neue Getriebeaufnahme am Getriebe, installieren Sie die neuen Schrauben und ziehen Sie sie zunächst mit 80 Nm an und dann um 60° weiter.
20 Montieren Sie die Drehmomentstütze an den Hilfsrahmen und die Aufnahme, installieren Sie die neuen Schrauben und ziehen Sie sie zunächst mit 80 Nm an und dann um 60° weiter.

Rechte Motorhalterungs-Aufnahme an Steuerkettendeckel

21 Demontieren Sie die rechte Motorhalterung (siehe oben).
22 Senken Sie den Motor mit dem Rangierwagenheber etwas ab, bis die untere Schraube der Aufnahme zugänglich ist.
23 Sobald die untere Schraube entfernt ist, wird der Motor wieder angehoben, bis die zwei oberen Schrauben zugänglich sind und entfernt werden können.
24 Der Einbau entspricht der umgekehrten Ausbaureihenfolge – ziehen Sie die neuen Schrauben der Halterung mit 60 Nm an.

Kapitel 2, Teil B

Reparaturen am eingebauten Dieselmotor

Inhalt — Sektion

Technische Daten

Motor

Motortyp	Wassergekühlter Vierzylinder-Reihenmotor, zwei kettengetriebene obenliegende Nockenwellen (DOHC), Schlepphebeln und Hydrostößeln, 4 Ventile je Brennraum
Motorcode*	B13DTE (LKU), B13DTR (LKU) und B13DTC (LKV)
Bohrung	69,6 mm
Hub	82,0 mm
Hubraum	1248 cm³
Position von Zylinder Nr. 1	rechts (an Steuerketten-Seite)
Kurbelwellen-Drehrichtung	im Uhrzeigersinn (von rechts betrachtet)
Zündfolge	1-3-4-2

* *eingeschlagen vor der Motornummer rechts an der horizontalen Fläche vorn am Motorblock*

Kompressionsdruck

Maximaler Unterschied zwischen zwei Zylindern	1,5 bar

Schmiersystem

Minimaler Öldruck bei 80° C	1,4 bar bei Standgas
Ölpumpe	
Typ	Zahnringpumpe, direkt auf der Kurbelwelle sitzend
Radialspiel zwischen Außenring und Gehäuse	0,10 bis 0,23 mm
Axialspiel der Pumpenringe	0,025 bis 0,075 mm

Anzugsdrehmomente	**Nm**
AGR-Rohr an AGR-Kühler	25
AGR-Rohr an Einlassstutzen	10
Druckspeicher an Halter	25
Druckspeicher-Halter an Nockenwellengehäuse	25
Glühkerzen-Kabelbaumhalter	10
Ladeluftkühler-Ansaugstutzen an Turbolader	10
Motorgehäusehälften-Schrauben*	
M8-Schrauben	30

Schwierigkeitsgrade

Leicht. Geeignet für Anfänger mit wenig Erfahrung.	**Relativ leicht.** Geeignet für Anfänger mit etwas Erfahrung.	**Relativ schwierig.** Geeignet für geübte Selbstschrauber.	**Schwer.** Geeignet für Selbstschrauber mit viel Erfahrung. 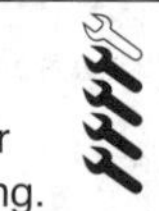	**Sehr schwer.** Geeignet für Experten und Profis. 

M10-Schrauben	
Schritt 1	20
Schritt 2	um 80° weiter
Klimaanlagenkompressor – Schrauben der Halterung	20
Keilrippenriemenspanner an Motorblock	50
Motorhalterungen	
Hintere Halterung / Drehmomentstütze	
Halterungsaufnahme an Getriebehalter	100
Halterung an Karosserie	110
Linke Halterung	
Halterung an Karosserie	62
Halterungsaufnahme an Getriebehalter*	
Schritt 1	50
Schritt 2	um 60° weiter
Rechte Halterung	
Halterung an Motor	60
Halterung an Karosserie	62
Halterung an Aufnahme	80
Vordere Halterung / Drehmomentstütze	
Halterung an Getriebe	100
Halterung an Hilfsrahmen	100
Motor / Getriebe – Verbindungsschrauben	60
Nockenwellengehäuse an Zylinderkopf	
M8-Stehbolzen	
Schritt 1	15
Schritt 2	25
M7-Schrauben	
Schritt 1	12
Schritt 2	18
Nockenwellengehäuse-Verschlussschrauben	
Schritt 1	12
Schritt 2	18
Nockenwellenrad-Schrauben	150
Nockenwellenritzel-Schraube	150
Nockenwellensensor-Schraube	10
Ölablassschraube	20
Ölfiltergehäusedeckel	25
Ölfiltergehäuse an Motorgehäuse	10
Ölwanne an untere Motorgehäusehälfte	10
Ölwannenverstärkungshalter	30
Pleuelfußschrauben*	
Schritt 1	20
Schritt 2	um 40° weiter
Radbolzen	110
Riemenscheibennabenbolzen an Kurbelwelle*+	
Schritt 1	50
Schritt 2	um 90° weiter
Riemenscheibe an Nabe (Kurbelwelle)	25
Schwungscheiben-Schrauben*	
Schritt 1	15
Schritt 2	um 35° weiter
Steuerkettendeckelschrauben	10
Steuerkettenführungsschienen-Schrauben	10
Steuerkettenspannerschienen-Gelenkschraube	25
Steuerkettenspannerschrauben	10
Thermostat-Bypassrohr an Ölfiltergehäuse	10
Thermostat-Bypassrohrhalterung	10
Turbolader – Ölrohr-Anschlussschrauben	22
Zylinderkopfschrauben*	
Schritt 1	40
Schritt 2	um 90° weiter
Schritt 3	um 90° weiter

** Stets durch Neuteile zu ersetzen*
+ Linksgewinde

1 Allgemeine Informationen

Der Zweck dieses Kapitels

1 Dieses Kapitel beinhaltet Reparaturen, die bei im Fahrzeug montiertem Motor durchgeführt werden können. Falls der Motor ausgebaut und entsprechend freigelegt ist, können nicht zutreffende Schritte ignoriert werden. Kapitel 2C beinhaltet den Ausbau des Motors samt Getriebe aus dem Fahrzeug und die dann mögliche Komplettüberholung.
2 Obwohl es technisch möglich ist, Bauteile wie Kolben und Pleuelstangen bei eingebautem Motor zu überholen, werden solche Tätigkeiten normalerweise nicht als separate Arbeiten durchgeführt. Üblicherweise müssen verschiedene weitere Prozeduren (nicht zu vergessen die Reinigung von Bauteilen und Ölkanälen) durchgeführt werden, sodass solche Aufgaben zu den größeren Überholprozessen gezählt werden, die in Kapitel 2C beschrieben sind.

Motor – Beschreibung

3 Der 1,3 l-Common-Rail-Vierzylindermotor wird mit zwei obenliegenden Nockenwellen (DOHC) und vier Ventilen je Zylinder gesteuert. Der Motor ist quer eingebaut und das Getriebe ist links angeflanscht.
4 Das Motorgehäuse besteht aus Gusseisen und die Zylinderbohrungen sind darin integriert. Die unten angeschraubte Hauptlagerplatte dient als untere Gehäusehälfte.
5 Die Kurbelwelle des komplett gleitgelagerten Motors läuft in fünf Lagerschalen. Ihr Axialspiel wird durch Anlauf-Halbringe an Hauptlager Nr. 3 (obere Hälfte) begrenzt.
6 Die Pleuel drehen sich mit horizontal gebrochenen Lagerschalen auf den Hubzapfen. Die aus einer Aluminiumlegierung bestehenden Kolben sind mit drei Kolbenringen (zwei Kompressionsringen und einem Ölabstreifring) ausgerüstet und mit Kolbenbolzen im oberen Pleuelauge gelagert.
7 Die Nockenwellen sind in einem separaten Gehäuse gelagert, das oben auf den Zylinderkopf geschraubt ist. Die Auslassnockenwelle wird über eine hydraulisch gespannte Steuerkette von der Kurbelwelle angetrieben; sie treibt über Stirnräder die Einlassnockenwelle an. Die vier Ventile jedes Zylinders (2 Einlass-, 2 Auslassventile) werden über Schlepphebel betätigt, die an ihren Gelenk-Enden auf hydraulisch geführten Stößeln (Hydrostößeln) gelagert sind. Eine Nockenwelle betätigt die Einlassventile, die andere ist für die Auslassventile zuständig. Die Ein- und Auslassventile werden von je einer Schraubenfeder geschlossen.
8 Eine innerhalb des Steuerkettendeckels sitzende Zahnring-Ölpumpe wird direkt von der Kurbelwelle angetrieben.
9 Die vom Keilrippenriemen angetriebene Kühlwasserpumpe sitzt außen am Steuerkettendeckel.

Reparaturen, die bei eingebautem Motor möglich sind

10 Die folgenden Arbeiten können erledigt werden, ohne dass der Motor dafür aus dem Fahrzeug ausgebaut werden muss:
a) Zylinderkopf – Ausbau und Einbau
b) Steuerkettendeckel – Ausbau und Einbau
c) Steuerkette, Spanner und Ritzel – Ausbau und Einbau
d) Nockenwellengehäuse – Ausbau und Einbau
e) Hydrostößel und Schlepphebel – Ausbau und Einbau
f) Nockenwelle – Ausbau und Einbau
g) Ölwanne – Ausbau und Einbau
*h) Pleuelfußlager, Pleuel und Kolben – Ausbau und Einbau**
i) Ölpumpe – Ausbau und Einbau
j) Ölfiltergehäuse – Ausbau und Einbau
k) Kurbelwellendichtringe – Ausbau und Einbau
l) Motor- und Getriebehalterungen – Ausbau und Einbau
m) Schwungscheibe / Antriebsplatte – Ausbau und Einbau
** Obwohl diese Komponenten theoretisch bei eingebautem Motor ausgebaut werden können, wird aus Gründen der besseren Zugänglichkeit und Sauberkeit empfohlen, den Motor dafür auszubauen – siehe Kapitel 2C.*

2 Kompressionsprüfung – Beschreibung und Auswertung

Anmerkung: *Für diesen Test wird ein für Dieselmotoren geeigneter Kompressionsprüfer benötigt.*
1 Wenn die Motorleistung sinkt oder Fehlzündungen entstehen, die nicht auf das Kraftstoffsystem zurückzuführen sind, kann eine Kompressionsprüfung Hinweise auf den Zustand des Motors liefern. Wenn dieser Test regelmäßig durchgeführt wird, kann er vor Problemen warnen, bevor andere Symptome offensichtlich werden.
2 Aufgrund der höheren Verdichtung von Dieselmotoren muss ein dafür ausgelegter Kompressionsprüfer verwendet werden. Das Gerät wird mit einem in die Glühkerzenbohrung geschraubten Adapter verbunden, der nicht die Einspritzanlage behindern darf. Für nur gelegentliche Kontrollen kann es sinnvoller sein, sich diese Ausrüstung zu leihen – oder den Test von einer Fachwerkstatt durchführen zu lassen.
3 Solange dem Prüfgerät keine gegenteiligen Anweisungen beigefügt sind, müssen für eine Kompressionsprüfung die folgenden Punkte beachtet werden:
a) Die Batterie muss gut geladen sein, der Luftfilter muss sauber sein, und der Motor muss vollständig auf Betriebstemperatur gebracht sein.
b) Vor Beginn der Prüfung müssen alle Einspritzdüsen aus dem Motor geschraubt sein (siehe Kapitel 4B, Sektion 13).
c) Öffnen Sie die Sicherungs-/Relaisbox im Motorraum und entfernen Sie das Kraftstoffpumpenrelais (siehe Abbildung).

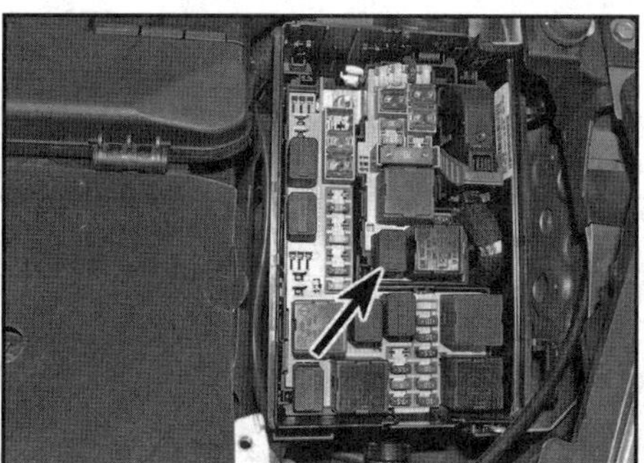

2.3 Position des Kraftstoffpumpenrelais

4 Schrauben Sie den Kompressionsprüfer samt Adapter in den Einspritzdüsen-Sitz von Zylinder Nr. 1 (rechts an der Steuerkette).
5 Lassen Sie einen Assistenten den Motor mithilfe des Anlassers durchdrehen – nach einer bis zwei Umdrehungen sollte sich der maximale Kompressionsdruck aufgebaut und stabilisiert haben – notieren Sie das höchste Ergebnis.
6 Wiederholen Sie die Prüfung mit den anderen Zylindern und notieren Sie auch deren Werte.
7 Alle Zylinder müssen sehr ähnliche Drücke erzeugen – Unterschiede von mehr als 1,5 bar weisen auf einen Defekt hin. Beachten Sie, dass sich die Kompression in einem gesunden Motor sehr schnell aufbaut; niedrige Kompression im ersten Kolbenhub gefolgt von schrittweisen Anstiegen in den folgenden Hüben weist auf verschlissene Kolbenringe

hin. Niedrige Kompression im ersten Kolbenhub, der auch in den folgenden Hüben keine höheren Werte folgen, weist auf verschlissene Ventile oder eine durchgebrannte Zylinderkopfdichtung hin (ein Riss im Zylinderkopf kann auch möglich sein). Ablagerungen an den Ventilen können ebenfalls zu niedriger Kompression führen.

Anmerkung: *Die Ursache für niedrige Kompression lässt sich bei Dieselmotoren nicht so leicht ermitteln wie bei Benzinmotoren. Die Wirkung von in den Brennraum gefülltem Öl ist nicht eindeutig, da das Risiko besteht, dass sich dies in der Wirbelkammer oder einer Vertiefung im Kolbenboden ansammelt, statt einen möglichen Spalt zwischen den Kolbenringen und der Zylinderwand zu verschließen.*

8 Installieren Sie nach Beendigung des Tests das *Kraftstoffpumpenrelais und die Einspritzdüsen (siehe Kapitel 4B, Sektion 13).*

Druckverlustprüfung

9 Bei einer Druckverlustprüfung wird ermittelt, wie viel komprimierte Luft verloren geht. Diese Alternative zur Kompressionsprüfung ist auf vielerlei Weise besser, da die entweichende Luft besser zeigt, wo der Druckverlust auftritt (Kolbenringe, Ventile, Zylinderkopfdichtung).

10 Die für eine Druckverlustprüfung erforderliche Ausrüstung ist umfangreich und teuer, sodass eine solche Prüfung von einer entsprechend ausgerüsteten Fachwerkstatt durchgeführt werden sollte.

3 Steuerzeiten – Kontrolle und Einstellung

Anmerkung: *Der Motor darf nicht gedreht werden, solange die Nockenwellen arretiert sind. Falls der Motor längere Zeit in diesem Zustand verbleibt, sollten im Motorraum und im Cockpit entsprechende Warnhinweise angebracht werden. So kann das Risiko eines versehentlichen Startversuchs minimiert werden, der bei eingebauten Arretierwerkzeugen schwere Schäden hervorrufen kann.*

1 Um die Steuerzeiten der Ventile bei allen Arbeiten, die den Ausbau und Einbau der Steuerkette erforderlich machen, korrekt eingerichtet zu halten, sind in die Nockenwellen Nut eingearbeitet und in das Nockenwellengehäuse entsprechende Bohrungen gebohrt worden. Auch in die Schwungscheibe und die Getriebeglocke befinden sich Bohrungen zur Steuerzeiten-Arretierung, die dazu genutzt werden, den Motor in einer Stellung zu arretieren, bei der alle vier Kolben in der Mitte zwischen den Totpunkten stehen; so können bei der Montage des Zylinderkopfs oder der Steuerkette die Ventile nicht mit den Kolben geraten, zudem bleiben die korrekten Steuerzeiten erhalten. Am Motor sind keine Markierungen angebracht, um die Nockenwellen oder die Kurbelwelle in eine OT-Markierung zu bringen – daher müssen bei allen Arbeiten an der Steuerkette, den Nockenwellen oder dem Zylinderkopf entsprechende Arretierwerkzeuge verwendet werden.

2 Das Opel-Werkzeug zum Arretieren der Nockenwelle enthält einen federbelasteten Kolben, der sich frei in seinem Gehäuse bewegen kann, welches (nach dem Entfernen eines Verschlussstopfens) in eine Bohrung des Nockenwellengehäuses geschraubt wird. Der Kolben gleitet auf der Nockenwelle, bis er in der Nut einrastet (siehe Abbildung), wo er von der Federkraft gehalten wird. Für eine akkurate Kontrolle der Steuerzeiten oder für Arbeiten, die den Ausbau der Nockenwellen oder ihrer Antriebsräder erforderlich machen, werden zwei dieser Werkzeuge benötigt – eines für jede Nockenwelle.

3.2 Steuerzeiten-Nut in der Nockenwelle

3 Das Opel-Werkzeug zum Arretieren der Kurbelwelle ist ein simpler 6 mm starker Stift, der unten (5-Ganggetriebe) oder vorn (6-Ganggetriebe) in die Getriebeglocke eingeführt wird und in einer Bohrung der Schwungscheibe einrastet. Weitere Bohrungen befinden sich innen in der Schwungscheibe und im Motorgehäuse, um die Kurbelwelle auch bei demontiertem Getriebe arretieren zu können (siehe Abbildungen).

3.3a Kurbelwellen-Arretierwerkzeug – eingeführt von unten in die Getriebeglocke beim 5-Ganggetriebe

3.3b Kurbelwellen-Arretierwerkzeug – eingeführt durch die Schwungscheibe ins Motorgehäuse

4 Opel führt die Spezialwerkzeuge unter folgenden Teilenummern auf:

Nockenwellen-Arretierung: EN-46781
Kurbelwellen-Arretierung durch Getriebeglocke in Schwungscheibe: EN-46785
Kurbelwellen-Arretierung durch Schwungscheibe in Motorgehäuse: EN-46778

5 Obwohl diese Werkzeuge weder bei Opel noch im Fachhandel sehr teuer sind, können sie mithilfe geeigneter Maschinen auch selbst angefertigt werden – sobald sie benötigt werden, ist ihr Einsatz in der entsprechenden Sektion beschrieben (siehe unten und Sektion 5).

Nockenwellen-Arretierung

6 Heben Sie die Motorabdeckung ab.

7 Trennen Sie die Kabelstecker der Einspritzdüsen, des Ladedruck-Sensors und des Kraftstoffdrucksensors am Druckspeicher (»Fuel Rail«).

8 Lösen Sie am Nockenwellengehäuse die fünf Schrauben, um die Motor-Hebeöse und den Halter des Druckspeichers zu befreien (siehe Abbildung). Nach dem Entfernen des Halters muss darauf geachtet werden, dass der Druckspeicher nicht unter Last gesetzt wird, sodass die Hochdruck-Leitungen nicht beschädigt werden.

3.8 Entfernen Sie die Motor-Hebeöse und den Halter des Druckspeichers.

9 Lösen Sie an der Einlass-Seite des Nockenwellengehäuses die Verschlussschraube aus der Steuerzeiten-Kontrollbohrung. Die Schraube sitzt etwa in einer Linie mit der Einspritzdüse von Zylinder Nr. 2 (siehe Abbildung).

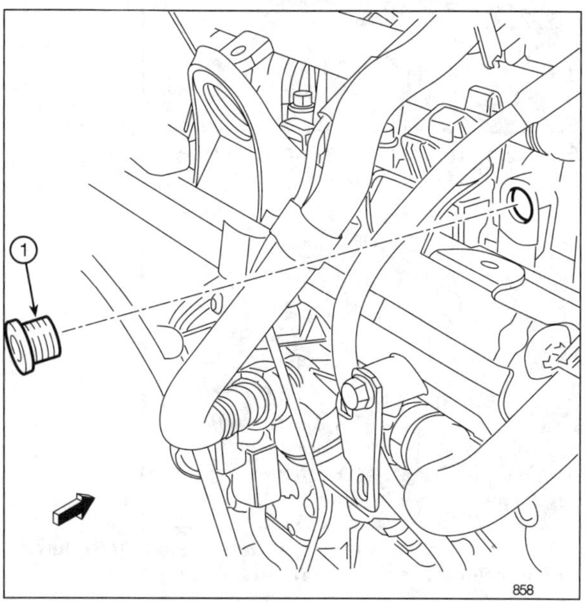

3.9 Lösen Sie an der Einlass-Seite des Nockenwellengehäuses die Verschlussschraube aus der Steuerzeiten-Kontrollbohrung.

10 Verwenden Sie die Verschlussschraube als Muster und beschaffen Sie eine entsprechende Gewindestange oder Schraube, um daraus eine Nockenwellen-Arretierung drehen zu lassen (siehe Abbildungen) – beachten Sie, dass für manche Arbeiten zwei dieser Werkzeuge benötigt werden.

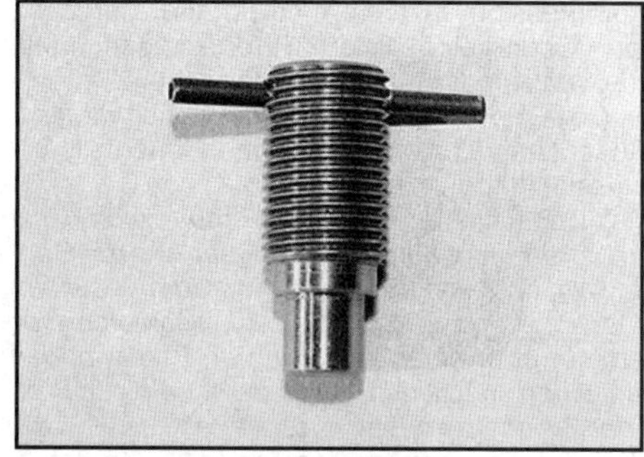

3.10a Um eine selbstgebaute Nockenwellen-Arretierung herzustellen, …

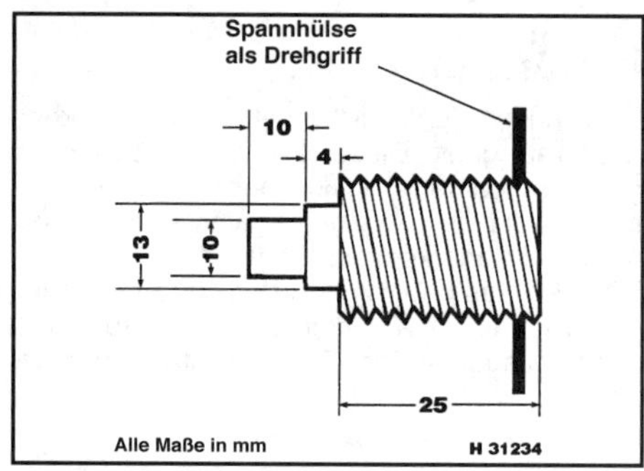

3.10b … muss eine M16 x 1,5-Gewindestange oder -Schraube auf die gezeigten Maße abgedreht werden.

11 Bevor die Verschlussschraube wieder installiert wird, muss ihr Gewinde gereinigt und mit mittelfester Sicherungspaste bestrichen werden; ziehen Sie sie anschließend zunächst mit 12 und dann mit 18 Nm an.

12 Platzieren Sie die Motor-Hebeöse und den Halter des Druckspeichers am Nockenwellengehäuse und richten Sie den Druckspeicher zum Halter aus. Installieren Sie die fünf Schrauben und ziehen Sie sie mit 25 Nm an.

13 Verbinden Sie die Kabelstecker der Einspritzdüsen, des Ladedruck-Sensors und des Kraftstoffdrucksensors am Druckspeicher. Montieren Sie die Motorabdeckung.

Kurbelwellen-Arretierung

14 Als Alternative zu den oben beschriebenen Opel-Spezialwerkzeugen können Bohreinsätze oder Gewindestangen der folgenden Größen verwendet werden:
Kurbelwellen-Arretierung durch Getriebeglocke in Schwungscheibe: 6,0 mm
Kurbelwellen-Arretierung durch Schwungscheibe in Motorgehäuse: 9,0 mm

4 Kurbelwellen-Riemenscheibe – Ausbau und Einbau

Ausbau

1 Lockern Sie die Radbolzen des rechten Vorderrads, ziehen Sie die Handbremse, heben Sie das Fahrzeug vorn an und stützen Sie es sicher ab (siehe Seite 351). Bauen Sie das rechte Vorderrad ab und entfernen Sie die untere Radhausschalen-Abdeckung, um Zugang zur Kurbelwellen-Riemenscheibe zu erhalten.

2 Entfernen Sie den Keilrippenriemen (siehe Kapitel 1B, Sektion 23) – markieren Sie zuvor seine Laufrichtung, damit er wieder richtig herum aufgelegt werden kann.

3 Lösen Sie die vier Schrauben, die das Riemenrad an seiner Nabe sichern – kontern Sie nötigenfalls die Kurbelwelle mit einem am Nabenbolzen angesetzten Steckschlüssel.

Einbau

4 Setzen Sie das Riemenrad an der Nabe an, installieren Sie die Schrauben und ziehen Sie sie mit 25 Nm an.
5 Legen Sie den Keilrippenriemen auf (siehe Kapitel 1B, Sektion 23) – beachten Sie seine Laufrichtung.
6 Montieren Sie die Radlaufabdeckung und das Vorderrad. Senken Sie das Fahrzeug ab und ziehen Sie die Radbolzen mit 110 Nm an.

5 Steuerkettendeckel – Ausbau und Einbau

Anmerkung: *Für diese Arbeit werden neben anderen Werkzeugen die in Sektion 3 aufgeführten Spezialwerkzeuge benötigt. Lesen Sie die gesamte Sektion 3 durch und machen Sie sich mit dem Umfang der Tätigkeit vertraut. Beschaffen Sie sich anschließend die Spezialwerkzeuge oder geeignete Alternativen. Zudem werden diverse neue Dichtungen und Dichtringe sowie Silikondichtmasse benötigt.*

Ausbau

1 Trennen Sie den Masseanschluss (–) der Batterie (siehe Kapitel 5A, Sektion 4).
2 Entfernen Sie die Motorabdeckung.
3 Entfernen Sie die Luftfilter-Baugruppe (siehe Kapitel 4B, Sektion 3).
4 Demontieren Sie die Wasserpumpe (siehe Kapitel 3, Sektion 7).
5 Demontieren Sie die Kurbelwellen-Riemenscheibe (siehe Sektion 4).
6 Entfernen Sie die Ölwanne (siehe Sektion 11).
7 Lösen Sie die mittlere Befestigungsschraube des Keilrippenriemenspanners und befreien Sie ihn vom Steuerkettendeckel.
8 Lösen Sie oben am Steuerkettendeckel die Schelle des Motorentlüftungsschlauchs und trennen Sie ihn vom Öleinfüllgehäuse. Lösen Sie die zwei Schrauben des Öleinfüllgehäuses und entfernen Sie dies. Befreien Sie den Kabelbaum aus den Clips am Steuerkettendeckel.
9 Lösen Sie die zwei Schrauben, die den Kraftstoff-Druckspeicher an seinem Halter sichern.
10 Lösen Sie die drei verbliebenen Schrauben und entfernen Sie die Motor-Hebeöse und den Druckspeicher-Halter vom Nockenwellengehäuse (Abb. 3.8) – nach dem Entfernen des Halters muss darauf geachtet werden, dass der Druckspeicher nicht unter Last gesetzt wird, sodass die Hochdruck-Leitungen nicht beschädigt werden.
11 Lösen Sie an der Einlass-Seite des Nockenwellengehäuses die Verschlussschraube aus der Steuerzeiten-Kontrollbohrung. Die Schraube sitzt etwa in einer Linie mit der Einspritzdüse von Zylinder Nr. 2 (Abb. 3.9).
12 Falls die originale Opel-Nockenwellenarretierung oder eine Alternative mit federbelastetem Stift (siehe Sektion 3) vorhanden ist, wird diese in die Bohrung des Nockenwellengehäuses geschraubt. Achten Sie darauf, dass die Markierung am Stift nach oben zeigt. Drehen Sie die Kurbelwelle mit einem am Nabenbolzen angesetzten Steckschlüssel (von rechts betrachtet) im Uhrzeigersinn, bis der Stift des Werkzeugs von der Feder in die Nut der Nockenwelle gedrückt wird.
13 Falls die selbstgebaute Alternative als Nockenwellenarretierung eingesetzt wird (siehe Sektion 3), wird ein Schraubendreher in die Bohrung des Nockenwellengehäuses gesteckt und in Kontakt zur Nockenwelle gebracht. Drehen Sie die Kurbelwelle mit einem am Nabenbolzen angesetzten Steckschlüssel (von rechts betrachtet) im Uhrzeigersinn, bis der Schraubendreher in die Nut der Nockenwelle geführt werden kann. Drehen Sie jetzt das Werkzeug ein, bis Widerstand fühlbar wird. Wackeln Sie die Nockenwelle hin und her, bis die Nut korrekt fluchtet und das Werkzeug vollständig eingeschraubt werden kann.
14 Installieren Sie die originale Opel-Kurbelwellenarretierung oder eine Alternative (siehe Sektion 3) in die Getriebeglocke und fixieren Sie damit die Schwungscheibe (Abb. 3.3a) – drehen Sie die Kurbelwelle nötigenfalls leicht hin und her, um die Flucht sicherzustellen.
15 Um den Bolzen der Riemenscheibennabe lockern zu können, muss diese gekontert werden – Opel bietet hierfür das Spezialwerkzeug EN-662-C an, doch lässt sich ein geeignetes Werkzeug auch leicht selbst anfertigen (siehe Praxis-Tipp).

Praxis-Tipp

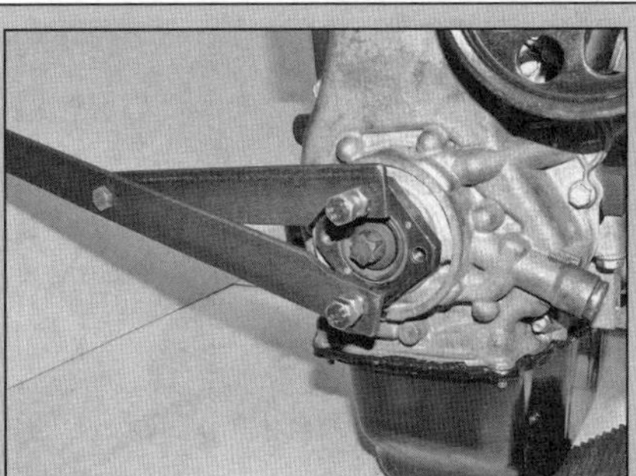

Aus zwei ca. 6 mm starken und ca. 30 mm breiten Blechstreifen ((ca. 60 und 20 cm lang) kann ein Riemenscheibennaben-Abzieher angefertigt werden: Schrauben Sie die Streifen wie gezeigt zusammen, sodass sie sich noch bewegen lassen. Drehen Sie an den Enden der Streifen geeignete Schrauben ein und sichern Sie sie mit Muttern, damit sie in die Löcher der Nabe greifen können.

16 Blockieren Sie mit dem Werkzeug die Riemenscheiben-Nabe und lockern Sie den zentralen Bolzen – er hat ein Linksgewinde und wird im Uhrzeigersinn gelöst! Entfernen Sie das Werkzeug, drehen Sie den Bolzen heraus und entfernen Sie die Riemenscheiben-Nabe – beim Einbau wird ein neuer Bolzen benötigt.
17 Verbinden Sie die Ausrüstung eines Werkstattkrans mit der rechten Motorseite, um sie abzustützen. Falls möglich, sollten der in den Seitenkanälen des Motorraums positionierte Haltestangen-Typ verwendet werden. Alternativ kann der Motor mit einem Rangierwagenheber und einem Stück Holz von unten abgestützt werden.
18 Lösen Sie die drei Schrauben, mit denen die rechte Motorhalterung an der Aufnahme am Motor gesichert ist. Lösen Sie ebenfalls die drei Schrauben, mit denen die rechte Motorhalterung an der Karosserie gesichert ist, und entnehmen Sie die Halterun anschließend (siehe Abbildung).

5.18 **Die sechs Schrauben der rechten Motorhalterung**

19 Lösen Sie die vier Schrauben, mit denen die Motorhalterungs-Aufnahme am Motorblock und Zylinderkopf gesichert ist, und entfernen Sie die Halterung samt Hebeöse (siehe Abbildung).

5.19 **Die vier Schrauben der Motorhalterungs-Aufnahme**

20 Lösen Sie die 14 Schrauben und 3 Muttern, die den Steuerkettendeckel an beiden Motorgehäusehälften, dem Zylinderkopf und dem Nockenwellengehäuse sichern. Führen Sie einen Schraubendreher hinter den Laschen am Rand des Deckels ein und hebeln Sie ihn vorsichtig ab (siehe Abbildungen). Entfernen Sie die Deckeldichtung – sie muss später durch ein Neuteil ersetzt werden.

5.20a **Führen Sie einen Schraubendreher hinter den Laschen am Rand des Deckels ein ...**

5.20b **... und hebeln Sie ihn vorsichtig ab.**

21 Hebeln Sie den alten Kurbelwellen-Dichtring vorsichtig mit einem Schraubendreher o. ä. aus dem Deckel. Reinigen Sie seinen Sitz mit einem Schaber aus Kunststoff oder Holz.

22 Reinigen Sie sorgfältig den Steuerkettendeckel und entfernen Sie sämtliche Dichtungsreste von seiner Dichtfläche. Reinigen Sie ebenfalls die Dichtflächen der Motorgehäusehälften und des Zylinderkopfs, sodass sie absolut sauber sind.

23 Beschaffen Sie alle neuen Dichtungen und anderen für den Zusammenbau erforderlichen Teile, darunter einen neuen Kurbelwellen-Dichtring und eine Tube Dichtmasse der Sorte Loctite 5900. Zum Zentrieren des Steuerkettendeckels wird das Opel-Spezialwerkzeug EN-46775 oder eine Alternative benötigt.

Einbau

24 Sorgen Sie vor der Montage des Steuerkettendeckels dafür, dass das Steuerkettenritzel der Kurbelwelle entfettet ist.

5.25 **Tragen Sie an allen Gehäuseverbindungen unter der Steuerkettendichtfläche geeignete Dichtmasse auf.**

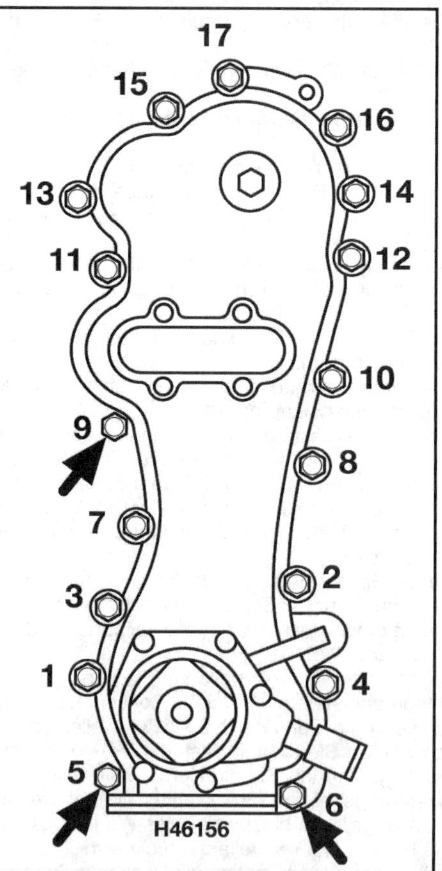

5.27 **Anzugsreihenfolge der Steuerkettendeckel-Befestigungen – die drei Muttern sind mit Pfeilen markiert.**

25 Tragen Sie mit Loctite 5900 etwa 2 mm starke Raupen an den Dichtflächen zwischen dem Nockenwellengehäuse, dem Zylinderkopf, der oberen Motorgehäusehälfte und der unteren Gehäusehälften auf (siehe Abbildung).
26 Platzieren Sie eine neue Dichtung am Motor und setzen Sie den Steuerkettendeckel an. Installieren Sie das Opel-Zentrierwerkzeug (EN-46775) oder eine geeignete Alternative über die Kurbelwelle, um den Deckel korrekt auszurichten.
27 Installieren Sie die 14 Schrauben und 3 Muttern des Steuerkettendeckels und ziehen Sie sie schrittweise in der gezeigten Reihenfolge mit 10 Nm an (siehe Abbildung). Entfernen Sie das Zentrierwerkzeug.
28 Klopfen Sie mit einem geeigneten Steckschlüssel, Rohr oder Holz einen neuen Kurbelwellen-Dichtring in seinen Sitz, bis er bündig zum Deckel sitzt.
29 Reinigen Sie sorgfältig die Riemenscheiben-Nabe und stellen Sie sicher, dass das Steuerkettenritzel der Kurbelwelle weiterhin entfettet ist.
30 Setzen Sie die Nabe an die Kurbelwelle und installieren Sie den neuen Bolzen. Blockieren Sie die Riemenscheibe mit dem Spezialwerkzeug und ziehen Sie den Bolzen zunächst mit 50 Nm an und dann um 90° weiter.
31 Positionieren Sie die Motorhalterungs-Aufnahme samt Hebeöse am Motorblock und Zylinderkopf, installieren Sie die vier Schrauben und ziehen Sie sie mit 60 Nm an.
32 Positionieren Sie die rechte Motorhalterung, installieren Sie die Schrauben und ziehen Sie sie mit 62 Nm (Karosserie) bzw. 60 Nm (Motor-Aufnahme) an. Entfernen Sie die Abstützung des Motors.
33 Installieren Sie die Kurbelwellen-Riemenscheibe (siehe Sektion 4).
34 Entfernen Sie die Nockenwellen- und Kurbelwellen-Arretierungen. Drehen Sie den Motor zwei volle Umdrehungen und prüfen Sie, ob die Arretierungen wieder installiert werden können – entfernen Sie sie dann.
35 Bevor die Verschlussschraube wieder installiert wird, muss ihr Gewinde gereinigt und mit mittelfester Sicherungspaste bestrichen werden; ziehen Sie sie anschließend zunächst mit 12 und dann mit 18 Nm an.
36 Platzieren Sie die Motor-Hebeöse und den Halter des Druckspeichers am Nockenwellengehäuse und richten Sie den Druckspeicher zum Halter aus.
37 Installieren Sie die fünf Schrauben der Motor-Hebeöse und des Druckspeicher-Halters und ziehen Sie sie mit 25 Nm an.
38 Montieren Sie das Öleinfüllgehäuse an den Steuerkettendeckel und ziehen Sie seine zwei Schrauben sorgfältig an. Verbinden Sie den Motorentlüftungsschlauch und sichern Sie den Kabelbaum.
39 Montieren Sie den Keilrippenriemenspanner so, dass der Anguss an dessen Gehäuse in die Bohrung des Motorblocks greift (siehe Abbildung). Installieren Sie die Schraube und ziehen Sie mit 50 Nm an.

5.39 Installieren Sie den Keilrippenriemenspanner so, dass der Anguss an dessen Gehäuse in die Bohrung des Motorblocks greift.

40 Montieren Sie die Ölwanne (siehe Sektion 11).
41 Montieren Sie die Wasserpumpe (siehe Kapitel 3, Sektion 7).
42 Montieren Sie die Luftfilter-Baugruppe (siehe Kapitel 4B, Sektion 3).
43 Setzen Sie die Motorabdeckung auf.
44 Montieren Sie die Radlaufabdeckung und das Vorderrad. Senken Sie das Fahrzeug ab und ziehen Sie die Radbolzen mit 110 Nm an.
45 Füllen Sie Motoröl auf (siehe Kapitel 1B, Sektion 5) und schließen Sie die Batterie an.
46 Füllen Sie das Kühlsystem auf (siehe Kapitel 1B, Sektion 28).

6 Steuerkette, Ritzel, Spanner und Führungsschienen – Ausbau und Einbau

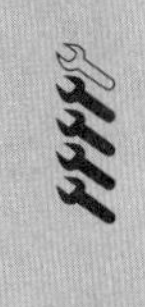

Ausbau

1 Demontieren Sie den Steuerkettendeckel (siehe Sektion 5).
2 Drücken Sie den Kolben des Steuerkettenspanners in seine Bohrung zurück und sichern Sie ihn dort mit einem kleinen Bohrer oder ähnlichem Hilfsmittel (siehe Abbildung).

6.2 Sichern Sie den zurück gedrückten Kettenspannerkolben z. B. mit einem kleinen Bohrer.

3 Lösen Sie die zwei Schrauben des Kettenspanners und entfernen Sie ihn vom Zylinderkopf (siehe Abbildung).

6.3 Lösen Sie die zwei Schrauben, um den Kettenspanner vom Zylinderkopf zu entfernen.

4 Lösen Sie den unteren Gelenkbolzen und entfernen Sie die Spannerschiene (siehe Abbildungen).

6.4a Lösen Sie den unteren Gelenkbolzen ...

6.4b ... und entfernen Sie die Spannerschiene.

5 Ziehen Sie das Steuerkettenritzel von der Kurbelwelle. Heben Sie die Kette vom Nockenwellenritzel und entfernen Sie sie zusammen mit dem Kurbelwellenritzel (siehe Abbildung).

6.5 Ziehen Sie das Steuerkettenritzel von der Kurbelwelle und entfernen Sie sie zusammen mit dem Kurbelwellenritzel.

6 Um den Bolzen des Nockenwellenritzels lösen zu können, muss das Ritzel blockiert werden. Opel bietet hierfür die Spezialwerkzeuge EN-956-1 und EN-6347 an, doch es kann auch das im Werkzeug-Tipp in Sektion 5 selbstgebaute Werkzeug verwendet werden.
7 Blockieren Sie das Ritzel und lockern Sie seinen Bolzen. Entfernen Sie das Blockierwerkzeug, drehen Sie den Bolzen heraus und entfernen Sie das Ritzel (siehe Abbildungen).

6.7a Blockieren Sie das Ritzel und lockern Sie seinen Bolzen.

6.7b Drehen Sie den Bolzen heraus und entfernen Sie das Ritzel.

8 Lösen Sie die zwei Schrauben der Steuerketten-Führungsschiene und entnehmen Sie diese (siehe Abbildung).

6.8 Lösen Sie die zwei Schrauben und entfernen Sie die Steuerketten-Führungsschiene.

9 Kontrollieren Sie die Steuerkette und die Ritzel sowie die Führungs- und Spannerschiene auf Verschleiß und Verformung und ersetzen Sie schadhafte Teile.
10 Drücken Sie den Kolben des Steuerkettenspanners in seine Bohrung und entfernen Sie den kleinen Bohrer. Prüfen Sie, ob sich der Spannerkolben frei im Gehäuse verschieben lässt; falls er klemmt oder schleift, muss der Steuerkettenspanner erneuert werden. Drücken Sie nach Beendigung des Tests oder bei einem neuen Spanner den Kolben in seine Bohrung zurück und sichern Sie ihn dort mit einem kleinen Bohrer.

Einbau

11 Montieren Sie vorn die Führungsschiene, installieren Sie die zwei Schrauben und ziehen Sie mit 10 Nm an.
12 Setzen Sie das Ritzel an der Nockenwelle an und drehen Sie den Bolzen zunächst handfest ein.
13 Reinigen Sie sorgfältig die Kurbelwelle und ihr Steuerkettenritzel, sodass deren Kontaktflächen entfettet sind.
14 Legen Sie das Kurbelwellenritzel in die Steuerkette und legen Sie diese über das Nockenwellenritzel. Schieben Sie das Kurbelwellenritzel auf den Wellenstumpf.
15 Positionieren Sie die Steuerketten-Spannerschiene am Motorgehäuse, installieren Sie den Gelenkbolzen und ziehen Sie ihn mit 25 Nm an (siehe Abbildung).
16 Montieren Sie den Steuerkettenspanner, installieren Sie seine Schrauben und ziehen Sie sie mit 10 Nm an. Drücken Sie den Spannerkolben ein, ziehen Sie den Bohrer heraus und lassen Sie den Kolben entspannen.
17 Blockieren Sie das Nockenwellenritzel wie beim Ausbau und ziehen Sie dessen Bolzen mit 150 Nm an.
18 Montieren Sie den Steuerkettendeckel (siehe Sektion 5).

7 Nockenwellengehäuse – Ausbau und Einbau

Ausbau

1 Trennen Sie den Masseanschluss (–) der Batterie (siehe Kapitel 5A, Sektion 4).
2 Heben Sie die Motorabdeckung ab.
3 Entfernen Sie die Luftfilter-Baugruppe samt Ansaugstutzen (siehe Kapitel 4B, Sektion 3).
4 Falls vorhanden, muss der Stecker des Motorentlüftungsrohr-Heizelements getrennt werden.
5 Lösen Sie die Schrauben, die das Motorentlüftungsrohr und den Unterdruckschlauch an den Haltern oben am Motor sichern. Ziehen Sie den Unterdruckschlauch vom Stutzen des Unterdrucktanks und vom Aktivierungs-Magnetventil der Turbolader-Bypassventils. Befreien Sie das Motorentlüftungsrohr vom Unterdrucktank und entfernen Sie das Rohr sowie den Schlauch vom Motor.
6 Ziehen Sie die zwei Unterdruckschläuche vom Unterdrucktank hinten am Motor. Lösen Sie die zwei Schrauben des Tanks und befreien Sie ihn von seinem Halter.
7 Befreien Sie den Unterdruckschlauch vom Halter des Unterdrucktanks, lösen Sie die zwei Schrauben des Halters und entfernen Sie ihn vom Motorblock.
8 Lösen Sie die zwei Schrauben, die den Motor-Kabelbaum an den Halterungen des Nockenwellengehäuses sichern.
9 Trennen Sie vorn, oben und hinten am Motor alle Stecker des Motor-Kabelbaums. Um alle Stecker später wieder korrekt anschließen zu können, müssen sie markiert oder fotografiert werden. Befreien Sie den Kabelbaum aus allen Clips und Kabelbindern und verlagern Sie ihn beiseite.
10 Trennen Sie die Kabelstecker der vier Glühkerzen. Lösen Sie die zwei Schrauben des Glühkerzen-Kabelbaums und seiner Halterungen, um alles vom Nockenwellengehäuse zu befreien.
11 Demontieren Sie den Steuerkettendeckel (siehe Sektion 5)
12 Demontieren Sie die Hochdruck-Kraftstoffpumpe (siehe Kapitel 4B, Sektion 11).
13 Demontieren Sie den Druckspeicher (»Fuel Rail«) (siehe Kapitel 4B, Sektion 12).
14 Bauen Sie die Einspritzdüsen aus (siehe Kapitel 4B, Sektion 13).
15 Demontieren Sie die Unterdruckpumpe (siehe Kapitel 9, Sektion 23).
16 Entfernen Sie die Steuerkette samt Ritzeln und Kettenspanner (siehe Sektion 6).
17 Lösen Sie die 16 Schrauben und zwei Stehbolzen, die das Nockenwellengehäuse am Zylinderkopf sichern.
18 Heben Sie das Nockenwellengehäuse vom Zylinderkopf und entnehmen Sie die Dichtung.
19 Reinigen Sie die Dichtflächen des Nockenwellengehäuses und des Zylinderkopfs. Beschaffen Sie eine neue Dichtung.

Einbau

20 Überprüfen Sie, ob alle Hydrostößel und Schlepphebel korrekt im Zylinderkopf positioniert sind.
21 Legen Sie die neue Dichtung auf den Zylinderkopf und setzen Sie das Nockenwellengehäuse auf. Installieren Sie die zwei Stehbolzen, um das Gehäuse auszurichten, aber ziehen Sie sie zunächst nur handfest an (siehe Abbildungen).

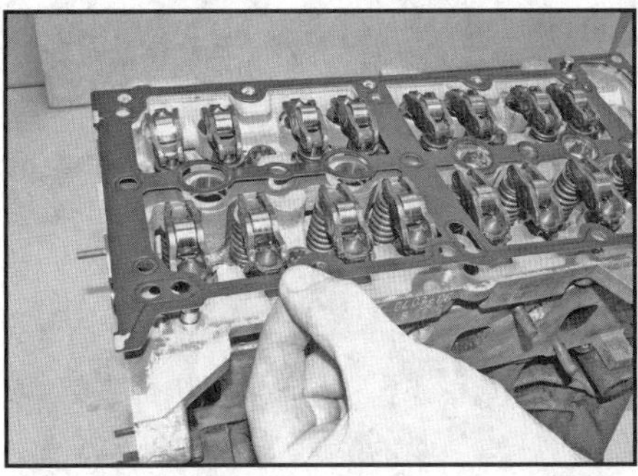

7.21a Legen Sie die neue Dichtung auf den Zylinderkopf ...

7.21b ... und setzen Sie das Nockenwellengehäuse auf.

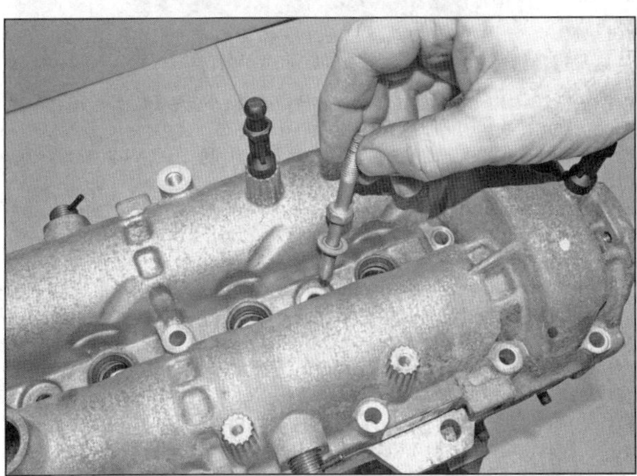

7.21c Installieren Sie die zwei Stehbolzen, um das Gehäuse auszurichten.

22 Richten Sie den vorderen Rand des Nockenwellengehäuses mithilfe eines Richtscheits zur Vorderseite des Zylinderkopfs aus und ziehen Sie die Stehbolzen leicht an, um das Gehäuse zu fixieren.

23 Installieren Sie die 16 Nockenwellengehäuse-Schrauben – die längere sitzt links zwischen der Hochdruck-Kraftstoffpumpe und der Unterdruckpumpe. Ziehen Sie die Schrauben schrittweise an, um das Nockenwellengehäuse am Zylinderkopf aufliegen zu lassen.

24 Prüfen Sie erneut mit dem Richtscheit die Ausrichtung des Gehäuses zum Zylinderkopf und korrigieren Sie nötigenfalls.

25 Ziehen Sie die Nockenwellengehäuse-Schrauben und Stehbolzen in der gezeigten Reihenfolge zunächst mit 12 Nm (Schrauben) bzw. 15 Nm (Stehbolzen) an; ziehen Sie sie in einem zweiten Durchgang mit 18 bzw. 25 Nm an (siehe Abbildung).

7.25 Anzugsreihenfolge der Nockenwellengehäuse-Schrauben.

26 Montieren Sie die Steuerkette samt Ritzeln und Kettenspanner sowie den Steuerkettendeckel (Sektionen 6 und 5).

27 Der Rest des Einbaus entspricht der umgekehrten Ausbaureihenfolge.

8 Nockenwellen – Ausbau, Kontrolle und Einbau

Ausbau

Anmerkung: *Für diese Arbeit wird eine zweite Nockenwellen-Arretierung benötigt (siehe Sektion 3).*

1 Führen Sie die in Sektion 7, Schritte 1 bis 15 beschriebenen Arbeiten durch.

2 Bevor das Nockenwellengehäuse vollständig entfernt wird, sollten die Bolzen des Nockenwellenritzels und der Nockenwellen-Zahnräder wie folgt gelockert werden.

3 Um den Bolzen des Nockenwellenritzels lösen zu können, muss das Ritzel blockiert werden. Opel bietet hierfür die Spezialwerkzeuge EN-956-1 und EN-6347 an, doch es kann auch das im Werkzeug-Tipp in Sektion 5 selbstgebaute Werkzeug verwendet werden.

4 Führen Sie das Haltewerkzeug durch die Öffnung der Unterdruckpumpe ein, um die Nockenwelle zu blockieren, und lockern Sie den Bolzen der Einlassnockenwelle. Führen Sie das Werkzeug dann durch die Öffnung der Hochdruck-Kraftstoffpumpe ein und lockern Sie den Bolzen der Auslassnockenwelle auf die gleiche Weise.

5 Blockieren Sie jetzt das Nockenwellenritzel und lockern Sie dessen Bolzen.

6 Fahren Sie jetzt mit den Schritten 16 bis 19 in Sektion 7 fort.

7 Lösen Sie am demontierten Nockenwellengehäuse die oben sitzende Schraube des Nockenwellensensors und ziehen Sie diesen heraus.

8 Drehen Sie das Gehäuse um und entfernen Sie die Nockenwellen-Arretierung.

9 Drehen Sie an der Einlassnockenwelle die zuvor gelockerten Bolzen heraus, heben Sie das Zahnrad heraus und befreien Sie vorsichtig die Welle aus dem Gehäuse (siehe Abbildungen). Markieren Sie die Nockenwelle und ihr Zahnrad, um sie später wieder der Einlassseite zuordnen zu können.

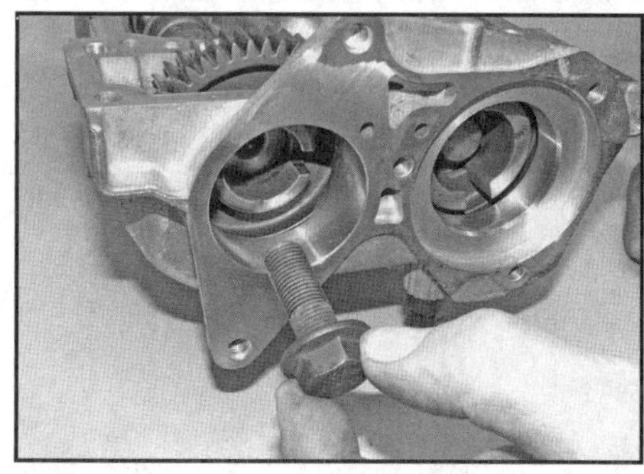

8.9a Drehen Sie an der Einlassnockenwelle die zuvor gelockerten Bolzen heraus, ...

8.9b ... heben Sie das Zahnrad heraus ...

8.9c ... und befreien Sie vorsichtig die Welle aus dem Gehäuse.

10 Drehen Sie an der Auslassnockenwelle die zuvor gelockerten Bolzen heraus, heben Sie das Zahnrad heraus und befreien Sie vorsichtig die Welle aus dem Gehäuse (siehe Abbildungen). Markieren Sie die Nockenwelle und ihr Zahnrad, um sie später wieder der Auslassseite zuordnen zu können.

8.10a Drehen Sie an der Auslassnockenwelle die zuvor gelockerten Bolzen heraus, ...

8.10b ... heben Sie das Zahnrad heraus ...

8.10c ... und befreien Sie vorsichtig die Welle aus dem Gehäuse.

Kontrollen

11 Begutachten Sie die Nocken und Lagerzapfen der Nockenwelle auf Riefen und tiefe Kratzer und ersetzen Sie die Welle nötigenfalls. Inspizieren Sie die Lagerflächen der Nockenwellen in ihrem Gehäuse – falls hier Verschleiß oder Riefen festgestellt werden, muss das Gehäuse ersetzt werden.

12 Falls eine Nockenwelle ausgetauscht werden muss, sind auch die entsprechenden Schlepphebel und Hydrostößel durch Neuteile zu ersetzen (siehe Sektion 9).

13 Kontrollieren Sie die Nockenwellen-Zahnräder auf ausgebrochene oder verschlissene Zähne, Verschleißkanten oder Riefen und ersetzen Sie sie nötigenfalls.

Einbau

14 Reinigen Sie alle Komponenten vor dem Einbau sorgfältig und trocknen Sie sie mit einem fusselfreien Lappen. Die Kontaktflächen der Nockenwellen, Zahnräder und des Ritzels müssen absolut fettfrei sein.

15 Schmieren Sie im Nockenwellengehäuse die Lagerflächen der Auslassnockenwelle und führen Sie die Welle vorsichtig ein. Sichergehend, dass die Kontaktflächen weiterhin sauber und trocken sind, wird das Zahnrad an die Welle gesetzt und der Bolzen zunächst nur zwei bis drei Umdrehungen eingedreht.

16 Schmieren Sie im Nockenwellengehäuse die Lagerflächen der Einlassnockenwelle und führen Sie die Welle vorsichtig ein. Sichergehend, dass die Kontaktflächen weiterhin sauber und trocken sind, wird das Zahnrad an die Welle gesetzt und der Bolzen zunächst nur zwei bis drei Umdrehungen eingedreht.

17 Drehen Sie beide Nockenwellen so, dass die Steuerzeiten-Nuten zu den Arretierbohrungen im Gehäuse fluchten. Installieren Sie die Werkzeuge, sodass sie in die Nuten greifen (siehe Sektion 3) (siehe Abbildung).

8.17 Installieren Sie die Arretierwerkzeuge, um die Nockenwellen korrekt zu positionieren.

18 Ziehen Sie bei den jetzt blockierten Ein- und Auslass-Nockenwellen die Zahnradbolzen mit 150 Nm an.

19 Entfernen Sie das Arretierwerkzeug der Auslassnockenwelle, aber belassen Sie dasjenige der Einlassnockenwelle im Gehäuse.

20 Installieren Sie den Nockenwellensensor ins Gehäuse und ziehen Sie seine Schraube sorgfältig an.

21 Montieren Sie das Nockenwellengehäuse an den Zylinderkopf (siehe Sektion 7).

9 Hydrostößel und Schlepphebel – Ausbau, Kontrolle und Einbau

Ausbau

1 Demontieren Sie das Nockenwellengehäuse (siehe Sektion 7).

2 Beschaffen Sie 16 kleine saubere Behälter und nummerieren Sie sie mit Einlass 1 bis 8 und Auslass 1 bis 8; alternativ kann ein größerer Behälter in 16 Fächer unterteilt und entsprechend markiert werden. Füllen Sie die Behälter oder Fächer mit frischem Motoröl, um die Hydrostößel darin eintauchen zu können.

3 Ziehen Sie die Schlepphebel samt ihrer Hydrostößel aus dem Zylinderkopf, trennen Sie sie und legen Sie sie in ihre Behälter/Fächer (siehe Abbildungen). Halten Sie die Schlepphebel und ihre Hydrostößel stets zusammen, um später keinen erhöhten Verschleiß zu riskieren.

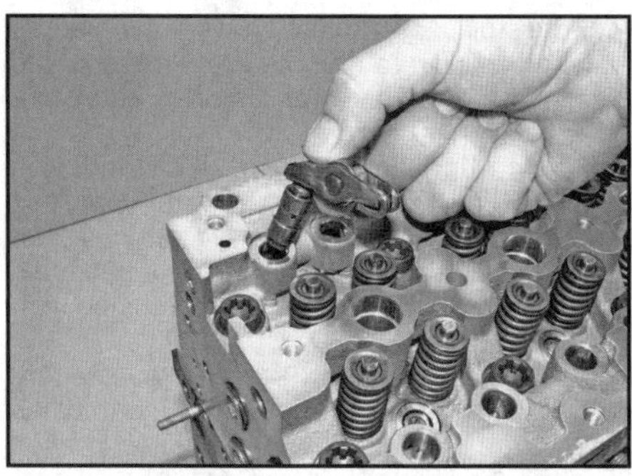

9.3a Ziehen Sie die Schlepphebel samt ihrer Hydrostößel aus dem Zylinderkopf ...

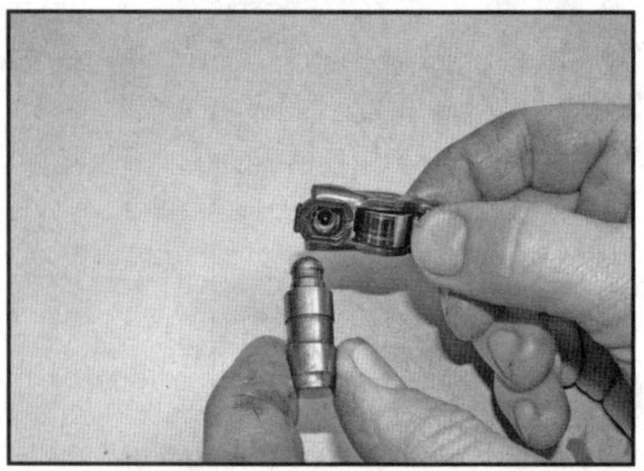

9.3b ... und trennen Sie die Teile, bevor Sie sie in die vorbereiteten Behälter/Fächer legen.

Kontrolle

4 Inspizieren Sie die Schlepphebel- und Hydrostößel-Lagerflächen auf Riefen und andere Verschleißerscheinungen und ersetzen Sie die Teile nötigenfalls.
5 Falls neue Hydrostößel installiert werden sollen, müssen sie vor dem Einbau ebenfalls in frisches Motoröl getaucht werden.

Einbau

6 Reinigen Sie zunächst sorgfältig alle Bauteile sowie den Zylinderkopf und die Lagerdeckel.
7 Ölen Sie ausgiebig die Hydrostößel und ihre Bohrungen im Zylinderkopf. Verbinden Sie den jeweiligen Schlepphebel mit seinem Hydrostößel, installieren Sie diesen vorsichtig in seine ursprüngliche Bohrung und legen Sie den Schlepphebel über das Ventil.
8 Installieren Sie die anderen Schlepphebel und Hydrostößel auf die gleiche Weise.
9 Montieren Sie das Nockenwellengehäuse an den Zylinderkopf (siehe Sektion 7).

10 Zylinderkopf – Ausbau und Einbau

Anmerkung 1: *Der Motor muss vollständig abgekühlt sein, bevor mit der Arbeit begonnen werden darf.*
Anmerkung 2: *Für diese Arbeit werden eine neue Zylinderkopfdichtung und neue Zylinderkopfschrauben benötigt.*

Ausbau

1 Demontieren Sie das Nockenwellengehäuse (siehe Sektion 7) und die Schlepphebel samt Hydrostößeln (siehe Sektion 8).
2 Entfernen Sie den Katalysator (siehe Kapitel 4B, Sektion 20).
3 Demontieren Sie den Thermostaten (siehe Kapitel 3, Sektion 4).
4 Entfernen Sie den Magnetschalter des Turbolader-Bypassventils (siehe Kapitel 4B, Sektion 10).
5 Lösen Sie hinten am Einlassstutzen die Schraube des Peilstab-Führungsrohrs und entfernen Sie dies samt Dichtring.
6 Lösen Sie hinten am Motor die Schellen an beiden Enden des Abgas-Druckrohrs. Lösen Sie die zwei Schrauben, befreien Sie den Unterdruckschlauch und entfernen Sie das Druckrohr.
7 Lösen Sie am Kühler des Abgasrückführungs-Ventils (AGR-Ventil) die zwei Schrauben des AGR-Rohrs.
8 Lösen Sie die drei Schrauben, die das AGR-Rohr am Einlassstutzen sichern. Entfernen Sie das Rohr und stellen Sie die Dichtung und den O-Ring sicher.
9 Lösen Sie die zwei Schrauben des Luftklappengehäuse-Halters und entfernen Sie diesen.
10 Lösen Sie die Schelle und trennen Sie den Heizungsschlauch vom AGR-Ventilkühler.
11 Trennen Sie den Stecker des AGR-Ventils.
12 Trennen Sie den Stecker und den Unterdruckschlauch vom AGR-Ventil-Magnetschalter.
13 Schrauben Sie oben am Turbolader und am Ölfiltergehäuse die Anschlussschrauben des Turbolader-Ölversorgungsrohrs ab. Stellen Sie an beiden Seiten die beiden Kupferscheiben sicher und entnehmen Sie das Rohr.
14 Lösen Sie am Turbolader und am Ölfiltergehäuse die zwei Schellen des Öl-Rücklaufschlauchs und entnehmen Sie diesen.
15 Lösen Sie unten am Turbolader die zwei Schrauben des Ladeluftkühler-Ansaugstutzens. Trennen Sie die Flanschverbindung und entnehmen Sie die Dichtung.
16 Lockern Sie die Zylinderkopfschrauben schrittweise **ENTGEGEN** der in Abb. 10.37a gezeigten Anzugsreihenfolge um jeweils eine halbe Umdrehung, bis alle von Hand herausgedreht werden können (siehe Abbildung) – beachten Sie, dass hierfür ein M12 RIBE-Steckschlüssen benötigt wird.
17 Heben Sie den Zylinderkopf möglichst mithilfe eines Assistenten vom Motorblock – die Baugruppe ist unhandlich und schwer.
18 Entnehmen Sie die Zylinderkopfdichtung – sie wird zur Identifizierung der neuen Dichtung benötigt (siehe Schritt 25).
19 Die Zerlegung und Überholung des Zylinderkopfs ist in Kapitel 2C beschrieben.

Vorbereitung für den Einbau

20 Die Dichtflächen des Zylinderkopfes und des Zylinderblocks müssen absolut sauber sein. Entfernen Sie dazu Dichtungsreste und Kohleablagerungen mithilfe eines Hartplastik- oder Holzschabers; reinigen Sie auch die Kolbenböden. Die Ablagerungen dürfen keinesfalls in Öl- oder Wasserkanäle gelangen – bereits kleinste Partikel können Öldüsen verstopfen! Kleben Sie daher alle Bohrungen des Zylinderkopfs/Motorgehäuses mit Kreppband ab. Damit keine Ablagerungen zwischen die Kolben und Zylinderwände gelangen, muss hier etwas Fett aufgetragen werden (anschließend kann es samt anhaftender Partikel mit einem sauberen Lappen abgewischt werden). Wischen Sie die Dichtflächen anschließend mit Verdünner oder Aceton ab.
Achtung: Achten Sie bei der Reinigung darauf, nicht das relativ weiche Aluminium abzutragen.
21 Kontrollieren Sie die Dichtflächen des Zylinderkopfes und des Zylinderblocks auf Riefen, tiefe Kratzer und andere Schäden. Kleine Unebenheiten können mit einer Feile geschlichtet werden; größere erfordern jedoch maschinelles Planen oder den Austausch. Falls ein Verzug des Zylinderkopfes vermutet wird, muss dieser mit einem Richtwinkel geprüft werden (siehe Kapitel 2C, Sektion 8).

22 Reinigen Sie sorgfältig die Gewindebohrungen im Zylinderblock – die Schrauben müssen sich von Hand darin drehen lassen und es dürfen sich keine Öl- oder Wasserreste darin befinden.

23 Die als Dehnschrauben ausgeführten Zylinderkopfschrauben müssen ungeachtet ihres Zustands beim Einbau durch Neuteile ersetzt werden.

24 Falls ein Verzug der Zylinderkopf-Dichtfläche vermutet wird, muss diese wie in Kapitel 2C beschrieben vermessen werden.

25 Bei diesen Motoren wird der Abstand zwischen den Kolbenböden und dem Zylinderkopf durch unterschiedliche starke Zylinderkopfdichtungen festgelegt. Die Stärke der Dichtung kann anhand der Anzahl der Löcher in der rechten vorderen Ecke bestimmt werden (siehe Abbildung).

Löcher in Dichtung	Stärke der Dichtung
0	0,67 bis 0,77 mm
1	0,77 bis 0,87 mm
2	0,87 bis 0,97 mm

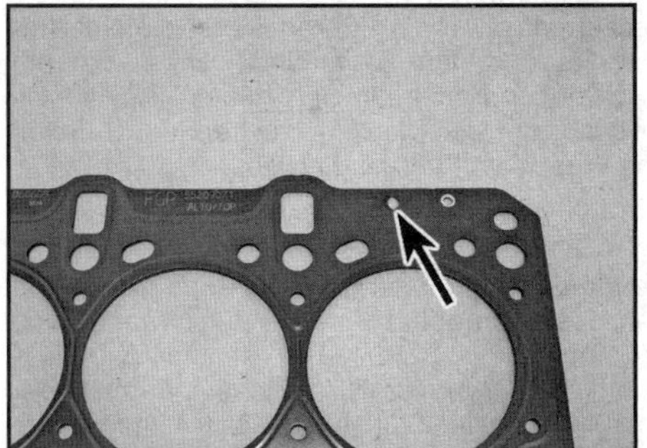

10.25 Loch zur Bestimmung der Stärke der Zylinderkopfdichtung

26 Die korrekte Stärke der erforderlichen Dichtung wird durch das Ermitteln des Kolben-Überstrands ermittelt:

27 Entfernen Sie die Kurbelwellen-Arretierung aus der Getriebeglocke und installieren Sie übergangsweise den Riemenscheiben-Bolzen, um die Kurbelwelle drehen zu können.

28 Montieren Sie eine Messuhr so an den Motor, dass der Messdorn leicht zwischen dem Kolbenboden und der Dichtfläche hin und her geschwenkt werden kann. Drehen Sie die Kurbelwelle so, dass der Kolben in Zylinder Nr. 1 etwa im oberen Totpunkt (OT) steht. Richten Sie den Messdorn über dem Kolben aus und drehen Sie die Kurbelwelle leicht vor und zurück, bis an der Messuhr der höchste Punkt angezeigt wird – der Kolben also exakt im OT steht.

29 Nullen Sie die Messuhr auf der Zylinderblock-Dichtfläche und schwenken Sie den Messdorn vorsichtig über den Kolbenboden, um an dessen höchstem Punkt zwischen den Ventiltaschen den Überstand zu ermitteln. Wiederholen Sie die Messung zwischen den Ventiltaschen um 90° versetzt zur ersten Messung (siehe Abbildung). Wiederholen Sie beide Messungen am Kolben von Zylinder Nr. 4.

10.29 Messen Sie den Überstand der Kolben über der Dichtfläche.

30 Drehen Sie die Kurbelwelle um eine halbe Umdrehung (180°), um die mittleren Kolben (2 und 3) in den OT zu bringen und auch deren Überstand auf die gleiche Weise zu ermitteln. Wenn alle Werte notiert sind, wird die Kurbelwelle wieder so gedreht, dass alle Kolben auf halbem Weg in ihren Zylindern stehen und das Arretierwerkzeug installiert werden kann (siehe Sektion 3).

31 Wählen Sie mithilfe des größten Kolben-Überstands die Stärke der neuen Zylinderkopfdichtung aus – verwenden Sie dazu die folgende Tabelle:

Kolben-Überstand	Erforderliche Dichtungsstärke
0,028 bis 0,127 mm	0,067 bis 0,077 mm (kein Loch)
0,128 bis 0,227 mm	0,077 bis 0,087 mm (ein Loch)
0,228 bis 0,327 mm	0,087 bis 0,097 mm (zwei Löcher)

Einbau

32 Wischen Sie die Dichtflächen des Zylinderkopfs und des Motorgehäuses sauber. Legen Sie die neue Zylinderkopfdichtung mit »ALTO/TOP« nach oben auf.

33 Falls noch nicht geschehen, muss die Kurbelwelle so gedreht werden, dass alle Kolben in der Mitte ihrer Zylinder stehen und das Arretierwerkzeug installiert werden kann; dies sollte nach einer Viertelumdrehung der Fall sein. Falls dies nicht möglich ist, muss die Kurbelwelle eine halbe Umdrehung gedreht und ein erneuter Versuch gestartet werden.

34 Setzen Sie mithilfe eines Assistenten die Zylinderkopf-Baugruppe vorsichtig über die Passhülsen auf den Motorblock.

35 Führen Sie vorsichtig die neuen Zylinderkopfschrauben ein – lassen Sie sie nicht in ihre Bohrungen fallen. Drehen Sie die Schrauben zunächst handfest ein.

36 Richten Sie den vorderen Rand des Zylinderkopfs mithilfe eines Richtscheits zur vorderen Fläche des Motorblocks aus (siehe Abbildung). Ziehen Sie die Zylinderkopfschrauben leicht an, um den Kopf zu fixieren.

10.36 Richten Sie den vorderen Rand des Zylinderkopfs mithilfe eines Richtscheits zum Motorblock aus.

37 Ziehen Sie die Zylinderkopfschrauben in der gezeigten Reihenfolge zunächst mit 40 Nm an (siehe Abbildungen).

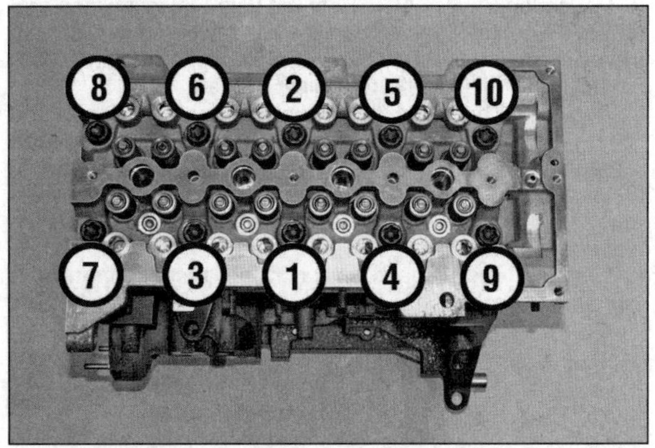

10.37a Anzugsreihenfolge der Zylinderkopfschrauben

10.37b Ziehen Sie die Schrauben zunächst mithilfe eines Drehmomentschlüssels mit 40 Nm an ...

38 Ziehen Sie die Zylinderkopfschrauben anschließend in der gezeigten Reihenfolge in zwei Durchgängen um jeweils 90° weiter (siehe Abbildung).

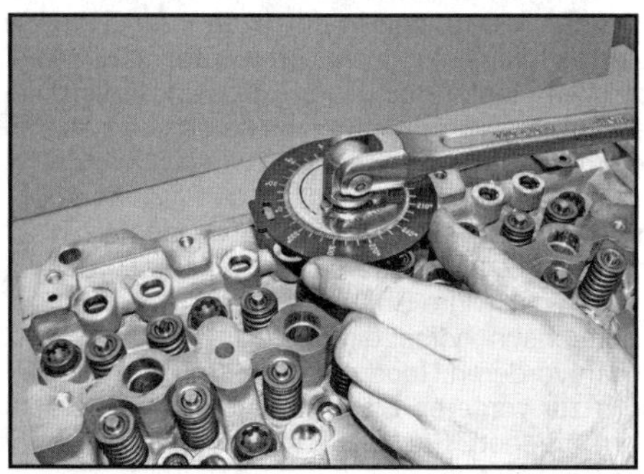

10.38 ... und dann in zwei Schritten mit jeweils 90° weiter.

39 Rüsten Sie den Flansch des Ladeluftkühler-Ansaugstutzens mit einer neuen Dichtung aus und setzen Sie ihn am Turbolader an. Installieren Sie die zwei Schrauben und ziehen Sie sie mit 10 Nm an.
40 Installieren Sie den Ölrücklaufschlauch des Turboladers und sichern Sie ihn mit den zwei Schellen.
41 Verbinden Sie das Ölzulaufrohr mit dem Turbolader und dem Ölfiltergehäuse, verwenden Sie neue Kupferscheiben und ziehen Sie die Anschlussschrauben mit 22 Nm an.
42 Verbinden Sie den Kabelstecker und den Unterdruckschlauch mit dem AGR-Unterdruck-Magnetventil.
43 Verbinden Sie den Kabelstecker mit dem AGR-Ventil.
44 Verbinden Sie den Heizungsschlauch mit dem Kühler des AGR-Ventils und sichern Sie ihn mit der Schelle.
45 Installieren Sie den Luftklappengehäuse-Halter und sichern Sie ihn mit den zwei Schrauben.
46 Verbinden Sie das AGR-Rohr mit dem Einlassstutzen und dem AGR-Kühler – verwenden Sie dabei eine neue Dichtung und einen neuen O-Ring. Ziehen Sie die Schrauben am Stutzen mit 10 Nm und am Kühler mit 25 Nm an.
47 Setzen Sie hinten am Motor das Auspuffdruckrohr an und sichern Sie es mit den Schellen und sorgfältig angezogenen Schrauben.
48 Installieren Sie das Peilstab-Führungsrohr mit einem neuen Dichtring aus und sichern Sie es mit der sorgfältig angezogenen Schraube.
49 Der Rest des Einbaus entspricht der umgekehrten Ausbaureihenfolge.

11 Ölwanne – Ausbau und Einbau

Ausbau

1 Trennen Sie den Masseanschluss (–) der Batterie (siehe Kapitel 5A, Sektion 4).
2 Ziehen Sie die Handbremse, heben Sie das Fahrzeug vorn an und stützen Sie es sicher ab (siehe Seite 351).
3 Lassen Sie das Motoröl ab (siehe Kapitel 1B, Sektion 5), säubern Sie die Ablassschraube, installieren Sie sie und ziehen Sie sie mit 20 Nm an.
4 Demontieren Sie den Katalysator (siehe Kapitel 4B, Sektion 20).
5 Lösen Sie die 13 Schrauben und zwei Muttern, mit denen die Ölwanne an der unteren Motorgehäusehälfte und am Steuerkettendeckel gesichert ist. Führen Sie in die Nut zwischen der Ölwanne und dem Motorblock (links vorn am Motor) einen Schraubendreher ein und hebeln Sie die Ölwanne vorsichtig ab, um die Dichtung zu trennen. Befreien Sie die Ölwanne unter dem Fahrzeug heraus.

Einbau

6 Reinigen Sie die Ölwanne innen und außen. Befreien Sie die Dichtflächen des Motorgehäuses und der Ölwanne von alten Dichtungsresten.
7 Tragen Sie an der Ölwannen-Dichtfläche innerhalb der Schraubenlöcher mit Loctite 5900 eine 3 bis 4 mm starke Raupe auf (siehe Abbildung). Setzen Sie die Ölwanne am Motorgehäuse an und drehen Sie die 13 Schrauben ein sowie die Muttern auf – ziehen Sie sie schrittweise bis zum Drehmoment von 10 Nm an.

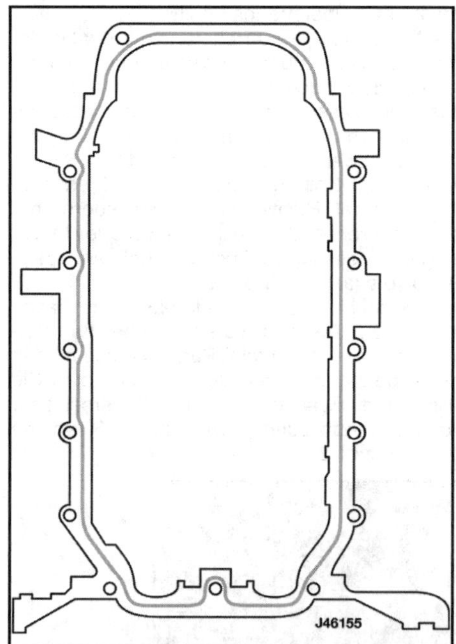

11.7 Tragen Sie Dichtmasse an der Ölwannen-Dichtfläche innerhalb der Schraubenlöcher auf.

8 Montieren Sie den Katalysator (siehe Kapitel 4B, Sektion 20).
9 Schließen Sie die Batterie an.
10 Senken Sie das Fahrzeug ab und füllen Sie frisches Motoröl auf (siehe Kapitel 1B, Sektion 5).

12 Ölpumpe – Ausbau, Kontrolle und Einbau

Ausbau

1 Entfernen Sie den Steuerkettendeckel (siehe Sektion 5).

2 Lösen Sie hinten im Steuerkettendeckel die zwei Schrauben des Ölansaugstutzens und entnehmen Sie diesen vom Ölpumpendeckel – seine Gummidichtung muss später erneuert werden (siehe Abbildungen).

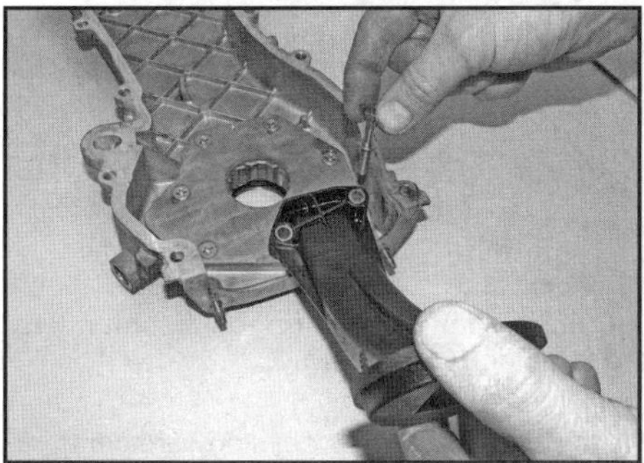

12.2a Befreien Sie den Ölansaugstutzen vom Steuerkettendeckel ...

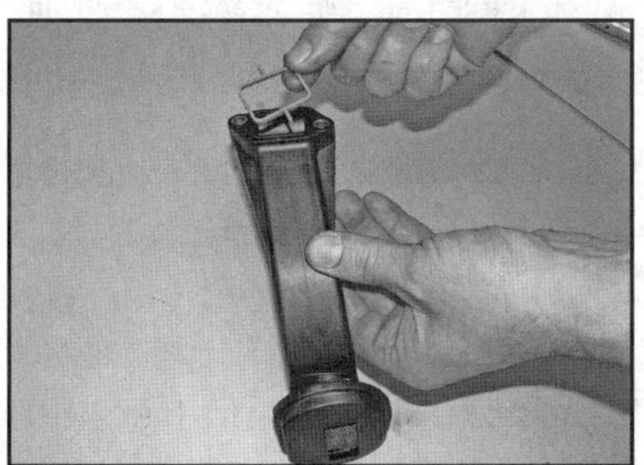

12.2b ... und entfernen Sie seine Gummidichtung.

3 Lösen Sie die sieben Schrauben des Ölpumpendeckels und entnehmen Sie diesen vom Steuerkettendeckel (siehe Abbildung).

12.3 Entfernen Sie den Ölpumpendeckel vom Steuerkettendeckel.

4 Heben Sie den Innen- und den Außenring aus dem Steuerkettendeckel und säubern Sie beide. Reinigen Sie auch ihre Sitze im Deckel (siehe Abbildungen).

12.4a Entfernen Sie den Ölpumpen-Innenring ...

12.4b ... und den Außenring aus dem Steuerkettendeckel.

5 Die Feder und der Kolben des Ölpumpen-Überdruckventils können aus dem Steuerkettendeckel entfernt werden, nachdem der Verschlussstopfen herausgedreht wurde (siehe Abbildungen).

12.5a Lösen Sie den Verschlussstopfen ...

12.5b ... und entfernen Sie die Feder ...

12.5c ... sowie den Kolben.

Kontrolle

6 Kontrollieren Sie alle Bauteile auf Scheuerstellen, Riefen, Verschleiß und Verformung und ersetzen Sie schadhafte Teile. Soweit die Komponenten in Ordnung sind, muss wie folgt das Spiel der Pumpenringe geprüft werden:
7 Installieren Sie die beiden Pumpenringe wieder in den Steuerkettendeckel und prüfen Sie mit einem Richtscheit und einer Fühlerlehre das Axialspiel zwischen den Ringen und dem Gehäuse (siehe Abbildung) – es dürfen nicht mehr als 0,075 mm festgestellt werden.

12.7 Prüfen Sie das Axialspiel der Pumpenringe.

8 Prüfen Sie mit einer Fühlerlehre das Spiel zwischen dem Außenring und dem Gehäuse (siehe Abbildung) – es dürfen nicht mehr als 0,23 mm festgestellt werden.

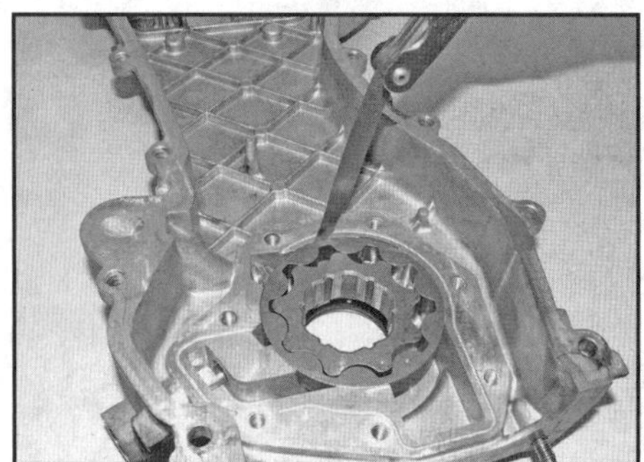

12.8 Prüfen Sie das Spiel zwischen dem Außenring und dem Gehäuse.

9 Wird irgendwo größeres Spiel festgestellt, müssen die Pumpenringe und/oder der Steuerkettendeckel erneuert werden.
10 Begutachten Sie die Feder und den Kolben des Überdruckventils und ersetzen Sie die Teile, falls Verschleiß oder Beschädigungen festgestellt werden.
11 Stellen Sie vor dem Zusammenbau sicher, dass alle Ölpumpen-Bauteile und das Gehäuse im Steuerkettendeckel absolut sauber sind.

Einbau

12 Reinigen Sie sorgfältig die Bauteile des Überdruckventils und schmieren Sie sie vor dem Einbau mit frischem Motoröl. Installieren Sie den Kolben und die Feder, drehen Sie den Verschluss ein und ziehen Sie ihn sorgfältig an.
13 Soweit die Pumpenringe absolut sauber sind, werden sie mit frischem Motoröl geschmiert und mit den Markierungen nach oben und zueinander fluchtend in den Steuerkettendeckel gelegt (siehe Abbildung).

12.13 Die Markierungen der Pumpenringe müssen nach oben zeigen und zueinander fluchten.

14 Soweit die Dichtflächen absolut sauber sind, wird der Pumpendeckel aufgesetzt und mit den sorgfältig angezogenen Schrauben gesichert.
15 Rüsten Sie den Ölansaugstutzen mit einer neuen Gummidichtung aus, setzen Sie ihn am Ölpumpendeckel an und sichern Sie ihn mit den sorgfältig angezogenen Schrauben.
16 Montieren Sie den Steuerkettendeckel (siehe Sektion 5).

13 Kurbelwellen-Dichtringe – Ersetzen

Steuerkettendeckel-Dichtring (rechts)

Anmerkung: *Wenn die Kurbelwelle und die Nockenwellen nicht mit den in Sektion 3 beschriebenen Arretierungen gesichert sind, gehen die korrekten Steuerzeiten verloren, sobald der Bolzen der Kurbelwellen-Riemenscheibe entfernt ist.*
1 Trennen Sie den Masseanschluss (–) der Batterie (siehe Kapitel 5A, Sektion 4).
2 Heben Sie die obere Motorabdeckung ab.
3 Demontieren Sie die Kurbelwellen-Riemenscheibe (siehe Sektion 4).
4 Lösen Sie die zwei Schrauben, die den Kraftstoff-Druckspeicher an seinem Halter sichern.
5 Lösen Sie die drei verbliebenen Schrauben und entfernen Sie die Motor-Hebeöse und den Druckspeicher-Halter vom Nockenwellengehäuse (Abb. 3.8) – nach dem Entfernen des Halters muss darauf geachtet werden, dass der Druckspeicher nicht unter Last gesetzt wird, sodass die Hochdruck-Leitungen nicht beschädigt werden.
6 Lösen Sie an der Einlass-Seite des Nockenwellengehäuses die Verschlussschraube aus der Steuerzeiten-Kontrollbohrung. Die Schraube sitzt etwa in einer Linie mit der Einspritzdüse von Zylinder Nr. 2 (Abb. 3.9).
7 Falls die originale Opel-Nockenwellenarretierung oder eine Alternative mit federbelastetem Stift (siehe Sektion 3) vorhanden ist, wird diese in die Bohrung des Nockenwellengehäuses geschraubt. Achten Sie darauf, dass die Markierung am Stift nach oben zeigt. Drehen Sie die Kurbelwelle mit einem am Nabenbolzen angesetzten Steckschlüssel (von rechts be-

trachtet) im Uhrzeigersinn, bis der Stift des Werkzeugs von der Feder in die Nut der Nockenwelle gedrückt wird.

8 Falls die selbstgebaute Alternative als Nockenwellenarretierung eingesetzt wird (siehe Sektion 3), wird ein Schraubendreher in die Bohrung des Nockenwellengehäuses gesteckt und in Kontakt zur Nockenwelle gebracht. Drehen Sie die Kurbelwelle mit einem am Nabenbolzen angesetzten Steckschlüssel (von rechts betrachtet) im Uhrzeigersinn, bis der Schraubendreher in die Nut der Nockenwelle geführt werden kann. Drehen Sie jetzt das Werkzeug ein, bis Widerstand fühlbar wird. Wackeln Sie die Nockenwelle hin und her, bis die Nut korrekt fluchtet und das Werkzeug vollständig eingeschraubt werden kann.

9 Installieren Sie die originale Opel-Kurbelwellenarretierung oder eine Alternative (siehe Sektion 3) in die Getriebeglocke und fixieren Sie damit die Schwungscheibe (Abb. 3.3a) – drehen Sie die Kurbelwelle nötigenfalls leicht hin und her, um die Flucht sicherzustellen.

10 Um den Bolzen der Riemenscheibennabe lockern zu können, muss diese gekontert werden – Opel bietet hierfür das Spezialwerkzeug EN-662-C an, doch lässt sich ein geeignetes Werkzeug auch leicht selbst anfertigen (siehe Praxis-Tipp in Sektion 5).

11 Blockieren Sie mit dem Werkzeug die Riemenscheiben-Nabe und lockern Sie den zentralen Bolzen – er hat ein Linksgewinde und wird im Uhrzeigersinn gelöst! Entfernen Sie das Werkzeug, drehen Sie den Bolzen heraus und entfernen Sie die Riemenscheiben-Nabe – beim Einbau wird ein neuer Bolzen benötigt.

12 Der Dichtring kann jetzt vorsichtig mit einem Schraubendreher oder ähnlichem Werkzeug heraus gehebelt werden. Reinigen Sie den Dichtring-Sitz mit einem Schaber aus Kunststoff oder Holz.

13 Klopfen Sie den neuen Dichtring mit einem Werkzeug, das nur seinen Außenrand berührt, bündig in seinen Sitz.

14 Reinigen Sie die Riemenscheibennabe, sodass die Kontaktfläche zum Steuerkettenritzel absolut fettfrei ist.

15 Installieren Sie die Riemenscheibennabe an die Kurbelwelle und drehen Sie den neuen Bolzen ein – er hat ein Linksgewinde. Blockieren Sie die Nabe wie beim Ausbau und ziehen Sie den Bolzen zunächst mit 50 Nm an und dann um 90° weiter.

16 Entfernen Sie die Nockenwellen- und Kurbelwellen-Arretierungen.

17 Bevor die Verschlussschraube wieder installiert wird, muss ihr Gewinde gereinigt und mit mittelfester Sicherungspaste bestrichen werden; ziehen Sie sie anschließend zunächst mit 12 und dann mit 18 Nm an.

18 Platzieren Sie die Motor-Hebeöse und den Halter des Druckspeichers am Nockenwellengehäuse und richten Sie den Druckspeicher zum Halter aus. Installieren Sie die fünf Schrauben der Motor-Hebeöse und des Druckspeicher-Halters und ziehen Sie sie mit 25 Nm an.

19 Montieren Sie die Riemenscheibe (siehe Sektion 4).

20 Setzen Sie die Motorabdeckung auf und schließen Sie die Batterie wieder an.

Getriebeseiten-Dichtring (links)

Anmerkung: *Für diese Arbeit werden die Opel-Spezialwerkzeuge EN-4677-10 und EN-4677-20 oder entsprechende Alternativen benötigt.*

21 Entfernen Sie die Schwungscheibe (siehe Sektion 15).

22 Der Dichtring kann jetzt vorsichtig mit einem Schraubendreher oder ähnlichem Werkzeug heraus gehebelt werden.

23 Reinigen Sie den Dichtring-Sitz mit einem Schaber aus Kunststoff oder Holz.

24 Installieren Sie das Opel-Spezialwerkzeug in den neuen Dichtring, um dessen Dichtlippe auseinanderzudrücken (siehe Abbildung).

13.24 Mit dem Spezialwerkzeug kann der Dichtring sicher auf die Kurbelwelle geschoben werden.

25 Positionieren Sie den Dichtring samt Spezialwerkzeug über dem Kurbelwellenstumpf und klopfen Sie ihn mit einem geeigneten Werkzeug in seinen Sitz, sodass er bündig zum Gehäuse sitzt (siehe Abbildungen).

13.25a Positionieren Sie den Dichtring samt Spezialwerkzeug über dem Kurbelwellenstumpf ...

13.25b ... und klopfen Sie ihn mit einem geeigneten Werkzeug in seinen Sitz.

26 Ziehen Sie das Spezialwerkzeug heraus (siehe Abbildung).

13.26 Sobald der Dichtring sitzt, wird das Spezialwerkzeug wieder herausgezogen.

27 Montieren Sie die Schwungscheibe (siehe Sektion 15).

14 Ölfiltergehäuse – Ausbau und Einbau

Ausbau

1 Trennen Sie den Masseanschluss (–) der Batterie (siehe Kapitel 5A, Sektion 4).
2 Entleeren Sie das Kühlsystem (siehe Kapitel 1B, Sektion 28)
3 Demontieren Sie den Turbolader (siehe Kapitel 4B, Sektion 19).
4 Lösen Sie am Ölfiltergehäuse die zwei Schrauben des Thermostat-Umgehungsrohrs sowie dessen Halterungsschraube (siehe Abbildung). Heben Sie das Rohr vom Ölfiltergehäuse ab und stellen Sie die Flanschdichtung sicher – diese muss später erneuert werden.

14.4 Lösen Sie am Ölfiltergehäuse die zwei Schrauben des Thermostat-Umgehungsrohrs.

5 Lösen Sie die Schelle und trennen Sie den Kühler-Auslassschlauch vom Ölfiltergehäuse.
6 Lösen Sie die vier Schrauben des Ölfiltergehäuses und entfernen Sie dies vom Motorblock. Die Dichtung hinten am Gehäuse muss später durch ein Neuteil ersetzt werden.

Einbau

7 Rüsten Sie das Ölfiltergehäuse mit einer neuen Gummidichtung aus, die korrekt in der Nut sitzen muss (siehe Abbildung).

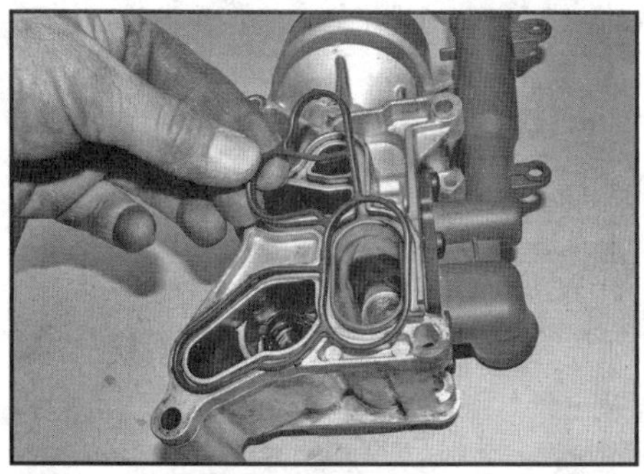

14.7 Installieren Sie eine neue Gummidichtung in die Nut des Ölfiltergehäuses.

8 Positionieren Sie das Ölfiltergehäuse am Motorblock, installieren Sie die vier Schrauben und ziehen Sie sie mit 10 Nm an.
9 Verbinden Sie den Kühler-Auslassschlauch mit dem Ölfiltergehäuse und sichern Sie ihn mit der Schelle.
10 Rüsten Sie den Flansch des Thermostat-Umgehungsrohrs mit einer neuen Dichtung aus und biegen Sie deren Laschen um den Flansch, um sie daran zu sichern (siehe Abbildung).

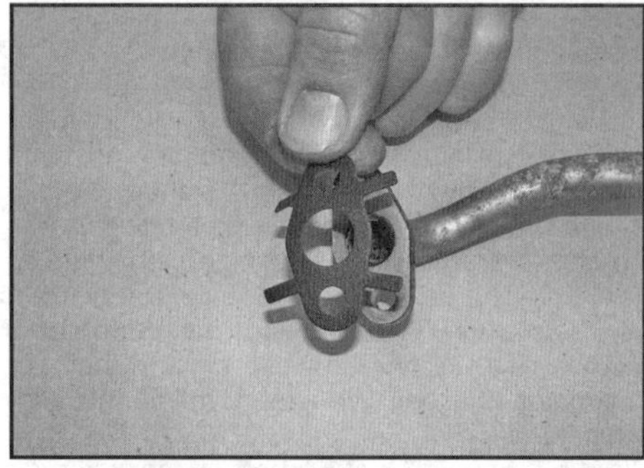

14.10 Sichern Sie die neue Dichtung am Flansch des Thermostat-Umgehungsrohrs, indem Sie ihre Laschen herumbiegen.

11 Positionieren Sie den Umgehungsrohr-Flansch am Ölfiltergehäuse, installieren Sie seine zwei Schrauben sowie die Schraube des Halters und ziehen Sie alle Schrauben mit 10 Nm an.
12 Montieren Sie den Turbolader (siehe Kapitel 4B, Sektion 19).
13 Füllen Sie das Kühlsystem auf (siehe Kapitel 1B, Sektion 28) und schließen Sie die Batterie an.

15 Schwungscheibe – Ausbau, Kontrolle und Einbau

Anmerkung: *Beim Einbau werden neue Befestigungsschrauben für die Schwungscheibe benötigt.*

Ausbau

1 Demontieren Sie das Getriebe (siehe Kapitel 7A, Sektion 8).
2 Demontieren Sie die Kupplung (siehe Kapitel 6, Sektion 6).
3 Hindern Sie die Schwungscheibe am Mitdrehen, indem Sie den Anlasserzahnkranz mit einem geeigneten Werkzeug blockieren (siehe Abbildung).

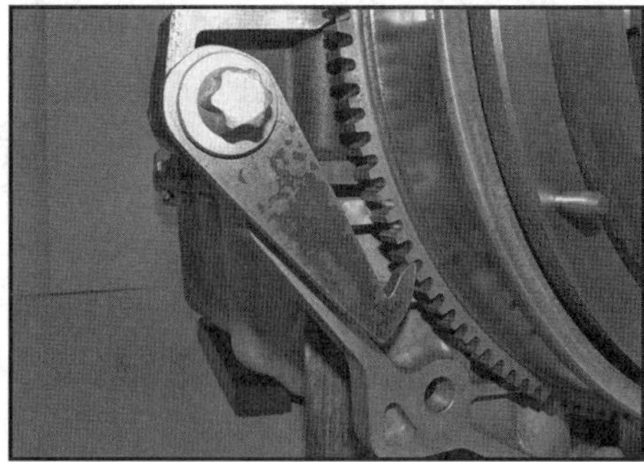

15.3 Blockieren Sie den Anlasserzahnkranz der Schwungscheibe mit einem geeigneten Werkzeug.

4 Lösen Sie die 8 Schwungscheibenschrauben und heben Sie die Schwungscheibe ab (siehe Abbildung).
Achtung: Die Schwungscheibe ist sehr schwer!

15.4 Schwungscheiben-Schrauben.

Kontrolle

5 Inspizieren Sie die Schwungscheibe auf Verschleiß oder ausgebrochene Zähne am Anlasserzahnkranz. Der Zahnkranz kann nicht demontiert werden, sodass bei Schäden eine neue Schwungscheibe beschafft werden muss.
6 Begutachten Sie die Schwungscheibe auf Riefen auf der Kupplungs-Reibfläche – falls diese deutlich vorhanden sind, muss eine neue Schwungscheibe beschafft werden.
7 Die hier verwendeten Zweimassen-Schwungscheiben sollten die Vibrationen des Motors und des Getriebes reduzieren. Die Schwungscheibe besteht aus einer festen Primärmasse und einer Sekundärmasse, die sich in einem vorgegebenen Rahmen um die Primärmasse verdrehen kann; Federn innerhalb der Schwungscheibe begrenzen diesen Bewegungsspielraum.
8 Zweimassen-Schwungscheiben haben einen zweifelhaften Ruf bezüglich der Zuverlässigkeit und sind bekannt dafür, dass sie bereits bei Laufleistungen unter 30.000 km ausfallen. Neben den in den Schritten 5 und 6 beschriebenen Kontrollen sollten daher weitere Prüfungen erfolgen:
9 Schauen Sie durch die Schraubenbohrung und die Inspektionsöffnungen in die Sekundärmasse, um Schäden im Bereich des Mittellagers zu entdecken.
10 Halten Sie Ihre Daumen in der 3-Uhr- und der 9-Uhr-Position an die Kupplungsseite der Sekundärmasse und versuchen Sie, daran zu wackeln – es dürfen maximal 3 mm Bewegung festgestellt werden. Wiederholen Sie den Test in der 12-Uhr- und der 6-Uhr-Position.
11 Drehen Sie die Sekundärmasse nach links und rechts – sie muss sich frei und sanft in beide Richtungen bewegen lassen, bis Federkraft fühlbar wird. Der maximale Bewegungsspielraum darf nicht mehr als acht Zähne des Anlasserzahnkranzes betragen.
12 Falls Zweifel über den Zustand der Schwungscheibe bestehen, sollte Rat bei einer Fachwerkstatt eingeholt werden.

Einbau

13 Reinigen Sie die Kontaktfläche der Schwungscheibe und der Kurbelwelle.
14 Falls die neuen Schwungscheibenschrauben nicht bereits mit Sicherungspaste versehen sind, müssen sie mit solcher bestrichen werden. Installieren Sie die Schrauben.
15 Blockieren Sie die Schwungscheibe (siehe Schritt 3) und ziehen Sie die Schrauben schrittweise und über Kreuz zunächst mit 15 Nm an. Ziehen Sie sie dann in einem zweiten Durchgang um 35° weiter.
16 Montieren Sie die Kupplung (siehe Kapitel 6, Sektion 6) und das Getriebe (siehe Kapitel 7A, Sektion 8).

16 Motorhalterungen – Kontrolle und Ersetzen

1 Beachten Sie hierzu die Hinweise in Kapitel 2A, Sektion 16. Die Anordnung der Schrauben an der rechten Halterung weicht nur leicht hiervon ab. Achten Sie auch auf die abweichenden Drehmomentangaben (siehe technische Daten).

Kapitel 2, Teil C

Motoren – Ausbau und Überholarbeiten

Inhalt — Sektion

Technische Daten

Benzinmotoren	
Zylinderblock	
Zylinderbohrung – Durchmesser	
1,2- und 1,4 l-Saugmotoren	73,4 mm (nominell)
1,4 l-Turbomotor	72,5 mm (nominell)
Kolben	
Durchmesser	
1,2- und 1,4 l-Saugmotoren	73,353 bis 73,867 mm
1,4 l-Turbomotor	keine Angaben
Kolbenringe	
Anzahl der Ringe	2 Kompressionsringe, 1 Ölabstreifring
Stoßspiel (eingebaut)	
Kompressionsringe	0,2 bis 0,6 mm
Ölabstreifringe	0,2 bis 0,9 mm
Zylinderkopf	
Material	Leichtmetall-Legierung
Dichtflächen-Verzug (max.)	0,025 mm
Ventilsitz-Breite	
Einlass	1,4 bis 1,8 mm
Auslass	1,0 bis 1,4 mm
Ventilsitz-Winkel	45°
Kurbelwelle und Lager	
Anzahl der Hauptlager	5
Hauptlager-Durchmesser	50,004 bis 50,017 mm (nominell)
Hubzapfen-Durchmesser	42,971 bis 42,987 mm (nominell)
Kurbelwellen-Axialspiel	0,1 bis 0,2 mm

Schwierigkeitsgrade

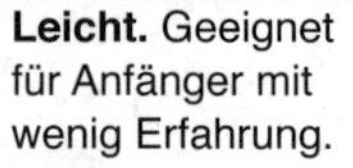 **Leicht.** Geeignet für Anfänger mit wenig Erfahrung. 	**Relativ leicht.** Geeignet für Anfänger mit etwas Erfahrung. 	**Relativ schwierig.** Geeignet für geübte Selbstschrauber. 	**Schwer.** Geeignet für Selbstschrauber mit viel Erfahrung. 	**Sehr schwer.** Geeignet für Experten und Profis. 

Ventile und Führungen	**Einlass**	**Auslass**
Ventilschaft-Durchmesser (Standard)	4,950 bis 4,965 mm	4,930 bis 4,945 mm
Ventilteller-Durchmesser	27,9 bis 28,1 mm	24,9 bis 25,1 mm
Schaft-Spiel in Führung	0,018 bis 0,052 mm	0,028 bis 0,062 mm
Ventilspiel	automatisch per Hydrostößel	

Dieselmotoren

Zylinderblock

Material	Gusseisen
Zylinderbohrung – Durchmesser	69,60 bis 69,63 mm (nominell)

Kolben

Durchmesser	68,894 bis 69,956 mm (nominell)

Kolbenringe

Anzahl der Ringe	2 Kompressionsringe, 1 Ölabstreifring
Stoßspiel (eingebaut)	
Oberer Kompressionsring	0,2 bis 0,3 mm
Zweiter Kompressionsring	1,0 bis 1,5 mm
Ölabstreifringe	0,25 bis 0,50 mm

Zylinderkopf

Material	Leichtmetall-Legierung
Dichtflächen-Verzug (max.)	0,1 mm
Gesamthöhe (von Dichtfläche zu Dichtfläche)	105,45 bis 105,55 mm
Ventilsitz-Breite	1,5 bis 1,7 mm
Ventilsitz-Winkel	45°

Kurbelwelle und Lager

Anzahl der Hauptlager	5
Hauptlager-Durchmesser	50,982 bis 51,000 mm (nominell)
Hubzapfen-Durchmesser	42,582 bis 42,600 mm (nominell)
Kurbelwellen-Axialspiel	0,055 bis 0,265 mm

Ventile und Führungen

Ventilschaft-Durchmesser	5,90 bis 5,94 mm
Ventilteller-Durchmesser	21,47 mm
Schaft-Spiel in Führung	0,028 bis 0,064 mm
Ventilspiel	automatisch per Hydrostößel

Anzugsdrehmomente

Benzinmotoren	siehe technische Daten in Kapitel 2A
Dieselmotoren	siehe technische Daten in Kapitel 2B

1 Allgemeine Informationen

1 In diesem Teil von Kapitel 2 werden der Ausbau des Motors samt Getriebe sowie dessen allgemeine Überholung (Zylinderkopf, Zylinder, Kurbelwelle und alle anderen beteiligten Komponenten) detailliert beschrieben.
2 Die Informationen reichen von Hinweisen bezüglich der Vorbereitung einer Überholung über die Beschaffung von Ersatzteilen bis hin zu detaillierten Schritt-für-Schritt-Anleitungen zum Ausbau, Kontrollieren, Erneuern und Einbau interner Motorkomponenten.
3 Ab Sektion 6 basieren alle Anleitungen auf der Annahme, dass der Motor aus dem Fahrzeug ausgebaut ist. Informationen zu Reparaturen bei eingebautem Motor sowie den Aus- und Einbau externer Komponenten, die zu einer Komplettüberholung gehören, finden sich in Kapitel 2A oder B sowie in Sektion 6 dieses Kapitels. Wenn der Motor bereits ausgebaut ist, müssen alle nicht zutreffenden Zerlegungsanweisungen in Kapitel 2A oder B ignoriert werden.
4 Abgesehen von den in den technischen Daten der Kapitel 2A oder B zu findenden Anzugsdrehmomenten finden sich alle zum Überholen benötigten Daten am Anfang dieses Kapitels.

2 Motorüberholung – Allgemeine Informationen

1 Es ist nicht immer einfach festzustellen, wann oder ob ein Motor vollständig überholt werden muss. Eine Vielzahl an Faktoren muss hierbei berücksichtigt werden.
2 Eine hohe Laufleistung ist nicht zwingend ein Hinweis auf eine erforderliche Überholung – genauso wie eine geringe Laufleistung eine Motorüberholung nicht ausschließt. Eine regelmäßige Wartung ist hierbei der wichtigste Punkt. Ein Motor, bei dem regelmäßig das Motoröl und der Filter gewechselt und auch andere Wartungspunkte durchgeführt wurden, wird wahrscheinlich mehrere hunderttausend Kilometer problemlos durchhalten. Umgekehrt wird ein vernachlässigter Motor wesentlich früher eine Überholung benötigen.
3 Übermäßiger Ölverbrauch weist darauf hin, dass Kolbenringe, Ventilschaftdichtungen und/oder Ventilführungen nach Aufmerksamkeit verlangen. Mithilfe eines in Kapitel 2A oder B, Sektion 2 durchgeführten Kompressionstests kann herausgefunden werden, welche Gründe für den Ölverlust verantwortlich sind.
4 Ermitteln Sie den Öldruck mithilfe eines statt des Öldruckschalters in den Ölkanal geschraubten Messgeräts und vergleichen Sie das Ergebnis mit den technischen Daten von Kapitel 2A oder B. Falls extrem geringer Druck festgestellt wird, werden die Haupt- und Pleuelfußlager und/oder die Ölpumpe verschlissen sein.
5 Leistungsmangel, rauer Motorlauf, klopfende oder metallisch klingende Motorgeräusche, ein klappernder Ventiltrieb und hoher Benzinverbrauch können ebenfalls auf eine Überholung hinweisen – besonders, wenn alles gleichzeitig auftritt. Falls eine große Inspektion die Probleme nicht behebt, können nur größere Überholmaßnahmen die Lösung sein.
6 Eine Motorüberholung beinhaltet die Wiederherstellung aller internen Motorkomponenten auf die Vorgaben für einen neuen Motor. Während einer Überholung werden Kolben und deren Ringe erneuert und die Zylinderbohrungen überholt. Neue Haupt- und Pleuellagerschalen werden generell eingebaut und die Kurbelwelle wird nötigenfalls geschliffen (oder ausgetauscht), um die Lagerzapfen zu restaurieren. Die Ventile werden ebenfalls behandelt, da sie zu diesem Zeitpunkt üblicherweise ebenfalls nicht mehr perfekt sind. Kontrollieren Sie unbedingt den Zustand der Ölpumpe und ersetzen Sie sie nötigenfalls. Das Endergebnis soll ein absolut neuwertiger Motor sein, der viele pannenfreie Kilometer garantiert.
7 Wichtige Komponenten des Kühlsystems (Schläuche, Antriebsriemen, Thermostat, Wasserpumpe) sollten bei einer Motorüberholung ebenfalls erneuert werden. Der Kühler selbst muss sorgfältig überprüft werden, um sicherstellen zu können, dass er weder blockiert noch undicht ist.
8 Vor einer Motorüberholung muss die gesamte Prozedur durchgelesen werden, um sich mit dem Umfang und den Anforderungen vertraut zu machen. Das Überholen eines Motors ist nicht schwierig, wenn man sorgfältig den Anweisungen folgt, die benötigten Werkzeuge und Ausrüstungsgegenstände zur Hand hat und sich genau an alle Vorgaben hält. Sie kann jedoch zeitaufwendig sein. Prüfen Sie die Verfügbarkeit von Teilen und beschaffen Sie sämtliche Spezialwerkzeuge und andere Hilfsmittel im Voraus. Die meisten Arbeiten können mit typischen Hand-Werkzeugen verrichtet werden, doch viele Teile müssen präzise vermessen werden, um ihre Wiederverwendbarkeit bestimmen zu können. Ein Großteil der Arbeit besteht in der Kontrolle von Teilen und der Entscheidung, ob Teile aufgearbeitet oder ersetzt werden müssen.
9 Wenn größere Reparaturen, wie das Schleifen der Kurbelwelle oder der Zylinderbohrungen anstehen, kommt niemand um eine entsprechend ausgerüstete Fachwerkstatt herum. Abgesehen von der Ausführung der Arbeiten kann man hier auch Bauteile begutachten und Ratschläge geben, ob Teile wie Kolben, Kolbenringe oder Lagerschalen wiederverwendet werden können, repariert oder ausgetauscht werden sollten.
10 Warten Sie stets, bis der Motor komplett zerlegt und alle Komponenten (besonders Zylinderblock/Motorgehäuse und Kurbelwelle) begutachtet wurden, bevor entschieden wird, welche Wartungs- und Reparaturarbeiten durchgeführt werden müssen. Der Zustand dieser Baugruppen ist der wesentliche Faktor, wenn es darum geht, ob der ursprüngliche Motor überholt oder ein aufgearbeitetes Triebwerk gekauft werden soll. Kaufen Sie daher noch keine Einzelteile und lassen sie noch nichts überholen, solange nicht alles sorgfältig inspiziert wurde. Generell bildet Zeit die größten Kosten einer Überholung, sodass es sich nicht lohnt, verschlissene oder grenzwertige Teile einzubauen.
11 Schließlich muss für ein möglichst langes Leben eines aufgearbeiteten Motors sichergestellt sein, dass alles mit größter Sorgfalt in einer lupenreinen Umgebung wieder zusammengebaut wird.
12 Während der Motor überholt wird, können auch andere Bauteile wie das Zündsystem (Benzinmotoren), die Einspritzanlage, der Anlasser oder die Lichtmaschine kontrolliert und überarbeitet werden.

3 Motor/Getriebe – Ausbaumethoden und Vorsichtsmaßnahmen

1 Der Motor muss generell samt Getriebe ausgebaut werden, da im Motorraum nicht genügend Platz besteht, um ihn vom Getriebe zu trennen. Die Baugruppe muss nach unten aus dem Fahrzeug befreit werden.
2 Wenn entschieden wurde, dass ein Motor für eine Überholung oder größere Reparatur ausgebaut werden soll, müssen einige einleitende Schritte durchgeführt werden:
3 Ein geeigneter Arbeitsplatz ist extrem wichtig. Es wird ausreichend Platz für Arbeiten und das Fahrzeug selbst benötigt. Falls keine Werkstatt oder ausreichend große Halle zur Verfügung steht, wird mindestens eine ebene und saubere Arbeitsfläche gebraucht.

4 Reinigen Sie vor Arbeitsbeginn den Motorraum und die Antriebseinheit, um Werkzeug sauber und gut organisiert zu halten.
5 Ein Werkstattkran oder eine andere Vorrichtung zum Herausheben des Motors ist zwingend notwendig. Die Ausrüstung muss dafür ausgelegt sein, den Motor heben und tragen zu können. Angesichts der Gefahren beim Herausheben des Motors aus dem Fahrzeug ist Sicherheit der wichtigste Punkt.
6 Die Unterstützung eines Assistenten ist unerlässlich. Abgesehen von Sicherheitsaspekten gibt es immer wieder Situationen, in denen eine Person nicht gleichzeitig alle erforderlichen Operationen durchführen kann.
7 Planen Sie alle Arbeiten weit voraus. Sorgen Sie vor Arbeitsbeginn dafür, dass alle erforderlichen Werkzeuge und Teile gekauft oder gemietet sind. Zu den Ausrüstungsgegenständen, die für einen sicheren und unkomplizierten Aus- und Einbau benötigt werden, gehören (neben einem Werkstattkran) ein ausreichend dimensionierter Rangierwagenheber, ein komplettes Set an Schraubenschlüsseln, ein Knarrenkasten, Holzblöcke, eine ausreichende Menge an Lappen und Lösungsmittel zum Aufwischen von Ölspritzern, Kühlmittel und Lösungsmittel. Falls der Kran gemietet wird, sollten alle Arbeiten, die ohne ihn möglich sind, bereits erledigt sein – das spart Zeit und Geld.
8 Planen Sie ein, dass das Auto längere Zeit nicht benutzt werden kann. Viele Arbeiten kann der Hobbyschrauber ohne Spezialausrüstungen nicht erledigen, sodass sie Fachwerkstätten überlassen werden müssen. Hier herrscht oft rege Betriebsamkeit, sodass es hilfreich sein kann, sie vor dem Ausbau des Motors zu konsultieren, damit Arbeiten in den Terminplan aufgenommen werden können und ein entsprechender Zeitrahmen aufgestellt werden kann.
9 Während des Ausbaus ist es ratsam, die Positionen aller Halterungen, Kabelbinder, Massepunkte usw. zu notieren; zudem sollten die Anschlüsse und Verlegungen aller Kabelbäume und anderen Leitungen am und um den Motor herum festgehalten werden. Ein effektiver Weg hierzu liegt im Anfertigen von zahlreichen Fotos von den verschiedenen Komponenten, bevor sie getrennt und/oder demontiert werden – moderne Digitaltechnik ersetzt oder ergänzt beim Einbau das fotografische Gedächtnis.
10 Seien Sie beim Aus- und Einbau des Motors stets sehr vorsichtig. Leichtsinnige Aktionen können schnell zu ernsthaften Verletzungen führen. Planen Sie gut voraus und lassen Sie sich Zeit, um diese umfangreiche Tätigkeit erfolgreich abzuschließen.

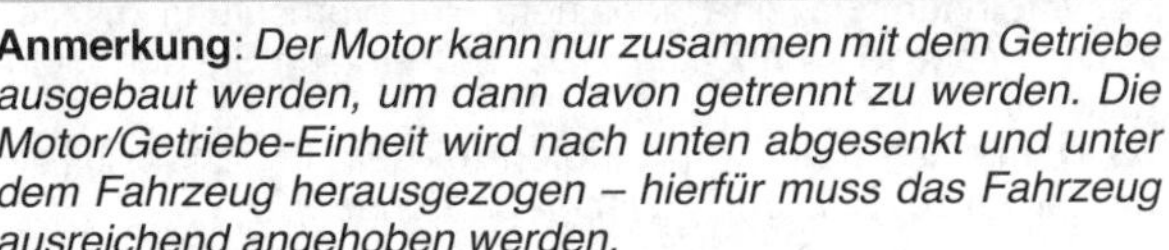

4 Benzinmotor – Ausbau, Trennen und Einbau

Anmerkung: *Der Motor kann nur zusammen mit dem Getriebe ausgebaut werden, um dann davon getrennt zu werden. Die Motor/Getriebe-Einheit wird nach unten abgesenkt und unter dem Fahrzeug herausgezogen – hierfür muss das Fahrzeug ausreichend angehoben werden.*
Anmerkung: *Aufgrund der Ausstattung der Fahrzeuge und der Vielzahl an Modellen können im Folgenden eher grobe Hinweise als Schritt-für-Schritt-Anleitungen gegeben werden. Wo Differenzen auftreten oder weitere Komponenten getrennt oder demontiert werden müssen, sollte dies als Einbauhilfe notiert werden.*

Ausbau

1 Positionieren Sie die Lenkung in der Geradeaus-Position und ziehen Sie den Zündschlüssel ab, um das Lenkschloss einrasten zu lassen.
2 Ziehen Sie die Handbremse, heben Sie das Fahrzeug vorn an und stützen Sie es sicher ab (siehe Seite 351). Demontieren Sie beide Vorderräder und die rechte Radlaufabdeckung, um Zugang zur Kurbelwellen-Riemenscheibe zu erhalten. Falls vorhanden, müssen der Unterfahrschutz und die obere Motorabdeckung demontiert werden. Beachten Sie, dass das unter dem Fahrzeug mindestens 65 cm Platz bestehen muss, um die Motor/Getriebe-Einheit darunter herausziehen zu können.
3 Zur Verbesserung des Zugangs kann die Motorhaube entfernt werden (siehe Kapitel 11, Sektion 8).
4 Entfernen Sie die Batterie samt Träger (siehe Kapitel 5A, Sektion 4).
5 Lassen Sie ggf. das Motoröl ab (siehe Kapitel 1A, Sektion 5).
6 Lösen Sie am unteren Lenkwellen-Kreuzgelenk die zwei Schrauben, die es am Lenkgestänge und der Lenkgetriebewelle sichern (siehe Abbildung) – beide Schrauben müssen beim Zusammenbau durch Neuteile ersetzt werden. Ziehen Sie das Kreuzgelenk von der Lenkgetriebewelle.
Achtung: Um Schäden an der Airbag-Steckerverbindung zu vermeiden, muss das Lenkschloss bis zum Verbinden des Lenkgestänges eingerastet bleiben.

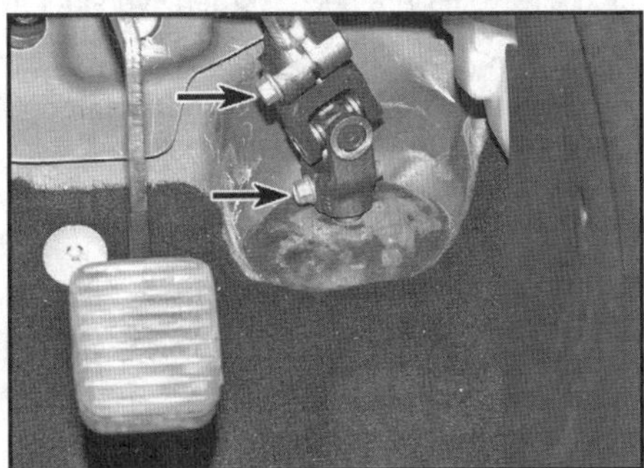

4.6 Lösen Sie am unteren Lenkwellen-Kreuzgelenk die zwei Schrauben, die es am Lenkgestänge und der Lenkgetriebewelle sichern.

7 Entleeren Sie das Kühlsystem (siehe Kapitel 1A, Sektion 26); installieren Sie die Ablassschraube wieder.
8 Trennen Sie den Thermostat-Bypassschlauch vom Kühlmittel-Ausgleichsbehälter (siehe Abbildung).

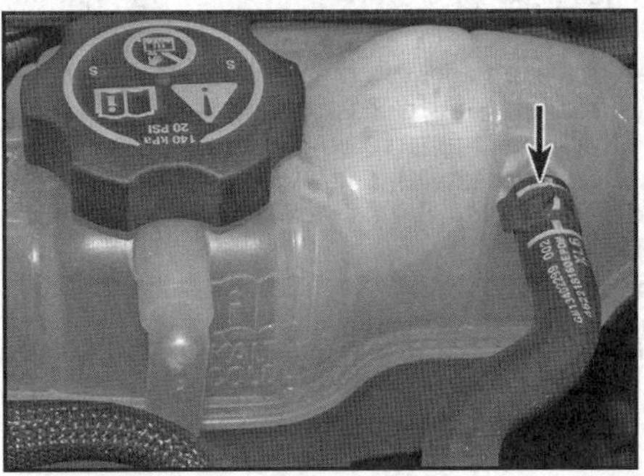

4.8 Thermostat-Bypassschlauch am Kühlmittel-Ausgleichsbehälter

9 Lösen Sie die Schrauben des Kühlmittel-Ausgleichsbehälters.
10 Lösen Sie unten am Ausgleichsbehälter und am Thermostatgehäuse die Schläuche.
11 Befreien Sie den Ausgleichsbehälter aus dem Motorraum.
12 Entfernen Sie die Luftfilterbaugruppe (siehe Kapitel 4A, Sektion 3).
13 Trennen Sie die Stecker des Motorsteuergeräts, indem Sie sie in die mit dem Pfeil markierten Richtungen lösen. Befreien Sie die Verkabelung aus allen Klemmen und Kabelbindern.

14 Befreien Sie die Sicherungs- und Relaisbox aus ihrer Halterung, indem Sie sie im Uhrzeigersinn drehen und zu einer Seite drücken. Lösen Sie die Mutter und befreien Sie den Kabelbaumhalter, schneiden Sie dann die Kabelbinder auf, mit denen der Kabelbaum am Halter befestigt ist.
15 Trennen Sie links am Motor den Motor-Kabelbaum und befreien Sie ihn aus allen Klemmen und Kabelbindern.
16 Entfernen Sie bei Modellen mit Standard-Schaltgetriebe (keine Easytronic) den Deckel des an der Spritzwand sitzenden Brems/Kupplungshydraulik-Ausgleichsbehälters, unterlegen Sie ihn mit Frischhaltefolie und installieren Sie ihn wieder – so kann der Flüssigkeitsverlust beim Trennen des Kupplungsschlauchs minimiert werden. Alternativ kann der Kupplungsschlauch nahe des am Getriebe sitzenden Kupplungs-Ausrückzylinders mit einer geeigneten Klemme abgedichtet werden.
17 Unterlegen Sie den Kupplungsschlauchanschluss am Ausrückzylinder mit einigen Lappen und hebeln Sie den Drahtbügel heraus, um den Schlauch zu trennen (siehe Abbildung). Drücken Sie die zwei Enden des Bügels vorsichtig zusammen und installieren Sie ihn wieder an den Anschluss. Befreien Sie den Dichtring vom Ende des Rohrs – er muss beim Einbau durch ein Neuteile ersetzt werden. Verstopfen Sie beide Anschluss-Enden, um Flüssigkeitsverluste zu minimieren und das Eindringen von Schmutz zu verhindern. **Achtung: Trennen Sie nicht das Kupplungspedal, solange die Kupplungshydraulik getrennt ist!**

4.17 Hebeln Sie den Drahtbügel heraus, um den Kupplungsschlauch vom Ausrückzylinder zu trennen.

18 Lassen Sie das Getriebeöl ab (siehe Kapitel 7A oder 7B, Sektion 2).
19 Machen Sie das Kraftstoffsystem drucklos (siehe Kapitel 4A, Sektion 5). Trennen Sie die Zulauf- und Rücklaufleitung vom Kraftstoff-Druckspeicher – seien Sie auf etwas austretenden Kraftstoff vorbereitet. Klemmen Sie die offenen Anschlüsse ab oder verstopfen Sie sie, um weiteren Austritt zu verhindern.
20 Trennen Sie die Schläuche des Bremskraftverstärkers und der Benzingas-Verdampfungsregelung.
21 Lockern Sie die Schellen des oberen und unteren Kühlerschlauchs sowie des Ausgleichsbehälterschlauchs.
22 Lösen Sie am Heizungs-Wärmetauscher (hinten an der Spritzwand) die Schellen der beiden Schläuche und ziehen Sie diese ab.
23 Demontieren Sie beide Antriebswellen (siehe Kapitel 8, Sektion 2).
24 Befreien Sie bei Modellen mit Klimaanlage den Keilrippenriemen von den Riemenscheiben (siehe Kapitel 1A, Sektion 21). Schrauben Sie den Klimaanlagen-Kompressor vom Motor und verlagern Sie ihn beiseite (siehe Abbildung) – trennen Sie dabei nicht die Kältemittel-Leitungen.

4.24 Schrauben Sie den Klimaanlagen-Kompressor vom Motor und sichern Sie ihn mit Draht oder einem Seil abseits des Arbeitsbereichs.

25 Stellen Sie bei Modellen mit Automatikgetriebe einen geeigneten Behälter unter den Ölkühlerschlauch-Anschluss. Lockern Sie die Schellen der Ölschläuche und ziehen Sie diese vom Ölkühler.
26 Lösen Sie die Schrauben der Stabilisator-Anlenkungen (siehe Kapitel 10, Sektion 8).
27 Lösen Sie an beiden Seiten des Wasserkühlers und des Ladeluftkühlers die Kunststoffblenden (siehe Abbildung).

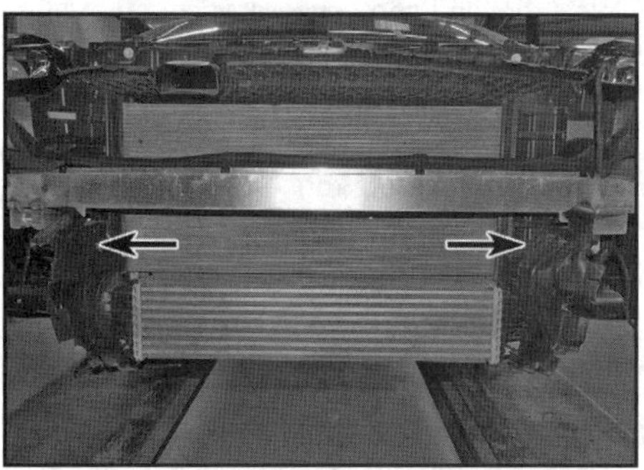

4.27 Kunststoffblenden an beiden Seiten der Kühler

28 Trennen Sie das Einlassrohr vom Ladeluftkühler.
29 Lösen Sie unter dem Fahrzeug die Schrauben des Spritzschutzes.
30 Demontieren Sie die Auspuffanlage (siehe Kapitel 4A, Sektion 15).
31 Drücken Sie bei Modellen mit **Automatikgetriebe** am Wahlhebel-Positionsschalter (oben am Getriebe) den Einsteller aus dem Wahlhebel-Seilzug, ziehen Sie dann die Sicherungshülse zurück und heben Sie die Hülle des Wahlhebel-Seilzugs aus der Halterung am Getriebe. Trennen Sie bei Modellen mit **Schaltgetriebe** den Schaltmechanismus vom Getriebe (siehe Kapitel 7A, Sektion 4).
32 Verbinden Sie eine geeignete Hebevorrichtung mit den Motor-Hebeösen am Zylinderkopf und stützen Sie den Motor damit ab.
33 Demontieren Sie den vorderen Teil des Hilfsrahmens (siehe Kapitel 10, Sektion 7) (siehe Abbildungen).

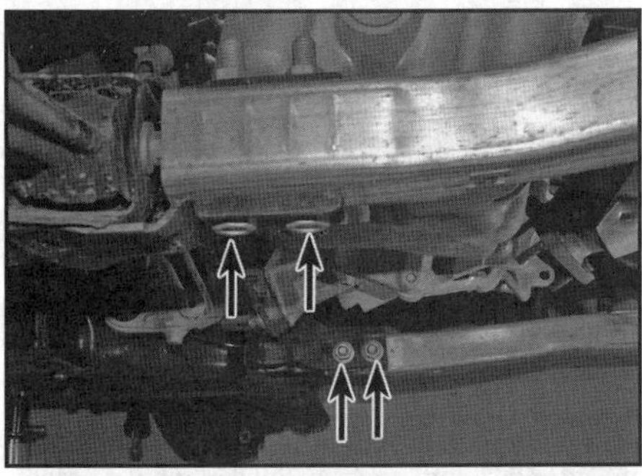

4.33a Lösen Sie an beiden Seiten die zwei hinteren Schrauben ...

4.33b ... und die einzelne Schraube vorn.

34 Lösen Sie die zwei Schrauben, mit denen die rechte Motorhalterung an der unteren Motoraufnahme gesichert ist – die Aufnahme muss nicht entfernt werden, da die Motor/Getriebe-Einheit nach unten ausgebaut wird (beachten Sie nötigenfalls die Hinweise in Kapitel 2A, Sektion 16)..
35 Lösen Sie die drei Schrauben, mit denen die linke Motorhalterung am Getriebe gesichert ist.
36 Prüfen Sie noch einmal, ob alle Rohre, Schläuche, Kabel usw. getrennt sind und abseits des Arbeitsbereichs verlagert wurden.
37 Senken Sie mithilfe eines Assistenten die Motor/Getriebe-Einheit vorsichtig auf den Boden ab – beschädigen Sie dabei nicht die umliegenden Komponenten im Motorraum. Wenn die Möglichkeit besteht, die Antriebseinheit auf einem Rangierwagenheber oder einem Rollbrett abzusetzen, kann sie damit unter dem Fahrzeug herausgezogen werden.
38 Sobald die Antriebseinheit sicher abgestützt ist, kann die Hebevorrichtung demontier werden.
39 Reinigen Sie die Antriebseinheit mithilfe geeigneter Bürsten äußerlich mit Petroleum oder Lösungsmittel auf Wasserbasis.
40 Schrauben Sie das Getriebe vom Motor (siehe Kapitel 7A oder B) und ziehen Sie es vorsichtig ab – belasten Sie beim Schalt- oder Easytronic-Getriebe nicht die Eingangswelle, während diese noch in der Kupplung steckt. Achten Sie beim Automatikgetriebe darauf, dass der Drehmomentwandler zusammen mit dem Getriebe demontiert wird, sodass er an der Ölpumpe verbleibt. Beachten Sie, dass das Getriebe mit Passhülsen am Motor ausgerichtet wird – stellen Sie diese nötigenfalls sicher.

Einbau

41 Die Passhülsen müssen korrekt positioniert sein. Verbinden Sie das Getriebe mit dem Motor und ziehen Sie die Schrauben mit den vorgegebenen Drehmomenten an (siehe Kapitel 7A oder B).
42 Schieben Sie die Antriebseinheit unter das vorn angehobene Fahrzeug und stützen Sie sie sorgfältig ab.
43 Verbinden Sie die Hebevorrichtung mit den Ösen und heben Sie die Baugruppe mithilfe eines Assistenten vorsichtig in den Motorraum.
44 Verbinden Sie die rechte und linke Motorhalterung und ziehen Sie deren Befestigungen mit den vorgegebenen Drehmomenten an (siehe Kapitel 2A).
45 Montieren Sie den vorderen Hilfsrahmen (siehe Kapitel 10, Sektion 7).
46 Trennen Sie die Hebevorrichtung von den Ösen.
47 Der Rest des Einbaus entspricht der umgekehrten Ausbaureihenfolge – beachten Sie dabei die folgenden Punkte:
a) Ziehen Sie alle Befestigungen mit den vorgegebenen Drehmomenten an (siehe Kapitel 2A).
b) Füllen Sie das Kühlsystem auf (siehe Kapitel 1A, Sektion 26).
c) Montieren Sie einen neuen Ölfilter und füllen Sie frisches Motoröl auf (siehe Kapitel 1A, Sektion 5).

5 Dieselmotor – Ausbau, Trennen und Einbau

Anmerkung: *Der Motor kann nur zusammen mit dem Getriebe ausgebaut werden, um dann davon getrennt zu werden. Die Motor/Getriebe-Einheit wird nach unten abgesenkt und unter dem Fahrzeug herausgezogen – hierfür muss das Fahrzeug ausreichend angehoben werden.*
Anmerkung: *Aufgrund der Ausstattung der Fahrzeuge und der Vielzahl an Modellen können im Folgenden eher grobe Hinweise als Schritt-für-Schritt-Anleitungen gegeben werden. Wo Differenzen auftreten oder weitere Komponenten getrennt oder demontiert werden müssen, sollte dies als Einbauhilfe notiert werden.*

Ausbau

1 Positionieren Sie die Lenkung in der Geradeaus-Position und ziehen Sie den Zündschlüssel ab, um das Lenkschloss einrasten zu lassen.
2 Ziehen Sie die Handbremse, heben Sie das Fahrzeug vorn an und stützen Sie es sicher ab (siehe Seite 351). Demontieren Sie beide Vorderräder und die rechte Radlaufabdeckung, um Zugang zur Kurbelwellen-Riemenscheibe zu erhalten. Falls vorhanden, müssen der Unterfahrschutz und die obere Motorabdeckung demontiert werden. Beachten Sie, dass das unter dem Fahrzeug mindestens 65 cm Platz bestehen muss, um die Motor/Getriebe-Einheit darunter herausziehen zu können.
3 Zur Verbesserung des Zugangs kann die Motorhaube entfernt werden (siehe Kapitel 11, Sektion 8).
4 Entfernen Sie die Batterie samt Träger (siehe Kapitel 5A, Sektion 4).
5 Lassen Sie ggf. das Motoröl ab (siehe Kapitel 1B, Sektion 5).
6 Lösen Sie am unteren Lenkwellen-Kreuzgelenk die zwei Schrauben, die es am Lenkgestänge und der Lenkgetriebewelle sichern (Abb. 4.6) – beide Schrauben müssen beim Zusammenbau durch Neuteile ersetzt werden. Ziehen Sie das Kreuzgelenk von der Lenkgetriebewelle.
Achtung: Um Schäden an der Airbag-Steckerverbindung zu vermeiden, muss das Lenkschloss bis zum Verbinden des Lenkgestänges eingerastet bleiben.
7 Demontieren Sie die vordere Stoßstange (siehe Kapitel 11, Sektion 6).
8 Lassen Sie das Getriebeöl ab (siehe Kapitel 7A, Sektion 2).
9 Entleeren Sie das Kühlsystem (siehe Kapitel 1B, Sektion 28); installieren Sie die Ablassschraube wieder.
10 Lösen Sie die Schrauben des Kühlmittel-Ausgleichsbehälters und verlagern Sie diesen beiseite.

11 Entfernen Sie die Luftfilterbaugruppe samt Ansaugstutzen und Ladeluft-Stutzen und -Schläuchen (siehe Kapitel 4B, Sektion 3, 16 und 19).
12 Entfernen Sie den Kraftstofffilter (siehe Kapitel 1B, Sektion 22) und trennen Sie die Zulauf- und Rücklaufleitungen von der Spritzwand.
13 Trennen Sie an der Unterdruckpumpe den Schnellverschluss des Unterdruckschlauchs.
14 Befreien Sie die Sicherungs- und Relaisbox aus ihrer Halterung, indem Sie sie im Uhrzeigersinn drehen und zu einer Seite drücken. Lösen Sie die Mutter und befreien Sie den Kabelbaumhalter, schneiden Sie dann die Kabelbinder auf, mit denen der Kabelbaum am Halter befestigt ist.
15 Trennen Sie am Motor den Motor-Kabelbaum und befreien Sie ihn aus allen Klemmen und Kabelbindern.
16 Trennen Sie die Stecker des Motorsteuergeräts, indem Sie ihre Arretierungen abziehen und die Sicherungshebel anheben. Befreien Sie die Verkabelung aus allen Klemmen und Kabelbindern.
17 Lösen Sie am Heizungs-Wärmetauscher (hinten an der Spritzwand) die Schnellverschlüsse der beiden Schläuche und ziehen Sie diese ab.
18 Lockern Sie die Schellen des oberen und unteren Kühlerschlauchs sowie des Ausgleichsbehälterschlauchs.
19 Entfernen Sie den Deckel des an der Spritzwand sitzenden Brems/Kupplungshydraulik-Ausgleichsbehälters, unterlegen Sie ihn mit Frischhaltefolie und installieren Sie ihn wieder – so kann der Flüssigkeitsverlust beim Trennen des Kupplungsschlauchs minimiert werden. Alternativ kann der Kupplungsschlauch nahe des am Getriebe sitzenden Kupplungs-Ausrückzylinders mit einer geeigneten Klemme abgedichtet werden.
20 Unterlegen Sie den Kupplungsschlauchanschluss am Ausrückzylinder mit einigen Lappen und hebeln Sie den Drahtbügel heraus, um den Schlauch zu trennen (Abb. 4.17). Drücken Sie die zwei Enden des Bügels vorsichtig zusammen und installieren Sie ihn wieder an den Anschluss. Befreien Sie den Dichtring vom Ende des Rohrs – er muss beim Einbau durch ein Neuteile ersetzt werden. Verstopfen Sie beide Anschluss-Enden, um Flüssigkeitsverluste zu minimieren und das Eindringen von Schmutz zu verhindern.

Achtung: Trennen Sie nicht das Kupplungspedal, solange die Kupplungshydraulik getrennt ist!

21 Trennen Sie den Schaltmechanismus vom Getriebe (siehe Kapitel 7A, Sektion 4).
22 Demontieren Sie beide Antriebswellen (siehe Kapitel 8, Sektion 2).
23 Befreien Sie bei Modellen mit Klimaanlage den Keilrippenriemen von den Riemenscheiben (siehe Kapitel 1B, Sektion 23). Schrauben Sie den Klimaanlagen-Kompressor vom Motor und verlagern Sie ihn beiseite (Abb. 4.24) – trennen Sie dabei nicht die Kältemittel-Leitungen.
24 Demontieren Sie die Auspuffanlage (siehe Kapitel 4B, Sektion 20).
25 Verbinden Sie eine geeignete Hebevorrichtung mit den Motor-Hebeösen am Zylinderkopf und stützen Sie den Motor damit ab.
26 Demontieren Sie den vorderen Teil des Hilfsrahmens (siehe Kapitel 10, Sektion 7) (Abb. 4.33a und b).
27 Markieren Sie die Position der rechten Motorhalterung und lösen Sie die zwei Schrauben der oberen Motoraufnahme – die Aufnahme muss nicht entfernt werden, da die Motor/Getriebe-Einheit nach unten ausgebaut wird (beachten Sie nötigenfalls die Hinweise in Kapitel 2B, Sektion 16).
28 Lösen Sie die drei Schrauben, mit denen die linke Motorhalterung am Getriebe gesichert ist.
29 Prüfen Sie noch einmal, ob alle Rohre, Schläuche, Kabel usw. getrennt sind und abseits des Arbeitsbereichs verlagert wurden.
30 Senken Sie mithilfe eines Assistenten die Motor/Getriebe-Einheit vorsichtig auf den Boden ab – beschädigen Sie dabei nicht die umliegenden Komponenten im Motorraum. Wenn die Möglichkeit besteht, die Antriebseinheit auf einem Rangierwagenheber oder einem Rollbrett abzusetzen, kann sie damit unter dem Fahrzeug herausgezogen werden.
31 Sobald die Antriebseinheit sicher abgestützt ist, kann die Hebevorrichtung demontier werden.
32 Reinigen Sie die Antriebseinheit mithilfe geeigneter Bürsten äußerlich mit Petroleum oder Lösungsmittel auf Wasserbasis.
33 Demontieren Sie ggf. den Anlasser (siehe Kapitel 5A, Sektion 11).
34 Schrauben Sie das Getriebe vom Motor (siehe Kapitel 7A) und ziehen Sie es vorsichtig ab – belasten Sie nicht die Eingangswelle, während diese noch in der Kupplung steckt. Beachten Sie, dass das Getriebe mit Passhülsen am Motor ausgerichtet wird – stellen Sie diese nötigenfalls sicher.

Einbau

35 Die Passhülsen müssen korrekt positioniert sein. Verbinden Sie das Getriebe mit dem Motor und ziehen Sie die Schrauben mit den vorgegebenen Drehmomenten an (siehe Kapitel 7A).
36 Montieren Sie ggf. den Anlasser (siehe Kapitel 5A, Sektion 11).
37 Schieben Sie die Antriebseinheit unter das vorn angehobene Fahrzeug und stützen Sie sie sorgfältig ab.
38 Verbinden Sie die Hebevorrichtung mit den Ösen und heben Sie die Baugruppe mithilfe eines Assistenten vorsichtig in den Motorraum.
39 Verbinden Sie die rechte und linke Motorhalterung und ziehen Sie deren Befestigungen mit den vorgegebenen Drehmomenten an (siehe Kapitel 2B).
40 Montieren Sie den vorderen Hilfsrahmen (siehe Kapitel 10, Sektion 7).
41 Trennen Sie die Hebevorrichtung von den Ösen.
42 Der Rest des Einbaus entspricht der umgekehrten Ausbaureihenfolge – beachten Sie dabei die folgenden Punkte:
a) Ziehen Sie alle Befestigungen mit den vorgegebenen Drehmomenten an (siehe Kapitel 2B).
b) Füllen Sie das Kühlsystem auf (siehe Kapitel 1B, Sektion 28).
c) Montieren Sie einen neuen Ölfilter und füllen Sie frisches Motoröl auf (siehe Kapitel 1B, Sektion 5).

6 Motorüberholung – Zerlegungsreihenfolge

1 Das Zerlegen und die Arbeit am Motor wird deutlich einfacher, wenn dieser an einem transportablen Motorständer befestigt ist. Damit er daran befestigt werden kann, muss die Schwungscheibe oder Antriebsplatte entfernt werden (siehe Kapitel 2A oder B, Sektion 15).
2 Falls kein Motorständer zur Hand ist, kann der Motor auf einer ausreichend stabilen Werkbank oder dem Boden zerlegt werden – lassen Sie ihn dabei nicht umkippen oder gar herunterfallen.
3 Falls ein Austauschmotor beschafft werden soll, müssen zunächst – wie bei einer selbst durchgeführten Überholung – sämtliche externen Komponenten vom vorhandenen Motor demontiert werden, um sie mit dem »neuen« Triebwerk zu verbinden. Je nach Motortyp gehören hierzu:
a) der Motor-Kabelbaum samt Halterungen
b) Halterungen für Nebenaggregate (Lichtmaschine, Klimaanlagen-Kompressor usw.)
c) Wasserpumpe und Ein/Auslass-Gehäuse (Kapitel 3)
d) Peilstab-Rohr

e) *Kraftstoffsystem-Komponenten (Kapitel 4A oder B)*
f) *Alle elektrischen Schalter und Sensoren (Kapitel 4A oder B)*
g) *Einlass- und Auspuffstutzen, ggf. Turbolader (Kapitel 4A oder B)*
h) *Ölfilter und ggf. Ölkühler (Kapitel 4A oder B)*
i) *Schwungscheibe oder Antriebsplatte (Kapitel 2A oder B)*

Anmerkung: *Bei der Demontage der externen Komponenten vom Motor müssen alle Details genau beachtet werden, die für den Einbau hilfreich und wichtig sein können. Achten Sie auf die Einbaupositionen von Dichtungen, Dichtringen, Scheiben, Schrauben und anderer Kleinteile.*

4 Falls Sie als Ersatz einen Rumpfmotor (Motorgehäuse mit Zylindern, Kolben, Pleuel und Kurbelwelle) beschafft haben, müssen auch die Ölwanne, die Ölpumpe, der Zylinderkopf und der Steuerkettentrieb umgebaut werden.

5 Bevor mit dem Zerlegen und Überholen begonnen wird, muss dafür gesorgt werden, dass alle erforderlichen Werkzeuge vorhanden sind – beachten Sie hierzu die Hinweise auf den Seiten 352 ff.

6 Falls eine Komplettüberholung geplant ist, kann der Motor zerlegt werden; dabei sind die noch vorhandenen Komponenten in der folgenden Reihenfolge auszubauen – beachten Sie ggf. die Hinweise in Kapitel 2A oder B:

Benzinmotoren

a) *Einlass- und Auspuffstutzen (Kapitel 4A, Sektionen 12 und 14)*
b) *Wasserpumpe (Kapitel 3, Sektion 7)*
c) *Zylinderkopf (Kapitel 2A, Sektion 10)*
d) *Schwungscheibe (Kapitel 2A, Sektion 15)*
e) *Ölwanne (Kapitel 2A, Sektion 11).*
f) *Ölpumpe (Kapitel 2A, Sektion 12)*
g) *Steuerkette samt Ritzeln (Kapitel 2A, Sektion 6).*
h) *Kolben samt Pleuelstangen (Sektion 10 dieses Kapitels)*
i) *Kurbelwelle (Sektion 11 dieses Kapitels)*

Dieselmotoren

a) *Ölwanne (Kapitel 2B, Sektion 11).*
b) *Wasserpumpe (Kapitel 3, Sektion 7)*
c) *Steuerkette samt Ritzeln (Kapitel 2B, Sektion 6).*
d) *Ölpumpe (Kapitel 2B, Sektion 11)*
e) *Nockenwellengehäuse (Kapitel 2B, Sektion 7)*
f) *Zylinderkopf (Kapitel 2B, Sektion 10)*
g) *Einlass- und Auspuffstutzen (Kapitel 4BA, Sektionen 15 und 17)*
h) *Schwungscheibe (Kapitel 2B, Sektion 15)*
i) *Kolben samt Pleuelstangen (Sektion 10 dieses Kapitels)*
j) *Kurbelwelle (Sektion 11 dieses Kapitels)*

7 Zylinderkopf – Zerlegen

Anmerkung: *Beim Opel-Händler oder Fachbetrieben und -Händlern sind neue oder überholte Zylinderköpfe zu bekommen. Zum Zerlegen und Begutachten des vorhandenen Zylinderkopfes werden Spezialwerkzeuge und präzise Messinstrumente benötigt, zudem müssen diverse Einzelteile beschafft werden. Es kann daher für den Hobbymechaniker praktischer und wirtschaftlicher sein, einen überholten Zylinderkopf zu kaufen, als das Originalteil zu zerlegen, zu kontrollieren und zu vermessen und mit neuen Ersatzteilen auszurüsten. Zum Zerlegen des Zylinderkopfes wird eine Ventilfederpresse benötigt.*

1 Demontieren Sie den Zylinderkopf (siehe Kapitel 2A oder B, Sektion 10), reinigen Sie ihn äußerlich, und demontieren Sie die folgenden Komponenten (falls noch nicht erledigt):

a) *Einlass- und Auspuffstutzen (Kapitel 4A, Sektion 12 und 14 oder Kapitel 4BA, Sektionen 15 und 17)*
b) *Zündkerzen (Benzinmotoren) (Kapitel 1A, Sektion 29)*
c) *Glühkerzen (Dieselmotoren) (Kapitel 5A, Sektion 17)*
d) *Nockenwellen und Hydrostößel (Benzinmotoren) (Kapitel 2A, Sektion 9)*
e) *Hydrostößel und Schlepphebel (Dieselmotoren) (Kapitel 2B, Sektion 8)*
f) *Motor-Halteösen*

2 Um ein Ventil ausbauen zu können, muss eine Ventilfederpresse senkrecht zwischen Federteller und Ventilteller angesetzt werden (siehe Abbildung). Bei Benzinmotoren sitzen die Ventile sehr tief, sodass an der Oberseite ein Verlängerungsstück benötigt wird.

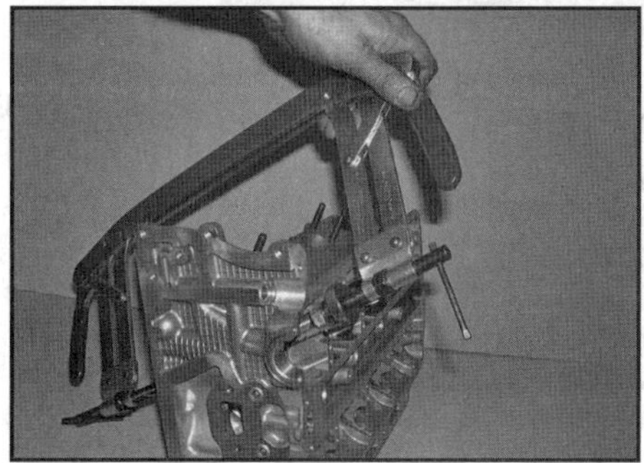

7.2 Die Ventilfederpresse muss senkrecht zum Ventil positioniert werden.

3 Komprimieren Sie die Feder, bis der Druck des Federtellers auf die Keile nachlässt.

Praxis-Tipp

Falls der Federteller am Ventilschaft klemmt, muss die Federpresse gehalten werden, während sie mit einem weichen Hammer abgeklopft wird, um den Federteller zu befreien.

4 Befreien Sie die Keile aus den Nuten des Ventilschafts – hierzu kann ein kleiner Schraubendreher, ein Magnet oder eine Spitzzange benutzt werden (siehe Abbildung). Entspannen Sie die Ventilfeder langsam wieder und entfernen Sie die Ventilfederpresse.

7.4 Befreien Sie die zwei Keile.

5 Entnehmen Sie den Federteller und die Feder. Ziehen Sie das Ventil durch den Brennraum heraus. Ziehen Sie anschließend mit einer Zange vorsichtig die Ventilschaftdichtung von der Ventilführung und entfernen Sie den Federsitz (siehe Abbildungen).

7.5a Entfernen Sie den Federteller, ...

7.5b ... die Ventilfeder.

7.5c Ziehen Sie das Ventil unten heraus.

7.5d Befreien Sie die Ventilschaftdichtung von der Ventilführung ...

7.5e ... und entnehmen Sie den Federsitz.

6 Wiederholen Sie die Prozedur mit den anderen Ventilen und achten Sie darauf, dass nichts durcheinander gerät, denn solange die Bauteile nicht allzu sehr verschlissen sind, sodass sie nicht wiederverwendet werden können, muss jedes Ventil zusammen mit seinem Federteller, seinen Keilen, der Feder und deren Sitz so abgelegt werden, dass später alles wieder an seinen ursprünglichen Platz gelangt. Packen Sie die Teile dazu in markierte Tüten (siehe Abbildung) oder z. B. einen Eierkarton. **Anmerkung**: *Wie bei der Zylindernummerierung sind die Ventile normalerweise von der Steuerkettenseite aus (rechts) nummeriert. Markieren Sie die Ventile entsprechend ihrer Positionen im Einlass- oder Auslassbereich.*

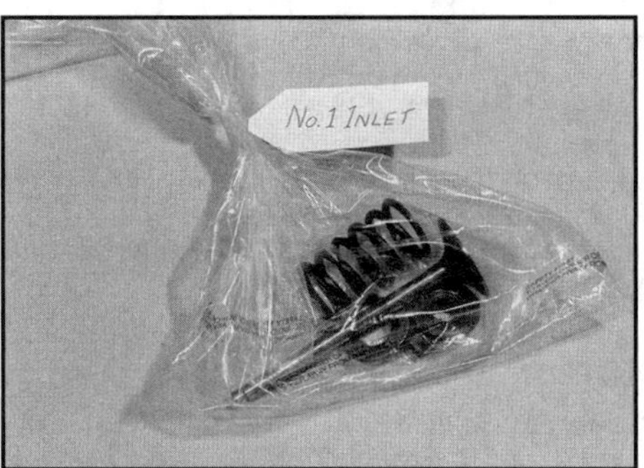

7.6 Packen Sie jedes Ventil zusammen mit seinem Federteller, seinen Keilen, der Feder und deren Sitz in einen markierten Beutel oder Behälter.

8 Zylinderkopf und Ventile – Reinigung und Kontrolle

1 Reinigen Sie den Zylinderkopf und die Ventil-Komponenten sorgfältig, um anschließend eine detaillierte Inspektion durchzuführen. So können Entscheidungen getroffen werden, ob vor dem Zusammenbau der Komponenten weitere Arbeiten notwendig sind.

Reinigung

2 Schaben Sie altes Dichtungsmaterial vom Zylinderkopf – achten Sie darauf, nicht die relativ weiche Dichtfläche zu beschädigen

3 Schaben Sie Kohleablagerungen aus den Brennräumen und Kanälen, waschen Sie den Zylinderkopf dann mit Petroleum oder geeignetem Lösungsmittel.

4 Kratzen Sie alle Kohleablagerungen von den Ventilen. Reinigen Sie Ventilteller und Schaft anschließend mit einem Drahtbürstenaufsatz für die Bohrmaschine.

Kontrolle

Anmerkung: *Führen Sie die folgenden Kontrollen durch, bevor der Zylinderkopf zum Überholen an eine Fachwerkstatt weitergereicht wird. Erstellen Sie eine Liste mit allen Punkten, die Aufmerksamkeit erfordern.*

Zylinderkopf

5 Inspizieren Sie den Zylinderkopf sorgfältig auf Risse (ausgetretenes Kühlmittel) und andere Beschädigungen. Wenn Risse festgestellt werden, muss der Zylinderkopf ausgetauscht werden.

6 Mithilfe eines Präzisions-Richtwinkels und einer Fühlerlehre wird geprüft, ob die Dichtfläche des Zylinderkopfs verzogen ist; mithilfe der Angaben in den technischen Daten kann ermittelt werden, ob der Zylinderkopf erneuert (1,2 l-Benzinmotoren) oder die Dichtfläche eventuell geplant werden kann (1,4 l-Benzinmotoren und Dieselmotoren) (siehe Abbildung). Beachten Sie die Angaben für die maximale Höhe des Zylinderkopfs.

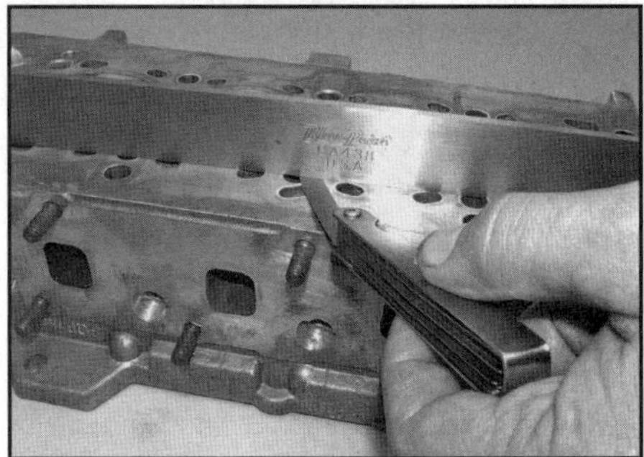

8.6 Kontrollieren Sie den Verzug des Zylinderkopfs.

7 Begutachten Sie die Ventilsitze im Brennraum. Falls sie Ausbrüche, Risse oder Verbrennungen zeigen, müssen sie nachgeschnitten oder ausgetauscht werden – diese notwendige Arbeit übersteigt die Möglichkeiten eines Hobbyschraubers. Wenn sie nur leicht erodiert sind, kann dies durch Einschleifen beseitigt werden (siehe unten). Falls die Ventilsitze nachgeschnitten werden müssen, darf dies erst **nach** dem Austausch der Ventilführungen geschehen.

8 Wenn die Ventilführungen verschlissen sind, lässt sich das Ventil seitlich darin bewegen und es müssen Übermaß-Ventilführungen beschafft werden, zudem sind Ventile mit Übermaß-Ventilschäften erhältlich. Der Austausch der Führungen sollte einer Fachwerkstatt überlassen werden. Ermitteln Sie mithilfe einer Messuhr, ob das seitliche Spiel die Vorgaben in den technischen Daten übersteigt.

9 Inspizieren Sie die Stößelbohrungen im Zylinderkopf auf Verschleiß – falls welcher festgestellt wird, muss der Zylinderkopf erneuert werden. Kontrollieren Sie auch die Ölbohrungen im Zylinderkopf auf Ablagerungen und blasen Sie sie möglichst mit Druckluft aus.

Ventile

10 Inspizieren Sie sorgfältig den Ventilteller auf Risse, Löcher sowie verbrannte Stellen. Drehen Sie das Ventil und prüfen Sie dabei, ob es verzogen sein könnte. Kontrollieren Sie das Ende des Ventilschafts und die Keilnuten auf Ausbrüche und übermäßigen Verschleiß. Schadhafte Ventile müssen ersetzt werden. Wenn die Ventile bis hierher gut aussehen, wird der Schaftdurchmesser an mehreren Stellen mit einer Mikrometerschraube ermittelt (siehe Abbildung). Jede Differenz zwischen den Messungen weist auf Verschleiß am Schaft hin, sodass das Ventil ersetzt werden muss. Sind die Ventile in einem zufriedenstellenden Zustand, müssen sie in ihren jeweiligen Sitzen geschliffen (»geläppt«) werden, um Dichtigkeit zu garantieren.

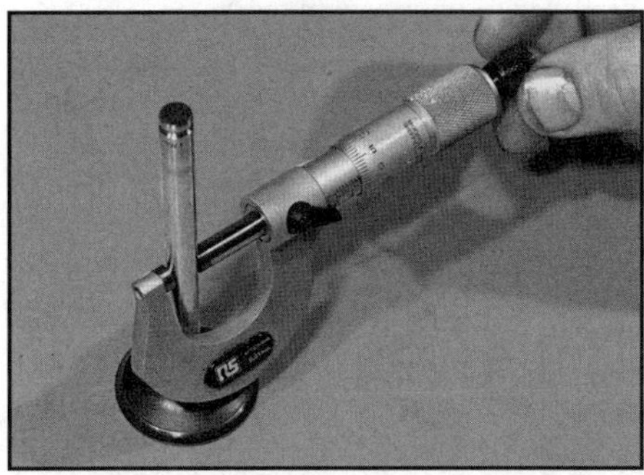

Ermitteln des Ventilschaft-Durchmessers mithilfe einer Mikrometerschraube an mehreren Stellen.

11 Das Läppen der Ventile wird wie folgt ausgeführt: Legen Sie den Zylinderkopf verkehrt herum auf die Werkbank – unterlegen Sie ihn mit Hölzern, um Platz für die Ventilschäfte zu erhalten.

12 Geben Sie etwas von der groben Schleifpaste auf die Ventildichtfläche sowie etwas von einem Gemisch aus Molybdänfett und Motoröl an den Ventilschaft und stecken Sie das Ventil in die Führung. Befestigen Sie einen Ventildreher am Ventil und drehen sie ihn zwischen den Handflächen. Hin- und herdrehen ist dem Drehen in eine Richtung vorzuziehen. Heben Sie das Ventil gelegentlich an, um die Schleifpaste neu zu verteilen (siehe Abbildung). Wenn am Ventilsitz und am Ventilteller eine trübe, matte und gleichmäßige Oberfläche entstanden ist, wird die Schleifpaste abgewischt und der Prozess mit der Feinschleifpaste wiederholt. Sobald ein gleichmäßiger und ununterbrochener matt hellgrauer Ring am Ventilsitz und am Ventil entstanden ist, wird das Läppen beendet – schleifen Sie die Ventile nicht weiter als nötig ein, da sonst der Sitz vorzeitig in den Zylinderkopf gedrückt werden kann. Reinigen Sie anschließend das Ventil und seine Führung sorgfältig mit Lösungsmittel. Blasen Sie alle Kanäle mit Druckluft aus – vor der Montage müssen alle Schleifmittelreste entfernt sein.

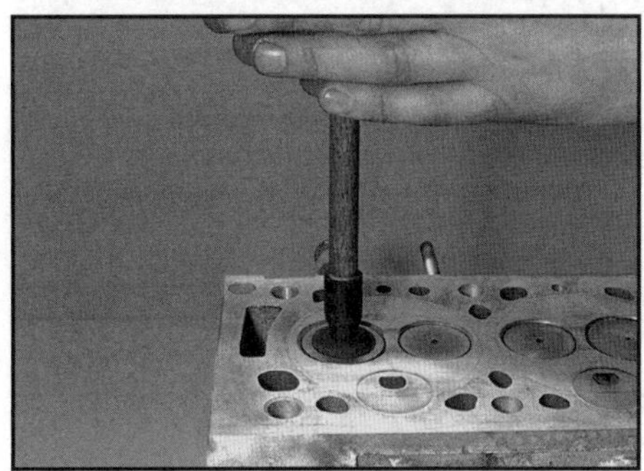

8.12 »Läppen« eines Ventils

Ventilfedern

13 Begutachten Sie die Ventilfedern auf Beschädigungen und Verfärbung – ersetzen Sie sie bei jedem Zweifel.

14 Vergleichen Sie möglichst die freie Länge der vorhandenen Federn mit Neuteilen. Stellen Sie die Federn auf eine ebene Fläche und prüfen Sie sie auf Verzug (siehe Abbildung). Falls eine Feder deutlich kürzer ist oder schräg steht, müssen alle Federn als Set ausgetauscht werden. Federn ermüden mit der Zeit und es kann nicht schaden, sie nach einer hohen Laufleistung generell auszutauschen.

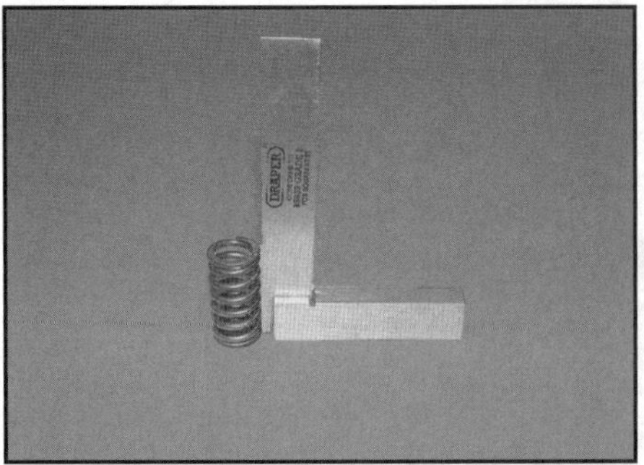

8.14 Prüfen Sie die Ventilfedern auf Verzug.

Schlepphebel-Komponenten

15 Überprüfen Sie die Kontaktflächen der Schlepphebel (mit denen sie die Hydrostößel und Ventilschäfte berühren) auf Verschleiß, Ausbrüche, Riefen oder andere Hinweise auf Verschleiß an den Härteschichten. Kontrollieren Sie ebenfalls die Rollen, auf die die Nockenwellen wirken. Ersetzen Sie schadhafte Schlepphebel.

Hydrostößel

16 Kontrollieren Sie die Stößel auf sichtbaren Verschleiß an den Gleitflächen. Begutachten Sie die Ölbohrungen auf Verstopfungen und Ablagerungen. Falls übermäßiger Verschleiß festgestellt wird oder ein Stößel bei laufendem Motor Geräusche verursacht hat, sollten alle Stößel als Set ausgetauscht werden.

9 Zylinderkopf – Zusammenbau

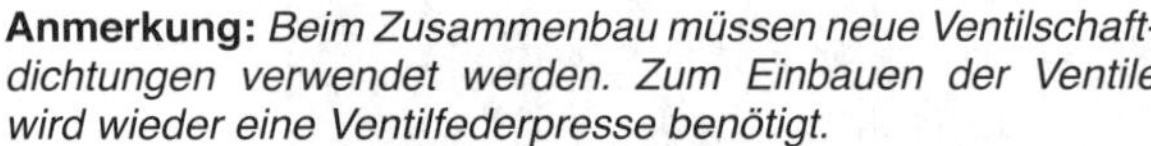

Anmerkung: *Beim Zusammenbau müssen neue Ventilschaftdichtungen verwendet werden. Zum Einbauen der Ventile wird wieder eine Ventilfederpresse benötigt.*

1 Nachdem alle Komponenten gereinigt sind, wird an einem Ende des Zylinderkopfes mit dem Einbau begonnen.
2 Ölen Sie den Schaft des Ventils und schieben Sie es in seine Führung. Falls neue Ventile installiert werden, müssen sie dort installiert werden, wo sie eingeschliffen wurden.
3 Installieren Sie den Federsitz.
4 Originale Ventilschaftdichtungen werden eventuell mit Hülsen ausgeliefert, die über die Keilnut des Ventils geschoben wird, um Schäden beim Aufschieben der Dichtung zu verhindern. Falls eine solche Hülse nicht vorhanden ist, sollte etwas Isolierband um die Nut gewickelt werden.
5 Schmieren Sie die Ventilschaftdichtung mit frischem Motoröl und drücken Sie sie mithilfe eines passenden Steckschlüssels auf die Ventilführung (siehe Abbildungen) – sie muss fühlbar einrasten. Entfernen Sie die Hülse oder das Isolierband vom Ventilschaft.

9.5a Pressen Sie die neue Ventilschaftdichtung mit einem geeigneten Werkzeug auf die Ventilführung, ...

9.5b ... bis sie dort korrekt einrastet.

6 Installieren Sie die Ventilfeder und legen Sie den Federteller auf.
7 Komprimieren Sie die Feder mit der Ventilfederpresse, bis der Federteller unter der Keilnut liegt.
8 Installieren Sie die Keile mit der schmalen Seite nach unten in ihre Nut im Ventilschaft und »kleben« Sie sie dort mit etwas Fett an (siehe Praxis-Tipp).

Praxis-Tipp ***Versehen Sie die Keile mit etwas Fett, um sie in die Nut des Ventilschafts »kleben« zu können.***

9 Entlasten Sie die Presse vorsichtig und prüfen Sie, ob die Keile in der Nut verbleiben. Sobald die Ventilfederpresse vollständig gelöst ist, sollte der Ventilschaft einen sanften Schlag mit einem weichen Hammer erhalten, damit sich die Komponenten setzen.
10 Wiederholen Sie die Prozedur mit den anderen Ventilen – achten Sie auf ihre originalen Positionen.
11 Montieren Sie alle in Sektion 7 (Schritt 1) entfernten Komponenten.

10 Kolben und Pleuel – Ausbau

Anmerkung: *Die Pleuelfüße wurden aus einem Stück gefertigt und dann an vorgegebenen Stellen gebrochen, sodass sie perfekt rund sind. Die gebrochenen Kontaktflächen sind rau und empfindlich und dürfen nicht beschädigt werden – z. B. durch Ablegen auf einer harten Oberfläche. Nur die gebrochenen Pleuelfußhälften passen korrekt zusammen, sodass dafür gesorgt werden muss, dass nichts durcheinander gerät.*

Anmerkung: *Beim Zusammenbau werden neue Pleuelfußschrauben benötigt.*

Benzinmotoren

1 Demontieren Sie den Zylinderkopf (siehe Kapitel 2A, Sektion 10).
2 Demontieren Sie die Ölwanne und ggf. das Ansaugrohr (siehe Kapitel 2A, Sektion 11).
3 Lösen Sie die Schrauben des Ölleitblechs und heben Sie dies ab (siehe Abbildung).

10.3 Entfernen Sie das Ölleitblech von der unteren Motorgehäusehälfte.

4 Falls die Pleuelstangen und ihre Lagerdeckel nicht entsprechend der Einbauposition (Zylindernummer) markiert sind, müssen Markierungen mit schnelltrocknender Farbe angebracht werden – beachten Sie dabei die Motorseite und notieren Sie dies ebenfalls (es gibt keine anderen Möglichkeiten, die Einbaurichtung anzugeben).
5 Lösen Sie die Pleuelfußschrauben und heben Sie den Pleuelfußdeckel ab (siehe Abbildung). Falls die Lagerschalen wiederverwendet werden sollen, müssen sie mit Klebeband im Lagerdeckel gesichert werden.

10.5 Lösen Sie die Pleuelfußschrauben und heben Sie den Pleuelfußdeckel ab.

6 Erfühlen Sie oben in den Zylinderbohrungen, ob die Kolbenringe im oberen Totpunkt bereits eine Kante erzeugt haben. Es wird empfohlen, diese vor dem Ausbau des Kolbens mit einem Schaber oder einer Reibahle zu entfernen, um Schäden an den Kolben zu vermeiden. Solch eine Kante weist auf stark verschlissene Zylinderbohrungen hin.
7 Drücken Sie mithilfe eines Hammergriffs den Kolben samt Pleuelstange nach oben aus der Zylinderbohrung (siehe Abbildung); entnehmen Sie auch hier die Lagerschale und sichern Sie sie ggf. am Pleuel.

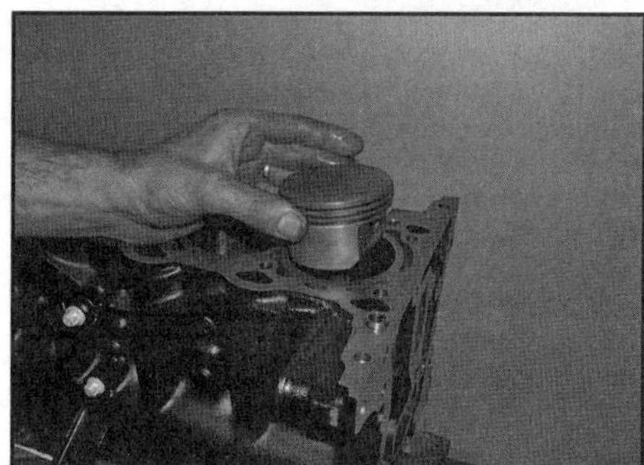

10.7 Drücken Sie den Kolben samt Pleuelstange nach oben aus der Zylinderbohrung.

8 Entfernen Sie die anderen Kolben auf die gleiche Weise – drehen Sie dazu die Kurbelwelle so, dass die Pleuelfüße gut zugänglich sind.

Dieselmotoren

9 Wechseln Sie zu Kapitel 2B und entfernen Sie die folgenden Komponenten:
a) Steuerkettendeckel (schließt die Demontage der Ölwanne ein)
b) Steuerkette samt Ritzel und Spanner
c) Nockenwellengehäuse
d) Zylinderkopf
10 Falls die Pleuelstangen und ihre Lagerdeckel nicht entsprechend der Einbauposition (Zylindernummer) markiert sind, müssen Markierungen mit schnelltrocknender Farbe angebracht werden – beachten Sie dabei die Motorseite und notieren Sie dies ebenfalls (es gibt keine anderen Möglichkeiten, die Einbaurichtung anzugeben).
11 Erfühlen Sie oben in den Zylinderbohrungen, ob die Kolbenringe im oberen Totpunkt bereits eine Kante erzeugt haben. Es wird empfohlen, diese vor dem Ausbau des Kolbens mit einem Schaber oder einer Reibahle zu entfernen, um Schäden an den Kolben zu vermeiden. Solch eine Kante weist auf stark verschlissene Zylinderbohrungen hin.
12 Drehen Sie die Kurbelwelle so, dass die Kolben der Zylinder 1 und 4 im unteren Totpunkt (UT) stehen.
13 Lösen Sie an Zylinder Nr. 1 die Pleuelfußschrauben und heben Sie den Pleuelfußdeckel ab. Falls die Lagerschalen wiederverwendet werden sollen, müssen sie mit Klebeband im Lagerdeckel gesichert werden.
14 Drücken Sie mithilfe eines Hammergriffs den Kolben samt Pleuelstange nach oben aus der Zylinderbohrung; entnehmen Sie auch hier die Lagerschale und sichern Sie sie ggf. am Pleuel.
15 Verbinden Sie die beiden Pleuelfußhälften locker miteinander, damit alle Teile korrekt zusammengehalten werden.
16 Entfernen Sie die Kolben/Pleuel-Baugruppe von Zylinder Nr. 4 auf die gleiche Weise.
17 Drehen Sie die Kurbelwelle eine halbe Umdrehung (180°) weiter, um die Kolben 2 und 3 in den UT zu bringen, und entfernen Sie diese auf die gleiche Weise.

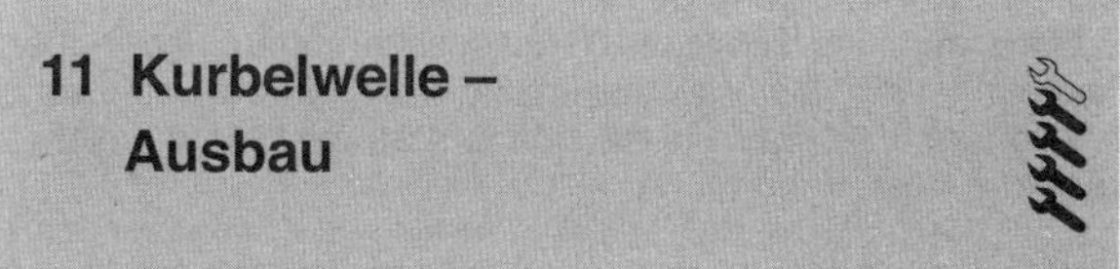

11 Kurbelwelle – Ausbau

Anmerkung: *Beim Zusammenbau werden neue Motorgehäuseschrauben benötigt.*
1 Demontieren Sie die Schwungscheibe oder Antriebsplatte (siehe Kapitel 2A oder B, Sektion 15).

2 Entfernen Sie die Kolben/Pleuel-Baugruppen (siehe Sektion 10).
3 Stellen Sie den Motor verkehrt herum auf die Werkbank, sodass die Kurbelwelle oben liegt.
4 Prüfen Sie vor dem Ausbau der Kurbelwelle deren Axialspiel, indem Sie eine Messuhr am Gehäuse anbringen, die Welle vollständig in eine Richtung drücken und die Uhr nullen. Drücken Sie die Welle nun in die andere Richtung und ermitteln Sie das Spiel (siehe Abbildung) – es muss innerhalb der in den technischen Daten angegebenen Toleranzbereiche liegen. Werte darüber oder darunter erfordern beim Zusammenbau neue Anlauf-Halbringe, die den korrekten Wert sicherstellt.

11.4 Ermitteln Sie mit einer Messuhr das Axialspiel der Kurbelwelle.

5 Falls keine Messuhr vorhanden ist, kann das Axialspiel auch mit einer Fühlerlehre ermittelt werden. Drücken Sie die Welle vollständig in eine Richtung und führen Sie am Lager mit dem Anlauf-Halbring zwischen dem Anlauf-Flansch der Hauptlagerschale und der geschliffenen Oberfläche der Kurbelwange Fühlerlehrenblätter ein, um das Spiel zu ermitteln (siehe Abbildung).

11.5 Kontrolle des Kurbelwellen-Axialspiels mithilfe einer Fühlerlehre

Benzinmotoren

6 Demontieren Sie den Kurbelwellensensor (siehe Kapitel 4A, Sektion 11).
7 Lockern Sie zunächst schrittweise und über Kreuz die zwölf äußeren M6-Motorgehäuseschrauben.
8 Lockern Sie anschließend schrittweise und über Kreuz die zehn inneren M8-Motorgehäuseschrauben.
9 Entfernen Sie sämtliche Gehäuseschrauben und heben Sie die untere Motorgehäusehälfte vom Motorblock (siehe Abbildung) – klopfen Sie sie nötigenfalls mit einem weichen Hammer rundherum ab.

11.9 Heben Sie die untere Motorgehäusehälfte vom Motorblock – Benzinmotor

10 Falls die unteren Hauptlagerschalen nicht zusammen mit der unteren Gehäusehälfte abgehoben werden, müssen sie von der Kurbelwelle genommen und in der unteren Gehäusehälfte positioniert werden.
11 Heben Sie die Kurbelwelle aus dem Motorblock und entfernen Sie ihre Dichtringe.
12 Lösen Sie die drei Schrauben des Kurbelwellensensor-Impulsgeberrings und entfernen Sie diesen.
13 Befreien Sie die oberen Hauptlagerschalen und markieren Sie sie entsprechend ihrer Einbaulage, um sie später ggf. wieder korrekt zuordnen zu können.

Dieselmotoren

14 Lockern Sie zunächst schrittweise und über Kreuz die äußeren M8-Motorgehäuseschrauben.
15 Lockern Sie anschließend schrittweise und über Kreuz die inneren M10-Motorgehäuseschrauben.
16 Entfernen Sie sämtliche Gehäuseschrauben und heben Sie die untere Motorgehäusehälfte vom Motorblock (siehe Abbildung) – klopfen Sie sie nötigenfalls mit einem weichen Hammer rundherum ab.

11.16 Heben Sie die untere Motorgehäusehälfte vom Motorblock – Dieselmotor

17 Falls die unteren Hauptlagerschalen nicht zusammen mit der unteren Gehäusehälfte abgehoben werden, müssen sie von der Kurbelwelle genommen und in der unteren Gehäusehälfte positioniert werden.
18 Heben Sie die Kurbelwelle aus dem Motorblock und entfernen Sie ihre Dichtringe.
19 Befreien Sie die oberen Hauptlagerschalen und markieren Sie sie entsprechend ihrer Einbaulage, um sie später ggf. wieder korrekt zuordnen zu können.

12 Zylinderblock/Motorgehäuse – Reinigung und Kontrolle

Reinigung

1 Demontieren Sie zunächst alle externen Komponenten und elektrische Schalter und Sensoren vom Motorblock.
2 Schaben Sie Dichtungsreste vom Motorgehäuse und den Hauptlagerdeckeln – beschädigen Sie dabei nicht die Dichtflächen.
3 Entfernen Sie ggf. vorhandene Ölkanalstopfen; weil sie oft sehr fest sitzen, müssen sie manchmal ausgebohrt werden, sodass ihre Bohrungen mit neuen Gewinden ausgerüstet werden müssen. Installieren Sie später auf jeden Fall neue Stopfen. Lösen Sie bei Dieselmotoren die Schrauben der Öldüsen, um diese aus dem Motorblock zu befreien (siehe Abbildung). Entfernen Sie ebenfalls das Steuerketten-Ölrohr vorn aus dem Motorgehäuse.

12.3 Lösen Sie die Schrauben der Öldüsen (zum Kühlen der Kolbenboden-Unterseite).

4 Falls Teile des Motorgehäuses extrem verschmutzt sind, sollte zunächst alles mit einem Dampfstrahler gesäubert werden.
5 Nachdem das Motorgehäuse vom Dampfstrahlen zurückgekehrt ist, müssen alle Ölbohrungen und -kanäle gereinigt werden. Spülen Sie alle Kanäle mit warmen Wasser durch, bis es klar wieder austritt. Trocknen Sie anschließend alles sorgfältig und ölen Sie alle bearbeiteten Flächen – vor allem die Zylinderbohrungen – dünn ein, um sie vor Rost zu schützen. Falls Zugang zu Druckluft besteht, kann damit der Trocknungsprozess beschleunigt werden; außerdem sollten damit alle Ölbohrungen und -kanäle ausgeblasen werden.

Warnung: Tragen Sie bei der Arbeit mit Druckluft stets eine Schutzbrille!

6 Falls das Motorgehäuse nicht allzu stark verschmutzt ist, kann es mit warmen Seifenwasser und einer harten Bürste gereinigt werden – nehmen Sie sich Zeit und arbeiten Sie sorgfältig. Unabhängig von der Reinigungsmethode müssen besonders Bohrungen und Kanäle äußerst penibel gesäubert und alle Komponenten gut getrocknet werden. Ölen Sie die Zylinderbohrungen in Gusseisen-Gehäusen sofort nach der Reinigung ein, um sie vor Korrosion zu schützen.
7 Um beim Zusammenbau korrekte Anzugswerte sicherstellen zu können, müssen die Gewindebohrungen gereinigt werden: drehen Sie dazu einen passenden Gewindebohrer hinein und entfernen Sie damit Korrosion, Kleberreste und Schmutz; gleichzeitig werden dadurch Schäden am Gewinde beseitigt. Reinigen Sie anschließend die Bohrungen möglichst mit Druckluft. Vergessen Sie nicht, auch die Gewinde der Schrauben und Muttern zu reinigen, falls sie wiederverwendet werden sollen.
8 Versehen Sie ggf. die neuen Ölkanalstopfen mit geeigneter Dichtmasse und drehen Sie sie sorgfältig in das Gehäuse. Installieren Sie bei Dieselmotoren die Öldüsen und ziehen Sie ihre Schrauben sorgfältig an. Montieren Sie das Steuerketten-Ölrohr vorn in den Motorblock und ziehen Sie seine zwei Schrauben sorgfältig an.
9 Falls der Motor nicht gleich wieder zusammengebaut werden soll, muss er mit einer Abdeckplane vor Staub und Schmutz geschützt werden. Schützen Sie bearbeiteten Flächen mit Öl vor Korrosion. Montieren Sie ggf. die untere Gehäusehälfte und drehen Sie die Schrauben handfest ein.

Kontrolle

10 Inspizieren Sie das Gehäuse auf Risse und Korrosion. Achten Sie auf ausgerissene Gewindebohrungen. Falls irgendwann Wasser in den Motor eingedrungen war, sollte das Gehäuse von einem Spezialbetrieb auf Haarrisse untersucht werden. Falls Schäden gefunden werden, können diese eventuell repariert werden, ansonsten muss ein Austauschmotor beschafft werden.
11 Kontrollieren Sie jede Zylinderbohrung auf Scheuerstellen und Riefen. Falls die Kolbenringe im oberen Totpunkt bereits eine Kante erzeugt haben, ist dies ein Hinweis auf eine verschlissene Bohrung.
12 Zum korrekten Vermessen der Zylinderbohrungen werden Spezialinstrumente benötigt. Wir empfehlen, den Motorblock von einer Fachwerkstatt vermessen und kontrollieren zu lassen; hier können auch Ratschläge zu möglicherweise benötigten neuen Kolben gegeben werden, falls die Zylinder auf Übermaß aufgebohrt werden müssen.
13 Wenn die Zylinderbohrungen und Kolben nicht übermäßig verschlissen sind, sich in einem brauchbaren Zustand befinden und das Kolbenspiel eingehalten wird, brauchen nur die Kolbenringe erneuert zu werden. Dies erfordert das Honen der Bohrungen – und kann von einem Fachbetrieb zu moderaten Kosten durchgeführt werden.

13 Kolben und Pleuel – Kontrolle

1 Zunächst müssen die aus dem Kolben und dem Pleuel bestehenden Baugruppen gereinigt werden, dann werden die alten Kolbenringe entfernt. **Anmerkung**: *Installieren Sie bei jedem Zusammenbau des Motors neue Kolbenringe.*
2 Spannen Sie die alten Ringe vorsichtig auseinander, um sie aus ihren Nuten zu befreien und nach oben zu entfernen; mithilfe zwei oder drei alter Fühlerlehrenblätter können die Ringe daran gehindert werden, in leeren Nuten einzurasten (siehe Abbildung). Der Kolben darf nicht mit den Ring-Enden zerkratzt werden. Kolbenringe sind gehärtet und können leicht brechen, wenn sie zu sehr gespannt werden. Sie sind außerdem sehr scharfkantig, sodass Schutzhandschuhe getragen werden sollten.

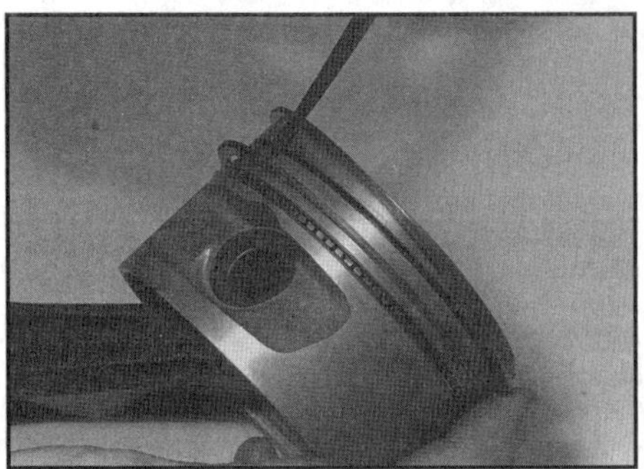

13.2 Ausbau der Kolbenringe mithilfe alter Fühlerlehrenblätter

3 Schaben Sie die Ölkohle vom Kolbenboden. Eine weiche Drahtbürste oder feines Schmirgelleinen kann zur Nacharbeit verwendet werden. Benutzen Sie keinesfalls einen Drahtbürstenaufsatz auf einer Bohrmaschine, das Kolbenmaterial ist sehr weich und würde abgetragen werden.
4 Die Kolbenring-Nuten können mit einem Spezialwerkzeug, aber auch mit einem abgebrochenen Stück eines alten Kolbenringes von Kohleresten befreit werden. Seien Sie vorsichtig, dass kein Kolben-Metall entfernt wird oder die Seiten der Nut gequetscht oder eingekerbt werden.
5 Wenn die Kohleablagerungen entfernt sind, wird der Kolben mit Lösungsmittel gereinigt und anschließend getrocknet. Gehen Sie sicher, dass die Ölrücklaufbohrungen in der Nut des Ölabstreifrings sauber sind.
6 Wenn die Kolben und Zylinder weder beschädigt noch übermäßig verschlissen sind, können die alten Kolben wiederverwendet werden. Normaler Kolbenverschleiß sind leichte Laufspuren an den Kolbenhemden und ein mit leichtem Spiel in seiner Nut sitzender oberer Kolbenring. Nach jedem Zerlegen des Motors sollten ungeachtet ihres Zustands neue Kolbenringe installiert werden.
7 Begutachten Sie jeden Kolben sorgfältig auf Brüche am Hemd, an den Bolzenaugen und zwischen den Kolbenringnuten.
8 Achten Sie auf Riefen und Schleifspuren am Hemd, Löcher im Kolbenboden sowie Verbrennungen an dessen Rand. Wenn das Hemd Riefen oder Klemmspuren zeigt, kann der Motor an Überhitzung gelitten haben und/oder eine abnormale Verbrennung sorgte für extrem hohe Arbeitstemperatur. Kontrollieren Sie sorgfältig das Kühl- und das Schmiersystem. Brandspuren an den Seiten des Kolbens weisen auf Leckgas hin. Ein Loch im Kolbenboden oder verbrannte Stellen am Rand des Bodens weisen auf Klingeln oder Klopfen hin. Wenn eines dieser Probleme existiert, müssen die Gründe beseitigt werden, damit die Schäden sich nicht fortsetzen. Ursachen können Nebenluft, eine defekte Einspritzdüse oder ein Fehler in der Motorsteuerung sein.
9 Korrosion (in Form von Lochfraß) am Kolben weist darauf hin, dass Kühlmittel in den Brennraum und/oder das Kurbelgehäuse gelangt. Wieder muss das Problem beseitigt werden, bevor der Motor zusammengebaut wird.
10 Bei jedem Zweifel über den Zustand der Kolben und Pleuel sollten die Bauteile von einer Fachwerkstatt inspiziert und vermessen werden. Falls neue Teile benötigt werden, ist man hier auch in der Lage, die passenden Kolben und Ringe zu beschaffen und die Zylinderbohrungen entsprechend zu honen oder ggf. aufzubohren.

14 Kurbelwelle – Kontrolle

Kontrolle

1 Reinigen Sie die Kurbelwelle mit Petroleum oder Lösungsmittel und trocknen Sie sie möglichst mit Druckluft. Reinigen Sie alle Ölbohrungen mit einem Pfeifenreiniger oder Ähnlichem, um sicherzugehen, dass sie nicht verstopft sind.
Warnung: Tragen Sie beim Einsatz von Druckluft stets eine Schutzbrille!
2 Kontrollieren Sie die Gleitlagerflächen der Haupt- und Pleuellager auf ungleichmäßigen Verschleiß, Riefen, Lochfraß und Risse.
3 Verschlissene Pleuelfußlager machen sich durch metallisches Klopfen bemerkbar – besonders wenn der Motor bei geringen Drehzahlen unter Last gesetzt wird; zudem sinkt der Öldruck.
4 Verschlissene Hauptlager machen sich durch starke Motorvibrationen und rumpelnde Geräusche bemerkbar – je höher die Drehzahl, desto stärker; zudem sinkt auch hier der Öldruck.
5 Kontrollieren Sie die Lagerzapfen auf raue Oberflächen, indem Sie sanft mit einem Finger darüberstreichen. Raue Stellen weisen auf Lagerverschleiß hin, sodass die Kurbelwelle eventuell auf ein Untermaß geschliffen oder ersetzt werden muss.
6 Wenn die Welle geschliffen wurde, müssen die Ölbohrungen auf Grate überprüft werden (normalerweise sind sie angefast, sodass Grate kein Problem darstellen, solange nicht sorglos gearbeitet wurde. Entfernen Sie sämtliche Grate mit einer feinen Feile oder einem Schaber und reinigen Sie die Ölbohrungen wie oben beschrieben.
7 Lassen Sie eine Fachwerkstatt den Durchmesser der Hauptlager- und Hubzapfen ermitteln und entscheiden, ob die Welle geschliffen werden kann und entsprechende Übermaß-Lagerschalen eingesetzt werden können – falls beim Opel-Händler keine Übermaß-Lagerschalen erhältlich sind und die Kurbelwelle unter die in den technischen Daten angegebenen Maße verschlissen ist, hilft nur ein Austausch der Welle.
8 Falls beim Benzinmotor eine neue Kurbelwelle eingebaut werden muss, müssen die Schrauben des Kurbelwellensensor-Impulsgeberrings gelöst werden, um diesen auf die neue Kurbelwelle zu übertragen (siehe Abbildung).

14.8 Übertragen Sie den Kurbelwellensensor-Impulsgeberring auf die neue Kurbelwelle.

15 Hauptlager und Pleuelfußlager – Kontrolle

1 Auch wenn die Haupt- und Pleuelfuß-Lagerschalen bei einer Motorüberholung generell ausgetauscht werden, sollten die alten Bauteile für eine genaue Begutachtung aufbewahrt werden, um aus Ihnen wertvolle Informationen über den Zustand des Motors zu ziehen.
2 Lagerschäden beruhen zumeist auf Ölmangel, Schmutz oder Fremdkörpern im Motor, Motorüberlastung und/oder Korrosion (siehe Abbildung). Ungeachtet des Grundes für die Lagerschäden muss dieser vor der Motormontage korrigiert werden, um eine Wiederholung auszuschließen.

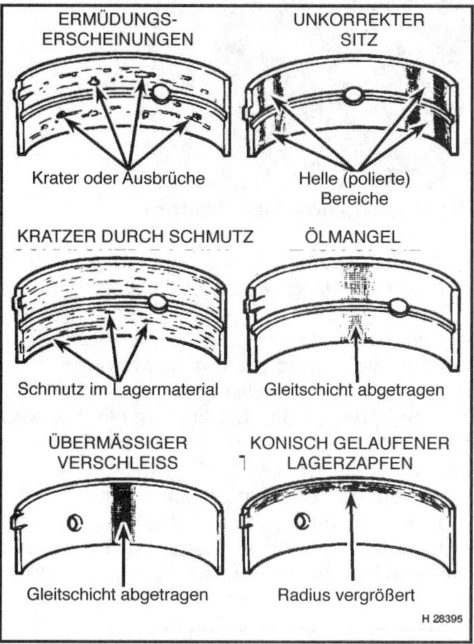

15.2 Typische Verschleißerscheinungen an Lagerschalen

3 Zu einer Begutachtung der Lager werden alle Lagerschalen aus dem Motorblock, den Pleuel und allen Lagerdeckeln ausgebaut und entsprechend ihrer Positionen an der Kurbelwelle auf eine saubere Oberfläche gelegt. Dieses erlaubt Ihnen, ein erkanntes Lagerproblem dem entsprechenden Kurbelzapfen zuzuordnen. Die Lagerflächen der Gleitschalen dürfen nicht mit den Fingern berührt werden!
4 Schmutz und andere Fremdkörper können auf unterschiedliche Weise in den Motor gelangen. Sie können beim Zusammenbau zurückgelassen werden oder durch den Filter bzw. die Motorentlüftung eindringen. Die Partikel gelangen mit dem Öl in die Lager. Oftmals finden sich Metallsplitter als Bearbeitungsrückstände oder Verschleißspuren. Ablagerungen verbleiben auch nach Überholungen in Motorkomponenten, besonders wenn die Teile nicht sorgfältig gereinigt wurden. Solche Teilchen arbeiten sich auf jeden Fall in das weiche Lagermaterial ein und können leicht erkannt werden. Große Partikel werden jedoch nicht in das Lager eingebettet, sondern kerben und zerkratzen die Lager und Zapfen. Der beste Schutz gegen diese Lager-Ausfälle ist sorgfältiges Reinigen und absolute Sauberkeit bei der Motormontage. Ebenso müssen natürlich regelmäßig das Öl und der Ölfilter gewechselt werden.
5 Ölmangel und eine Unterbrechung der Schmierung haben eine Reihe von zusammenhängenden Gründen: Extreme Hitze verdünnt das Öl, Überlastung drückt das Öl aus den Lagern und überhöhtes Lagerspiel oder eine verschlissene Ölpumpe lässt den nötigen Druck des Schmiersystems zusammenbrechen. Blockierte Ölleitungen lassen ein Lager trocken laufen und zerstören es schnell. Lagerschalen besitzen zwar sogenannte »Notlaufeigenschaften«, aber nur für die jeweils ersten Sekunden nach dem Anlassen – wird jedoch bei hohen Drehzahlen einmal die Schmierung für Zehntelsekunden unterbrochen, können Schalen und Zapfen bereits schrottreif sein. Das Lagermaterial wird abgetragen und die durch die Reibung entstehende starke Hitze zerstört den Wellenzapfen.
6 Auch die Fahrweise hat einen direkten Einfluss auf die Laufzeiten von Lagern. Vollgas bei niedrigen Drehzahlen und hohe Belastung beanspruchen die Lager stark, da diese dazu neigen, den Ölfilm abzuquetschen. Diese Zustände belasten die Lager stark und erzeugen feine Ermüdungsbrüche in der Oberfläche. Eventuell kann das Lagermaterial ausbrechen und selbst weitere Schäden erzeugen. Kurzstreckenbetrieb führt zu Korrosion der Lager, da der Motor keine ausreichende Betriebstemperatur erreicht, um Kondenswasser und aggressive Gase zu vertreiben. Diese Produkte sammeln sich im Motoröl und bilden Säure und Schlamm. Wenn dieses Öl in die Lager gelangt, greift die Säure die Lager an und lässt das Material korrodieren.
7 Eine nachlässige Lagermontage während des Motorzusammenbaus kann ebenso zu Problemen führen. Festsitzende Lager führen zu geringem Lagerspiel und einem unzureichenden Schmierfilm. Hinter einer Lagerschale verbleibender Schmutz oder Fremdteile verbiegen die Schale und sorgen für punktuellen Verschleiß.
8 Die Gleitflächen der Lagerschalen dürfen unter keinen Umständen mit den Fingern berührt werden, da die empfindliche Oberfläche beschädigt werden kann oder kleinste Schmutzpartikel daran haften bleiben.
9 Wie bereits erwähnt, ist es sehr empfehlenswert, die Lagerschalen bei jeder Motorüberholung durch Neuteile zu ersetzen; alles andere wäre falsche Sparsamkeit.

16 Motorüberholung – Zusammenbaureihenfolge

1 Bevor der Zusammenbau beginnt, muss sichergestellt sein, dass alle neuen Teile und notwendigen Werkzeuge beschafft sind. Lesen Sie die gesamte Arbeitsprozedur durch, um sich mit der anstehenden Arbeit vertraut zu machen und sicher zu sein, dass alle für den Zusammenbau benötigten Dinge – einschließlich aller Dichtungen – vorhanden sind. Neben allen normalen Werkzeugen und Materialien werden in manchen Fällen Schrauben-Sicherungspaste (»Loctite«) und Dichtmasse benötigt. Generell müssen Dichtflächen absolut sauber und fettfrei sein, bevor Dichtungen aufgelegt werden dürfen.
2 Zu diesem Zeitpunkt müssen alle Motorkomponenten absolut sauber und trocken und alle Schäden repariert sein. Alle Bauteile müssen auf einer absolut sauberen Arbeitsfläche ausgelegt oder in Behältern bereitgehalten werden.
3 Um Zeit zu sparen und Probleme zu vermeiden, sollte der Zusammenbau in der folgenden Reihenfolge durchgeführt werden:

Benzinmotoren

a) Kolbenringe (Sektion 17)
b) Kurbelwelle (Sektion 18).
c) Kolben/Pleuel (Sektion 19)
d) Steuerkette und Ritzel (Kapitel 2A)
e) Ölpumpe (Kapitel 2A, Sektion 12)
f) Ölwanne (Kapitel 2A, Sektion 11)
g) Schwungscheibe/Antriebsplatte (Kapitel 2A, Sektion 15)

h) Zylinderkopf (Kapitel 2A, Sektion 10)
i) Wasserpumpe (Kapitel 3, Sektion 7)
j) Einlass- und Auspuffstutzen (Kapitel 4A)

Dieselmotoren

a) Kolbenringe (Sektion 17)
b) Kurbelwelle (Sektion 18).
c) Kolben/Pleuel (Sektion 19)
d) Schwungscheibe (Kapitel 2A, Sektion 15)
e) Einlass- und Auspuffstutzen (Kapitel 4B)
f) Zylinderkopf (Kapitel 2B, Sektion 10)
g) Nockenwellengehäuse (Kapitel 2B, Sektion 7)
h) Ölpumpe (Kapitel 2B, Sektion 12)
i) Steuerkette und Ritzel (Kapitel 2B)
j) Wasserpumpe (Kapitel 3, Sektion 7)
k) Ölwanne (Kapitel 2B, Sektion 11)

17 Kolbenringe – Einbau

1 Es ist ratsam, die Kolbenringe bei jeder Motorüberholung zu erneuern. Vor der Montage neuer Ringe an die Kolben muss ihr Stoßspiel in den Zylinderbohrungen ermittelt werden:
2 Sortieren Sie zum Messen den Kolben samt Ringen dem korrekten Zylinder zu, sodass die Ringe mit dem korrekten Kolben und Zylinder gemessen und später auch hier installiert werden.
3 Installieren Sie den oberen Ring in die erste Bohrung und drücken Sie ihn mit der Oberseite des Kolbens herunter, damit er senkrecht im Zylinder sitzt. Positionieren Sie den Ring knapp über dem unteren Totpunkt der Kolbenringe und ziehen Sie den Kolben wieder heraus.
4 Messen Sie das Stoßspiel mit einer Fühlerlehre und vergleichen Sie die Ergebnisse mit den Angaben in den technischen Daten (siehe Abbildung).

17.4 Messen Sie das Stoßspiel des eingebauten Kolbenrings mit einer Fühlerlehre.

5 Falls das Spiel zu gering ist (bei Markenartikeln eher unwahrscheinlich), können die Enden im Betrieb zusammenstoßen und schwere Motorschäden hervorrufen. Im Idealfall weisen neue Kolbenringe das korrekte Stoßspiel auf, notfalls kann das Spiel äußerst vorsichtig mit einer feinen Feile vergrößert werden: Klemmen Sie dazu die Feile in einen mit weichen Backen ausgerüsteten Schraubstock, schieben Sie den Kolbenring darüber, sodass seine Enden die Feile berühren, und schieben Sie ihn langsam hin und her, um Material abzutragen. Vorsicht: Kolbenringe sind scharfkantig und brechen leicht ab.
6 Bei neuen Kolbenringen ist zu viel Stoßspiel unwahrscheinlich – kontrollieren Sie ggf., ob die korrekten Kolbenringe für die Zylinderbohrung beschafft sind.

7 Wiederholen Sie die Kontrollen mit allen drei Kolbenringen des ersten Zylinders, dann mit den Ringen der anderen Zylinder – achten Sie stets darauf, Ringe, Kolben und Zylinder zusammenzuhalten.
8 Sobald die Ringe und Spaltmaße kontrolliert und ggf. korrigiert wurden, können die Ringe an die Kolben montiert werden.
9 Der (untere) Ölabstreifring besteht aus drei Teilen und wird als Erster installiert: zuerst der untere Stahlring, dann der Expander und schließlich der obere Stahlring (siehe Abbildung).

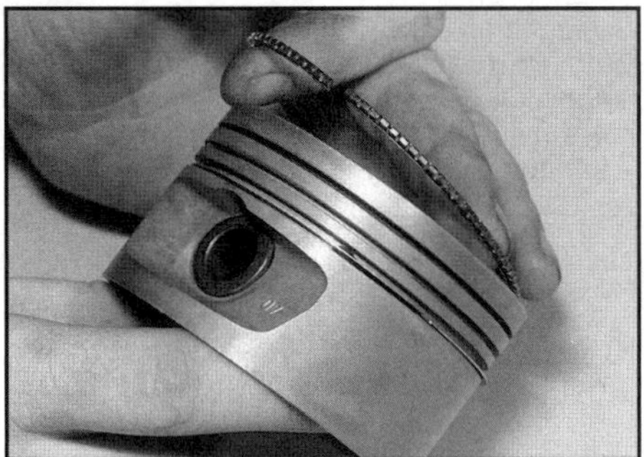

17.9 Der installierte dreiteilige Ölabstreifring

10 Installieren Sie den zweiten Kompressionsring in die mittlere Kolbennut. **Anmerkung**: *Folgen Sie stets den mit den Kolbenring-Sets gelieferten Hinweisen – verschiedene Hersteller können unterschiedliche Prozeduren vorschreiben. Vertauschen Sie nicht die beiden oberen Kolbenringe – sie haben unterschiedliche Querschnitte.* Auf der Oberseite sollte er markiert sein. Spannen Sie Kolbenringe nicht zu weit auseinander, da sie leicht brechen, und verwenden Sie für die Montage die Fühlerlehrenblätter vom Ausbau.
11 Installieren Sie den oberen Kompressionsring auf die gleiche Weise in die obere Nut – auch er sollte auf der Oberseite markiert sein. Falls der Ring abgestuft ist, kommt die Stufe mit dem kleineren Durchmesser nach oben (siehe Abbildung).

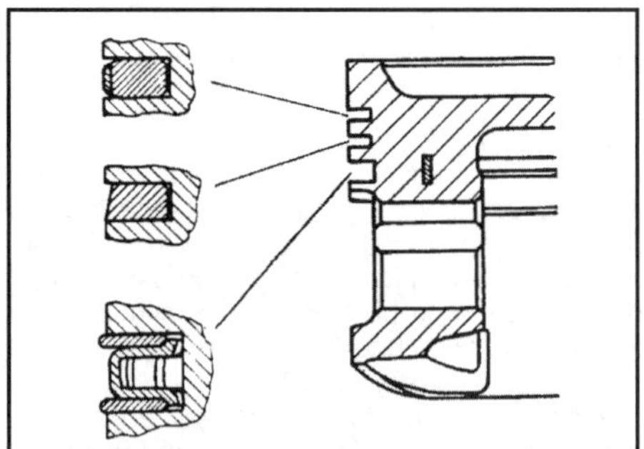

17.11 Die Schnittansicht zeigt die korrekte Positionierung der Kolbenringe.

12 Wiederholen Sie die Prozedur mit den anderen Kolben und Ringen.

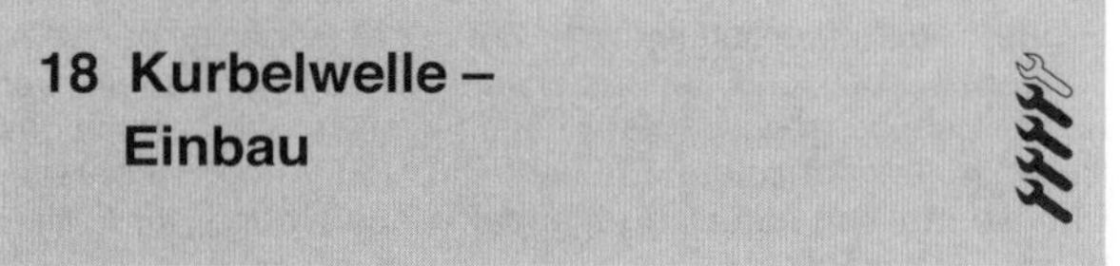

18 Kurbelwelle – Einbau

Anmerkung: *Beim Zusammenbau des Motorgehäuses werden neue Gehäuseschrauben sowie Dichtmasse (z. B. Loctite 5900) benötigt.*

1 Beim Zusammenbau des Motors wird zuerst die Kurbelwelle installiert. Der Motorblock und die Kurbelwelle müssen gereinigt, kontrolliert und ggf. repariert oder überarbeitet sein.
2 Stellen Sie den Zylinderblock verkehrt herum auf die Werkbank.
3 Reinigen Sie die Rückseiten der Lagerschalen sowie deren Sitze im Motorblock und den Lagerschalen. Falls neue Lagerschalen verwendet werden, müssen sämtliche Schutzfett-Reste mit Petroleum entfernt werden. Trocknen Sie alle Lagerschalen mit einem fusselfreien Lappen.
4 Beachten Sie, dass das Axialspiel der Kurbelwelle von Anlauf-Halbringen kontrolliert wird, die sich an einem der Hauptlager im Motorgehäuse befinden.
5 Falls die alten Lagerschalen wiederverwendet werden, müssen sie an ihre ursprünglichen Positionen im Motorgehäuse und den Lagerdeckeln installiert werden (siehe Abbildung).

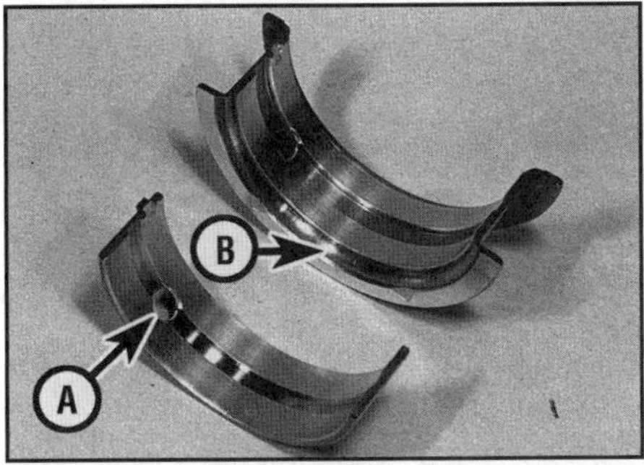

18.5 Standard-Hauptlagerschale (A) und Lagerschale mit Anlauf-Halbringen für das mittlere Hauptlager (B) – Benzinmotoren

6 Drücken Sie die oberen Lagerschalen und Anlaufscheiben in ihre Sitze im Motorgehäuse (siehe Abbildung).

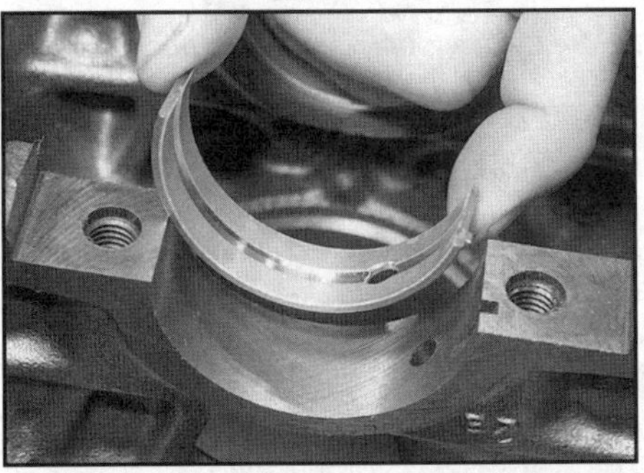

18.6 Installieren Sie die korrekt ausgerichteten Lagerschalen in ihre Sitze.

Benzinmotoren

7 Schmieren Sie die Lagerschalen im Motorblock ausgiebig mit Motoröl und senken Sie die Kurbelwelle darin ab (siehe Abbildung).

18.7 Ölen Sie die Lagerschalen im Motorblock, bevor die Kurbelwelle eingelegt wird.

8 Klopfen Sie die Kurbelwelle nötigenfalls an den Kurbelwangen mit einem weichen Hammer ab, damit sie sich korrekt setzt.
9 Installieren Sie die Lagerschalen in die untere Gehäusehälfte.
10 Schmieren Sie die Lagerzapfen der Kurbelwelle und die Lagerschalen der unteren Gehäusehälfte (siehe Abbildung).

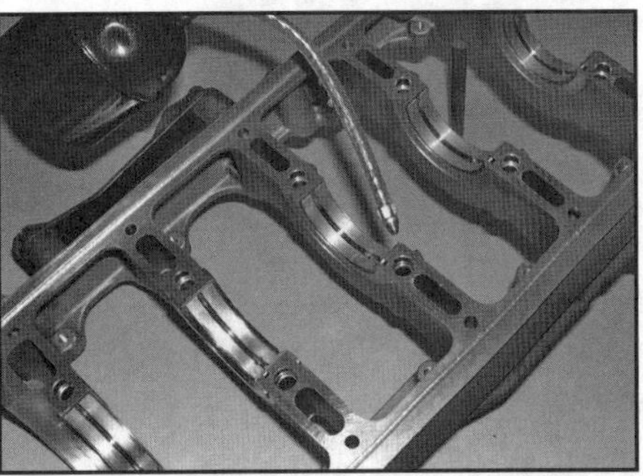

18.10 Schmieren Sie die Lagerschalen der unteren Gehäusehälfte.

11 Wenn die Dichtflächen der Motorgehäusehälften absolut sauber und trocken sind, wird auf der unteren Hälfte außerhalb der Nut (nicht in der Nut selbst!) eine 2 mm starke Dichtmassen-Raupe aufgetragen (siehe Abbildung).

18.11 Tragen Sie die Dichtmasse außerhalb der Nut auf.

12 Senken Sie die untere Gehäusehälfte über dem Motorblock und der Kurbelwelle ab.
13 Installieren Sie die **neuen** Gehäuseschrauben und ziehen Sie zuerst die inneren M8-Schrauben schrittweise und über Kreuz zunächst mit 25 Nm an und dann auf die gleiche Weise um 60° weiter; ziehen Sie sie in einem dritten Durchgang um 15° weiter. Wiederholen Sie dies mit den äußeren M6-Schrauben – diese müssen zunächst mit 10 Nm angezogen und dann in zwei weiteren Durchgängen mit 60 und 15° weitergedreht werden (siehe Abbildungen).

18.13a Installieren Sie die neuen inneren ...

18.13b ... und äußeren Gehäuseschrauben.

18.13c Ziehen Sie die inneren M8-Schrauben zunächst mit 25 Nm an ...

18.13d ... und anschließend mithilfe einer Gradscheibe zunächst um 60 und dann um 15° weiter.

18.13e Ziehen Sie dann die äußeren M6-Schrauben zunächst mit 10 Nm an ...

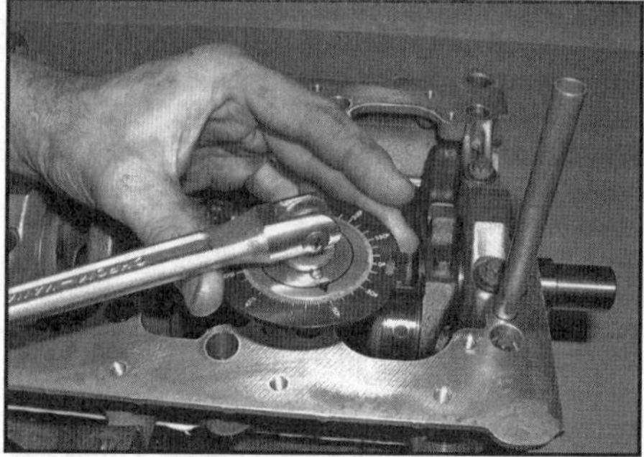

18.13f ... und anschließend ebenfalls zunächst um 60 und dann um 15° weiter.

Dieselmotoren

14 Schmieren Sie die Lagerschalen im Motorblock ausgiebig mit Motoröl und senken Sie die Kurbelwelle darin ab (siehe Abbildungen).

18.14a Ölen Sie die Lagerschalen im Motorblock ...

18.14b ... und legen Sie die Kurbelwelle ein.

15 Klopfen Sie die Kurbelwelle nötigenfalls an den Kurbelwangen mit einem weichen Hammer ab, damit sie sich korrekt setzt.

16 Installieren Sie die Lagerschalen in die untere Gehäusehälfte (siehe Abbildung).

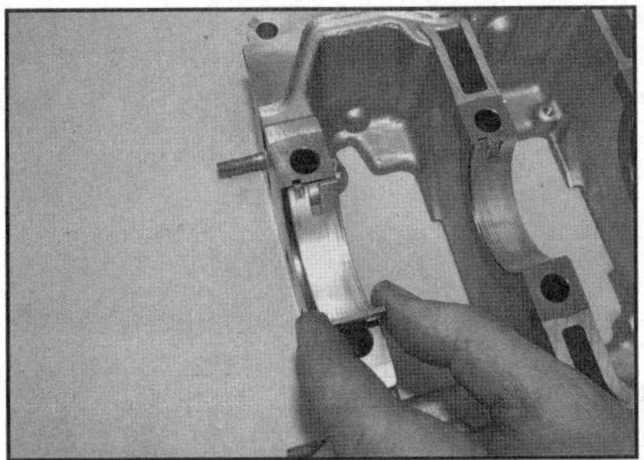

18.16 Installieren Sie die Lagerschalen in die untere Gehäusehälfte.

17 Schmieren Sie die Lagerzapfen der Kurbelwelle und die Lagerschalen der unteren Gehäusehälfte (siehe Abbildung).

18.17 Schmieren Sie die Lagerschalen der unteren Gehäusehälfte.

18 Wenn die Dichtflächen der Motorgehäusehälften absolut sauber und trocken sind, wird auf der oberen Hälfte eine 2,5 mm starke Dichtmassen-Raupe aufgetragen (siehe Abbildungen).

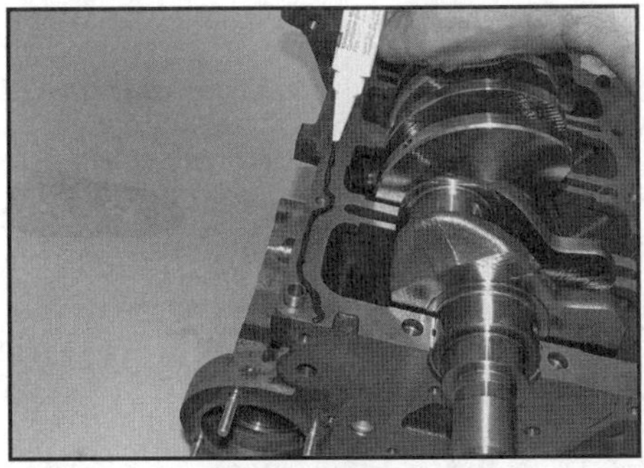

18.18a Tragen Sie die Dichtmasse innerhalb der Schraubenbohrungen ...

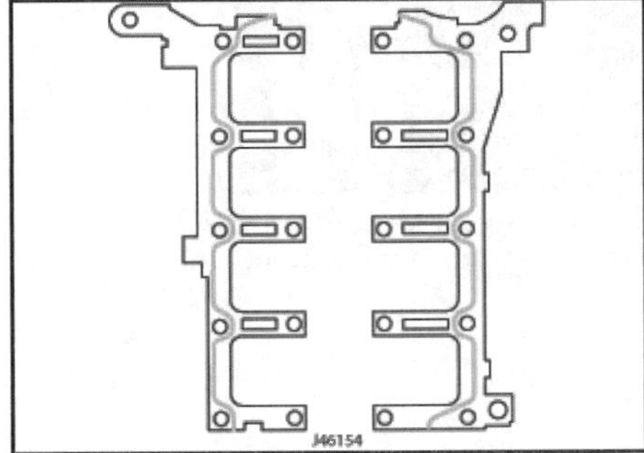

18.18b ... auf den gezeigten Bereichen der oberen Gehäusehälfte auf.

19 Senken Sie die untere Gehäusehälfte über dem Motorblock und der Kurbelwelle ab.

20 Installieren Sie die **neuen** Gehäuseschrauben und ziehen Sie zuerst die inneren M10-Schrauben schrittweise in der gezeigten Reihenfolge zunächst mit 20 Nm an und dann auf die gleiche Weise um 80° weiter. Ziehen Sie dann die äußeren M8-Schrauben in der gezeigten Reihenfolge mit 30 Nm an (siehe Abbildungen).

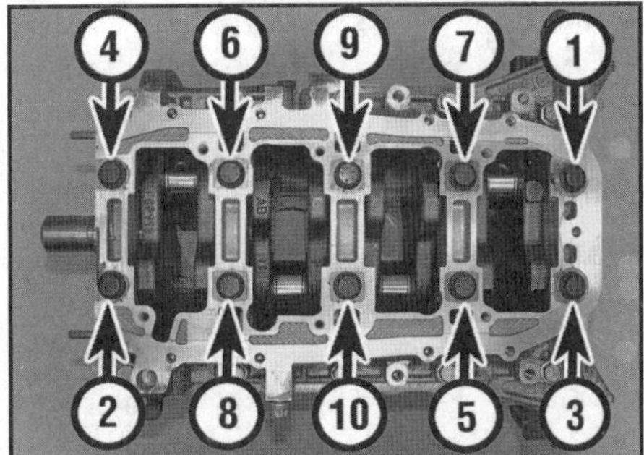

18.20a Anzugsreihenfolge der inneren M10-Gehäuseschrauben ...

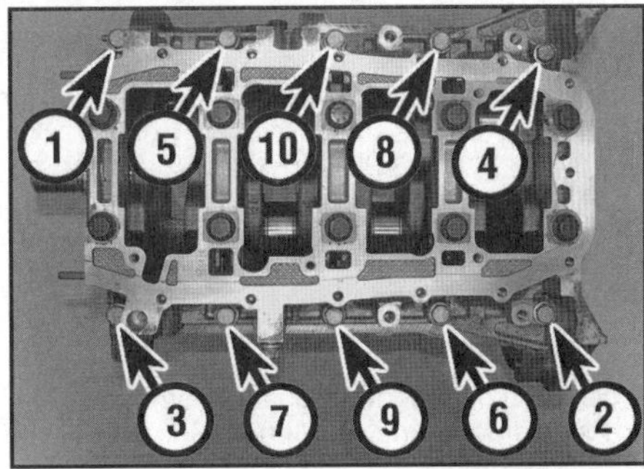

18.20b ... und der äußeren M8-Schrauben

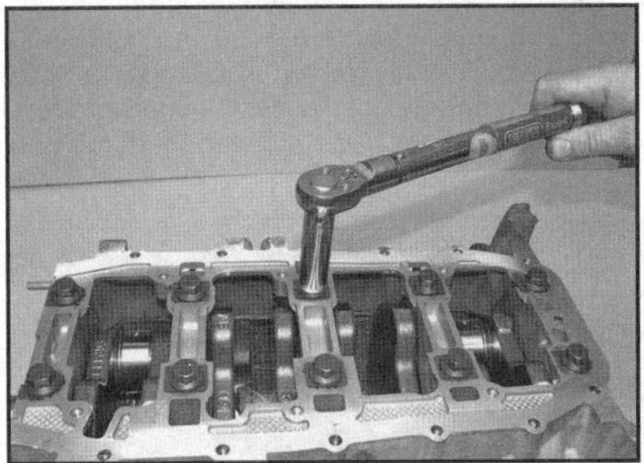

18.20c Ziehen Sie die inneren M10-Schrauben zunächst mit 20 Nm an ...

18.20d ... und anschließend mithilfe einer Gradscheibe um 80° weiter.

18.20e Ziehen Sie dann die äußeren M8-Schrauben mit 30 Nm an.

Alle Motoren

21 Prüfen Sie, ob sich die Kurbelwelle frei drehen lässt.
22 Kontrollieren Sie das Axialspiel der Kurbelwelle (siehe Sektion 11).
23 Installieren Sie am Getriebe-Ende einen neuen Dichtring (siehe Kapitel 2A oder B, Sektion 13).
24 Montieren Sie die Pleuel/Kolben-Baugruppe (siehe Sektion 19).
25 Montieren Sie die Schwungscheibe/Antriebsplatte (siehe Kapitel 2A oder B, Sektion 15).

19 Kolben und Pleuel – Einbau

1 Reinigen Sie die Rückseiten der Lagerschalen und die Lagersitze in der Pleuelstange und im Pleuelfußdeckel. Falls neue Lagerschalen verwendet werden, müssen sämtliche Schutzfett-Reste mit Petroleum entfernt werden. Trocknen Sie alle Lagerschalen mit einem fusselfreien Lappen.
2 Drücken Sie die Lagerschalen in ihre Sitze in der Pleuelstange und im Pleuelfußdeckel (siehe Abbildung) – Die Lasche muss in die Nut des Pleuels oder des Deckels greifen. Berühren Sie die Gleitflächen der Lagerschalen nicht mit den Fingern.

19.2 Drücken Sie die Lagerschalen in ihre Sitze in der Pleuelstange und im

3 Schmieren Sie den Kolben von Zylinder Nr. 1 samt seiner Kolbenringe und prüfen Sie die Ausrichtung der Ringstöße: Die Öffnungen der beiden Ölabstreifring-Stahlringe müssen ca. 30° zu beiden Seiten versetzt zur Öffnung des Expanders liegen; die Öffnungen der beiden Kompressionsringe müssen ca. 60° zueinander versetzt verdreht sein.
4 Schmieren Sie die Zylinderbohrung ausgiebig mit Motoröl.
5 Installieren Sie das Kolbenring-Einbauwerkzeug an Kolben Nr. 1 und führen Sie diesen mit dem Pfeil oder der Kerbe zur Steuerkette zeigend samt Pleuel von oben in den Zylinder ein, bis das Werkzeug auf dem Block aufliegt. Drehen Sie die Kurbelwelle so, dass der Hubzapfen ganz unten steht, und klopfen Sie den Kolben mit einem Hammergriff vorsichtig in den Zylinder; dabei muss das Pleuel zum Hubzapfen ausgerichtet werden (siehe Abbildungen).

19.5a Richten Sie den Kolben mit dem Pfeil oder der Kerbe zur Steuerkette aus …

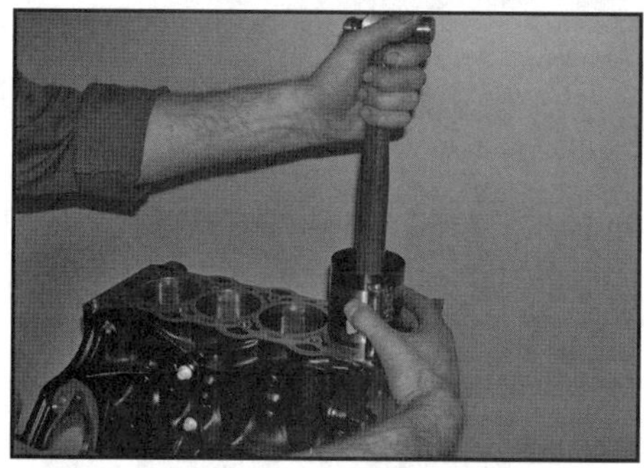

19.5b … und klopfen Sie den Kolben vorsichtig durch das Kolbenring-Werkzeug in den Zylinder.

6 Installieren Sie die Lagerschalen an die unteren Pleuelfußhälften.
7 Schmieren Sie den Hubzapfen und die Lagerschalen ausgiebig mit Motoröl, setzen Sie den Fuß korrekt ausgerichtet auf, drehen Sie die neuen Schrauben ein, und ziehen Sie sie nacheinander zunächst mit 20 Nm (Diesel) bzw. 25 Nm (Benzinmotor) und dann um 40° (Diesel) bzw. 60° (Benzinmotor) weiter (siehe Abbildungen).

19.7a Ziehen Sie die neuen Pleuelfußschrauben zunächst mit dem korrekten Drehmoment an …

19.7b ... und dann um den vorgegebenen Winkel weiter.

8 Sobald die Pleuelfußschrauben korrekt angezogen sind, muss geprüft werden, ob die Kurbelwelle frei drehbar ist; bei Neuteilen darf eine gewisse Steifigkeit erwartet werden, klemmen darf sie jedoch nicht.
9 Verbinden Sie die drei verbliebenen Pleuel auf die gleiche Weise mit der Kurbelwelle.
10 Montieren Sie alle anderen entfernten Teile in der folgenden Reihenfolge:

Benzinmotor

a) Installieren Sie das Ölleitblech und ziehen Sie seine Schrauben sorgfältig an.
b) Montieren Sie den Zylinderkopf (siehe Kapitel 2A, Sektion 10).
c) Installieren Sie die Steuerkette samt Ritzel und Spanner (siehe Kapitel 2A).
d) Montieren Sie den Steuerkettendeckel (siehe Kapitel 2A, Sektion 6).
e) Montieren Sie die Ölwanne und das Ansaugrohr (siehe Kapitel 2A, Sektion 11).

Dieselmotor

a) Installieren Sie das Ölleitblech und ziehen Sie seine Schrauben sorgfältig an.
b) Montieren Sie den Zylinderkopf (siehe Kapitel 2B, Sektion 10).
c) Montieren Sie das Nockenwellengehäuse (siehe Kapitel 2B, Sektion 7).
d) Installieren Sie die Steuerkette samt Ritzel und Spanner (siehe Kapitel 2B).
e) Montieren Sie den Steuerkettendeckel (dies beinhaltet die Montage der Ölwanne (siehe Kapitel 2B).

20 Motor – Erstinbetriebnahme nach Überholen

1 Wenn der Motor ins Fahrzeug eingebaut ist, werden der Motoröl- und der Kühlmittelpegel kontrolliert. Überprüfen Sie erneut, ob alles angeschlossen ist und keine Werkzeuge oder Lappen im Motorraum zurückgelassen wurden.
2 Füllen Sie beim Dieselmotor das Kraftstoffsystem vor und entlüften Sie es (siehe Kapitel 4B).
3 Starten Sie den Motor – aufgrund der entleerten Kraftstoff-Komponenten kann es länger dauern, bis er anspringt. Die Öldruck-Kontrollleuchte muss kurz danach erlöschen.
4 Lassen Sie den Motor im Standgas laufen und kontrollieren Sie alles auf austretenden Kraftstoff, Motoröl oder Kühlmittel. Falls bei der Montage Öl oder Fett auf jetzt heiß werdende Teile gelangt sind, werden diese verdampfen, sodass eine gewisse Rauchentwicklung normal ist.
5 Lassen Sie den Motor im Standgas laufen, bis im oberen Kühlerschlauch heißes Kühlwasser erfühlt werden kann. Schalten Sie den Motor anschließend ab.
6 Kontrollieren Sie nach einigen Minuten erneut den Motoröl- und der Kühlmittelpegel und füllen Sie ggf. Flüssigkeiten nach (siehe *Wöchentliche Kontrollen*).
7 Soweit die Zylinderkopfschrauben während der Montage korrekt angezogen wurden, ist es bei diesen Motoren nicht erforderlich, sie noch einmal nachzuziehen.
8 Falls Neuteile wie Kolben, Kolbenringe und Lagerschalen installiert wurden, muss der Motor auf den ersten 1000 km eingefahren werden, als wäre er neu. Fahren Sie den Wagen nicht mit Vollgas und setzen Sie ihn bei niedrigen Drehzahlen unter große Last. Es ist ratsam, nach diesen 1000 km das Motoröl samt Filter zu wechseln (siehe Kapitel 1A oder B).

Kapitel 3

Kühlsystem, Heizung und Klimaanlage

Inhalt — Sektion

Technische Daten

Thermostat

Öffnungs-Temperatur
Benzinmotoren
mit elektrischem Heizelement. . . . . 80 °C
mit Wach-Kapsel. . . . . 103 °C
Dieselmotoren. . . . . 88 °C

Klimaanlage

Kältemittel-Typ R134a
Kältemittel-Füllmenge. . . . . 470 g

Anzugsdrehmomente. . . . . **Nm**
Klimaanlagenkompressor-Schrauben 22
Klimaanlagen-Kälterohrblock-Anschlüsse 20
Thermostatgehäuse-Schrauben
Benzinmotoren
Schritt 1. 8
Schritt 2. . . . . um 30° weiter
Wasserpumpen-Befestigungsschrauben
Schritt 1. 9
Schritt 2 (nur 2 Schrauben). . . . . um 30° weiter
Wasserpumpendeckel-Schrauben (Benzinmotoren) 8
Wasserpumpenriemenscheiben-Schrauben (Benzinmotoren). 22
Wasserpumpen-Stopfen (Benzinmotoren) 15

Schwierigkeitsgrade

Leicht. Geeignet für Anfänger mit wenig Erfahrung. 	**Relativ leicht.** Geeignet für Anfänger mit etwas Erfahrung. 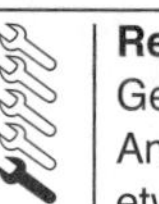	**Relativ schwierig.** Geeignet für geübte Selbstschrauber. 	**Schwer.** Geeignet für Selbstschrauber mit viel Erfahrung.  	**Sehr schwer.** Geeignet für Experten und Profis. 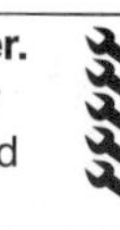

1 Allgemeine Informationen und Warnhinweise

Allgemeine Informationen

1 Das unter Druck stehende Kühlsystem besteht aus der vom Keilrippenriemen angetriebenen Wasserpumpe, einem aus Leichtmetall bestehenden Wasserkühler, einem Ausgleichsbehälter, einem elektrisch betriebenen Kühlventilator, einem Thermostat, einem Heizungs-Wärmetauscher sowie diversen Schläuchen und Schaltern.

2 Das Kühlsystem funktioniert folgendermaßen: Kaltes Kühlmittel aus dem Kühler gelangt durch den unteren Kühlerschlauch zur Wasserpumpe, die es durch die Kühlkanäle des Motorblocks und des Zylinderkopfes fördert. Nachdem es die Zylinder, die Brennräume und die Ventilsitze abgekühlt hat, gelangt das Kühlmittel an die Unterseite des Thermostaten, der anfangs geschlossen ist und das Kühlmittel durch den Wärmetauscher der Heizung zur Wasserpumpe zurückleitet. Sobald das Kühlmittel eine bestimmte Temperatur erreicht hat, öffnet der Thermostat, und das Kühlmittel fließt durch den oberen Schlauch in den Wasserkühler, wo es vom hindurchströmenden Fahrtwind abgekühlt wird – oder mithilfe des am Kühler sitzenden Ventilators. Hier beginnt der »große« Kühlkreis wieder von vorn.

3 Hinter dem Kühler sitzt ein elektrisch betriebener Ventilator, die von einem Thermoschalter, bzw. einem Sensor gesteuert wird und sich bei einer vorgegebenen Temperatur einschaltet, um die Kühlwirkung zu verbessern.

4 Benzinmotoren sind mit einem elektrisch unterstützten Thermostaten ausgerüstet. Die Kühlmittel-Temperatur wird hier mithilfe des Kühltemperatursensors vom Motorsteuergerät überwacht, das die Thermostat-Öffnungstemperatur abhängig von der Motordrehzahl und der Last überwacht; bei normalen Betriebszuständen arbeitet der Thermostat konventionell mithilfe der Wachs-Kapsel und öffnet bei 103 °C, wogegen bei hohen Drehzahlen und Lasten ein im Thermostaten sitzendes Heizelement aktiviert wird, um ihn bereits bei ca. 80 °C zu öffnen.

5 Das Kühlmittel dehnt sich mit zunehmender Temperatur aus, sodass es über einen dünnen Schlauch oben vom Kühler in einen Ausgleichsbehälter geleitet wird, wo der Pegel ansteigt; bei abkühlendem Kühlmittel sinkt er wieder ab.

Warnung: Solange der Motor heiß ist, darf weder der Ausgleichsbehälterdeckel noch irgendein anderes Teil des Kühlsystems entfernt oder getrennt werden – das unter Druck stehende Kühlmittel kann bei Druckverlust plötzlich aufkochen, sodass heißer Dampf austritt und ernsthafte Verbrennungen verursacht. Falls der Ausgleichsbehälterdeckel im Notfall vor dem Abkühlen des Motors und des Kühlers entfernt werden soll, muss zunächst vorsichtig der Druck abgelassen werden. Legen Sie dazu einen dicken Lappen oder ein Handtuch um den Deckel und entfernen Sie diesen durch vorsichtiges Drehen nach links bis zum Anschlag. Wenn ein zischendes Geräusch hörbar wird, muss gewartet werden, bis es aufhört. Jetzt wird der Deckel heruntergedrückt und weiter nach links gedreht, bis er abgenommen werden kann. Achtung: Siedendes Wasser kann auch mit etwas Verzögerung herausspritzen!

Warnung: Solange der Motor heiß ist, darf weder der Ausgleichsbehälterdeckel noch irgendein anderes Teil des Kühlsystems entfernt oder getrennt werden – das unter Druck stehende Kühlmittel kann bei Druckverlust plötzlich aufkochen, sodass heißer Dampf austritt und ernsthafte Verbrennungen verursacht. Falls der Ausgleichsbehälterdeckel im Notfall vor dem Abkühlen des Motors und des Kühlers entfernt werden soll, muss zunächst vorsichtig der Druck abgelassen werden. Legen Sie dazu einen dicken Lappen oder ein Handtuch um den Deckel und entfernen Sie diesen durch vorsichtiges Drehen nach links bis zum Anschlag. Wenn ein zischendes Geräusch hörbar wird, muss gewartet werden, bis es aufhört. Jetzt wird der Deckel heruntergedrückt und weiter nach links gedreht, bis er abgenommen werden kann. Achtung: Siedendes Wasser kann auch mit etwas Verzögerung herausspritzen!

- ***Frostschutzmittel darf nicht mit der Haut oder Lackoberflächen in Berührung kommen. Wischen Sie Spritzer unverzüglich mit reichlich Wasser ab. Frostschutz kann giftige und explosive Gase produzieren, wenn er in offenen Behältern gelagert oder auf den Boden verschüttet wird. Kinder und Tiere können durch den süßen Geschmack irritiert werden und das Mittel trinken. Fragen Sie Ihren Fachhändler, wo Sie altes Frostschutzmittel entsorgen können.***
- ***Bei heißem Motor kann ein elektrischer Ventilator auch nach dem Abschalten des Motors (und auch der Zündung) einschalten. Halten Sie bei Arbeiten im Motorraum stets Hände, Haare und Kleidung weit genug vom Ventilator weg.***
- ***Beachten Sie vor der Arbeit an Klimaanlagen-Komponenten die Warnhinweise in Sektion 10.***

2 Kühlsystem-Schläuche – Trennen und Verbinden

Anmerkung: *Beachten Sie vor Arbeitsbeginn die Warnhinweise in Sektion 1. Schläuche dürfen erst abgezogen werden, wenn der Motor ausreichend abgekühlt ist.*

1 Falls bei den Kontrollen in Kapitel 1A oder B, Sektion 6 ein defekter Schlauch entdeckt wurde, muss er wie folgt ersetzt werden:

2 Entleeren Sie zuerst das Kühlsystem (siehe Kapitel 1A, Sektion 26 oder Kapitel 1B, Sektion 28) – falls das Frostschutzmittel nicht erneuert werden muss, kann es später wiederverwendet werden, wenn es in einem sauberen Behälter gelagert wird.

3 Merken Sie sich vor dem Trennen eines Schlauchs seine Verlegung im Motorraum und mögliche zusätzliche Befestigungen mit Clips oder Kabelbindern. Lösen Sie Schellen des entsprechenden Schlauchs – es können zwei Schellentypen zum Einsatz kommen: Schraubschellen und Federschellen – für Schraubschellen wird ein passender Schraubendreher benötigt, für Federschellen eine geeignete Zange. Lockern Sie die Schelle und ziehen Sie sie ein Stück weit zurück, sodass der Schlauch vom Stutzen befreit werden kann.

4 Je nach Motor können auch Schläuche mit Schnellverschlüssen gesichert sein. Heben Sie bei diesen Modellen die Enden der Drahtbügel an, um den Clip zu spreizen, und ziehen Sie den Schlauch vom Stutzen (siehe Abbildungen).

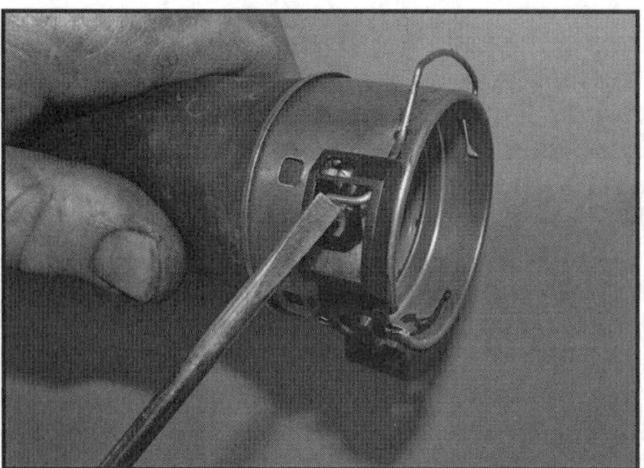

2.4a Bei Schnellverschlüssen müssen die Enden der Drahtsicherung angehoben ...

2.4b ... und dann der Schlauch vom Stutzen gezogen werden.

5 Beachten Sie, dass die beiden Haupt-Stutzen des Kühlers relativ empfindlich sind, sodass beim Abziehen der Schläuche keine übermäßige Kraft angewendet werden darf; falls ein Schlauch sich nicht lösen lässt, muss versucht werden, ihn drehend abzuziehen.

> ***Praxis-Tipp***
>
> ***Wenn sich ein Schlauch nicht abziehen lässt, muss mit einem scharfen Messer ein Längsschnitt über dem Flansch gezogen werden, sodass der Schlauch abgeschält werden kann. Es ist immer besser, nur einen neuen Schlauch zu beschaffen, als den ganzen Kühler zu ersetzen.***

6 Vor der Montage empfiehlt es sich, den Stutzen mit etwas Spülmittel oder speziellem Gummi-Schmiermittel zu versehen, um den Schlauch leichter aufschieben zu können. Verwenden Sie auf keinen Fall Fett oder Motoröl, da dies den Schlauch angreifen kann.
7 Vor der Montage eines Schlauchs müssen die Schellen aufgeschoben sein. Prüfen Sie vor dem Verbinden des Schlauchs, ob er korrekt verlegt ist. Stecken Sie den Schlauch auf seinen Stutzen – richten Sie ihn dabei korrekt aus. Schieben Sie die Schelle über den Stutzen und ziehen Sie sie ggf. an.
8 Füllen Sie das Kühlsystem auf (siehe Kapitel 1A, Sektion 26 oder Kapitel 1B, Sektion 28) und kontrollieren Sie das Kühlsystem auf Undichtigkeiten.
9 Prüfen Sie nach einigen Hundert Kilometern die Festigkeit aller auf neuen Schläuchen sitzenden Schellen.

3 Wasserkühler – Ausbau, Kontrolle und Einbau

Ausbau

1 Trennen Sie den Masseanschluss (–) der Batterie (siehe Kapitel 5A, Sektion 4).
2 Ziehen Sie die Handbremse fest an, heben Sie dann das Fahrzeug vorn an, und stützen Sie es sicher ab (siehe Seite 351).
3 Demontieren Sie die vordere Stoßstange (siehe Kapitel 11, Sektion 6).
4 Entleeren Sie das Kühlsystem (siehe Kapitel 1A, Sektion 26 oder Kapitel 1B, Sektion 28).

Benzinmotoren

5 Lockern Sie oben und unten am Kühler die Schellen der beiden Haupt-Kühlerschläuche und ziehen Sie diese ab.
6 Trennen Sie den Stecker des Kühlerventilators (siehe Abbildung).

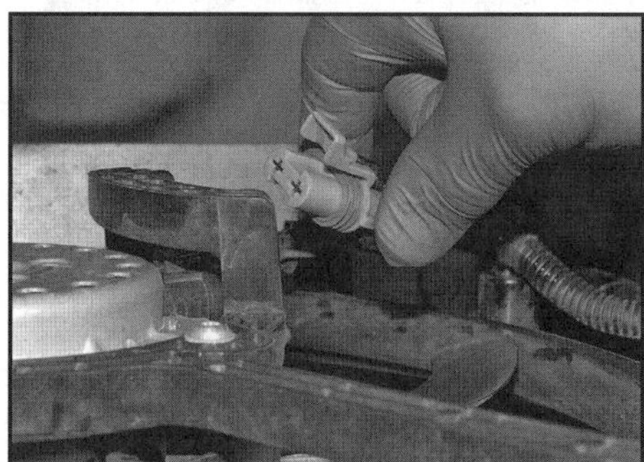

3.6 Stecker des Kühlerventilators

7 Befreien Sie hinten am Ventilator die Verkabelung (siehe Abbildung).

3.7 Ventilatorkabel

8 Trennen Sie hinten am Ventilator den Stecker dessen Widerstands.
9 Trennen Sie seitlich am Kühler den Stecker des Kühltemperatursensors.
10 Lockern Sie am Ölkühler von Automatik-Modellen die Schellen und ziehen Sie die Schläuche ab.
11 Lösen Sie bei Modellen mit Klimaanlage die vier Halterungen des Verflüssigers und trennen Sie diesen vom Kühler (siehe Sektion 11); stützen Sie den Verflüssiger mit Kabelbindern an der Halterung der Motorhauben-Verriegelung, um die Kältemittelschläuche nicht unter Last zu setzen.
12 Demontieren Sie den vorderen Teil des Hilfsrahmens (siehe Kapitel 10, Sektion 7) (siehe Abbildungen). Befreien

Sie den Kühler aus seinen oberen Halterungen und senken Sie ihn nach unten ab.

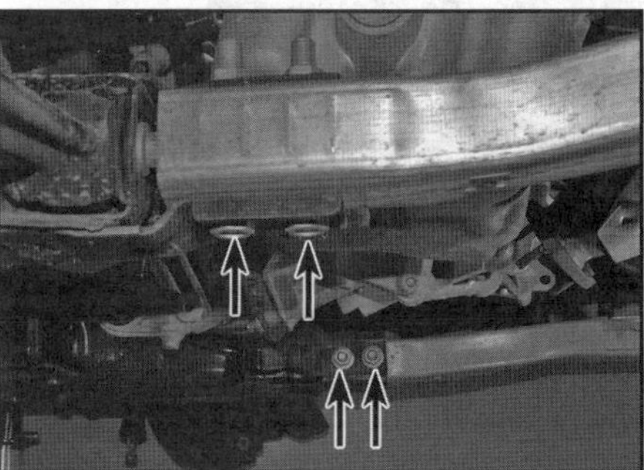

3.12a Lösen Sie an beiden Seiten die zwei hinteren Schrauben ...

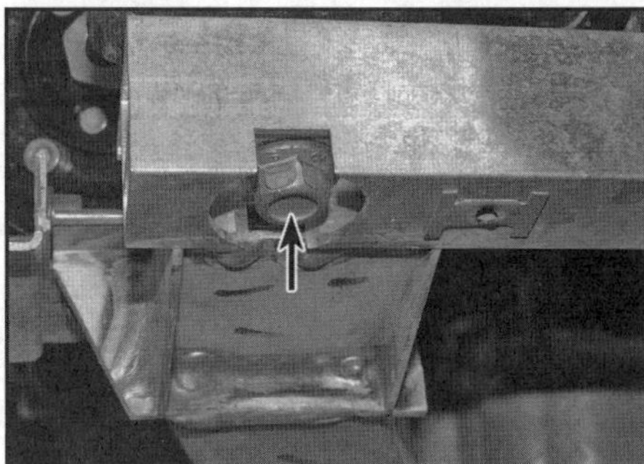

3.12b ... und die einzelne Schraube vorn.

13 Der Ventilator kann nach dem Befreien der Verkabelung nötigenfalls vom Kühler gelöst werden.

Dieselmotoren

3.14a Trennen Sie die zwei Ladeluftschläuche vom Ladeluftkühler ...

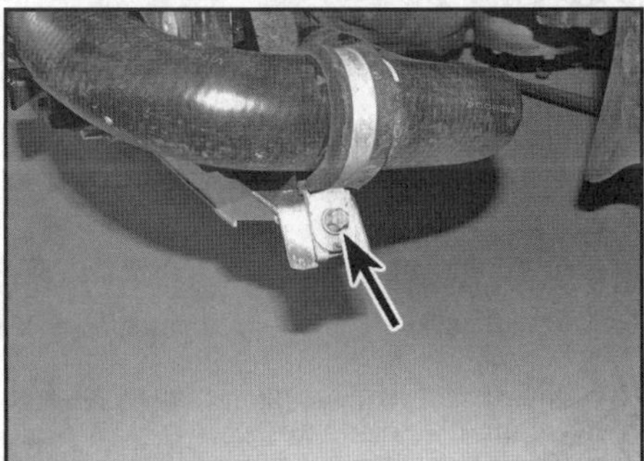

3.14b ... und lösen Sie an beiden Seiten der Kühler-Querstrebe die Schrauben der Ladeluftschlauch-Klemmen.

14 Trennen Sie am Ladeluftkühler die Schnellverschlüsse der zwei Ladeluftschläuche und trennen Sie diese. Lösen Sie an beiden Seiten der Kühlerhalterung die Schrauben der Ladeluftschlauch-Klemmen (siehe Abbildungen).

15 Trennen Sie die Stecker des Kühlerventilators und seines Widerstands und befreien Sie an der Lüfterhaube die Verkabelung aus den Kabelbindern (siehe Abbildungen).

3.15a Trennen Sie die Stecker des Kühlerventilators ...

3.15b ... und seines Widerstands ...

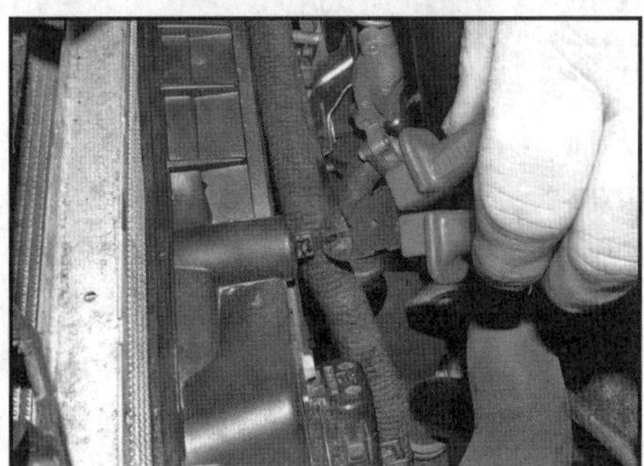

3.15c ... und befreien Sie die Verkabelung aus den Kabelbindern

16 Trennen Sie rechts unten am Kühler den Schnellverschluss des Kühlerschlauchs und ziehen Sie diesen ab.

17 Befreien Sie die Ausgleichsbehälterschläuche von der Lüfterhaube.

18 Trennen Sie links oben am Kühler den Schnellverschluss des Kühlerschlauchs und ziehen Sie diesen ab.

19 Lösen Sie bei Modellen mit Klimaanlage die vier Halterungen des Verflüssigers und trennen Sie diesen vom Kühler (siehe Sektion 11); stützen Sie den Verflüssiger mit Kabelbindern an der Halterung der Motorhauben-Verriegelung, um die Kältemittelschläuche nicht unter Last zu setzen.

20 Lockern Sie die Schrauben des vorderen Teils des Hilfsrahmens und senken Sie ihn etwas ab (Abb. 3.12a und b).

21 Lösen Sie mithilfe eines Assistenten die zuvor gelockerten Hilfsrahmen-Schrauben, befreien Sie den Kühler aus seinen oberen Halterungen und senken Sie ihn nach unten ab.

22 Der Ventilator kann nach dem Befreien der Verkabelung nötigenfalls vom Kühler gelöst werden.

Kontrolle

23 Falls am Kühler eine Verstopfung vermutet wurde, muss er entgegen der normalen Strömungsrichtung gespült werden (siehe Kapitel 1A, Sektion 26 oder Kapitel 1B, Sektion 28). Befreien Sie mit Druckluft und einer weichen Bürste Schmutz und Insekten aus den Kühlerlamellen.

Achtung: Tragen Sie beim Einsatz von Druckluft stets eine Schutzbrille!

Achtung: Die Lamellen sind scharfkantig und sehr empfindlich!

24 Lassen Sie nötigenfalls einen »Strömungstest« von einem Kühler-Fachbetrieb durchführen.

25 Ein leckender Kühler muss von einem Fachbetrieb repariert werden. Versuchen Sie nicht, einen Kühler zu schweißen oder zu löten, da hierbei spezielle Techniken erforderlich sind.

26 Im Notfall dürfen kleine Lecks mit chemischen Dichtmitteln behandelt werden – beachten Sie hierbei die beigefügte Anleitung.

27 Kontrollieren Sie alle Haltegummis auf Alterungserscheinungen und ersetzen Sie sie nötigenfalls.

Einbau

28 Der Einbau entspricht der umgekehrten Ausbaureihenfolge – beachten Sie dabei folgende Punkte:

a) *Alle Schläuche müssen korrekt verbunden und mit ihren Schellen gesichert sein.*

b) *Füllen Sie zum Schluss das Kühlsystem auf (siehe Kapitel 1A, Sektion 26 oder Kapitel 1B, Sektion 28).*

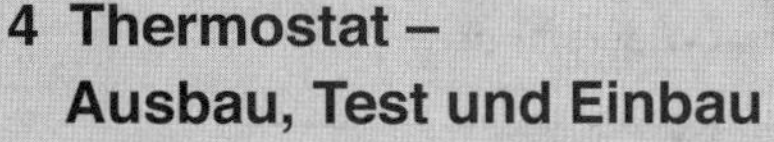

4 Thermostat – Ausbau, Test und Einbau

Ausbau

Benzinmotoren

1 Das Thermostatgehäuse sitzt an der Wasserpumpe rechts am Motor.

2 Entleeren Sie das Kühlsystem (siehe Kapitel 1A, Sektion 26).

3 Entfernen Sie das Luftfiltergehäuse (siehe Kapitel 4A, Sektion 3).

4 Drücken Sie am Schlauch der Motorentlüftung die Hülse zusammen und ziehen Sie ihn vom Drosselklappengehäuse (siehe Abbildung).

4.4 Trennen Sie den Motorentlüftungsschlauch.

5 Ziehen Sie am Thermostatgehäuse den Drahtbügel heraus und trennen Sie den Kühlerschlauch (siehe Abbildung).

4.5 Ziehen Sie den Drahtbügel heraus und trennen Sie den Kühlerschlauch vom Thermostatgehäuse.

6 Trennen Sie ggf. den Kabelstecker vom Thermostatgehäuse (siehe Abbildung). Lösen Sie die drei Schrauben und entfernen Sie das Gehäuse.

4.6 Trennen Sie ggf. den Kabelstecker vom Thermostatgehäuse.

7 Entfernen Sie den Thermostaten – bei manchen Modellen ist er ins Gehäuse integriert und kann nicht separat ersetzt werden.

8 Lockern Sie am Thermostatgehäuse die Schelle des Ölkühlerschlauchs und ziehen Sie diesen ab.

9 Entfernen Sie den Dichtring aus dem Gehäusedeckel – er muss beim Einbau erneuert werden (siehe Abbildung).

4.9 Entfernen Sie den Dichtring aus dem Thermostatgehäuse.

Dieselmotoren

10 Entfernen Sie die Motorabdeckung.

11 Entleeren Sie das Kühlsystem (siehe Kapitel 1B, Sektion 28).

12 Lockern Sie am Thermostatgehäuse die Schellen der vier Kühlerschläuche und ziehen Sie diese ab.

13 Trennen Sie den Stecker des Kühltemperatursensors und befreien Sie die Verkabelung vom Thermostatgehäuse.

14 Lösen Sie die zwei Schrauben des Thermostatgehäuses und befreien Sie dies vom Motor (siehe Abbildung).

4.14 Lösen Sie die zwei Schrauben des Thermostatgehäuses, um es zu entfernen.

15 Entfernen Sie den Dichtring aus dem Gehäusedeckel – er muss beim Einbau erneuert werden (siehe Abbildung).

4.15 Entfernen Sie den Dichtring aus dem Thermostatgehäuse.

16 Beachten Sie, dass der Thermostat ins Gehäuse integriert ist und nicht separat ersetzt werden kann.

Test

17 Wo der Thermostat aus seinem Gehäuse befreit werden kann, ist ein gröber Test möglich, indem er in einen mit Wasser gefüllten Topf gehängt und dieser erhitzt wird – sobald das Wasser kocht, muss der Thermostat öffnen (siehe Abbildung). **Anmerkung**: *Ein Thermostat sollte bei jedem Zweifel über seine Funktion ersetzt werden – Ersatz ist nicht teuer. Falls der Thermostat älter als fünf Jahre ist, hat er seine beste Zeit bereits hinter sich.*

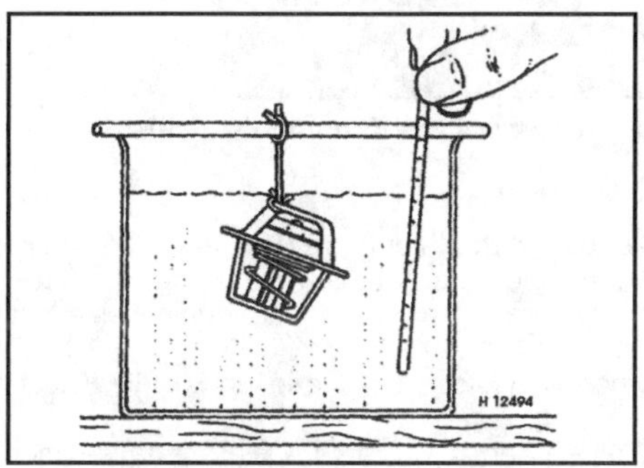

4.17 Tauchen Sie den Thermostaten in heißes Wasser und beobachten Sie ihn.

18 Die Öffnungstemperatur des Thermostaten ist auf seinem Gehäuse angegeben. Falls ein Thermometer zur Hand ist, kann die gemessene Öffnungstemperatur mit dieser Angabe verglichen werden.

19 Auch ein Thermostat, der sich bei abkühlendem Wasser nicht schließt, muss erneuert werden.

Einbau

20 Der Einbau entspricht der umgekehrten Ausbaureihenfolge – beachten Sie dabei folgende Punkte:

a) *Rüsten Sie den Thermostaten mit einer neuen Dichtung aus.*

b) *Ziehen Sie die Schrauben des Thermostatgehäuses mit den in den technischen Daten angegebenen Drehmomenten an.*

c) *Füllen Sie zum Schluss das Kühlsystem auf (siehe Kapitel 1A, Sektion 26 oder Kapitel 1B, Sektion 28).*

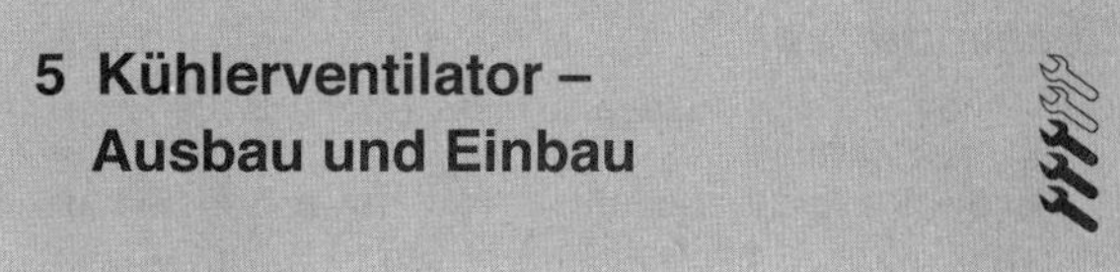

5 Kühlerventilator – Ausbau und Einbau

Warnung: Der Ventilator kann bei heißem Motor jederzeit anspringen – passen Sie bei Arbeiten in der Nähe des Ventilators entsprechend auf.

Ausbau

Benzinmotoren

1 Trennen Sie den Masseanschluss (–) der Batterie (siehe Kapitel 5A, Sektion 4).

2 Ziehen Sie die Handbremse fest an, heben Sie dann das Fahrzeug vorn an, und stützen Sie es sicher ab (siehe Seite 351).

3 Entfernen Sie den Ansaugtrakt (siehe Kapitel 4A, Sektion 3).

4 Trennen Sie die Ausgleichsbehälterschläuche vom Ventilatorgehäuse.

5 Lösen Sie die Schrauben und die zwei Clips und verlagern Sie den Ausgleichsbehälter beiseite (siehe Abbildung).

5.5 Schrauben des Ausgleichsbehälterschlauchs

6 Lösen Sie am Karosserie-Seitenteil vor der Batterie die Mutter der Massekabel und trennen Sie diese.

7 Trennen Sie bei Modellen mit Klimaanlage den Stecker des Kompressors.

8 Drücken Sie an beiden Seiten der Lüfterhaube oben die Lasche ein (siehe Abbildung) und heben Sie sie von den unteren Haltern. Senken Sie den Ventilator dann samt Haube ab und befreien Sie die Komponente nach unten aus dem Fahrzeug.

5.8 Laschen der (zur Verdeutlichung ausgebauten) Lüfterhaube

9 Zur Demontage des Ventilators muss sein Stecker getrennt werden, dann werden die drei Schrauben/Muttern gelöst und der Ventilator von der Haube getrennt.

Dieselmotoren

10 Trennen Sie den Masseanschluss (–) der Batterie (siehe Kapitel 5A, Sektion 4).
11 Ziehen Sie die Handbremse fest an, heben Sie dann das Fahrzeug vorn an, und stützen Sie es sicher ab (siehe Seite 351).
12 Demontieren Sie die vordere Stoßstange (siehe Kapitel 11, Sektion 6).
13 Entleeren Sie das Kühlsystem (siehe Kapitel 1B, Sektion 28).
14 Trennen Sie am Ladeluftkühler die Schnellverschlüsse der zwei Ladeluftschläuche und trennen Sie diese. Lösen Sie an beiden Seiten der Kühlerhalterung die Schrauben der Ladeluftschlauch-Klemmen (Abb. 3.14a und b).
15 Lockern Sie die Schelle des Thermostat-Bypassschlauchs und entfernen Sie diesen.
16 Trennen Sie den Stecker des Kühltemperatursensors und entfernen Sie diesen.
17 Trennen Sie die Stecker des Kühlerventilators und seines Widerstands und befreien Sie an der Lüfterhaube die Verkabelung aus den Kabelbindern (Abb. 3.15a bis c).
18 Befreien Sie die Ausgleichsbehälterschläuche von der Lüfterhaube.
19 Trennen Sie rechts unten am Kühler den Schnellverschluss des Kühlerschlauchs und ziehen Sie diesen ab.
20 Trennen Sie rechts oben am Kühler den Ausgleichsbehälterschlauch.
21 Lösen Sie die drei Schrauben des Klimaanlagen-Verflüssigers (siehe Sektion 11).
22 Stützen Sie den Verflüssiger mit Kabelbindern an der Stoßstangenhalterung ab, um die Kältemittelschläuche nicht unter Last zu setzen.
23 Lösen Sie die unteren Schrauben der Kühlerhalterung und verdrehen Sie diese um 90° (siehe Abbildung).

5.23 Lösen Sie die zwei Schrauben jeder Kühlerhalterung.

24 Lösen Sie an der Lüfterhaube die zwei linken und einzelne rechte Schraube, befreien S Sie sie vom Kühler und senken Sie sie nach unten aus dem Motorraum ab.
25 Zur Demontage des Ventilators müssen die drei Schrauben gelöst und der Motor von der Haube getrennt werden.

Einbau

26 Der Rest des Einbaus entspricht der umgekehrten Ausbaureihenfolge – beachten Sie dabei folgende Punkte:
a) Die Haube muss korrekt mit dem Kühler verbunden werden.
b) Sichern Sie alle befreiten Kabel mit neuen Kabelbindern.
c) Montieren Sie ggf. die vordere Stoßstange (siehe Kapitel 11, Sektion 6).
d) Füllen Sie bei Dieselmotoren das Kühlsystem auf (siehe Kapitel 1B, Sektion 28).
e) Prüfen Sie, ob bei heißem Motor der Ventilator anläuft.

6 Kühltemperatursensor – Test, Ausbau und Einbau

Test

1 Ein Test des Kühltemperatursensors sollte von einer mit entsprechenden Diagnosegeräten ausgerüsteten Fachwerkstatt durchgeführt werden.

Ausbau

Benzinmotoren

2 Hier gibt es zwei Temperatursensoren: einen seitlich am Kühlmittel-Auslassgehäuse (links am Zylinderkopf) und einen rechts am Kühler (siehe Abbildung). Der Aus- und Einbau ist bei beiden Sensoren gleich.

6.2 Kühltemperatursensor am Kühlmittel-Auslassgehäuse

3 Entleeren Sie das Kühlsystem (siehe Kapitel 1A, Sektion 26) oder halten Sie einen Stopfen bereit, der statt des Sensors installiert werden kann, um den Kühlmittelverlust gering zu halten.
4 Trennen Sie den Sensorstecker und lösen Sie die Kabel-Befestigung.
5 Schrauben Sie den Sensor aus dem Auslassgehäuse oder dem Kühler. Falls das Kühlmittel nicht abgelassen wurde, muss umgehend ein neuer Sensor oder geeigneter Stopfen installiert werden.

Dieselmotoren

6 Der Kühltemperatursensor sitzt seitlich am Thermostatgehäuse (links am Zylinderkopf) (siehe Abbildung).

6.6 Position des Kühltemperatursensor (Dieselmotoren)

7 Heben Sie die Motorabdeckung ab.
8 Entleeren Sie das Kühlsystem (siehe Kapitel 1B, Sektion 28).
9 Entfernen Sie den linken Ladeluftschlauch des Ladeluftkühlers (siehe Kapitel 4B, Sektion 16).
10 Trennen Sie den Sensorstecker und schrauben Sie den Sensor aus dem Thermostatgehäuse.

Einbau

11 Der Rest des Einbaus entspricht der umgekehrten Ausbaureihenfolge – beachten Sie dabei folgende Punkte:
a) Schrauben Sie den ggf. mit einem neuen O-Ring ausgerüsteten Sensor ein. Falls der Sensor ohne O-Ring installiert wird, muss sein Gewinde zuvor mit geeigneter Dichtmasse bestrichen werden.
b) Füllen Sie zum Schluss das Kühlsystem auf (siehe Kapitel 1A, Sektion 26 oder Kapitel 1B, Sektion 28).

7 Wasserpumpe – Ausbau und Einbau

Ausbau

Benzinmotoren

1 Trennen Sie den Masseanschluss (–) der Batterie (siehe Kapitel 5A, Sektion 4).
2 Entfernen Sie das Luftfiltergehäuse und den Ansaugtrakt (siehe Kapitel 4A, Sektion 3).
3 Entfernen Sie den Keilrippenriemen (siehe Kapitel 1A, Sektion 21).
4 Entleeren Sie das Kühlsystem (siehe Kapitel 1A, Sektion 26).

7.6 Ziehen Sie an der Wasserpumpe den Rücklaufschlauch der Heizung ab.

5 Stützen Sie den Motor gut ab und entfernen Sie die rechte Motorhalterung samt Aufnahme (siehe Kapitel 2B, Sektion 16).
6 Lockern Sie an der Wasserpumpe die Schelle des Heizungs-Rücklaufschlauchs und trennen Sie diesen (siehe Abbildung).
7 Ziehen Sie am Thermostatgehäuse den Drahtbügel heraus und trennen Sie den Kühlerschlauch (Abb. 4.5).
8 Entfernen Sie den Thermostatdeckel (siehe Sektion 4).
9 Kontern Sie mit einem geeigneten Schlüssel die Riemenscheiben-Nabe, lösen Sie die drei Schrauben und entfernen Sie die Riemenscheibe (siehe Abbildungen).

7.9a Kontern Sie die Riemenscheiben-Nabe, lösen Sie die drei Schrauben …

7.9b ... und entfernen Sie die Riemenscheibe.

10 Trennen Sie am Steuerzeitenversteller der Auslassnockenwelle den Kabelstecker (siehe Abbildung).

7.10 Trennen Sie den Stecker des vorderen Steuerzeitenverstellers.

11 Lösen Sie die zehn Wasserpumpenschrauben – beachten Sie ihre unterschiedlichen Längen (siehe Abbildung). Die kürzeren Schrauben sichern die Pumpe am Steuerkettendeckel, während die längeren Schrauben die Pumpe zusammen mit dem Steuerkettendeckel am Motorgehäuse oder Zylinderkopf sichert.

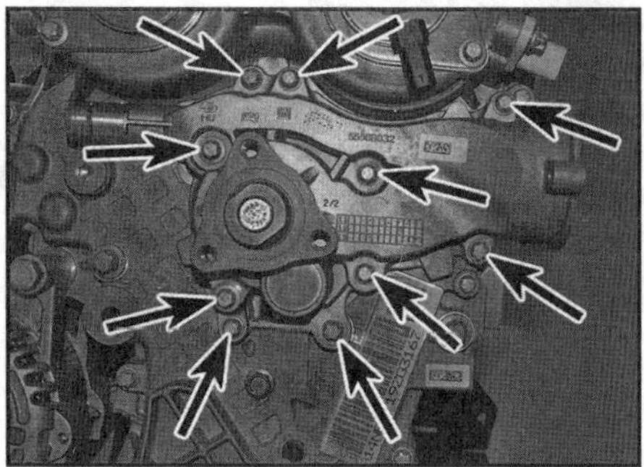

7.11 Lösen Sie die zehn Wasserpumpenschrauben – beachten Sie ihre unterschiedlichen Längen.

12 Ziehen Sie die Wasserpumpe aus dem Steuerkettendeck – möglicherweise muss sie mithilfe eines weichen Hammers von den Passhülsen geklopft werden.
Anmerkung: *Hierbei tritt das im Motorblock befindliche Kühlmittel aus.*
13 Entnehmen Sie die Wasserpumpendichtung – beim Einbau wird eine neue benötigt (siehe Abbildung).

7.13 Entfernen Sie die Wasserpumpendichtung.

14 Die Wasserpumpe kann nicht überholt werden – bei irgendeinem Defekt muss sie durch ein Neuteil ersetzt werden.
15 Falls die Wasserpumpe ausgetauscht werden muss, ist der Thermostat auf die neue Pumpe zu übertragen (siehe Sektion 4).

Dieselmotoren

16 Trennen Sie den Masseanschluss (–) der Batterie (siehe Kapitel 5A, Sektion 4).
17 Entfernen Sie das Luftfiltergehäuse und den Ansaugtrakt (siehe Kapitel 4B, Sektion 3).
18 Entleeren Sie das Kühlsystem (siehe Kapitel 1B, Sektion 28).
19 Entfernen Sie den Keilrippenriemen (siehe Kapitel 1B, Sektion 23).

7.20 Lösen Sie mithilfe einer Steckschlüssel-Verlängerung die Wasserpumpen-Muttern.

20 Lösen Sie durch die Löcher der Riemenscheibe hindurch die vier Wasserpumpen-Befestigungsmuttern (siehe Abbildung).
21 Ziehen Sie die Wasserpumpe von den Stehbolzen.
Anmerkung: *Hierbei tritt das im Motorblock befindliche Kühlmittel aus.*
22 Entnehmen Sie den Dichtring – beim Einbau wird ein neuer benötigt (siehe Abbildung).

7.22 Entfernen Sie den Wasserpumpen-Dichtring.

23 Die Wasserpumpe kann nicht überholt werden – bei irgendeinem Defekt muss sie durch ein Neuteil ersetzt werden.

Einbau

24 Der Rest des Einbaus entspricht der umgekehrten Ausbaureihenfolge – beachten Sie dabei folgende Punkte:

Benzinmotoren

a) *Die Dichtflächen der Pumpe und des Steuerkettendeckels müssen absolut sauber sein und mit einer neuen Dichtung ausgerüstet werden.*
b) *Ziehen Sie alle Wasserpumpenschrauben zunächst schrittweise und über Kreuz mit 9 Nm. Ziehen Sie anschließend die zwei gezeigten Schrauben mithilfe einer Gradscheibe um 30° weiter (siehe Abbildung).*
c) *Installieren Sie den Keilrippenriemen (siehe Kapitel 1A, Sektion 21).*
d) *Montieren Sie die rechte Motorhalterung samt Aufnahme (siehe Kapitel 2A, Sektion 16).*
e) *Montieren Sie das Luftfiltergehäuse samt Ansaugstutzen (siehe Kapitel 4A, Sektion 3).*
f) *Füllen Sie das Kühlsystem auf (siehe Kapitel 1A, Sektion 26).*

Dieselmotoren

a) *Die Dichtflächen der Pumpe und des Motorblocks müssen absolut sauber sein und die Pumpe mit einem neuen Dichtring ausgerüstet werden.*

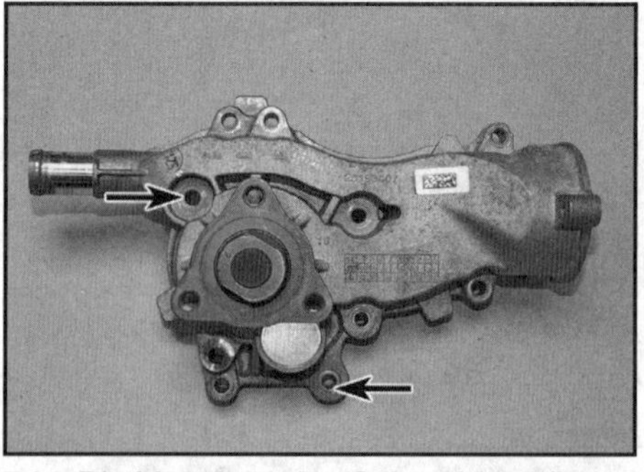

7.24 Die hier sitzenden Schrauben müssen zusätzlich um 30° weitergedreht werden.

b) Ziehen Sie alle Wasserpumpenmuttern mit 9 Nm.
c) Installieren Sie den Keilrippenriemen (siehe Kapitel 1B, Sektion 23).
d) Montieren Sie das Luftfiltergehäuse samt Ansaugstutzen (siehe Kapitel 4B, Sektion 3).
e) Füllen Sie das Kühlsystem auf (siehe Kapitel 1B, Sektion 28).

8 Heizung und Lüftung – Allgemeine Informationen

1 Das Heizungs- und Belüftungssystem besteht aus einem vierstufigen Gebläse, Lüftungsklappen im Armaturenbrett und Lüftungstrakten zur Windschutzscheibe und den Fußräumen.
2 Mithilfe der im Armaturenbrett sitzenden Heizungsregler werden Klappen betätigt, um die durch die verschiedenen Teile des Heizungs- und Belüftungssystems strömende Luft abzulenken und zu mischen. Die Luftklappen sitzen im zentralen Luftverteilergehäuse, das die Luft zu den verschiedenen Öffnungen verteilt.
3 Die zum Heizen verwendete Luft wird durch den Grill vor der Windschutzscheibe angesaugt. Im Lüftungs-Einlass befindet sich ein Pollenfilter, um Staub und andere Partikel aus der ins Fahrzeug strömenden Luft herauszufiltern.
4 Die nötigenfalls per Gebläse beschleunigte Luft wird von der Regelung zu den verschiedenen Lüftungsdüsen geleitet. Abluft gelangt hinter den Türen wieder ins Freie. Falls Warmluft verlangt wird, leiten entsprechende Klappen die Frischluft durch einen vom Kühlmittel des Motors beheizten Wärmetauscher.
5 Ein Umlufthebel ermöglicht den Ausschluss der Außenluft, während im Fahrzeug die Luft zirkuliert. Diese Funktion kann kurzzeitig genutzt werden, um Gerüche nicht ins Fahrzeug dringen zu lassen, sollte aber nicht lange verwendet werden, da die Luft rasch verbraucht sein wird.

9 Heizungs- und Lüftungs-Komponenten – Ausbau und Einbau

Heizungsregler

Ausbau

1 Trennen Sie den Masseanschluss (–) der Batterie (siehe Kapitel 5A, Sektion 4).
2 Entfernen Sie folgende Komponenten – beachten Sie dazu die Hinweise in Kapitel 11, Sektion 27:

9.4 Befestigungsschrauben der Heizungsregler-Baugruppe

a) Frontblende und linke Belüftungsblende im Armaturenbrett
b) Mittlere Belüftungsblende
c) Audiosystem-Blende

3 Entfernen Sie das Audiosystem und das Touchscreen-Display (siehe Kapitel 12, Sektion 15).
4 Lösen Sie innerhalb des Audiosystem-Schachts die zwei Schrauben, mit denen die Heizungsregler am Armaturenbrett gesichert sind (siehe Abbildung).
5 Drücken Sie das Armaturenbretts an beiden Seiten, wo die Heizungsregler-Baugruppe einrastet, sanft nach außen und ziehen Sie die Regler gleichzeitig heraus, um die Laschen zu befreien (siehe Abbildung).

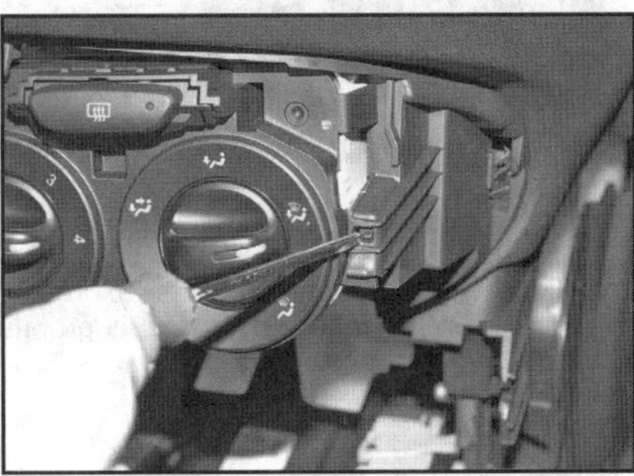

9.5 Lösen Sie an beiden Seiten die Laschen, um die Heizungsregler herausziehen zu können.

6 Beachten Sie die Ausrichtung der Seilzüge, befreien Sie die Hüllen aus den Widerlagern und trennen Sie die Enden der Züge von den Reglerhebeln (siehe Abbildung), um die Heizungsregler-Baugruppe vollständig aus dem Armaturenbrett zu entfernen. Alternativ können die Seilzüge angeschlossen bleiben, um mitsamt der Baugruppe entfernt werden zu können.

9.6 Befreien Sie die Seilzug-Hüllen aus den Widerlagern und trennen Sie die Enden der Züge von den Reglerhebeln.

7 Trennen Sie hinten an der Heizungsregler-Baugruppe die Kabelstecker und die Lampenhalter (siehe Abbildungen).

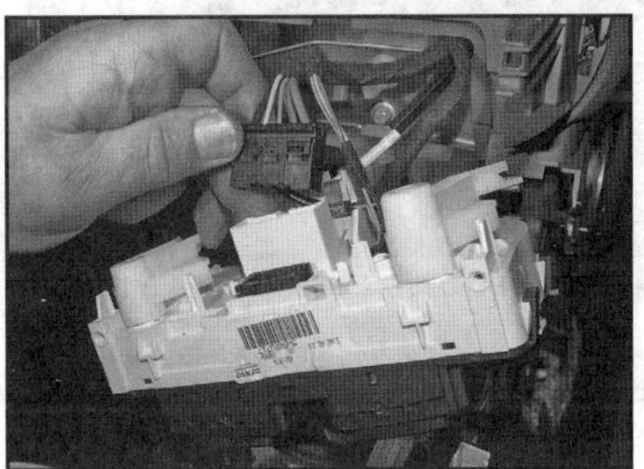

9.7a Trennen Sie die Kabelstecker ...

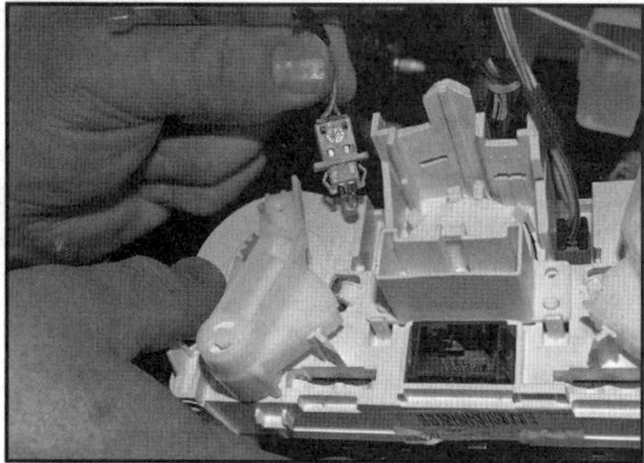

9.7b ... und ziehen Sie die Lampenhalter aus der Heizungsregler-Baugruppe.

Einbau

8 Der Einbau entspricht der umgekehrten Ausbaureihenfolge. Alle Kabel und Seilzüge müssen korrekt verlegt und angeschlossen werden. Lassen Sie die Seilzug-Hüllen einrasten und prüfen Sie die Funktion aller Hebel, bevor die Baugruppe wieder installiert wird.

Heizungsregler-Seilzüge

9 Verschaffen Sie sich Zugang zu den Seilzügen und trennen Sie sie (siehe Schritte 1 bis 7).
10 Der Einbau entspricht der umgekehrten Ausbaureihenfolge. Alle Seilzüge müssen korrekt verlegt und angeschlossen werden. Lassen Sie die Seilzug-Hüllen einrasten und prüfen Sie die Funktion aller Hebel, bevor die Baugruppe wieder installiert wird.

Heizungs-Wärmetauscher

11 Trennen Sie den Masseanschluss (–) der Batterie (siehe Kapitel 5A, Sektion 4).
12 Drehen Sie bei abgekühltem Motor den Deckel des Kühlmittel-Ausgleichsbehälters ab, um das Kühlsystem drucklos zu machen; drehen Sie den Deckel wieder auf.
13 Klemmen Sie die Heizungsschläuche möglichst nahe an der Spritzwand ab, um den Kühlmittelverlust zu minimieren. Alternativ kann das Kühlsystem entleert werden (siehe Kapitel 1A, Sektion 26 oder Kapitel 1B, Sektion 28).
14 Entfernen Sie folgende Komponenten – beachten Sie dazu die Hinweise in Kapitel 11:
a) Mittelkonsole
b) Handschuhfach
c) Mittlere Verkleidung im Beifahrer-Fußraum
15 Lösen Sie im Beifahrerfußraum den Spreizniet des Luftkanals und entfernen Sie diesen (siehe Abbildung).

9.15 Entfernen Sie im Beifahrerfußraum den Luftkanal.

16 Bedecken Sie den Teppich unterhalb des Lüftungs-Verteilergehäuses mit reichlich Lappen, um beim Trennen des Wärmetauschers austretendes Kühlmittel aufzunehmen.
17 Lösen Sie am Wärmetauscher die Schrauben der Rohrklemmen (siehe Abbildung).

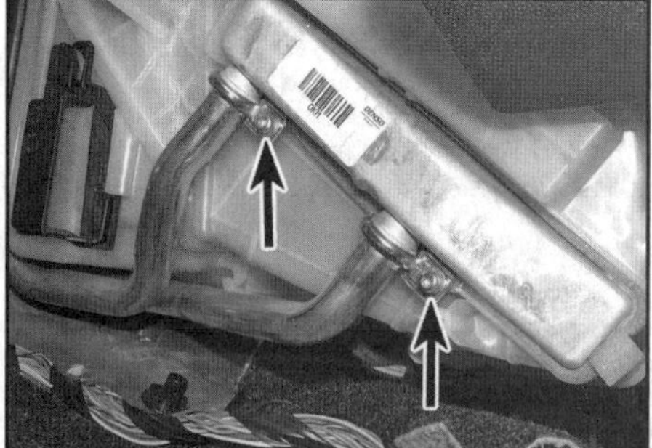

9.17 Schrauben der Wärmetauscherrohr-Klemmen

18 Befreien Sie den Wärmetauscher und ziehen Sie ihn aus dem Lüftungs-Verteilergehäuse heraus.
Anmerkung: *Halten Sie die Wärmetauscher-Anschlüsse bei dessen Ausbau oben, um kein weiteres Kühlmittel austreten zu lassen. Wischen Sie Kühlmittel-Spritzer umgehend auf und reinigen Sie alles mit einem feuchten Tuch, um Flecken zu vermeiden.*
19 Entfernen Sie nötigenfalls die Dichtringe von den Wärmetauscher-Anschlüssen und ersetzen Sie sie.
20 Der Einbau entspricht der umgekehrten Ausbaureihenfolge. Füllen Sie zum Schluss das Kühlsystem auf (siehe Kapitel 1A, Sektion 26 oder Kapitel 1B, Sektion 28).

Gebläsemotor

Ausbau

21 Trennen Sie den Masseanschluss (–) der Batterie (siehe Kapitel 5A, Sektion 4).
22 Entfernen Sie das Handschuhfach (siehe Kapitel 11, Sektion 27).
23 Lösen Sie im Beifahrerfußraum den Spreizniet des Luftkanals und entfernen Sie diesen (Abb. 9.15).
24 Trennen Sie den Kabelstecker des Gebläsemotors (siehe Abbildung).

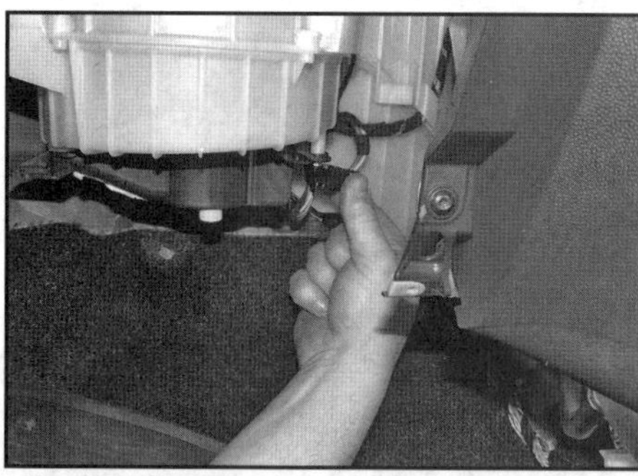

9.24 Trennen Sie den Stecker des Gebläsemotors.

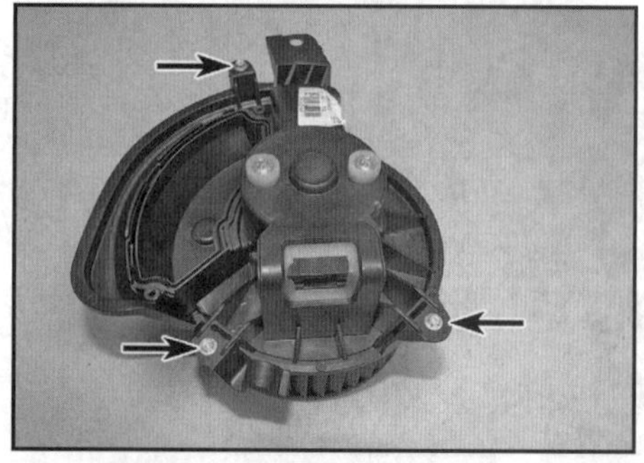

9.25 Gebläsemotor-Befestigungsschrauben (zur besseren Ansicht ausgebaut)

25 Lösen Sie die drei Schrauben, um den Motor aus dem Gehäuse zu befreien (siehe Abbildung).

Einbau

26 Der Einbau entspricht der umgekehrten Ausbaureihenfolge.

Gebläsemotor-Widerstand

Ausbau

27 Trennen Sie den Masseanschluss (–) der Batterie (siehe Kapitel 5A, Sektion 4).
28 Entfernen Sie das Handschuhfach (siehe Kapitel 11, Sektion 27).
29 Lösen Sie im Beifahrerfußraum den Spreizniet des Luftkanals und entfernen Sie diesen (Abb. 9.15).
30 Greifen Sie hinter den Gebläsemotor und trennen Sie an dessen Unterseite den Stecker des Widerstands (siehe Abbildung).

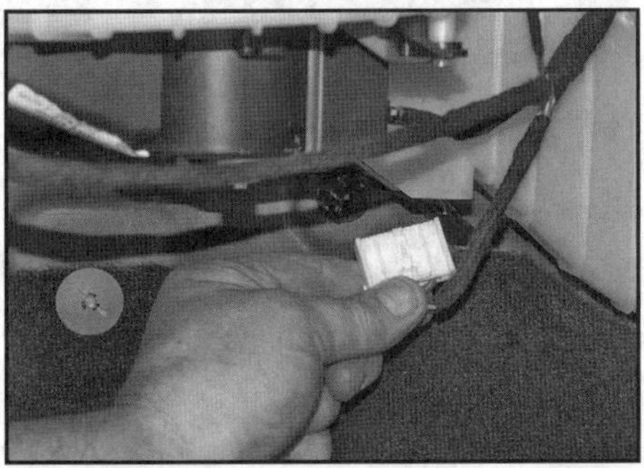

9.30 Trennen Sie an der Unterseite des Gebläsemotors den Stecker des Widerstands.

31 Lösen Sie die Schraube des Widerstands und befreien Sie diesen vom Gebläsemotorgehäuse, indem Sie die Laschen eindrücken und ihn seitlich abziehen (siehe Abbildungen).

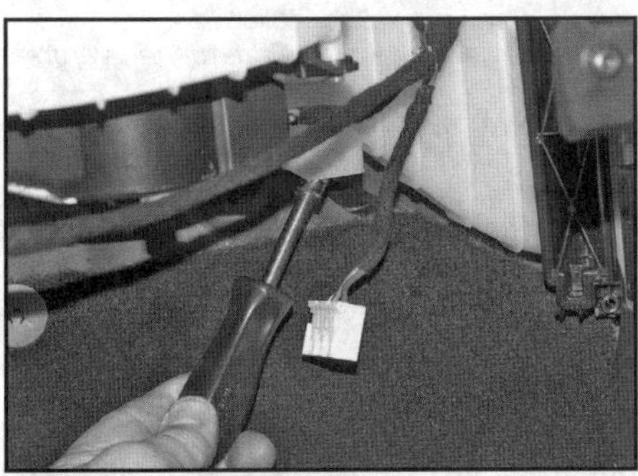

9.31a Lösen Sie die Schraube ...

9.31b ... und befreien Sie den Widerstand aus dem Gebläsemotor-Gehäuse.

Einbau

32 Der Einbau entspricht der umgekehrten Ausbaureihenfolge.

Mischluftventil-Servomotor

Ausbau

33 Trennen Sie den Masseanschluss (–) der Batterie (siehe Kapitel 5A, Sektion 4).
34 Entfernen Sie folgende Komponenten – beachten Sie dazu die Hinweise in Kapitel 11:
a) Mittelkonsole
b) Handschuhfach
c) Mittlere Verkleidung im Beifahrer-Fußraum
35 Lösen Sie im Beifahrerfußraum den Spreizniet des Luftkanals und entfernen Sie diesen (Abb. 9.15).
36 Lösen Sie seitlich am Lüftungs-Verteilergehäuse die drei Schrauben des Servomotors und entfernen Sie diesen (siehe Abbildung).

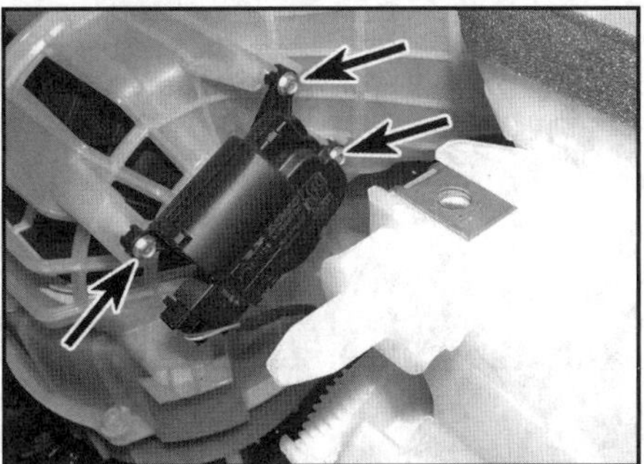

9.36 Schrauben des Mischluftmischventil-Servomotors

Einbau

37 Der Einbau entspricht der umgekehrten Ausbaureihenfolge.

Umluftventil-Servomotor

Ausbau

38 Führen Sie die in den Schritten 33 bis 36 beschriebenen Arbeiten durch.
39 Trennen Sie oberhalb des Heizungs-Wärmetauschers den Stecker und trennen Sie die drei Schrauben, um den Servomotor zu entfernen.

Einbau

40 Der Einbau entspricht der umgekehrten Ausbaureihenfolge.

Lüftungs-Verteilergehäuse

Anmerkung: *Bei Modellen mit Klimaanlage lässt sich das Lüftungs-Verteilergehäuse nicht ohne eine Öffnung des Kältemittel-Kreislaufs demontieren (siehe Sektionen 10 und 11). Lassen Sie das Klimaanlagen-Kältemittel zunächst von einem Klimaanlagen-Fachbetrieb ablassen.*

Ausbau

41 Demontieren Sie das komplette Armaturenbrett (siehe Kapitel 11, Sektion 27).
42 Lassen Sie das Kühlmittel ab (siehe Kapitel 1A, Sektion 26 oder Kapitel 1B, Sektion 28).
43 Lösen Sie im Motorraum die Schellen der Heizungsschläuche und trennen Sie diese vom Heizungs-Wärmetauscher – seien Sie auf austretendes Kühlmittel vorbereitet.

44 Trennen Sie am Lüftungs-Verteilergehäuse die vier Kabelstecker, lösen Sie die fünf Kabelbinder oder Sicherungs-Clips und befreien Sie den Kabelbaum.

45 Lösen Sie bei Modellen mit Klimaanlage im Motorraum die Schraube, die den Anschluss des Kältemittelrohr-Blocks am Expansionsventil sichert, und ziehen Sie die Rohre heraus – beim Einbau werden neue Dichtringe benötigt. Verstopfen Sie die Rohre, um keinen Schmutz eindringen zu lassen.

46 Bedecken Sie den Teppich unterhalb des Lüftungs-Verteilergehäuses mit reichlich Lappen, um beim Ausbau des Gehäuses austretendes Kühlmittel aufzunehmen.

Anmerkung: *Halten Sie die Wärmetauscher-Anschlüsse nach dem Ausbau des Gehäuses nach oben, um kein weiteres Kühlmittel austreten zu lassen. Wischen Sie Kühlmittel-Spritzer umgehend auf und reinigen Sie alles mit einem feuchten Tuch, um Flecken zu vermeiden.*

47 Ziehen Sie im Innenraum das Lüftungs-Verteilergehäuse von der Spritzwand ab.

Einbau

48 Der Einbau entspricht der umgekehrten Ausbaureihenfolge. Füllen Sie zum Schluss das Kühlsystem auf (siehe Kapitel 1A, Sektion 26 oder Kapitel 2B, Sektion 28). Lassen Sie bei einem Modell mit Klimaanlage das Kältemittel vom Spezialbetrieb wieder auffüllen und die Anlage auf Dichtigkeit prüfen.

10 Klimaanlage – Allgemeine Informationen und Warnhinweise

Allgemeine Informationen

1 Manche Modelle sind mit einer Klimaanlage ausgerüstet. Zusammen mit der Heizung ermöglicht die Klimaanlage die Anpassung der Innenraumtemperatur. Sie reduziert auch die Luftfeuchtigkeit der einströmenden Frischluft und hindert so die Fenster am Beschlagen.

2 Die Kühlfunktion der Klimaanlage arbeitet ähnlich wie ein gewöhnlicher Kühlschrank. Der von der Kurbelwelle über den Keilrippenriemen angetriebene Kompressor presst gasförmiges Kühlmittel in den vorn am Wasserkühler sitzenden Verflüssiger, wo es Wärme abgibt und flüssig wird. Es durchströmt ein Expansionsventil und gelangt in den Verdampfer, wo es sich von unter hohem Druck stehender Flüssigkeit in Gas umwandelt, das unter niedrigem Druck steht. Diese Umwandlung wird von einer Temperaturabsenkung begleitet, sodass der Verdampfer abkühlt. Das Kühlmittel kehrt zum Kompressor zurück und der Kreislauf beginnt von vorn.

3 Durch den Verdampfer geblasene Luft passiert den Luft-Verteiler, wo sie mit heißer Luft aus dem Wärmetauscher gemischt wird, um im Innenraum die gewünschte Temperatur zu erreichen.

4 Die Heizungsseite des Systems arbeitet wie eine normale Fahrzeugheizung (siehe Sektion 9).

5 Die Funktion des Systems wird vom einem elektronischen Steuergerät überwacht. Bei irgendwelchen Problemen mit dem System muss Rat bei einer Fachwerkstatt gesucht werden.

Klimaanlagen-Wartungspunkte

6 Die Wartungspunkte für den Niederdruck- und den Hochdruck-Bereich befinden sich hinter dem rechten Scheinwerfer im Motorraum (siehe Abbildungen). Zur Verbesserung des Zugangs können der rechte Radhauskasten und der Luftfilter-Ansaugstutzen entfernt werden.

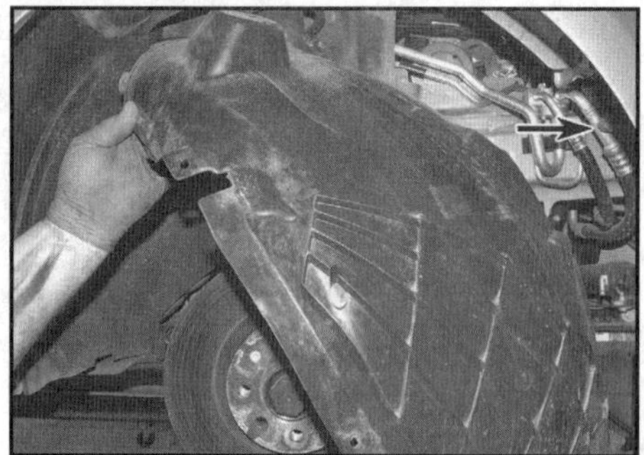

10.6a Klimaanlagen-Niederdruck-Wartungspunkt

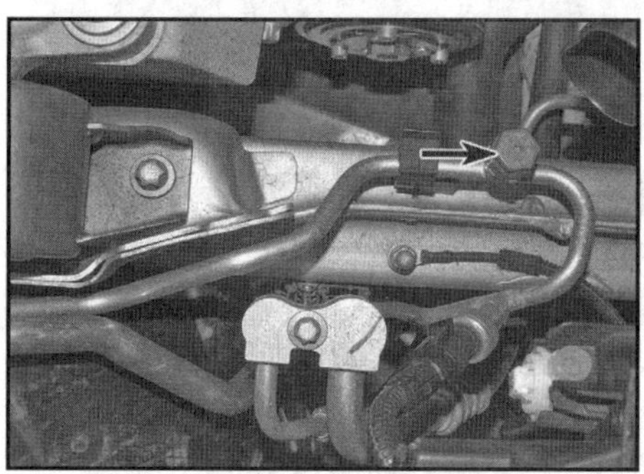

10.6b Klimaanlagen-Hochdruck-Wartungspunkt

Warnhinweise

7 Bei der Arbeit an der Klimaanlage oder damit verbundenen Komponenten müssen besondere Warnhinweise beachtet werden. Das Kältemittel ist potenziell gefährlich, sodass nur qualifizierte Personen damit hantieren dürfen. Eine unkontrollierte Entleerung des Systems birgt Gefahren und ist aus den folgenden Gründen äußerst umweltschädlich:

a) *Falls es auf die Haut gerät, kann es Erfrierungen verursachen.*

b) *Kältemittel ist schwerer als Luft und kann Sauerstoff verdrängen. In einem geschlossenen Raum, der nicht ausreichend belüftet wird, besteht daher Erstickungsgefahr. Das Gas ist farb- und geruchslos, sodass es unbemerkt austreten kann.*

c) *Das Kältemittel ist selbst nicht giftig, doch in Anwesenheit einer offenen Flamme (auch einer Zigarette) bildet es giftige Gase, die u. a. zu Kopfschmerzen und Übelkeit führen können.*

Warnung: Versuchen Sie niemals, irgendeinen Schlauch- oder Rohranschluss der Klimaanlage zu öffnen, ohne dass das System zuvor von einem Klimaanlagen-Spezialisten entleert wurde. Nach Beendigung der Arbeit muss das System ebenfalls von einem Fachbetrieb wieder mit dem korrekten Kältemittel aufgefüllt werden.

Warnung: Getrennte Rohr- und Schlauchanschlüsse müssen direkt nach dem Trennen abgedichtet werden. Falls Luft eindringen kann, wird der Trockner-Behälter mit Feuchtigkeit zugesetzt, sodass er ausgetauscht werden muss. Ersetzen Sie alle Anschluss-Dichtringe.

Achtung: Aktivieren Sie nicht die Klimaanlage, wenn bekannt ist, dass Kältemittel fehlt – hierdurch kann der Kompressor beschädigt werden!

11 Klimaanlagen-Komponenten – Ausbau und Einbau

***Warnung:** Die Klimaanlage steht unter beträchtlichem Druck. Lockern Sie niemals irgendwelche Anschlüsse, solange nicht das System zuvor von einem Klimaanlagen-Spezialisten entleert wurde. Verstopfen Sie umgehend alle Öffnungen, um keine Luftfeuchtigkeit oder Schmutz eindringen zu lassen. Tragen Sie beim Trennen von Klimaanlagen-Anschlüssen stets eine Schutzbrille. Beachten Sie die Warnhinweise in Sektion 10.*

Anmerkung: *Diese Sektion beschäftigt sich ausschließlich mit Klimaanlagen-Komponenten – beachten Sie für Komponenten der Heizung und der Lüftung die Hinweise in Sektion 9.*

Verflüssiger

Benzinmotoren

1 Lassen Sie die Klimaanlage von einem Spezialbetrieb vollständig entleeren.

2 Trennen Sie den Masseanschluss (–) der Batterie (siehe Kapitel 5A, Sektion 4).

3 Ziehen Sie die Handbremse fest an, heben Sie dann das Fahrzeug vorn an, und stützen Sie es sicher ab (siehe Seite 351).

4 Demontieren Sie die vordere Stoßstange (siehe Kapitel 11, Sektion 6).

5 Lösen und entfernen Sie die obere sowie die zwei seitlichen Kunststoffabdeckungen.

6 Lösen Sie die Befestigungsschrauben und trennen Sie die Kältemittelrohre – die O-Ringe müssen später durch Neuteile ersetzt werden. Verstopfen Sie umgehend die Öffnungen, um keine Luftfeuchtigkeit oder Schmutz eindringen zu lassen.

7 Lösen Sie die vier Halterungen des Verflüssigers und trennen Sie ihn vom Wasserkühler. Senken Sie den Verflüssiger nach unten ab und lagern Sie ihn aufrecht, um Flüssigkeitsverluste zu verhindern. Achten Sie darauf, keine seiner Kühlrippen zu beschädigen.

8 Der Einbau entspricht der umgekehrten Ausbaureihenfolge. Erneuern Sie die O-Ringe und schmieren Sie sie mit Kältemittel.

9 Lassen Sie das Kältemittel vom Spezialbetrieb wieder auffüllen und die Anlage auf Dichtigkeit prüfen.

Dieselmotoren

10 Lassen Sie die Klimaanlage von einem Spezialbetrieb vollständig entleeren.

11 Trennen Sie den Masseanschluss (–) der Batterie (siehe Kapitel 5A, Sektion 4).

11.14 Befestigungsschraube des Kälterohr-Anschlussblocks (A) und rechte Befestigungsschraube des Verflüssigers (B)

12 Ziehen Sie die Handbremse fest an, heben Sie dann das Fahrzeug vorn an, und stützen Sie es sicher ab (siehe Seite 351).

13 Demontieren Sie die vordere Stoßstange (siehe Kapitel 11, Sektion 6).

14 Lösen Sie die Schraube des Kälterohr-Anschlussblocks (siehe Abbildung) – die O-Ringe müssen später durch Neuteile ersetzt werden. Verstopfen Sie umgehend die Öffnungen, um keine Luftfeuchtigkeit oder Schmutz eindringen zu lassen.

15 Lösen Sie die zwei Schrauben, die den Verflüssiger am Wasserkühler sichern (siehe Abbildung). Befreien Sie den Verflüssiger von seiner Halterung, senken Sie den nach unten ab und lagern Sie ihn aufrecht, um Flüssigkeitsverluste zu verhindern. Achten Sie darauf, keine seiner Kühlrippen zu beschädigen.

11.15 Linke Befestigungsschraube des Verflüssigers

16 Der Einbau entspricht der umgekehrten Ausbaureihenfolge. Erneuern Sie die O-Ringe und schmieren Sie sie mit Kältemittel.

17 Lassen Sie das Kältemittel vom Spezialbetrieb wieder auffüllen und die Anlage auf Dichtigkeit prüfen.

Verdampfer

18 Lassen Sie die Klimaanlage von einem Spezialbetrieb vollständig entleeren.

19 Demontieren Sie das Lüftung-Verteilergehäuse (siehe Sektion 9).

20 Lösen Sie am Wärmetauscher die Schrauben der Rohrklemmen (Abb. 9.17). Lösen Sie die Schraube der Führungsplatte und entfernen Sie die Heizungsrohre.

21 Lösen Sie am Lüftung-Verteilergehäuse die zwei Schrauben und die zwei Clips, um das Gehäuse zu öffnen.

22 Lösen Sie die zwei Schrauben des Expansionsventils und entfernen Sie dies.

23 Heben Sie den Verdampfer an und entfernen Sie ihn aus dem Lüftung-Verteilergehäuse.

24 Der Einbau entspricht der umgekehrten Ausbaureihenfolge – erneuern Sie alle Dichtungen.

25 Lassen Sie das Kältemittel vom Spezialbetrieb wieder auffüllen und die Anlage auf Dichtigkeit prüfen.

Kompressor

26 Lassen Sie die Klimaanlage von einem Spezialbetrieb vollständig entleeren.

27 Trennen Sie den Masseanschluss (–) der Batterie (siehe Kapitel 5A, Sektion 4).

28 Ziehen Sie die Handbremse fest an, heben Sie dann das Fahrzeug vorn an, und stützen Sie es sicher ab (siehe Seite 351).

29 Befreien Sie den Keilrippenriemen von der Kompressor-Riemenscheibe (siehe Kapitel 1A, Sektion 21 oder Kapitel 1B, Sektion 23).

30 Lösen Sie die Schraube der Kältemittelrohre und trennen Sie diese vom Kompressor – die O-Ringe müssen später erneuert werden. Verstopfen Sie umgehend die Öffnungen, um keine Luftfeuchtigkeit oder Schmutz eindringen zu lassen.

31 Trennen Sie den Kabelstecker vom Kompressor.

32 Lösen Sie die Befestigungsschrauben des Kompressors, befreien Sie ihn vom Motorblock und manövrieren Sie ihn nach unten aus dem Motorraum heraus (siehe Abbildung).

11.32 Befestigungsschrauben des Klimaanlagen-Kompressors

33 Montieren Sie den Kompressor in der umgekehrten Ausbaureihenfolge – ersetzen Sie dabei alle freigelegten Dichtungen.

34 Falls ein neuer Kompressor montiert wurde, muss dieser ggf. mithilfe der beiliegenden Anleitung mit Öl befüllt werden.

35 Lassen Sie das Kältemittel vom Spezialbetrieb wieder auffüllen und die Anlage auf Dichtigkeit prüfen.

36 Beachten Sie nach der Montage eines neuen Kompressors die folgenden Einfahr-Hinweise:

a) Öffnen Sie alle Luftklappen im Armaturenbrett.

b) Starten Sie den Motor und lassen Sie ihn etwa fünf Sekunden im Standgas laufen.

c) Schalten Sie das Gebläse auf die höchste Stufe.

d) Schalten Sie die Klimaanlage ein und lassen Sie sie mindestens zwei Minuten laufen, ohne dabei das Standgas unter 1500/min fallen zu lassen.

Kapitel 4A

Kraftstoffsystem und Auspuffanlage – Benzinmotoren

Inhalt Sektion

Technische Daten

System-Typ	Sequentielle Mehrpunkteinspritzung GMPT-E83
Kraftstoffpumpe	
Kraftstoffpumpen-Typ	Elektrisch, im Tank
Einspritzsystem-Daten	
Systemdruck	3,8 bar
Standgasdrehzahl	vom Steuergerät geregelt, nicht einstellbar
Standgasgemisch – CO-Gehalt	vom Steuergerät geregelt, nicht einstellbar
Anzugsdrehmomente	**Nm**
Auspuffrohr an Katalysator*	25
Auspuffstutzen-Muttern*	22
Drosselklappengehäuse	8
Einlassstutzen-Muttern	20
Hilfsrahmen (vorn) – Querstreben-Schrauben	60
Katalysatorhalterungs-Muttern/Schrauben	10
Klopfsensor	20
Kurbelwellensensor-Schraube	8
Nockenwellensensor-Schraube(n)	8
Kraftstofftank-Befestigungen	22
**Stets durch Neuteile zu ersetzen*	
Turbolader-Anschlüsse	
Kühlmittelzulauf-Anschlussschraube	22
Ölrücklaufrohr-Schrauben	8
Ölzulauf-Anschlussschraube	30

Schwierigkeitsgrade

Leicht. Geeignet für Anfänger mit wenig Erfahrung. 	**Relativ leicht.** Geeignet für Anfänger mit etwas Erfahrung. 	**Relativ schwierig.** Geeignet für geübte Selbstschrauber. 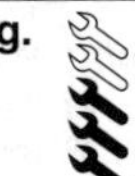	**Schwer.** Geeignet für Selbstschrauber mit viel Erfahrung. 	**Sehr schwer.** Geeignet für Experten und Profis. 

1 Allgemeine Informationen und Warnhinweise

1 Das Kraftstoffsystem besteht aus einem hinten unter dem Fahrzeug angebrachten Tank, einer darin sitzenden elektrischen Benzinpumpe und Kraftstoffleitungen. Die Kraftstoffpumpe fördert Benzin zum Druckspeicher, der als Reservoir für die vier im Einlassstutzen sitzenden Einspritzdüsen dient. In die Pumpe ist ein Druckregler integriert.
2 Das Motorsteuergerät überwacht sowohl die Einspritzanlage als auch das Zündsystem – in Sektion 9 finden sich Informationen über die Einspritzanlage; Details zum Zündsystem sind in Kapitel 5A aufgeführt.
3 Alle Motoren sind mit »Twinport«-Einlassstutzen ausgerüstet, bei denen per Unterdruck gesteuerte Luftklappen je nach Lastzustand des Motors geöffnet oder geschlossen werden, um unterschiedliche Ansaugdrücke zu gewährleisten. Dieses System bietet hinsichtlich der Motorleistung, des Kraftstoffverbrauchs und der Abgaswerte beträchtliche Vorteile.
4 In den Auspuffstutzen ist ein Katalysator integriert, der gesundheitsschädlich Emissionen minimieren soll. Der Rest des Abgassystems besteht aus zwei Sektionen – Details hierzu finden sich in Sektion 15.

Warnhinweise

5 Beachten Sie die Hinweise in Kapitel 4C, Sektion 4, um Inforationen und Warnhinweise zum Katalysator zu erhalten.

Warnung: Bevor Kraftstoffanschlüsse getrennt werden dürfen, muss das System drucklos gemacht werden (siehe Sektion 4).

Warnung: Beim Trennen von Kraftstoffleitungen ist Vorsicht geboten: Lockern Sie die Anschlüsse oder Klemmschrauben stets langsam, damit kein Kraftstoff herausspritzt. Treffen Sie Vorsichtsmaßnahmen gegen Brände.

Warnung: Bei Arbeiten am Kraftstoffsystem ist absolute Sauberkeit unerlässlich, damit keine Fremdkörper ins System eindringen.

Warnung: Nachdem alle Arbeiten am Kraftstoffsystem erledigt sind, muss es auf Undichtigkeiten kontrolliert werden – schalten Sie dazu mehrmals die Zündung ein und aus, um es unter Druck zu setzen.

Warnung: Elektronische Steuergeräte sind sehr sensibel – um Schäden zu vermeiden, müssen die folgenden Punkte beachtet werden:

a) Bevor mit einem elektrischen Schweißgerät am Fahrzeug gearbeitet wird, müssen die Batterie und die Lichtmaschine vom Bordnetz getrennt werden.
b) Obwohl die im Motorraum sitzende Steuergeräte mit den dortigen Bedingungen gut zurechtkommen, können sie durch übermäßige Hitze oder Feuchtigkeit beeinträchtigt werden. Schweißarbeiten oder der Einsatz eines Hochdruckreinigers in direkter Nähe von Steuergeräten sollten daher unterbleiben – demontieren Sie das Gerät nötigenfalls und umwickeln Sie alle Kabelstecker mit Plastikbeuteln.
c) Bevor irgendwelche Kabel getrennt oder Komponenten demontier werden, muss stets die Zündung abgeschaltet werden.
d) Mit einer Prüflampe oder einem Multimeter dürfen niemals improvisierte Fehlerdiagnosen ausprobiert werden, da hierdurch an Steuergeräten irreparable Schäden entstehen können.
e) Stellen Sie nach Arbeiten am Einspritzsystem oder Steuergeräten sicher, dass alle Kabel sicher angeschlossen sind, schließen Sie dann die Batterie an oder schalten Sie die Zündung ein.

6 Viele der in diesem Kapitel behandelten Arbeiten erfordern das Trennen von Kraftstoffleitungen und den Ausbau von Komponenten, sodass etwas Kraftstoff austritt. Bevor Arbeiten am Kraftstoffsystem erledigt werden, müssen die Hinweise in der Sektion »Sicherheit geht vor!« am Anfang dieses Buchs durchgelesen werden – ihnen ist unbedingt zu folgen! Benzin ist eine hochgefährliche und flüchtige Flüssigkeit und die beim Umgang damit erforderlichen Vorsichtsmaßnahmen müssen zwingend eingehalten werden.

2 Kraftstoffleitungen und Anschlüsse – Allgemeine Informationen und Trennen

1 Trennen Sie den Masseanschluss (–) der Batterie (siehe Kapitel 5A, Sektion 4).
2 Die Kraftstoffleitung verbindet die Benzinpumpe (im Tank) mit dem Druckspeicher der Einspritzdüsen am Motor.
3 Kontrollieren Sie bei jeder Arbeit unterhalb des Fahrzeugs die Leitungen des Kraftstoffsystems und des Verdunstungsrückhaltesystems auf Undichtigkeit, Knicke, Beulen und andere Schäden. Ersetzen Sie schadhafte Leitungen umgehend.
4 Falls beim Zerlegen einer Leitung darin Schmutz gefunden wird, müssen alle Leitungen getrennt und mit Druckluft ausgeblasen werden. Kontrollieren Sie das Sieb am Ansaugstutzen der Kraftstoffpumpe auf Löcher und andere Schäden.

Stahlrohre

5 Aus Stahl bestehende Kraftstoffleitungen müssen unbedingt durch Rohre des gleichen Typs ersetzt werden, damit sie den beträchtlichen Drücken standhalten.
6 Manche Stahlrohre haben Gewindeanschlüsse, bei denen der feste Teil mit einem geeigneten Schlüssel gehalten werden muss, während die Anschlussmutter angezogen wird.

Kunststoffrohre

Warnung: Achten Sie beim Trennen oder Verbinden von Kunststoffrohren darauf, diese nicht zu stark zu biegen oder zu verdrehen, da sie dabei beschädigt werden können. Der Kunststoff ist nicht hitzefest, sodass die Rohre von Wärmequellen ferngehalten werden müssen.

7 Aus Kunststoff bestehende Kraftstoffleitungen müssen unbedingt durch originale Opel-Rohre ersetzt werden, damit sie den an sie gestellten Anforderungen genügen.

Flexible Schläuchen

8 Verwenden Sie beim Austausch flexibler Schläuche nur Original-Ersatzteile oder Schläuche mit den gleichen Spezifikationen.
9 Verlegen Sie Kraftstoffleitungen nicht näher als 10 cm an Auspuff-Komponenten und nicht näher als 28 cm an Kata-

lysatoren. Gummischläuche dürfen niemals direkt an Fahrzeugteilen anliegen; besonders an vibrierenden Komponenten können sie leicht aufscheuern und undicht werden. Als Faustregel sollte stets ein Abstand von mindestens 8 mm Abstand zwischen Schläuchen oder Metallleitungen und der Karosserie bestehen.

Kraftstoffleitungen trennen

10 Typische Anschlüsse von Kraftstoffleitungen sind auf den folgenden Fotos gezeigt (siehe Abbildungen):

2.10a Zwei-Laschen-Anschluss: Drücken Sie beide Laschen von Hand ein und ziehen Sie die Leitung ab.

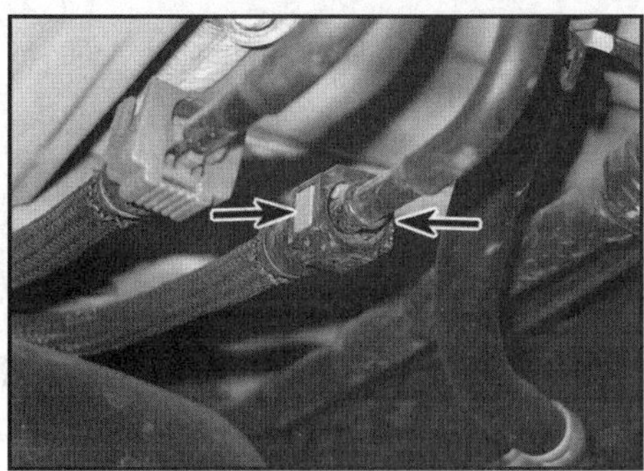

2.10b Hier müssen die gegenüberliegenden Knöpfe gedrückt und die Leitungen auseinander gezogen werden.

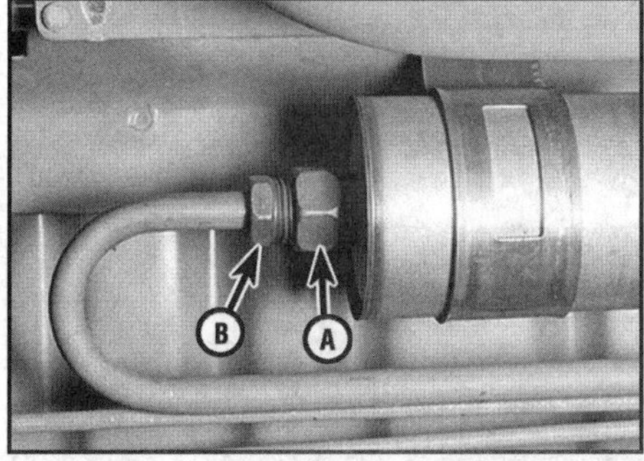

2.10c Gewindeanschluss: Halten Sie den feste Sechskant (A) mit einem geeigneten Schlüssel, während Sie die Anschlussmutter – möglichst mit einem offenen Ringschlüssel – anziehen.

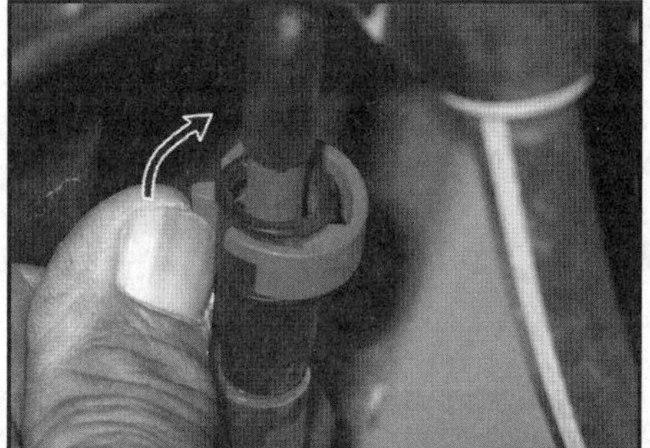

2.10d Kunststoffhülsen-Anschluss: Drehen Sie den äußeren Teil des Anschlusses.

2.10e Metallhülsen-Schnellverschluss: Ziehen Sie das Ende des Bügels von der Leitung, ziehen Sie sein anderes Ende aus dem Anschluss, ...

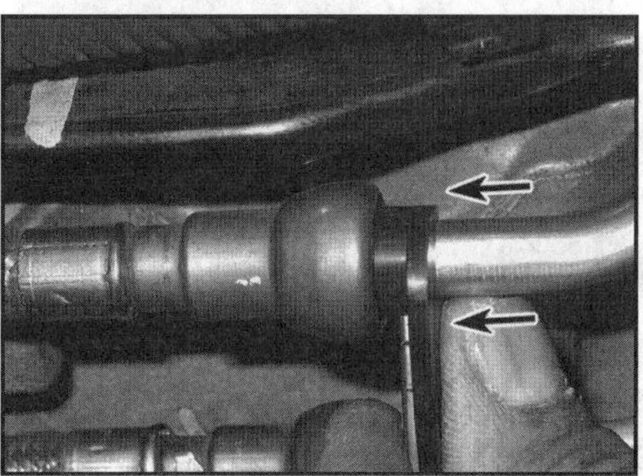

2.10f ... um dort ein Trennwerkzeug einzudrücken und das Rohr herauszuziehen.

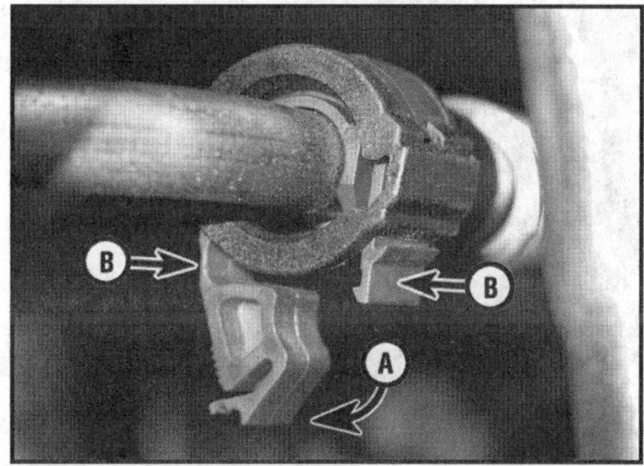

2.10g Manche Anschlüsse sind mit Laschen (A) ausgerüstet, die gelöst und vollständig geöffnet werden müssen. Drücken Sie dann die zwei kleineren Arretierungen (B) zusammen, ...

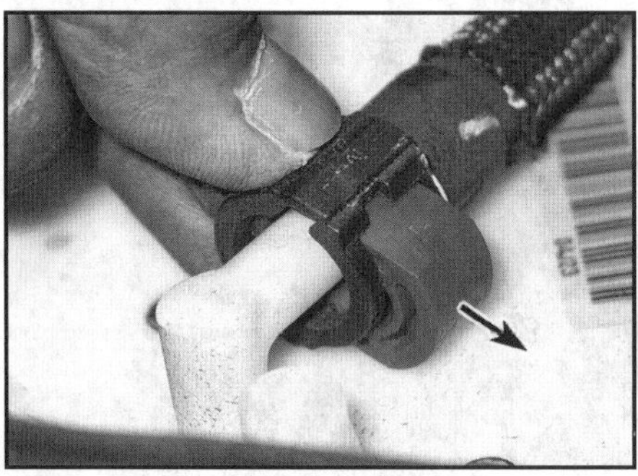

2.10h ... schieben Sie die Halterung heraus und ziehen Sie den Anschluss ab.

2.10i Schnappverschluss-Kupplung: Entfernen Sie die Schutzkappe, installieren Sie das Trennwerkzeug um die Kupplung herum, ...

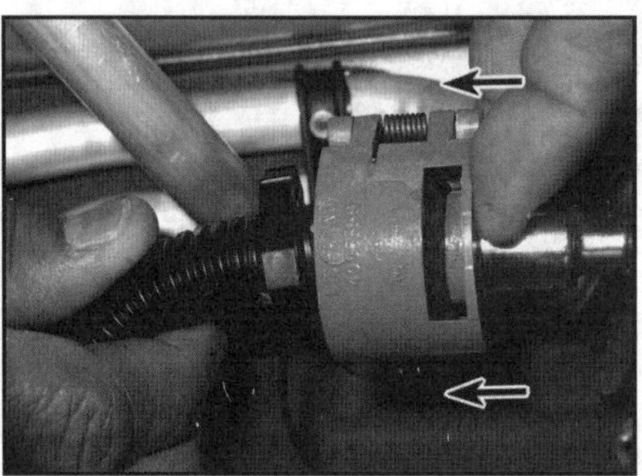

2.10j ... drücken Sie es in den Anschluss und ziehen Sie die zwei Rohre auseinander.

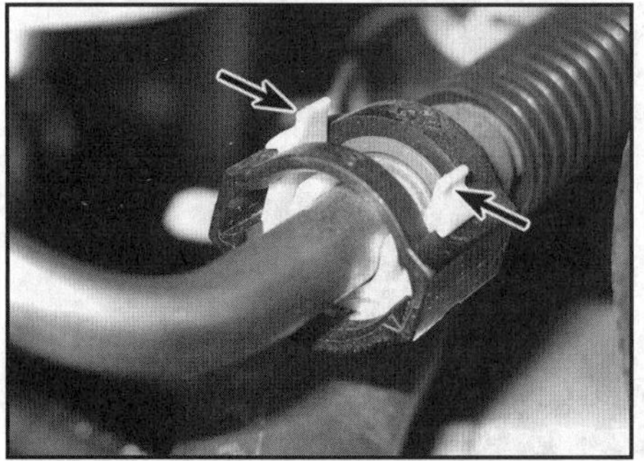

2.10k Haarnadel-Clip: Drücken Sie die Laschen des Halteclips zusammen, schieben Sie den Clip dann bis zum Anschlag herunter und ziehen Sie die zwei Rohre auseinander.

3 Luftfilter-Baugruppe – Ausbau und Einbau

Ausbau

1 Trennen Sie den Stecker des Luftmassensensors und befreien Sie dessen Kabel vom Luftfiltergehäuse (siehe Abbildung).

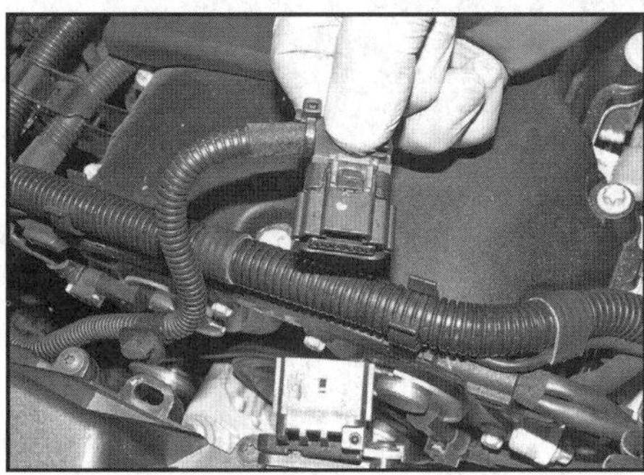

3.1 Trennen Sie den Stecker des Luftmassensensors.

2 Lockern Sie je nach Modell am Luftfiltergehäuse oder am Turbolader die Schelle des Ansaugschlauchs.
3 Trennen Sie den Ansaugtrakt vom Luftfiltergehäuse (siehe Abbildung).

3.3 Ziehen Sie den Ansaugtrakt vom Luftfiltergehäuse.

4 Heben Sie das Luftfiltergehäuse an und entfernen Sie es (siehe Abbildung).

3.4 Entfernen Sie das Luftfiltergehäuse.

Einbau

5 Der Einbau entspricht der umgekehrten Ausbaureihenfolge.

4 Gaspedalsensor – Ausbau und Einbau

Ausbau

1 Trennen Sie den Masseanschluss (–) der Batterie (siehe Kapitel 5A, Sektion 4).
2 Entfernen Sie an der Fahrerseite die untere Armaturenbrettverkleidung (siehe Kapitel 11, Sektion 27).
3 Lösen Sie im Fahrerfußraum den Spreizniet des Luftkanal und entfernen Sie diesen (siehe Abbildung).

4.3 Entfernen Sie im Fahrerfußraum den Luftkanal.

4 Ziehen Sie oben am Gaspedalsensor die rote Sicherungslasche des Steckers heraus und entfernen Sie diesen (siehe Abbildung).

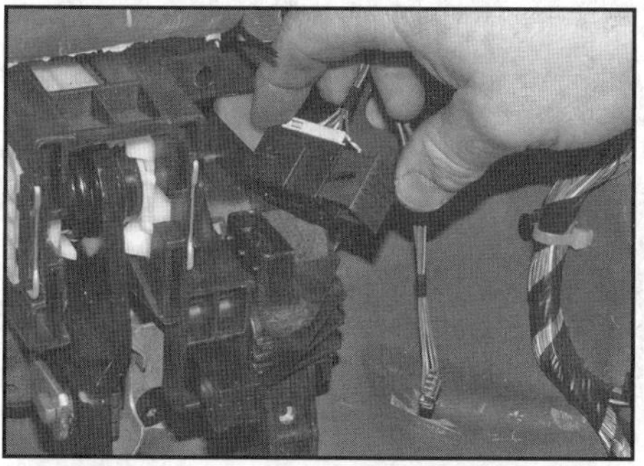

4.4 Trennen Sie den Stecker des Gaspedalsensors.

5 Lösen Sie die zwei Schrauben des Sensors, um diesen von der Spritzwand zu trennen (siehe Abbildung).

4.5 Schrauben des Gaspedalsensors

Einbau

6 Der Einbau entspricht der umgekehrten Ausbaureihenfolge.

5 Kraftstoffsystem – Druckabsenkung

Warnung: Das Kraftstoffsystem steht nach dem Einschalten der Zündung ständig unter Druck; dieser bleibt auch nach dem Abschalten bestehen. Daher ist es wichtig, das System vor dem Trennen von Kraftstoffleitungen oder anderen Arbeiten am System drucklos zu machen. Wird dies unterlassen, kann bei einem plötzlichen Druckabfall Benzinnebel austreten, der sowohl ein Gesundheits- als auch ein Brandrisiko darstellt. Beachten Sie, dass auch bei einem drucklos gemachten System in einzelnen Leitungen und Komponenten ein gewisser Druck bestehen kann, sodass stets entsprechende Vorsichtsmaßnahmen eingeleitet werden müssen.

1 Beim in dieser Sektion behandeltem Kraftstoffsystem handelt es sich um die im Tank sitzende Benzinpumpe samt Filter, den Druckspeicher (»Common Rail«), die Einspritzdüsen, den Druckregler und die Kraftstoffleitungen (Rohre oder Schläuche) zwischen diesen Komponenten. Alle diese Dinge enthalten Kraftstoff, der bei laufendem Motor oder bereits bei eingeschalteter Zündung unter Druck steht.
2 Entfernen Sie die Kraftstoffpumpen-Sicherung (beachten Sie dazu die Schaltpläne am Ende von Kapitel 12 und die Hinweise auf dem Deckel der Sicherungsbox) (siehe Abbildung).

5.2 Ziehen Sie die Kraftstoffpumpen-Sicherung heraus.

3 Starten Sie den Motor und lassen Sie ihn laufen, bis er von allein ausgeht.
4 Versuchen Sie noch mindestens zweimal, den Motor zu starten, damit sämtlicher Restdruck abgebaut wird.
5 Trennen Sie den Masseanschluss (–) der Batterie (siehe Kapitel 5A, Sektion 4).
6 Aus Sicherheitsgründen darf die Kraftstoffpumpen-Sicherung erst wieder installiert werden, wenn alle Arbeiten am Kraftstoffsystem beendet sind. Falls die Sicherung früher installiert wird, darf auf keinen Fall die Zündung eingeschaltet werden, bevor alle Arbeiten am Kraftstoffsystem beendet sind.

6 Kraftstofftank – Ausbau und Einbau

Warnung: Beachten Sie zunächst die Warnhinweise in Sektion 1. Da der Tank nicht mit einer Ablassschraube ausgerüstet ist, sollte er möglichst ausgebaut werden, nachdem er fast leer gefahren wurde.

Ausbau

1 Trennen Sie den Masseanschluss (–) der Batterie (siehe Kapitel 5A, Sektion 4).
2 Machen Sie das Kraftstoffsystem drucklos (siehe Sektion 5).
3 Fördern Sie Kraftstoffreste mit einer in durch den Tankstutzen eingeführten Handpumpe in einen Kanister, der sicher verschlossen werden kann.
4 Blockieren Sie die Vorderräder, heben Sie das Fahrzeug hinten an und stützen Sie es sicher ab (siehe Seite 351).
5 Lösen Sie die fünf Muttern und zwei Schrauben der rechten hinteren Radhausschale und entfernen Sie diese, um Zugang zum Aktivkohlebehälter zu erhalten.
6 Trennen Sie am Aktivkohlebehälter die Schnellverschlüsse der zwei Belüftungsschläuche (siehe Abbildung) – hierfür gibt es ein Opel-Spezialwerkzeug, doch mit etwas Sorgfalt lassen sie sich ihre Zapfen auch mit einer langen Spitzzange eindrücken. Dichten Sie die Schläuche und den Behälter anschließend ab, um keinen Schmutz eindringen zu lassen.

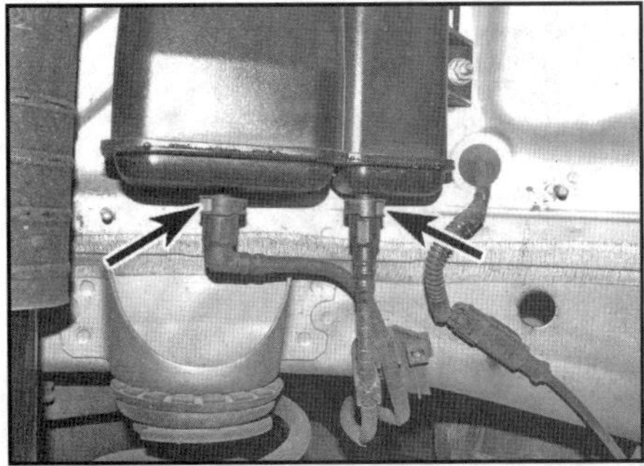

6.6 Schnellverschlüsse der zwei Belüftungsschläuche am Aktivkohlebehälter

7 Befreien Sie die zwei Belüftungsschläuche aus der Halterungen unterhalb des Aktivkohlebehälters.
8 Stellen Sie einen Sammelbehälter unter den Einfüllschlauch-Anschluss des Tanks. Lockern Sie die Schelle und ziehen Sie den Schlauch vom Tank ab – hierbei wird etwas Kraftstoff auslaufen.
9 Lösen Sie den hinteren Teil der Auspuffanlage aus den Haltegummis, senken Sie sie ab und verlagern Sie sie soweit beiseite, dass der Tank demontiert werden kann; um mehr Platz zu haben, kann die Auspuffanlage auch komplett demontiert werden (siehe Sektion 15).
10 Lösen Sie die Schraube, die Blechmutter und die zwei Klemmen des Hitzeschutzes, um diesen vom Tank zu entnehmen (siehe Abbildungen).

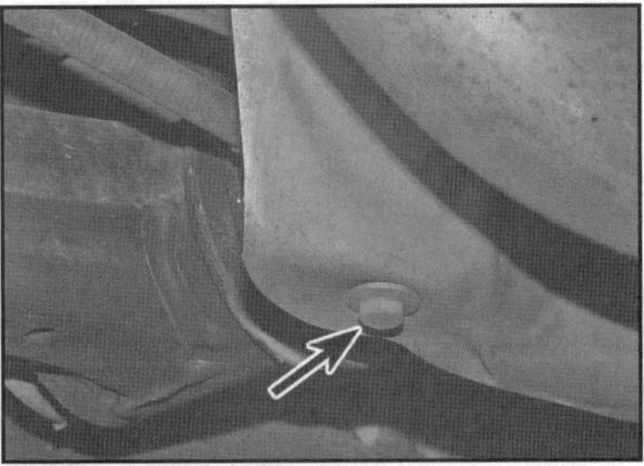

6.10a Lösen Sie die Schraube, ...

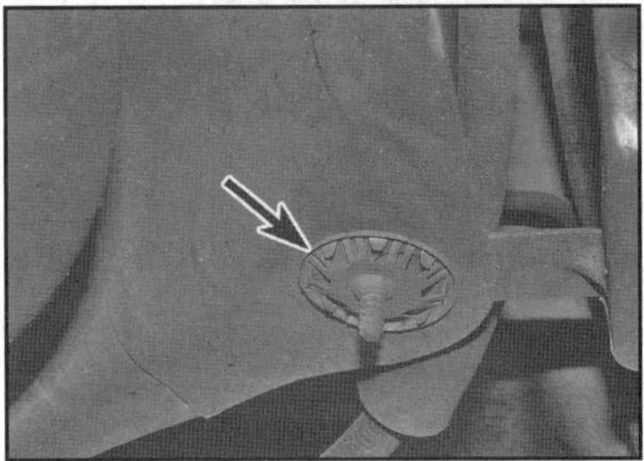

6.10b ... die Blechmutter ...

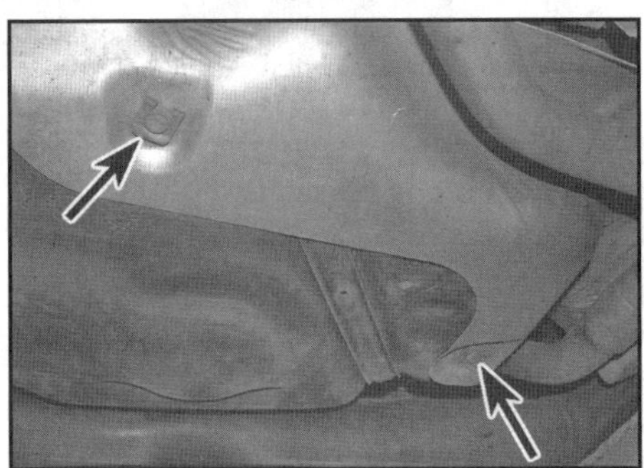

6.10c ... und die zwei Klemmen des Hitzeschutzes, um ihn vom Tank zu befreien.

11 Befreien Sie die Bremsleitungen aus den Halterungen am Tank und seiner Haltebänder.
12 Trennen Sie am Unterboden den Stecker der Kraftstoffpumpe und des Tankuhr-Gebers (siehe Abbildung).

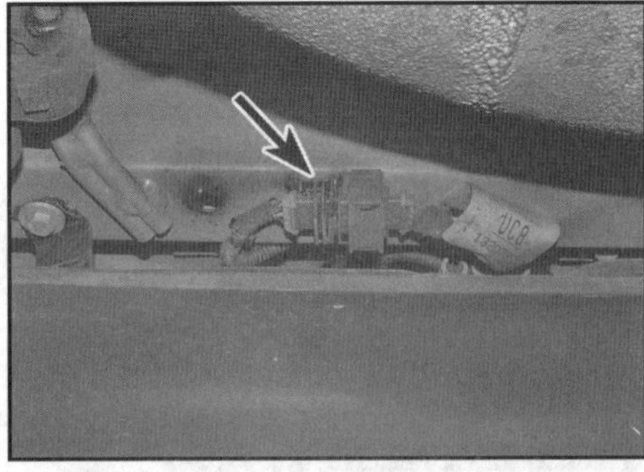

6.12 Stecker der Kraftstoffpumpe und des Tankuhr-Gebers

13 Trennen Sie am Unterboden die Schnellverschlüsse der Kraftstoffleitung und der Belüftungsleitung und befreien Sie diese aus den Clips der Tankhalterung (siehe Abbildung).

Dichten Sie die Anschlüsse anschließend ab, um keinen Schmutz eindringen zu lassen.

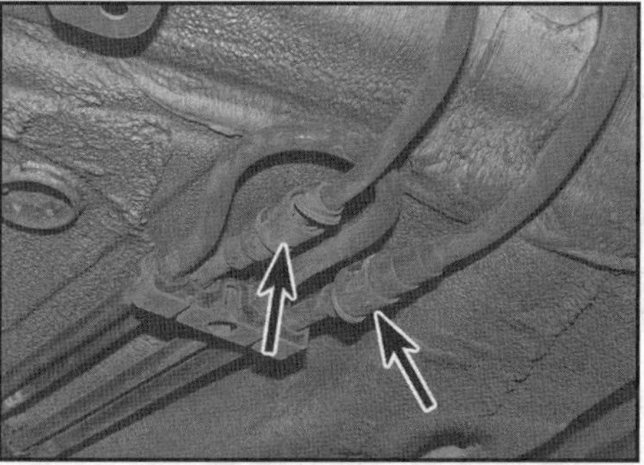

6.13 Trennen Sie die Schnellverschlüsse der Kraftstoffleitung und der Belüftungsleitung.

14 Stützen Sie den Tank mithilfe eines Rangierwagenhebers und eines Holzblocks ab.
15 Lösen Sie die Schrauben der Tank-Haltebänder und entfernen Sie diese (siehe Abbildungen).

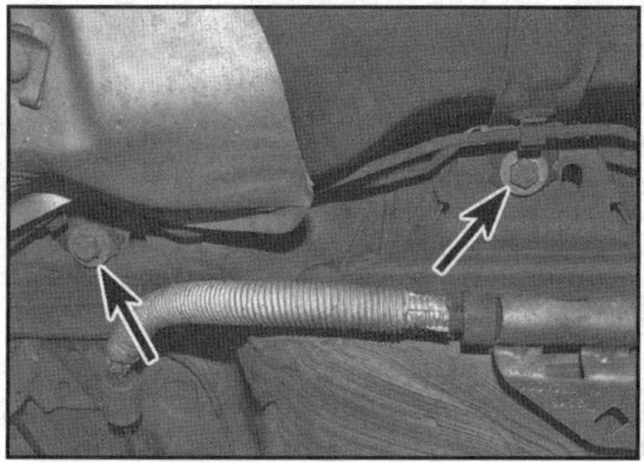

6.15a Vordere Schrauben der Tank-Haltebänder, ...

6.15b ... linke Schraube ...

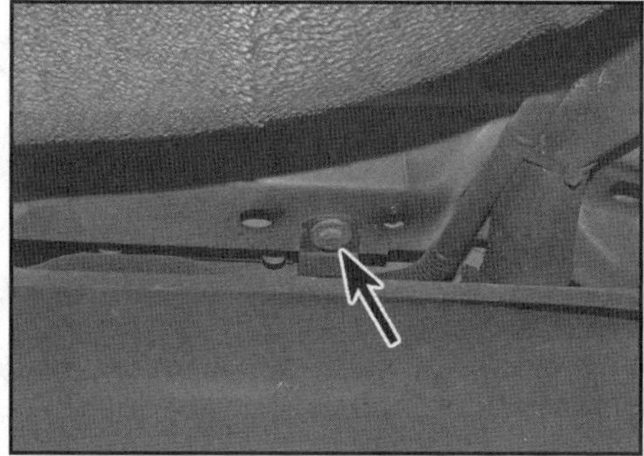

6.15c ... und rechte Schrauben

16 Senken Sie den Tank soweit ab, bis Zugang zu den verbliebenen Kraftstoff- und der Belüftungsleitungen zu erhalten und diese zu trennen – hierbei wird etwas Kraftstoff auslaufen.
17 Senken Sie den Tank weiter ab, führen Sie dabei die Kraftstoff- und der Belüftungsleitungen über die Handbremszüge hinweg und manövrieren Sie den Tank unter dem Fahrzeug heraus.
18 Verstopfen Sie die Kraftstoff- und der Belüftungsleitungen, um keinen Schmutz eindringen zu lassen.
19 Entfernen Sie nötigenfalls die Kraftstoffleitungen, Schläuche und Kabel vom Tank, um sie auf einen neuen Tank zu übertragen.
20 Falls der Tank Ablagerungen oder Wasser enthält, kann er mit zwei oder drei Durchgängen ausgespült werden. Demontieren Sie die Kraftstoffpumpe samt Tankuhr-Geber (siehe Sektion 7), füllen Sie etwas frisches Benzin ein und schütteln Sie ihn ausgiebig, um sämtliche Ablagerungen damit zu beseitigen.

Warnung: Diese Arbeit muss in einer gut belüfteten Umgebung durchgeführt werden – treffen Sie zuvor geeignete Brandschutzmaßnahmen! Entsorgen Sie verschmutzten Kraftstoff beim Sondermüll.

21 Reparaturen am Tank müssen unbedingt von einem Fachbetrieb ausgeführt werden. Versuchen Sie niemals, den Tank selbst zu reparieren!

Einbau

22 Der Einbau entspricht der umgekehrten Ausbaureihenfolge – beachten Sie dabei folgende Punkte:
a) Alle Schläuche, Leitungen und Kabelstecker müssen korrekt und sicher angeschlossen werden.
b) Füllen Sie zum Schluss den Tank auf und kontrollieren Sie alles auf Undichtigkeiten. Falls ein Leck auftritt, muss der Motor unverzüglich abgeschaltet und das Problem behoben werden.

7 Tankuhr-Geber – Ausbau und Einbau

Anmerkung: *Beachten Sie zunächst die Warnhinweise in Sektion 1.*
Anmerkung: *Der Tank sollte für diese Arbeit möglichst leer sein.*

Ausbau

1 Trennen Sie den Masseanschluss (–) der Batterie (siehe Kapitel 5A, Sektion 4).
2 Machen Sie das Kraftstoffsystem drucklos (siehe Sektion 5).
3 Fördern Sie Kraftstoffreste mit einer in durch den Tankstutzen eingeführten Handpumpe in einen Kanister, der sicher verschlossen werden kann.
4 Entfernen Sie die Rücksitzbank (siehe Kapitel 11, Sektion 22).
5 Hebeln Sie mit einem Schraubendreher vorsichtig die Kunststoffkappe ab, um Zugang zum Deckel des Tankmoduls zu erhalten (siehe Abbildung).

7.5 Hebeln Sie vorsichtig die Kappe aus dem Boden unter der Rücksitzbank.

6 Lösen Sie den Kabelstecker vom Modul-Deckel (siehe Abbildung).

7.6 Lösen Sie den Kabelstecker vom Modul-Deckel.

7 Trennen Sie die Schläuche von den Schnellverschlüssen (siehe Abbildungen) – seien Sie dabei auf etwas auslaufenden Kraftstoff vorbereitet. Verstopfen Sie die Schläuche und Anschlüsse, um keinen Schmutz eindringen zu lassen.

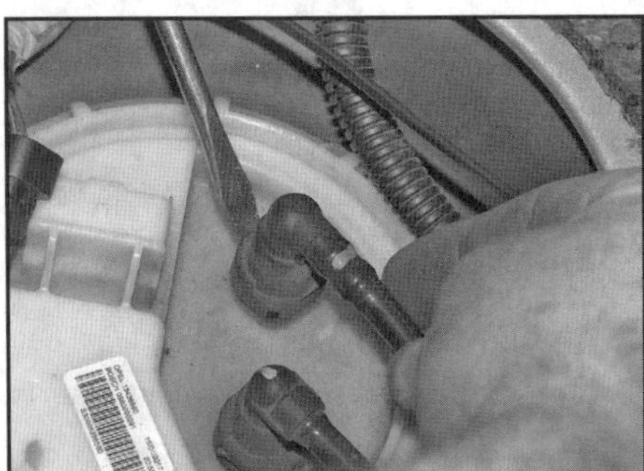

7.7a Drücken Sie bei diesem Schnellverschluss-Typ den Knopf ein, um ihn zu trennen.

7.7b Hebeln Sie bei diesem Schnellverschluss-Typ den Drahtbügel ein, um ihn zu trennen.

8 Markieren Sie mit einem Stift die Position des Moduldeckel-Sicherungsrings zum Tank und lösen Sie ihn – Opel bietet hierfür das Spezialwerkzeug CH-48378 an, doch es gibt auch Alternativen (siehe Abbildung).

7.8 Lösen Sie mit einem geeigneten Werkzeug den Moduldeckel-Sicherungsring.

9 Drehen Sie den Sicherungsring ab und heben Sie vorsichtig das Modul aus dem Tank – verbiegen Sie dabei nicht den Schwimmer des Tankuhr-Gebers (siehe Abbildungen).

7.9a Entfernen Sie den Sicherungsring ...

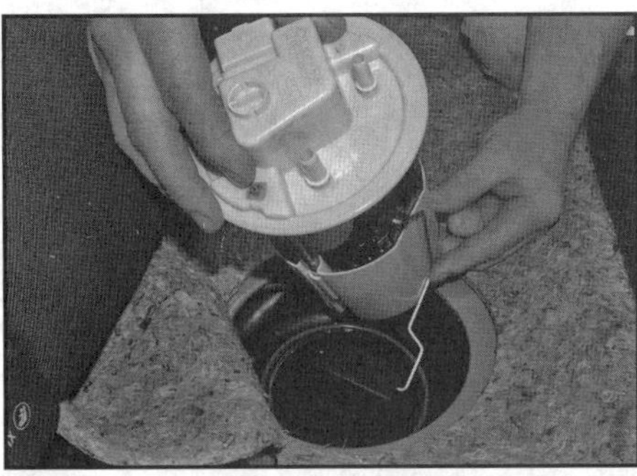

7.9b ... und heben Sie vorsichtig das Modul aus dem Tank.

10 Entnehmen Sie den O-Ring vom Tank (siehe Abbildung). Es empfiehlt sich, den Moduldeckel-Sicherungsring übergangsweise wieder aufzudrehen, bis das Modul eingebaut wird. Hierdurch kann der Tank nicht verziehen (ein nicht ungewöhnliches Problem!) und der Ring kann später wieder korrekt aufgedreht werden.

7.10 Entnehmen Sie den O-Ring vom Tank.

11 Drücken Sie den Tankuhr-Geber etwas nach innen, um seine Laschen zu lösen und ihn aus dem Modul befreien zu können (siehe Abbildungen).

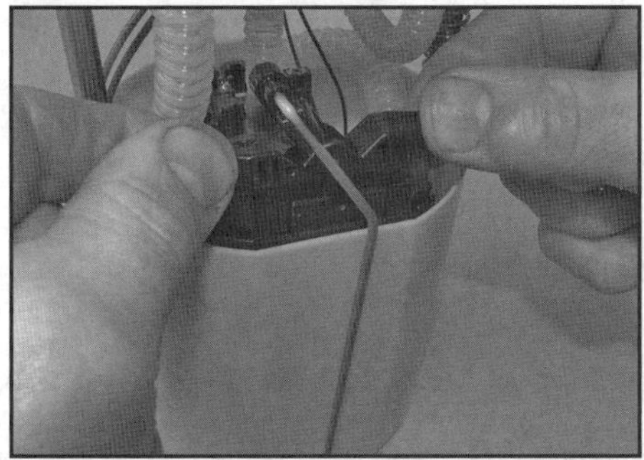

7.11a Drücken Sie den Tankuhr-Geber etwas nach innen, um seine Laschen zu lösen, ...

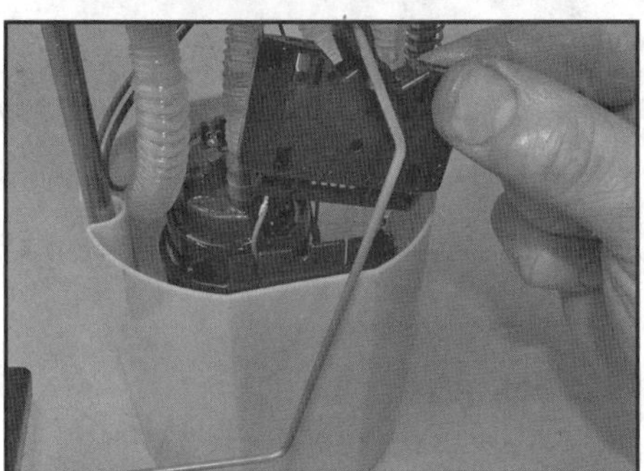

7.11b ... und befreien Sie ihn aus dem Modul.

12 Beachten Sie für den Einbau die Positionen der Geber-Kabel. Drücken Sie mit einem kleinen Schraubendreher oder ähnlichem die Laschen an den Enden der Kabel ein und ziehen Sie sie vorsichtig aus dem Geber (siehe Abbildung). Bei einigen Versionen kann das Geber-Kabel an einem Stecker unten am Moduldeckel getrennt werden.

7.12 Drücken Sie die Lasche des Labels ein, um es herausziehen zu können.

Einbau

13 Der Einbau entspricht der umgekehrten Ausbaureihenfolge – beachten Sie dabei folgende Punkte:

a) Der Tankuhr-Geber muss korrekt im Modul einrasten.

b) Kontrollieren Sie den Zustand des O-Rings und ersetzen Sie ihn nötigenfalls.

c) Der Pfeil am Rand des Moduldeckels muss beim Einbau zur Markierung am Tank zeigen.

d) Drehen Sie den Sicherungsring auf und ziehen Sie ihn an, bis die zuvor angebrachten Markierungen fluchten. Drücken Sie dabei den Moduldeckel herunter, damit sich das Modul nicht mitdreht.

8 Kraftstoffpumpe – Ausbau und Einbau

1 Die Kraftstoffpumpe ist in das Tank-Modul integriert, dessen Aus- und Einbau in Sektion 7 beschrieben ist. Die Pumpe kann nicht vom Modul getrennt werden, sodass dies bei einem Defekt ausgetauscht werden muss – übertragen Sie dabei den Tankuhr-Geber (siehe Sektion 7).

9 Einspritzanlage – Allgemeine Informationen

1 Die Einspritzanlage wird zusammen mit der Zündung und der Abgasregelung vom Motorsteuergerät (ECU) überwacht.

2 All diese Systeme arbeiten zusammen, um die aktuellen Abgaswerte einzuhalten. Beachten Sie für die Abgasregelung die Hinweise in Kapitel 4C und für Details zur Zündanlage die Informationen in Kapitel 5B). Die Einspritzung funktioniert wie folgt:

3 Aus dem Tank wird Kraftstoff durch einen Druckregler zum Druckspeicher (»Common Rail«) gefördert, der die im Einlassstutzen sitzenden Einspritzdüsen versorgt. Weil die Einspritzung »sequenziell« arbeitet, wird jede Einspritzdüse kurz vor dem Öffnen des jeweiligen Einlassventils individuell angesteuert.

4 Die eingespritzte Kraftstoffmenge wird durch die Einspritzdauer festgelegt – diese wird vom Steuergerät anhand verschiedener Informationen der folgenden Sensoren ermittelt:

a) Gaspedalsensor – informiert das Steuergerät über die Position des Pedals und damit über den gewünschten Lastzustand.

b) Drosselklappen-Potentiometer (integriert ins Drosselklappengehäuse) – informiert das Steuergerät über die Öffnungsrate der Drosselklappe und bestätigt die Signale des Gaspedalsensors.

c) Kühltemperatursensor – informiert das Steuergerät über die Motortemperatur.

d) Luftmassen-Messgerät (mit Einlasstemperatursensor) – informiert das Steuergerät über die Menge und Temperatur der angesaugten Luft.

e) Lambdasonden (2 Stück) – informieren das Steuergerät über den Sauerstoffgehalt der Abgase (Details in Kapitel 4C).

f) Ansaugluftdrucksensor – informiert das Steuergerät über den Lastzustand des Motors.

g) Kurbelwellensensor – informiert das Steuergerät über die Motordrehzahl und die Stellung der Kurbelwelle.

h) *Nockenwellensensor(en) – informieren das Steuergerät darüber, welcher Zylinder in welchem Arbeitstakt steht.*

i) *Klopfsensor – informiert das Steuergerät über auftretende Frühzündungen (»Klingeln« oder »Klopfen«)*

j) *ABS-Steuergerät – informiert das Steuergerät über die gefahrene Geschwindigkeit (Details in Kapitel 9).*

5 Die Signale der verschiedenen Sensoren werden vom Motorsteuergerät verarbeitet, um für den jeweiligen Lastzustand des Motors die optimale Einspritzmenge und den richtigen Zündzeitpunkt festzulegen.

6 Die Standgasdrehzahl und die Drosselstellung wird vom ins Drosselklappengehäuse integriert Drosselklappen-Stellmotor überwacht; dieser wird mithilfe der Signale vom Gaspedalsensor vom Steuergerät kontrolliert.

7 In den Auspuffstutzen ist ein Katalysator integriert, der gesundheitsschädlich Emissionen minimieren soll. Details zu dieser und anderer Abgasregelungen finden sich in Kapitel 4C).

8 Bei irgendwelchen abnormalen Informationen durch einen der Sensoren schaltet das Steuergerät auf den »Back-up«-Modus um. Wenn dies geschieht, werden die fehlerhaften Signale nicht beachtet, und das Steuergerät arbeitet mit einprogrammierten »Back-up«-Werten, um den Motor – mit reduziertem Wirkungsgrad – am Laufen zu halten. Sobald das Steuergerät in diesen Modus schaltet, leuchtet im Cockpit die Motor-Warnlampe auf, und ein entsprechender Fehlercode wird im Steuergerät gespeichert, wo er mit spezieller Diagnoseausrüstung ausgelesen werden kann.

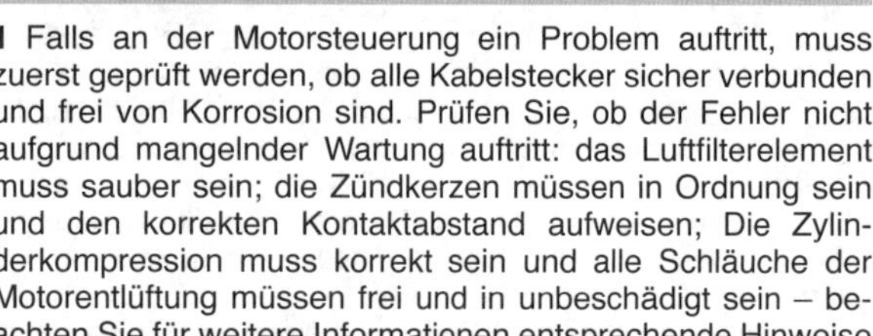

10 Einspritzanlage – Tests

1 Falls an der Motorsteuerung ein Problem auftritt, muss zuerst geprüft werden, ob alle Kabelstecker sicher verbunden und frei von Korrosion sind. Prüfen Sie, ob der Fehler nicht aufgrund mangelnder Wartung auftritt: das Luftfilterelement muss sauber sein; die Zündkerzen müssen in Ordnung sein und den korrekten Kontaktabstand aufweisen; Die Zylinderkompression muss korrekt sein und alle Schläuche der Motorentlüftung müssen frei und in unbeschädigt sein – beachten Sie für weitere Informationen entsprechende Hinweise in den Kapiteln 1A, 2A und 4C.

2 Lässt sich das Problem mit diesen Kontrollen nicht beseitigen, muss das Fahrzeug zu einer mit geeigneten Diagnosegeräten ausgerüsteten Fachwerkstatt gebracht werden. Hier kann der Fehler ausgelesen werden. Aus den verschiedenen Sensoren und Aktuatoren können Betriebsparameter erfasst werden, die ihre Funktion anzeigen. So lassen sich Fehler rasch und einfach verfolgen und es müssen nicht alle Systemkomponenten einzeln getestet werden (was eine zeitaufwändige Arbeit wäre, die zudem das Risiko birgt, das Motorsteuergerät zu beschädigen).

3 Der 16-polige Diagnosestecker befindet sich an der Fahrerseite unter dem Armaturenbrett (siehe Abbildung).

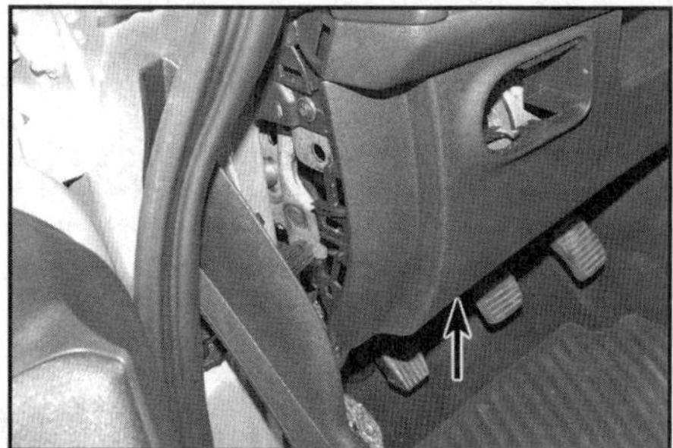

10.3 Lage des Diagnosesteckers

11 Einspritzanlagen-Komponenten – Ausbau und Einbau

Drosselklappengehäuse

1 Trennen Sie den Masseanschluss (–) der Batterie (siehe Kapitel 5A, Sektion 4).

2 Entfernen Sie den Ansaugstutzen vom Drosselklappengehäuse (siehe Sektion 3).

3 Trennen Sie den Kabelstecker vom Drosselklappengehäuse und befreien Sie die Verkabelung.

4 Lösen Sie vier Schrauben des Drosselklappengehäuses und heben Sie dies vom Einlassstutzen (siehe Abbildung) – der O-Ring muss später erneuert werden.

11.4 Drosselklappengehäuse-Schrauben

5 Der Drosselklappen-Stellmotor und der Sensor sind in das Drosselklappengehäuse integriert, sodass bei einem Defekt dieser Teile die gesamte Baugruppe ausgetauscht werden muss.

6 Der Einbau entspricht der umgekehrten Ausbaureihenfolge. Reinigen Sie sorgfältig die Dichtflächen, verwenden Sie einen neuen O-Ring und ziehen Sie Befestigungsschrauben sorgfältig an.

Luftmassenmesser

7 Trennen Sie den Stecker des Sensors (Abb. 3.1).

8 Lockern Sie die Schelle des Ansaugtrakts und trennen Sie diesen vom Luftmassenmesser.

9 Lockern Sie die verbliebenen Schellen und befreien Sie den Luftmassenmesser aus dem Luftfilterdeckel.

10 Der Einbau entspricht der umgekehrten Ausbaureihenfolge.

Druckspeicher und Einspritzdüsen

Anmerkung: *Beachten Sie vor Beginn den Warnhinweis in Sektion 1. Die Dichtungen an beiden Enden der Einspritzdüsen müssen beim Einbau erneuert werden.*

11 Trennen Sie den Masseanschluss (–) der Batterie (siehe Kapitel 5A, Sektion 4).

12 Entfernen Sie die Motorabdeckung (Falls vorhanden).

13 Machen Sie das Kraftstoffsystem drucklos (siehe Sektion 5).

14 Lösen Sie die zwei Schrauben des Druckspeicher-Deckels und entfernen Sie diesen.

15 Trennen Sie am Druckspeicher den Schnellverschluss des Kraftstoff-Zulaufschlauchs (siehe Abbildung) – seien Sie auf etwas austretenden Kraftstoff vorbereitet. Verstopfen Sie alle Öffnungen, um den Kraftstoffaustritt zu minimieren und keinen Schmutz eindringen zu lassen.

11.15 Trennen Sie am Druckspeicher den Schnellverschluss des Kraftstoff-Zulaufschlauchs.

16 Befreien Sie den Kabelbaum aus allen Befestigungen am Ventildeckel und Druckspeicher.
17 Trennen Sie die Kabelstecker von den Einspritzdüsen und verlagern Sie den Kabelbaum vom Druckspeicher weg.
18 Lösen Sie die zwei Schrauben des Druckspeichers und ziehen Sie diesen zusammen mit den Einspritzdüsen vom Einlassstutzen ab (siehe Abbildung).

11.18 Schrauben des Druckspeichers

19 Um eine Einspritzdüse aus dem Druckspeicher ziehen zu können, muss mit einem Schraubendreher oder einer Zange das Sicherungsblech abgehebelt werden (siehe Abbildungen) – entfernen Sie an beiden Seiten der Einspritzdüse den O-Ring.

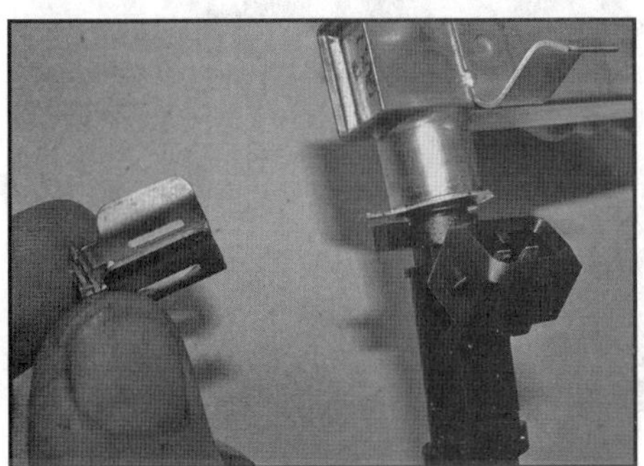

11.19a Entfernen Sie das Sicherungsblech ...

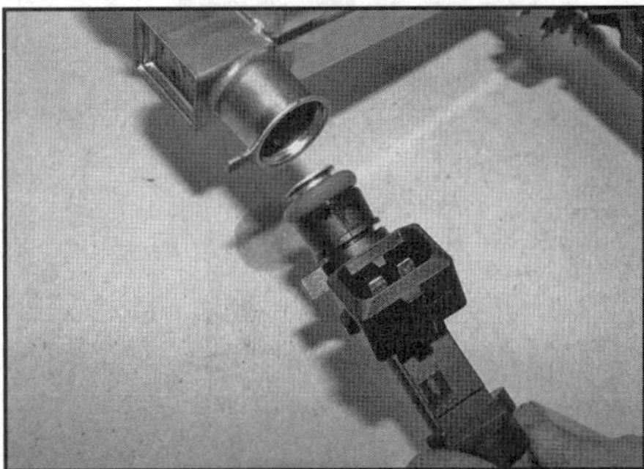

11.19b ... und ziehen Sie die Einspritzdüse aus dem Druckspeicher.

20 Einspritzdüsen können nicht überholt werden, sodass sie bei einem Defekt ersetzt werden müssen.
21 Rüsten Sie alle ausgebauten Einspritzdüsen an beiden Seiten mit neuen O-Ringen aus (siehe Abbildungen) und schmieren Sie diese dünn mit Vaseline ein.

11.21a Versehen Sie die Einspritzdüse am oberen Ende ...

11.21b ... und am unteren Ende mit einem neuen O-Ring.

22 Der Einbau entspricht der umgekehrten Ausbaureihenfolge – beachten Sie dabei folgende Punkte:
a) *Die Nut des Einspritzdüsen-Sicherungsblechs muss zur Lasche am Druckspeicher ausgerichtet werden.*
b) *Alle Schnellverschlüsse müssen hörbar am Druckspeicher einrasten.*
c) *Alle Kabelstecker müssen sicher verbunden sein, ihre Kabel müssen korrekt verlegt und gesichert werden.*

Kurbelwellensensor

Anmerkung: *Der O-Ring des Sensors muss beim Einbau erneuert werden.*
23 Der Kurbelwellensensor sitzt unterhalb des Anlassers links am unteren Motorgehäuse (siehe Abbildung).

11.23 Position des Kurbelwellensensors

24 Ziehen Sie die Handbremse fest an, heben Sie dann das Fahrzeug vorn an, und stützen Sie es sicher ab (siehe Seite 351).
25 Trennen Sie den Kabelstecker, lösen Sie die Schraube und ziehen Sie den Sensor aus dem Motorgehäuse.
26 Der Einbau entspricht der umgekehrten Ausbaureihenfolge. Reinigen Sie sorgfältig die Dichtflächen, verwenden Sie einen neuen O-Ring und ziehen Sie Sensorschraube mit 8 Nm an.

Nockenwellensensoren

27 Jede Nockenwelle ist rechts mit einem Sensor ausgerüstet (siehe Abbildung).

11.27 Position des Einlassnockenwellen-Sensors

28 Trennen Sie den Stecker des entsprechenden Sensors.
29 Lösen Sie die Schraube und ziehen Sie den Sensor aus dem Zylinderkopf.
30 Der Einbau entspricht der umgekehrten Ausbaureihenfolge – ziehen Sie Sensorschraube mit 8 Nm an.

Kühltemperatursensor

31 Der Kühltemperatursensor sitzt oben im Wasserpumpengehäuse.
32 Der Aus- und Einbau des Sensors ist in Kapitel 3, Sektion 6 beschrieben.

Einlassstutzen-Absolutdrucksensor

33 Der Absolutdrucksensor sitzt links im Einlassstutzen.
34 Trennen Sie den Stecker, lösen Sie die Schraube und entfernen Sie den Sensor aus dem Einlassstutzen.
35 Montieren Sie den Sensor an den Einlassstutzen und ziehen Sie seine Schraube sorgfältig an.
36 Verbinden Sie den Sensorstecker.

Klopfsensor

37 Der Klopfsensor sitzt oberhalb des Anlassers hinten im Motorblock.
38 Trennen Sie den Masseanschluss (–) der Batterie (siehe Kapitel 5A, Sektion 4).
39 Ziehen Sie die Handbremse fest an, heben Sie dann das Fahrzeug vorn an, und stützen Sie es sicher ab (siehe Seite 351).
40 Demontieren Sie den Anlasser (siehe Kapitel 5A, Sektion 11).
41 Lösen Sie die zwei Schrauben der Einlassstutzen-Halterung und entfernen Sie diese.
42 Trennen Sie den Stecker des Sensors.
43 Notieren Sie die Position des Sensors, lösen Sie seine Schraube und entfernen Sie ihn aus dem Motorblock.
44 Reinigen Sie die Dichtflächen des Sensors und des Motorblocks. Reinigen Sie das Gewinde der Sensorschraube.
45 Setzen Sie den Sensor an den Motorblock und drehen Sie die Schraube ein. Positionieren Sie den Sensor wie beim Ausbau notiert und ziehen Sie die Schraube mit 20 Nm an. **Anmerkung**: *Der korrekte Anzug der Schraube ist entscheidend für die korrekte Funktion des Sensors.*
46 Montieren Sie die Einlassstutzen-Halterung. Montieren Sie den Anlasser (siehe Kapitel 5A, Sektion 11).
47 Senken Sie das Fahrzeug ab und verbinden Sie die Batterie.

Motorsteuergerät (ECU)

Anmerkung: *Falls ein neues Motorsteuergerät installiert werden muss, sollte diese Arbeit einer Opel-Werkstatt überlassen werden, da sie über die erforderliche Ausrüstung verfügt, die zum Programmieren und Anpassen erforderlich ist.*
48 Das Steuergerät sitzt links im Motorraum seitlich am Batterieträger.
49 Trennen Sie den Masseanschluss (–) der Batterie (siehe Kapitel 5A, Sektion 4).
50 Befreien Sie die Steuergerät-Verkabelung vom Batterieträger.
51 Trennen Sie die Steuergerät-Stecker (siehe Abbildungen).

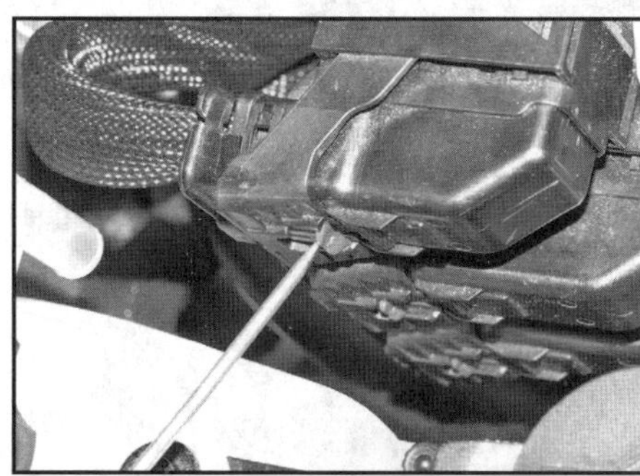

11.51a Ziehen Sie die Sicherungslasche heraus, ...

11.51b ... drücken Sie den Knopf ...

11.51c ... und heben Sie die Lasche an, um den Steuergerät-Stecker zu trennen.

52 Lösen Sie die Haltelasche und heben Sie den Steuergerät-Träger vorsichtig vom Batterieträger ab.
53 Lösen Sie nötigenfalls die vier Schrauben, die das Steuergerät am Träger sichern, und entnehmen Sie es.
54 Der Einbau entspricht der umgekehrten Ausbaureihenfolge.

Lambdasonden

55 Der Ausbau und Einbau der Sonden ist in Kapitel 4C, Sektion 2 beschrieben.

Ladedruckregelventil-Magnetschalter

56 Der für den Ladedruck zuständige Magnetschalter sitzt vorn am Turbolader (siehe Abbildung).

11.56 Der Ladedruckregelventil-Magnetschalter sitzt vorn am Turbolader.

57 Trennen Sie unten am Magnetschalter den Kabelstecker.
58 Ziehen Sie die drei Unterdruckschläuche ab, lösen Sie die Schraube und entfernen Sie den Magnetschalter vom Turbolader.
59 Der Einbau entspricht der umgekehrten Ausbaureihenfolge.

Umgebungsluftdruck-Sensor

60 Dieser Sensor sitzt neben dem Absolutdruck-Sensor rechts oben am Einlassstutzen.
61 Trennen Sie den Stecker, lösen Sie die Schraube und ziehen Sie den Sensor aus dem Einlassstutzen.
62 Montieren Sie den Sensor an den Einlassstutzen und ziehen Sie seine Schraube sorgfältig an.
63 Verbinden Sie den Sensorstecker.

12 Einlassstutzen – Ausbau und Einbau

Ausbau

1 Trennen Sie den Masseanschluss (–) der Batterie (siehe Kapitel 5A, Sektion 4).
2 Entfernen Sie die Motorabdeckung (falls vorhanden).
3 Entfernen Sie den vom Luftfiltergehäuse kommenden Stutzen (siehe Sektion 3).
4 Machen Sie das Kraftstoffsystem drucklos (siehe Sektion 5).
5 Demontieren Sie das Drosselklappengehäuse (siehe Sektion 11).
6 Entfernen Sie die Windlaufblende vor der Windschutzscheibe (siehe Kapitel 11, Sektion 21).
7 Ziehen Sie die Handbremse fest an, heben Sie dann das Fahrzeug vorn an, und stützen Sie es sicher ab (siehe Seite 351).
8 Lösen Sie die zwei Schrauben des Einlassstutzen-Halters und entfernen Sie diesen.
9 Befreien Sie den Kühlerschlauch und den Kabelbaum vom Einlassstutzen.
10 Trennen Sie die Stecker der beiden Steuerzeitenverstellungs-Magnetventile, der beiden Nockenwellensensoren, des Thermostaten und des Öldruckschalters. Befreien Sie den Kabelbaum vom Ventildeckel und verlagern Sie ihn beiseite.
11 Trennen Sie die Stecker des Verdunstungsrückhaltesystem-Absaugventils und des Luftklappenventil-Magnetschalters.
12 Befreien Sie den Kabelbaum aus allen Befestigungen am Einlassstutzen und Druckspeicher, trennen Sie die Einspritzdüsen-Stecker und verlagern Sie den Kabelbaum beiseite.
13 Lösen Sie am Einlassstutzen den Schnellverschluss des vom Bremskraftverstärkers kommenden Unterdruckschlauchs.
14 Trennen Sie den Stecker des Absolutdrucksensors und befreien Sie dessen Verkabelung.
15 Trennen Sie am Druckspeicher den Schnellverschluss des Kraftstoff-Zulaufschlauchs (Abb. 11.15) – seien Sie auf etwas austretenden Kraftstoff vorbereitet. Verstopfen Sie alle Öffnungen, um den Kraftstoffaustritt zu minimieren und keinen Schmutz eindringen zu lassen. Befreien Sie den Schlauch aus dem Halter.
16 Trennen Sie das Rohr vom Verdunstungsrückhaltesystem-Absaugventil und befreien Sie es vom Halter.
17 Lösen Sie die Schraube der hinteren Motorhalterung, um genügend Platz für den Ausbau des Einlassstutzens zu haben.
18 Lösen Sie die sechs Befestigungsschrauben des Einlassstutzens und heben Sie diesen vom Zylinderkopf ab – die Dichtringe müssen später erneuert werden.

Einbau

19 Der Einbau entspricht der umgekehrten Ausbaureihenfolge – beachten Sie dabei folgende Punkte:

a) *Die Dichtflächen des Einlassstutzens und des Zylinderkopfs müssen sauber und trocken sein. Verwenden Sie neue Dichtringe, setzen Sie den Einlassstutzen an und ziehen Sie seine Schrauben schrittweise und über Kreuz bis zum Drehmoment von 20 Nm an.*
b) *Alle Schläuche und Kabelstecker müssen korrekt verbunden und gesichert werden.*

13 Ladeluftkühler – Ausbau und Einbau

Ausbau

1 Demontieren Sie die vordere Stoßstange (siehe Kapitel 11, Sektion 6).
2 Entfernen Sie die Kunststoffblenden von beiden Enden des Verflüssigers und des Ladeluftkühlers (siehe Abbildung).

13.2 Befreien Sie die Kunststoffblenden von beiden Enden des Verflüssigers und des Ladeluftkühlers.

3 Lösen Sie die Drahtbügel der Ein- und Auslassschläuche und ziehen Sie diese ab (siehe Abbildung).

13.3 Drahtbügel am Ladeluftkühler-Anschluss

4 Trennen Sie den Stecker des Turbolader-Drucksensors (siehe Abbildung).

13.4 Trennen Sie den Stecker des Turbolader-Drucksensors.

5 Lösen Sie an beiden Seiten des Ladeluftkühlers die Lasche und manövrieren Sie ihn aus dem Fahrzeug heraus (siehe Abbildungen).

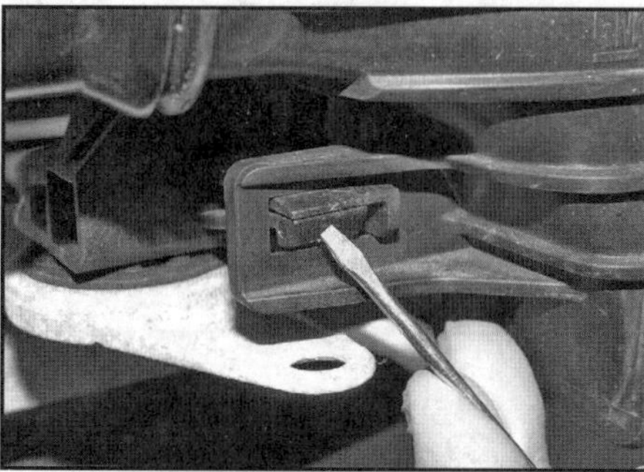

13.5a Lösen Sie die Laschen des Ladeluftkühlers ...

13.5b ... und manövrieren Sie ihn aus dem Fahrzeug heraus.

Einbau

6 Der Einbau entspricht der umgekehrten Ausbaureihenfolge.

14 Auspuffstutzen – Ausbau und Einbau

Anmerkung: *Beim Einbau werden neue Auspuffstutzen- und Auspuffrohr-Muttern sowie neue Dichtungen benötigt.*

Ausbau – Saugmotoren

1 Trennen Sie den Masseanschluss (–) der Batterie (siehe Kapitel 5A, Sektion 4).
2 Ziehen Sie die Handbremse fest an, heben Sie dann das Fahrzeug vorn an, und stützen Sie es sicher ab (siehe Seite 351).
3 Schrauben Sie das vordere Auspuffrohr vom Katalysator ab, stützen Sie dabei den flexiblen Teil gut ab. **Anmerkung**: *Wenn der flexible Teil um mehr als 10° abgewinkelt wird, können dauerhafte Schäden auftreten.* Entfernen Sie die Dichtung.
4 Lösen Sie die zwei unteren Halterungs-Schrauben des Katalysators.
5 Trennen Sie den Lambdasondenstecker und befreien Sie die Verkabelung von der Halterung.
6 Lösen Sie die neun Befestigungsmuttern des Auspuffstutzens und ziehen Sie diesen vom Zylinderkopf ab. Entfernen Sie die Dichtung.

Ausbau – Turbomotoren

Anmerkung: *Der Turbolader ist in den Auspuffstutzen integriert und kann nicht daraus befreit werden.*

Anmerkung: *Zum Lösen und Anziehen der Kühlmittelrohr-Anschlussschraube am Turbolader wird das Opel-Spezialwerkzeug EN-49942 oder eine entsprechende Alternative benötigt.*

7 Trennen Sie den Masseanschluss (–) der Batterie (siehe Kapitel 5A, Sektion 4).

8 Ziehen Sie die Handbremse fest an, heben Sie dann das Fahrzeug vorn an, und stützen Sie es sicher ab (siehe Seite 351).

9 Entleeren Sie das Kühlsystem (siehe Kapitel 1A, Sektion 26).

10 Entfernen Sie den vom Luftfilter kommenden Ansaugstutzen (siehe Sektion 3).

11 Öffnen Sie am Turbolader den Schnellverschluss des Motorentlüftungsschlauchs und trennen Sie diesen (siehe Abbildung). Bedecken oder verstopfen Sie den Turbolader-Einlass, um keine Fremdkörper eindringen zu lassen.

14.11 Drücken Sie die Hülse seitlich ein und ziehen Sie den Motorentlüftungsschlauch ab.

12 Lösen Sie am Turbolader die Schelle und trennen Sie den Unterdruckschlauch (siehe Abbildung).

14.12 Lösen Sie die Schelle und trennen Sie den Unterdruckschlauch vom Turbolader.

14.14 Hitzeschild-Schrauben

13 Heben Sie den Motorentlüftungsschlauch samt Unterdruckschlauch aus den Halterungen und verlagern Sie die Baugruppe beiseite.

14 Lösen Sie die drei Schrauben des Hitzeschildes und entfernen Sie es vom Auspuffstutzen (siehe Abbildung).

15 Trennen Sie am Magnetschalter des Ladedruckregelventils den Stecker und befreien Sie den Kabelbaum-Clip vom Halter (siehe Abbildung).

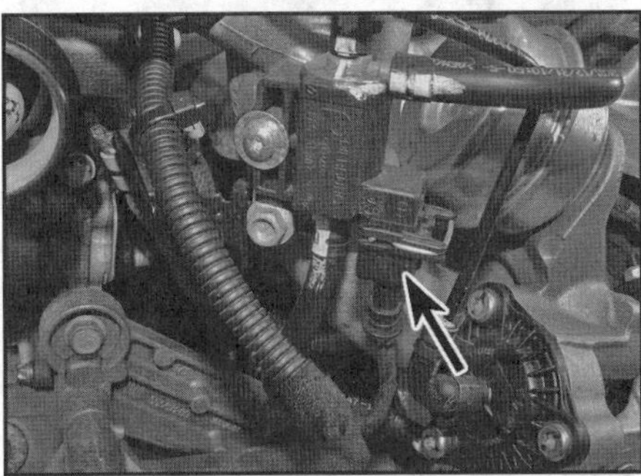

14.15 Trennen Sie den Stecker des Ladedruckregelventil-Magnetschalters.

16 Lösen Sie oben am Turbolader die Anschlussschraube des Ölrohrs und stellen Sie die zwei Dichtscheiben sicher (siehe Abbildung).

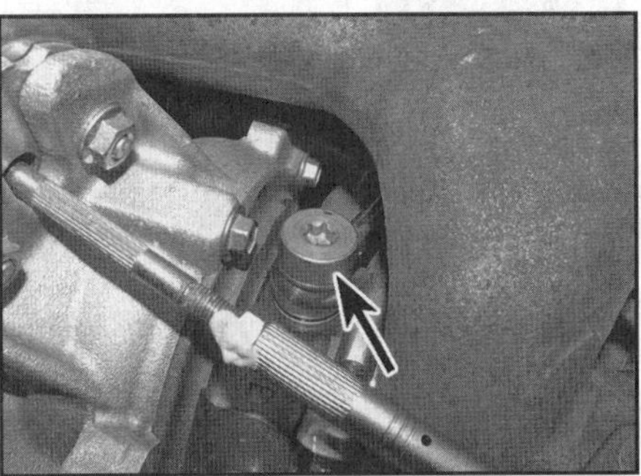

14.16 Ölleitungs-Anschluss oben am Turbolader

17 Lösen Sie am Motorblock die Anschlussschraube des Turbolader-Ölrohrs und entfernen Sie dies (siehe Abbildungen). Stellen Sie die zwei O-Ringe sicher.

14.17a Lösen Sie am Motorblock die Anschlussschraube des Turbolader-Ölrohrs ...

14.17b … und befreien Sie dies vom Motor.

18 Lockern Sie am Ölkühler-Einlassrohr die Schelle und ziehen Sie den Kühlmittel-Rücklaufschlauch des Turboladers ab (siehe Abbildung).

14.18 Kühlmittel-Rücklaufschlauch des Turboladers am Ölkühler-Einlassrohr

19 Lösen Sie am Ölfiltergehäuse die Schraube des Turbolader-Kühlmittel-Rücklaufrohrs (siehe Abbildung).

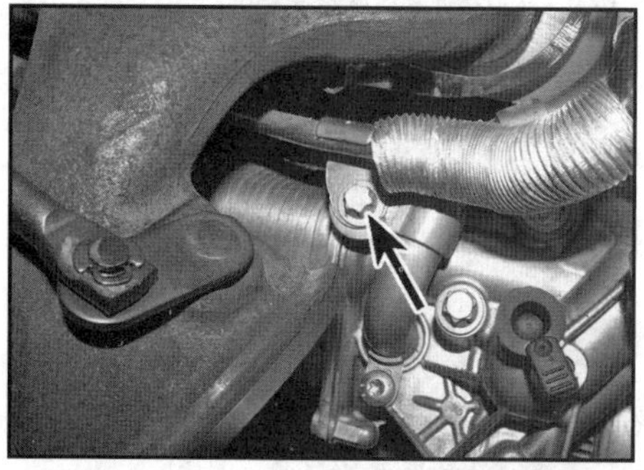

14.19 Schraube, die das Turbolader-Kühlmittel-Rücklaufrohr am Ölfiltergehäuse sichert

20 Lockern Sie am Turbolader die Schelle des Ladeluftkühler-Einlassschlauchs und ziehen Sie diesen ab (siehe Abbildung).

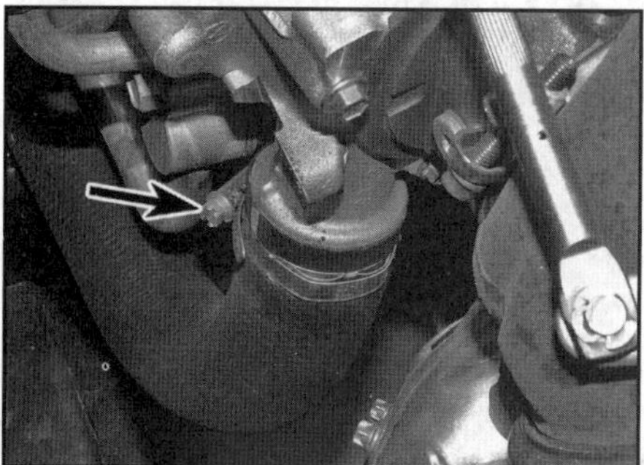

14.20 Schelle des Ladeluftkühler-Einlassschlauchs am Turbolader

21 Lösen Sie am Motorblock die Anschlussschraube des zum Turbolader führenden Kühlmittelschlauchs und stellen Sie die zwei Dichtscheiben sicher (siehe Abbildung). Um den Anschluss dabei am Mitdrehen zu hindern, kann das Opel-Spezialwerkzeug EN-49942 oder eine Alternative beschafft werden.

14.21 Anschlussschraube des zum Turbolader führenden Kühlmittelschlauchs

22 Entfernen Sie den Aufwärm-Katalysator (siehe Sektion 15).

23 Lösen Sie unten am Turbolader die zwei Schrauben des Ölrücklaufrohr-Flanschs (siehe Abbildung). Trennen Sie den Flansch und stellen Sie die Dichtung sicher.

14.23 Schrauben des Ölrücklaufrohr-Flanschs unten am Turbolader

24 Befreien Sie am Gestänge der Ladedruck-Dose den Sprengring und befreien Sie dies (siehe Abbildung).

14.24 Entfernen Sie den Sprengring und heben Sie das Gestänge vom Hebel.

25 Lösen Sie am Turbolader die zwei Muttern, mit denen die Ladedruck-Dose gesichert ist, befreien Sie sie und verlagern Sie sie beiseite (siehe Abbildung).

14.25 Lösen Sie die zwei Muttern der Ladedruck-Dose und positionieren Sie sie beiseite.

26 Lösen Sie die acht Befestigungsmuttern des Auspuffstutzens und ziehen Sie diesen vom Zylinderkopf ab. Entfernen Sie die innere und äußere Dichtung (siehe Abbildungen).

14.26a Entfernen Sie die äußere Dichtung ...

14.26b ... und die innere Dichtung.

Einbau – Saugmotoren

27 Kontrollieren Sie alle Stehbolzen am Zylinderkopf auf Schäden und Korrosion. Entfernen Sie Rost und ersetzen Sie schadhafte Stehbolzen.

28 Schaben Sie altes Dichtmaterial oder Kohleablagerungen von den Dichtflächen des Auspuffstutzens und des Zylinderkopfes und legen Sie die neue Dichtung auf.

Achtung: Beschädigen Sie dabei nicht die aus relativ weichem Aluminium bestehende Dichtfläche des Zylinderkopfes!

29 Setzen Sie den Auspuffstutzen über den Stehbolzen auf, installieren Sie neue Muttern und ziehen Sie sie schrittweise und über Kreuz bis zum Drehmoment von 22 Nm an.

30 Verbinden Sie den Lambdasondenstecker und sorgen Sie dafür, dass sein Kabel korrekt verlegt und gesichert ist.

31 Installieren Sie die zwei unteren Katalysator-Halteschrauben und ziehen Sie sie sorgfältig an.

32 Schließen Sie das vordere Auspuffrohr mit einer neuen Dichtung an und ziehen Sie die neuen Muttern mit 25 Nm an.

33 Senken Sie das Fahrzeug ab und schließen Sie die Batterie an.

Einbau – Turbomotoren

34 Kontrollieren Sie alle Stehbolzen am Zylinderkopf auf Schäden und Korrosion. Entfernen Sie Rost und ersetzen Sie schadhafte Stehbolzen.

35 Schaben Sie altes Dichtmaterial oder Kohleablagerungen von den Dichtflächen des Auspuffstutzens und des Zylinderkopfes und legen Sie die neue innere Dichtung auf.

Achtung: Beschädigen Sie dabei nicht die aus relativ weichem Aluminium bestehende Dichtfläche des Zylinderkopfes!

36 Setzen Sie den Auspuffstutzen über den Stehbolzen auf, installieren Sie die neue äußere Dichtung und neue Muttern und ziehen Sie sie schrittweise und über Kreuz bis zum Drehmoment von 22 Nm an.

37 Platzieren Sie die Ladedruck-Dose am Turbolader und verbinden Sie ihr Gestänge mit dem Hebel. Installieren Sie die Muttern der Ladedruck-Dose und sichern Sie das Gestänge mit dem Sprengring.

38 Rüsten Sie den Flansch des Turboladeröl-Rücklaufrohrs mit einer neuen Dichtung aus und bieten Sie deren Laschen um, damit sie in Position verbleibt. Verbinden Sie das Rücklaufrohr mit dem Turbolader, installieren Sie die Schrauben und ziehen Sie sie mit 8 Nm an (siehe Abbildungen).

14.38a Rüsten Sie den Flansch des Turboladeröl-Rücklaufrohrs mit einer neuen Dichtung aus und bieten Sie deren Laschen um.

14.38b Verbinden Sie das Rücklaufrohr mit dem Turbolader und ziehen die Schrauben und mit 8 Nm an.

39 Installieren Sie den Aufwärm-Katalysator (siehe Sektion 15).

40 Rüsten Sie die Anschlussschraube des Turbolader-Kühlmittel-Zulaufrohrs mit neuen Dichtscheiben aus und drehen Sie sie in den Motorblock (siehe Abbildung). Ziehen Sie die Anschlussschraube mit 30 Nm an, während Sie den Anschluss mithilfe des beim Ausbau verwendeten Werkzeugs kontern.

14.40 Rüsten Sie die Anschlussschraube des Turbolader-Kühlmittel-Zulaufrohrs mit neuen Dichtscheiben aus und drehen Sie sie in den Motorblock.

41 Verbinden Sie den Ladeluftkühler-Schlauch mit dem Turbolader und sichern Sie ihn mit der Schelle.
42 Installieren Sie das Turboladeröl-Rücklaufrohr mit dem Ölfiltergehäuse und ziehen Sie die Schraube sorgfältig an.
43 Verbinden Sie den Turboladeröl-Rücklaufschlauch mit dem Ölkühler-Einlassrohr und sichern Sie ihn mit der Schelle.
44 Rüsten Sie das eine Ende des Turboladeröl-Zulauflaufrohrs mit zwei neuen O-Ringen und das andere mit zwei Dichtscheiben aus (siehe Abbildungen).

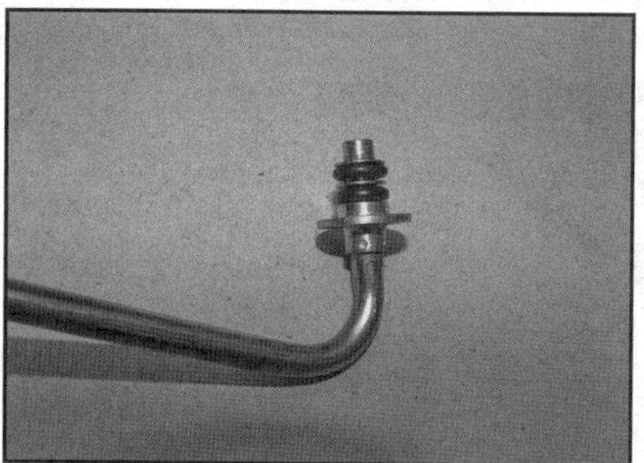

14.44a Rüsten Sie das eine Ende des Turboladeröl-Zulauflaufrohrs mit zwei neuen O-Ringen ...

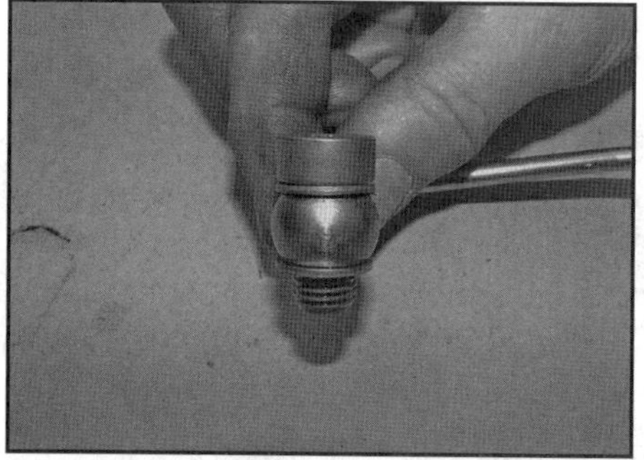

14.44b ... und das andere mit zwei Dichtscheiben aus.

45 Verbinden Sie das Turboladeröl-Zulauflaufrohr mit dem Ölfiltergehäuse und ziehen Sie die Anschlussschraube mit 20 Nm an.
46 Sichern Sie das Turboladeröl-Zulauflaufrohr mit der sorgfältig angezogenen Schraube am Motorblock.
47 Verbinden Sie den Stecker mit dem Magnetschalter des Ladedruckreglers und sichern Sie dessen Kabelbaum mit dem Clip.
48 Montieren Sie den Hitzeschild an den Auspuffstutzen und sichern Sie ihn mit den drei Schrauben.
49 Schließen Sie den Motorentlüftungsschlauch und den Unterdruckschlauch am Turbolader an, sichern Sie sie mit den Schellen, und montieren Sie den Luftfilter-Auslassstutzen.
50 Senken Sie das Fahrzeug ab, kontrollieren Sie den Ölpegel und füllen Sie nötigenfalls Öl nach (siehe Wöchentliche Kontrollen).
51 Füllen Sie das Kühlsystem auf (siehe Kapitel 1A, Sektion 26) und schließen Sie die Batterie an.

15 Auspuffanlage – Allgemeine Informationen und Austausch der Komponenten

Allgemeine Informationen

1 Die Auspuffanlage besteht aus zwei Sektionen: die vordere beinhaltet das vordere Auspuffrohr samt Lambdasonde; die hintere besteht aus dem Endrohr und dem Schalldämpfer.
2 Regelmäßige Kontrollen der Auspuffanlage sorgen für Ruhe und Sicherheit. Kontrollieren Sie auch die Haltegummis und ersetzen Sie sie nötigenfalls.
3 Kleinere Löcher und Risse können mithilfe spezieller Auspuff-Reparaturprodukte verschlossen werden.
4 Bevor eine einzelne Sektion des Auspuffs ersetzt werden, sollte auch die andere genauer untersucht werden. Falls Korrosion oder Beschädigungen entdeckt werden, kann es sinnvoller sein, den gesamten Auspuff auszutauschen.

Austausch der Komponenten

5 Falls eine Komponente des Auspuffsystems erneuert werden soll, ist es sehr wichtig, das richtige Ersatzteil zu beschaffen.
6 Um das Endrohr und den Schalldämpfer entfernen zu können, muss das Fahrzeug hinten angehoben und sicher abgestützt werden (siehe Seite 351). Lockern Sie die Schelle, die das vordere Rohr mit dem Endrohr verbindet (siehe Abbildung), befreien Sie dann die Gummihalterung und ziehen Sie das Endrohr vom vorderen Rohr ab – falls es darauf verrostet ist, muss es mit Kriechöl versehen und nach dessen Einwirkung mit einem Hammer rundherum abgeklopft werden; drehen Sie beim Abziehen in beide Richtungen, während das vordere Rohr festgehalten wird.

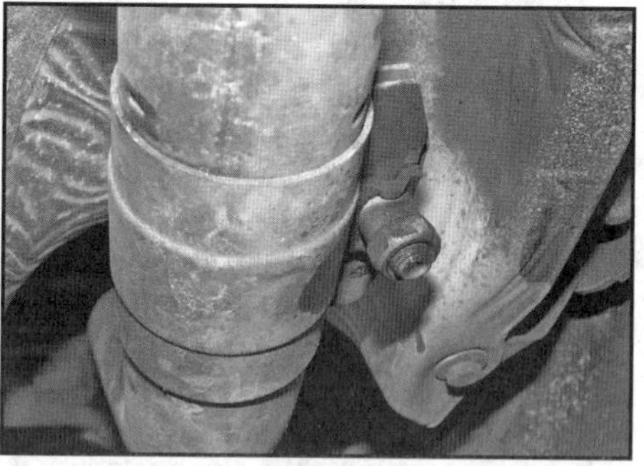

15.6 Auspuff-Verbindungsschelle

7 Um das vordere Auspuffrohr entfernen zu können, muss das Fahrzeug vorn angehoben und sicher abgestützt werden (siehe Seite 351). Lösen Sie die zwei Schrauben der vorderen Querstrebe, um diese vom Hilfsrahmen entfernen zu können.
8 Entfernen Sie das Endrohr samt Schalldämpfer (siehe Schritt 6). Schrauben Sie dann die Lambdasonde aus dem vorderen Rohr (siehe Kapitel 4C, Sektion 2). Befreien Sie das Auspuffrohr vom Katalysator (siehe Abbildung) – stützen Sie

dabei den flexiblen Teil gut ab. Entfernen Sie die Dichtung. Befreien Sie die Gummihalterung und befreien Sie das Auspuffrohr unter dem Fahrzeug heraus. **Anmerkung**: *Wenn der flexible Teil um mehr als 10° abgewinkelt wird, können dauerhafte Schäden auftreten.*

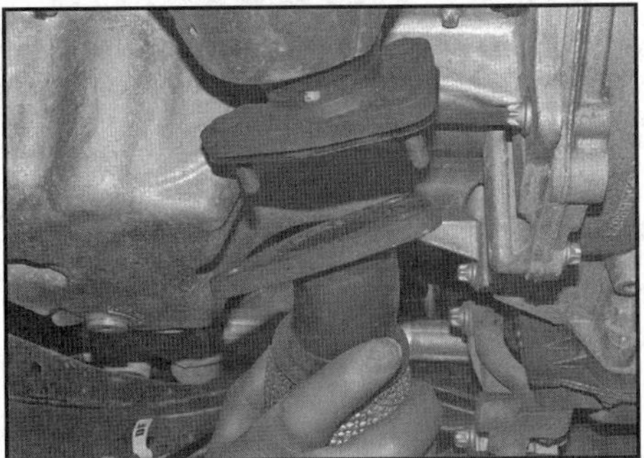

15.8 Befreien Sie das vordere Auspuffrohr vom Katalysator.

9 Der Einbau entspricht der umgekehrten Ausbaureihenfolge. Erneuern Sie alle Dichtungen und ziehen Sie die **neuen** vorderen Flanschmuttern mit 25 Nm an. Achten Sie bei der Montage der Querstrebe an den vorderen Hilfsrahmen darauf, dass die mit »LH« markierte Seite nach links kommt. Ziehen Sie die Querstreben-Schrauben mit 60 Nm an.

Hitzeschild(e)

10 Hitzeschilde sind mit verschiedenen Muttern und Schrauben unter der Karosserie befestigt. Jedes Hitzeschild kann nach dem Entfernen der entsprechenden Auspuff-Sektion demontiert werden. Falls ein Hitzeschild für den Zugang der dahinter sitzenden Komponente demontiert werden muss, reicht es manchmal aus, seine Muttern und/oder Schrauben zu lösen und das Schild ohne die Demontage der Auspuffanlage abzusenken.

Katalysator

11 Trennen Sie den Masseanschluss (–) der Batterie (siehe Kapitel 5A, Sektion 4).
12 Entfernen Sie die Motorabdeckung.
13 Demontieren Sie die vordere Auspuffsektion (Schritte 7 und 8).
14 Demontieren Sie die Lambdasonde (siehe Kapitel 4C, Sektion 3).
15 Lösen Sie die drei Muttern des Turbolader-Hitzeschildes und heben Sie es ab (Abb. 14.14).
16 Trennen Sie den Stecker des im Katalysator sitzenden Abgastemperatursensors und schrauben Sie diesen heraus.
17 Lösen Sie die vier Schrauben des Katalysator-Hitzeschildes und entfernen Sie dies.
18 Lösen Sie die zwei Muttern, die den Katalysator an der Halterung sichern (siehe Abbildung).

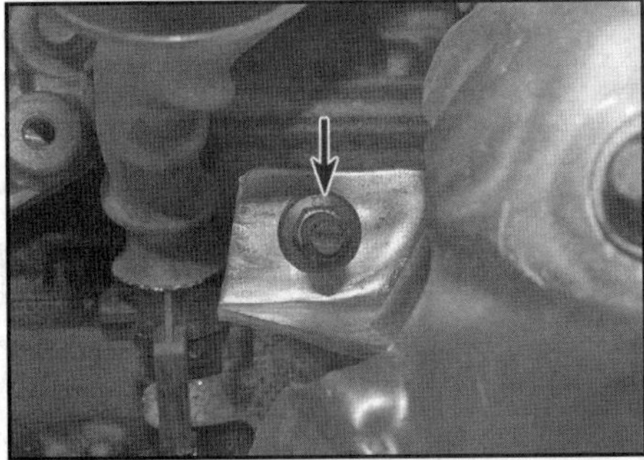

15.18 Rechte Katalysator-Befestigungsmutter

19 Lockern Sie am Katalysator-Rohr die Schelle des Auspuffdrucksensor-Schlauchs und ziehen Sie diesen ab.
20 Lösen Sie die untere Katalysator-Befestigungsschraube.
21 Lockern Sie die Klemmschrauben-Mutter des Katalysators. Spreizen Sie die Klemme und befreien Sie den Katalysator vom Auspuffstutzen. Heben Sie den Katalysator nach oben aus dem Motorraum und stellen Sie die Dichtung zum vorderen Auspuffrohr sicher.
22 Der Einbau entspricht der umgekehrten Ausbaureihenfolge. Erneuern Sie alle Dichtungen und ziehen Sie die **neuen** vorderen Flanschmuttern mit 25 Nm an. Achten Sie bei der Montage der Querstrebe an den vorderen Hilfsrahmen darauf, dass die mit »LH« markierte Seite nach links kommt. Ziehen Sie die Querstreben-Schrauben mit 60 Nm an.

16 Turbolader – Beschreibung und Warnhinweise

Beschreibung

1 Um die Leistung der Motoren zu erhöhen, sind manche Motoren mit Turboladern ausgerüstet, die den Luftdruck im Einlassstutzen über den atmosphärischen Druck anheben. Der Motor muss die Luft also nicht ansaugen, sondern wird »druckbeatmet«.
2 Die Energie zum Betreiben des Turboladers liefern die Abgase. Diese strömen durch ein speziell geformtes Gehäuse (das Turbinengehäuse) und versetzen dabei das Turbinenrad in Drehung. Dieses Rad sitzt auf einer Welle, an dessen anderem Ende ein weiteres Flügelrad sitzt – das Verdichterrad. Dieses dreht sich in einem eigenen Gehäuse und drückt Frischluft in den Einlassstutzen.
3 Zwischen dem Turbolader und dem Einlassstutzen strömt die komprimierte Luft durch den Ladeluftkühler (»Intercooler«), der vom Fahrtwind durchströmt wird. Die im Turbolader erwärmte Luft kühlt ab, wird dabei dichter und kann dadurch nochmals die Motorleistung verbessern.
4 Der im Einlassstutzen vorhandene »Ladedruck« wird durch ein Regelventil (»Wastegate«) begrenzt, indem es mithilfe einer druckempfindlichen Betätigung die Abgase vom Turbinenrad ablenkt. Der Turbolader-Druck wird von einem Drucksensor am Lufteinlass überwacht.
5 Die im Lagergehäuse drehende Welle wird durch ein an den Haupt-Ölkanal angeschlossenes Ölrohr mit Drucköl versorgt und geschmiert; durch ein Rücklaufrohr gelangt das Öl zurück in die Ölwanne.

Vorsichtsmaßnahmen

Warnung: Der Turbolader darf niemals mit freiliegenden Bauteilen oder entfernten Schläuchen oder Leitungen betrieben werden. Falls auch nur kleine Fremdkörper in die rotierenden Flügelräder fallen, können große Schäden entstehen und herausgeschleuderte Teile können schwere Verletzungen hervorrufen.

6 Der Turbolader arbeitet mit extrem hohen Drehzahlen und Temperaturen. Um Verletzungen und einen vorzeitigen Ausfall des Turboladers zu verhindern, müssen einige Vorkehrungen getroffen werden:
7 Der Motor darf – vor allem im kalten Zustand – niemals direkt nach dem Start hochgedreht werden. Lassen Sie dem Öl einige Sekunden Zeit, im Lager der Turbolader-Welle Druck aufzubauen.

8 Lassen Sie den Motor vor dem Abschalten einige Sekunden im Standgas laufen – durch Abschalten direkt nach höheren Drehzahlen würde die Turboladerwelle ohne Öldruck weiterdrehen, sodass ihr Lager beschädigt werden kann.
9 Lassen Sie den Motor nach längeren Hochgeschwindigkeitsfahrten einige Minuten im Standgas laufen, damit der Turbolader die darin entwickelte Hitze abgeben kann.
10 Beachten Sie die empfohlenen Öl- und Filterwechsel-Intervalle und verwenden Sie das vom Hersteller empfohlene Öl. Vernachlässigte Wechselintervalle oder minderwertige Öle können an der Turboladerwelle Kohleablagerungen hinterlassen, die zu vorzeitigen Schäden führen können.

17 Turbolader – Ausbau und Einbau

1 Der Turbolader ist in den Auspuffstutzen integriert und kann nicht daraus befreit werden. Der Ausbau und Einbau des Auspuffstutzens ist in Sektion 14 beschrieben.

Kapitel 4B

Kraftstoffsystem und Auspuffanlage – Dieselmotoren

Inhalt — Sektion

Technische Daten

Allgemein

System-Typ
- Z13DTJ-Motor . . . . Elektronisch gesteuerte »Common-Rail« Hochdruck-Direkteinspritzung MULTIJET 6X3 von Magneti Marelli
- Alle anderen Motoren . . . . Elektronisch gesteuerte »Common-Rail« Hochdruck-Direkteinspritzung EDC 17 von Bosch

Zündfolge . . . . 1-3-4-2 (Nr. 1 rechts an Steuerkette)
Systemdruck . . . . 1400 bis 1600 bar bei 2200/min
Standgasdrehzahl . . . . 850/min (von Steuergerät geregelt)
Höchstdrehzahl . . . . 5200/min (von Steuergerät geregelt)

Hochdruck-Einspritzpumpe

Typ . . . . Bosch CP1

Kraftstoffpumpe

Typ . . . . Elektrisch, im Tank
Förderdruck . . . . 3,3 bar (max.)

Einspritzdüsen

Typ . . . . Bosch CRIP 2-MI

Anzugsdrehmomente	**Nm**
AGR-Ventil-Schrauben	22
Auspuffschellen-Muttern	50
Auspuffstutzen-Muttern*	
Schritt 1	15
Schritt 2	um 30° weiter
Druckspeicher an Halter	25
Druckspeicher-Halter an Nockenwellengehäuse	25
Einlassstutzen-Schrauben	25
Einspritzdüsenhalter-Muttern	20

Schwierigkeitsgrade

Leicht. Geeignet für Anfänger mit wenig Erfahrung. 	**Relativ leicht.** Geeignet für Anfänger mit etwas Erfahrung. 	**Relativ schwierig.** Geeignet für geübte Selbstschrauber. 	**Schwer.** Geeignet für Selbstschrauber mit viel Erfahrung. 	**Sehr schwer.** Geeignet für Experten und Profis. 

Hilfsrahmen (vorn) – Querstreben-Schrauben	60
Hochdruckleitungs-Anschlüsse	
M12-Anschlussmuttern	25
M14-Anschlussmuttern	28
Hochdruckpumpen-Befestigungsschrauben	15
Katalysatorhalterung an Ölwannen-Halterung	25
Katalysatorhalterung an Turbolader	30
Kraftstoffdruckregelventil an Druckspeicher	9
Kraftstoffdrucksensor an Druckspeicher	70
Kühlrohr an Wärmetauscher	9
Kurbelwellensensor-Schraube	9
Nockenwellensensor-Schraube	7
Ölfiltergehäuse an Motorblock	9
Turbolader an Auspuffstutzen	25
Turboladeröl-Rücklaufrohr-Schrauben	9
Turboladeröl-Zulaufrohr-Anschlussschrauben	12

** Stets durch Neuteile zu ersetzen*

1 Allgemeine Informationen

1 Alle in diesen Buch behandelten Motoren sind mit einer Hochdruck-Diesel-Einspritzung (HDi) ausgerüstet, die mit einer Direkteinspritzung den neuesten Stand der Diesel-Technologie darstellt. Beim HDi-System dient die »Einspritzpumpe« ausschließlich zur Bereitstellung des für die Einspritzung benötigten Drucks und hat keinen Einfluss auf den Einspritzzeitpunkt und die Einspritzdauer; diese Werte werden vom Steuergerät über die elektrisch aktivierten Einspritzdüsen kontrolliert. Das System funktioniert folgendermaßen:

2 Das Kraftstoffsystem besteht aus einem im Heck untergebrachten Tank mit einer darin sitzenden Kraftstoffpumpe, einem Kraftstofffilter mit Wasserabscheider, der Hochdruck-Einspritzpumpe, den Einspritzdüsen und weiteren dazugehörigen Komponenten.

3 Diesel aus dem Tank wird in das im Motorraum untergebrachte Kraftstofffiltergehäuse gepumpt, wo Partikel und Wasser abgefangen wird. Überschüssiger Treibstoff gelangt von hier aus durch den unten am Fahrzeug sitzenden und vom Fahrtwind umströmten Kraftstoff-Kühler zum Tank zurück.

4 Wenn die Umgebungstemperatur sehr niedrig ist, wird der Kraftstoff im Filtergehäuse mithilfe eines elektrischen Heizelements erwärmt, damit keine Probleme entstehen.

5 Die Hochdruck-Einspritzpumpe wird direkt von der Auslassnockenwelle Zahnriemen angetrieben. Der im System benötigte Druck (bis zu 1400 bar!) wird von drei Kolben in der Pumpe erzeugt. Der unter diesem hohen Druck stehende Druckspeicher diene als Reservoir für die vier Einspritzdüsen.

6 Die Einspritzpumpensteuerung besteht aus dem Steuergerät (ECU) und folgenden Sensoren:

a) Gaspedalsensor – informiert das Steuergerät über die abgeforderte Last.

b) Kühltemperatursensor – informiert das Steuergerät über die Motortemperatur.

c) Luftmassenmesser (innerhalb des Ansauglufttemperatursensors) – informiert das Steuergerät über die Menge und die Temperatur der durch den Ansaugtrakt strömenden Luft.

d) Kurbelwellensensor – informiert das Steuergerät über die Motordrehzahl und die Stellung der Kurbelwelle.

e) Nockenwellensensor – informiert das Steuergerät darüber, welcher Zylinder in welchem Arbeitstakt steht.

f) Ladedrucksensor – informiert das Steuergerät über den im Einlassstutzen herrschenden Luftdruck.

g) Kraftstoffdrucksensor – informiert das Steuergerät über den Kraftstoffdruck im Druckspeicher.

h) ABS-Steuergerät – informiert das Steuergerät über die gefahrene Geschwindigkeit (Details in Kapitel 9).

7 Die Signale der oben angegebenen Sensoren werden (zusammen mit Signalen anderer Sensoren) vom Steuergerät analysiert, um an den Einspritzdüsen die Einspritzdauer festzulegen und so ein fettes oder mageres Gemisch zu erzeugen. Dieses Gemisch wird ständig vom Steuergerät angepasst, um die besten Ergebnisse zum Starten (bei kaltem oder heißen Motor), in der Warmlaufphase, im Standgas, bei Teillast oder beim Beschleunigen zu erzielen.

8 Das Steuergerät hat über den Hochdruck-Kraftstoffregler (am Druckspeicher) die volle Kontrolle über den Einspritzdruck. Um den Druck zu reduzieren, öffnet das Steuergerät den Hochdruck-Kraftstoffregler, der überschüssigen Kraftstoff direkt aus der Pumpe in den Tank zurückfließen lässt.

9 Das Steuergerät überwacht auch das in Kapitel 4C beschriebene Abgasrückführungs-System (AGR) sowie den Kühler-Ventilator.

10 Um die Leistung der Motoren zu erhöhen, ist der Dieselmotor mit einem Turbolader ausgerüstet, er den Luftdruck im Einlassstutzen über den atmosphärischen Druck anhebt. Der Motor muss die Luft also nicht ansaugen, sondern wird »druckbeatmet«.

11 Die Energie zum Betreiben des Turboladers liefern die Abgase. Diese strömen durch ein speziell geformtes Gehäuse (das Turbinengehäuse) und versetzen dabei das Turbinenrad in Drehung. Dieses Rad sitzt auf einer Welle, an dessen anderem Ende ein weiteres Flügelrad sitzt – das Verdichterrad. Das Verdichterrad dreht sich in einem eigenen Gehäuse und drückt Frischluft in den Einlassstutzen. Die im Lagergehäuse drehende Welle wird durch ein an den Haupt-Ölkanal angeschlossenes Ölrohr mit Drucköl versorgt und geschmiert; durch ein Rücklaufrohr gelangt das Öl zurück in die Ölwanne. Der im Einlassstutzen vorhandene »Ladedruck« wird durch ein Regelventil (»Wastegate«) begrenzt, indem es mithilfe einer druckempfindlichen Betätigung die Abgase vom Turbinenrad ablenkt.

12 Bei irgendwelchen abnormalen Informationen von einem der Sensoren schaltet das Steuergerät auf den »Backup«-Modus um. Wenn dies geschieht, werden die fehlerhaften Signale nicht beachtet und das Steuergerät arbeitet mit einprogrammierten »Backup«-Werten, um den Motor – mit reduziertem Wirkungsgrad – am Laufen zu halten. Sobald das Steuergerät in diesen Modus schaltet, leuchtet im Cockpit die Motor-Warnlampe auf und ein entsprechender Fehlercode wird im Steuergerät gespeichert.

13 Sobald die Warnlampe aufleuchtet, sollte das Fahrzeug möglichst bald in eine Opel-Werkstatt oder zu einem Motordiagnose-Spezialisten gebracht werden. Hier wird ein Diagnosegerät mit dem Diagnosestecker verbunden und es kann ein kompletter Test der Motorsteuerung durchgeführt sowie der Fehler ausgelesen und anschließend gelöscht werden.

2 Hochdruck-Einspritzsystem – Spezielle Informationen

Warnungen und Vorsichtsmaßnahmen

1 Bevor Arbeiten am Kraftstoffsystem – vor allem an dessen Hochdruck-Seite – erledigt werden, müssen die folgenden Vorsichtsmaßnahmen penibel durchgelesen werden. Zudem müssen die Hinweise in der Sektion »Sicherheit geht vor!« auf Seite 8 durchgelesen werden – ihnen ist unbedingt zu folgen! Beachten Sie die folgenden Informationen:

a) Führen Sie Arbeiten am Hochdruck-Kraftstoffsystem nur aus, wenn Sie über die erforderlichen Kenntnisse verfügen, die erforderlichen Werkzeuge besitzen und sich über die damit verbundenen Sicherheitsaspekte im Klaren sind.

b) Bevor Arbeiten am Kraftstoffsystem ausgeführt werden, muss nach dem Abschalten des Motors mindestens eine halbe Minute gewartet werden, damit der Druck im System abgebaut wird.

c) Arbeiten Sie niemals bei laufendem Motor am Hochdruck-Kraftstoffsystem!

d) Halten Sie sich von möglichen Undichtigkeiten fern – dies gilt besonders beim Starten des Motors nach durchgeführten Reparaturen. Aus einem Leck im System kann ein lebensgefährlicher Hochdruck-Strahl entweichen.

e) Halten Sie niemals ihre Hände oder andere Körperteile in die Nähe von Lecks im Hochdruck-Kraftstoffsystem!

f) Reinigen Sie niemals den Motor oder Teile des Kraftstoffsystems mit einem Dampfstrahler.

Reparatur-Prozeduren und allgemeine Informationen

2 Bei allen Arbeiten am Kraftstoffsystem muss absolute Sauberkeit herrschen. Dies gilt für den Arbeitsplatz im Allgemeinen, die ausführende Person und das zu bearbeitende Bauteil.

3 Bevor an Kraftstoffsystem-Komponenten gearbeitet wird, müssen sie sorgfältig mit einem geeigneten Entfettungsmittel gereinigt werden. Sauberkeit ist besonders wichtig bei der Arbeit an folgenden Kraftstoffsystem-Komponenten:

a) Kraftstofffilter
b) Hochdruck-Pumpe
c) Druckspeicher
d) Einspritzdüsen
e) Hochdruck-Kraftstoffrohre

4 Nachdem alle Leitungen oder Komponenten getrennt wurden, müssen alle Öffnungen unverzüglich abgedichtet werden, damit kein Schmutz oder andere Fremdkörper eindringen können. Im Auto-Zubehörhandel sind hierfür Stopfen und Kappen unterschiedlicher Größen erhältlich (siehe Abbildung). Abgeschnittene Finger von neuen Gummihandschuhen können zum Schutz von Bauteilen wie Kraftstoffrohren, Einspritzdüsen und elektrischen Anschlüssen verwendet und mit Gummibändern gesichert werden; Einweg-Handschuhe sind im Drogeriemarkt erhältlich.

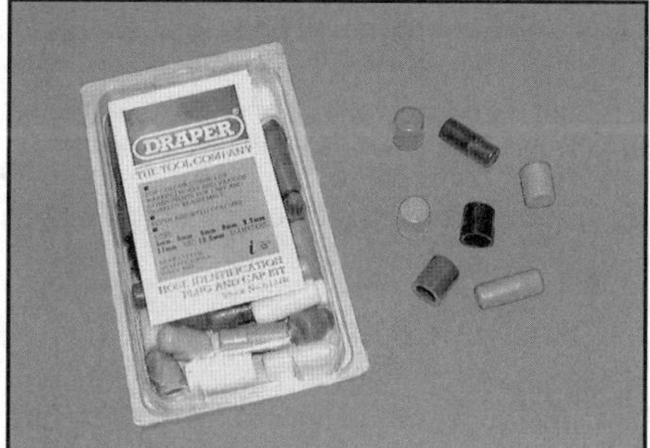

2.4 Ein typisches Set aus Stopfen und Kappen zum Abdichten getrennter Kraftstoffsystem-Komponenten

5 Nachdem Hochdruck-Kraftstoffrohre getrennt oder demontiert wurden, müssen sie durch Neuteile ersetzt werden.

6 Die in den technischen Daten angegebenen Anzugsdrehmomente müssen beim Anziehen von Befestigungen und Anschlüssen strikt eingehalten werden – dies gilt besonders für die Anschlüsse der Hochdruck-Leitungen. Um einen Drehmomentschlüssel an den Anschlussmuttern ansetzen zu können, werden zwei sog. Krähenfuß-Adapter benötigt, die im gut sortierten Werkzeughandel erhältlich sind (siehe Abbildung).

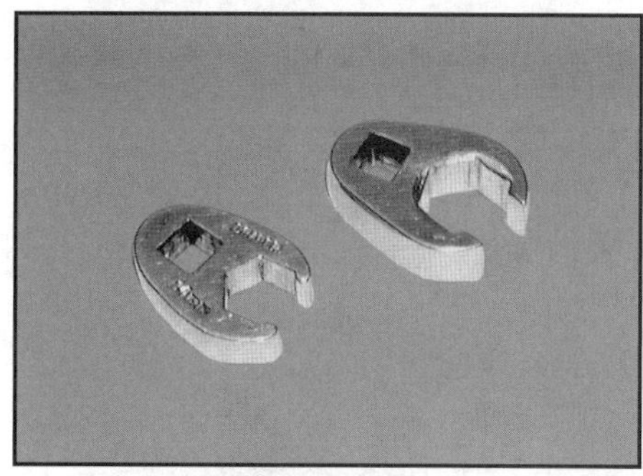

2.6 Krähenfuß-Adapter zum Anziehen von Anschlussmuttern per Drehmomentschlüssel

3 Luftfilter-Baugruppe – Ausbau und Einbau

Luftfilter-Baugruppe

1 Trennen Sie den Stecker des Luftmassensensors und befreien Sie dessen Kabel vom Luftfiltergehäuse (siehe Abbildung).

3.1 Trennen Sie den Stecker des Luftmassensensors.

2 Befreien Sie unten am Luftfiltergehäuse die Verkabelung (siehe Abbildung).

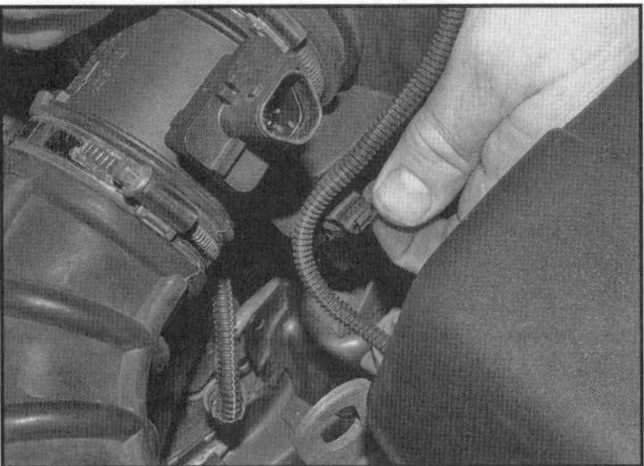

3.2 Befreien Sie die Kabel vom Luftfiltergehäuse.

3 Lockern Sie am Luftmassenmesser die Schelle des Turbolader-Einlassschlauchs (siehe Abbildung) und verlagern Sie den Schlauch beiseite.

3.3 Lockern Sie die Schelle und ziehen Sie den Einlassschlauch vom Luftmassenmesser.

4 Lösen Sie die Schraube, die den Resonator vorn an der Karosserie sichert (siehe Abbildung).

3.4 Resonator-Befestigungsschraube

5 Befreien Sie den Kabelbaum-Clip vom Resonator, ziehen Sie diesen vom Luftfilter-Einlassschlauch ab und entfernen Sie ihn (siehe Abbildungen).

3.5a Befreien Sie den Kabelbaum-Clip vom Resonator …

3.5b … und ziehen Sie diesen vom Luftfilter-Einlassschlauch.

6 Trennen Sie den Ansaugtrakt vom Luftfiltergehäuse (siehe Abbildung) und entfernen Sie ihn aus dem Motorraum.

3.6 Ziehen Sie den Ansaugtrakt vom Luftfiltergehäuse und entfernen Sie ihn.

7 Trennen Sie ggf. unten am Luftfiltergehäuse den Wasser-Ablaufschlauch.

8 Heben Sie das Luftfiltergehäuse an und nach innen, um es aus den Gummihalterungen zu befreien; entfernen Sie es dann (siehe Abbildung).

3.8 Heben Sie das Luftfiltergehäuse an und nach innen, um es aus den Gummihalterungen zu befreien.

9 Lockern Sie am Luftfilterdeckel nötigenfalls die Schelle des Luftmengenmessers und des oberen Einlassschlauchs, um diese zu befreien.

10 Der Einbau entspricht der umgekehrten Ausbaureihenfolge.

Einlassschläuche/Einlasstrakte

11 Um die zur Verbrennung notwendige Luft durch den Luftfilter, den Turbolader und den Ladeluftkühler in den Einlassstutzen zu leiten, sind verschiedene flexible Schläuche und starre Trakte oder Rohre erforderlich. Je nachdem, welches dieser Teile entfernt werden soll, müssen unter-

schiedliche andere Komponenten beiseite bewegt oder demontiert werden, zudem müssen diverse Kabelbinder und andere Befestigungen befreit werden. Beachten Sie die entsprechenden Abbildungen und Unter-Sektionen:

Turbolader-Ansaugschlauch

12 Entfernen Sie die obere Motorabdeckung.
13 Lockern Sie rechts am oberen Einlassschlauch die Schelle, um ihn vom Luftmassenmesser zu trennen (Abb. 3.3).
14 Trennen sie ggf. den Stecker des Motorentlüftungsschlauch-Heizelements.
15 Lösen Sie am Motorentlüftungsschlauch die Schelle, um ihn vom Turbolader-Ansaugschlauch zu trennen (siehe Abbildung).

3.15 Lösen Sie die Schelle, um den Motorentlüftungsschlauch vom Turbolader-Ansaugschlauch zu trennen.

16 Lockern Sie die Schelle des Ansaugschlauchs, um ihn vom Turbolader zu ziehen und entfernen zu können.
17 Bedecken Sie den Turbolader-Einlass, um keine Fremdkörper eindringen zu lassen.
18 Der Einbau entspricht der umgekehrten Ausbaureihenfolge.

Resonator

19 Lösen Sie die Schraube, die den Resonator vorn an der Karosserie sichert (Abb. 3.4).
20 Befreien Sie den Kabelbaum-Clip vom Resonator, ziehen Sie diesen vom Luftfilter-Einlassschlauch ab und entfernen Sie ihn (Abb. 3.5a und b).
21 Der Einbau entspricht der umgekehrten Ausbaureihenfolge.

Linkes Ladeluftkühler-Rohr

22 Trennen Sie den Masseanschluss (–) der Batterie (siehe Kapitel 5A, Sektion 4).
23 Ziehen Sie die Handbremse fest an, heben Sie dann das Fahrzeug vorn an, und stützen Sie es sicher ab (siehe Seite 351).
24 Entfernen Sie die obere Motorabdeckung.

3.27 Trennen Sieden Schnellverschluss des Ladeluftschlauchs und ziehen Sie diesen vom Ladeluftkühler.

25 Demontieren Sie die vordere Stoßstange (siehe Kapitel 11, Sektion 6).
26 Entfernen Sie die Batterie samt Träger (siehe Kapitel 5A, Sektion 4).
27 Trennen Sie am Ladeluftkühler den Schnellverschluss des Ladeluftschlauchs und ziehen Sie diesen ab (siehe Abbildung).
28 Lösen Sie an der Kühler-Querstrebe und am Getriebe die Schrauben der Ladeluftschlauch-Klemmen (siehe Abbildungen).

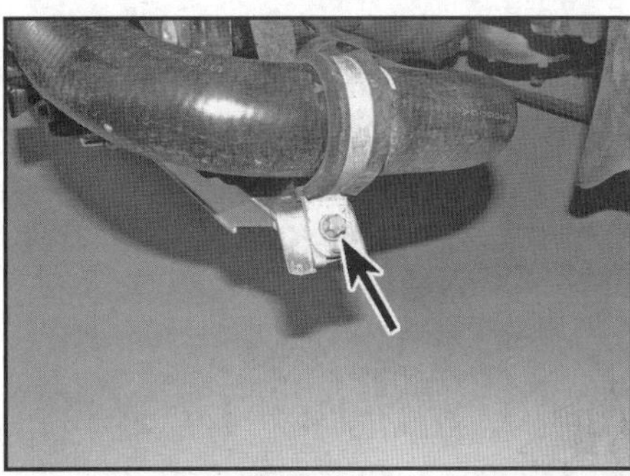

3.28a Ladeluftschlauch-Klemme an der Kühler-Querstrebe ...

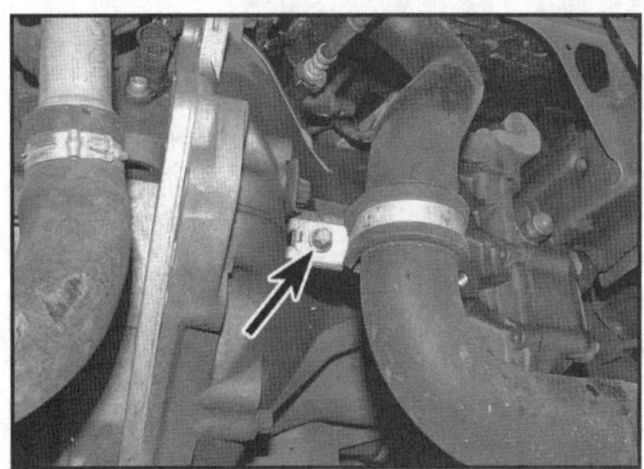

3.28b ... und am Getriebe.

29 Lösen Sie die Schrauben, die das Ladeluft-Rohr am Luftklappengehäuse oder Einlassstutzen sichern, Lösen Sie ggf. die Schraube, mit der die Rohr-Halterung am Thermostatgehäuse gesichert ist (siehe Abbildung). Befreien Sie das Ladeluftrohr aus seiner Position und stellen Sie den Dichtring sicher.

3.29 Lösen Sie die Schraube, mit der die Rohr-Halterung am Thermostatgehäuse gesichert ist.

30 Der Einbau entspricht der umgekehrten Ausbaureihenfolge.

Rechtes Ladeluftkühler-Rohr

31 Trennen Sie den Masseanschluss (–) der Batterie (siehe Kapitel 5A, Sektion 4).

32 Ziehen Sie die Handbremse fest an, heben Sie dann das Fahrzeug vorn an, und stützen Sie es sicher ab (siehe Seite 351).
33 Entfernen Sie die obere Motorabdeckung.
34 Demontieren Sie die vordere Stoßstange (siehe Kapitel 11, Sektion 6).
35 Trennen Sie am Ladeluftkühler den Schnellverschluss des Ladeluftschlauchs und ziehen Sie diesen ab (siehe Abbildung).
36 Lösen Sie an der Kühler-Querstrebe die Schraube der Ladeluftschlauch-Klemme.
37 Sichern Sie den Wasserkühler mithilfe von Kabelbindern an der Motorhaubenverriegelung in Position.
38 Lockern Sie an beiden Seiten des Unterbodens die Schrauben der Kühlerhalterungs-Querstrebe und senken Sie diese leicht ab (siehe Abbildung).

3.38 Lockern Sie an beiden Seiten des Unterbodens die Schrauben der Kühlerhalterungs-Querstrebe.

39 Lösen Sie durch den schmalen Spalt zwischen der Kühler-Unterseite und der Querstrebe die zwei Schrauben, die das Ladeluftrohr an der Strebe sichern, und befreien Sie das Rohr (siehe Abbildung).

3.39 Lösen Sie die Schrauben, die das Ladeluftrohr an der Kühlerhalterungs-Querstrebe sichern.

40 Befreien Sie bei Modellen mit Klimaanlage die Kompressor-Verkabelung vom Ladeluftrohr.

3.41 Ladeluft-Schlauch am Turbolader-Winkelrohr

41 Lockern Sie am Turbolader-Winkelrohr die Schelle, um den Ladeluft-Schlauch abzuziehen (siehe Abbildung).
42 Der Einbau entspricht der umgekehrten Ausbaureihenfolge.

4 Gaspedalsensor – Ausbau und Einbau

Beachten Sie hierzu die Hinweise in Kapitel 4A, Sektion 4.

5 Kraftstoffsystem – Vorfüllen und Entlüften

1 Nachdem Teile des Kraftstoffsystems demontiert oder entleert worden sind, muss es vorgefüllt und von sämtlicher Luft befreit werden, die eingedrungen ist.
2 Füllen Sie das System vor, indem Sie die Zündung dreimal für jeweils ca. 15 Sekunden einschalten. Betätigen Sie den Anlasser für maximal 30 Sekunden; falls der Motor in dieser Zeit nicht anspringt, muss etwa fünf Sekunden gewartet und die Prozedur wiederholt werden.
3 Sobald der Motor anspringt, muss er etwa eine Minute mit erhöhtem Standgas laufen, damit in den Kraftstoffleitungen vorhandene Luft herausgespült wird. Jetzt sollte der Motor mit gleichmäßiger Standgasdrehzahl laufen.
4 Falls der Motor weiterhin rau läuft, befindet sich immer noch Luft im System. Erhöhen Sie die Drehzahl für eine weitere Minute. Wiederholen Sie diese Prozedur, bis der Motor sanft und gleichmäßig läuft.

6 Tankuhr-Geber – Ausbau und Einbau

Anmerkung: *Beachten Sie zunächst die Warnhinweise in Sektion 2.*
1 Der Tankuhr-Geber wird genauso aus- und eingebaut wie bei Benzin-Modellen – beachten Sie die Hinweise in Kapitel 4A, Sektion 7.
2 Nach Beendigung der Arbeit muss das Kraftstoffsystem vorgefüllt und entlüftet werden (siehe Sektion 5).

7 Kraftstofftank – Ausbau und Einbau

Anmerkung: *Beachten Sie zunächst die Warnhinweise in Sektion 1.*
Anmerkung: *Der Tank sollte für diese Arbeit möglichst leer sein.*

Ausbau

1 Trennen Sie den Masseanschluss (–) der Batterie (siehe Kapitel 5A, Sektion 4).

2 Fördern Sie Kraftstoffreste mit einer in durch den Tankstutzen eingeführten Handpumpe in einen Kanister, der sicher verschlossen werden kann.
3 Blockieren Sie die Vorderräder, heben Sie das Fahrzeug hinten an und stützen Sie es sicher ab (siehe Seite 351).
4 Positionieren Sie einen geeigneten Behälter unter dem Anschluss des Tank-Einfüllschlauchs. Lockern Sie die Schelle und ziehen Sie den Schlauch vom Tank ab – hierbei wird etwas Kraftstoff auslaufen.
5 Lösen Sie den hinteren Teil der Auspuffanlage aus den Haltegummis, senken Sie sie ab und verlagern Sie sie soweit beiseite, dass der Tank demontiert werden kann; um mehr Platz zu haben, kann die Auspuffanlage auch komplett demontiert werden (siehe Sektion 20).
6 Lösen Sie die Schraube, die Blechmutter und die zwei Klemmen des Hitzeschutzes, um diesen vom Tank zu entnehmen (siehe Abbildungen).

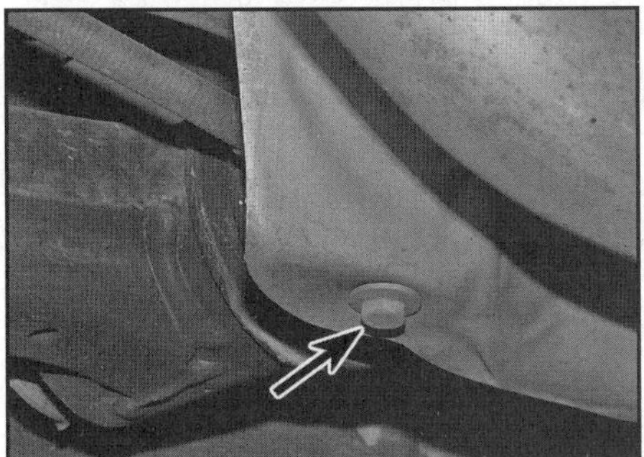

7.6a Lösen Sie die Schraube, ...

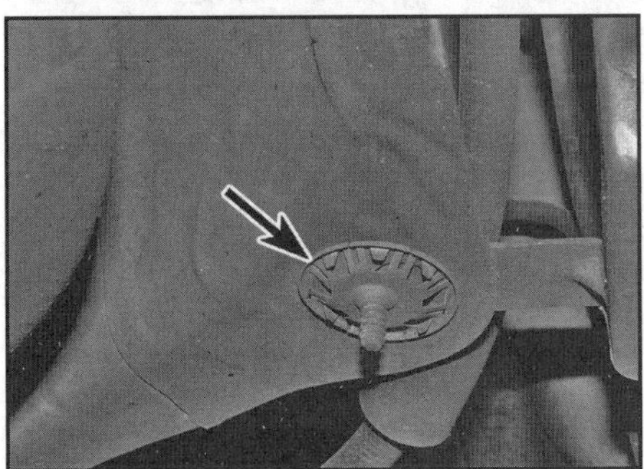

7.6b ... die Blechmutter ...

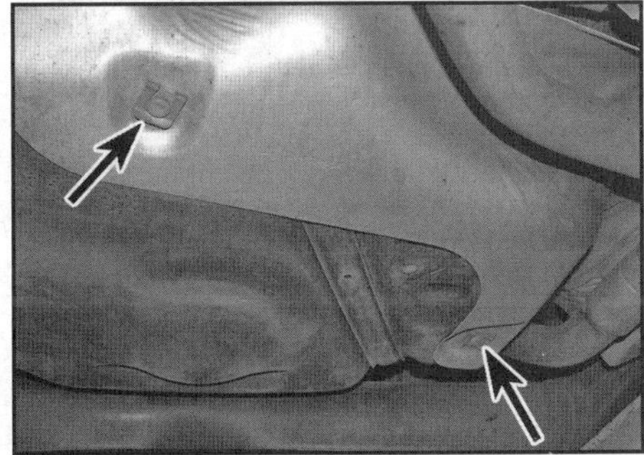

7.6c ... und die zwei Klemmen des Hitzeschutzes, um ihn vom Tank zu befreien.

7 Befreien Sie die Bremsleitungen aus den Halterungen am Tank und seiner Haltebänder.
8 Trennen Sie am Unterboden den Stecker der Kraftstoffpumpe und des Tankuhr-Gebers (siehe Abbildung).

7.8 Stecker der Kraftstoffpumpe und des Tankuhr-Gebers

9 Trennen Sie am Unterboden die Schnellverschlüsse der Kraftstoffleitung und der Belüftungsleitung und befreien Sie diese aus den Clips der Tankhalterung (siehe Abbildung). Dichten Sie die Anschlüsse anschließend ab, um keinen Schmutz eindringen zu lassen.

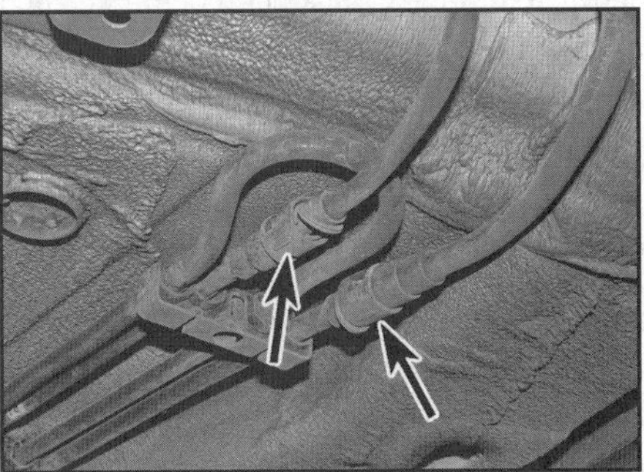

7.9 Trennen Sie die Schnellverschlüsse der Kraftstoffleitung und der Belüftungsleitung.

10 Stützen Sie den Tank mithilfe eines Rangierwagenhebers und eines Holzblocks ab.
11 Lösen Sie die Schrauben der Tank-Haltebänder und entfernen Sie diese (siehe Abbildungen).

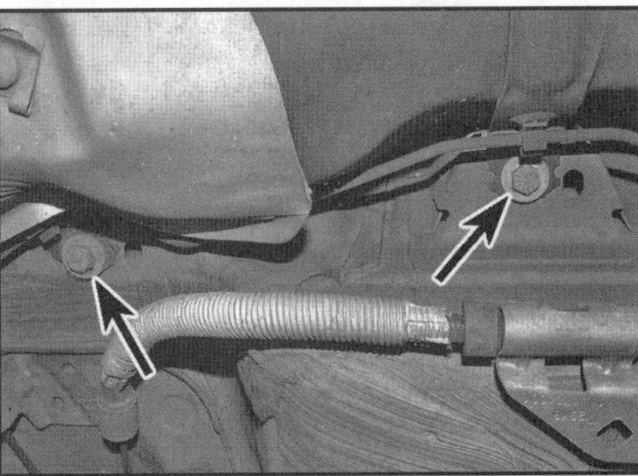

7.11a Vordere Schrauben der Tank-Haltebänder, ...

7.11b ... linke Schraube ...

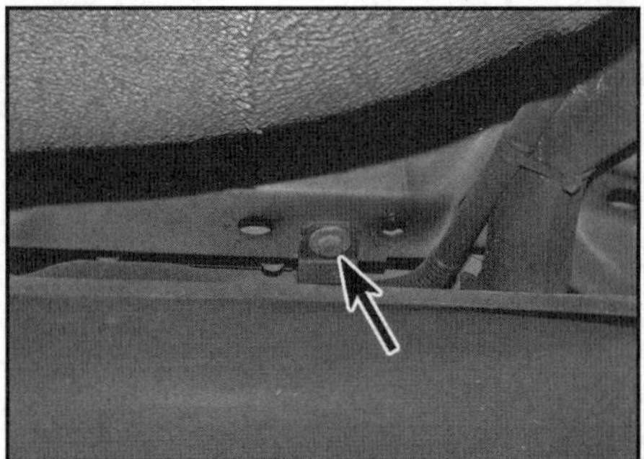

7.11c ... und rechte Schraube

12 Senken Sie den Tank soweit ab, bis Zugang zu den verbliebenen Kraftstoff- und der Belüftungsleitungen zu erhalten und diese zu trennen – hierbei wird etwas Kraftstoff auslaufen.
13 Senken Sie den Tank weiter ab, führen Sie dabei die Kraftstoff- und der Belüftungsleitungen über die Handbremszüge hinweg und manövrieren Sie den Tank unter dem Fahrzeug heraus.
14 Verstopfen Sie die Kraftstoff- und der Belüftungsleitungen, um keinen Schmutz eindringen zu lassen.
15 Entfernen Sie nötigenfalls die Kraftstoffleitungen, Schläuche und Kabel vom Tank, um sie auf einen neuen Tank zu übertragen. Beim Einbau eines neuen Tanks sollte auch der Kraftstofffilter ausgetauscht werden.
16 Falls der Tank Ablagerungen oder Wasser enthält, kann er mit zwei oder drei Durchgängen ausgespült werden. Demontieren Sie die Kraftstoffpumpe samt Tankuhr-Geber (siehe Sektion 6), füllen Sie etwas frischen Kraftstoff ein und schütteln Sie ihn ausgiebig, um sämtliche Ablagerungen damit zu beseitigen.

Warnung: Diese Arbeit muss in einer gut belüfteten Umgebung durchgeführt werden – treffen Sie zuvor geeignete Brandschutzmaßnahmen! Entsorgen Sie verschmutzten Kraftstoff beim Sondermüll.

17 Reparaturen am Tank müssen unbedingt von einem Fachbetrieb ausgeführt werden. Versuchen Sie niemals, den Tank selbst zu reparieren!

Einbau

18 Der Einbau entspricht der umgekehrten Ausbaureihenfolge – beachten Sie dabei folgende Punkte:
a) Alle Schläuche, Leitungen und Kabelstecker müssen korrekt und sicher angeschlossen werden.
b) Füllen Sie zum Schluss den Tank auf und kontrollieren Sie alles auf Undichtigkeiten. Falls ein Leck auftritt, muss der Motor unverzüglich abgeschaltet und das Problem behoben werden.

8 Kraftstoffpumpe – Ausbau und Einbau

1 Die Kraftstoffpumpe ist in das Tank-Modul integriert, dessen Aus- und Einbau in Sektion 6 beschrieben ist. Die Pumpe kann nicht vom Modul getrennt werden, sodass dies bei einem Defekt ausgetauscht werden muss – übertragen Sie dabei den Tankuhr-Geber (siehe Sektion 6).

9 Einspritzanlagen-Komponenten – Test

1 Falls an der elektronischen Steuerung der Einspritzanlage ein Defekt vermutet wird, müssen zunächst alle elektrischen Anschlüsse auf festen Sitz sowie saubere und korrosionsfreie Kontakte überprüft werden. Der Fehler darf nicht aufgrund mangelnde Wartung zurückzuführen sein: Der Luftfilter muss sauber sein, die Motor-Kompression muss innerhalb der Vorgaben liegen und die Schläuche der Motorentlüftung frei und unbeschädigt sein – beachten Sie für weitere Informationen die Hinweise in den Kapiteln 1B, 2B und 4C
2 Falls diese Kontrollen nicht die Ursachen der Probleme beheben, muss das Fahrzeug in eine Opel-Werkstatt oder zu einem Motordiagnose-Spezialisten gebracht werden. Hier wird ein Diagnosegerät oder ein Auslesegerät mit dem Motorsteuergerät (ECU) verbunden, um gespeicherte Fehler auszulesen. Aus den verschiedenen Sensoren und Aktuatoren können Betriebsparameter erfasst werden, die ihre Funktion anzeigen. So lassen sich Fehler rasch und einfach verfolgen und es müssen nicht alle Systemkomponenten einzeln getestet werden (was eine zeitaufwändige Arbeit wäre, die zudem das Risiko birgt, das Motorsteuergerät zu beschädigen).

10 Einspritzanlagen-Komponenten – Ausbau und Einbau

Luftmassenmesser

1 Trennen Sie rechts im Motorraum den Stecker des Sensors (Abb. 3.1).
2 Lockern Sie die Schelle des Turbolader-Einlassschlauchs und trennen Sie diesen vom Luftmassenmesser (Abb. 3.3).
3 Lockern Sie die verbliebenen Schellen und befreien Sie den Luftmassenmesser aus dem Luftfilterdeckel.
4 Der Einbau entspricht der umgekehrten Ausbaureihenfolge – der Pfeil am Luftmassenmesser-Gehäuse muss vom Luftfilter weg zeigen.

Luftklappengehäuse

5 Heben Sie die obere Motorabdeckung ab.
6 Demontieren Sie die Batterie samt Träger (siehe Kapitel 5A, Sektion 4).
7 Lösen Sie die zwei Schrauben, die das Ladeluft-Rohr am Luftklappengehäuse sichert. Ziehen Sie das Rohr ab und stellen Sie die Dichtung sicher.
8 Lösen Sie am Ladeluftschlauch die Schelle des Ladeluftrohrs und befreien Sie dies.
9 Trennen Sie den Unterdruckschlauch vom Luftklappengehäuse-Magnetventil.
10 Lösen Sie die drei Schrauben des Luftklappengehäuses und befreien Sie dies vom Einlassstutzen – beachten Sie alle ebenfalls von diesen Schrauben gesicherten Kabelbaum-Halterungen.
11 Der Einbau entspricht der umgekehrten Ausbaureihenfolge – die Dichtflächen müssen absolut sauber und mit einer neuen Dichtung ausgerüstet werden.

Kurbelwellensensor

12 Heben Sie die obere Motorabdeckung ab.
13 Der Kurbelwellensensor sitzt in Höhe der Schwungscheibe vorn am Motorgehäuse.

14 Trennen Sie den Sensorstecker, lösen Sie die Schraube und befreien Sie den Sensor aus dem Motorgehäuse (siehe Abbildung).

10.14 Lösen Sie die Schraube und befreien Sie den Kurbelwellensensor vorn aus dem Motorgehäuse.

15 Der Einbau entspricht der umgekehrten Ausbaureihenfolge – ziehen Sie die Sensorschraube mit 9 Nm an.

Nockenwellensensor

16 Heben Sie die obere Motorabdeckung ab.
17 Der Nockenwellensensor sitzt oberhalb der Auslassnockenwelle rechts vorn am Nockenwellengehäuse (siehe Abbildung).

10.17 Position des Nockenwellensensors

18 Trennen Sie den Sensorstecker, lösen Sie die Schraube und befreien Sie den Sensor aus dem Nockenwellengehäuse.
19 Der Einbau entspricht der umgekehrten Ausbaureihenfolge – ziehen Sie die Sensorschraube mit 7 Nm an.

Kraftstoffdrucksensor

20 Heben Sie die obere Motorabdeckung ab.
21 Der Sensor sitzt rechts im Druckspeicher.
22 Trennen Sie den Sensorstecker und schrauben Sie den Sensor aus dem Druckspeicher.
23 Der Einbau entspricht der umgekehrten Ausbaureihenfolge – ziehen Sie den Sensor mit 70 Nm an.

Ladedrucksensor

24 Entfernen Sie die Windlaufblende vor der Windschutzscheibe (siehe Kapitel 11, Sektion 21).
25 Heben Sie die obere Motorabdeckung ab.
26 Der Ladedrucksensor sitzt nahe der Mitte oben im Einlassstutzen.
27 Heben Sie mit einem kleinen Schraubendreher die Arretierung des Sensorsteckers an und trennen Sie diesen (siehe Abbildung).

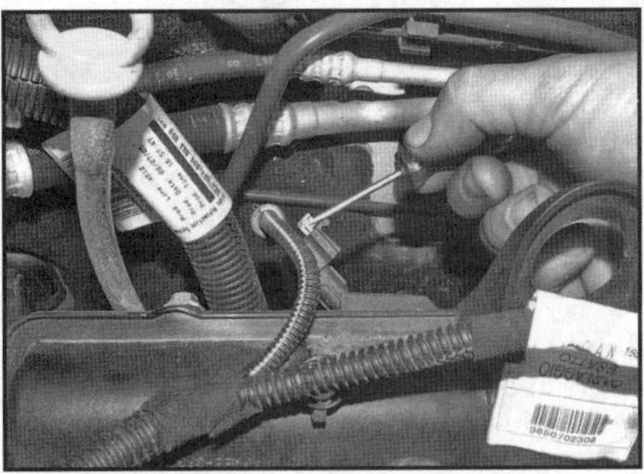

10.27 Heben Sie mit einem kleinen Schraubendreher die Arretierung des Ladedrucksensor-Steckers an.

28 Lösen Sie die Schraube des Sensors und ziehen sie diesen aus dem Einlassstutzen. Entfernen Sie den O-Ring.
29 Der Einbau entspricht der umgekehrten Ausbaureihenfolge – erneuern Sie den O-Ring, ziehen Sie die Schraube sorgfältig an und sichern Sie den Stecker mit der Arretierung.

Motorsteuergerät (ECU)

Anmerkung: *Falls ein neues Steuergerät installiert werden soll, muss diese Arbeit von einer Opel-Werkstatt durchgeführt werden, da es mithilfe einer speziellen Diagnoseausrüstung initialisiert werden muss.*
30 Trennen Sie den Masseanschluss (–) der Batterie (siehe Kapitel 5A, Sektion 4).
31 Entfernen Sie die Windlaufblende vor der Windschutzscheibe (siehe Kapitel 11, Sektion 21).
32 Ziehen Sie die Arretierplatte ab, heben Sie die Arretierhebel an und ziehen Sie die zwei Kabelstecker vom Steuergerät ab (siehe Abbildung).

10.32 Ziehen Sie die Arretierplatte ab, heben Sie die Arretierhebel an und ziehen Sie die zwei Steuergerät-Stecker ab.

33 Lösen Sie die vier Muttern, die den Steuergerät-Rahmen an der Karosserie sichern (siehe Abbildung).

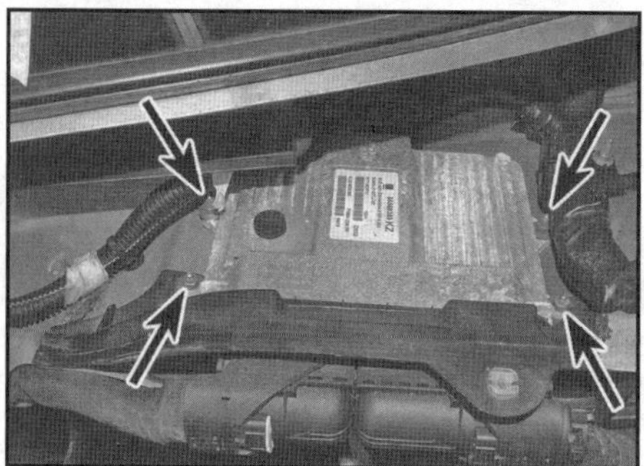

10.33 Steuergerät-Befestigungsmuttern

34 Drücken Sie den Kabelbaum beiseite und heben Sie das Steuergerät samt Rahmen aus dem Motorraum.
35 Lösen Sie die vier Muttern, die den Steuergerät an seinem Rahmen sichern, und befreien Sie es.
36 Der Einbau entspricht der umgekehrten Ausbaureihenfolge – die Steuergerät-Stecker müssen sicher verbunden und gesichert sein.

Kühltemperatursensor

37 Der Kühltemperatursensor sitzt seitlich am Thermostatgehäuse (links am Zylinderkopf).
38 Der Aus- und Einbau des Sensors ist in Kapitel 3, Sektion 6 beschrieben.

Ladedruck-Magnetventil

39 Das Magnetventil für den Ladedruck-Regler (»Wastegate«) sitzt oberhalb des Kühlers vorn im Motorraum (siehe Abbildung).

10.39 Position des Ladedruck-Magnetventils

40 Trennen Sie den Kabelstecker und die zwei Unterdruckschläuche vom Ventil, lösen Sie seine zwei Schrauben und entfernen Sie es samt Halterung.
41 Der Einbau entspricht der umgekehrten Ausbaureihenfolge.

11 Hochdruck-Kraftstoffpumpe – Ausbau und Einbau

Warnung: Beachten Sie vor Arbeitsbeginn die Informationen in Sektion 2!

Anmerkung: *Beim Einbau wird ein neues Hochdruckrohr (zwischen Pumpe und Druckspeicher) benötigt.*

Ausbau

1 Trennen Sie den Masseanschluss (–) der Batterie (siehe Kapitel 5A, Sektion 4).
2 Heben Sie die obere Motorabdeckung ab.
3 Lösen Sie die zwei Schrauben, die das Ladeluftrohr am Luftklappengehäuse oder Einlassstutzen sichern. Ziehen Sie das Rohr ab und stellen Sie die Dichtringe sicher. Lösen Sie am Ladeluftschlauch die Schelle und befreien Sie das Ladeluftrohr auch hier.
4 Lösen Sie an der Hochdruckpumpe die Schelle des Kraftstoff-Zulaufschlauchs und ziehen Sie diesen ab (siehe Abbildung). Bedecken oder verstopfen Sie die Schlauchenden und die Stutzen der Pumpe, um keinen Schmutz eindringen zu lassen.

11.4 Schlauchschellen des Kraftstoff-Zulaufschlauchs (links) und Rücklaufschlauchs (rechts)

5 Lösen Sie an der Hochdruckpumpe die Schelle des Kraftstoff-Rücklaufschlauchs und ziehen Sie diesen ab (Abb. 11.4). Bedecken oder verstopfen Sie die Schlauchenden und die Stutzen der Pumpe, um keinen Schmutz eindringen zu lassen.
6 Reinigen Sie sorgfältig die Hochdruckrohr-Anschlüsse an der Pumpe und am Druckspeicher. Lockern Sie die Anschlussmuttern des Rohrs mit einem Maulschlüssel oder offenen Ringschlüssel, kontern Sie an der Pumpe dabei den Sechskant-Anschluss (Abb. 12.5a und b). Ziehen Sie das Hochdruckrohr ab und bedecken oder verstopfen Sie die offenen Anschlüsse, um keinen Schmutz eindringen zu lassen.
7 Trennen Sie den Kabelstecker der Pumpe, lösen Sie deren drei Befestigungsschrauben und ziehen Sie sie aus dem Nockenwellengehäuse (siehe Abbildungen) – der O-Ring muss später erneuert werden.

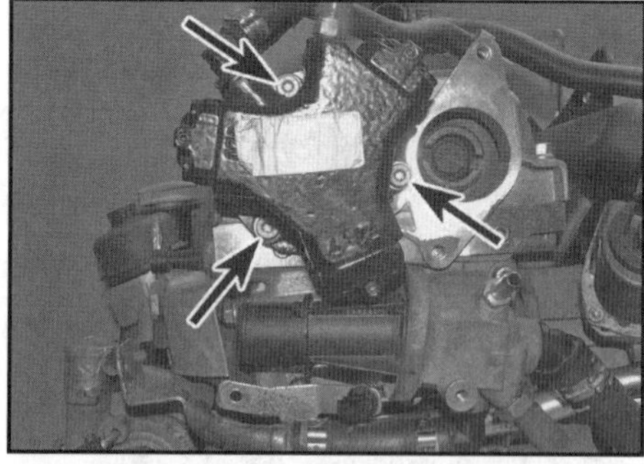

11.7a Lösen Sie die drei Schrauben, ...

11.7b ... ziehen Sie die Hochdruckpumpe aus dem Nockenwellengehäuse ...

11.7c ... und entfernen Sie den O-Ring.

Achtung: Die Hochdruckpumpe ist mit extrem geringen Toleranzen gefertigt und darf auf keinen Fall zerlegt werden. Für die Pumpe sind keine Einzelteile erhältlich – falls die Baugruppe auf irgendeine Weise defekt ist, muss sie erneuert werden.

Einbau

8 Reinigen Sie sorgfältig die Dichtflächen der Pumpe und des Nockenwellengehäuses.
9 Rüsten Sie den Pumpenflansch mit einem neuen O-Ring aus und schmieren Sie diesen mit frischem Diesel-Kraftstoff.
10 Richten Sie den Mitnehmerzapfen der Pumpe zum Ausschnitt der Nockenwelle aus und schieben Sie die Pumpe ins Nockenwellengehäuse. Installieren Sie die drei Schrauben und ziehen Sie sie mit 15 Nm an.
11 Entfernen Sie die Stopfen von den Rohranschlüssen der Pumpe und des Druckspeichers, setzen Sie das **neue** Hochdruckrohr an und drehen Sie die Anschlussmuttern zunächst handfest auf.
12 Um einen Drehmomentschlüssel an den Anschlussmuttern ansetzen zu können, werden zwei sog. Krähenfuß-Adapter benötigt, die im gut sortierten Werkzeughandel erhältlich sind. Ziehen Sie M12-Muttern mit 25 Nm und M14-Muttern mit 28 Nm an.
13 Verbinden Sie den Kraftstoff-Zulauf- und Rücklaufschlauch mit der Pumpe und sichern Sie sie mit neuen Schellen.
14 Montieren Sie das Ladeluftrohr am Luftklappengehäuse oder Einlassstutzen sowie am Ladeluftschlauch.
15 Beachten Sie die in Sektion 2 aufgelisteten Vorsichtsmaßnahmen. Füllen Sie das Kraftstoffsystem vor (siehe Sektion 5). Starten Sie den Motor und lassen Sie ihn im Standgas laufen; prüfen Sie dabei die Dichtigkeit der Hochdruckrohr-Anschlüsse. Halten sie dicht, wird die Drehzahl auf 4.000/min erhöht und erneut kontrolliert. Falls Undichtigkeiten festgestellt werden, muss das Hochdruckrohr durch ein Neuteil ersetzt werden. **Achtung: Keinesfalls darf versucht werden, auch nur die kleinste Undichtigkeit durch weiteres Anziehen der Anschlussmuttern zu beseitigen!**
16 Der Rest des Einbaus entspricht der umgekehrten Ausbaureihenfolge.

12 Druckspeicher – Ausbau und Einbau

Warnung: Beachten Sie die in Sektion 2 aufgelisteten Vorsichtsmaßnahmen!

Anmerkung: *Beim Einbau wird ein komplettes Set neuer Hochdruckrohre (zwischen Pumpe und Druckspeicher sowie zwischen Druckspeicher und Einspritzdüsen) benötigt.*

Ausbau

1 Trennen Sie den Masseanschluss (–) der Batterie (siehe Kapitel 5A, Sektion 4).
2 Heben Sie die obere Motorabdeckung ab.
3 Trennen Sie den Kabelstecker des Kraftstoffdrucksensors (siehe Abbildung). Befreien Sie sein Kabel vom Druckspeicher.

12.3 Trennen Sie den Stecker des Kraftstoffdrucksensors.

4 Reinigen Sie sorgfältig die Hochdruckrohr-Anschlüsse am Druckspeicher, der Pumpe und den Einspritzdüsen. Kontern Sie an der Pumpe und den Einspritzdüsen die Sechskant-Anschlüsse und lockern Sie die Anschlussmutter des Rohrs mit einem Maulschlüssel oder offenen Ringschlüssel (siehe Abbildungen). Ziehen Sie das Hochdruckrohr ab und bedecken oder verstopfen Sie die offenen Anschlüsse, um keinen Schmutz eindringen zu lassen. Es empfiehlt sich, die Rohre nach der Demontage entsprechend ihrer Positionen zu markieren, um die neuen Rohre korrekt zuordnen zu können.

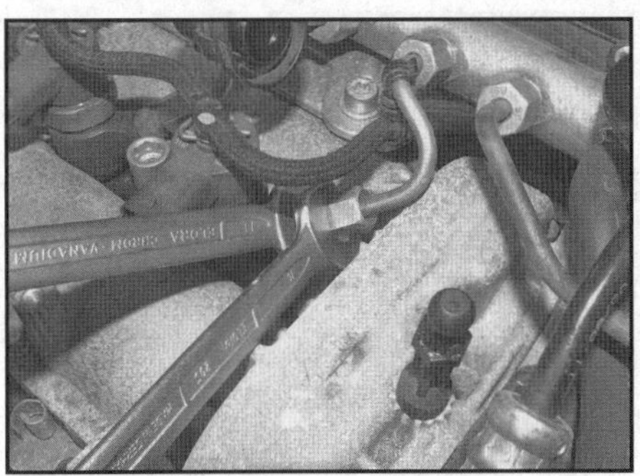

12.4a Lösen Sie die Anschlussmutter (bei gekontertem Anschluss) an der Einspritzdüse ...

12.4b … und am Druckspeicher.

5 Kontern Sie an der Pumpe den Sechskant-Anschluss und lockern Sie die Anschlussmutter des Rohrs mit einem Maulschlüssel oder offenen Ringschlüssel (siehe Abbildungen). Ziehen Sie das Hochdruckrohr ab und bedecken oder verstopfen Sie die offenen Anschlüsse, um keinen Schmutz eindringen zu lassen.

12.5a Lösen Sie die Anschlussmutter (bei gekontertem Anschluss) an der Hochdruckpumpe …

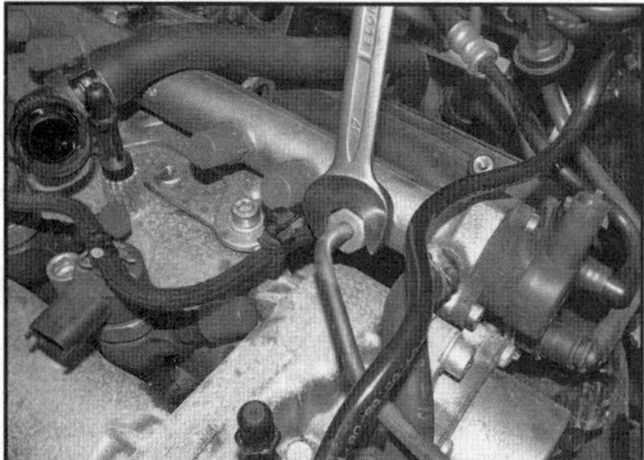

12.5b … und am Druckspeicher …

12.7a Lösen Sie die zwei Schrauben des Druckspeichers …

6 Lösen Sie am Druckspeicher die Schelle des Kraftstoff-Rücklaufschlauchs und ziehen Sie diesen ab. Bedecken oder verstopfen Sie die Schlauchenden und die Stutzen der Pumpe, um keinen Schmutz eindringen zu lassen.
7 Lösen Sie die zwei Befestigungsschrauben des Druckspeichers, um diesen von seinem Halter zu heben (siehe Abbildungen).

12.7b … und heben Sie diesen vom Halter.

Einbau

8 Richten Sie den Druckspeicher zum Halter aus, installieren Sie die Schrauben und ziehen Sie sie mit 25 Nm an.
9 Verbinden Sie den Rücklaufschlauch mit dem Druckspeicher und sichern Sie ihn mit der Schelle.
10 Arbeiten Sie stets nur an einer Einspritzdüse und entfernen Sie die Stopfen der entsprechenden Anschlüsse. Richten Sie das **neue** Hochdruckrohr zu den Anschlüssen aus und drehen Sie die Anschlussmuttern zunächst handfest auf. Um einen Drehmomentschlüssel an den Anschlussmuttern ansetzen zu können, werden zwei sog. Krähenfuß-Adapter benötigt, die im gut sortierten Werkzeughandel erhältlich sind. Ziehen Sie M12-Muttern mit 25 Nm und M14-Muttern mit 28 Nm an (siehe Abbildung).

12.10 Ziehen Sie die Anschlussmuttern mithilfe von Krähenfuß-Adaptern mit dem korrekten Drehmoment an.

11 Verbinden Sie auf ähnliche Weise das Hochdruckrohr zwischen Pumpe und Druckspeicher.
12 Verbinden Sie den Stecker des Kraftstoffdrucksensors.
13 Beachten Sie die in Sektion 2 aufgelisteten Vorsichtsmaßnahmen. Füllen Sie das Kraftstoffsystem vor (siehe Sektion 5). Starten Sie den Motor und lassen Sie ihn im Standgas laufen; prüfen Sie dabei die Dichtigkeit der Hochdruckrohr-Anschlüsse. Halten sie dicht, wird die Drehzahl auf 4000/min erhöht und erneut kontrolliert. Falls Undichtigkeiten festgestellt werden, muss das Hochdruckrohr durch ein Neuteil ersetzt werden. **Achtung: Keinesfalls darf versucht werden, auch nur die kleinste Undichtigkeit durch weiteres Anziehen der Anschlussmuttern zu beseitigen!**
14 Der Rest des Einbaus entspricht der umgekehrten Ausbaureihenfolge.

13 Einspritzdüsen – Ausbau und Einbau

Warnung: Beachten Sie die in Sektion 2 aufgelisteten Vorsichtsmaßnahmen!

Anmerkung: *Im Folgenden wird der Aus- und Einbau der Einspritzdüsen als komplettes Set beschrieben, sie können nötigenfalls aber auch paarweise demontiert werden. Beim Einbau werden neue Kupfer-Dichtscheiben und neue Hochdruckrohre benötigt.*

Ausbau

1 Trennen Sie den Masseanschluss (–) der Batterie (siehe Kapitel 5A, Sektion 4).
2 Heben Sie die obere Motorabdeckung ab.
3 Reinigen Sie sorgfältig die Hochdruckrohr-Anschlüsse am Druckspeicher und den Einspritzdüsen.
4 Lösen Sie die Arretierlaschen der Einspritzdüsen-Kabelstecker und trennen Sie diese.
5 Kontern Sie an der Pumpe und den Einspritzdüsen die Sechskant-Anschlüsse und lockern Sie die Anschlussmutter des Rohrs mit einem Maulschlüssel oder offenen Ringschlüssel (Abb. 12.4a und b). Ziehen Sie das Hochdruckrohr ab und bedecken oder verstopfen Sie die offenen Anschlüsse, um keinen Schmutz eindringen zu lassen. Es empfiehlt sich, die Rohre nach der Demontage entsprechend ihrer Positionen zu markieren, um die neuen Rohre korrekt zuordnen zu können.
6 Trennen Sie die Rücklaufschläuche von den Einspritzdüsen, indem Sie den Arretierclip eindrücken und den Schlauchanschluss anheben. Umwickeln Sie den Schlauch mit einem Plastikbeutel, um keinen Schmutz eindringen zu lassen (siehe Abbildungen).

13.6a Trennen Sie die Rücklaufschläuche von den Einspritzdüsen ...

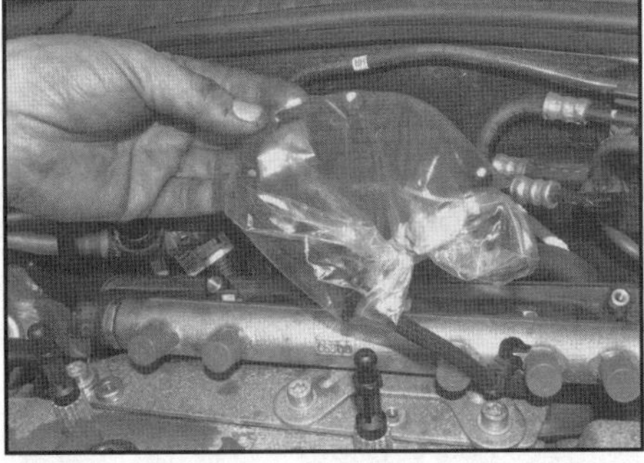

13.6b ... und umwickeln Sie ihn mit einem Plastikbeutel, um keinen Schmutz eindringen zu lassen.

7 Lösen Sie an der Einspritzdüsen-Klemmhalterung die Mutter und entfernen Sie die zwei Scheiben (siehe Abbildungen) – jeweils eine der zwei Klemmhalterungen sichert zwei Einspritzdüsen.

13.7a Lösen Sie die Mutter ...

13.7b ... und entfernen Sie die Scheiben.

8 Arbeiten Sie stets nur an einem Einspritzdüsen-Paar (Nr. 1 und 2 oder Nr. 3 und 4) und ziehen Sie die Düsen samt ihrer Klemmhalterungen aus dem Nockenwellengehäuse und dem Zylinderkopf – bei Schwergängigkeit müssen die Düsten an ihren Unterseiten ausgiebig mit Kriechöl eingesprüht und diesem genug Zeit zum Einwirken gegeben werden; falls sie sich auch damit nicht lösen, muss unter dem Flansch des Einspritzdüsen-Gehäuses ein kleiner Zughammer angesetzt und die Düse damit herausgezogen werden. Die Einspritzdüsen lassen sich nicht verdrehen, weil sie in den Klemmhaltern fixiert sind (siehe Abbildungen).

13.8a Lockern Sie die Einspritzdüsen nötigenfalls mithilfe vorsichtig mit einem Zughammer ...

13.8b ... und ziehen Sie das Paar samt Klemmhalterung heraus.

9 Sobald das Einspritzdüsen-Paar befreit ist, können die Düsen aus der Klemmhalterung entfernt und die Kupferscheiben an ihren Unterseiten entnommen werden (siehe Abbildungen) – die Scheiben können auch im Zylinderkopf verblieben sein, wo sie mit einem Haken oder Draht entnommen werden können. Entfernen Sie die oberen Einspritzdüsen-Dichtringe aus dem Nockenwellengehäuse.

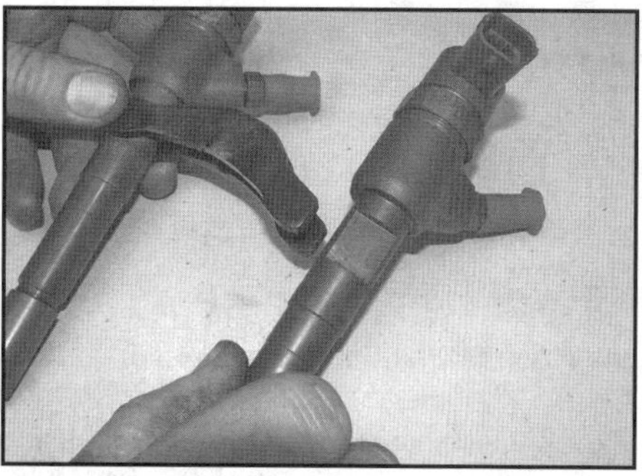

13.9a Entfernen Sie die Einspritzdüsen aus der Klemmhalterung ...

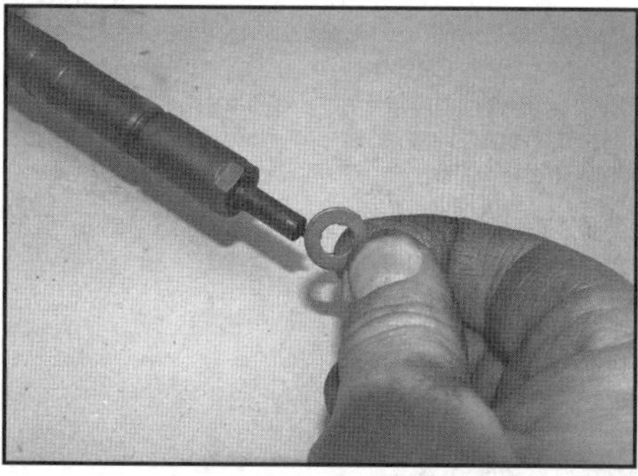

13.9b ... und entnehmen Sie die Kupfer-Dichtscheiben.

10 Begutachten Sie die Einspritzdüse auf sichtbare Schäden oder Alterungserscheinungen. Ersetzen Sie eine schadhafte Einspritzdüse.
Achtung: Einspritzdüsen sind Präzisions-Anfertigungen mit extrem engen Fertigungstoleranzen, die nicht zerlegt werden dürfen. Weder der seitliche Kraftstoffrohr-Stutzen noch irgendwelche Teile vom Einspritzdüsen-Gehäuse dürfen demontiert werden. Versuchen Sie nicht, Kohleablagerungen von der Düsenöffnung zu entfernen oder das Bauteil mit einem Hochdruckreiniger oder in einem Ultraschallbad zu reinigen.
11 Wenn die Einspritzdüsen in Ordnung sind, müssen ihre Hochdruckrohr-Anschlüsse verstopft werden und sowohl der Steckanschluss als auch die Düsenöffnung abgedeckt werden, um sie zu schützen.

12 Beschaffen Sie vor dem Einbau neue Kupfer-Dichtscheiben und Dichtringe für das Nockenwellengehäuse.

Einbau

13 Rüsten Sie die Einspritzdüsen oben mit neuen Nockenwellengehäuse-Dichtringen und unten mit neuen Kupferscheiben aus.
14 Platzieren Sie die Klemmhalterung um die Abflachungen der zwei Einspritzdüsengehäuse und stecken Sie das Paar in den Zylinderkopf, führen Sie die Klemmhalterung dabei über den Stehbolzen auf.
15 Legen Sie die zwei Scheiben auf und drehen Sie die Klemmhalterungs-Mutter zunächst handfest auf.
16 Arbeiten Sie stets nur an einer Einspritzdüse und entfernen Sie die Stopfen der entsprechenden Anschlüsse. Richten Sie das Hochdruckrohr zu den Anschlüssen aus und drehen Sie die Anschlussmuttern zunächst handfest auf – achten Sie darauf, die Mutter nicht zu verkanten und das Rohr nicht zu belasten.
17 Wenn alle Hochdruckrohre auf diese Weise positioniert sind, werden die Klemmhalterungs-Muttern mit 20 Nm angezogen.
18 Kontern Sie jetzt die Anschlüsse der Einspritzdüsen mit einem Maulschlüssel und ziehen Sie die Anschlussmuttern mithilfe der Krähenfuß-Adapter korrekt an (Abb. 12.10) – M12-Muttern mit 25 Nm und M14-Muttern mit 28 Nm. Wiederholen Sie dies mit den anderen Einspritzdüsen.
19 Verbinden Sie die Rücklaufschlauch-Anschlüsse mit den Einspritzdüsen, indem Sie den Arretierclip eindrücken; Lösen Sie den Clip und prüfen Sie den festen Sitz des Anschlusses.
20 Verbinden Sie die Einspritzdüsenstecker und sichern Sie sie mit den Arretierlaschen.
21 Beachten Sie die in Sektion 2 aufgelisteten Vorsichtsmaßnahmen. Füllen Sie das Kraftstoffsystem vor (siehe Sektion 5). Starten Sie den Motor und lassen Sie ihn im Standgas laufen; prüfen Sie dabei die Dichtigkeit der Hochdruckrohr-Anschlüsse. Halten sie dicht, wird die Drehzahl auf 4000/min erhöht und erneut kontrolliert. Falls Undichtigkeiten festgestellt werden, muss das Hochdruckrohr durch ein Neuteil ersetzt werden. **Achtung: Keinesfalls darf versucht werden, auch nur die kleinste Undichtigkeit durch weiteres Anziehen der Anschlussmuttern zu beseitigen!**
22 Der Rest des Einbaus entspricht der umgekehrten Ausbaureihenfolge.

14 Kraftstoffdruck-Regelventil – Ausbau und Einbau

Warnung: Beachten Sie die in Sektion 2 aufgelisteten Vorsichtsmaßnahmen!

Anmerkung: *Beim Einbau wird ein neuer O-Ring benötigt.*

Ausbau

1 Das Kraftstoffdruck-Regelventil sitzt links am Druckspeicher.
2 Trennen Sie den Masseanschluss (–) der Batterie (siehe Kapitel 5A, Sektion 4).
3 Heben Sie die obere Motorabdeckung ab.
4 Trennen Sie den Kabelstecker vom Ventil.
5 Lösen Sie die zwei Schrauben und entfernen Sie das Ventil vom Druckspeicher. Stellen Sie den O-Ring sicher.

Einbau

6 Reinigen Sie sorgfältig die Dichtflächen des Druckspeichers und des Ventils.
7 Rüsten Sie das Ventil mit dem neuen O-Ring aus und schmieren Sie diesen mit Diesel-Kraftstoff.
8 Setzen Sie das Ventil am Druckspeicher an und ziehen Sie die Schrauben mit 9 Nm an.
9 Verbinden Sie den Kabelstecker, montieren Sie die Motorabdeckung und schließen Sie die Batterie wieder an.

15 Einlassstutzen – Ausbau und Einbau

Anmerkung: *Beim Einbau wird eine neue Flansch-Gummidichtung benötigt.*

Ausbau

1 Trennen Sie den Masseanschluss (–) der Batterie (siehe Kapitel 5A, Sektion 4).
2 Entleeren Sie das Kühlsystem (siehe Kapitel 1B, Sektion 28).
3 Entfernen Sie die Windlaufblende vor der Windschutzscheibe (siehe Kapitel 11, Sektion 21).
4 Demontieren Sie die Batterie samt Träger (siehe Kapitel 5A, Sektion 4).
5 Lösen Sie die zwei Schrauben, die das Ladeluftrohr am Luftklappengehäuse oder Einlassstutzen sichern. Lösen Sie die Schraube, die den Rohr-Halter am Thermostatgehäuse sichert. Befreien Sie das Rohr und stellen Sie den Dichtring sicher.
6 Öffnen Sie am Peilstab-Führungsrohr die zwei Kabelbinder des Kabelbaums, um diesen zu befreien.
7 Verfolgen Sie alle Kraftstoff- und Rücklaufschläuche zu ihren Anschlüssen und trennen Sie entweder die Schnellverschlüsse oder Schlauchschellen. Befreien Sie alle Schläuche aus ihren Halterungen.
8 Lösen Sie am Einlassstutzen die zwei Schrauben des Motorentlüftungs-Ölabscheiders und befreien Sie diesen (siehe Abbildung).

15.8 Schrauben des Motorentlüftungs-Ölabscheiders am Einlassstutzen

9 Ziehen Sie den Öl-Peilstab heraus und lösen Sie am Einlassstutzen die Schraube seines Führungsrohrs.
10 Trennen Sie die Kabelstecker am AGR-Ventil, am Kraftstoffdruck-Regelventil, am Ladedrucksensor, am Kraftstoffdrucksensor und am Luftklappen-Magnetventil. Befreien Sie den Kabelbaum aus allen Kabelbindern und anderen Befestigungen.
11 Lösen Sie am Steuerkettendeckel die Schrauben der Motorentlüftungsschlauch-Halterung und befreien Sie diese.
12 Demontieren Sie das Luftklappengehäuse (siehe Sektion 10).
13 Entfernen Sie das AGR-Ventil (siehe Kapitel 4C, Sektion 3).
14 Prüfen Sie noch einmal, ob alle Schläuche, Kabel und andere Komponenten vom Einlassstutzen befreit sind.
15 Lösen Sie die neun Befestigungsschrauben – beachten Sie deren unterschiedliche Längen – und befreien Sie den Einlassstutzen vom Zylinderkopf. Entfernen Sie die Gummidichtung aus seinem Flansch (siehe Abbildungen).

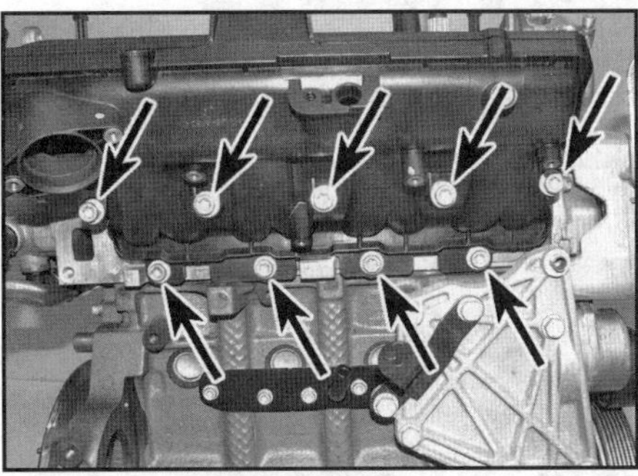

15.15a Lösen Sie die 9 Einlassstutzen-Schrauben ...

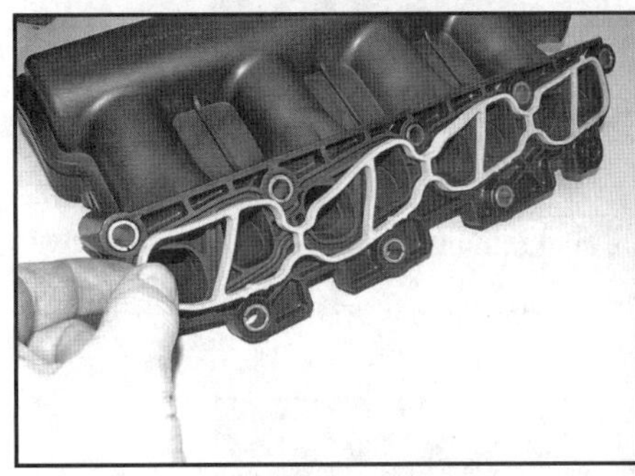

15.15b ... und entfernen Sie die Gummidichtung aus seinem Flansch.

Einbau

16 Die Dichtflächen des Einlassstutzens und des Zylinderkopfs müssen absolut sauber und trocken sein. Rüsten Sie den Einlassstutzen-Flansch mit einer neuen Gummidichtung aus.
17 Positionieren Sie den Einlassstutzen am Zylinderkopf, installieren Sie die Schrauben an ihren korrekten Positionen und ziehen Sie sie schrittweise und über Kreuz bis zum Drehmoment von 25 Nm an.
18 Der Rest des Einbaus entspricht der umgekehrten Ausbaureihenfolge.

16 Ladeluftkühler – Ausbau und Einbau

1 Demontieren Sie die vordere Stoßstange (siehe Kapitel 11, Sektion 6).
2 Entfernen Sie die Kunststoffblenden von beiden Enden des Ladeluftkühlers (siehe Abbildung).

16.2 Befreien Sie die Kunststoffblenden von beiden Enden des Ladeluftkühlers.

3 Lösen Sie die Drahtbügel der Ein- und Auslassschläuche und ziehen Sie diese ab (siehe Abbildung).

16.3 Drahtbügel am Ladeluftkühler-Anschluss

4 Trennen Sie den Stecker des Turbolader-Drucksensors (siehe Abbildung).

16.4 Trennen Sie den Stecker des Turbolader-Drucksensors.

5 Lösen Sie an beiden Seiten des Ladeluftkühlers die Lasche und manövrieren Sie ihn aus dem Fahrzeug heraus (siehe Abbildungen).

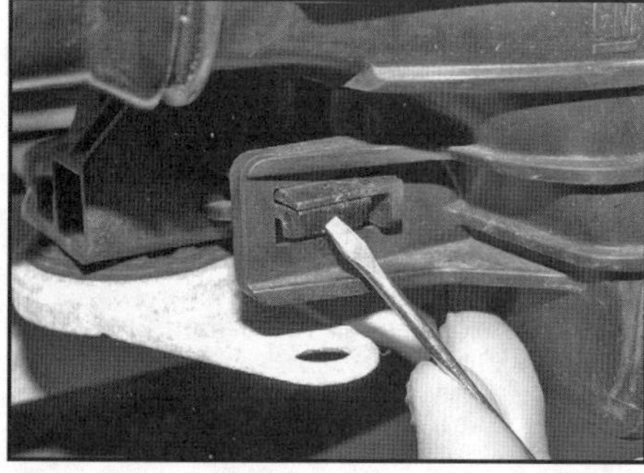

16.5 Lösen Sie die Laschen des Ladeluftkühlers.

6 Der Einbau entspricht der umgekehrten Ausbaureihenfolge.

17 Auspuffstutzen – Ausbau und Einbau

Anmerkung: *Beim Einbau werden eine neue Dichtung und neue Flanschmuttern benötigt.*

Ausbau

1 Demontieren Sie den Turbolader (siehe Sektion 19).
2 Entfernen Sie das Ölfiltergehäuse (siehe Kapitel 2B, Sektion 14).
3 Lösen Sie die Schraube und die zwei Muttern, die den Hitzeschild am Auspuffstutzen sichern, und heben Sie diesen ab – stellen Sie dabei die Motor-Hebelöse sicher.
4 Lösen Sie die zehn Muttern, die den Auspuffstutzen am Zylinderkopf sichern, und ziehen Sie den Stutzen von den Stehbolzen. Die Dichtung und die Muttern müssen später erneuert werden.

Einbau

5 Kontrollieren Sie alle Stehbolzen am Zylinderkopf auf Schäden und Korrosion. Entfernen Sie Rost und ersetzen Sie schadhafte Stehbolzen.
6 Schaben Sie altes Dichtmaterial oder Kohleablagerungen von den Dichtflächen des Auspuffstutzens und des Zylinderkopfes und legen Sie die neue innere Dichtung auf.
Achtung: Beschädigen Sie dabei nicht die aus relativ weichem Aluminium bestehende Dichtfläche des Zylinderkopfes!
7 Legen Sie eine neue Dichtung auf und setzen Sie den Auspuffstutzen über den Stehbolzen auf, installieren Sie die neuen Muttern und ziehen Sie sie zunächst schrittweise und über Kreuz bis zum Drehmoment von 15 Nm an. Ziehen Sie sie in einem zweiten Durchgang mithilfe einer Gradscheibe um 30° weiter.
8 Der Rest des Einbaus entspricht der umgekehrten Ausbaureihenfolge.

18 Turbolader – Beschreibung und Vorsichtsmaßnahmen

Beschreibung

1 Um die Leistung der Motoren zu erhöhen, sind die Dieselmotoren mit Turboladern ausgerüstet, die den Luftdruck im Einlassstutzen über den atmosphärischen Druck anheben. Der Motor muss die Luft also nicht ansaugen, sondern wird »druckbeatmet«.
2 Die Energie zum Betreiben des Turboladers liefern die Abgase. Diese strömen durch ein speziell geformtes Gehäuse (das Turbinengehäuse) und versetzen dabei das Turbinenrad in Drehung. Dieses Rad sitzt auf einer Welle, an dessen anderem Ende ein weiteres Flügelrad sitzt – das Verdichterrad. Das Verdichterrad dreht sich in einem eigenen Gehäuse und drückt Frischluft in den Einlassstutzen.
3 Der Turbolader ist mit verstellbaren Leitschaufeln ausgerüstet, die bei niedriger Motordrehzahl schließen, um den Einlass-Querschnitt zu verringern und die Wirksamkeit des Turboladers zu verbessern.

4 Der im Einlassstutzen vorhandene »Ladedruck« wird durch ein Regelventil (»Wastegate«) begrenzt, indem es mithilfe einer druckempfindlichen Betätigung die Abgase vom Turbinenrad ablenkt.
5 Die im Lagergehäuse drehende Welle wird durch ein an den Haupt-Ölkanal angeschlossenes Ölrohr mit Drucköl versorgt und geschmiert; durch ein Rücklaufrohr gelangt das Öl zurück in die Ölwanne.

Vorsichtsmaßnahmen

6 Der Turbolader arbeitet mit extrem hohen Drehzahlen und Temperaturen. Um Verletzungen und einen vorzeitigen Ausfall des Turboladers zu verhindern, müssen einige Vorkehrungen getroffen werden:
7 Der Turbolader darf niemals mit freiliegenden Bauteilen oder entfernten Schläuchen oder Leitungen betrieben werden. Falls auch nur kleine Fremdkörper in die rotierenden Flügelräder fallen, können große Schäden entstehen und herausgeschleuderte Teile schwere Verletzungen hervorrufen.
8 Der Motor darf – vor allem im kalten Zustand – niemals direkt nach dem Start hochgedreht werden. Lassen Sie dem Öl einige Sekunden Zeit, im Lager der Turbolader-Welle Druck aufzubauen.
9 Lassen Sie den Motor vor dem Abschalten einige Sekunden im Standgas laufen – durch Abschalten direkt nach höheren Drehzahlen würde die Turboladerwelle ohne Öldruck weiterdrehen, sodass ihr Lager beschädigt werden kann.
10 Lassen Sie den Motor nach längeren Hochgeschwindigkeitsfahrten einige Minuten im Standgas laufen, damit der Turbolader die darin entwickelte Hitze abgeben kann.
11 Beachten Sie die empfohlenen Öl- und Filterwechsel-Intervalle und verwenden Sie das vom Hersteller empfohlene Öl. Vernachlässigte Wechselintervalle oder minderwertige Öle können an der Turboladerwelle Kohleablagerungen hinterlassen, die zu vorzeitigen Schäden führen können.

19 Turbolader – Ausbau, Kontrolle und Einbau

Ausbau

1 Trennen Sie den Masseanschluss (–) der Batterie (siehe Kapitel 5A, Sektion 4).
2 Heben Sie die obere Motorabdeckung ab.
3 Demontieren Sie die Luftfilter-Baugruppe und den Turbolader-Einlassschlauch (siehe Sektion 3).
4 Entfernen Sie den Ladedruck-Magnetschalter (siehe Sektion 10).
5 Demontieren Sie die Lambdasonde (siehe Kapitel 4C, Sektion 3).
6 Lösen Sie am Turbolader-Hitzeschild die zwei oberen und die einzelne untere Mutter und entfernen Sie es.
7 Lösen Sie oben am Turbolader die Ölleitungs-Anschlussschraube und stellen Sie die zwei Dichtscheiben sicher.
8 Lösen Sie genauso am Ölfiltergehäuse die Ölleitungs-Anschlussschraube, stellen Sie die Dichtscheiben sicher, und entnehmen Sie das Ölrohr.
9 Lockern Sie die Schellen des Öl-Rücklaufschlauchs und befreien Sie diesen vom Turbolader und Ölfiltergehäuse.
10 Lösen Sie am Turbolader die zwei Schrauben des Ladeluftkühler-Einlassflanschs und befreien Sie diesen; stellen Sie die Dichtung sicher.
11 Entfernen Sie den Katalysator/Partikelfilter (siehe Sektion 20).
12 Lösen Sie die drei Muttern (oben eine, unten zwei), die den Turbolader am Auspuffstutzen sichern. Heben Sie den Turbolader ab und stellen Sie die Dichtung sicher.

Kontrolle

13 Kontrollieren Sie den ausgebauten Turbolader auf Risse im Gehäuse und andere sichtbare Schäden.
14 Drehen Sie an der Turbine oder dem Verdichterrad, um zu prüfen, ob die Welle intakt ist und übermäßiges Spiel oder rauen Lauf zu erfühlen. Etwas Spiel ist normal, da die Welle im Betrieb durch den Öldruck »schwimmend« gelagert ist. Prüfen Sie, ob die Turbinenblätter unbeschädigt sind.
15 Falls das Auspuffrohr oder der Lufteinlass verölt ist, werden wahrscheinlich die Dichtringe der Turbolader-Welle defekt sein.
16 Der Hobbyschrauber kann am Turbolader keinerlei Reparaturen durchführen, zudem sind weder interne noch externe Teile einzeln erhältlich. Falls am Turbolader ein Schaden aufgetreten ist, muss er durch ein Neuteil ersetzt werden.

Einbau

17 Der Einbau entspricht der umgekehrten Ausbaureihenfolge – beachten Sie dabei folgende Punkte:
a) *Alle Dichtflächen müssen sauber sein. Verwenden Sie neue Dichtungen und Dichtscheiben.*
b) *Ziehen Sie alle Muttern und Schrauben mit den in den technischen Daten angegebenen Drehmomenten an.*
c) *Falls ein neuer Turbolader installiert wird, sollten das Motoröl und der Ölfilter ausgetauscht werden.*

20 Auspuffanlage – Allgemeine Informationen und Austausch der Komponenten

Allgemeine Informationen

1 Die Auspuffanlage besteht bei Modellen ohne Partikelfilter oder mit in den Partikelfilter integriertem Katalysator aus zwei Sektionen: die vordere beinhaltet das vordere Auspuffrohr samt Lambdasonde; die hintere besteht aus dem Endrohr und dem Schalldämpfer.
2 Die Auspuffanlage besteht bei Modellen mit separatem Partikelfilter aus drei Sektionen: die vordere beinhaltet das vordere Auspuffrohr samt Lambdasonde die mittlere aus dem Partikelfilter und die hintere besteht aus dem Endrohr und dem Schalldämpfer.
3 Regelmäßige Kontrollen der Auspuffanlage sorgen für Ruhe und Sicherheit. Kontrollieren Sie auch die Haltegummis und ersetzen Sie sie nötigenfalls.
4 Kleinere Löcher und Risse können mithilfe spezieller Auspuff-Reparaturprodukte verschlossen werden.
5 Bevor eine einzelne Sektion des Auspuffs ersetzt werden, sollte auch die andere genauer untersucht werden. Falls Korrosion oder Beschädigungen entdeckt werden, kann es sinnvoller sein, den gesamten Auspuff auszutauschen.

Austausch der Komponenten

Modellen ohne Partikelfilter oder mit in den Partikelfilter integriertem Katalysator

6 Falls eine Komponente des Auspuffsystems erneuert werden soll, ist es sehr wichtig, das richtige Ersatzteil zu beschaffen.
7 Um das Endrohr und den Schalldämpfer entfernen zu können, muss das Fahrzeug hinten angehoben und sicher abgestützt werden (siehe Seite 351). Lockern Sie die Schelle, die das vordere Rohr mit dem Endrohr verbindet (siehe Abbildung), befreien Sie dann die Gummihalterung und ziehen

Sie das Endrohr vom vorderen Rohr ab – falls es darauf verrostet ist, muss es mit Kriechöl versehen und nach dessen Einwirkung mit einem Hammer rundherum abgeklopft werden; drehen Sie beim Abziehen in beide Richtungen, während das vordere Rohr festgehalten wird.

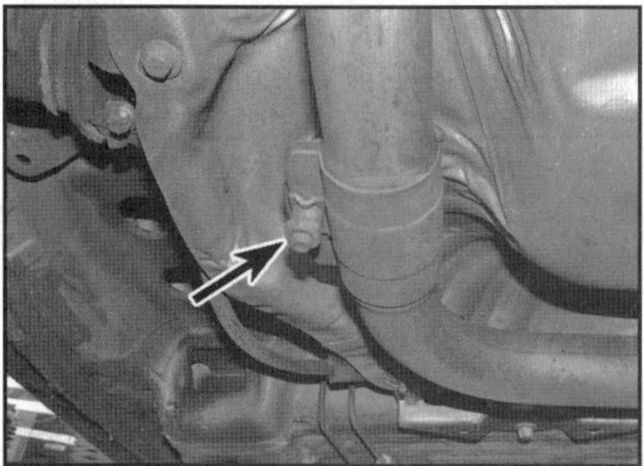

20.7 Auspuff-Verbindungsschelle

8 Um das vordere Auspuffrohr entfernen zu können, muss das Fahrzeug vorn angehoben und sicher abgestützt werden (siehe Seite 351). Lösen Sie die zwei Schrauben der vorderen Querstrebe, um diese vom Hilfsrahmen entfernen zu können.
9 Entfernen Sie das Endrohr samt Schalldämpfer (siehe Schritt 7). Lockern Sie die Klemme, die das vordere Auspuffrohr am Katalysator/Partikelfilter sichert, befreien Sie die Gummihalterungen und ziehen Sie das Rohr heraus (siehe Abbildung) – stützen Sie dabei den flexiblen Teil gut ab. **Anmerkung**: *Wenn der flexible Teil um mehr als 10° abgewinkelt wird, können dauerhafte Schäden auftreten.* Falls das vordere Rohr darauf verrostet ist, muss es mit Kriechöl versehen und nach dessen Einwirkung mit einem Hammer rundherum abgeklopft werden; drehen Sie beim Abziehen in beide Richtungen, während das vordere Rohr festgehalten wird.

20.9 Befreien Sie das vordere Auspuffrohr vom Katalysator/Partikelfilter.

10 Der Einbau entspricht der umgekehrten Ausbaureihenfolge. Erneuern Sie alle Dichtungen und ziehen Sie die Klemmmuttern mit 50 Nm an. Achten Sie bei der Montage der Querstrebe an den vorderen Hilfsrahmen darauf, dass die mit »LH« markierte Seite nach links kommt. Ziehen Sie die Querstreben-Schrauben mit 60 Nm an.

Modellen mit separatem Partikelfilter

11 Falls eine Komponente des Auspuffsystems erneuert werden soll, ist es sehr wichtig, das richtige Ersatzteil zu beschaffen.
12 Um das Endrohr und den Schalldämpfer entfernen zu können, muss das Fahrzeug hinten angehoben und sicher abgestützt werden (siehe Seite 351). Lockern Sie die Schelle, die das vordere Rohr mit dem Endrohr verbindet (siehe Abbildung), befreien Sie dann die Gummihalterung und ziehen Sie das Endrohr vom vorderen Rohr ab – falls es darauf verrostet ist, muss es mit Kriechöl versehen und nach dessen Einwirkung mit einem Hammer rundherum abgeklopft werden; drehen Sie beim Abziehen in beide Richtungen, während das vordere Rohr festgehalten wird.
13 Um das mittlere Auspuffsegment entfernen zu können, muss das Fahrzeug vorn und hinten angehoben und sicher abgestützt werden (siehe Seite 351). Entfernen Sie das Endrohr samt Schalldämpfer (siehe Schritt 12).
14 Lösen Sie die drei Muttern, um den Flansch des vorderen Auspuffrohrs vom Flansch des Mittelrohrs zu trennen.
15 Stützen Sie das mittlere Segment sorgfältig ab und lösen Sie die zwei Schrauben, mit denen die Auspuffgummi-Haltestreben am Unterboden gesichert sind. Senken Sie das mittlere Segment ab und befreien Sie es unter dem Fahrzeug heraus.
16 Um das vordere Auspuffrohr entfernen zu können, muss das Fahrzeug vorn angehoben und sicher abgestützt werden (siehe Seite 351). Lösen Sie die zwei Schrauben der vorderen Querstrebe, um diese vom Hilfsrahmen entfernen zu können.
17 Lösen Sie die zwei Anschlussmuttern des Partikelfilter-Temperatursensors und des Differentialdrucksensors, um diese vom vorderen Auspuffrohr zu befreien.
18 Lösen Sie die zwei Schrauben, mit denen die Auspuffgummi-Haltestreben am Unterboden gesichert sind.
19 Stützen Sie das mittlere Segment sorgfältig ab und lösen Sie die drei Muttern, um den Flansch des vorderen Auspuffrohrs vom Flansch des Mittelrohrs zu trennen.
20 Lockern Sie die Klemme, die das vordere Auspuffrohr am Katalysator sichert, befreien Sie die Gummihalterungen und ziehen Sie das Rohr heraus (Abb. 20.9) – stützen Sie dabei den flexiblen Teil gut ab. **Anmerkung**: *Wenn der flexible Teil um mehr als 10° abgewinkelt wird, können dauerhafte Schäden auftreten.* Falls das vordere Rohr darauf verrostet ist, muss es mit Kriechöl versehen und nach dessen Einwirkung mit einem Hammer rundherum abgeklopft werden; drehen Sie beim Abziehen in beide Richtungen, während das vordere Rohr festgehalten wird.
21 Der Einbau entspricht der umgekehrten Ausbaureihenfolge. Erneuern Sie alle Dichtungen und ziehen Sie die Klemmmuttern mit 50 Nm an. Achten Sie bei der Montage der Querstrebe an den vorderen Hilfsrahmen darauf, dass die mit »LH« markierte Seite nach links kommt. Ziehen Sie die Querstreben-Schrauben mit 60 Nm an.

Katalysator

22 Trennen Sie den Masseanschluss (–) der Batterie (siehe Kapitel 5A, Sektion 4).
23 Entfernen Sie die Motorabdeckung.
24 Demontieren Sie die vordere Auspuffsektion (siehe oben).
25 Demontieren Sie die Lambdasonde (siehe Kapitel 4C, Sektion 3).
26 Lösen Sie die drei Muttern des Turbolader-Hitzeschildes und heben Sie es ab.
27 Trennen Sie den Stecker des im Katalysator sitzenden Abgastemperatursensors und schrauben Sie diesen heraus.
28 Lösen Sie die fünf Schrauben des Katalysator-Hitzeschildes und entfernen Sie dies.
29 Lösen Sie die zwei Muttern, die den Katalysator an der Halterung sichern.
30 Lockern Sie am Katalysator-Rohr die Schelle des Auspuffdrucksensor-Schlauchs und ziehen Sie diesen ab.
31 Lösen Sie die untere Katalysator-Befestigungsschraube.
32 Lockern Sie die Klemmschrauben-Mutter des Katalysators. Spreizen Sie die Klemme und befreien Sie den Katalysator vom Auspuffstutzen. Heben Sie den Katalysator nach oben aus dem Motorraum und stellen Sie die Dichtung zum vorderen Auspuffrohr sicher.

33 Der Einbau entspricht der umgekehrten Ausbaureihenfolge. Erneuern Sie alle Dichtungen und ziehen Sie alle Schrauben und Muttern mit den in den technischen Daten angegebenen Drehmomenten an. Achten Sie bei der Montage der Querstrebe an den vorderen Hilfsrahmen darauf, dass die mit »LH« markierte Seite nach links kommt. Ziehen Sie die Querstreben-Schrauben mit 60 Nm an.

Kapitel 4C

Schadstoff-Begrenzungssysteme

Inhalt — Sektion

Technische Daten

Anzugsdrehmomente	**Nm**
AGR-Rohr-Schrauben	10
AGR-Ventil-Schrauben	25
AGR-Ventilkühler-Schrauben	22
Lambdasonde	45
Katalysator-Temperatursensor	45

Schwierigkeitsgrade

Leicht. Geeignet für Anfänger mit wenig Erfahrung. 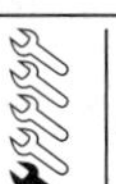	**Relativ leicht.** Geeignet für Anfänger mit etwas Erfahrung. 	**Relativ schwierig.** Geeignet für geübte Selbstschrauber. 	**Schwer.** Geeignet für Selbstschrauber mit viel Erfahrung. 	**Sehr schwer.** Geeignet für Experten und Profis. 

1 Allgemeine Informationen

1 Benzinmotoren dürfen nur mit bleifreiem Benzin betrieben werden. Im Kraftstoffsystem gibt es verschiedene Vorrichtungen, die gesundheitsschädliche Emissionen minimieren sollen. Zusätzlich sind die Motoren mit einer Schadstoffregelung für die Motorentlüftung, einem Katalysator und einer Verdunstungs-Rückhalteregelung ausgerüstet.
2 Dieselmotoren sind ebenfalls mit verschiedene Vorrichtungen ausgerüstet, die gesundheitsschädliche Emissionen minimieren sollen. Hierzu gehört eine Schadstoffregelung für die Motorentlüftung, ein Katalysator und bei manchen Modellen ein Partikelfilter. Um die gesundheitsschädlichen Emissionen weiter zu minimieren, sind die Motoren auch mit einer Regelung zur Abgasrückführung (AGR) versehen.
3 Die Schadstoff-Begrenzungssysteme funktionieren wie folgt:

Benzinmotoren

Kurbelgehäuse-Entlüftungsregelung

4 Um die Emission unverbrannter Kohlenwasserstoffe aus dem Kurbelgehäuse in die Umgebung zu reduzieren, kommt eine Kurbelgehäuse-Entlüftungsregelung zum Einsatz, bei der das Motorgehäuse abgedichtet ist und Leckgase sowie Ölnebel aus dem Ventildeckel in den Einlasstrakt geleitet werden, um vom Motor im normalen Betrieb mitverbrannt zu werden.
5 Die Gase werden durch den relativ höheren Druck im Motorgehäuse herausgedrückt. Bei einem verschlissenen Motor können Verbrennungsgase sowohl zwischen den Kolben und Zylindern in den Motor drücken oder durch undichte Ventile in den Einlass- oder Auspuffstutzen entweichen, sodass die Regelung nicht korrekt funktioniert.

Abgasreinigung

6 Zur Minimierung der in die Umgebung geleiteten Schadstoffe sind alle Modelle mit einem geregelten Katalysator im Auspuff ausgerüstet. Lambdasonden im Auspuffstutzen versorgen das Motorsteuergerät stets mit Informationen über den Sauerstoffgehalt im Abgas, damit das korrekte Luft-Benzin-Gemisch für eine optimale Verbrennung erzeugt werden kann.
7 Eine Lambdasonde sitzt vor dem Katalysator im Auspuffstutzen oder dem vorderen Auspuffrohr, während eine zweite hinter dem Katalysator installiert ist, um diesen zu überwachen und bei einem Defekt eine Warnleuchte im Cockpit aufleuchten zu lassen.
8 Die Spitze der Lambdasonde reagiert auf Sauerstoff und sendet je nach Sauerstoffgehalt im Abgas unterschiedliche Spannungswerte an das Steuergerät. Falls das Luft-Kraftstoff-Gemisch zu »fett« ist, enthalten die Abgase wenig bis gar keinen Sauerstoff, sodass die Sonde ein geringes Spannungssignal ans Steuergerät sendet. Die Spannung steigt bei magerer werdendem Gemisch (weil im Abgas mehr unverbrannter Sauerstoff enthalten ist). Die besten Abgaswerte entstehen bei einem im korrekten Mischungsverhältnis aus 14,7 Teilen Luft und einem Teil Kraftstoff (nach Gewicht) – stöchiometrisches Kraftstoffverhältnis genannt. Die Sensorspannung ändert sich an diesem Punkt in einem großen Schritt, sodass das Steuergerät diese Signaländerung als Referenzpunkt nutzt, und mit einer entsprechend langen Einspritzdauer das Gemisch anpasst.

Verdunstungs-Rückhaltesystem

9 Um möglichst wenig unverbrannte Kohlenwasserstoffe in die Atmosphäre gelangen zu lassen, sorgt dieses System dafür, dass Benzindämpfe nicht aus dem Tank in die Atmosphäre gelangen. Der Tankdeckel ist abgedichtet und hinter der rechten vorderen Radhausschale sitzt ein mit Aktivkohle gefüllter Behälter, der die bei abgeschaltetem Motor entstehenden Benzindämpfe aufnimmt. Bei laufendem Motor öffnet ein vom Motorsteuergerät überwachtes Ventil und die Dämpfe werden in den Einlassstutzen entlassen.
10 Damit der Motor beim Kaltstart oder im Standgas korrekt läuft und der Katalysator vor einem durch die Benzindämpfe angereicherten Gemisch geschützt wird, öffnet das Ventil erst, wenn der Motor auf Betriebstemperatur ist und unter Last läuft, sodass die gesammelten Dämpfe vom Motor angesaugt werden.

Dieselmotoren

Kurbelgehäuse-Entlüftungsregelung

11 Beachten Sie die Hinweise in den Schritten 4 und 5.

Abgasreinigung

12 Zur Minimierung der in die Umgebung geleiteten Schadstoffe sind alle Modelle mit einem Katalysator und manche Modelle mit einem Partikelfilter im Auspuff ausgerüstet.
13 Der Katalysator beinhaltet ein feinmaschiges Gewebe, das mit einem katalytischen Material beschichtet ist, welches in den passierenden heißen Abgasen die Oxidation schädlicher Kohlenmonoxide, unverbrannter Kohlenwasserstoffe und Rußpartikel beschleunigt und so wirkungsvoll die Menge der in die Atmosphäre entweichenden Schadstoffe reduziert.
14 Modelle ohne Partikelfilter sind oberhalb des Primär-Katalysators mit einer beheizbaren Lambdasonde ausgerüstet, welche die Qualität der Abgase überwacht und Signale ans Steuergerät übermittelt, das nötigenfalls die Einspritzdauer korrigiert.
15 Bei Modellen mit Partikelfilter ist dieser entweder in den Katalysator oder ins mittlere Auspuffsegment integriert. Der Filter enthält eine Wabenstruktur aus Siliciumcarbid, durch deren mikroskopisch kleine Kanäle die Abgase strömen und dabei die Rußpartikel ablagern. Damit der Ruß den Filter nicht verstopft, muss dieser regelmäßig ausgebrannt werden. Hierzu ändert das Steuergerät die Einspritz-Charakteristik, wobei die Abgastemperatur auf ca. 600 °C ansteigt, damit die Ablagerungen verbrennen. Ein Differentialdrucksensor und ein Temperatursensor informieren das Steuergerät über den Zustand des Partikelfilters sowie die Temperatur der Abgase während dieser »Regenerationsphase«. Die Häufigkeit des Freibrennens hängt von den Betriebszuständen des Motors ab, die Reinigung selbst ist während der Fahrt nicht spürbar.

Abgasrückführungssystem (AGR)

16 Das System sorgt dafür, dass kleine Abgasmengen wieder in den Einlasstrakt geleitet werden, um erneut verbrannt zu werden. Der Prozess reduziert die Menge der in die Atmosphäre freigesetzten Stickoxide.
17 Die zirkulierende Abgasmenge wird durch ein Signal vom Motorsteuergerät an das am Einlassstutzen sitzende elektronisch gesteuerte AGR-Magnetventil geregelt. Das Motorsteuergerät empfängt dazu Signale verschiedener Sensoren.

2 Schadstoffregelung (Benzinmotoren) – Tests und Austausch von Komponenten

Kurbelgehäuse-Entlüftungsregelung

1 Die Komponenten dieses Systems erfordern außer einer regelmäßigen Überprüfung der Schläuche keinerlei Aufmerksamkeit. **Anmerkung**: *Falls Schläuche zur Kontrolle ihres Zustands oder einer Verstopfung abgezogen werden sollen, empfiehlt es sich, zuvor ihre Einbauposition zu notieren oder zu fotografieren.*

Verdunstungs-Rückhaltesystem

Testen

2 Falls im System ein Defekt vorzuliegen scheint, müssen die Schläuche des Aktivkohlebehälters und des Ventils abgezogen werden. Blasen Sie hinein, um zu prüfen, ob sie frei sind. Eine vollständige Kontrolle des Systems kann nur mithilfe eines mit dem Motorsteuergerät verbundenen Diagnosegerät durchgeführt werden. Falls das Ventil oder der Aktivkohlebehälter beschädigt sind, müssen sie ersetzt werden.

Aktivkohlebehälter – Ersetzen

3 Blockieren Sie die Vorderräder, heben Sie das Fahrzeug hinten an und stützen Sie es sicher ab (siehe Seite 351).
4 Lösen Sie die fünf Muttern und zwei Schrauben der rechten Radhausschale, um dies zu entfernen und Zugang zum Aktivkohlebehälter zu erhalten.
5 Trennen Sie am Aktivkohlebehälter die Schnellverschlüsse der zwei Belüftungsschläuche (siehe Abbildung) – hierzu gibt es ein Opel-Spezialwerkzeug, doch mit etwas Vorsicht lassen sich die Arretierungen auch mit einer langen Spitzzange oder ähnlichem eindrücken. Dichten Sie die Schläuche und den Behälter anschließend ab, um keinen Schmutz eindringen zu lassen.

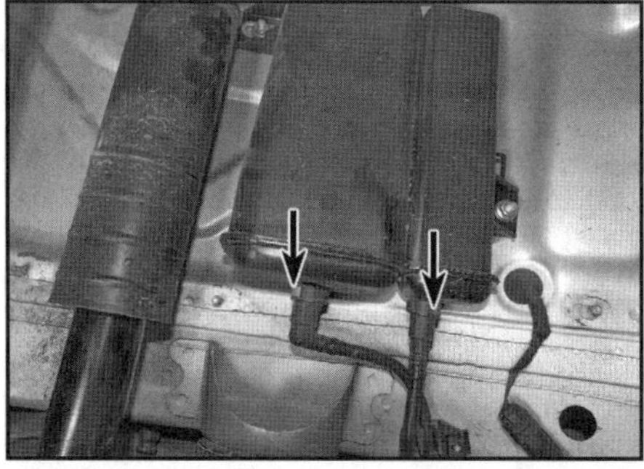

2.5 Drücken Sie die Knöpfe ein und befreien Sie die zwei Belüftungsschläuche vom Aktivkohlebehälter.

6 Befreien Sie die zwei getrennten Schläuche aus der Halterung unten am Aktivkohlebehälter.
7 Lösen Sie die zwei Befestigungsmuttern des Behälters und befreien Sie ihn unter dem Radkasten heraus (siehe Abbildung).

2.7 Befestigungsmuttern des Aktivkohlebehälters

8 Der Einbau entspricht der umgekehrten Ausbaureihenfolge – alle Schläuche müssen korrekt verbunden und gesichert sein.

Absaugventil – Ersetzen

9 Das Ventil sitzt oben am Einlassstutzen.
10 Demontieren Sie die Luftfilter-Baugruppe (siehe Sektion 3).
11 Befreien Sie das Absaugventil-Rohr aus der Klemme an der Spritzwand und trennen Sie es vom Ventil (siehe Abbildung).

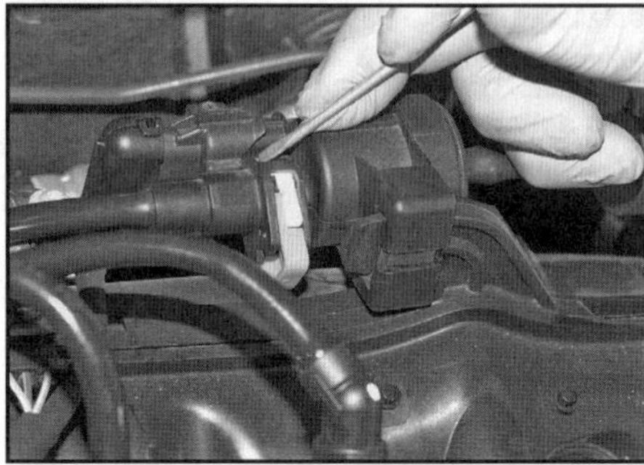

2.11 Ziehen Sie den Arretierclip heraus und trennen Sie das Rohr vom Absaugventil.

12 Trennen Sie den Kabelstecker des Absaugventils.
13 Öffnen Sie mit einem geeigneten Werkzeug den Absaugventil-Halter und ziehen Sie das Ventil heraus.
14 Der Einbau entspricht der umgekehrten Ausbaureihenfolge.

Abgasreinigung

Testen

15 Die Funktion des Katalysators kann nur mit einem hochwertigen und sorgfältig kalibrierten Abgas-Analysegerät überprüft werden. Falls ein solches Gerät vorhanden ist, müssen die beigefügten Anweisungen beachtet werden.
16 Falls der CO-Wert im Auspuff zu hoch ist, muss eine mit Diagnosegeräten ausgerüstete Opel-Werkstatt eine sorgfältige Kontrolle der Motorsteuerung durchführen. Wenn im Kraftstoff- und Zündsystem keine Defekte vorliegen, kann der Katalysator beschädigt sein, sodass er ersetzt werden muss.

Katalysator – Ersetzen

17 Der Aus- und Einbau des Katalysators ist in Kapitel 4A, Sektion 15 beschrieben.

Gemischregulierungs-Lambdasonde – Ersetzen

Achtung: Die Lambdasonde wird im Betrieb sehr heiß, sodass ihr genug Zeit zum Abkühlen gegeben werden muss!

18 Diese Lambdasonde sitzt im Auspuffstutzen (siehe Abbildung). Verfolgen Sie ihr Kabel zum Stecker links am Zylinderkopf und trennen Sie diesen; befreien Sie das Kabel aus der Halterung.

2.18 Position der Gemischregulierungs-Lambdasonde

19 Schrauben Sie die Lambdasonde aus dem Auspuffstutzen – hierfür wird ein Ring- oder Steckschlüssel mit einer Durchführung für das Kabel benötigt.
20 Reinigen Sie das Gewinde der Lambdasonde und versehen Sie es mit dem beim Opel-Händler erhältlichen Spezialfett zum Schutz vor Kontaktkorrosion; eine neue Lambdasonde sollte bereits damit bestrichen sein.
21 Drehen Sie die Sonde in den Auspuffstutzen und ziehen Sie sie mit 45 Nm an.
22 Verbinden Sie den Lambdasondenstecker und sichern Sie sein Kabel in der Halterung.

Katalysator-Überwachungs-Lambdasonde – Ersetzen

Achtung: *Die Lambdasonde wird im Betrieb sehr heiß, sodass ihr genug Zeit zum Abkühlen gegeben werden muss!*
23 Diese Lambdasonde sitzt direkt hinter der flexiblen Sektion im vorderen Auspuffrohr. Ziehen Sie die Handbremse, heben Sie das Fahrzeug vorn an und stützen Sie es sicher ab (siehe Seite 351).
24 Verfolgen Sie ihr Kabel zum Stecker oberhalb der rechten Antriebswelle und trennen Sie diesen; befreien Sie das Kabel aus allen Halterungen.
25 Schrauben Sie die Lambdasonde aus dem Auspuffrohr – hierfür wird ein Ring- oder Steckschlüssel mit einer Durchführung für das Kabel benötigt.
26 Reinigen Sie das Gewinde der Lambdasonde und versehen Sie es mit dem beim Opel-Händler erhältlichen Spezialfett zum Schutz vor Kontaktkorrosion; eine neue Lambdasonde sollte bereits damit bestrichen sein.
27 Drehen Sie die Sonde in das Auspuffrohr und ziehen Sie sie mit 45 Nm an.
28 Verbinden Sie den Lambdasondenstecker und sichern Sie sein Kabel in den Halterungen.

3 Schadstoffregelung (Dieselmotoren) – Tests und Austausch von Komponenten

Kurbelgehäuse-Entlüftungsregelung

1 Die Komponenten dieses Systems erfordern außer einer regelmäßigen Überprüfung der Schläuche keinerlei Aufmerksamkeit. **Anmerkung**: *Falls Schläuche zur Kontrolle ihres Zustands oder einer Verstopfung abgezogen werden sollen, empfiehlt es sich, zuvor ihre Einbauposition zu notieren oder zu fotografieren.*

Abgasreinigung

Testen

2 Die Funktion des Katalysators und des Partikelfilters kann nur mit einem hochwertigen und sorgfältig kalibrierten Abgas-Analysegerät für Dieselmotoren überprüft werden. Falls ein solches Gerät vorhanden ist, müssen die beigefügten Anweisungen beachtet werden.

Katalysator/Partikelfilter – Ersetzen

3 Der Aus- und Einbau des Katalysators und oder des Partikelfilters ist in Kapitel 4B, Sektion 20 beschrieben.

Lambdasonde – Ersetzen

4 Bringen Sie den Motor auf Betriebstemperatur, schalten Sie ihn ab und trennen Sie das Massekabel (–) der Batterie (siehe Kapitel 5A, Sektion 4). Entfernen Sie die obere Motorabdeckung.
5 Trennen Sie den Lambdasondenstecker und befreien Sie den Kabel-Stopfen aus der Halterung.
6 Verfolgen Sie das Kabel zur Lambdasonde zurück und befreien Sie es aus allen Befestigungen.
Achtung: Verbrennen Sie sich hierbei nicht an heißen Bauteilen!
7 Schrauben Sie die Lambdasonde aus dem Auspuffstutzen – hierfür wird ein Ring- oder Steckschlüssel mit einer Durchführung für das Kabel benötigt (siehe Abbildung).

3.7 Schrauben Sie die Lambdasonde aus dem Auspuffstutzen.

8 Der Einbau entspricht der umgekehrten Ausbaureihenfolge. Reinigen Sie das Gewinde der Lambdasonde und versehen Sie es mit dem beim Opel-Händler erhältlichen Spezialfett zum Schutz vor Kontaktkorrosion; eine neue Lambdasonde sollte bereits damit bestrichen sein. Drehen Sie die Sonde in das Auspuffrohr und ziehen Sie sie mit 45 Nm an. Verbinden Sie den Lambdasondenstecker und sichern Sie sein Kabel in den Halterungen, sodass es keine heißen Bauteile berührt.

Partikelfilter-Temperatursensor – Ersetzen

9 Der Aus- und Einbau des Temperatursensors ist in Kapitel 4B, Sektion 20 beschrieben (siehe Abbildung).

3.9 Position des Partikelfilter-Temperatursensors

Abgasrückführung (AGR)

10 Ein Test des Systems kann nur mithilfe eines speziellen Diagnosegeräts durchgeführt werden – überlassen Sie diese Arbeit einer Opel-Werkstatt. Falls das AGR-Ventil oder das Magnetventil defekt ist, muss es ersetzt werden.

AGR-Ventil – Ersetzen

11 Trennen Sie das Massekabel (–) der Batterie (siehe Kapitel 5A, Sektion 4). Entfernen Sie die obere Motorabdeckung.
12 Entfernen Sie die Windlaufblende vor der Windschutzscheibe (siehe Kapitel 11, Sektion 21).
13 Ziehen Sie die Handbremse, heben Sie das Fahrzeug vorn an und stützen Sie es sicher ab (siehe Seite 351).

14 Trennen Sie den Kabelstecker vom AGR-Ventil.
15 Lösen Sie die zwei Schrauben des Ventils und entfernen Sie es aus dem AGR-Kühler – die Dichtung muss später erneuert werden.
16 Der Einbau entspricht der umgekehrten Ausbaureihenfolge. Verwenden Sie eine neue Dichtung und ziehen Sie die Schrauben mit 25 Nm an.

AGR-Ventilkühler – Ersetzen

17 Entleeren Sie das Kühlsystem (siehe Kapitel 1B, Sektion 28).
18 Entfernen Sie die Windlaufblende vor der Windschutzscheibe (siehe Kapitel 11, Sektion 21).
19 Entfernen Sie die Batterie samt Träger (siehe Kapitel 5A, Sektion 4).
20 Entfernen Sie den Ladeluftkühler-Auslasstrakt (siehe Kapitel 4B, Sektion 16).
21 Lösen Sie am Luftklappengehäuse-Halter die Schraube des Auspuffdrucksensor-Rohrs.
22 Lösen Sie die Schraube, die den Drucksensor an seiner Halterung sichert. Befreien Sie die Schlauchhalterung, trennen Sie den Sensorschlauch und entfernen Sie das Drucksensor-Rohr.
23 Lösen Sie die zwei Schrauben, die das AGR-Rohr am AGR-Kühler sichern.
24 Lösen Sie die drei Schrauben, die das AGR-Rohr am Einlassstutzen sichern. Heben Sie das Rohr ab und stellen Sie die Dichtungen sowie den O-Ring sicher.
25 Lösen Sie die zwei Schrauben der Luftklappengehäuse-Halterung und entfernen Sie diese.
26 Befreien Sie die Schelle und trennen Sie den Kühlerschlauch vom AGR-Ventilkühler.
27 Trennen Sie am AGR-Ventil und an dessen Aktuator die Kabelstecker. Trennen Sie den Schlauch vom Aktivator.
28 Lösen Sie die drei Schrauben des AGR-Ventilkühlers, entfernen Sie diesen und stellen Sie die Dichtung sicher.
29 Der Einbau entspricht der umgekehrten Ausbaureihenfolge – beachten Sie dabei folgende Punkte:
a) *Ersetzen Sie alle entfernten Dichtungen und Dichtringe.*
b) *Ziehen Sie alle Schrauben und Muttern mit den in den technischen Daten angegebenen Drehmomenten an.*
c) *Montieren Sie den Ladeluftkühler-Auslassstutzen (siehe Kapitel 4B, Sektion 16).*
d) *Montieren Sie den Batterieträger samt Batterie (siehe Kapitel 5A, Sektion 4).*
e) *Montieren Sie die Windlaufblende vor der Windschutzscheibe (siehe Kapitel 11, Sektion 21).*
f) *Füllen Sie das Kühlsystem auf (siehe Kapitel 1B, Sektion 28).*

4 Katalysator – Allgemeine Informationen und Warnhinweise

Allgemeine Informationen

1 Der Katalysator wandelt gesundheitsschädliche Abgase in relativ harmlosere Gase um. Bei der dazu erforderlichen chemische Reaktion wird Sauerstoff zugesetzt, um eine Oxidation zu erzeugen.
2 Innerhalb des Katalysators befindet sich eine keramische Wabenstruktur, die mit den Edelmetallen Palladium, Platin und Rhodium beschichtet ist, die die chemische Reaktion fördern. Diese Reaktion erzeugt Hitze, die ebenfalls die Reaktion unterstützt. Aus diesem Grund wird der Katalysator während der Fahrt sehr heiß.
3 Die keramische Struktur ist äußerst empfindlich und verträgt keine grobe Behandlung. So sollte vermieden werden, mit dem heißen Katalysator durch tiefes Wasser zu fahren, da die plötzliche Abkühlung zu Rissen und Brüchen in der Keramik führen kann, was zur »Verstopfung« des Katalysators führen kann. Ein auf diese Weise beschädigter Katalysator kann nach dessen Ausbau durch Schütteln kontrolliert werden: Falls rasselnde Geräusche festgestellt werden, ist der Katalysator defekt und muss ersetzt werden.

Warnhinweise

Benzinmotoren

4 Der Katalysator arbeitet automatisch und erfordert praktisch keine Wartung. Trotzdem sollten folgende Hinweise beachtet werden, um ihn lange Zeit funktionsfähig zu halten:
a) *Tanken Sie IMMER bleifreien Kraftstoff und verwenden Sie keine entsprechenden Zusätze – bereits kleine Mengen verbleiten Benzins zerstören den Katalysator.*
b) *Halten Sie das Kraftstoff- und Zündsystem entsprechend des Wartungsplans in Kapitel 1 STETS in einem guten Zustand.*
c) *Wenn der Motor Fehlzündungen produziert, MUSS dies unverzüglich behoben werden, da der Katalysator dadurch zerstört wird.*
d) *Versuchen Sie NICHT, ein schlecht anspringendes Fahrzeug durch Anschieben oder Anschleppen zu starten – der Katalysator saugt sich mit unverbranntem Kraftstoff voll und überhitzt, sobald der Motor anspringt.*
e) *Schalten Sie NICHT bei hohen Drehzahlen die Zündung aus. Geben Sie keinen kurzen Gasstoß, bevor Sie die Zündung abschalten.*
f) *Benutzen Sie KEINE Kraftstoff- oder Öl-Zusätze (Additive) – diese können Substanzen enthalten, die den Katalysator beschädigen.*
g) *Wenn der Motor Öl verbrennt und blaue Abgaswolken produziert, MUSS er unverzüglich repariert werden, da der Katalysator dadurch zerstört wird.*
h) *Der Katalysator arbeitet mit sehr hohen Temperaturen. Parken Sie daher nach einer längeren Fahrt NICHT über trockenem Gras oder Laub.*
i) *Behandeln Sie die ausgebaute Auspuffanlage VORSICHTIG – der Katalysator und die Lambdasonde vertragen keine Schläge oder Stürze.*
j) *Manchmal riechen die Abgase nach Schwefel (verrottete Eier). Nach einigen Tausend Kilometern mit einem neuen Katalysator sollte dies verschwunden sein.*
k) *Der Katalysator eines gut gewarteten und sorgsam gefahrenen Autos sollte mindestens 80- bis 160.000 km halten – ein nicht mehr wirksamer Katalysator muss ersetzt werden.*

Dieselmotoren

5 Bei Katalysatoren von Dieselmotoren müssen die in Schritt 1 aufgeführten Punkte f, g, h, i und k beachtet werden.

Kapitel 5A

Anlasser- und Ladesysteme

Inhalt — Sektion

Technische Daten

System	12 Volt, Minus an Masse
Batterie	
Typ	Abgedichtete »wartungsfreie« (MF-) Batterie; AGM-Batterie bei Fahrzeugen mit Stopp-Start-System
Kapazität	36, 44, 55 oder 60 Ah
Ladezustand	
schwach	unter 12,5 V
normal	12,6 V
gut	12,7 V
Lichtmaschine	
Typ	Bosch oder Delco-Remy
Geregelte Ausgangsspannung	13,7 bis 14,7 Volt
Anlasser	
Typ	Schubtrieb-Starter von Bosch oder Delco-Remy
Anzugsdrehmomente	**Nm**
Anlasser-Befestigungsschrauben	25
Glühkerzen	10
Keilrippenriemenspanner	
Benzinmotoren	
M8-Schraube	22
M10-Schraube	55
Dieselmotoren	50
Lichtmaschine	
Benzinmotoren	35
Dieselmotoren	22
Öldruckschalter	
Benzinmotoren	20
Dieselmotoren	32
Radbolzen	110

Schwierigkeitsgrade

Leicht. Geeignet für Anfänger mit wenig Erfahrung.

Relativ leicht. Geeignet für Anfänger mit etwas Erfahrung.

Relativ schwierig. Geeignet für geübte Selbstschrauber.

Schwer. Geeignet für Selbstschrauber mit viel Erfahrung.

Sehr schwer. Geeignet für Experten und Profis.

1 Allgemeine Informationen und Vorsichtsmaßnahmen

Allgemeine Informationen

1 Die Motor-Elektrik besteht vor allem aus dem Ladesystem und dem Anlassersystem. Aufgrund ihrer motorbezogenen Funktionen werden diese Komponenten separat von der in Kapitel 12 zu findenden Karosserie-Elektrik (Beleuchtung, Instrumente usw.) behandelt. Informationen zur Zündanlage von Benzinmotoren werden in Kapitel 5B gegeben.
2 Die Fahrzeugelektrik arbeitet mit 12 Volt Spannung und Minus ist Masse.
3 Die Batterie wird von der Lichtmaschine geladen, die vom der Kurbelwelle mithilfe des Keilrippenriemens angetrieben wird.
4 Modelle mit Stopp-Start-System sind mit einem verstärktem Anlasser und einer größerer Batterie ausgerüstet. Die Batterie dieser Modelle ist am Minuspol mit einem Sensor-Modul versehen, das den Ladezustand überwacht – beim Laden oder Ausbauen dieser Batterien ist große Vorsicht geboten.
5 Der als Schubtriebstarter ausgebildete Anlasser ist mit einem integrierten Magnetschalter ausgerüstet, der beim Starten das Antriebsrad zunächst in den Zahnkranz der Schwungscheibe bzw. des Antriebsflanschs (zwischen Motor und Getriebe) schiebt, bevor der Anlassermotor aktiviert wird. Sobald der Motor läuft, sorgt eine Freilaufkupplung dafür, dass bis zum Ausrücken des Antriebsrades nicht der Motor den Anlasser dreht.
6 Weitere Details zu den verschiedenen Systemen finden sich in den entsprechenden Sektionen dieses Kapitels – manchmal werden Reparaturhinweise gegeben, doch oft hilft nur der Austausch der Komponente.

Vorsichtsmaßnahmen

7 Bei der Arbeit an elektrischen Systemen ist besondere Vorsicht geboten, um keine Halbleiter (Dioden und Transistoren) zu beschädigen und sich nicht selbst zu verletzen. Neben den Hinweisen in der Sektion »Sicherheit geht vor!« am Anfang dieses Handbuchs müssen die folgenden Vorsichtsmaßnahmen beachtet werden:

a) *Legen Sie stets Schmuck, Armbanduhren usw. ab, bevor Sie an Elektrik-Systemen arbeiten. Auch bei abgeklemmter Batterie kann eine kapazitive Entladung entstehen, sobald der Anschluss einer Komponente durch ein Metallteil mit Masse verbunden wird, und einen Schock oder eine Verbrennung auslösen.*
b) *Vertauschen Sie nicht die Batteriepole. Bauteile wie die Lichtmaschine enthalten Halbleiter-Stromkreise, die irreparabel beschädigt werden können.*
c) *Falls der Motor mit einer Fremdbatterie gestartet werden soll, müssen stets Plus an Plus und Minus an Minus geklemmt werden (siehe Seite 11); dies trifft auch beim Anschließen eines Batterie-Ladegeräts zu.*
d) *Bei laufendem Motor dürfen niemals die Batterie, die Lichtmaschine oder andere elektrische Verbindungen getrennt werden – das gilt auch für Prüfinstrumente.*
e) *Lassen Sie niemals den Motor die Lichtmaschine drehen, wenn diese nicht angeschlossen ist.*
f) *Die Lichtmaschinen-Leistung darf niemals »getestet« werden, indem das Ausgangskabel gegen Masse gehalten wird, um Funken zu erzeugen.*
g) *Verwenden Sie für Stromkreis- oder Durchgangsprüfungen niemals ein Ohmmeter mit einem Handkurbel-Generator.*
h) *Der Masseanschluss (–) der Batterie muss stets getrennt sein, bevor an elektrischen Komponenten gearbeitet wird.*
i) *Bevor am Fahrzeug Schweißarbeiten durchgeführt werden, müssen die Batterie und die Lichtmaschine abgeklemmt werden, um Schäden daran zu vermeiden.*

2 Elektrik–Fehlersuche – Allgemeine Informationen

Beachten Sie die Hinweise in Kapitel 12, Sektion 2.

3 Batterie – Testen und Laden

Testen

Standard- und wartungsarme Batterien

1 Falls das Fahrzeug nur eine geringe jährliche Fahrleistung erreicht, sollte die Dichte der Säure etwa alle drei Monate getestet werden, um den Ladezustand der Batterie zu ermitteln. Führen Sie die Kontrolle mit einem Hydrometer durch und vergleichen Sie das Ergebnis mit der folgenden Tabelle. Beachten Sie, dass bei den Messergebnissen von einer Temperatur von 15° C ausgegangen wird. Bei niedrigerer Temperatur muss für jeweils 10° C 0,007 subtrahiert werden; bei höheren Temperaturen sind für jeweils 10° C 0,007 zu addieren.

	Über 25 °C	**Unter 25 °C**
Vollständig geladen	1,21 bis 1,23	1,27 bis 1,29
70 % geladen	1,17 bis 1,19	1,23 bis 1,25
Entladen	1,05 bis 1,07	1,11 bis 1,13

2 Falls der Zustand der Batterie unklar ist, muss zuerst die Säure-Dichte in jeder Zelle geprüft werden – Unterschiede von 0,04 oder mehr zwischen den Zellen weisen auf einen Säureverlust oder Schäden an den Bleiplatten hin und die Batterie muss ersetzt werden.
3 Falls der Unterschied der Säure-Dichte zwischen den Zellen unter 0,04 liegt, die Batterie aber entladen ist, muss sie aufgeladen werden (siehe unten).

Wartungsfreie Batterien

4 Bei sogenannten »Wartungsfreien« oder MF-Batterien ist ein Auffüllen der Zellen und ein Ermitteln der Dichte nicht möglich. Der Zustand der Batterie kann daher nur mit einem Batterieprüfer oder einem Spannungsmessgerät (»Voltmeter«) getestet werden.
5 Manche Modelle sind mit einer wartungsfreien ›Delco‹-Batterie ausgerüstet, die über eine eingebaute Ladestand-Anzeige verfügt. Die Anzeige oben im Batteriegehäuse zeigt mit verschiedenen Farben den Zustand der Batterie an (siehe Abbildung). Bei grün ist die Batterieladung in Ordnung, bei schwarz muss sie geladen werden. Bei einer blauen Anzeige ist der Säurepegel zu niedrig und die Batterie muss erneuert werden. Versuchen Sie niemals die Batterie zu laden oder zu überbrücken, wenn die Anzeige transparent oder gelb ist.

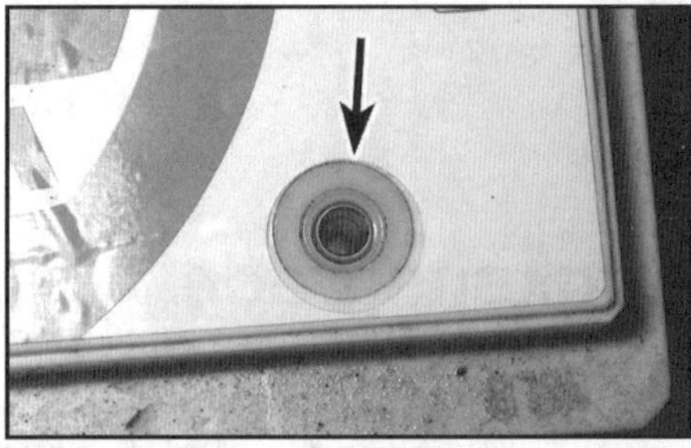

3.5 Ladestand-Anzeige einer wartungsfreien ›Delco‹-Batterie

Fahrzeuge mit Stopp-Start-System

6 Die Batterie dieser Modelle ist am Minuspol mit einem Sensor-Modul versehen, das den Ladezustand überwacht und damit die Funktion des Stopp-Start-Systems beeinflusst.
7 Damit der Sensor den Zustand der Batterie bestimmen kann, muss er zunächst kalibriert werden – das gilt auch, nachdem die Batterie ohne Sensor-Überwachung geladen und entladen wurde. Der Sensor muss kalibriert werden, wenn:
a) Die Batterie ersetzt wurde.
b) Die Batterie ausgebaut und geladen oder entladen wurde.
c) Die Batterie nicht korrekt geladen wurde (siehe unten).
8 Das Kalibrieren des Sensors ist nur mit einem Opel-Diagnosegerät oder vergleichbarer Ausrüstung möglich (über die inzwischen auch viele freie Werkstätten verfügen).

Alle Batterie-Typen

9 Beim Test mit einem Voltmeter muss dieses Gerät mit den Batteriepolen verbunden werden. Vergleichen Sie die gemessene Spannung mit den Angaben für den Ladezustand in den technischen Daten. Dieser Test ist nur exakt, wenn die Batterie nicht in den letzten sechs Stunden in irgendeiner Weise geladen wurde. Ist dies nicht der Fall, müssen die Scheinwerfer für 30 Sekunden eingeschaltet werden, dann wird nach etwa fünf Minuten Wartezeit die Spannung gemessen. Alle anderen Verbraucher müssen abgeschaltet sein.
10 Falls die Spannung unter 12,2 Volt liegt, ist die Batterie entladen. 12,2 bis 12,4 Volt weisen darauf hin, dass die Batterie teilweise entladen ist.

Laden

Anmerkung: *Die folgenden Hinweise sind nur grobe Richtlinien. Beachten Sie stets die Hinweise des Herstellers (oft auf Aufklebern an der Batterie zu erkennen), bevor Sie die Batterie laden.*

Standard- und wartungsarme Batterien

11 Laden Sie die Batterie mit 3,5 bis 4,0 Ampere so lange, bis nach jeweils vierstündigen Perioden keine höhere Dichte mehr messbar ist.
12 Alternativ kann ein Erhaltungsladegerät über Nacht angeschlossen werden, um die Batterie sicher mit 1,5 Ampere zu laden.
13 Sogenannte »Schnellladungen«, bei denen die Batterie innerhalb ein bis zwei Stunden vollständig geladen sein soll, werden nicht empfohlen, da sie die Bleiplatten überhitzen und so dauerhaft schädigen können.
14 Prüfen Sie beim Laden der Batterie die Temperatur – ihr Gehäuse darf niemals wärmer als 38 °C (etwas mehr als handwarm) werden.

Wartungsfreie Batterien

15 Dieser Batterietyp benötigt zum kompletten Aufladen deutlich mehr Zeit als eine Standardbatterie; die Zeit hängt von der Entladungsrate ab und kann bis zu drei Tage betragen.
16 Ein Konstantspannungs-Ladegerät muss bei 13,9 bis 14,9 Volt unter 25 Ampere Ladestrom liefern. Bei dieser Methode sollte eine teilweise entladene Batterie nach drei Stunden 12,5 Volt aufweisen und wieder einsetzbar sein; bei komplett entladenen Batterien kann dies deutlich länger dauern.
17 Falls die Batterie vollständig entladen ist (unter 12,2 V), sollte sie mit einem Spezial-Ladegerät verbunden werden, wie es beim Opel-Händler oder einer Fachwerkstatt vorrätig sein sollte; die Laderate ist deutlich höher, und das Laden muss stets überwacht werden.

Fahrzeuge mit Stopp-Start-System

18 Weil die Batterie dieser Modelle am Minuspol mit einem Sensor-Modul versehen ist, müssen die folgenden Prozeduren beachtet werden; andernfalls kann eine Fehlfunktion des Stopp-Start-Systems die Folge sein.
19 Verbinden Sie die Plusklemme des Ladegeräts mit dem Pluspol der Batterie.
20 Verbinden Sie die Minusklemme des Ladegeräts mit blankem Metall am Motor oder der Karosserie – aber **nicht** direkt mit dem Minuspol der Batterie! So kann der Ladestrom durch das Sensormodul fließen und von diesem gemessen werden.

4 Batterie – Trennen und Verbinden, Ausbau und Einbau

Anmerkung: *Beim Trennen der Batterie werden alle im Motorsteuergerät gespeicherten Fehlercodes gelöscht. Falls vermutet wird, dass Fehler gespeichert sind, sollten diese zuvor von einer Mazda-Werkstatt ausgelesen werden. Falls das Fahrzeug mit einem per Code geschützten Radio ausgerüstet ist, muss vor dem Trennen der Batterie das dazugehörige Handbuch beachtet werden.*

Trennen und Verbinden

1 Verschiedene Systeme des Fahrzeugs erfordern Dauerstrom – entweder, um ihre permanente Funktion sicherzustellen (z. B. die Uhr), um einen Sicherheitscode zu speichern, der ansonsten wieder neu eingegeben werden muss (z. B. das Radio) oder um Fehler in Steuergeräten zu speichern. Um hierbei nicht unvorhergesehene Konsequenzen zu erleben, sollten die folgenden Informationen durchgelesen werden:
a) Bei Modellen mit Zentralverriegelung ist es ratsam, den Zündschlüssel abzuziehen und bei sich zu behalten, damit er nicht versehentlich eingeschlossen werden kann, falls sich das Fahrzeug beim Verbinden der Batterie versehentlich verriegelt.
b) Je nach Modell und Ausrüstung kann sich die originale Alarmanlage beim Trennen oder Verbinden der Batterie automatisch aktivieren. Um dies zu verhindern, muss zunächst die Zündung ein und wieder ausgeschaltet und innerhalb von 15 Sekunden die Batterie getrennt werden. Falls sich die Alarmanlage beim Verbinden der Batterie einschaltet, muss die Zündung eingeschaltet werden, um sie zu deaktivieren.
c) Das Motorsteuergerät ist »selbstlernend«, beobachtet und speichert also im laufenden Betrieb die Einstellungen, mit denen unter allen Betriebszuständen eine optimale Motorleistung erzeugt werden kann. Beim Trennen der Batterie gehen diese Einstellungen verloren und das Steuergerät arbeitet wieder mit den Werkseinstellungen. Beim ersten Start nach dem Verbinden der Batterie kann der Motor dadurch für kurze Zeit etwas rauer laufen, bis die optimalen Einstellungen wieder erlernt wurden. Dieser Prozess lässt sich am besten dadurch beschleunigen, indem das Fahrzeug etwa ein Viertelstunde lang mit unterschiedlichen Drehzahlen (vor allem im Bereich zwischen 2500 und 3500/min) und Lasten gefahren wird.
d) Bei Modellen mit Automatikgetriebe ist der Wahlhebel mit einer elektronisch gesteuerten Verriegelung ausgerüstet, die dafür sorgt, dass der Hebel nur aus der P-Position heraus bewegt werden kann, wenn die Zündung eingeschaltet und die Bremse betätigt ist. Nach dem Trennen der Batterie kann daher der Hebel nicht aus der P-Position heraus bewegt werden. Obwohl es möglich ist, das System per Hand außer Kraft zu setzen (siehe Kapitel 7B), kann es hilfreich sein, den Wahlhebel vor dem Trennen der Batterie auf N zu stellen.
e) Bei Modellen mit elektrischen Fensterhebern müssen deren Motoren nach dem Trennen der Batterie neu pro-

grammiert werden, um die One-Touch-Funktion der Tasten wiederherzustellen. Hierzu werden beide vordere Fenster komplett geschlossen und dann zunächst die Aufwärts-Taste der Fahrerseite für etwa fünf Sekunden gedrückt; drücken Sie anschließend die Aufwärts-Taste der Beifahrerseite für etwa fünf Sekunden.

f) Bei Modellen mit elektrischem Schiebedach muss dies nach dem Anschließen der Batterie vollständig geöffnet und verschlossen werden, um die Sensoren neu zu kalibrieren.

g) Bei allen Modellen muss nach dem Anschließen der Batterie die Zündung eingeschaltet und etwa zehn Sekunden gewartet werden, bis sich alle elektronischen Systeme neu initialisiert und stabilisiert haben.

2 Die Batterie befindet sich im links vorn im Motorraum.

3 Öffnen Sie ggf. die Ummantelung der Batterie und trennen Sie den Masseanschluss (–), indem Sie die Mutter der Anschlussklemme lockern und diese vom Batteriepol abziehen (siehe Abbildung). Nötigenfalls muss auch das Zubehör-Massekabel vom Anschluss abgeschraubt werden. Beachten Sie, dass die Polung (+ und –) am Batteriegehäuse angegeben ist.

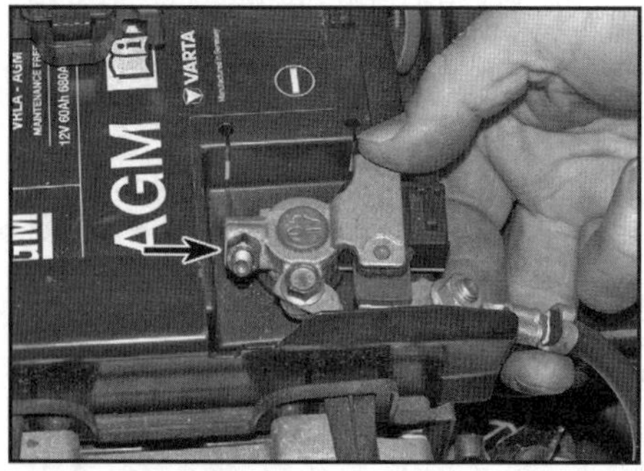

4.3 Lockern Sie die Mutter und ziehen Sie den Massekabel-Anschluss vom Minuspol der Batterie.

4 Lösen Sie oben an der Batterie den Deckel der Pluskabel-Anschlussbox und lockern Sie die Mutter, mit das Anschlussbox-Band am Pluspol der Batterie gesichert ist (siehe Abbildung).

4.4 Lösen Sie die Mutter, die das Anschlussbox-Band am Pluspol der Batterie sichert.

5 Hebeln Sie die Anschlussbox mithilfe eines Schraubendrehers von der Batterie, heben Sie sie ab und platzieren Sie sie beiseite (siehe Abbildungen).

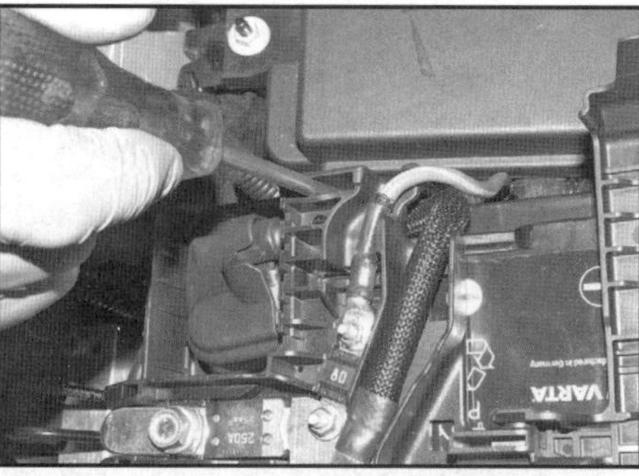

4.5a Befreien Sie die Anschlussbox von der Batterie, ...

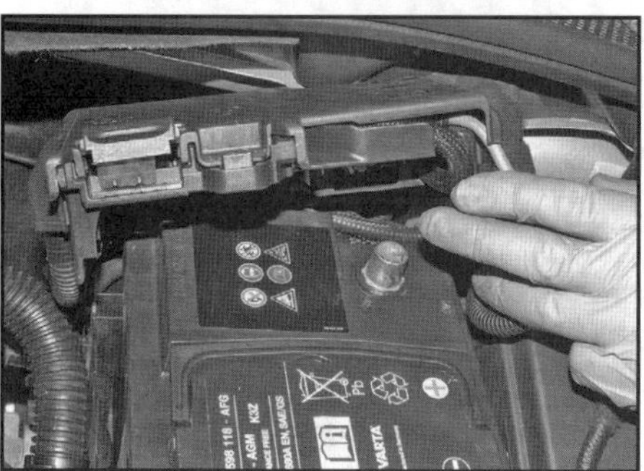

4.5b ... heben Sie sie ab und platzieren Sie sie beiseite.

6 Das Anschließen muss in der umgekehrten Trennungs-Reihenfolge geschehen – die Pluskabel müssen also zuerst verbunden werden.

7 Nachdem die Batterie korrekt angeschlossen wurde, müssen ggf. die in Schritt 1 beschriebenen Prozeduren durchgeführt werden.

Ausbau

8 Trennen Sie die Batterieanschlüsse wie oben beschrieben.

9 Heben Sie ggf. die Batterie-Ummantelung von der Batterie.

10 Trennen Sie ggf. das Motorsteuergerät vorn von der Batterie – seine Kabel müssen nicht getrennt werden.

11 Lösen Sie am vorderen Rand der Batterie die Mutter und entfernen Sie die Halteklemme (siehe Abbildung).

4.11 Lösen Sie die Mutter und entfernen Sie die Batterie-Halteklemme.

12 Heben Sie die Batterie vorsichtig aus ihrer Position – halten Sie sie stets aufrecht.

Einbau

13 Der Einbau entspricht der umgekehrten Ausbaureihenfolge. Schließen Sie die Batterie wie oben beschrieben an.

Fahrzeuge mit Stopp-Start-System

14 Weil die Batterie dieser Modelle am Minuspol mit einem Sensor-Modul versehen ist, müssen die in Sektion 3 beschriebenen Prozeduren beachtet werden; andernfalls kann eine Fehlfunktion des Stopp-Start-Systems die Folge sein.

Batterieträger

15 Bauen Sie die Batterie aus (siehe oben).
16 Befreien Sie die Kabelbaum-Kabelbinder vom Batterieträger und drücken Sie den Kabelbaum beiseite.
17 Drehen Sie den Kabelbaum-Clip um 90°, um ihn vom Batterieträger zu befreien.
18 Befreien Sie bei Automatikmodellen die Haltelasche des Getriebe-Steuergeräts und befreien Sie dies samt Halter vom Batterieträger.
19 Befreien Sie das Massekabel der Batterie aus der Halterung vorn am Batterieträger.
20 Lösen Sie die drei Schrauben, um den Batterieträger aus dem Motorraum zu befreien (siehe Abbildungen).

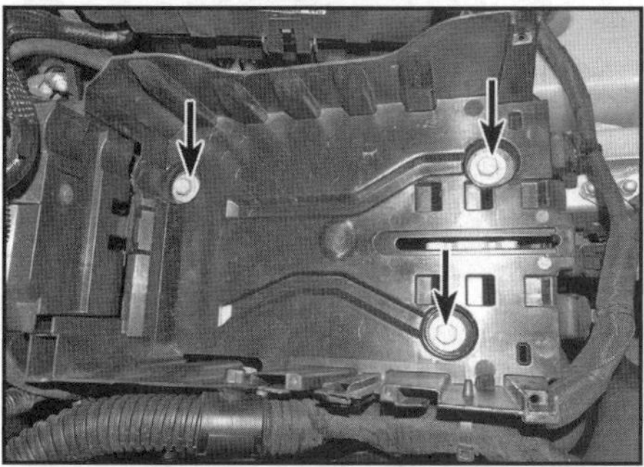

4.20a Lösen Sie die drei Schrauben ...

4.20b ... und befreien Sie den Batterieträger aus dem Motorraum.

21 Entnehmen Sie die unterhalb des Batterieträgers sitzende Halterung (siehe Abbildung).

4.21 Entnehmen Sie die Halterung unter dem Batterieträger.

22 Der Einbau entspricht der umgekehrten Ausbaureihenfolge.

5 Ladesystem – Testen

Anmerkung: *Beachten Sie vor Arbeitsbeginn die Warnhinweise in »Sicherheit geht vor!« und in Sektion 1 dieses Kapitels.*

1 Falls die Ladekontrollleuchte beim Einschalten der Zündung nicht aufleuchtet, müssen zuerst die Lichtmaschinenkabel auf guten Kontakt überprüft werden. Wenn hier alles in Ordnung ist, muss kontrolliert werden, ob die Lampe durchgebrannt ist und der Lampenhalter sicher in seinem Sitz im Armaturenbrett befestigt ist. Leuchtet die Lampe weiterhin nicht, muss das von der Lichtmaschine zur Warnleuchte führende Kabel auf Durchgang geprüft werden. Ist auch hier kein Fehler festzustellen, kann die Lichtmaschine defekt sein und sollte von einer Fachwerkstatt getestet und ggf. repariert werden.
2 Falls die Ladekontrollleuchte bei laufendem Motor aufleuchtet, muss dieser abgeschaltet und geprüft werden, ob der Keilrippenriemen korrekt gespannt und nicht mit Öl kontaminiert ist (siehe Kapitel 1A, Sektion 21 oder Kapitel 1B, Sektion 23) und die Lichtmaschinenkabel sicher verbunden sind. Ist hier alles in Ordnung, kann die Lichtmaschine defekt sein und sollte von einer Fachwerkstatt getestet und ggf. repariert werden.
3 Wird trotz funktionierender Warnleuchte vermutet, dass die Lichtmaschinenleistung nicht korrekt ist, muss die geregelte Spannung wie folgt überprüft werden:
4 Verbinden Sie ein Voltmeter mit den Batteriepolen und starten Sie den Motor.
5 Erhöhen Sie die Motordrehzahl, bis eine konstante Spannung erreicht wird – es müssen zwischen 12 und 13 Volt abgelesen werden (aber nicht mehr als 14 Volt!).
6 Schalten Sie möglichst viele Verbraucher (Scheinwerfer, Heckscheibenheizung, Heizgebläse) ein und kontrollieren Sie, ob die geregelte Spannung zwischen 13,5 und 14,5 Volt liegt.
7 Falls die geregelte Spannung nicht wie beschrieben ist, können verschlissene Kohlebürsten, ermüdete Bürstenfedern, ein defekter Spannungsregler, eine schadhafte Diode, eine durchtrennte Phasenwicklung oder verschlissene bzw. beschädigte Schleifringe die Ursache sein. Die Lichtmaschine muss ggf. erneuert oder von einer Fachwerkstatt getestet und ggf. repariert werden.

6 Keilrippenriemen – Ausbau und Einbau

Beachten Sie die Hinweise in Kapitel 1A oder 1B, Sektion 31).

7 Keilrippenriemenspanner – Ausbau und Einbau

Benzinmotoren

Ausbau

1 Ziehen Sie die Handbremse, heben Sie das Fahrzeug vorn an und stützen Sie es sicher ab (siehe Seite 351). Demontieren Sie das rechte Vorderrad.

2 Lockern Sie die Spannung des Keilrippenriemens und arretieren Sie seinen Spanner in dieser Position (siehe Kapitel 1A, Sektion 31). Der Keilrippenriemen muss nicht vollständig entfernt werden – dies würde die Demontage der rechten Motorhalterung erfordern.
3 Lösen Sie die obere und untere Riemenspanner-Befestigungsschrauben und ziehen Sie die Spannerrolle samt Feder ab (siehe Abbildung).

7.3 Obere und untere Riemenspanner-Befestigungsschraube

Einbau

4 Der Einbau entspricht der umgekehrten Ausbaureihenfolge. Ziehen Sie die Riemenspanner-Schrauben mit 22 Nm (M8) bzw. 55 Nm (M10) an. Installieren Sie den Keilrippenriemen (siehe Kapitel 1A, Sektion 31).

Dieselmotoren

Ausbau

5 Ziehen Sie die Handbremse, heben Sie das Fahrzeug vorn an und stützen Sie es sicher ab (siehe Seite 351). Demontieren Sie das rechte Vorderrad.
6 Entfernen Sie den Keilrippenriemen (siehe Kapitel 1B, Sektion 31).
7 Lösen Sie die Riemenspannergehäuse-Befestigungsschraube und ziehen Sie die Spanner-Baugruppe ab (siehe Abbildung).

7.7 Lösen Sie die Riemenspannergehäuse-Befestigungsschraube und ziehen Sie die Spanner-Baugruppe ab.

Einbau

8 Der Einbau entspricht der umgekehrten Ausbaureihenfolge. Richten Sie die Lasche am Riemenspannergehäuse zur Bohrung des Motorgehäuses aus (siehe Abbildung) und ziehen Sie die Schraube mit 50 Nm an. Installieren Sie den Keilrippenriemen (siehe Kapitel 1B, Sektion 31).

7.8 Richten Sie die Lasche am Riemenspannergehäuse zur Bohrung des Motorgehäuses aus.

8 Lichtmaschine – Ausbau und Einbau

Benzinmotoren

Ausbau

1 Die Lichtmaschine sitzt vorn am Motorblock. Ziehen Sie die Handbremse, heben Sie das Fahrzeug vorn an und stützen Sie es sicher ab (siehe Seite 351). Demontieren Sie das rechte Vorderrad und den rechten Radlaufdeckel, um Zugang zur rechten Motorseite zu erhalten. Demontieren Sie ggf. den Unterfahrschutz.
2 Trennen Sie den Masseanschluss (–) der Batterie (siehe Kapitel 5A, Sektion 4).
3 Lockern Sie die Spannung des Keilrippenriemens und arretieren Sie seinen Spanner in dieser Position (siehe Kapitel 1A, Sektion 31). Der Keilrippenriemen muss nicht vollständig entfernt werden – dies würde die Demontage der rechten Motorhalterung erfordern. Befreien Sie den Keilrippenriemen von der Lichtmaschinen-Riemenscheibe.
4 Lösen Sie die untere Riemenspannerschraube und schwenken Sie den Spanner von der Lichtmaschine weg.
5 Trennen Sie den Lichtmaschinenstecker, lösen Sie dann die Mutter des zur Batterie führenden Plus-Kabels und trennen Sie dies (siehe Abbildung).

8.5 Lösen Sie die Mutter und trennen Sie das Pluskabel vom Anschluss der Lichtmaschine.

6 Lösen Sie die drei Schrauben, mit denen die rechte Motorhalterung an der Karosserie befestigt ist (siehe Kapitel 2A, Sektion 16).
7 Platzieren Sie einen Wagenheber mit einem Stück Holz rechts unter dem Motor und heben Sie ihn einige Zentimeter an.

8 Lösen Sie oben und unten die Lichtmaschinen-Befestigungen und ziehen Sie die Lichtmaschine durch die Öffnung in der rechten Radhausschale heraus (siehe Abbildung).

8.8 Obere und untere Lichtmaschinen-Befestigungen

Einbau

9 Der Einbau entspricht der umgekehrten Ausbaureihenfolge. Ziehen Sie die Lichtmaschinen-Befestigungen mit 35 Nm an. Ziehen Sie die Befestigungen der Motorhalterung mit 60 Nm an.

Dieselmotoren

Ausbau

10 Die Lichtmaschine sitzt hinten am Motorblock. Ziehen Sie die Handbremse, heben Sie das Fahrzeug vorn an und stützen Sie es sicher ab (siehe Seite 351). Demontieren Sie das rechte Vorderrad und den rechten Radlaufdeckel, um Zugang zur rechten Motorseite zu erhalten. Demontieren Sie ggf. den Unterfahrschutz.
11 Trennen Sie den Masseanschluss (–) der Batterie (siehe Kapitel 5A, Sektion 4).
12 Entfernen Sie den Keilrippenriemen (siehe Kapitel 1B, Sektion 31).
13 Lösen Sie hinten an der Lichtmaschine die drei Muttern der Kabel und trennen Sie diese.
14 Lösen Sie die drei Lichtmaschinen-Befestigungen und ziehen Sie die Lichtmaschine nach unten heraus (siehe Abbildung).

8.14 Lichtmaschinen-Befestigungsschrauben

Einbau

15 Der Einbau entspricht der umgekehrten Ausbaureihenfolge. Ziehen Sie die Lichtmaschinen-Schrauben mit 22 Nm an. Installieren Sie den Keilrippenriemen, wie in Kapitel 2, Sektion 31 beschrieben.

9 Lichtmaschine – Testen und Überholen

Falls an der Lichtmaschine ein Defekt vermutet wird, sollte sie ausgebaut und zu einer Fachwerkstatt gebracht werden, um dort getestet und ggf. repariert zu werden. Kohlebürsten können oft relativ günstig ausgetauscht werden. Holen Sie auf jeden Fall einen Kostenvoranschlag ein und erkundigen Sie sich, was ein Neuteil oder eine Austausch-Lichtmaschine kostet.

10 Anlassersystem – Testen

1 Beachten Sie vor Arbeitsbeginn die Warnhinweise in »Sicherheit geht vor!« und in Sektion 1 dieses Kapitels.
2 Falls der Anlasser beim Drehen des Zündschlüssels in die entsprechende Position nicht arbeitet, kann dies folgende Ursachen haben:
a) *Die Wegfahrsperre ist defekt.*
b) *Die Batterie ist defekt oder entladen.*
c) *Die elektrischen Verbindungen zwischen dem Zündschloss, dem Magnetschalter, der Batterie und dem Anlasser sind irgendwo unterbrochen oder beschädigt, sodass der nötige Strom nicht von der Batterie zum Anlasser und über Masse wieder zurückfließen kann.*
d) *Der Magnetschalter ist defekt.*
e) *Der Anlasser selbst hat einen mechanischen oder elektrischen Defekt.*
3 Zur Kontrolle der Batterie werden die Scheinwerfer eingeschaltet. Wenn sie nach wenigen Sekunden dunkler werden, weist dies auf eine entladene Batterie hin, sodass sie geladen (siehe Sektion 3) oder ersetzt werden muss. Wenn die Scheinwerfer hell leuchten, wird wieder versucht, den Motor zu starten – werden sie hierbei dunkel, weist dies darauf hin, dass der Strom den Anlasser erreicht, sodass der Defekt hier liegen muss. Leuchten die Scheinwerfer weiter (und aus dem Magnetschalter des Anlassers ist kein Klicken zu hören), weist dies darauf hin, dass der Fehler in der Verkabelung oder dem Magnetschalter liegt (siehe folgende Schritte). Falls der Anlasser beim Starten nur langsam dreht, obwohl die Batterie geladen ist, ist entweder der Anlasser selbst defekt oder im Stromkreis ist ein beträchtlicher Widerstand vorhanden.
4 Falls im Stromkreis ein Defekt vermutet wird, müssen die Batteriekabel (einschließlich der Masseanschlüsse zur Karosserie), das Anlasser-/Magnetschalter-Kabel und das Masseband der Motor-Getriebe-Einheit getrennt werden. Reinigen Sie alle Kontakte sorgfältig und verbinden Sie alle Anschlüsse wieder. Prüfen Sie mit einem Voltmeter, ob am Plus-Anschluss des Magnetschalters Batteriespannung anliegt und Masse gut verbunden ist. Versehen Sie die Batteriepole mit Polfett oder Vaseline, um sie vor Korrosion zu schützen – korrodierte Anschlüsse sind die häufigsten Gründe für Elektrikfehler.
5 Wenn die Batterie und alle Anschlüsse in Ordnung sind, muss der Stromkreis durch Trennen des Magnetschalter-Anschlusses kontrolliert werden. Verbinden Sie ein Voltmeter oder eine Prüflampe zwischen das Pluskabel und Masse (z. B. dem Minuspol der Batterie) und prüfen Sie, ob beim Drehen des Zündschlüssels in die Startposition Spannung anliegt – ist dies nicht der Fall, müssen die Stromkreiskabel wie in Kapitel 12, Sektion 2 beschrieben kontrolliert werden.
6 Die Magnetschalter-Kontakte können getestet werden, indem ein Voltmeter oder eine Prüflampe zwischen den Plus-

Anschluss an der Anlasserseite des Magnetschalters und Masse geklemmt wird. Beim Drehen des Zündschlüssels in die Startposition muss Spannung festgestellt werden – andernfalls ist der Magnetschalter defekt und muss ersetzt werden.
7 Wenn sich sowohl der Magnetschalter als auch der Stromkreis als funktionsfähig erwiesen haben, muss der Defekt im Anlasser liegen. Dieser kann von einem Spezialisten überholt werden. Kohlebürsten können oft relativ günstig ausgetauscht werden. Holen Sie auf jeden Fall einen Kostenvoranschlag ein und erkundigen Sie sich, was ein Neuteil oder ein Austausch-Anlasser kostet.

11 Anlasser – Ausbau und Einbau

Benzinmotoren

Ausbau

1 Trennen Sie zunächst das Massekabel (–) der Batterie (siehe Sektion 4).
2 Ziehen Sie die Handbremse, heben Sie das Fahrzeug vorn an und stützen Sie es sicher ab (siehe Seite 351).
3 Lösen Sie am Anlasser die zwei Muttern des Batteriekabels und des Magnetschalter-Kabels und trennen Sie diese (siehe Abbildung).

11.3 Anschlussmutter des Batteriekabels am Anlasser

4 Lösen Sie am Anlasser-Befestigungsschrauben die Mutter des Massekabels und trennen Sie dies (siehe Abbildung).

11.4 Trennen Sie das Massekabel.

5 Lösen Sie die Befestigungsschrauben und senken Sie den Anlasser nach unten ab.

Einbau

6 Der Einbau entspricht der umgekehrten Ausbaureihenfolge. Ziehen Sie die Anlasser-Schrauben mit 25 Nm an.

Dieselmotoren

Ausbau

7 Trennen Sie zunächst das Massekabel (–) der Batterie (siehe Sektion 4).
8 Befreien Sie bei Modellen mit Schaltgetriebe und per Seilzug betätigtem Schaltmechanismus mithilfe eines gegabelten Werkzeugs die Schaltzug-Nippel aus den Getriebe-Hebeln. Ziehen Sie die Sicherungshülsen zurück und befreien Sie die Seilzughüllen aus der Halterung am Getriebe; beachten Sie nötigenfalls die Hinweise in Kapitel 7A, Sektion 3.
9 Befreien Sie ggf. den Gummistopfen oben aus der Getriebeglocke, um Zugang zur oberen Anlasser-Befestigungsschraube zu erhalten.
10 Lösen Sie mithilfe eines ausreichend langen Steckschlüssels die obere Anlasser-Befestigungsschraube (siehe Abbildung) – lassen Sie sie nicht in die Getriebeglocke fallen!

11.10 Lösen und entfernen Sie die obere Anlasser-Befestigungsschraube durch die Öffnung in der Getriebeglocke.

11 Ziehen Sie die Handbremse, heben Sie das Fahrzeug vorn an und stützen Sie es sicher ab (siehe Seite 351).
12 Trennen Sie ggf. die zwei Schläuche vom Unterdruckbehälter hinten am Motorblock. Lösen Sie die Mutter des Massekabels, um dies zu trennen, lösen Sie dann die zwei Schrauben des Unterdruckbehälters, um diesen samt Halterung zu entfernen.
13 Lösen Sie am Anlasser-Magnetschalter die zwei Muttern des Kabels und trennen Sie diese (siehe Abbildung).

11.13 Anschlussmutter des Batteriekabels am Anlasser

14 Lösen Sie die untere Anlasser-Befestigungsschraube und ziehen Sie den Anlasser vom Motor ab.

Einbau

15 Der Einbau entspricht der umgekehrten Ausbaureihenfolge. Ziehen Sie die Anlasser-Schrauben mit 25 Nm an.

12 Anlasser – Testen und Überholen

Falls am Anlasser ein Defekt vermutet wird, sollte er ausgebaut und zu einer Fachwerkstatt gebracht werden, um dort getestet und ggf. repariert zu werden. Kohlebürsten können oft relativ günstig ausgetauscht werden. Holen Sie auf jeden Fall einen Kostenvoranschlag ein und erkundigen Sie sich, was ein Neuteil oder ein Austausch-Anlasser kostet.

13 Zündschloss – Ausbau und Einbau

1 Das Zündschloss ist zusammen mit dem Lenkschloss und dem Airbag-Ringstecker in das Elektronikmodul der Lenksäule integriert und kann nicht separat ausgetauscht werden.
2 Der Aus- und Einbau des Lenksäulen-Elektronikmoduls ist in Kapitel 12, Sektion 4 beschrieben.

14 Öldruckschalter – Ausbau und Einbau

Ausbau

1 Bei Benzinmotoren ist der Öldruckschalter rechts vorn in den Motorblock geschraubt (siehe Abbildung); Bei Dieselmotoren ist er vorn links in den Motorblock geschraubt.

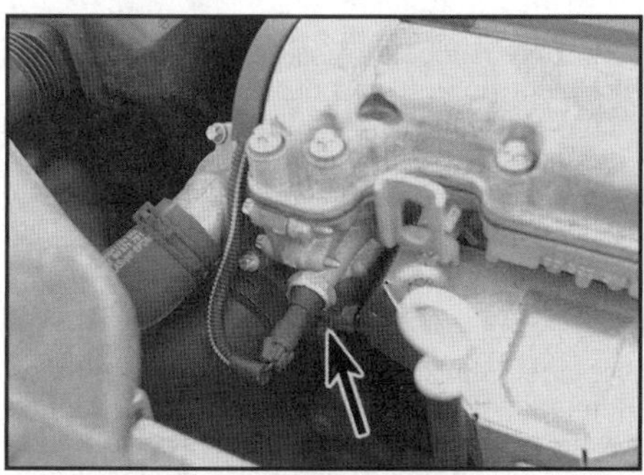

14.1 Position des Öldruckschalters bei Benzinmotoren

2 Ziehen Sie die Kappe ab und trennen Sie den Kabelstecker vom Schalter.
3 Legen Sie einige Lappen unter den Schalter und schrauben Sie ihn aus dem Motorblock.

Einbau

4 Der Einbau entspricht der umgekehrten Ausbaureihenfolge. Ziehen Sie den Öldruckschalter bei Benzinmotoren mit 20 Nm und bei Dieselmotoren mit 32 Nm an.

15 Ölpegelsensor – Ausbau und Einbau

Anmerkung: *Ein Ölpegelsensor findet sich nur an Dieselmotoren.*

Ausbau

1 Der Ölpegelsensor sitzt innerhalb der Ölwanne, die zunächst demontiert werden muss (siehe Kapitel 2B, Sektion 11).
2 Ziehen Sie von der ausgebauten Ölwanne den Sicherungsclip ab und befreien Sie den Sensorstecker (siehe Abbildung).

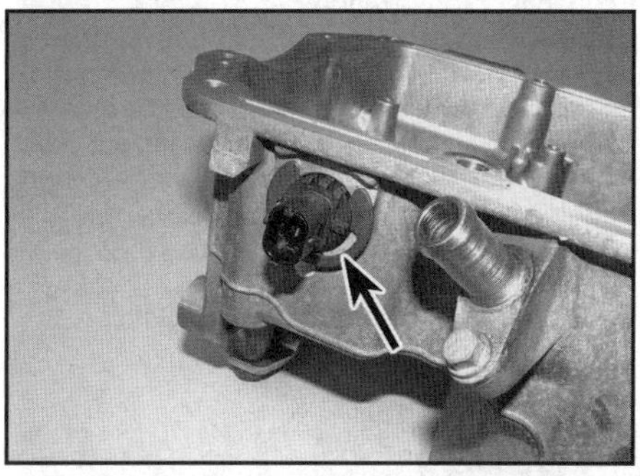

15.2 Ziehen Sie den Sicherungsclip ab und befreien Sie den Sensorstecker aus der ausgebauten Ölwanne.

3 Lösen Sie ggf. die Schrauben des Ölleitblechs, um dies aus der Ölwanne zu befreien (siehe Abbildung).

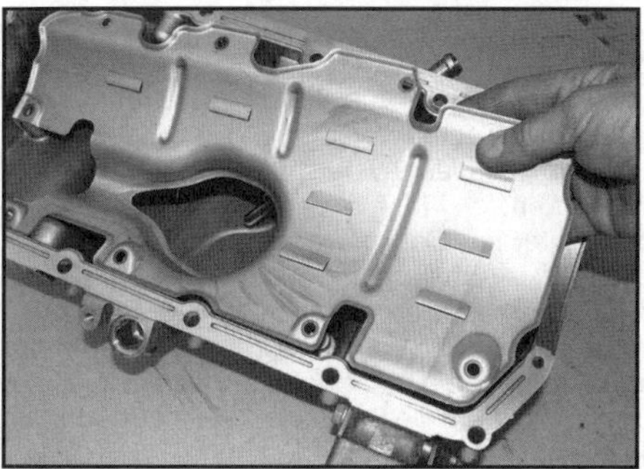

15.3 Lösen Sie ggf. die Schrauben des Ölleitblechs und befreien Sie dies aus der Ölwanne.

4 Notieren Sie die korrekte Verlegung des Sensorkabels, lösen Sie die Schrauben und befreien Sie den Sensor aus der Ölwanne (siehe Abbildung). Kontrollieren Sie die Kabeldichtung auf Schäden und Alterungserscheinungen und ersetzen Sie sie nötigenfalls.

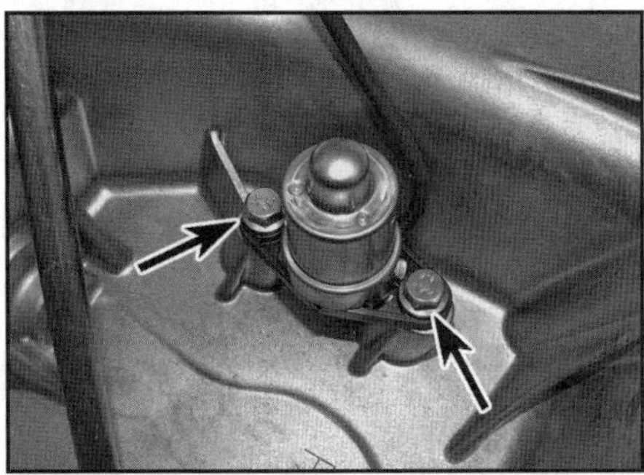

15.4 Lösen Sie die zwei Schrauben des Ölpegelsensors.

Einbau

5 Reinigen Sie zunächst die Gewinde der Sensorschrauben und tragen Sie frische Sicherungspaste auf. Schmieren Sie die Kabeldichtung mit Motoröl.
6 Installieren Sie den Sensor, achten Sie auf die korrekte Verlegung seines Kabels und ziehen Sie die Schrauben sorgfältig an. Führen Sie den Kabelstecker durch die Ölwanne, ohne dabei seine Dichtung zu beschädigen, und sichern Sie ihn mit dem Clip.
7 Montieren Sie ggf. das Ölleitblech.
8 Montieren Sie die Ölwanne (siehe Kapitel 2B, Sektion 11).

16 Vorwärmsystem (Dieselmotoren) – Beschreibung und Test

Beschreibung

1 Das Vorwärmsystem besteht aus den in die Brennräume geschraubten Glühkerzen, dem vor und während des Startvorgangs von einem Vorwärmsystem-Steuergerät elektronisch überwacht werden.
2 Eine Kontrollleuchte im Cockpit weist den Fahrer auf aktive Glühkerzen hin – sobald diese erlischt, ist der Motor startbereit. Die Glühkerzen werden auch einige Sekunden nach dem Erlöschen noch mit Strom versorgt. Falls der Motor nach dem Vorglühen nicht gestartet wird, schaltet ein Timer die Stromversorgung aus, um die Glühkerzen nicht überhitzen zu lassen und die Batterie nicht zu überlasten.
3 Die Glühkerzen haben auch eine »Nachwärmfunktion«, die direkt nach dem Motorstart einsetzt. Ihre Dauer hängt von der Kühltemperatur ab.
4 Der Kraftstofffilter ist mit einem Heizelement ausgerüstet, welches das »Ausflocken« des Kraftstoffs bei extrem niedrigen Temperaturen verhindern soll und die Brennbarkeit verbessert. Das Heizelement ist ins Filtergehäuse integriert und wird ebenfalls vom Vorwärmsystem-Steuergerät überwacht.

Test

5 Bei einer Fehlfunktion des Systems hilft am besten ein Austausch gegen erwiesenermaßen funktionsfähige Bauteile, es sollten jedoch einige vorherige Kontrollen durchgeführt werden.
6 Klemmen Sie ein Voltmeter oder eine 12-Volt-Prüflampe zwischen das Glühkerzen-Versorgungskabel und Masse (am Motor oder der Karosserie); das Stromkabel darf nicht direkt mit Masse in Berührung kommen.
7 Lassen Sie einen Assistenten die Zündung einschalten und prüfen Sie, ob Spannung angezeigt wird. Notieren Sie, wie lange die Kontrollleuchte an ist und wie lange am Prüfgerät Spannung festgestellt wird, bevor das System abschaltet. Schalten Sie die Zündung wieder aus.
8 Bei einer Motorraum-Temperatur von ca. 20 °C sollte die Kontrollleuchte etwa drei Sekunden aufleuchten. Die Leuchtdauer steigt bei niedrigen Temperaturen und sinkt bei höheren Temperaturen.
9 Falls überhaupt keine Spannung festgestellt wird, ist wahrscheinlich das Steuergerät oder die Verkabelung defekt.
10 Um eine defekte Glühkerze einzugrenzen, müssen deren Versorgungskabel getrennt werden.
11 Prüfen Sie mit einem Durchgangstester oder einer mit dem Pluspol der Batterie verbundenen 12-Volt-Prüflampe den Durchgang jeder Glühkerze zu Masse. Der Widerstand einer funktionsfähigen Glühkerze ist sehr gering (unter 1 Ohm), sodass bei einer nicht leuchtenden Prüflampe oder sehr hohem am Messgerät angezeigten Widerstand die Glühkerze sehr wahrscheinlich defekt ist.
12 Falls ein Amperemeter mit einem Messbereich über 20 A vorhanden ist, kann die von jeder Glühkerze aufgenommene Stromstärke gemessen werden. Nach einer anfänglichen Aufnahme von 15 bis 20 Ampere muss jede Glühkerze etwa 12 A ziehen. Jede Glühkerze, die deutlich mehr oder weniger Strom aufnimmt, ist sehr wahrscheinlich defekt.
13 Als letzte Kontrolle können die Glühkerzen ausgebaut und inspiziert werden (siehe Sektion 17).

17 Glühkerzen – Ausbau, Kontrolle und Einbau 

Achtung: Falls das Vorwärmsystem gerade aktiv war oder der Motor bis vor Kurzem lief, sind die Glühkerzen sehr heiß!

Ausbau

1 Die Glühkerzen sitzen oberhalb des Auspuffstutzens vorn im Zylinderkopf.
2 Demontieren Sie den Turbolader (siehe Kapitel 4B, Sektion 19) – dies ist nicht nötig, wenn nur die Glühkerze von Zylinder Nr. 1 entfernt werden soll.
3 Drücken Sie den/die Glühkerzenstecker mit Daumen und Zeigefinger zusammen und ziehen Sie ihn/sie ab.
4 Schrauben Sie die Glühkerze(n) aus dem Zylinderkopf.

Kontrolle

5 Inspizieren Sie jede Glühkerze auf sichtbare Beschädigungen. Verbrannte oder erodierte Glühkerzenspitzen können auf ein schlechtes Einspritzdüsen-Sprühbild hinweisen. Lassen Sie die Glühkerze in einem solchen Fall von einer Fachwerkstatt überprüfen.
6 Wenn die Glühkerze gut aussieht, sollte sie wie in Sektion 16 beschrieben auf Durchgang getestet werden.
7 Mithilfe einer 12-Volt-Stromversorgung kann getestet werden, ob sich die Glühkerze gleichmäßig und in der vorgegebenen Zeit erwärmt – beachten Sie dabei die folgenden Vorsichtsmaßnahmen:

a) *Die Glühkerze wird sehr heiß! Klemmen Sie sie deswegen vorsichtig in einen Schraubstock oder andere geeignete Vorrichtung.*
b) *Die Stromversorgung muss mit einer Sicherung ausgerüstet sein, um bei einem möglichen Kurzschluss nicht beschädigt zu werden.*
c) *Lassen Sie die Glühkerze nach dem Test einige Minuten abkühlen, bevor Sie sie anfassen.*

8 Etwa 5 Sekunden nach den Verbinden oder Einschalten der Stromversorgung beginnt eine funktionsfähige Glühkerze an der Spitze rot zu glühen. Jede Glühkerze, die dafür deutlich länger benötigt oder die in der Mitte statt an der Spitze zu glühen beginnt, ist defekt.

Einbau

9 Der Einbau entspricht der umgekehrten Ausbaureihenfolge. Ziehen Sie die Glühkerze mit 10 Nm an. Zu festes Anziehen kann das Heizelement beschädigen.

18 Vorwärmsystem-Steuergerät – Ausbau und Einbau

Ausbau

1 Das Gerät sitzt links im Motorraum auf dem Batterieträger.
2 Trennen Sie den Masseanschluss – der Batterie (siehe Sektion 4).
3 Befreien Sie das Steuergerät und ziehen Sie es nach oben vom Batterieträger ab.
4 Trennen Sie die Kabelstecker, um das Steuergerät vollständig zu entfernen.

Einbau

5 Der Einbau entspricht der umgekehrten Ausbaureihenfolge.

Kapitel 5B

Zündsystem – Benzinmotoren

Inhalt — Sektion

Technische Daten

Allgemein

System-Typ	GMPT-E83
Zündfolge	1-3-4-2 (Zylinder Nr. 1 liegt rechts an der Steuerkette)

Anzugsdrehmomente	**Nm**
Zündmodul-Befestigungsschrauben	8

Schwierigkeitsgrade

Leicht. Geeignet für Anfänger mit wenig Erfahrung. 	**Relativ leicht.** Geeignet für Anfänger mit etwas Erfahrung. 	**Relativ schwierig.** Geeignet für geübte Selbstschrauber. 	**Schwer.** Geeignet für Selbstschrauber mit viel Erfahrung. 	**Sehr schwer.** Geeignet für Experten und Profis. 

1 Allgemeine Informationen

1 Das Zündsystem wird wie die Einspritzanlage vom Motorsteuergerät (ECU) überwacht – weitere Informationen dazu finden sich in Kapitel 4A, Sektion 9. Die Zündungsseite des Systems ist statisch (verteilerlos) und kommt daher ohne bewegliche Teile aus. Sie besteht aus dem oben am Zylinderkopf sitzenden Zündmodul und dem Klopfsensor (hinten am Motorblock).
2 Im Zündmodul sind je Zylinder eine Zündspule untergebracht, die direkt über den Zündkerzen sitzen und so keine zusätzlichen Kerzenstecker nötig machen. Das Motorsteuergerät errechnet anhand der Informationen aus diversen Sensoren den optimalen Zündzeitpunkt.
3 Der Klopfsensor registriert, wenn im Motor unter Last unkontrollierte Selbstentzündungen entstehen – er »klingelt« oder »klopft«. Er sendet dann ein Signal an das Steuergerät, das den Zündzeitpunkt dann soweit zurücknimmt, bis die Zündung wieder kontrolliert abläuft.
4 Das Zündsystem wird vom Motorsteuergerät überwacht, das auch die Einspritzung regelt. Das System arbeitet mit verschiedenen Sensoren – Details hierzu und zum Steuergerät selbst finden sich in Kapitel 4A, Sektion 9.
5 Das Motorsteuergerät wählt anhand der erhaltenen Sensor-Informationen den optimalen Zündzeitpunkt aus und steuert die einzelnen Zündspulen; der tatsächliche Zündzeitpunkt variiert daher entsprechend der Betriebszustände des Motors.

Warnung: Aufgrund der hohen vom Zündsystem produzierten Spannung ist bei der Arbeit daran größte Sorgfalt geboten. Personen mit Herzschrittmachern sollten sich auf jeden Fall vom Zündstromkreis, Komponenten und Prüfgeräten fernhalten.

2 Zündsystem – Test

1 Die Komponenten des Zündsystems sind normalerweise sehr zuverlässig. Die meisten Ausfälle sind eher auf lockere oder verschmutzte Anschlüsse, die Ableitung der Hochspannung durch Schmutz und feuchte oder beschädigte Isolierungen als auf den tatsächlichen Ausfall von Bauteilen zurückzuführen. Kontrollieren Sie **immer** alle Kabel äußerst sorgfältig, bevor Elektrik-Komponenten als defekt verurteilt werden. Arbeiten Sie sich methodisch vor, um alle anderen Möglichkeiten auszuschließen, bevor ein Bauteil ausgetauscht wird. Prüfen Sie zunächst, ob der Luftfilter sauber ist, die Zündkerzen vom korrekten Typ sind und den vorgegebenen Elektrodenabstand aufweisen, die Zylinderkompression in Ordnung ist und alle Motorentlüftungsschläuche sauber und unbeschädigt sind – beachten Sie dazu die Hinweise in den Kapiteln 1A und 2A.
2 Lässt sich das Problem mit diesen Kontrollen nicht beseitigen, muss das Fahrzeug zu einer mit geeigneten Diagnosegeräten ausgerüsteten Fachwerkstatt gebracht werden. Hier kann der Fehler ausgelesen werden. Aus den verschiedenen Sensoren und Aktuatoren können Betriebsparameter erfasst werden, die ihre Funktion anzeigen. So lassen sich Fehler rasch und einfach verfolgen und es müssen nicht alle Systemkomponenten einzeln getestet werden (was eine zeitaufwändige Arbeit wäre, die zudem das Risiko birgt, das Motorsteuergerät zu beschädigen).
3 Die einzigen Kontrollen, die vom Hobbyschrauber durchgeführt werden können, sind in Kapitel 1A, Sektion 29 beschrieben. Eine Kontrolle der zum System gehörenden Kabel kann anhand der Informationen in Kapitel 12, Sektion 2 durchgeführt werden – alle Motorsteuergerät-Stecker müssen zuvor getrennt werden.

3 Zündmodul – Ausbau und Einbau

1 Das Zündmodul sitzt direkt über den Zündkerzen in der Mitte des Ventildeckels.
2 Entfernen Sie die obere Motorabdeckung.
3 Trennen Sie links am Zündmodul den Kabelstecker (siehe Abbildung).

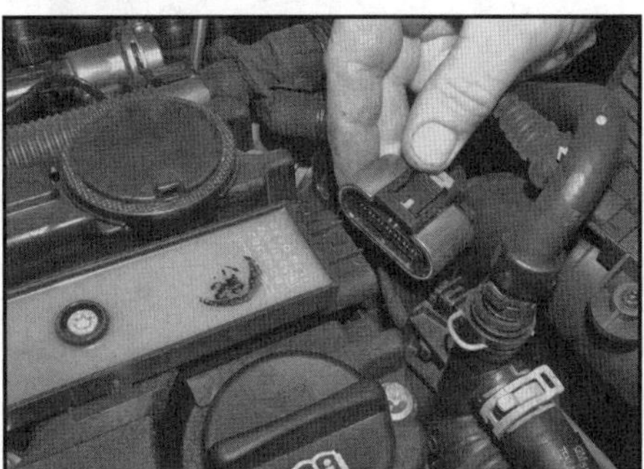

3.3 Trennen Sie den Zündmodulstecker.

4 Lösen Sie die zwei Zündmodul-Befestigungsschrauben (siehe Abbildung).

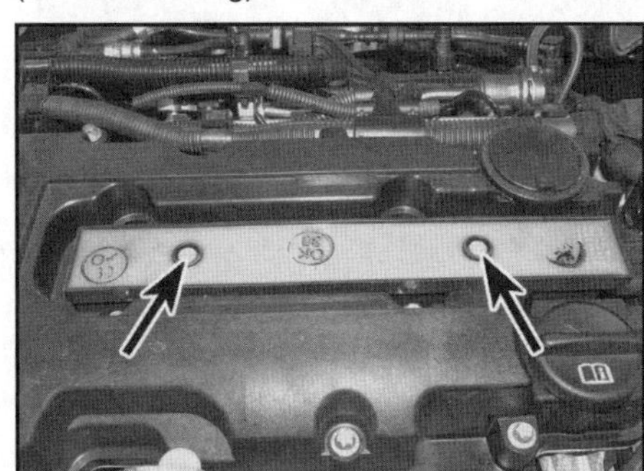

3.4 Zündmodul-Befestigungsschrauben

5 Drehen Sie zwei lange M8-Schrauben in die Gewindebohrungen des Moduls und ziehen Sie es damit von den Zündkerzen (siehe Abbildungen).

3.5a Drehen Sie zwei lange M8-Schrauben in die Gewindebohrungen des Moduls ...

3.5b ... und ziehen Sie es damit von den Zündkerzen.

6 Der Einbau entspricht der umgekehrten Ausbaureihenfolge. Stecken Sie das Zündmodul fest auf die Zündkerzen und ziehen Sie die Befestigungsschrauben mit 8 Nm an.

4 Klopfsensor – Ausbau und Einbau

1 Beachten Sie die Hinweise in Kapitel 4A, Sektion 11.

5 Zündzeitpunkt – Kontrolle und Einstellung

1 Der Zündzeitpunkt wird ständig vom Motorsteuergerät an die Last- und Betriebszustände angepasst und ändert sich bei laufendem Motor ständig.
2 Der Zündzeitpunkt lässt sich nur mit einer speziellen Diagnoseausrüstung kontrollieren. Eine Einstellung ist nicht möglich, sodass bei einem offensichtlich falschen Zündzeitpunkt im Steuergerät ein Defekt vorliegen wird.

Kapitel 6

Kupplung

Inhalt — Sektion

Technische Daten

Allgemein
Kupplungstyp . . . . Einscheiben-Trockenkupplung mit Tellerfeder
Betätigung . . . . hydraulisch mit Geber- und Ausrückzylinder

Kupplungsscheibe
Durchmesser
 Benzinmotoren
  1,2 l-Motor. . . . . 200 mm
  1,4 l-Saugmotor . . . . 200 oder 205 mm
  1,4 l-Turbomotor . . . . 228 mm
 Dieselmotoren. . . . . 216 mm
Reibmaterial-Stärke
 Benzinmotoren
  1,2 l-Motor. . . . . 7,65 mm
  1,4 l-Saugmotor . . . . 7,65 mm
  1,4 l-Turbomotor . . . . 8,4 mm
 Dieselmotoren. . . . . 8,2 mm

Anzugsdrehmomente . . . . Nm
Ausrückzylinder-Befestigungsschrauben 5
Druckplatten-Schrauben*
 M6-Schrauben 12
 M7-Schrauben 15
 M8-Schrauben 28
Geberzylinderschrauben 8
Lenkwellenkreuzgelenk-Klemmschraube an Zwischenwelle* 40
Lenkwellenkreuzgelenk-Klemmschraube an Lenkgetriebe*. 55
** Stets durch Neuteile zu ersetzen*

Schwierigkeitsgrade

Leicht. Geeignet für Anfänger mit wenig Erfahrung. 	**Relativ leicht.** Geeignet für Anfänger mit etwas Erfahrung. 	**Relativ schwierig.** Geeignet für geübte Selbstschrauber. 	**Schwer.** Geeignet für Selbstschrauber mit viel Erfahrung. 	**Sehr schwer.** Geeignet für Experten und Profis. 

1 Allgemeine Informationen

1 Die Einscheiben-Trockenkupplung besteht aus der Reibscheibe, der Druckplatten-Baugruppe und dem ins Ausrücklager integrierten Ausrückmechanismus. All diese Bauteile befinden sich in dem aus Aluminium gegossenen Gehäuse (»Kupplungsglocke«) zwischen dem Motor und dem Getriebe.
2 Die auf der Verzahnung der Getriebeeingangswelle verschiebbare Reibscheibe sitzt zwischen der Schwungscheibe und der Druckplatte.
3 Die Druckplatten-Baugruppe ist an der am Motor sitzenden Schwungscheibe verschraubt. Bei nicht aktivierter Kupplung wird die Kraft der Kurbelwelle über die Schwungscheibe auf die in die Druckplatten-Baugruppe integrierte Reibscheibe und vor dort auf die Getriebeeingangswelle übertragen.
4 Um den Kraftschluss zu trennen, muss die Tellerfeder entspannt werden. Dies geschieht über einen hydraulischen Ausrückmechanismus, der aus dem Geberzylinder, der Hydraulikleitung und dem Ausrückzylinder besteht. Beim Treten des Kupplungspedals wird der Ausrückzylinder-Kolben gegen die Tellerfeder-Finger gedrückt, wodurch der Anpressdruck auf die Reibscheibe entlastet wird.
5 Die Kupplung stellt sich selbst auf den allmählichen Reibbelag-Verschleiß ein – eine manuelle Anpassung ist nicht möglich.

2 Kupplungshydraulik – Entlüften

Warnung: Hydraulikflüssigkeit ist giftig! Waschen Sie Spritzer bei Hautkontakt unverzüglich ab und suchen Sie medizinischen Rat, falls etwas in die Augen gelangt. Hydraulikflüssigkeit kann brennbar sein und sich beim Kontakt mit heißen Bauteilen entzünden. Bei der Arbeit an der Kupplungshydraulik muss daher genauso vorgegangen werden wie beim Kraftstoffsystem. Hydraulikflüssigkeit ist ein wirksamer Lackentferner und greift Kunststoff an; Spritzer müssen unverzüglich mit reichlich klarem Wasser abgewaschen werden. Hydraulikflüssigkeit ist zudem hygroskopisch, absorbiert also Wasser aus der Luft, sodass Korrosion gefördert wird. Daher darf nur frische Bremsflüssigkeit des vorgeschriebenen Typs verwendet werden.

Allgemeines

1 Die korrekte Funktion der Kupplungshydraulik ist nur möglich, wenn sämtliche Luft aus dem System entfernt ist; dies wird durch Entlüften gewährleistet.
2 Opel schreibt vor, das System zunächst mithilfe der »Rück-Entlüftungs«-Methode zu entlüften und bietet hierfür eine entsprechende Ausrüstung an, bei der eine Druckentlüftungs-Einheit mit frischer Bremsflüssigkeit an die Entlüftungsschraube des Ausrückzylinders angeschlossen wird, während ein Sammelbehälter mit dem Geberzylinder verbunden wird. Die Druckentlüftungs-Einheit wird dann eingeschaltet, die Entlüftungsschraube geöffnet und die Hydraulikflüssigkeit wird zum Geberzylinder gepresst, wo sie austritt und gesammelt wird. Die endgültige Entlüftung erfolgt dann auf konventionelle Weise.
3 In der Praxis ist diese Methode nur nötig, wenn neue Hydraulik-Komponenten installiert wurden oder das System vollständig entleert worden ist. Falls die Kupplungshydraulik nur getrennt wurde, um andere Komponenten aus- und einzubauen (z. B. für den Ausbau des Motors, die Demontage des Getriebes oder den Austausch der Kupplung), reicht es normalerweise, das System traditionell zu entlüften.
4 Wir haben folgende Ratschläge:
a) *Falls die Kupplungshydraulik nur teilweise getrennt wurde, sollte zunächst versucht werden, die konventionellen Entlüftungsmethoden anzuwenden (Schritte 10 bis 15 oder 16 bis 19).*
b) *Falls die Kupplungshydraulik komplett entleert und mit neuen Komponenten ausgerüstet wurde, sollte versucht werden, die Druckentlüftungsmethode anzuwenden (Schritte 20 bis 22).*
c) *Falls sich mit diesen Methoden kein fester Druckpunkt erzeugen lässt, muss das System mit der »Rück-Entlüftungs«-Ausrüstung von Opel oder einer vergleichbaren Methode entlüftet werden (Schritte 23 bis 28).*
5 Während des Entlüftens darf nur frische Bremsflüssigkeit des vorgeschriebenen Typs verwendet werden – niemals bereits durch das System gespülte Flüssigkeit. Vor Arbeitsbeginn muss sichergestellt sein, dass genügend Bremsflüssigkeit vorhanden ist.
6 Falls im Kupplungssystem nicht dafür vorgesehene Flüssigkeit vorhanden ist, muss diese vollständig mit frischer Bremsflüssigkeit herausgespült werden, zudem sind neue Dichtungen zu verwenden.
7 Falls durch ein Leck im Kupplungssystem der Pegel im Ausgleichsbehälter stetig absinkt, muss zunächst dieses Problem behoben werden.
8 Die Entlüftungsschraube sitzt am Schlauchanschluss vorn oben am Getriebe. Bei manchen Modellen ist der Zugang begrenzt, sodass zu dessen Verbesserung das Fahrzeug vorn angehoben und sicher abgestützt werden kann (siehe Seite 351), damit die Schraube von unten erreicht werden kann; durch der Ausbau der Batterie samt Träger (siehe Kapitel 5A, Sektion 4) wird sie von oben zugänglich.
9 Prüfen Sie, ob alle Hydraulikleitungen in Ordnung und alle Anschlüsse verbunden sind. Reinigen Sie die Bereiche um die Entlüftungsschraube.

Entlüften

Grundmethode (Zwei-Personen-Methode)

10 Beschaffen Sie ein sauberes Glasgefäß und einen ausreichend langen transparenten Schlauch, der fest über den Nippel der Entlüftungsschraube geschoben werden kann. Die Schraube selbst sollte mit einem passenden Ringschlüssel betätigt werden. Für die Arbeit wird ein Assistent benötigt.
11 Öffnen Sie den Deckel des Ausgleichsbehälters (den sich die Kupplungshydraulik mit der Bremshydraulik teilt) und füllen Sie ihn bis zur MAX-Markierung auf. Legen Sie den Deckel locker auf und achten Sie darauf, dass der Pegel während der gesamten Prozedur immer über der MIN-Markierung steht – andernfalls kann Luft ins System eindringen und die Prozedur muss wiederholt werden.
12 Falls noch nicht geschehen, muss die Entlüftungsschrauben-Kappe abgezogen, der Ringschlüssel angesetzt und der Schlauch auf die Schraube gesteckt werden. Halten Sie das andere Schlauch-Ende in den mit etwas Bremsflüssigkeit gefüllten Behälter, sodass keine Luft angesaugt werden kann.
13 Lassen Sie den Assistenten das Kupplungspedal durchdrücken und gedrückt halten.
14 Lockern Sie bei gedrücktem Pedal die Entlüftungsschraube um etwa eine Umdrehung und lassen Sie die Flüssigkeit durch den Schlauch strömen. Der Assistent muss hierbei das Pedal gedrückt halten und darf es erst auf Anweisung wieder loslassen. Wenn keine Flüssigkeit mehr austritt, wird die Entlüftungsschraube wieder angezogen, und der Assistent löst langsam das Kupplungspedal. Kontrollieren Sie den Pegel im Ausgleichsbehälter.

15 Wiederholen Sie die Schritte 13 und 14 so lange, bis frische Hydraulikflüssigkeit blasenfrei aus der Schraube austritt. Falls der Geberzylinder entleert und neu befüllt wurde, muss zwischen den Pump-Schritten jeweils fünf Sekunden gewartet werden, damit sich die Geberzylinder-Kanäle füllen können.

Praxis-Tipp ***Alte Bremsflüssigkeit ist deutlich dunkler als frische. Pumpen Sie so lange Bremsflüssigkeit heraus, bis helle Flüssigkeit austritt.***

Mit Rückschlagventil-Kit

16 Wie der Name bereits andeutet, bestehen diese Kits im Wesentlichen aus einem Schlauch mit integriertem Rückschlagventil, um einmal herausgedrückte Luft und Bremsflüssigkeit nicht wieder ins Kupplungssystem zu saugen. Manche Kits beinhalten einen transparenten Behälter, der so positioniert werden kann, dass die austretenden Luftblasen vom Fahrersitz aus beobachtet werden können.
17 Verbinden Sie das Kit wird mit der Entlüftungsschraube und öffnen Sie diese dann.
18 Setzen Sie sich ins Auto und drücken Sie mit sanftem Druck die Kupplung vollständig durch, um sie dann langsam wieder zu lösen. Wiederholen Sie dies, bis frische Hydraulikflüssigkeit blasenfrei aus der Schraube austritt.
19 Diese Kits funktionieren so gut, dass man leicht den Pegel im Ausgleichsbehälter vergessen kann – achten Sie also stets darauf, dass sich in ihm stets genug Flüssigkeit befindet.

Mit Druckentlüftungs-Kit

20 Diese Geräte arbeiten oft mit dem im Reserverad gespeicherten Luftdruck; oft muss dieser jedoch zuvor auf einen niedrigeren Wert als üblich abgesenkt werden – beachten Sie die beigefügte Anleitung.
21 Indem ein unter Druck stehender und mit Bremsflüssigkeit gefüllter Behälter an den Ausgleichsbehälter angeschlossen wird, kann das Entlüften einfach durch das Öffnen der Entlüftungsschraube erledigt werden – lassen Sie die Flüssigkeit austreten, bis keine Blasen mehr enthalten sind.
22 Diese Methode hat den Vorteil, dass der große Flüssigkeitsbehälter zusätzliche Sicherheit vor in das System gesaugte Luft bietet.

»Rück-Entlüftungs«-Methode

23 In der folgenden Prozedur wird das Entlüften mit der originalen Opel-Ausrüstung beschrieben; bei alternativem Equipment muss die beigefügte Anleitung beachtet werden.
24 Verbinden Sie den Druckschlauch (MKM-6174-1) mit der Entlüftungsschraube der Bremsleitung (vorn am Getriebe) (siehe Abbildung). Verbinden Sie sein anderes Ende mit der Druckentlüftungs-Einheit, die auf ca. 2,0 bar eingestellt sein muss.

2.24 Verbinden Sie den Druckschlauch mit der Entlüftungsschraube.

25 Verbinden Sie die Kappe (MKM-6174-2) mit dem Ausgleichsbehälter am Geberzylinder und halten Sie dessen Schlauch in den Sammelbehälter.
26 Schalten Sie die Druckentlüftungs-Einheit ein, öffnen Sie das Entlüftungsventil und lassen Sie frische Bremsflüssigkeit durch das System zum Geberzylinder und in den Sammelbehälter fließen – wenn sie dort blasenfrei austritt, wird das Entlüftungsventil wieder geschlossen und die Druckentlüftungs-Einheit abgeschaltet.
27 Trennen Sie die Entlüftungs-Ausrüstung vom Entlüftungsventil und dem Ausgleichsbehälter.
28 Führen Sie zum Schluss eine konventionelle Entlüftung durch (Schritte 10 bis 15 oder 16 bis 19).

Alle Methoden

29 Wenn das Entlüften beendet ist und wieder ein fester Pedaldruck besteht, werden alle Bremsflüssigkeits-Spritzer abgewaschen, die Entlüftungsschraube sorgfältig angezogen und die Staubkappe aufgesteckt.
30 Prüfen Sie nach dem Entlüften den Pegel im Ausgleichsbehälter und füllen Sie ihn ggf. auf.
31 Die aus dem System gepumpte Bremsflüssigkeit muss fachgerecht entsorgt werden – sie darf keinesfalls wiederverwendet werden.
32 Betätigen Sie die Kupplung – falls das Pedal ein schwammiges Gefühl vermittelt oder sogar »gepumpt« werden muss, bis ein Druckpunkt entsteht, befindet sich noch Luft im Kupplungssystem, und es muss erneut entlüftet werden. Bringt auch eine Wiederholung keine zufriedenstellenden Ergebnisse, können defekte Dichtungen im Geber- oder Ausrückzylinder die Ursache sein.

3 Geberzylinder – Ausbau und Einbau

Anmerkung: *Bei der Montage des Geberzylinders werden neue Schrauben benötigt.*

Ausbau

1 Schrauben Sie den Deckel des Hydraulik-Ausgleichsbehälters ab und füllen Sie ihn bis zur MAX-Markierung auf (siehe Wöchentliche Kontrollen). Legen Sie ein Stück Frischhaltefolie über die Öffnung und drehen Sie den Deckel wieder auf – so wird bei den folgenden Tätigkeiten der Verlust an Bremsflüssigkeit minimiert.
2 Reinigen Sie den Ausgleichsbehälter äußerlich und legen Sie einige Lappen darunter, um Flüssigkeitsspritzer aufzunehmen.
3 Lösen Sie den Halteclip und trennen Sie das Hydraulikrohr vom Anschluss am Geberzylinder (siehe Abbildung). Verstopfen Sie das Rohr und den Geberzylinder-Stutzen, um das Austreten von Bremsflüssigkeit und das Eindringen von Schmutz zu minimieren bzw. verhindern.

3.3 Lösen Sie den Halteclip und trennen Sie das Hydraulikrohr vom Anschluss am Geberzylinder.

4 Trennen Sie den Zulaufschlauch vom Geberzylinder.
5 Entfernen Sie im Fahrer-Fußraum die untere Armaturenbrett-Verkleidung (siehe Kapitel 11, Sektion 27).
6 Lösen Sie am Lenkwellenkreuzgelenk die zwei Klemmschrauben zur Zwischenwelle und zum Lenkgetriebe – sie müssen beim Einbau durch Neuteile ersetzt werden. Schieben Sie das Kreuzgelenk auf der Zwischenwelle hoch, um es vom Lenkgetriebe zu befreien.
7 Ziehen Sie am Kupplungspedal den Federclip des Gelenkzapfens ab, um diesen herauszuziehen und die Geberzylinder-Druckstange zu befreien (siehe Abbildungen).

3.7a Ziehen Sie den Federclip ab ...

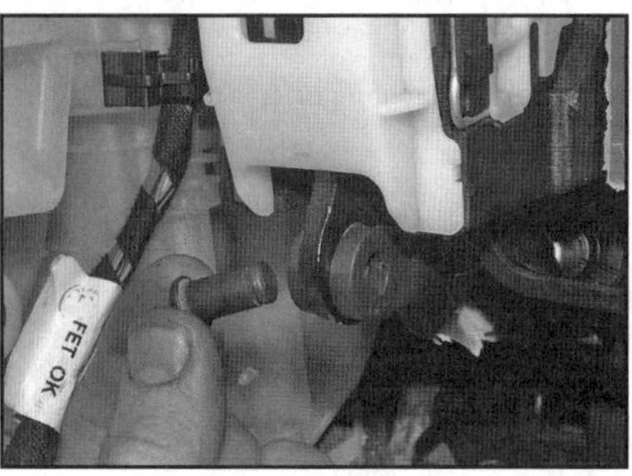

3.7b ... und ziehen Sie den Gelenkzapfen heraus, um die Druckstange vom Kupplungspedal zu befreien.

8 Lösen Sie im Fußraum die zwei Schrauben, die den Geberzylinder am Pedalhalter sichern, und befreien Sie ihn (siehe Abbildung) – es kann nötig sein, dazu die fünf Muttern des Pedalhalters zu lockern, um diesen etwas von der Spritzwand abziehen zu können und so Platz für den Ausbau zu schaffen.

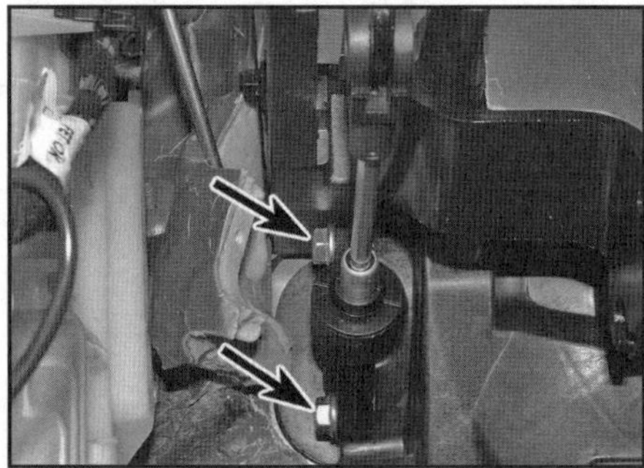

3.8 Schrauben, die den Geberzylinder am Pedalhalter sichern

9 Falls der Geberzylinder defekt ist, muss er ersetzt werden – eine Reparatur ist nicht möglich.

Einbau

10 Positionieren Sie den Geberzylinder an der Spritzwand, installieren Sie die zwei Schrauben und ziehen Sie sie mit 8 Nm an.
11 Ziehen Sie nötigenfalls die Pedalhalter-Muttern sorgfältig an.
12 Richten Sie die Geberzylinder-Druckstange zum Pedal aus, installieren Sie den Gelenkzapfen und sichern Sie ihn mit dem Federclip.
13 Stecken Sie das Lenkwellen-Kreuzgelenk auf das Lenkgetriebe – es lässt sich aufgrund der speziellen Kerbverzahnung nur in einer Position aufschieben. Rüsten Sie die **neuen** Klemmschrauben mit Sicherungspaste aus und ziehen Sie diejenige an der Zwischenwelle mit 40 Nm und die am Lenkgetriebe mit 55 Nm an.
14 Montieren Sie im Fahrer-Fußraum die untere Armaturenbrett-Verkleidung (siehe Kapitel 11, Sektion 27).
15 Verbinden Sie den Zulaufschlauch mit dem Geberzylinder.
16 Drücken Sie das Hydraulikrohr in den Anschluss am Ende des Geberzylinders und sichern Sie es mit dem Clip.
17 Entlüften Sie die Kupplungshydraulik (siehe Sektion 2).

4 Ausrückzylinder – Ausbau, Überholen und Einbau

Anmerkung: *Aufgrund der beträchtlichen Arbeit beim Aus- und Einbau der Kupplungs-Komponenten ist es empfehlenswert, die Reibscheibe, die Druckplatten-Baugruppe und den Ausrückzylinder als Set auszutauschen – auch wenn nur eines dieser Teile übermäßig verschlissen ist. Auch sollten die Kupplungs-Komponenten als Präventionsmaßnahme ausgetauscht werden, wenn der Motor und/oder das Getriebe aus anderen Gründen ausgebaut wurden.*
Anmerkung: *Beachten Sie zum Thema Kupplungsbelag-Staub die Warnhinweise am Anfang von Sektion 6.*

Fünfganggetriebe

Ausbau

1 Solange die Motor-Getriebe-Baugruppe nicht sowieso für eine größere Überholung aus dem Fahrzeug gebaut werden soll (siehe Kapitel 2E), ist der Ausrückzylinder auch nach dem Ausbau des Getriebes zugänglich (siehe Kapitel 7A, Sektion 8).
2 Wischen Sie den Ausrückzylinder außen sauber und lockern Sie die Anschlussmutter des Hydraulikrohrs (siehe Abbildung) – wischen Sie Flüssigkeitsspritzer mit einem sauberen Lappen auf.

4.2 Anschlussmutter des Ausrückzylinder-Hydraulikrohrs

3 Lösen Sie die drei Befestigungsschrauben des Ausrückzylinders und ziehen Sie diesen von der Getriebeeingangswelle (siehe Abbildung) – der zwischen ihm und dem Getriebegehäuse sitzende Dichtring muss später erneuert werden. Achten Sie darauf, dass kein Schmutz ins Getriebe eindringt.

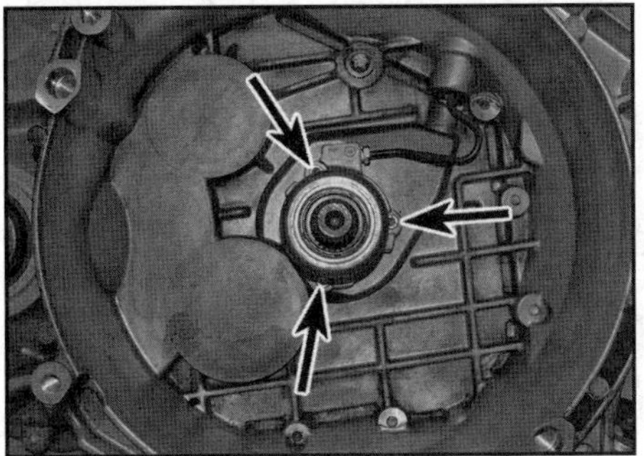

4.3 Ausrückzylinder-Befestigungsschrauben

4 Der Ausrückzylinder kann nicht geöffnet oder anderweitig repariert werden; falls er undicht ist oder das integrierte Ausrücklager rau arbeitet, muss er erneuert werden.
5 Um das Hydraulikrohr zu entfernen, muss der Schlauchanschluss von der Befestigungshülse oben am Getriebe gelöst werden.
6 Spreizen Sie mit einem kleinen Schraubendreher vorsichtig die Haltelaschen der Befestigungshülse auseinander, um den Hydraulikrohr-Anschluss zu befreien und das Rohr aus dem Getriebegehäuse zu entfernen. Kontrollieren Sie den Zustand des Hydraulikrohr-Dichtrings und ersetzen Sie ihn nötigenfalls.
7 Die Befestigungshülse kann nötigenfalls entfernt werden, indem die unteren Haltelaschen mit einer Spitzzange zusammengedrückt und die Hülse nach oben aus dem Getriebe gezogen wird – beim Einbau muss dann eine neue Hülse verwendet werden.

Einbau

8 Die Dichtflächen des Ausrückzylinders und des Getriebes müssen sauber und trocken sein. Legen Sie einen neuen Dichtring in die Vertiefung des Getriebes.
9 Schieben Sie den Ausrückzylinder vorsichtig über die Getriebeeingangswelle in Position – der Dichtring muss dabei korrekt in seiner Nut verbleiben. Installieren Sie die Schrauben und ziehen Sie sie mit 5 Nm an.
10 Falls entfernt, muss die Befestigungshülse installiert werden, indem ihre Lasche in den Ausschnitt des Gehäuses greift. Prüfen Sie, ob die Hülse gut arretiert ist.
11 Schieben Sie das Hydraulikrohr durch die Befestigungshülse, bis ihr Anschluss gut arretiert ist.
12 Sichern Sie das Hydraulikrohr mit der sorgfältig angezogenen Anschlussmutter am Ausrückzylinder.
13 Verbinden Sie den Schlauchanschluss mit der Befestigungshülse.
14 Montieren Sie das Getriebe (siehe Kapitel 7A, Sektion 2).
15 Entlüften Sie die Kupplungshydraulik (siehe Sektion 2).

Sechsganggetriebe (M20)

Ausbau

16 Solange die Motor-Getriebe-Baugruppe nicht sowieso für eine größere Überholung aus dem Fahrzeug gebaut werden soll (siehe Kapitel 2E), ist der Ausrückzylinder auch nach dem Ausbau des Getriebes zugänglich (siehe Kapitel 7A, Sektion 8).
17 Ziehen Sie am Hydraulikschlauch-Anschluss oben am Getriebegehäuse die Drahtsicherung heraus und trennen Sie diesen (siehe Abbildung).

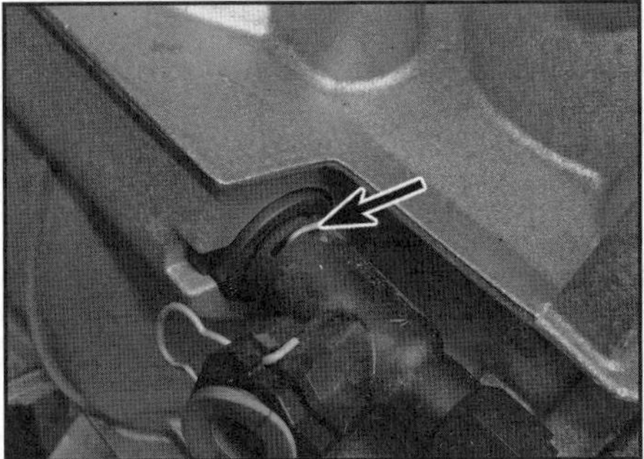

4.17 Ziehen Sie die Drahtsicherung heraus und trennen Sie den Schlauchanschluss von der Hülse.

18 Drücken Sie mit einer Spitzzange die Laschen der Befestigungshülse zusammen und ziehen Sie diese nach oben aus dem Getriebe.
19 Lösen Sie die drei Befestigungsschrauben des Ausrückzylinders und ziehen Sie diesen von der Getriebeeingangswelle (siehe Abbildung) – der zwischen ihm und dem Getriebegehäuse sitzende Dichtring muss später erneuert werden. Achten Sie darauf, dass kein Schmutz ins Getriebe eindringt.

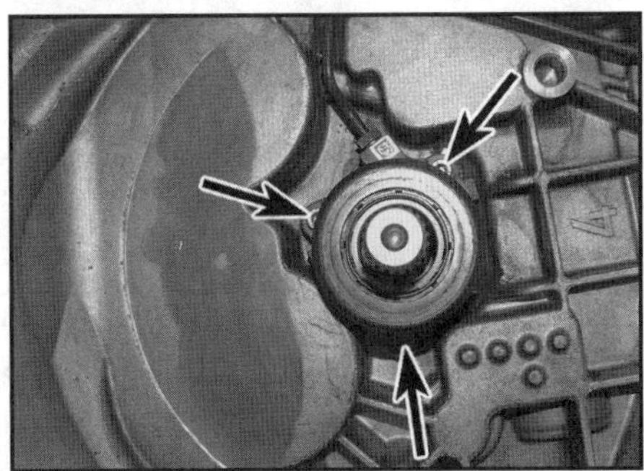

4.19 Ausrückzylinder-Befestigungsschrauben

20 Der Ausrückzylinder kann nicht geöffnet oder anderweitig repariert werden; falls er undicht ist oder das integrierte Ausrücklager rau arbeitet, muss er erneuert werden.

Einbau

21 Die Dichtflächen des Ausrückzylinders und des Getriebes müssen sauber und trocken sein. Legen Sie einen neuen Dichtring in die Vertiefung des Getriebes.
22 Schieben Sie den Ausrückzylinder vorsichtig über die Getriebeeingangswelle in Position – der Dichtring muss dabei korrekt in seiner Nut verbleiben.
23 Installieren Sie die Befestigungshülse und den Hydraulikschlauch-Anschluss oben ans Getriebe.
24 Installieren Sie die Ausrückzylinder-Befestigungsschrauben und ziehen Sie sie mit 5 Nm an.
25 Montieren Sie das Getriebe (siehe Kapitel 7A, Sektion 2).
26 Entlüften Sie die Kupplungshydraulik (siehe Sektion 2).

5 Kupplungspedal – Ausbau und Einbau

1 Das Kupplungspedal bildet zusammen mit dem Bremspedal und dem Pedalhalter eine Baugruppe, aus der es nicht separat getrennt werden kann. Der Aus- und Einbau der Pedalhalter-Baugruppe ist in Kapitel 9, Sektion 14 beschrieben.

6 Kupplung – Ausbau, Kontrolle und Einbau

Warnung: Der durch den Abrieb in der Kupplung entstehende Staub kann hochgradig gesundheitsschädlich sein. Blasen Sie die Kupplung KEINESFALLS mit Druckluft aus und inhalieren Sie diesen Staub nicht. Entfernen Sie den Staub KEINESFALLS mit Benzin oder Lösungsmittel auf Petroleumbasis. Verwenden Sie Bremsenreiniger oder Spiritus, um den Staub in einen geeigneten Behälter zu spülen. Nachdem alle Kupplungs-Komponenten mit Lappen sauber gewischt sind, müssen diese sowie der Behälter mit dem ausgewaschenen Staub bei einer Sondermüll-Annahmestelle entsorgt werden.

Anmerkung: *Um die Finger der Tellerfeder nicht zu beschädigen, empfiehlt Opel bei der Demontage der Kupplung die Verwendung des Spezialwerkzeugs DT-6263, doch mit etwas Sorgfalt lässt sie sich auch ohne dies demontieren. Falls das Opel-Werkzeug nicht vorhanden ist, muss ein im Werkzeughandel erhältliches Kupplungs-Ausrichtwerkzeug des Typs verwendet werden, der die Reibscheibe an die Druckplatte klemmt.*

Ausbau

1 Solange die Motor-Getriebe-Baugruppe nicht sowieso für eine größere Überholung aus dem Fahrzeug gebaut werden soll (siehe Kapitel 2E), ist die Kupplung auch nach dem Ausbau des Getriebes zugänglich (siehe Kapitel 7A, Sektion 8).
2 Vor der Demontage der Kupplung muss die Ausrichtung der Druckplatte zur Schwungscheibe mit Kreide oder Farbe markiert werden.
3 Zu diesem Zeitpunkt setzen Opel-Mechaniker das Spezialwerkzeugs DT-6263 hinten am Motor an und komprimieren Sie die Tellerfeder-Finger, bis die Reibscheibe gelöst ist (siehe Abbildungen).

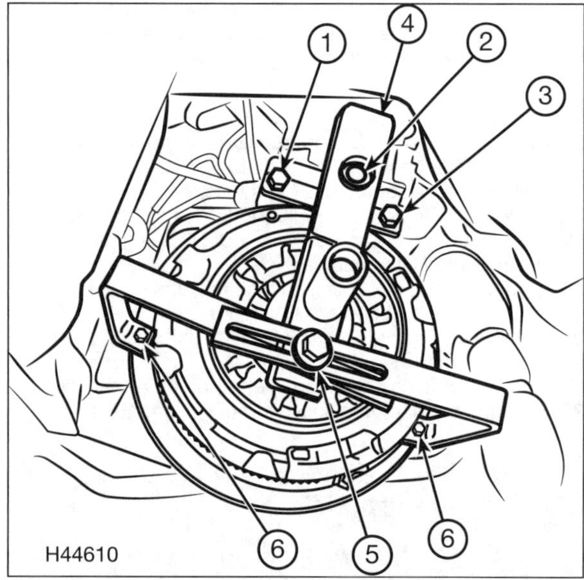

6.3a Das Opel-Spezialwerkzeug DT-6263 zur Demontage der Kupplungs-Druckplatte und der Reibscheibe

Die Schrauben 1, 3 und 6 sichern das Werkzeug am Motor. Die Schrauben 2 und 5 dienen der Justieren des Werkzeugs zur Mitte der Kurbelwelle.

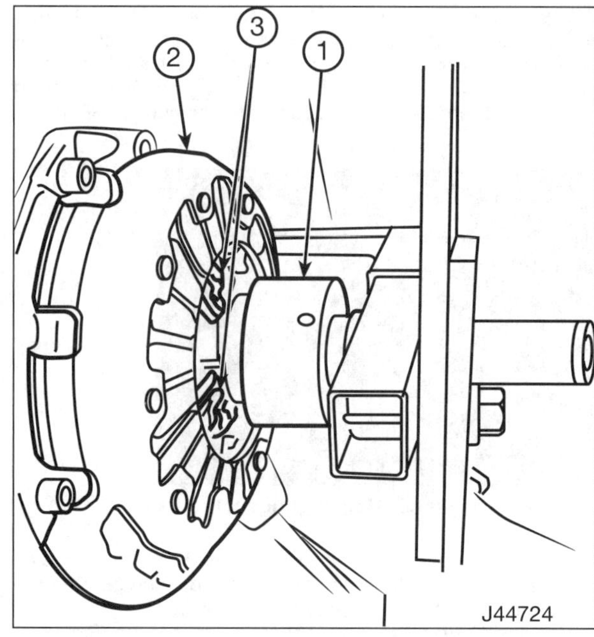

6.3b Das Druckstück (1) ist in Kontakt mit den Tellerfeder-Fingern (3) und der Druckplatte (2).

4 Falls das Opel-Werkzeug nicht zur Verfügung steht, müssen die Druckplatten-Schrauben schrittweise und über Kreuz um jeweils eine halbe Umdrehung gelockert werden, bis der Federdruck gelöst ist und die Schrauben von Hand herausgedreht werden können.
5 Entfernen Sie die Druckplatten-Baugruppe und entnehmen Sie die Reibscheibe – beachten Sie ihre Einbaulage (siehe Abbildung). Die Druckplatten-Schrauben sollten durch Neuteile ersetzt werden.

6.5 Entfernen Sie die Druckplatten-Baugruppe und entnehmen Sie die Reibscheibe – beachten Sie ihre Einbaulage.

Kontrolle

Anmerkung: *Aufgrund der beträchtlichen Arbeit beim Aus- und Einbau der Kupplungs-Komponenten ist es empfehlenswert, die Reibscheibe, die Druckplatten-Baugruppe und den Ausrückzylinder als Set auszutauschen – auch wenn nur eines dieser Teile übermäßig verschlissen ist. Auch sollten die Kupplungs-Komponenten als Präventionsmaßnahme ausgetauscht werden, wenn das Getriebe aus anderen Gründen ausgebaut wurden.*
6 Beachten Sie vor dem Reinigen der Kupplungs-Komponenten den am Anfang dieser Sektion gegebenen Warnhinweis. Entfernen Sie Staub mit einem sauberen und trockenen Tuch und arbeiten Sie in einer gut belüfteten Umgebung.

7 Begutachten Sie die Beläge der Reibscheibe auf Verschleiß, Beschädigungen und Verölung. Falls im Belagmaterial Risse, Verbrennungen, Kerben oder andere Schäden festgestellt werden oder es mit Öl oder Fett kontaminiert ist (erkennbar an schwarz glänzenden Flecken), muss die Reibscheibe ersetzt werden.

8 Soweit das Reibmaterial in Ordnung ist, muss geprüft werden, ob die Kerbverzahnung in der Reibscheiben-Nabe nicht verschlissen ist. Außerdem müssen die Ruckdämpfer-Federn in Ordnung sein und fest sitzen und keine Niete locker sein; bei irgendwelchem Verschleiß oder Beschädigungen muss die Reibscheibe durch ein Neuteil ersetzt werden.

9 Falls die Reibscheibe verölt ist, kann dies durch einen defekten Kurbelwellen-Dichtring, die Dichtung der Ölwanne zum Motorblock, den Kupplungs-Ausrückzylinder oder den Getriebewellen-Dichtring eingedrungen sein (Getriebeöl hat einen speziellen säuerlichen Geruch). Ersetzen Sie vor dem Einbau einer neuen Reibscheibe den/die Dichtring(e) oder die Dichtung (siehe Kapitel 2A, 2B oder 2C) – andernfalls würde das gleiche Problem bald wieder auftreten. Der Kupplungs-Ausrückzylinder ist in Sektion 4 beschrieben.

10 Kontrollieren Sie die Druckplatten-Baugruppe auf sichtbaren Verschleiß oder Beschädigungen; schütteln Sie die Baugruppe, um sie auf lockere Nieten oder schadhafte Kippringe zu prüfen. Kontrollieren Sie, ob die Mitnehmer-Bänder, mit denen die Druckplatte am Deckel gesichert ist, Hinweise auf Überhitzung (gelbe oder blaue Verfärbung) aufweisen. Falls die Tellerfeder verschlissen oder beschädigt ist und die Druckplatte irgendwelche Zweifel aufwirft, muss die gesamte Baugruppe erneuert werden.

11 Begutachten Sie die geschliffenen Reibflächen der Druckplatte und der Schwungscheibe – sie müssen sauber, absolut eben und frei von Riefen oder Kerben sein. Falls eine von ihnen durch übermäßige Hitze verfärbt ist oder Rissbildung zeigt, muss sie ersetzt werden (kleinere Fehler können allerdings auch mit Schmirgelpapier beseitigt werden.

12 Prüfen Sie, ob sich das Ausrücklager frei, sanft und geräuschlos drehen lässt. Die Fläche selbst muss glatt und frei von Rissen, Ausbrüchen oder Riefen sein. Bei jedem Zweifel über seinen Zustand muss der Ausrückzylinder ersetzt werden.

Einbau

13 Die Reibflächen der Schwungscheibe und der Druckplatte müssen absolut sauber, glatt und fettfrei sein. Neuteile müssen mit nicht nachfettendem Lösungsmittel von Schutzfetten befreit werden.

14 Fetten Sie die Zähne der Reibscheiben-Nabe dünn mit Hochtemperaturfett ein – zu viel davon könnte auf das Reibmaterial gelangen.

Montage mit Opel-Spezialwerkzeug

15 Setzen Sie die Führungsbuchse in der Mitte der Kurbelwelle an und richten Sie die Reibscheibe daran aus – die Beschriftung »Transmission Side« oder »Getriebeseite« muss zum Getriebe zeigen (siehe Abbildung).

6.15 Achten Sie auf die Ausrichtung der Reibscheibe.

16 Richten Sie die Druckplatte an den Zentrierstiften der Schwungscheibe aus und komprimieren Sie die Tellerfeder-Finger mit dem Spezialwerkzeug, bis die Reibscheibe fest an der Schwungscheibe anliegt.

17 Installieren Sie neue Druckplatten-Schrauben und ziehen Sie sie schrittweise und über Kreuz bis zum in den technischen Daten angegebenen Drehmoment an – beachten Sie die Gewindegrößen. Die Schwungscheibe muss nötigenfalls blockiert werden, indem ein Schraubendreher in die Zähne des Anlasserrings gesteckt wird.

18 Drehen Sie die Spindel des Spezialwerkzeugs zurück, bis die Tellerfeder die Druckplatte gegen die Reibscheibe und die Schwungscheibe drückt; entfernen Sie dann das Werkzeug und die Führungsbuchse vom Motor.

19 Montieren Sie das Getriebe an den Motor (siehe Kapitel 7A, Sektion 8).

Montage ohne Opel-Spezialwerkzeug

20 Platzieren Sie die Reibscheibe an der Druckplatte – die Beschriftung »Transmission Side« oder »Getriebeseite« muss zum Getriebe zeigen (Abb. 6.15). Klemmen Sie die zwei Komponenten des Zentrierwerkzeugs zusammen – das Werkzeug soll die Reibscheibe und die Druckplatte bei der Montage in Flucht halten, damit bei der Montage des Getriebes die Eingangswelle durch die Kerbverzahnung der Reibscheibe geführt werden kann.

21 Montieren Sie die Reibscheibe und die Druckplatte, richten Sie bei der Montage der alten Kupplung die beim Zerlegen angebrachten Markierungen zueinander aus (siehe Abbildung). Installieren Sie neue Druckplatten-Schrauben und ziehen Sie sie schrittweise und über Kreuz bis zum in den technischen Daten angegebenen Drehmoment an – beachten Sie die Gewindegrößen. Die Schwungscheibe muss nötigenfalls blockiert werden, indem ein Schraubendreher in die Zähne des Anlasserrings gesteckt wird. Entfernen Sie das Zentrierwerkzeug.

6.21 Montage der Reibscheibe und der Druckplatte

22 Montieren Sie das Getriebe an den Motor (siehe Kapitel 7A, Sektion 8).

Kapitel 7A

Schaltgetriebe

Inhalt — Sektion

Technische Daten

Allgemein	
Typ	Fünf- oder Sechsganggetriebe mit Rückwärtsgang, alle Gänge synchronisiert, integriertes Differenzial
Typenbezeichnung	
Benzin-Modelle	F17 (5-Gang), M32 (6-Gang)
Diesel-Modelle	
B13DTE- und B13DTC-Motoren	F17 (5-Gang)
B13DTR-Motoren	M20 (6-Gang)
Schmiersystem	
Getriebeöl-Typ	Opel-Getriebeöl (09 120 541)
Getriebeöl-Füllmenge	
Benzin-Modelle	
Fünfganggetriebe	1,6 Liter
Sechsganggetriebe	1,8 Liter
Diesel-Modelle	
Fünfganggetriebe	1,5 Liter
Sechsganggetriebe	1,8 Liter
Anzugsdrehmomente	**Nm**
F17-Getriebe	
Differenzial – Gehäusedeckel-Platte	
Aluminiumplatte	18
Stahlplatte	30
Getriebe/Motor-Verbindungsschrauben	
Benzin-Modelle	
M10-Schrauben	40
M12-Schrauben	60
Diesel-Modelle	60
Getriebeentlüftung	30
Motor/Getriebehalterungen	siehe Kapitel 2A oder 2B
Ölpegel-Stopfen	13
Rückfahrlicht-Schalter	20
Radbolzen	110
Schalthebelgehäuse-Schrauben	22
Schaltgestänge-Klemmschraube	
Schritt 1	12
Schritt 2	um 180° weiter
Schritt 3	um 45° weiter

Schwierigkeitsgrade

Leicht. Geeignet für Anfänger mit wenig Erfahrung. 	**Relativ leicht.** Geeignet für Anfänger mit etwas Erfahrung. 	**Relativ schwierig.** Geeignet für geübte Selbstschrauber. 	**Schwer.** Geeignet für Selbstschrauber mit viel Erfahrung. 	**Sehr schwer.** Geeignet für Experten und Profis. 

M20- und M32-Getriebe

Dichtring-Träger an Differenzial	
Schritt 1	20
Schritt 2	um 45° weiter
Getriebe/Motor-Verbindungsschrauben	60
Motor/Getriebehalterungen	siehe Kapitel 2A oder 2B
Ölablassschraube	20
Öleinfüllschraube	30
Rückfahrlicht-Schalter	20
Radbolzen	110

1 Allgemeine Informationen

1 Das Fünf- oder Sechsgang-Schaltgetriebe befindet sich in einem links an den Motor geschraubten Aluminiumgehäuse. Das Differenzial für den Antrieb der Vorderräder ist in das Gehäuse integriert.

2 Die Kraft wird vom Motor über die Kupplungs-Reibscheibe auf die Getriebeeingangswelle übertragen, die sich in abgedichteten Kugellagern dreht. Über die in ständigem Eingriff stehenden Getriebe-Zahnräder wird die Kraft weiter auf die Ausgangswelle geleitet, die links in einem abgedichteten Kugellager und rechts in einem Rollenlager läuft. Am Ende der Ausgangswelle wird die Kraft auf das Tellerrad des Differenzials übertragen, das sie über die Planetenräder auf die Sonnenräder der Antriebswellen weiterleitet. Die Rotation der Planetenräder erlaubt unterschiedliche Drehzahlen an den Antriebswellen, um durch Kurven fahren zu können.

3 Die Getriebeeingangswelle und die Ausgangswelle liegen parallel in Längsrichtung zur Kurbelwelle, sodass ihre Zahnräder ineinandergreifen können. In der Leerlauf-Position drehen die Zahnräder auf der Ausgangswelle frei, sodass die Motorkraft nicht an die Räder weitergeleitet wird.

4 Die Gänge werden über einen am Karosserieboden gelagerten Schalthebel ausgewählt, dessen Bewegungen über ein Gestänge oder zwei Bowdenzüge an die entsprechenden Schaltgabeln weitergeleitet werden, um die mit Synchronringen ausgerüsteten Schaltmuffen auf den Wellen zu verschieben, sodass das entsprechende Zahnrad arretiert wird und die Kraft übertragen kann. Damit die Gänge schnell und geräuschlos gewechselt werden können, sorgen die Synchronringe und federbelastete Laschen dafür, dass die Zahnräder bereits vor dem Arretieren auf die korrekte Drehzahl gebracht werden.

2 Getriebeöl – Ablassen und Auffüllen

1 Das Ablassen des Getriebeöls geht deutlich schneller und wirkungsvoller, wenn das Fahrzeug zunächst gefahren wird, um das Getriebe auf Betriebstemperatur zu bringen.

Achtung: Achten sie in diesem Fall darauf, sich nicht am heißen Auspuff, am Motor oder am Getriebe zu verbrennen!

2 Stellen Sie das Fahrzeug auf einen ebenen Untergrund, schalten Sie die Zündung aus, und betätigen Sie die Handbremse. Zur Verbesserung des Zugangs kann das Fahrzeug angehoben und sicher abgestützt werden (siehe Seite 351). Beachten Sie, dass das Fahrzeug zur Sicherstellung des korrekten Ölpegels absolut waagerecht stehen muss. Demontieren Sie ggf. den Unterfahrschutz.

F17-Getriebe

Anmerkung: *Bei dieser Operation wird eine neue Dichtung für die untere Gehäusedeckel-Platte am Differenzial benötigt.*

Ablassen

3 Da der Wechsel des Getriebeöls nicht Bestandteil des Wartungsplans ist, befindet sich am Getriebe auch keine Ablassschraube. Falls das Getriebeöl aus irgendeinem Grund abgelassen werden muss, kann dies nur über die Demontage der untere Gehäusedeckel-Platte am Differenzial geschehen.

4 Wischen Sie den Bereich um die Gehäusedeckel-Platte sauber und stellen Sie einen geeigneten Auffangbehälter darunter.

5 Lockern Sie schrittweise und über Kreuz die Schrauben der Deckel-Platte und entfernen Sie diese, um das Öl ablaufen zu lassen (siehe Abbildung) – die Dichtung muss später durch ein Neuteil ersetzt werden.

2.5 Schrauben der unteren Gehäusedeckel-Platte am Differenzial – F17-Getriebe

6 Lassen Sie das Öl vollständig in den Behälter ablaufen – verbrühen Sie sich bei heißem Öl nicht die Hände. Reinigen Sie die Dichtflächen des Getriebes und die Deckelplatte.

7 Setzen Sie die gereinigte Deckelplatte mit einer neuen Dichtung an das Getriebe. Installieren Sie die Schrauben und ziehen Sie sie schrittweise und über Kreuz bis zum korrekten Drehmoment an – bei einer Platte aus Aluminium sind es 18 Nm, bei einer Platte aus Stahl müssen sie mit 30 Nm angezogen werden.

Auffüllen

8 Wischen Sie den Bereich um den hinter dem linken Antriebswellen-Flansch liegenden Kontrollstopfen sauber (siehe Abbildung), schrauben Sie diesen heraus und reinigen Sie ihn.

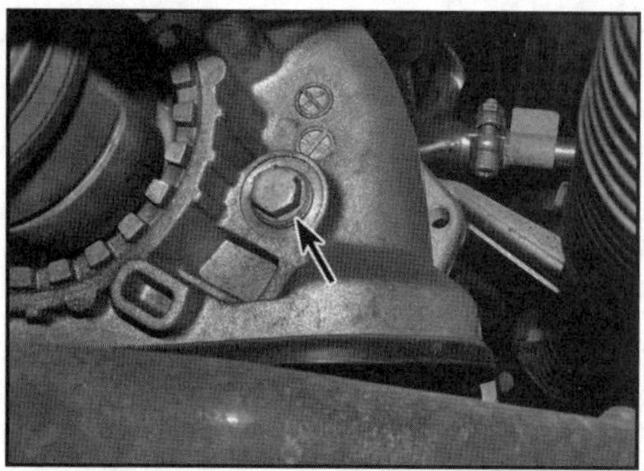

2.8 Getriebeölpegel-Kontrollstopfen – F17-Getriebe

9 Das Getriebe wird über die Entlüftungsöffnung neben dem Schaltmechanismus oben am Gehäuse befüllt (siehe Abbildung). Wischen Sie den Bereich um die Öffnung sauber und entfernen Sie die Kappe. Schrauben Sie die Entlüftung aus dem Getriebe und füllen Sie das vorgegebene Opel-Getriebeöl (09 120 541) auf, bis es den unteren Rand der Kontrollstopfenbohrung erreicht. Lassen Sie überschüssiges Öl hier abtropfen, installieren Sie den Stopfen und ziehen Sie ihn mit 13 Nm an.

2.9 Füllen Sie das Getriebe durch die Entlüftungsöffnung auf – F17-Getriebe.

10 Montieren Sie die Getriebeentlüftung und ziehen Sie sie mit 30 Nm an. Montieren Sie ggf. den Unterfahrschutz und senken Sie das Fahrzeug auf den Boden ab.

M20-Getriebe

Anmerkung: *Bei dieser Operation wird eine neue Ölablassschraube benötigt.*

Ablassen

11 Wischen Sie den Bereich um die links unten am Differenzialgehäuse sitzende Ablassschraube sauber und stellen Sie einen geeigneten Auffangbehälter darunter.
12 Lösen Sie die Ablassschraube und lassen Sie das Öl ablaufen.
13 Installieren Sie eine neue Ablassschraube und ziehen Sie sie mit 20 Nm an.

Auffüllen

14 Das Getriebe wird über den Öleinfüllstopfen oben am Gehäuse befüllt (siehe Abbildung) – für den Zugang muss die Batterie samt Träger entfernt werden (siehe Kapitel 5A, Sektion 4).

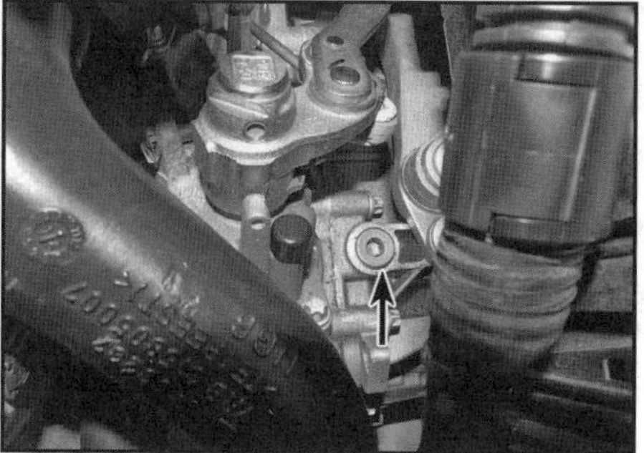

2.14 Getriebeöl-Einfüllschraube – M20-Getriebe

15 Wischen Sie den Bereich um den Einfüllstopfen sauber und schrauben Sie ihn heraus. Füllen Sie exakt 1,8 Liter des vorgegebenen Opel-Getriebeöls (09 120 541) auf, installieren Sie den Stopfen und ziehen Sie ihn mit 30 Nm an (siehe Abbildung).

2.15 Füllen Sie das Getriebe mit 1,8 Liter Öl auf – M20-Getriebe.

16 Montieren Sie ggf. den Unterfahrschutz und senken Sie das Fahrzeug auf den Boden ab.
17 Installieren Sie den Batterieträger und die Batterie (siehe Kapitel 5A, Sektion 4).

3 Schaltgestänge/Mechanismus – Einstellung

F17-Getriebe

1 Eine Einstellung ist nur nötig, wenn der Mechanismus getrennt oder demontiert wurde. Die Einstellung erfolgt über die Schraube, die hinten im Motorraum das Schaltgestänge an der Anlenkung sichert. Der Zugang ist am besten von unten möglich.
2 Entfernen Sie die Batterie samt Träger (siehe Kapitel 5A, Sektion 4).
3 Ziehen Sie die Handbremse fest an, heben Sie dann das Fahrzeug vorn an, und stützen Sie es sicher ab (siehe Seite 351).
4 Lockern Sie die Klemmschraube von am Schaltgestänge (siehe Abbildung), aber entfernen Sie sie nicht.

3.4 Schaltgestänge-Klemmschraube – F17-Getriebe

5 Befreien Sie die um den Schalthebel herum sitzende vordere Mittelkonsolen-Abdeckung und lösen Sie die darin befestigte Schalthebel-Manschette (siehe Abbildung). Trennen Sie ggf. den Kabelstecker, falten Sie die Manschette über den Schalthebel-Knopf und entfernen Sie die Abdeckung.

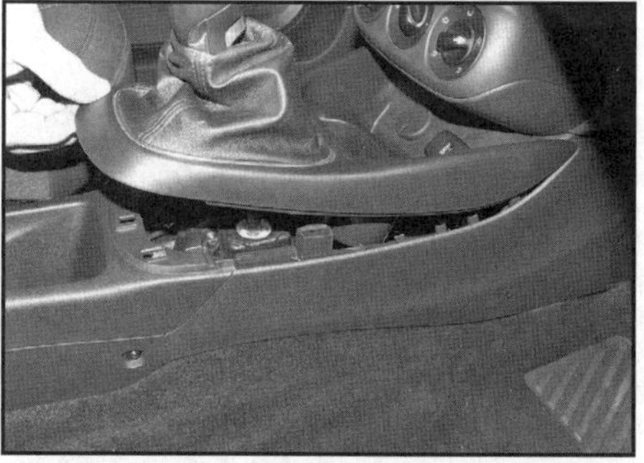

3.5 Befreien Sie die Mittelkonsolen-Abdeckung und lösen Sie die darin befestigte Schalthebel-Manschette.

6 Lösen Sie am Schalthebelknopf die Verbindung der Rückwärtsgang-Sperre (siehe Abbildung).

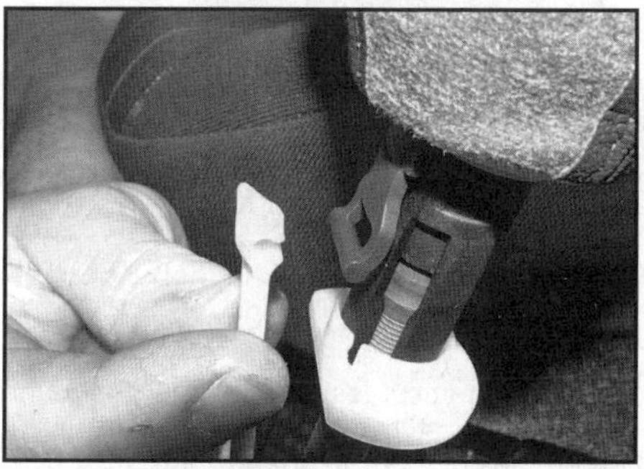

3.6 Lösen Sie am Schalthebelknopf die Verbindung der Rückwärtsgang-Sperre – F17-Getriebe.

7 Heben Sie den Rückwärtsgang-Arretierblock am Schalthebel hoch und drehen Sie ihn um 90° im Uhrzeigersinn. Drücken Sie den Schalthebel nach links und lassen Sie die Lasche unten am Block in den seitlichen Ausschnitt des Schalthebelgehäuses greifen (siehe Abbildungen) – der Hebel ist jetzt in der Arretierposition blockiert.

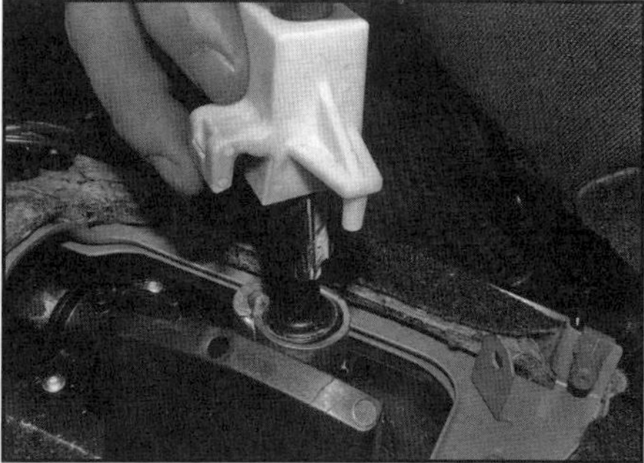

3.7a Heben Sie den Rückwärtsgang-Arretierblock am Schalthebel hoch, drehen Sie ihn um 90° im Uhrzeigersinn ...

3.7b ... und lassen Sie die untere Lasche des Blocks in den seitlichen Ausschnitt des Schalthebelgehäuses greifen – F17-Getriebe.

8 Drehen Sie im Motorraum bei im Leerlauf stehendem Getriebe die Schaltwelle gegen den Uhrzeigersinn zur 3.-Gang-Position und blockieren Sie den Schaltmechanismus, indem Sie den federbelasteten Arretierknopf oben am Getriebe vollständig eindrücken (siehe Abbildung).

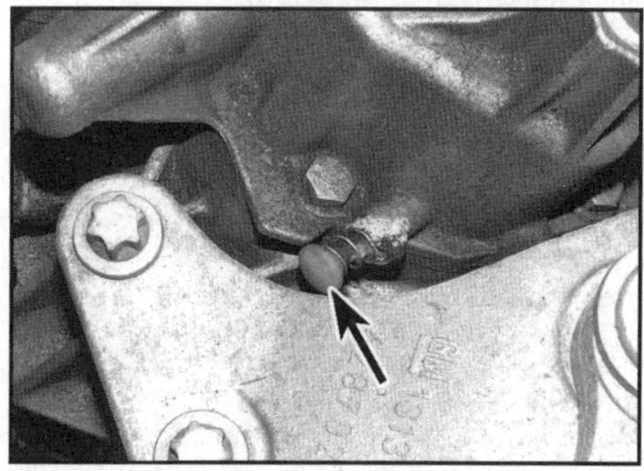

3.8 Blockieren Sie den Schaltmechanismus, indem Sie den Arretierknopf eindrücken – F17-Getriebe.

9 Während sowohl der Schalthebel als auch das Getriebe arretiert sind, wird die Schaltgestänge-Klemmschraube mit 12 Nm angezogen und dann zunächst um 180 und schließlich um 45° weitergedreht.

10 Heben Sie den Arretierblock des Schalthebels aus der Nut des Gehäuses, drehen Sie ihn um 90° zurück in seine ursprüngliche Position und drücken Sie ihn herunter. Verbinden Sie den Stecker der Rückwärtsgang-Sperre mit dem Schalthebel-Knopf.

11 Prüfen Sie die Funktion des Schaltmechanismus – der Arretierknopf am Getriebe muss automatisch herausspringen, sobald der Schalthebel in die Rückwärtsgang-Stellung bewegt wird.

12 Nachdem der Arretierknopf herausgesprungen ist, kann ggf. der Unterfahrschutz montiert und das Fahrzeug abgesenkt werden.
13 Installieren Sie den Batterieträger und die Batterie (siehe Kapitel 5A, Sektion 4).
14 Prüfen Sie, ob sich alle Gänge leicht einlegen lassen – zunächst mit abgeschaltetem Motor und dann bei laufendem Motor mit getretener Kupplung.
15 Verbinden Sie zum Schluss die Schalthebelmanschette mit der Abdeckung und montieren Sie diese auf die Mittelkonsole.

M20-Getriebe

Anmerkung: *Für die Ausführung dieser Prozedur wird eine 5 mm starke Metallstange – z. B. ein Bohrer – benötigt.*
16 Eine Einstellung ist nur nötig, wenn der Mechanismus getrennt oder demontiert wurde. Die Einstellung erfolgt über die Längenverstellung des Schaltzugs am Getriebe-Ende.
17 Entfernen Sie die Batterie samt Träger (siehe Kapitel 5A, Sektion 4).
18 Drücken Sie am Getriebe-Ende des Schaltzugs den federbelasteten Kolben des Einstellers herunter, bis er einrastet.
19 Positionieren Sie den Mechanismus am Getriebe in der Leerlaufstellung; ziehen Sie ihn hoch und führen Sie eine 5 mm starke Stange durch die Bohrung im Gehäuse-Anguss in die Bohrung des Mechanismus ein (siehe Abbildung).

3.19 Sichern Sie den Mechanismus-Hebel mit einem durch den Anguss geführten 5-mm-Bohrer.

20 Befreien Sie die um den Schalthebel herum sitzende vordere Mittelkonsolen-Abdeckung und lösen Sie die darin befestigte Schalthebel-Manschette (Abb. 3.5). Trennen Sie ggf. den Kabelstecker, falten Sie die Manschette über den Schalthebel-Knopf und entfernen Sie die Abdeckung.
21 Lösen Sie am Schalthebelknopf die Verbindung der Rückwärtsgang-Sperre (Abb. 3.6).
22 Drücken Sie den Arretierring am Schalthebel hoch und ziehen Sie den Schalthebel-Knopf ab.
23 Heben Sie den Rückwärtsgang-Arretierblock am Schalthebel hoch und drehen Sie ihn um 90° im Uhrzeigersinn. Drücken Sie den Schalthebel nach links und lassen Sie die Lasche unten am Block in den seitlichen Ausschnitt des Schalthebelgehäuses greifen – der Hebel ist jetzt in der Arretierposition blockiert.
24 Drücken Sie im Motorraum die Kolben-Lasche des Schaltzug-Einstellers nach hinten, um den Einsteller zu befreien.
25 Heben Sie den Arretierblock des Schalthebels aus der Nut des Gehäuses, drehen Sie ihn um 90° zurück in seine ursprüngliche Position und drücken Sie ihn herunter.
26 Richten Sie den Schalthebelknopf am Hebel aus und drücken Sie ihn so weit wie möglich herunter. Drücken Sie den Arretierring herunter und verbinden Sie den Stecker der Rückwärtsgang-Sperre mit dem Schalthebel-Knopf.
27 Entfernen Sie die zum Blockieren des Mechanismus verwendete Stange oder den Bohrer.
28 Installieren Sie den Batterieträger und die Batterie (siehe Kapitel 5A, Sektion 4).
29 Prüfen Sie, ob sich alle Gänge leicht einlegen lassen – zunächst mit abgeschaltetem Motor und dann bei laufendem Motor mit getretener Kupplung.
30 Verbinden Sie zum Schluss die Schalthebelmanschette mit der Abdeckung und montieren Sie diese auf die Mittelkonsole.

4 Schaltmechanismus (F17-Getriebe) – Ausbau und Einbau

1 Der Schaltmechanismus besteht aus dem Schalthebelgehäuse, dem Schaltgestänge und den Hebeln am Getriebe – alle drei Baugruppen können separat demontiert werden.

Schalthebelgehäuse und Schaltgestänge

Ausbau

2 Befreien Sie die um den Schalthebel herum sitzende vordere Mittelkonsolen-Abdeckung und lösen Sie die darin befestigte Schalthebel-Manschette (Abb. 3.5). Trennen Sie ggf. den Kabelstecker, falten Sie die Manschette über den Schalthebel-Knopf und entfernen Sie die Abdeckung.
3 Lösen Sie am Schalthebelknopf die Verbindung der Rückwärtsgang-Sperre (Abb. 3.6).
4 Drücken Sie den Arretierring am Schalthebel hoch und ziehen Sie den Schalthebel-Knopf ab (siehe Abbildung).

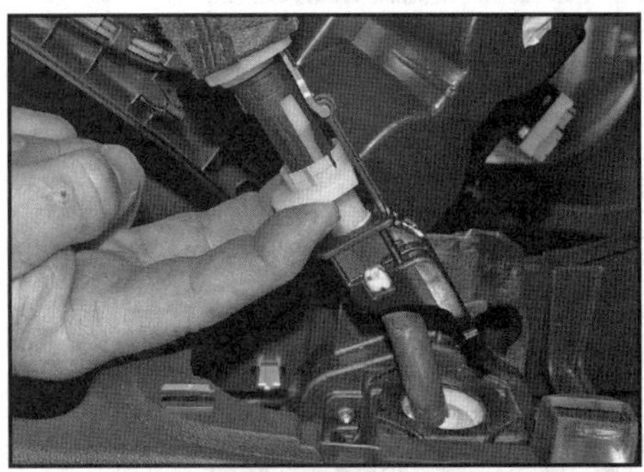

4.4 Drücken Sie den Arretierring am Schalthebel hoch und entfernen Sie den Schalthebel-Knopf.

5 Ziehen Sie die Handbremse fest an, heben Sie dann das Fahrzeug vorn an, und stützen Sie es sicher ab (siehe Seite 351). Entfernen Sie ggf. den Unterfahrschutz.
6 Greifen Sie hinter das Getriebe und lockern Sie die Klemmschraube von am Schaltgestänge (Abb. 3.4), aber entfernen Sie sie nicht. Drücken Sie das Schaltgestänge nach hinten und befreien Sie es aus der Führung.
7 Demontieren Sie die komplette Auspuffanlage (siehe Kapitel 4A, Sektion 15 oder Kapitel 4B, Sektion 20).
8 Lösen Sie ggf. die vier Blechmuttern, mit denen der Hitzeschutz am Unterboden gesichert ist.
9 Lösen Sie die vier Schrauben, die das Schalthebelgehäuse (und ggf. den Hitzeschutz) am Unterboden sichern (siehe Abbildung), und befreien Sie alles nach unten aus dem Fahrzeug heraus; trennen Sie ggf. das Schalthebelgehäuse vom Hitzeschutz.

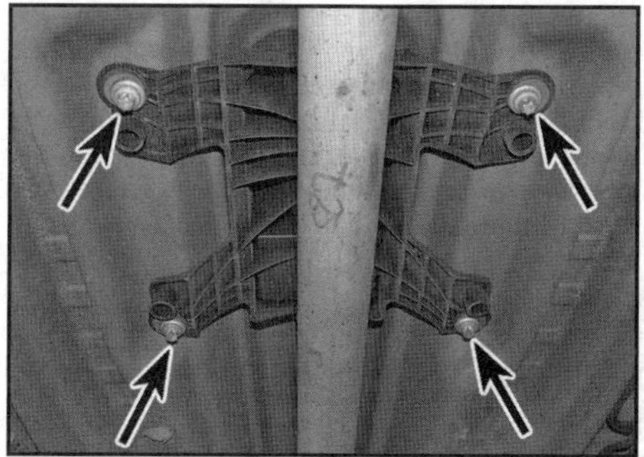

4.9 Lösen Sie die vier Schalthebelgehäuse-Schrauben.

10 Befreien Sie vorn am Schalthebelgehäuse die Gummimanschette.
11 Lösen Sie die zwei Schrauben der Schaltgestänge-Halteplatte und heben Sie diese ab. Befreien Sie das Schaltgestänge aus dem Schalthebel und entfernen Sie es.
12 Lösen Sie die zwei Schrauben, mit denen die Schalthebel-Halteplatte am Gehäuse gesichert ist, und entfernen Sie den Schalthebel.

Einbau

13 Der Einbau entspricht der umgekehrten Ausbaureihenfolge. Ziehen Sie die Schalthebelgehäuse-Schrauben mit 22 Nm an. Stellen Sie den Schaltmechanismus wie in Sektion 3 beschrieben ein.

Getriebe-Hebel

Ausbau

14 Ziehen Sie die Handbremse fest an, heben Sie dann das Fahrzeug vorn an, und stützen Sie es sicher ab (siehe Seite 351). Entfernen Sie ggf. den Unterfahrschutz.
15 Greifen Sie hinter das Getriebe und lockern Sie die Klemmschraube von am Schaltgestänge (Abb. 3.4), aber entfernen Sie sie nicht. Drücken Sie das Schaltgestänge nach hinten und befreien Sie es aus der Führung.
16 Entfernen Sie die zwei Clips und trennen Sie den Hebel von den Schaltführungs-Halterungen (siehe Abbildung).

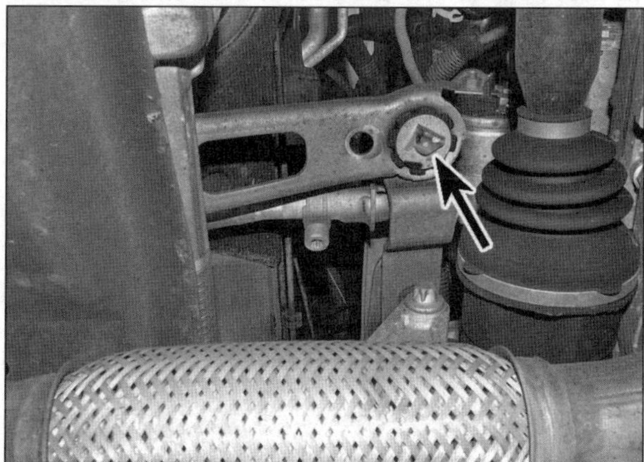

4.16 Clip zur Sicherung des Getriebehebels an der Schaltführungs-Halterung

17 Drücken Sie zum Trennen des Kreuzgelenks vom Schaltgestänge-die Haltefeder und hebeln Sie den Stift heraus (siehe Abbildung).

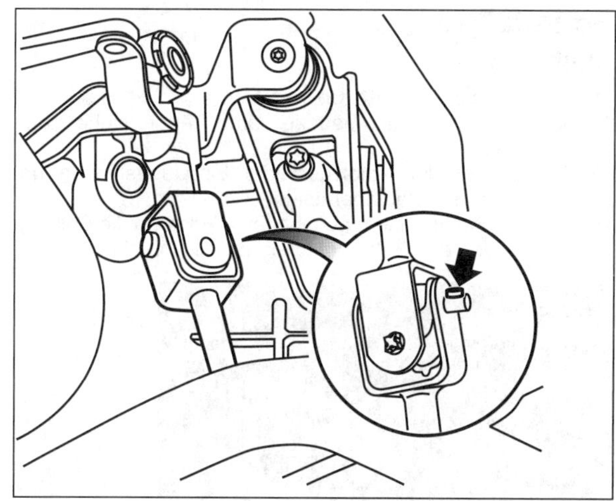

4.17 Ausbau des Schaltgestänge-Kreuzgelenks
Der Pfeil zeigt die Position der Hohlbolzen-Sicherungsfeder.

18 Ziehen Sie die Hebel-Baugruppe nach oben ab.

Einbau

19 Der Einbau entspricht der umgekehrten Ausbaureihenfolge. Stellen Sie den Schaltmechanismus wie in Sektion 3 beschrieben ein.

5 Schaltmechanismus (M20- und M32-Getriebe) – Ausbau und Einbau

Schalthebelgehäuse

Ausbau

1 Befreien Sie die um den Schalthebel herum sitzende vordere Mittelkonsolen-Abdeckung und lösen Sie die darin befestigte Schalthebel-Manschette (Abb. 3.5). Trennen Sie ggf. den Kabelstecker, falten Sie die Manschette über den Schalthebel-Knopf und entfernen Sie die Abdeckung.
2 Lösen Sie am Schalthebelknopf die Verbindung der Rückwärtsgang-Sperre (Abb. 3.6).
3 Drücken Sie den Arretierring am Schalthebel hoch und ziehen Sie den Schalthebel-Knopf ab (Abb. 4.4).
4 Ziehen Sie die Handbremse fest an, heben Sie dann das Fahrzeug vorn an, und stützen Sie es sicher ab (siehe Seite 351). Entfernen Sie ggf. den Unterfahrschutz.
5 Demontieren Sie die komplette Auspuffanlage (siehe Kapitel 4A, Sektion 15 oder Kapitel 4B, Sektion 20).
6 Lösen Sie ggf. die vier Blechmuttern, mit denen der Hitzeschutz am Unterboden gesichert ist.
7 Lösen Sie die vier Schrauben, die das Schalthebelgehäuse (und ggf. den Hitzeschutz) am Unterboden sichern, und befreien Sie alles nach unten aus dem Fahrzeug heraus; trennen Sie ggf. das Schalthebelgehäuse vom Hitzeschutz.
8 Entfernen Sie die Abdeckung unten am Schalthebelgehäuse.
9 Befreien Sie die Schaltzüge von den Anlenkungen am Schalthebelgehäuse und ziehen Sie ihre Hüllen heraus. Entfernen Sie das Gehäuse.

Einbau

10 Der Einbau entspricht der umgekehrten Ausbaureihenfolge. Stellen Sie den Schaltmechanismus wie in Sektion 3 beschrieben ein.

Schaltzüge

Ausbau

11 Führen Sie die Schritte 1 bis 9 durch.
12 Demontieren Sie die Batterie samt Träger (siehe Kapitel 5A, Sektion 4).
13 Notieren Sie im Motorraum die Einbaupositionen der Schaltzüge an den Getriebehebeln.
14 Befreien Sie mit einem gegabelten Werkzeug die Seilzug-Anschlüsse von den Getriebehebeln (siehe Abbildung).

5.14 Befreien Sie die Seilzug-Anschlüsse von den Getriebehebeln.

15 Ziehen Sie die Sicherungshülsen zurück und befreien Sie die Seilzughüllen aus der Halterung am Getriebe; entfernen Sie dann die Schaltzüge.

Einbau

16 Der Einbau entspricht der umgekehrten Ausbaureihenfolge. Stellen Sie den Schaltmechanismus wie in Sektion 3 beschrieben ein.

6 Dichtringe – Ersetzen

Antriebswellen-Dichtringe

F17-Getriebe

1 Betätigen Sie die Handbremse, heben Sie das Fahrzeug vorn an, und stützen Sie es sicher ab (siehe Seite 351). Demontieren Sie ggf. den Unterfahrschutz.
2 Lassen Sie das Getriebeöl ab (siehe Sektion 2).
3 Demontieren Sie die entsprechende Antriebswelle (siehe Kapitel 8, Sektion 2).
4 Notieren Sie die Einbautiefe des Dichtrings in seinem Sitz und hebeln Sie ihn vorsichtig mithilfe eines großen Schraubendrehers heraus (siehe Abbildung).

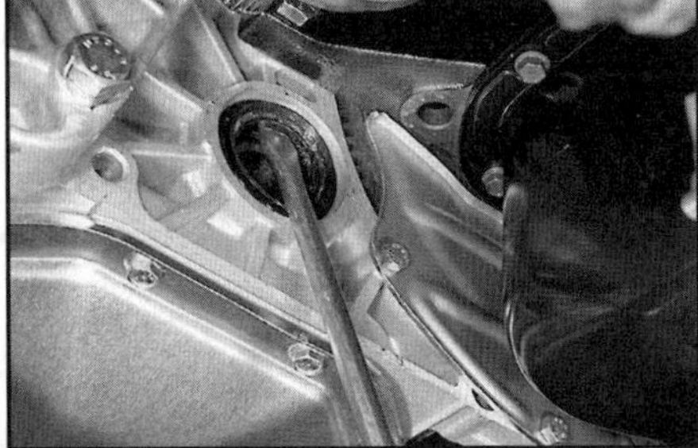

6.4 Hebeln Sie Antriebswellen-Dichtringe mit einem großen Schraubendreher heraus.

5 Reinigen Sie den Bereich um den Dichtring-Sitz. Schmieren Sie die äußere Dichtlippe des neuen Dichtrings mit Fett ein und positionieren Sie diesen mit der Dichtlippe nach innen zeigend an seinem Sitz. Treiben Sie den Dichtring senkrecht ein – nutzen Sie dazu z. B. einen Steckschlüssel, der nur den harten Außenbereich berührt (siehe Abbildung) – beachten Sie die gemessene Einbautiefe.

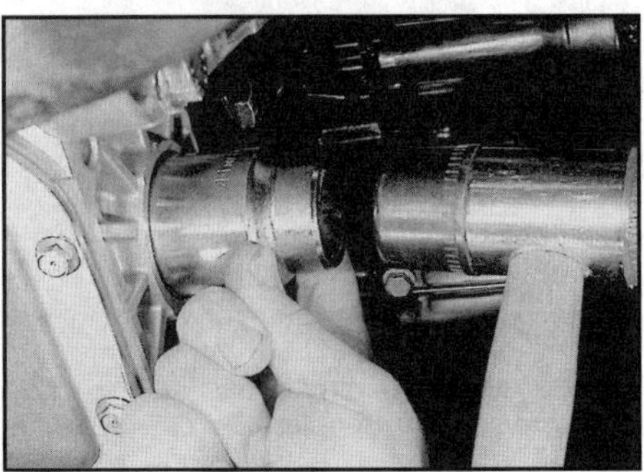

6.5 Klopfen Sie den neuen Dichtring mithilfe eines passenden Steckschlüssels ein.

6 Montieren Sie die Antriebswelle ans Getriebe (siehe Kapitel 8, Sektion 2).
7 Füllen Sie das Getriebe mit dem vorgegebenen Getriebeöl auf (siehe Sektion 2).

M20-Getriebe – rechter Dichtring

8 Der Austausch entspricht der Prozedur in den Schritten 1 bis 7.

M20-Getriebe – linker Dichtring

Anmerkung: *Für diese Operation werden eine hydraulische Presse samt Rohren und Spindeln mit den passenden Durchmessern benötigt.*
9 Betätigen Sie die Handbremse, heben Sie das Fahrzeug vorn an, und stützen Sie es sicher ab (siehe Seite 351). Demontieren Sie ggf. den Unterfahrschutz.
10 Lassen Sie das Getriebeöl ab (siehe Sektion 2).
11 Demontieren Sie die entsprechende Antriebswelle (siehe Kapitel 8, Sektion 2).
12 Lösen Sie die vier Schrauben des seitlich am Differenzialgehäuse sitzenden Dichtring-Trägers und entfernen Sie diesen.
13 Legen Sie den Träger mit der Außenseite nach unten auf den Pressentisch und treiben Sie den Dichtring heraus.
14 Entfernen Sie mit einem kleinen Schraubendreher den O-Ring vom Dichtring-Träger.
15 Stützen Sie die Innenseite des Dichtring-Trägers auf dem Pressentisch ab. Schmieren Sie den neuen Dichtring mit Getriebeöl und pressen Sie ihn mit einem nur auf den harten Außenrand drückenden Rohr oder Steckschlüssel vollständig in den Träger.
16 Rüsten Sie den Dichtring-Träger mit einem neuen O-Ring aus, setzen Sie ihn an das Differenzialgehäuse und ziehen Sie die Schrauben zunächst schrittweise mit 20 Nm an und dann um 45° weiter.
17 Montieren Sie die Antriebswelle ans Getriebe (siehe Kapitel 8, Sektion 2).
18 Füllen Sie das Getriebe mit dem vorgegebenen Getriebeöl auf (siehe Sektion 2).

Eingangswellen-Dichtring

19 Der Eingangswellen-Dichtring ist in den Kupplungs-Ausrückzylinder integriert – falls er undicht ist, muss der gesamte Ausrückzylinder ersetzt werden. Bevor jedoch dieser Dichtring verdächtigt wird, muss geprüft werden, ob die Undichtigkeit nicht durch den Dichtring zwischen dem Ausrückzylinder und dem Getriebegehäuse herrührt – dieser kann nach dem Ausbau des Ausrückzylinders ausgetauscht werden (siehe Kapitel 6, Sektion 4).

7 Rückfahrlichtschalter – Testen, Ausbau und Einbau

Testen

1 Der Stromkreis des Rückfahrlichts wird von einem vorn oben ins Getriebe geschraubten Schalter gesteuert. Prüfen Sie bei einem Problem zuerst, ob nicht die Sicherung des Stromkreises durchgebrannt ist (siehe Kapitel 12).
2 Zum Testen des Schalters muss sein Kabelstecker abgezogen und durch ein auf den Ohm-Bereich geschaltetes Messgerät oder eine Prüflampe samt Stromversorgung der Durchgang an den Schalterkontakten geprüft werden – dieser darf nur bei eingelegtem Rückwärtsgang bestehen; bei anderen Ergebnissen (und keinen offensichtlichen Unterbrechungen der Verkabelung) ist der Schalter defekt und muss ersetzt werden.

Ausbau

3 Der Schalter ist von links oben oder von unten zugänglich – heben Sie das Fahrzeug ggf. an und stützen Sie es sicher ab (siehe Seite 351).
4 Trennen Sie den Stecker des Schalters und schrauben Sie diesen aus dem Getriebe – der O-Ring muss später erneuert werden.

Einbau

5 Der Einbau entspricht der umgekehrten Ausbaureihenfolge. Rüsten Sie den Schalter mit einem neuen O-Ring aus und ziehen Sie ihn mit 20 Nm an.

8 Getriebe – Ausbau und Einbau

Anmerkung: *Diese Operation ist sehr umfangreich. Es kann einfacher sein, den Motor samt Getriebe auszubauen und beide Baugruppen dann zu trennen (siehe Kapitel 2C, Sektion 4 oder 5). Hier wird der Ausbau des Getriebes bei montiertem Motor behandelt. Lesen Sie vor Arbeitsbeginn die gesamte Sektion durch und sorgen Sie dafür, dass alle benötigten Hebevorrichtungen vorhanden sind; auch ein Assistent sollte bereitstehen.*

Ausbau

1 Betätigen Sie die Handbremse, heben Sie das Fahrzeug vorn an, und stützen Sie es sicher ab (siehe Seite 351). Sorgen Sie für genügend Platz, um das Getriebe nach unten aus dem Motorraum zu befreien. Demontieren Sie beide Vorderräder. Demontieren Sie ggf. den Unterfahrschutz und die obere Motorabdeckung.
2 Demontieren Sie die Luftfilter-Baugruppe samt Ansaugstutzen (siehe Kapitel 4A oder 4B, Sektion 3). Entfernen Sie die Batterie samt Träger (siehe Kapitel 5A, Sektion 4).
3 Lassen Sie das Getriebeöl ab (siehe Sektion 2) oder bereiten Sie sich auf austretendes Öl beim Ausbau des Getriebes vor.
4 Schrauben Sie den Deckel des Hydraulik-Ausgleichsbehälters ab und füllen Sie ihn bis zur MAX-Markierung auf (siehe Wöchentliche Kontrollen). Legen Sie ein Stück Frischhaltefolie über die Öffnung und drehen Sie den Deckel wieder auf – so wird bei den folgenden Tätigkeiten der Verlust an Bremsflüssigkeit minimiert.
5 Legen Sie einige Lappen unter den Kupplungsschlauch-Anschluss am Getriebe, hebeln Sie den Drahtbügel ab und ziehen Sie den Schlauch vom Stutzen (siehe Abbildung). Drücken Sie vorsichtig die zwei Enden des Drahtbügels zusammen und installieren Sie ihn wieder in den Anschluss. Entfernen Sie den Dichtring vom Ende des Rohrs – er muss beim Einbau erneuert werden. Verstopfen Sie alle Öffnungen, um das Austreten von Bremsflüssigkeit und das Eindringen von Schmutz zu minimieren bzw. verhindern.
Anmerkung: *Betätigen Sie keinesfalls die Kupplung, während der Hydraulikanschluss getrennt ist!*

8.5 Hebeln Sie den Drahtbügel heraus und trennen Sie den Hydraulikschlauch vom Rohr des Ausrückzylinders.

6 Trennen Sie den Stecker des Rückfahrlichtschalters vorn am Getriebe.
7 Stützen Sie den Motor links am Zylinderkopf mit einem geeigneten Werkstattkran sicher ab.
8 Demontieren Sie den vorderen Hilfsrahmen (siehe Kapitel 10, Sektion 7).
9 Trennen Sie beide Antriebswellen vom Differenzial (siehe Kapitel 8, Sektion 2) – sie können an den Radnaben verbleiben; lassen Sie die Wellen nicht herunterhängen und stützen Sie sie mit Draht oder Bändern ab – andernfalls können die äußeren Gelenke beschädigt werden.
10 Trennen Sie den Schaltmechanismus vom Getriebe (siehe Sektion 4 oder 5).
11 Lösen Sie die drei oberen Schrauben, die das Getriebe am Motor sichern. Ziehen Sie nötigenfalls die Kühlerschläuche hoch und sichern Sie sie mit Kabelbindern abseits des Getriebes.
12 Demontieren Sie die linke Motorhalterung vom Getriebe (siehe Kapitel 2A oder 2B, Sektion 16).
13 Senken Sie den Motor samt Getriebe um etwa 5 cm ab – belasten Sie dabei keine Kühlerschläuche oder Kabel.
14 Demontieren Sie die hintere Motor-Drehmomentstütze (siehe Kapitel 2A oder 2B, Sektion 16).
15 Lösen Sie die vier unteren Schrauben, die das Getriebe am Motor sichern.
16 Stützen Sie das Getriebe sorgfältig mit einer geeigneten Hebevorrichtung ab und lösen Sie die verbliebenen Verbindungsschrauben zum Motor – beachten Sie die Position des Massekabels.
17 Prüfen Sie noch einmal, ob alle Stecker und Schläuche vom Getriebe getrennt und so positioniert sind, dass sie den Ausbau des Getriebes nicht behindern.
18 Ziehen Sie mithilfe eines Assistenten das Getriebe (bei Dieselmotoren samt Adapterplatte) vom Motor ab – belasten Sie dabei nicht seine Eingangswelle, da andernfalls die Reibscheibe der Kupplung beschädigt werden kann. Möglicherweise muss das Getriebe von zwei Passhülsen seitlich

herunter gewackelt werden. Sobald das Getriebe frei ist, kann der Heber abgesenkt und das Getriebe unter dem Fahrzeug heraus manövriert werden.

Einbau

19 Positionieren Sie das Getriebe unter dem Motorraum auf dem Rangierwagenheber, heben Sie es mithilfe eines Assistenten an und führen Sie es an den Motor heran – die Eingangswelle muss in die Verzahnung der Kupplungs-Reibscheibe greifen. Sobald das Getriebe über den Passhülsen am Motor sitzt, werden die Schrauben installiert und mit dem in den technischen Daten angegebenen Drehmoment angezogen.

20 Der Rest des Einbaus entspricht der umgekehrten Ausbaureihenfolge – beachten Sie dabei folgende Punkte:

a) *Ziehen Sie alle Schrauben mit den in den technischen Daten angegebenen Drehmomenten an.*

b) *Ersetzen Sie vor dem Verbinden der Antriebswellen ihre im Getriebe sitzenden Dichtringe (siehe Sektion 6).*

c) *Montieren Sie den vorderen Hilfsrahmen entsprechend der Vorgaben in Kapitel 10, Sektion 7.*

d) *Rüsten Sie das Kupplungshydraulikrohr mit einer neuen Dichtscheibe aus, bevor Sie seinen Anschluss einrasten lassen. Entlüften Sie anschließend die Hydraulik (siehe Kapitel 6,Sektion 2).*

e) *Füllen Sie das vorgeschriebene Getriebeöl auf (siehe Sektion 2).*

f) *Stellen Sie zum Schluss den Schaltmechanismus ein (siehe Sektion 3).*

9 Getriebeüberholung – Allgemeine Informationen

1 Das Überholen eines Schaltgetriebes ist für den Hobbyschrauber eine sehr schwierige Arbeit. Es beinhaltet das Zerlegen und Zusammenbauen vieler Einzelteile. Es müssen zahlreiche Maße ermittelt und Spiel nötigenfalls mit ausgewählten Distanzscheiben und Sicherungsringen ausgeglichen werden. Daher kann ein kompetenter Fahrzeugbesitzer zwar das Getriebe aus- und einbauen, doch sollte er das Überholen einer Fachwerkstatt überlassen. Es sind auch fertig überholte Austauschgetriebe erhältlich – fragen Sie beim Opel-Händler oder einem Getriebespezialisten nach. Der in die Überholung des eigenen Getriebes gesteckte Zeitaufwand und das Geld für Ersatzteile übersteigen fast immer die Kosten für ein Austauschgetriebe.

2 Dennoch ist es auch für einen wenig erfahrenen Schrauber nicht unmöglich, ein Getriebe zu reparieren – vorausgesetzt, alle Spezialwerkzeuge sind vorhanden und die Arbeit wird wohlüberlegt Schritt für Schritt durchgeführt, damit nichts übersehen wird.

3 Zu den für eine Überholung benötigten Werkzeugen gehören: Innen- und Außen-Seegerringzangen, ein Lagerabzieher, ein Zughammer, ein Set Treibdorne, eine Messuhr mit Halterungen und möglichst eine Hydraulikpresse. Zusätzlich werden eine große und solide Werkbank mit einem Schraubstock und ein Getriebeständer benötigt.

4 Beim Zerlegen des Getriebes muss sorgfältig notiert werden, wie und wo alles montiert ist und wie alle Teile in Position gehalten werden.

5 Bevor das Getriebe zum Reparieren zerlegt wird, sollte man wissen, wo die Fehlfunktion auftritt. Manche Probleme können eng mit bestimmten Bereichen im Getriebe in Verbindung gesetzt werden, sodass die Begutachtung und Reparatur einfacher wird. Beachten Sie die »Fehlersuche«-Sektion hinten in diesem Buch, um Informationen über mögliche Fehlerursachen zu erhalten.

Kapitel 7B

Automatikgetriebe

Inhalt — Sektion

Technische Daten

Allgemein

Getriebetyp	Elektronisch gesteuerte adaptive Sechsstufen-Automatik mit Rückwärtsgang, sequentielle manuelle Gangwahl möglich
Bezeichnung	6T30
Modellcode	1XN0A oder 1XN1A

Getriebeöl

Typ	Opel-Automatikgetriebeöl (91 17 946)
Füllmenge (bei Ölwechsel)	ca. 5 Liter
Untersetzungsverhältnis	
1. Gang	4,199 : 1
2. Gang	2,405 : 1
3. Gang	1,583 : 1
4. Gang	1,161 : 1
5. Gang	0,855 : 1
6. Gang	0,685 : 1
Rückwärtsgang	3,0457 : 1
Endantrieb	4,072 : 1

Anzugsdrehmomente	**Nm**
Drehmomentwandler an Antriebsplatte (Schrauben)*	60
Getriebe/Motor-Verbindungsschrauben	
M10-Schrauben	40
M12-Schrauben	60
Motor/Getriebehalterungen	siehe Kapitel 2A oder 2B
Ölablass/Einfüllschraube	12
Ölkühler-Rohre an Getriebe	22
Radbolzen	110
Wahlhebel an Gestänge	30

* *Stets durch Neuteile zu ersetzen*

Schwierigkeitsgrade

Leicht. Geeignet für Anfänger mit wenig Erfahrung.

Relativ leicht. Geeignet für Anfänger mit etwas Erfahrung.

Relativ schwierig. Geeignet für geübte Selbstschrauber.

Schwer. Geeignet für Selbstschrauber mit viel Erfahrung.

Sehr schwer. Geeignet für Experten und Profis.

1 Allgemeine Informationen

1 Das Sechsstufen-Automatikgetriebe ist als Option für 1,4 l-Benzinmotoren und 1,3 l-Dieselmodelle erhältlich. Das Getriebe beinhaltet einen Drehmomentwandler, ein Planetengetriebe sowie hydraulisch betätigte Kupplungen und Bremsen. Das Getriebe wird von einem eigenen Steuergerät über elektronisch gesteuerte Magnetventile überwacht. Neben der vollautomatischen Funktion kann das Getriebe auch manuell per Schaltwippe gesteuert werden.
2 Der Drehmomentwandler wirkt als automatische Flüssigkupplung zwischen dem Motor und dem Getriebe und bietet zudem beim Beschleunigen eine Drehmoment-multiplizierende Wirkung. Der Drehmomentwandler beinhaltet eine vom Steuergerät aktivierte Blockierfunktion, die den Motor mittels eine Kupplung direkt mit dem Getriebe verbindet
3 Das Planetengetriebe bietet sechs Vorwärtsgänge und einen Rückwärtsgang. Die Auswahl hängt davon ab, welche seiner Komponenten gerade von hydraulisch betätigten Bremsen und Kupplungen gehalten oder gelöst sind. Diese Hydraulik wird von einem Steuergerät aktiviert. Eine innerhalb des Getriebes sitzende Hydraulikpumpe sorgt für den erforderlichen Betriebsdruck.
4 Im Automatik-Modus ist das Getriebe vollständig adaptiv, dabei hängen die Gangwechsel von der Position des Gaspedals, der Geschwindigkeit, der Motordrehzahl und dem Betriebszustand des Motors ab. Das Steuergerät empfängt Signale verschiedener Sensoren am Motor und Antriebsstrang und bestimmt daraus die erforderliche Gangstufe.
5 Der Fahrer kann das Getriebe über einen Wahlhebel mit vier Positionen kontrollieren. Fahrstufe D ermöglicht den automatischen Wechsel aller Vorwärtsgänge. Eine »Kickdown«-Funktion lässt das Getriebe einen Gang herunterschalten, sobald das Gaspedal vollständig durchgetreten wird. Sobald der Wahlhebel aus der Position D nach links gedrückt wird, wechselte das Getriebe in den manuellen Modus, bei dem die Gänge sequentiell herauf oder heruntergeschaltet werden können
6 Aufgrund der Komplexität des Automatikgetriebes sollten einige Reparaturen oder Überholarbeiten einer Opel-Werkstatt mit der entsprechenden Spezialausrüstung zur Fehlerdiagnose und Reparatur überlassen werden. Die folgenden Sektionen beinhalten daher vorwiegend allgemeine Informationen sowie Wartungshinweise und Anleitungen, die vom Hobbyschrauber erledigt werden können.

2 Getriebeöl – Ablassen und Auffüllen

Ablassen

1 Stellen Sie das Fahrzeug über eine Grube, auf Rampen oder stützen Sie es sicher ab (siehe Seite 351) – wichtig ist dabei, dass es waagerecht steht.
2 Stellen Sie einen geeigneten Behälter, der mindestens 5 Liter aufnimmt, unter die unten am Getriebe sitzende Ablassschraube und lösen Sie diese, um das Öl vollständig ablaufen zu lassen.
3 Reinigen Sie die Ablassschraube und das Gewinde im Getriebe – entfernen Sie vor allem Metallsplitter. Installieren Sie die Ablassschraube und ziehen Sie sie mit 12 Nm an.

Auffüllen

4 Wischen Sie den Bereich um den oben im Getriebe sitzenden Einfüllstopfen sauber. Entfernen Sie den Entlüftungsschlauch vom Einfüllstopfen und schrauben Sie diesen heraus.
5 Füllen Sie das Getriebe mit fünf Liter Opel-Automatikgetriebeöl (91 17 946) auf – verwenden Sie dazu einen geeigneten Trichter. Installieren Sie den Einfüllstopfen, ziehen Sie ihn mit 12 Nm an und verbinden Sie den Entlüftungsschlauch.
6 Starten Sie den Motor, treten Sie fest aufs Bremspedal und bewegen Sie den Wahlhebel langsam von Position P auf D und wieder zurück – bleiben Sie für etwa drei Sekunden in jeder Position. Lassen Sie den Motor etwa drei Minuten im Standgas laufen, damit sich möglicher Schaum auflöst und der Pegel stabilisiert.
7 Beobachten Sie im Cockpit die Getriebeöl-Temperatur – zur Kontrolle des Pegels muss sie zwischen 85 und 95 °C stehen.
8 Wischen Sie den Bereich um die links hinter dem Antriebswellen-Flansch sitzenden Ölpegel-Kontrollschraube sauber und stellen Sie einen Sammelbehälter darunter. Lassen Sie den Motor weiterhin im Standgas auf Position P laufen und drehen Sie die Kontrollschraube heraus.
9 Lassen Sie überschüssiges Öl aus der Kontrollbohrung herauslaufen, bis es nur noch tropft. Falls keine Öl austritt, muss der Einfüllstopfen entfernt und mehr Öl eingefüllt werden, bis es aus der Kontrollbohrung herauszutropfen beginnt.
10 Wenn der Pegel korrekt ist, wird der Motor abgeschaltet und die gereinigte Kontrollschraube sowie ggf. der Einfüllstopfen installiert.
11 Senken Sie das Fahrzeug ab.

3 Wahlhebel-Seilzug – Einstellung

1 Bewegen Sie den Wahlhebel durch den gesamten Auswahlbereich und kontrollieren Sie, ob das Getriebe den richtigen Gang einlegt. Falls eine Einstellung nötig ist, muss der Seilzug wie folgt eingestellt werden:
2 Positionieren Sie den Wahlhebel in die Park-Position (P).
3 Ziehen Sie im Motorraum den Sicherungsring des Seilzugs zurück und heben Sie den Clip an, um den Seilzug zu trennen. Drehen Sie die Einstellmutter gegen den Uhrzeigersinn, um das Getriebe in die Park-Position zu bringen (siehe Abbildung).

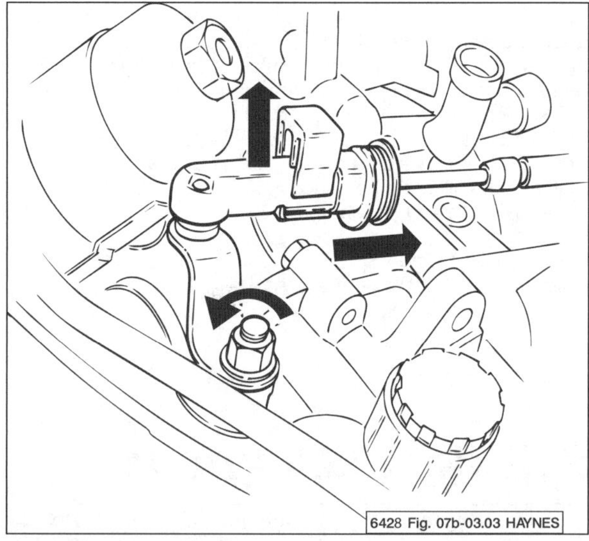

3.3 Ziehen Sie den Sicherungsring zurück, heben Sie den Clip an und drehen Sie die Einstellmutter links herum.

4 Prüfen Sie die Funktion des Wahlhebels und wiederholen Sie nötigenfalls die Einstellung.

4 Wahlhebel-Seilzug – Ausbau und Einbau

Ausbau

1 Demontieren Sie die Wahlhebel-Baugruppe (siehe Sektion 5).
2 Befreien Sie im Fußraum den Gummistopfen aus dem Seilzug-Zugang der Spritzwand, ziehen Sie den Seilzug (samt Stopfen) heraus, um ihn zu entfernen.

Einbau

3 Schieben Sie den Seilzug durch die Spritzwand-Öffnung und drücken Sie den Gummistopfen in seinen Sitz.
4 Verbinden Sie die Seilzughülle mit der Halterung und dem Sicherungs-Clip am Getriebe.
5 Verbinden Sie den Seilzug-Nippel mit dem Kugelgelenk am Wahlhebel und drücken Sie ihn vollständig auf.
6 Montieren Sie die Wahlhebel-Baugruppe (siehe Sektion 5).

5 Wahlhebel-Baugruppe – Ausbau und Einbau

Ausbau

1 Hebeln Sie mit einem geeigneten Zierleisten-Entferner die Umrandung des Wahlhebels hoch.
2 Trennen Sie den Kabelstecker.
3 Ziehen Sie im Motorraum den Seilzug-Sicherungsring zurück und heben Sie den Clip an, um den Seilzug zu befreien (siehe Abbildung).

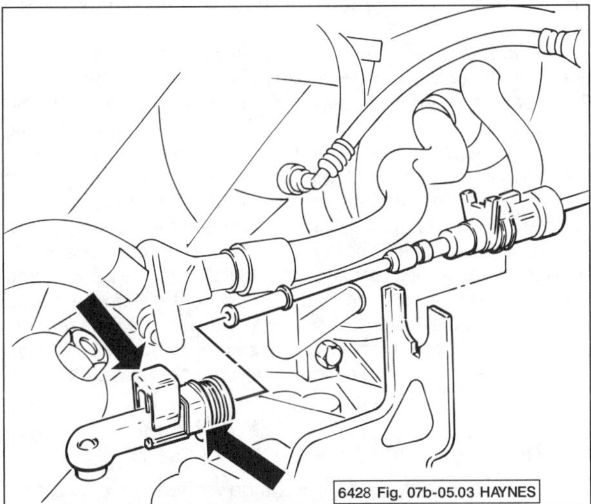

5.3 Ziehen Sie den Sicherungsring zurück, heben Sie den Clip an und befreien Sie den Seilzug.

4 Demontieren Sie die Auspuffanlage (siehe Kapitel 4A, Sektion 15 oder Kapitel 4B, Sektion 20).
5 Lösen Sie an beiden Seiten des Hitzeschutzes die zwei Schrauben und entfernen Sie dann die vier zentralen Schrauben. **Anmerkung**: *Weil der Wahlhebel samt Gehäuse ebenfalls mit diesen Schrauben gesichert sind, wird eine zweite Person benötigt, damit die Baugruppe vorsichtig aus dem Fahrzeug befreit werden kann.*
6 Lösen Sie die vier Schrauben, um die Wahlhebel-Baugruppe aus dem Hauptgehäuse zu befreien (siehe Abbildung).

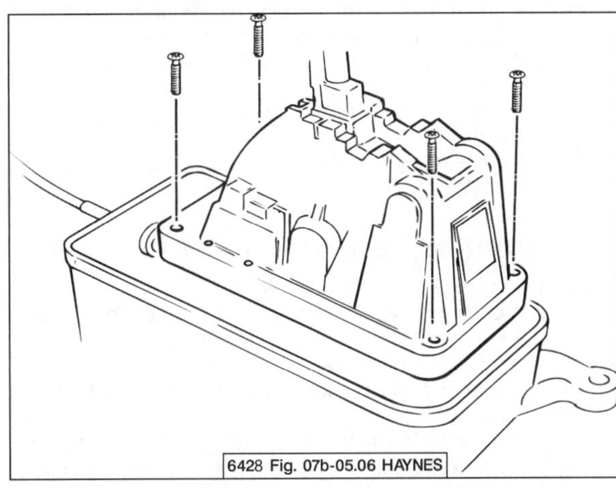

5.6 Lösen Sie die vier Schrauben, um die Wahlhebel-Baugruppe zu befreien.

7 Hebeln Sie den Sicherungsbügel ab und befreien Sie den Seilzug vom Wahlhebel und aus dem Gehäuse (siehe Abbildung).

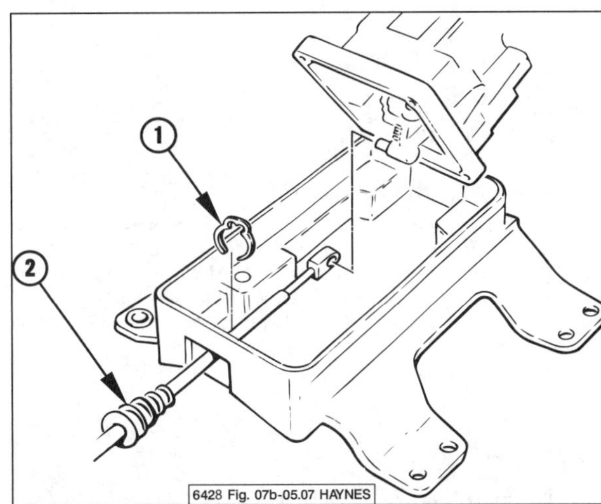

5.7 Hebeln Sie den Sicherungsbügel (1) ab und befreien Sie den Seilzug (2).

Einbau

8 Der Einbau entspricht der umgekehrten Ausbaureihenfolge. Stellen Sie den Wahlhebel-Seilzug wie in Sektion 3 beschrieben ein.

6 Dichtringe – Ersetzen

Antriebswellen-Dichtringe

1 Demontieren Sie die entsprechende Antriebswelle (siehe Kapitel 8, Sektion 2).

2 Notieren Sie die Einbautiefe des Dichtrings in seinem Sitz und hebeln Sie ihn vorsichtig mithilfe eines großen Schraubendrehers heraus.
3 Reinigen Sie den Bereich um den Dichtring-Sitz. Schmieren Sie die äußere Dichtlippe des neuen Dichtrings mit Getriebeöl ein und positionieren Sie diesen mit der Dichtlippe nach innen zeigend an seinem Sitz. Treiben Sie den Dichtring senkrecht ein – nutzen Sie dazu z. B. einen Steckschlüssel, der nur den harten Außenbereich berührt – beachten Sie die gemessene Einbautiefe.
4 Montieren Sie die Antriebswelle ans Getriebe (siehe Kapitel 8, Sektion 2).
5 Füllen Sie das Getriebe mit dem vorgegebenen Getriebeöl auf (siehe Sektion 2).

Drehmomentwandler-Dichtring

6 Demontieren Sie das Getriebe (siehe Sektion 8).
7 Ziehen Sie vorsichtig den Drehmomentwandler von der Getriebewelle – seien Sie auf austretendes Öl vorbereitet.
8 Notieren Sie die Einbauposition des Dichtrings im Ölpumpengehäuse und hebeln Sie ihn vorsichtig heraus, ohne seinen Sitz zu beschädigen.
9 Entfernen Sie im Bereich des Dichtring-Sitzes sämtlichen Schmutz. Schmieren Sie den neuen Dichtring mit etwas Getriebeöl und installieren Sie ihn mit der Dichtlippe nach innen.
10 Schmieren Sie den Dichtring mit frischem Getriebeöl und schieben Sie den Drehmomentwandler drehend auf die Getriebewelle, bis er an der Ölpumpe anliegt.
11 Montieren Sie das Getriebe an den Motor oder bauen Sie es ein (siehe Sektion 8).

7 Steuergerät – Ausbau und Einbau

Anmerkung: *Das Automatikgetriebe-Steuergerät ist in die Magnetventil-Baugruppe integriert. Für den Zugang hierzu muss das Getriebe teilweise zerlegt werden – eine Arbeit, die die Fähigkeiten der meisten Hobbyschrauber deutlich übersteigt und daher einer Poel-Werkstatt oder einem Getriebe-Spezialisten überlassen werden sollte.*

8 Getriebe – Ausbau und Einbau

Anmerkung: Für die Montage des Drehmomentwandlers an die Antriebsplatte werden neue Schrauben benötigt.

Ausbau

1 Ziehen Sie die Handbremse, heben Sie das Fahrzeug vorn an, und stützen Sie es sicher ab (siehe Seite 351). Sorgen Sie für genügend Platz, um das Getriebe nach unten aus dem Motorraum zu befreien. Demontieren Sie beide Vorderräder. Demontieren Sie ggf. den Unterfahrschutz und die obere Motorabdeckung.
2 Lassen Sie das Getriebeöl ab (siehe Sektion 2). Installieren Sie die Ablassschraube und ziehen Sie sie mit 12 Nm an.
3 Entfernen Sie die Batterie samt Träger (siehe Kapitel 5A, Sektion 4).
4 Befreien Sie den Kabelbaum des Getriebe-Steuergeräts aus seinen Halterungen und trennen Sie den Stecker vom Steuergerät.
5 Hebeln Sie z. B. mit einem großen Schraubendreher den Seilzug vom Kugelgelenk des Wahlhebels.
6 Drücken Sie mit einer Spitzzange die Clips der Seilzughülle zusammen und heben Sie diese aus der Halterung am Getriebe.
7 Befreien Sie die Batterieverkabelung aus allen Befestigungen am Motor und Getriebe.
8 Demontieren Sie beide Antriebswellen (siehe Kapitel 8, Sektion 2).
9 Lösen Sie die oberen Schrauben, die das Getriebe am Motor sichern.
10 Demontieren Sie den vorderen Hilfsrahmen (siehe Kapitel 10, Sektion 7).
11 Stützen Sie den Motor links am Zylinderkopf mit einem geeigneten Werkstattkran sicher ab – hierbei sollten Haltestangen des Typs verwendet werden, die in den Seiten-Kanälen des Motorraums auf Holzblöcken positioniert werden können.
12 Lösen Sie die drei Schrauben und demontieren Sie die hintere Motor-Drehmomentstütze vom Getriebe (siehe Kapitel 2A oder 2B, Sektion 16).
13 Lösen Sie am Getriebe die zentrale Befestigungsmutter der Ölkühlerleitungen. Bedecken Sie die Enden der Rohre und verstopfen Sie die Öffnung am Getriebe, damit kein Schmutz eindringt.
14 Lösen Sie die zwei Schrauben und demontieren Sie die vordere Motor-Drehmomentstütze vom Getriebe (siehe Kapitel 2A oder 2B, Sektion 16).
15 Demontieren Sie den Anlasser (siehe Kapitel 5A, Sektion 11).
16 Drehen Sie die Kurbelwellen-Riemenscheibe mithilfe eines geeigneten Steckschlüssels samt Verlängerung, bis eine der Schrauben, die den Drehmomentwandler an der Antriebsplatte sichern, durch die Öffnung direkt über dem Sitz des Anlassers zugänglich wird. Lösen und entfernen Sie die Schraube, drehen Sie die Kurbelwelle weiter und entfernen Sie die anderen zwei Schrauben auf die gleiche Weise – alle Schrauben müssen später erneuert werden.
17 Befreien Sie den Entlüftungsschlauch oben vom Getriebe.
18 Positionieren Sie einen Rangierwagenheber samt Holz unter dem Getriebe und stützen Sie es damit ab.
19 Markieren Sie an der linken Motor/Getriebe-Halterung die Positionen der drei Schrauben am Getriebe und entfernen Sie sie.
20 Senken Sie den Motor samt Getriebe um etwa 5 cm ab – belasten Sie dabei keine Kühlerschläuche oder Kabel.
21 Lösen Sie die verbliebenen Schrauben, die das Getriebe am Motor und am Ölwannenflansch sichern – beachten Sie deren Einbaupositionen. Prüfen Sie noch einmal, ob alle Stecker und Schläuche vom Getriebe getrennt und so positioniert sind, dass sie den Ausbau des Getriebes nicht behindern.
22 Ziehen Sie mithilfe eines Assistenten das Getriebe von den Passhülsen des Motors ab – achten Sie darauf, dass der Drehmomentwandler nicht herunterfällt. Sobald es frei ist, kann der Heber abgesenkt und das Getriebe unter dem Fahrzeug heraus manövriert werden. Stellen Sie ggf. die Passhülsen aus dem Motor oder dem Getriebe sicher. Schrauben Sie ggf. einen Metallstreifen über die Getriebeglocke, um den Drehmomentwandler darin zu sichern.

Einbau

23 Der Einbau entspricht der umgekehrten Ausbaureihenfolge – beachten Sie dabei folgende Punkte:
a) *Entfernen Sie mit einem Gewindebohrer sämtliche Sicherungspasten-Reste aus den Bohrungen des Drehmomentwandlers; nötigenfalls kann eine der alten Schrauben mit einem Schlitz versehen werden, um diese Aufgabe damit zu erledigen.*
b) *Die Passhülsen müssen im Getriebe oder Motorgehäuse stecken.*

c) *Schmieren Sie den Fixierdorn des Drehmomentwandlers und seine Zentrierbuchse am Ende der Kurbelwelle mit etwas Molybdänfett.*
d) *Installieren Sie die Verbindungsschrauben zum Motor in ihre ursprüngliche Bohrungen. Ziehen Sie alle Schrauben schrittweise und über Kreuz mit den in den technischen Daten angegebenen Drehmomenten an.*
e) *Sichern Sie den Drehmomentwandler zunächst mit handfest hingedrehten neuen Schrauben an der Antriebsplatte und ziehen Sie diese nach und nach bis zum Drehmoment von 60 Nm an*
f) *Erneuern Sie ggf. die Antriebswellen-Dichtringe (siehe Sektion 6) und montieren Sie die Antriebswellen (siehe Kapitel 8, Sektion 2).*
g) *Montieren Sie den vorderen Hilfsrahmen, beachten Sie dabei die Hinweise in Kapitel 10, Sektion 7.*
h) *Füllen Sie das Getriebe mit Getriebeöl auf (siehe Sektion 2).*
i) *Stellen Sie den Wahlhebel-Seilzug wie in Sektion 3 beschrieben ein.*

9 Getriebeüberholung – Allgemeine Informationen

1 Bei einem Defekt am Automatikgetriebe muss zunächst bestimmt werden, ob dieser elektrischer, mechanischer oder hydraulischer Natur ist – und hierfür ist eine spezielle Prüfausrüstung nötig, wie sie nur eine Fachwerkstatt vorhält.

2 Das Getriebe darf nicht ausgebaut werden, bevor eine professionelle Fehlerdiagnose durchgeführt wurde – die meisten Tests können nur bei eingebautem Getriebe durchgeführt werden.

3 Beachten Sie die »Fehlersuche«-Sektion hinten in diesem Buch, um Informationen über mögliche Fehlerursachen zu erhalten.

Kapitel 8

Antriebswellen

Inhalt — Sektion

Technische Daten

Typ . . . . unterschiedlich lange Stahl-Wellen mit Kugel-Gleichlaufgelenken an beiden Enden

Schmiermittel – nur zum Überholen (siehe Text)

Typ . . . . Verwenden Sie nur den neuen Manschetten beigefügten Schmierstoff – neue Gleichlaufgelenke sind bereits mit einer Fettfüllung versehen und abgedichtet.

Anzugsdrehmomente	Nm
Antriebswellenmutter*	
Schritt 1	70
Schritt 2	um 60° weiter
Schritt 3	um 5° weiter
Muttern des Querlenker-Kugelgelenks*	60
Radbolzen	110
Spurstangenköpfe an Achsträger*	35

** Stets durch Neuteile zu ersetzen*

Schwierigkeitsgrade

Leicht. Geeignet für Anfänger mit wenig Erfahrung. 	**Relativ leicht.** Geeignet für Anfänger mit etwas Erfahrung. 	**Relativ schwierig.** Geeignet für geübte Selbstschrauber. 	**Schwer.** Geeignet für Selbstschrauber mit viel Erfahrung. 	**Sehr schwer.** Geeignet für Experten und Profis. 

1 Allgemeine Informationen

1 Der Antrieb vom Differenzial auf die Vorderräder erfolgt über unterschiedlich lange Antriebswellen. Weil das Getriebe links am Motor sitzt, ist die rechte Welle länger.
2 Beide Antriebswellen sind außen mit Kerbverzahnungen und einem Gewinde versehen, um die Radnaben aufzunehmen, die mit einer großen Mutter befestigt werden. Innen stecken die Wellen mit Kerbverzahnungen in den Differenzial-Sonnenrädern. Bei manchen Modellen ist die rechts Antriebswelle mit einem Vibrationsdämpfer ausgerüstet.
3 An beiden Enden der Antriebswellen sitzen Kugel-Gleichlaufgelenke, um die Kraft bei allen durch Lenkung und Federung vorgegebenen Winkeln sanft und wirkungsvoll auf die Räder übertragen zu können.

2 Antriebswellen – Ausbau und Einbau

Anmerkung: *Beim Einbau müssen die Antriebswellenmutter, der Federring des inneren Gelenks, die Klemmschraube samt Mutter des Querlenkers und die Spurstangenmutter durch Neuteile ersetzt werden. Die Antriebswelle kann sehr fest in der Nabenverzahnung sitzen, sodass ein Abzieher benötigt wird, um die Nabe von der Welle zu befreien.*

> ***Praxis-Tipp*** — ***Falls die Arbeit ohne die Hilfe eines Assistenten erledigt wird, muss die Antriebswellenmutter (nach dem Entfernen der Abdeckung) bei noch auf dem Boden stehendem Fahrzeug gelockert werden.***

Ausbau

1 Ziehen Sie die Handbremse, heben Sie das Fahrzeug vorn an, und stützen Sie es sicher ab (siehe Seite 351). Demontieren Sie das entsprechende Vorderrad.
2 Drehen Sie die Kappe der Antriebswellenmutter ab (siehe Abbildung).

2.2 Entfernen Sie die Antriebswellenmutter-Kappe.

3 Biegen Sie mit einem Dorn und einem Hammer das Sicherungsblech der Antriebswellenmutter zurück (siehe Abbildung).

2.3 Biegen Sie den Rand der Antriebswellenmutter mit einem Dorn zurück.

4 Drehen Sie mindestens zwei Radbolzen in die Radnabe und ziehen Sie sie sorgfältig an. Lassen Sie einen Assistenten fest die Bremse treten und lockern Sie mithilfe eines Steckschlüssels samt Verlängerung die Antriebswellenmutter. Alternativ kann zum Kontern ein selbst angefertigtes Werkzeug verwendet werden, das mit zwei Radbolzen an die Nabe geschraubt wird (siehe Abbildung).

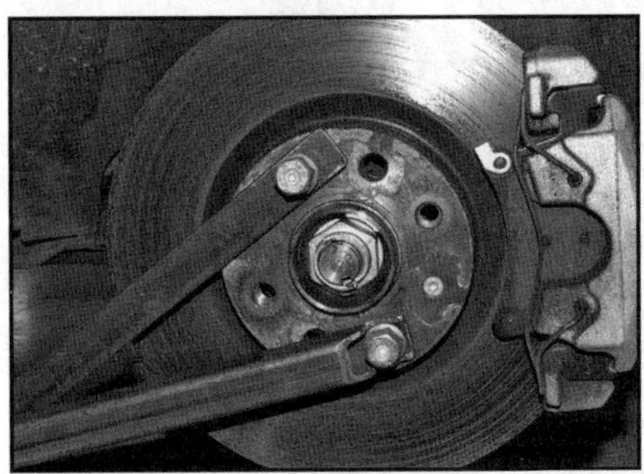

2.4 Aus zwei miteinander verschraubten Stahlbändern kann ein Werkzeug zum Blockieren der Radnabe gebaut werden.

5 Drehen Sie die Antriebswellenmutter ab – beim Einbau muss eine neue verwendet werden.
6 Lösen Sie die Mutter, die den Spurstangenkopf am Achsgelenk sichert, und ziehen Sie den Kopf mithilfe eines Universal-Kugelkopfabziehers ab (siehe Abbildung) – die Mutter muss später durch ein Neuteil ersetzt werden.

2.6 Lösen Sie die Mutter und trennen Sie den Spurstangenkopf mithilfe eines Abziehers vom Achsgelenk.

7 Lösen Sie die Mutter der Querlenker-Klemmschraube und ziehen Sie diese aus dem Achsgelenk (siehe Abbildung) – die Mutter muss später durch ein Neuteil ersetzt werden.

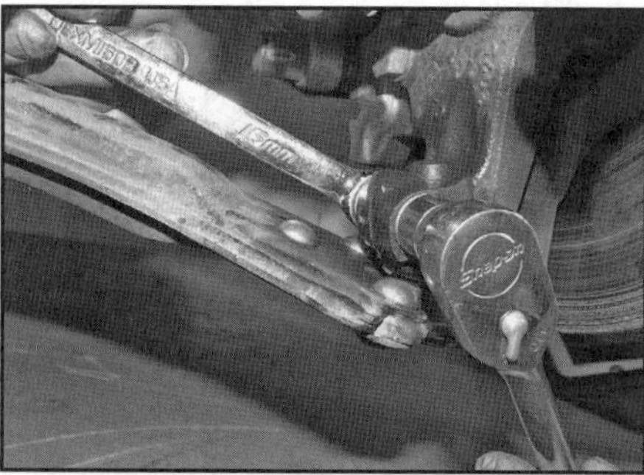

2.7 Lösen Sie die Mutter und ziehen Sie die Querlenker-Klemmschraube aus dem Achsgelenk.

8 Spreizen Sie mithilfe eines Meißels oder großen Schraubendrehers den unteren Teil des Achsgelenks auseinander (siehe Abbildung).

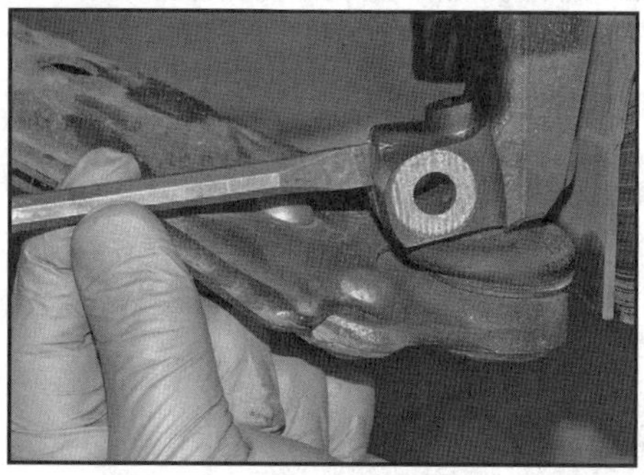

2.8 Spreizen Sie den unteren Teil des Achsgelenks auseinander.

9 Drücken Sie mit einem geeigneten Hebel den Querlenker herunter, um das Kugelgelenk aus dem Achsgelenk zu befreien (siehe Abbildung), schwenken Sie dann das Gelenk beiseite und befreien Sie das Kugelgelenk, ohne seine Gummimanschette zu beschädigen.

2.9 Drücken Sie den Querlenker herunter, um das Kugelgelenk aus dem Achsgelenk zu befreien.

10 Das Achsgelenk muss jetzt von der Antriebswelle befreit werden – falls es sich nicht einfach abziehen lässt, muss die Welle mit einem weichen Hammer abgeklopft werden, während am Gelenk gezogen wird (siehe Abbildungen) – alternativ kann ein die Welle mit einem geeigneten Abzieher herausgepresst werden.

2.10a Treiben Sie die Antriebswelle mit einem weichen Hammer aus der Nabe ...

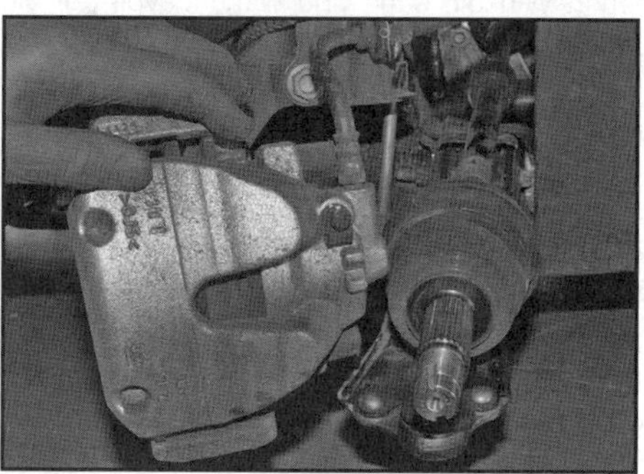

2.10b ... und ziehen Sie das Achsgelenk ab.

11 Demontieren Sie ggf. den Spritzschutz unten im Motorraum. Stellen Sie einen Sammelbehälter unter das Getriebe, um Ölspritzer aufzunehmen.
12 Um das innere Ende der Antriebsende aus dem Differenzial zu befreien, wird ein geeigneter Hebel benötigt. Zum Lösen der rechten Antriebswelle eignet sich eine flache Stahlstange, an der eine Seite abgeschrägt ist; die linke Antriebswelle lässt sich schwieriger befreien und es wird eine viereckige Stange benötigt.
13 Setzen Sie den Hebel zwischen der Antriebswelle und dem Differenzialgehäuse an, um den Federring aus dem Differenzial zu befreien. Ziehen Sie die Welle vorsichtig aus dem Getriebe, ohne dabei den Dichtring zu beschädigen, und befreien Sie sie nach unten aus dem Fahrzeug (siehe Abbildung).

2.13 Hebeln Sie das innere Antriebswellengelenk aus dem Getriebe, um den Federring zu befreien.

14 Verstopfen Sie die Öffnung im Getriebe, um kein weiteres Öl austreten und keinen Schmutz eindringen zu lassen.
Achtung: Lassen Sie das Fahrzeug nicht bei ausgebauten Antriebswellen auf den Rädern stehen, da hierbei die Radlager beschädigt werden können. Falls das Fahrzeug gerollt werden muss, müssen die Radlager mithilfe einer

langen Gewindestange und Distanzhülsen verklemmt werden, um das äußere Antriebswellengelenk zu ersetzen.

Einbau

15 Begutachten Sie vor dem Einbau die Dichtringe im Getriebe auf Schäden und Alterungserscheinungen und ersetzen Sie sie nötigenfalls (siehe Kapitel 7A oder 7B).

16 Entfernen Sie den Federring vom inneren Wellenzapfen und ersetzen Sie ihn durch ein Neuteil – dieser muss korrekt in seiner Nut sitzen (siehe Abbildung).

2.16 Der neue Federring muss in der Nut des inneren Wellenzapfens sitzen.

17 Reinigen Sie sorgfältig die Verzahnungen der Antriebswelle und ihre Sitze im Getriebe und dem Achsgelenk. Schmieren Sie die Verzahnungen und Bunde der Welle sowie die Dichtlippen der Simmerringe dünn mit Fett ein. Prüfen Sie, ob alle Manschetten-Schellen fest sitzen.

18 Entfernen Sie den/die Stopfen aus dem Getriebe (siehe Schritt 13) und führen Sie die Antriebswelle in die Verzahnung des Differenzial-Sonnenrades ein – beschädigen Sie dabei nicht den Dichtring.

19 Platzieren Sie z. B. einen Schraubendreher an der Nut oder der Schweißperle des inneren Gleichlaufgelenks – aber nicht an der Manschette – und treiben Sie die Welle ins Differenzialgehäuse, bis der Federring einrastet (siehe Abbildung). Ziehen Sie am Gelenk – nicht an der Welle –, um sicherzugehen, dass der Federring eingerastet ist.

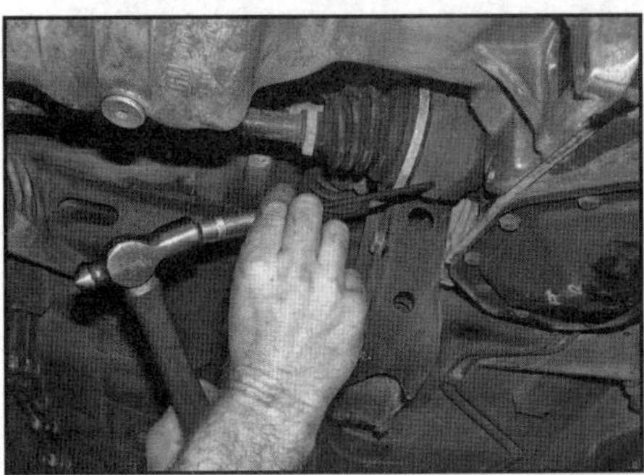

2.19 Treiben Sie die Antriebswelle mithilfe eines am Schweißpunkt des Gelenks angesetzten Werkzeugs ein, bis der Federring einrastet.

20 Richten Sie die Verzahnung des äußeren Gleichlaufgelenks zur Nabe des Achsgelenks aus und schieben Sie den Zapfen ein.

21 Drücken Sie mithilfe eines Hebels den Querlenker herunter, positionieren Sie das Kugelgelenk und lösen Sie den Querlenker wieder, damit der Zapfen ins Achsgelenk greift.

22 Installieren Sie die Kugelgelenk-Klemmschraube von vorn ins Achsgelenk, drehen Sie eine neue Mutter auf und ziehen Sie sie mit 60 Nm an.

23 Setzen Sie den Spurstangenkopf am Achsgelenk an, drehen Sie eine neue Mutter auf und ziehen Sie sie mit 35 Nm an.

24 Drehen Sie eine neue Antriebswellenmutter auf, blockieren Sie die Radnabe und ziehen Sie die Mutter zunächst mit 70 Nm an. Ziehen Sie sie dann in zwei weiteren Schritten zunächst um 60° und dann um 5° weiter.

25 Verstemmen Sie mit einem Dorn den Bund der korrekt angezogenen Mutter an zwei Stellen in die Nut der Antriebswelle, um sie zu sichern (siehe Abbildung). Installieren Sie ggf. die Kappe.

2.25 Verstemmen Sie den Bund der Mutter an zwei Stellen in die Nut der Antriebswelle.

26 Montieren Sie ggf. den Spritzschutz unter das Getriebe. Bauen Sie das Vorderrad an, senken Sie das Fahrzeug ab und ziehen Sie die Radbolzen mit 110 Nm an.

27 Kontrollieren Sie den Getriebeölpegel und füllen Sie ggf. Öl nach (siehe Kapitel 7A oder 7B, Sektion 2).

3 Antriebswellenmanschetten – Ersetzen

Äußere Gelenkmanschette

1 Demontieren Sie die Antriebswelle (siehe Sektion 2).

2 Lösen Sie die zwei Schellen der äußeren Manschette, schneiden Sie sie nötigenfalls mit einer kleinen Metallsäge auf (siehe Abbildung). Spreizen Sie die Schellen, um sie von der Manschette zu befreien.

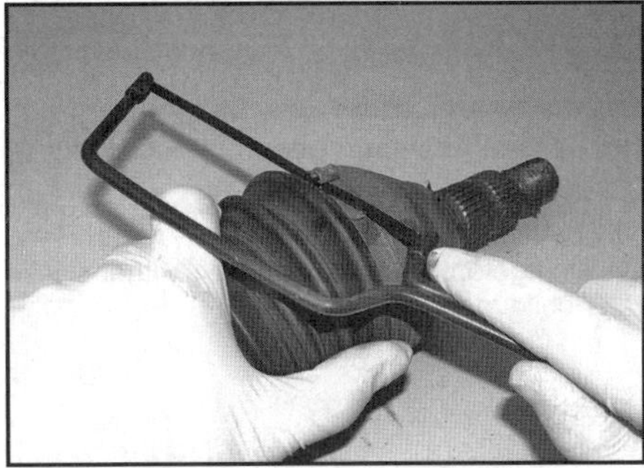

3.2 Entfernen Sie die Schelle ggf. mithilfe einer Metallsäge.

3 Ziehen Sie die Manschette zurück, um das äußere Gleichlaufgelenk freizulegen – schneiden Sie sie nötigenfalls auf (siehe Abbildung).

3.3 Schneiden Sie die Manschette nötigenfalls auf, um sie zu entfernen.

4 Verwenden Sie alte Lappen, um möglichst viel Fett vom Gleichlaufgelenk abzuwischen – tragen Sie hierbei Einweg-Handschuhe.

5 Das äußere Gleichlaufgelenk ist mit einem Federring oder Seegerring auf der Antriebswelle gesichert. Drücken Sie diesen mit einer Seegerringzange auseinander, während das Gelenk befreit wird (siehe Abbildungen) – der Ring muss später erneuert werden.

3.5a Der Federring oder Seegerring des äußeren Gleichlaufgelenks ...

3.5b ... muss bei dessen Abziehen gespreizt werden.

6 Klopfen Sie mit einem Gummihammer kräftig auf den Rand des äußeren Gleichlaufgelenks, um es von der Antriebswelle zu befreien (siehe Abbildungen).

3.6 Klopfen Sie das äußere Gleichlaufgelenk von der Antriebswelle.

7 Sobald das Gelenk entfernt ist, muss der Federring aus ihm befreit oder der Seegerring aus der Nut der Antriebswelle entfernt werden (siehe Abbildung) – ersetzen Sie den jeweiligen Ring durch ein Neuteil.

3.7 Entfernen Sie ggf. den Seegerring aus der Nut der Antriebswelle.

8 Falls nicht aufgeschnitten, muss jetzt die Manschette von der Antriebswelle gezogen werden.

9 Wischen Sie noch vorhandenes Fett aus dem Gleichlaufgelenk, aber waschen Sie es nicht mit Lösungsmittel aus, um seine Komponenten zu kontrollieren.

10 Falls bei der Kontrolle an irgendeiner Komponente des Gleichlaufgelenks Schäden oder Verschleiß festgestellt werden, muss das gesamte Gelenk ersetzt werden. Beschaffen Sie ein neues Manschetten-Set, dem auch neue Schellen, Seegerringe und passendes Fett beiliegen sollten (siehe Abbildung).

3.10 Das Manschetten-Set samt Schellen, Seegerring und Fett

11 Schieben Sie die neue Manschette samt Schellen auf die Antriebswelle (siehe Abbildung).

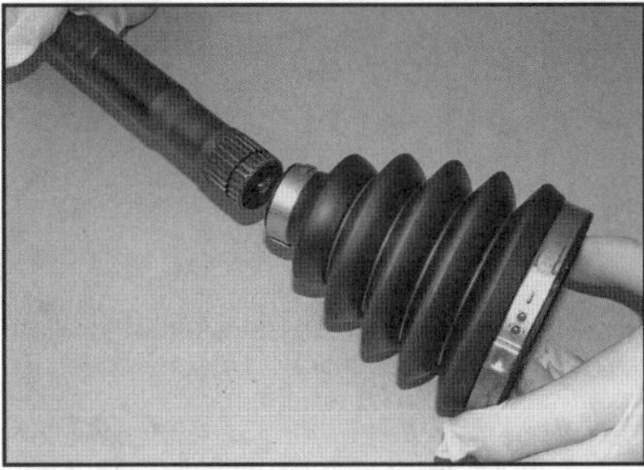

3.11 Schieben Sie die neue Manschette samt Schellen auf die Antriebswelle.

12 Installieren Sie einen neuen Federring an das Gleichlaufgelenk oder einen neuen Seegerring in die Nut der Antriebswelle (siehe Abbildungen).

3.12a Installieren Sie einen neuen Federring an das Gleichlaufgelenk ...

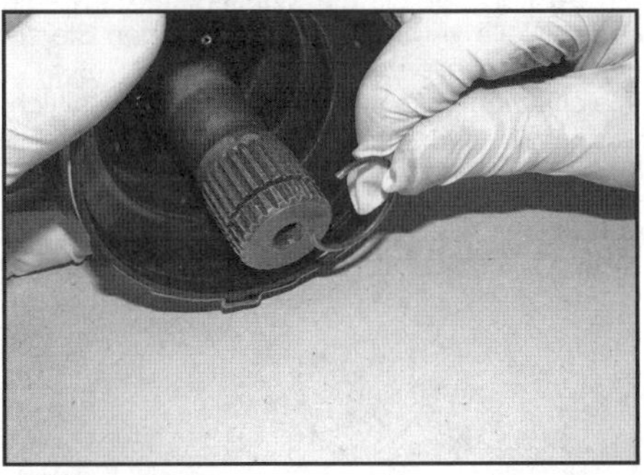

3.12b oder einen neuen Seegerring in die Nut der Antriebswelle.

13 Füllen Sie das Gelenk mit dem beigefügten Fett (siehe Abbildung). Arbeiten Sie das Fett gut in die Kugel-Laufbahnen ein, während Sie das Gelenk hin und her schwenken. Füllen Sie das restliche Fett in die Manschette.

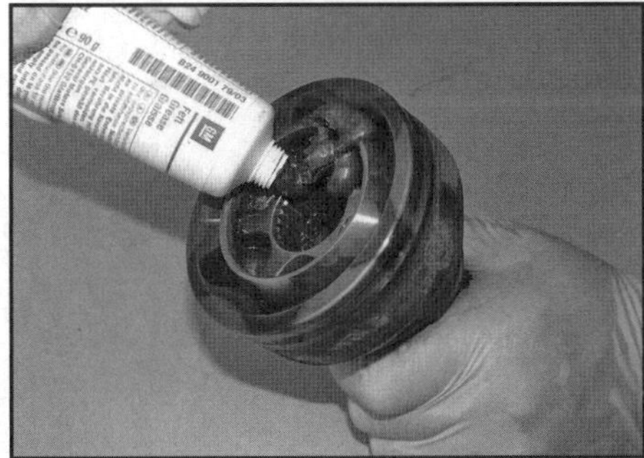

3.13 Füllen Sie das Gelenk mit dem beigefügten Fett.

14 Drehen Sie die Antriebswellenmutter zwei bis drei Umdrehungen auf, um das Gewinde zu schützen. Klopfen Sie das Gelenk mit einem weichen Hammer auf die Antriebswelle, bis der Federring oder der Seegerring einrastet (siehe Abbildung) – ziehen Sie am Gelenk, um dies sicherzustellen.

3.14 Klopfen Sie das Gelenk auf die Antriebswelle, bis es einrastet.

15 Schieben Sie die Manschette über das Gelenk – ihre Dichtlippen müssen in den Nuten des Gelenks und der Welle sitzen. Heben Sie die äußere Dichtlippe leicht an, um den Luftdruck entweichen zu lassen.
16 Ziehen Sie die große Schelle so fest wie möglich an und richten Sie die Haken der Schelle in ihren Nuten aus, drücken Sie dann die Erhebungen der Schelle mit einer geeigneten Zange zusammen. Sichern Sie die kleine Schelle auf die gleiche Weise (siehe Abbildungen).

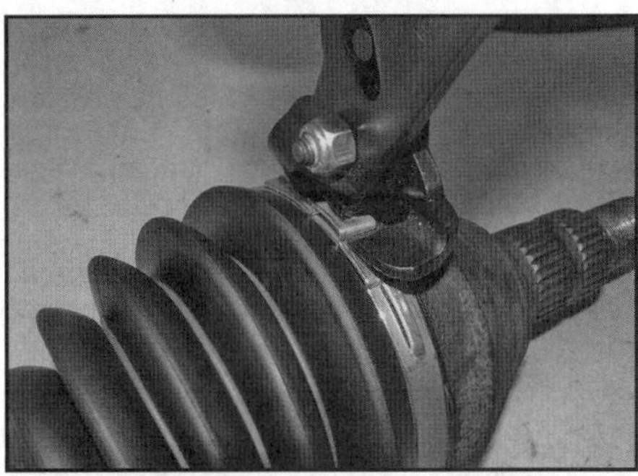

3.16a Sichern Sie die Manschette mit der großen Schelle am Gelenk ...

3.16b ... und der kleinen Schelle an der Antriebswelle.

17 Prüfen Sie, ob sich das äußere Gleichlaufgelenk in alle Richtungen schwenken lässt, und montieren Sie die Antriebswelle (siehe Sektion 2).

Innere Gelenkmanschette

Anmerkung: *Die innere Gelenkmanschette kann nur nach dem Entfernen des äußeren Gelenks nach außen von der*

Antriebswelle gezogen werden – an der rechten Antriebswelle ist dies nur möglich, wenn diese nicht mit einem Vibrationsdämpfer ausgerüstet ist; bei Modellen mit Vibrationsdämpfer muss die gesamte Antriebswelle erneuert werden, da der Dämpfer nicht demontierbar ist.

18 Entfernen Sie die äußere Gelenkmanschette.

19 Markieren Sie die Positionen der Manschette am inneren Gelenk und der Antriebswelle.

20 Lösen Sie die zwei Schellen der inneren Manschette, schneiden Sie sie nötigenfalls mit einer kleinen Metallsäge auf (Abb. 3.2). Spreizen Sie die Schellen, um sie von der Manschette zu befreien.

21 Befreien Sie die Manschette vom Gelenk, ziehen Sie sie von der Welle und entfernen Sie sie.

22 Verwenden Sie alte Lappen, um möglichst viel Fett vom Gleichlaufgelenk abzuwischen – tragen Sie hierbei Einweg-Handschuhe.

23 Schwenken Sie das Gelenk in alle Richtungen, um die oben in ihren Laufbahnen sitzenden Kugeln betrachten zu können – sie dürfen weder Abflachungen, Riefen noch Ausbrüche aufweisen.

24 Inspizieren Sie die inneren und äußeren Kugel-Laufbahnen – falls sie geweitet sind, haben die Gelenke Spiel. An den Kugel-Fenstern dürfen kein Verschleiß oder Risse zwischen ihnen festgestellt werden.

25 Falls bei der Kontrolle des inneren Gleichlaufgelenks Verschleiß oder Schäden festgestellt werden, muss die gesamte Antriebswelle ersetzt werden. Beschaffen Sie ein neues Manschetten-Set, dem auch neue Schellen, Seegerringe und passendes Fett beiliegen sollten (Abb. 3.10).

26 Schieben Sie die neue Manschette samt Schellen auf die Antriebswelle.

27 Füllen Sie das Gelenk mit dem beigefügten Fett. Arbeiten Sie das Fett gut in die Kugel-Laufbahnen ein, während Sie das Gelenk hin und her schwenken. Füllen Sie das restliche Fett in die Manschette.

28 Richten Sie die Manschette zu den zuvor angebrachten Markierungen aus. Heben Sie die äußere Dichtlippe leicht an, um den Luftdruck entweichen zu lassen.

29 Ziehen Sie die große Schelle so fest wie möglich an und richten Sie die Haken der Schelle in ihren Nuten aus, drücken Sie dann die Erhebungen der Schelle mit einer geeigneten Zange zusammen. Sichern Sie die kleine Schelle auf die gleiche Weise.

30 Prüfen Sie, ob sich das innere Gleichlaufgelenk in alle Richtungen schwenken lässt, und montieren Sie die Antriebswelle (siehe Sektion 2).

4 Antriebswellengelenke – Kontrolle und Ersetzen

Kontrolle

1 Führen Sie zunächst eine Kontrolle der Antriebswellen-Gelenk durch (siehe Kapitel 1A, Sektion 11 oder Kapitel 1B, Sektion 12), um Verschleiß darin zu ermitteln.

2 Bei jedem Zweifel über die Festigkeit der Antriebswellenmutter muss eine neue Mutter beschafft, installiert und korrekt angezogen werden (siehe Sektion 2); verstemmen Sie anschließend den Bund gegen die Antriebswelle und montieren Sie die Kappe. Wiederholen Sie die Kontrolle an der anderen Antriebswelle.

3 Unternehmen Sie eine Probefahrt und achten Sie bei einer langsam mit eingeschlagener Lenkung gefahrenen Kurve auf metallisches Klickern aus dem Frontbereich – dies weist auf Verschleiß im äußeren Gleichlaufgelenk hin.

4 Um die inneren Gleichlaufgelenke auf Verschleiß kontrollieren zu können, muss das Fahrzeug angehoben und gut abgestützt werden (siehe Seite 351). Versuchen Sie, das innere Ende der Antriebswelle auf und ab zu bewegen; halten Sie dann das Gelenk mit einer Hand und versuchen Sie, die Welle mit der anderen Hand zu drehen – bei deutlich fühlbarem Spiel muss die gesamte Antriebswelle ersetzt werden. **Anmerkung**: *Falls beim Beschleunigen geschwindigkeitsabhängige Vibrationen festgestellt werden, sind möglicherweise die inneren Gleichlaufgelenke verschlissen.*

Ersetzen

5 Folgen Sie zum Austausch der äußeren Gleichlaufgelenke den Hinweisen in Sektion 3. Falls die Manschette neuwertig ist, kann sie auf der Welle verbleiben – beschädigen Sie sie nicht beim Lockern der Schellen.

6 Die inneren Gleichlaufgelenke sind nicht separat erhältlich, sodass bei Schäden oder Verschleiß die gesamte Antriebswelle ersetzt werden muss.

Kapitel 9

Bremsanlage

Inhalt Sektion

Technische Daten

Vorderrad-Scheibenbremsen

Typ	Bremsscheibe mit Einkolben-Schwimmsattel
Bremsscheiben-Durchmesser	
Benzin-Modelle	257 mm
Diesel-Modelle	284 mm
Bremsscheiben-Stärke	
Neu	22,0 mm
Verschleißgrenze	19,0 mm
Bremsscheiben-Verzug (max.)	0,07 mm
Bremsbelag-Verschleißgrenze (nur Belagmaterial)	2,0 mm

Hinterrad-Trommelbremsen

Typ	Simplex-Trommelbremse
Bremstrommel-Innendurchmesser	
Neu	228,0 mm
Verschleißgrenze	229,5 mm
Bremsbelag-Verschleißgrenze (nur Belagmaterial)	2,0 mm

Hinterrad-Scheibenbremsen

Typ	Bremsscheibe mit Einkolben-Schwimmsattel
Bremsscheiben-Durchmesser	264 mm
Bremsscheiben-Stärke	
Neu	10,0 mm
Verschleißgrenze	8,0 mm
Bremsscheiben-Verzug (max.)	0,07 mm
Bremsbelag-Verschleißgrenze (nur Belagmaterial)	2,0 mm

Schwierigkeitsgrade

Leicht. Geeignet für Anfänger mit wenig Erfahrung. 	**Relativ leicht.** Geeignet für Anfänger mit etwas Erfahrung. 	**Relativ schwierig.** Geeignet für geübte Selbstschrauber. 	**Schwer.** Geeignet für Selbstschrauber mit viel Erfahrung. 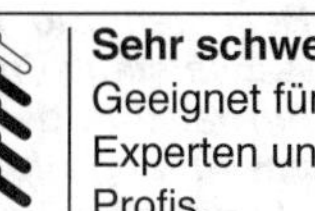	**Sehr schwer.** Geeignet für Experten und Profis. 

Anzugsdrehmomente	**Nm**
ABS-Steuergerät-Befestigungsschrauben*	3
ABS-Sensor-Befestigungsschrauben	8
Bremskraftverstärker-Muttern	20
Bremsleitungs-Anschlussmutter	16
Bremspedalträger-Muttern	20
Bremsschlauch-Anschluss an Bremssattel	20
Kupplungsszylinder-Befestigungsschrauben	10
Hauptbremszylinder-Befestigungsmuttern*	20
Hinterachs-Mutter*	280
Hinterradbremssattel-Führungszapfen*	34
Hinterradbremssattelhalter-Schrauben	70
Radbolzen	110
Unterdruckpumpen-Schrauben	
Schritt 1	5
Schritt 2	20
Vorderradbremssattelhalter an Achsgelenk	105
Vorderradbremssattel-Führungszapfen*	30
Vorderradbremsscheiben-Sicherungsschraube	7

* *Stets durch Neuteile zu ersetzen*

1 Allgemeine Informationen

1 Das von einem Bremskraftverstärker (»Servobremse«) unterstützte Bremssystem arbeitet mit einem Zweikreissystem, bei dem jeder Bremskreis auf ein Vorderrad und ein Hinterrad wirkt. Unter normalen Umständen arbeiten beide Bremskreise gemeinsam. Falls jedoch ein Bremskreis ausfällt, kann immer noch bei zwei Rädern die volle Bremskraft angewendet werden.
2 Die Vorderräder werden mit Scheibenbremsen verzögert; hinten kommen Trommelbremsen oder Scheibenbremsen zum Einsatz. Auf alle Bremsscheiben wirken Einkolben-Schwimmsättel, die dafür sorgen, dass auf beide Bremsbeläge gleicher Druck ausgeübt wird.
3 Die Trommelbremsen an den Hinterrädern sind mit je einer auflaufenden und einer ablaufenden Bremsbacke ausgerüstet, die mit einem Zweikolben-Bremszylinder gegen die Trommel gedrückt werden. Der Bremsbackenverschleiß wird automatisch mit einem selbsteinstellenden Mechanismus kompensiert, indem die Bremsbacken-Strebe verlängert, und so die Bremsbacke dichter an die Trommel positioniert wird.
4 Alle Modelle sind mit einem Antiblockiersystem (ABS) ausgerüstet; als Option kann das ABS auch ein elektronisches Stabilisierungs-Programm (ESP) und eine Traktionskontrolle beinhalten – beachten Sie für weitere Informationen die Hinweise in Sektion 21.
5 Der per Seilzug betriebene Handbremsmechanismus wirkt unabhängig von der Hydraulik auf die Hinterradbremse.

Warnung: Arbeiten an der Bremsanlage müssen sorgfältig und methodisch ausgeführt werden, beim Überholen von Hydraulik-Bauteilen muss auf absolute Sauberkeit geachtet werden. Ersetzen Sie Bauteile bei jedem Zweifel über ihren Zustand (ggf. an beiden Seiten der Achse) und benutzen Sie ausschließlich originale Opel-Ersatzteile oder hochwertige Markenprodukte. Beachten Sie bezüglich der Gefahren durch Asbeststaub und Hydraulikflüssigkeit die Warnhinweise in der Sektion »Sicherheit geht vor!« am Anfang dieses Buchs und in den entsprechenden Sektionen dieses Kapitels.

2 Hydrauliksystem – Entlüften

Warnung: Hydraulikflüssigkeit ist giftig! Waschen Sie Spritzer bei Hautkontakt unverzüglich ab und suchen Sie medizinischen Rat, falls etwas in die Augen gelangt. Hydraulikflüssigkeit kann brennbar sein und sich beim Kontakt mit heißen Bauteilen entzünden. Bei der Arbeit an der Bremshydraulik muss daher genauso vorgegangen werden wie beim Kraftstoffsystem. Hydraulikflüssigkeit ist ein wirksamer Lackentferner und greift Kunststoff an; Spritzer müssen unverzüglich mit reichlich klarem Wasser abgewaschen werden. Hydraulikflüssigkeit ist zudem hygroskopisch, absorbiert also Wasser aus der Luft. Je mehr Luftfeuchtigkeit aufgenommen wird, desto niedriger sinkt der Siedepunkt, sodass in einer heiß werdenden Bremse rasch Dampfblasen entstehen können und kein Bremsdruck mehr aufgebaut werden kann. Daher darf nur frische Bremsflüssigkeit des vorgeschriebenen Typs verwendet werden.

Allgemeines

1 Die korrekte Funktion der Bremshydraulik ist nur möglich, wenn sämtliche Luft aus dem System entfernt ist; dies wird durch Entlüften gewährleistet.
2 Während des Entlüftens darf nur frische Bremsflüssigkeit des vorgeschriebenen Typs (DOT 4) verwendet werden – niemals bereits durch das System gespülte Flüssigkeit. Vor Arbeitsbeginn muss sichergestellt sein, dass genügend Bremsflüssigkeit vorhanden ist.
3 Falls im Bremssystem nicht dafür vorgesehene Flüssigkeit vorhanden ist, muss diese vollständig mit frischer Bremsflüssigkeit herausgespült werden, zudem sind neue Dichtungen zu verwenden.
4 Falls durch ein Leck im Bremssystem der Pegel im Ausgleichsbehälter stetig absinkt, muss zunächst dieses Problem behoben werden.

5 Stellen Sie das Fahrzeug auf eine ebene Fläche, schalten Sie die Zündung aus, und legen Sie den ersten Gang oder den Rückwärtsgang ein. Blockieren Sie die Räder und lösen Sie die Handbremse.
6 Prüfen Sie, ob alle Schläuche und Rohre in Ordnung, alle Anschlüsse verbunden und alle Entlüftungsschrauben verschlossen sind. Entfernen Sie die Staubkappen und reinigen Sie die Bereiche um die Entlüftungsschrauben.
7 Öffnen Sie den Deckel des Ausgleichsbehälters und füllen Sie ihn bis zur MAX-Markierung auf. Legen Sie den Deckel locker auf und achten Sie darauf, dass der Pegel während der gesamten Prozedur immer über der MIN-Markierung steht – andernfalls kann Luft ins System eindringen und die Prozedur muss wiederholt werden.
8 Auf dem Markt sind zahlreiche Entlüftungs-Hilfsmittel erhältlich, von denen möglichst eines beschafft werden sollte, da der Entlüftungsprozess deutlich vereinfacht werden kann und das Risiko, bereits ausgetretene Luft wieder anzusaugen, minimiert wird. Falls ein solches Kit nicht erhältlich ist, muss mithilfe eines Assistenten die unten beschriebene Methode durchgeführt werden.
Achtung: Opel empfiehlt für diese Operation die Verwendung eines Druckentlüftungs-Kits (Schritte 24 bis 27).
9 Falls ein Entlüftungs-Kit verwendet wird, muss das Fahrzeug wie oben beschrieben vorbereitet und dann den beigefügten Hinweisen gefolgt werden – die Prozeduren können sich je nach Vorrichtung leicht voneinander unterscheiden, doch die allgemeinen Schritte sind unter den entsprechenden Überschriften beschrieben (siehe unten).
10 Ungeachtet der angewendeten Methode muss die korrekte Reihenfolge (Schritte 11 und 12) eingehalten werden, um sämtliche Luft aus dem System zu entfernen.

Entlüftungs-Reihenfolge

11 Falls die Bremshydraulik nur teilweise getrennt und die Hinweise zur Minimierung von Flüssigkeitsverlusten beachtet wurden, reicht es, diesen Teil zu entlüften (d. h. den Primär- oder den Sekundär-Bremskreis).
12 Falls die gesamte Bremshydraulik entlüftet werden muss, wird an dem Bremssattel begonnen, der am weitesten vom Hauptbremszylinder entfernt liegt (hinten rechts), es folgen der linke hintere Sattel und dann der rechte und linke Vorderrad-Bremssattel.

Entlüften

Grundmethode (Zwei-Personen-Methode)

13 Beschaffen Sie ein sauberes Glasgefäß und einen ausreichend langen transparenten Schlauch, der fest über den Nippel der Entlüftungsschraube geschoben werden kann. Die Schraube selbst sollte mit einem passenden Ringschlüssel betätigt werden. Für die Arbeit wird ein Assistent benötigt.
14 Falls noch nicht geschehen, werden an der entlüftenden Bremse alle Entlüftungsschrauben-Kappen abgezogen und der Schlauch auf die erste Schraube gesteckt. Halten Sie das andere Schlauch-Ende in den mit etwas Bremsflüssigkeit gefüllten Behälter, sodass keine Luft angesaugt werden kann.
15 Achten Sie stets darauf, dass der Ausgleichsbehälter mindestens bis zur MIN-Markierung mit Bremsflüssigkeit gefüllt ist.
16 Lassen Sie den Assistenten durch mehrfaches kräftiges Betätigen der Bremse Druck aufbauen und das Pedal gedrückt halten.
17 Lockern Sie bei gedrücktem Pedal die erste Entlüftungsschraube um etwa eine Umdrehung und lassen Sie die Flüssigkeit durch den Schlauch strömen. Der Assistent tritt hierbei das Pedal bis zum Boden durch und lässt es erst auf Anweisung wieder los. Wenn keine Flüssigkeit mehr austritt, wird die Entlüftungsschraube wieder angezogen, und der Assistent löst langsam das Bremspedal. Kontrollieren Sie den Pegel im Ausgleichsbehälter.
18 Wiederholen Sie die Schritte 16 und 17 so lange, bis frische Hydraulikflüssigkeit blasenfrei aus der Schraube austritt. Falls der Hauptbremszylinder entleert und wieder aufgefüllt wurde und die erste Bremse der Reihenfolge entlüftet wird, müssen zwischen den Entlüftungsschritten etwa 5 Sekunden Pause eingehalten werden, damit sich die Bremszylinder-Passage wieder füllen kann.
19 Sobald keine Luftblasen mehr austreten, wird die Entlüftungsschraube sorgfältig angezogen, der Schlauch abgezogen und die Staubkappe aufgesteckt. Ziehen Sie die Entlüftungsschraube nicht zu fest!
20 Wiederholen Sie die Prozedur an den anderen Bremsen in der in Schritt 12 aufgeführten Reihenfolge, bis sämtliche Luft aus dem Hydrauliksystem entfernt ist. Zum Schluss muss die Bremse einen festen Druckpunkt haben.

Praxis-Tipp

Alte Bremsflüssigkeit ist deutlich dunkler als frische. Pumpen Sie so lange Bremsflüssigkeit heraus, bis helle Flüssigkeit austritt.

Mit Rückschlagventil-Kit

21 Wie der Name bereits andeutet, bestehen diese Kits im Wesentlichen aus einem Schlauch mit integriertem Rückschlagventil, um einmal herausgedrückte Luft und Bremsflüssigkeit nicht wieder ins Bremssystem zu saugen. Manche Kits beinhalten einen transparenten Behälter, der so positioniert werden kann, dass die austretenden Luftblasen besser beobachtet werden können.
22 Verbinden Sie das Kit wird mit der Entlüftungsschraube (siehe Abbildung) und öffnen Sie diese dann. Setzen Sie sich ins Auto und drücken Sie mit sanftem Druck die Bremse vollständig durch, um sie dann langsam wieder zu lösen. Wiederholen Sie dies, bis frische Hydraulikflüssigkeit blasenfrei aus der Schraube austritt.

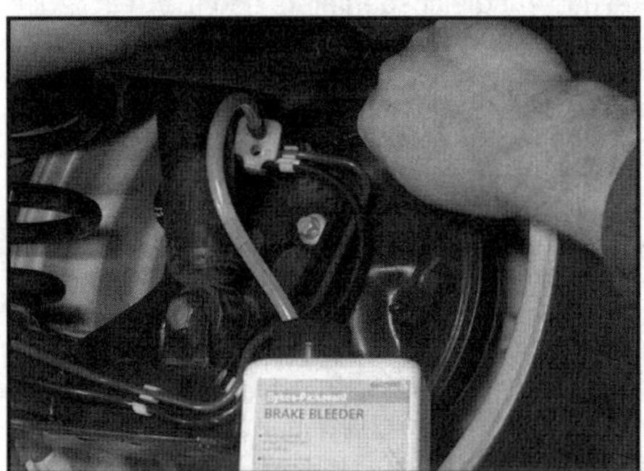

2.22 Verwendung eines Rückschlagventil-Kits an einer Hinterrad-Trommelbremse

23 Diese Kits funktionieren so gut, dass man leicht den Pegel im Ausgleichsbehälter vergessen kann – achten Sie also stets darauf, dass sich in ihm stets genug Flüssigkeit befindet.

Mit Druckentlüftungs-Kit

24 Diese Geräte arbeiten oft mit dem im Reserverad gespeicherten Luftdruck; oft muss dieser jedoch zuvor auf einen niedrigeren Wert als üblich abgesenkt werden – beachten Sie die beigefügte Anleitung.
25 Indem ein unter Druck stehender und mit Bremsflüssigkeit gefüllter Behälter an den Ausgleichsbehälter angeschlossen wird, kann das Entlüften einfach durch das Öffnen der Entlüftungsschrauben (in der oben angegebenen Reihenfolge) erledigt werden – lassen Sie die Flüssigkeit austreten, bis keine Blasen mehr enthalten sind.

26 Diese Methode hat den Vorteil, dass der große Flüssigkeitsbehälter zusätzliche Sicherheit vor in das System gesaugte Luft bietet.
27 Druckentlüften ist besonders bei »schwierigen« Systemen zu empfehlen oder wenn das gesamte System bei einem Austausch der Bremsflüssigkeit gespült werden soll (siehe Praxis-Tipp oben).

Alle Methoden

28 Wenn das Entlüften beendet ist und wieder ein fester Pedaldruck besteht, werden alle Bremsflüssigkeits-Spritzer abgewaschen, die Entlüftungsschrauben sorgfältig angezogen und die Staubkappen aufgesteckt.
29 Prüfen Sie nach dem Entlüften den Pegel im Ausgleichsbehälter und füllen Sie ihn ggf. auf.
30 Betätigen Sie bei laufendem Motor die Bremse – falls das Pedal ein schwammiges Gefühl vermittelt oder sogar »gepumpt« werden muss, bis ein Druckpunkt entsteht, befindet sich noch Luft im Bremssystem, und es muss erneut entlüftet werden. Bringt auch eine Wiederholung keine zufriedenstellenden Ergebnisse, können defekte Dichtungen im Hauptbremszylinder die Ursache sein.
31 Die aus dem Bremssystem gespülte Bremsflüssigkeit muss fachgerecht entsorgt werden – keinesfalls darf sie wiederverwendet werden.

3 Bremsleitungen und Schläuche – Ersetzen

Anmerkung: *Beachten Sie vor Arbeitsbeginn die Warnhinweise in Sektion 2.*
1 Der Verlust an Bremsflüssigkeit kann minimiert werden, indem der Deckel des Ausgleichsbehälters geöffnet, ein Stück Plastikfolie über die Öffnung gelegt und der Deckel wieder aufgeschraubt wird – so ist der Behälter nicht belüftet, und bei einer getrennten Leitung läuft keine Flüssigkeit nach. Alternativ können Schläuche mit einer speziellen Bremsschlauchklemme abgedichtet werden. Anschlüsse von Metallrohren können direkt nach dem Trennen mit Kappen versehen werden – allerdings darf dabei kein Schmutz ins Bremssystem gelangen. Legen Sie reichlich Lappen unter zu trennende Leitungen, um austretende Bremsflüssigkeit aufzunehmen.
2 Wenn ein Bremsschlauch getrennt werden soll, muss zuerst die Anschlussmutter des Rohrs gelöst werden, bevor der Federclip entfernt wird, der den Schlauch an seiner Halterung sichert. Befreien Sie den Schlauch ggf. von der Fahrwerks-Komponente und schrauben Sie dann seinen Anschluss aus dem Bremssattel.
3 Zum Lösen von Anschlussmuttern sollten spezielle Ringschlüssel mit Öffnung verwendet werden, die im gut sortierten Werkzeughandel erhältlich sind. Auch ein gut sitzender Maulschlüssel sollte nur im Notfall benutzt werden, da die nicht besonders harten Muttern oft korrodiert sind und durch den abrutschenden Schlüssel abgerundet werden. In solchen Fällen hilft oft nur eine Gripzange oder ein selbstsichernder Schlüssel und das Rohr muss samt Mutter ersetzt werden. Reinigen Sie einen Anschluss und seine Umgebung, bevor er getrennt wird. Falls eine Komponente mit mehr als einem Anschluss getrennt werden muss, sollten die Positionen der Anschlüsse vorher notiert werden.
4 Wenn ein Hydraulikrohr ersetzt werden muss, kann es in der richtigen Länge und mit allen Anschlüssen beim Opel-Händler erworben werden; es muss dann nur noch entsprechend der Vorgaben durch das Originalteil gebogen und am Fahrzeug montiert werden. Alternativ kann man sich Bremsleitungen anfertigen lassen; dies erfordert jedoch eine exakte Vermessung der Originalleitung – bringen Sie diese möglichst mit zur ausführenden Werkstatt.
5 Die Anschlussmuttern dürfen beim Verbinden nicht überdreht werden – für eine korrekte Abdichtung müssen sie nicht brutal angezogen werden.
6 Verbinden Sie die Schläuche so mit den Bremssätteln, dass sie weder die Karosserie noch die Räder berühren.
7 Alle Rohre und Schläuche müssen korrekt verlegt sein. Sie dürfen nicht geknickt werden und müssen mit allen vorhandenen Halterungen und Clips gesichert werden.
8 Entfernen Sie nach dem Einbau die Folie vom Hauptbremszylinder und entlüften Sie das Bremssystem (siehe Sektion 2). Waschen Sie alle Bremsflüssigkeits-Spritzer ab und kontrollieren Sie alles genau auf Undichtigkeit.

4 Vorderrad-Bremsbeläge – Ersetzen

Warnung: Ersetzen Sie immer alle Bremsbeläge beider Vorderradbremsen; der Austausch der Beläge nur an einer Seite würde zu einer ungleichmäßigen Bremswirkung führen.

Warnung: Der beim Verschleiß der Bremsbeläge entstehende Staub kann krebserregende Fasern enthalten und darf daher nicht mit Druckluft ausgeblasen und eingeatmet werden. Entfernen Sie den Staub KEINESFALLS mit Benzin oder Lösungsmittel auf Petroleumbasis. Verwenden Sie Bremsenreiniger oder Spiritus, um Bremsenteile zu reinigen. Lassen Sie weder Bremsflüssigkeit noch Öle oder Fette mit den Bremsbelägen oder der Bremsscheibe in Kontakt kommen. Beachten Sie die Warnhinweise in Sektion 2, um weitere Informationen zu Bremsflüssigkeit zu erhalten.

Anmerkung: *Beim Einbau wird ein neuer unterer Bremssattel-Führungszapfen benötigt.*
1 Betätigen Sie die Handbremse, heben Sie das Fahrzeug vorn an, und stützen Sie es sicher ab (siehe Seite 351). Demontieren Sie die Vorderräder.
2 Drücken Sie den Kolben in den Bremssattel, indem Sie den Sattel von Hand nach außen ziehen, und prüfen Sie den Pegel im Ausgleichsbehälter – falls er näher an der MAX-Markierung als an der MIN-Markierung steht, muss etwas Bremsflüssigkeit abgesaugt werden, bis er wieder in der Mitte steht.
3 Folgen Sie beim Wechsel der Beläge den Abbildungen 4.3a bis h. Halten Sie die richtige Reihenfolge ein und lesen Sie die Bildunterschriften deutlich durch. Beachten Sie die folgenden Schritte. Beachten Sie bei der Montage alter Beläge, dass sie wieder an ihre ursprüngliche Positionen gelangen.

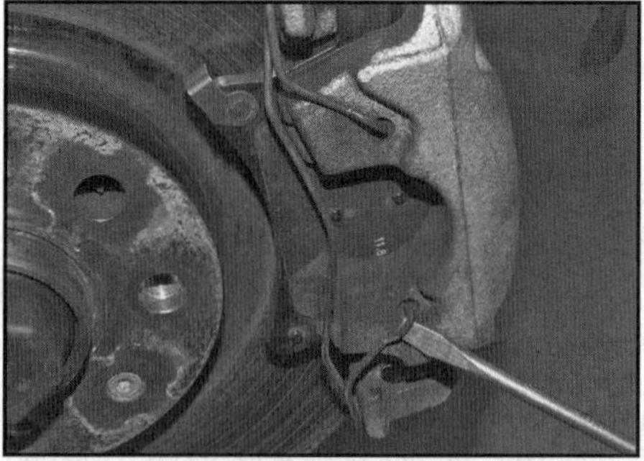

4.3a Entfernen Sie die Drahtfeder ...

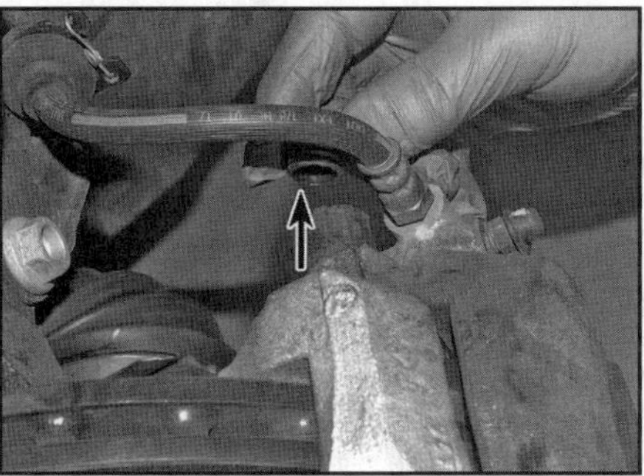

4.3b … und entfernen Sie die obere Kappe an der Rückseite des Sattels …

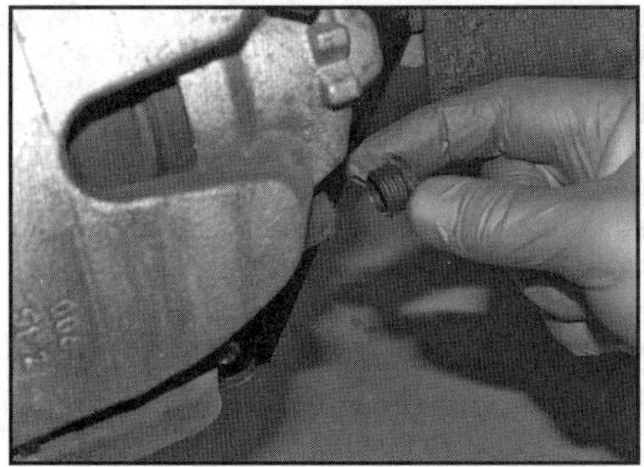

4.3c … sowie die untere Kappe.

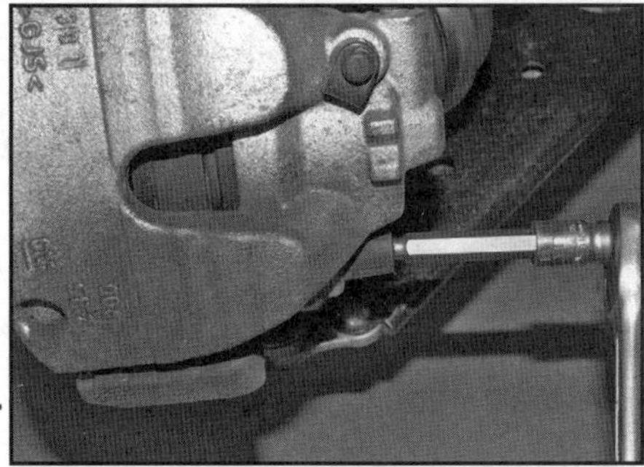

4.3d Lösen Sie den oberen und unteren Führungsstift.

4.3e Heben Sie den Bremssattel von der Bremsscheibe ...

4.3f … und entfernen Sie den inneren Bremsbelag.

4.3g Hängen Sie den Bremssattel abseits des Arbeitsbereichs ans Federbein.

4.3h Entfernen Sie den äußeren Bremsbelag aus dem Bremssattelhalter.

4 Falls die alten Beläge wiederverwendet werden können, müssen sie sorgfältig mit einer sauberen feinen Drahtbürste gereinigt werden – beachten sie besonders die Seiten und Rückseiten Bereiche der Belagplatte. Reinigen Sie die Nuten im Belagmaterial und entfernen Sie größere Fremdkörper. Reinigen Sie sorgfältig die Sitze der Beläge im Bremssattel und dessen Halter.

5 Prüfen Sie vor dem Einbau der Beläge, ob die Führungszapfen fest im Sattelhalter sitzen. Bürsten Sie Staub und Schmutz vom Sattel und den Zapfen ab – aber atmen Sie ihn nicht ein. Kontrollieren Sie die Staubdichtung am Kolben und den Kolben selbst auf Undichtigkeiten, Korrosion oder Beschädigungen. Beachten Sie für den Austausch dieser Teile die Hinweise in Sektion 10.

6 Falls neue Bremsbeläge installiert werden sollen, muss der Bremssattelkolben vollständig in seine Bohrung gedrückt werden, um Platz dafür zu schaffen – verwenden Sie dazu eine Schraubzwinge oder ein passendes Stück Holz als Hebel. Halten Sie ein Auge auf den Pegel im Ausgleichsbehälter und saugen Sie überschüssige Flüssigkeit mit einer Einwegspritze ab (siehe Abbildung).

4.6 Drücken Sie den Kolben in seine Bohrung – achten Sie dabei auf den Ausgleichsbehälter!

7 Der Einbau entspricht der umgekehrten Ausbaureihenfolge – schmieren Sie die Rückseiten der Bremsbeläge dünn mit Kupferpaste ein, installieren Sie einen neuen unteren Führungszapfen und ziehen Sie beide Zapfen mit 30 Nm an (siehe Abbildungen).

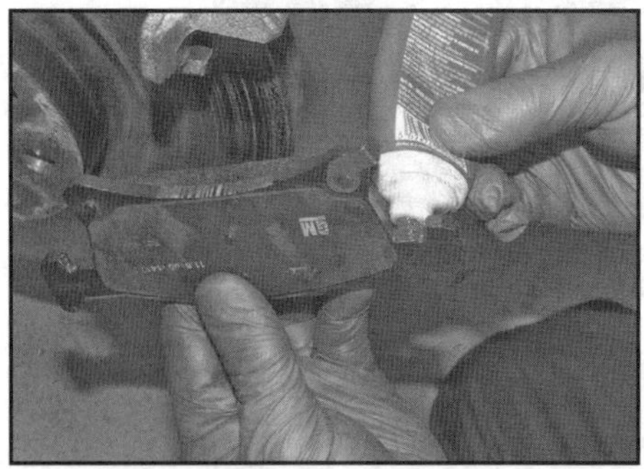

4.7a Schmieren Sie die Rückseiten der Bremsbeläge dünn mit Kupferpaste ein.

4.7b Ziehen Sie die Führungszapfen mit 30 Nm an – der untere muss durch ein Neuteil ersetzt werden.

8 Treten Sie mehrmals das Bremspedal durch, um die Beläge an die Bremsscheiben zu drücken und anschließend einen normalen Druckpunkt herzustellen.
9 Wiederholen Sie die Prozedur mit dem anderen Vorderradbremssattel.
10 Montieren Sie die Räder, senken Sie das Fahrzeug ab, und ziehen Sie die Radbolzen mit 110 Nm an.
11 Prüfen Sie den Bremsflüssigkeitspegel und füllen Sie ggf. nach – siehe *Wöchentliche Kontrollen*.
Achtung: Wenn neue Bremsbeläge installiert wurden, sollten diese zunächst möglichst ohne Vollbremsungen »eingebremst« werden, damit sie sich den Bremsscheiben anpassen können.

5 Trommelbremsbacken – Ersetzen

Warnung: Ersetzen Sie immer alle Bremsbacken beider Hinterradbremsen; der Austausch der Backen nur an einer Seite würde zu einer ungleichmäßigen Bremswirkung führen.

Warnung: Der beim Verschleiß der Bremsbacken entstehende Staub kann krebserregende Fasern enthalten und darf daher nicht mit Druckluft ausgeblasen und eingeatmet werden. Entfernen Sie den Staub KEINESFALLS mit Benzin oder Lösungsmittel auf Petroleumbasis. Verwenden Sie Bremsenreiniger oder Spiritus, um Bremsenteile zu reinigen. Lassen Sie weder Bremsflüssigkeit noch Öle oder Fette mit den Bremsbacken oder der Bremstrommel in Kontakt kommen. Beachten Sie die Warnhinweise in Sektion 2, um weitere Informationen zu Bremsflüssigkeit zu erhalten.

1 Demontieren Sie die Bremstrommel (siehe Sektion 8).
2 Entfernen Sie unter Beachtung aller Vorsichtsmaßnahmen sämtlichen Staub aus der Bremstrommel, von der Bremsbacke und ihrem Träger.
3 Folgen Sie beim Wechsel der Bremsbacken den Abbildungen 5.3a bis w. Halten Sie die richtige Reihenfolge ein und lesen Sie die Bildunterschriften deutlich durch. Beachten Sie die folgenden Schritte.

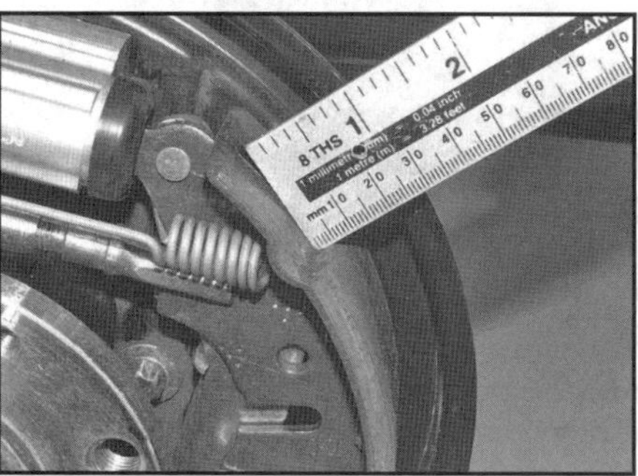

5.3a Messen Sie an mehreren Punkten die Stärke des Belagmaterials. Falls es irgendwo dünner als 2 mm ist oder mit Öl oder Fett kontaminiert wurde, müssen alle vier Bremsbacken ersetzt werden.

5.3b Drücken Sie die zwei Bremsbacken-Federbleche zusammen und ziehen Sie sie von den Haltestiften; diese können dann herausgezogen werden.

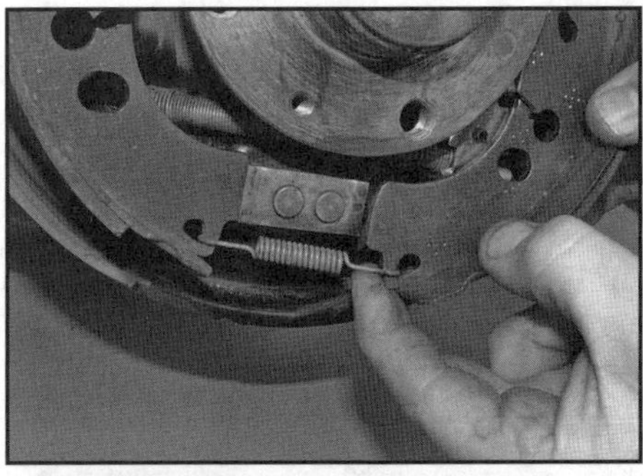

5.3c Ziehen Sie das untere Ende der ablaufenden Bremsbacke nach außen und befreien Sie es vom Widerlager-Halter.

5.3d Ziehen Sie das untere Ende der ablaufenden Bremsbacke nach außen und befreien Sie es vom Bremszylinder-Kolben.

5.3e Befreien Sie ebenso die auflaufende Bremsbacke vom Widerlager-Halter und vom Bremszylinder-Kolben und drehen Sie sie um, um Zugang zu ihrer Rückseite zu erhalten.

5.3f Hängen Sie an der ablaufenden Bremsbacke die Handbremsseil-Feder des Handbremsenhebels aus …

5.3g … und heben Sie den Handbremszug-Halter an, um den Nippel aus dem Handbremsenhebels zu befreien.

5.3h Sichern Sie die Bremszylinder-Kolben mit einem Gummiband oder Kabelbinder im Zylinder.

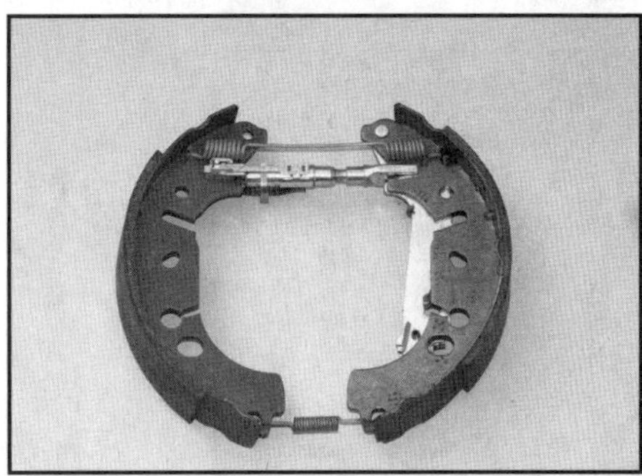

5.3i Notieren Sie vor der Demontage der Backen die korrekten Einbaupositionen aller Teile – achten Sie besonders auf den Einstellmechanismus.

5.3j Hängen Sie die untere Rückholfeder aus den Bremsbacken aus.

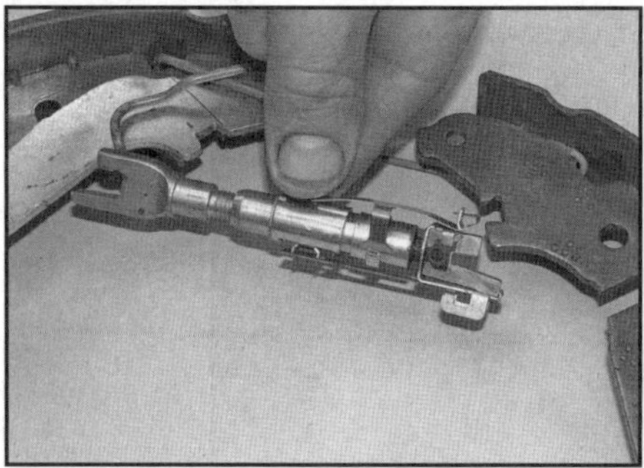

5.3k Spreizen Sie die Bremsbacken auseinander und befreien Sie den Einstellmechanismus von den Bremsbacken.

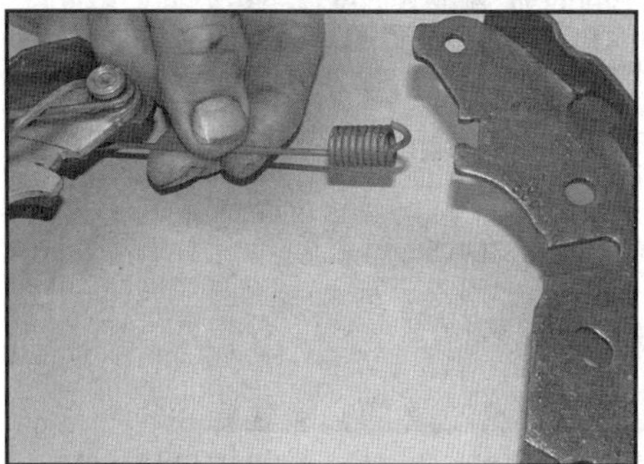

5.3l Hängen Sie jetzt die obere Rückholfeder aus den Bremsbacken aus.

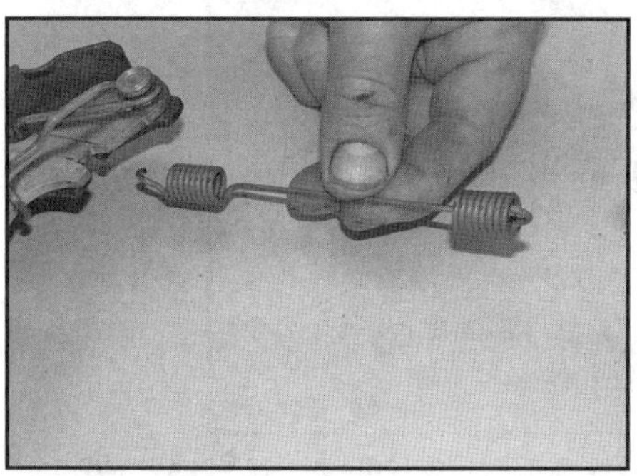

5.3m Legen Sie die neuen Bremsbacken mit der Außenseite auf die Werkbank und hängen Sie die obere Rückholfeder in die Löcher der ablaufenden …

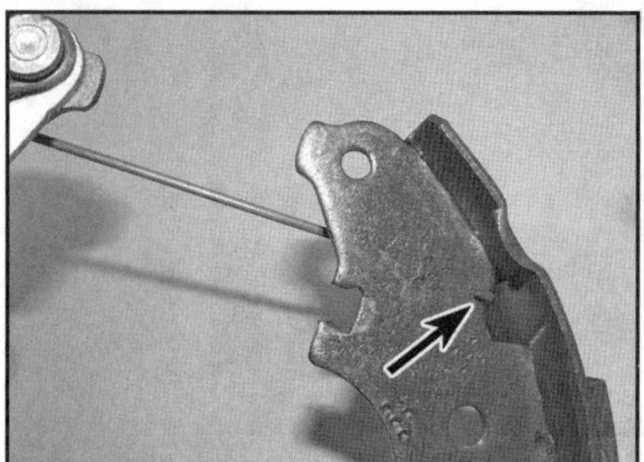

5.3n … und der auflaufenden Bremsbacke ein.

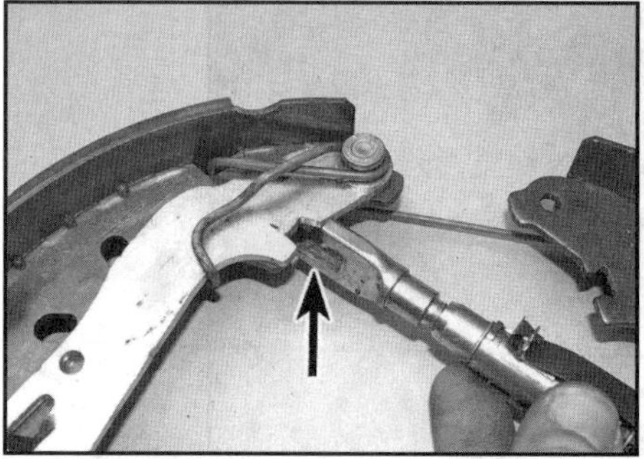

5.3o Spreizen Sie die Bremsbacken auseinander und klemmen Sie den Einstellmechanismus an die Nut der ablaufenden Bremsbacke – der längere Teil der Gabel (Pfeil) muss außen liegen.

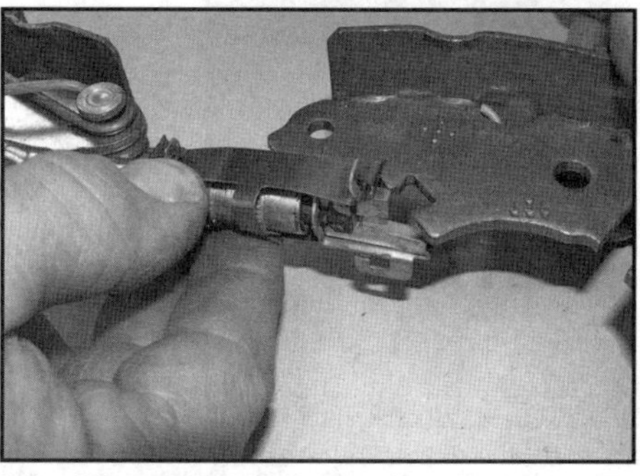

5.3p Klemmen Sie das andere Ende des Einstellmechanismus an die Nut der auflaufenden Bremsbacke – der längere Teil der Gabel muss auch hier außen liegen.

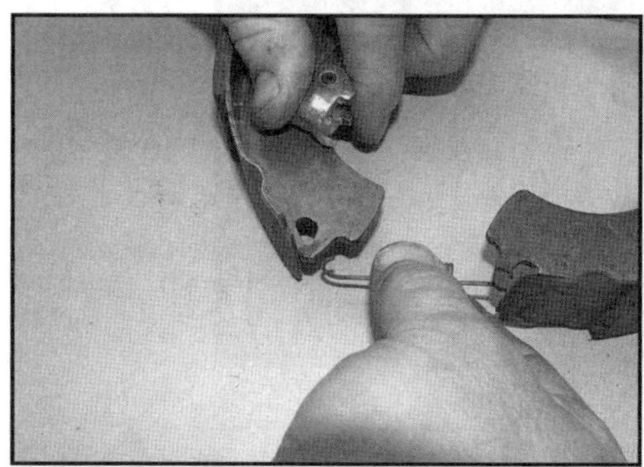

5.3q Ziehen Sie die Bremsbacken zusammen und hängen Sie die untere Rückholfeder ein.

5.3r Reinigen Sie sorgfältig die Bremsankerplatte und tragen Sie an den Kontaktflächen (Pfeile) etwas Kupferpaste auf.

5.3s Hängen Sie das Handbremsseil samt Handbremsenhebel an der ablaufenden Bremsbacke ein …

5.3t … und installieren Sie die Bremsseilfeder am Seilzughalter.

5.3u Richten Sie die auflaufende Bremsbacke zum Widerlager-Halter und Bremszylinder-Kolben aus. Richten Sie dann die ablaufende Backe ebenfalls zum Bremszylinder-Kolben …

5.3v … und zum Widerlager-Halter aus. Entfernen Sie das Gummiband oder den Kabelbinder zur Sicherung der Bremszylinder-Kolben.

5.3w Installieren Sie an beiden Bremsbacken die Haltestifte und sichern Sie sie mit den Federblechen.

4 Falls beide Bremsen zur gleichen Zeit zerlegt wurden, muss darauf geachtet werden, die Komponenten nicht zu vertauschen. Die Einstellmechanismen können nur an der jeweiligen Seite montiert werden.

5 Vor dem Einbau des Einstellmechanismus muss der Einstellhebel angehoben und die Einsteller-Strebe so verdreht werden, dass der Einsteller insgesamt etwas kürzer wird – so erhalten die neuen Bremsbacken genug Platz für ihr dickeres Belagmaterial und die Bremstrommel kann leichter montiert werden.

6 Stellen Sie zum Schluss sicher, dass der Anschlagstift des Handbremsenhebels korrekt gegen den Rand des Bremsbacken-Stegs positioniert ist. Montieren Sie dann die Bremstrommel (siehe Sektion 8).

7 Wiederholen Sie die Operation an der anderen Hinterradbremse.

8 Sobald beide Bremsbacken-Sets ausgetauscht wurden, muss bei vollständig gelöster Handbremse der Abstand des Belagmaterials zur Bremstrommel eingestellt werden, indem die Bremse 20 bis 25 getreten wird – lassen Sie dabei einen Assistenten die Bremsen abhorchen, ob der Einstellmechanismus korrekt funktioniert und beim Bremsen klickende Geräusche erzeugt.

9 Kontrollieren Sie die Funktion der Handbremse und stellen Sie sie nötigenfalls ein (siehe Kapitel 1A, Sektion 22 oder Kapitel 2B, Sektion 24).

10 Montieren Sie die Hinterräder, senken Sie das Fahrzeug ab und ziehen Sie die Radbolzen mit 110 Nm an.

11 Kontrollieren Sie den Pegel im Ausgleichsbehälter des Hauptbremszylinders (siehe Wöchentliche Kontrollen).

Achtung: Wenn neue Bremsbacken installiert wurden, sollten diese zunächst möglichst ohne Vollbremsungen »eingebremst« werden, damit sie sich den Bremstrommeln anpassen können.

6 Hinterrad-Bremsbeläge – Ersetzen

Warnung: Ersetzen Sie immer alle Bremsbeläge beider Hinterradbremsen; der Austausch der Beläge nur an einer Seite würde zu einer ungleichmäßigen Bremswirkung führen.

Warnung: Der beim Verschleiß der Bremsbeläge entstehende Staub kann krebserregendes Asbest enthalten und darf daher nicht mit Druckluft ausgeblasen und eingeatmet werden. Entfernen Sie den Staub KEINESFALLS mit Benzin oder Lösungsmittel auf Petroleumbasis. Verwenden Sie Bremsenreiniger oder Spiritus, um Bremsenteile zu reinigen. Lassen Sie weder Bremsflüssigkeit noch Öle oder Fette mit den Bremsbelägen oder der Bremsscheibe in Kontakt kommen. Beachten Sie die Warnhinweise in Sektion 2, um weitere Informationen zu Bremsflüssigkeit zu erhalten.

Ausbau

1 Heben Sie die Handbremsen-Manschette an und lockern Sie den Handbremsseil-Einsteller (siehe Abbildungen).

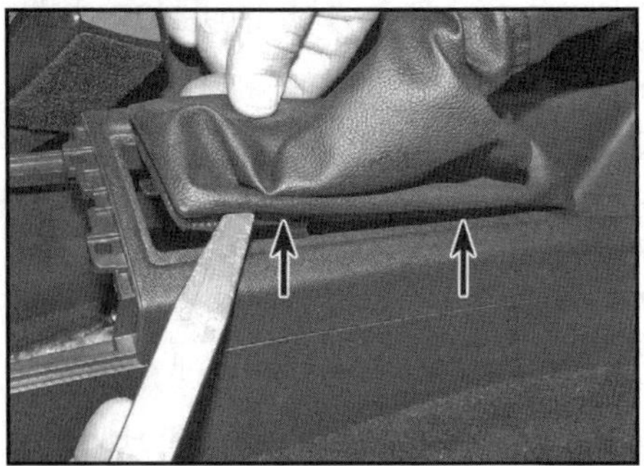

6.1a Hebeln Sie die Handbremsen-Manschette ab ...

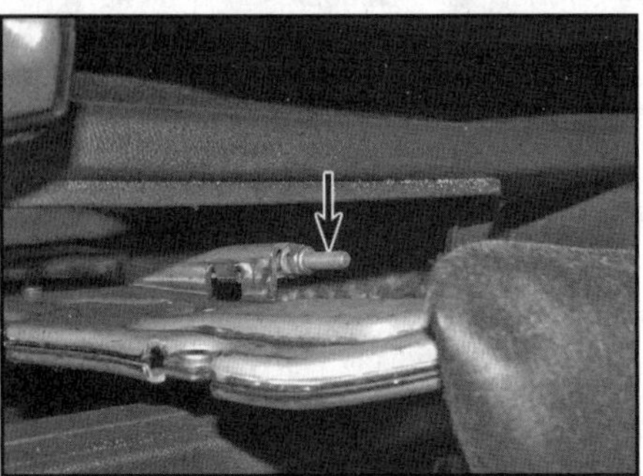

6.1b ... und lockern Sie den Handbremsseil-Einsteller.

2 Prüfen Sie den Pegel im Ausgleichsbehälter – falls er näher an der MAX-Markierung als an der MIN-Markierung steht, muss etwas Bremsflüssigkeit abgesaugt werden, bis er wieder in der Mitte steht.
3 Lockern Sie hinten die Radbolzen. Blockieren Sie die Vorderräder, heben Sie das Fahrzeug hinten an und stützen Sie es sicher ab (siehe Seite 351). Demontieren Sie die Hinterräder.
4 Lösen Sie die Bremssattel-Führungszapfen (siehe Abbildung).

6.4 Lösen Sie die zwei Bremssattel-Führungszapfen ...

5 Ziehen Sie die Führungszapfen aus dem Bremssattel (siehe Abbildung).

6.5 ... und entfernen Sie sie.

6 Ziehen Sie den Bremssattel von seinem Halter und der Bremsscheibe ab und hängen Sie ihn so am Fahrzeug auf, dass die Bremsleitung nicht belastet wird (siehe Abbildung).

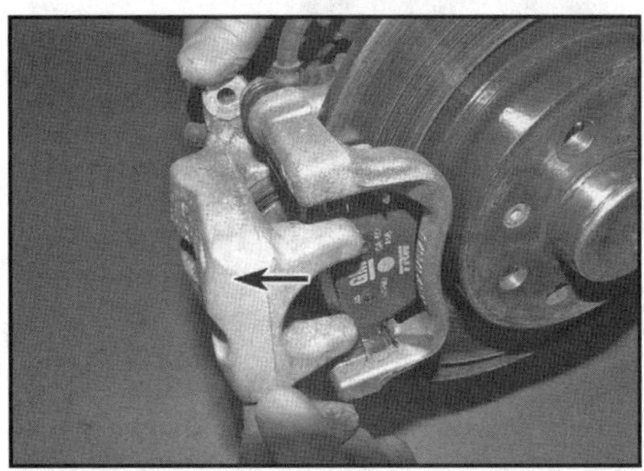

6.6 Ziehen Sie den Bremssattel von seinem Halter und der Bremsscheibe ab.

7 Entfernen Sie die Bremsbeläge aus dem Bremssattelhalter (siehe Abbildung).

6.7 Ziehen Sie die Bremsbeläge aus dem Bremssattelhalter.

8 Entfernen Sie die Geräuschdämm-Federn oben und unten aus dem Bremssattelhalter (siehe Abbildung).

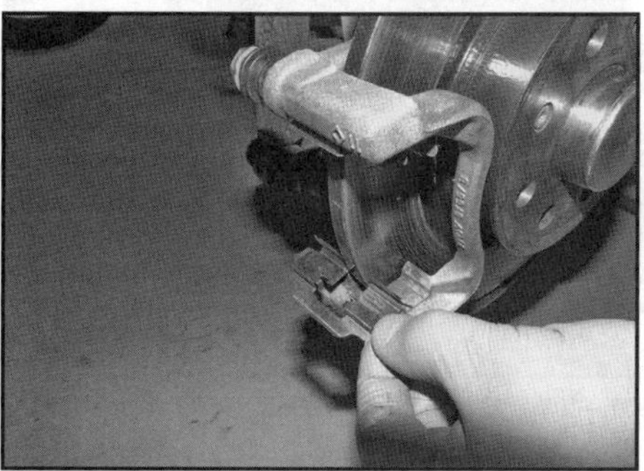

6.8 Entfernen Sie die Geräuschdämm-Federn aus dem Bremssattelhalter.

Einbau

9 Inspizieren Sie alle Teile auf Verschleiß und/oder Beschädigungen. Reinigen Sie alle Teile unter Beachtung der Sicherheitshinweise (siehe oben).

10 Drücken Sie ggf. den Kolben mit einem geeigneten Werkzeug in den Bremssattel, um Platz für die neuen Bremsbeläge zu schaffen (siehe Abbildung) – er dreht sich dabei im Uhrzeigersinn. Halten Sie ein Auge auf den Pegel im Ausgleichsbehälter und saugen Sie überschüssige Flüssigkeit mit einer Einwegspritze ab.

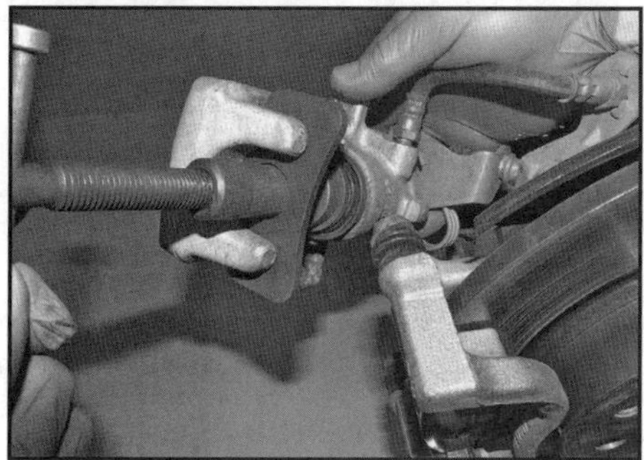

6.10 Drehen Sie den Kolben im Uhrzeigersinn, während Sie ihn in den Bremssattel drücken.

11 Der Rest des Einbaus entspricht der umgekehrten Ausbaureihenfolge. Der Bremsbelag mit dem Verschleißsensor kommt innen an die Bremsscheibe und der Sensor muss unten am Belag sitzen. Verwenden Sie neue Führungszapfen und ziehen Sie sie mit 34 Nm an.

12 Stellen Sie die Handbremse ein (siehe Kapitel 1A, Sektion 22 oder Kapitel 2B, Sektion 24). Prüfen Sie den Bremsflüssigkeitspegel und füllen Sie ggf. nach – siehe *Wöchentliche Kontrollen.*

Achtung: Wenn neue Bremsbeläge installiert wurden, sollten diese zunächst möglichst ohne Vollbremsungen »eingebremst« werden, damit sie sich den Bremsscheiben anpassen können.

7 Vorderrad-Bremsscheibe – Kontrolle, Ausbau und Einbau

Anmerkung: *Beachten Sie vor Arbeitsbeginn die den Bremsenstaub betreffenden Warnhinweise am Anfang von Sektion 4.*

Anmerkung: *Falls eine Bremsscheibe ersetzt werden muss, sind immer beide Vorderrad-Bremsscheiben auszutauschen, um eine gleichmäßige Bremswirkung sicherzustellen. Beim Austausch von Bremsscheiben müssen auch die Bremsbeläge erneuert werden.*

Kontrolle

1 Betätigen Sie die Handbremse, heben Sie das Fahrzeug vorn an, und stützen Sie es sicher ab (siehe Seite 351). Demontieren Sie das entsprechende Vorderrad.

2 Drehen Sie die Bremsscheibe langsam und begutachten Sie auf beiden Seiten den Zustand der Oberfläche auf Kerben und andere Beschädigungen. Um den Zugang zur Innenseite zu verbessern, können die Bremsbeläge entfernt werden (siehe Sektion 4). Leichte Kratzer sind nach Gebrauch normal und behindern nicht die Funktion der Bremse, tiefe Kerben und starker Abrieb reduzieren jedoch die Bremswirkung und erhöhen den Belagverschleiß, sodass die Bremsscheibe ersetzt werden muss.

3 Am Außenrand der Bremsscheibe findet sich oft eine Kante und Korrosion. Rost kann nötigenfalls entfernt werden. Wenn die Kante eine stark verschlissene Bremsscheibe vermuten lässt, muss ihre Stärke (im Bereich der Bremsbelag-Kontaktflächen) mit einer Messuhr an mehreren Stellen ermittelt werden. Wenn irgendwo die Verschleißgrenze von 19 mm fast erreicht oder unterschritten wird, muss die Bremsscheibe erneuert werden.

4 Falls ein Verzug der Bremsscheibe vermutet wird, kann dies mit einer sicher an einem Fixpunkt befestigten Messuhr bei langsam drehender Scheibe kontrolliert werden. Alternativ kann der Verzug auch mit Fühlerlehrenblättern zwischen der Bremsscheibe und beispielsweise dem Bremssattelhalter ermittelt werden. Um eine plan sitzende Bremsscheibe sicherzustellen, müssen mindestens zwei Radbolzen mit etwa 10 mm starken Distanzhülsen installiert und sorgfältig angezogen werden Falls mehr als 0,07 mm festgestellt werden, muss zunächst sichergestellt werden, dass die Radlager in Ordnung sind (siehe Kapitel 1A, Sektion 10 oder Kapitel 1B, Sektion 11); sind diese in Ordnung, muss die Bremsscheibe ersetzt werden.

5 Kontrollieren Sie die Bremsscheibe auf Risse (vor allem an den Radbolzen-Bohrungen) und andere Schäden oder Verschleiß und ersetzen Sie sie nötigenfalls.

Ausbau

6 Entfernen Sie ggf. die für die Kontrolle des Verzugs installierten Radbolzen samt der Distanzhülsen..

7 Befreien Sie den Bremsschlauch aus seiner Aufhängung am Federbein.

8 Demontieren Sie den Vorderradbremssattel samt Bremsbelägen und Halterung und sichern Sie ihn mit einem Kabelbinder an der Stoßdämpfer-Feder (siehe Abbildungen).

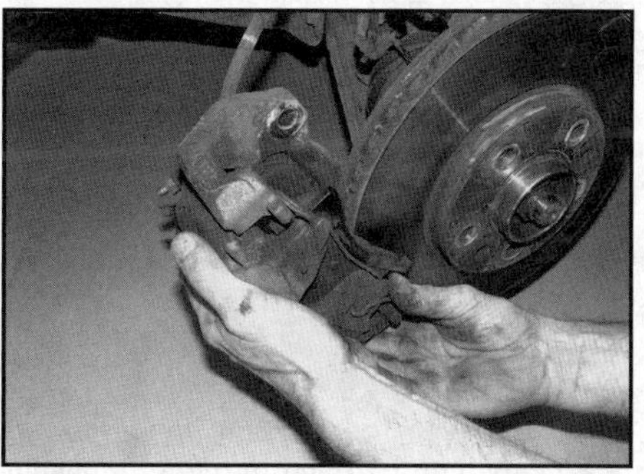

7.8a Demontieren Sie den Vorderradbremssattel samt Bremsbelägen und Halterung ...

7.8b ... und sichern Sie ihn mit einem Kabelbinder an der Stoßdämpfer-Feder.

9 Lösen Sie die zwei Schrauben, mit denen die Bremsscheibe an der Radnabe gesichert ist, und ziehen Sie sie ab (siehe Abbildung).

7.9 Bremsscheiben-Sicherungsschrauben

Einbau

10 Der Einbau entspricht der umgekehrten Ausbaureihenfolge – beachten Sie dabei die folgenden Punkte:

a) *Die Kontaktflächen der Bremsscheibe und der Radnabe müssen absolut sauber und frei von Korrosion sein.*
b) *Richten Sie ggf. bei der alten Bremsscheibe die Markierung aus und schieben Sie die Scheibe über die Stehbolzen auf die Radnabe.*
c) *Neue Bremsscheiben müssen mit nicht nachfettendem Lösungsmittel von sämtlichen Schutzbeschichtungen befreit werden.*
d) *Befreien Sie die Bremssattelhalter-Schrauben und ihre Gewindebohrungen mithilfe einer Drahtbürste und eines Gewindebohrers von Resten alter Sicherungspaste und tragen Sie frische dauerelastische Paste (»Loctite«) auf den Schraubengewinden auf. Installieren Sie den Bremssattelhalter über der Bremsscheibe und ziehen die Schrauben mit 105 Nm an. Montieren Sie den Bremssattel samt Belägen (siehe Sektion 4).*
e) *Montieren Sie das Rad, senken Sie das Fahrzeug ab, und ziehen Sie die Radbolzen mit 110 Nm an.*
f) *Betätigen Sie vor der ersten Fahrt mehrmals die Bremse, um die Beläge an der Bremsscheibe anliegen zu lassen.*
g) *Falls eine neue Bremsscheibe montiert wurde, muss die Prozedur am anderen Vorderrad wiederholt werden.*

8 Hinterrad-Bremstrommel – Ausbau, Kontrolle und Einbau

Warnung: Beachten Sie vor Arbeitsbeginn die den Bremsenstaub betreffenden Warnhinweise am Anfang von Sektion 5.

Ausbau

1 Blockieren Sie die Vorderräder, heben Sie das Fahrzeug hinten an, und stützen Sie es sicher ab (siehe Seite 351). Demontieren Sie das entsprechende Hinterrad. Lösen Sie die Handbremse.

2 Lösen Sie die Bremstrommel-Sicherungsschrauben und ziehen Sie die Trommel von der Radnabe (siehe Abbildung). Die Bremstrommel sollte jetzt von Hand abzuziehen sein; wenn die Bremsbacken in der Trommel anliegen, wird dies allerdings schwierig. Prüfen Sie zuerst, ob die Handbremse vollständig gelöst ist. Führen Sie ansonsten folgende Prozedur durch:

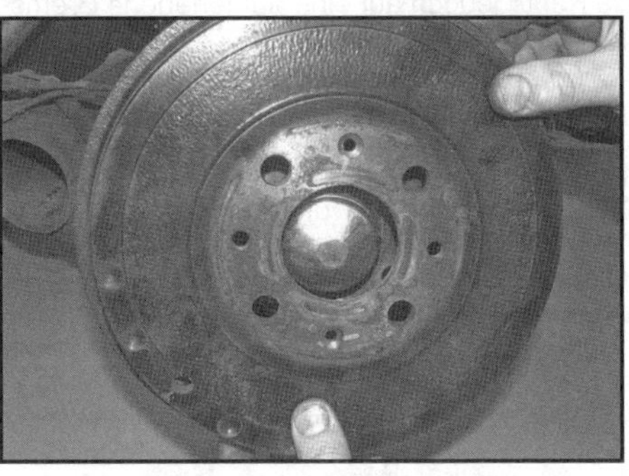

8.2 Lösen Sie die Sicherungsschrauben und ziehen Sie die Bremstrommel von der Radnabe.

3 Lockern Sie vollständig die Mutter des Handbremsseil-Einstellers, um im Seilzug maximales Spiel zu erhalten.

4 Entfernen Sie den Stopfen aus der Inspektionsbohrung in der Bremsankerplatte. Ziehen Sie mithilfe eines Schraubendrehers den Handbremsenhebel der ablaufenden Bremsbacke nach innen zur Fahrzeug-Mitte – so wird der Handbremsenhebel-Anschlagstift vom Rand des Bremsbackenträgers befreit und dieser kann sich weiter von der Bremstrommel entfernen. Die Bremstrommel kann jetzt vom Achszapfen abgezogen werden.

5 Falls die Bremstrommel weiterhin schwierig zu entfernen ist, müssen zwei M10-Schrauben in die Bohrungen vorn in der Trommel gedreht werden (siehe Abbildung). Ziehen Sie die Schrauben schrittweise an und klopfen Sie gleichzeitig den Rand der Trommel mit einem weichen Hammer ab, um sie zu befreien.

8.5 Ziehen Sie die Bremstrommel nötigenfalls mithilfe von zwei M10-Schrauben ab.

Kontrolle

Anmerkung: *Falls eine Bremstrommel ersetzt werden muss, sind immer beide Trommeln der Hinterachse auszutauschen, um eine gleichmäßige Bremswirkung sicherzustellen. Beim Austausch von Bremstrommeln sollten auch die Bremsbacken erneuert werden.*

6 Entfernen Sie sorgfältig sämtlichen Bremsstaub aus der Trommel – atmen Sie ihn nicht ein, da er gesundheitsschädlich ist.
7 Reinigen Sie die Bremstrommel äußerlich und kontrollieren Sie sie auf Verschleiß oder Beschädigungen wie Risse im Bereich der Radbolzenbohrungen. Ersetzen Sie die Trommel nötigenfalls.
8 Begutachten Sie sorgfältig den Innenbereich der Bremstrommel. Leichte Schleifspuren auf der Bremsfläche sind normal; bei tiefen Riefen muss die Trommel ersetzt werden. Am Innenrand wird sich wahrscheinlich eine Kante aus Rost und Abrieb gebildet haben, die abgekratzt werden sollte, um mit feinem Schleifpapier (120er- bis 150er-Körnung) poliert zu werden. Falls die Kante jedoch auf eine aufgeriebene Bremstrommel hinweist, muss sie ersetzt werden.
9 Bei Vermutungen, die Bremstrommel sei zu stark verschlissen oder oval gelaufen, muss an mehreren Stellen der Innendurchmesser ermittelt werden. Messen Sie über Kreuz, um Ovalität zu ermitteln. Vorausgesetzt, die Bremstrommel hat an keiner Stelle einen größeren Durchmesser als 230 mm, kann sie von einem Fachbetrieb ausgedreht oder geschliffen werden; ansonsten muss sie ersetzt werden. Beachten Sie, dass ggf. immer beide Bremstrommeln überholt werden müssen, um auf beiden Seiten den gleichen Innendurchmesser sicherzustellen.

Einbau

10 Falls neue Bremstrommeln montiert werden sollen, müssen mögliche Schutzbeschichtungen mit nicht nachfettendem Lösungsmittel entfernt werden. Möglicherweise muss auch die Länge der Einstellstrebe durch Drehen ihres Rändelrades verkürzt werden, damit die Bremstrommel über die Bremsbacken passt.
11 Stellen Sie sicher, dass der Handbremsenhebel-Anschlagstift korrekt gegen den Rand des Bremsbackenträgers positioniert ist.
12 Setzen Sie die Bremstrommel auf und sichern Sie sie mit den zwei Schrauben.
13 Stellen Sie bei vollständig gelöster Handbremse den Abstand des Belagmaterials zur Bremstrommel ein, indem die Bremse 20 bis 25 getreten wird – lassen Sie dabei einen Assistenten die Bremsen abhorchen, ob der Einstellmechanismus korrekt funktioniert und beim Bremsen klickende Geräusche erzeugt.
14 Kontrollieren Sie anschließend die Funktion der Handbremse und stellen Sie sie nötigenfalls ein (siehe Kapitel 1A, Sektion 22 oder Kapitel 2B, Sektion 24).
15 Montieren Sie die Hinterräder, senken Sie das Fahrzeug ab und ziehen Sie die Radbolzen mit 110 Nm an.

9 Hinterrad-Bremsscheibe – Kontrolle, Ausbau und Einbau

Anmerkung: *Beachten Sie vor Arbeitsbeginn die den Bremsenstaub betreffenden Warnhinweise am Anfang von Sektion 4.*
Anmerkung: *Falls eine Bremsscheibe ersetzt werden muss, sind immer beide Hinterrad-Bremsscheiben auszutauschen, um eine gleichmäßige Bremswirkung sicherzustellen. Beim Austausch von Bremsscheiben müssen auch die Bremsbeläge erneuert werden.*

Kontrolle

1 Blockieren Sie die Vorderräder, heben Sie das Fahrzeug hinten an, und stützen Sie es sicher ab (siehe Seite 351). Demontieren Sie das entsprechende Hinterrad. Lösen Sie die Handbremse.
2 Drehen Sie die Bremsscheibe langsam und begutachten Sie auf beiden Seiten den Zustand der Oberfläche auf Kerben und andere Beschädigungen. Um den Zugang zur Innenseite zu verbessern, können die Bremsbeläge entfernt werden (siehe Sektion 6). Leichte Kratzer sind nach Gebrauch normal und behindern nicht die Funktion der Bremse, tiefe Kerben und starker Abrieb reduzieren jedoch die Bremswirkung und erhöhen den Belagverschleiß, sodass die Bremsscheibe ersetzt werden muss.
3 Am Außenrand der Bremsscheibe findet sich oft eine Kante und Korrosion. Rost kann nötigenfalls entfernt werden. Wenn die Kante eine stark verschlissene Bremsscheibe vermuten lässt, muss ihre Stärke (im Bereich der Bremsbelag-Kontaktflächen) mit einer Messuhr an mehreren Stellen ermittelt werden. Wenn irgendwo die Verschleißgrenze von 8 mm fast erreicht oder unterschritten wird, muss die Bremsscheibe erneuert werden.
4 Falls ein Verzug der Bremsscheibe vermutet wird, kann dies mit einer sicher an einem Fixpunkt befestigten Messuhr bei langsam drehender Scheibe kontrolliert werden. Alternativ kann der Verzug auch mit Fühlerlehrenblättern zwischen der Bremsscheibe und beispielsweise dem Bremssattelhalter ermittelt werden. Um eine plan sitzende Bremsscheibe sicherzustellen, müssen mindestens zwei Radbolzen mit etwa 5 mm starken Distanzhülsen installiert und sorgfältig angezogen werden Falls mehr als 0,07 mm festgestellt werden, muss zunächst sichergestellt werden, dass die Radlager in Ordnung sind (siehe Kapitel 1A, Sektion 10 oder Kapitel 1B, Sektion 11); sind diese in Ordnung, muss die Bremsscheibe ersetzt werden.
5 Kontrollieren Sie die Bremsscheibe auf Risse (vor allem an den Radbolzen-Bohrungen) und andere Schäden oder Verschleiß und ersetzen Sie sie nötigenfalls.

Ausbau

6 Entfernen Sie die Bremsbeläge (siehe Sektion 6).
7 Entfernen Sie den Bremssattelhalter, indem Sie die zwei Schrauben lösen (siehe Abbildung) – diese müssen später durch Neuteile ersetzt werden.

9.7 Entfernen Sie die Bremssattelträger-Schrauben.

8 Lösen Sie die zwei Sicherungsschrauben der Bremsscheibe und ziehen Sie diese ab (siehe Abbildung).

9.8 Lösen Sie die zwei Schrauben und ziehen Sie die Bremsscheibe ab.

Einbau

9 Die Kontaktflächen der Bremsscheibe und der Radnabe müssen absolut sauber und frei von Korrosion sein.
10 Setzen Sie die Scheibe an der Radnabe an.
11 Neue Bremsscheiben müssen mit nicht nachfettendem Lösungsmittel von sämtlichen Schutzbeschichtungen befreit werden.
12 Montieren Sie den Bremssattelhalter unter Verwendung neuer Schrauben – ziehen Sie diese mit 70 Nm an.
13 Montieren Sie die Bremsbeläge und den Bremssattel (siehe Sektion 6).
14 Montieren Sie das Rad, senken Sie das Fahrzeug ab, und ziehen Sie die Radbolzen mit 110 Nm an.
15 Betätigen Sie vor der ersten Fahrt mehrmals die Bremse, um die Beläge an der Bremsscheibe anliegen zu lassen.
16 Falls eine neue Bremsscheibe montiert wurde, muss die Prozedur am anderen Hinterrad wiederholt werden.

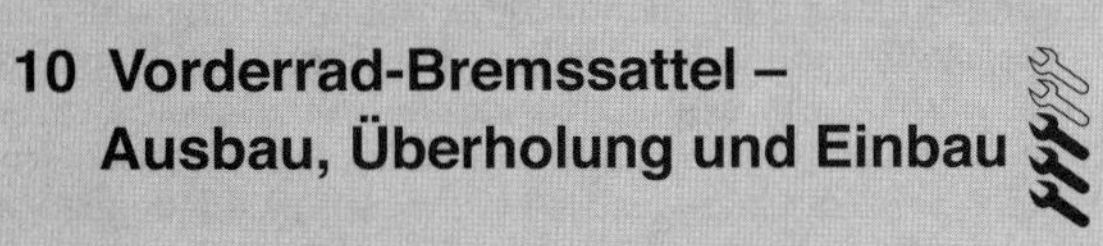

10 Vorderrad-Bremssattel – Ausbau, Überholung und Einbau

Anmerkung: *Beim Einbau werden neue Bremssattel-Führungszapfen benötigt. Beachten Sie vor Arbeitsbeginn die Warnhinweise am Anfang der Sektionen 2 und 4.*

Ausbau

1 Betätigen Sie die Handbremse, heben Sie das Fahrzeug vorn an, und stützen Sie es sicher ab (siehe Seite 351). Demontieren Sie das entsprechende Vorderrad.
2 Der Verlust an Bremsflüssigkeit kann minimiert werden, indem der Deckel des Ausgleichsbehälters geöffnet, ein Stück Plastikfolie über die Öffnung gelegt und der Deckel wieder aufgeschraubt wird – so ist der Behälter nicht belüftet, und bei einer getrennten Leitung läuft keine Flüssigkeit nach. Alternativ können Schläuche mit einer speziellen Bremsschlauchklemme abgedichtet werden.
3 Reinigen Sie den Bremssattel im Bereich des Bremsleitungs-Anschlusses und den Anschluss der Bremsleitung zum Bremsschlauch im Radkasten. Lösen Sie den Bremsleitungs-Anschluss und befreien Sie den Federclip, der den Schlauch an seinem Halter sichert. Befreien Sie den Bremsschlauch vom Federbein und schrauben Sie ihn aus dem Bremssattel. Bedecken oder verstopfen Sie alle offenen Anschlüsse, um den Austritt von Bremsflüssigkeit zu minimieren und das Eindringen von Schmutz zu verhindern.
4 Lösen Sie die Schraube der oberen und unteren Bremssattel-Führungszapfen und entnehmen Sie den Bremssattel.

Überholen

Anmerkung: *Erkundigen Sie sich vor Arbeitsbeginn nach der Verfügbarkeit von Ersatzteilen zum Überholen des Bremssattels.*
5 Reinigen Sie den auf der Werkbank liegenden Bremssattel – achten Sie darauf, keinen Staub einzuatmen.
6 Ziehen Sie den teilweise aus der Bohrung ragenden Kolben aus dem Bremssattelgehäuse und entfernen Sie die Staubdichtung. **Anmerkung**: *Falls der Kolben nicht von Hand herausgezogen werden kann, muss er mit am Bremsleitungsanschluss angesetzter Druckluft herausgepresst werden – verwenden Sie dabei nur geringen Luftdruck, schützen Sie den Kolben mit einem Stück Holz und passen Sie auf, sich nicht die Finger einzuklemmen.*
7 Befreien Sie mithilfe eines kleinen Schraubendrehers den Kolben-Dichtring aus der Nut der Bremssattelbohrung – beschädigen Sie diese dabei nicht (siehe Abbildung).

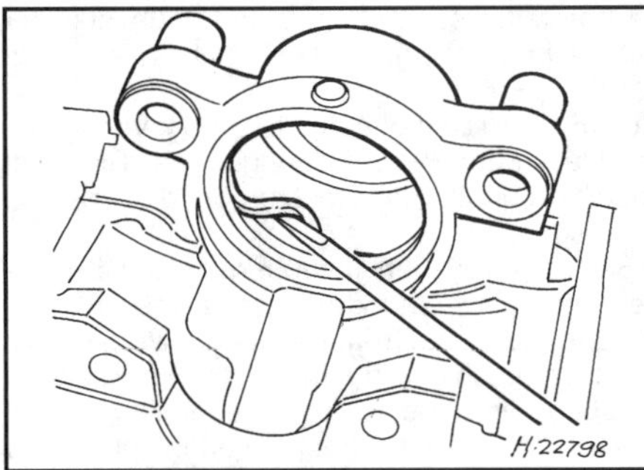

10.7 Entfernen Sie den Kolben-Dichtring aus der Nut der Bremssattelbohrung.

8 Drücken Sie vorsichtig die Führungshülsen aus dem Sattelgehäuse.
9 Reinigen Sie sorgfältig alle Komponenten mit Spiritus oder sauberer Bremsflüssigkeit – verwenden Sie **niemals** Lösungsmittel auf Mineralölbasis (Benzin oder Petroleum), da diese die Gummiteile der Hydraulik angreifen! Trocknen Sie die Teile unverzüglich mit einem sauberen und fusselfreien Lappen und blasen Sie alle Kanäle möglichst mit Druckluft aus.
Achtung: Tragen Sie bei der Arbeit mit Druckluft stets eine Schutzbrille!
10 Kontrollieren Sie alle Bauteile. Falls der Kolben und/oder seine Bohrung verschlissen, beschädigt oder stark korrodiert ist, muss der gesamte Bremssattel erneuert werden ersetzen Sie verschlissenen. Begutachten Sie auch die Führungszapfen und ihre Buchsen – die (gereinigten) Zapfen müssen spielfrei in den Buchsen gleiten können. Bei jedem Zweifel über ihren Zustand müssen die Teile erneuert werden.
11 Falls der Bremssattel weiterverwendet werden kann, muss ein entsprechender Reparatur-Kit beschafft werden – die benötigten Teile sind beim Opel-Händler in unterschiedlichen Kombinationen erhältlich. Alle Gummiteile sollten ungeachtet ihres Zustands ersetzt werden.
12 Achten Sie beim Zusammenbau darauf, dass alle Teile sauber und trocken sind.
13 Benetzen Sie den Kolben, seine Bohrung und den neuen Dichtring mit frischer Bremsflüssigkeit.
14 Installieren Sie den neuen Kolben-Dichtring von Hand in die Nut der Bohrung – verwenden Sie hierfür keine Werkzeuge.
15 Rüsten Sie den Kolben mit der neuen Staubdichtung aus und schieben Sie den Kolben senkrecht bis zum Boden ein – drehende Bewegungen helfen dabei. Drücken Sie die Staubdichtung dabei vollständig ins Gehäuse.
16 Installieren Sie die Führungshülsen in den Bremssattel.

Einbau

17 Montieren Sie den Bremssattel mithilfe **neuer** Führungszapfen-Schrauben und ziehen Sie diese mit 30 Nm an.
18 Drehen Sie den Bremsschlauch in den Bremssattel und ziehen Sie den Anschluss mit 20 Nm an. Sichern Sie den Bremsschlauch am Federbein und sein anderes Ende mit dem Federclip in der Halterung. Verbinden Sie den Schlauch mit der Bremsleitung und ziehen Sie den Anschluss sorgfältig an
19 Entfernen Sie die Bremsleitungs-Klemme oder die Folie aus dem Ausgleichsbehälter. Entlüften Sie die Bremse (siehe Sektion 2) – vorausgesetzt, der Flüssigkeitsverlust wurde minimiert, müssen nur die Vorderradbremsen entlüftet werden.
20 Montieren Sie das Rad, senken Sie das Fahrzeug ab, und ziehen Sie die Radbolzen mit 110 Nm an.
21 Betätigen Sie mehrmals das Bremspedal, um die Beläge an die Bremsscheibe anzulegen und einen normalen Druckpunkt zu erzeugen.

22 Kontrollieren Sie den Pegel im Hauptbremszylinder und füllen Sie nötigenfalls frische Bremsflüssigkeit nach (siehe *Wöchentliche Kontrollen*).

11 Hinterrad-Bremssattel – Ausbau, Überholung und Einbau

Anmerkung: *Beim Einbau werden neue Bremssattel-Führungszapfen benötigt. Beachten Sie vor Arbeitsbeginn die Warnhinweise am Anfang der Sektionen 2 und 6.*

Ausbau

1 Heben Sie die Handbremsen-Manschette an und lockern Sie den Handbremsseil-Einsteller (Abb. 6.1a und b).
2 Blockieren Sie die Vorderräder, heben Sie das Fahrzeug hinten an, und stützen Sie es sicher ab (siehe Seite 351). Demontieren Sie das entsprechende Hinterrad.
3 Der Verlust an Bremsflüssigkeit kann minimiert werden, indem der Deckel des Ausgleichsbehälters geöffnet, ein Stück Plastikfolie über die Öffnung gelegt und der Deckel wieder aufgeschraubt wird – so ist der Behälter nicht belüftet, und bei einer getrennten Leitung läuft keine Flüssigkeit nach. Alternativ können Schläuche mit einer speziellen Bremsschlauchklemme abgedichtet werden.
4 Reinigen Sie den Bremssattel im Bereich des Bremsleitungs-Anschlusses und den Anschluss der Bremsleitung zum Bremsschlauch im Radkasten. Lösen Sie den Bremsleitungs-Anschluss und befreien Sie den Federclip, der den Schlauch an seinem Halter sichert. Befreien Sie den Bremsschlauch vom Federbein und schrauben Sie ihn aus dem Bremssattel. Bedecken oder verstopfen Sie alle offenen Anschlüsse, um den Austritt von Bremsflüssigkeit zu minimieren und das Eindringen von Schmutz zu verhindern.
5 Lösen Sie den oberen und unteren Bremssattel-Führungszapfen und entnehmen Sie den Bremssattel.

Überholen

Anmerkung: *Erkundigen Sie sich vor Arbeitsbeginn nach der Verfügbarkeit von Ersatzteilen zum Überholen des Bremssattels.*
6 Reinigen Sie den auf der Werkbank liegenden Bremssattel – achten Sie darauf, keinen Staub einzuatmen.
7 Ziehen Sie den teilweise aus der Bohrung ragenden Kolben aus dem Bremssattelgehäuse und entfernen Sie die Staubdichtung. **Anmerkung**: *Falls der Kolben nicht von Hand herausgezogen werden kann, muss er mit am Bremsleitungsanschluss angesetzter Druckluft herausgepresst werden – verwenden Sie dabei nur geringen Luftdruck, schützen Sie den Kolben mit einem Stück Holz und passen Sie auf, sich nicht die Finger einzuklemmen.*
8 Befreien Sie mithilfe eines kleinen Schraubendrehers den Kolben-Dichtring aus der Nut der Bremssattelbohrung – beschädigen Sie diese dabei nicht (Abb. 10.7).
9 Drücken Sie vorsichtig die Führungshülsen aus dem Sattelgehäuse.
10 Reinigen Sie sorgfältig alle Komponenten mit Spiritus oder sauberer Bremsflüssigkeit – verwenden Sie **niemals** Lösungsmittel auf Mineralölbasis (Benzin oder Petroleum), da diese die Gummiteile der Hydraulik angreifen! Trocknen Sie die Teile unverzüglich mit einem sauberen und fusselfreien Lappen und blasen Sie alle Kanäle möglichst mit Druckluft aus.
Achtung: Tragen Sie bei der Arbeit mit Druckluft stets eine Schutzbrille!
11 Kontrollieren Sie alle Bauteile. Falls der Kolben und/oder seine Bohrung verschlissen, beschädigt oder stark korrodiert ist, muss der gesamte Bremssattel erneuert werden ersetzen Sie verschlissenen. Begutachten Sie auch die Führungszapfen und ihre Buchsen – die (gereinigten) Zapfen müssen spielfrei in den Buchsen gleiten können. Bei jedem Zweifel über ihren Zustand müssen die Teile erneuert werden.
12 Falls der Bremssattel weiterverwendet werden kann, muss ein entsprechender Reparatur-Kit beschafft werden – die benötigten Teile sind beim Opel-Händler in unterschiedlichen Kombinationen erhältlich. Alle Gummiteile sollten ungeachtet ihres Zustands ersetzt werden.
13 Achten Sie beim Zusammenbau darauf, dass alle Teile sauber und trocken sind.
14 Benetzen Sie den Kolben, seine Bohrung und den neuen Dichtring mit frischer Bremsflüssigkeit.
15 Installieren Sie den neuen Kolben-Dichtring von Hand in die Nut der Bohrung – verwenden Sie hierfür keine Werkzeuge.
16 Rüsten Sie den Kolben mit der neuen Staubdichtung aus und schieben Sie den Kolben senkrecht bis zum Boden ein – drehende Bewegungen helfen dabei. Drücken Sie die Staubdichtung dabei vollständig ins Gehäuse.
17 Installieren Sie die Führungshülsen in den Bremssattel.

Einbau

18 Montieren Sie den Bremssattel mithilfe neuer Führungszapfen und ziehen Sie diese mit 34 Nm an.
19 Drehen Sie den Bremsschlauch in den Bremssattel und ziehen Sie den Anschluss mit 20 Nm an. Sichern Sie den Bremsschlauch am Federbein und sein anderes Ende mit dem Federclip in der Halterung. Verbinden Sie den Schlauch mit der Bremsleitung und ziehen Sie den Anschluss sorgfältig an
20 Entfernen Sie die Bremsleitungs-Klemme oder die Folie aus dem Ausgleichsbehälter. Entlüften Sie die Bremse (siehe Sektion 2) – vorausgesetzt, der Flüssigkeitsverlust wurde minimiert, müssen nur die Vorderradbremsen entlüftet werden.
21 Montieren Sie das Rad, senken Sie das Fahrzeug ab, und ziehen Sie die Radbolzen mit 110 Nm an.
22 Betätigen Sie mehrmals das Bremspedal, um die Beläge an die Bremsscheibe anzulegen und einen normalen Druckpunkt zu erzeugen.
23 Kontrollieren Sie den Pegel im Hauptbremszylinder und füllen Sie nötigenfalls frische Bremsflüssigkeit nach (siehe *Wöchentliche Kontrollen*).

12 Trommelbremszylinder – Ausbau, Überholen und Einbau

Anmerkung: *Beachten Sie vor Arbeitsbeginn die Warnhinweise am Anfang der Sektionen 2 und 5.*

Ausbau

1 Demontieren Sie die entsprechende Bremstrommel (siehe Sektion 8).
2 Klopfen Sie mit einem Meißel vorsichtig die Kappe aus der Radnabe – wahrscheinlich wird sie dabei beschädigt und muss später ersetzt werden.
3 Lösen Sie die Hinterachsmutter und ziehen Sie die Radnabe vom Achszapfen – die Mutter muss später durch ein Neuteil ersetzt werden.
4 Demontieren Sie die Bremsbacken (siehe Sektion 5).
5 Der Verlust an Bremsflüssigkeit kann minimiert werden, indem der Deckel des Ausgleichsbehälters geöffnet, ein Stück Plastikfolie über die Öffnung gelegt und der Deckel wieder aufgeschraubt wird – so ist der Behälter nicht belüftet und bei

einer getrennten Leitung läuft keine Flüssigkeit nach. Alternativ können Schläuche nahe des Bremszylinders mit einer speziellen Bremsschlauchklemme abgedichtet werden.
6 Wischen Sie an der Rückseite des Bremszylinders den Bremsleitungsanschluss sauber und lösen Sie die Anschlussmutter möglichst mit einem speziellen Bremsleitungs-Schlüssel. Befreien Sie vorsichtig das Rohr aus dem Bremszylinder und verstopfen Sie es, damit kein Schmutz eindringt. Wischen Sie Bremsflüssigkeitsspritzer unverzüglich auf.
7 Lösen Sie hinten an der Bremsankerplatte die Bremszylinder-Befestigungsschrauben und entfernen Sie den Zylinder – lassen Sie dabei keine Bremsflüssigkeit auf die Bremsbacken gelangen.

Überholen

Anmerkung: *Erkundigen Sie sich vor Arbeitsbeginn nach der Verfügbarkeit von Ersatzteilen zum Überholen des Bremszylinders.*
8 Bürsten Sie Schmutz und Staub vom Bremszylinder, aber atmen Sie ihn nicht ein.
9 Ziehen Sie an den Enden des Zylindergehäuses die Staubdichtungen ab (siehe Abbildung).

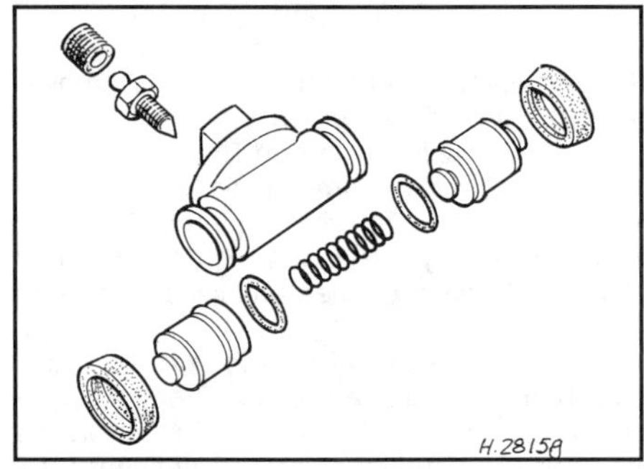

12.9 Explosionszeichnung des Trommelbremszylinders

10 Die Kolben sollten vom Druck der Feder herausgedrückt werden; nötigenfalls müssen sie auf einem Holz herausgeklopft oder mit geringem am Bremsleitungs-Anschluss angesetztem Luftdruck herausgepresst werden.
11 Inspizieren Sie die Gleitfläche der Kolben und die Zylinderbohrungen auf Riefen und andere Beschädigungen; nötigenfalls muss der gesamte Bremszylinder ersetzt werden.
12 Soweit die Kolben und ihre Bohrungen in Ordnung sind, müssen die Dichtringe entfernt und durch Neuteile aus dem Reparaturset ersetzt werden.
13 Schmieren Sie die Kolben-Dichtringe mit frischer Bremsflüssigkeit und installieren Sie sie von Hand in den Zylinder – zwischen ihnen muss die Feder sitzen.
14 Halten Sie die Kolben in frische Bremsflüssigkeit und schieben Sie sie in die Zylinderbohrungen.
15 Installieren Sie die Staubdichtungen und prüfen Sie, ob sich die Kolben frei in ihren Bohrungen bewegen können.

Einbau

16 Die Bremsankerplatte und die Kontaktflächen des Bremszylinders müssen sauber sein.
17 Positionieren Sie den Bremszylinder an der Platte, setzen Sie die Bremsleitung an und drehen Sie die Anschlussmutter zunächst zwei bis drei Umdrehungen auf.
18 Installieren Sie die Bremszylinder-Befestigungsschrauben und ziehen Sie sie mit 8 Nm an, ziehen Sie dann die Anschlussmutter mit 16 Nm an.
19 Montieren Sie die Bremsbacken (siehe Sektion 5).
20 Schieben Sie die Radnabe auf den Achszapfen, drehen Sie die neue Achsmutter auf und ziehen Sie sie mit 280 Nm an. Installieren Sie die (ggf. neue) Kappe und klopfen Sie sie in die Nabe.
21 Montieren Sie die Bremstrommel (siehe Sektion 8).
22 Entfernen Sie die Bremsschlauch-Klemme oder die Folie aus dem Ausgleichsbehälter.
23 Entlüften Sie die Bremse (siehe Sektion 2) – vorausgesetzt, der Flüssigkeitsverlust wurde minimiert, müssen nur die Hinterradbremsen entlüftet werden.
24 Montieren Sie das Rad, senken Sie das Fahrzeug ab und ziehen Sie die Radbolzen mit 110 Nm an.

13 Hauptbremszylinder – Ausbau, Überholen und Einbau

Anmerkung: *Beim Einbau werden neue Hauptbremszylinder-Befestigungsmuttern benötigt. Beachten Sie vor Arbeitsbeginn die Warnhinweise am Anfang von Sektion 2.*

Ausbau

1 Schrauben Sie den Deckel des Ausgleichsbehälters ab und saugen Sie mit einer Spritze oder Pipette möglichst viel Bremsflüssigkeit ab. **Warnung: Saugen Sie Bremsflüssigkeit nicht mit dem Mund an – sie ist giftig!**
Anmerkung: *Alternativ kann eine gut zugängliche Entlüftungsschraube des Bremssystems geöffnet und mit Schläuchen versehen werden, um die Bremsflüssigkeit bei sanfter Betätigung der Bremse herauszudrücken (siehe Sektion 2).*
2 Trennen Sie den Masseanschluss (–) der Batterie (siehe Kapitel 5A, Sektion 4)
3 Trennen Sie an der Seite des Hauptbremszylinders die Schnellverschlüsse der zwei Ausgleichsbehälter-Schläuche und trennen Sie diese. Da der Zugang bei Dieselmotoren begrenzt ist, kann es sinnvoll sein, den Halter des Kraftstofffilters abzuschrauben und den Filter beiseite zu drücken.
4 Wischen Sie seitlich am Hauptbremszylinder den Bereich um die Bremsleitungsanschlüsse sauber und unterlegen Sie die Anschlüsse mit saugfähigen Lappen. Notieren Sie die Positionen der Anschlüsse, lösen Sie ihre Muttern und ziehen Sie die Leitungen ab. Verstopfen Sie die Anschlussrohre und Öffnungen im Hauptbremszylinder, um den Flüssigkeitsverlust zu minieren und keinen Schmutz eindringen zu lassen. Wischen Sie Bremsflüssigkeitsspritzer unverzüglich auf.
5 Lösen Sie die zwei Muttern, die den Hauptbremszylinder am Bremskraftverstärker sichern, und heben Sie die Baugruppe aus dem Motorraum.
6 Entfernen Sie ggf. die zwischen dem Hauptbremszylinder und dem Bremskraftverstärker sitzende Dichtung.

Überholen

7 Beim Verfassen des Buchs (2018) waren bis auf den Ausgleichsbehälter und seinen Deckel keine Ersatzteile zum Überholen des Hauptbremszylinders erhältlich – erkundigen Sie sich beim Opel-Händler nach ihrer Verfügbarkeit.
8 Falls der Hauptbremszylinder verschlissen oder beschädigt ist, muss er durch ein Neuteil ersetzt werden.

Einbau

9 Entfernen Sie sämtlichen Schmutz von den Kontaktflächen des Hauptbremszylinders und des Bremskraftverstärkers. Kontrollieren Sie ggf. die zwischen ihnen sitzende Dichtung auf Beschädigungen und ersetzen Sie sie nötigenfalls.
10 Installieren Sie ggf. die neue Dichtung an den Bremskraftverstärker und setzen Sie den Hauptbremszylinder so an, dass die Druckstange mittig in seine Bohrung greift. Installieren Sie die neuen Befestigungsmuttern und ziehen Sie sie mit 7 Nm an.
11 Wischen Sie die Bremsleitungsanschlüsse sauber, setzen Sie sie an und ziehen Sie die Anschlussmuttern mit 16 Nm an.
12 Achten Sie darauf, dass die Bremsleitungsrohre korrekt in den Führungen an der Spritzwand einrasten.

13 Verbinden Sie die Ausgleichsbehälter-Schläuche mit dem Hauptbremszylinder – die Schnellverschlüsse müssen hörbar einrasten.
14 Schließen Sie die Batterie wieder an (siehe Kapitel 5A, Sektion 4).
15 Füllen Sie den Ausgleichsbehälter mit frischer Bremsflüssigkeit auf und entlüften Sie anschließend die komplette Bremshydraulik (siehe Sektion 2).

14 Bremspedal und Aufnahme – Ausbau und Einbau

Anmerkung: *Das Bremspedal ist (bei Modellen mit Schaltgetriebe zusammen mit dem Kupplungspedal) in die Pedal-Aufnahme integriert und kann nicht separat demontiert werden. Falls ein Pedal aufgrund verschlissener Lagerbuchsen ersetzt werden muss, bleibt nur der Austausch der gesamten Aufnahme.*
Anmerkung: *Diese Operation ist sehr umfangreich, da das gesamte Armaturenbrett samt Querträger ausgebaut werden muss. Lesen Sie vor Arbeitsbeginn alle entsprechenden Sektionen durch und machen Sie sich mit der Komplexität vertraut.*

Ausbau

1 Demontieren Sie das gesamte Armaturenbrett samt Querträger (siehe Kapitel 11, Sektion 27).
2 Lösen Sie im Motorraum die zwei Muttern, die den Hauptbremszylinder am Bremskraftverstärker sichern.
3 Befreien Sie den Unterdruckschlauch aus dem Bremskraftverstärker – der Dichtstopfen darf dabei nicht verschoben werden.
4 Lösen Sie bei Modellen mit Schaltgetriebe im Fußraum am Kupplungsdruckstangen-Gelenk den Federclip und ziehen Sie den Stift heraus, der es am Kupplungspedal sichert. Lösen Sie die zwei Schrauben, die den Kupplungs-Geberzylinder an der Pedalaufnahme sichern (siehe Abbildungen).

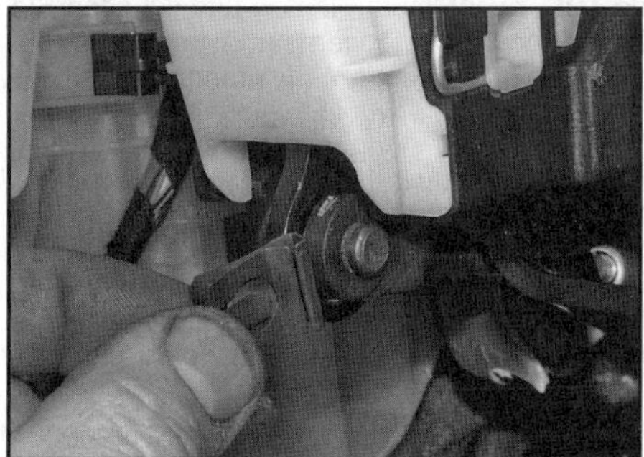

14.4a Entfernen Sie den Federclip ...

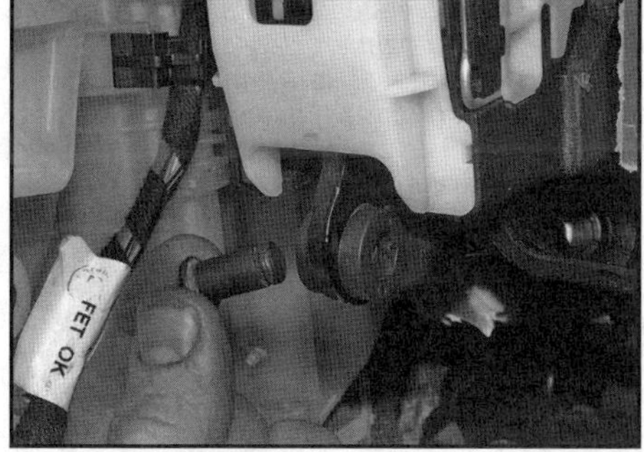

14.4b ... und ziehen Sie den Gelenkstift der Kupplungsdruckstange heraus.

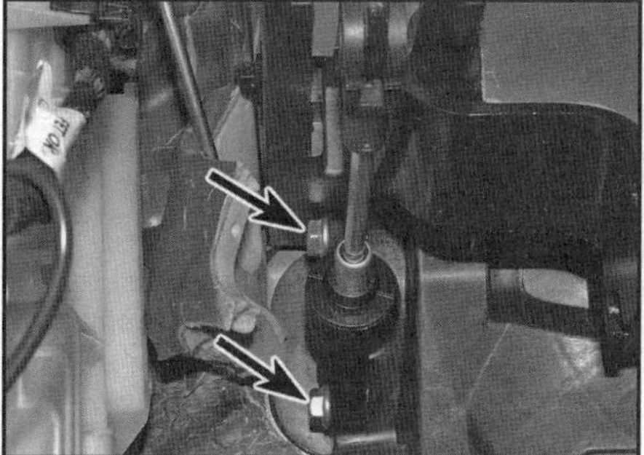

14.4c Lösen Sie die zwei Schrauben, die den Kupplungs-Geberzylinder an der Pedalaufnahme sichern.

5 Lösen Sie den Stecker und die zwei Schrauben des Gaspedalsensors und entfernen Sie ihn (siehe Abbildung).

14.5 Schrauben des Gaspedalsensors

6 Trennen Sie die Stecker des Bremslichtschalters und ggf. des Kupplungsschalters. Befreien Sie die Verkabelung aus den Halterungen und Kabelbindern der Pedalhalterung.
7 Lösen Sie die fünf Muttern, die den Pedalhalter an der Spritzwand sichern (siehe Abbildung).

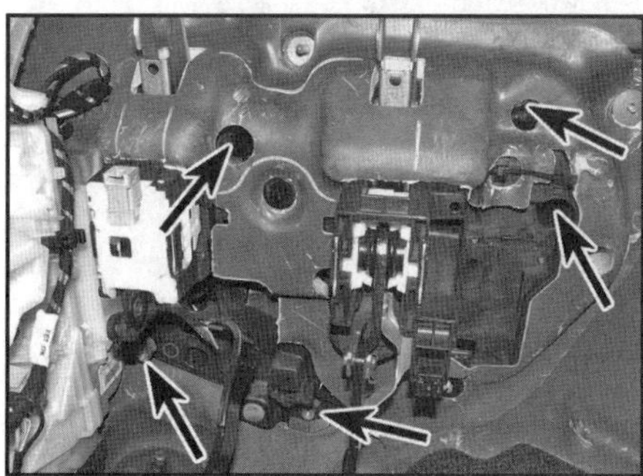

14.7 Lösen Sie die fünf Muttern, die den Pedalhalter an der Spritzwand sichern.

8 Befreien Sie die zwei Kunststoffscheiben, mit denen die Schalldämmung an den beiden Zapfen der Spritzwand gesichert ist (siehe Abbildungen).

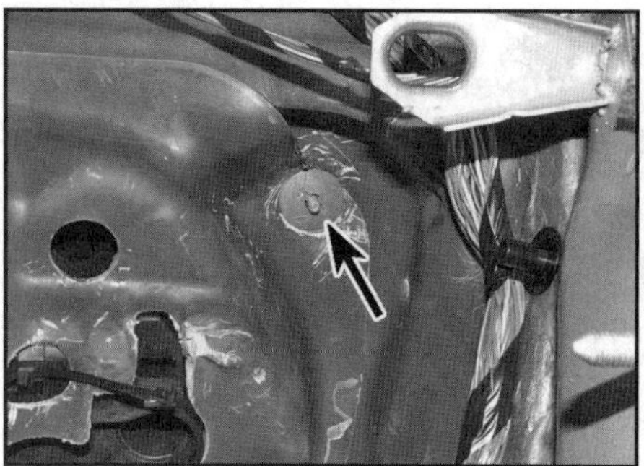

14.8a Befreien Sie die rechte ...

14.8b ... und die linke Kunststoffscheibe, um die Schalldämmung von der Spritzwand zu entfernen.

9 Wenn alle Kabel vom Pedalhalter befreit sind, kann dieser nach hinten von der Spritzwand abgezogen werden. Nehmen Sie am Bremskraftverstärker die Spritzwand-Verschlussplatte ab (siehe Abbildung) und befreien Sie die Pedalhalter-Baugruppe aus dem Fahrzeug.

14.9 Nehmen Sie am Bremskraftverstärker die Spritzwand-Verschlussplatte ab.

10 Nötigenfalls können jetzt der Bremskraftverstärker (siehe Sektion 15) und der Bremslicht- sowie ggf. der Kupplungsschalter (siehe Sektion 19) vom Pedalhalter demontiert werden.

Einbau

11 Falls entfernt, müssen der Bremslicht- sowie ggf. der Kupplungsschalter (siehe Sektion 19) und der Bremskraftverstärker (siehe Sektion 15) wieder an den Pedalhalter montiert werden.
12 Positionieren Sie die Spritzwand-Verschlussplatte an die Stehbolzen des Bremskraftverstärkers und manövrieren Sie die Pedalhalter-Baugruppe im Fußraum in Position – die Druckstange des Bremskraftverstärkers muss dabei zu der des Hauptbremszylinders ausgerichtet werden.
13 Installieren Sie die fünf Muttern, die den Pedalhalter an der Spritzwand sichern, und ziehen Sie sie mit 20 Nm an.
14 Installieren Sie die zwei Kunststoffscheiben, mit denen die Schalldämmung an den beiden Zapfen der Spritzwand gesichert ist.
15 Verbinden Sie die Stecker des Bremslichtschalters und ggf. des Kupplungsschalters. Sichern Sie die Verkabelung mit den Halterungen und neuen Kabelbindern an der Pedalhalterung.
16 Positionieren Sie den Gaspedalsensor, sichern Sie ihn mit den zwei Schrauben und schließen Sie seinen Stecker an.
17 Installieren Sie bei Modellen mit Schaltgetriebe die zwei Schrauben, die den Kupplungs-Geberzylinder an der Pedalaufnahme sichern und ziehen Sie sie mit 10 Nm an. Richten Sie die Bohrung des Kupplungspedals zum Kupplungsdruckstangen-Gelenk aus, stecken Sie den Stift ein und sichern Sie ihn mit dem Federclip.
18 Setzen Sie den Hauptbremszylinder über den Stehbolzen des Bremskraftverstärkers und ziehen Sie die **neuen** Muttern mit 7 Nm an.
19 Stecken Sie das Unterdruckschlauch-Endstück in den Bremskraftverstärker – der Dichtstopfen darf dabei nicht verschoben werden.
20 Montieren Sie das Armaturenbrett samt Querstrebe (siehe Kapitel 11, Sektion 27).

15 Bremskraftverstärker – Test, Ausbau und Einbau

Test

1 Betätigen Sie bei abgeschaltetem Motor mehrmals die Bremse, bis der Unterdruck im Bremskraftverstärker abgebaut ist. Halten Sie das Pedal gedrückt und starten Sie den Motor – sobald er läuft, muss sich das Pedal durch den aufbauenden Unterdruck merklich weiter eindrücken lassen. Lassen Sie den Motor mindestens zwei Minuten laufen und schalten Sie ihn wieder ab. Beim erneuten Betätigen der Bremse muss sie sich normal anfühlen, nach einigen Aktivierungen muss sie sich deutlich fester anfühlen und weniger weit eindrücken lassen.
2 Falls sich die Bremse nicht wie beschrieben verhält, muss zunächst das Bremskraftverstärker-Regelventil überprüft werden (siehe Sektion 16).
3 Wenn sich das Regelventil als funktionsfähig erwiesen hat, wird der Defekt im Bremskraftverstärker selbst liegen – da Reparaturen nicht möglich sind, muss er ausgetauscht werden.

Ausbau

Anmerkung: *Der Bremskraftverstärker sitzt innerhalb der Fahrgastzelle an der Pedalaufnahme, dessen Ausbau eine sehr umfangreich ist, da das gesamte Armaturenbrett samt Querträger ausgebaut werden muss. Lesen Sie vor Arbeitsbeginn alle entsprechenden Sektionen durch und machen Sie sich mit der Komplexität vertraut.*
4 Demontieren Sie das Bremspedal samt Aufnahme (siehe Sektion 14).
5 Befreien Sie am Druckstangengelenk des Bremspedals den Federclip und ziehen Sie den Gelenkstift heraus (siehe Abbildungen).

15.5a Befreien Sie den Federclip ...

15.5b ... und ziehen Sie den Stift heraus, der die Bremskraftverstärker-Druckstange am Bremspedal sichert.

6 Lösen Sie die zwei Muttern, mit denen der Bremskraftverstärker am Pedalhalter gesichert ist (siehe Abbildung), heben Sie ihn ab und stellen Sie die Distanzplatte sicher.

15.6 Muttern, die den Bremskraftverstärker am Pedalhalter sichern

Einbau

7 Legen Sie die Distanzplatte über die Stehbolzen des Bremskraftverstärkers und setzen Sie diesen so am Pedalhalter an, dass seine Druckstange zum Bremspedal ausgerichtet ist.
8 Drehen Sie die zwei Bremskraftverstärker-Muttern auf und ziehen Sie sie mit 20 Nm an.
9 Verbinden Sie die Bremskraftverstärker-Druckstange mit dem Bremspedal, drücken Sie den Stift ein und sichern Sie ihn mit dem Federclip.
10 Installieren Sie die Bremspedalaufnahme (siehe Sektion 14).

16 Bremskraftverstärker-Regelventil – Ausbau, Test und Einbau

1 Das Regelventil sitzt im vom Einlassstutzen (Benzinmotor) oder zur Unterdruckpumpe (Dieselmotor) zum Bremskraftverstärker führenden Unterdruckschlauch. Falls das Ventil defekt ist, muss es samt Schlauch ersetzt werden.

Ausbau

2 Befreien Sie den Schlauch vorsichtig aus dem Bremskraftverstärker – verschieben Sie dabei nicht den Gummistopfen.
3 Merken Sie sich die Verlegung des Schlauchs und lösen Sie die Anschlussmutter oder den Schnellverschluss, mit der/dem der Schlauch am Einlassstutzen oder der Unterdruckpumpe gesichert ist. Entfernen Sie den Schlauch aus dem Motorraum.

Test

4 Begutachten Sie das Regelventil und den Schlauch auf Beschädigungen und ersetzen Sie die Baugruppe nötigenfalls.
5 Für eine Kontrolle wird von beiden Seiten ins Ventil geblasen – Luft darf aber nur vom Bremskraftverstärker aus hindurchgelangen. Bei anderen Ergebnissen muss das Ventil ersetzt werden.
6 Kontrollieren Sie den Gummistopfen im Bremskraftverstärker auf Schäden und Alterungserscheinungen und ersetzen Sie ihn nötigenfalls.

Einbau

7 Der Einbau entspricht der umgekehrten Ausbaureihenfolge – starten Sie anschließend den Motor und prüfen Sie die Verbindung des Ventils zum Bremskraftverstärker auf Undichtigkeiten.

17 Handbremshebel – Ausbau und Einbau

Ausbau

1 Heben Sie die Handbremsen-Manschette an und falten Sie sie um den Handbremshebel hoch (siehe Abbildung).

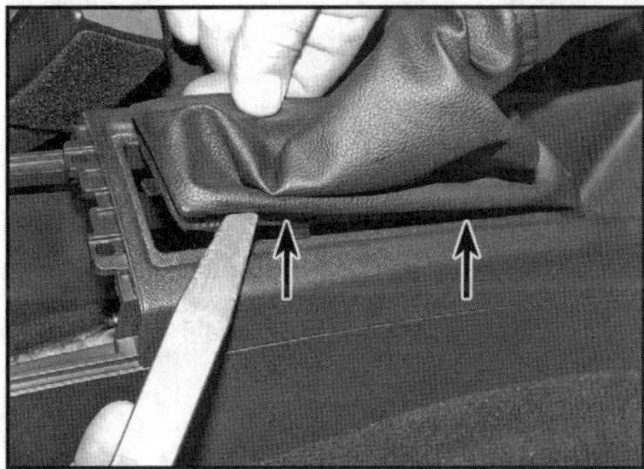

17.1 Hebeln Sie die Handbremsen-Manschette ab und falten Sie sie um den Hebel hoch.

2 Entfernen Sie die Schutzkappe vom Ende des Handbremsseils, lockern und entfernen Sie dann die Handbremsseil-Einstellmutter (siehe Abbildung).

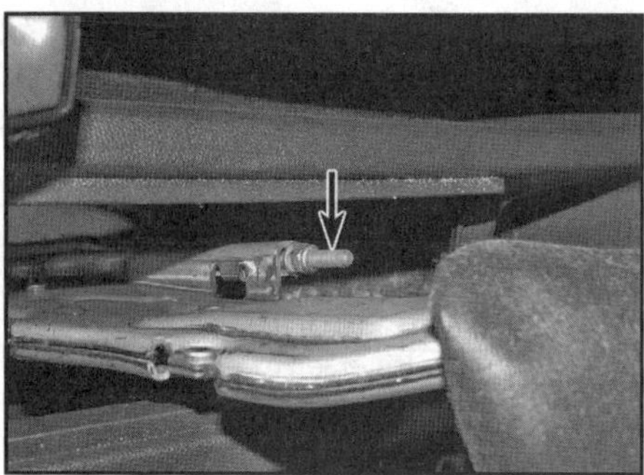

17.2 Lockern Sie den Handbremsseil-Einsteller und entfernen Sie ihn.

3 Trennen Sie den Stecker des Handbremsenschalters.
4 Lösen Sie die zwei Handbremshebel-Befestigungsschrauben (siehe Abbildung).

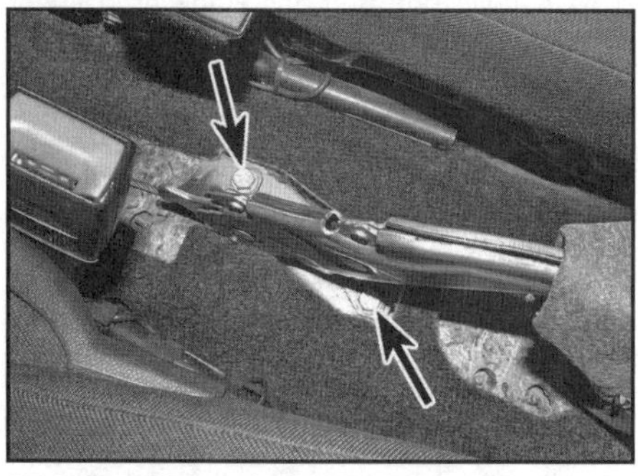

17.4 Handbremshebel-Befestigungsschrauben – die Mittelkonsole ist hier zur Verdeutlichung entfernt.

5 Der Handbremshebel kann jetzt nach innen abgezogen werden. Der Handbremsenschalter kann nach dem Lösen der Schraube vom Hebel befreit werden.

Einbau

6 Der Einbau entspricht der umgekehrten Ausbaureihenfolge – stellen Sie die Handbremse wie in Kapitel 1A, Sektion 22 oder Kapitel 1B, Sektion 24 beschrieben ein.

18 Handbremsen-Seilzüge – Ausbau und Einbau

Ausbau

1 Der Handbremsenmechanismus besteht aus zwei Sektionen: einem kurzen vorderen (Primär-) Seilzug, der den Handbremshebel mit der Ausgleichsplatte verbindet, und den Haupt- oder Sekundär-Seilzügen, die von hier die Bremswirkung auf die jeweilige Hinterradbremse weiterleiten. Jede Sektion kann separat demontiert werden.

Vorderer Seilzug

2 Blockieren Sie die Vorderräder, heben Sie das Fahrzeug hinten an und stützen Sie es sicher ab (siehe Seite 351). Die Handbremse muss vollständig gelöst sein.
3 Heben Sie die Handbremsen-Manschette an und falten Sie sie um den Handbremshebel hoch (Abb. 17.1).
4 Entfernen Sie die Schutzkappe vom Ende des Handbremsseils, lockern und entfernen Sie dann die Handbremsseil-Einstellmutter (Abb. 17.2). Befreien Sie das Seil aus dem Handbremshebel.
5 Lösen Sie die Schraube, die Mutter und die zwei Klemmen, um den Auspuff-Hitzeschutz vom Tank zu befreien.
6 Befreien Sie den vorderen Zug aus der Ausgleichsplatte, indem Sie ihn um 90° verdrehen (siehe Abbildung).

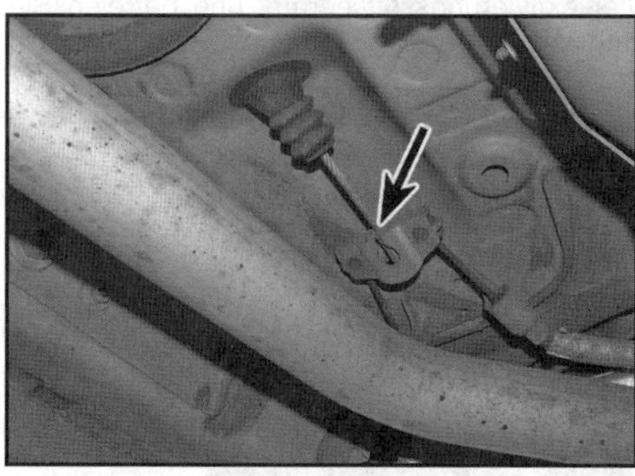

18.6 Drehen Sie den vorderen Zug um 90°, um ihn aus der Ausgleichsplatte zu befreien.

7 Befreien Sie den Stopfen aus der Hebel-Halteplatte und ziehen Sie den vorderen Seilzug nach unten heraus. Entfernen Sie den Stopfen vom Seilzug.

Hintere Seilzüge

Anmerkung: *Die Sekundär-Seilzüge sind nur gemeinsam samt Ausgleichsplatte erhältlich.*
8 Blockieren Sie die Vorderräder, heben Sie das Fahrzeug hinten an und stützen Sie es sicher ab (siehe Seite 351). Demontieren Sie beide Hinterräder.
9 Befreien Sie die Auspuffanlage aus den Gummihalterungen, senken Sie sie hinten ab und stützen Sie sie mit geeigneten Vorrichtungen ab.
10 Heben Sie die Handbremsen-Manschette an und falten Sie sie um den Handbremshebel hoch (Abb. 17.1).
11 Entfernen Sie die Schutzkappe vom Ende des Handbremsseils, lockern und entfernen Sie dann die Handbremsseil-Einstellmutter (Abb. 17.2).
12 Lösen Sie die Schraube, die Mutter und die zwei Klemmen, um den Auspuff-Hitzeschutz vom Tank zu befreien.
13 Demontieren Sie die Trommelbremsbacken (siehe Sektion 5). Befreien Sie den Sicherungsclip der Bremsseil-Hülle und ziehen sie das Handbremsseil aus der Bremsankerplatte.
14 Befreien Sie den vorderen Zug aus der Ausgleichsplatte, indem Sie ihn um 90° verdrehen (Abb. 18.6).
15 Befreien Sie die beiden hinteren Seilzug-Sektionen aus den Halterungen am Unterboden und der Hinterachse, ziehen Sie dann den jeweiligen Zug nach unten heraus.

Einbau

16 Der Einbau entspricht der umgekehrten Ausbaureihenfolge – stellen Sie die Handbremse wie in Kapitel 1A, Sektion 22 oder Kapitel 1B, Sektion 24 beschrieben ein. Der Nippel des vorderen Seilzugs muss korrekt in der Ausgleichsplatte sitzen.

19 Bremslichtschalter – Ausbau und Einbau

Ausbau

1 Der Bremslichtschalter sitzt hinter dem Armaturenbrett an der Bremspedal-Aufnahme.

2 Entfernen Sie im Fahrerfußraum die Abdeckung unter dem Armaturenbrett (siehe Kapitel 11, Sektion 27), befreien Sie dann den Spreizniet des Fußraum-Belüftungskanals und entfernen Sie diesen.
3 Trennen Sie den Stecker des Bremslichtschalters.
4 Drücken Sie das Bremspedal herunter, ziehen Sie den Bremslichtschalter-Aktivierungsstift heraus und befreien Sie die um ihn herum sitzende Arretierhülse (siehe Abbildungen).

19.4a Ziehen Sie den Bremslichtschalter-Aktivierungsstift heraus (dieser ist zur Verdeutlichung ausgebaut).

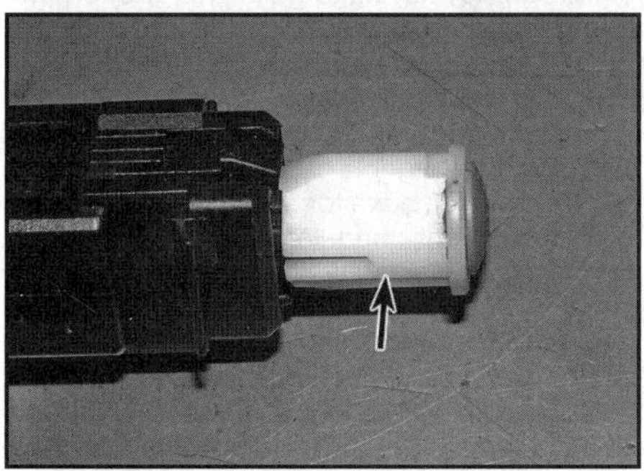

19.4b Befreien Sie die um den Stift herum sitzende Arretierhülse.

5 Lösen Sie die Befestigungsclips und ziehen Sie den Schalter von der Pedalaufnahme ab.

Einbau und Einstellung

6 Montieren Sie den Schalter mit herausgezogenem Aktivierungsstift und entfernter Arretierhülse an die Pedalaufnahme.
7 Sichern Sie den Schalter mit der Arretierhülse.
8 Lösen Sie die Bremse – das Pedal wird die Position des Aktivierungsstifts automatisch einstellen.
9 Verbinden Sie den Kabelstecker und montieren Sie den Belüftungskanal sowie die Armaturenbrett-Abdeckung.

20 Handbremsen-Warnleuchtenschalter – Ausbau und Einbau

Ausbau

1 Demontieren Sie die Mittelkonsole (siehe Kapitel 11, Sektion 26).
2 Trennen Sie den Stecker des seitlich am Handbremshebel sitzenden Schalters.
3 Lösen Sie die Schraube und entfernen Sie den Schalter vom Handbremshebel-Halter.

Einbau

4 Der Einbau entspricht der umgekehrten Ausbaureihenfolge.

21 Antiblockiersystem (ABS) – Allgemeine Informationen

1 Das serienmäßig vorhandene Bosch 8.1-Antiblockiersystem überwacht beim Bremsen die Drehzahl aller Räder. Das System beinhaltet einen Hydraulik-Modulator und an jedem Rad einen Drehzahlsensor. Im Modulator befinden sich das Steuergerät, die Hydraulik-Magnetventile und die elektrisch angetriebene Rücklaufpumpe. Wenn ein Rad plötzlich deutlich langsamer wird (und damit zu blockieren droht), wird an dieser Bremse der Hydraulikdruck reduziert oder kurzzeitig unterbrochen. Die Überwachung und das Regulieren findet mehrmals pro Sekunde statt und erzeugt im Bremspedal eine »pulsierende« Wirkung, wenn der Druck geändert wird.
2 Die Magnetventile werden vom Steuergerät überwacht, das wiederum Informationen von den Sensoren an den Rädern über deren Drehzahl erhält. Indem es diese Signale vergleicht, kann das Steuergerät die derzeit gefahrene Geschwindigkeit berechnen und so erkennen, wenn ein Rad deutlich langsamer als die anderen wird und zum Blockieren neigt. Im normalen Fahrbetrieb funktioniert die Bremse genauso wie ein System ohne ABS.
3 Sobald das Steuergerät erkennt, dass ein oder mehrere Räder zum Blockieren neigen, werden die entsprechenden Auslass-Magnetventile geschlossen, um den Druck in den Bremsen zu verringern.
4 Wenn die Drehzahl des Rades weiterhin zu niedrig ist, öffnet es die Einlass-Magnetventile und aktiviert die elektrisch betriebene Rücklaufpumpe, um die Bremsflüssigkeit wieder in den Hauptbremszylinder zu fördern und so die Bremse zu lösen. Sobald die Drehzahl des Rades wieder einen normalen Wert erreicht, stoppt die Pumpe und das Auslass-Magnetventil öffnet wieder, um den Druck aus dem Hauptbremszylinder wieder an die Bremse weiterzuleiten und diese zu aktivieren.
5 Die Überwachung und das Regulieren findet mehrmals pro Sekunde statt und erzeugt im Bremspedal eine »pulsierende« Wirkung, wenn der Druck geändert wird.
6 Eine weitere Funktion des ABS ist das »Elektronische Stabilitäts-Programm« (ESP). Hierbei beobachten zusätzliche Sensoren die Lenkradposition, die Gierrate des Fahrzeugs sowie die positive und negative Beschleunigung. Zusammen mit den Informationen der ABS-Sensoren kann das Steuergerät einer möglichen Instabilität des Fahrzeugs entgegenwirken, indem es erkennt, ob das Fahrzeug auf Lenkbewegungen des Fahrers adäquat reagieren kann oder instabil werden kann. Sobald Instabilität festgestellt wird, greift das Steuergerät mit der Aktivierung oder dem Lösen der entsprechenden Bremse sowie einer Reduzierung der Motorleistung ein, bis das Fahrverhalten wieder stabil ist.
7 Die Funktion des ABS hängt vollkommen von elektrischen Signalen ab. Und damit es nicht auf falsche Signale reagiert, überwacht eine integrierte Sicherheitsschaltung alle ins Steuergerät eingehenden Signale. Falls solche auftreten oder geringe Batteriespannung festgestellt wird, wird das ABS automatisch abgeschaltet und im Cockpit leuchtet eine entsprechende Warnlampe auf. Jetzt kann immer noch normal gebremst werden.
8 In das ABS sind zusätzlichen Sicherheitsfunktionen integriert, darunter eine elektronische Bremskraftverteilung (EBFD), die automatisch die Bremswirkung zwischen den Vorder- und Hinterrädern verteilt, sowie ein Bremsassistent, der dafür sorgt, dass bei einem offensichtlichen (Not-)Bremsmanöver der für eine Gefahrenbremsung notwendige Pedal-

druck tatsächlich bis auf den maximal möglichen Bremsdruck erhöht wird.

9 Falls in irgendeinem dieser Systeme ein Defekt festgestellt wird, leuchtet im Cockpit eine entsprechende Warnleuchte auf. Manche Fehler können vom bordeigenen Diagnosesystem behoben werden; halten Sie an, schalten Sie den Motor und die Zündung ab. Falls nach die Warnleuchte nach erneutem Fahrtantritt weiter leuchtet, muss das Fahrzeug zu einer entsprechend ausgerüsteten Fachwerkstatt gebracht werden, wo der Fehler mithilfe eines Diagnosegeräts ausgelesen und repariert werden kann.

22 Antiblockiersystem (ABS) – Austausch der Komponenten

Hydraulik-Modulator

Anmerkung: *Beachten Sie zunächst die Hinweise zu Gefahren mit Bremsflüssigkeit in Sektion 2.*

Ausbau

1 Bauen Sie die Batterie samt Träger aus (siehe Kapitel 5A, Sektion 4).

2 Ziehen Sie am Hydraulikmodulator die Arretierung des Mehrfachsteckers hoch und trennen Sie diesen (siehe Abbildung).

22.2 Trennen Sie den Stecker des ABS-Steuergeräts.

3 Schrauben Sie den Deckel des Hydraulik-Ausgleichsbehälters ab und füllen Sie ihn bis zur MAX-Markierung auf (siehe Wöchentliche Kontrollen). Legen Sie ein Stück Frischhaltefolie über die Öffnung und drehen Sie den Deckel wieder auf – so wird bei den folgenden Tätigkeiten der Verlust an Bremsflüssigkeit minimiert. Legen Sie Lappen unter die Bremsleitungsanschlüsse.

4 Wischen Sie den Bereich um die Bremsleitungsanschlüsse sauber und notieren Sie die Positionen der einzelnen Leitungen. Lösen Sie die Anschlussmuttern und ziehen Sie die Rohre vorsichtig heraus.

5 Verstopfen Sie die Öffnungen der Anschlüsse und des Modulators, damit kein Schmutz eindringen kann. Waschen Sie sämtliche Bremsflüssigkeitsspritzer unverzüglich mit kaltem Wasser auf.

6 Lösen Sie die drei Muttern und entfernen Sie den Modulator samt Halterung aus dem Motorraum.

7 Lösen Sie zum Trennen des Modulators von der Halterung die zwei Muttern.

Einbau

8 Der Einbau entspricht der umgekehrten Ausbaureihenfolge – beachten Sie dabei folgende Punkte:

a) Ziehen Sie alle Befestigungsmuttern sorgfältig an.

b) Verbinden Sie die Bremsleitungen mit ihren Anschlüssen und ziehen Sie die Anschlussmuttern mit 16 Nm an.

c) Die Verkabelung muss korrekt verlegt und der Stecker fest aufgedrückt und mit der Arretierung gesichert werden.

d) Entlüften Sie die komplette Bremshydraulik in der richtigen Reihenfolge, um keine Luft in die Rücklaufpumpe eindringen zu lassen (siehe Sektion 2).

e) Montieren Sie den Batterieträger und die Batterie (siehe Kapitel 5A, Sektion 4).

ABS-Steuergerät

Anmerkung: *Bei der Montage werden neue Befestigungsschrauben und eine neue Dichtung benötigt.*

Ausbau

9 Demontieren Sie den Hydraulik-Modulator (siehe oben).

10 Lösen Sie die vier Befestigungsschrauben und ziehen Sie das Steuergerät vorsichtig nach oben vom Hydraulikmodulator ab – die Dichtung muss später erneuert werden.

Einbau

11 Reinigen und inspizieren Sie sorgfältig die Dichtflächen des Steuergeräts und des Hydraulikmodulators – falls sie verformt oder beschädigt sind, sodass die neue Dichtung ihre Aufgabe nicht erfüllen kann, müssen sowohl der Hydraulikmodulator als auch das ABS-Steuergerät durch Neuteile ersetzt werden.

12 Legen Sie die Dichtung auf, halten Sie das Steuergerät nur an den äußeren Rändern und senken Sie es vorsichtig senkrecht über den Magnetventilen des Modulators ab.

13 Installieren Sie die **neuen** Befestigungsschrauben und ziehen Sie sie schrittweise und über Kreuz zunächst soweit an, bis sie Kontakt zum Steuergerät-Gehäuse haben; ziehen Sie sie dann auf gleiche Weise weiter, bis das Steuergerät-Gehäuse Kontakt zum Hydraulikmodulator hat.

14 Ziehen Sie die Schrauben schrittweise und über Kreuz bis zum Drehmoment von 3 Nm an – das Steuergerät muss dabei vollständigem Hydraulikmodulator anliegen, sodass kein Spalt im Dichtbereich sichtbar ist; lockern Sie die Schrauben nötigenfalls und ziehen Sie sie erneut an. Lässt sich keine absolute Dichtigkeit sicherstellen, muss die komplette Baugruppe erneuert werden.

15 Montieren Sie zum Schluss den Hydraulikmodulator (siehe oben).

Vorderradsensor

Anmerkung: *Die Vorderradsensoren versorgen verschiedene Systeme mit Informationen über die Drehzahl der Räder und die gefahrene Geschwindigkeit.*

16 Trennen Sie den Masseanschluss (–) der Batterie (siehe Kapitel 5A, Sektion 4).

17 Ziehen Sie die Handbremse, heben Sie das Fahrzeug vorn an, und stützen Sie es sicher ab (siehe Seite 351). Demontieren Sie das entsprechende Vorderrad.

18 Verfolgen Sie das Sensorkabel zum Stecker im Radhauskasten. Befreien Sie das Kabel aus allen Befestigungen, trennen Sie den Stecker und führen Sie ihn zum Sensor zurück.

19 Lösen Sie die Schraube, die den Sensor am Achsgelenk sichert, und entfernen Sie ihn samt Kabel (siehe Abbildung).

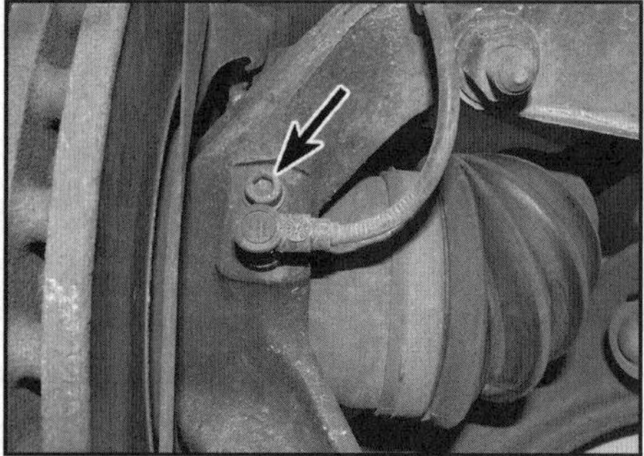

22.19 Schraube des Vorderradsensors

Einbau

20 Dicht Dichtflächen des Sensors und des Achsgelenks müssen sauber sein. Installieren Sie den Sensor und ziehen Sie seine Schraube mit 8 Nm an.
21 Verlegen Sie das Sensorkabel und sichern Sie es mit allen Befestigungen. Verbinden Sie den Stecker und sichern Sie ihn in seiner Halterung.
22 Montieren Sie das Rad, senken Sie das Fahrzeug ab und ziehen Sie die Radbolzen mit 110 Nm an.

Hinterradsensor

23 Trennen Sie den Masseanschluss (–) der Batterie (siehe Kapitel 5A, Sektion 4).
24 Blockieren Sie die Vorderräder, heben Sie das Fahrzeug hinten an, und stützen Sie es sicher ab (siehe Seite 351). Demontieren Sie das entsprechende Hinterrad.
25 Lösen Sie die Muttern und Clips des Radhauskastens und entfernen Sie diesen.
26 Verfolgen Sie das Sensorkabel zum Stecker im Radhauskasten. Befreien Sie das Kabel aus allen Befestigungen, trennen Sie den Stecker und führen Sie ihn zum Sensor zurück.
27 Lösen Sie die Schraube, die den Sensor an der Hinterachse sichert, und entfernen Sie ihn samt Kabel (siehe Abbildung).

22.27 Schraube des Hinterradsensors

Einbau

28 Dicht Dichtflächen des Sensors und der Hinterachse müssen sauber sein. Installieren Sie den Sensor und ziehen Sie seine Schraube mit 8 Nm an.
29 Verlegen Sie das Sensorkabel und sichern Sie es mit allen Befestigungen. Verbinden Sie den Stecker und sichern Sie ihn in seiner Halterung.
30 Montieren Sie den Radhauskasten und das Rad, senken Sie das Fahrzeug ab und ziehen Sie die Radbolzen mit 110 Nm an.

Gierratensensor

Anmerkung: *Ein Gierratensensor findet sich nur in mit ESP ausgerüsteten Fahrzeugen. Der Sensor sitzt vor der Handbremse in der Mittelkonsole.*

Ausbau

31 Trennen Sie den Masseanschluss (–) der Batterie (siehe Kapitel 5A, Sektion 4).
32 Demontieren Sie die Mittelkonsole (siehe Kapitel 11, Sektion 26).
33 Trennen Sie den Sensorstecker, lösen Sie die zwei Schrauben und entfernen Sie den Sensor.

Einbau

34 Der Einbau entspricht der umgekehrten Ausbaureihenfolge.

Lenkwinkelsensor

35 Der Lenkwinkelsensor ist in die Lenksäule integriert und nicht separat erhältlich. Der Aus- und Einbau der Lenksäule ist in Kapitel 10, Sektion 15 beschrieben.

23 Unterdruckpumpe (Diesel-Modelle) – Ausbau und Einbau

Ausbau

1 Trennen Sie den Masseanschluss (–) der Batterie (siehe Kapitel 5A, Sektion 4).
2 Demontieren Sie die obere Motorabdeckung.
3 Lockern Sie am Ladeluftkühler und am Ladeluft-Winkelrohr die zwei Schellen des Ladeluftschlauchs und trennen Sie diesen.
4 Trennen Sie an der Pumpe den Schnellverschluss und ziehen Sie den Schlauch der Unterdruckpumpe ab (siehe Abbildung). Trennen Sie seitlich an der Pumpe den kleinen Unterdruckschlauch vom Auslassstutzen.

23.4 Trennen Sie den Schnellverschluss und ziehen Sie den Unterdruckpumpenschlauch ab.

5 Lockern Sie an der Kraftstoffpumpe und dem Rücklaufschlauch-Adapterrohr die Schellen der Rücklaufschläuche und ziehen Sie diese ab. Sorgen Sie dafür, dass in die Schläuche und die Pumpe kein Schmutz eindringen kann.
6 Lösen Sie die Schraube des Rücklaufschlauch-Adapterrohrs und befreien Sie dies.
7 Trennen Sie den Stecker des AGR-Ventils.
8 Lösen Sie die zwei Schrauben und entfernen Sie die Pumpe vom Nockenwellengehäuse (siehe Abbildung) – stellen Sie die Dichtung sicher.

23.8 Lösen Sie die zwei Schrauben und entfernen Sie die Pumpe vom Nockenwellengehäuse.

Einbau

9 Der Einbau entspricht der umgekehrten Ausbaureihenfolge – reinigen Sie die Dichtflächen der Pumpe und des Nockenwellengehäuses und legen Sie eine neue Dichtung auf. Ziehen Sie die Schrauben der Pumpe zunächst mit 5 Nm und dann mit 20 Nm an.

Kapitel 10

Radaufhängung und Lenkung

Inhalt — Sektion

Technische Daten

Allgemeines	
Vorderradaufhängung	Einzelradaufhängung, MacPherson-Federbeine mit Schraubenfedern und integriertem Stoßdämpfer, Stabilisator
Hinterradaufhängung	Verbundlenkerachse mit Längslenkern, Schraubenfedern und Stoßdämpfern
Lenkung	Zahnstangenlenkung, elektrische Servo-Unterstützung
Radlager (von und hinten)	
Lager-Spiel (max.)	0,1 mm
Höhenschlag	0,04 mm
Seitenschlag	0,05 mm
Anzugsdrehmomente	
Vorderradaufhängung	**Nm**
ABS-Sensor-Schraube	8
Antriebswellenmutter*	
Schritt 1	70
Schritt 2	um 60° weiter
Schritt 3	um 5° weiter
Bremssattelträger an Achsgelenk	105
Drehmomentstützen-Zentralschraube*	
Schritt 1	80
Schritt 2	um 45° weiter
Hilfsrahmen-Befestigungsschrauben*	
Schritt 1	90
Schritt 2	um 45° weiter
Federbein an Achsgelenk*	
Schritt 1	80
Schritt 2	um 60° weiter
Schritt 3	um 15° weiter

Schwierigkeitsgrade

Leicht. Geeignet für Anfänger mit wenig Erfahrung. 	**Relativ leicht.** Geeignet für Anfänger mit etwas Erfahrung. 	**Relativ schwierig.** Geeignet für geübte Selbstschrauber. 	**Schwer.** Geeignet für Selbstschrauber mit viel Erfahrung. 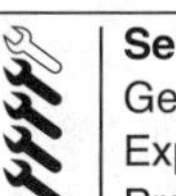	**Sehr schwer.** Geeignet für Experten und Profis.

Federbein – Kolbenstangenmutter	50
Federbein – obere Befestigungsmutter	45
Anlenkung zw. Federbein und Stabilisator	40
Kugelkopf an Querlenker*	35
Querlenker-Kugelkopf – Befestigungsmutter*	60
Querlenker-Gelenkbolzen/Mutter an Hilfsrahmen*	
Schritt 1	90
Schritt 2	um 75° weiter
Schritt 3	um 15° weiter
Stabilisator-Schrauben	25

* Stets durch Neuteile zu ersetzen

Hinterradaufhängung

Achsträger-Schrauben	90
Bremsankerplatten-Schrauben (Trommelbremse)	25
Hinterachse – vordere Befestigungen an Karosserie*	
Schritt 1	90
Schritt 2	um 60° weiter
Schritt 3	um 15° weiter
Hinterachse – zentraler Durchgangsbolzen	90
Hinterradnaben-Mutter*	280
Stoßdämpfer – obere Schrauben*	
Schritt 1	55
Schritt 2	um 60 bis 75° weiter
Stoßdämpfer – untere Schraube	90

* Stets durch Neuteile zu ersetzen

Lenkung

Lenkgetriebe-Befestigungsschrauben/Muttern* an Hilfsrahmen	
Schritt 1	45
Schritt 2	um 45° weiter
Schritt 3	um 15° weiter
Lenkrad-Schraube	30
Lenkwellen-Befestigungsschrauben	22
Kreuzgelenk-Klemmschraube an Lenkgetriebe*	55
Kreuzgelenk-Klemmschraube an Zwischenwelle*	40
Spurstangenkopf an Achsgelenk*	35
Spurstangenkopf an Lenkstange	82
Spurstangenkopf-Kontermutter	65
Zwischenwelle an Lenkwelle*	
Schritt 1	24
Schritt 2	um 60° weiter

** Stets durch Neuteile zu ersetzen*

Räder

Radbolzen	110

1 Allgemeine Informationen

1 Die einzeln aufgehängten Vorderräder werden mit MacPherson-Federbeinen geführt, die aus einer Schraubenfeder mit integriertem Stoßdämpfer bestehen. Unten sind in Gummibuchsen gelagerte und außen mit Kugelköpfen versehene Querlenker an die Federbeine angeschlossen. Die Vorderrad-Achsgelenke nehmen die Radlager, die Bremssättel und die Radnaben/Bremsscheiben-Baugruppen auf und sind an den Federbeinen verklemmt sowie über die Kugelköpfe mit den Querlenkern verbunden. Beide Federbeine sind über Kugelköpfe und Verbindungsstücke mit einem Stabilisator.
2 Die Hinterräder sind in einer Drehstab-Verbundlenkerachse mit zwei Längslenkern geführt. Zwei Schraubenfedern und Stoßdämpfer übernehmen die Federung. Die vorderen Enden der Längslenker sind über Buchsen mit der Karosserie verbunden, die hinteren stützen sich über die Stoßdämpfer gegen die Karosserie ab. Die Federn sitzen unabhängig von den Dämpfern zwischen den Längslenkern und der Karosserie.
3 Die Lenkwelle ist mit einer Zwischenwelle und zwei Kreuzgelenken mit dem Zahnstangen-Lenkgetriebe verbunden.
4 Das Lenkgetriebe sitzt am vorderen Hilfsrahmen und ist mithilfe von Spurstangen mit den nach hinten aus dem Radnabenträger herausragenden Lenkhebeln verbunden. Die Spurstangen sind innen und außen mit Kugelköpfen verbunden, sodass sie Federungsbewegungen zulassen. Über die Gewinde der Spurstangen lässt sich die korrekte Spur einstellen.
5 Alle Modelle sind mit einer elektrischen Servolenkung ausgerüstet, die abhängig von der gefahrenen Geschwindigkeit die ins Lenkrad eingeleitete Bewegung unterstützt. Das System wird von einem an der Lenksäule sitzenden Steuergerät überwacht, das über eine Selbstdiagnosefunktion verfügt.

2 Vorderradnabe – Ausbau und Einbau

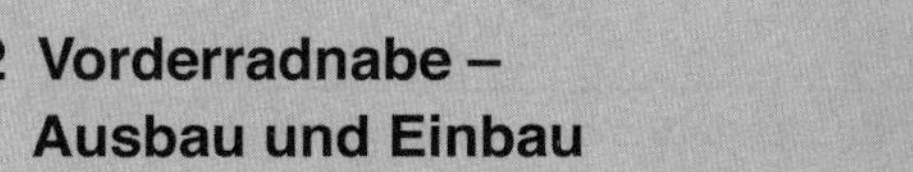

Anmerkung: *Beim Einbau werden eine neue Antriebswellenmutter, eine Klemmschraube samt Mutter für den Querlenker, Schrauben und Muttern für die untere Federbein-Befestigung und eine neue Spurstangenkopf-Mutter benötigt. Die äußere Verzahnung der Antriebswelle kann sehr fest in der Radnabe sitzen, sodass möglicherweise ein Abzieher benötigt wird, um die Nabe von der Welle abzuziehen.*
Achtung: Der Sturz des Vorderrades wird mit den Schrauben eingestellt, mit denen das Achsgelenk am Federbein gesichert ist. Bevor die Schrauben entfernt werden, muss daher die Position des Achsgelenks in Relation zum Federbein exakt markiert werden. Nach Beendigung der Arbeit muss der Sturz von einer entsprechend ausgerüsteten Werkstatt kontrolliert und eingestellt werden.

Ausbau

1 Ziehen Sie die Handbremse, heben Sie das Fahrzeug vorn an, und stützen Sie es sicher ab (siehe Seite 351). Demontieren Sie das entsprechende Vorderrad.
2 Drehen Sie die Kappe der Antriebswellenmutter ab. Biegen Sie mit einem Dorn und einem Hammer das Sicherungsblech der Antriebswellenmutter zurück (siehe Abbildungen).

2.2a Entfernen Sie die Antriebswellenmutter-Kappe.

2.2b Biegen Sie den Rand der Antriebswellenmutter mit einem Dorn zurück.

3 Drehen Sie mindestens zwei Radbolzen in die Radnabe und ziehen Sie sie sorgfältig an. Lassen Sie einen Assistenten fest die Bremse treten und lockern Sie mithilfe eines Steckschlüssels samt Verlängerung die Antriebswellenmutter. Alternativ kann zum Kontern ein selbst angefertigtes Werkzeug verwendet werden, das mit zwei Radbolzen an die Nabe geschraubt wird (siehe Abbildung).

2.3 Aus zwei miteinander verschraubten Stahlbändern kann ein Werkzeug zum Blockieren der Radnabe gebaut werden.

4 Drehen Sie die Antriebswellenmutter ab – beim Einbau muss eine neue verwendet werden.
5 Demontieren Sie die Bremsscheibe (siehe Kapitel 9, Sektion 7) – hierzu ist die Demontage des Bremssattelhalters nötig; sichern Sie diesen mit Draht am Federbein, damit die Bremsleitung nicht unter Last gesetzt wird.
6 Lösen Sie die Schraube des ABS-Sensors (siehe Abbildung), ziehen Sie diesen heraus und sichern Sie ihn abseits des Arbeitsbereichs.

2.6 Schraube, die den ABS-Sensor am Achsgelenk sichert.

7 Lösen Sie die Mutter des Spurstangenkopf-Kugelkopfs und ziehen Sie dies mit einem Kugelkopf-Abzieher vom Achsgelenk (siehe Abbildung) – die Mutter muss später durch ein Neuteil ersetzt werden.

2.7 Lösen Sie die Mutter und ziehen Sie den Spurstangenkopf vom Lenkhebel ab.

8 Lösen Sie die Mutter der Querlenker-Klemmschraube und ziehen Sie diese aus dem Achsgelenk – merken Sie sich die Einbaurichtung (siehe Abbildung). Die Mutter muss später durch ein Neuteil ersetzt werden.

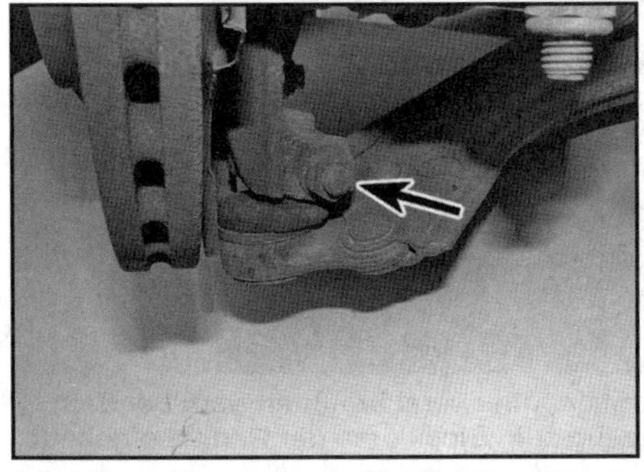

2.8 Lösen Sie die Mutter und ziehen Sie die Querlenker-Klemmschraube aus dem Achsgelenk.

9 Drücken Sie mit einem geeigneten Hebel den Querlenker herunter, um den Kugelkopf aus dem Achsgelenk zu befreien – beschädigen Sie dabei nicht seine Gummimanschette; schützen Sie sie nötigenfalls mit einem Stück Pappe oder Kunststoff.

Anmerkung: *Falls der Kugelkopf sehr fest am Achsgelenk sitzt, muss dies mit einem Meißel oder großen Schraubendreher auseinander gehebelt werden (Abb. 5.3).*

10 Markieren Sie die Position des Federbeins am Achsgelenk, indem Sie Kreise um die Köpfe der zwei Befestigungsschrauben zeichnen.

Achtung: Dies ist wichtig für die Spur-Einstellung!

11 Lösen Sie die zwei Muttern und Schrauben, die das Federbein am Achsgelenk sichern – alle Muttern und Schrauben müssen beim Einbau durch Neuteile ersetzt werden (siehe Abbildung).

2.11 Muttern und Schrauben zur Befestigung des Federbeins am Achsgelenk

12 Das Achsgelenk muss jetzt von der Antriebswelle befreit werden – falls es sich nicht einfach abziehen lässt, muss die Welle mit einem weichen Hammer abgeklopft werden, während am Gelenk gezogen wird (siehe Abbildungen) – alternativ kann ein die Welle mit einem geeigneten Abzieher herausgepresst werden. Sichern Sie die Antriebswelle mit einem Draht oder Seil am Federbein; würde sie herunterhängen, könnte das innere Gleichlaufgelenk beschädigt werden.

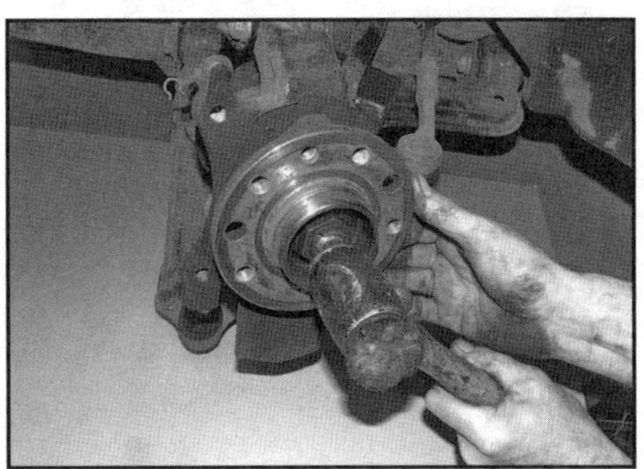

2.12b ... und ziehen Sie das Achsgelenk ab.

Einbau

13 Reinigen Sie sorgfältig die Verzahnungen der Antriebswelle und ihren Sitz in der Radnabe. Schieben Sie die Radnabe auf, installieren Sie die Antriebswellenmutter zunächst nur handfest.
14 Richten Sie das Achsgelenk zum Federbein aus, installieren Sie die neuen Schrauben von vorn und drehen Sie von hinten die neuen Muttern zunächst nur handfest auf.
15 Positionieren Sie den Kugelkopf des Querlenkers zum Achsgelenk. Installieren Sie die Klemmschraube von vorn ins Achsgelenk, drehen Sie eine neue Mutter auf und ziehen Sie sie mit 60 Nm an.
16 Richten Sie die Federbein-Schraubenköpfe zu den beim Ausbau angebrachten Markierungen aus und ziehen Sie die Schrauben zunächst mit 80 Nm und dann in zwei Durchgängen um zunächst 75° und dann um weitere 15° weiter.
17 Setzen Sie den Spurstangenkopf am Achsgelenk an, drehen Sie eine neue Mutter auf und ziehen Sie sie mit 35 Nm an.
18 Montieren Sie die Bremsscheibe und den Bremssattel ans Achsgelenk (siehe Kapitel 9).
19 Montieren Sie den ABS-Sensor ans Achsgelenk und ziehen Sie seine Schraube mit 8 Nm an.
20 Blockieren Sie die Radnabe und ziehen Sie die Antriebswellenmutter zunächst mit 70 Nm an. Ziehen Sie sie dann in

zwei weiteren Schritten zunächst um 60° und dann um 5° weiter.

21 Verstemmen Sie mit einem Dorn den Bund der korrekt angezogenen Mutter an zwei Stellen in die Nut der Antriebswelle, um sie zu sichern (siehe Abbildung). Installieren Sie ggf. die Kappe.

2.21 Verstemmen Sie den Bund der Mutter an zwei Stellen in die Nut der Antriebswelle.

22 Bauen Sie das Vorderrad an, senken Sie das Fahrzeug ab und ziehen Sie die Radbolzen mit 110 Nm an.

3 Vorderradlager – Kontrolle und Ersetzen

Kontrolle

1 Betätigen Sie die Handbremse, heben Sie das Fahrzeug vorn an, und stützen Sie es sicher ab (siehe Seite 351). Demontieren Sie das entsprechende Vorderrad.

2 Zum Ermitteln des Radlager-Spiels wird eine Messuhr benötigt; montieren Sie diese ans Federbein, richten Sie deren Taster zur Bremsscheibe aus und nullen Sie die Uhr.

3 Hebeln Sie die Radnabe hinein und heraus und messen Sie das Spiel im Lager.

4 Zur Ermittlung des Höhen- und Seitenschlags des Lagers müssen die zwei Schrauben gelöst werden, die den Bremssattelhalter am Achsgelenk sichern. Ziehen Sie den Bremssattelhalter samt Bremssattel und Belägen von der Bremsscheibe und sichern Sie ihn mit Draht oder einem Seil am Federbein.

5 Lösen Sie die zwei Bremsscheiben-Sicherungsschrauben und ziehen Sie die Bremsscheibe von der Radnabe.

6 Zum Ermitteln des Seitenschlags muss die Messuhr am Federbein befestigt und der Taster am vorderen Rand des Radnaben-Flanschs genullt werden. Drehen Sie die Nabe und messen Sie den Seitenschlag.

7 Zum Ermitteln des Höhenschlags muss der Messuhr-Taster am oberen Rand der verlängerten Radnaben-Mitte genullt werden. Drehen Sie die Nabe und messen Sie den Höhenschlag.

8 Falls eines der Ergebnisse die Angaben in den technischen Daten überschreitet, muss das Radlager ersetzt werden (siehe unten).

9 Wenn die Radlager in Ordnung sind, wird die Bremsscheibe aufgesetzt und mit den zwei mit 7 Nm angezogenen Schrauben gesichert.

10 Schieben Sie die Bremsbeläge, den Bremssattel und seinen Halter über die Bremsscheibe und positionieren Sie sie am Achsgelenk (siehe Kapitel 9). Installieren Sie die zwei Befestigungsschrauben und ziehen Sie sie mit 105 Nm an.

11 Montieren Sie das Rad, senken Sie das Fahrzeug ab und ziehen Sie die Radbolzen mit 110 Nm an.

Ersetzen

Anmerkung 1: *Die Radlager sind mit Fett gefüllt, abgedichtet und voreingestellt und sollten ohne irgendwelche Wartungsarbeiten die Lebensdauer des Fahrzeugs überstehen. Falls an einem Radlager Spiel auftritt, darf niemals versucht werden, dies mit einer stärker angezogenen Antriebswellenmutter »einzustellen«.*

Anmerkung 2: *Zum Zerlegen und Zusammenbauen wird eine hydraulische Presse benötigt. Falls ein solches Gerät nicht vorhanden ist, können auch ein ausreichend großer Schraubstoff und lange Steckschlüssel (als Distanzstücke) verwendet werden. Die inneren Lagerringe sind auf die Nabe gepresst. Falls sie beim Auspressen aus dem Achsschenkel an der Nabe verbleiben, müssen sie mit einem speziellen Lagerabzieher entfernt werden.*

12 Demontieren Sie die Radnabe (siehe Sektion 2).

13 Lösen Sie die drei Schrauben des Bremsscheiben-Spritzschutzes und entfernen Sie diesen.

14 Stützen Sie die Radnabe sicher auf Holzblöcken oder in einem Schraubstock ab. Pressen Sie den Nabenflansch mithilfe eines Rohrs oder Steckschlüssels, der nur auf seinen Innenrand drückt, aus dem Lager. Falls der Lager-Innenring an der Nabe verbleibt, muss er mit einem Meißel oder Abzieher entfernt werden – siehe Anmerkung oben (siehe Abbildungen).

3.14a Treiben Sie den Nabenflansch mithilfe eines Steckschlüssels aus der Nabe.

3.14b Befreien Sie den Lager-Innenring nötigenfalls mit einem Meißel vom Nabenflansch.

15 Befreien Sie den Lagersicherungs-Seegerring aus dem Achsgelenk (siehe Abbildung).

3.15 Verwenden Sie zum Ausbau des Seegerrings eine entsprechende Zange.

16 Treiben Sie das komplette Lager mit einem am Innenring angesetzten Rohr oder Steckschlüssel aus dem Achsgelenk (siehe Abbildung).

3.16 Treiben Sie das Lager aus dem Achsgelenk.

17 Reinigen Sie sorgfältig die Nabe und das Achsgelenk und entfernen Sie sämtlichen Schmutz und Fettreste. Polieren Sie alle Grate und Kanten ab, die den Einbau behindern können. Kontrollieren Sie beide Teile auf Risse oder andere Hinweise auf Verschleiß oder Beschädigungen und ersetzen Sie sie nötigenfalls. Der Seegerring muss ungeachtet seines Zustands durch ein Neuteil ersetzt werden.
18 Ölen Sie den Lager-Außenring und die Nabenflansch-Welle vor dem Zusammenbau dünn ein, um das Lager besser montieren zu können. Entfernen Sie sämtliche Sicherungspasten-Reste aus den Gewindebohrungen für den Bremsscheiben-Spritzschutz – möglichst mithilfe eines passenden Gewindebohrers.
19 Stützen Sie das Achsgelenk sicher ab und setzen Sie das Lager an – die Seite mit dem ABS-Auslöserring muss an der Innenseite liegen. Pressen Sie das Lager senkrecht ins Achsgelenk – verwenden Sie dazu das alte Lager oder einen Steckschlüssel, der nur auf dem Außenring anliegt (siehe Abbildung).

3.19 Treiben Sie das neue Lager z. B. mithilfe einer solchen Einziehvorrichtung senkrecht ins Achsgelenk.

20 Sobald das Lager korrekt sitzt, muss es mit dem neuen Seegerring gesichert werden, der rundherum in seiner Nut sitzt und dessen Öffnung zu derjenigen des ABS-Sensors ausgerichtet ist.
21 Stützen Sie das Achsgelenk sicher in einem Schraubstock ab und stecken Sie den Nabenflansch in das Radlager. Während die Unterseite des Lager-Innenrings gut abgestützt ist, wird der Flansch mit einem geeigneten Distanzrohr/Steckschlüssel und einer Einzieh-Vorrichtung eingepresst, bis er am Bund der Nabe anliegt (siehe Abbildung). Prüfen Sie, ob sich der Nabenflansch frei drehen lässt, und wischen Sie überschüssiges Öl oder Fett ab.

3.21 Pressen Sie den Nabenflansch mithilfe einer solchen Einziehvorrichtung senkrecht ins Radlager.

22 Setzen Sie den Bremsscheiben-Spritzschutz an, versehen Sie dessen Schrauben mit frischer Sicherungspaste und ziehen Sie sie sorgfältig an.
23 Montieren Sie die Radnabe (siehe Sektion 2).

4 Federbein vorn – Ausbau, Überholen und Einbau

Anmerkung: *Beim Einbau werden neue Schrauben und Muttern für die Befestigung am Achsgelenk benötigt. Um die Fahreigenschaften nicht zu beeinträchtigen, sollten immer beide Federbeine gleichzeitig ausgetauscht werden.*

Ausbau

1 Entfernen Sie die Windlaufblende vor der Windschutzscheibe (siehe Kapitel 11, Sektion 11).
2 Ziehen Sie die Handbremse fest an, heben Sie das Fahrzeug vorn an, und stützen Sie es sicher ab (siehe Seite 351). Demontieren Sie das entsprechende Vorderrad.
3 Lösen Sie am Federbein die Mutter der Stabilisator-Anlenkung und trennen Sie diese. Setzen Sie am zentralen Sechskant einen Ringschlüssel an, um die Anlenkung beim Lockern der Mutter zu kontern (siehe Abbildung).

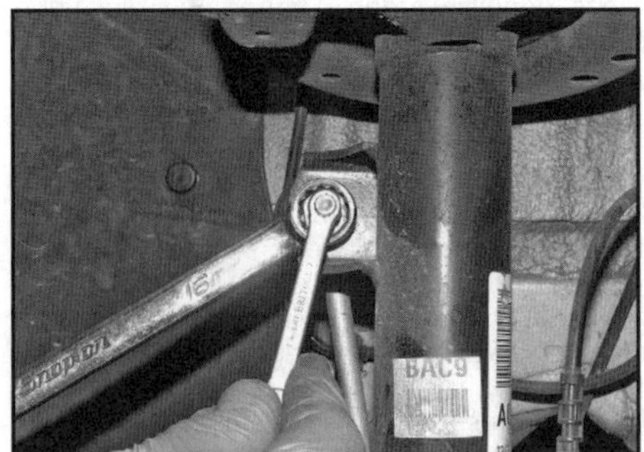

4.3 Lösen Sie die Mutter und trennen Sie die Stabilisator-Anlenkung vom Federbein.

4 Befreien Sie die Verkabelung des ABS-Sensors aus den Clips am Federbein.
5 Befreien Sie die Bremsleitung aus dem Clip am Federbein.
6 Lösen Sie die zwei Muttern und Schrauben, die das Federbein am Achsgelenk sichern – beim Einbau werden Neuteile benötigt (siehe Abbildung). Markieren Sie die Ausrichtung des Federbeins zum Achsgelenk.

4.6 Lösen Sie die zwei Muttern und Schrauben, die das Federbein am Achsgelenk sichern.

7 Stützen Sie das Federbein im Motorraum ab, lösen Sie dann die obere Befestigungsmutter und entfernen Sie die Halteplatte (siehe Abbildung).

4.7 Lösen Sie die obere Federbein-Mutter und entfernen Sie die Halteplatte.

8 Befreien Sie das Federbein vom Achsgelenk und ziehen Sie es nach unten aus dem Radkasten heraus.

Überholen

Anmerkung: *Zum Zerlegen eines Federbeins werden geeignete Werkzeuge zum Komprimieren der Feder benötigt. Markieren Sie zuvor die Ausrichtung aller Komponenten zueinander.*

Warnung: Versuche, ein Federbein ohne einen Schraubenfeder-Spanner zu zerlegen, stellen ein großes gesundheitliches Risiko dar!

9 Verbinden Sie die Schraubenfeder-Spanner mit der Feder und ziehen Sie diese so weit zusammen, bis sie keinen Druck mehr auf die Federsitze ausübt (siehe Abbildung).

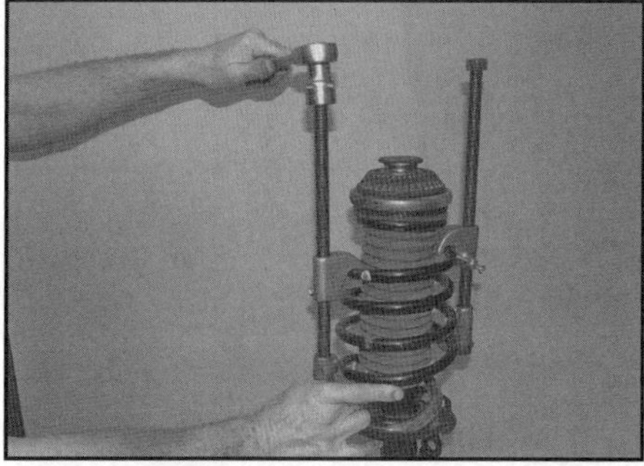

4.9 Komprimieren Sie die Feder mit einem geeigneten Spannwerkzeug.

10 Markieren Sie die Position der Feder zur oberen und unteren Aufnahme, kontern Sie die Dämpferstange mit einem Inbusschlüssel und lösen Sie ihre Mutter (siehe Abbildung).

4.10 Kontern Sie die Kolbenstange und lösen Sie die Dämpferstangenmutter.

11 Ziehen das Domlager, den oberen Federsitz samt Manschette, die Feder und das Anschlaggummi von der Dämpferstange (siehe Abbildungen).

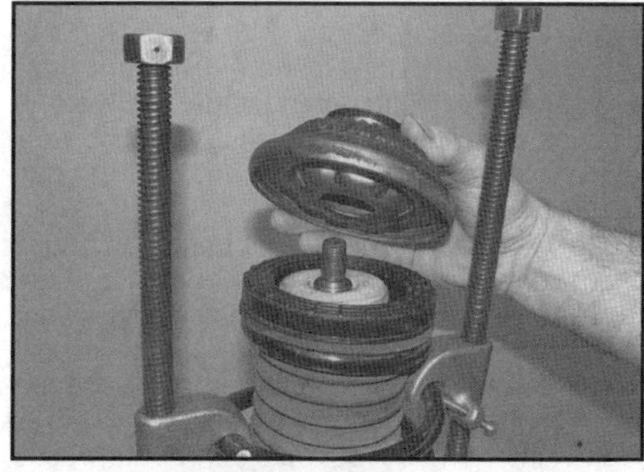

4.11a Ziehen das Domlager, ...

4.11b ... den oberen Federsitz samt Manschette, ...

4.11c ... die Feder ...

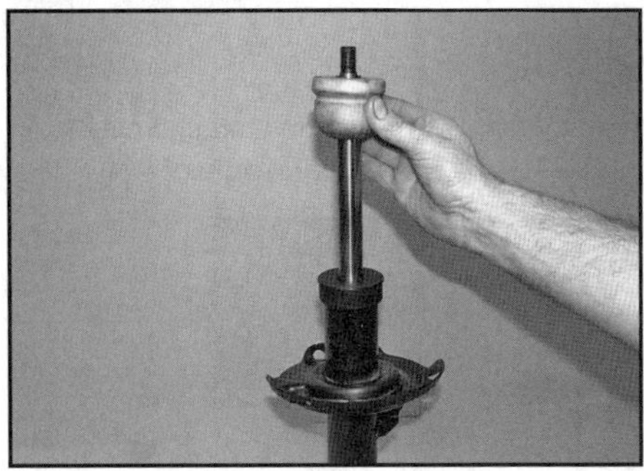
4.11d ... und das Anschlaggummi von der Dämpferstange.

12 Sobald das Federbein so weit zerlegt ist, werden alle Komponenten auf Verschleiß, Beschädigungen und Verformung überprüft. Kontrollieren Sie das obere Domlager auf sanfte Funktion – ersetzen Sie alle schadhaften Teile.
13 Begutachten Sie den Dämpfer auf Undichtigkeiten. Kontrollieren Sie die Dämpferstange auf der gesamten Länge auf Ausbrüche. Überprüfen Sie das Dämpfergehäuse auf Beschädigungen. Halten Sie es aufrecht und prüfen Sie seine Funktion, indem Sie die Dämpferstange zunächst vollständig hineinschieben und wieder herausziehen. Bewegen Sie sie dann in kürzeren Hüben von 5 bis 10 cm hin und her. In beiden Fällen muss ein gleichmäßiger Widerstand fühlbar sein. Falls sich die Stange ruckartig oder ungleichmäßig bewegt oder sichtbare Schäden oder Verschleißspuren festgestellt werden oder Öl austritt, muss der Stoßdämpfer ausgetauscht werden – die Feder und anderen Bauteile müssen dann auf das Neuteil übernommen werden.
14 Falls Zweifel über den Zustand der Feder bestehen, muss das Spannwerkzeug vorsichtig gelockert und entfernt werden. Kontrollieren Sie die Feder auf Risse, Ausbrüche und starke Korrosion und ersetzen Sie sie nötigenfalls.
15 Inspizieren Sie alle anderen Komponenten auf Schäden und Verschleiß und ersetzen Sie sie nötigenfalls.
16 Richten Sie das untere Ende der mit der Federpresse komprimierten Feder zum Anschlag am unteren Sitz des Federbeins aus (siehe Abbildung).

4.16 Richten Sie das untere Ende der Feder zum Anschlag am unteren Sitz des Federbeins aus.

17 Schieben Sie das Anschlaggummi, den oberen Federsitz samt Manschette und das Domlager auf die Dämpferstange.
18 Drehen Sie die Dämpferstangenmutter auf, kontern Sie die Stange und ziehen Sie die Mutter mit 50 Nm an.
19 Lockern Sie langsam das Spannwerkzeug und prüfen Sie, ob die Feder sich korrekt gegen die Anschläge der beiden Sitze entspannt; drehen Sie nötigenfalls die noch komprimierte Feder und den oberen Sitz, um beides auszurichten.

Einbau

20 Manövrieren Sie das Federbein unter die obere Aufnahme, legen Sie von oben die Platte auf, drehen Sie die Mutter auf und ziehen Sie sie mit 45 Nm an.
21 Richten Sie das Achsgelenk zum Federbein aus, installieren Sie die neuen Schrauben von vorn und drehen Sie von hinten die neuen Muttern zunächst nur handfest auf.
23 Positionieren Sie die Stabilisator-Anlenkung am Federbein, halten Sie es mit einem an den Abflachungen angesetzten Maulschlüssel und ziehen Sie die Mutter mit 40 Nm an.
24 Sichern Sie das Kabel des ABS-Sensors an seiner Halterung.
25 Sichern Sie die Bremsleitung am Federbein.
26 Bauen Sie das Vorderrad an, senken Sie das Fahrzeug ab und ziehen Sie die Radbolzen mit 110 Nm an.
27 Montieren Sie die Windlaufblende vor der Windschutzscheibe (siehe Kapitel 11, Sektion 11).
28 Falls das Federbein erneuert wurde, muss bei nächster Gelegenheit die Ausrichtung der Vorderräder überprüft und nötigenfalls justiert werden (siehe Sektion 21).

5 Querlenker vorn – Ausbau und Einbau

Anmerkung: *Beim Einbau werden neue Gelenkbolzen samt Muttern und eine neue Kugelkopfbolzen-Mutter benötigt.*

Ausbau

1 Ziehen Sie die Handbremse, heben Sie die Fahrzeug-Front an und stützen Sie sie sicher ab (siehe Seite 351). Demontieren Sie das entsprechende Vorderrad.
2 Lösen Sie die Mutter der Querlenker-Kugelkopf-Klemmschraube und ziehen Sie diese aus dem Achsgelenk (siehe Abbildung) – merken Sie sich die Einbauposition. Die Mutter muss beim Einbau erneuert werden.

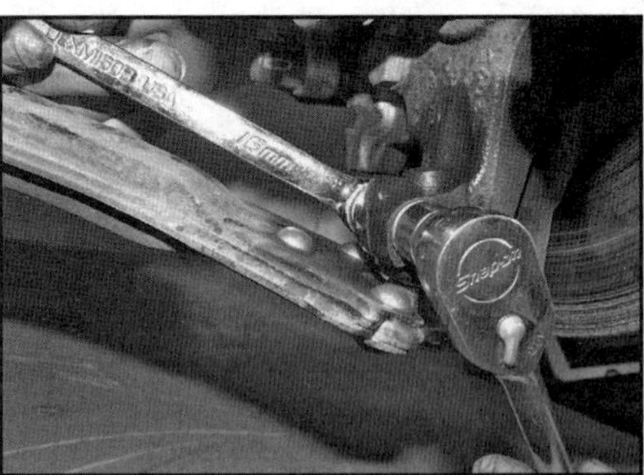
5.2 Lösen Sie die Mutter der Querlenker-Kugelkopf-Klemmschraube.

3 Drücken Sie den Querlenker mit einem geeigneten Hebel herunter, um den Kugelkopf aus dem Achsgelenk zu befreien – beschädigen Sie dabei nicht seine Gummimanschette; schützen Sie sie nötigenfalls mit einem Stück Pappe oder Kunststoff.

Anmerkung: *Falls der Kugelkopf sehr fest am Achsgelenk sitzt, muss dies mit einem Meißel oder großen Schraubendreher auseinander gehebelt werden (siehe Abbildung).*

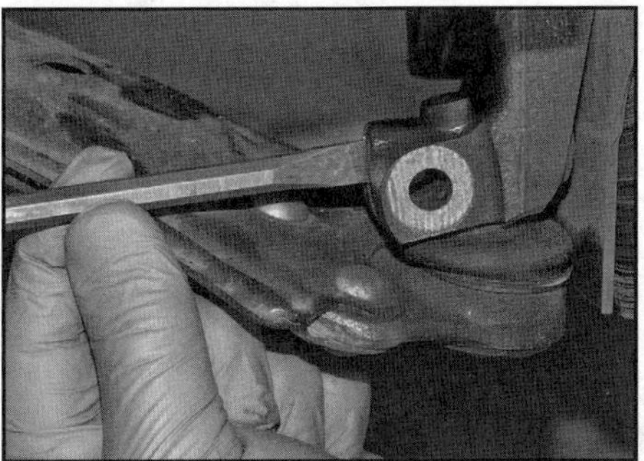

5.3 Hebeln Sie die Klemmung nötigenfalls auseinander.

4 Entfernen Sie die vordere Stoßstange (siehe Kapitel 11, Sektion 6).
5 Lösen Sie die Schrauben des vorderen Hilfsrahmens und schieben Sie diesen samt Kühleraufnahme nach vorn (siehe Abbildungen).

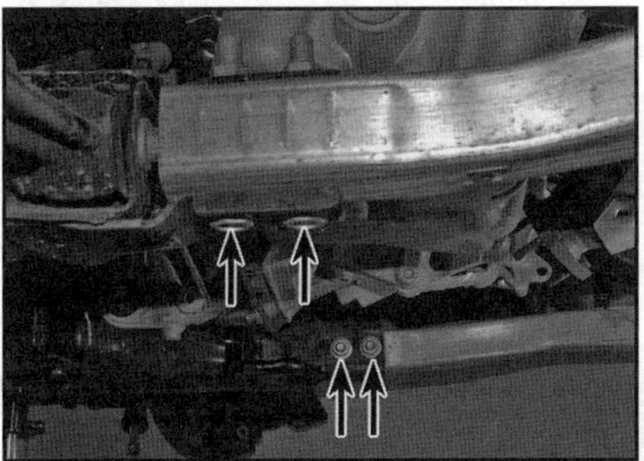

5.5a Lösen Sie an beiden Seiten die zwei Schrauben ...

5.5b ... sowie die Schrauben an den vorderen Ecken.

5.7 Hintere Querlenker-Befestigungsschrauben

6 Lösen Sie die Mutter des Gelenkbolzens, der den Querlenker vorn am Haupt-Hilfsrahmen sichert – der Bolzen und die Mutter müssen später erneuert werden.
7 Lösen Sie die Mutter des Bolzens, der den Querlenker hinten am Haupt-Hilfsrahmen sichert (siehe Abbildung) – der Bolzen und die Mutter müssen später erneuert werden. Entfernen Sie den Querlenker.
8 Reinigen Sie den Querlenker und seine Aufnahmen; entfernen Sie sämtlichen Schmutz und Unterbodenschutz. Kontrollieren Sie alles sorgfältig auf Risse, Verformung, Verschleiß oder andere Schäden, achten Sie dabei besonders auf die Lagerbuchsen – falls diese verschlissen sind, muss der Querlenker erneuert werden, da die Buchsen nicht separat erhältlich sind. Der Austausch des Querlenker-Kugelkopfs ist in Sektion 6 beschrieben.

Einbau

9 Positionieren Sie den Querlenker innen an seinen Aufnahmen und sichern Sie ihn dort mit neuen Bolzen und Muttern – drehen Sie diese zunächst nur handfest auf.
10 Schieben Sie den Zapfen des unteren Kugelkopfs vollständig unten ins Achsgelenk, installieren Sie die Klemmschraube und ziehen Sie sie mit 60 Nm an.
11 Montieren Sie den Hilfsrahmen samt Kühleraufnahme.
12 Bauen Sie das Vorderrad an, senken Sie das Fahrzeug ab und ziehen Sie die Radbolzen mit 110 Nm an.
13 Jetzt können die inneren Bolzen und Muttern des Querlenkers zunächst mit 90 Nm angezogen und dann in zwei weiteren Durchgängen zunächst um 75° und dann um weitere 15° weitergedreht werden.
14 Lassen Sie bei nächster Gelegenheit die Ausrichtung der Vorderräder überprüfen und nötigenfalls justieren (siehe Sektion 21).

6 Querlenker-Kugelkopf – Ersetzen

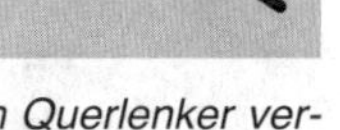

Anmerkung: *Der originale Kugelkopf ist am Querlenker vernietet. Ein Ersatzteil muss daran verschraubt werden.*
1 Demontieren Sie den vorderen Querlenker (siehe Sektion 5).
Anmerkung: *Falls der vorhandene Kugelkopf bereits ein verschraubtes Ersatzteil ist, muss der Querlenker nicht komplett demontiert, sondern nur der Kugelkopf aus dem Achsgelenk befreit und abgeschraubt werden.*
2 Klemmen Sie den Querlenker in einen Schraubstock und bohren Sie die Köpfe der drei Niete ab, die der Kugelkopf daran sichern (siehe Abbildung).

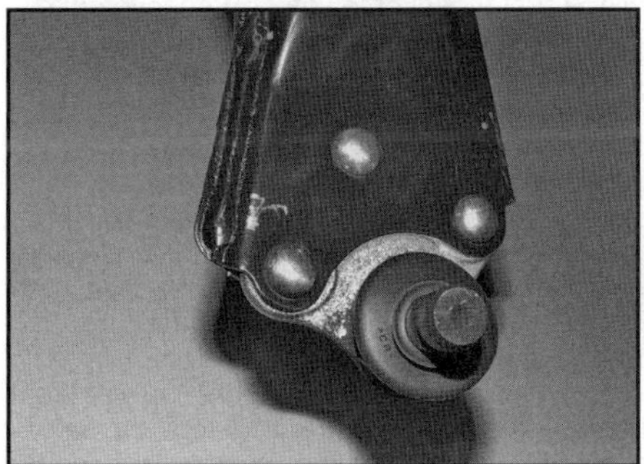

6.2 Der originale Kugelkopf ist mit drei Nieten am Querlenker befestigt.

3 Klopfen Sie nötigenfalls die Niete aus dem Querlenker und entfernen Sie den Kugelkopf.
4 Befreien Sie die Nietbohrungen von Korrosion und tragen Sie Rostschutzmittel auf.
5 Der neue Kugelkopf muss mit drei Spezialschrauben samt Federscheiben und Muttern befestigt werden, die beim Opel-Händler erhältlich sind.
6 Montieren Sie den Kugelkopf korrekt an den Querlenker – die Muttern müssen an dessen Unterseite sitzen und mit 35 Nm angezogen werden.
7 Montieren Sie den vorderen Querlenker (siehe Sektion 5).

7 Hilfsrahmen vorn – Ausbau und Einbau

Achtung: Opel-Werkstätten verwenden spezielle Vorrichtungen, um den Hilfsrahmen beim Einbau korrekt auszurichten. Ohne dieses Werkzeug muss unbedingt die exakte Position des Hilfsrahmen notiert werden!

Ausbau

1 Stellen Sie die Lenkung geradeaus, ziehen Sie den Zündschlüssel ab und lassen Sie das Lenkschloss einrasten.
2 Lösen Sie im Fahrer-Fußraum die zwei Schrauben, die das untere Kreuzgelenk an der Zwischenwelle und dem Lenkgetriebe sichern (siehe Abbildung) – diese müssen später durch Neuteile ersetzt werden. Schieben Sie das Kreuzgelenk auf der Zwischenwelle hoch, um es vom Lenkgetriebe zu befreien.

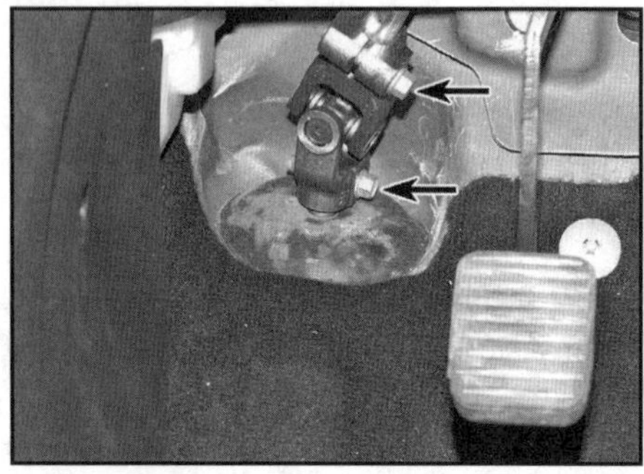

7.2 Kreuzgelenk-Klemmschrauben – gezeigt bei einem Rechtslenker-Modell

3 Ziehen Sie die Handbremse, lockern Sie die vorderen Radmuttern, heben Sie das Fahrzeug vorn an, und stützen Sie es sicher ab (siehe Seite 351). Demontieren Sie beide Vorderräder.
4 Trennen Sie die Spurstangenköpfe von den Achsgelenken, indem Sie ihre Muttern lösen und sie mit einem Kugelkopfabzieher verwenden (Abb. 19.4a und b).
5 Lösen Sie an beiden Federbeinen die Mutter der Stabilisator-Anlenkung und trennen Sie diese. Setzen Sie am zentralen Sechskant einen Ringschlüssel an, um die Anlenkung beim Lockern der Mutter zu kontern (Abb. 4.3).
6 Lösen Sie an beiden Seiten die Mutter der Querlenker-Kugelkopf-Klemmschraube und ziehen Sie diese aus dem Achsgelenk (Abb. 5.2) – merken Sie sich die Einbauposition. Die Muttern müssen beim Einbau erneuert werden.
7 Drücken Sie den Querlenker mit einem geeigneten Hebel herunter, um den Kugelkopf aus dem Achsgelenk zu befreien – beschädigen Sie dabei nicht seine Gummimanschette; schützen Sie sie nötigenfalls mit einem Stück Pappe oder Kunststoff.

Anmerkung: *Falls der Kugelkopf sehr fest am Achsgelenk sitzt, muss dies mit einem Meißel oder großen Schraubendreher auseinander gehebelt werden (Abb. 5.3).*
8 Demontieren Sie die Auspuffanlage (siehe Kapitel 4A, Sektion 15 oder Kapitel 4B, Sektion 20).
9 Lösen Sie bei Diesel-Modellen ggf. die Schrauben des am Hilfsrahmen sitzenden Hitzeschutzes und entfernen Sie diesen.
10 Lösen Sie hinten am Motor die zentrale Schraube aus der Drehmomentstütze (siehe Abbildung).

7.10 Zentrale Schraube aus der Drehmomentstütze

11 Entfernen Sie bei Modellen mit per Gestänge geschaltetem Getriebe den Sicherungsclip und befreien Sie den Umlenkhebel aus dem Führungshalter (siehe Abbildung).

7.11 Entfernen Sie den Sicherungsclip und befreien Sie den Umlenkhebel aus dem Führungshalter – Modelle mit Schaltgestänge.

12 Stützen Sie den Hilfsrahmen mithilfe eines Rangierwagenhebers und Kanthölzern; alternativ werden zwei Rangierwagenheber und ein Assistent benötigt.
13 Markieren Sie die exakte Position des Hilfsrahmens zu seinem Aufnahmen, um den korrekten Einbau sicherzustellen.
Anmerkung: *Opel-Werkstätten verwenden hierzu eine spezielle Vorrichtung, deren Führungsstifte durch Bohrungen im Hilfsrahmen und dem Unterboden gesteckt werden.*
14 Lösen Sie die sechs Hilfsrahmen-Schrauben und senken Sie den Rahmen vorsichtig ab – hierbei dürfen keine Kabel oder Leitungen unter Last gesetzt werden. Alle Befestigungsschrauben müssen später durch Neuteile ersetzt werden.
15 Demontieren Sie die Querlenker (siehe Sektion 5), den Stabilisator (siehe Sektion 8), die hintere Motorhalterung (siehe Kapitel 2A oder 2B, Sektion 16) und das Lenkgetriebe (siehe Sektion 17) vom Hilfsrahmen.

Einbau

16 Der Einbau entspricht der umgekehrten Ausbaureihenfolge – beachten Sie dabei die folgenden Punkte:
a) *Ziehen Sie alle Muttern und Schrauben mit den in den technischen Daten angegebenen Drehmomenten an – alle dort mit einem Sternchen gekennzeichneten Befestigungen müssen durch Neuteile ersetzt werden.*

b) Der Hilfsrahmen muss exakt zum Unterboden ausgerichtet sein, bevor seine neuen Schrauben angezogen werden.
c) Das Kreuzgelenk lässt sich aufgrund der speziellen Kerbverzahnung nur in einer Position aufschieben. Rüsten Sie die neuen Klemmschrauben mit Sicherungspaste aus und ziehen Sie diejenige an der Zwischenwelle mit 40 Nm und die am Lenkgetriebe mit 55 Nm an.

Einbau

8 Der Einbau entspricht der umgekehrten Ausbaureihenfolge – ziehen Sie alle Muttern und Schrauben mit den in den technischen Daten angegebenen Drehmomenten an – alle dort mit einem Sternchen gekennzeichneten Befestigungen müssen durch Neuteile ersetzt werden.

8 Stabilisator vorn – Ausbau und Einbau

Anmerkung: *Die Klemmschraube und Mutter des Querlenker-Kugelkopfs müssen beim Einbau durch Neuteile ersetzt werden.*

Ausbau

Anmerkung: *Der Stabilisator ist 107 cm lang – sorgen Sie links vom Fahrzeug für genügend Platz, um den Ausbau nicht zu behindern.*
1 Ziehen Sie die Handbremse fest an, heben Sie das Fahrzeug vorn an, und stützen Sie es sicher ab (siehe Seite 351). Demontieren Sie beide Vorderräder.
2 Trennen Sie die Spurstangenköpfe von den Achsgelenken, indem Sie ihre Muttern lösen und sie mit einem Kugelkopfabzieher verwenden (Abb. 19.4a und b).
3 Lösen Sie die Mutter der Querlenker-Klemmschraube und ziehen Sie diese aus dem Achsgelenk – merken Sie sich die Einbaurichtung (Abb. 2.8). Die Mutter muss später durch ein Neuteil ersetzt werden.
4 Drücken Sie mit einem geeigneten Hebel den Querlenker herunter, um den Kugelkopf aus dem Achsgelenk zu befreien – beschädigen Sie dabei nicht seine Gummimanschette; schützen Sie sie nötigenfalls mit einem Stück Pappe oder Kunststoff.
Anmerkung: *Falls der Kugelkopf sehr fest am Achsgelenk sitzt, muss dies mit einem Meißel oder großen Schraubendreher auseinander gehebelt werden (Abb. 5.3).*
5 Lösen Sie an beiden Federbeinen die Mutter der Stabilisator-Anlenkung und trennen Sie diese. Setzen Sie am zentralen Sechskant einen Ringschlüssel an, um die Anlenkung beim Lockern der Mutter zu kontern (Abb. 4.3).
6 Entfernen Sie bei Modellen mit per Gestänge geschaltetem Getriebe den Sicherungsclip und befreien Sie den Umlenkhebel aus dem Führungshalter (Abb. 7.11). Lösen Sie die vier Schrauben des Führungshalters und befreien Sie diesen vom Hilfsrahmen.
7 Lösen Sie an beiden Seiten des Hilfsrahmens die zwei Schrauben der Stabilisatorhalterung (siehe Abbildung). Drücken Sie die getrennten Fahrwerks-Komponenten beiseite und entfernen Sie den Stabilisator nach rechts aus dem Fahrzeug.

8.7 Der Stabilisator ist mit 4 Schrauben am Hilfsrahmen befestigt.

9 Hinterradlager – Kontrolle und Ersetzen

Anmerkung: *Die Hinterradlager und der darin integrierte ABS-Sensorring bilden eine abgedichtete Einheit, die nicht repariert werden kann. Falls das Lager verschlissen ist, muss die Baugruppe ersetzt werden.*

Kontrolle

1 Blockieren Sie die Vorderräder, heben Sie das Fahrzeug hinten an, und stützen Sie es sicher ab (siehe Seite 351). Demontieren Sie das entsprechende Hinterrad.
2 Demontieren Sie die Bremstrommel oder Bremsscheibe (siehe Kapitel 9, Sektion 8 oder 9).
3 Zum Ermitteln des Radlager-Spiels wird eine Messuhr benötigt; richten Sie deren Taster zum Außenrand des Nabenflanschs aus und nullen Sie die Uhr.
4 Hebeln Sie die Radnabe hinein und heraus und messen Sie das Spiel im Lager.
5 Zur Ermittlung des Seitenschlags des Lagers muss die Messuhr am vorderen Rand des Radnaben-Flanschs genullt werden. Zum Ermitteln des Höhenschlags muss der Messuhr-Taster am oberen Rand der verlängerten Radnaben-Mitte genullt werden.
6 Drehen Sie die Nabe und messen Sie den jeweiligen Ausschlag. Falls eines der Ergebnisse die Angaben in den technischen Daten überschreitet, muss das Radlager ersetzt werden (siehe unten).
7 Entfernen Sie die Messuhr und montieren Sie die Bremstrommel oder Bremsscheibe (siehe Kapitel 9, Sektion 8 oder 9).
8 Montieren Sie das Rad, senken Sie das Fahrzeug ab und ziehen Sie die Radbolzen mit 110 Nm an.

Ersetzen

Anmerkung: *Beim Einbau wird eine neue Radnabenmutter benötigt. Nötigenfalls muss auch die darüber sitzende Kappe ersetzt werden, falls sie beim Ausbau beschädigt wurde.*
9 Blockieren Sie die Vorderräder, heben Sie das Fahrzeug hinten an, und stützen Sie es sicher ab (siehe Seite 351). Demontieren Sie das entsprechende Hinterrad.
10 Demontieren Sie die Bremstrommel oder Bremsscheibe (siehe Kapitel 9, Sektion 8 oder 9).

9.11 Klopfen Sie die Staubkappe vorsichtig aus der Radnabe.

11 Klopfen Sie vorsichtig mit einem kleinen Meißel die Staubkappe aus der Radnabe (siehe Abbildung).
12 Lösen Sie die Radnabenmutter und entfernen Sie sie samt Scheibe (siehe Abbildung) – beim Einbau wird eine neue Mutter benötigt.

9.12 Lösen Sie die Radnabenmutter.

13 Ziehen Sie die Nabe vom Nabenträger.
14 Schmieren Sie den Nabenträger und den Innenrand der Nabe dünn mit Motoröl ein.
15 Schieben Sie die Radnabe auf den Nabenträger.
16 Legen Sie die Scheibe auf und drehen Sie die neue Radnabenmutter auf; ziehen Sie sie mit 280 Nm an.
17 Klopfen Sie mit einem weichen Hammer vorsichtig die Kappe in die Radnabe.
18 Montieren Sie die Bremstrommel oder Bremsscheibe (siehe Kapitel 9, Sektion 8 oder 9).

10 Hinterrad-Nabenträger – Ausbau und Einbau

Ausbau

1 Demontieren Sie die Hinterradnabe (siehe Sektion 9).
2 Demontieren Sie bei Modellen mit Trommelbremsen die Bremsbacken, den Bremszylinder und den ABS-Sensor (siehe Kapitel 9).
3 Drücken Sie die Laschen des Bremsseils zusammen, um es aus der Bremsankerplatte zu befreien.
4 Lösen Sie die zwei Schrauben, um die Bremsankerplatte vom Radnabenträger zu befreien.
5 Lösen sie die vier Schrauben, um den Radnabenträger vom Längslenker zu befreien (siehe Abbildung).

10.5 Radnabenträger-Befestigungsschrauben

6 Inspizieren Sie die Oberfläche des Nabenträgers auf Riefen und andere Schäden und ersetzen Sie ihn nötigenfalls.

Einbau

7 Die Kontaktflächen des Radnabenträgers und der Bremsankerplatte müssen sauber und trocken sein. Kontrollieren Sie die Bremsankerplatte auf Beschädigungen und entfernen Sie mögliche Grate mit einer feinen Feile oder Schleifpapier.
8 Reinigen Sie die Gewinde der Radnabenträger-Schrauben und ihre Gewindebohrungen, um Reste alter Sicherungspaste zu entfernen.
9 Tragen Sie mittelfeste Sicherungspaste (»Loctite«) an den Radnabenträger-Schrauben, setzen Sie den Nabenträger am Längslenker an und ziehen Sie die Schrauben mit 90 Nm an.
10 Setzen Sie die Bremsankerplatte am Nabenträger an, installieren Sie die zwei Schrauben und ziehen Sie sie mit 25 Nm an.
11 Schieben Sie das Handbremsseil durch die Bohrung der Bremsankerplatte, bis es korrekt einrastet.
12 Montieren Sie ggf. den ABS-Sensor, den Bremszylinder und die Bremsbacken (siehe Sektion 9).
13 Montieren Sie die Hinterradnabe (siehe Sektion 9).

11 Hinterradstoßdämpfer – Ausbau, Test und Einbau

Anmerkung: *Beim Einbau werden neue obere Stoßdämpfer-Befestigungsschrauben benötigt. Stoßdämpfer sollten nötigenfalls immer paarweise ausgetauscht werden.*

Ausbau

1 Blockieren Sie die Vorderräder, heben Sie das Fahrzeug hinten an, und stützen Sie es sicher ab (siehe Seite 351). Demontieren Sie die Hinterräder
2 Lösen Sie die zwei Schrauben und fünf Muttern, um die Radlaufabdeckung zu befreien und Zugang zur oberen Stoßdämpferbefestigung zu erhalten.
3 Positionieren Sie einen Rangierwagenheber unter dem entsprechenden Längslenker und stützen Sie ihn ab.
4 Lösen Sie die zwei Schrauben, die den Stoßdämpfer oben an der Karosserie sichern (siehe Abbildung) – die Schrauben müssen beim Einbau erneuert werden.

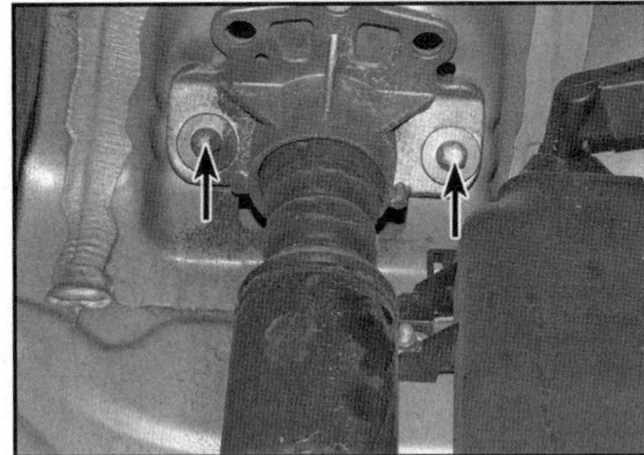

11.4 Obere Stoßdämpfer-Befestigungsschrauben

5 Lösen Sie die Mutter des unteren Stoßdämpferbolzens, entfernen Sie diesen, senken Sie den Dämpfer ab und befreien Sie ihn aus dem Fahrzeug (siehe Abbildung).

11.5 Mutter des unteren Stoßdämpferbolzens

Test

6 Inspizieren Sie den Stoßdämpfer auf Undichtigkeiten und Beschädigungen. Testen Sie den Stoßdämpfer, indem Sie ihn aufrecht halten und die Kolbenstange zunächst bis zum Anschlag herausziehen und hineinschieben und dann mehrmals um 5 bis 10 cm auf- und abbewegen – in allen Fällen muss sie sich sanft bewegen lassen und ein gleichmäßiger Widerstand fühlbar sein. Falls sich die Stange nur ruckartig oder ungleichmäßig bewegen lässt oder sichtbare Hinweise auf Verschleiß oder Beschädigungen erkennbar sind, muss der Stoßdämpfer ersetzt werden. Kontrollieren Sie die Gummibuchsen in den Stoßdämpferaugen auf Schäden und Alterungserscheinungen. Da die Buchsen nicht separat erhältlich sind, muss nötigenfalls der gesamte Stoßdämpfer ersetzt werden. Inspizieren Sie den Schaft des Stoßdämpferbolzens auf Verschleiß und Beschädigungen und ersetzen Sie ihn nötigenfalls.
7 Kontrollieren Sie die Gummidämpfer der oberen Stoßdämpferaufnahme und ersetzen Sie sie nötigenfalls.

Einbau

8 Setzen Sie den Stoßdämpfer oben an seinen Aufnahmen an und installieren Sie die **neuen** oberen Schrauben sowie den unteren Bolzen.
9 Ziehen Sie den unteren Bolzen mit 90 Nm an. Ziehen Sie die oberen Schrauben zunächst mit 55 Nm an und dann mithilfe einer Gradscheibe um 60 bis 75° weiter.
10 Entfernen Sie den Rangierwagenheber. Montieren Sie die Radlaufabdeckung.
11 Montieren Sie die Hinterräder, senken Sie das Fahrzeug ab, und ziehen Sie die Radbolzen mit 110 Nm an.

12 Hinterachs-Feder – Ausbau und Einbau

Anmerkung: *Stoßdämpferfedern sollten nötigenfalls immer paarweise ausgetauscht werden.*

Ausbau

1 Blockieren Sie die Vorderräder, heben Sie das Fahrzeug hinten an, und stützen Sie es sicher ab (siehe Seite 351). Demontieren Sie beide Hinterräder.
2 Positionieren Sie einen Rangierwagenheber unter dem entsprechenden Längslenker und stützen Sie ihn ab.
3 Lösen Sie die Mutter des unteren Stoßdämpferbolzens (Abb. 11.5), entfernen Sie diesen und befreien Sie den Stoßdämpfer vom Längslenker.
4 Senken Sie den Wagenheber langsam ab – achten Sie darauf, die Bremsleitungen nicht unter Last zu setzen – und ziehen Sie die Feder heraus. Beachten Sie die Einbaurichtung der Feder und stellen Sie den oberen Dämpferring sowie den untereren Federsitz sicher.
5 Falls längere Zeit keine Federn installiert bleiben, müssen die Längslenker angehoben und die unteren Stoßdämpferbolzen wieder installiert werden.
Anmerkung: *Lassen Sie die Hinterachse nicht ohne Abstützung herunterhängen.*
6 Kontrollieren Sie die Federn auf Risse und andere Schäden. Inspizieren Sie auch den Dämpferring und den Federsitz auf Verschleiß oder Schäden. Ersetzen Sie alle schadhaften Komponenten.

Einbau

7 Der Einbau entspricht der umgekehrten Ausbaureihenfolge – beachten Sie dabei die folgenden Punkte:
a) Die Feder muss korrekt zwischen den Sitzen am Unterboden und am Längslenker positioniert sein.
b) Ziehen Sie den unteren Stoßdämpferbolzen mit 90 Nm an.
c) Falls die Feder ersetzt wurde, muss auch diejenige der anderen Seite ausgetauscht werden.
d) Montieren Sie die Hinterräder, senken Sie das Fahrzeug ab und ziehen Sie die Radbolzen mit 110 Nm an.

13 Hinterachse – Ausbau und Einbau

Anmerkung: *Beim Einbau werden neue Lagerbolzen und Muttern für die Längslenker benötigt.*
Achtung: Opel-Werkstätten verwenden spezielle Vorrichtungen, um die Hinterachse beim Einbau korrekt auszurichten. Ohne dieses Werkzeug müssen unbedingt die exakten Befestigungspositionen der Hinterachse notiert werden!

Ausbau

1 Blockieren Sie die Vorderräder, heben Sie das Fahrzeug hinten an, und stützen Sie es sicher ab (siehe Seite 351). Demontieren Sie beide Hinterräder.
2 Schrauben Sie den Deckel des Hydraulik-Ausgleichsbehälters ab und füllen Sie ihn bis zur MAX-Markierung auf (siehe Wöchentliche Kontrollen). Legen Sie ein Stück Frischhaltefolie über die Öffnung und drehen Sie den Deckel wieder auf – so wird bei den folgenden Tätigkeiten der Verlust an Bremsflüssigkeit minimiert.
3 Lockern Sie die Handbremsen-Einstellmutter (siehe Kapitel 1A, Sektion 22 oder Kapitel 1B, Sektion 24).
4 Entfernen Sie das Auspuff-Endrohr samt Schalldämpfer (siehe Kapitel 4A, Sektion 15 oder Kapitel 4B, Sektion 20).
5 Lösen Sie die Schraube und die Mutter, die den Hitzeschutz am Tank sichern, und entfernen Sie ihn.
6 Lösen Sie an beiden Hinterrad-Nabenträgern die Schrauben des ABS-Sensors (siehe Abbildung). Ziehen Sie die Sensoren aus den Nabenträgern und befreien Sie ihre Kabel von den Bremsleitungen.

13.6 Schrauben des ABS-Sensors

7 Befreien Sie den vorderen Handbrems-Seilzug aus der Ausgleichsplatte, indem Sie ihn um 90° verdrehen (siehe Abbildung), befreien Sie dann die hinteren Seilzüge aus den Halterungen am Unterboden.

13.7 Drehen Sie den vorderen Handbrems-Seilzug um 90°, um ihn aus der Ausgleichsplatte zu befreien.

8 Lockern Sie neben den Längslenker-Aufnahmen die Anschlussmuttern der Bremsleitungen, um sie von den Bremsschläuchen zu trennen. Verstopfen Sie alle Öffnungen, um den Austritt von Bremsflüssigkeit zu minimieren und das Eindringen von Schmutz zu verhindern. Entfernen Sie alle Befestigungen und befreien Sie die zwei Bremsschläuche aus ihren Halterungen.
9 Entfernen Sie die Hinterachs-Federn (siehe Sektion 12).
10 Markieren Sie die exakten Positionen der Hinterachs-Aufnahmen zum Unterboden, um den korrekten Einbau sicherzustellen. **Anmerkung**: *Opel-Werkstätten verwenden hierzu eine spezielle Vorrichtung, deren Führungsstifte durch Bohrungen im Unterboden gesteckt werden.*
11 Stützen Sie die Achsen-Baugruppe mithilfe zwei Rangierwagenhebern; alternativ werden ein Rangierwagenheber und ein Kantholz sowie ein Assistent benötigt.
12 Lösen Sie an beiden Seiten die drei Schrauben, mit denen die vorderen Achsenhalterungen am Unterboden befestigt sind – die Schrauben müssen später erneuert werden.
13 Prüfen Sie noch einmal, ob alle Komponenten getrennt und abseits des Arbeitsbereichs positioniert sind. Senken Sie die Hinterachse vorsichtig ab und entfernen Sie sie unter dem Fahrzeug.
14 Demontieren Sie nun nötigenfalls die Bremsen-Komponenten (siehe Kapitel 9) und die Radlager-Baugruppen (siehe Sektion 9) von der Hinterachse.
15 Nötigenfalls können auch die vorderen Halterungen von der Hinterachse entfernt werden, nachdem ihre Mutter gelöst und der Durchgangsbolzen herausgezogen ist.

Einbau

16 Bauen Sie alle demontierten Bauteile wieder an die Achse. Falls die vorderen Halterungen entfernt wurden, müssen sie angesetzt, ihr Bolzen und die Mutter jedoch zunächst nur handfest ein- und aufgedreht werden.
17 Kontrollieren Sie die Gewinde der Käfigmuttern in der vorderen Aufnahme des Unterbodens und reinigen Sie sie nötigenfalls mit einem Gewindebohrer.
18 Stützen Sie die Hinterachse mit dem Rangierwagenheber und positionieren Sie sie unter dem Fahrzeug.
19 Richten Sie die Hinterachse zu ihren Aufnahmen aus und installieren Sie die **neuen** Schrauben zunächst handfest.
20 Falls die vorderen Halterungen von der Hinterachse entfernt wurden, muss die Achse so positioniert werden, dass der Abstand zwischen dem oberen Rand der unteren Stoßdämpferhalterung und der direkt darüber liegenden Fahrgestellteil 146,5 ± 10 mm beträgt. Ziehen Sie nun die Muttern des Durchgangsbolzens an beiden Seiten mit 90 Nm an.
21 Ziehen Sie die Schrauben der vorderen Halterung zunächst mit 90 Nm an und dann in zwei weiteren Durchgängen zunächst um 60° und dann um 15° weiter.
22 Installieren Sie die Hinterachs-Federn (siehe Sektion 12).
23 Heben Sie den Drehstab an, bis der untere Stoßdämpferbolzen eingeschoben werden kann. Drehen Sie die Mutter auf und ziehen Sie sie mit 90 Nm an.
24 Sichern Sie die Bremsschläuche, verbinden Sie die Bremsleitung und ziehen Sie die Anschlussmuttern mit 16 Nm an.
25 Verbinden Sie die hinteren Handbrems-Seilzüge mit den Halterungen am Unterboden und verbinden Sie das vordere Bremsseil mit der Ausgleichsplatte (siehe Kapitel 9, Sektion 18).
26 Installieren Sie die ABS-Sensoren, ziehen Sie ihre Schrauben mit 8 Nm an und sichern Sie die Kabel an den Bremsleitungen.
27 Montieren Sie den Auspuff-Hitzeschutz und sichern Sie ihn.
28 Montieren Sie das Auspuff-Endrohr samt Schalldämpfer (siehe Kapitel 4A, Sektion 15 oder Kapitel 4B, Sektion 20).
29 Entlüften Sie die komplette Bremshydraulik (siehe Kapitel 9, Sektion 2).
30 Stellen Sie die Handbremse ein (siehe Kapitel 1A, Sektion 22 oder Kapitel 1B, Sektion 24). Montieren Sie die Schutzkappe auf das Seilzug-Ende und sichern Sie die Handbremshebel-Manschette an der Mittelkonsole.
31 Montieren Sie die Hinterräder, senken Sie das Fahrzeug ab und ziehen Sie die Radbolzen mit 110 Nm an.

14 Lenkrad – Ausbau und Einbau

Warnung: Beachten Sie die Sicherheitshinweise in Kapitel 12, Sektion 21, um keine Verletzungen durch den auslösenden Airbag davonzutragen.

Ausbau

1 Demontieren Sie die Airbag-Einheit aus dem Lenkrad (siehe Kapitel 12, Sektion 22).
2 Entriegeln Sie mit dem Zündschlüssel das Lenkschloss, stellen Sie die Vorderräder geradeaus und lassen Sie das Lenkschloss wieder einrasten, indem Sie den Zündschlüssel wieder abziehen.
3 Trennen Sie an der Lenkradnabe den Stecker der Lenkradschalter (siehe Abbildung).

14.3 Trennen Sie den Stecker der Lenkradschalter.

4 Lösen Sie im Lenkrad die zentrale Torxschraube (siehe Abbildung).

14.4 Lenkrad-Schraube

5 Unter dem Bund der Torxschraube sollten Ausrichtmarkierungen angebracht sein (siehe Abbildung) – schlagen Sie nötigenfalls mit einem Körner am Lenkrad und der Welle welche ein.

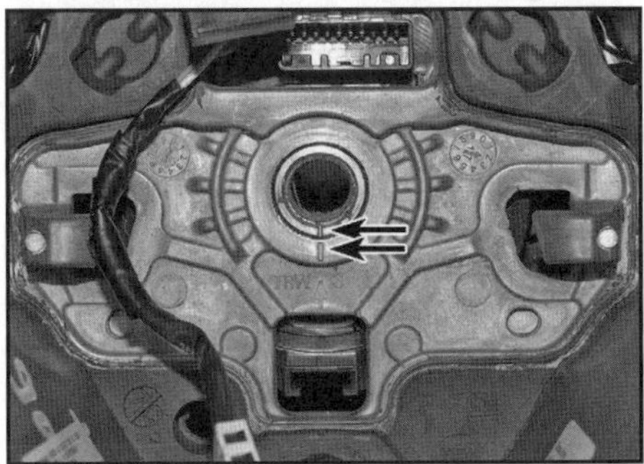

14.5 Ausrichtmarkierungen an Lenkrad und Welle

6 Greifen Sie das Lenkrad mit beiden Händen und wackeln Sie es vorsichtig von der Verzahnung der Lenkwelle ab.
7 Führen Sie die Airbag-Verkabelung jetzt durch die Lenkrad-Öffnung – beschädigen Sie dabei nicht ihre Stecker.

Einbau

8 Schieben Sie das korrekt ausgerichtete Lenkrad auf die Lenkwelle und führen Sie dabei die Airbag-Verkabelung durch seine Öffnung.
9 Reinigen Sie die Gewinde der Lenkradschraube und der Lenkwelle. Tragen Sie mittelfeste Sicherungspaste an der Schraube auf und ziehen Sie sie mit 30 Nm an.
10 Verbinden Sie den Stecker der Lenkradschalter.
11 Montieren Sie den Airbag (siehe Kapitel 12, Sektion 22).

15 Lenksäule – Ausbau und Einbau

Anmerkung: *Die Lenksäule beinhaltet auch den elektrischen Servolenkungsmotor und dessen Steuergerät – beide Teile sind in die Lenksäule integriert und können nicht separat demontiert werden.*
Anmerkung: *Wenn eine neue Lenksäule montiert werden soll, muss diese Arbeit einer Opel-Werkstatt überlassen werden, da das neue Steuergerät mithilfe spezieller Diagnoseausrüstung initialisiert und kalibriert werden muss.*

Ausbau

1 Trennen Sie den Masseanschluss (–) der Batterie (siehe Kapitel 5A, Sektion 4).
2 Entfernen Sie im Fahrerfußraum die untere Armaturenbrett-Abdeckung (siehe Kapitel 11, Sektion 27).
3 Lösen Sie unter dem Armaturenbrett den Spreizniet des Fußraum-Belüftungskanals und entfernen Sie diesen (siehe Abbildungen).

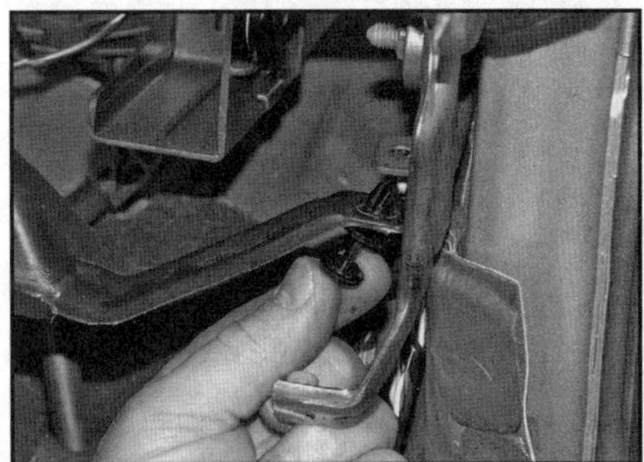

15.3a Entfernen Sie den Spreizniet ...

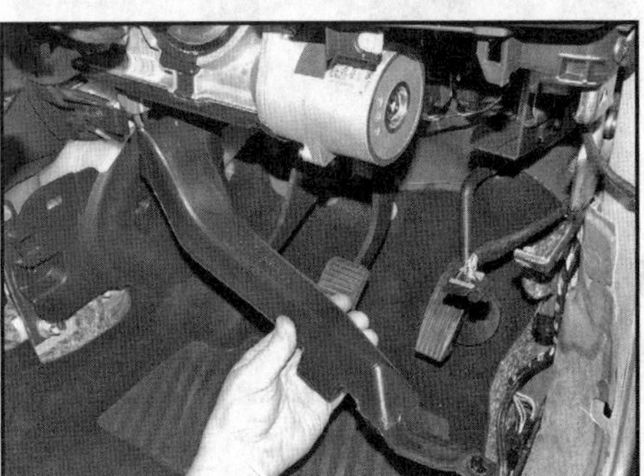

15.3b ... und entnehmen Sie den Fußraum-Belüftungskanal – gezeigt an einem Rechtslenker-Modell.

4 Stellen Sie die Vorderräder geradeaus und lassen Sie das Lenkschloss einrasten, indem Sie den Zündschlüssel abziehen und leicht am Lenkrad drehen.
5 Entfernen Sie das Lenkrad (siehe Sektion 14), den Airbag-Drehschalter, die Lenksäulen-Schalter und ihre Halterung (siehe Kapitel 12).
6 Lösen Sie die zwei Schrauben, die das untere Kreuzgelenk an der Zwischenwelle und dem Lenkgetriebe sichern (Abb. 7.2) – diese müssen später durch Neuteile ersetzt werden.
7 Prüfen Sie, ob der Lenksäulen-Einstellhebel korrekt arretiert ist.
8 Befreien Sie oben an der Lenksäule den Kabelbaum-Clip und verlagern Sie den Kabelbaum aus dem Arbeitsbereich heraus (siehe Abbildung).

15.8 **Befreien Sie den Kabelbaum.**

9 Trennen Sie die Stecker der an der Lenksäule sitzenden Servolenkungs-Einheit (siehe Abbildung).

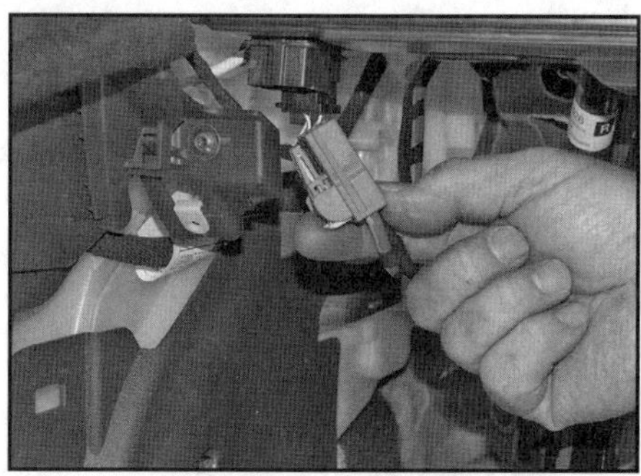

15.9 **Trennen Sie die Stecker der Servolenkungs-Einheit.**

10 Stützen Sie die Lenksäule ab, lösen Sie dann die zwei unteren und die zwei oberen Schrauben, mit denen sie an der Armaturenbrett-Querstrebe gesichert ist (siehe Abbildungen).

15.10a **Untere Lenksäulenschrauben**

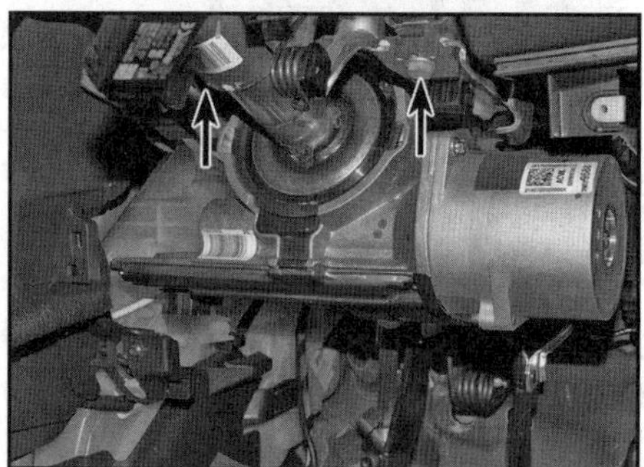

15.10b **Obere Lenksäulenschrauben**

11 Befreien Sie die Lenksäulen-Baugruppe und heben Sie sie aus dem Fahrzeug. Lösen Sie bei ausgebauter Lenksäule keinesfalls das Lenkschloss!

Einbau

12 Der Einbau entspricht der umgekehrten Ausbaureihenfolge – beachten Sie dabei die folgenden Punkte:

a) *Ziehen Sie alle Muttern und Schrauben mit den in den technischen Daten angegebenen Drehmomenten an – alle dort mit einem Sternchen gekennzeichneten Befestigungen müssen durch Neuteile ersetzt werden.*

b) *Das Kreuzgelenk lässt sich aufgrund der speziellen Kerbverzahnung nur in einer Position aufschieben. Rüsten Sie die **neuen** Klemmschrauben mit Sicherungspaste aus und ziehen Sie diejenige an der Zwischenwelle mit 40 Nm und die am Lenkgetriebe mit 55 Nm an.*

c) *Der Einbau des Lenkrades ist in Sektion 14 beschrieben.*

d) *Der Einbau der unteren Armaturenbrett-Abdeckung ist in Kapitel 11, Sektion 27 beschrieben.*

16 Lenksäulen-Zwischenwelle – Ausbau, Kontrolle und Einbau

Ausbau

1 Trennen Sie den Masseanschluss (–) der Batterie (siehe Kapitel 5A, Sektion 4).

2 Entfernen Sie im Fahrerfußraum die untere Armaturenbrett-Abdeckung (siehe Kapitel 11, Sektion 27).

3 Lösen Sie unter dem Armaturenbrett den Spreizniet des Fußraum-Belüftungskanals und entfernen Sie diesen (Abb. 15.3a und b).

4 Stellen Sie die Vorderräder geradeaus und lassen Sie das Lenkschloss einrasten, indem Sie den Zündschlüssel abziehen und leicht am Lenkrad drehen.

5Lösen Sie die zwei Schrauben, die das untere Kreuzgelenk an der Zwischenwelle und dem Lenkgetriebe sichern (Abb. 7.2) – diese müssen später durch Neuteile ersetzt werden. Ziehen Sie das Kreuzgelenk die Zwischenwelle hoch, um es vom Lenkgetriebe zu befreien.

6 Lösen Sie mit dem Zündschlüssel das Lenkschloss und drehen Sie das Lenkrad um 90° nach links. Richten Sie die obere Schraube der Zwischenwelle zur Öffnung im Servolenkungs-Steuergerät aus (siehe Abbildung). Lösen Sie die Schraube und drehen Sie das Lenkrad wieder in die Geradeaus-Position. Die Schraube muss später durch ein Neuteil ersetzt werden. Ziehen Sie den Zündschlüssel ab und lassen Sie das Lenkschloss einrasten.

16.6 **Richten Sie die obere Schraube der Zwischenwelle zur Öffnung im Servolenkungs-Steuergerät aus.**

7 Ziehen Sie die Zwischenwelle aus der Lenksäule.

Kontrolle

8 Die Zwischenwelle beinhaltet eine Sicherheits-Sektion, die sich bei einem Frontaufprall zusammenschiebt, damit der Fahrer nicht durch das Lenkrad verletzt wird. Inspizieren Sie die Kreuzgelenke der Zwischenwelle auf Verschleiß und Beschädigungen – bei irgendwelchen Schäden muss die gesamte Wellen-Baugruppe ersetzt werden.

Einbau

9 Prüfen Sie, ob die Vorderräder weiterhin geradeaus stehen und das Lenkschloss eingerastet ist.

10 Richten Sie das obere Zwischenwellen-Kreuzgelenk zur Lenksäule aus – beide Teile lassen sich nur in einer Position miteinander verbinden.

11 Lösen Sie mit dem Zündschlüssel das Lenkschloss und drehen Sie das Lenkrad um 90° nach links. Richten Sie die obere Schraubenbohrung der Zwischenwelle zur Öffnung im Servolenkungs-Steuergerät aus (Abb. 16.6). Installieren Sie die **neue** Schraube und ziehen Sie sie zunächst mit 24 Nm an und dann um 60° weiter.

12 Drehen Sie das Lenkrad wieder in die Geradeaus-Position. Die Schraube muss später durch ein Neuteil ersetzt werden. Ziehen Sie den Zündschlüssel ab und lassen Sie das Lenkschloss einrasten.

13 Schieben Sie das untere Kreuzgelenk an der Zwischenwelle herunter und verbinden Sie es mit dem Lenkgetriebe – es lässt sich aufgrund der speziellen Kerbverzahnung nur in einer Position aufschieben.

14 Rüsten Sie die **neuen** Kreuzgelenk-Klemmschrauben mit Sicherungspaste aus und ziehen Sie diejenige an der Zwischenwelle mit 40 Nm und die am Lenkgetriebe mit 55 Nm an.

15 Der Rest des Einbaus entspricht der umgekehrten Ausbaureihenfolge.

17 Lenkgetriebe – Ausbau, Kontrolle und Einbau

Ausbau

1 Ziehen Sie die Handbremse, heben Sie das Fahrzeug vorn an, und stützen Sie es sicher ab (siehe Seite 351). Demontieren Sie das entsprechende Vorderrad.

2 Demontieren Sie den vorderen Hilfsrahmen (siehe Sektion 7).

3 Lösen Sie die zwei Schrauben, die das Lenkgetriebe am Hilfsrahmen sichern (siehe Abbildung) – sie müssen samt Muttern und Scheiben beim Einbau durch Neuteile ersetzt werden.

17.3 Lenkgetriebe-Befestigungsschrauben

4 Falls ein neues Lenkgetriebe montiert werden soll, müssen die Spurstangenköpfe demontiert und auf die neuen Spurstangen übernommen werden (siehe Sektion 19).

Kontrolle

5 Begutachten Sie die Baugruppe auf sichtbare Schäden oder Verschleiß.

6 Prüfen Sie, ob sich die Zahnstange auf dem gesamten Arbeitsweg sanft bewegen lässt und weder klemmt noch Spiel aufweist. Erkundigen Sie sich bei einer Opel-Werkstatt, ob das Lenkgetriebe nötigenfalls überholt werden kann. Der Hobbyschrauber kann die Lenkgetriebe-Manschetten, die Spurstangen und ihre Köpfe ersetzen – beachten Sie dazu die Sektionen 18, 19 und 20.

Einbau

7 Der Einbau entspricht der umgekehrten Ausbaureihenfolge – beachten Sie dabei folgende Punkte:

a) *Verwenden Sie bei der Montage des Lenkgetriebes neue Schrauben, Muttern und Scheiben und ziehen Sie sie zunächst mit 45 Nm und dann in zwei Durchgängen um zunächst 45° und dann um weitere 15° weiter.*
b) *Der Einbau des Hilfsrahmens ist in Sektion 7 beschrieben.*
c) *Lassen Sie bei nächster Gelegenheit die Ausrichtung der Vorderräder überprüfen und nötigenfalls justieren (siehe Sektion 21).*

18 Spurstangenmanschetten – Ersetzen

1 Demontieren Sie die Spurstangenköpfe (siehe Sektion 19).

2 Markieren Sie die Position der Manschette auf der Spurstange und lösen Sie die Schellen (siehe Abbildung). Ziehen Sie die Manschette vom Getriebegehäuse und der Spurstange.

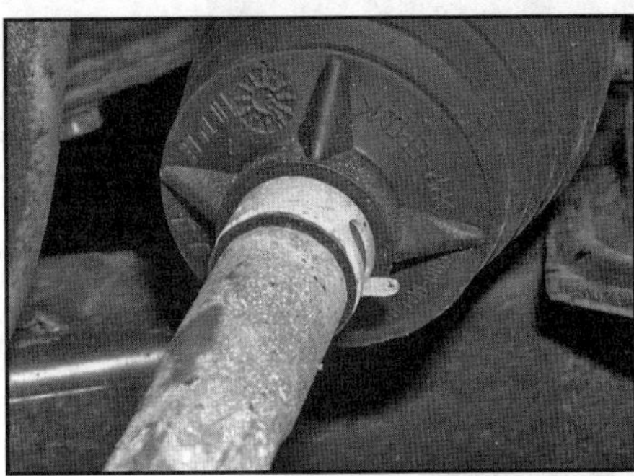

18.2 Äußere Schelle der Spurstangenmanschette

3 Reinigen Sie sorgfältig die Spurstange und das Zahnstangengehäuse und entfernen Sie mit Schleifpapier Korrosion, Riefen und scharfe Kanten, die beim Einbau neuer Manschetten deren Dichtlippen beschädigen könnten. Entfernen Sie das Fett aus der alten Manschette und schmieren Sie frisches Fett auf den innere Kugelkopf der Spurstange.

4 Schieben Sie die neue Manschette vorsichtig über die Spurstange aufs Zahnstangengehäuse. Richten Sie den äußeren Rand der Manschette zur beim Ausbau angebrachten Markierung aus und sichern Sie die Manschette mit den neuen Schellen.

5 Montieren Sie die Spurstangenköpfe (siehe Sektion 19).

19 Spurstangenkopf – Ausbau und Einbau

Anmerkung: *Beim Einbau müssen die Spurstangenköpfe mit neuen Muttern gesichert werden.*

Ausbau

1 Ziehen Sie die Handbremse an, heben Sie das Fahrzeug vorn an, und stützen Sie es sicher ab (siehe Seite 351). Demontieren Sie das entsprechende Vorderrad.
2 Falls der Kugelkopf wiederverwendet werden soll, muss seine Ausrichtung zur Spurstange markiert werden.
3 Halten Sie die Spurstange und lockern Sie die Kontermutter des Kugelkopfs um eine Viertelumdrehung (siehe Abbildung).

19.3 Halten Sie die Spurstange und lockern Sie die Kontermutter des Kugelkopfs.

4 Lösen Sie die Mutter, die den Spurstangenkopf am Achsgelenk sichert, und befreien Sie ihn mit einem Kugelkopfabzieher (siehe Abbildungen). Die Mutter muss beim Einbau durch ein Neuteil ersetzt werden.

19.4a Lösen Sie unten am Achsgelenk-Hebel die Mutter ...

19.4b .. und trennen Sie den Spurstangenkopf mit einem speziellen Abzieher.

5 Drehen Sie den Spurstangenkopf von der Stange – zählen Sie dabei genau die Umdrehungen mit, um ihn später wieder korrekt positionieren zu können.
6 Zählen Sie zwischen dem Ende der Spurstange und der Kontermutter die Anzahl der sichtbaren Gewindegänge und notieren Sie die Zahl. Falls eine neue Manschette installiert werden soll, muss die Kontermutter von der Spurstange gedreht werden.
7 Reinigen Sie sorgfältig den Spurstangenkopf und das Gewinde der Spurstange. Ersetzen Sie den Spurstangenkopf, falls seine Gummikappe spröde, gerissen oder anderweitig beschädigt ist, oder wenn sich der Kugelkopf entweder zu locker oder zu fest bewegen lässt. Auch verschlissene Gewinde erfordern den Austausch.

Einbau

8 Falls entfernt, wird die Kontermutter auf die Spurstange gedreht und wie beim Ausbau notiert positioniert.
9 Drehen Sie den Spurstangenkopf mit der Anzahl der beim Ausbau notierten Umdrehungen auf die Spurstange – hierbei sollte die Kontermutter etwa eine Viertelumdrehung entfernt sitzen.
10 Führen Sie den Kugelkopf-Zapfen am Achsgelenk ein, drehen Sie eine neue Mutter auf und ziehen Sie sie mit 35 Nm an. Falls der Zapfen sich dabei mitdreht, muss Druck auf den Kugelkopf ausgeübt werden, um ihn weiter in seinen Sitz zu pressen.
11 Ziehen Sie die Kugelkopf-Kontermutter an der Spurstange mit 65 Nm an – kontern Sie die Stange dabei (Abb. 19.3). **Anmerkung**: *Für einen korrekten Anzug wird ein sogenannter Krähenfuß-Adapter benötigt (Abb. 2.6 in Kapitel 4B).*
12 Montieren Sie das Rad, senken Sie das Fahrzeug ab und ziehen Sie die Radbolzen mit 110 Nm an.
13 Lassen Sie bei nächster Gelegenheit die Ausrichtung der Vorderräder überprüfen und nötigenfalls justieren (siehe Sektion 21).

20 Spurstange – Ersetzen

Anmerkung: *Beim Einbau müssen die Spurstangenköpfe mit neuen Muttern gesichert werden. Für die Manschetten werden neue Schellen benötigt. Um die inneren Kugelköpfe mit den Zahnstangen korrekt zu verbinden, verwenden Opel-Werkstätten spezielle Werkzeuge.*
1 Entfernen Sie den Spurstangenkopf (siehe Sektion 19).
2 Lockern Sie die Schellen der Spurstangenmanschette und ziehen Sie diese von der Spurstange (siehe Sektion 18).
3 Drehen Sie die Lenkung so, dass die Spurstange der entsprechenden Seite möglichst weit herausragt, und ziehen Sie die (ggf. vorhandene) Kappe vom inneren Kugelkopf.
4 Kontern Sie die Stange mit einem an den Abflachungen angesetzten Maulschlüssel und schrauben Sie den inneren Kugelkopf von der Zahnstange. Entfernen Sie alle vorhandenen Hülsen und Scheiben – beachten Sie deren korrekten Positionen.
5 Entfernen Sie die Spurstangen-Baugruppe und begutachten Sie den inneren Kugelkopf auf zu lockeren oder zu festen Sitz. Die Spurstange selbst muss gerade sein und darf keine Schäden aufweisen; ersetzen Sie die Spurstange nötigenfalls. Es empfiehlt sich, die Zahnstangen-Manschette/Staubkappe auf jeden Fall zu ersetzen.
6 Richten Sie das Distanzstück am Ende der Zahnstange aus und schrauben Sie den Kugelkopf ein – ziehen Sie ihn mit 82 Nm an, während die Spurstange mit einem Maulschlüssel gekontert wird.
7 Montieren Sie die Manschette und den äußeren Kugelkopf (Sektionen 18 und 19).

21 Ausrichtung der Räder und Lenkwinkel – Allgemeine Informationen

Definitionen

1 Die Lenk- und Fahrwerksgeometrie eines Automobils wird durch vier Grundeinstellungen definiert (siehe Abbildung). Alle Winkel werden in Grad ausgedrückt, nur die Spur-Einstellungen werden auch als Längenmaß angegeben. Die Lenkachse ist definiert als imaginäre Linie, die durch die Achse des Federbeins gezogen ist und an einem vorgegebenen Punkt den Boden berührt.

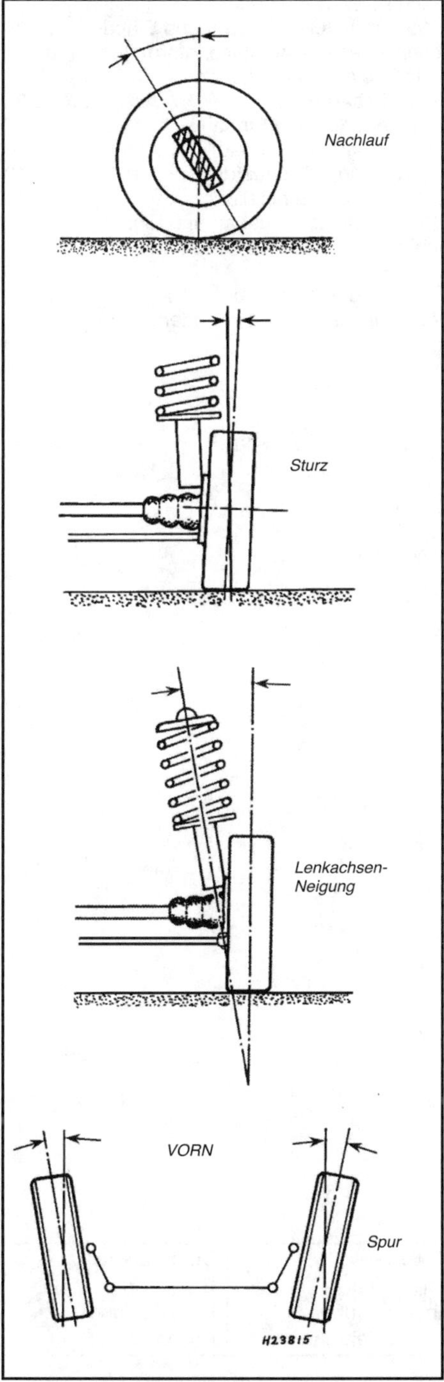

21.1 Details zur Lenk- und Fahrwerksgeometrie

2 Sturz bezeichnet den von vorn oder hinten betrachteten Winkel zwischen dem Rad und einer senkrechten Linie, die durch seine Mitte und der Reifenaufstandsfläche gezogen wird. Bei positivem Sturz sind die Räder oben nach außen gekippt; bei negativem Sturz sind sie nach innen gekippt. Kleine Einstellungen können durch Positionsveränderungen der vorderen Achsgelenke an den Federbeinen vorgenommen werden. An den Hinterrädern ist die Spur nicht einstellbar.

3 Nachlauf beschreibt den von der Seite betrachteten Winkel zwischen der Lenkachse und einer senkrechten Linie, die durch seine Mitte und der Reifenaufstandsfläche gezogen wird. Üblicherweise trifft eine Linie durch die Lenkachse vor der senkrechten Linie auf den Untergrund, sodass ein positiver Nachlaufwinkel entsteht. Der Nachlaufwinkel ist nicht einstellbar und wird nur als Referenzwert angegeben.

4 Spur bezeichnet den Verlauf der von oben betrachteten imaginären Linien durch die Räder im Verhältnis zur Mittellinie des Fahrzeugs. Bei Vorspur laufen die Räder nach innen, bei Nachspur laufen sie nach außen. Die Spur der Vorderräder ist einstellbar, indem die Spurstangen aus ihren Köpfen heraus- oder hineingedreht werden, um ihre effektive Länge zu verändern. An den Hinterrädern ist die Spur nicht einstellbar.

Kontrolle und Einstellung

5 Aufgrund spezieller Messausrüstungen und Erfahrung, die für eine akkurate Kontrolle der Rad-Einstellung benötigt wird, sollte die Kontrolle und Einstellung besser einer Fachwerkstatt überlassen werden. Heute bieten auch viele Reifenhändler einen solchen Service an.

Kapitel 11

Karosserie und Innenausstattung

Inhalt — Sektion

Technische Daten

Anzugsdrehmomente	**Nm**
Armaturenbrett-Querstrebe an A-Säule	20
Gurtrollen-Schrauben	35
Gurtpeitschen-Schrauben	45
Gurtstraffer-Befestigungsschrauben	35
Gurthalterungs-Schrauben	35
Rücksitz-Schrauben	20
Vordersitz-Befestigungsschrauben*	35

* Stets durch Neuteile zu ersetzen

Schwierigkeitsgrade

Leicht. Geeignet für Anfänger mit wenig Erfahrung. 	**Relativ leicht.** Geeignet für Anfänger mit etwas Erfahrung. 	**Relativ schwierig.** Geeignet für geübte Selbstschrauber. 	**Schwer.** Geeignet für Selbstschrauber mit viel Erfahrung. 	**Sehr schwer.** Geeignet für Experten und Profis. 

1 Allgemeine Informationen

1 Die Karosserie, die Türen und der Kofferraumdeckel bestehen aus gepressten Stahlblechsektionen. Die meisten Komponenten sind verschweißt, andere sind miteinander verklebt, die vorderen Kotflügel sind verschraubt.
2 Die Motorhaube, Türen und andere Blechteile sind verzinkt und vor dem Lackieren mit Steinschlagschutz behandelt worden.
3 Viele Kunststoff-Komponenten finden sich im Innenraum, aber auch außen an der Karosserie. Die Stoßstangen bestehen aus einem sehr stabilen, aber dennoch leichten synthetischen Spritzgussmaterial. Plastik-Komponenten wie die Innenkotflügel sind an der Unterseite des Fahrzeugs angebracht, um den Korrosionsschutz zu verbessern.
4 Nachdem Lackflächen gewaschen sind, werden sie mit einem Fensterleder abgerieben, um fleckenfreien Glanz zu erzeugen. Eine Schicht Schutzwachspolitur schützt den Lack zusätzlich vor Umweltbelastungen. Falls die Lackschicht stumpf und oxidiert ist, kann eine Kombination aus Reiniger und Politur den alten Glanz wieder herstellen. Diese Arbeit ist zwar mühsam, doch der trübe Lack hat sich nur gebildet, weil das Fahrzeug nicht regelmäßig gewaschen wurde. Vorsicht ist bei Metallic-Lackierungen geboten: Spezielle Reinigungs- und Poliermittel greifen nicht den oberen Klarlack an.
5 Kontrollieren Sie stets, ob die Ablaufbohrungen der Türen und der Belüftungsöffnungen frei sind, damit Wasser abtropfen kann. Verzierungen müssen genauso behandelt werden wie lackierte Flächen. Windschutzscheiben und Fenster müssen von Schmierfilmen freigehalten werden, wie sie oft durch normalen Fensterreiniger hervorgerufen werden. Verwenden Sie auf Glas niemals Wachs, Lack- oder Chrompolitur.

2 Karosserie und Fahrgestell – Wartung und Pflege

1 Der Allgemeinzustand der Karosserie eines Fahrzeugs ist der entscheidende Punkt bei der Bestimmung seines Werts. Wartung ist einfach, muss aber regelmäßig durchgeführt werden. Vernachlässigungen können besonders nach kleinen Beschädigungen rasch zu weiterem Verfall und entsprechend hohen Reparaturkosten führen. Wichtig ist, auch auf Fahrzeugteile zu achten, die nicht auf den ersten Blick erkennbar sind – also die Unterseite, die Radkästen und den unteren Bereich des Motorraums.
2 Die grundlegende Wartungstätigkeit im Bereich der Karosserie ist eine perfekte Wäsche mit reichlich Wasser aus dem Schlauch. Hierdurch werden alle lockeren Festkörper entfernt, die am Fahrzeug haften geblieben sind; durch Abwaschen besteht wenig Risiko, dass dabei der Lack zerkratzt wird. Die Radkästen und der Unterboden müssen auf die gleiche Weise gewaschen werden, damit Schlamm und Dreck entfernt werden, die sonst Feuchtigkeit speichern und so die Rostbildung beschleunigen. Paradoxerweise ist schlechtes Wetter die beste Zeit zum Reinigen des Unterbodens und der Radkästen, da der Matsch und Schlamm gut durchfeuchtet und weich sind. Bei Regenfahrten reinigt sich der Unterboden üblicherweise automatisch, sodass anschließend ein guter Zeitpunkt für eine Inspektion ist.
3 Außer bei mit Unterbodenschutz auf Wachsbasis behandelten Modellen ist es eine gute Idee, regelmäßig das gesamte Fahrgestell und den Motorraum mit einem Dampfstrahler zu reinigen, damit bei einer Inspektion auch kleine Schäden entdeckt werden, die repariert oder restauriert werden müssen. Viele Tankstellen halten Dampf- oder Hochdruckreiniger bereit, um damit auch verölte Ablagerungen entfernen zu können, die in manchen Bereichen sehr dick werden können. Falls kein Dampfreiniger zur Hand ist, können hervorragende Lösungsmittel und Entfetter mit Bürsten und Pinseln eingesetzt werden; anschließend kann der Schmutz mit dem Wasserschlauch beseitigt werden. Falls der Unterboden mit Wachs geschützt ist, darf diese Methode nicht angewendet werden, da die Schutzschicht dabei ebenfalls entfernt wird; solche Fahrzeuge sollten einmal jährlich – möglichst vor dem Winter – genau überprüft werden. Dabei wird der Unterboden gewaschen und beschädigter oder fehlender Unterbodenschutz ausgebessert. Im Idealfall wird eine komplette neue Wachsschicht aufgetragen. Auch Hohlraumversiegelungen für Türen, Schweller, Kastenprofile und andere Bereiche sind sehr empfehlenswert, da der Hersteller hier keine zusätzlichen Schutzmaßnahmen gegen Rostschäden eingeleitet hat.

3 Polster und Teppiche – Wartung und Pflege

1 Matten und Teppiche sollten regelmäßig abgebürstet oder gesaugt werden, damit sich kein Sand und Dreck darin ansammeln. Wenn sie stark verschmutzt sind, müssen sie ausgebaut und ausgeklopft oder abgewaschen werden; vor dem Einbau müssen sie unbedingt trocken sein. Sitze und Verkleidungen können durch Abwischen mit einem feuchten Tuch sauber gehalten werden. Falls sie stärker verschmutzt sind (bei hellen Oberflächen besser sichtbar), müssen etwas Flüssigreinigungsmittel und eine weiche Nagelbürste eingesetzt werden, um den Dreck aus dem Gewebe zu bekommen. Bei der Verwendung von Flüssigreinigern im Innenraum dürfen die behandelten Flächen nicht zu nass werden. Feuchtigkeit zieht durch Nähte ein und kann Flecken, starke Gerüche und sogar Fäulnis verursachen.
2 Falls der Innenraum des Fahrzeugs versehentlich nass wird, sollte er gut getrocknet werden – besonders wenn Teppiche betroffen sind. Belassen Sie hierfür jedoch keine mit Strom oder gar Kraftstoff betriebenen Heizgeräte im Fahrzeug.

4 Karosserie – Kleinere Reparaturen

Kratzer

1 Wenn der Kratzer nur oberflächlich ist und nicht bis zum Blech reicht, ist die Reparatur sehr einfach: Reiben Sie den Bereich um den Kratzer mit Lackreiniger oder sehr feiner Schneidpaste ab, um lockere Lackpartikel aus dem Kratzer zu entfernen und die Umgebung von Wachspolitur zu befreien. Spülen Sie alles mit klarem Wasser ab.
2 Tragen Sie mithilfe eines feinen Pinsels Tupflack auf dem Kratzer auf – dies muss so lange in dünnen Schichten geschehen, bis die Höhe des umgebenden Lacks erreicht ist. Lassen Sie der neuen Farbe mindestens zwei Wochen Zeit zum Aushärten, dann wird sie mit Lackreiniger oder sehr feiner Schneidpaste in die umgebende Lackschicht eingearbeitet. Tragen Sie zum Schluss Wachspolitur auf.
3 Wo ein Kratzer bis aufs Karosserieblech geht und das Blech zu rosten beginnt, muss eine andere Reparaturmethode angewendet werden. Entfernen Sie mit einer spitzen Klinge sämtlichen Rost aus dem Kratzer und tragen Sie Rost-

schutzfarbe auf. Füllen Sie anschließend den Kratzer mithilfe eines Gummi- oder Kunststoffspachtels mit Glasfaser-Spachtelmasse. Diese Paste kann nötigenfalls mit Nitroverdünner gemischt werden, um auch in kleine Kratzer einzudringen. Bevor die Spachtelmasse aushärtet, wird ein weiches Baumwolltuch um eine Fingerspitze gewickelt, in den Verdünner getunkt und dann rasch über die Spachtelmasse im Kratzer gewischt, um die Oberfläche leicht auszuhöhlen. Jetzt kann der Kratzer wie oben beschrieben mit Lack betupft werden.

Beulen

4 Beulen im Blech müssen zunächst so weit herausgezogen werden, bis die ursprüngliche Form möglichst wieder erreicht ist. Versuche, die Originalform komplett zu restaurieren, bringen nicht viel, da das Metall im beschädigten Bereich gestreckt oder gestaucht ist und nicht mehr in seine ursprüngliche Kontur zurückgeführt werden kann. Es ist besser, die Oberfläche der Beule bis ca. 3 mm unterhalb der umliegenden Fläche herauszuziehen. Sehr flache Beulen sollten möglichst von der Rückseite (soweit zugänglich) mit einem weichen Hammer herausgeklopft werden; halten Sie dabei von außen ein Stück Holz davor, um die Schläge aufzufangen und Ausbeulungen zu verhindern. (Ein nicht unerheblicher Faktor hierbei ist die Zeit: direkt nach dem Einbeulen lässt sich Stahlblech oft deutlich besser wieder in seine ursprüngliche Form bringen als nach einigen Tagen.)
5 Falls die Beule in einem Karosseriebereich sitzt, wo Doppelbleche vorhanden sind oder andere Gründe vorliegen, warum sie nicht von hinten zugänglich ist, muss eine andere Technik eingesetzt werden: Bohren Sie einige kleine Löcher in die Beulen – möglichst in den tiefsten Stellen. Drehen Sie dann lange selbstschneidende Schrauben so weit ein, dass sie gerade fest genug sitzen. Jetzt wird der Schraubenkopf mit einer Zange gegriffen und die Beule herausgezogen.
6 Als Nächstes wird im beschädigten Bereich und einem Umkreis von 2 bis 3 cm der Lack entfernt – entweder mit einer Drahtbürste oder Schleifpapier, gern mit einer entsprechend ausgerüsteten Maschine. Zur Vollendung der Vorbereitung werden mit einer Feile oder anderen Werkzeugen Riefen ins Blech gekratzt oder kleine Löcher gebohrt, damit die Spachtelmasse wirklich guten Halt bekommt.
7 Weiter geht es mit der Sektion »Füllen und Lackieren«.

Rostlöcher

8 Entfernen Sie mit einer Drahtbürste oder Schleifpapier (oder einer entsprechend ausgerüsteten Maschine) den Lack im beschädigten Bereich und einem Umkreis von 2 bis 3 cm. Jetzt lässt sich auch der Umfang der Korrosion besser erkennen – und entscheiden, ob das gesamte Blech ersetzt (falls möglich) oder der schadhafte Bereich repariert wird. Reparaturbleche sind nicht sehr teuer und ihre Montage ist oft schneller und zufriedenstellender als das Reparieren größerer korrodierter Flächen.
9 Entfernen Sie sämtliche Befestigungen vom betroffenen Bereich (außer solchen, die als Hinweis auf die Originalform gelten (z. B. Scheinwerfergehäuse). Entfernen Sie dann mit einer kleinen Blechschere oder einem Sägeblatt sämtliches lockeres sowie stark korrodiertes Metall. Klopfen Sie mit einem Hammer die Ränder der Löcher nach innen, um eine leichte Vertiefung für die Spachtelmasse zu erhalten.
10 Reinigen Sie den betroffenen Bereich mit einer Drahtbürste, um vom verbliebenen Metall sämtlichen Flugrost zu entfernen, und tragen Sie Rostumwandler auf – falls die Rückseite des verrosteten Bereichs zugänglich ist, sollte dies auch hier geschehen.
11 Bevor Spachtelmasse aufgetragen wird, muss das Loch irgendwie verstopft werden – beispielsweise mit einem Aluminium- oder Kunststoffgitter oder Aluminiumband.
12 Alu- oder Plastikgitter oder Glasfasermatten sind wahrscheinlich das beste Material für größere Löcher. Schneiden Sie ein entsprechendes Teil zurecht und positionieren Sie es so im Loch, dass seine Ränder unterhalb der umgebenden Karosserie liegen. Mit einigen Klecksen Spachtelmasse kann es rundherum in Position gehalten werden.
13 Aluminiumband kann bei kleineren oder sehr schmalen Löchern verwendet werden. Ziehen Sie ein Stück von der Rolle, bringen Sie es auf die gewünschte Größe und in Form, ziehen Sie dann ggf. die Schutzfolie ab, und kleben Sie das Band über das Loch – es darf überlappen, falls eine Lage nicht ausreicht. Drücken Sie die Ränder des Bands z. B. mit einem Schraubendrehergriff herunter, um sicherzugehen, dass es fest auf dem Untergrund klebt.

Füllen und Lackieren

14 Sie sind mit den Reparaturen aus den vorherigen Sektionen so weit fertig? Dann geht es hier weiter.
15 Auf dem Markt sind zahlreiche Spachtelmassen erhältlich, doch generell eignen sich für solche Reparaturen noch immer Zweikomponenten-Kits mit Füllspachtel und einer Tube Härter am besten. Um eine glatte und korrekt geformte Oberfläche zu erzeugen, wird ein breiter Spachtel aus Plastik oder Nylon benötigt.
16 Mischen Sie eine kleine Menge Spachtelmasse auf einem sauberen Stück Pappe oder einem Brett an – beachten Sie genau das vorgeschriebene Mischungsverhältnis, damit die Masse nicht zu schnell oder zu langsam aushärtet. Tragen Sie die Masse mit dem Spachtel auf der vorbereiteten Fläche auf; ziehen Sie den Spachtel über die Masse, um die korrekte Kontur und Höhe zu erreichen. Sobald die Form in etwa dem Original entspricht, wird aufgehört, da die Masse bei zu langer Arbeit klebrig wird und am Spachtel haften bleibt. Tragen Sie in zwanzigminütigen Intervallen weitere dünne Schichten Spachtelmasse auf, bis die Höhe knapp über der umgebenden Karosserie liegt.
17 Sobald die Spachtelmasse ausgehärtet ist, kann überschüssiges Material mit einem Metallhobel oder einer Feile entfernt werden. Von da an wird immer feineres Sandpapier verwendet – beginnend mit 40er-Körnung und endend mit 400er-Nassschleifpapier. Legen Sie das Schleifpapier stets um einen Gummi-, Kork- oder Holzblock, da ansonsten die Oberfläche der Spachtelmasse nicht komplett eben wird. Während des Glättens der Oberfläche mit dem Nass-Schleifpapier sollte der Bereich regelmäßig mit Wasser abgespült werden, um sicherzugehen, dass die Fläche ein besonders glattes Finish erhält.
18 Eine Beule sollte jetzt von einem Ring aus blankem Metall umgeben sein, der wiederum von einem feinen »gefiederten« Rand aus gutem Lack umrandet ist. Spülen Sie den Bereich mit klarem Wasser ab, bis sämtlicher Schleifstaub verschwunden ist.
19 Sprühen Sie den gesamten Bereich dünn mit Grundierung ein – dies zeigt alle Mängel in der Oberfläche der Spachtelmasse. Reparieren Sie diese Fehler mit frischer Spachtelmasse und glätten Sie die Oberfläche erneut mit Schleifpapier. Falls Glasfaser-Spachtelmasse verwendet wird, kann diese nötigenfalls mit Nitroverdünner gemischt werden, um auch in kleine Löcher einzudringen. Wiederholen Sie den Grundierungsauftrag und die Reparatur, bis eine perfekte Oberfläche entstanden ist und auch der »gefiederte« Rand gut aussieht. Waschen Sie erneut alles mit klarem Wasser ab und lassen Sie es komplett abtrocknen.
20 Der reparierte Bereich ist jetzt bereit für die Endlackierung. Sprühlacke müssen in einer warmen, trockenen, staubfreien und windsicheren Umgebung aufgetragen werden. Dieser Zustand kann künstlich erzeugt werden, wenn Zugang zu einer ausreichend dimensionierten Halle besteht; »Outdoor«-Lackierungen müssen dagegen sorgfältig mit dem Wetterbericht abgestimmt werden. In einer Halle hilft das Be-

feuchten des Bodens gegen aufgewirbelten Staub. Falls sich die Reparatur auf ein Karosserieteil beschränkt, müssen die umliegenden Bereiche abgeklebt werden; dies hilft bei der Minimierung der Wirkung einer leichten Farbdiskrepanz. Auch Anbauteile wie Zierleisten, Türgriffe usw. müssen abgedeckt werden; verwenden Sie hierzu Kreppband und mehrere Schichten Zeitungspapier.

21 Vor dem Lackieren muss die Sprühdose gut geschüttelt werden, dann werden Probestücke – z. B. alte Bleche – besprüht, bis die Technik beherrscht wird. Sprühen Sie den zu reparierenden Bereich zunächst dick mit Grundierung ein; die Stärke der Grundierung muss sich dabei aus mehreren dünnen Schichten zusammensetzen. Glätten Sie die Oberfläche mit 400er-Nassschleifpapier und spülen Sie dabei immer wieder die Fläche mit klarem Wasser ab. Lassen Sie alles trocknen, bevor weitere Farbschichten aufgetragen werden.

22 Sprühen Sie den eigentlichen Lack ebenfalls in dünnen Schichten auf; beginnen Sie dabei stets in der Mitte und schwenken Sie die Sprühdose im konstanten Abstand etwa 5 cm über den Originallack hinaus. Entfernen Sie die Abdeckungen 10 bis 15 Minuten nach dem Auftragen der letzten Farbschicht.

23 Lassen Sie den neuen Lack mindestens zwei Wochen aushärten, dann wird mit Lackreiniger oder sehr feiner Schneidpaste ein weicher Übergang in die umgebende Lackschicht hergestellt. Tragen Sie schließlich Wachspolitur auf.

Kunststoff-Komponenten

24 Mit der Verwendung von immer mehr Karosserieteilen aus Plastik durch die Hersteller (Stoßstangen, Spoiler und manchmal sogar größere Karosserieteile) muss die Reparatur ernsthafter Schäden an solchen Dingen entweder einer Fachwerkstatt überlassen werden oder die Teile werden einfach ausgetauscht. Angesichts der Kosten für die Ausrüstung und erforderliche Materialien sind solche Reparaturen für den Hobbyschrauber nicht wirklich praktikabel. Die Grundtechnik besteht bei Thermoplasten darin, mit einer entsprechenden Maschine entlang des Risses im Kunststoff eine Kerbe herzustellen, um dann mithilfe eines Heißluftgebläses und einer Kunststoffstange die beiden Hälften zu »verschweißen«. Überschüssiges Plastik wird dann abgeschliffen, bis eine glatte Oberfläche entsteht. Wichtig ist dabei, dass die »Schweißstange« aus exakt dem gleichen Kunststoff besteht wie das zu reparierende Teil (dies kann aus Polycarbonat, ABS oder Polypropylen bestehen).

25 Kleinere Schäden (Scheuerstellen, kleine Risse usw.) können relativ leicht mit Zweikomponenten-Epoxidspachtelmasse repariert werden. Wenn diese Masse aus zwei gleichen Teilen vermischt ist, kann sie genauso verwendet werden wie Glasfaser-Spachtelmasse auf Blechen. Der Füllspachtel härtet normalerweise in 20 bis 30 Minuten aus, um dann geschliffen und lackiert werden zu können.

26 Wer eine komplette Komponente selbst ersetzen will oder eine Reparatur mit Epoxid-Spachtel durchgeführt hat, hat das Problem, einen geeigneten Lack zu finden, der auf diesem Kunststoff hält. Irgendwann war die Verwendung normaler Lacke dank der verschiedenen Kunststoffe bei Karosserie-Komponenten nicht mehr möglich, da Standardlacke nicht gut darauf halten. Heute gibt es jedoch Kunststoff-Präpariersets, die aus einer Vorgrundierung, einer Grundierung und einer Farb-Endschicht bestehen. Die Vorgrundierung wird zuerst aufgetragen und darf etwa eine halbe Stunde trocknen, dann kommt die Grundierung, der etwa eine Stunde Zeit gegeben wird, bevor schließlich die eigentliche Lackschicht aufgebracht wird. Das Resultat ist eine korrekt lackierte Komponente, bei der die Farbschicht elastisch genug ist, um nicht bald wieder abzublättern – eine Eigenschaft, die normaler Lack nicht aufweist.

5 Karosserie – Größere Reparaturen

Falls größere Schäden aufgetreten sind oder größere Bereiche aufgrund Vernachlässigung ersetzt werden müssen, müssen komplett neue Sektionen oder Reparaturbleche eingeschweißt werden – was besser einer Fachwerkstatt überlassen werden sollte. Falls die Schäden durch einen Unfall entstanden sind, muss die Ausrichtung der gesamten Karosseriestruktur überprüft werden. Bei selbsttragenden Karosserien kann die Stabilität und Form der gesamten Konstruktion durch einen Schaden in einem bestimmten Bereich beeinträchtigt werden. In solchen Fällen ist der Besuch einer mit speziellen Prüfgeräten ausgerüsteten Fachwerkstatt unerlässlich. Falls mit einer verzogenen Karosserie weitergefahren wird, besteht die größte Gefahr darin, dass sich das Fahrverhalten ändert. Aber auch die höhere Belastung der Lenkung, des Motors und des Antriebs sorgen für erhöhten Verschleiß oder den kompletten Ausfall einzelner Komponenten. Der Reifenverschleiß wird deutlich ansteigen.

6 Stoßstange vorn – Ausbau und Einbau

Ausbau

1 Ziehen Sie die Handbremse an, heben Sie das Fahrzeug vorn an, und stützen Sie es sicher ab (siehe Seite 351). Demontieren Sie ggf. den Unterfahrschutz und öffnen Sie die Motorhaube.

2 Lösen Sie an beiden Seiten die drei Schrauben, mit denen die unteren Ecken der Stoßstange an der Radlaufverkleidung gesichert sind (siehe Abbildung).

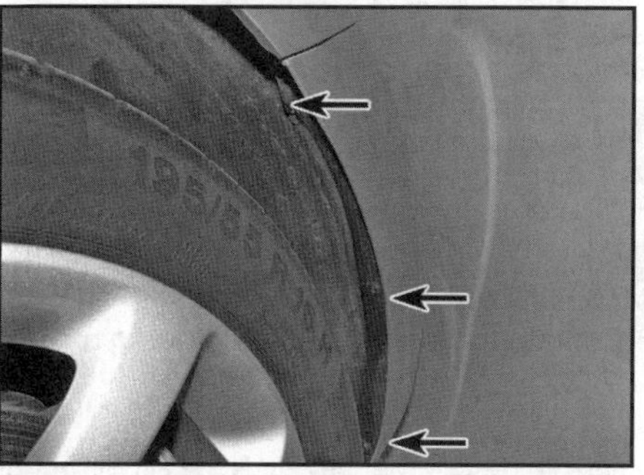

6.2 Schrauben, mit denen die unteren Ecken der Stoßstange an der vorderen Radlaufverkleidung gesichert sind

3 Lösen Sie die vier Schrauben, mit denen die Stoßstange oben an der vorderen Motorraum-Querstrebe gesichert ist (siehe Abbildung).

6.3 **Obere Stoßstangen-Schrauben**

4 Lösen Sie die Schrauben, mit denen die Stoßstange ggf. innen an der Versteifung gesichert ist (siehe Abbildung).

6.4 **Versteifungsstreben-Schrauben**

5 Lösen Sie die vier Schrauben, mit denen die untere Verstärkung an der Stoßstange und der Kühler-Querstrebe gesichert ist (siehe Abbildung).

6.5 Schrauben, mit denen die untere Verstärkung an der Stoßstange und der Kühler-Querstrebe gesichert ist

6 Trennen Sie ggf. die Stecker der beiden Nebelscheinwerfer (siehe Kapitel 12, Sektion 5).
7 Heben Sie mithilfe eines Assistenten die Stoßstange vorsichtig an und ziehen Sie die Seiten heraus, um sie aus den Führungen zu befreien.
8 Sobald genug Platz besteht, muss der Stecker des Außentemperatursensors getrennt werden, dann kann die Stoßstange entfernt werden.

Einbau

9 Der Einbau entspricht der umgekehrten Ausbaureihenfolge. Achten Sie darauf, dass alle Befestigungsschrauben sorgfältig angezogen sind.

7 Stoßstange hinten – Ausbau und Einbau

Ausbau

1 Entfernen Sie beide Rücklicht-Baugruppen (siehe Kapitel 12, Sektion 7).
2 Entfernen Sie das hintere Kennzeichen.
3 Lösen Sie an beiden Seiten die zwei Schrauben, mit denen die unteren Ecken der Stoßstange an der Radlaufverkleidung gesichert sind (siehe Abbildung).

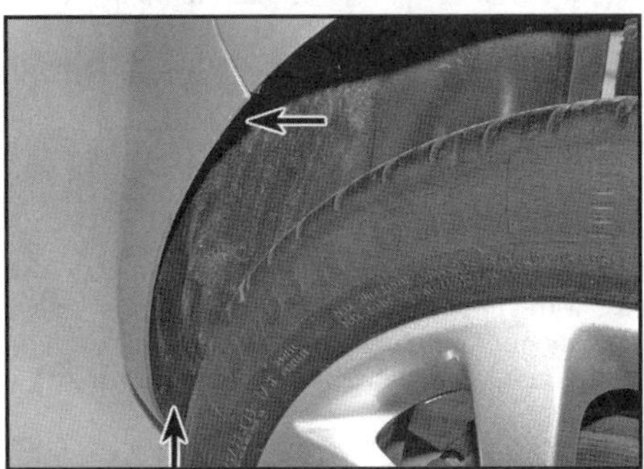

7.3 Schrauben, mit denen die unteren Ecken der Stoßstange an der hinteren Radlaufverkleidung gesichert sind

4 Lösen Sie im Bereich der Kennzeichen-Aufnahme die zwei Befestigungsschrauben (siehe Abbildung).

7.4 **Stoßstangenschrauben hinter dem Kennzeichen**

5 Lösen Sie die zwei Schrauben, mit denen die Stoßstange unten an der Karosserie gesichert ist (siehe Abbildung).

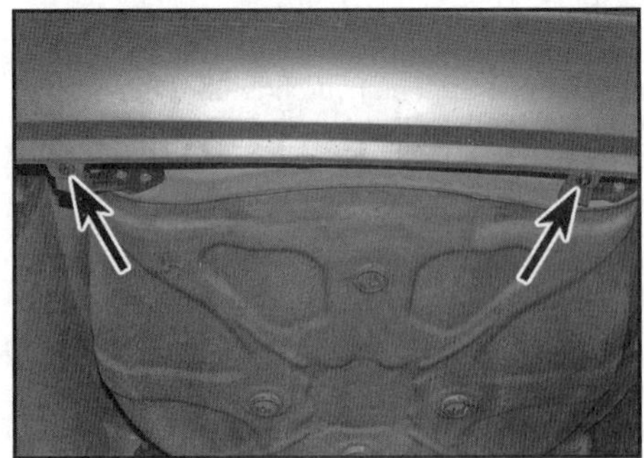

7.5 **Untere Stoßstangen-Schrauben**

6 Ziehen Sie die Enden der Stoßstange vorsichtig nach außen, um sie von den Aufnahmen des Kotflügels zu befreien (siehe Abbildung).

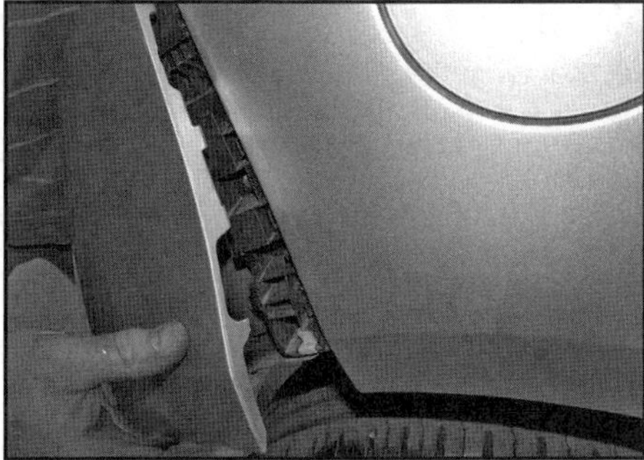

7.6 Ziehen Sie die Enden der Stoßstange vorsichtig nach außen, um sie zu befreien.

7 Hebeln Sie unten im Rücklicht-Sitz mit einem flachen Werkzeug die oberen Haltelaschen ab (siehe Abbildung).

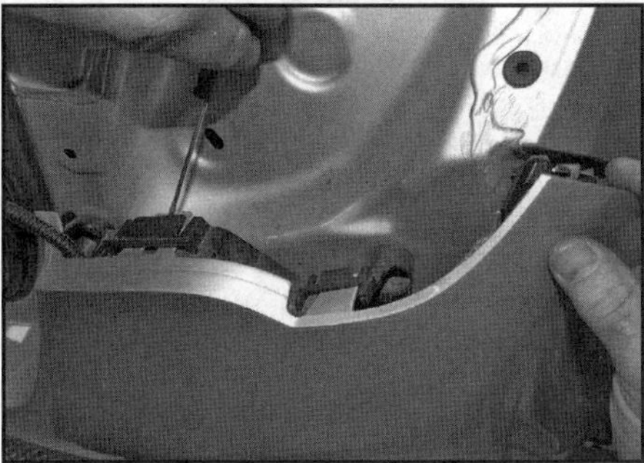

7.7 Befreien Sie die oberen Haltelaschen.

8 Ziehen Sie die Stoßstange mithilfe eines Assistenten nach hinten und befreien Sie vorsichtig die hinteren und mittleren Führungsschienen.
9 Sobald genug Platz besteht, muss ggf. unten an der Stoßstange der Haupt-Stecker der Abstand-Sensoren getrennt werden, dann kann die Stoßstange entfernt werden.

Einbau

10 Der Einbau entspricht der umgekehrten Ausbaureihenfolge. Achten Sie darauf, dass alle Befestigungsschrauben sorgfältig angezogen sind.

8 Motorhaube – Ausbau, Einbau und Einstellung

Ausbau

1 Öffnen Sie die Motorhaube und lassen Sie sie von einem Assistenten halten. Markieren Sie möglichst mit einem geeigneten Stift die Umrandung der Scharnierbleche an der Haube, um den Einbau zu erleichtern.
2 Lösen Sie an beiden Seiten die Motorhauben-Befestigungsmuttern (siehe Abbildung) und heben Sie die Haube mithilfe des Assistenten vorsichtig ab, um sie an einem sicheren Ort abzustellen.

8.2 Motorhauben-Befestigungsmuttern

3 Kontrollieren Sie die Motorhauben-Scharniere auf Verschleiß oder Beschädigungen. Falls ein Scharnier ersetzt werden muss, muss das Lüftungsgitter vor der Windschutzscheibe entfernt werden (siehe Sektion 21), um Zugang zu den drei unteren im Innenkotflügel sitzenden Schrauben zu erhalten (siehe Abbildung).

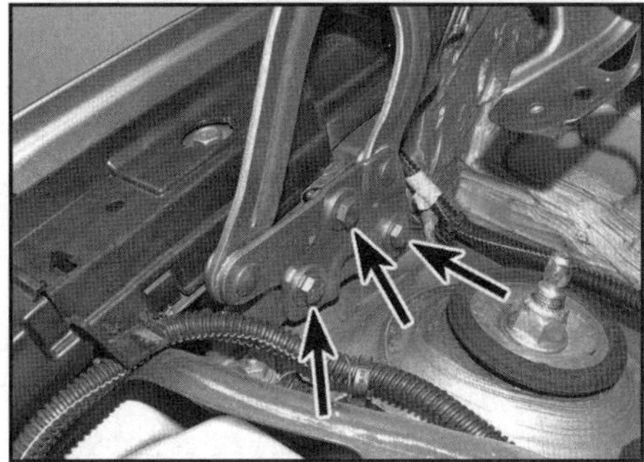

8.3 Schrauben des Motorhauben-Scharniers

Einbau

4 Positionieren Sie die Motorhaube mithilfe eines Assistenten an den Scharnieren und drehen Sie die Schrauben zunächst locker ein. Richten Sie die Haube wie beim Ausbau notiert aus und ziehen Sie die Schrauben sorgfältig an.

Einstellung

5 Schließen Sie die Motorhaube und prüfen Sie, ob an beiden Seiten ein etwa 4 mm breiter gleichmäßiger Spalt zu den Kotflügeln besteht. Die Motorhaube muss außerdem bündig zu den Kotflügeln und zur Stoßstange stehen.
6 Die Motorhaube muss sich sanft und ohne übermäßigen Druck schließen lassen. Ist all dies nicht der Fall, muss die Haube wie folgt eingestellt werden:
7 Zur Einstellung der Ausrichtung müssen die Motorhauben-Befestigungsschrauben (Abb. 8.2) gelockert werden, um die Haube am Scharnier zu verschieben. Nötigenfalls müssen auch die Schrauben der Motorhauben-Scharniere (Abb. 8.3) gelockert werden – für den Zugang muss das Lüftungsgitter vor der Windschutzscheibe entfernt werden (siehe Sektion 21). Um die Motorhaube vorn in der Höhe zu verstellen, sind an ihren Ecken einstellbare Gummidämpfer angebracht – diese müssen entsprechend hinein- oder herausgeschraubt werden. Nach der Einstellung muss der **Schließbolzen** so eingestellt werden, dass die Feder die Haube fest gegen die Anschläge drückt. Lockern Sie die Kontermutter und drehen Sie den Schließer entsprechend hinein oder heraus (Abb. 10.5).

9 Motorhauben-Öffnerzug – Ausbau und Einbau

Ausbau

1 Entfernen Sie das Lüftungsgitter vor der Windschutzscheibe (siehe Sektion 21).
2 Lösen Sie die Klemmschraube aus der Verriegelungs-Querstrebe und befreien Sie die Bowdenzughülle, trennen Sie dann das Zugseil von der Schließfeder.
3 Entfernen Sie im Fahrer-Fußraum die Schwellerabdeckung (siehe Sektion 25).
4 Befreien Sie den Kabelbaum vom Motorhauben-Öffnerhebel und lösen Sie dessen zwei Schrauben, um ihn von der Karosserie zu befreien (siehe Abbildung).

9.4 Schrauben des Motorhauben-Öffnerhebels

5 Befreien Sie den Öffnerzug aus den Clips und Halterungen im Motorraum und ziehen Sie dann den Gummistopfen aus der Spritzwand, um den Zug ins Wageninnere zu ziehen – als Einbauhilfe sollte ein Seil an das vordere Ende gebunden werden, um den neuen Zug damit wieder in den Motorraum zu ziehen.
6 Trennen Sie das hintere Ende des Öffnerzugs vom Öffnerhebel und befreien Sie den Zug.

Einbau

7 Der Einbau entspricht der umgekehrten Ausbaureihenfolge. Binden Sie das in den Fußraum gezogene Seil an den neuen Öffnerzug und ziehen Sie ihn in den Motorraum. Sichern Sie den Zug an allen Clips und Halterungen. Stecken Sie den Gummistopfen in die Spritzwand. Montieren Sie schließlich das Lüftungsgitter vor der Windschutzscheibe (siehe Sektion 21) und die Schwellerabdeckung (siehe Sektion 25).

10 Motorhaubenverriegelung – Ausbau und Einbau

Verriegelungshaken

1 Bohren Sie den Gelenkstift aus und entfernen Sie den Schließhaken sowie die Rückholfeder aus der Motorhaube.
2 Richten Sie beim Einbau den Haken und die Feder in der Motorhauben-Aufnahme aus installieren Sie einen neuen Gelenkstift und sichern Sie diesen, indem Sie seine Enden mit einer geeigneten Zange sein Ende flach drücken.

Schließbolzen

3 Lockern Sie die Kontermutter des Schließbolzens, schrauben Sie diesen aus der Motorhaube und entnehmen Sie die Scheibe. Drehen Sie nötigenfalls die Kontermutter vom Bolzen und entfernen Sie die Feder samt Federsitz.
4 Installieren Sie ggf. den Federsitz und die Feder auf den Bolzen und drehen Sie die Kontermutter auf. Legen Sie die Scheibe auf und drehen Sie den Schließbolzen einige Umdrehungen in die Motorhaube.
5 Halten Sie die Kontermutter und stellen Sie die Position des Schließbolzens so ein, dass der Abstand vom unteren Federsitz zur Motorhaube 40 bis 45 mm beträgt (siehe Abbildung).

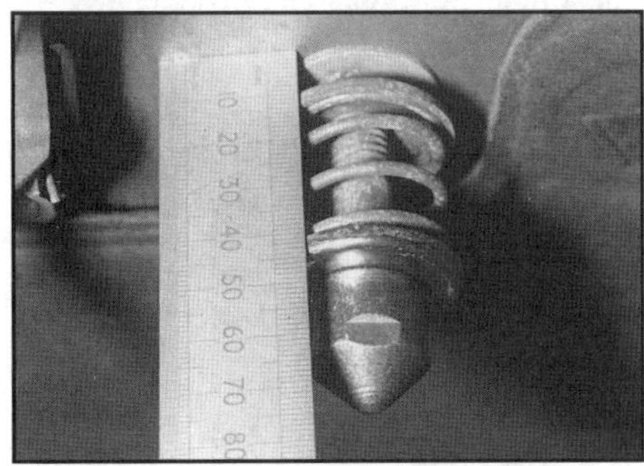

10.5 Drehen Sie den Schließbolzen so ein, dass der Abstand vom unteren Federsitz zur Motorhaube 40 bis 45 mm beträgt.

6 Sobald der Schließbolzen korrekt positioniert ist, wird die Kontermutter sorgfältig angezogen.

Schließfeder

7 Hängen Sie den Öffnerzug an der Feder aus (siehe Sektion 9), befreien Sie die Feder aus der Verriegelungs-Querstrebe und entfernen Sie sie (siehe Abbildungen).

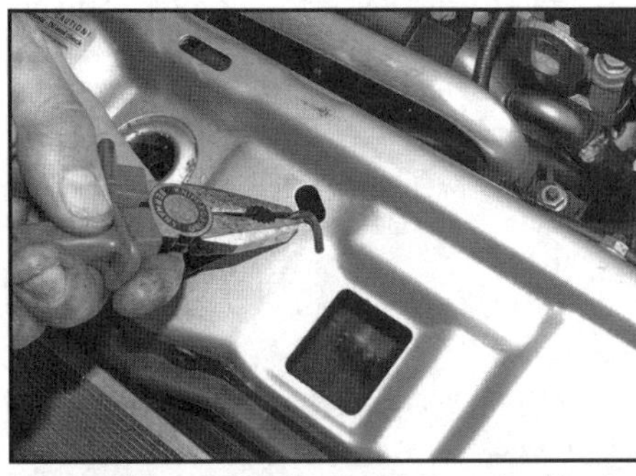

10.7a Hängen Sie die Feder aus der Verriegelungs-Querstrebe aus, ...

10.7b ... ziehen Sie ihr anderes Ende aus dem Öffnerzug und entfernen Sie die Feder.

8 Achten Sie beim Einbau darauf, dass die Feder korrekt mit dem Öffnerzug und der Querstrebe verbunden ist. Prüfen Sie die Funktion des Motorhauben-Öffnerhebels, bevor Sie die Haube schließen.

11 Türen – Ausbau, Einbau und Einstellung

Vordere Tür

Ausbau

1 Öffnen Sie die Tür vollständig und stützen Sie sie mit Hölzern oder einem Rangierwagenheber ab – schützen Sie den Lack mit Lappen.
2 Heben Sie vorn an der Tür die Verriegelung des Steckers an und trennen Sie diesen (siehe Abbildung).

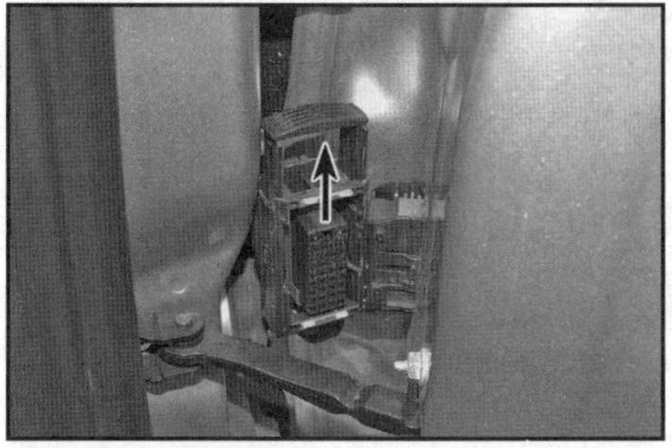

11.2 Entriegeln Sie vorn an der Tür den Stecker und trennen Sie ihn.

3 Lösen Sie die Torxschraube, die das Türfangband an der A-Säule sichert (siehe Abbildung).

11.3 Türfangband-Schraube an der A-Säule

4 Lösen Sie die oberen und unteren Türscharnierbolzen (siehe Abbildungen).

11.4a Oberer ...

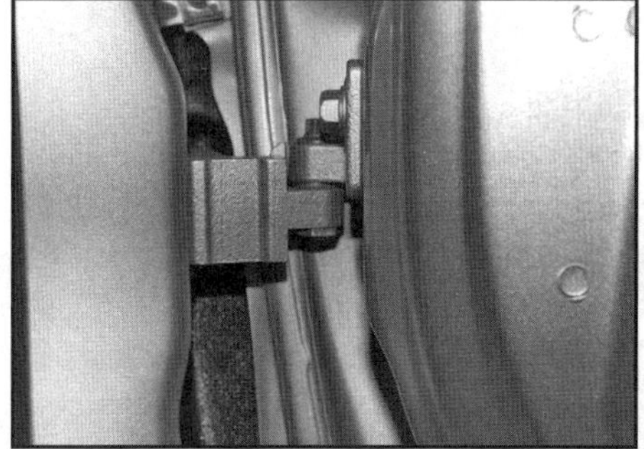

11.4b ... und unterer Türscharnierbolzen

5 Heben Sie die Tür mithilfe eines Assistenten von den Scharnierzapfen. Falls die Tür gegen ein Neuteil ausgetauscht werden soll, müssen alle demontierbaren Teile übertragen werden.

Einbau

6 Der Einbau entspricht der umgekehrten Ausbaureihenfolge.

Einstellung

7 Schließen Sie die Tür und prüfen Sie, ob rundherum ein etwa 4 mm breiter Spalt besteht; außerdem muss die Tür bündig zu umliegenden Komponenten sitzen.
8 Die Tür muss sich sanft und ohne übermäßigen Druck schließen lassen. Ist all dies nicht der Fall, muss sie wie folgt eingestellt werden:
9 Zur Einstellung der Ausrichtung müssen die Scharnierschrauben gelockert werden, um die Tür am Scharnier zu verschieben (siehe Abbildung).

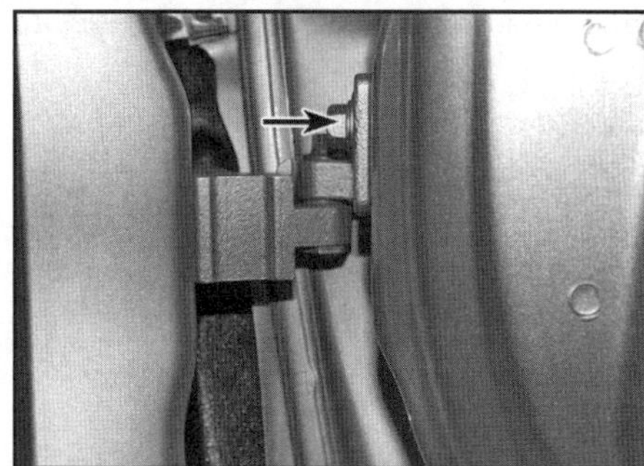

11.9 Lockern Sie die Scharnierschrauben, um die Tür zu verschieben.

10 Das korrekte Schließen der Tür kann eingestellt werden, indem die Schrauben des Schließbolzens gelockert und seine Position an der B-Säule verändert wird (siehe Abbildung).

11.10 Schließbolzen der vorderen Tür an der B-Säule

Hintere Tür

Ausbau

11 Trennen Sie den Stecker vorn an der Tür, nachdem Sie den Spannring nach innen geschoben haben (siehe Abbildung).

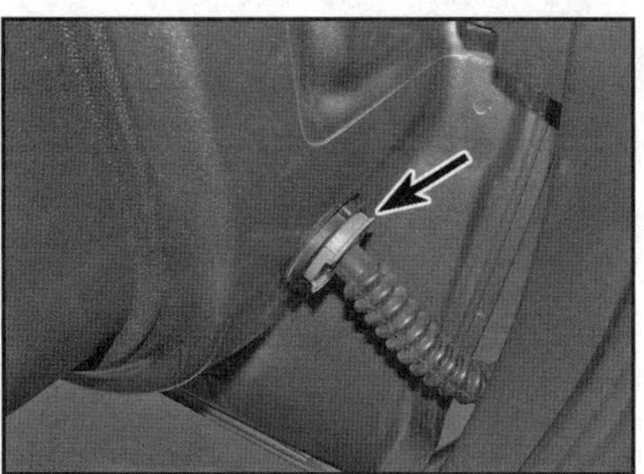

11.11 Kabelstecker mit Spannring an einer hinteren Tür

12 Lösen Sie die Torxschraube, die das Türfangband an der B-Säule sichert.
13 Lösen Sie die Schrauben des oberen und unteren Türscharniers.
14 Heben Sie die Tür mithilfe eines Assistenten von den Scharnierzapfen. Falls die Tür gegen ein Neuteil ausgetauscht werden soll, müssen alle demontierbaren Teile übertragen werden.

Einbau

15 Der Einbau entspricht der umgekehrten Ausbaureihenfolge.

Einstellung

16 Beachten Sie hierzu die Hinweise in den Schritten 7 bis 10.

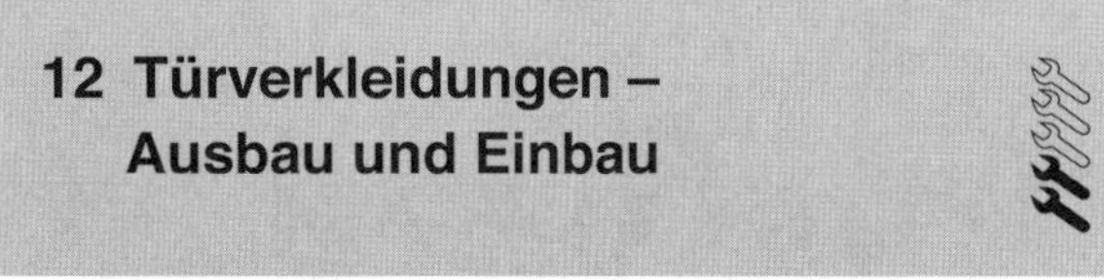

12 Türverkleidungen – Ausbau und Einbau

Vordere Tür

Ausbau

1 Hebeln Sie vorsichtig die Kappe aus der Türöffner-Mulde und lösen Sie die dahinter sitzende Schraube (siehe Abbildung).

12.1 Nach dem Entfernen der Kappe wird die Schraube der Türöffner-Mulde zugänglich.

2 Entfernen Sie ggf. die Fensterkurbel, indem Sie ein Tuch dahinter klemmen und hin und her bewegen – so löst sich der Sicherungsdraht, und die Kurbel kann samt Bundscheibe abgezogen werden (siehe Abbildungen).

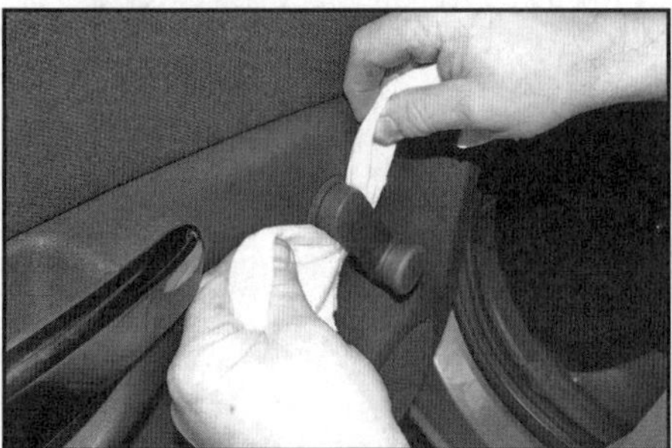

12.2a Lösen Sie mithilfe eines Tuchs den Drahtbügel ...

12.2b ... und ziehen Sie die Fensterkurbel samt Bundscheibe ab.

3 Hebeln Sie bei Modellen mit elektrischen Fensterhebern die Schalter-Baugruppe aus der Türverkleidung und trennen Sie ihren Stecker (siehe Abbildungen).

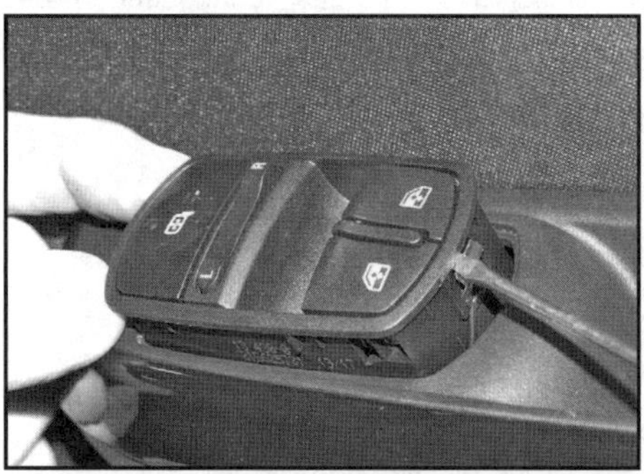

12.3a Hebeln Sie die Schalter-Baugruppe heraus ...

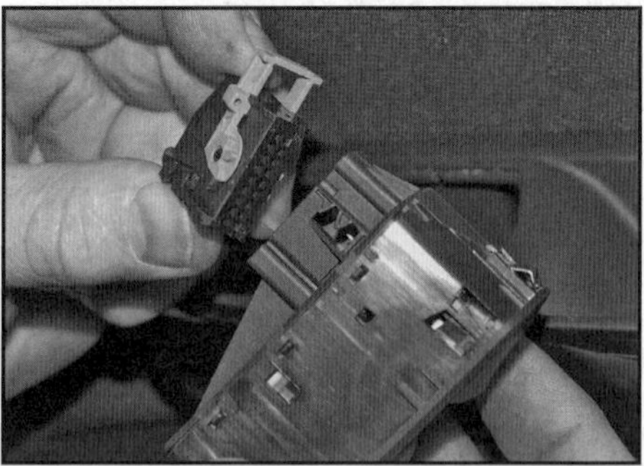

12.3b ... und trennen Sie ihren Stecker.

4 Hebeln Sie mit einem geeigneten Werkzeug vorsichtig die Türgriff-Abdeckung ab und lösen Sie die zwei dahinter liegenden Schrauben (siehe Abbildungen).

Anmerkung: *Drücken Sie die Laschen an der Rückseite der Abdeckung zusammen, damit sie nicht abreißen.*

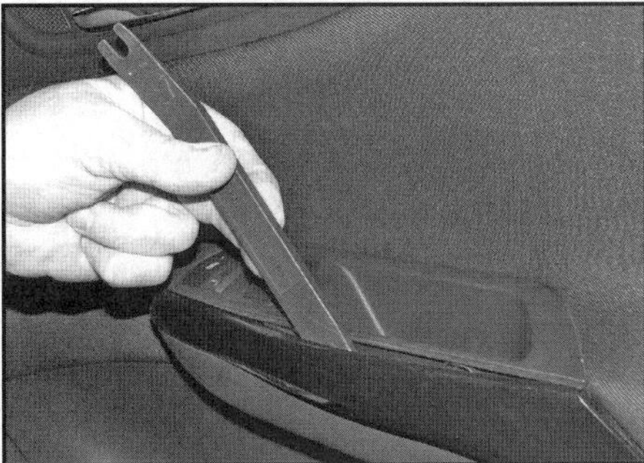

12.4a Hebeln Sie vorsichtig die Türgriff-Abdeckung ab ...

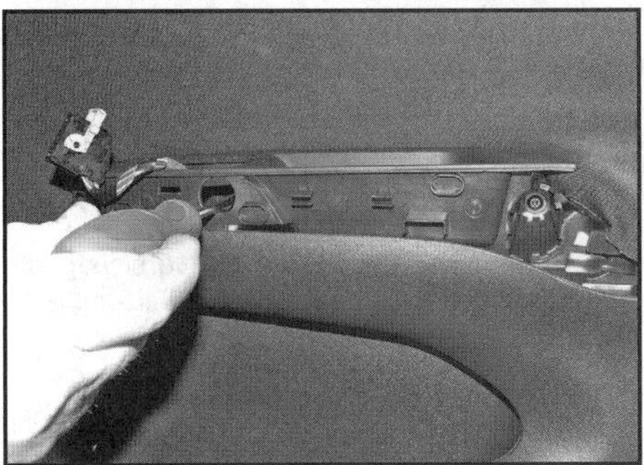

12.4b ... und lösen Sie die zwei dahinter liegenden Schrauben.

5 Lösen Sie unten und hinten die Schrauben, mit denen die Innenverkleidung in der Tür gesichert ist (siehe Abbildungen).

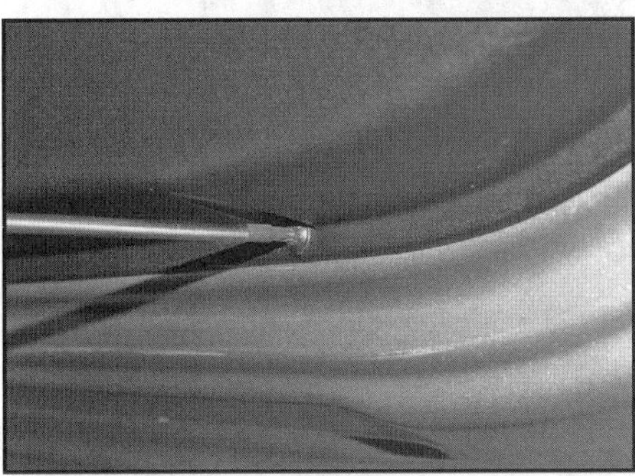

12.5a Lösen Sie die untere ...

12.5b ... und die hintere Schraube der Türverkleidung.

6 Hebeln Sie mit einem breiten Schraubendreher oder einem speziellen Verkleidungsclip-Werkzeug die Verkleidung unten und an der Seite von der Tür, um die inneren Clips zu befreien. Heben Sie die Verkleidung dann an, um sie aus der Fensteröffnung zu befreien.

7 Sobald die Verkleidung befreit ist, muss an seiner Rückseite der Türöffner-Zug vom Öffnerhebel befreit werden (siehe Abbildung). Trennen Sie ggf. auch den Stecker des Türlautsprechers.

12.7 Greifen Sie in die befreite Verkleidung und trennen Sie den Türöffner-Zug vom Öffnerhebel.

Einbau

8 Der Einbau entspricht der umgekehrten Ausbaureihenfolge.

Hintere Tür

Ausbau

9 Entfernen Sie ggf. die Fensterkurbel, indem Sie ein Tuch dahinter klemmen und hin und her bewegen – so löst sich der Sicherungsdraht, und die Kurbel kann samt Bundscheibe abgezogen werden (Abb. 12.2a und b).

10 Hebeln Sie bei Modellen mit elektrischen Fensterhebern die Schalter-Baugruppe aus der Türverkleidung und trennen Sie ihren Stecker.

11 Hebeln Sie vorsichtig die Kappe aus der Türöffner-Mulde und lösen Sie die dahinter sitzende Schraube (siehe Abbildung).

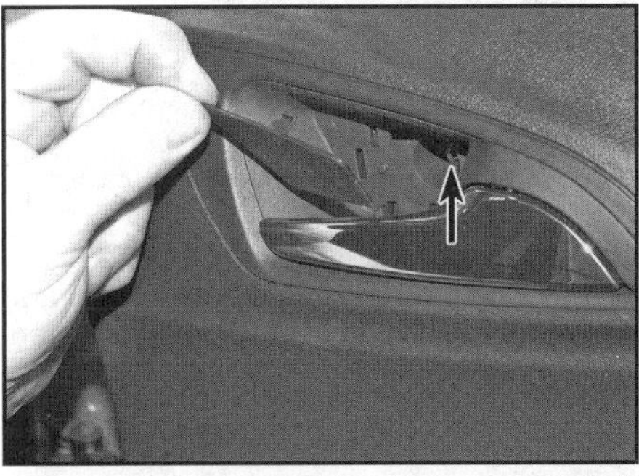

12.11 Nach dem Entfernen der Kappe wird die Schraube der Türöffner-Mulde zugänglich.

12 Hebeln Sie mit einem geeigneten Werkzeug vorsichtig die Türgriff-Abdeckung ab und lösen Sie die zwei dahinter liegenden Schrauben (siehe Abbildungen).

Anmerkung: *Drücken Sie die Laschen an der Rückseite der Abdeckung zusammen, damit sie nicht abreißen.*

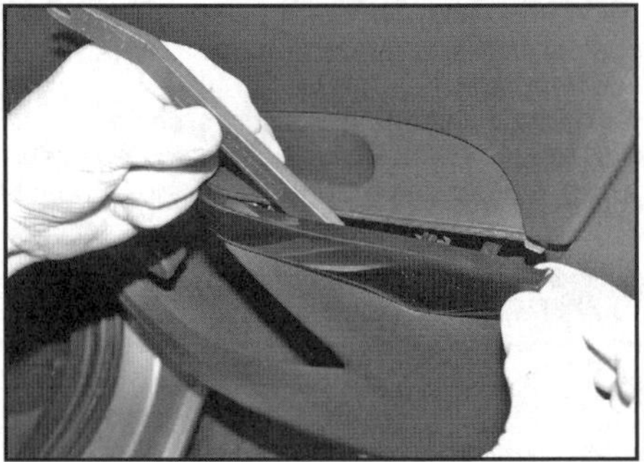

12.12a Hebeln Sie vorsichtig die Türgriff-Abdeckung ab ...

12.12b ... und lösen Sie die zwei dahinter liegenden Schrauben.

13 Hebeln Sie mit einem breiten Schraubendreher oder einem speziellen Verkleidungsclip-Werkzeug die Verkleidung unten und an der Seite von der Tür, um die inneren Clips zu befreien. Heben Sie die Verkleidung dann an, um sie aus der Fensteröffnung zu befreien (siehe Abbildung).

12.13 Hebeln Sie die Verkleidung vorsichtig unten und an der Seite von der Tür, um die inneren Clips zu befreien.

14 Sobald die Verkleidung befreit ist, muss an seiner Rückseite der Türöffner-Zug vom Öffnerhebel befreit werden (siehe Abbildung).

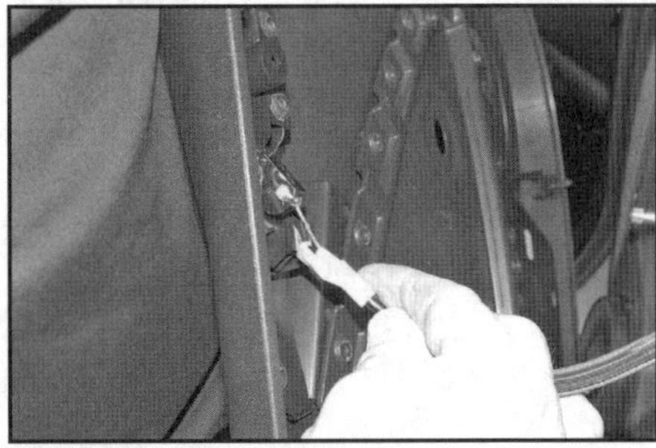

12.14 Greifen Sie in die befreite Verkleidung und trennen Sie den Türöffner-Zug vom Öffnerhebel.

Einbau

15 Der Einbau entspricht der umgekehrten Ausbaureihenfolge.

13 Türöffner und Schließmechanismus – Ausbau und Einbau

Vordere Türen

Türöffner innen

1 Der innere Türöffner wird zusammen mit der Türverkleidung aus- und eingebaut (siehe Sektion 12).

Türgriff außen

Ausbau

2 Öffnen Sie die Tür und hebeln Sie hinten vorsichtig die Kappe heraus, um Zugang zur Schließzylinder-Schraube zu erhalten (siehe Abbildung).

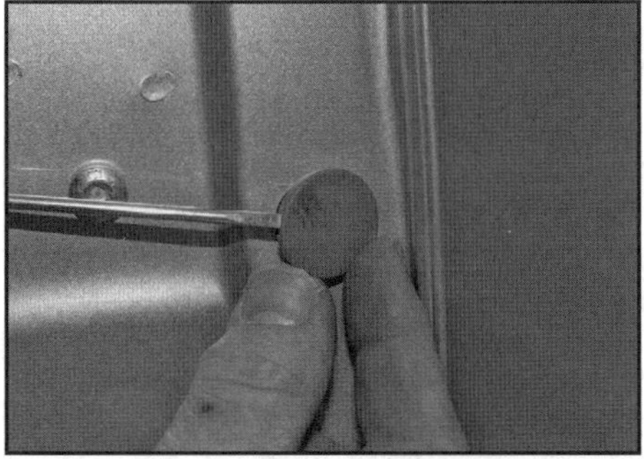

13.2 Hebeln Sie vorsichtig die Kappe hinten aus der Tür, um Zugang zur Türgriff-Arretierschraube zu erhalten.

3 Ziehen Sie den Türgriff nach außen und halten Sie ihn in dieser Position, während Sie die Arretierschraube bis zum Anschlag nach links drehen, um den Türgriff zu befreien (siehe Abbildung) – dieser muss jetzt in der Offen-Position verbleiben.

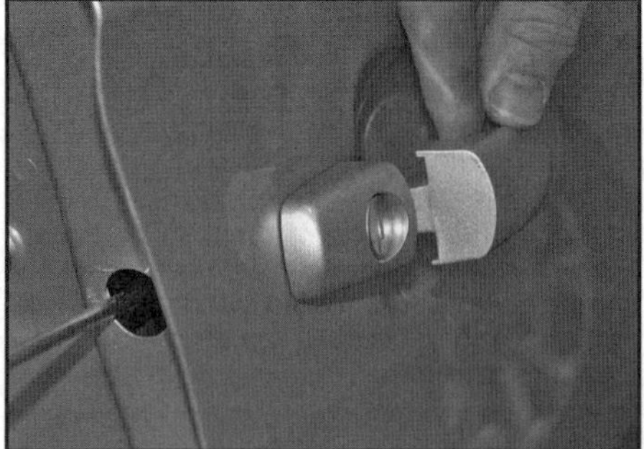

13.3 Drehen Sie bei geöffnetem Türgriff die Arretierschraube bis zum Anschlag gegen den Uhrzeigersinn.

4 Ziehen Sie den festen Teil des Türgriffs samt Schließzylinder aus der Tür (siehe Abbildung).

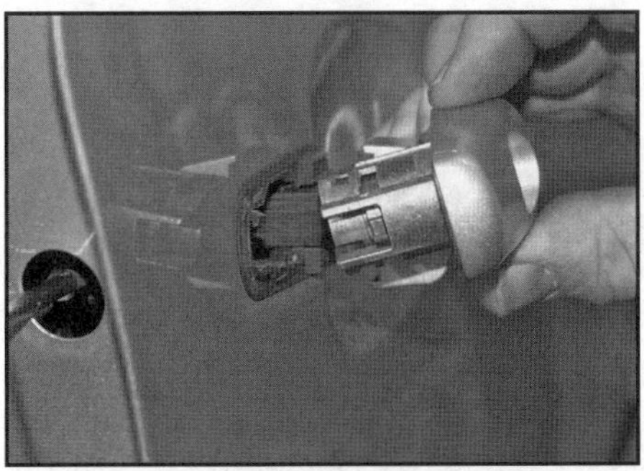

13.4 Ziehen Sie den festen Teil des Türgriffs samt Schließzylinder aus der Tür.

5 Schieben Sie den Türgriff nach hinten, befreien Sie das vordere Gelenk aus dem Türgriff-Rahmen und entfernen Sie den Griff (siehe Abbildung).

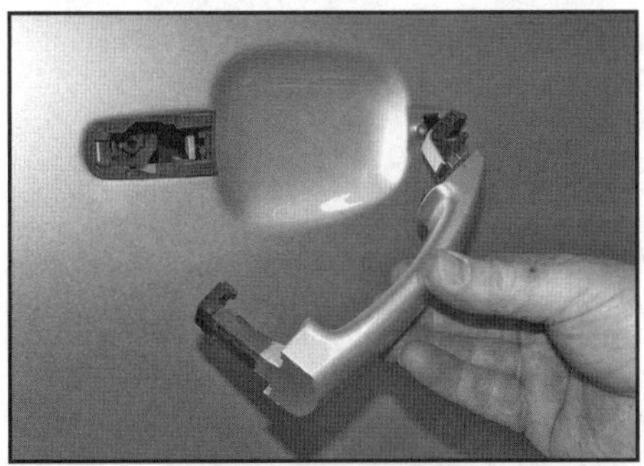

13.5 Befreien Sie das vordere Türgriff-Gelenk aus dem Rahmen und entfernen Sie den Griff aus der Tür.

Einbau

6 Lassen Sie das vordere Türgriff-Gelenk in den Rahmen greifen und bewegen Sie den Griff nach vorn.
7 Installieren Sie den festen Teil des Griffs in die Tür.
8 Halten Sie den Türgriff und drehen Sie die Schließzylinder-Schraube nach rechts, um ihn zu sichern.
9 Prüfen Sie die Funktion des Türgriffs und stecken Sie die Kappe hinten in die Tür.

Schließzylinder

Ausbau

10 Entfernen Sie den äußeren Türgriff (siehe oben).
11 Befreien Sie die Abdeckung vom Schließzylinder (siehe Abbildung).

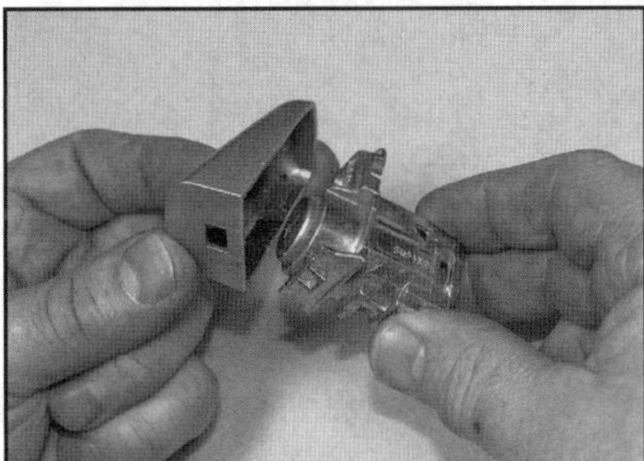

13.11 Befreien Sie die Abdeckung vom Schließzylinder.

12 Der Schließzylinder ist in das Türschloss-Gehäuse integriert und kann nicht separat ersetzt werden.

Einbau

13 Der Einbau entspricht der umgekehrten Ausbaureihenfolge.

Äußerer Türgriff-Rahmen

Ausbau

14 Trennen Sie den Masseanschluss (–) der Batterie (siehe Kapitel 5A, Sektion 4).
15 Entfernen Sie die Türverkleidung (siehe Sektion 12).
16 Entfernen Sie den äußeren Türgriff (siehe oben).
17 Ziehen Sie vorsichtig die Dichtfolie aus der Tür ab (siehe Abbildung).

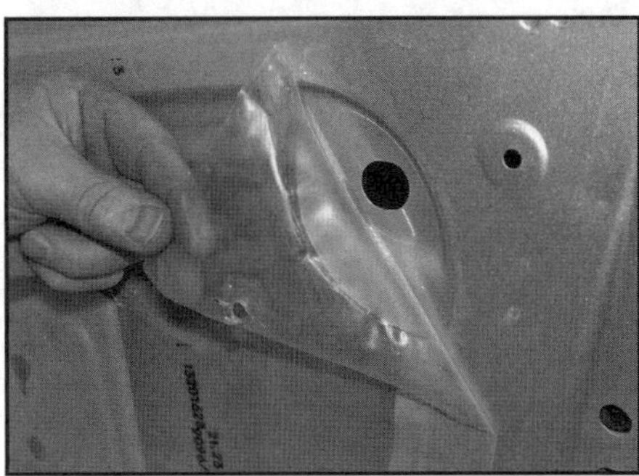

13.17 Ziehen Sie in der Tür vorsichtig die Dichtfolie ab.

18 Lösen Sie die zwei inneren und die eine äußere Schraube, um das Schloss-Schild zu entfernen (siehe Abbildungen).

13.18a Lösen Sie innen die obere ...

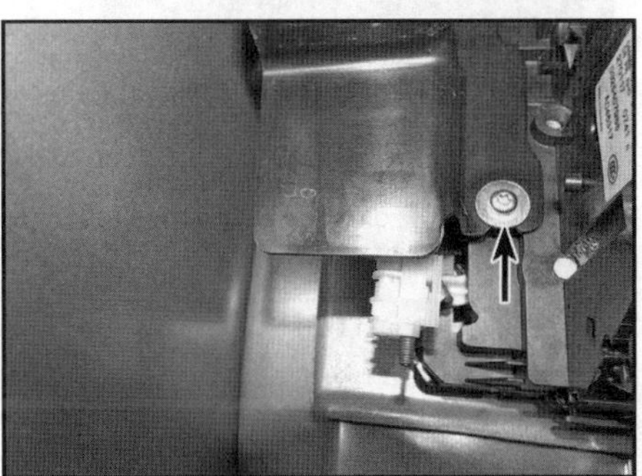

13.18b ... und die untere Schraube ...

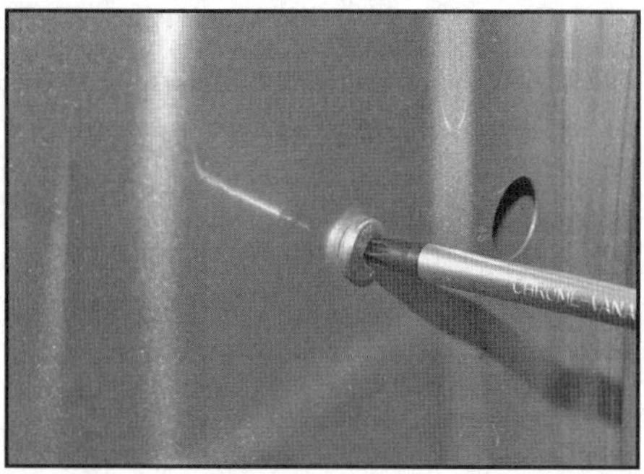

13.18c … sowie die äußere Schraube, um das Schloss-Schild zu entfernen.

19 Ziehen Sie die Arretierung des Türschloss-Steckers herunter und trennen Sie ihn (siehe Abbildung).

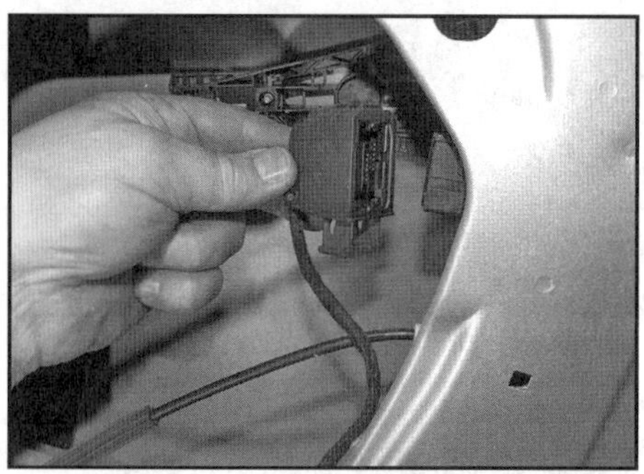

13.19 Trennen Sie den Türschloss-Stecker, nachdem seine Arretierung heruntergezogen ist.

20 Lösen Sie die vordere Schraube des Türgriff-Rahmens (siehe Abbildung).

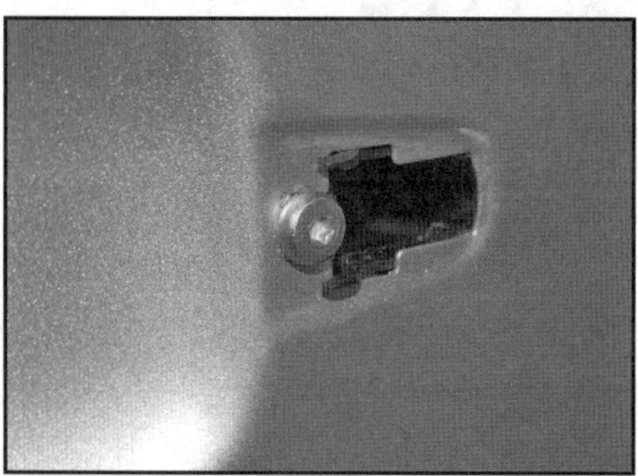

13.20 Vordere Schraube des Türgriff-Rahmens

21 Lösen Sie hinten an der Tür die drei Schrauben, die das Türschloss sichern (siehe Abbildung).

13.21 Lösen Sie die drei Türschloss-Schrauben.

22 Entfernen Sie den Türgriff-Rahmen samt Türschloss aus der Tür (siehe Abbildung).

13.22 Der Türgriff-Rahmen kann nur samt Türschloss aus der Tür befreit werden.

Einbau

23 Der Einbau entspricht der umgekehrten Ausbaureihenfolge.

Türschloss

Ausbau

24 Entfernen Sie den Türgriff-Rahmen samt Türschloss aus der Tür (siehe oben).
25 Hebeln Sie den Halter des Türgriff-Gestänges auf und trennen Sie dies vom Türschloss (siehe Abbildung).

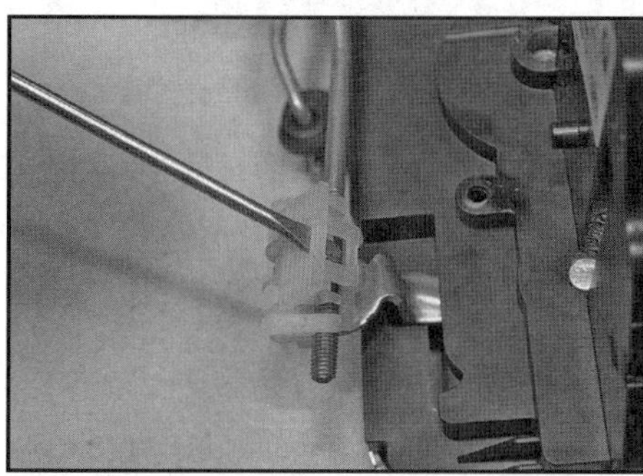

13.25 Öffnen Sie den Clip und entfernen Sie das Türgriff-Gestänge.

26 Manövrieren Sie das Schließer-Gestänge aus der Öse am Türschloss heraus (siehe Abbildung).

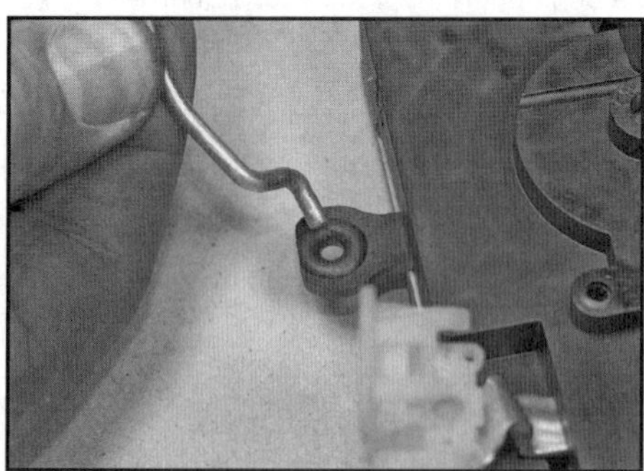

13.26 Befreien Sie das Schließer-Gestänge aus der Türschloss-Öse.

Einbau

27 Der Einbau entspricht der umgekehrten Ausbaureihenfolge.

Hintere Türen

28 Die Schließmechanismus-Komponenten der hinteren Türen werden genauso aus- und eingebaut wie bei den vorderen Türen, allerdings kann der Kabelstecker erst entfernt werden, nachdem das Schloss und der Türgriff-Rahmen aus der Tür befreit sind (siehe Abbildung).

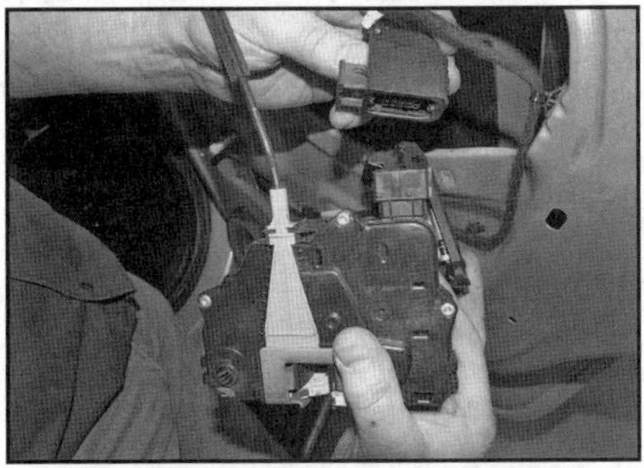

13.28 Trennen Sie bei den hinteren Türen den Stecker nach dem Ausbau des Türschlosses.

14 Türfenster – Ausbau und Einbau

Vordere Türen

Ausbau

1 Entfernen Sie die Türverkleidung (siehe Sektion 12).
2 Ziehen Sie vorsichtig die Dichtfolie aus der Tür ab.
3 Öffnen Sie das Fenster um 270 mm (gemessen am hinteren Rand des Fensters zur oberen inneren Ecke des Rahmens), um Zugang zu den Fensterglas-Befestigungsschrauben zu erhalten (siehe Abbildung).

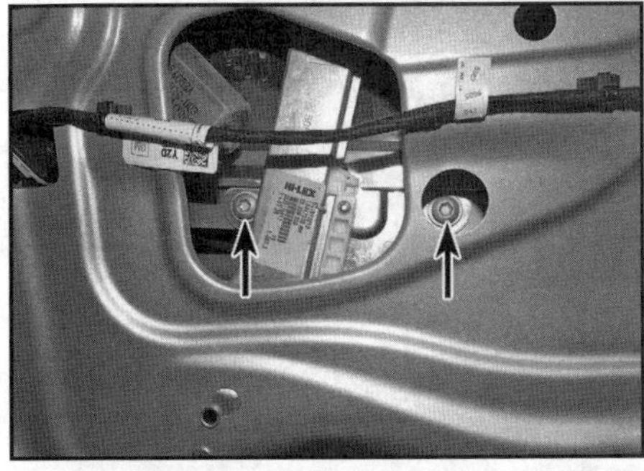

14.3 Senken Sie das Fenster ab, bis die Schrauben zugänglich sind.

4 Entfernen Sie die innere Dichtleiste aus der Fensteröffnung (siehe Abbildung).

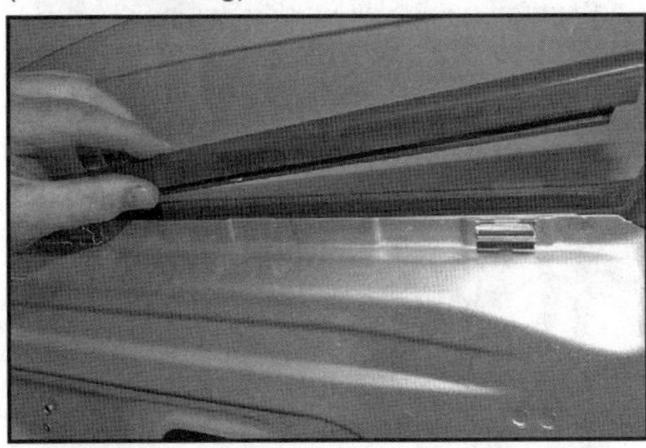

14.4 Heben Sie die innere Dichtleiste aus der Fensteröffnung.

5 Lösen Sie die zwei Schrauben (Fünftürer) oder Clips (Dreitürer), die den unteren Fensterrahmen am Hebemechanismus sichern. Heben Sie dann das Glas nach oben aus der Tür (siehe Abbildungen).

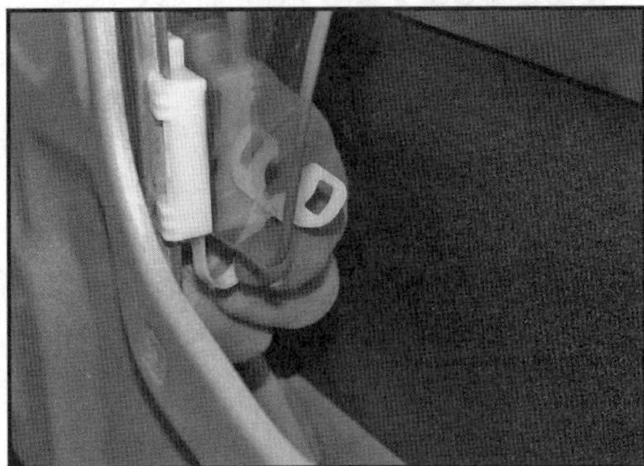

14.5a Beim Dreitürer sichern drei Clips den unteren Fensterrahmen am Hebemechanismus.

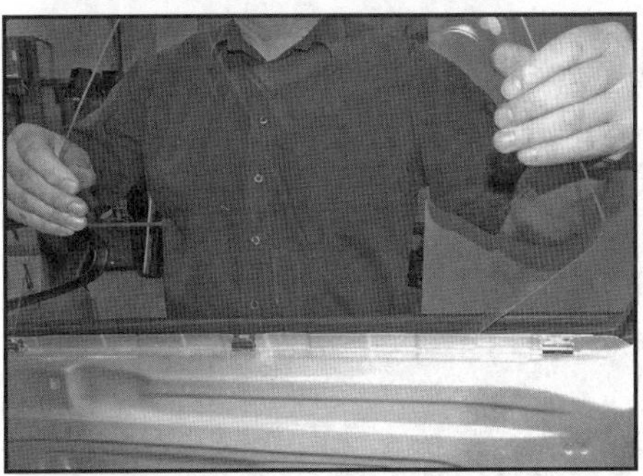

14.5b Heben Sie dann das Glas nach oben aus der Tür.

Einbau

6 Senken Sie das Fenster vorsichtig in der Tür ab und lassen Sie den unteren Rahmen in den Hebemechanismus greifen. Installieren Sie die zwei Schrauben oder Clips.
7 Installieren Sie die innere Dichtleiste in die Fensteröffnung – die Clips müssen dabei einrasten.
8 Kleben Sie die Dichtfolie an die Tür, sodass sich keine Luftblasen bilden. Falls die Folie beim Ausbau beschädigt wurde, muss eine neue beschafft werden. Alternativ kann geeignetes Folienmaterial mithilfe der alten Folie zugeschnitten und mit frischem Klebstoff an der Tür befestigt werden.
9 Montieren Sie die Türverkleidung (siehe Sektion 12).

Hintere Türen

Ausbau

10 Öffnen Sie das Fenster vollständig.
11 Entfernen Sie die Türverkleidung (siehe Sektion 12).
12 Entfernen Sie bei Modellen mit Kurbelfenstern die Gummidichtung von der Welle der Fensterkurbel.
13 Befreien Sie bei Modellen mit elektrischen Fensterhebern die Clips, die den Kabelbaum an der Tür sichern.
14 Ziehen Sie vorsichtig die Dichtfolie aus der Tür ab.
15 Hebeln Sie mit einem Kunststoffspachtel oder ähnlichem die innere Dichtleiste aus der Fensteröffnung – beginnen Sie hinten (siehe Abbildung).

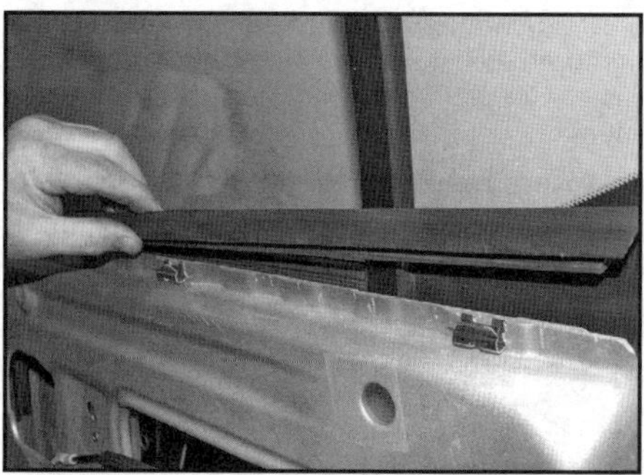

14.15 Heben Sie die innere Dichtleiste aus der Fensteröffnung.

16 Lösen Sie die Schraube, mit der das untere Ende der hinteren Führungsschiene an der Tür gesichert ist (siehe Abbildung). Ziehen Sie die Schiene herunter, um die obere Befestigungszunge zu befreien; entfernen Sie sie dann.

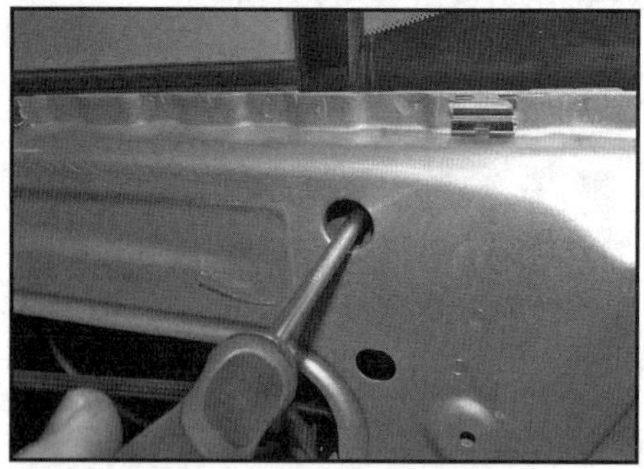

14.16 Lösen Sie die Schraube des unteren Endes der hinteren Führungsschiene und ziehen Sie sie herunter, um sie zu entfernen.

17 Ziehen Sie das feste hintere Fenster aus dem Führungskanal und entfernen Sie es (siehe Abbildung).

14.17 Ziehen Sie das hintere Fenster aus dem Führungskanal.

18 Lösen Sie die drei Schrauben des Türlautsprechers und entfernen Sie ihn, um besseren Zugang zu den Fensterbefestigungen zu erhalten. Trennen Sie seinen Kabelstecker.
19 Ziehen Sie das Etikett zum Lösen des Clips herunter, der das Fenster am Hebemechanismus sichert, und heben Sie das Fenster nach oben aus der Tür.

Einbau

20 Senken Sie das Fenster vorsichtig in der Tür ab und sichern Sie es mit dem zwei Clips am Hebemechanismus.
21 Positionieren Sie das hintere Fenster im Führungskanal und montieren Sie die hintere Führungsschiene. Das obere Ende des Kanals muss korrekt zur obere Befestigungszunge ausgerichtet sein, sichern Sie dann das untere Ende mit der Schraube.
22 Installieren Sie die Fensterdichtung in der Türöffnung – ihre Clips müssen korrekt einrasten.
23 Kleben Sie die Dichtfolie an die Tür, sodass sich keine Luftblasen bilden. Falls die Folie beim Ausbau beschädigt wurde, muss eine neue beschafft werden. Alternativ kann geeignetes Folienmaterial mithilfe der alten Folie zugeschnitten und mit frischem Klebstoff an der Tür befestigt werden.
24 Installieren Sie die Kabelbaum-Clips oder die Gummidichtung der Fensterkurbel.
25 Montieren Sie die Türverkleidung (siehe Sektion 12).

Festes Fenster der hinteren Tür

Ausbau

26 Führen Sie die in den Schritten 10 bis 17 beschriebenen Arbeiten durch.

Einbau

27 Führen Sie die in den Schritten 21 bis 25 beschriebenen Arbeiten durch.

Fensterheber (vorn und hinten)

Ausbau

28 Bauen Sie das entsprechende Fenster aus (siehe oben).
29 Trennen Sie ggf. den Stecker des Fensterheber-Motors.
30 Bohren Sie die Niete aus, mit denen der Fensterheber-Mechanismus an der Tür gesichert ist (siehe Abbildung) – beschädigen Sie dabei nicht das Türblech.

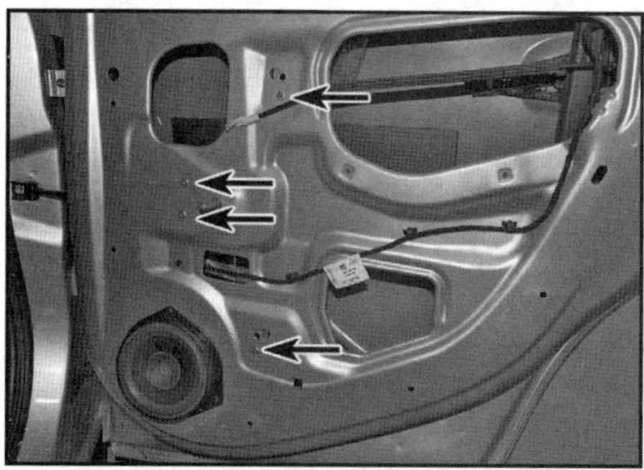

14.30 Befestigungsniete des Fensterheber-Mechanismus – gezeigt an der hinteren Tür eines Fünftürers

31 Entfernen Sie den Fensterheber-Mechanismus durch die Türöffnung.

Einbau

32 Positionieren Sie den Fensterheber-Mechanismus in der Tür und sichern Sie ihn dort mit neuen Nieten.
33 Verbinden Sie ggf. den Stecker des Fensterheber-Motors.
34 Bauen Sie die Fensterscheibe wieder ein (siehe oben).

15 Heckklappe und Gasfedern – Ausbau und Einbau

Heckklappe

Ausbau

1 Trennen Sie zunächst das Massekabel (–) der Batterie (siehe Kapitel 5A, Sektion 4).

2 Öffnen Sie die Heckklappe und hängen Sie die Bänder der Ablage aus.
3 Entfernen Sie die linke C-Säulen-Verkleidung (siehe Sektion 25).
4 Trennen Sie den Heckklappen-Kabelstecker und befreien Sie die Verkabelung aus der C-Säule.
5 Lösen Sie die am oberen Rahmen zwei Schrauben der Zusatzbremsleuchte und entfernen Sie diese (siehe Abbildung).

15.5 Schrauben der Zusatzbremsleuchte

6 Trennen Sie den Wischwasserschlauch von der Düse links an der Zusatzbremsleuchte (siehe Abbildung).

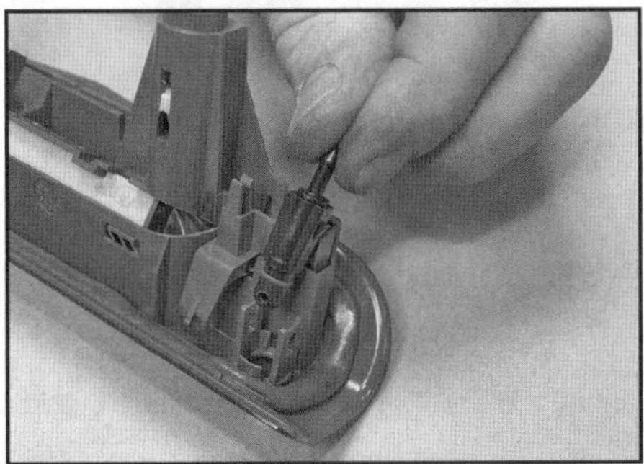

15.6 Trennen Sie den Wischwasserschlauch von der Düse.

7 Befreien Sie den Gummistopfen aus dem Dachrahmen und ziehen Sie den Kabelbaum nach oben heraus (siehe Abbildung).

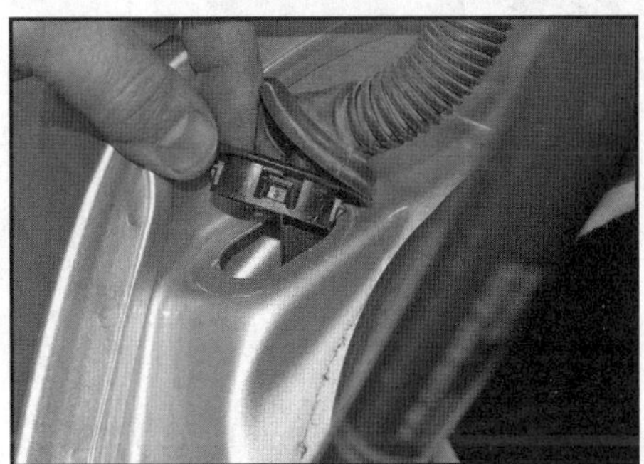

15.7 Befreien Sie den Gummistopfen aus dem Dachrahmen und ziehen Sie den Kabelbaum heraus.

8 Lassen Sie einen Assistenten die Heckklappe halten, während Sie mit einem kleinen Schraubendreher die Federclips an den oberen Gasfederaufnahmen heraushebeln (Abb. 15.12) und die Gasfedern herunterschwenken.
9 Befreien Sie die Sicherungsringe der Scharnierbolzen und treiben Sie diese mit einem kleinen Dorn von außen nach innen aus den Scharnieren (siehe Abbildung). Heben Sie die Heckklappe dann ab.

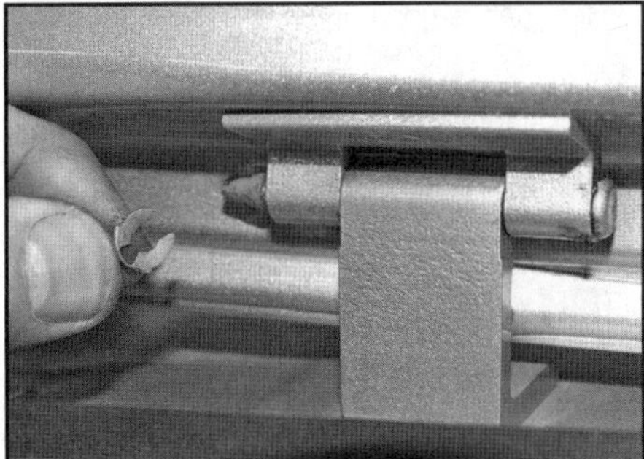

15.9 Befreien Sie die Sicherungsringe der Scharnierbolzen und treiben Sie nach innen heraus.

Einbau

10 Der Einbau entspricht der umgekehrten Ausbaureihenfolge. Schmieren Sie die Scharniere dünn mit Fett ein. Prüfen Sie beim Schließen der Heckklappe, ob sie mittig sitzt und bündig zu umliegenden Karosserieteilen positioniert ist. Stellen Sie nötigenfalls die Anschlaggummis ein, um die Heckklappe auszurichten. Prüfen Sie nach der Einstellung, ob der Schließbolzen mittig ins Schloss greift – lockern Sie nötigenfalls seine Schrauben, positionieren Sie ihn um und ziehen Sie die Schrauben wieder sorgfältig an.

Gasfedern

Ausbau

11 Öffnen Sie die Heckklappe und notieren Sie die Einbaurichtung der Gasfedern. Lassen Sie einen Assistenten die geöffnete Heckklappe halten.
12 Hebeln Sie mit einem kleinen Schraubendreher den Federclips an den oberen Gasfederaufnahme heraus und trennen Sie diese von der Kugel an der Heckklappe (siehe Abbildung).

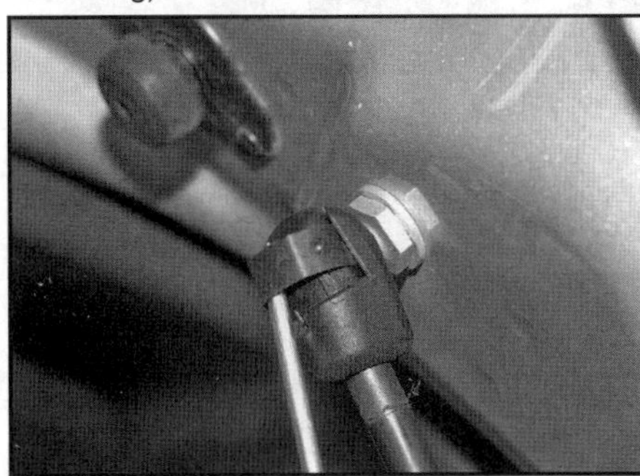

15.12 Hebeln Sie die Feder ab und trennen Sie die Gasfeder von der Kugel der Heckklappe.

13 Hebeln Sie genauso den Federclips an den unteren Gasfederaufnahmen heraus und trennen Sie diese von der Kugel an der Karosserie. Entnehmen Sie die Gasfeder.

Einbau

14 Der Einbau entspricht der umgekehrten Ausbaureihenfolge.

16 Heckklappen-Schließmechanismus – Ausbau und Einbau

Heckklappen-Schloss

1 Trennen Sie zunächst das Massekabel (–) der Batterie (siehe Kapitel 5A, Sektion 4).

2 Öffnen Sie die Heckklappe und hängen Sie die Bänder der Ablage aus.
3 Lösen Sie die zwei Schrauben, mit denen die Innenverkleidung an der Heckklappe gesichert ist (siehe Abbildung). Hebeln Sie vorsichtig die Verkleidung ab, um die acht Stifte zu befreien.

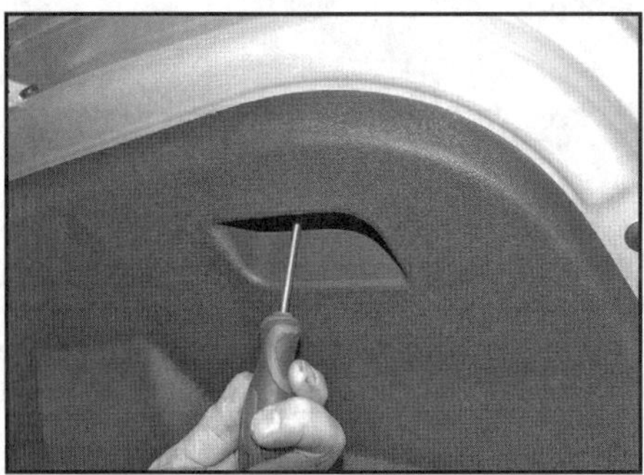

16.3 Lösen Sie die zwei Schrauben der Verkleidung aus der Heckklappe.

4 Lösen Sie die zwei Schrauben des Heckklappen-Schlosses (siehe Abbildung).

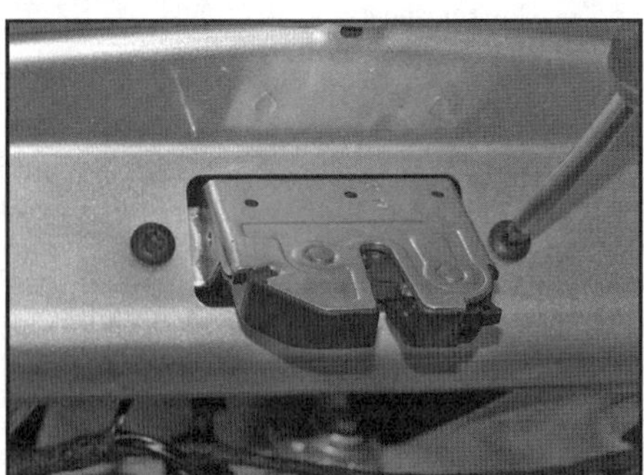

16.4 Schrauben des Heckklappen-Schlosses

5 Ziehen Sie das Schloss durch die Heckklappen-Öffnung und trennen Sie den Kabelstecker (siehe Abbildung).

16.5 Ziehen Sie das Schloss nach innen heraus und trennen Sie den Stecker.

Einbau

6 Der Einbau entspricht der umgekehrten Ausbaureihenfolge.

Heckklappen-Öffner

Ausbau

7 Führen Sie die in den Schritten 1 bis 3 beschriebenen Arbeiten durch.

8 Lösen Sie die zwei Muttern, trennen Sie den Stecker und entfernen Sie den Öffner von der Heckklappe (siehe Abbildung).

16.8 Muttern und Stecker des Heckklappen-Öffners

Einbau

9 Der Einbau entspricht der umgekehrten Ausbaureihenfolge.

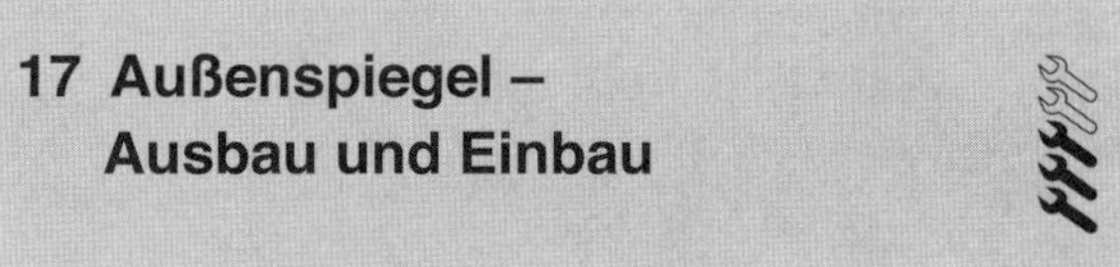

17 Außenspiegel – Ausbau und Einbau

Außenspiegel-Baugruppe

Ausbau

1 Entfernen Sie die Türverkleidung (siehe Sektion 12).
2 Trennen Sie innerhalb der Tür den Außenspiegel-Stecker (siehe Abbildung).

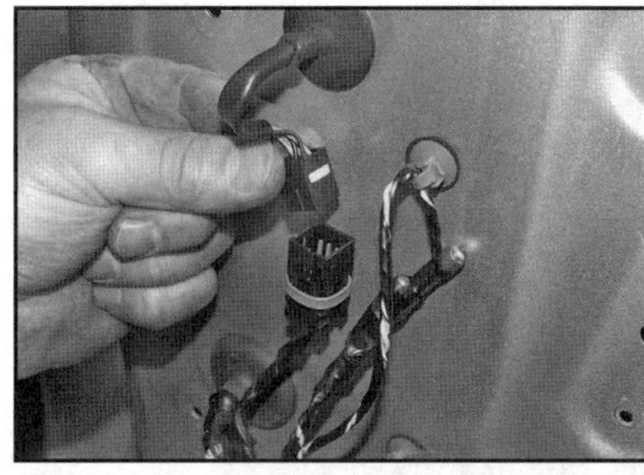

17.2 Trennen Sie innerhalb der Tür den Außenspiegel-Stecker.

3 Entfernen Sie das Spiegelglas (siehe unten).
4 Lösen Sie die vier Schrauben, die den hinteren Teil der Rückspiegel-Blende am Hauptgehäuse sichern (siehe Abbildung).

17.4 Lösen Sie die vier Schrauben der hinteren Rückspiegel-Blende.

5 Lösen Sie die Clips und ziehen Sie den vorderen Teil der Blende vom Spiegelgehäuse (siehe Abbildung).

17.5 Lösen Sie die Clips und ziehen Sie den vorderen Teil der Rückspiegel-Blende ab.

6 Lösen Sie die drei Clips und entfernen Sie das vordere Gehäuseteil vom Hauptgehäuse (siehe Abbildung).

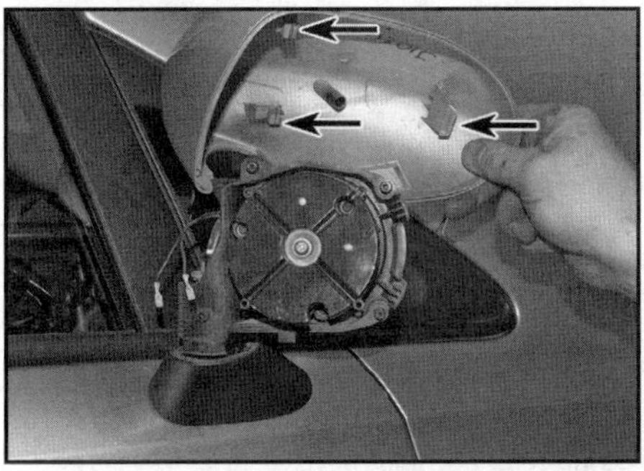

17.6 Befreien Sie die vordere Rückspiegel-Blende.

7 Binden Sie ein Seil an den Kabelstecker innerhalb der Tür – hiermit kann das Kabel beim Einbau wieder hineingezogen werden.
8 Lösen Sie die Schraube, die das Rückspiegelgehäuse an der Tür sichert. Befreien Sie den Kabel-Gummistopfen, indem Sie ihn in die Tür drücken, ziehen Sie dann das Rückspiegelgehäuse samt Kabel und Stopfen von der Tür ab (siehe Abbildung). Sobald der Kabelstecker befreit ist, muss das Seil gelöst werden, um beim Einbau das Kabel wieder hineinzuziehen.

17.8 Schraube, die das Rückspiegelgehäuse an der Tür sichert

Einbau

9 Binden Sie das Seil um den Stecker und ziehen Sie das Kabel damit durch die Tür nach innen.
10 Setzen Sie das Rückspiegelgehäuse an die Tür und sichern Sie es mit der sorgfältig angezogenen Schraube.
11 Drücken Sie zunächst das vordere und dann das hintere Gehäuseteil ans Hauptgehäuse, sichern Sie dann die hintere Blende mit den vier Schrauben.
12 Montieren Sie das Spiegelglas (siehe unten).
13 Verbinden Sie den Rückspiegelstecker und stecken Sie den Gummistopfen in seinen Sitz im Türblech.
14 Montieren Sie die Türverkleidung (siehe Sektion 12).

Spiegelglas

15 Schützen Sie das Spiegelglas ggf. mit Klebeband und drücken Sie es vorsichtig am oberen inneren Rand ein, sodass es am unteren Außenrand herausragt.
16 Hebeln Sie das Glas am äußeren Rand mit einem Kunststoffkeil heraus, damit sich die internen Clips lösen (siehe Abbildung).

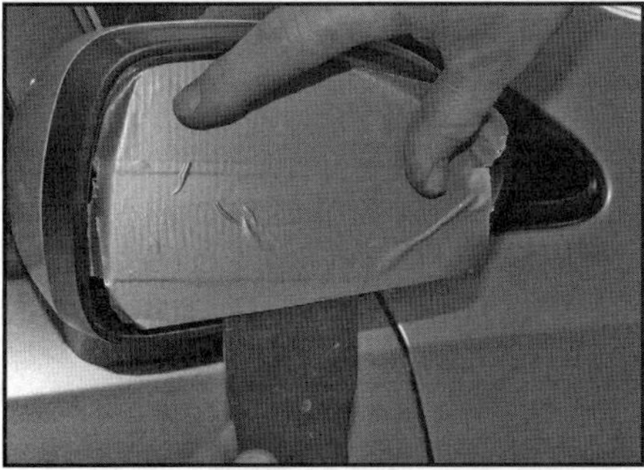

17.16 Hebeln Sie das Spiegelglas ab, um die Clips zu lösen.

17 Ziehen Sie das Spiegelglas ab und trennen Sie die Stecker des Heizelements (siehe Abbildung).

17.17 Trennen Sie an der Rückseite des Spiegelglases die Stecker des Heizelements.

Einbau

18 Der Einbau entspricht der umgekehrten Ausbaureihenfolge – drücken Sie das Glas vorsichtig ins Gehäuse, bis seine Laschen einrasten.

Rückspiegel-Schalter

19 Führen Sie die in Kapitel 12, Sektion 4 beschriebenen Arbeiten durch.

18 Windschutzscheibe, Heckscheibe und andere feste Fenster – Allgemeine Informationen

1 Diese Glasflächen sind mit Spezialklebstoff gesichert und mit einer stabilen Dichtung abgedichtet. Der Austausch des Fensters ist eine schwierige, schmutzige und zeitaufwendige Aufgabe, die die Fähigkeiten der meisten Hobbyschrauber übersteigt. Beim Einkleben eine perfekte Abdichtung zu erreichen, ist nur mit reichlich Praxis möglich. Zudem besteht besonders bei der Verbundglas-Windschutzscheibe eine große Bruchgefahr. Aus all diesen Gründen wird sehr empfohlen, Arbeiten an allen fest montierten Fenstern einer Fachwerkstatt oder einem Autoglaser zu überlassen.

19 Tankklappen-Entriegelung – Ausbau und Einbau

Magnetschalter

Ausbau

1 Entfernen Sie in der Heckklappen-Öffnung das untere Verkleidungsteil (siehe Sektion 25).
2 Entfernen Sie die dahinter liegende Dämmmatte.
3 Befreien Sie den Öffner-Seilzug vom Magnetschalter (siehe Abbildung).

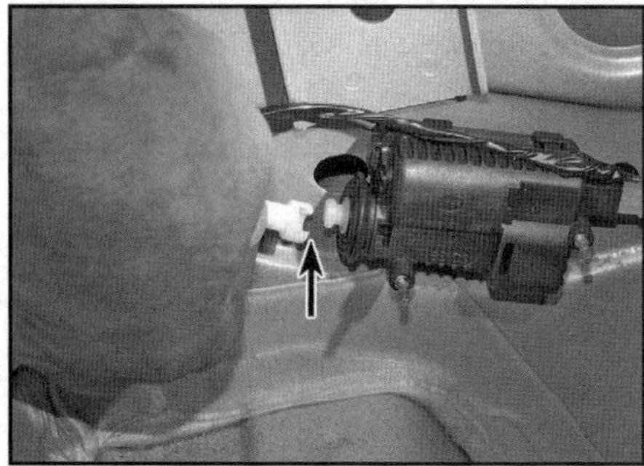

19.3 Lösen Sie den Clip, um den Seilzug vom Magnetschalter zu lösen.

4 Trennen Sie den Kabelstecker vom Magnetschalter (siehe Abbildung).

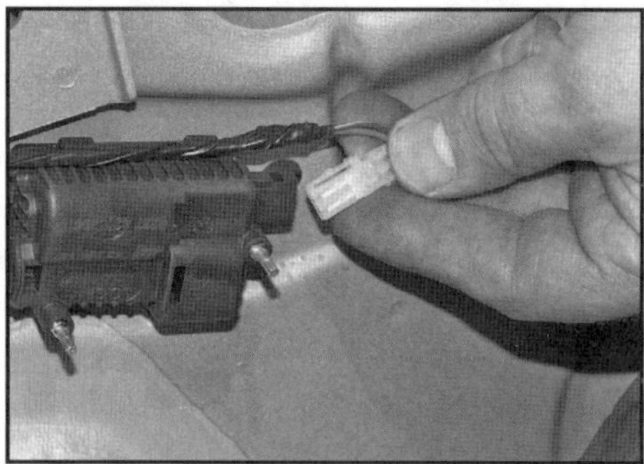

19.4 Trennen Sie den Magnetschalter-Stecker.

5 Verdrehen Sie mit einer Zange die Magnetschalter-Befestigungen ein kleines Stück, bis der Schalter abgezogen werden kann (siehe Abbildung).

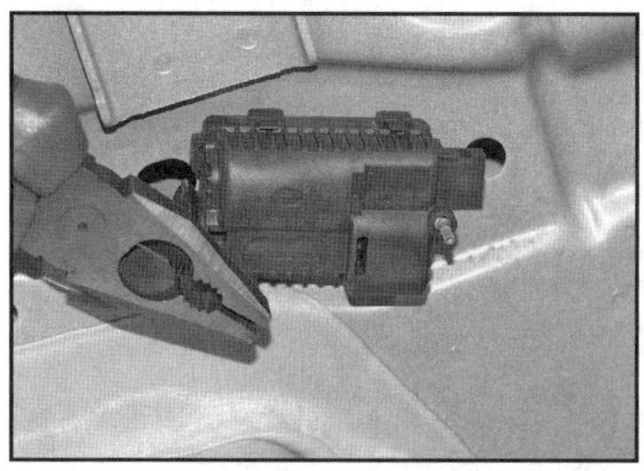

19.5 Verdrehen Sie mit einer Zange die Magnetschalter-Befestigungen ein wenig.

Einbau

6 Der Einbau entspricht der umgekehrten Ausbaureihenfolge.

Öffner-Seilzug

Ausbau

7 Entfernen Sie in der Heckklappen-Öffnung das untere Verkleidungsteil (siehe Sektion 25).
8 Entfernen Sie die dahinter liegende Dämmmatte.
9 Entfernen Sie die rechte Kofferraum-Verkleidung (siehe Sektion 25).
10 Befreien Sie den Öffner-Seilzug vom Magnetschalter (Abb. 19.3).
11 Öffnen Sie die Tankklappe und lösen Sie die zwei Schrauben der Verriegelung (siehe Abbildung).

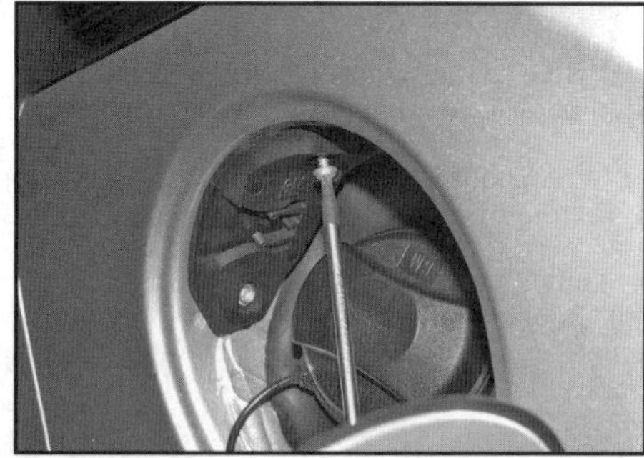

19.11 Lösen Sie die zwei Schrauben der Tankklappen-Verriegelung.

12 Ziehen Sie den Öffnerzug mit der Verriegelung nach außen und befreien Sie ihn von ihr (siehe Abbildung).

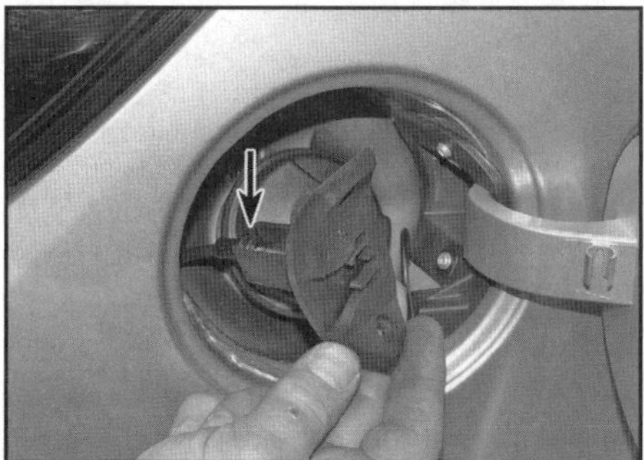

19.12 Ziehen Sie den Öffnerzug heraus.

Einbau

13 Der Einbau entspricht der umgekehrten Ausbaureihenfolge.

20 Schiebedach – Allgemeine Informationen

1 Je nach Modell und Ausstattung kann ein elektrisch betriebenes Schiebedach optional installiert sein.
2 Das Schiebedach ist im Prinzip wartungsfrei und alle Einstellungsarbeiten oder der Austausch sollten von einer Fachwerkstatt erledigt werden, da die Baugruppe sehr komplex ist und für den Zugang viele Teile der Innenausstattung und des Dachhimmels demontiert werden müssen. Gerade Arbeiten am Dachhimmel erfordern großes Fachwissen und Sorgfalt, um keine Schäden anzurichten.

21 Karosserie-Außenteile – Ausbau und Einbau

Kühlergrill

1 Entfernen Sie die vordere Stoßstange (siehe Sektion 6). Der Kühlergrill kann nach dem Lösen der 19 Befestigungen entfernt werden. Drücken Sie den Grill beim Einbau wieder in die Stoßstange.

Radkastenverkleidungen und Unterbodenverkleidungen

2 Die verschiedenen Kunststoffteile sind mit Schrauben, Muttern und Verkleidungsstiften gesichert, deren Ausbau nach einer Sichtkontrolle offensichtlich sein sollte. Arbeiten Sie sich rundherum methodisch vor, lösen Sie die Schrauben und Stifte, bis die Verkleidung entnommen werden kann. Die meisten bei diesen Fahrzeugen verwendeten Clips können einfach herausgehebelt werden; bei denen der Radhausschalen muss zunächst der Mittelstift herausgezogen werden, um den Spreizniet entfernen zu können. Oft werden Stifte beim Ausbau beschädigt, sodass beim Einbau Neuteile beschafft werden müssen.
3 Ersetzen Sie beim Einbau alle beim Ausbau abgebrochenen Befestigungs-Clips und prüfen Sie, ob alle Befestigungen korrekt sitzen. Opel empfiehlt, alle Kunststoffmuttern ungeachtet ihres Zustands durch Neuteile zu ersetzen.

Lüftungsgitter und Abdeckungen vor der Windschutzscheibe

4 Öffnen Sie die Motorhaube und ziehen Sie hinten im Motorraum den Gummidichtstreifen von der Abdeckung (siehe Abbildung).

21.4 Ziehen Sie die Gummidichtung von der hinteren Motorraum-Abdeckung.

5 Entfernen Sie beide Scheibenwischerarme (siehe Kapitel 12, Sektion 11).
6 Hebeln Sie mit einem geeigneten Werkzeug die vor der Windschutzscheibe sitzende Abdeckung hoch (siehe Abbildung).

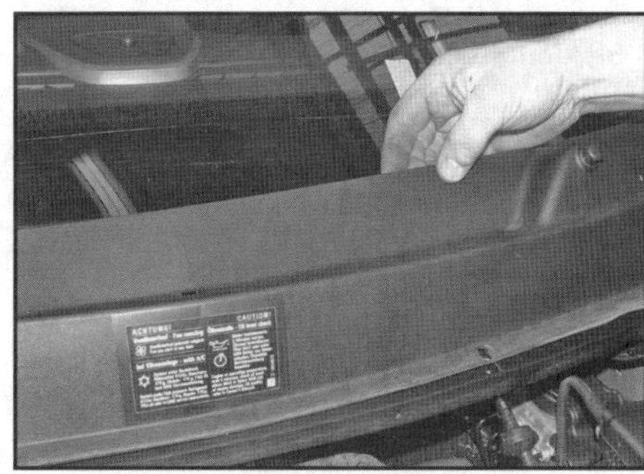

21.6 Heben Sie die Abdeckung an.

7 Hebeln Sie die zwei Kunststoffniete heraus und entfernen Sie die Haltestrebe von der Abdeckung und dem Windschutzscheiben-Flansch (siehe Abbildung).

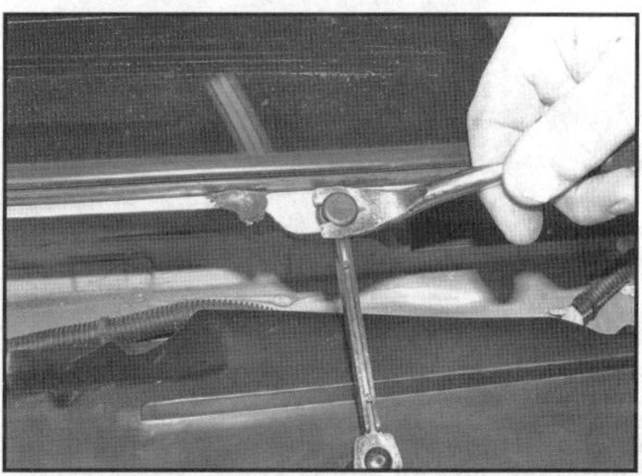

21.7 Hebeln Sie die zwei Kunststoffniete heraus und entfernen Sie die Haltestrebe.

8 Lösen Sie die sechs Schrauben, mit denen das untere Abdeckungs-Segment am Lüftungsgitter gesichert ist. Trennen Sie den Kabelstecker vom Motorhauben-Schalter und entfernen Sie das Segment (siehe Abbildungen).

21.8a Zwei der sechs Schrauben, die das untere Abdeckungs-Segment am Lüftungsgitter sichern

21.8b Trennen Sie den Stecker des Motorhauben-Schalters und entfernen Sie die Abdeckung aus dem Motorraum.

9 Montieren Sie die zwei Abdeckungs-Segmente in der umgekehrten Ausbaureihenfolge.

Schutzleisten und Plaketten

10 Die verschiedenen Leisten und Plaketten sind mit Spezialkleber befestigt, der für den Ausbau erwärmt werden muss, um weich zu werden und abgeschnitten werden zu können. Aufgrund des hohen Risikos, den Lack der Karosserie zu beschädigen, sollte diese Arbeit einer Fachwerkstatt überlassen werden.

22 Sitze – Ausbau und Einbau

Warnung: Die Vordersitze sind mit Gurtstraffern und Seiten-Airbags ausgerüstet, die versehentlich ausgelöst schwere Verletzungen hervorrufen können. Falls der Gurtstraffer-Mechanismus durch einen Unfall oder Aufprall ausgelöst wird, muss er ungeachtet seines Zustands durch ein Neuteil ersetzt werden. Wenn ein Sitz entsorgt werden soll, muss der Gurtstraffer vor dem Ausbau ausgelöst werden. Aus Sicherheitsgründen muss diese Arbeit einer Fachwerkstatt überlassen werden. Beachten Sie zum Thema Airbags die Warnhinweise in Kapitel 12, Sektion 21.

1 Trennen Sie den Masseanschluss (–) der Batterie (siehe Kapitel 5A, Sektion 4). Warten Sie mindestens zwei Minuten, damit sich Restspannungen entladen können.

Ausbau

Vordersitze

2 Schieben Sie den Sitz bis zum Anschlag nach hinten.
3 Lösen Sie vorn an den Sitzschienen die Befestigungsschrauben (siehe Abbildung) – sie müssen beim Einbau durch Neuteile ersetzt werden.

22.3 Vordere Sitzschienen-Schraube

4 Schieben Sie den Sitz bis zum Anschlag nach vorn und lösen Sie die Befestigungsschrauben hinten an den Sitzschienen (siehe Abbildung) – auch sie müssen beim Einbau durch Neuteile ersetzt werden.

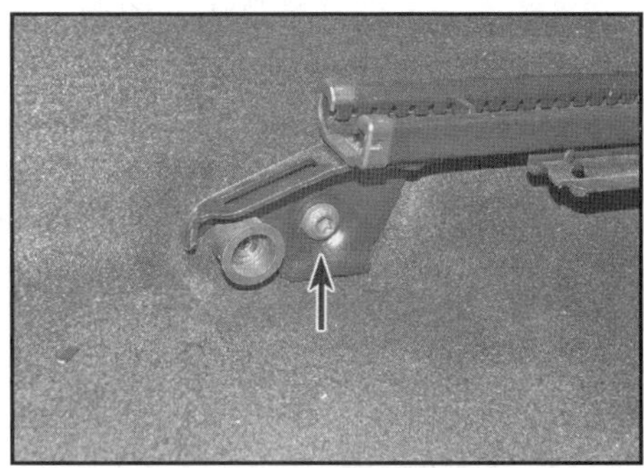

22.4 Hintere Sitzschienen-Schraube

5 Ziehen Sie am Stecker der Sitzverkabelung die Arretierung heraus, trennen Sie den Stecker (siehe Abbildungen) und heben Sie den Sitz aus dem Fahrzeug – er hat ein beträchtliches Gewicht.

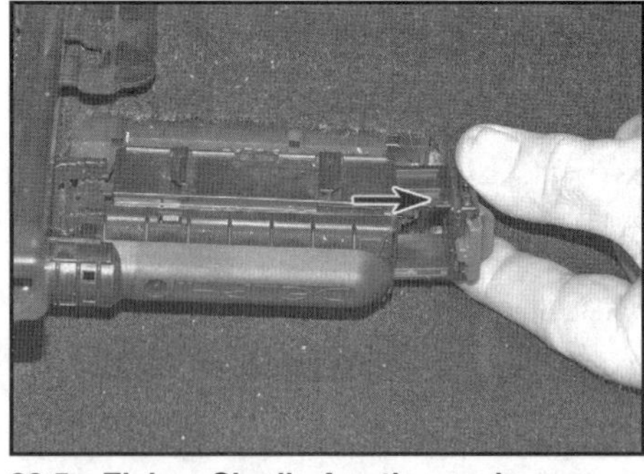

22.5a Ziehen Sie die Arretierung heraus ...

22.5b ... und ziehen Sie das Ende des Steckers zur Tür, um ihn zu befreien und trennen zu können.

Rücksitzbank

6 Befreien Sie die Abdeckungen über den drei Sitzhalterungen vorn unter dem Sitzpolster. Lösen Sie die drei Befestigungsschrauben (siehe Abbildungen).

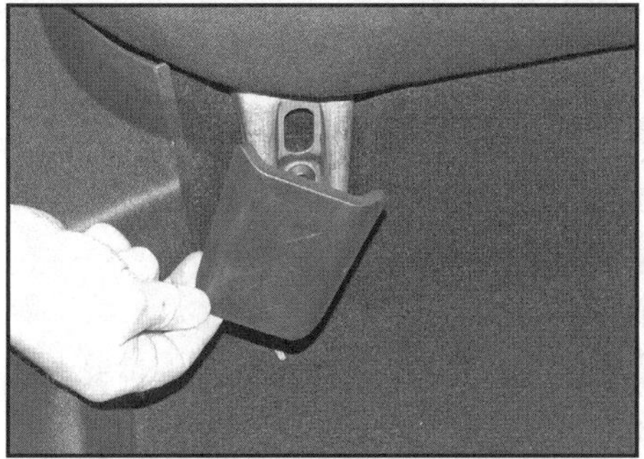

22.6a Befreien Sie die Abdeckungen ...

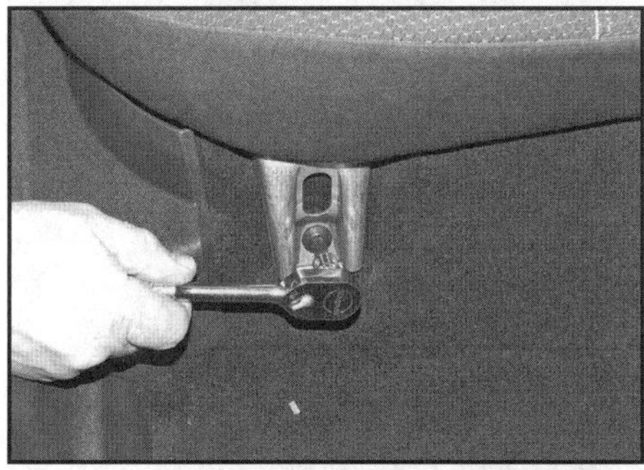

22.6b ... und lösen Sie die drei Sitzpolster-Befestigungsschrauben.

7 Drücken Sie das Sitzpolster nach hinten und heben Sie es an, um es aus den hinteren Führungen zu befreien.

Rücksitz-Lehne

8 Demontieren Sie die Rücksitzbank (siehe oben).
9 Lösen Sie die einzelne Schraube (einteilige Lehne) oder drei Schrauben (zweiteilige Lehne) vorn an der/den Sicherheitsgurt- und Rücksitzlehnen-Befestigung(en) (siehe Abbildung).

22.9 Vordere Rücksitzlehnen-Befestigungsschraube.

10 Klappen Sie die Rücksitzlehne nach vorn und befreien Sie an beiden Seiten die Scharnierabdeckungen aus der Kofferraumverkleidung (siehe Abbildung).

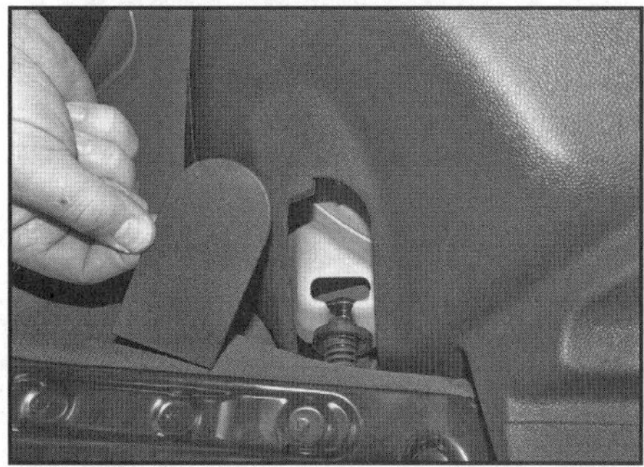

22.10 Befreien Sie die Scharnierabdeckungen aus der Kofferraumverkleidung.

11 Drücken Sie mithilfe eines Assistenten an beiden Seiten die äußeren Scharnierstift-Arretierhülsen mithilfe von Schraubendrehern ein, um die Scharnierstifte zu befreien; ziehen Sie gleichzeitig die Rücksitzlehne nach vorn, um sie zu befreien und aus dem Fahrzeug heben zu können.
12 Um eine zweiteilige Rücksitzlehne trennen zu können, muss in der Mitte der linken Rückenlehne der Reißverschluss geöffnet werden, damit die Scharnierschrauben zugänglich werden (siehe Abbildung).

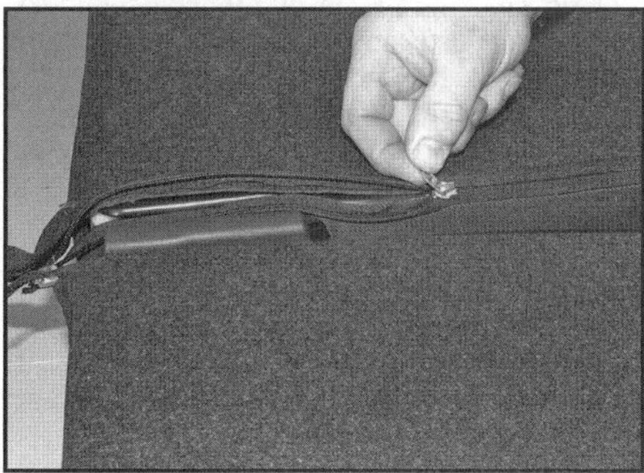

22.12 Öffnen Sie den Reißverschluss in der Mitte der linken Rücksitzlehne, um die Scharnierschrauben zugänglich zu machen.

13 Lösen Sie die zwei Schrauben der rechten Rücksitzlehne und trennen Sie sie samt Scharnier vom der linken Rücksitzlehne (siehe Abbildung).

22.13 Lösen Sie die Schrauben und entfernen Sie die rechte Rücksitzlehne samt Scharnier vom der linken Lehne.

Einbau

Vordere Sitze

14 Der Einbau entspricht der umgekehrten Ausbaureihenfolge – beachten Sie dabei die folgenden Punkte:

a) *Reinigen Sie die Gewindebohrungen der Sitzschienen-Schrauben in der Karosserie, um Reste alter Sicherungspaste zu entfernen.*

b) *Installieren Sie neue Sitzschienen-Schrauben und ziehen Sie sie mit 35 Nm an.*

c) *Verbinden Sie den Stecker der Sitzbank-Verkabelung und sichern Sie ihn mit der Arretierung. Schließen Sie erst* ***danach*** *die Batterie wieder an.*

Rücksitze

15 Der Einbau entspricht der umgekehrten Ausbaureihenfolge – ziehen Sie alle Schrauben mit 20 Nm an.

23 Gurtstraffer – Allgemeine Informationen

1 Die vorderen Gurte sind mit einem pyrotechnischen Vorspannsystem ausgerüstet, das die Gurte bei einem Aufprall anzieht, um sie straffer am Körper anliegen zu lassen. Die Gurtstraffer sind am Sitz-Rahmen neben dem Gurtschloss.

2 Der Gurtstraffer wird ausgelöst, wenn bei einem Frontalaufprall die Gravitationskraft sechsmal stärker als die normale Schwerkraft auftritt. Bei einem leichten Aufprall von vorn oder einem Heckaufprall wird der Gurtstraffer nicht ausgelöst.

3 Wenn das System bei der Arbeit am Fahrzeug versehentlich ausgelöst wird, besteht Verletzungsrisiko, sodass es sehr empfehlenswert ist, Arbeiten am Gurtstraffer-System einer Fachwerkstatt zu überlassen. Beachten Sie vor Arbeiten an den Vordersitzen die Warnhinweise in Sektion 22.

24 Sicherheitsgurt-Komponenten – Ausbau und Einbau

1 Trennen Sie den Masseanschluss (–) der Batterie (siehe Kapitel 5A, Sektion 4). Warten Sie mindestens zwei Minuten, damit sich Restspannungen entladen können.

Vordersitz-Gurt und Gurtrolle

Ausbau

2 Entfernen Sie beim Dreitürer die untere B-Säulen-Verkleidung (siehe Sektion 25).

3 Entfernen Sie beim Fünftürer die Schwellerverkleidung und die obere B-Säulen-Verkleidung (siehe Sektion 25).

4 Lösen Sie die Schraube der oberen Gurthalterung (siehe Abbildung).

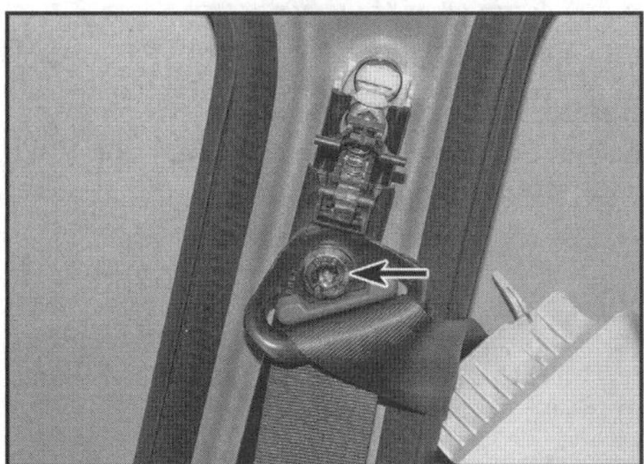

24.4 Schraube der oberen Gurthalterung

5 Lösen Sie die Gurtrollen-Befestigungsschraube und entfernen Sie die Rolle samt Gurt von der B-Säule. Lösen Sie dann die untere Gurtschraube (siehe Abbildungen).

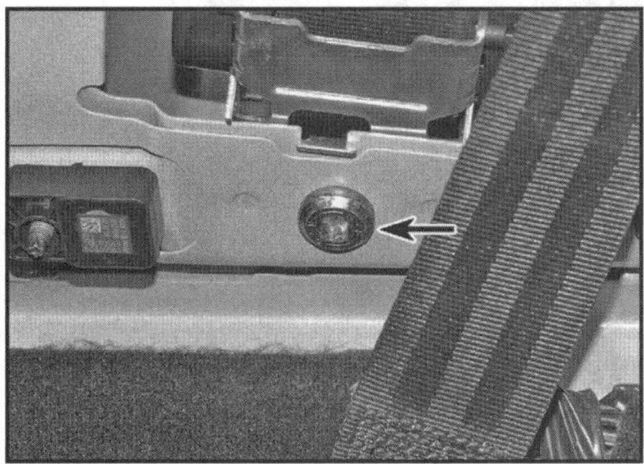

24.5a Gurtrollen-Befestigungsschraube

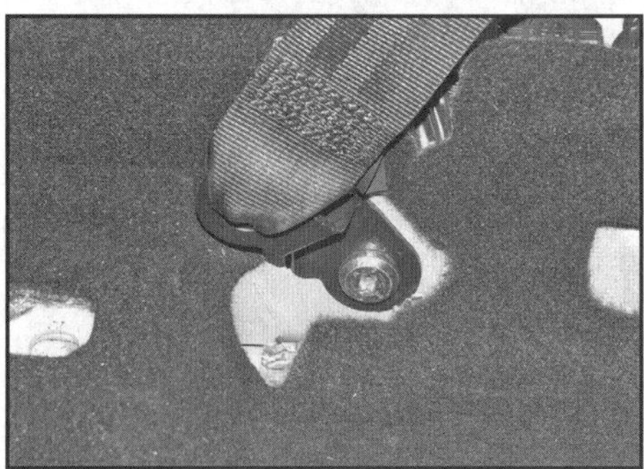

24.5b Untere Gurtschraube

Einbau

6 Der Einbau entspricht der umgekehrten Ausbaureihenfolge – ziehen Sie alle Schrauben mit 35 Nm an.

Vordersitz-Gurtstraffer und Gurtpeitsche

7 Demontieren Sie den Vordersitz (siehe Sektion 22).

8 Öffnen Sie den Kabelbinder und ziehen Sie den gelben Stecker aus dem Vordersitz-Steckerblock (siehe Abbildungen).

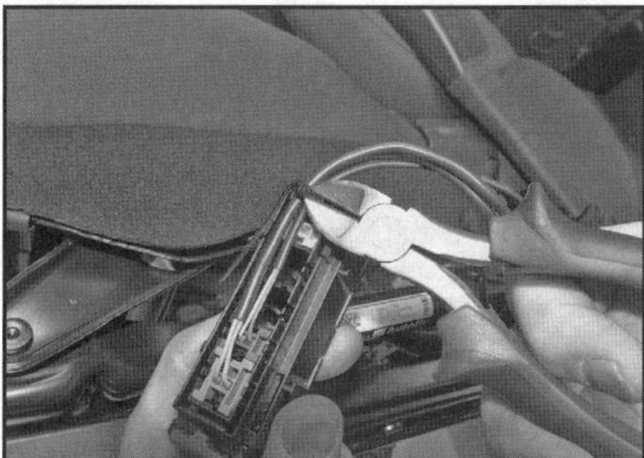

24.8a Öffnen Sie den Kabelbinder ...

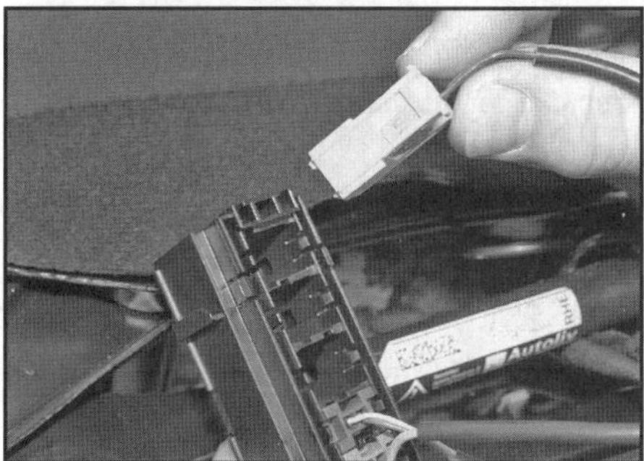

24.8b ... und ziehen Sie den gelben Stecker aus dem Vordersitz-Steckerblock.

9 Lösen Sie die Gurtpeitschen-Befestigungsschraube und befreien Sie die Baugruppe vom Sitz (siehe Abbildung).

24.9 Gurtpeitschen-Befestigungsschraube

Einbau

10 Der Einbau entspricht der umgekehrten Ausbaureihenfolge – ziehen Sie die Gurtpeitschen-Schraube mit 45 Nm an.

Äußerer Rücksitz-Gurt und Gurtrolle

11 Entfernen Sie die entsprechende Kofferraum-Seitenverkleidung (siehe Sektion 25).
12 Lösen Sie die Schrauben der oberen Gurthalterung und der Gurtrolle, um beides aus dem Fahrzeug zu entfernen (siehe Abbildung).

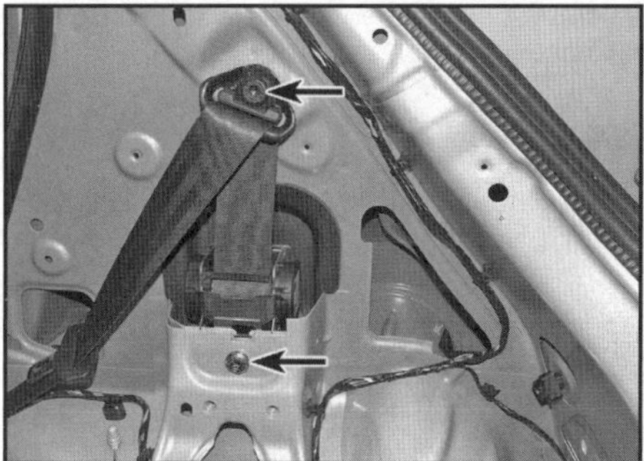

24.12 Schrauben der oberen Gurthalterung und der Gurtrolle

Einbau

13 Der Einbau entspricht der umgekehrten Ausbaureihenfolge – ziehen Sie alle Schrauben mit 35 Nm an.

Mittlerer Rücksitz-Gurt und Gurtrolle

14 Die Rolle des mittleren Gurts ist in die Rücksitzlehne integriert – diese muss für den Zugang ausgebaut (siehe Sektion 22) und vollständig zerlegt werden. Weil für den Einbau der Polsterung und anderer interner Komponenten reichlich Erfahrung benötigt wird, sollte bei Problemen mit der Gurtrolle eine Fachwerkstatt oder ein Autosattler konsultiert werden.

Rücksitzgurt-Peitsche

Ausbau

15 Demontieren Sie die Rücksitzbank (siehe Sektion 22).
16 Lösen Sie am Fahrzeugboden die Schraube der entsprechenden Gurtpeitsche und entfernen Sie diese (siehe Abbildung).

24.16 Lösen Sie am Fahrzeugboden die Schraube der entsprechenden Rücksitzgurtpeitsche.

Einbau

17 Der Einbau entspricht der umgekehrten Ausbaureihenfolge – ziehen Sie die Gurtpeitschen-Schraube mit 45 Nm an.

25 Innenverkleidung – Ausbau und Einbau

1 Die Innenverkleidungen können mit verschiedenen Clips oder Schrauben befestigt sein; der Aus- und Einbau ist üblicherweise selbsterklärend, doch müssen oft umliegende

Komponenten gelockert oder demontiert werden, um Befestigungen lösen zu können.

A-Säulen-Verkleidung

2 Ziehen Sie die Verkleidung von der A-Säule ab, um die zwei Laschen zu befreien (siehe Abbildung). Befreien Sie beim Abziehen den Sicherungsriemen (siehe Abbildungen).

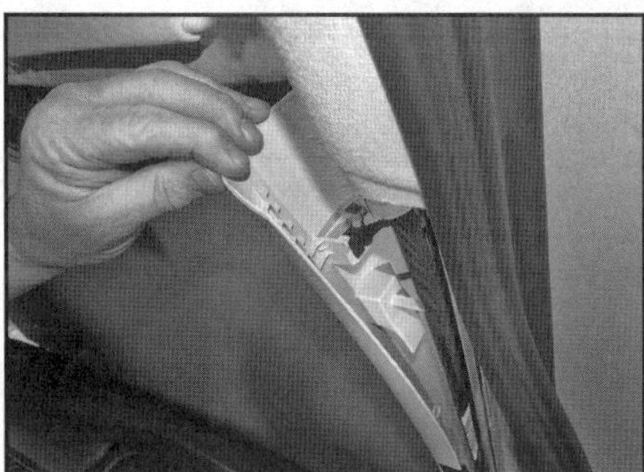

25.2a Ziehen Sie die Verkleidung von der A-Säule ab, um die zwei Laschen zu befreien.

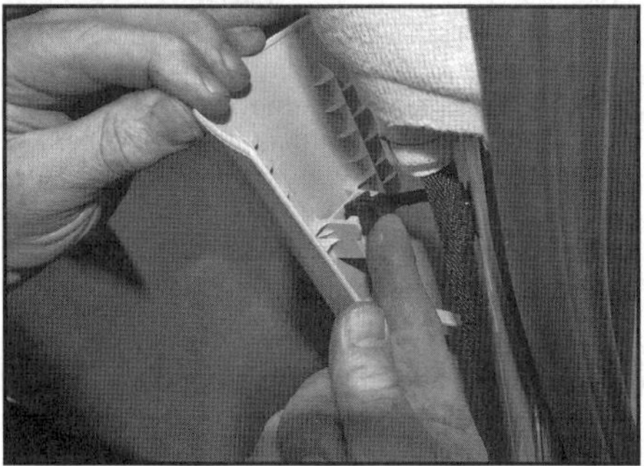

25.2b Befreien Sie beim Abziehen den Sicherungsriemen.

3 Trennen Sie die Verkleidung von der Führung und entfernen Sie sie.
4 Der Einbau entspricht der umgekehrten Ausbaureihenfolge.

Obere B-Säulen-Verkleidung

5 Schieben Sie den Vordersitz komplett nach vorn.
6 Hebeln Sie die Verkleidung unten von der B-Säule ab und trennen Sie oben die Laschen (siehe Abbildungen).

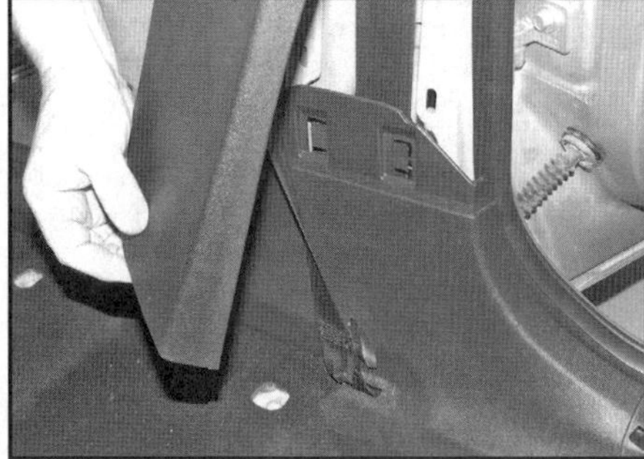

25.6a Hebeln Sie die Verkleidung unten von der B-Säule ab …

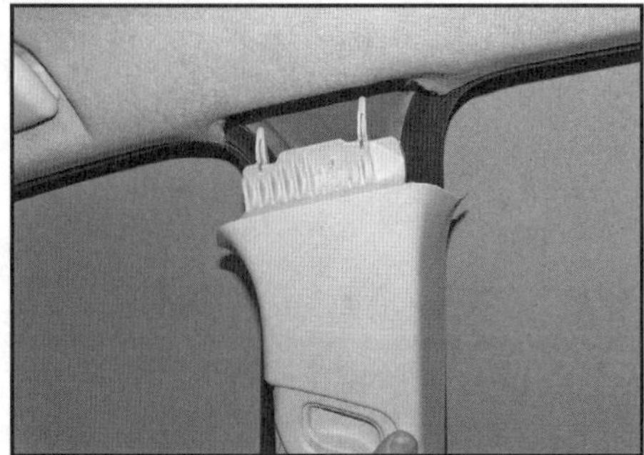

25.6b … und trennen Sie oben die Laschen.

7 Führen Sie den Sicherheitsgurt durch die Öffnung der Verkleidung und entfernen Sie diese.
8 Der Einbau entspricht der umgekehrten Ausbaureihenfolge.

Untere B-Säulen-Verkleidung

Dreitürer

9 Entfernen Sie die Rücksitzbank und Lehne (siehe Sektion 22).
10 Entfernen Sie die obere B-Säulen-Verkleidung (siehe oben).
11 Entfernen Sie die Schwellerverkleidung (siehe unten).
12 Lösen Sie die Schraube vorn oben an der Verbindung zur oberen B-Säulen-Verkleidung.
13 Ziehen Sie die Verkleidung von der B-Säule ab, um die inneren Clips zu befreien.
14 Befreien Sie die Verkleidung vom Gurtstraffer-Schaft und entfernen Sie sie.
15 Der Einbau entspricht der umgekehrten Ausbaureihenfolge.

Fünftürer

16 Die Prozedur entspricht exakt dem Aus- und Einbau der oberen B-Säulen-Verkleidung (siehe oben).

Schwellerverkleidung

Dreitürer

17 Heben Sie die Verkleidung an, um sie aus dem Schweller zu befreien, entfernen Sie sie dann.
18 Der Einbau entspricht der umgekehrten Ausbaureihenfolge.

Fünftürer

19 Entfernen Sie die untere B-Säulen-Verkleidung (siehe oben).
20 Hebeln Sie ggf. mit einem kleinen Schraubendreher die Fußraumbeleuchtung aus der Schwellerverkleidung, trennen Sie ihren Stecker und entfernen Sie sie.
21 Heben Sie die hinteren Verkleidungen an, um ihre inneren Clips zu befreien, und entfernen Sie sie dann (siehe Abbildung).

25.21 Heben Sie die hinteren Schweller-Verkleidungen an, um ihre inneren Clips zu befreien.

22 Beginnen Sie hinten und heben Sie die Haupt-Schwellerverkleidung an, um ihre inneren Clips zu befreien. Befreien Sie die Verkleidung vom Gurtstraffer-Schaft und entfernen Sie sie (siehe Abbildung).

25.22 Heben Sie die Haupt-Schwellerverkleidung zuerst an, um ihre inneren Clips zu befreien.

23 Der Einbau entspricht der umgekehrten Ausbaureihenfolge.

Mittlere Fußraumverkleidung

24 Demontieren Sie die Mittelkonsole (siehe Sektion 26).
25 Lösen Sie die zwei Schrauben, mit denen die Fußraumverkleidung am Luftkanalgehäuse gesichert ist (siehe Abbildung).

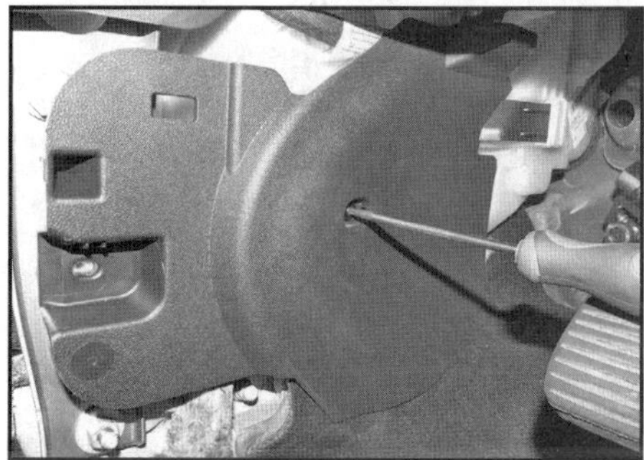

25.25 Lösen Sie die zwei Schrauben, mit denen die Fußraumverkleidung am Luftkanalgehäuse gesichert ist.

26 Befreien Sie die vorderen Laschen der Verkleidung und entfernen Sie sie unter dem Armaturenbrett heraus.

C-Säulen-Verkleidung

28 Entfernen Sie die Rücksitzbank (siehe Sektion 22).
29 Lösen Sie die untere Befestigungsschraube des entsprechenden hinteren Sicherheitsgurts (siehe Abbildung).

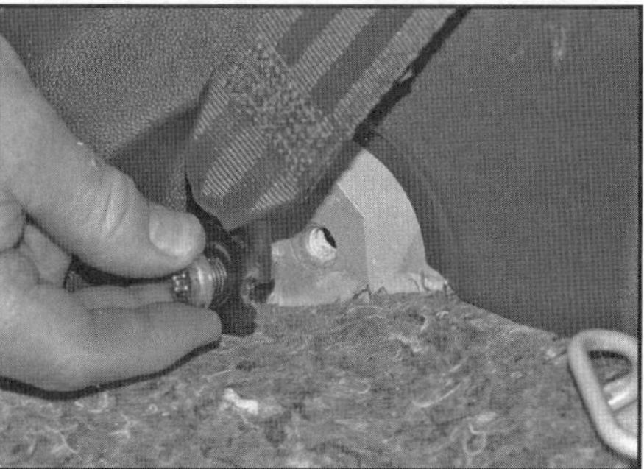

25.29 Lösen Sie die untere Befestigungsschraube des hinteren Sicherheitsgurts.

30 Hebeln Sie den vorderen runden Kunststoffstopfen der C-Säulenverkleidung ab (siehe Abbildung).

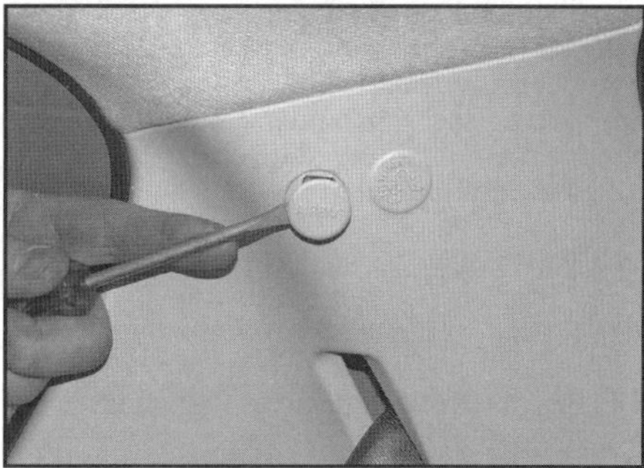

25.30 Hebeln Sie den vorderen runden Kunststoffstopfen aus der C-Säulenverkleidung.

31 Ziehen Sie die Verkleidung heraus, um die Laschen zu befreien und es von der C-Säule zu trennen (siehe Abbildung).

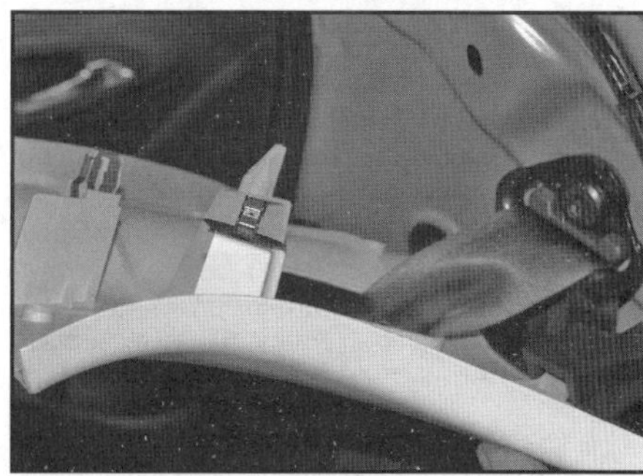

25.31 Ziehen Sie die Verkleidung heraus, um die Laschen zu befreien und es von der C-Säule zu trennen.

32 Führen Sie den Sicherheitsgurt durch die Verkleidung und entfernen Sie diese aus dem Innenraum (siehe Abbildung).

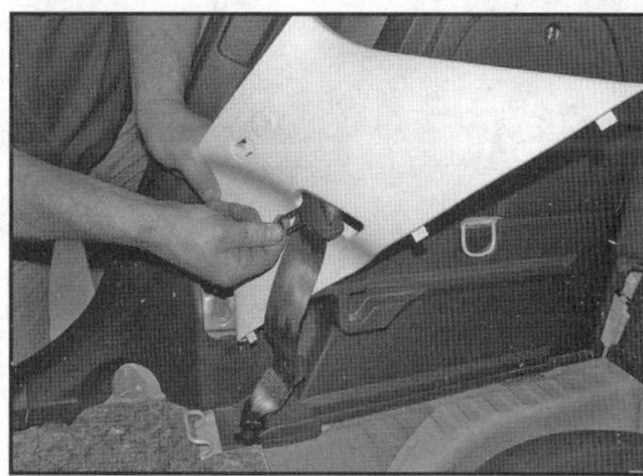

25.32 Führen Sie den Sicherheitsgurt durch die Verkleidung.

33 Der Einbau entspricht der umgekehrten Ausbaureihenfolge. Ziehen Sie die Gurt-Befestigungsschrauben mit 35 Nm an.

Seitliche Kofferraumverkleidung

Dreitürer

34 Klappen Sie die Rücksitzlehne herunter.
35 Entfernen Sie die mittlere untere Verkleidung aus der Heckklappenöffnung (siehe Schritt 54 bis 56).
36 Hebeln Sie den vorderen runden Kunststoffstopfen der C-Säulenverkleidung ab (Abb. 25.30).
37 Ziehen Sie die C-Säulenverkleidung heraus, um die Clips zu befreien und die Verkleidung von der C-Säule zu trennen.
38 Öffnen Sie die Abdeckung in der seitlichen Kofferraumverkleidung.
39 Wenn an der rechten Verkleidung gearbeitet wird, müssen der Wagenheber und das Bordwerkzeug entnommen und deren aus Styropor bestehende Aufnahme entfernt werden. Entfernen Sie ggf. das Reifenpannen-Reparaturset und trennen Sie den Stecker der elektrischen Luftpumpe.
40 Lösen Sie innerhalb des seitlichen Fachs die zwei Schrauben und entfernen Sie die Arretierung der Rücksitzlehne.
41 Lösen Sie die zwei Schrauben am oberen Rand der Verkleidung.
42 Ziehen Sie die Verkleidung heraus, um die Clips zu befreien und ggf. den Stecker der Kofferraumbeleuchtung zu trennen. Entfernen Sie die Verkleidung dann aus dem Kofferraum.
43 Der Einbau entspricht der umgekehrten Ausbaureihenfolge.

Fünftürer

44 Entfernen Sie die Rücksitzbank und ihre Lehne (siehe Sektion 22).
45 Entfernen Sie die C-Säulen-Verkleidung (siehe oben).
46 Entfernen Sie die mittlere untere Verkleidung aus der Heckklappenöffnung (siehe Schritt 54 bis 56).
47 Öffnen Sie die Abdeckung in der seitlichen Kofferraumverkleidung.
48 Wenn an der rechten Verkleidung gearbeitet wird, müssen der Wagenheber und das Bordwerkzeug entnommen und deren aus Styropor bestehende Aufnahme entfernt werden. Entfernen Sie ggf. das Reifenpannen-Reparaturset und trennen Sie den Stecker der elektrischen Luftpumpe.
49 Lösen Sie innerhalb des seitlichen Fachs die zwei Schrauben und entfernen Sie die Arretierung der Rücksitzlehne (siehe Abbildung).

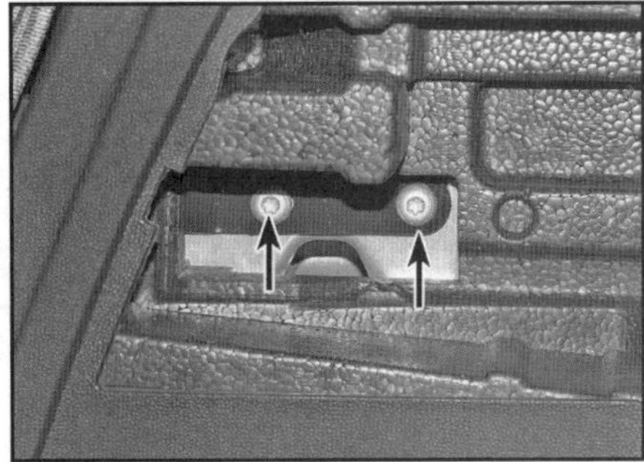

25.49 Lösen Sie die zwei Schrauben und entfernen Sie die Rücksitzlehnen-Arretierung.

50 Lösen Sie die drei Schrauben am oberen Rand der Verkleidung (siehe Abbildung).

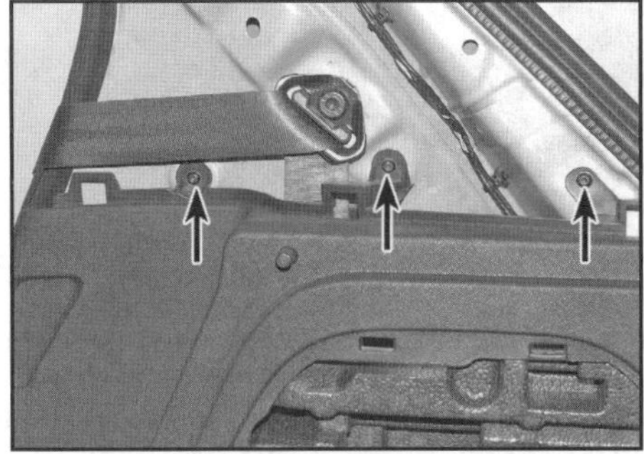

25.50 Schrauben am oberen Verkleidungsrand

51 Ziehen Sie die Verkleidung heraus, um die Clips zu befreien (siehe Abbildung). Entfernen Sie die Verkleidung dann aus dem Kofferraum.

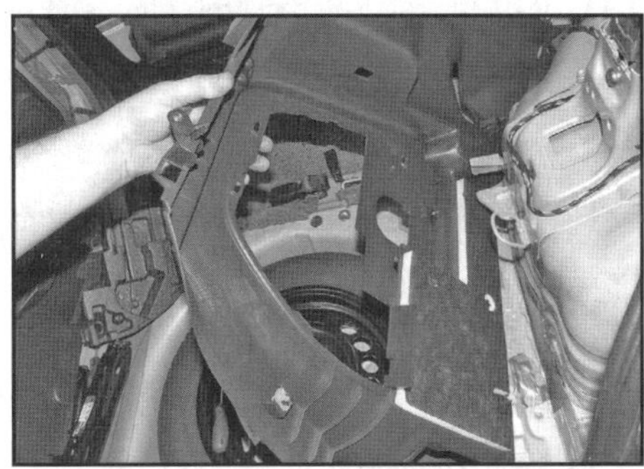

25.51 Ziehen Sie die Verkleidung heraus, um die Clips zu befreien.

52 Der Einbau entspricht der umgekehrten Ausbaureihenfolge.

Untere Verkleidung der Heckklappenöffnung

53 Öffnen Sie die Heckklappe und entfernen Sie den Kofferraum-Boden.
54 Ziehen Sie die Verkleidung ab, um die sechs inneren Clips zu befreien (siehe Abbildung); entnehmen Sie die Verkleidung dann.

25.54 Ziehen Sie die untere Verkleidung der Heckklappenöffnung ab, um die sechs inneren Clips zu befreien.

55 Der Einbau entspricht der umgekehrten Ausbaureihenfolge.

Heckklappen-Verkleidung

56 Lösen Sie die zwei Schrauben in der Griffmulde (siehe Abbildung).

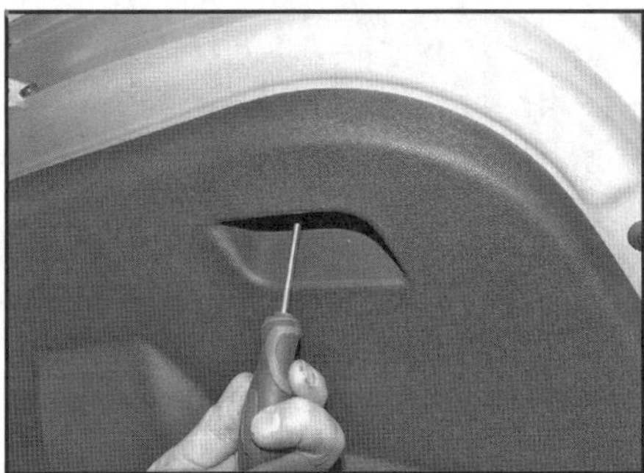

25.56 Lösen Sie die Schrauben in der Griffmulde.

57 Hebeln Sie die Verkleidung rundherum ab, um sie zu entfernen (siehe Abbildung).

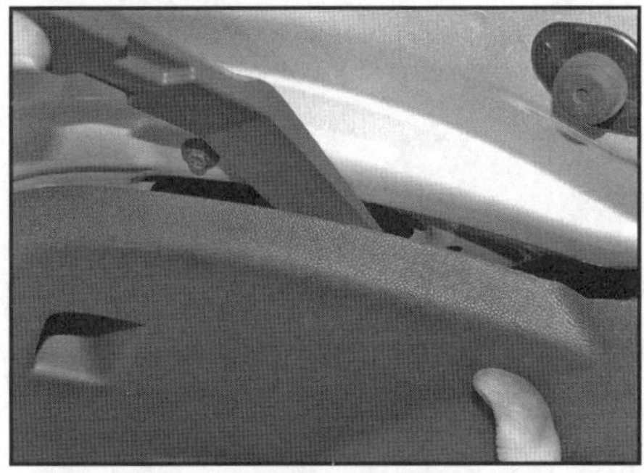

25.57 Hebeln Sie die Verkleidung rundherum von der Heckklappe ab.

Innen-Rückspiegel

58 Befreien Sie bei Modellen mit Regensensor dessen Abdeckung, befreien Sie alle Clips und trennen Sie den Stecker der Innenspiegel-Baugruppe.
59 Drücken Sie oben am Rückspiegel-Halter den Sicherungsclip, befreien Sie den Spiegel vorsichtig nach unten und entfernen Sie ihn von der Windschutzscheibe.
60 Der Einbau entspricht der umgekehrten Ausbaureihenfolge.

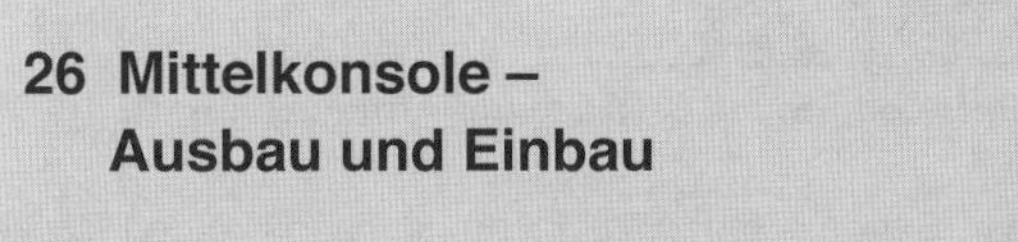

26 Mittelkonsole – Ausbau und Einbau

Ausbau

1 Befreien Sie bei Modellen mit Schaltgetriebe die vordere Ablage aus der Mittelkonsole und trennen Sie dann ggf. vorhandene Kabelstecker. Falten Sie die Schalthebel-Manschette über den Schaltknauf hoch und entfernen Sie die Ablage (siehe Abbildungen).

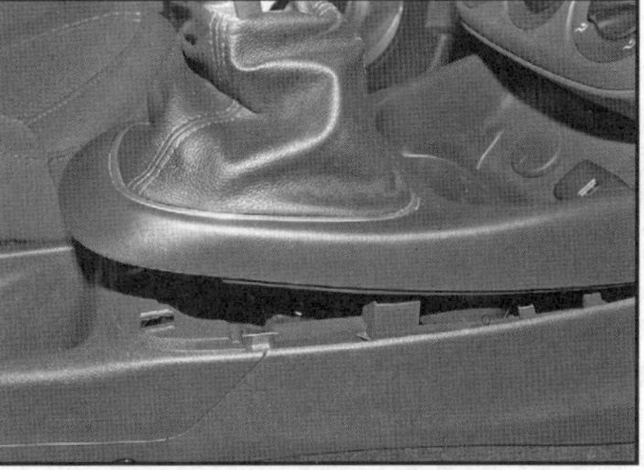

26.1a Befreien Sie die vordere Ablage aus der Mittelkonsole und heben Sie sie an.

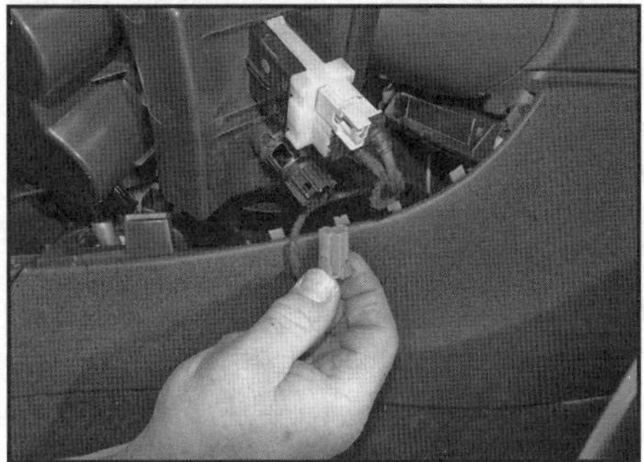

26.1b Trennen Sie alle vorhandenen Stecker von der Ablage.

2 Trennen Sie bei Modellen mit Automatikgetriebe die Wahlhebel-Blende von der Mittelkonsole und befreien Sie dann die Wahlhebel-Manschette von der Blende. Trennen Sie den Stecker der Ganganzeige, falten Sie die Manschette über den Wahlhebel-Knauf und entfernen Sie die Blende.
3 Befreien Sie die zwei unteren Seitenverkleidungen von der Mittelkonsole (siehe Abbildung).

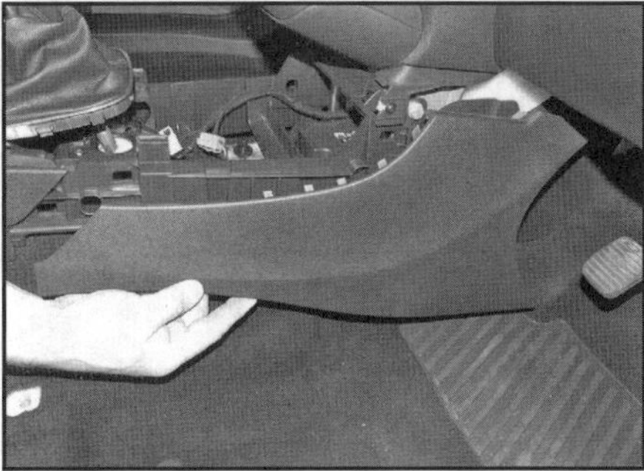

26.3 Befreien Sie die zwei seitlichen unteren Mittelkonsolen-Verkleidungen.

4 Ziehen Sie hinten den Becherhalter von der Mittelkonsole ab (siehe Abbildung).

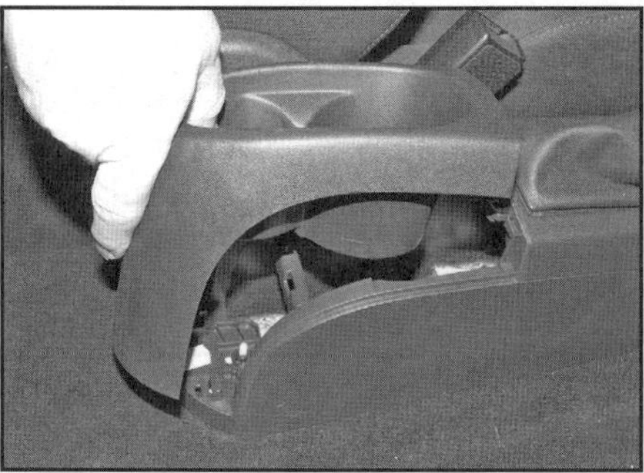

26.4 Befreien Sie den Becherhalter.

5 Befreien Sie die Handbremshebel-Manschette aus der Mittelkonsole und falten Sie sie über den Hebel (siehe Abbildung).

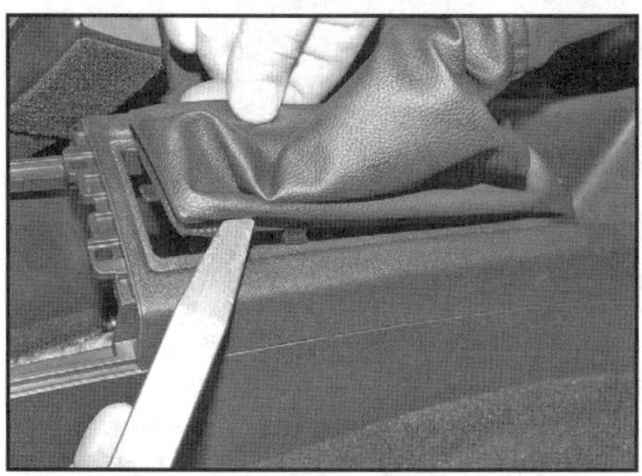

26.5 Befreien Sie die Handbremshebel-Manschette und falten Sie sie über den Hebel.

6 Lösen Sie die jetzt sichtbare hintere Befestigungsmutter der Mittelkonsole.
7 Positionieren Sie die Vordersitze entsprechend, um die seitlichen Mittelkonsolen-Schrauben lösen zu können (siehe Abbildung).

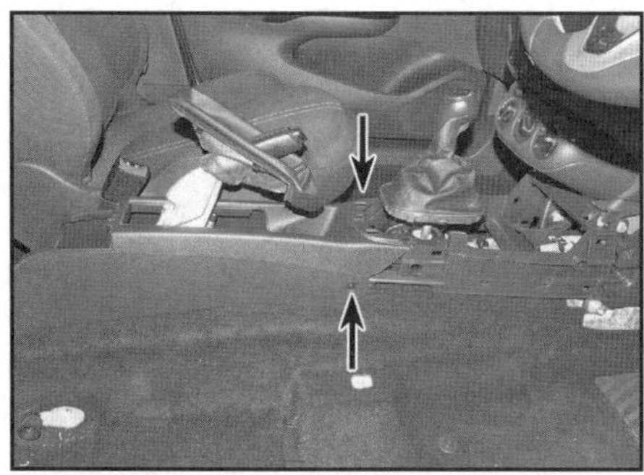

26.7 Mittlere und vordere Mittelkonsolen-Schrauben – gezeigt bei ausgebautem Sitz

8 Ziehen Sie die Handbremse so fest wie möglich an. Schieben Sie die Konsole nach hinten und manövrieren Sie sie über den Schalt/Wahlhebel und den Handbremshebel aus dem Fahrzeug heraus (siehe Abbildung).

26.8 Schieben Sie die Konsole nach hinten und heben Sie sie über den Schalt/Wahlhebel und den Handbremshebel ab.

Einbau

9 Der Einbau entspricht der umgekehrten Ausbaureihenfolge.

27 Armaturenbrett-Komponenten – Ausbau und Einbau

Handschuhfach

1 Hebeln Sie den Dichtstreifen am rechten Enden des Armaturenbretts ab und entfernen Sie rechts die Blende (siehe Abbildung).

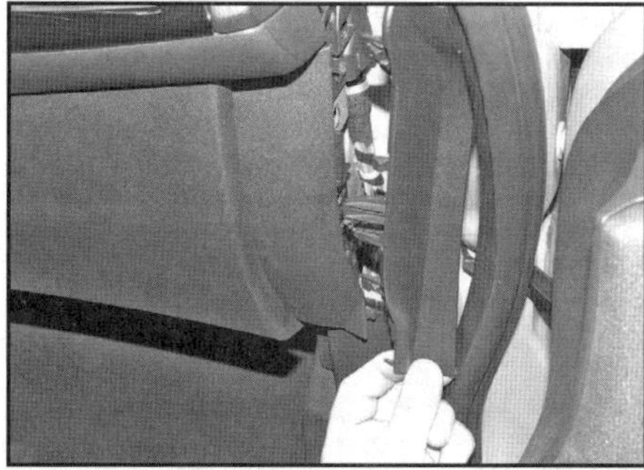

27.1 Befreien Sie die Blende vom Armaturenbrett.

2 Öffnen Sie das Handschuhfach und lösen Sie den Deckel der Sicherungsbox (siehe Abbildung).

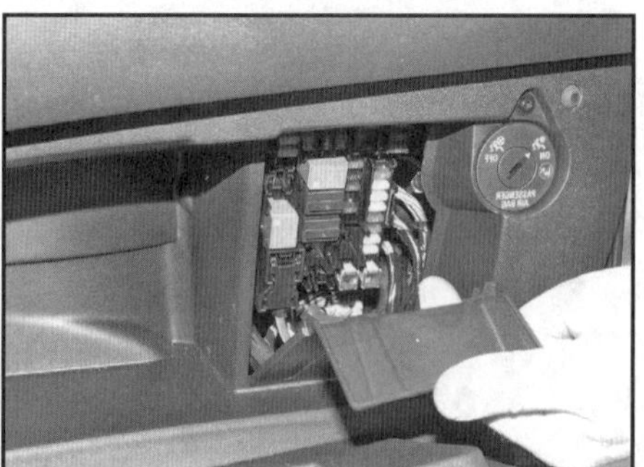

27.2 Öffnen Sie das Handschuhfach und lösen Sie den Deckel der Sicherungsbox.

3 Lösen Sie die vier Schrauben, die das Handschuhfach im Armaturenbrett sichern (siehe Abbildung).

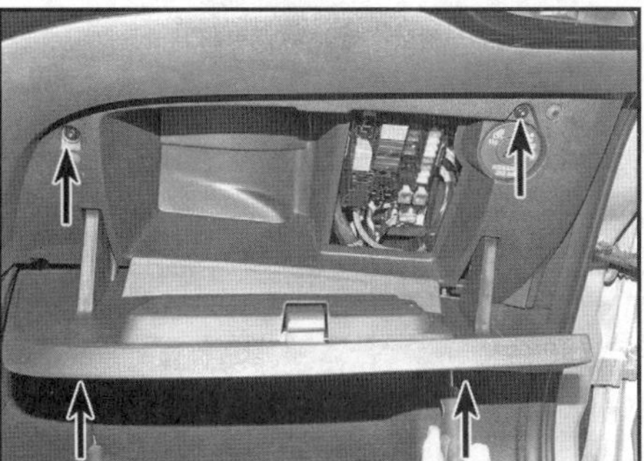

27.3 Handschuhfach-Schrauben

4 Ziehen Sie das Handschuhfach aus dem Armaturenbrett, trennen Sie dabei den Airbag-Stecker und ggf. den Stecker der Handschuhfachbeleuchtung. Das Handschuhfach kann jetzt aus dem Fahrzeug befreit werden (siehe Abbildung).

27.4 Ziehen Sie das Handschuhfach aus dem Armatutrenbrett, trennen Sie dabei alle vorhandenen Stecker.

5 Der Einbau entspricht der umgekehrten Ausbaureihenfolge.

Armaturenbrett-Verkleidung (mit rechtem Lüftungsgitter)

6 Trennen Sie den Masseanschluss (–) der Batterie (siehe Kapitel 5A, Sektion 4).
7 Hebeln Sie die Verkleidung ab und entfernen Sie sie.

27.7 Hebeln Sie die Armaturenbrett-Verkleidung ab.

8 Der Einbau entspricht der umgekehrten Ausbaureihenfolge.

Display-Blende

9 Entfernen Sie die Armaturenbrettverkleidung (siehe oben).

10 Lösen Sie die zwei Schrauben oben an der Display-Blende (siehe Abbildung).

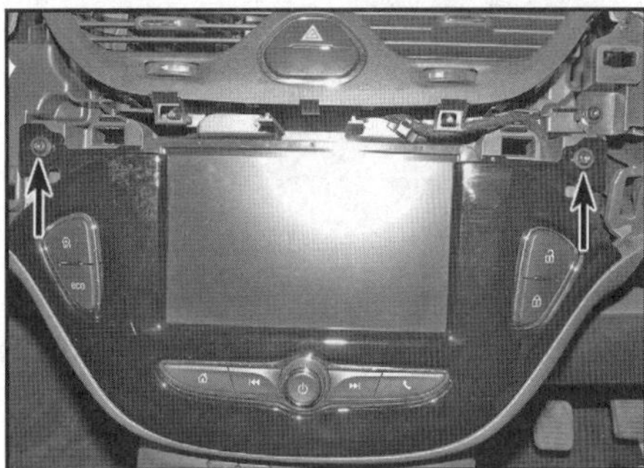

27.10 Obere Schrauben der Display-Blende

11 Hebeln Sie die Blende mithilfe eines flachen Werkzeugs aus ihren Aufnahmen (A).

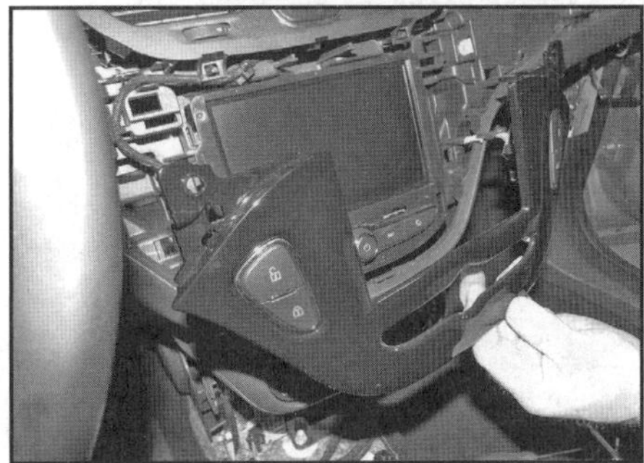

27.11 Hebeln Sie die Blende aus ihren Aufnahmen.

12 Trennen Sie die Stecker der in der Blende sitzenden Schalter (siehe Abbildung).

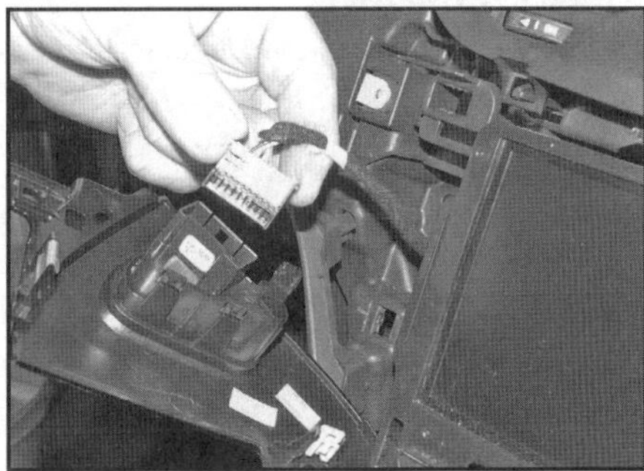

27.12 Trennen Sie die Stecker der Blenden-Schalter.

13 Der Einbau entspricht der umgekehrten Ausbaureihenfolge.

Zentrales Lüftungsgitter

14 Entfernen Sie die Armaturenbrettverkleidung (siehe oben).
15 Befreien Sie das Lüftungsgitter von den Laschen des Armaturenbretts (siehe Abbildung).

27.15 Befreien Sie das Lüftungsgitter ...

16 Trennen Sie den Stecker des Warnblinkschalters (siehe Abbildung).

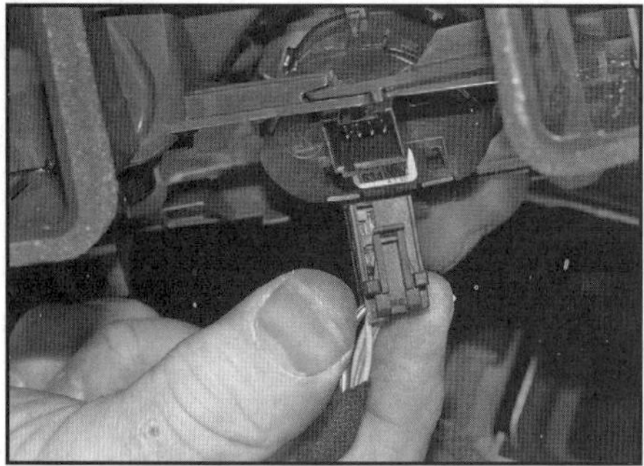

27.16 ... und trennen Sie den Stecker des Warnblinkschalters.

17 Der Einbau entspricht der umgekehrten Ausbaureihenfolge.

Untere linke Abdeckung

18 Hebeln Sie die linke Armaturenbrett-Blende ab (siehe Abbildung).

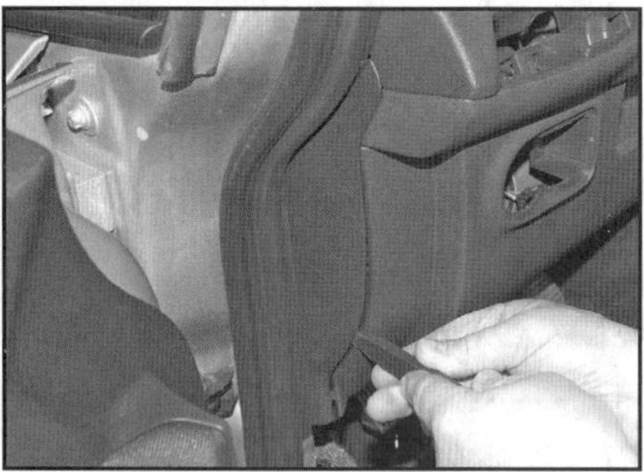

27.18 Befreien Sie die Blende vom Armaturenbrett.

19 Hebeln Sie den Lichtschalter heraus, trennen Sie seinen Kabelstecker und lösen Sie die dahinter sitzende Befestigungsschraube (siehe Abbildung).

27.19 Befreien Sie den Lichtschalter und lösen Sie die obere Befestigungsschraube.

20 Entfernen Sie die Kappen von den unteren Befestigungsschrauben und lösen Sie diese aus dem Armaturenbrett (siehe Abbildung).

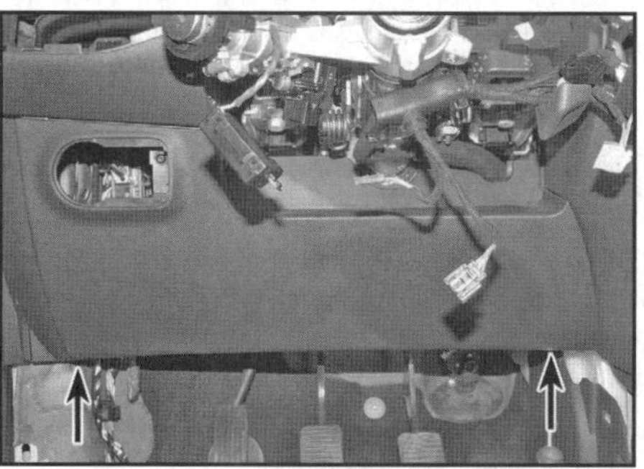

27.20 Entfernen Sie die Schrauben unten aus dem Armaturenbrett – gezeigt bei demontiertem Lenkrad.

21 Ziehen Sie die Abdeckung ab, um die oberen Laschen zu befreien, und entnehmen Sie sie dann.
22 Ziehen sie an der Rückseite der Abdeckung den Sockel des Diagnosesteckers heraus (siehe Abbildung).

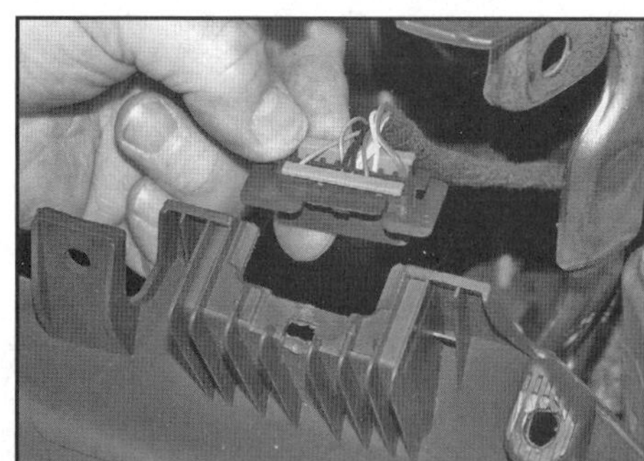

27.22 Ziehen sie den Sockel des Diagnosesteckers ab.

23 Der Einbau entspricht der umgekehrten Ausbaureihenfolge.

Oberes Lautsprecher-Gitter

24 Hebeln Sie das Gitter vorsichtig mit einem flachen Werkzeug ab und entnehmen Sie es (siehe Abbildung).

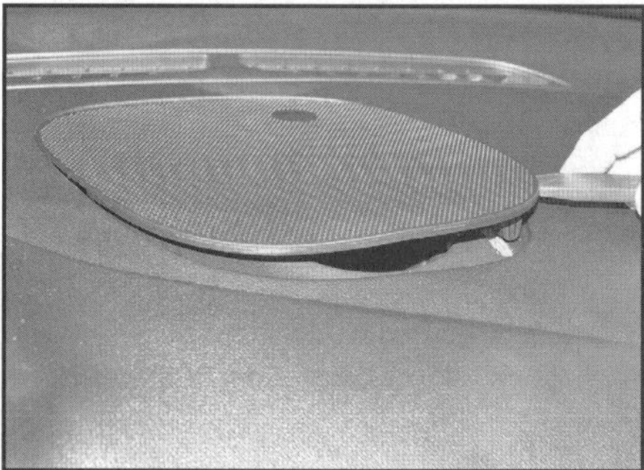

27.24 Hebeln Sie das Laufsprecher-Gitter ab.

25 Der Einbau entspricht der umgekehrten Ausbaureihenfolge.

Lenksäulen-Verkleidungen

26 Entfernen Sie die Armaturenbrett-Verkleidung (siehe Schritte 6 und 7).
27 Entfernen Sie das zentrale Lüftungsgitter (siehe Schritte 14 bis 16).
28 Entfernen Sie das linke Lüftungsgitter.
29 Lösen Sie die Schrauben an beiden Seiten der oberen Verkleidung (siehe Abbildung).

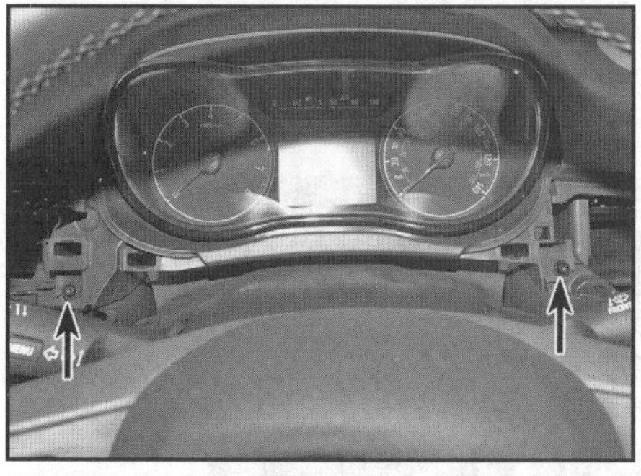

27.29 Schrauben der oberen Lenksäulen-Verkleidung

30 Hebeln Sie die obere Verkleidung mit einem flachen Werkzeug von der unteren ab (siehe Abbildung).

27.30 Hebeln Sie die obere Lenksäulen-Verkleidung von der unteren ab.

31 Drehen Sie das Lenkrad jeweils eine Viertelumdrehung nach links und rechts, um Zugang zu den Schrauben der unteren Verkleidung zu erhalten, und lösen Sie diese (siehe Abbildung).

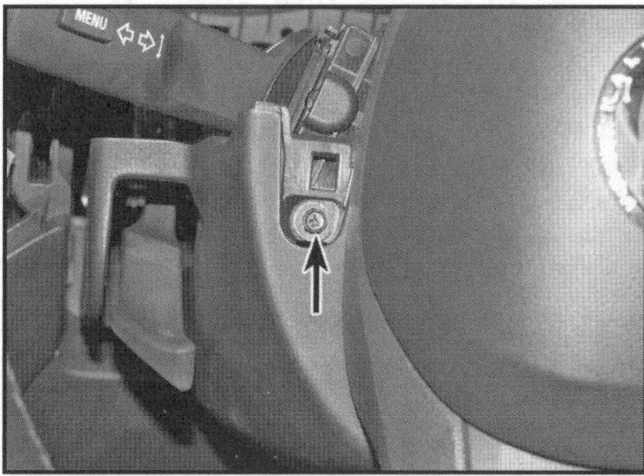

27.31 Lösen Sie an beiden Seiten die Schrauben der unteren Lenksäulen-Verkleidung.

32 Lösen Sie die untere Schraube der unteren Lenksäulen-Verkleidung (siehe Abbildung).

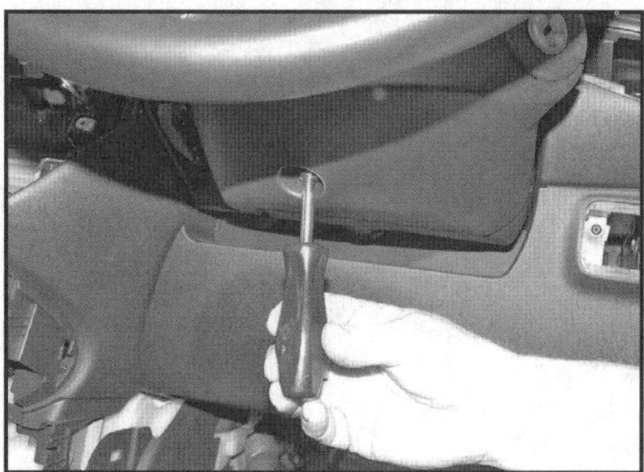

27.32 Lösen Sie die untere Schraube der unteren Lenksäulen-Verkleidung.

33 Heben Sie die untere Lenksäulen-Verkleidung an und entfernen Sie sie (siehe Abbildung).

27.33 Heben Sie die untere Lenksäulen-Verkleidung an und entfernen Sie sie.

34 Der Einbau entspricht der umgekehrten Ausbaureihenfolge.

Komplette Armaturenbrett-Baugruppe

Praxis-Tipp

Beschriften Sie alle getrennten Kabelstecker entsprechend ihrer Komponenten, um beim Einbau alles richtig verlegen und durch diverse Öffnungen des Armaturenbretts führen zu können.

35 Trennen Sie den Masseanschluss (–) der Batterie (siehe Kapitel 5A, Sektion 4).
36 Entfernen Sie die Mittelkonsole (siehe Sektion 26).

37 Demontieren die folgenden in Sektion 25 erwähnten Verkleidungen:
a) A-Säulen-Verkleidungen (an beiden Seiten)
b) Schweller-Verkleidungen (an beiden Seiten)
c) Mittlere Fußraum-Verkleidungen (an beiden Seiten)
38 Lösen Sie an beiden Seiten der unteren Armaturenbretthalterung die Mutter und die zwei Schrauben (siehe Abbildung).

27.38 Mutter und zwei Schrauben einer unteren Armaturenbretthalterung

39 Demontieren Sie das Lenkrad (siehe Kapitel 10, Sektion 14).
40 Demontieren Sie die zuvor in dieser Sektion erwähnten Armaturenbrett-Komponenten:
a) Handschuhfach
b) Zentrale Displayblende
c) Lüftungsgitter
d) Untere linke Abdeckung
e) Lenksäulen-Verkleidungen
41 Befreien Sie an beiden Seiten den Spreizniet des Fußraum-Lüftungskanals und entfernen Sie diesen (siehe Abbildungen).

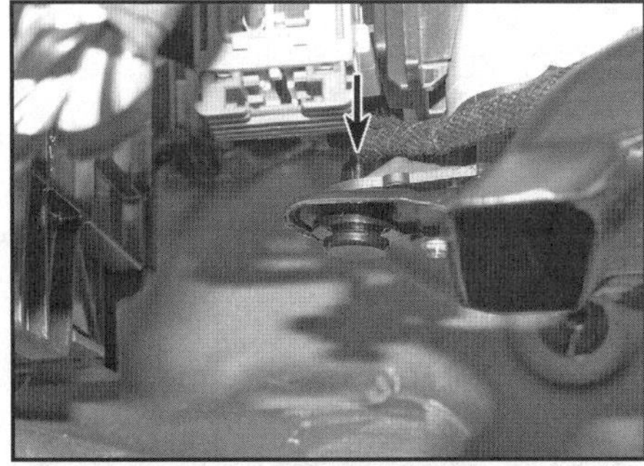

27.41a Befreien Sie den Spreizniet ...

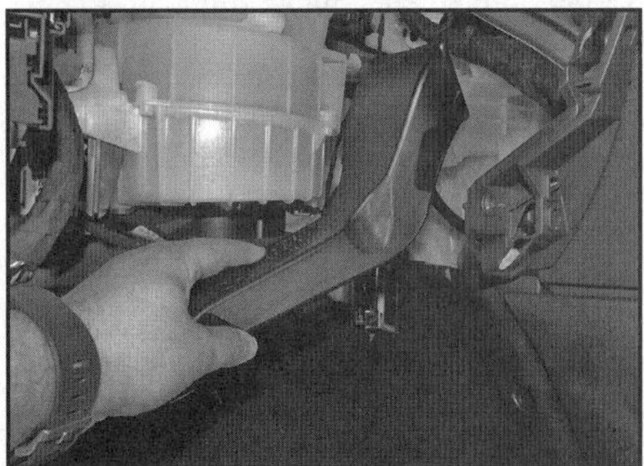

27.41b ... und entfernen Sie den Fußraum-Lüftungskanal.

42 Demontieren die folgenden in Kapitel 12 erwähnten Verkleidungen:
a) Lenksäulen-Steuermodul
b) Instrumenten-Baugruppe
c) Audio-Einheit
d) Beifahrer-Airbag
43 Lösen und befreien Sie den Rahmen der Audio-Einheit aus der Armaturenbrett-Öffnung.
44 Demontieren Sie die Heizungsregler (siehe Kapitel 3, Sektion 9).
45 Entfernen Sie an beiden Seiten des Armaturenbretts die Blenden (Abb. 27.1 und 27.18).
46 Trennen Sie die zwei Stecker des Zigarettenanzünders bzw. der Bordsteckdose.
47 Lösen Sie die folgenden Schrauben, die das Armaturenbrett an der Querstrebe sichern (siehe Abbildungen):
a) je eine seitliche Schraube links und rechts
b) je eine untere vordere Schraube links und rechts
c) eine Schraube in der zentralen Lüftungsgitter-Öffnung

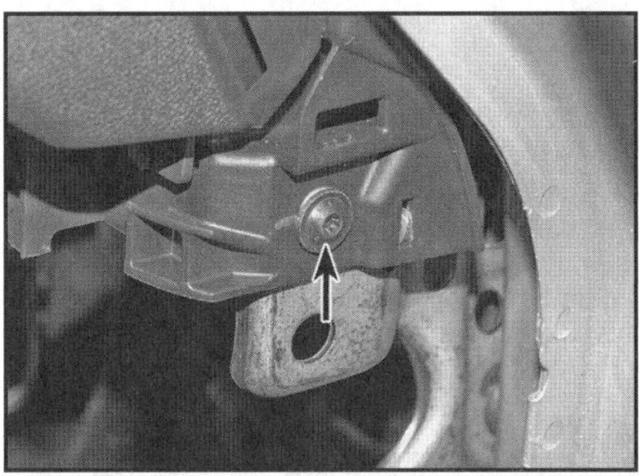

27.47a Lösen Sie die Schrauben links und rechts am Armaturenbrett, ...

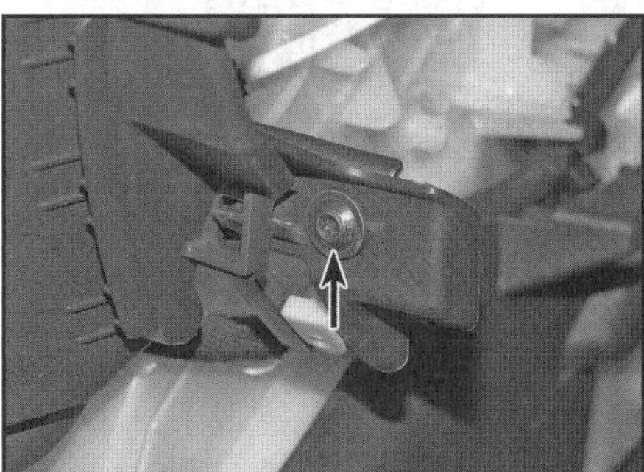

27.47b ... die unteren Schrauben links und rechts ...

27.47c ... und die Schraube in der zentralen Lüftungsgitter-Öffnung.

48 Heben Sie das Armaturenbrett mithilfe eines Assistenten ab, prüfen Sie, ob alle Stecker getrennt sind und befreien Sie die Baugruppe aus dem Fahrzeug.
49 Der Einbau entspricht der umgekehrten Ausbaureihenfolge – alle Kabelstecker müssen gut gesichert und alle Schrauben sorgfältig angezogen werden.

Armaturenbrett-Querträger

Anmerkung: *Beachten Sie den Praxis-Tipp vor Schritt 35.*

50 Demontieren Sie die Armaturenbrett-Baugruppe (siehe oben).

51 Demontieren Sie die Lenksäule (siehe Kapitel 10, Sektion 15).

52 Öffnen Sie die Arretierungen der drei Hauptkabelbaum-Stecker an der Sicherungs- und Relaisbox – dies sind die drei unteren Stecker im Siebener-Block. Trennen Sie auch den kleinen Kabelbaum-Stecker unter den Sicherungen.

53 Öffnen Sie rechts im Fußraum die Arretierung des Kabelbaum-Steckers und trennen Sie diesen.

54 Öffnen Sie mittig am Querträger die Arretierung des Steckers am Airbag-Steuergerät und trennen Sie diesen.

55 Lösen Sie hinter dem Airbag-Steuergerät und im Beifahrer-Fußraum die Muttern der Massekabel und trennen Sie diese (siehe Abbildung).

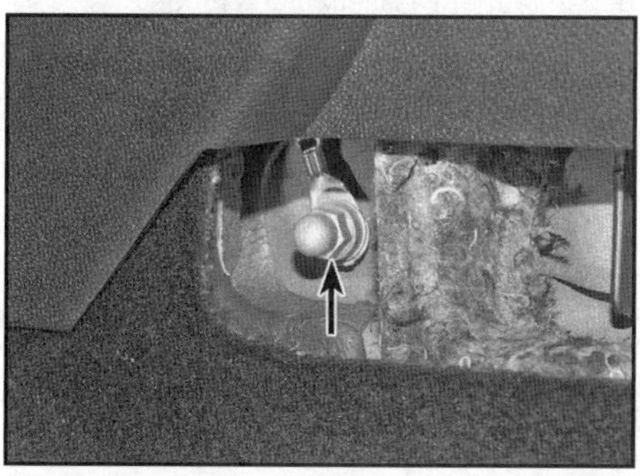

27.55 Massekabel-Befestigung im Beifahrer-Fußraum

56 Trennen Sie rechts im Fahrerfußraum den Kabelbaumstecker.

57 Lösen Sie die vier Schrauben, die den Armaturenbrett-Querträger an der Heizungs-Baugruppe sichern (siehe Abbildungen):

a) eine Schraube seitlich am Gebläsemotor-Gehäuse
b) zwei Schrauben oben in der Mitte
c) Eine untere Schraube über dem Airbag-Steuergerät

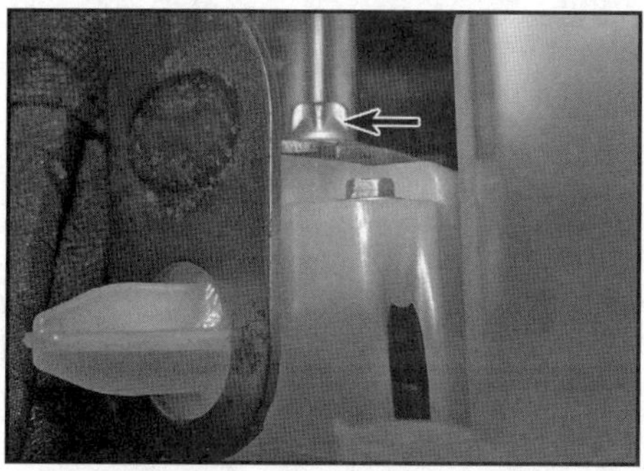

27.57a Lösen Sie die Schraube seitlich am Gebläsemotor-Gehäuse, ...

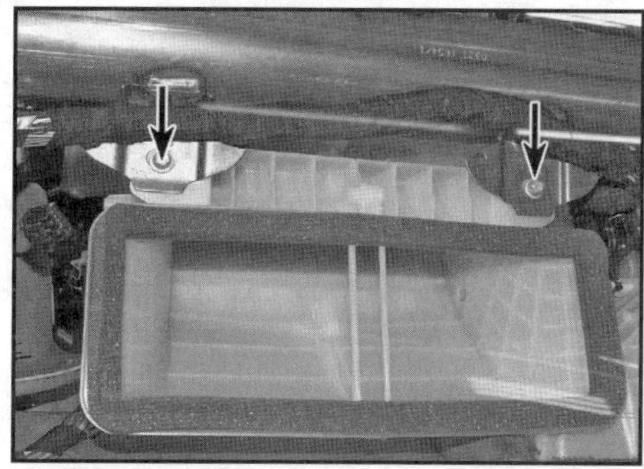

27.57b .... die zwei Schrauben oben in der Mitte ...

27.57c .... und die untere Schraube über dem Airbag-Steuergerät.

58 Lösen Sie nach dem Öffnen der Türen die von außen zugänglichen Schrauben, die den Querträger an der A-Säue sichern (siehe Abbildung) – sie lassen sich nicht komplett entfernen, aber aus dem Querträger herausdrehen.

27.58 Schraube, die den Querträger von außen an der A-Säue sichert

59 Heben Sie den Querträger mithilfe eines Assistenten ab, prüfen Sie, ob alle Stecker getrennt sind und befreien Sie ihn aus dem Fahrzeug.

60 Schrauben Sie nach dem Ausbau des Querträgers die aus Kunststoff bestehenden Führungshülsen von den A-Säulen-Schrauben und verbinden Sie sie mit den Käfigmuttern des Querträgers.

61 Der Einbau entspricht der umgekehrten Ausbaureihenfolge – alle Kabelstecker müssen gut gesichert und alle Schrauben sorgfältig angezogen werden.

Kapitel 12

Fahrzeug-Elektrik

Inhalt — Sektion

Technische Daten

System-Typ	12 Volt, Minus an Masse
Sicherungen	siehe Sicherungsdeckel

Lampen	**Leistung (Watt)**
Blinker	21
Blinker-Seitenleuchte	5
Innenbeleuchtung	10
Scheinwerfer	55 (H7)
Tagfahrlicht/Standlicht	21/5
Kennzeichenbeleuchtung	10
Nebelscheinwerfer	55
Nebelschlusslicht	21
Rückfahrleuchte	21
Brems-/Rücklicht	21/5

Anmerkung: *Die Wattleistung aller Lampen ist an ihrem Sockel angegeben.*

Anzugsdrehmomente	**Nm**
Airbag-Steuergerät-Muttern	10
Lenksäulen-Steuermodul-Klemmschraube	15

Schwierigkeitsgrade

Leicht. Geeignet für Anfänger mit wenig Erfahrung. 	**Relativ leicht.** Geeignet für Anfänger mit etwas Erfahrung. 	**Relativ schwierig.** Geeignet für geübte Selbstschrauber. 	**Schwer.** Geeignet für Selbstschrauber mit viel Erfahrung. 	**Sehr schwer.** Geeignet für Experten und Profis. 

1 Allgemeine Informationen und Warnhinweise

Warnung: Bevor an der Elektrik gearbeitet wird, müssen die Hinweise in der Sektion »Sicherheit geht vor!« am Anfang dieses Handbuchs sowie am Anfang von Kapitel 5A, Sektion 1 durchgelesen werden.

1 Die Fahrzeug-Elektrik wird mit 12 Volt Spannung versorgt, Minus geht an Masse. Die Stromversorgung übernimmt ein Blei-Säure-Akkumulator, der von der Lichtmaschine geladen wird.

2 Dieses Kapitel beinhaltet Reparaturen und Wartungsarbeiten an den verschiedenen elektrischen Systemen, die nicht mit dem Ladesystem und der Motorsteuerung zu tun haben – diese finden sich in den Kapitel 5A oder B).

Warnhinweise

Warnung: Bevor an der Elektrik gearbeitet wird, muss das Massekabel (–) der Batterie getrennt werden, um Kurzschlüsse und dadurch entstehende Brände zu verhindern – beachten Sie dazu die Hinweise in Kapitel 5A, Sektion 4.

Warnung: Alle Modelle sind mit Airbags und per Pyrotechnik aktivierten Gurtstraffern ausgerüstet – beachten Sie daher bei Arbeiten an der Elektrik die Warnhinweise in Sektion 21, um die Systeme nicht auszulösen und kein Verletzungsrisiko einzugehen.

2 Elektrik-Fehlersuche – Allgemeine Informationen

Anmerkung: *Beachten Sie vor Arbeitsbeginn die Warnhinweise in Sektion 1. Die folgenden Tests beziehen sich auf Kontrollen der Hauptstromkreise und dürfen nicht bei empfindlichen Elektronik-Bauteilen wie dem ABS- oder anderen Steuergeräten durchgeführt werden.*

Allgemeines

1 Ein typischer Stromkreis besteht aus einem Verbraucher, entsprechenden Schaltern, Relais und Motoren sowie Kabeln und Steckern, die das Bauteil mit der Batterie und der Karosserie (Masse) verbinden. Zur Lokalisierung eines Problems und als Hilfe bei den Kabelfarben können die Schaltpläne am Ende des Kapitels beachtet werden.

2 Bevor Sie einen defekten Stromkreis untersuchen, müssen Sie den Schaltplan studieren, um ein vollständiges Bild über die Bestandteile des Stromkreises zu erhalten. Probleme können beispielsweise dadurch eingekreist werden, indem man andere zum Stromkreis gehörende Komponenten auf ihre Funktion überprüft. Wenn mehrere Komponenten eines Stromkreises gleichzeitig ausfallen, ist es sehr wahrscheinlich, dass der Fehler in der Sicherung oder einem defekten Masseanschluss liegt, da mehrere Stromkreise oftmals an derselben Sicherung oder Masse angeschlossen sind.

3 Elektrikprobleme sind oftmals auf Kleinigkeiten wie lockere oder korrodierte Stecker, eine durchgebrannte Sicherung oder ein defektes Relais zurückzuführen. Bevor Komponenten getestet werden, sollten stets die Sicherungen, Kabel und Stecker des betroffenen Stromkreises einer Sichtkontrolle unterzogen worden sein. Damit das Problem lokalisiert werden kann, müssen mithilfe der Schaltpläne die richtigen Anschlüsse überprüft werden.

4 Für Kontrollen am elektrischen System empfiehlt sich ein Multimeter – ein Mehrfachmessgerät, mit dem sich Spannungs-, Stromstärken- und Widerstandsmessungen durchführen lassen. Leicht ablesbare digitale Ausführungen sind nicht teuer. Für einfache Prüfungen reicht auch ein Durchgangstester oder eine Prüflampe, doch können hiermit keine Messungen vorgenommen werden. Für manche Messungen werden zudem Überbrückungskabel benötigt, mit denen Verbraucher direkt an die Batterie geklemmt werden können. Bevor versucht wird, ein Problem mit Prüfgeräten zu lokalisieren, muss mithilfe der Schaltpläne herausgefunden werden, wo diese angeschlossen werden müssen.

5 Um die Ursache einer unterbrochenen Leitung zu entdecken (üblicherweise eine korrodierte oder verschmutzte Steckverbindung oder eine beschädigte Kabelisolierung), kann ein »Wackeltest« hilfreich sein; hierbei wird von Hand an Kabeln gewackelt, um festzustellen, ob dabei der Fehler auftritt oder kurzzeitig behoben wird. Hierbei sollte es möglich sein, die Fehlerquelle auf eine begrenzte Sektion des Kabels einzugrenzen. Diese Prüfmethode kann zusammen mit den in den folgenden Untersektionen beschriebenen Tests verwendet werden.

6 Abgesehen von Problemen aufgrund schlechter Verbindungen können in einem elektrischen Stromkreis zwei grundlegende Fehlertypen auftreten: eine Stromkreisunterbrechung und ein Kurzschluss.

7 Stromkreisunterbrechungen können durch Kabelbrüche, abgerissene oder abgezogene Stecker irgendwo im Stromkreis hervorgerufen werden, sodass der Strom nicht mehr fließt. Eine Stromkreisunterbrechung hindert eine Komponente an der Funktion, sorgt aber nicht dafür, dass eine Sicherung durchbrennt.

8 Bei Kurzschlüssen findet der Strom eine Abkürzung, um nicht durch die elektrische Komponente, sondern direkt zu Masse zu fließen. Kurzschluss-Fehler entstehen üblicherweise durch eine defekte Kabelisolierung, sodass ein Stromkabel direkt mit einer mit Masse verbundenen Komponente oder der Karosserie in Kontakt kommt. Ein Kurzschluss-Fehler sorgt normalerweise dafür, dass die entsprechende Stromkreis-Sicherung durchbrennt.

Durchgangsprüfungen

9 Bei diesem Test wird ermittelt, ob der Strom durch einen Stromkreis fließen kann. Zum Testen eignen sich ein Durchgangsprüfer (der bei geschlossenem Stromkreis piept) oder das auf den Ohm-Messbereich geschaltete Multimeter. Beide Geräte arbeiten mit einer eigenen Stromversorgung, sodass die Zündung abgeschaltet sein muss. Zur Sicherheit sollte auch der Masseanschluss (–) der Batterie getrennt werden – ganz besonders, wenn das Zündsystem überprüft wird.

10 Schalten Sie das Multimeter auf die Durchgangsfunktion (falls vorhanden) oder den Ohm-Messbereich. Halten Sie die beiden Spitzen der Prüfkabel zusammen – das Gerät sollte jetzt durch Piepen oder eine angezeigte Null Durchgang erkennen lassen. Schalten Sie nach dem Prüfen das Gerät aus, damit sich die Batterie nicht entlädt.

11 Ein Durchgangsprüfer kann auf die gleiche Weise benutzt werden – entweder piept er oder eine Lampe leuchtet auf, wenn Durchgang besteht.

12 Bei normalen Durchgangsprüfungen ist die Polarität des Messgerätes egal, allerdings muss beim Prüfen von Dioden oder Magnetschaltern darauf geachtet werden, den genauen Hinweisen über das Verbinden des Plus- und des Minus-Kabels zu folgen.

Durchgangsprüfung am Schalter

13 Scheint ein Schalter defekt zu sein, müssen seine Kabel bis zum Stecker verfolgt werden. Trennen Sie den Stecker

und überprüfen Sie, ob seine Kontakte in Ordnung sind. Verschmutzte oder korrodierte Kontakte können Gründe für das Problem sein – reinigen Sie sie und versehen Sie sie mit etwas wasserverdrängendem Lösungsmittel wie WD40 oder Kontaktreiniger und geeignetem Schutzspray.
14 Wird ein Multimeter verwendet, muss es entweder auf die Durchgangsfunktion (falls vorhanden) oder den Ohm-Messbereich geschaltet werden, dann werden die Prüfkabel-Spitzen mit den Steckerkontakten verbunden. Einfache An/Aus-Schalter wie Bremslichtschalter haben nur zwei Kontakte, während kombinierte Schalter wie diejenigen am Armaturenbrett oft über mehrere Kabelkontakte verfügen. Studieren Sie den entsprechenden Schaltplan (am Ende dieses Kapitels), um sicherzustellen, dass an den korrekten Kabelkontakten geprüft wird. Bei eingeschaltetem Schalter muss Durchgang bestehen, bei ausgeschaltetem Schalter darf kein Durchgang bestehen.

Durchgangsprüfung bei Kabeln

15 Viele elektrische Probleme sind auf beschädigte Kabel zurückzuführen, was oft an einer falschen Verlegung, Quetschung bei falscher Montage von Teilen sowie lockeren oder korrodierten Steckern liegt.
16 Eine Durchgangsprüfung kann an einem einzelnen Kabel durchgeführt werden, nachdem man es an beiden Enden getrennt und hier die Prüfklemmen angeschlossen hat. Ist ein Kabel in Ordnung, wird Durchgang angezeigt – besteht dieser nicht, wird das Kabel irgendwo gebrochen sein.
17 Um den Durchgang eines Massekabels zu Masse zu prüfen, wird eine Prüfklemme an den Massekontakt des Steckers und die andere an die Karosserie, den Motor oder (bei angeschlossenem Massekabel) an den Minuspol der Batterie gehalten. Sind das Kabel und sein Massekontakt in Ordnung, wird Durchgang angezeigt. Wird kein Durchgang festgestellt, wird ein Kabel gebrochen sein oder einen schlechten Massekontakt haben (siehe unten).

Spannungsprüfungen

18 Eine Spannungsprüfung kann belegen, ob der Strom einen Verbraucher erreicht. Schalten Sie das Multimeter auf den Volt-Messbereich für Gleichstrom (DC), um die Spannung des Gleichrichters oder hinter der Batterie zu prüfen, schalten sie es auf AC (Wechselstrom), um die Spannung der Lichtmaschine zu messen. Für den Gleichstrombereich kann auch eine einfache Prüflampe verwendet werden, doch das Messgerät hat den Vorteil, den Wert der Spannung anzuzeigen.
19 Verbinden Sie die Prüfklemmen parallel zur vorhandenen Verkabelung.
20 Identifizieren Sie zuerst den entsprechenden Stromkreis mithilfe des Schaltplans am Ende dieses Kapitels.
21 Wird ein Messgerät eingesetzt, muss zunächst sichergestellt sein, dass die Prüfklemmen korrekt daran angeschlossen sind – rot an Plus (+), schwarz an Minus (–). Schalten Sie das Messgerät auf den gewünschten Bereich (z. B. 0 bis 20 Volt DC). Verbinden Sie die rote Plusklemme mit dem stromführenden Kabel und die schwarze Minusklemme mit Masse am Motor oder der Karosserie oder dem Minuspol der Batterie. Bei eingeschalteten Schaltern muss beispielsweise Batteriespannung oder ein anderer in den technischen Daten angegebener Wert angezeigt werden.
22 Wird eine Prüflampe eingesetzt, muss die Plusklemme mit dem stromführenden Kabel und die Minusklemme mit Masse an Motor oder Karosserie oder dem Minuspol der Batterie verbunden werden – bei eingeschaltetem Stromkreis muss die Lampe leuchten.
23 Liegt keine Spannung an, muss man sich zur Stromquelle (z. B. der Batterie) vorarbeiten, um herauszufinden, wo das Problem liegt.

Masseprüfung

24 Masseverbindungen gibt es entweder direkt zur Befestigung an der Karosserie oder dem Motor (wie z. B. den Anlasser oder Zündspulen, die nur einen Steckerkontakt für Plus haben) oder über Kabel zum Massekabel an der Batterie. Auch kann ein kurzes Kabel vom Verbraucher direkt zur Karosserie verlegt sein. Das Bauteil und/oder die Karosserie ist also Teil des Stromkreises, sodass lockere oder korrodierte Verbindungen auch für elektrische Defekte – vom Totalausfall eines Stromkreises bis zu einem kniffligen Teilausfall – verantwortlich sind. Lampen können schwächer leuchten (vor allem, wenn andere Verbraucher in Betrieb sind, die den gleichen Massepunkt nutzen), Motoren (Scheibenwischer, Kühlventilator) langsamer laufen und der Betrieb eines Stromkreises kann eine scheinbar unzusammenhängende Wirkung auf einen anderen haben. Isolierte Komponenten wie die elastisch aufgehängte Motor/Getriebe-Einheit werden mithilfe von Massebändern mit der Karosserie verbunden (siehe Abbildungen).

2.24a Das Haupt-Massekabel von der Batterie ist links des Motorraums mit der Karosserie verbunden, ...

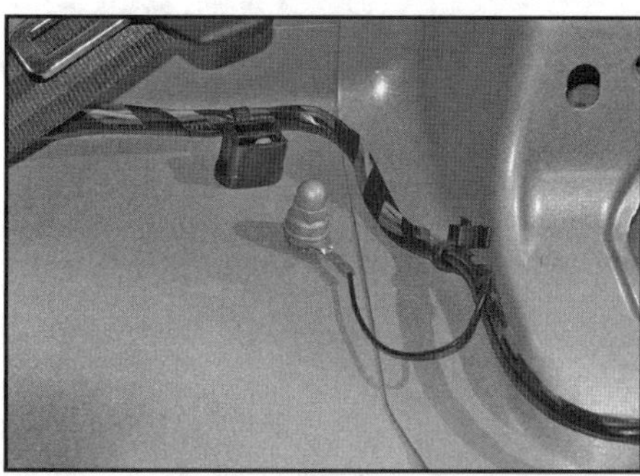

2.24b ... während andere Massepunkte an der hinteren rechten Seitenwand, ...

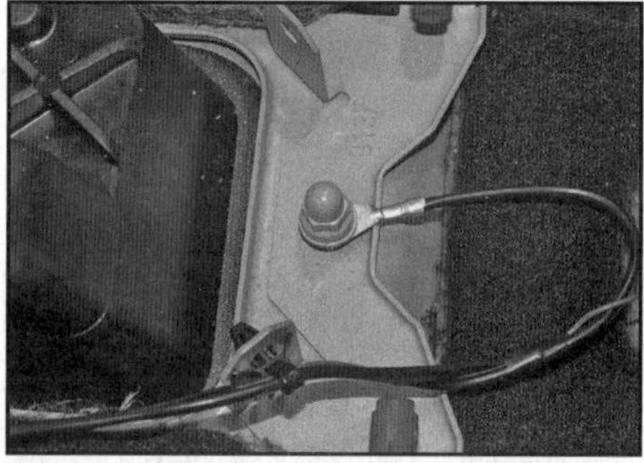

2.24c ... hinter dem Schalt- oder Wahlhebel, ...

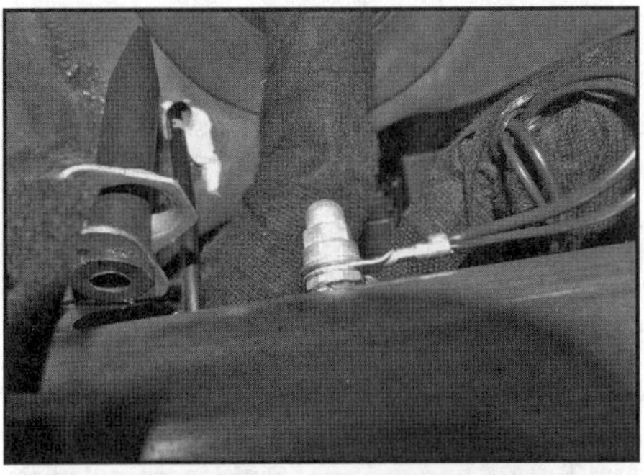

2.24d ... an der Armaturenbrett-Querstrebe, ...

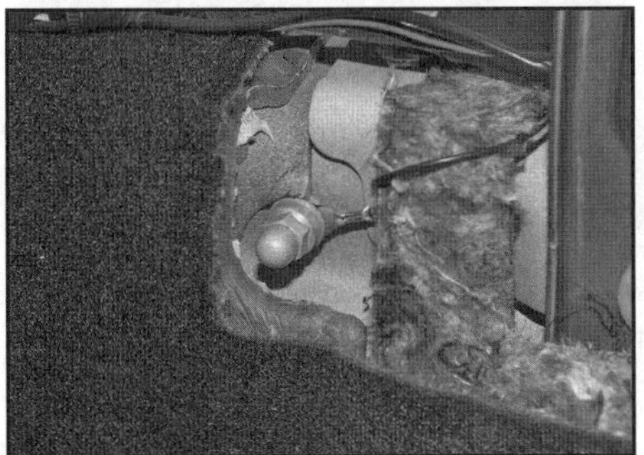

2.24e ... an beiden Seiten der Mittelkonsolen-Aufnahme, ...

2.24f ... am linken ...

2.24g ... und am rechten vorderen Karosserie-Ausleger vorhanden sind.

25 Korrosion ist genauso ein verbreiteter Grund für eine schlechte Masseverbindung, wie es lockere Anschlüsse sind.
26 Fallen alle oder mehrere Verbraucher gleichzeitig aus, muss die Festigkeit des Haupt-Massekabels (–) an der Batterie überprüft werden, außerdem sind das an den Motor geschraubte Massekabel sowie die Massepunkte an der Karosserie zu kontrollieren. Bei Korrosion muss der Anschluss freigelegt und gereinigt werden, bis wieder blankes Metall zum Vorschein kommt. Verbinden Sie den Anschluss und tragen Sie etwas Polfett auf, um weiterem Rost vorzubeugen.
27 Um einen Verbraucher auf guten Masseschluss zu prüfen, muss sein Massekontakt oder sein Gehäuse übergangsweise mithilfe eines Überbrückungskabels mit der Karosserie verbunden werden – arbeitet der Verbraucher jetzt, ist sein Masseschluss defekt.
28 Prüfen Sie bei einem Massekabel zunächst seine Anschlüsse auf Korrosion und lockere Kontakte, kontrollieren Sie dann das Kabel auf Durchgang (siehe Schritt 13).

Praxis-Tipp

Bedenken Sie immer: Ein elektrischer Stromkreis soll Strom von der Quelle (der Batterie) durch Kabel, Schalter, Relais usw. zum Verbraucher (Lampe, Anlasser etc.) leiten, von dort aus geht es über die Masseverbindung zurück zur Batterie. Elektrische Probleme sind im wesentlichen Unterbrechungen dieses Stromflusses.

3 Sicherungen und Relais – Allgemeine Informationen

Sicherungen

1 Die Haupt-Sicherungen finden sich hinter einer Abdeckung im Handschuhfach und links im Motorraum. Bei umfangreich ausgerüsteten Modellen sind weitere Sicherungen und Relais in einer Box links im Kofferraum untergebracht.
2 Um Zugang zu den Sicherungen im Handschuhfach zu erhalten, muss dies geöffnet und die Abdeckung der Sicherungsbox entfernt werden (siehe Abbildung).

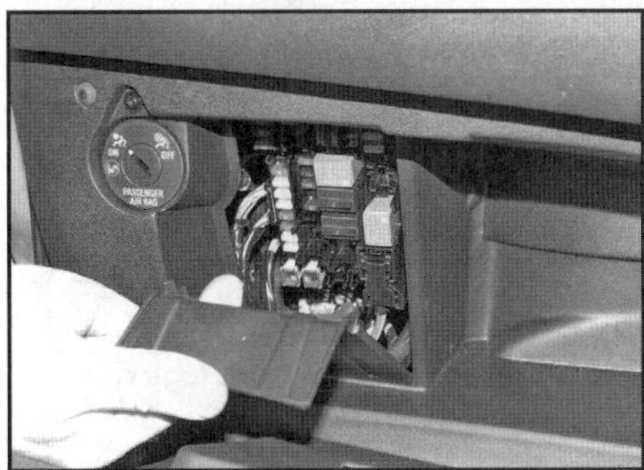

3.2 Öffnen Sie das Handschuhfach und entfernen Sie den Deckel der Sicherungsbox – gezeigt an einem Rechtslenker-Modell.

3 Um Zugang zu den Sicherungen im Motorraum zu erhalten, müssen die Laschen an beiden Seiten des Sicherungsdeckels gelöst und der Deckel abgehoben werden (siehe Abbildungen).

3.3a Sicherungs- und Relaisbox im Motorraum

3.3b Die Zuordnungen der Sicherungen und Relais sind im Deckel angegeben.

4 Bevor eine Sicherung ausgebaut wird, muss der entsprechende Stromkreis (oder die Zündung) abgeschaltet werden. Ziehen Sie die Sicherung mit dem beigefügten Werkzeug heraus (siehe Abbildung). Eine durchgebrannte Sicherung kann an ihrem unterbrochenen Draht erkannt werden.

3.4 Ziehen Sie die Sicherung mit dem beigefügten Werkzeug heraus.

5 Verwenden Sie nur Ersatzsicherungen der gleichen Absicherungsrate. Auch eine kurzzeitig eingesetzte »stärkere« Sicherung oder Notreparaturen mit einem Stück Draht können größere Schäden bis hin zum Brand nach sich ziehen. Sicherungen sind mit unterschiedlichen Farben durchgefärbt, die auf die Absicherungsrate hinweisen.
6 Falls eine neue Sicherung sofort wieder durchbrennt, muss vor einem erneuten Austausch die Ursache dafür gefunden werden. Übermäßig viel Strom fließt normalerweise aufgrund einer defekten Komponente oder eines Kurzschlusses (siehe Sektion 2). Führen Sie stets Ersatzsicherungen der entsprechenden Absicherungsraten mit – je eine von jeder Rate muss unten in der Sicherungsbox sitzen.

Relais

7 Die meisten Relais befinden sich in den Sicherungs- und Relaisboxen im Handschuhfach und im Motorraum.

8 Falls ein von einem Relais kontrollierter Stromkreis einen Fehler aufweist, der dem Relais zugeschrieben werden kann, muss er eingeschaltet werden – bei einem funktionsfähigen Relais sollte ein Klicken zu hören sein, sodass der Fehler in den Bauteilen oder der Verkabelung zu suchen ist. Falls das Relais nicht klickt, ist es entweder von der Stromversorgung getrennt oder weist einen internen Defekt auf. Ein Test erfolgt durch den Austausch gegen ein erwiesenermaßen funktionsfähiges Relais gleicher Bauart – andere Relais können genauso aussehen, aber unterschiedliche Kontaktbelegungen aufweisen.
9 Um ein Relais zu ersetzen, muss zunächst sichergestellt sein, dass die Zündung abgeschaltet ist. Ziehen Sie dann das Relais aus seinem Sockel und drücken Sie das neue Relais sorgfältig hinein.

4 Schalter – Ausbau und Einbau

Anmerkung: *Bevor ein Schalter demontiert wird, muss das Massekabel (–) der Batterie getrennt werden (siehe Kapitel 5A, Sektion 4), um Kurzschlüsse und dadurch entstehende Brände zu verhindern. Verbinden Sie nach dem Einbau der Batterie das Massekabel wieder.*

Zündschloss/Lenkschloss

Abdeckung

1 Entfernen Sie die obere und untere Lenksäulenabdeckung (siehe Kapitel 11, Sektion 27).
2 Trennen Sie den Zündschlossstecker (siehe Abbildung).

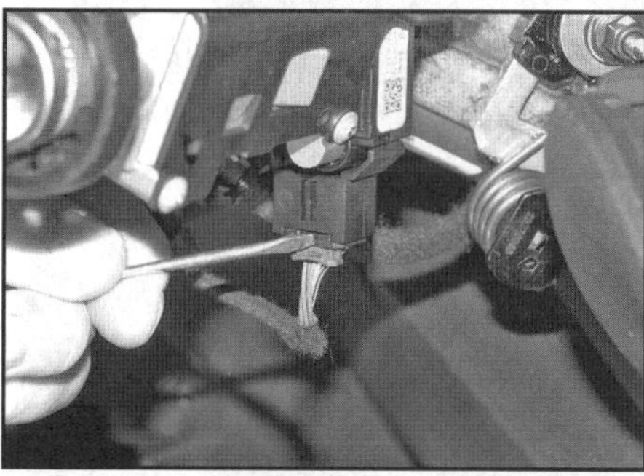

4.2 Ziehen Sie die rote Arretierung des Zündschloss-Steckers heraus und trennen Sie diesen.

3 Lösen Sie die drei Abscherschrauben der Abdeckung mithilfe eines Meißels oder bohren Sie sie aus (siehe Abbildung).

4.3 Die Schraubenköpfe können nur mit einem Meißel oder Bohrer gelöst werden.

4 Befreien Sie die Zündschlossabdeckung (siehe Abbildung).

4.4 Heben Sie die Zündschlossabdeckung ab.

5 Der Einbau entspricht der umgekehrten Ausbaureihenfolge – die drei neuen Spezialschrauben müssen so weit angezogen werden, bis ihre Köpfe abscheren.

Zündschloss

6 Trennen Sie den Masseanschluss (–) der Batterie (siehe Kapitel 5A, Sektion 4).
7 Entfernen Sie die Zündschlossabdeckung (siehe oben).
8 Lösen Sie die zwei Torxschrauben hinten am Zündschloss (siehe Abbildung).

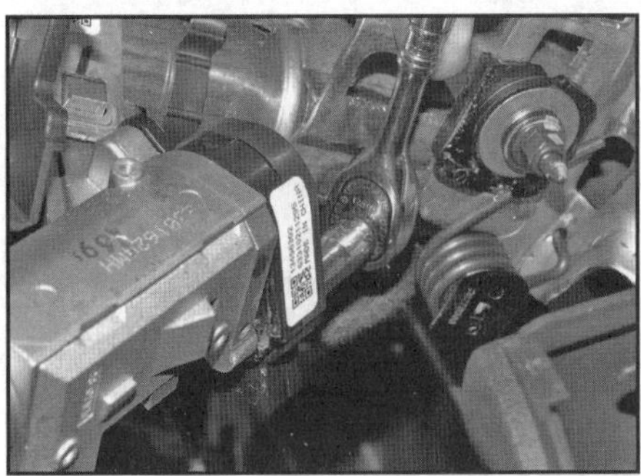

4.8 Lösen Sie die zwei Torxschrauben hinten am Zündschloss.

9 Befreien Sie das Zündschloss von der Lenksäule (siehe Abbildung).

4.9 Befreien Sie das Zündschloss von der Lenksäule.

10 Der Einbau entspricht der umgekehrten Ausbaureihenfolge – die drei neuen Spezialschrauben der Abdeckung müssen so weit angezogen werden, bis ihre Köpfe abscheren.

Schlosszylinder

11 Trennen Sie den Masseanschluss (–) der Batterie (siehe Kapitel 5A, Sektion 4).
12 Entfernen Sie die obere und untere Lenksäulenabdeckung (siehe Kapitel 11, Sektion 27).
13 Schieben Sie den Zündschlüssel ein und drehen Sie das Schloss auf die Position RUN.
14 Drücken Sie mit einem kleinen Schraubendreher oder Inbusschlüssel die versteckte Lasche oben am Schlosszylinder ein (siehe Abbildung).

4.14 Drücken Sie die Lasche oben am Schlosszylinder ein.

15 Befreien Sie den Schlosszylinder mithilfe des Zündschlüssels aus dem Zündschloss (siehe Abbildung).

4.15 Ziehen Sie den Schlosszylinder heraus.

16 Der Einbau entspricht der umgekehrten Ausbaureihenfolge – schieben Sie das Zündschloss ein, bis die Lasche einrastet, drehen Sie den Zündschlüssel und ziehen Sie ihn heraus.

Wegfahrsperre

17 Trennen Sie den Masseanschluss (–) der Batterie (siehe Kapitel 5A, Sektion 4).
18 Entfernen Sie den Zündschlosszylinder (siehe oben).
19 Lösen Sie unterhalb des Zündschlosses die zwei Befestigungsschrauben der Wegfahrsperren-Steuerung und trennen Sie ihren Stecker (siehe Abbildung).

4.19 Wegfahrsperren-Schrauben

20 Ziehen Sie den Transponderring der Wegfahrsperre über das Zündschloss ab (siehe Abbildung).

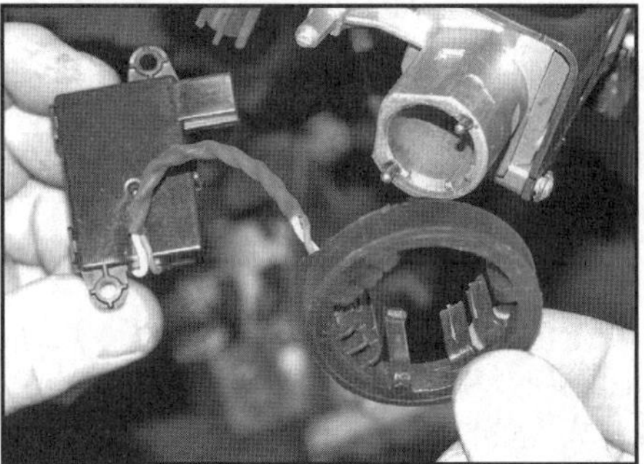

4.20 Ziehen Sie den Transponderring ab.

21 Entfernen Sie den Transponderring samt Wegfahrsperren-Steuerung ab.
22 Der Einbau entspricht der umgekehrten Ausbaureihenfolge

Zündschlossgehäuse

23 Entfernen Sie den Halter der Lenksäulenschalter (siehe unten).
24 Lösen Sie die Abscherschraube des Gehäuses mithilfe eines Meißels oder bohren Sie sie aus (siehe Abbildung). Entfernen Sie das Gehäuse.

4.24 Lösen Sie die Abscherschraube des Gehäuses und entfernen Sie dies.

25 Der Einbau entspricht der umgekehrten Ausbaureihenfolge – richten Sie das Gehäuse korrekt aus und ziehen Sie die neue Spezialschraube so weit an bis ihr Kopf abschert.

Lenksäulenschalter

26 Entfernen Sie die Armaturenbrett-Verkleidung, das mittlere Lüftungsgitter, die Display-Blende und die obere Lenksäulenverkleidung (siehe Kapitel 11, Sektion 27).
27 Drücken Sie mit kleinen Schraubendrehern o. ä. die obere und untere Lasche des jeweiligen Schalters ein (siehe Abbildung) und ziehen Sie ihn aus dem Gehäuse.

4.27 Drücken Sie die zwei Laschen des Schalter sein, um ihn abziehen zu können.

28 Der Einbau entspricht der umgekehrten Ausbaureihenfolge.

Lenksäulenschalter-Halter

29 Entfernen Sie alle Lenksäulenschalter (siehe oben).
30 Entfernen Sie die Wegfahrsperre (siehe oben).
31 Lösen Sie die Befestigungsschrauben oberhalb und unterhalb der Lenksäule und ziehen Sie den Halter ab (siehe Abbildung).

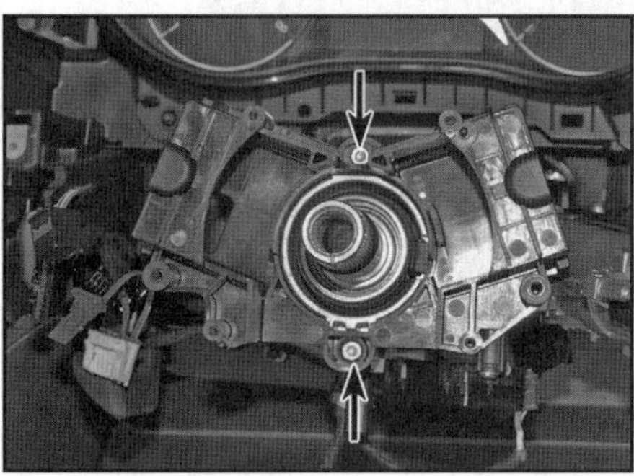

4.31 Schrauben des Lenksäulenschalter-

32 Der Einbau entspricht der umgekehrten Ausbaureihenfolge.

Lichtschalter

33 Hebeln Sie die Schalter-Baugruppe vorsichtig aus dem Armaturenbrett (siehe Abbildung), trennen Sie dabei den Kabelstecker.

4.33 Hebeln Sie die Schalter-Baugruppe vorsichtig ab.

34 Verbinden Sie den Stecker und drücken Sie den Schalter in seinen Sitz.

Mittlere Armaturenbrett-Schalter

35 Die mittleren Armaturenbrett-Schalter sitzen in der Display-Blende. Entfernen Sie für den Zugang zunächst das mittlere Lüftungsgitter und dann die Display-Blende (siehe Kapitel 11, Sektion 27).
36 Lösen Sie an der Rückseite der Display-Blende die Laschen des Schalters und ziehen Sie diesen heraus (siehe Abbildung).

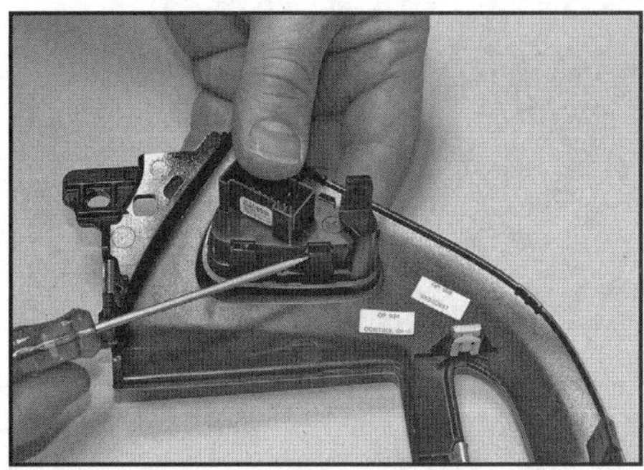

4.36 Lösen Sie die Laschen und ziehen Sie den Schalter aus der Blende.

37 Drücken Sie den Schalter in die Blende und installieren Sie diese ins Armaturenbrett (siehe Kapitel 11, Sektion 27).

Heckscheibenheizungs- und Gebläse-Schalter

38 Diese beiden Schalter sind in die Heizungsregler-Baugruppe integriert – deren Ausbau ist in Kapitel 3, Sektion 8 beschrieben.

Handbremsenwarnlicht-Schalter

39 Beachten Sie die Hinweise in Kapitel 9, Sektion 20.

Bremslichtschalter

40 Beachten Sie die Hinweise in Kapitel 9, Sektion 19.

Fensterheber- und Außenspiegel-Schalter

41 Hebeln Sie die Schalter-Baugruppe mit einem geeigneten Werkzeug vorsichtig aus der Türverkleidung (siehe Abbildung).

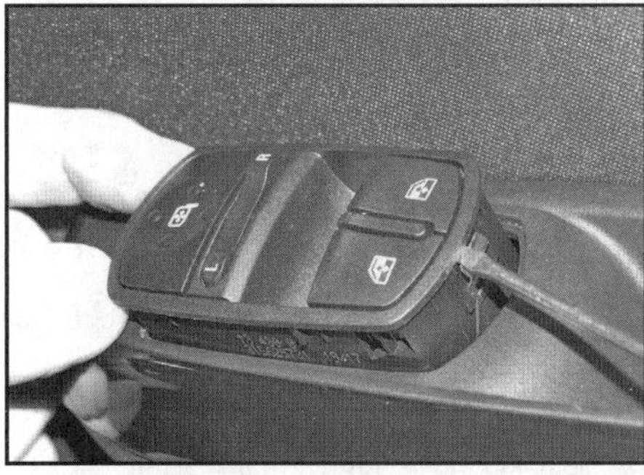

4.41 Hebeln Sie die Schalter-Baugruppe vorsichtig aus der Türverkleidung.

42 Öffnen Sie die Arretierung, trennen Sie den Stecker und entfernen Sie den Schalter (siehe Abbildung).

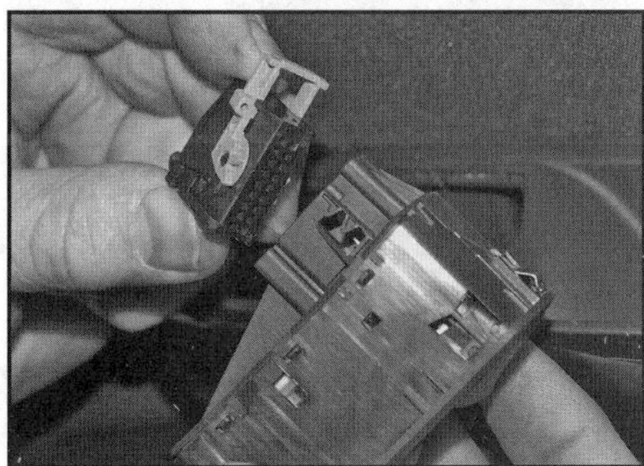

4.42 Öffnen Sie die Arretierung und trennen Sie den Stecker.

43 Der Einbau entspricht der umgekehrten Ausbaureihenfolge.

Klimaanlagen-Regler

44 Der Klimaanlagen-Regler ist in das Heizungs-/Lüftungs-Steuergerät integriert und kann nicht ausgebaut werden. Bei einem defekten Regler muss das gesamte Steuergerät ersetzt werden (siehe Kapitel 3, Sektion 9).

Lenkradschalter

45 Demontieren Sie das Lenkrad (siehe Sektion 14).
46 Drücken Sie in der Airbag-Öffnung mit einem kleinen Schraubendreher die Lasche des Schalters, ziehen Sie diesen aus dem Lenkrad und trennen Sie den Stecker (siehe Abbildung).

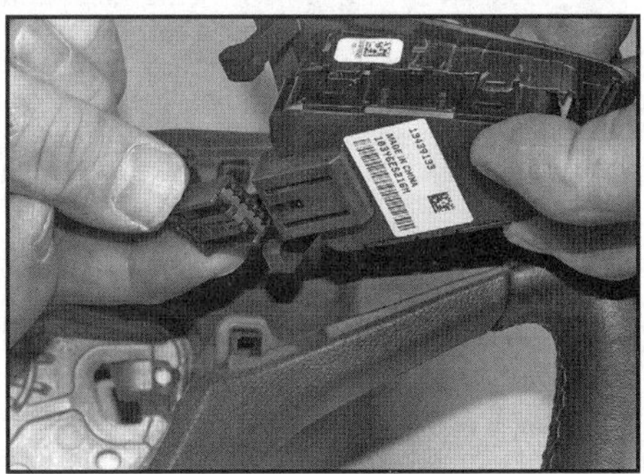

4.46 Trennen Sie den Stecker des Lenkradschalters.

47 Der Einbau entspricht der umgekehrten Ausbaureihenfolge.

Warnblinkschalter

48 Entfernen Sie das mittlere Lüftungsgitter (siehe Sektion 4).
49 Lösen Sie die Clips und drücken Sie den Schalter heraus (siehe Abbildung).

4.49 Lösen Sie die Clips des Warnblinkschalters.

50 Der Einbau entspricht der umgekehrten Ausbaureihenfolge.

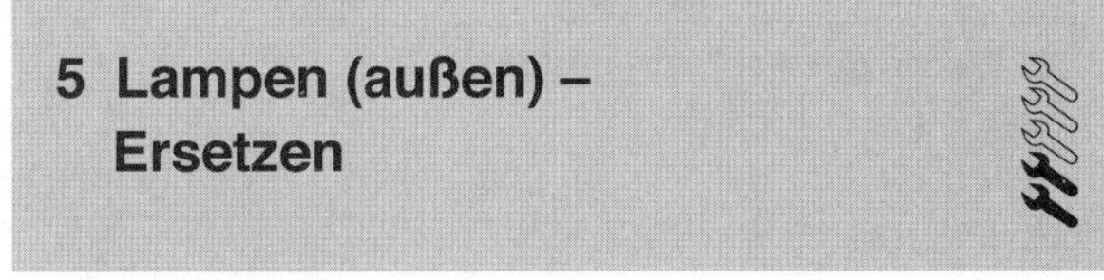

5 Lampen (außen) – Ersetzen

Allgemeines

1 Beachten Sie beim Austauschen von Lampen die folgenden Punkte:

a) ***Bedenken*** *Sie, dass Lampen im Betrieb sehr heiß werden und etwas Zeit zum Abkühlen brauchen.*
b) *Kontrollieren Sie stets die Kontakte der Lampe und des Sockels. Entfernen Sie Korrosion und Schmutz, damit guter Kontakt sichergestellt werden kann.*
c) *Achten Sie bei Lampen mit Bajonettverriegelung darauf, dass die Kontaktplatte im Sockel mit Federkraft gegen die Lampe drücken kann.*
d) *Achten Sie auf die korrekte Watt-Stärke der neuen Lampe.*
e) *Fassen Sie das Glas nicht direkt mit den Fingern an bzw. reinigen Sie das Glas nach dem Einbau.*

Lampen im Scheinwerfergehäuse

Anmerkung 1: *Entfernen Sie für Arbeiten am rechten Scheinwerfer die Luftfilter-Baugruppe und den Ansaugstutzen (siehe Kapitel 4A oder 4B, Sektion 3). Entfernen Sie für Arbeiten am linken Scheinwerfer die Abdeckung der Sicherungsbox und heben Sie den Einfüllstutzen des Wischwasserbehälters heraus. Der Zugang ist auch nach dem Ausbau dieser Komponenten sehr begrenzt, sodass nötigenfalls die Scheinwerfergehäuse ausgebaut werden müssen (siehe Sektion 7).*
Anmerkung 2: *Die äußere Lampe im Scheinwerfer ist die Abblendlampe, die innere die Fernlichtlampe.*

Fern- und Abblendlampen

2 Drehen Sie die entsprechende Kunststoffkappe hinten am Scheinwerfer gegen den Uhrzeigersinn und entfernen Sie sie. Die Kappe der Fernlichtlampe befindet sich in der Mitte des Scheinwerfers, diejenige der Abblendlichtlampe außen im Scheinwerfer (siehe Abbildungen).

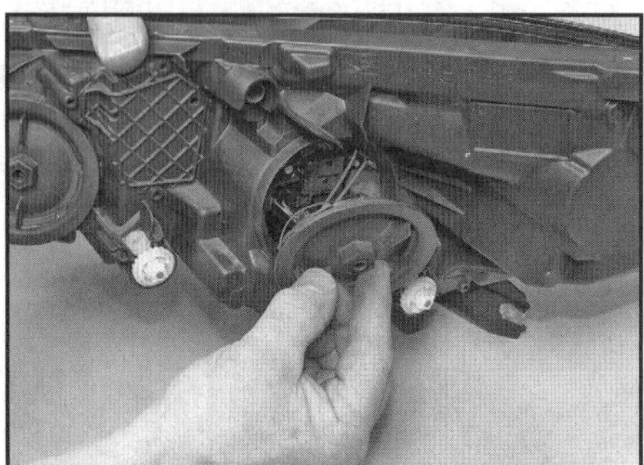

5.2a Kappe der Fernlichtlampe

5.2b Kappe der Abblendlichtlampe

3 Heben Sie den Halteclip an und ziehen Sie den Lampenhalter heraus (siehe Abbildungen).

5.3a Heben Sie den Halteclip an ...

5.3b ... und ziehen Sie den Lampenhalter samt Lampe aus dem Reflektor.

4 Ziehen Sie die Lampe aus dem Halter (siehe Abbildung).

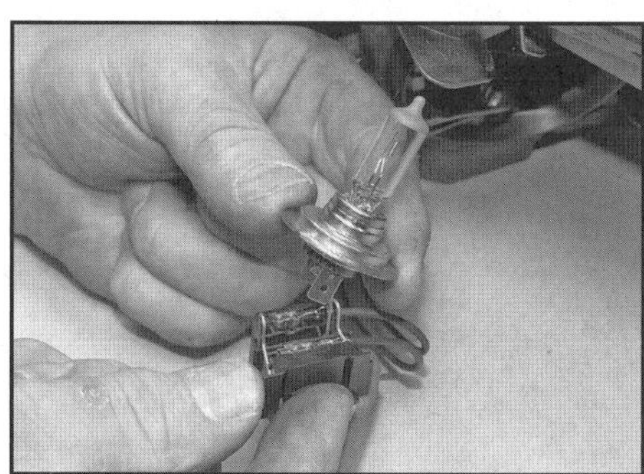

5.4 Ziehen Sie die Lampe aus dem Halter.

5 Berühren Sie das Glas der neuen Lampe nicht mit den Fingern, sondern halten Sie sie mit einem sauberen Tuch (Fett und Schmutz wird Brandflecken hinterlassen und den Verschleiß der Lampe beschleunigen) – wischen Sie Fingerabdrücke ggf. mit einem mit Spiritus getränktem Tuch ab.
6 Drücken Sie die neue Lampe vorsichtig in den Halter, positionieren Sie diesen im Reflektor und lassen Sie die Lasche in der Nut des Reflektorsockels einrasten.
7 Setzen Sie die Kappe auf und drehen Sie sie im Uhrzeigersinn, bis ihr Pfeil zu dem des Scheinwerfergehäuses ausgerichtet ist (siehe Abbildung). Montieren Sie alle für den Zugang entfernten Bauteile.

5.7 Drehen Sie die Kappe im Uhrzeigersinn auf, bis ihr Pfeil zu dem des Scheinwerfergehäuses ausgerichtet ist.

Tagfahrlicht/Standlicht

8 Die kombinierten Tagfahrlicht-/Standlichtlampen sitzen hinter den Kappen oben im Scheinwerfer. Falls es sich nicht um LEDs handelt, erfolgt der Austausch der sockellosen Lampe ähnlich wie bei den Scheinwerferlampen (siehe oben).

Blinkerlampe vorn

9 Demontieren Sie das Scheinwerfergehäuse (siehe Sektion 7).
10 Falls noch die originale Lampe installiert ist, muss die dahinter liegende Abdeckung z. B. mithilfe eines Dremels aufgeschnitten werden (siehe Abbildungen).

5.10a Schneiden Sie die Blinkerlampen-Abdeckung auf ...

5.10b ... und entfernen Sie sie.

11 Glätten Sie den Rand der Öffnung nötigenfalls mithilfe einer scharfen Klinge (siehe Abbildung).

5.11 Glätten Sie den Rand der Öffnung.

12 Drehen Sie den Lampenhalter gegen den Uhrzeigersinn und befreien Sie ihn (siehe Abbildung).

5.12 Drehen Sie den Blinkerlampenhalter nach links, um ihn zu befreien.

13 Trennen Sie den Stecker von der Lampe und dem Halter – die Lampe ist darin integriert (siehe Abbildung).

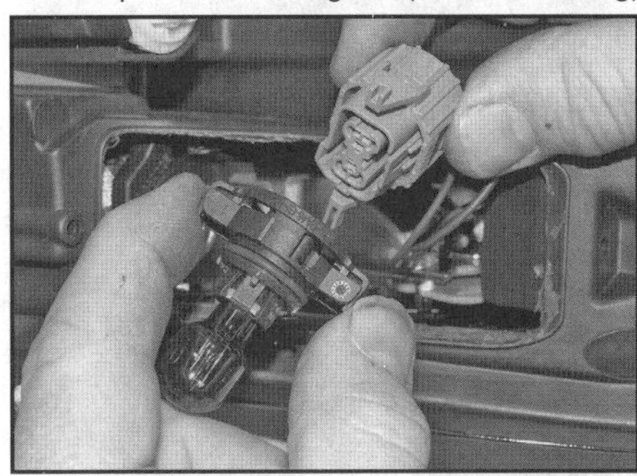

5.13 Ziehen Sie die Blinkerlampe heraus.

14 Installieren Sie die Lampe in der umgekehrten Ausbaureihenfolge.
15 Bei Opel ist eine neue Abdeckung mit zwei Schrauben erhältlich, die an den vorhandenen Bohrungen befestigt wird (siehe Abbildung).

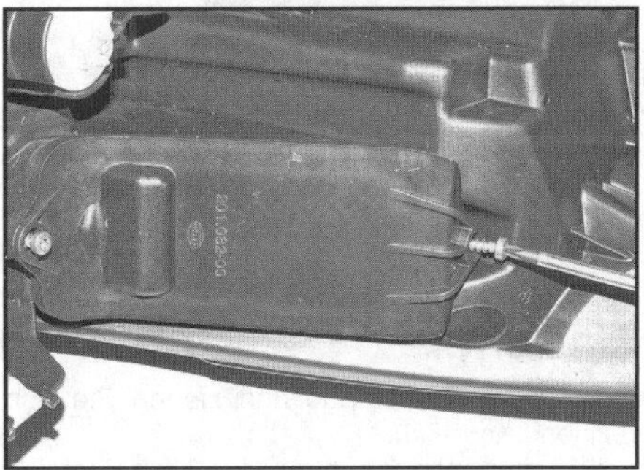

5.15 Setzen Sie die Ersatz-Abdeckung an und sichern Sie sie mit den zwei Schrauben.

16 Montieren Sie das Scheinwerfergehäuse (siehe Sektion 7).

Seitliche Blinkerlampe

17 Drücken Sie das Lampengehäuse nach vorn, um es hinten aus dem Kotflügel zu befreien (siehe Abbildung) – hebeln Sie es nötigenfalls mit einem Kunststoffkeil heraus (aber beschädigen Sie dabei nicht den Lack).

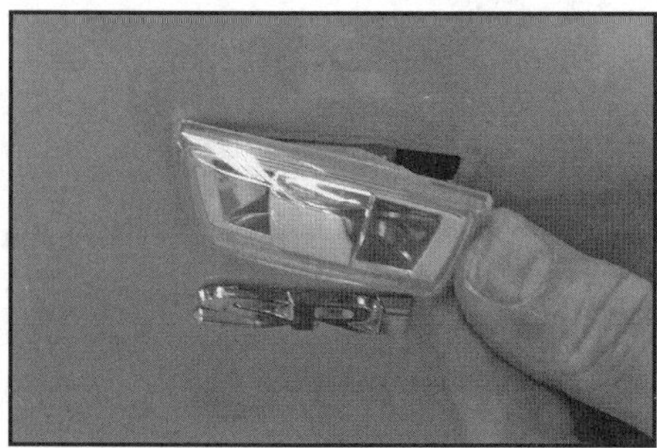

5.17 Drücken Sie das Lampengehäuse nach vorn und befreien Sie es hinten aus dem Kotflügel.

18 Drehen Sie den Lampenhalter gegen den Uhrzeigersinn und ziehen Sie ihn aus dem Gehäuse. Die sockellose Lampe wird einfach aus dem Halter herausgezogen (siehe Abbildungen).

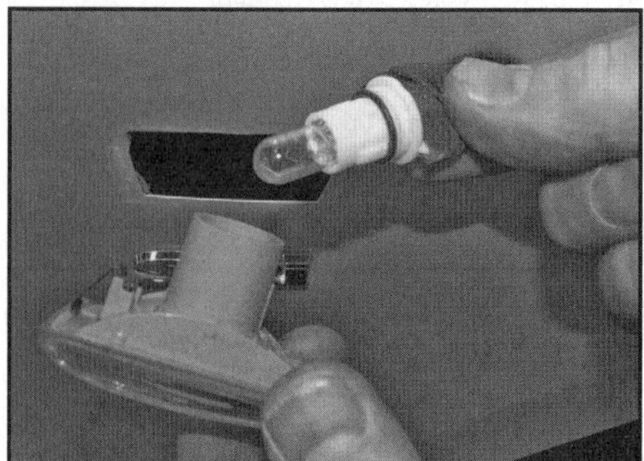

5.18a Befreien Sie den Lampenhalter aus dem Gehäuse ...

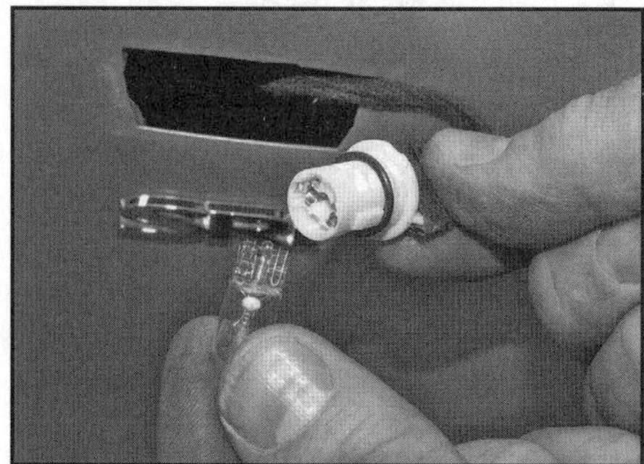

5.18b ... und ziehen Sie die Lampe aus dem

19 Der Einbau entspricht der umgekehrten Ausbaureihenfolge.

Nebelscheinwerfer

20 Greifen Sie hinter die Stoßstange und ziehen Sie den Stecker der jeweiligen Lampe ab.
21 Drehen Sie den Lampenhalter gegen den Uhrzeigersinn und ziehen Sie ihn aus dem Gehäuse (siehe Abbildung) – die Lampe ist in den Halter integriert.

5.21 Drehen Sie den Lampenhalter nach links und ziehen Sie ihn aus dem Nebelscheinwerfer.

22 Berühren Sie das Glas der neuen Lampe nicht mit den Fingern, sondern halten Sie sie mit einem sauberen Tuch (Fett und Schmutz wird Brandflecken hinterlassen und den Verschleiß der Lampe beschleunigen) – wischen Sie Fingerabdrücke ggf. mit einem mit Spiritus getränktem Tuch ab.
23 Der Einbau entspricht der umgekehrten Ausbaureihenfolge.

Lampen der Karosserie-Rücklichteinheit

24 Drücken Sie die Lasche der jeweiligen Abdeckung im Kofferraum und öffnen Sie diese (siehe Abbildung).

5.24 Öffnen Sie die Abdeckung hinten im Kofferraum.

25 Lösen Sie die nun zugänglichen zwei Kunststoffmuttern (siehe Abbildung).

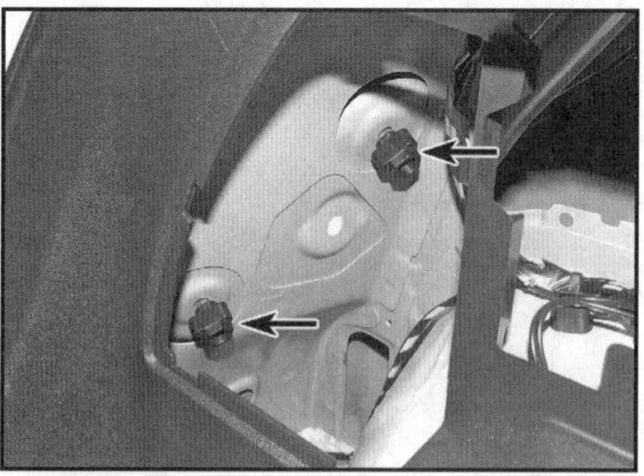

5.25 Lösen Sie die zwei Kunststoffmuttern der Rücklichteinheit.

26 Ziehen Sie die Rücklichteinheit vom Kotflügel ab, ziehen Sie die rote Arretierung des Steckers heraus, drücken Sie den Clip und trennen Sie den Stecker (siehe Abbildung).

5.26 **Trennen Sie den Rücklichtstecker wie**

27 Ziehen Sie die drei Arretierlaschen hoch und ziehen Sie die Lampenhalter-Baugruppe aus der Rücklichteinheit (siehe Abbildung).

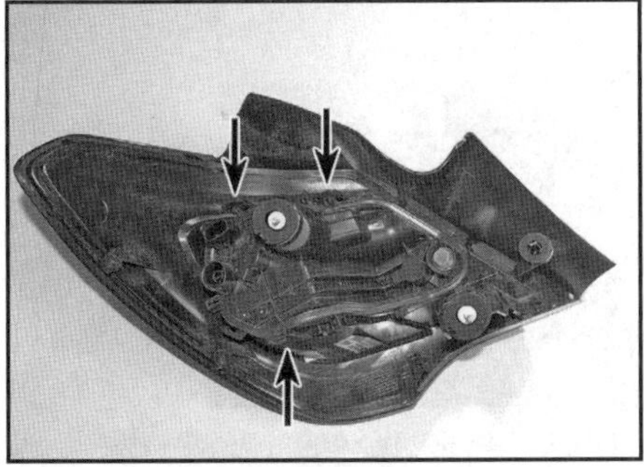

5.27 Lösen Sie die drei Laschen der Lampenhalter-Baugruppe.

28 Befreien Sie die entsprechende Lampe aus dem Halter – alle Lampen sind mit Bajonett-Sockeln versehen, die nach links verdreht und herausgezogen werden müssen (siehe Abbildung); bei manchen Lampen sind die Stifte der Sockel versetzt, sodass sie nur in einer Position installiert werden können.

5.28 Befreien Sie die jeweilige mit einem Bajonett-Sockel versehene Lampe aus dem Halter.

29 Der Einbau entspricht der umgekehrten Ausbaureihenfolge – beachten Sie dabei folgende Punkte:

a) *Die Gummidichtungen müssen korrekt am Lampenhalter, über den Stiften und an den Stehbolzen positioniert sein*
b) *Der Lampenhalter muss korrekt an der Rücklichteinheit einrasten.*

Lampen der Heckklappen-Rücklichteinheit

30 Öffnen Sie die Heckklappe und lösen Sie neben der Innenverkleidung die einzelne Schraube der Rücklichteinheit (siehe Abbildung).

5.30 Rücklichteinheit-Schraube in der Heckklappe

31 Hebeln Sie vorsichtig den Rand der Rücklichteinheit von der Heckklappe ab und entnehmen Sie sie (siehe Abbildung).

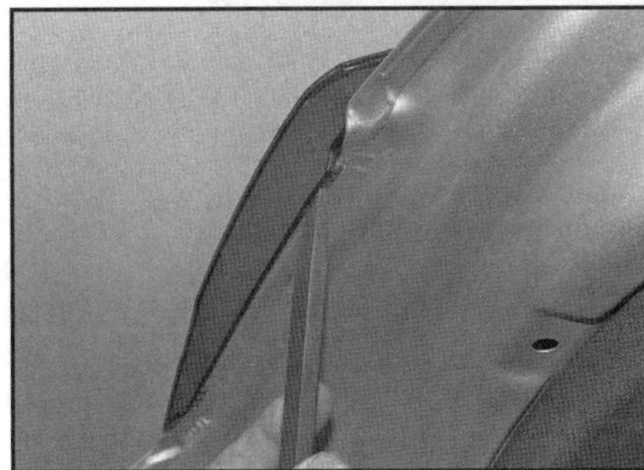

5.31 Befreien Sie den Rand der Rücklichteinheit von der Heckklappe.

32 Drehen Sie den Lampenhalter gegen den Uhrzeigersinn, um ihn aus der Rücklichteinheit zu befreien (siehe Abbildung).

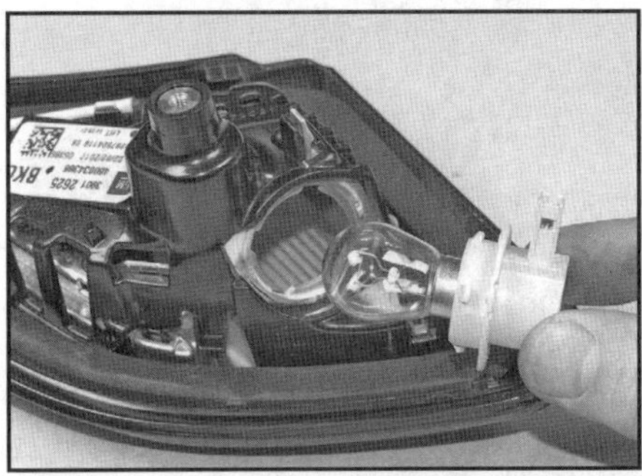

5.32 Drehen Sie den Lampenhalter gegen den Uhrzeigersinn, um ihn zu befreien.

33 Drücken Sie die Lampe sanft in den Halter, drehen Sie sie gegen den Uhrzeigersinn und befreien Sie sie aus dem Halter (siehe Abbildung).

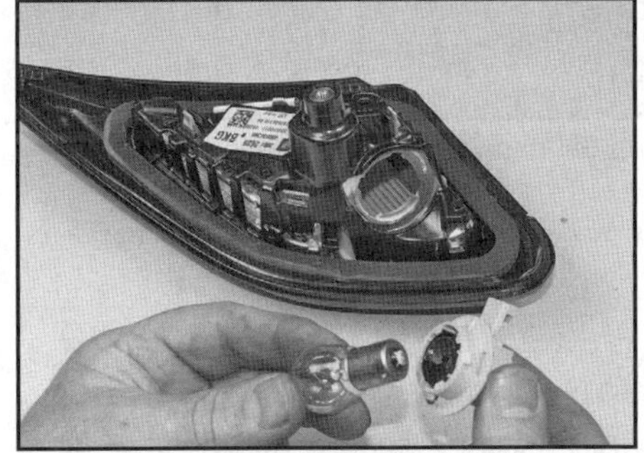

5.33 Befreien Sie die mit einem Bajonett-Sockel versehene Lampe aus dem Halter.

34 Der Einbau entspricht der umgekehrten Ausbaureihenfolge.

Kennzeichenbeleuchtung

35 Hebeln Sie das Lampengehäuse vorsichtig mit einem kleinen Schraubendreher heraus (siehe Abbildung).

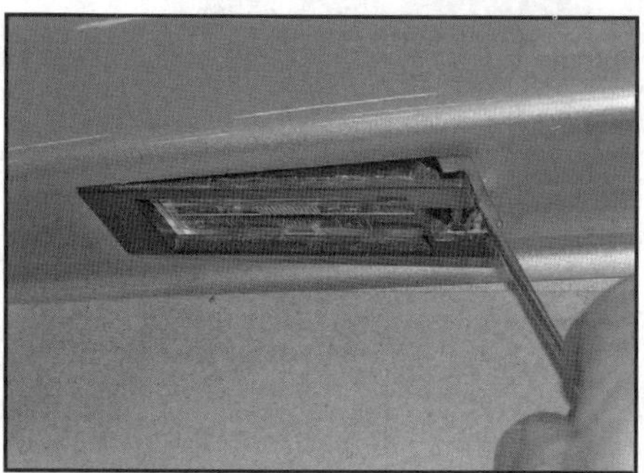

5.35 Hebeln Sie das Lampengehäuse der Kennzeichenbeleuchtung vorsichtig heraus.

36 Drehen Sie den Lampenhalter gegen den Uhrzeigersinn, um ihn aus dem Gehäuse zu befreien, ziehen Sie dann die Lampe heraus (siehe Abbildungen).

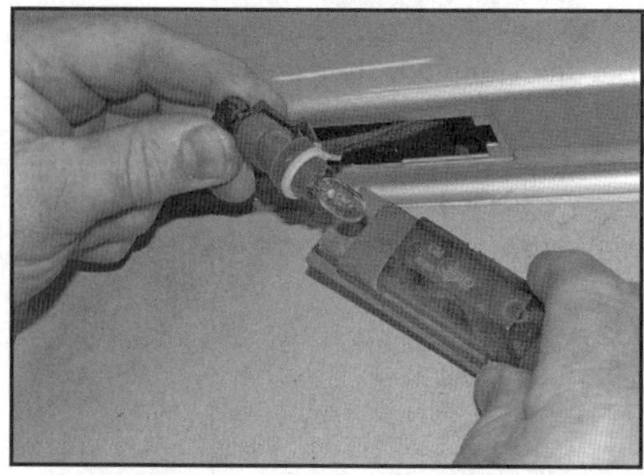

5.36a Drehen Sie den Lampenhalter gegen den Uhrzeigersinn, um ihn aus dem Gehäuse zu befreien, ...

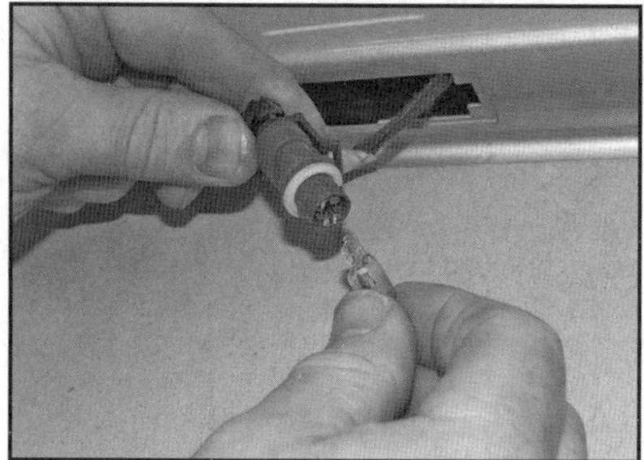

5.36b ... ziehen Sie dann die Lampe heraus.

37 Der Einbau entspricht der umgekehrten Ausbaureihenfolge.

Zusatzbremsleuchte

38 Die in die Heckklappe integrierte Zusatzbremsleuchte enthält LEDs, die nicht ausgetauscht werden können. Der Ausbau der Bremsleuchte ist in Kapitel 7 beschrieben.

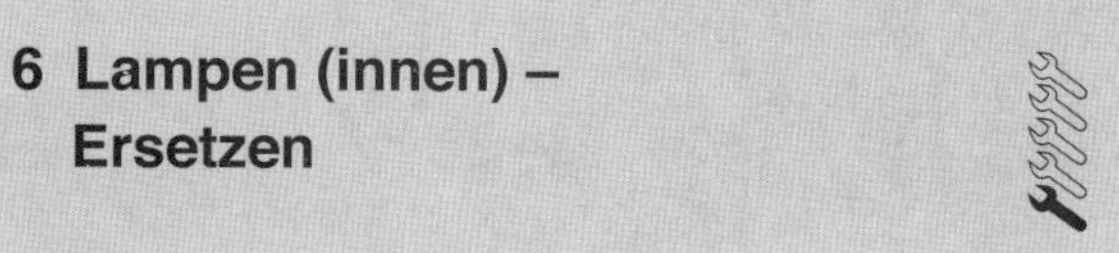

6 Lampen (innen) – Ersetzen

Allgemeines

1 Beachten Sie die Hinweise in Sektion 5, Schritt 1.

Innenbeleuchtung vorn und Leselampen

2 Hebeln Sie das Lampenglas vorsichtig mit einem kleinen Schraubendreher aus der Dachkonsole (siehe Abbildung).

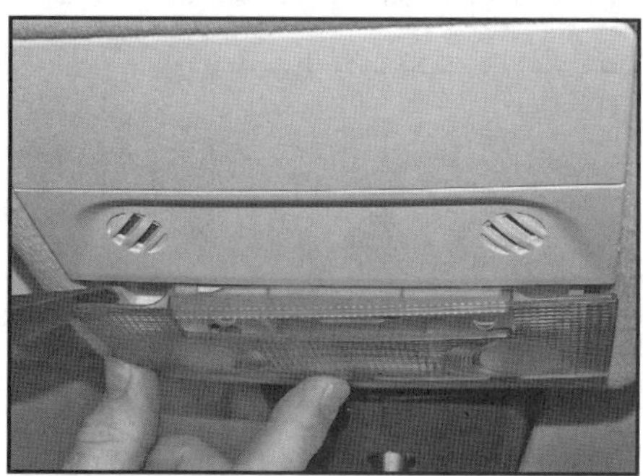

6.2 Hebeln Sie das Lampenglas vorsichtig aus der Dachkonsole.

3 Ziehen Sie die entsprechende Lampe aus ihrem Sitz – die mittlere Lampe ist eine Soffitte (siehe Abbildung).

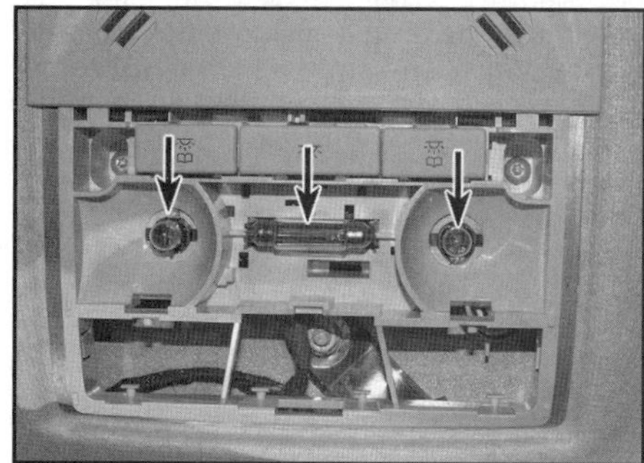

6.3 Ziehen Sie die entsprechende Lampe aus ihrem Sitz.

4 Drücken Sie die neue Lampe in ihre Kontakte und lassen Sie das Lampenglas korrekt einrasten.

Innenbeleuchtung hinten

5 Hebeln Sie das Lampengehäuse vorsichtig mit einem kleinen Schraubendreher aus dem Dachhimmel (siehe Abbildung).

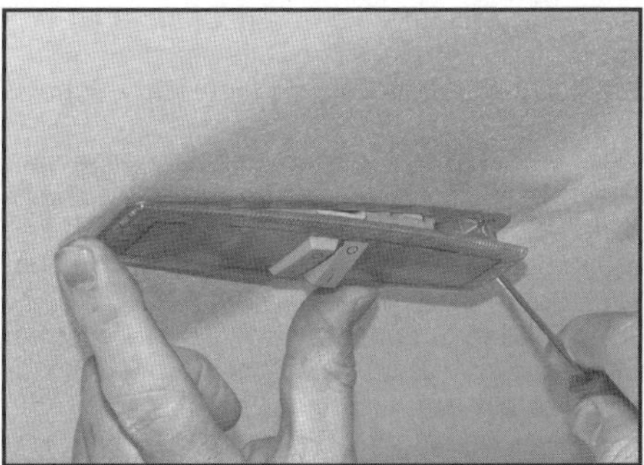

6.5 Hebeln Sie das hintere Lampengehäuse vorsichtig aus dem Dachhimmel.

6 Trennen Sie den Stecker und entnehmen Sie das Lampengehäuse.
7 Lösen Sie das Lampenglas vom Lampengehäuse (siehe Abbildung).

6.7 Lösen Sie das Lampenglas vom Lampengehäuse.

8 Ziehen Sie die entsprechende Lampe aus ihrem Sitz (siehe Abbildung).

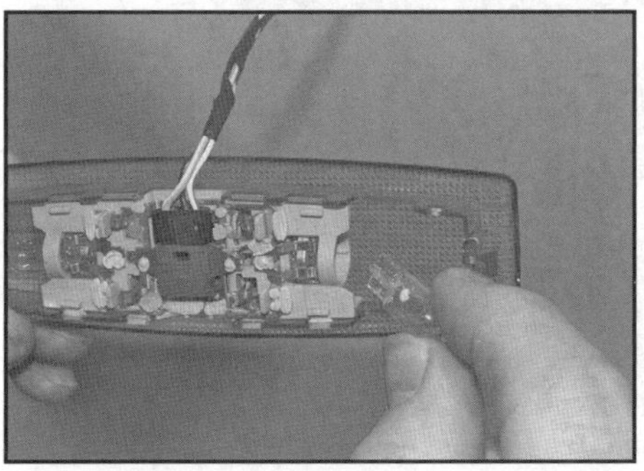

6.8 Ziehen Sie die entsprechende Lampe aus ihrem Sitz.

9 Installieren Sie die neue Lampe, setzen Sie das Lampenglas an, verbinden Sie den Stecker und lassen Sie das Lampengehäuse in seinem Sitz im Dachhimmel einrasten.

Kofferraum-, Handschuhfach- und Fußraumbeleuchtung

10 Hebeln Sie das Lampengehäuse vorsichtig mit einem kleinen Schraubendreher heraus und ziehen Sie die Lampe aus ihrem Sitz (siehe Abbildung).

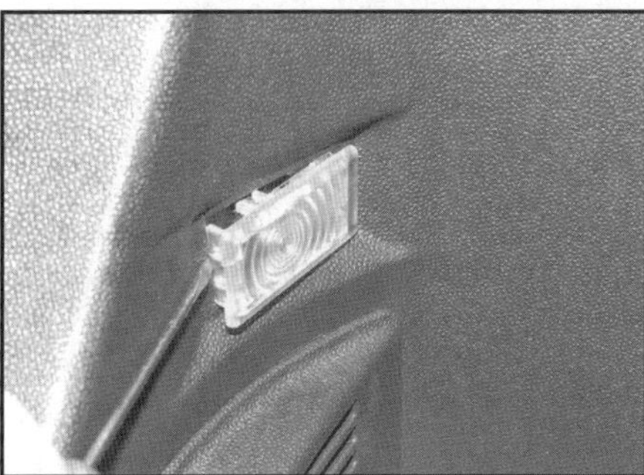

6.10 Hebeln Sie das Lampengehäuse vorsichtig mit einem kleinen Schraubendreher heraus.

11 Installieren Sie die neue Lampe, sodass sie von den Kontakten gehalten wird. Setzen Sie das Gehäuse an und lassen Sie es einrasten.

Schalterbeleuchtung

12 Alle Schalter sind mit verschiedenen Beleuchtungen ausgerüstet, bei manchen wird auch die Funktion des Stromkreises mit einer Lampe angezeigt. Die Lampen sind in die Schalter integriert und können nicht separat ausgetauscht werden.

Heizungsregler-Beleuchtung

13 Demontieren Sie die Heizungsregler (siehe Kapitel 3, Sektion 9).
14 Ziehen Sie die entsprechende Lampe aus dem Lampenhalter und ersetzen Sie sie (siehe Abbildung).

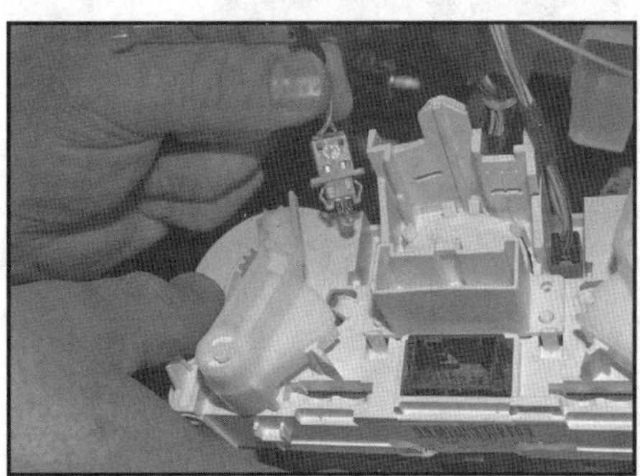

6.14 Ziehen Sie die entsprechende Lampe aus dem Lampenhalter der Heizungsregler.

15 Montieren Sie die Heizungsregler (siehe Kapitel 3, Sektion 9).

7 Lampen-Baugruppen (außen) – Ausbau und Einbau

1 Trennen Sie zunächst immer den Masseanschluss (–) der Batterie (siehe Kapitel 5A, Sektion 4).

Scheinwerfergehäuse mit Blinker und Tagfahrlicht

2 Demontieren Sie die vordere Stoßstange (siehe Kapitel 11, Sektion 6).

3 Lösen Sie die drei Befestigungsschrauben des Scheinwerfers – drücken Sie beim Lösen der Schraube neben dem Kühler auf die Scheinwerferhalterung, um die zum Ausrichten des Scheinwerfers zur Stoßstange und zum Kotflügel eingesetzte Mutter am Mitdrehen zu hindern oder halten Sie sie nötigenfalls mit einem Schlüssel. Sobald der Scheinwerferstecker zugänglich ist, muss er getrennt werden, um den Scheinwerfer entfernen zu können (siehe Abbildungen).

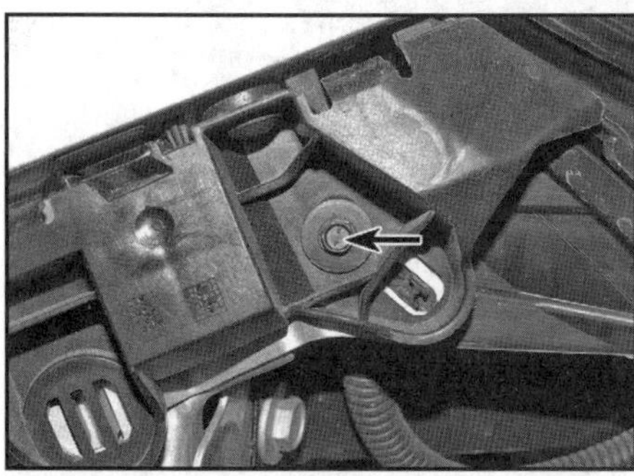

7.3a Lösen Sie die untere äußere Mutter, ...

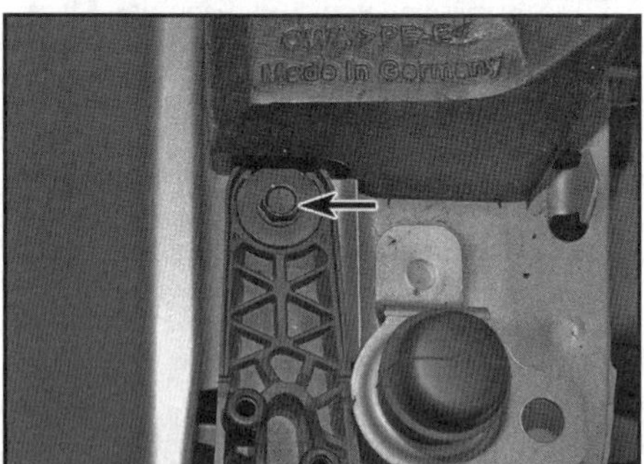

7.3b ... die obere Mutter ...

7.3c ... und die untere innere Mutter des Scheinwerfergehäuses.

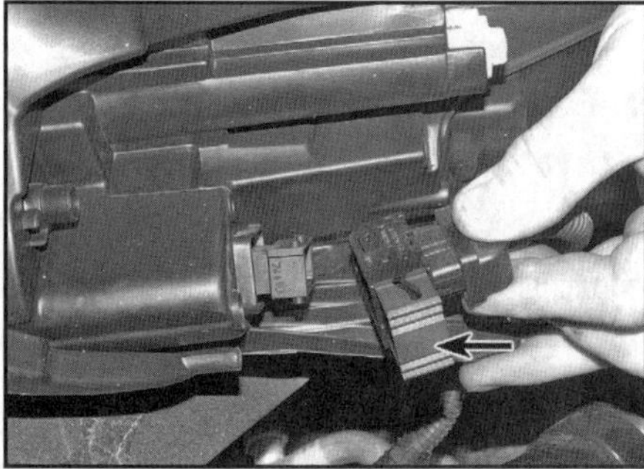

7.3d Ziehen Sie die rote Arretierlasche heraus und trennen Sie den Stecker.

4 Der Leuchtweiten-Verstellmotor kann wie folgt befreit und befestigt werden:

5 Entfernen Sie die Kunststoffabdeckung hinten am Scheinwerfer (Abb. 5.2).

6 Drehen Sie den Verstellmotor gegen den Uhrzeigersinn (linker Scheinwerfer) bzw. im Uhrzeigersinn (rechter Scheinwerfer), um ihn vom Scheinwerfer zu befreien. Ziehen Sie den Motor vom Scheinwerfer ab, um das Kugelgelenk hinten vom Reflektor befreien, und trennen Sie seinen Stecker.

7 Verbinden Sie beim Einbau zunächst den Stecker, richten Sie dann das Kugelgelenk zum Anschluss am Reflektor aus und lassen Sie es einrasten. Setzen Sie den Motor am Scheinwerfergehäuse an und drehen Sie ihn im Uhrzeigersinn (linker Scheinwerfer) bzw. gegen den Uhrzeigersinn (rechter Scheinwerfer), um ihn zu sichern.

8 Der Einbau des Scheinwerfers entspricht der umgekehrten Ausbaureihenfolge – kontrollieren Sie zum Schluss die Ausrichtung des Scheinwerfers (siehe Sektion 8).

Seitliche Blinkleuchte

9 Drücken Sie das Lampengehäuse nach vorn, um es hinten aus dem Kotflügel zu befreien (Abb. 5.17) – hebeln Sie es nötigenfalls mit einem Kunststoffkeil heraus (aber beschädigen Sie dabei nicht den Lack).

10 Ziehen Sie das Lampengehäuse aus dem Kotflügel und befreien Sie den Lampenhalter.

11 Der Einbau entspricht der umgekehrten Ausbaureihenfolge.

Nebelscheinwerfer

12 Demontieren Sie die entsprechende vordere Radhausschale (siehe Kapitel 11, Sektion 6).

13 Trennen Sie den Kabelstecker hinten am Nebelscheinwerfer.

14 Lösen Sie die zwei Schrauben, die den Nebelscheinwerfer in der Stoßstange sichern, und manövrieren Sie ihn heraus (siehe Abbildung).

7.14 Schrauben des Nebelscheinwerfers

15 Der Einbau entspricht der umgekehrten Ausbaureihenfolge.

Rücklichtgehäuse

16 Der Aus- und Einbau der Rücklichtgehäuse (an der Karosserie und an der Heckklappe) ist in Sektion 5 beschrieben.

Kennzeichenbeleuchtung

17 Der Aus- und Einbau des Lampengehäuse für die Kennzeichenbeleuchtung ist in Sektion 5 beschrieben.

Zusatzbremsleuchte

18 Öffnen Sie die Heckklappe und lösen Sie die zwei Befestigungsschrauben der Zusatzbremsleuchte (siehe Abbildung).

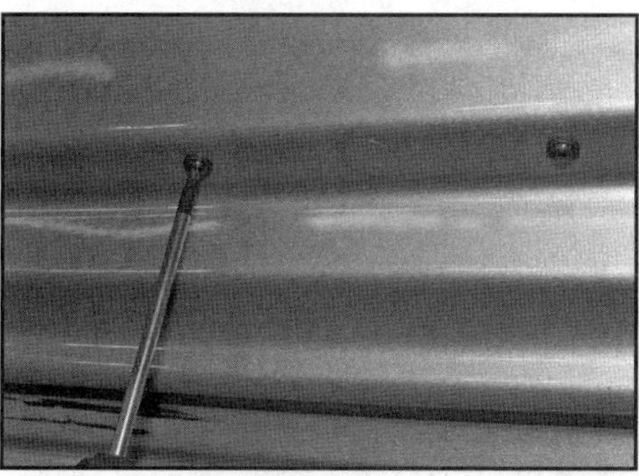

7.18 Lösen Sie oben in der Heckklappe die zwei Befestigungsschrauben der Zusatzbremsleuchte.

19 Ziehen Sie die Zusatzbremsleuchte aus der Heckklappe und trennen Sie den Kabelstecker sowie den Schlauch der Wischwaschdüse (siehe Abbildungen).

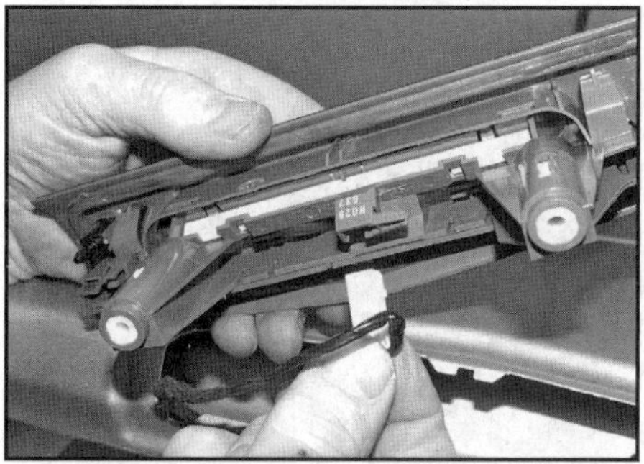

7.19a Ziehen Sie die Zusatzbremsleuchte aus der Heckklappe und trennen Sie den Kabelstecker ...

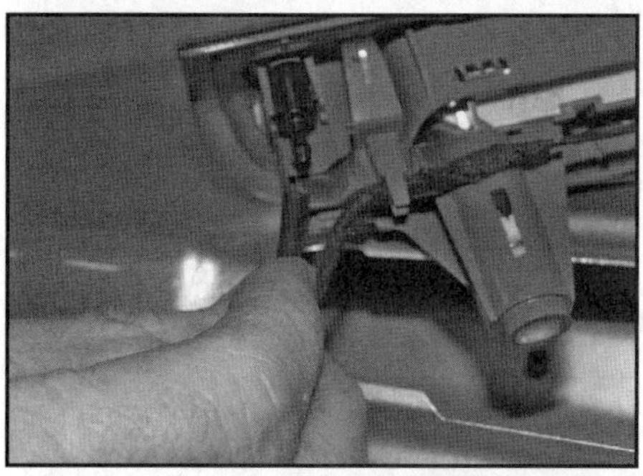

7.19b ... sowie den Schlauch der Wischwaschdüse.

20 Der Einbau entspricht der umgekehrten Ausbaureihenfolge.

8 Scheinwerferausrichtung – Allgemeine Informationen

1 Eine akkurate Einstellung der Scheinwerfer erfordert spezielle optische Messgeräte und muss daher einer entsprechend ausgerüsteten Fachwerkstatt überlassen werden.
2 Die Einstellung erfolgt durch Drehen der Einstellschrauben oben am Scheinwerfergehäuse: Der innere Einsteller dient der Höhenverstellung; der äußere Einsteller ändert die horizontale Ausrichtung.
3 Die meisten Modelle sind mit einem elektrisch aktivierten Leuchtweiten-Einsteller ausgerüstet, der über einen Schalter im Armaturenbrett aktiviert wird. Je nach Beladung empfehlen sich die folgenden Einstellungen:
0 Fahrer- und Beifahrersitz besetzt
1 Alle Sitzplätze besetzt
2 Alle Sitzplätze besetzt und Ladung im Kofferraum
3 Fahrersitz besetzt und Ladung im Kofferraum
Anmerkung: *Bei der Einstellung der Leuchtweite muss der Schalter auf Position 0 stehen.*

9 Instrumente – Ausbau und Einbau

Anmerkung: *Die Instrumente sind in einem abgedichteten Gehäuse untergebracht und können nicht separat demontiert werden.*
1 Trennen Sie zunächst den Masseanschluss (–) der Batterie (siehe Kapitel 5A, Sektion 4).
2 Entfernen Sie die Armaturenbrettverkleidung und das rechte Lüftungsgitter, das zentrale Lüftungsgitter, das linke Lüftungsgitter und die obere Lenksäulenabdeckung (siehe Kapitel 11, Sektion 27).
3 Lösen Sie die zwei Schrauben des Instrumentengehäuses und befreien Sie ihn aus dem Armaturenbrett (siehe Abbildung).

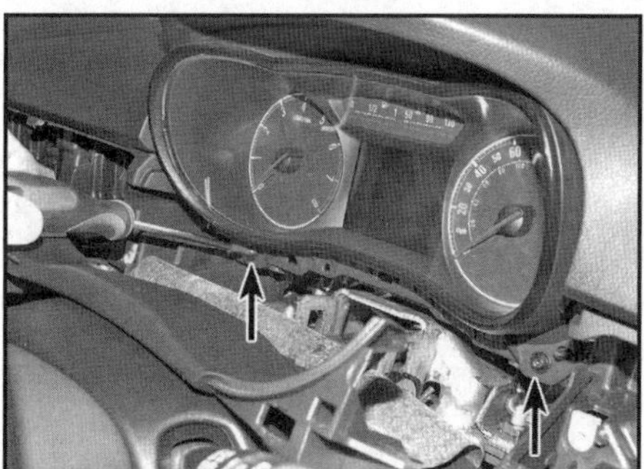

9.3 Instrumentengehäuse-Schrauben

4 Trennen Sie an der Rückseite den Instrumentenstecker und entnehmen Sie das Instrumentengehäuse (siehe Abbildung).

9.4 Trennen Sie an der Rückseite den Instrumentenstecker

5 Der Einbau entspricht der umgekehrten Ausbaureihenfolge.

10 Hupe – Ausbau und Einbau

1 Ziehen Sie die Handbremse, heben Sie das Fahrzeug vorn an, und stützen Sie es sicher ab (siehe Seite 351).
2 Demontieren Sie die vordere Stoßstange (siehe Kapitel 11, Sektion 6).
3 Lösen Sie von unter dem Fahrzeug links die Mutter der (jeweiligen) Hupe und trennen Sie den Stecker, sobald er zugänglich wird (siehe Abbildung).

10.3 Die Hupe(n) sitzt/sitzen links unter der vorderen Stoßstange.

4 Der Einbau entspricht der umgekehrten Ausbaureihenfolge.

11 Scheibenwischerarme – Ausbau und Einbau

Ausbau

1 Schalten Sie die Scheibenwischer ein und wieder aus, sodass diese wieder in ihre Ruheposition gelangen.

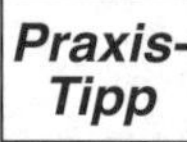

Markieren Sie mit Kreppband die Positionen der Wischerblätter auf der Windschutzscheibe, um sie später wieder korrekt ausrichten zu können.

2 Entfernen Sie die Kappe (Windschutzscheibe) oder schwenken Sie die Abdeckung ab (Heckscheibe) und lösen Sie die Mutter der Wischerarm-Welle; entfernen Sie sie samt Scheibe (siehe Abbildungen).

11.2a Entfernen Sie die Kappe ...

11.2b ... und lösen Sie die Mutter, um den Wischerarm von der Welle zu ziehen.

3 Befreien Sie mit einem geeigneten Abzieher den Wischerarm von der Welle (siehe Abbildung). Anmerkung: Falls beide Wischerarme der Windschutzscheibe gleichzeitig demontiert werden sollen, müssen sie entsprechend ihrer Einbaurichtung markiert werden – sie sind nicht austauschbar.

11.3 Ziehen Sie den Wischerarm nötigenfalls ab.

Einbau

4 Die Kerbverzahnungen des Wischerarms und der Welle müssen sauber und trocken sein.
5 Richten Sie das Wischerblatt zur Markierung an der Scheibe aus und stecken Sie den Wischerarm auf die Welle.
6 Drehen Sie die Wellenmutter auf und ziehen Sie sie sorgfältig an. Drücken Sie die Kappe auf.

12 Windschutzscheibenwischermotor und Gestänge – Ausbau und Einbau

Ausbau

1 Demontieren Sie die Wischerarme (siehe Sektion 11).
2 Entfernen Sie die Windlaufblende vor der Windschutzscheibe (siehe Kapitel 11, Sektion 21).
3 Trennen Sie den Stecker des Scheibenwischermotors (siehe Abbildung).

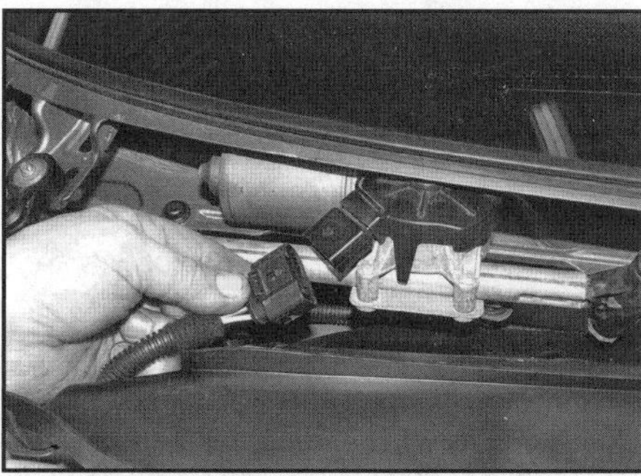

12.3 Trennen Sie den Stecker des Scheibenwischermotors.

4 Lösen Sie die zwei Befestigungsschrauben und befreien Sie den Scheibenwischermotor samt Gestänge aus dem Windlauf (siehe Abbildungen).

12.4a Lösen Sie die zwei Schrauben ...

12.4b ... und befreien Sie den Scheibenwischermotor samt Gestänge aus dem Windlauf.

Einbau

5 Manövrieren Sie die aus dem Scheibenwischermotor samt Gestänge bestehende Baugruppe in ihre Einbauposition, installieren Sie die Schrauben und ziehen Sie sie sorgfältig an.
6 Verbinden Sie den Stecker des Scheibenwischermotors.
7 Montieren Sie die Windlaufblenden (siehe Kapitel 11, Sektion 21).
8 Montieren Sie die Wischerarme (siehe Sektion 11).

13 Heckscheibenwischermotor – Ausbau und Einbau

1 Trennen Sie zunächst den Masseanschluss (–) der Batterie (siehe Kapitel 5A, Sektion 4).
2 Demontieren Sie den Wischerarm (siehe Sektion 11).
3 Öffnen Sie die Heckklappe und hängen Sie die Bänder der Ablage aus.
4 Lösen Sie die zwei Schrauben, mit denen die Innenverkleidung an der Heckklappe gesichert ist (siehe Abbildung). Hebeln Sie vorsichtig die Verkleidung ab, um die acht Stifte zu befreien.

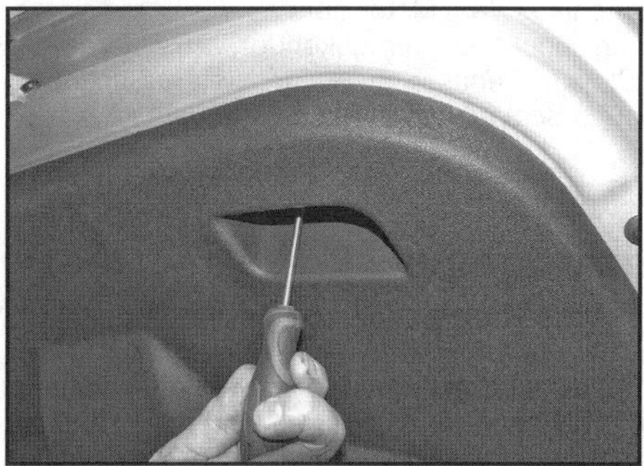

13.4 Lösen Sie die zwei Schrauben der Verkleidung aus der Heckklappe.

5 Trennen Sie den Stecker des Scheibenwischermotors, lösen Sie seine Befestigungsschraube und ziehen Sie den Motor nach hinten aus den zwei Haltelaschen (siehe Abbildungen).

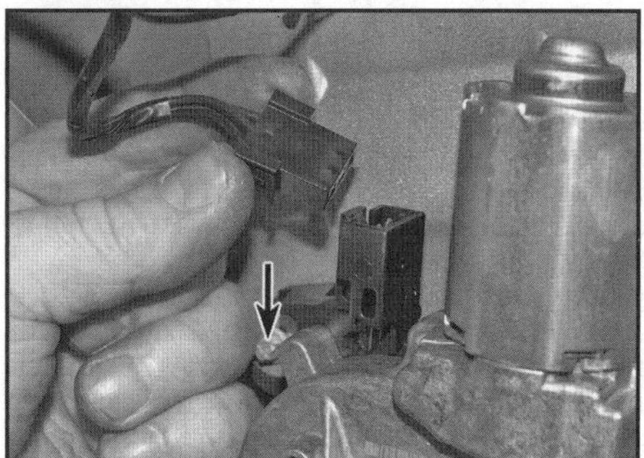

13.5a Befestigungsschraube des Scheibenwischermotors

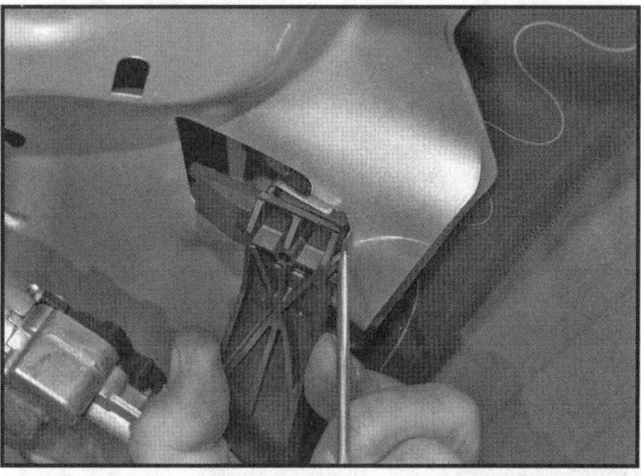

13.5b Scheibenwischermotor-Befestigungslaschen

6 Der Einbau entspricht der umgekehrten Ausbaureihenfolge – ziehen Sie die Befestigungsschraube sorgfältig an.

14 Scheibenwaschsystem-Komponenten – Ausbau und Einbau

Wischwasserbehälter

1 Demontieren Sie die vordere Stoßstange (siehe Kapitel 11, Sektion 7).

2 Trennen Sie den/die Stecker und alle Wischwasserschläuche von der/den am Wischwasserbehälter sitzenden Pumpe(n). Befreien Sie alle Kabel und Schläuche vom Behälter.
3 Bohren Sie die zwei Niete aus, die den Behälter an der Karosserie sichern.
4 Befreien Sie den oberen Spreizniet und senken Sie den Behälter nach unten aus dem Motorraum ab.
5 Der Einbau entspricht der umgekehrten Ausbaureihenfolge – sichern Sie den Behälter mit neuen Nieten. Schließen Sie alle Stecker und Schläuche korrekt an.

Wischwasserpumpe

6 Demontieren Sie die vordere Stoßstange (siehe Kapitel 11, Sektion 7).
7 Trennen Sie den/die Stecker und alle Wischwasserschläuche von der/den am Wischwasserbehälter sitzenden Pumpe(n). Ziehen Sie die Pumpe vorsichtig aus dem seitlich im Behälter steckenden Gummistopfen – dieser muss kontrolliert und ggf. beim Einbau erneuert werden.
8 Der Einbau entspricht der umgekehrten Ausbaureihenfolge – verwenden Sie ggf. einen neuen Gummistopfen.

Windschutzscheiben-Düse

9 Entfernen Sie die Windlaufblende vor der Windschutzscheibe (siehe Kapitel 11, Sektion 21).
10 Drücken Sie den Clip und hebeln Sie die Düse vorsichtig aus der Windlaufblende.
11 Befreien Sie die Düse aus dem Wischwasserschlauch und entfernen Sie sie.
12 Verbinden Sie die Düse beim Einbau mit dem Schlauch und lassen Sie sie in der Windlaufblende einrasten, bevor Sie diese installieren (siehe Kapitel 11, Sektion 7). Stellen Sie die Düse nötigenfalls mithilfe einer Nadel so ein, dass der Wasserstrahl etwas weiter oben im Wischbereich auf die Scheibe trifft.

Heckscheiben-Düse

13 Demontieren Sie die Zusatzbremsleuchte (siehe Sektion 7).
14 Lösen Sie die zwei Laschen und befreien Sie die Düse aus der Bremslicht-Einheit (siehe Abbildung).

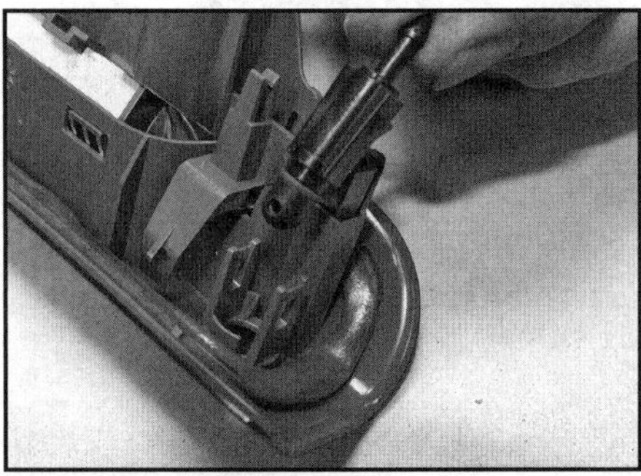

14.14 Lösen Sie die zwei Laschen und befreien Sie die Düse aus der Zusatzbremslicht-Einheit.

15 Lassen Sie die Düse beim Einbau korrekt im Zusatzbremslicht einrasten und montieren Sie diese (Sektion 7). Stellen Sie die Düse nötigenfalls mithilfe einer Nadel so ein, dass der Wasserstrahl etwas weiter oben im Wischbereich auf die Scheibe trifft.

15 Audiosystem – Ausbau und Einbau

Anmerkung: *Die folgende Prozedur gilt für das ab Werk erhältliche Audiosystem – andere Geräte müssen ähnlich behandelt werden.*
1 Alle von Opel angebotenen Audiosysteme sind mit DIN-Befestigungen ausgerüstet, für deren Ausbau spezielle Metallstangen (erhältlich bei den meisten Auto-Zubehörgeschäften) benötigt werden. Alternativ können auch zwei entsprechende Werkzeuge aus 3 mm starkem Draht (z. B. Schweißdraht) angefertigt werden.
2 Trennen Sie den Masseanschluss (–) der Batterie (siehe Kapitel 5A, Sektion 4).
3 Stecken Sie die Werkzeuge in die seitlichen Bohrungen vorn am Audiogerät und drücken Sie sie hinein, bis sie einrasten – das Gerät kann jetzt herausgezogen und die Werkzeuge entfernt werden.
4 Trennen Sie hinten am Audiogerät alle Stecker und das Antennenkabel und entnehmen Sie das Gerät.
5 Verbinden Sie beim Einbau alle Stecker und das Antennenkabel mit dem Gerät und drücken Sie dies in seinen Sitz, bis es einrastet. Schließen Sie zum Schluss die Batterie wieder an.

16 Touchscreen-Display – Ausbau und Einbau

1 Entfernen Sie die Armaturenbrettverkleidung und das rechte Lüftungsgitter, die Display-Blende und das zentrale Lüftungsgitter (siehe Kapitel 11, Sektion 27).
2 Lösen Sie die fünf Schrauben des Displays und befreien Sie es aus dem Armaturenbrett (siehe Abbildung).

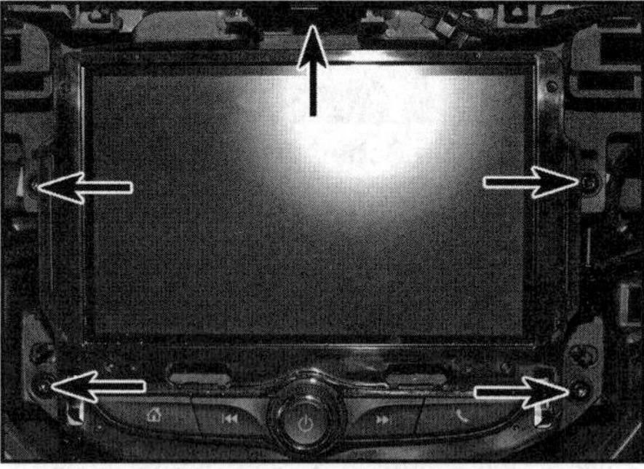

16.2 Instrumentengehäuse-Schrauben

3 Trennen Sie den Stecker oben vom Display.
4 Ziehen Sie an den Steckern hinten am Display die roten Arretierlaschen heraus und trennen Sie die Stecker (siehe Abbildung). Achten Sie beim Trennen der Stecker darauf, die Glasfaserkabel nicht zu stark zu knicken, da sie brechen können.

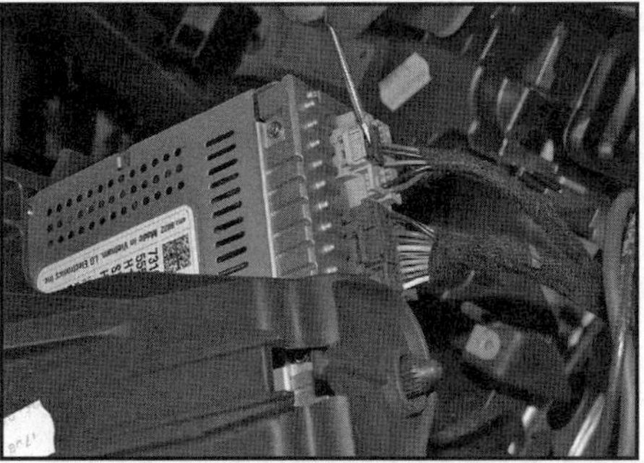

16.4 Ziehen Sie die roten Laschen heraus, um die Stecker trennen zu können.

5 Der Einbau entspricht der umgekehrten Ausbaureihenfolge.

17 Lautsprecher – Ausbau und Einbau

Höhen-Lautsprecher in Tür

1 Entfernen Sie die Türverkleidung (siehe Kapitel 11, Sektion 12).
2 Trennen Sie den Lautsprecher-Stecker.
3 Lösen Sie die drei Schrauben, um den Lautsprecher aus der Türverkleidung zu befreien.
4 Der Einbau entspricht der umgekehrten Ausbaureihenfolge.

Hauptlautsprecher in Tür

5 Entfernen Sie die Türverkleidung (siehe Kapitel 11, Sektion 12).
6 Lösen Sie die Befestigungsschrauben, um den Lautsprecher aus der Tür zu befreien (siehe Abbildung). Trennen Sie die Lautsprecher-Stecker, um den Lautsprecher zu entfernen.

17.6 Befreien Sie den Lautsprecher aus seinem Sitz in der Tür.

7 Der Einbau entspricht der umgekehrten Ausbaureihenfolge.

Armaturenbrett-Lautsprecher

8 Hebeln Sie mit einem kleinen Schraubendreher vorsichtig das Lautsprecher-Gitter aus dem Armaturenbrett (siehe Abbildung). Trennen Sie ggf. den Sonnenlicht-Sensor und entnehmen Sie das Gitter.

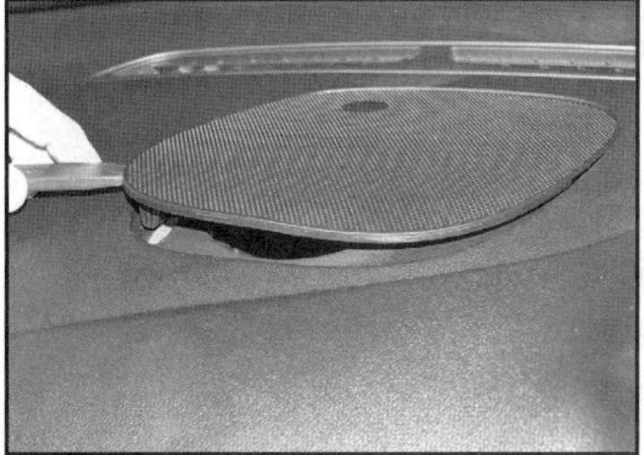

17.8 Hebeln Sie vorsichtig das Lautsprecher-Gitter aus dem Armaturenbrett.

9 Lösen Sie vorn an der Display-Blende die Befestigungsschraube.
10 Hebeln Sie mit einem geeigneten Kunststoff-Werkzeug die Front der Display-Blende vorsichtig ab, um an beiden Seiten die Clips zu befreien; verschieben Sie anschließend die Blende nach vorn, um die zwei hinteren Laschen zu befreien.
11 Lösen Sie die zwei Schrauben, die den Lautsprecher in der zentralen Schalter/Belüftungs-Blende sichern. Heben Sie den Lautsprecher heraus und trennen Sie seinen Stecker.
12 Der Einbau entspricht der umgekehrten Ausbaureihenfolge.

18 Radio-Antenne – Allgemeine Informationen

1 Die Antenne kann nötigenfalls aus ihrem Fuß geschraubt werden.
2 Der Ausbau des Antennenfußes beinhaltet das Entfernen des Dachhimmels; dies ist eine komplizierte Operation und überfordert die meisten Hobbyschrauber. Falls also Probleme mit dem Antennenfuß oder seiner Verkabelung bestehen, sollte eine Fachwerkstatt konsultiert werden.

19 Wegfahrsperre und Alarmanlage – Allgemeine Informationen

Anmerkung: *Diese Informationen gelten nur für die serienmäßig installierten Systeme.*
1 Die meisten Modelle sind serienmäßig mit einer Alarmanlage ausgerüstet, die beim Verriegeln der Fahrertür oder Betätigen der Fernbedienung automatisch ab- und einschaltet. Der Alarm wird über alle Türen, die Heckklappe, die Motorhaube sowie den Zündungs- und Anlasser-Stromkreis ausgelöst. Falls eine der Türen, die Heckklappe oder die Motorhaube bei aktiviertem Alarm geöffnet werden, werden die Alarmhupe und die Warnblinkanlage aktiviert. Die Alarmanlage hat auch eine Wegfahrsperren-Funktion, die den Zündungs- und Anlasser-Stromkreis unterbricht.
2 Die Alarmanlage führt bei jeder Aktivierung eine Selbstdiagnose durch, die etwa zehn Sekunden andauert. Während dieser Diagnose leuchtet die LED im Armaturenbrett-Schalter auf. Falls die LED schnell blinkt, ist eine der Türen, die Heckklappe oder die Motorhaube nicht richtig verschlossen, oder im System liegt ein Fehler vor. Nach den ersten zehn Sekunden blinkt die LED langsam, um anzuzeigen, dass der Alarm eingeschaltet ist. Nach dem Entriegeln der Fahrertür leuchtet

die LED ca. eine Sekunde auf und erlischt dann, um anzuzeigen, dass der Alarm abgeschaltet ist.
3 Falls an der Alarmanlage ein Fehler auftritt, muss das Fahrzeug von einer Opel-Werkstatt überprüft werden.

20 Sitzheizungs-Komponenten – Allgemeine Informationen

Bei entsprechend ausgerüsteten Modellen sind die Sitzpolster und Sitzlehnen mit Heizmatten ausgerüstet, deren Austausch das Öffnen des Polsters, den Ausbau der alten Matte, den Einbau der neuen Matte und das Vernähen der Polster erfordert. Polsterarbeiten erfordern reichlich Erfahrung und sollten nötigenfalls von einer Fachwerkstatt oder einem Autosattler übernommen werden.

21 Airbag-System – Allgemeine Informationen und Warnhinweise

Allgemeine Informationen

1 Alle Modelle sind serienmäßig mit einem Fahrer-Airbag (im Lenkrad) und einem Beifahrer-Airbag (oberhalb des Handschuhfachs) ausgerüstet. Manche Modelle sind zudem mit Seiten-Airbags (in den Vordersitzen) und Vorhang-Airbags (im Dachhimmel) ausgerüstet.
2 Das System ist nur bei eingeschalteter Zündung funktionsfähig, doch für den Fall einer Stromunterbrechung im Hauptkabel ist noch eine Reservestromquelle vorhanden. Die beiden vorderen Airbags werden von einem Verzögerungssensor aktiviert und von einem Steuergerät (unter der Mittelkonsole) überwacht. Die Seiten- und Vorhang-Airbags werden zusammen mit den vorderen Airbags bei einem schweren seitlichen Aufprall aktiviert.
3 Bei einem Aufprall werden die Airbags binnen Millisekunden aufgepumpt, um den Insassen ein Polster zum Lenkrad bzw. dem Armaturenbrett oder zur Seite zu bieten und das Risiko von Verletzungen zu reduzieren. Der Airbag entleert sich anschließend fast genauso schnell. Das Steuergerät aktiviert ggf. auch die Gurtstraffer der Vordersitze (siehe Kapitel 11).

Warnhinweise

Warnung: Die folgenden Vorsichtsmaßnahmen müssen bei der Arbeit am Airbag-System beachtet werden, um Gesundheitsrisiken zu minimieren.

Allgemeine Vorkehrungen

4 Die folgenden Vorsichtsmaßnahmen **müssen** bei der Arbeit am Fahrzeug beachtet werden:
a) Trennen Sie niemals die Batterie bei laufendem Motor.
b) Demontieren Sie alle Airbag-Komponenten, bevor irgendwelche Arbeiten in der Umgebung von Airbags durchgeführt werden.
c) Testen Sie ***niemals*** *Stromkreise des Airbag-Systems mit irgendwelchen Messgeräten.*
d) Versuchen Sie beim Aufleuchten der Airbag-Warnlampe ***niemals*** *selbst, eine Fehlerdiagnose durchzuführen oder Teile des Airbag-Systems zu zerlegen – bringen Sie das Fahrzeug unbedingt in eine Opel-Werkstatt.*
e) Deaktivieren Sie das Airbag-System, bevor Schweißarbeiten am Fahrzeug vorgenommen werden.

Umgang mit dem Airbag

a) Transportieren Sie einen Airbag ***immer*** *mit dem Luftsack nach oben.*
b) Legen Sie ***niemals*** *Ihre Arme um den Airbag.*
c) Halten Sie den Airbag ***stets*** *dicht am Körper – mit dem Luftsack nach außen.*
d) Lassen Sie einen Airbag ***niemals*** *fallen; setzen Sie ihn keinen Schlägen aus.*
e) Versuchen Sie ***niemals****, einen Airbag zu zerlegen.*
f) Verbinden Sie ***niemals*** *irgendwelche elektrischen Komponenten mit Teilen des Airbag-Stromkreises.*

Lagern eines Airbags

a) Lagern Sie einen Airbag mit dem Luftsack nach oben in einem geschlossenen Schrank.
b) Setzen Sie einen Airbag ***niemals*** *Temperaturen über 80 °C aus.*
c) Setzen Sie einen Airbag ***niemals*** *offenen Flammen aus.*
d) Entsorgen Sie einen Airbag nur über eine Opel-Werkstatt.
e) Bauen Sie ***niemals*** *einen Airbag ins Auto ein, der erwiesenermaßen defekt oder beschädigt ist.*

Deaktivieren des Airbag-Systems

5 Bevor Arbeiten an Airbag-Komponenten oder umliegenden Bereichen erledigt werden, muss der Airbag folgendermaßen deaktiviert werden:
a) Schalten Sie die Zündung ein und prüfen Sie die Funktion der Airbag-Warnlampe – sie muss aufleuchten und dann erlöschen.
b) Schalten Sie die Zündung ab.
c) Ziehen Sie den Zündschlüssel ab.
d) Schalten Sie alle elektrischen Verbraucher ab.
e) Trennen Sie das Massekabel (–) der Batterie (siehe Kapitel 5A, Sektion 4).
f) Isolieren Sie den Minuspol der Batterie und das Ende des Massekabels, um alle Risiken auszuschließen.
g) Warten Sie mindestens zwei Minuten, bevor Sie fortfahren. Falls die Airbag-Warnlampe nicht korrekt funktionierte, müssen mindestens 10 Minuten verstreichen.

Aktivieren des Airbag-Systems

6 Nachdem die Arbeiten an Airbag-Komponenten oder umliegenden Bereichen erledigt sind, muss der Airbag folgendermaßen aktiviert werden:
a) Im Fahrzeug darf sich niemand aufhalten und in der Nähe des Lenkrads dürfen sich keine losen Objekte befinden. Schließen Sie alle Fenster und Türen des Fahrzeugs.
b) Wenn sichergestellt ist, dass die Zündung abgeschaltet ist, wird die Batterie wieder angeschlossen.
c) Öffnen Sie die Fahrertür und schalten Sie die Zündung ein, ohne dabei direkt über das Lenkrad zu greifen. Prüfen Sie, ob die Airbag-Warnlampe kurz aufleuchtet und dann erlischt.
d) Schalten Sie die Zündung ab.
e) Falls die Airbag-Warnlampe nicht kurz aufleuchtet und dann erlischt, muss Rat bei einer Opel-Werkstatt gesucht werden, bevor mit dem Fahrzeug gefahren wird.

22 Airbag-Systemkomponenten – Ausbau und Einbau

1 Beachten Sie die Warnhinweise in Sektion 21, bevor Sie diese Arbeiten durchführen.
2 Deaktivieren Sie das Airbag-System (siehe Sektion 21).

Fahrer-Airbag

3 Drehen Sie das Lenkrad eine Viertelumdrehung, damit an den Rückseiten seiner Speichen die Bohrungen zugänglich sind. Stecken Sie einen Schraubendreher nacheinander in beide Löcher, um die Laschen einzudrücken; ziehen Sie dabei den Airbag vom Lenkrad ab (siehe Abbildungen).

22.3a Stecken Sie einen Schraubendreher in die Löcher an den Rückseiten der Lenkradspeichen ...

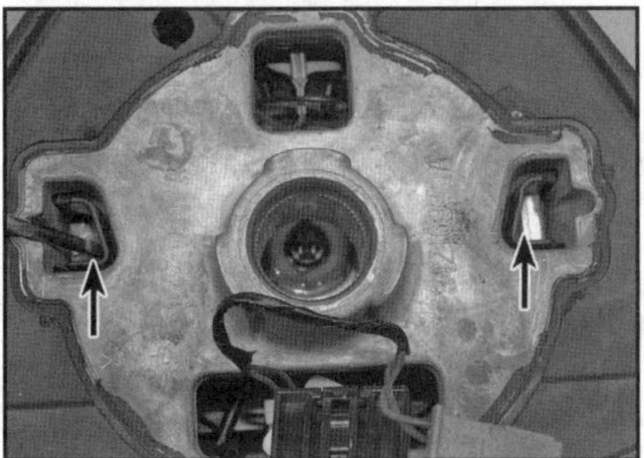

22.3b ... und drücken Sie die Federclips ein – gezeigt bei entferntem Airbag.

4 Befreien Sie an der Rückseite des Airbags die Arretierungen der Stecker und trennen Sie diese (siehe Abbildungen). Entfernen Sie die Airbag-Einheit – beachten Sie die Warnhinweise in Sektion 21.

22.4a Hebeln Sie die orangefarbene Lasche heraus, um den Hauptstecker des Airbags zu trennen.

22.4b Trennen Sie alle weiteren Airbag-Stecker.

5 Der Einbau entspricht der umgekehrten Ausbaureihenfolge.

Airbag-Drehstecker

6 Demontieren Sie das Lenkrad (siehe Kapitel 10, Sektion 14).
7 Sichern Sie den Rand des Drehsteckers und der Halterung mit Klebeband, um die Einheit zusammenzuhalten (siehe Abbildung).

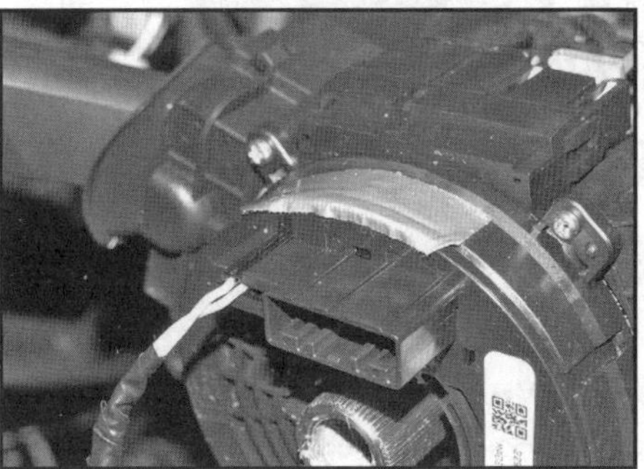

22.7 Halten Sie den Drehstecker und die Halterung mit Klebeband zusammen.

8 Drücken Sie an der Rückseite der Airbag-Dreheinheit die Laschen der Stecker ein und trennen Sie diese (siehe Abbildung).

22.8 Trennen Sie die Stecker der Airbag-Dreheinheit.

9 Lösen Sie die vier Befestigungsschrauben der Airbag-Dreheinheit (siehe Abbildung).

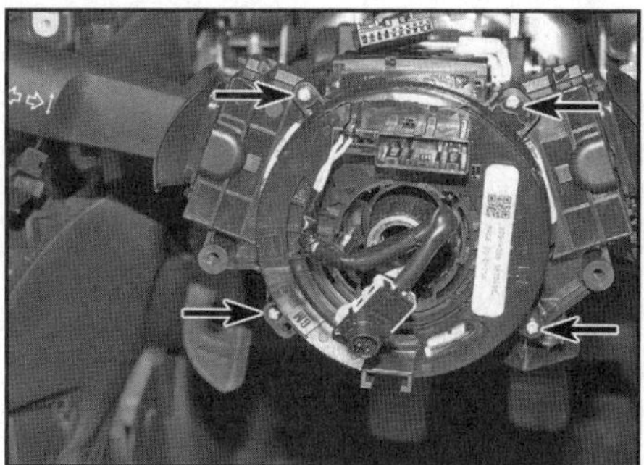

22.9 **Befestigungsschrauben der Airbag-Dreheinheit**

10 Ziehen Sie die Airbag-Dreheinheit ab (siehe Abbildung).

22.10 **Entfernen Sie die Airbag-Dreheinheit.**

11 Der Einbau entspricht der umgekehrten Ausbaureihenfolge.

Beifahrer-Airbag

12 Entfernen Sie das Handschuhfach (siehe Kapitel 11, Sektion 27).
13 Lösen Sie die Schraube, die den Airbag an der Armaturenbrett-Querstrebe sichert, ziehen Sie ihn ab und trennen Sie alle vorhandenen Stecker (siehe Abbildungen). Beachten Sie beim Ausbau die Warnhinweise in Sektion 21.

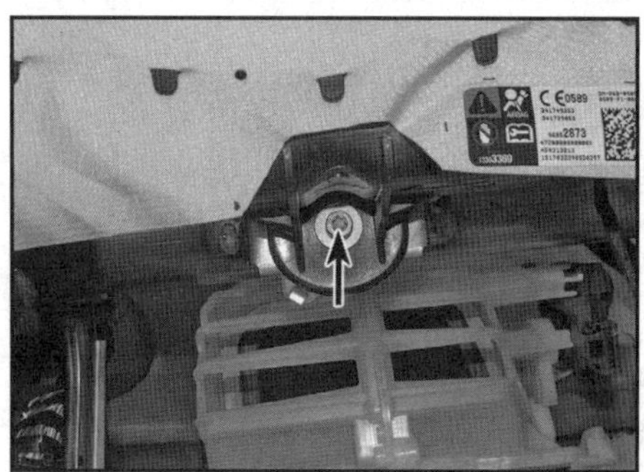

22.13a Beifahrerairbag-Befestigungsschraube an Armaturenbrett-Querstrebe

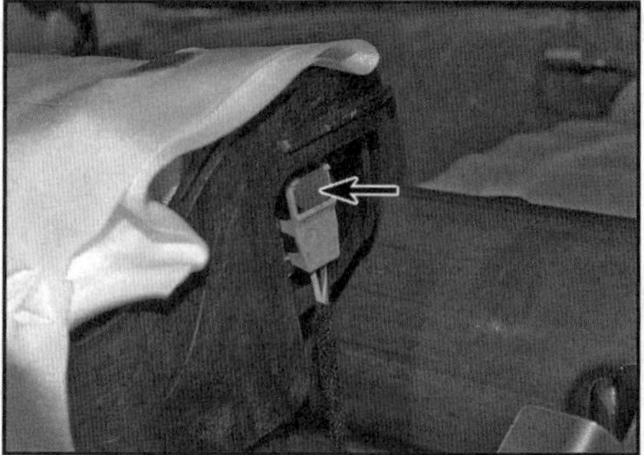

22.13b Hebeln Sie die orangefarbene Lasche heraus, um den Stecker des Beifahrer-Airbags zu trennen.

14 Der Einbau entspricht der umgekehrten Ausbaureihenfolge – ziehen Sie die Befestigungsschraube sorgfältig an.

Seiten-Airbag

15 Der Aus- und Einbau des Seiten-Airbags erfordert das Zerlegen des entsprechenden Sitzes – dies sollte einer Opel-Werkstatt überlassen werden.

Vorhang-Airbag

16 Der Aus- und Einbau des Vorhang-Airbags erfordert einen Teilausbau des Himmels – dies sollte einer Opel-Werkstatt überlassen werden.

Airbag-Steuergerät

17 Das Steuergerät sitzt vor der Handbremse in der Mittelkonsole (siehe Abbildung) – deren Ausbau ist in Kapitel 11, Sektion 26 beschrieben.

22.17 Position des Airbag-Steuergeräts – gezeigt bei demontiertem Armaturenbrett

18 Lösen Sie die Arretierungen der Stecker und trennen Sie diese vom Steuergerät.
19 Lösen Sie die drei Befestigungsmuttern und heben Sie das Steuergerät ab.
20 Der Einbau entspricht der umgekehrten Ausbaureihenfolge – ziehen Sie die Steuergerät-Befestigungsmuttern mit 10 Nm an.

Sicherungsblock an Batterie (2015 bis 2016)

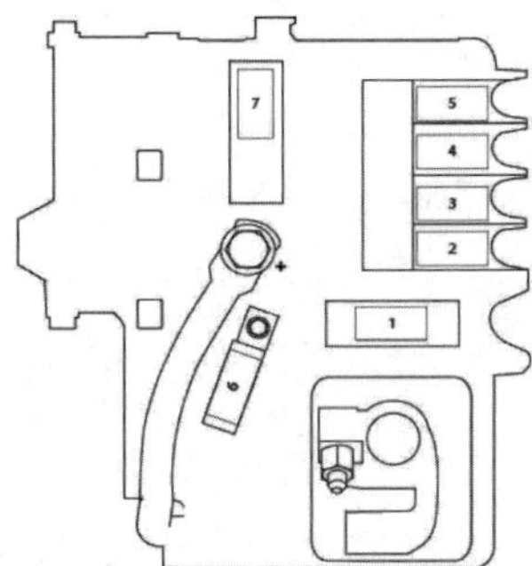

Sicherung	Absicherungsrate	Beschreibung	Bezeichnung
1	250 A	Sicherungsblock Motorraum	F1UD
2	80 A	Nicht belegt	F2UD
3	100 A	Gebläse-Relais	F3UD
4	80 A	Servolenkungs-Steuergerät	F4UD
5	80 A	Motorsteuergerät (Dieselmotoren)	F5UD
6	80 A	Sicherungsblock Armaturenbrett	F6UD
7	400 A	Anlasser, Lichtmaschine (auch mit 300 A)	F7UD

Sicherungsblock an Batterie (ab 2017)

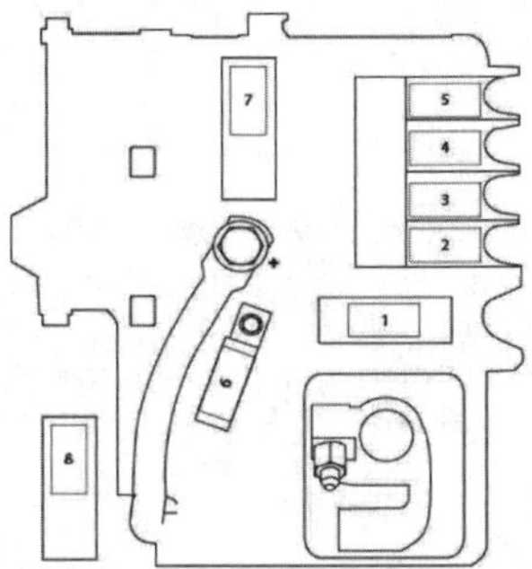

Sicherung	Absicherungsrate	Beschreibung	Bezeichnung
1	250 A	Sicherungsblock Motorraum	F1UD
2	80 A	Nicht belegt	F2UD
3	100 A	Gebläse-Relais	F3UD
4	80 A	Servolenkungs-Steuergerät	F4UD
5	80 A	Motorsteuergerät (Dieselmotoren)	F5UD
6	80 A	Sicherungsblock Armaturenbrett	F6UD
7	400 A	Anlasser, Lichtmaschine (auch mit 300 A)	F7UD
8	5 A	Batteriesensormodul (Modelle mit Stopp-Start-Automatik)	F8UD

Sicherungsbox im Motorraum

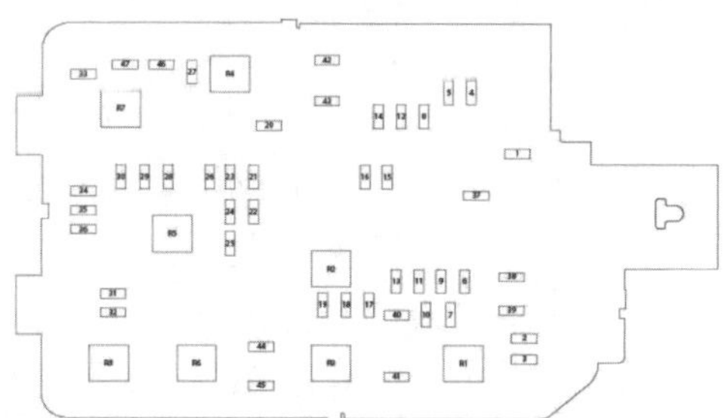

Sicherung/ Relais	Absicherungsrate	Beschreibung	Bezeichnung
1	30A	Anhängerbeleuchtungs-Steuermodul, Anhänger-Stecker	F1UA
2	–	nicht belegt	F2UA
3	5 A	Batteriesensormodul (Modelle mit Stopp-Start-Automatik)	F3UA
4	25 A	Fahrgestell-Steuermodul	F4UA
5	30 A	ABS-Steuermodul	F5UA
6	5 A	Sicherungsbox im Motorraum	F6UA
7	–	nicht belegt	F7UA
8	10 A	Getriebe-Steuergerät, Steuermagnetventil-Baugruppe, Einspritzungs-Steuergerät	F8UA
9	5 A	Karosserie-Steuergerät	F9UA
10	15 A	Scheinwerfer-Schalter, Scheinwerfer-Baugruppen	F10UA
11	20 A	Heckscheibenwischer-Relais	F11UA
12	30 A	Heckscheibenheizung	F12UA
13	10 A	Sicherungsbox im Motorraum	F13UA
14	7,5 A	Rückspiegel	F14UA
15	–	nicht belegt	F15UA
16	20 A	Bremskraftverstärkerpumpen-Motorrelais	F16UA
17	10 A	Rückspiegel, Heckkamera, Kraftstofftemperatursensor, Anhänger-Steuermodul, Automatik-Wahlhebel, Stromversorgung	F17UA
18	15 A	Fahrgestell-Steuermodul, Motorsteuergerät, Getriebesteuergerät, Einspritzungs-Steuergerät, Automatikgetriebe	F18UA
19	20 A	Kraftstoffpumpenrelais	F19UA
20	–	nicht belegt	F20UA
21	15 A	Kühlmittel-Heizung, Kühlventilator-Relais, Klimaanlagenkupplungs-Relais	F21UA
22	–	nicht belegt	F22UA
23	20 A	Motorsteuergerät, Zündspulen, Einspritzdüsen	F23UA
24	10 A	Wischwaschpumpen-Relais	F24UA
25	–	nicht belegt	F25UA
26	10 A	Lambdasonden-Heizung	F26UA
27	10 A	Heizungskühlmittel-Abschaltmagnetventil (Benzinmotoren)	F27UA
28	10 A	Motorsteuergerät (Dieselmotoren)	F28UA
29	25 A	Motorsteuergerät	F29UA
30	10 A	Motorsteuergerät (Benzinmotoren)	F30UA
31	10 A	Scheinwerfer links	F31UA
32	10 A	Scheinwerfer rechts	F32UA
33	10 A	Motorsteuergerät	F33UA
34	15 A	Hupe	F34UA
35	10 A	Klimaanlagenkupplungs-Relais	F35UA
36	15 A	Nebellampen	F36UA

Sicherungen und Relais (Fortsetzung)

37	40 A	ABS-Steuergerät	F37UA; F1UB
38	30 A	Windschutzscheibenwischer-Relais	F38UA; F2UB
39	40 A	Gebläse-Steuergerät, Zündrelais 1	F39UA; F3UB
40	30 A	Sitzheizung	F40UA; F4UB
41	40 A	Kühlventilator-Höchstdrehzahlrelais	F41UA; F5UB
42	20 A	Kraftstoffheizungs-Relais	F42UA; F6UB
43	25 A	Automatikgetriebe-Steuergerät	F43UA; F7UB
44	30 A	Kühlventilator-Höchstdrehzahlrelais	F44UA; F8UB
45	40 A	Kühlventilator-Höchstdrehzahlrelais	F45UA; F9UB
46	60 A	Kühlventilator-Steuergerät	F46UA; F10UB
47	30 A	Anlasserrelais	F47UA; F11UB
R1	–	Zündungs-Hauptrelais	KR73
R2	–	Kraftstoffpumpenrelais	KR23A
R3	–	nicht belegt	–
R4	–	nicht belegt	–
R5	–	Motorsteuerungs-Zündungsrelais	KR75
R6	–	Kühlventilator-Höchstdrehzahlrelais	KR20D
R7	–	Anlasserrelais	KR27
R8	–	Kühlventilator-Mindestdrehzahlrelais	KR20C

Sicherungen und Relais (Fortsetzung)

Sicherungsbox im Armaturenbrett

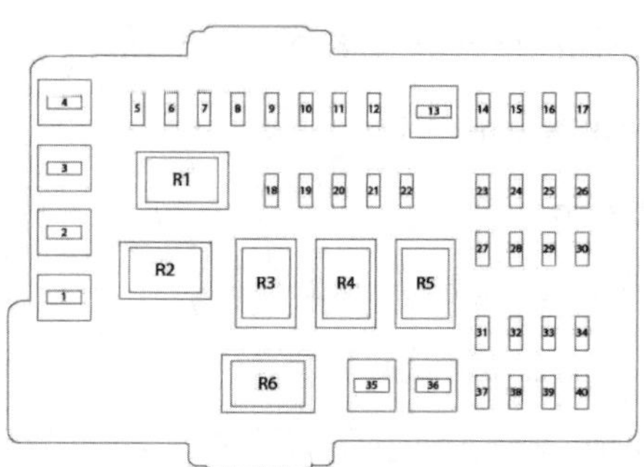

Sicherung/ Relais	Absicherungsrate	Beschreibung	Bezeichnung
1	–	nicht belegt	F01DA
2	–	nicht belegt	F02DA
3	30 A	Fensterhebermotor	F03DA
4	30 A	Sicherungen F22DA, F23DA, F24DA, F25DA, F26DA, Netzstrom-Trafo	F04DA
5	20 A	Karosserie-Steuermodul, Heizungs/Belüftungs/Klimaanlagen-Regler, Tagfahrlicht/Standlicht, Kennzeichenbeleuchtungen, Innenbeleuchtung/ Leselampe, Motorsteuergerät, Heizungs/Belüftungs/Klimaanlagen-Steuergerät	F05DA
6	20 A	Karosserie-Steuermodul	F06DA
7	15 A	Karosserie-Steuermodul	F07DA
8	15 A	Karosserie-Steuermodul	F08DA
9	25 A	Karosserie-Steuermodul	F09DA
10	20 A	Karosserie-Steuermodul	F10DA
11	20 A	Karosserie-Steuermodul	F11DA
12	30 A	Karosserie-Steuermodul	F12DA
13	–	nicht belegt	F13DA
14	10 A	Heckklappenentriegelungs-Relais	F14DA
15	10 A	SRS- und Airbag-Sensor- und Diagnosemodul	F15DA
16	15 A	Datenverbindungs-Stecker	F16DA
17	2 A	Zündschloss	F17DA
18	10 A	Heizungs/Belüftungs/Klimaanlagen-Regler, Heizungs/Belüftungs/ Klimaanlagen-Steuergerät	F18DA
19	20 A	Schiebedach-Steuermodul	F19DA
20	10 A	Regen/Umgebungslichtsensor-Modul, Parkassistent-Steuermodul, Frontkamera-Modul	F20DA
21	7,5 A	Bremslichtschalter	F21DA
22	15 A	Radio, Klingeltonalarm-Steuermodul	F22DA
23	10 A	Heizungs/Belüftungs/Klimaanlagen-Regler	F23DA
24	10 A	Telematik-Kommunikationsschnittstellen-Steuermodul	F24DA
25	10 A	Nebeneingang	F25DA
26	10 A	Instrumenten-Einheit	F26DA
27	15 A	Sitzheizungselement Fahrerseite	F27DA
28	–	nicht belegt	F28DA
29	–	nicht belegt	F29DA
30	15 A	Heizungs/Belüftungs/Klimaanlagen-Regler, Navigations-Modul, Lenkradheizungs-Relais, Instrumenten-Einheit, Kollisionswarnanzeige, Multifunktionsschalter 1,2 – Instrumente	F30DA
31	10 A	Alarmanlagen-Sirene	F31DA
32	15 A	Sitzheizungselement Beifahrerseite	F32DA
33	7,5 A	Lenkradheizungs-Steuergerät	F33DA

Sicherungen und Relais (Fortsetzung)

34	–	nicht belegt	F34DA
35	20 A	Luftkompressor (für Reifenpanne)	F35DA
36	–	nicht belegt	F36DA
37	20 A	Heckscheibenwischermotor	F37DA
38	20 A	Zigarettenanzünder/Steckdose	F38DA
39	7,5 A	Schiebedach-Steuergerät, Ganganzeige, Fensterheberschalter, Außenspiegelschalter	F39DA
40	–	nicht belegt	F40DA
R1	–	Lenkradheizungs-Relais	KR148
R2	–	Alarmsirenen-Relais	KR101
R3	–	Tankklappenrelais	KR94
R4	–	Heckklappenentriegelungs-Relais	KR95A
R5	–	Zündungsrelais 1	KR72B
R6	–	Verzögerungs-Leistungsrelais	KR76

Farbcodierungen von Flachstecksicherungen

Farbe	Stromstärke
hellbraun	5 A
braun	7,5 A
rot	10 A
blau	15 A
gelb	20 A
weiß	25 A
grün	30 A
blaugrün	35 A
orange	40 A

Sicherungen und Relais (Fortsetzung)

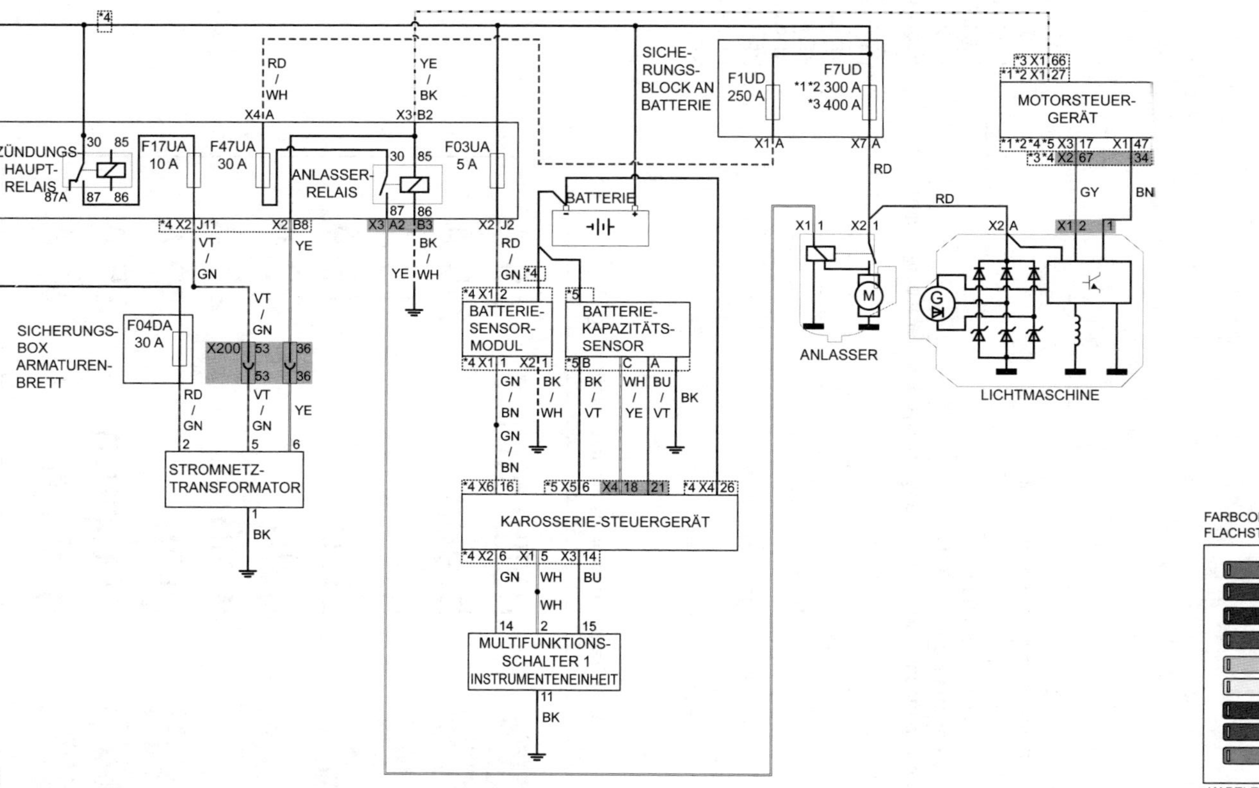

FARBCODIERUNGEN VON FLACHSTECKSICHERUNGEN

- 5 A
- 7,5 A
- 10 A
- 15 A
- 20 A
- 25 A
- 30 A
- 35 A
- 40 A

KABELFARBEN-INDEX

BE	BE - BEIGE
BK	BK - SCHWARZ
BN	BN - BRAUN
BU	BU - BLAU
DG	DG - DUNKELGRÜN
DB	DB - DUNKELBLAU
GN	GN - GRÜN
GY	GY - GRAU
LB	LB - HELLBLAU
LG	LG - HELLGRÜN
OG	OG - ORANGE
PK	PK - PINK
RD	RD - ROT
VT	VT - VIOLETT
WH	WH - WEISS
YE	YE - GELB

*1: für 1,2 l-Benzinmotor
*2: für 1,4 l-Benzinmotor
*3: für 1,3 l-Dieselmotor
*4: mit Stopp-Start-Automatik
*5: ohne Stopp-Start-Automatik

Anlasser- und Ladesystem – Modelle bis 2016

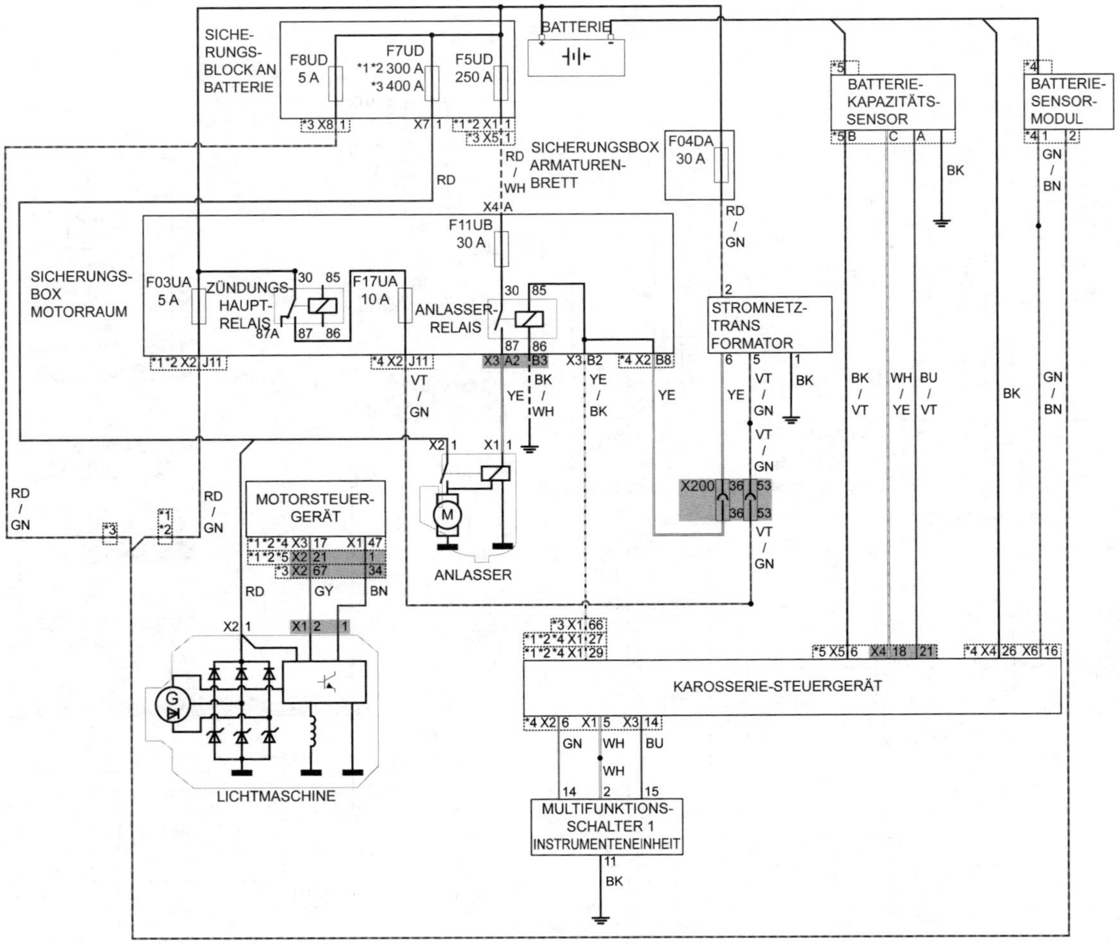

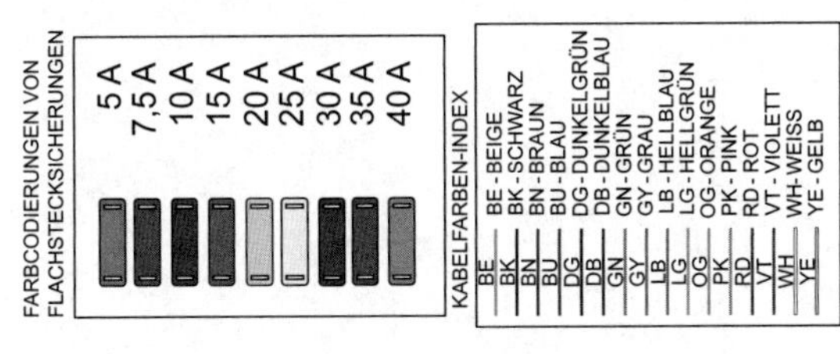

Anlasser- und Ladesystem – Modelle ab 2017

*1: für 1,2 l-Benzinmotor
*2: für 1,4 l-Benzinmotor
*3: für 1,3 l-Dieselmotor
*4: mit Stopp-Start-Automatik
*5: ohne Stopp-Start-Automatik

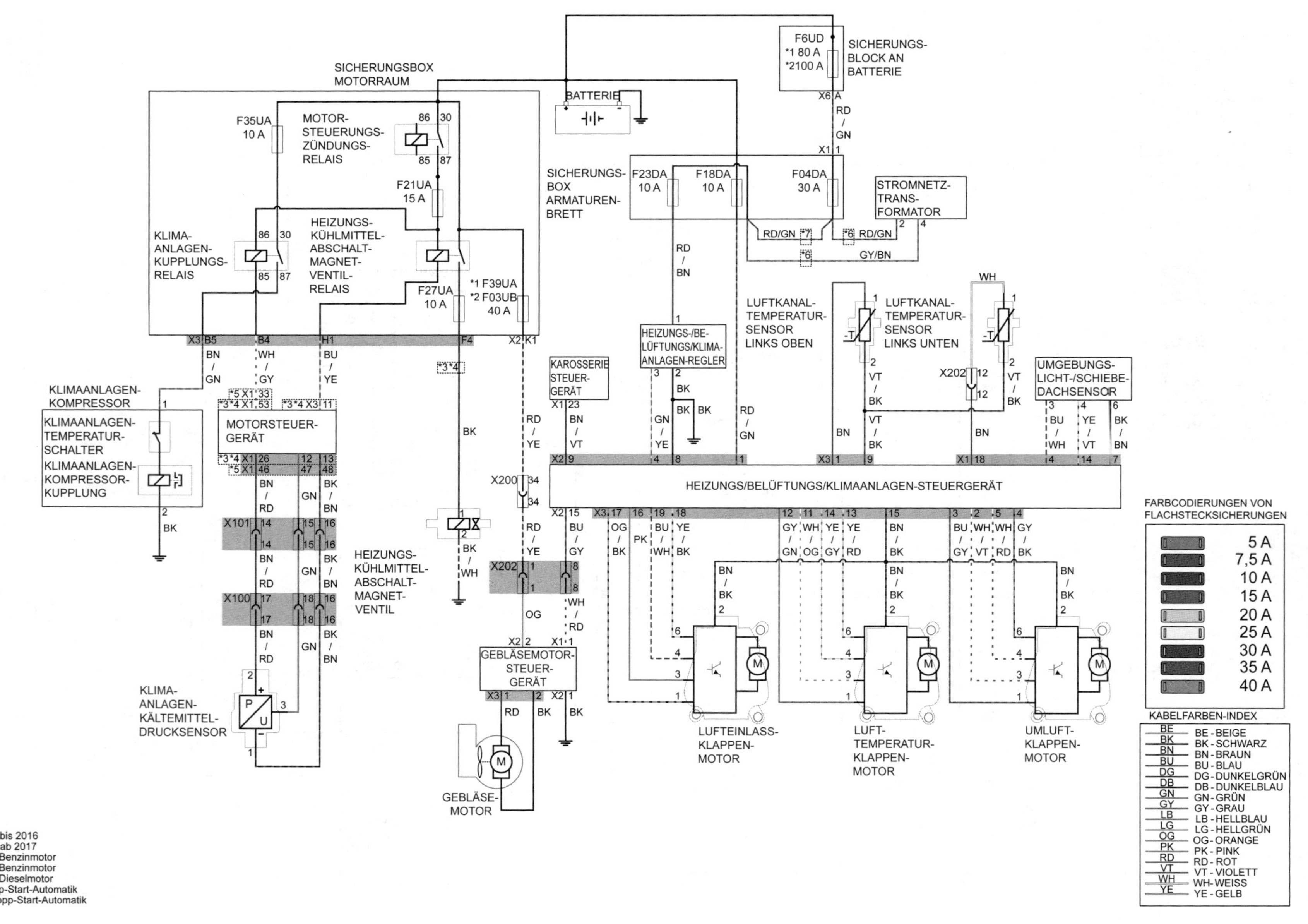

Klimaautomatik

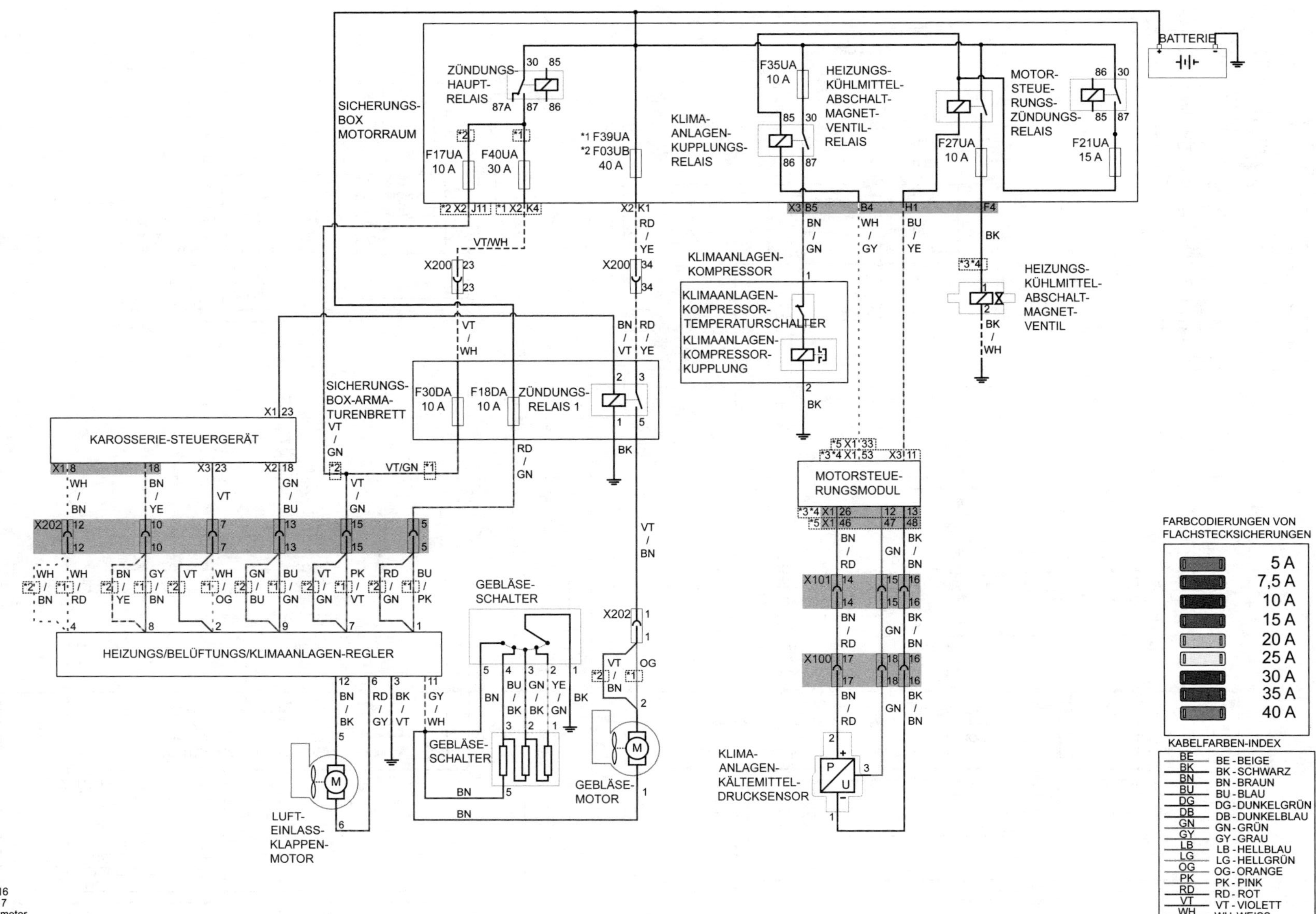

*1: Modelle bis 2016
*2: Modelle ab 2017
*3: für 1,2 l-Benzinmotor
*4: für 1,4 l-Benzinmotor
*5: für 1,3 l-Dieselmotor

Manuelle Klimaanlage

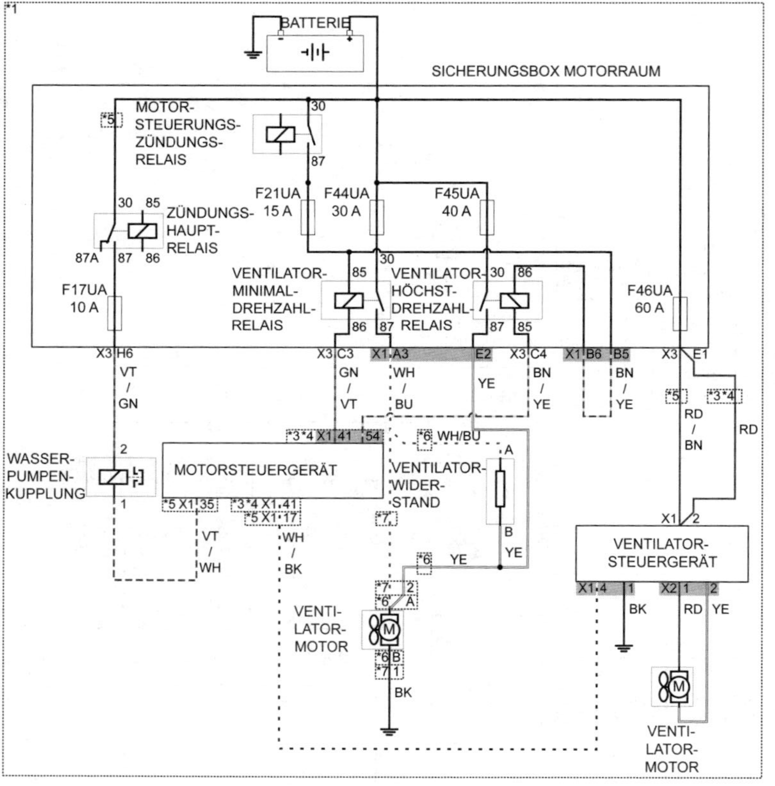

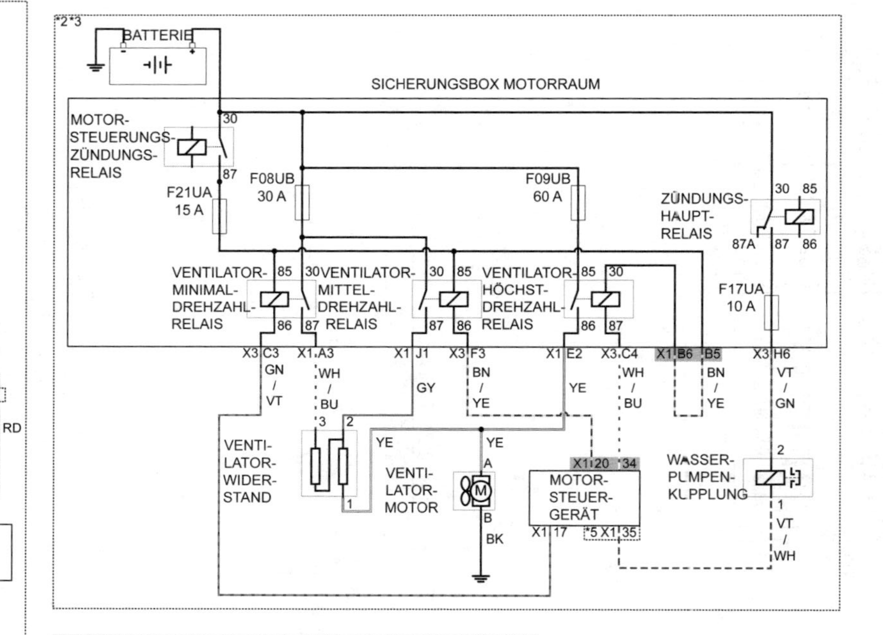

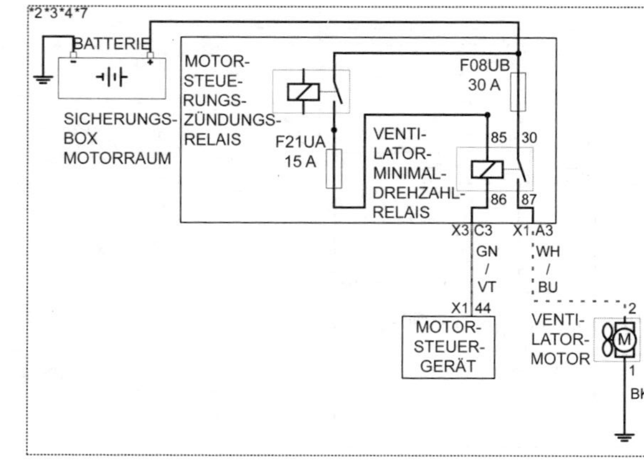

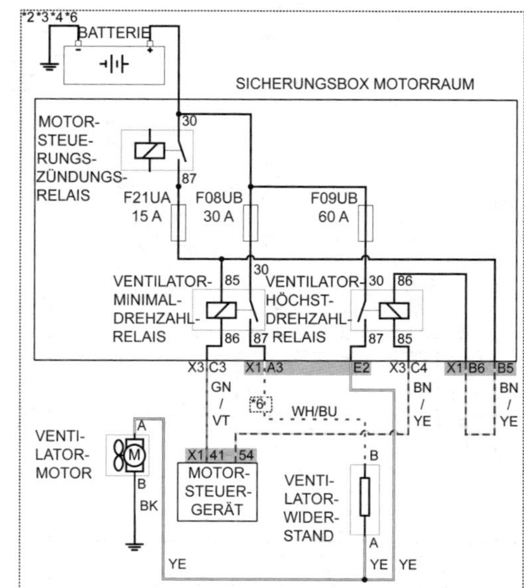

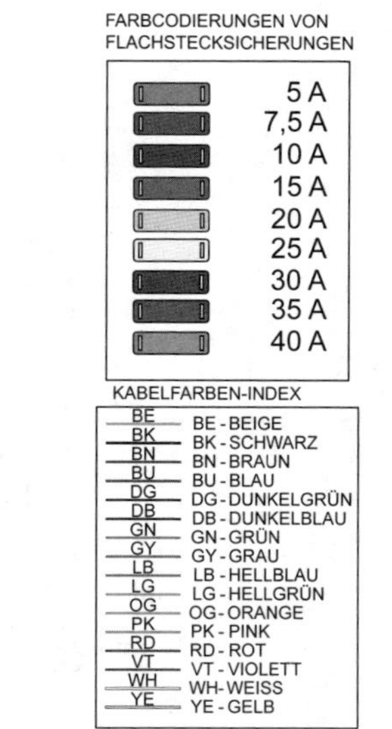

*1: Modelle bis 2016
*2: Modelle ab 2017
*3: für 1,2 l-Benzinmotor
*4: für 1,4 l-Benzinmotor
*5: für 1,3 l-Dieselmotor
*6: mit Klimaanlage
*7: ohne Klimaanlage

Kühlventilator

Sitzheizung

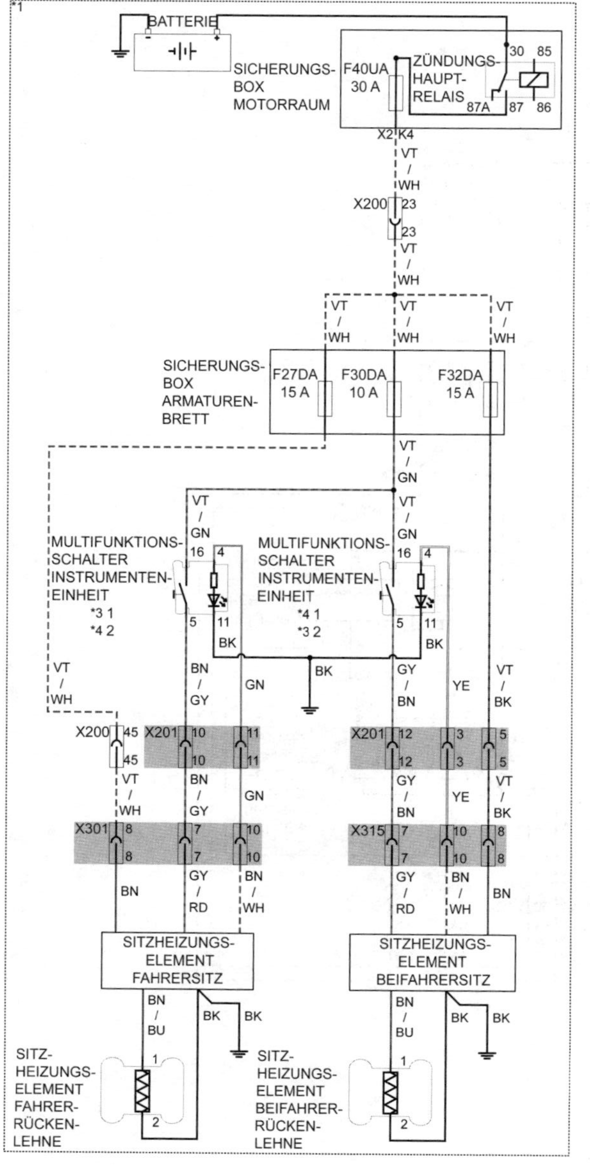

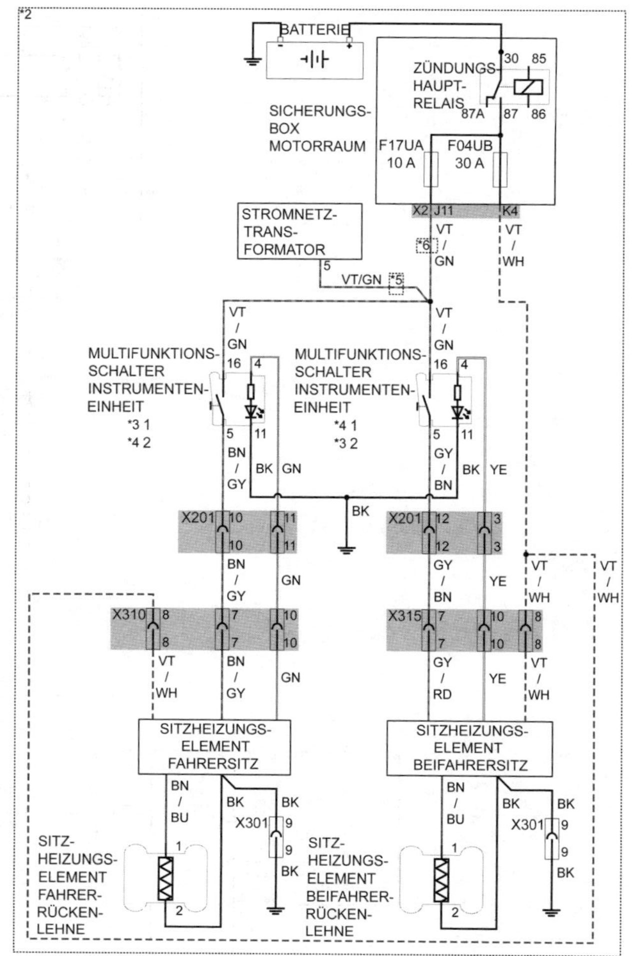

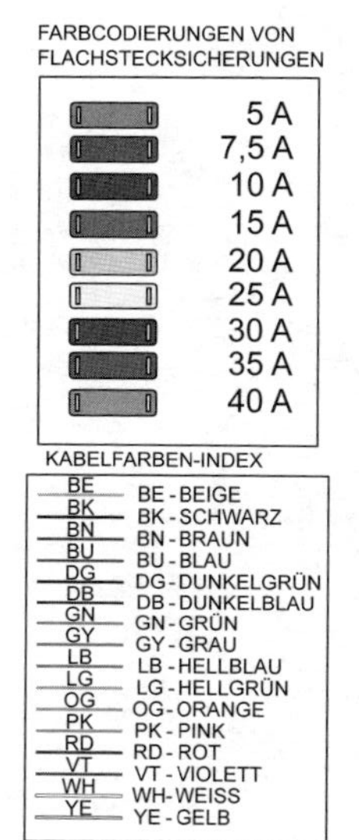

*1: Modelle bis 2016
*2: Modelle ab 2017
*3: Linkslenker-Modelle
*4: Rechtslenker-Modelle
*5: mit Stopp-Start-Automatik
*6: ohne Stopp-Start-Automatik

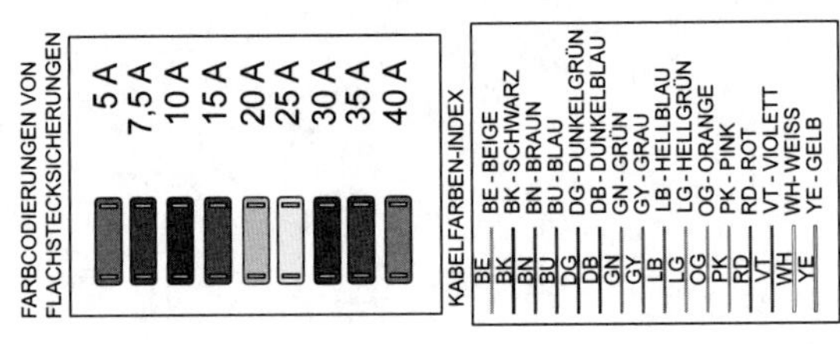

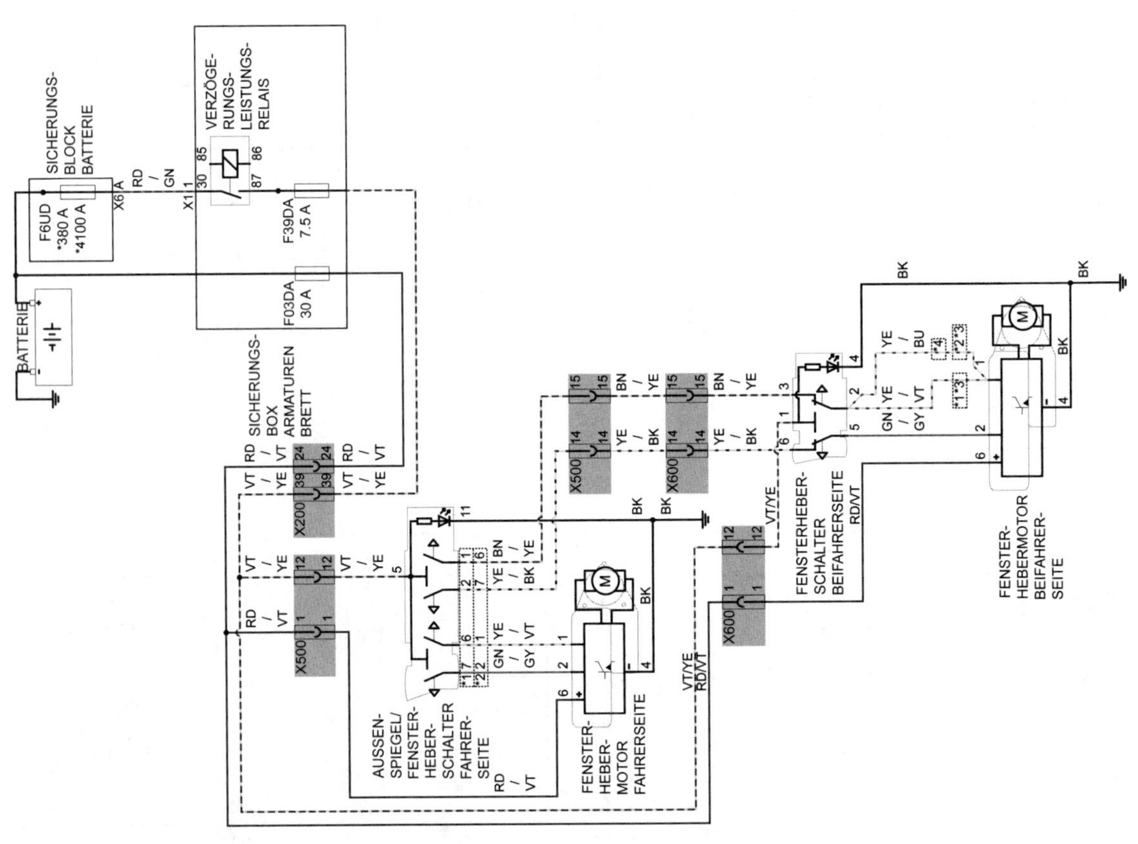

Elektrische Fensterheber

*1: Linkslenker-Modelle
*2: Rechtslenker-Modelle
*3: Modelle bis 2016
*4: Modelle bis 2017

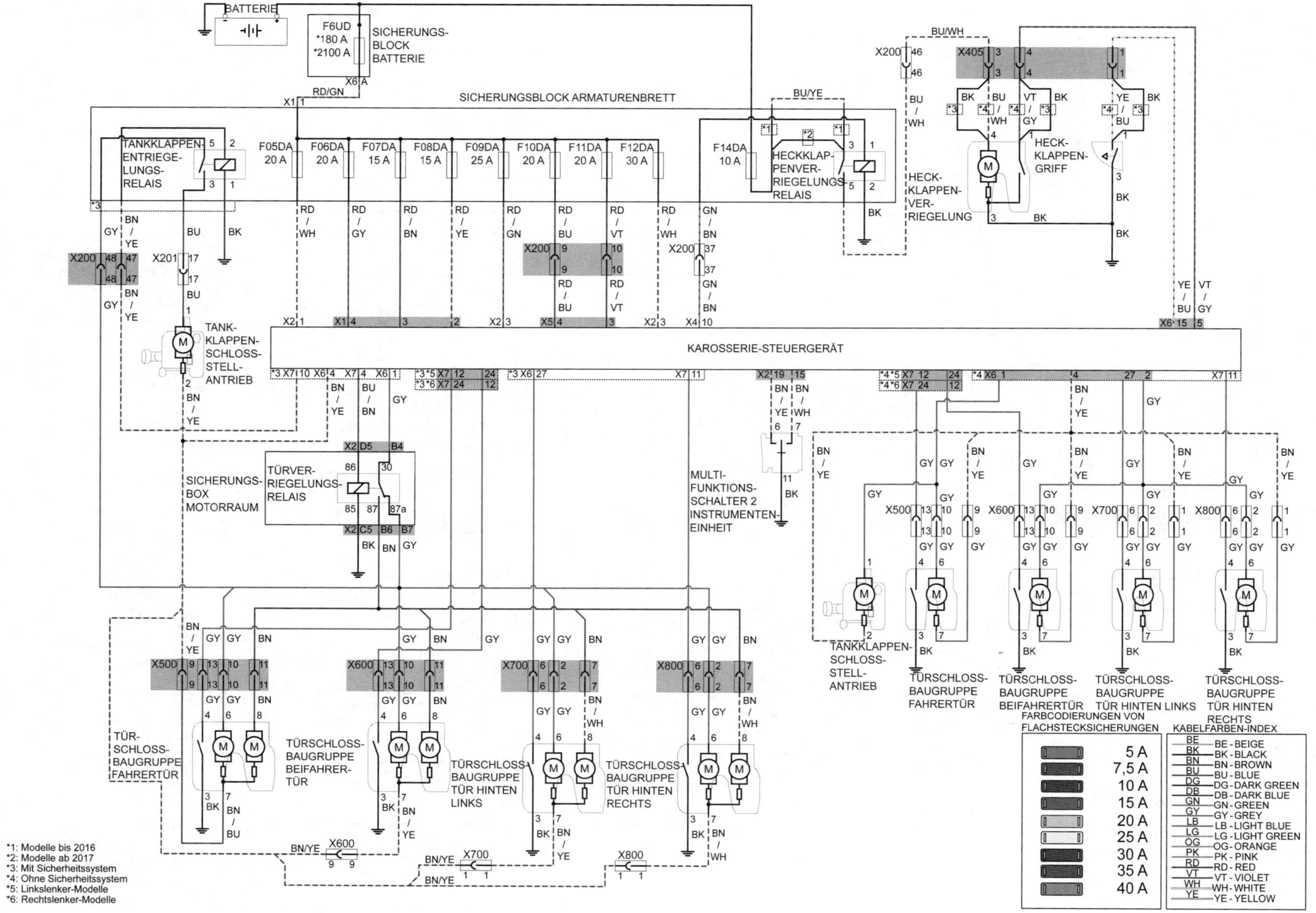
BATTERIE
F6UD *180 A *2100 A
SICHERUNGS-BLOCK BATTERIE
SICHERUNGSBLOCK ARMATURENBRETT
TANKKLAPPEN-ENTRIEGE-LUNGS-RELAIS
F05DA 20 A
F06DA 20 A
F07DA 15 A
F08DA 15 A
F09DA 25 A
F10DA 20 A
F11DA 20 A
F12DA 30 A
F14DA 10 A
HECKKLAP-PENVER-RIEGELUNGS-RELAIS
HECK-KLAPPEN-VER-RIEGELUNG
HECK-KLAPPEN-GRIFF
TANK-KLAPPEN-SCHLOSS-STELL-ANTRIEB
KAROSSERIE-STEUERGERÄT
SICHERUNGS-BOX MOTORRAUM
TÜRVER-RIEGELUNGS-RELAIS
MULTI-FUNKTIONS-SCHALTER 2 INSTRUMENTEN-EINHEIT
TÜR-SCHLOSS-BAUGRUPPE FAHRERTÜR
TÜRSCHLOSS-BAUGRUPPE BEIFAHRER-TÜR
TÜRSCHLOSS-BAUGRUPPE TÜR HINTEN LINKS
TÜRSCHLOSS-BAUGRUPPE TÜR HINTEN RECHTS
TANKKLAPPEN-SCHLOSS-STELL-ANTRIEB
TÜRSCHLOSS-BAUGRUPPE FAHRERTÜR
TÜRSCHLOSS-BAUGRUPPE BEIFAHRERTÜR
TÜRSCHLOSS-BAUGRUPPE TÜR HINTEN LINKS
TÜRSCHLOSS-BAUGRUPPE TÜR HINTEN RECHTS
FARBCODIERUNGEN VON FLACHSTECKSICHERUNGEN
5 A
7,5 A
10 A
15 A
20 A
25 A
30 A
35 A
40 A
KABELFARBEN-INDEX
BE - BEIGE
BK - BLACK
BN - BROWN
BU - BLUE
DG - DARK GREEN
DB - DARK BLUE
GN - GREEN
GY - GREY
LB - LIGHT BLUE
LG - LIGHT GREEN
OG - ORANGE
PK - PINK
RD - RED
VT - VIOLET
WH - WHITE
YE - YELLOW
*1: Modelle bis 2016
*2: Modelle ab 2017
*3: Mit Sicherheitssystem
*4: Ohne Sicherheitssystem
*5: Linkslenker-Modelle
*6: Rechtslenker-Modelle
Zentralverriegelung

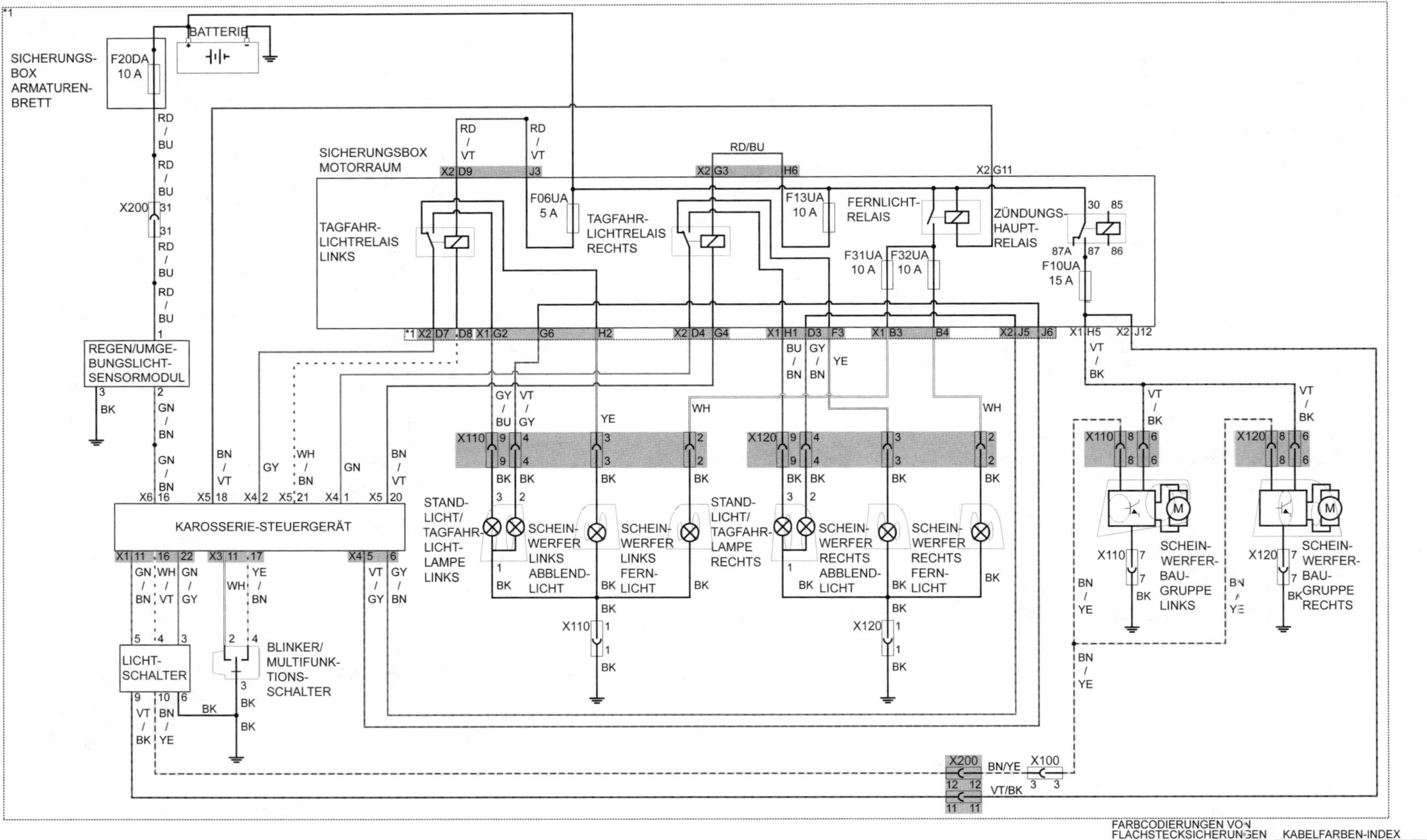

FARBCODIERUNGEN VON FLACHSTECKSICHERUNGEN

5 A
7,5 A
10 A
15 A
20 A
25 A
30 A
35 A
40 A

KABELFARBEN-INDEX

BE	BE - BEIGE
BK	BK - SCHWARZ
BN	BN - BRAUN
BU	BU - BLAU
DG	DG - DUNKELGRÜN
DB	DB - DUNKELBLAU
GN	GN - GRÜN
GY	GY - GRAU
LB	LB - HELLBLAU
LG	LG - HELLGRÜN
OG	OG - ORANGE
PK	PK - PINK
RD	RD - ROT
VT	VT - VIOLETT
WH	WH - WEISS
YE	YE - GELB

*1: Halogenlicht mit Halogen-Tagfahrlicht
*2: Halogenlicht mit LED-Tagfahrlicht
*3: Xenon-Licht

Scheinwerfer (1 von 2)

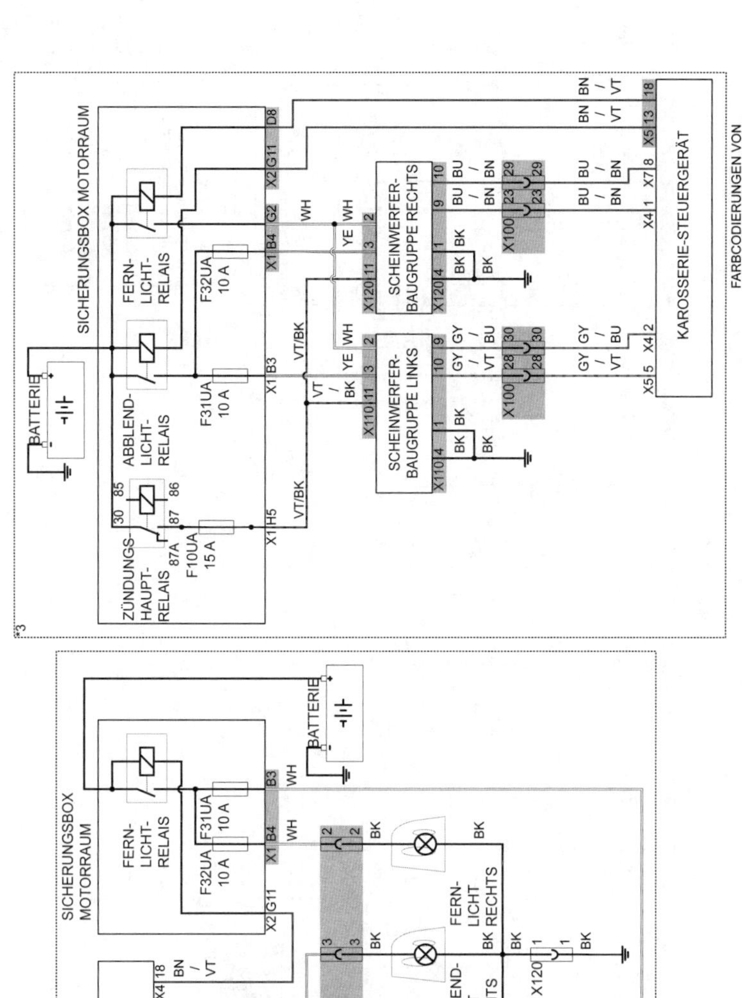

FARBCODIERUNGEN VON FLACHSTECKSICHERUNGEN

5 A
7,5 A
10 A
15 A
20 A
25 A
30 A
35 A
40 A

KABELFARBEN-INDEX

BE	BE - BEIGE
BK	BK - SCHWARZ
BN	BN - BRAUN
BU	BU - BLAU
DG	DG - DUNKELGRÜN
DB	DB - DUNKELBLAU
GN	GN - GRÜN
GY	GY - GRAU
LB	LB - HELLBLAU
LG	LG - HELLGRÜN
OG	OG - ORANGE
PK	PK - PINK
RD	RD - ROT
VT	VT - VIOLETT
WH	WH - WEISS
YE	YE - GELB

Scheinwerfer (2 von 2)

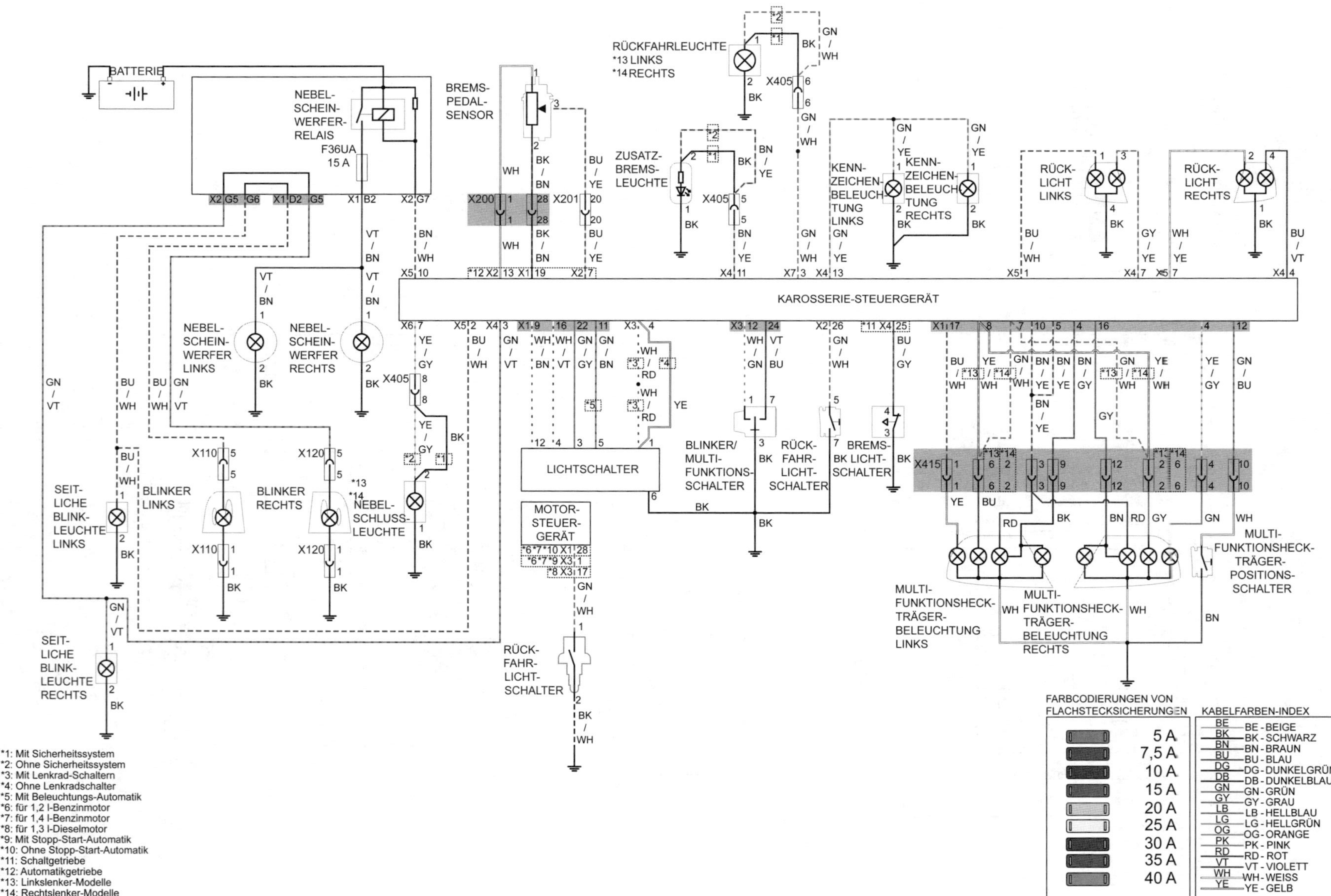

Rückleuchten, Nebellampen

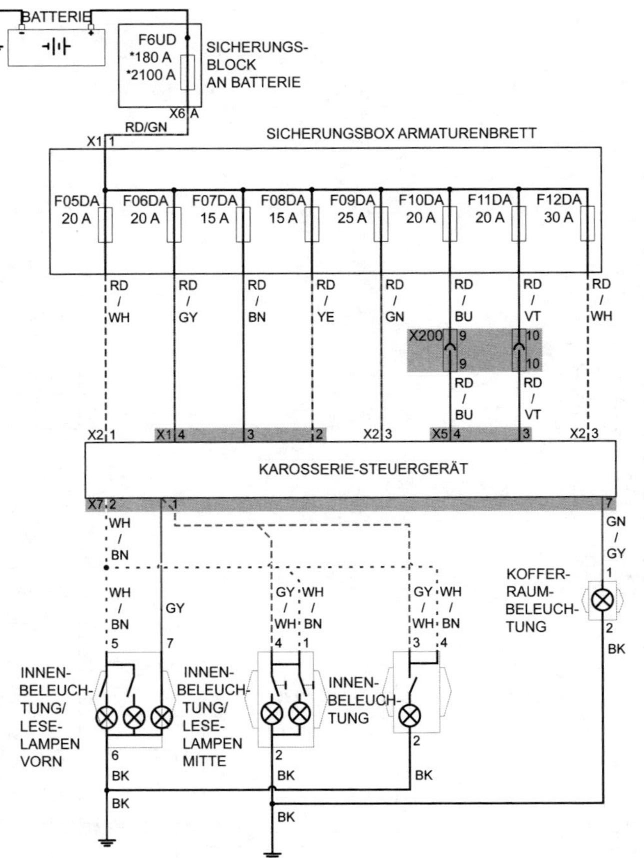

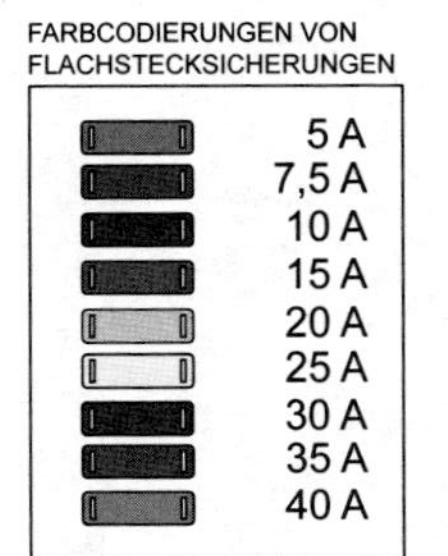

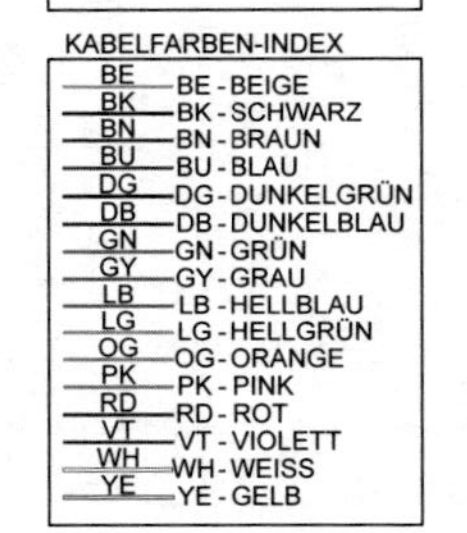

*1: Modelle bis 2016
*2: Modelle ab 2017

Innenbeleuchtung

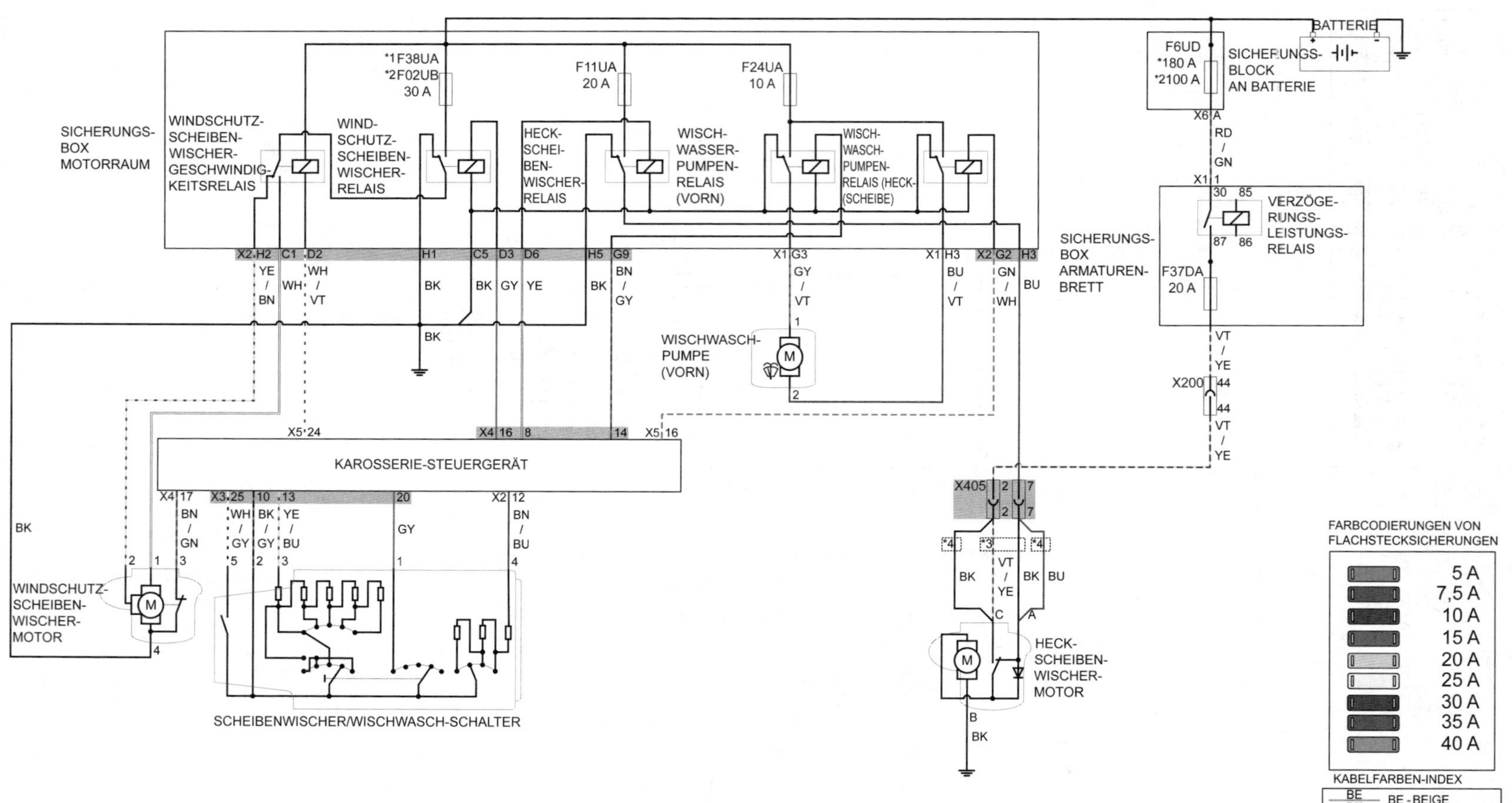

FARBCODIERUNGEN VON FLACHSTECKSICHERUNGEN

5 A
7,5 A
10 A
15 A
20 A
25 A
30 A
35 A
40 A

KABELFARBEN-INDEX

BE	BE - BEIGE
BK	BK - SCHWARZ
BN	BN - BRAUN
BU	BU - BLAU
DG	DG - DUNKELGRÜN
DB	DB - DUNKELBLAU
GN	GN - GRÜN
GY	GY - GRAU
LB	LB - HELLBLAU
LG	LG - HELLGRÜN
OG	OG - ORANGE
PK	PK - PINK
RD	RD - ROT
VT	VT - VIOLETT
WH	WH - WEISS
YE	YE - GELB

*1: Modelle bis 2016
*2: Modelle ab 2017
*3: Mit Sicherheitssystem
*4: Ohne Sicherheitssystem

Scheibenwischer & Wischwaschsystem

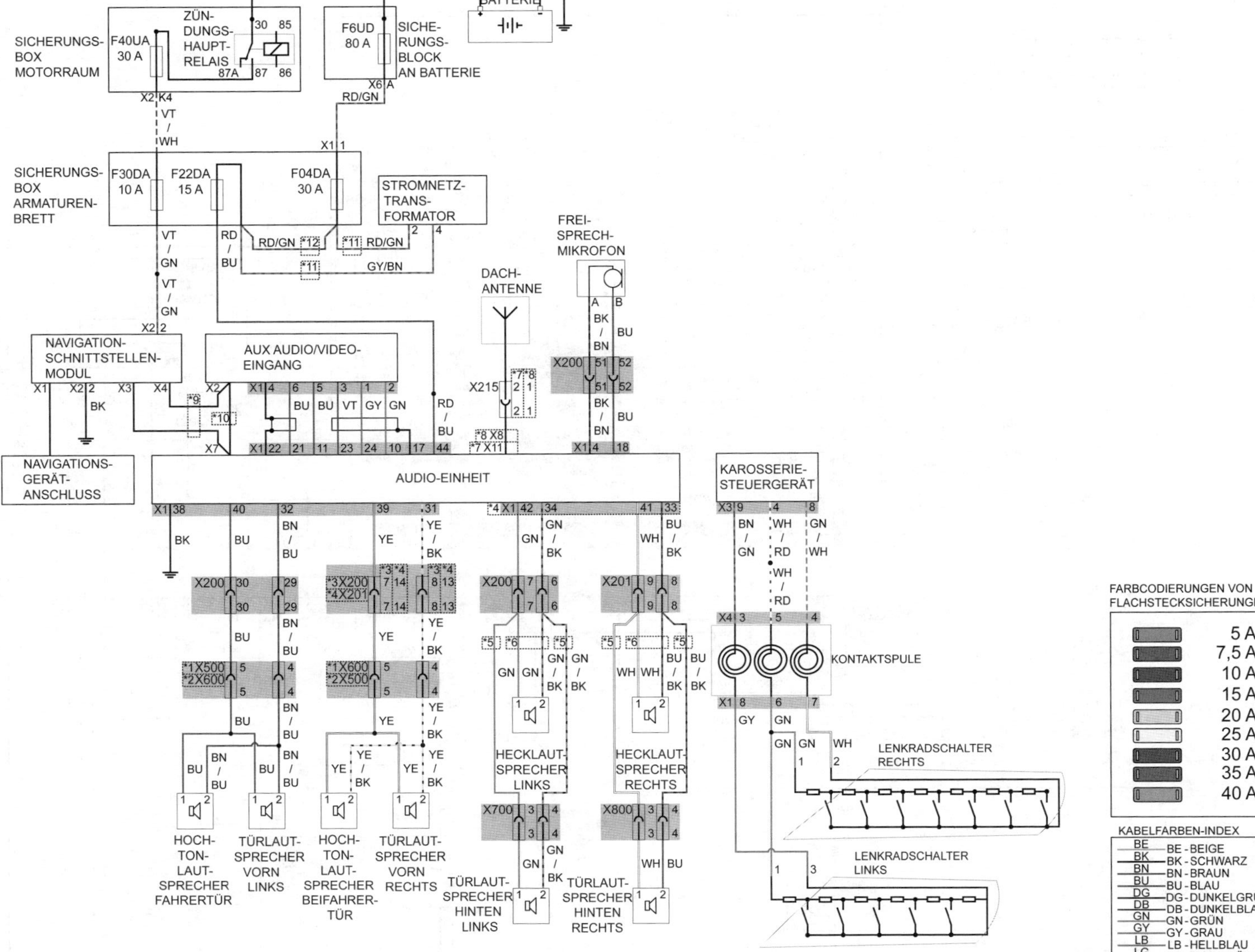

*1: Linkslenker-Modelle
*2: Rechtslenker-Modelle
*3: Mit 4 Lautsprechern
*4: Mit 6 Lautsprechern
*5: Fünftürer
*6: Dreitürer
*7: Mit DAB
*8: Ohne DAB
*9: Mit Navigationsgerät
*10: Ohne Navigationsgerät
*11: Mit Stopp-Start-Automatik
*12: Ohne Stopp-Start-Automatik

Audiosystem – Modelle bis 2016

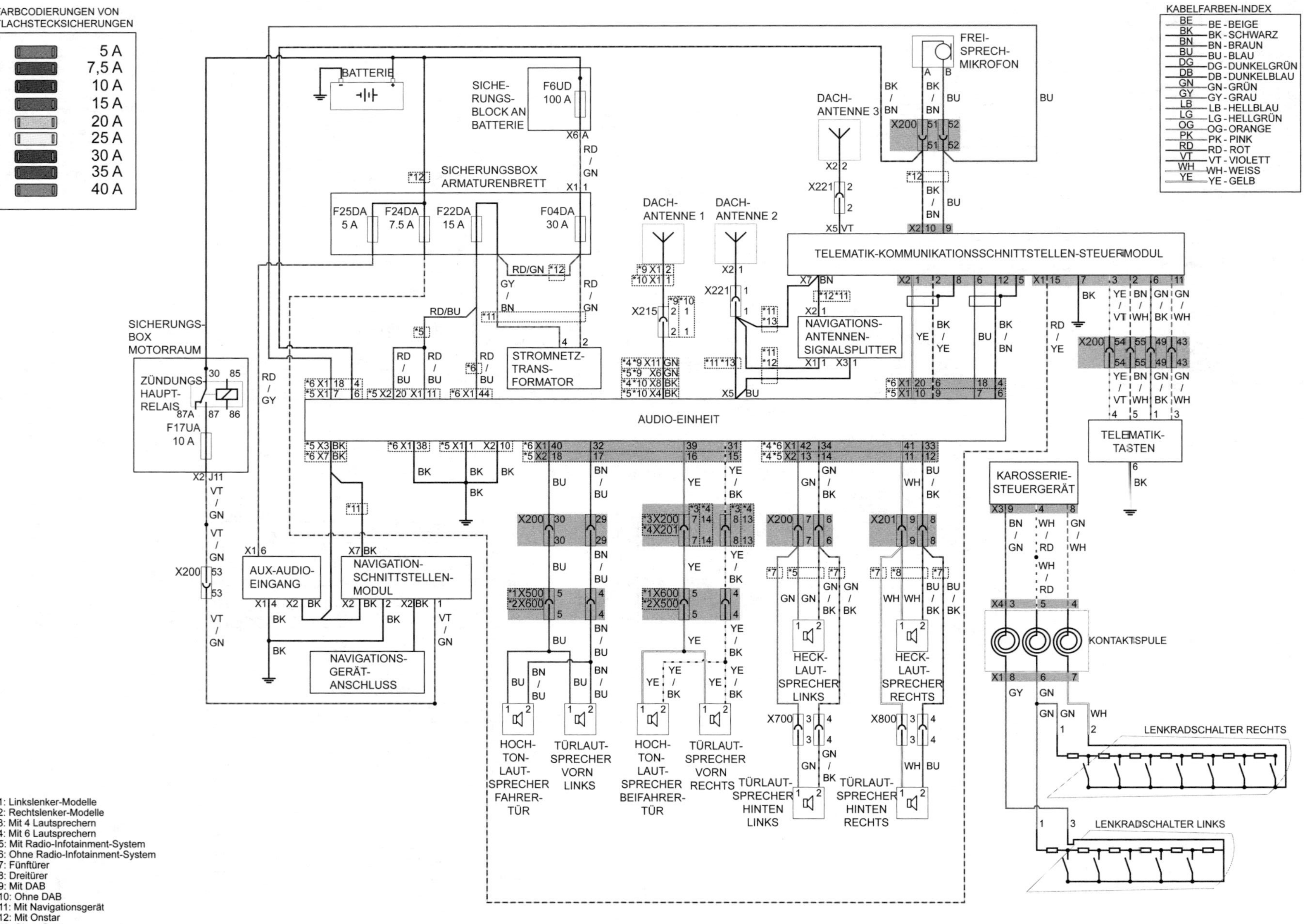

Audiosystem – Modelle ab 2017

Kraftstoffpumpe

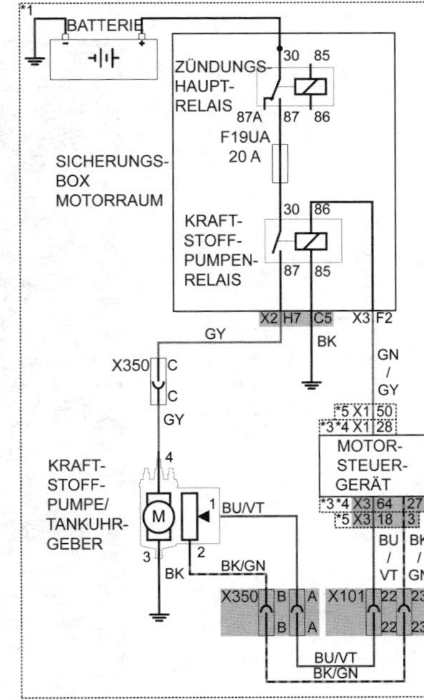

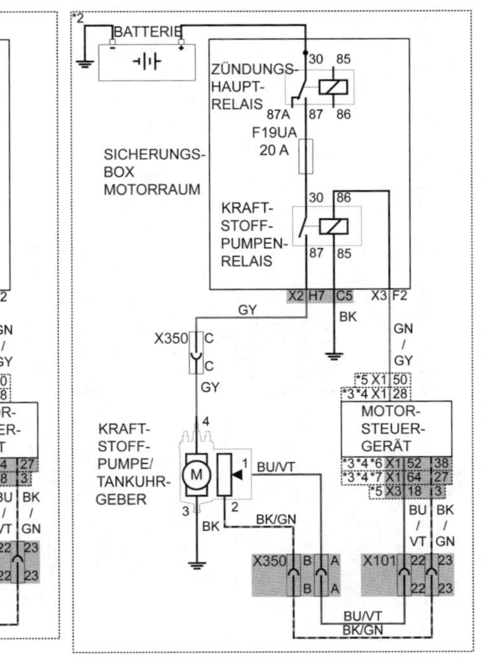

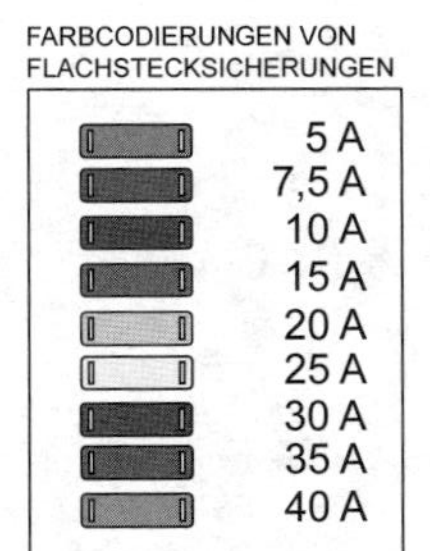

*1: Modelle bis 2016
*2: Modelle ab 2017
*3: für 1,2 l-Benzinmotor
*4: für 1,4 l-Benzinmotor
*5: für 1,3 l-Dieselmotor
*6: mit Stopp-Start-Automatik
*7: ohne Stopp-Start-Automatik

Anhang

Inhalt

Sektion

Technische Daten

Maße

Anmerkung: *Alle Angaben sind grobe Richtwerte; die tatsächlichen Werte variieren je nach Modell und Ausstattung. Beachten Sie für exakte Werte die Hinweise des Fahrzeugherstellers.*

Maße

Gesamtlänge	3999 mm
Gesamtbreite (mit Rückspiegeln)	1944 mm
Gesamthöhe (unbeladen)	1488 mm
Radstand	2511 mm
Wendekreis (Wand zu Wand)	10,10 m

Gewicht

Leergewicht	
Benzin-Modelle	
1,2 l-Motor	
Dreitürer	1120 bis 1135 kg
Fünftürer	1163 bis 1178 kg
Kastenwagen	1140 bis 1160 kg
1,4 l-Motor	
Dreitürer	1140 bis 1160 kg
Fünftürer	1163 bis 1183 kg
Diesel-Modelle	
Dreitürer	1163 bis 1255 kg
Fünftürer	1199 bis 1395 kg
Kastenwagen	1215 bis 1265 kg
Zulässiges Gesamtgewicht	Siehe Angaben auf dem Typenschild
Maximale Dachlast (inkl. Träger)	75 kg

Ersatzteilkauf

Ersatzteile sind aus unterschiedlichen Quellen erhältlich: über den offiziellen Opel-Ersatzteilkatalog, aus dem Zubehörhandel, von Fachwerkstätten, vom Autoverwerter usw. Um sicherzugehen, das richtige Teil zu bekommen, sollten die Fahrzeug-Identifikations-, die Fahrgestell- und ggf. die Motornummer bereitgehalten werden; es kann auch hilfreich sein, das alte Teil zum Händler mitzunehmen. Dinge wie der Anlasser und die Lichtmaschine sind oft als Austauschteile erhältlich, sodass die Altteile gesäubert abgegeben werden müssen.
Unsere Ratschläge zum Thema Ersatzteil-Quellen lauten:

Offizielle Vertragshändler

Hier bekommt man Original-Ersatzteile und muss nicht das Risiko eingehen, minderwertige Nachbauten zu erhalten. Dies hat zwar seinen Preis, doch bei sicherheitsrelevanten Bauteilen darf Geld keine Rolle spielen. Bei neueren Fahrzeugen gilt zudem, dass Nachbauteile die Garantie erlöschen lassen.

Zubehörhandel

Hier können Teile gekauft werden, die bei der Wartung benötigt werden: Öle, Kraftstoff- und Luftfilter, Zündkerzen, Lampen, Antriebsriemen, Schmierstoffe, Bremsbeläge, Reparaturlack usw. Achten Sie darauf, dass das Material qualitativ hochwertig ist.

Fachwerkstatt

Gute Werkstätten haben die wichtigsten Verschleißteile auf Lager und können Komponenten zum Überholen von Baugruppen beschaffen. Sie erledigen auch Arbeiten wie das Schleifen von Zylinderbohrungen, das Einpressen vom Bauteilen usw.

Reifen- und Auspuff-Spezialisten

Oft bieten Spezialbetriebe den Austausch entsprechender Dinge zu besonders günstigen Konditionen an. Allerdings muss genau auf das Angebot geachtet werden, da beispielsweise bei einem Reifenwechsel das Auswuchten oder ein neues Ventil zusätzlich bezahlt werden müssen.

Andere Quellen

Wer Ersatzteile günstig im Internet, auf dem Flohmarkt oder bei ähnlichen Gelegenheiten kaufen will, darf sich nicht wundern, wenn ein niedriger Preis auch minderwertige Qualität bedeutet. Bei allen sicherheitsrelevanten Bauteilen wie Bremsbelägen sollte hier kein Risiko eingegangen werden.

Fahrzeug-Identifikation

Opel verwendet für die Fahrzeugidentifikation den »Car Pass«, eine dem Erstbesitzer ausgehändigte Karte, die wichtige Informationen wie die Fahrzeug-Identifikationsnummer (FIN), die Schlüsselnummer und den Radio-Code enthält. Auch ein spezieller Code für Diagnosegeräte ist darauf verzeichnet. Legen Sie diese Karte an einem sicheren Ort ab – nicht im Fahrzeug!
Während der Fahrzeugproduktion werden unabhängig von größeren Modelländerungen ständig Bauteile verbessert und verändert, ohne dass dies irgendwo publiziert wird. Ersatzteillisten und Handbücher wurden auf numerischer Basis erstellt und die individuellen Fahrzeug-Identifikationsnummern sind für die korrekte Identifikation der betreffenden Teile unerlässlich.
Beim Bestellen von Ersatzteilen müssen stets so viele Informationen wie möglich bereitgehalten werden: das Fahrzeug-Modell, das Modelljahr (nicht unbedingt identisch mit dem Baujahr und der Erstzulassung!) und ggf. die Fahrgestell- und Motornummer.
Die *Fahrzeug-Identifikationsnummer (FIN)* ist auf dem Typenschild angegeben (siehe Abbildung) und im Bodenblech zwischen dem rechten Vordersitz und dem Schweller eingeschlagen (siehe Abbildung) – für den Zugang muss der Teppich angehoben werden.
Die Fahrzeug-Identifikationsnummer ist auch auf der Fahrerseite von außen unten in der Windschutzscheibe ablesbar (siehe Abbildung).
Die Motornummer ist links vorn im Motorblock eingeschlagen – sie beginnt mit dem Motor-Code (z. B.: B14NEL – beachten Sie dazu die Hinweise in den technischen Daten von Kapitel 2A und 2B).

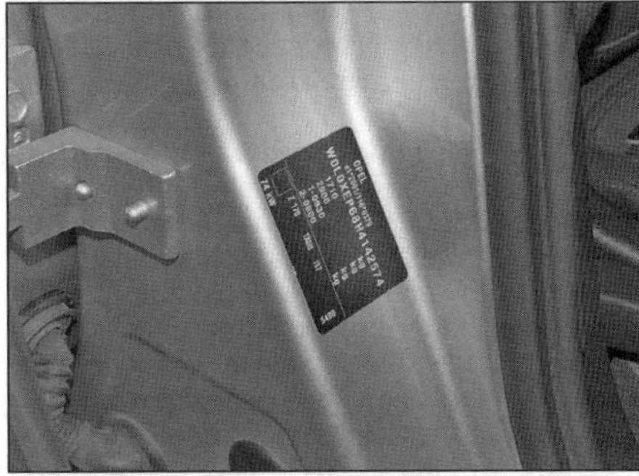

Das Typenschild ist vorn an der rechten B-Säule angebracht.

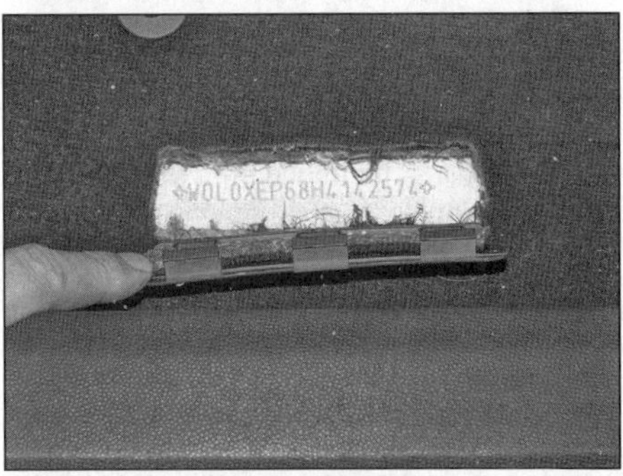

Die Fahrzeug-Identifizierungsnummer ist zwischen dem rechten Vordersitz und dem Türschweller ins Bodenblech eingeschlagen – der Teppich kann an dieser Stelle hochgeklappt werden.

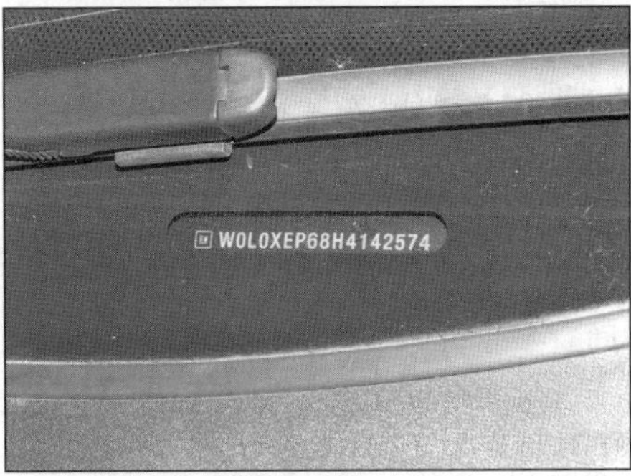

Die Fahrzeug-Identifizierungsnummer findet sich unten in der Windschutzscheibe wieder – gezeigt bei einem Rechtslenker-Modell.

Allgemeine Reparaturarbeiten

Wenn am Fahrzeug Wartungs-, Überhol- oder Reparaturarbeiten erledigt werden müssen, sollten die folgenden Hinweise und Anleitungen beachtet werden, um sämtliche Prozeduren effizient und professionell durchführen zu können.

Dichtflächen und Dichtungen

Zum Trennen von Komponenten an ihren Dichtflächen dürfen diese niemals mit einem Schraubendreher oder anderen Hilfsmitteln an diesen Kontaktbereichen auseinander gehebelt werden, da hierbei schwere Schäden entstehen können, die zu austretenden Betriebsflüssigkeiten (Öl, Kühlmittel) führen können. Zum Trennen müssen die Teile im Bereich der Dichtflächen mit einem weichen Hammer abgeklopft werden, um sie voneinander zu lösen. Diese Methode ist jedoch an Verbindungen, die mit Passhülsen gesichert sind, nicht immer wirkungsvoll; bei solchen finden sich oft außerhalb der Dichtflächen spezielle Angüsse, an denen gehebelt werden darf.

Wo zwischen zwei Komponenten eine Dichtung (aus Papier, Metall oder anderen Materialien) vorhanden ist, muss diese generell ersetzt werden. Solange nicht anders erwähnt, müssen die Dichtflächen trocken und sauber sein und die Dichtungen trocken aufgelegt werden. Falls eine Dichtfläche von altem Dichtmaterial befreit werden muss, dürfen dazu nur mechanische Hilfsmittel verwendet werden, die kein Gehäusematerial abtragen oder ihm Riefen zufügen. Falls Kerben oder Grate vorhanden sind, müssen diese vorsichtig mit einem Abziehstein oder einer feinen Feile beseitigt werden.

Gewindebohrungen sollten mit einem Pfeifenreiniger von Dichtungsresten befreit werden; ein Gewindebohrer kann auch die Reste alter Gewinde-Sicherungspaste beseitigen.

Alle Bohrungen, Kanäle und Rohre müssen sauber sein und möglichst mit Druckluft ausgeblasen werden.

Wellendichtringe

Diese auch »Simmerringe« genannten Dichtringe können z. B. mit einem breiten Schlitzschraubendreher aus ihren Sitzen gehebelt werden. Alternativ können selbstschneidende Blechschrauben in vorgebohrte Löcher gedreht werden, um daran eine Zange anzusetzen und den Ring herauszuziehen. Ein einmal ausgebauter Wellendichtring muss auf jeden Fall durch ein Neuteil ersetzt werden.

Die sehr feine Dichtlippe eines Wellendichtrings ist empfindlich und wird eine Welle, die nicht völlig frei von Kratzern oder Riefen ist, nicht lange abdichten können. Falls die originale Dichtfläche des Bauteils nicht wiederhergestellt werden kann und der Hersteller keine Angaben dazu macht, ob der Dichtring vielleicht etwas tiefer eingebaut werden darf, muss die Welle ersetzt werden.

Falls ein Dichtring z. B. über die Kerbverzahnung einer Welle geschoben werden muss, sollte diese mit Kreppband abgeklebt werden; an scharfen Kanten einer Welle sollte möglichst eine konische Hülse angesetzt werden. Schmieren Sie die Dichtlippe vor dem Einbau mit Öl; bei Doppel-Dichtlippen sollte der Bereich zwischen den beiden Lippen mit Fett gefüllt werden. Soweit nicht anders erwähnt, müssen Wellendichtringe immer mit der Dichtlippe in Richtung der Flüssigkeit eingebaut werden. Treiben Sie den Dichtring mit einem passenden Holzstück in seinen Sitz. Soweit der Sitz nicht in einer Vertiefung liegt und soweit nicht anders erwähnt, werden Dichtringe stets bündig zum Gehäuse installiert.

Schraubengewinde und Befestigungen

Festsitzende Muttern und Schrauben sind bei Korrosion ein unvermeidlicher Nebeneffekt. Kriechöl oder Rostlöser kann dieses Problem oft verringern, wenn ihm genügend Zeit zum Einwirken gegeben wird. Auch der Einsatz eines Schlagschraubers kann festsitzende Verbindungen lösen. Falls keine dieser Methoden Wirkung zeigt, muss das Glück mithilfe von Hitze und/oder einem Mutternsprenger gesucht werden; manchmal hilft nur noch eine Säge bzw. ein Winkelschleifer.

Stehbolzen werden üblicherweise mithilfe zweier gegeneinander verkonterter Muttern herausgeschraubt – der Schlüssel wird hierbei an der unteren Mutter angesetzt. Schrauben oder Stehbolzen, die bündig oder unterhalb der Kontaktfläche abgerissen sind, können manchmal mit einem Linksausdreher entfernt werden – hierzu gehört allerdings etwas Geschick.

Gewinde-Sacklöcher müssen frei von Öl, Wasser, Fett und Schmutz sein, bevor die Schraube oder der Stehbolzen wieder eingedreht wird – andernfalls kann der dabei entstehende hydraulische Druck Risse im Gehäuse erzeugen.

Eine Kronenmutter, die mit einem Splint gesichert wird, muss zunächst bis zum vorgeschriebenen Drehmoment und dann weitergedreht werden, bis die nächste Kerbe zur Bohrung ausgerichtet ist, um den Splint zu installieren.

Viele Befestigungen – z. B. bei Zylinderköpfen – werden in mehreren Schritten (und einer vorgeschriebenen Reihenfolge!) angezogen, bei der im letzten Schritt die Mutter oder Schraube in einem bestimmten Winkel per Gradscheibe weitergedreht werden muss.

Ob Schrauben oder Muttern mit dem korrekten Drehmoment angezogen sind, kann geprüft werden, indem man sie um eine Viertelumdrehung lockert und dann wieder mit dem korrekten Wert anzieht; dies gilt nicht für Befestigungen, die nach dem Anziehen per Drehmomentschlüssel in einem zweiten Schritt per Gradscheibe angezogen werden müssen.

Sicherungsmuttern, Sicherungsscheiben, Sicherungsbleche

Bei Befestigungen, die beim Anziehen gegen ein Gehäuse oder ein anderes Bauteil gedreht werden, muss stets eine Scheibe untergelegt werden.

Federringe oder Federscheiben müssen immer erneuert werden, wenn sie wichtige Komponenten wie z. B. Pleuelschrauben sichern. Auch Sicherungsbleche, bei denen Laschen gegen Muttern gebogen werden, müssen ersetzt werden.

Selbstsichernde Muttern können in unkritischen Bereichen wiederverwendet werden, solange beim Aufdrehen ein gewisser Widerstand fühlbar ist; die Nylon-Einsätze verlieren allerdings mit den Jahren ihre Spannkraft, sodass die Muttern hin und wieder ersetzt werden müssen.

Splinte, deren Enden umgebogen werden, müssen nach jedem Ausbau durch Neuteile ersetzt werden.

Falls eine Schraube mit Sicherungspaste (»Loctite«) versehen wurde, muss ihr Gewinde mit einer Drahtbürste und Lösungsmittel gereinigt werden (die Bohrung möglichst mit einem Gewindebohrer), bevor direkt vor dem Einsetzen frische Dichtmasse aufgetragen wird.

Spezialwerkzeuge

Manche Reparaturmethoden in diesem Handbuch erfordern spezielle Werkzeuge wie eine Hydraulik-Presse, einen Zwei- oder Dreiarmabzieher, Federpressen usw. Soweit möglich, werden Alternativen zu den Spezialwerkzeugen des Herstellers beschrieben und im Einsatz gezeigt. Manchmal ist jedoch aus Gründen der Sicherheit oder der Wirksamkeit keine Alternative möglich. Solange man nicht Profi ist und die durchzuführende Prozedur komplett verstanden hat, darf niemals versucht werden, ein Spezialwerkzeug zu umgehen, wenn dies verlangt ist; neben Gefahren für die Gesundheit besteht ansonsten auch das Risiko teurer Schäden.

Umweltschutz

Öle, Bremsflüssigkeit und Kühlmittel dürfen weder im Boden versickern noch in die Kanalisation gelangen. Füllen Sie alle

Betriebsflüssigkeiten (separat!) in auslaufsichere Behälter. Jeder Händler, der technische Öle verkauft, ist auch dazu verpflichtet, entsprechende Mengen Altöl zurückzunehmen. Bringen Sie andere Flüssigkeiten zur fachgerechten Entsorgung oder zum Recyclinghof.

Anheben und Abstützen

Der dem Bordwerkzeug beigefügte Wagenheber sollte nur bei Reifenpannen am Straßenrand verwendet werden, um das Reserverad zu montieren – siehe Seite 12. Für andere Arbeiten sollte das Fahrzeug unter den vorgegebenen Punkten mit einer hydraulischen Vorrichtung angehoben und mit Böcken abgestützt werden. Falls die Räder nicht demontiert werden müssen, kommt auch eine Rampe in Betracht (die auch nach dem Anheben des Fahrzeugs unter die Räder geschoben werden kann).
Das Anheben darf nur auf einer festen und ebenen Oberfläche erfolgen. Selbst bei leichtem Gefälle muss sorgfältig darauf geachtet werden, dass sich das Fahrzeug nach dem Anheben nicht bewegen kann. Vom Anheben auf unebenem oder lockerem Untergrund wird abgeraten, da das Fahrzeuggewicht nicht gleichmäßig verteilt ist und die Hebevorrichtung abrutschen kann.
Belassen Sie ein angehobenes Fahrzeug möglichst niemals unbeaufsichtigt – besonders bei in der Nähe spielenden Kindern.
Ziehen Sie vor dem Anheben der Fahrzeug-Front stets die Handbremse an und legen Sie den ersten Gang ein.
Bei der Verwendung eines hydraulischen Rangierwagenhebers oder von Stützböcken müssen diese stets an den gezeigten Stellen unter den Schwellern angesetzt werden – die Kerben unterhalb der Schweller dienen ausschließlich als Wagenheber-Aufnahmen. Verwenden Sie beim Anheben stets zwischen den Heber und das Fahrzeug eingesetzte Hölzer mit eingeschnittenen Kerben für die Blechfalze – diese verteilen die Last so besser und schützen Lack oder Unterbodenschutz vor Schäden.
Heben Sie das Fahrzeug KEINESFALLS unter der Ölwanne oder an Lenkungs- oder Federungs-Komponenten an!

Warnung: Arbeiten Sie NIEMALS unter oder neben einem nur angehobenen, aber nicht abgestützten Fahrzeug!

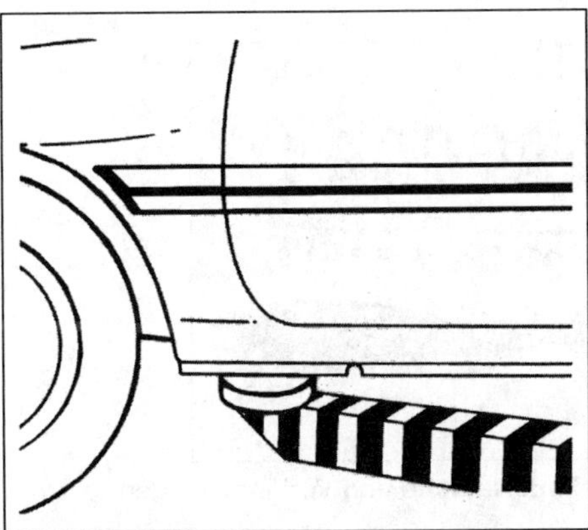

Rangierwagenheber oder Hebebühnen-Arme müssen vorn und hinten zwischen den Wagenheber-Einkerbungen ...

... und den Radkästen angesetzt werden.

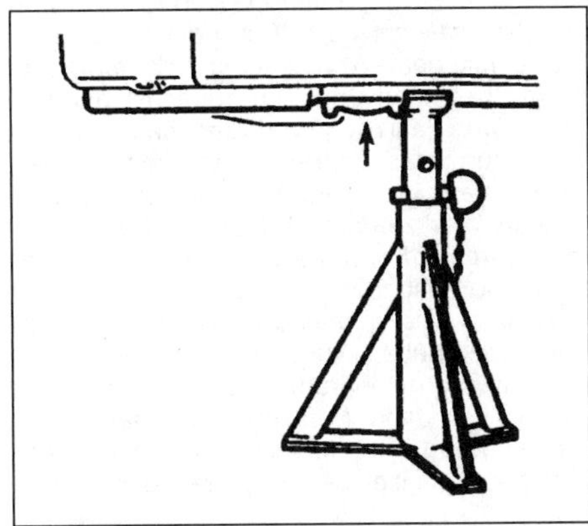

Stützböcke müssen unter oder neben den Wagenheber-Punkten angesetzt werden.

Werkzeug und Werkstatt-Ausrüstung

Einleitung

Ein gutes Werkzeugsortiment ist für jedermann, der Wartungs- und Reparaturarbeiten an seinem Fahrzeug durchführen möchte, eine grundlegende Voraussetzung. Wer kein oder nur sehr wenig Werkzeug zu Hause hat, muss zunächst in Werkzeug investieren, um durch Eigenleistung das Geld wieder einzusparen. Hochwertiges Werkzeug hält jahrzehntelang und macht sich bei regelmäßigem Gebrauch mehrfach bezahlt.
Um den Fahrzeugbesitzer besser entscheiden zu lassen, welche Werkzeuge er für die verschiedenen in diesem Buch beschriebenen Aufgaben benötigt, haben wir drei Listen erstellt: *Wartung und kleinere Reparaturen; Reparaturen und Überholung sowie Spezialwerkzeug*. Wer neu im Schrauber-Sektor ist, sollte mit dem Werkzeugsatz *Wartung und kleinere Reparaturen* beginnen und sich zunächst mit einfacheren Aufgaben am Fahrzeug vertraut machen. Sobald die Erfahrungen und das Vertrauen wachsen, können schwierigere Arbeiten verrichtet werden – mit den entsprechenden zusätzlichen Werkzeugen. Auf diese Weist kann ein Set für *Wartungsarbeiten und kleinere Reparaturen* mit der Zeit und ohne große Ausgaben zu einem Kit für *umfangreiche Reparaturen und Überholungen* ausgebaut werden. Der erfahrene Hobbyschrauber hat dann eine Werkzeug-Ausstattung für die meisten Reparaturen und Überholtätigkeiten und muss nur noch dann Werkzeuge aus der letzten Kategorie dazukaufen, wenn er der Meinung ist, dass sich der finanzielle Aufwand zur Häufigkeit des Einsatzes lohnt.

Wartungsarbeiten und kleinere Reparaturen

Die hier aufgelisteten Werkzeuge können als Minimalausstattung für routinemäßige Wartungsarbeiten, die Instandhaltung und kleine Reparaturen betrachtet werden. Wir empfehlen den Kauf von kombinierten Ring-/Maul-Schlüsseln – diese sind zwar teurer als reine Maulschlüssel, hinterlassen bei richtigem Gebrauch aber auch weniger Schäden an Muttern und Schrauben.

- ☐ *Schraubenschlüssel-Set 8 bis 19 mm*
- ☐ *Rollgabelschlüssel bis ca. 35 mm*
- ☐ *Zündkerzenschlüssel (mit Gummieinsatz)*
- ☐ *Drahtlehre für Zündkerzen-Elektroden*
- ☐ *Fühlerlehren-Set*
- ☐ *Ringschlüssel für Entlüftungsnippel (falls kleiner als 8 mm)*
- ☐ *Schraubendreher: Schlitz – 100 mm lang, 6 mm breit*
  Phillips (Kreuzschlitz) – 100 mm lang, 6 mm breit
- ☐ *Inbus-Schlüssel, 4–10 mm Größe – je nach Fahrzeugtyp*
- ☐ *Torx-Schlüssel, verschiedene Größen – je nach Fahrzeugtyp*
- ☐ *Kombizange*
- ☐ *Metall-Bügelsäge*
- ☐ *Reifen-Luftpumpe*
- ☐ *Luftdruckprüfer*
- ☐ *Ölkanne*
- ☐ *Ölfilterschlüssel (Bandschlüssel)*
- ☐ *Feines Schleifpapier*
- ☐ *Drahtbürste (klein)*
- ☐ *Trichter (mittelgroß)*
- ☐ *Ablassschrauben-Schlüssel (je nach Fahrzeug)*

Umfangreiche Reparaturen und Überholung

Diese Werkzeuge sind – zusammen mit denen für Wartung und kleinere Reparaturen – für Reparaturen und andere Arbeiten am Fahrzeug unerlässlich. Zu dieser Liste gehört ein umfangreicher Steckschlüsselsatz; auch wenn er relativ teuer ist, ist er aufgrund seiner Vielseitigkeit unbezahlbar – besonders, wenn darin verschiedene Antriebe enthalten sind. Wir empfehlen einen Knarrenkasten mit Halbzoll-Antrieb, weil diese Steckschlüssel auch auf die meisten Drehmomentschlüssel passen.
Die Werkzeuge aus dieser Liste müssen manchmal durch Teile aus der Spezialwerkzeug-Liste ergänzt werden:

- ☐ *Steckschlüsselkasten mit*
  Sechskantschlüsseln (6–24 mm)
  Inbus-Einsätze
  Torx-Einsätze
  Ratsche
  Verlängerung 250 mm
  Kreuzgelenk
  verstellbarem T-Griff
- ☐ *Drehmomentschlüssel*
- ☐ *Gripzange*
- ☐ *Schlosserhammer mit Kugelkopf*
- ☐ *Kunststoff- oder Gummihammer*
- ☐ *Schlitzschraubendreher (verschiedene Größen)*
- ☐ *Phillips-Kreuzschlitzschraubendreher (verschiedene Größen)*
- ☐ *Zangen:*
  Spitzzange
  Wasserpumpenzange
  Seitenschneider
  Seegerringzange (innen und außen)
- ☐ *Flachmeißel*
- ☐ *Reißnadel*
- ☐ *Schaber*
- ☐ *Körner*
- ☐ *Treibdorn*
- ☐ *Metallsäge*
- ☐ *Bremsschlauch-Klemme*
- ☐ *Bremsen-/Kupplungs-Entlüftungskit*
- ☐ *Bohrer-Set*
- ☐ *Metall-Lineal/Richtwinkel*
- ☐ *Feilen-Sortiment*
- ☐ *Drahtbürsten*
- ☐ *Stützbock*
- ☐ *Hydraulischer Heber oder Rangierwagenheber*
- ☐ *Lampe mit Verlängerungskabel*
- ☐ *Multimeter (Volt AC/DC, Ohm, Ampere)*

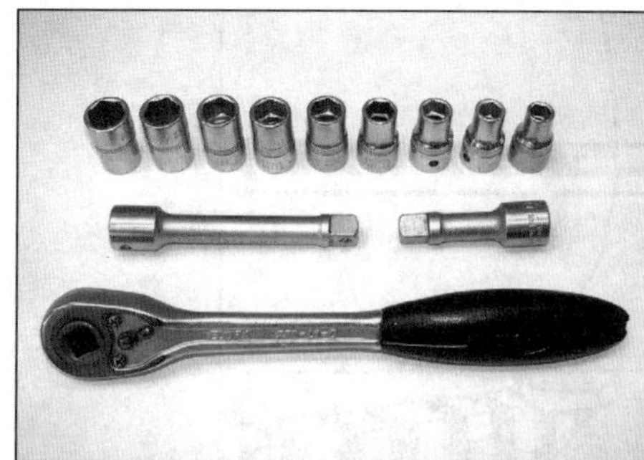

Steckschlüssel mit Ratsche und Verlängerungen

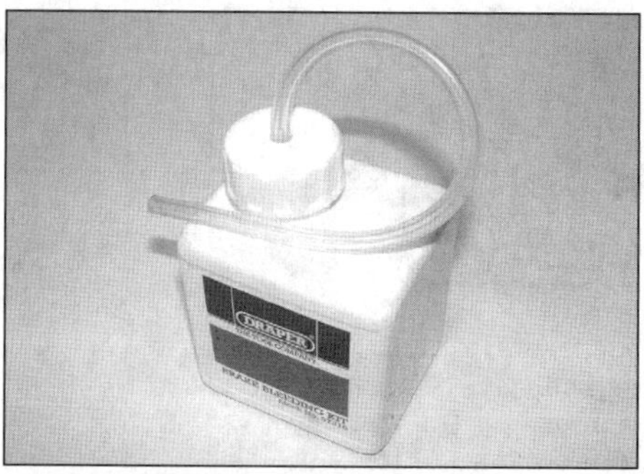
Bremsen-Entlüftungskit

Torx-Schlüssel, -Steckschlüssel und -Bit

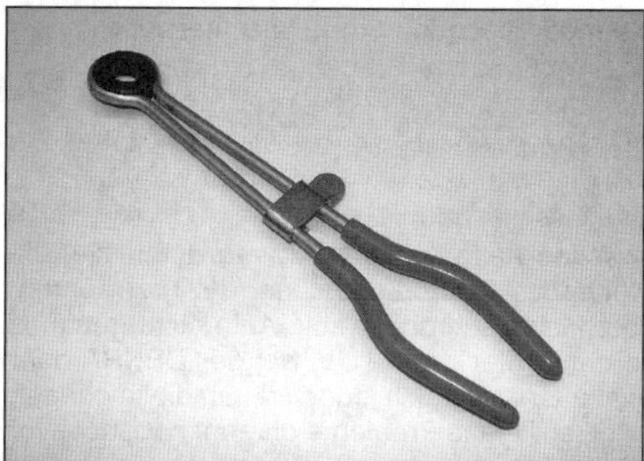
Schlauchklemme

Gradscheibe mit Vierkant für Steckschlüssel-Antrieb

Spezialwerkzeug

Die in dieser Liste aufgeführten Werkzeuge werden nicht regelmäßig benötigt, sind teuer oder müssen entsprechend der Anweisungen ihrer Hersteller eingesetzt werden. Solange nicht regelmäßig schwierige Reparaturarbeiten verrichtet werden, ist der Kauf vieler dieser Werkzeuge nicht wirtschaftlich. In solchen Fällen kann man das Werkzeug entweder mit Freunden zusammen kaufen, einem Klub beitreten oder das Teil bei einer Werkstatt oder einem Werkzeugverleiher mieten. Auch viele Baumärkte vermieten Werkzeug zu moderaten Konditionen.

Die folgende Liste enthält nur frei verkäufliche Werkzeuge und Instrumente, aber keine Spezialwerkzeuge, die vom Fahrzeughersteller für sein Händlernetz produziert werden. Im Handbuch wird gelegentlich auf solche Werkzeuge verwiesen und oft wird auch eine Alternative dazu angegeben, doch manchmal ist das Hersteller-Spezialwerkzeug unerlässlich, sodass es beim Hersteller gekauft oder der Fachwerkstatt des Vertrauens ausgeliehen werden muss.

- ☐ *Gradscheibe*
- ☐ *Ventilfederpresse*
- ☐ *Ventil-Einschleif-Ausrüstung*
- ☐ *Kolbenringzange*
- ☐ *Zylinderbohrungs-Honwerkzeug*
- ☐ *Kolbenring-Aus- und Einbauwerkzeug*
- ☐ *Federpresse für Fahrwerk-Federn*
- ☐ *Kugelgelenk-Abzieher*
- ☐ *Zwei- und Dreiarmabzieher*
- ☐ *Schlagschrauber*
- ☐ *Messschieber und/oder Mikrometerschraube*
- ☐ *Messuhr*
- ☐ *Schließwinkelmesser / Drehzahlmesser*
- ☐ *Fehlercode-Auslesegerät*
- ☐ *Kompressionsprüfer*
- ☐ *Unterdruckpumpe und Druckprüfer*
- ☐ *Kupplungsscheiben-Zentrierwerkzeug*
- ☐ *Bremsbackenfeder-Ausbauwerkzeug*
- ☐ *Buchsen- und Lager-Aus- und Einbauwerkzeug*
- ☐ *Stehbolzenausdreher*
- ☐ *Werkstattkran*
- ☐ *Rangierwagenheber*

Werkzeug-Kauf

Im Autozubehör- und Werkzeugfachhandel wird oft hochwertiges Werkzeug zu günstigen Preisen angeboten, sodass sich der Preisvergleich lohnt.

Man muss nicht das teuerste Werkzeug kaufen, doch es ist auch ratsam, nicht das billigste zu nehmen. Vorsicht ist auf Flohmärkten und bei »Kofferraum«-Geschäften auf Automärkten geboten. Es gibt zahlreiche Marken, die hochwertiges Werkzeug produzieren, doch stets sollte vor allem darauf geachtet werden, dass das Material alle wichtigen Sicherheitsstandards erfüllt. Im Zweifelsfall sollten vor einer Kaufentscheidung Fachleute zurate gezogen werden.

Werkzeug – Sorgfalt und Pflege

Nachdem ein akzeptables Werkzeug-Sortiment erworben wurde, ist es wichtig, die Werkzeuge in einem sauberen und brauchbaren Zustand zu erhalten. Nach jedem Einsatz müssen Schmutz, Fett und Metallpartikel mit sauberen und trockenen Lappen abgewischt werden, bevor das Werkzeug weggepackt wird. Niemals sollte man Werkzeug herumliegen lassen. Ein einfaches Regal an der Garagen- oder Werkstattwand ist für die meisten Werkzeuge völlig ausreichend. Ein Knarrenkasten sollte stets vollständig sein und Messinstrumente, Messuhren und andere sensible Geräte müssen sorgfältig gelagert werden, sodass sie weder Stöße abbekommen noch rosten.

Werkzeuge verschleißen mit der Zeit: Ein Hammerkopf bekommt unweigerlich Riefen und Schraubendreher-Klingen werden mit der Zeit rund. Der gelegentliche Einsatz von Schleifleinen oder einer Feile kann solche Dinge wieder in einen guten Zustand versetzen.

Arbeitsplatz

Beim Thema Werkzeug darf die Werkstatt nicht vergessen werden. Sobald mehr als routinemäßige Wartungsarbeiten

verrichtet werden sollen, kommt man um einen brauchbaren Arbeitsplatz nicht herum.
Viele Fahrzeugbesitzer sind gezwungen, Bauteile ihres Autos – bis hin zum Motor – im Freien auszubauen, doch dann sollten Reparaturen stets unter einem schützenden Dach stattfinden.
Sämtliche Zerlegungen sollten stets auf einer sauberen und ebenen Arbeitsfläche durchgeführt werden, die sich in einer angenehmen Arbeitshöhe befindet.
Jede Werkbank benötigt einen Schraubstock; mit einem Öffnungsbereich von 100 mm sollten sich die meisten Arbeiten erledigen lassen. Wie bereits erwähnt, werden auch saubere und trockene Lagerflächen für Werkzeug, aber auch für Schmiermittel, Reinigungsmittel, Lacke usw. benötigt.
Das wichtigste Elektrowerkzeug ist eine gute Bohrmaschine mit Drehzahl-Einstellung; in diese können außer Bohrern viele andere Werkzeuge eingespannt werden, die die Arbeit erleichtern.
Schließlich muss eine Sammlung alter Zeitungen und sauberer, nicht fusselnder Lappen bereitgehalten werden, um den Arbeitsplatz, das Werkzeug und die zu reparierenden Dinge möglichst sauber zu halten.

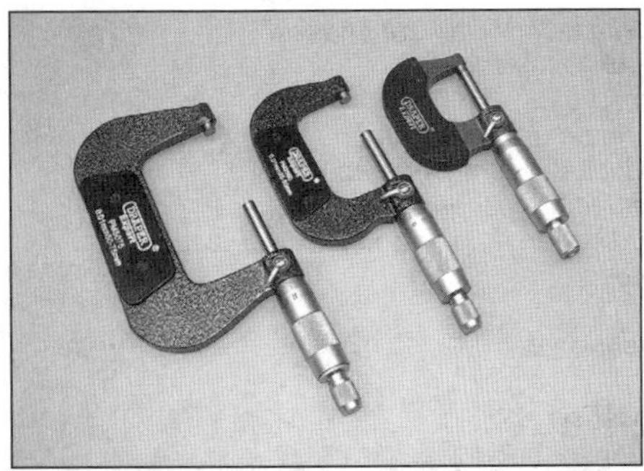

Mikrometerschraube (Bügelmessschraube)

Messuhr

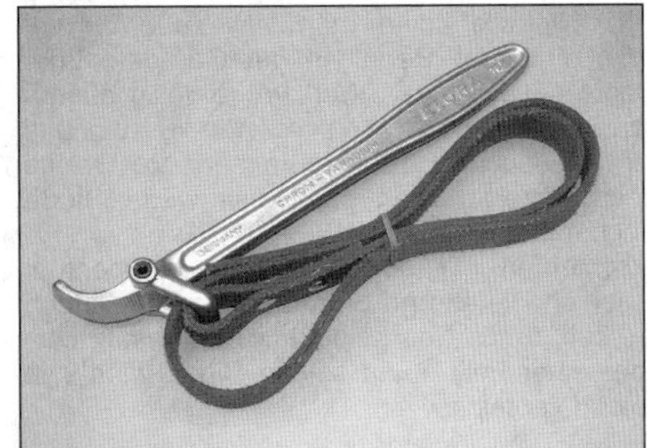

Bandschlüssel

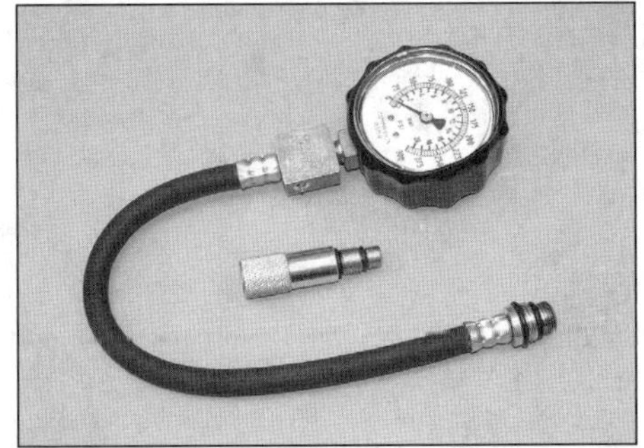

Kompressionsprüfer

Lagerabzieher

Hauptuntersuchungs-Vorbereitungen

Diese Hinweise sollen helfen, das Fahrzeug durch die alle zwei Jahre anstehende Hauptuntersuchung (HU) zu führen. Natürlich kann der Hobbyschrauber sein Auto nicht genauso kontrollieren wie der Prüfer beim TÜV, bei der DEKRA oder anderen Organisationen. Wer sich jedoch durch die folgenden Prüfpunkte arbeitet, sollte alle Probleme erkannt haben, bevor das Fahrzeug vorgeführt wird.
Wenn der Zustand einer zu prüfenden Komponente grenzwertig ist, liegt es im Ermessen des Prüfers, ob er sie beanstandet oder durchgehen lässt. Die Grundlage dieses Ermessens liegt darin, ob der Prüfer gut damit leben könnte, das Fahrzeug in diesem Zustand einem Freund oder Verwandten anzuvertrauen. Wenn das Auto sauber und offenbar gut gepflegt vorgestellt wird, wird der Prüfer vielleicht eher geneigt sein, eine grenzwertige Komponente durchgehen zu lassen, als dies bei einem ungepflegten und offensichtlich vernachlässigten Fahrzeug der Fall wäre.
Die hier beschriebenen Anforderungen können nur den aktuellen Stand beim Verfassen des Buchs wiedergeben. Prüfstandards werden immer strenger, doch für ältere Fahrzeuge gelten oft Ausnahmen.
Für einige Kontrollen wird ein Assistent benötigt.
Die Kontrollen wurden in vier Kategorien unterteilt:

1 Die Prüfung erfolgt:
Im Innenraum

2 Die Prüfung erfolgt:
Bei auf dem Boden stehendem Fahrzeug

3 Die Prüfung erfolgt:
Bei angehobenem Fahrzeug mit freien Rädern

4 Die Prüfung erfolgt:
Am Abgassystem

1 Die Prüfung erfolgt: **Im Innenraum**

Handbremse

- ☐ Prüfen Sie die Funktion der Handbremse. Zu viele Klicks weisen auf eine schlecht eingestellte Bremse hin. Die Wirkung lässt sich behelfsweise im Fahrversuch prüfen: Lassen Sie das Fahrzeug rollen und bremsen Sie es mit der Handbremse ab – die Räder müssen zum Blockieren gebracht werden können.

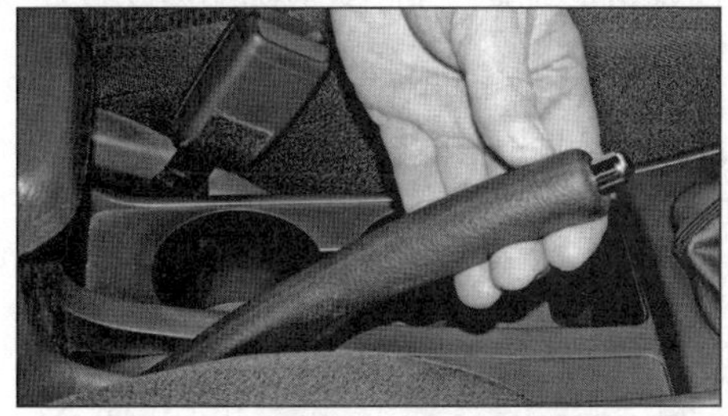

- ☐ Prüfen Sie, ob die Handbremse nicht durch seitliches Drücken des Hebels gelöst wird. Kontrollieren Sie die Festigkeit der Hebelaufnahme.
- ☐ Prüfen Sie bei einer elektrischen Handbremse, ob sie ohne große Verzögerung anzieht und wieder löst. Falls die Warnleuchte nicht erlischt oder beim Lösen der Bremse eine Warnmeldung angezeigt wird, kann dies auf einen Fehler hinweisen, der umgehend behoben werden muss.

Fußbremse

- ☐ Treten Sie auf das Pedal und prüfen Sie, ob es sich nicht bis zum Boden durchdrücken lässt (was auf einen Defekt im Hauptbremszylinder hinweist). Lassen Sie das Pedal zurückkehren, warten Sie einige Sekunden, und treten Sie es erneut. Falls es sich fast durchtreten lässt, bevor Widerstand spürbar wird, sind Einstellungen oder Reparaturen erforderlich. Falls sich das Pedal schwammig anfühlt und/oder sich »aufpumpen« lässt, befindet sich Luft im System, die entleert werden muss.

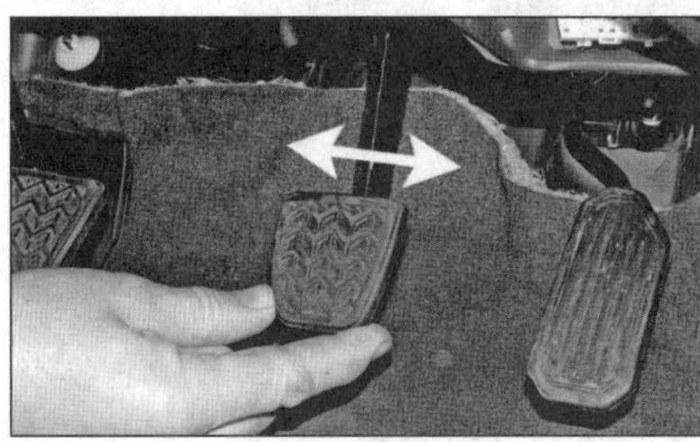

- ☐ Prüfen Sie, ob das Bremspedal sicher befestigt und nicht ausgeschlagen ist. Kontrollieren Sie auch den Bereich um das Pedal herum auf ausgetretene Bremsflüssigkeit – dies weist auf einen defekten Dichtring im Hauptbremszylinder hin.
- ☐ Kontrollieren Sie den Bremskraftverstärker, indem Sie das Bremspedal mehrmals durchtreten, dann gedrückt halten und den Motor starten – hierbei muss es sich etwas weiter herunterdrücken lassen; andernfalls kann der Unterdruckschlauch oder der Bremskraftverstärker selbst defekt sein. Schalten Sie bei getretenem Bremspedal den Motor ab: Wird der Unterdruck nicht gehalten, so sind Bremskraftverstärker und/oder Schlauch defekt.

Lenkrad und Lenksäule

- ☐ Begutachten Sie das Lenkrad auf Brüche, lockeren Sitz oder lockere Teile.
- ☐ Drücken Sie das Lenkrad nach links und rechts sowie auf und ab – es darf kein Spiel aufweisen. Kontrollieren Sie ggf. das Lenksäulen-Lager und die Lenkradschraube.
- ☐ Drehen Sie das Lenkrad – es darf weder Spiel aufweisen noch rau laufen, ansonsten können Lager, Kreuzgelenke oder das Lenkgetriebe verschlissen sein.

- ☐ Bei abgezogenem Zündschlüssel muss beim Drehen des Lenkrads das Lenkschloss einrasten.

Windschutzscheibe, Rückspiegel und Sonnenblende

- ☐ Die Windschutzscheibe darf im Sichtbereich des Fahrers keine Kratzer, Risse oder Steinschlaglöcher aufweisen. Als grobe Einschätzung für das Sichtfeld kann behelfsmäßig ein hochkant vor die Scheibe gelegtes DIN-A4-Blatt genommen werden. Die Rückspiegel müssen funktionsfähig und einstellbar sein.

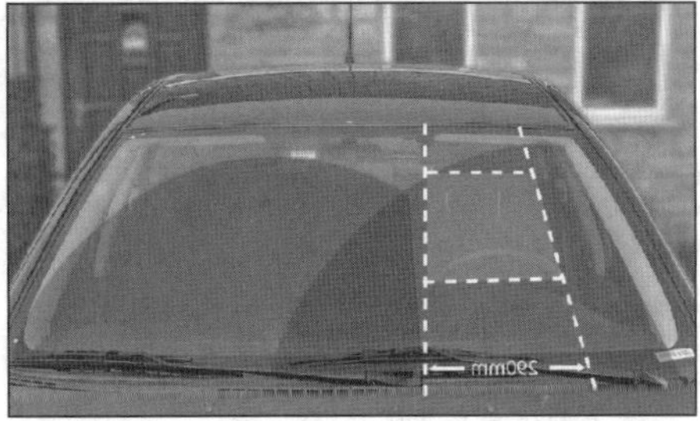

☐ Die Sonnenblende des Fahrers darf nicht von allein herunterklappen.

Sicherheitsgurte, Sitze und zusätzliche Rückhaltesysteme (SRS)

Anmerkung: *Die folgenden Kontrollen betreffen sowohl die Vordersitze als auch die Rücksitze.*

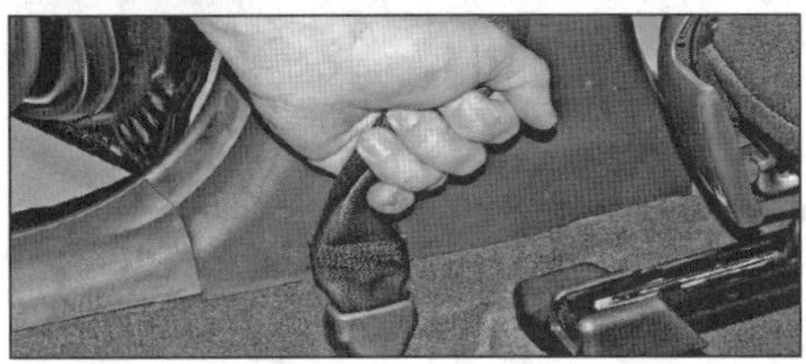

☐ Kontrollieren Sie das Gewebe aller Gurte auf Risse, Ausfransungen oder andere Beschädigungen. Prüfen Sie bei allen Gurten die Funktion der Gurtschlösser und – falls vorhanden – der Gurtrollen-Sperren. Prüfen Sie die Festigkeit aller von innen zugänglichen Gurt- und Gurtpeitschen-Befestigungen. Die Höhenverstellungen der oberen Aufhängungen müssen sicher einrasten.
☐ Wo ein Gurt am Sitz befestigt ist, muss dessen Rahmen und die Aufnahmen auf festen Sitz kontrolliert werden.
☐ Gurte mit Gurtstraffer-Vorrichtungen haben an der Gurtpeitsche eine Kennzeichnung – die Gurtstraffer selbst können nicht getestet werden.
☐ Alle Airbags dürfen keine sichtbaren Schäden aufweisen.
☐ Die Vordersitze müssen sicher befestigt sein und die Rückenlehne muss in jeder Position arretierbar sein.

Türen

☐ Die vorderen müssen sich von innen und außen öffnen und schließen lassen. Beim Zudrücken müssen sie sicher einrasten.
☐ Die hinteren müssen sich von außen öffnen und schließen lassen. Beim Zudrücken müssen sie sicher einrasten.
☐ Alle Türscharniere, Türfangbänder und Schließbolzen müssen fest angebracht und so beschaffen sein, dass sie das Öffnen und Schließen der Türen nicht behindern.

Motorhaube und Heckklappe

☐ Die Motorhaube und die Heckklappe müssen beim Zuschlagen sicher verriegelt werden.

Tachometer

☐ Der Tachometer muss funktionieren und mit entsprechender Beleuchtung auch Nachts ablesbar sein.

2 Die Prüfung erfolgt: **Bei auf dem Boden stehendem Fahrzeug**

Fahrzeug-Identifikation

☐ Die Kennzeichen müssen sich in einem guten Zustand befinden und in ihren Maßen den Vorschriften entsprechen.
☐ Das Typenschild und die eingeschlagene Fahrgestellnummer müssen lesbar sein.

Fahrzeug-Elektrik

☐ Schalten Sie die Zündung ein und prüfen Sie die Funktion der Hupe.
☐ Prüfen Sie die Funktion aller Scheibenwischer und der Scheibenwaschanlage. Ersetzen Sie beschädigte oder verschlissene Wischerblätter.

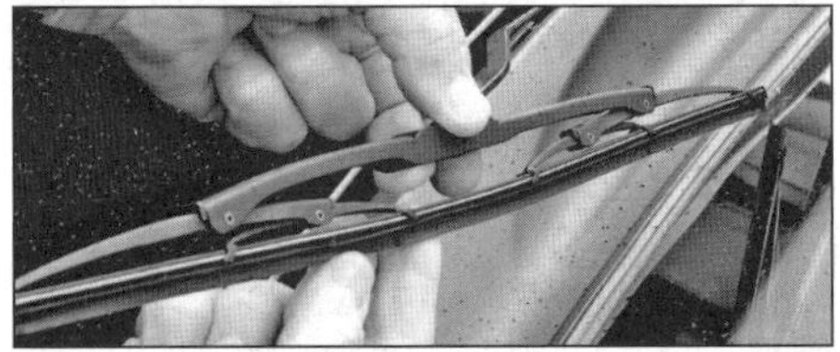

☐ Prüfen Sie die komplette Beleuchtungseinrichtung
☐ Prüfen Sie die Funktion der Bremsleuchten. Auch die Zusatzbremsleuchte muss funktionieren.
☐ Prüfen Sie die Funktion der Standleuchten und Rücklichter. Lampengläser und Reflektoren müssen fest sitzen, sauber sein und dürfen keine Risse aufweisen.
☐ Prüfen Sie bei eingeschalteter Zündung die Funktion und Ausrichtung der Scheinwerfer. Die Reflektoren dürfen nicht matt sein und die Lampengläser dürfen weder matt sein noch Risse aufweisen.
☐ Achten Sie bei der Kontrolle des Abblendlichts darauf, dass die ggf. vorhandene Leuchtweitenregelung funktioniert (Anpassung der Scheinwerfereinstellung an eventuelle Beladung). Die Einstellung des Abblendlichts ist für den Gegenverkehr von entscheidender Bedeutung und ist daher immer genau zu überprüfen (korrekte Asymmetrie und Höhe der Einstellung)
☐ Prüfen Sie bei eingeschalteter Zündung die Funktion aller Blinker einschließlich der Kontrollleuchten im Armaturenbrett. Prüfen Sie die Funktion des Warnblinkers. Die Blinker dürfen nicht die Standlicht- oder Rücklichtlampen beeinträchtigen – ansonsten liegt ein Massefehler vor. Falls die Blinkfrequenz ungewöhnlich schnell oder langsam ist, kann das Blinkrelais defekt sein oder ebenfalls ein Massefehler vorliegen.
☐ Prüfen Sie die Funktion der Nebelschlussleuchte und ihrer Kontrollleuchte im Armaturenbrett oder im Schalter.
☐ Prüfen Sie die Funktion der Rückfahrleuchte – sie muss sich beim Einlegen des Rückwärtsgangs einschalten.
☐ Alle Kontrollleuchten müssen nach dem Einschalten der Zündung entsprechend der Herstellervorgaben aufleuchten. Nach dem Starten des Motors müssen die meisten Leuchten wieder erlöschen, die ABS-Warnleuchte muss nach wenigen Sekunden erlöschen.
☐ Alle sichtbaren Kabel müssen korrekt verlegt sein und dürfen keine Scheuerstellen aufweisen, die zu einem Kurzschluss führen können.

Bremsen

- ☐ Begutachten Sie den Hauptbremszylinder, den Bremskraftverstärker, den ABS-Modulator und alle Bremsleitungen auf korrekte Verlegung/Befestigung, Undichtigkeit, lockere Anschlüsse, Korrosion und andere Schäden.
- ☐ Der Ausgleichsbehälter am Hauptbremszylinder muss fest sitzen und der Pegel muss zwischen der MAX- (A) und MIN-Markierung (B) liegen (ein kurz vor Minimum stehender Bremsflüssigkeitsstand deutet auf verschlissene Scheibenbremsbeläge hin, eventuell auch auf eine Undichtigkeit).

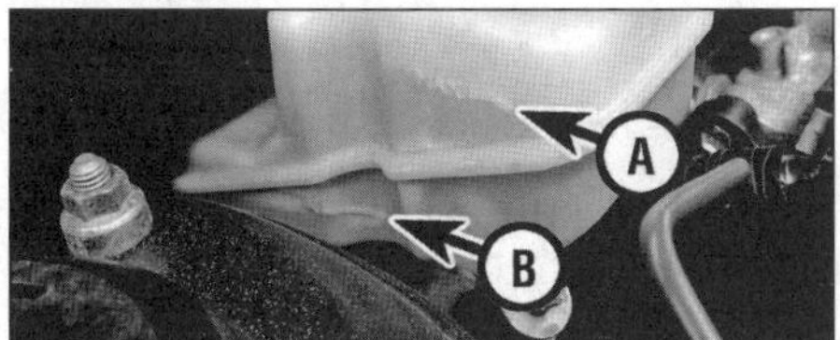

- ☐ Kontrollieren Sie die Hydraulikflüssigkeit im Ausgleichsbehälter auf Verschmutzung und Ablagerungen.
- ☐ Kontrollieren Sie alle Bremsschläuche auf Risse und Alterungserscheinungen. Drehen Sie die Lenkung von Anschlag zu Anschlag, um zu prüfen, ob die vorderen Schläuche nicht die Räder, Reifen oder andere Teile der Lenkung oder der Radaufhängung berühren. Bei fest gedrücktem Bremspedal muss kontrolliert werden, ob die Schläuche ausbeulen oder Lecks aufweisen. Treten Sie bei laufendem Motor ohne Gasgeben (also aktivem Bremskraftverstärker) mehrfach schlagartig und kräftig auf das Pedal, um eine Extrembelastung zu simulieren, der eine intakte Bremsanlage gewachsen sein muss.

Lenkung und Radaufhängungen

- ☐ Lassen Sie einen Assistenten das Lenkrad leicht zwischen den Punkten, an denen die Bewegung auf die Räder übertragen wird, hin- und herdrehen, um sein Spiel zu ermitteln. Ein Standard-Lenkrad (380 mm Durchmesser) darf bei einer Zahnstangenlenkung außen nicht mehr als 13 mm Spiel aufweisen
- ☐ Lassen Sie den Assistenten das Lenkrad kräftig in beide Richtungen drehen, sodass sich die Vorderräder zu bewegen beginnen. Kontrollieren Sie hierbei alle Verbindungselemente, Befestigungen und Anschlüsse (also Spurstangenköpfe, Spurstangen, Lenkhebel, Lenkschubstangen, Trag- und Führungsgelenke etc.). Ersetzen Sie alle Bauteile, die Verschleiß (also unzulässiges Spiel) oder Schäden aufweisen.
- ☐ Prüfen Sie die Funktion und den Zustand aller Komponenten der Servo-Unterstützung (bei laufendem Motor).
- ☐ Prüfen Sie, ob das auf einer ebenen Fläche stehende Fahrzeug nicht an einer Seite oder vorn bzw. hinten herunterhängt.

Stoßdämpfer

- ☐ Drücken Sie das Fahrzeug nacheinander an jeder Ecke herunter und lassen Sie es wieder los – es muss wieder ausfedern und in seine Ruheposition zurückkehren. Falls es nachwippt, ist der Stoßdämpfer defekt; dieser Zustand kann zu gefährlichem Fahrverhalten führen. Zudem sind alle Stoßdämpfer auf Dichtigkeit zu überprüfen.

Auspuffanlage

- ☐ Starten Sie den Motor und lassen Sie einen Assistenten das Auspuffrohr mit einem Lappen verstopfen. Prüfen Sie jetzt die gesamte Auspuffanlage auf Undichtigkeit und reparieren oder ersetzen Sie entsprechende Bauteile.

3 Die Prüfung erfolgt: **Bei angehobenem Fahrzeug mit freien Rädern**

Heben Sie das Fahrzeug vorn und hinten an und stützen Sie es so auf Böcken ab, dass diese nicht die Federelemente behindern. Die Räder müssen frei drehbar und die Lenkung von Anschlag zu Anschlag zu drehen sein.

Lenkung

- ☐ Lassen Sie einen Assistenten das Lenkrad von Anschlag zu Anschlag drehen. Prüfen Sie, ob sich die Lenkung frei drehen lässt und keine Teile der Lenkung (einschließlich der Räder und Reifen) mit Bremsleitungen oder andere Bauteilen in Kontakt kommen.

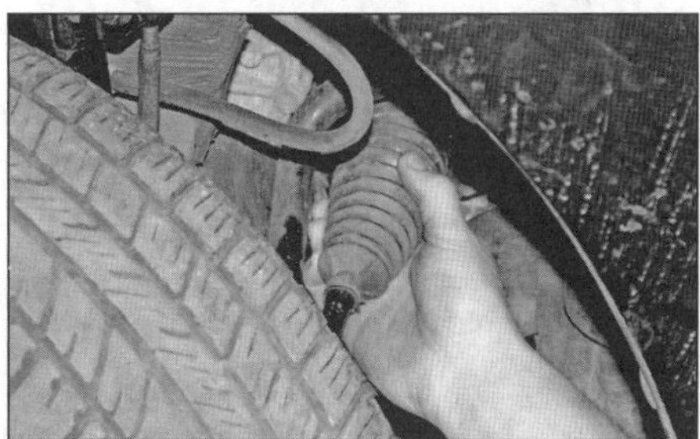

- ☐ Kontrollieren Sie die Gummimanschetten des Lenkgestänges auf Beschädigungen oder lockere Schellen. Prüfen Sie, ob irgendwo Hydraulikflüssigkeit der Servolenkung austritt. Kontrollieren Sie, ob die Lenkung schwergängig ist, ob irgendwo Splinte fehlen oder Befestigungen locker sind und ob im Umkreis von 30 cm um irgendwelche Befestigungspunkte der Lenkung an der Karosserie starke Korrosion auftritt.

Vorder- und Hinterradfederung sowie Radlager

- ☐ Beginnen Sie an der vorderen rechten Ecke, greifen Sie das Vorderrad in der 3- und 9-Uhr-Position und versuchen Sie, daran zu wackeln. Prüfen Sie, ob Spiel in den Radlagern, an den Federungs-Kugelgelenken, den Aufhängungen, Gelenken und Befestigungen festzustellen ist.
- ☐ Greifen Sie jetzt das Rad in der 12- und 6-Uhr-Position und wiederholen Sie die Prüfung. Drehen Sie das Rad, um im Radlager Schwergängigkeit oder rauen Lauf festzustellen.

- ☐ Falls an einem Gelenk übermäßiges Spiel vermutet wird, kann dies mit einem zwischen der Halterung und dem angeschlossenen Teil als Hebel eingeführten großen Schraubendreher festgestellt werden; so lässt sich ermitteln, ob der Verschleiß in seiner Befestigung, den Lagerbuchsen oder in der Halterung selbst liegt (oft schlagen die Schraubenlöcher aus).

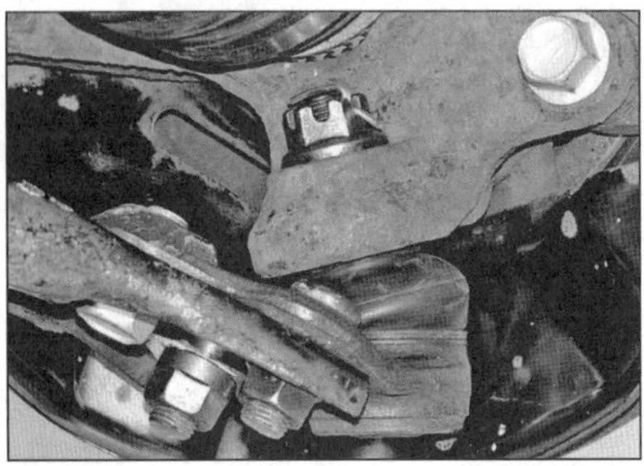

- ☐ Führen Sie alle beschriebenen Kontrollen am anderen Vorderrad und dann an den Hinterrädern durch.

Federn und Stoßdämpfer

- ☐ Begutachten Sie die Federbeine auf austretendes Öl, Korrosion oder ein beschädigtes Gehäuse. Prüfen Sie auch die Festigkeit aller Aufnahmen.
- ☐ Die Enden von Schraubenfedern müssen in ihren Sitzen liegen und die Feder selbst darf nicht korrodiert, gerissen oder gebrochen sein.
- ☐ Kontrollieren Sie die Stoßdämpfer auf Undichtigkeit. Anschlaggummis sowie Gummibuchsen in den Aufnahmen dürfen nicht spröde oder beschädigt sein.

Antriebswellen

- ☐ Drehen Sie die angetriebenen Räder und überprüfen Sie dabei die Manschetten der Gleichlaufgelenke auf Risse und Beschädigungen. Die Antriebswellen selbst dürfen nicht verbogen oder beschädigt sein.

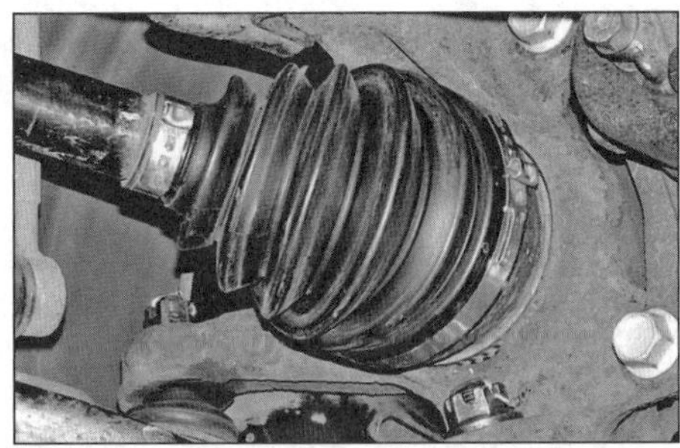

Bremssystem

- ☐ Prüfen Sie die Bremsbelag-Stärke und den Zustand der Bremsscheiben möglichst im eingebauten Zustand. Das Belagmaterial (A) und die Bremsscheibe (B) dürfen nicht unter die in Kapitel 9 angegebenen Werte verschlissen sein. Die Bremsscheibe darf weder gebrochen noch gerissen sein oder starke Riefen oder Ausbrüche aufweisen.

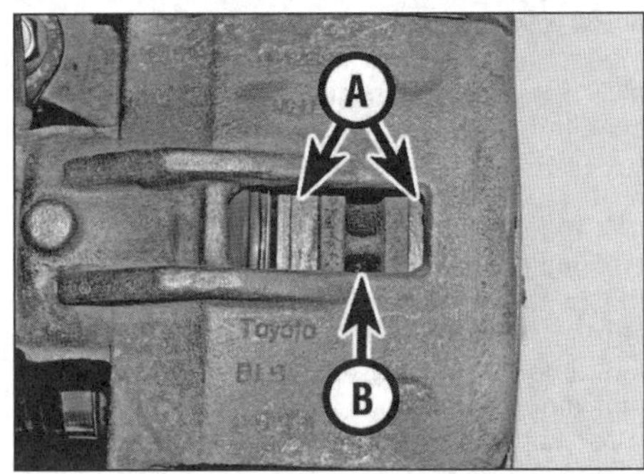

- ☐ Kontrollieren Sie alle Bremsleitungen und Bremsschläuche unter dem Fahrzeug auf Undichtigkeit und/oder andere Schäden. Die Leitungen dürfen nicht verrostet oder geknickt sein, die Schläuche dürfen keine Risse oder Blasen aufweisen.
- ☐ An den Bremssätteln und den Bremsankerplatten dürfen keine Flüssigkeiten austreten. Reparieren oder erneuern Sie undichte Bauteile.
- ☐ Drehen Sie jedes Rad langsam von Hand, während der Assistent das Bremspedal gleichmäßig herunterdrückt und wieder löst. Jede Bremse muss korrekt funktionieren und das Rad muss sich nach dem Lösen wieder frei drehen lassen.

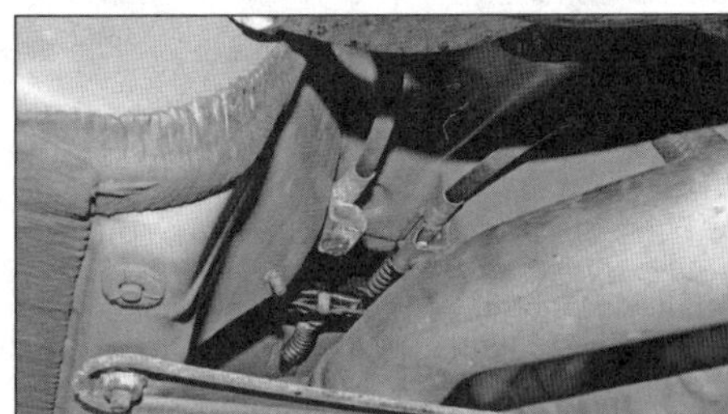

- ☐ Kontrollieren Sie den Handbremsmechanismus auf ausgefranste oder gerissene Seilzüge, starke Korrosion oder Verschleiß und übermäßiges Spiel am Gestänge. Prüfen Sie, ob die Bremse auf beide Hinterräder wirkt und diese sich nach dem Lösen wieder frei drehen lassen.
- ☐ Kontrollieren Sie die Kabel der ABS-Sensoren auf Beschädigungen, Scheuerstellen und Alterungserscheinungen.
- ☐ Die Bremswirkung ist ohne einen Prüfstand nicht kontrollierbar, aber bei einer Probefahrt kann später getestet werden, ob das Fahrzeug beim Bremsen nicht zu einer Seite zieht.

Kraftstoff- und Auspuffsystem

☐ Kontrollieren Sie den Tank (einschließlich Tankdeckel), alle Kraftstoffleitungen und ihre Anschlüsse. Alle Komponenten müssen sicher befestigt sein und dürfen nicht lecken.

☐ Begutachten Sie die Auspuffanlage von vorn bis hinten auf Beschädigungen, gerissene oder fehlende Befestigungen, fest sitzende Schellen und Durchrostungen.

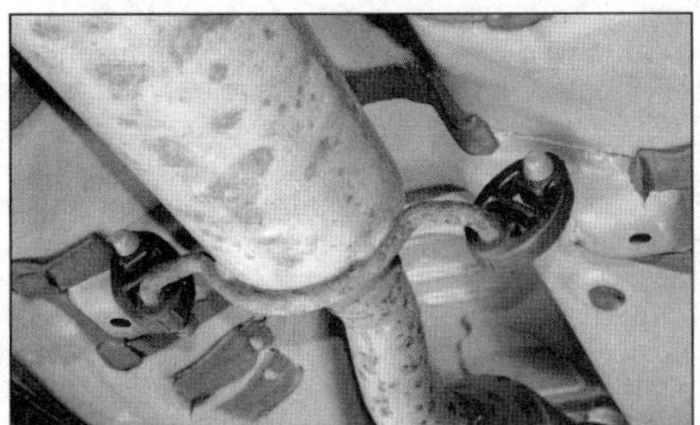

☐ Die Auspuffanlage muss mit allen serienmäßig vorgesehenen Katalysatoren und Lambdasonden ausgerüstet sein.

Räder und Reifen

☐ Kontrollieren Sie die Flanken und Laufflächen aller Reifen. Achten Sie auf Schnitte, Risse, Beulen, Auswölbungen, sich lösende Profilblöcke und durch Beschädigungen oder Verschleiß sichtbares Gewebe. Der Reifenwulst muss korrekt auf der Felge sitzen, das Ventil muss dicht sein und korrekt sitzen.

☐ Keine Felge darf verzogen, verbogen, gerissen oder stark korrodiert sein. Alle Radmuttern oder Bolzen müssen fest sitzen.

☐ Die Reifen müssen die in den Fahrzeugpapieren angegebene Größen haben. Reifen auf einer Achse sollten baugleich sein (empfehlenswert, aber nicht vorgeschrieben). Der Luftdruck aller Reifen muss in Ordnung sein.

☐ Kontrollieren Sie die Profiltiefe. Aktuell darf an keiner Stelle weniger als 1,6 mm gemessen werden. Ungleichmäßig verschlissene Reifen weisen auf falsch eingestellte Radaufhängungen hin.

Korrosion

☐ Überprüfen Sie die gesamte Fahrzeugstruktur auf Korrosion an tragenden Teilen (Kastenprofile des Chassis, Schweller, Querträger, Säulen und sämtliche Radaufhängungen, Federelemente, Lenkungs- und Bremsenteile sowie Gurtbefestigungen und Verankerungen). Jede Korrosion, die die Materialstärke tragender Teile verringert, stellt eine ernsthafte Gefahr dar, sodass professionelle Reparaturmaßnahmen eingeleitet werden müssen. Bei einer selbsttragenden Karosserie (um solche Karosserien handelt es sich bei heutigen Autos in 99 % aller Fälle) sind alle Blechteile als tragend zu betrachten. Eine durchgerostete Tür kann also durchaus dafür sorgen, dass eine HU nicht positiv abgeschlossen wird.

☐ Beschädigungen oder Korrosion, die zu scharfkantigen Rändern führen, können dazu führen, dass die HU nicht bestanden wird.

Abschlepp-Vorrichtungen

☐ Überprüfen Sie die Abschleppösen oder deren Befestigungen auf Korrosion und Beschädigungen. Demontierbare Vorrichtungen dürfen kein übermäßiges Spiel aufweisen.

4 Die Prüfung erfolgt: **Am Abgassystem**

4 Die Prüfung erfolgt: **Am Abgassystem**

Benzinmotor

☐ Bringen Sie den gut gewarteten Motor (Zündsystem in Ordnung, Luftfilter sauber usw.) auf Betriebstemperatur.

☐ Lassen Sie den Motor zunächst rund 20 Sekunden mit etwa 2500/min drehen und dann auf Standgasdrehzahl abfallen; beobachten Sie dabei, ob aus dem Auspuff Rauch austritt. Falls das Standgas offensichtlich zu hoch ist oder länger als 5 Sekunden dichter blauer oder schwarzer Rauch austritt, kann dies dazu führen, dass die HU nicht bestanden wird. Als Faustregel gilt, dass blauer Rauch für verbranntes Öl und damit Motorverschleiß steht, während schwarzer Rauch auf unverbrannten Kraftstoff hinweist (verschmutzter Luftfilter oder Schäden bzw. Verschleiß im Kraftstoff- oder Zündsystem.

☐ Für weitere Kontrollen wird ein Abgas-Analysegerät benötigt, das den Gehalt an Kohlenmonoxid (CO) und Kohlenwasserstoff (CH) ermitteln kann. Falls dies nicht gemietet oder ausgeliehen werden kann, sollte die Prüfung gegen ein kleines Entgelt von einer Fachwerkstatt durchgeführt werden.

CO-Emissionen (Gemisch)

☐ Der HU-Prüfer hat Zugang zu den erlaubten CO-Abgaswerten aller Fahrzeuge. Der CO-Wert wird bei Standgas und »erhöhtem Standgas« (2500 bis 3000/min) gemessen. Die folgenden Werte sind nur Anhaltswerte:
Bei Standgas – weniger als 0,5 % CO
Bei erhöhtem Standgas – weniger als 0,3 % CO
Lambda-Messung – 0,97 bis 1,03

☐ Falls der CO-Wert zu hoch ist, kann dies ein Hinweis auf schlechte Wartung, ein Problem in der Gemischaufbereitung (Vergaser oder Einspritzanlage), eine defekte Lambdasonde oder einen schadhaften Katalysator sein. Probieren Sie eine Einspritzdüsen-Reinigung aus und lesen Sie ggf. das Steuergerät auf Fehlercodes aus.

CH-Emissionen

☐ Der HU-Prüfer hat Zugang zu den erlaubten CH-Abgaswerten aller Fahrzeuge. Der CH-Wert wird bei »erhöhtem Standgas« (2500 bis 3000/min) gemessen. Als Anhaltswerte gilt: weniger als 200 ppm.

☐ Zu hohe CH-Emissionen weisen auf verbranntes Motoröl hin. Der Grund hierfür kann ein verschlissener Motor, eine verstopfe Motorentlüftung oder zu altes und verdünntes Motoröl sein, sodass ein Ölwechsel hilft. Falls der Motor insgesamt schlecht läuft, sollte ggf. das Steuergerät auf Fehlercodes ausgelesen werden.
Im Normalfall sind die CH-Emissionen zwar ermittelbar, im Rahmen der Abgasuntersuchung gibt es jedoch derzeit keine Grenzwerte. Gemessen werden CO, CO_2, O_2, HC und Lambda, wobei es lediglich für CO und Lambda vom Gesetzgeber bzw. Fahrzeughersteller einzuhaltende Vorgaben gibt. Hohe CO-Werte haben aber für sich allein auch schon eine hohe Aussagekraft über die Funktion der Abgasreinigung.

Zudem gelten die groben Faustregeln: Lambda-Werte über 1 (bei intakter Gemischaufbereitung) deuten auf eine undichte Auspuffanlage hin, Lambda unter 1 (fettes Gemisch) lassen auf eine defekte Gemischaufbereitung schließen. Hohe CO-Werte bei Lambda 1 deuten auf einen verschlissenen Katalysator hin.

Dieselmotor

☐ Hier wird lediglich der Anteil der Rußpartikel gemessen. Bei diesem Test wird der Motor je nach Herstellervorgabe für ein paar Sekunden mit Maximaldrehzahl betrieben. Bei der »freien Beschleunigung« wird die sogenannte Rauchgastrübung gemessen, die weder die vom Fahrzeug-Hersteller vorgegebenen noch die gesetzlichen Grenzwerte übersteigen darf.

Anmerkung: *Bei Modellen mit Steuerriemen (»Zahnriemen«) muss dieser in einem perfekten Zustand sein, damit der Motor den Test übersteht. Im permanenten Stadtverkehr zugesetzte Dieselmotoren sollten vor der Abgasuntersuchung auf einer längeren Strecke »freigefahren« werden.*

☐ Der aufgewärmte Motor wird zunächst maximal 5 Sekunden nach Herstellervorgabe (meistens Abregeldrehzahl) »gespült«, dann wird der Motor langsam auf seine maximale Drehzahl gebracht, um zu sehen, ob er dies aushält. Anschließend wird das Abgasmessgerät angeschlossen und der Motor wird dreimal hintereinander rasch auf Höchstdrehzahl beschleunigt. Liegt dabei die Rußentwicklung unter dem Maximalwert von 2,5 m^{-1} (Saugmotoren) bzw. 3,0 m^{-1} (Turbomotoren), hat das Fahrzeug die Prüfung bestanden (bei aktuellen Fahrzeugen liegt sie eher im Bereich zwischen 0,5 m^{-1} und 1,5 m^{-1}). Falls zu viel Ruß produziert wird, kann ein neuer Luftfilter oder eine Einspritzdüsen-Reinigung helfen. Falls der Motor insgesamt schlecht läuft, sollte ggf. das Steuergerät auf Fehlercodes ausgelesen werden. Kontrollieren Sie ggf. auch das Abgasrückführungs-System. Nach einer hohen Laufleistung müssen eventuell die Einspritzdüsen professionell kontrolliert werden.

Fehlersuche

Motor

- ☐ Motor lässt sich nicht per Anlasser durchdrehen
- ☐ Motor dreht, springt aber nicht an
- ☐ Motor springt kalt schlecht an
- ☐ Motor springt warm schlecht an
- ☐ Anlasser macht laute Geräusche oder rückt übermäßig hart ein
- ☐ Motor startet und geht gleich wieder aus
- ☐ Motor läuft im Standgas ungleichmäßig
- ☐ Motor produziert im Standgas Fehlzündungen
- ☐ Motor produziert im Fahrbetrieb Fehlzündungen
- ☐ Motor beschleunigt schlecht
- ☐ Motor stirbt ab
- ☐ Motorleistung mangelhaft
- ☐ Motor erzeugt Auspuffknallen
- ☐ Öldrucklampe leuchtet bei laufendem Motor auf
- ☐ Motor läuft nach dem Abschalten weiter
- ☐ Motor macht ungewöhnliche Geräusche

Kühlsystem

- ☐ Kühlmittel überhitzt
- ☐ Kühltemperatur zu gering
- ☐ Kühlmittel läuft aus
- ☐ Kühlmittel gelangt in den Motor
- ☐ Korrosion

Kraftstoff- und Auspuffsystem

- ☐ Übermäßiger Kraftstoffverbrauch
- ☐ Kraftstoff läuft aus und/oder verursacht Gerüche
- ☐ Laute Geräusche aus dem Auspuff
- ☐ Rauch aus dem Auspuff

Kupplung

- ☐ Kupplungspedal lässt sich bis zum Boden durchtreten – kein Druck oder geringer Widerstand
- ☐ Kupplung trennt nicht (Gänge lassen sich nicht einlegen)
- ☐ Kupplung rutscht (Motordrehzahl steigt, Geschwindigkeit aber nicht)
- ☐ Kupplung vibriert beim Einrücken
- ☐ Geräusche beim Einrücken oder Ausrücken der Kupplung

Antriebswellen

- ☐ Vibrationen beim Beschleunigen oder im Schiebebetrieb
- ☐ Geräusche (Klopfen oder Klicken) in Kurven (geringes Tempo bei eingeschlagener Lenkung)

Schaltgetriebe

- ☐ Geräusche im Leerlauf bei laufendem Motor
- ☐ Geräusche in einem bestimmten Gang
- ☐ Gänge lassen sich schwierig einlegen
- ☐ Gang springt heraus
- ☐ Vibrationen
- ☐ Getriebeöl tritt aus

Automatikgetriebe

- ☐ Getriebeöl tritt aus
- ☐ Getriebeöl ist braun oder riecht verbrannt
- ☐ Generelle Gangwahl-Probleme
- ☐ Getriebe schaltet bei Vollgas nicht herunter – kein Kick-down
- ☐ Motor lässt sich in keiner Getriebestufe starten oder startet außerhalb von P oder N
- ☐ Getriebe rutscht durch, schaltet rau, macht Geräusche oder überträgt keine Kraft

Bremssystem

- ☐ Fahrzeug zieht beim Bremsen zu einer Seite
- ☐ Geräusche (Schleifen oder Quietschen) beim Bremsen
- ☐ Langer Bremspedalweg
- ☐ Bremspedal fühlt sich beim Treten schwammig an
- ☐ Zum Verzögern ist übermäßige Kraft beim Treten des Bremspedals nötig
- ☐ Beim Bremsen treten im Bremspedal oder im Lenkrad Vibrationen auf
- ☐ Bremsen schleifen
- ☐ Hinterräder blockieren beim normalen Bremsen

Radaufhängungen und Lenkung

- ☐ Fahrzeug zieht zu einer Seite
- ☐ Räder flattern oder vibrieren
- ☐ Starkes Einsinken und/oder Schlingern in Kurven oder beim Bremsen
- ☐ Fahrzeug bleibt nicht in der Spur oder ist generell instabil
- ☐ Schwergängige Lenkung
- ☐ Übermäßiges Spiel in der Lenkung
- ☐ Mangelnde Servo-Unterstützung
- ☐ Starker Reifenverschleiß

Elektrik

- ☐ Batterie entlädt nach wenigen Tagen
- ☐ Zündungs- oder Ladekontrollleuchte leuchtet nach dem Starten des Motors weiter
- ☐ Zündungs- oder Ladekontrollleuchte leuchtet beim Einschalten der Zündung nicht
- ☐ Licht funktioniert nicht
- ☐ Instrumente zeigen falsch oder ungleichmäßig an
- ☐ Hupe funktioniert nicht oder nur unzuverlässig
- ☐ Scheibenwischer funktionieren nicht oder nur unzuverlässig
- ☐ Scheibenwaschanlage funktioniert nicht oder nur unzuverlässig
- ☐ Elektrische Fensterheber funktionieren nicht oder nur unzuverlässig
- ☐ Zentralverriegelung funktioniert nicht oder nur unzuverlässig

Einleitung

Fahrzeugbesitzer, die alle Wartungsarbeiten entsprechend der Vorgaben erledigen, müssen in diese Sektion nicht allzu oft hineinschauen. Vorausgesetzt, dass Verschleiß und Alterung regelmäßig überprüft und entsprechende Teile erneuert werden, muss dank der Zuverlässigkeit moderner Komponenten heute kaum noch mit plötzlichen Ausfällen gerechnet werden; allerdings steigt die Wahrscheinlichkeit mit zunehmendem Alter und hoher Laufleistung immer mehr an. Störungen entstehen üblicherweise nicht als Ergebnis eines plötzlichen Ausfalls, sondern entwickeln sich mit der Zeit. Gerade größeren technischen Defekten gehen oft charakteristische Symptome über Hunderte oder gar Tausende von Kilometern voraus. Bauteile, die gelegentlich ohne Vorwarnung ausfallen, sind oft klein und können leicht repariert oder ausgetauscht werden.

Bei jeder Fehlersuche liegt der erste Schritt in der Entscheidung, wo mit der Untersuchung begonnen werden soll. Manchmal ist dies offensichtlich, doch hin und wieder ist auch etwas Detektivarbeit nötig. Besitzer, die ein halbes Dutzend planlose Einstellungen vornehmen oder willkürlich Teile tauschen, mögen beim Behandeln von Ausfällen (oder deren Symptomen) erfolgreich sein, sind aber nicht klüger, wenn der Defekt zurückkehrt; zudem haben sie am Ende mehr Geld und Zeit als nötig investiert. Eine ruhige und logische Herangehensweise ist langfristig gesehen deutlich zufriedenstellender. Stets müssen Warnsignale und Abnormalitäten aller Art berücksichtigt werden, die in der Zeit vor dem Ausfall bemerkt wurden: Leistungsmangel, hohe oder niedrige Anzeigewerte, ungewöhnliche Gerüche usw. Zudem muss bedacht werden, dass Ausfälle von Bauteilen wie Sicherungen oder Zündkerzen zumeist nur Hinweise auf tatsächliche Defekte sind.

Die folgenden Seiten stellen einen einfachen Leitfaden zu den üblichen Problemen dar, die im normalen Fahrbetrieb auftreten können. Diese Probleme und ihre möglichen Ursachen sind nach den verschiedenen Komponenten oder Systemen (Motor, Kühlung usw.) geordnet. Das Kapitel, in dem das Problem behandelt wird, ist in Klammern angegeben. Wo auch immer der Defekt liegt – es gelten stets gewisse Grundprinzipien:

- ☐ *Überprüfen Sie den Defekt.* Hier geht es einfach darum, vor Arbeitsbeginn die Symptome mit Sicherheit zu erkennen. Dies ist besonders wichtig, falls man einen Fehler für jemand anderes finden muss, der das Problem vielleicht nicht exakt beschreiben konnte.
- ☐ *Übersehen Sie nicht das Wesentliche.* Lässt sich das Fahrzeug beispielsweise nicht starten, sollte auch überprüft werden, ob Kraftstoff im Tank ist (Vertrauen Sie gerade hierbei nie den Worten anderer oder der Tankanzeige). Falls ein Elektrik-Ausfall festgestellt wird, muss zuerst auf getrennte Stecker oder lockere Kabel geachtet werden, bevor die Prüfausrüstung ausgepackt wird.
- ☐ *Heilen Sie das Leiden, nicht die Symptome.* Eine entladene Batterie durch eine vollständig geladene zu ersetzen, kann einen zunächst einmal wieder nach Hause bringen, doch wenn die zugrunde liegende Ursache nicht behandelt wird, ist die neue Batterie auch bald wieder leer. Genauso macht bei Benzinmotoren der Austausch verölter Zündkerzen durch Neuteile das Auto erst einmal wieder mobil, doch auch der Grund für diese Verschmutzung (solange es nicht ein falscher Wärmewert war) muss rasch gefunden und behoben werden.
- ☐ *Nehmen Sie nichts als gegeben hin.* Vergessen Sie vor allem niemals, dass auch eine »neue« Komponente defekt sein kann (besonders, wenn sie schon monatelang im Kofferraum durchgeschüttelt wurde). Schließen Sie auch keine Komponenten bei der Fehlerdiagnose aus, nur weil sie neu sind oder erst kürzlich installiert wurden. Wenn schließlich ein schwieriger Defekt diagnostiziert wurde, wird man möglicherweise feststellen, dass alle Beweise von Anfang an darauf hingewiesen haben.

Fehlerdiagnose beim Dieselmotor

Die Mehrheit aller Startprobleme bei PKW-Dieselmotoren haben elektrische Ursachen. Mechaniker, die sich mit Benzinmotoren besser auskennen als mit Dieselmotoren, könnten dazu neigen, die Einspritzdüsen und die Einspritzpumpe beim Diesel ähnlich zu betrachten wie Zündkerzen und den Verteiler beim Benziner. Aber dies wäre ein großer Fehler. Falls sich das Fahrzeug schwierig starten lässt, muss zunächst sichergestellt werden, dass die korrekte Startprozedur verstanden und befolgt wurde. Manche Fahrer sind sich nicht über die Bedeutung der Vorwärmsystem-Warnleuchte bewusst; bei mildem Wetter springen die meisten modernen Motoren auch beim Ignorieren dieser Lampe an, doch im Winter beginnen die Probleme. Vor allem die Glühkerzen werden oft vernachlässigt – und nur ein einziger defekter Stecker erschwert den Motorstart bei kaltem Wetter beträchtlich.

Wenn der Motor schlecht anspringt, aber anschließend korrekt läuft, gilt die Faustregel: Das Problem ist elektrischer Natur (Batterie, Anlasser oder Vorwärmsystem). Wenn nach dem schlechten Anspringen mangelnde Leistung hinzukommt, kann das Problem in der Kraftstoffversorgung liegen. Bevor die Einspritzdüsen und die Hochdruckpumpe verdächtigt werden, sollte jedoch der mit niedrigem Druck arbeitende Versorgungsbereich überprüft werden. Häufig ist eingedrungene Luft das Problem bei der Kraftstoffversorgung, sodass die Leitungen vom Tank zum Druckspeicher auf Undichtigkeiten überprüft werden müssen. Die Pumpe ist üblicherweise unverdächtig, da sie zumeist fehlerfrei arbeitet, solange nicht an ihr manipuliert wurde.

Motor

Motor lässt sich nicht per Anlasser durchdrehen

- ☐ Batterieanschlüsse locker oder korrodiert (*Wöchentliche Kontrollen*)
- ☐ Batterie entladen oder defekt (Kapitel 5A)
- ☐ Verkabelung im Anlasserstromkreis gebrochen, locker oder getrennt (Kapitel 5A)
- ☐ Anlasser-Magnetschalter oder Zündschloss defekt (Kapitel 5A oder 10)
- ☐ Anlasser defekt (Kapitel 5A)
- ☐ Zähne am Anlasser-Zahnrad oder Schwungscheiben-Zahnkranz gebrochen (Kapitel 2A, 2B oder 5A)
- ☐ Massekabel des Motors gebrochen oder getrennt (Kapitel 12)
- ☐ »Hydraulische Blockade« durch eingedrungenes Wasser (größeres internes Leck im Kühlsystem oder angesaugt beim Waten) – konsultieren Sie eine Fachwerkstatt.
- ☐ Automatikgetriebe nicht in Position P oder N oder Park-/Neutral-Schalter defekt (Kapitel 7B)

Motor dreht, springt aber nicht an

- ☐ Tank leer
- ☐ Batterie entladen (Anlasser dreht langsam) (Kapitel 5A)
- ☐ Batterieanschlüsse locker oder korrodiert (*Wöchentliche Kontrollen*)
- ☐ Wegfahrsperre defekt oder nicht codierter Zündschlüssel (Kapitel 12 oder *Straßenrand-Reparaturen*)
- ☐ Benzinmotoren: Zündungskomponenten feucht oder beschädigt (Kapitel 1A und 5B)
- ☐ Benzinmotoren: Gebrochene, lockere oder getrennte Kabel im Zündungs-Stromkreis (Kapitel 1A und 5B)
- ☐ Benzinmotoren: Zündkerzen verschlissen, defekt oder mit falschem Elektrodenabstand (Kapitel 1A)
- ☐ Einspritzung/Motorsteuerung defekt (Kapitel 4A oder B)
- ☐ Dieselmotoren: Hochdruck-Kraftstoffpumpe defekt (Kapitel 4B)
- ☐ Dieselmotoren: Vorwärmsystem defekt (Kapitel 5A)
- ☐ Größerer technischer Defekt (z. B. Steuerkette übergesprungen) (Kapitel 2A oder 2B)
- ☐ Einspritzung/Motorsteuerung defekt (Kapitel 4A oder 4B)

Motor springt kalt schlecht an

- ☐ Batterie entladen (Kapitel 5A)
- ☐ Batterieanschlüsse locker oder korrodiert (*Wöchentliche Kontrollen*)
- ☐ Benzinmotoren: Zündkerzen verschlissen, defekt oder mit falschem Elektrodenabstand (Kapitel 1A)
- ☐ Benzinmotoren: Anderer Zündsystem-Defekt (Kapitel 1A oder 5A)
- ☐ Dieselmotoren: Vorwärmsystem defekt (Kapitel 5A)
- ☐ Einspritzung/Motorsteuerung defekt (Kapitel 4A oder 4B)

- ☐ Motoröl mit falscher Viskosität (zu »zäh«) (*Wöchentliche Kontrollen,* Kapitel 1A oder 1B)
- ☐ Motorkompression niedrig (Kapitel 2A oder 2B)

Motor springt warm schlecht an
- ☐ Luftfilterelement verschmutzt oder verstopft (Kapitel 1A oder B)
- ☐ Einspritzung/Motorsteuerung defekt (Kapitel 4A oder B)
- ☐ Benzinmotoren: Zündungskomponenten feucht oder beschädigt (Kapitel 1A und 5B)
- ☐ Motorkompression niedrig (Kapitel 2A oder 2B)

Anlasser macht laute Geräusche oder rückt übermäßig hart ein
- ☐ Zähne am Anlasser-Zahnrad oder Schwungscheiben-Zahnkranz gebrochen (Kapitel 2A, 2B oder 5A)
- ☐ Anlasser-Befestigungsschrauben locker oder verloren gegangen (Kapitel 5A)
- ☐ Interne Anlasser-Komponenten verschlissen oder defekt (Kapitel 5A)

Motor startet und geht gleich wieder aus
- ☐ Benzinmotoren: Lockere oder defekte Anschlüsse im Zündungs-Stromkreis (Kapitel 1A und 5B)
- ☐ Unterdruck-Leck im Drosselklappengehäuse oder Einlassstutzen (Kapitel 4A oder 4B)
- ☐ Einspritzung/Motorsteuerung defekt (Kapitel 4A oder 4B)
- ☐ Einspritzdüse(n) verstopft (Kapitel 4A oder 4B)

Motor läuft im Standgas ungleichmäßig
- ☐ Luftfilterelement verstopft (Kapitel 1A oder 1B)
- ☐ Unterdruck-Leck im Drosselklappengehäuse, Einlassstutzen oder Verbindungsschläuchen (Kapitel 4A)
- ☐ Benzinmotoren: Zündkerzen verschlissen, defekt oder mit falschem Elektrodenabstand (Kapitel 1)
- ☐ Motorkompression ungleichmäßig oder niedrig (Kapitel 2A oder 2B)
- ☐ Nockenwellen-Nocken stark verschlissen (Kapitel 2A, 2B oder 2C)
- ☐ Einspritzdüsen verstopft, Einspritzung/Motorsteuerung defekt (Kapitel 4A oder 4B)

Motor produziert im Standgas Fehlzündungen
- ☐ Benzinmotoren: Zündkerzen verschlissen, defekt oder mit falschem Elektrodenabstand (Kapitel 1A)
- ☐ Benzinmotoren: Unterdruck-Leck im Drosselklappengehäuse, Einlassstutzen oder Verbindungsschläuchen (Kapitel 4A)
- ☐ Einspritzung/Motorsteuerung defekt (Kapitel 4A oder 4B)
- ☐ Dieselmotoren: Einspritzdüse(n) defekt (Kapitel 4B)
- ☐ Motorkompression ungleichmäßig oder niedrig (Kapitel 2A oder 2B)
- ☐ Motorentlüftungsschläuche getrennt, undicht oder beschädigt (Kapitel 4C)

Motor produziert im Fahrbetrieb Fehlzündungen
- ☐ Dieselmotoren: Kraftstofffilter verstopft (Kapitel 1B)
- ☐ Benzinmotoren: Kraftstoffpumpe defekt oder Druck zu gering (Kapitel 4A)
- ☐ Tankentlüftung oder Kraftstoffleitungen verstopft (Kapitel 4A oder 4B)
- ☐ Benzinmotoren: Unterdruck-Leck im Drosselklappengehäuse, Einlassstutzen oder Verbindungsschläuchen (Kapitel 4A)
- ☐ Benzinmotoren: Zündkerzen verschlissen, defekt oder mit falschem Elektrodenabstand (Kapitel 1A)
- ☐ Dieselmotoren: Einspritzdüse(n) defekt (Kapitel 4B)
- ☐ Benzinmotoren: Zündmodul defekt (Kapitel 5B)
- ☐ Motorkompression ungleichmäßig oder niedrig (Kapitel 2A oder 2B)
- ☐ Einspritzdüsen verstopft, Einspritzung/Motorsteuerung defekt (Kapitel 4A oder 4B)
- ☐ Katalysator blockiert (Kapitel 4A oder 4B)

Motor beschleunigt schlecht
- ☐ Benzinmotoren: Zündkerzen verschlissen, defekt oder mit falschem Elektrodenabstand (Kapitel 1A)
- ☐ Benzinmotoren: Unterdruck-Leck im Drosselklappengehäuse, Einlassstutzen oder Verbindungsschläuchen (Kapitel 4A)
- ☐ Einspritzdüsen verstopft, Einspritzung/Motorsteuerung defekt (Kapitel 4A oder 4B)
- ☐ Dieselmotoren: Einspritzdüse(n) defekt (Kapitel 4B)

Motor stirbt ab
- ☐ Benzinmotoren: Unterdruck-Leck im Drosselklappengehäuse, Einlassstutzen oder Verbindungsschläuchen (Kapitel 4A)
- ☐ Dieselmotoren: Kraftstofffilter verstopft (Kapitel 1B)
- ☐ Benzinmotoren: Kraftstoffpumpe defekt oder Druck zu gering (Kapitel 4A)
- ☐ Tankentlüftung oder Kraftstoffleitungen verstopft (Kapitel 4A oder 4B)
- ☐ Einspritzdüsen verstopft, Einspritzung/Motorsteuerung defekt (Kapitel 4A oder 4B)
- ☐ Dieselmotoren: Einspritzdüse(n) defekt (Kapitel 4B)

Motorleistung mangelhaft
- ☐ Luftfilter verstopft (Kapitel 1 oder 1B)
- ☐ Dieselmotoren: Kraftstofffilter verstopft (Kapitel 1B)
- ☐ Kraftstoffleitungen verstopft oder gequetscht (Kapitel 4A oder 4B)
- ☐ Benzinmotoren: Zündkerzen verschlissen, defekt oder mit falschem Elektrodenabstand (Kapitel 1A)
- ☐ Gaspedalsensor defekt (Kapitel 4A oder 4B)
- ☐ Benzinmotoren: Unterdruck-Leck im Drosselklappengehäuse, Einlassstutzen oder Verbindungsschläuchen (Kapitel 4A)
- ☐ Einspritzdüsen verstopft, Einspritzung/Motorsteuerung defekt (Kapitel 4A oder 4B)
- ☐ Dieselmotoren: Einspritzdüse(n) defekt (Kapitel 4B)
- ☐ Benzinmotoren: Kraftstoffpumpe defekt oder Druck zu gering (Kapitel 4A)
- ☐ Motorkompression ungleichmäßig oder niedrig (Kapitel 2A oder 2B)
- ☐ Katalysator blockiert (Kapitel 4A oder 4B)
- ☐ Bremsen schleifen (Kapitel 1A, 1B und 9)
- ☐ Kupplung rutscht durch (Kapitel 6)

Motor erzeugt Auspuffknallen
- ☐ Benzinmotoren: Unterdruck-Leck im Drosselklappengehäuse, Einlassstutzen oder Verbindungsschläuchen (Kapitel 4A)
- ☐ Einspritzdüsen verstopft, Einspritzung/Motorsteuerung defekt (Kapitel 4A oder 4B)
- ☐ Katalysator blockiert (Kapitel 4A oder 4B)
- ☐ Benzinmotoren: Zündmodul defekt (Kapitel 5B)

Öldrucklampe leuchtet bei laufendem Motor auf
- ☐ Ölpegel niedrig, Viskosität gering oder Ölsorte falsch (*Wöchentliche Kontrollen*)
- ☐ Öldruckschalter oder Kabel defekt (Kapitel 5A)
- ☐ Ölpumpe und/oder Gleitlager im Motor verschlissen (Kapitel 2A, 2B oder 2C)
- ☐ Motortemperatur zu hoch (Kapitel 3)
- ☐ Öl-Überdruckventil defekt (Kapitel 2A oder 2B)
- ☐ Öl-Ansaugsieb verstopft (Kapitel 2A oder 2B)

Motor läuft nach dem Abschalten weiter
- ☐ Erhebliche Kohleablagerungen im Motor (Kapitel 2C)
- ☐ Motortemperatur zu hoch (Kapitel 3)
- ☐ Einspritzung/Motorsteuerung defekt (Kapitel 4A oder 4C)

Motor macht ungewöhnliche Geräusche

Klingeln oder Klopfen beim Beschleunigen oder unter Last

- ☐ Benzinmotoren: Zündzeitpunkt unkorrekt/Zündsystem defekt (Kapitel 1A oder 5B)
- ☐ Benzinmotoren: Zündkerzen mit falschem Wärmewert (Kapitel 1A)
- ☐ Kraftstoffsorte falsch (Kapitel 4A oder 4B)
- ☐ Benzinmotoren: Klopfsensor defekt (Kapitel 4A)
- ☐ Benzinmotoren: Unterdruck-Leck im Drosselklappengehäuse, Einlassstutzen oder Verbindungsschläuchen (Kapitel 4A)
- ☐ Erhebliche Kohleablagerungen im Motor (Kapitel 2C)
- ☐ Einspritzdüsen verstopft, Einspritzung/Motorsteuerung defekt (Kapitel 4A oder 4B)
- ☐ Dieselmotoren: Einspritzdüse(n) defekt (Kapitel 4B)

Pfeifen oder Zischen

- ☐ Benzinmotoren: Einlassstutzen- oder Drosselklappengehäuse-Dichtung undicht (Kapitel 4A)
- ☐ Auspuffstutzen-Dichtung oder Rohranschluss undicht (Kapitel 4A oder B)
- ☐ Unterdruckschlauch undicht (Kapitel 4A, 4B oder 4C)
- ☐ Zylinderkopfdichtung defekt (Kapitel 2A oder 2B)
- ☐ Motorentlüftung teilweise blockiert oder undicht (Kapitel 2C)

Pochen oder Klappern

- ☐ Ventiltrieb oder Nockenwelle(n) verschlissen (Kapitel 2A oder 2B)
- ☐ Nebenaggregate (Wasserpumpe, Lichtmaschine usw.) defekt (Kapitel 3, 5A usw.)

Klopfen oder Schlagen

- ☐ Pleuelfußlager verschlissen (gleichmäßiges starkes Klopfen, unter Last eventuell leiser) (Kapitel 2C)
- ☐ Kurbelwellen-Hauptlager verschlissen (Rumpeln und Klopfen, unter Last eventuell stärker) (Kapitel 2C)
- ☐ Kolben-Kippen (bei kaltem Motor am lautesten) (Kapitel 2C)
- ☐ Nebenaggregate (Wasserpumpe, Lichtmaschine usw.) defekt (Kapitel 3, 5A usw.)
- ☐ Motorhalterungen verschlissen oder defekt (Kapitel 2A oder 2B)

Kühlsystem

Kühlmittel überhitzt

- ☐ Kühlmittel-Pegel zu niedrig (*Wöchentliche Kontrollen*)
- ☐ Thermostat defekt (klemmt geschlossen) (Kapitel 3)
- ☐ Wasserkühler verstopft oder Rippen stark verschmutzt (Kapitel 3)
- ☐ Kühlerventilator oder Kühlmodul defekt (Kapitel 3)
- ☐ Kühltemperatursensor defekt (Kapitel 3)
- ☐ Überdruckventil defekt (Kapitel 3)
- ☐ Motorsteuerung defekt (Kapitel 4A)
- ☐ Lufteinschlüsse im Kühlsystem (Kapitel 1A, 1B oder 3)

Kühltemperatur zu gering

- ☐ Thermostat defekt (klemmt offen) (Kapitel 3)
- ☐ Kühltemperatur-Geber sendet falsche Werte (Kapitel 3)
- ☐ Kühlerventilator defekt (Kapitel 3)
- ☐ Motorsteuerung defekt (Kapitel 4A oder 4B)

Kühlmittel läuft aus

- ☐ Schläuche porös oder beschädigt, Schellen defekt (Kapitel 1A oder 1B)
- ☐ Wasserkühler oder Heizungs-Wärmetauscher undicht (Kapitel 3)
- ☐ Überdruckventil defekt (Kapitel 3)
- ☐ Wasserpumpendichtring defekt (Kapitel 3)
- ☐ Wasserpumpendichtung defekt (Kapitel 3)
- ☐ Kühlmittel kocht bei Überhitzung auf (Kapitel 3)
- ☐ Froststopfen undicht (Kapitel 2C)

Kühlmittel gelangt in den Motor

- ☐ Zylinderkopfdichtung defekt (Kapitel 2A oder 2B)
- ☐ Zylinderkopf oder Motorblock gerissen (Kapitel 2C)

Korrosion

- ☐ Kühlmittel wurde nicht regelmäßig ersetzt (Kapitel 1A oder 1B)
- ☐ Falsches Frostschutz-Gemisch oder falscher Frostschutzmittel-Typ (*Wöchentliche Kontrollen*)

Kraftstoff- und Auspuffsystem

Übermäßiger Kraftstoffverbrauch

- ☐ Unökonomischer Fahrstil oder ungünstige Bedingungen (Kälte, starker Gegenwind usw.)
- ☐ Luftfilter verschmutzt oder verstopft (Kapitel 1 oder 1B)
- ☐ Einspritzung/Motorsteuerung defekt (Kapitel 4A oder 4B)
- ☐ Motorentlüftung blockiert (Kapitel 4C)
- ☐ Kraftstoffsystem undicht (vorgetäuschter hoher Verbrauch) (Kapitel 1A, 1B, 4A, 4B oder 4C)
- ☐ Reifendruck zu gering (*Wöchentliche Kontrollen*)
- ☐ Bremsen schleifen (Kapitel 9)

Kraftstoff läuft aus und/oder verursacht Gerüche

- ☐ Tank, Kraftstoffleitungen oder Anschlüsse verrostet oder beschädigt (Kapitel 4A oder 4B)
- ☐ Verdunstungsregelung defekt (Kapitel 4C)

Laute Geräusche aus dem Auspuff

- ☐ Auspuffanlagen-Verbindungen oder Auspuffstutzen undicht (Kapitel 4A oder 4B)
- ☐ Schalldämpfer innerlich verrostet oder Rohre durchgerostet (Kapitel 4A oder 4B)
- ☐ Halterungen gebrochen oder gerissen, sodass Kontakt zu Karosserie oder Fahrgestell entsteht (Kapitel 1A oder 1B)

Kupplung

Anmerkung: *Die Fehlersuche bei einer halbautomatische Easytronic-Kupplung sollte einer Opel-Werkstatt überlassen werden.*

Kupplungspedal lässt sich bis zum Boden durchtreten – kein Druck oder geringer Widerstand

- ☐ Kupplungshydraulik enthält Luft (Kapitel 6)
- ☐ Ausrückzylinder defekt (Kapitel 6)
- ☐ Geberzylinder defekt (Kapitel 6)
- ☐ Tellerfeder in Druckplatte gebrochen (Kapitel 6)

Kupplung trennt nicht (Gänge lassen sich nicht einlegen)

- ☐ Kupplungshydraulik enthält Luft (Kapitel 6)
- ☐ Ausrückzylinder defekt (Kapitel 6)
- ☐ Geberzylinder defekt (Kapitel 6)
- ☐ Mitnehmerscheibe klemmt auf Getriebewellen-Kerbverzahnung (Kapitel 6)
- ☐ Mitnehmerscheibe klemmt in Schwungscheibe oder an Druckscheibe (Kapitel 6)
- ☐ Druckscheiben-Baugruppe defekt (Kapitel 6)
- ☐ Ausrückmechanismus verschlissen oder falsch montiert (Kapitel 6)

Kupplung rutscht (Motordrehzahl steigt, Geschwindigkeit aber nicht)
☐ Kupplungshydraulik defekt (Kapitel 6)
☐ Druckscheiben-Beläge extrem verschlissen (Kapitel 6)
☐ Druckscheiben-Beläge verölt (Kapitel 6)
☐ Druckscheiben-Baugruppe defekt oder Tellerfeder ermüdet (Kapitel 6)

Kupplung vibriert beim Einrücken
☐ Druckscheiben-Beläge verölt (Kapitel 6)
☐ Druckscheiben-Beläge extrem verschlissen (Kapitel 6)
☐ Druckscheibe oder Tellerfeder defekt oder verzogen (Kapitel 6)
☐ Motor/Getriebe-Aufnahmen verschlissen oder locker (Kapitel 2A oder 2B)
☐ Druckscheiben-Nabe oder Getriebewellen-Kerbverzahnung verschlissen (Kapitel 6)

Geräusche beim Einrücken oder Ausrücken der Kupplung
☐ Ausrückzylinder verschlissen (Kapitel 6)
☐ Kupplungspedal-Buchsen verschlissen oder trocken (Kapitel 6)
☐ Druckscheiben-Baugruppe defekt (Kapitel 6)
☐ Tellerfeder gebrochen (Kapitel 6)
☐ Druckscheiben-Dämpferfedern gebrochen (Kapitel 6)

Antriebswellen

Vibrationen beim Beschleunigen oder im Schiebebetrieb
☐ Innere Gleichlaufgelenke verschlissen (Kapitel 8)
☐ Antriebswelle verbogen oder verdreht (Kapitel 8)

Geräusche (Klopfen oder Klicken) in Kurven (geringes Tempo bei eingeschlagener Lenkung)
☐ Schmierstoffmangel an Gleichlaufgelenk (eventuell wegen beschädigter Manschette) (Kapitel 8)
☐ Äußere Gleichlaufgelenke verschlissen (Kapitel 8)

Schaltgetriebe

Geräusche im Leerlauf bei laufendem Motor
☐ Getriebeölpegel zu niedrig (Kapitel 7A)
☐ Eingangswellen-Lager verschlissen (wird beim Treten der Kupplung leiser) (Kapitel 7A)*
☐ Kupplungs-Ausrücklager verschlissen (wird beim Treten der Kupplung lauter) (Kapitel 6)

Geräusche in einem bestimmten Gang
☐ Zahnrad-Zähne verschlissen oder ausgebrochen (Kapitel 7A)*
☐ Getriebelager verschlissen (Kapitel 7A)*

Gänge lassen sich schwierig einlegen
☐ Kupplung defekt (Kapitel 6)
☐ Schaltgestänge und Anlenkungen verschlissen, beschädigt oder schlecht eingestellt (Kapitel 7A)
☐ Getriebeölpegel zu niedrig (Kapitel 7A)
☐ Synchronringe verschlissen (Kapitel 7A)*

Gang springt heraus
☐ Schaltgestänge und Anlenkungen verschlissen, beschädigt oder schlecht eingestellt (Kapitel 7A)
☐ Synchronringe verschlissen (Kapitel 7A)*
☐ Schaltgabeln verschlissen (Kapitel 7A)*

Vibrationen
☐ Getriebeöl-Mangel (Kapitel 7A)
☐ Getriebelager verschlissen (Kapitel A)*

Getriebeöl tritt aus
☐ Antriebs- oder Schaltwellendichtring undicht (Kapitel 7A)
☐ Getriebegehäuse-Dichtfläche undicht (Kapitel 7A)*
☐ Eingangswellen-Dichtring defekt (Kapitel 7A)*
** Obwohl die notwendigen Arbeitsschritte zur Beseitigung der beschriebenen Symptome außerhalb der Fähigkeiten eines Hobbyschraubers liegen, können die Informationen helfen, die Ursache zu isolieren, sodass bei einer Fachwerkstatt klare Aussagen gemacht werden können.*

Automatikgetriebe

Anmerkung: *Weil die Fehlerdiagnose und die notwendigen Arbeitsschritte zur Beseitigung der beschriebenen Symptome außerhalb der Fähigkeiten eines Hobbyschraubers liegen, sollte das Fahrzeug in einer Fachwerkstatt überprüft werden. Viele Kontrollen müssen bei eingebautem Getriebe durchgeführt werden, sodass dessen vorzeitiger Ausbau eher kontraproduktiv wäre. Beachten Sie, dass abgesehen von den speziellen Getriebe-Sensoren auch viele der in Kapitel 4A oder 4B beschriebenen Motorsensoren für die korrekte Funktion des Getriebes unerlässlich sind.*

Getriebeöl tritt aus
☐ Die rötliche Einfärbung des Automatikgetriebeöls (ATF-Öl) sollte dafür sorgen, dass es nicht mit Motoröl verwechselt werden kann, welches durch den Luftstrom ans Getriebe gelangt ist.
☐ Um die Ursache der Undichtigkeit zu finden, müssen zunächst das Getriebegehäuse und umliegende Komponenten gereinigt und entfettet werden – nötigenfalls mithilfe eines Dampfstrahlers. Führen Sie dann eine Probefahrt mit geringem Tempo durch, damit der Fahrtwind das Öl nicht allzu weit verteilen kann. Heben Sie das Fahrzeug dann an und stützen Sie es ab, um die »Ölquelle« zu entdecken – folgende Bereiche kommen infrage:
a) Ölwanne
b) Peilstab-Rohr
c) Getriebeölkühler-Rohre und Anschlüsse

Getriebeöl ist braun oder riecht verbrannt
☐ Ölpegel zu niedrig oder Ölwechsel ist überfällig (Kapitel 7B)

Generelle Gangwahl-Probleme
☐ In Kapitel 7B ist die Kontrolle und Einstellung des Wahlhebel-Seilzugs beschrieben. Folgende Probleme können bei einem schlecht eingestellten Zug auftreten:
a) Motor lässt sich nicht nur in Position P oder N starten.
b) Ganganzeige zeigt andere Fahrstufe an als tatsächlich eingelegt ist.
c) Fahrzeug bewegt sich in Position P oder N.
d) Schlechte oder ungleichmäßige Gangwechsel

Getriebe schaltet bei Vollgas nicht herunter – kein Kick-down
☐ Ölpegel zu niedrig (Kapitel 7B)
☐ Motorsteuergerät defekt (Kapitel 4A)
☐ Falsch eingestellter Wahlhebel-Seilzug (Kapitel 7B)
☐ Getriebesensor oder Verkabelung defekt (Kapitel 7B)

Motor lässt sich in keiner Getriebestufe starten oder startet außerhalb von P oder N
☐ Getriebesensor oder Verkabelung defekt (Kapitel 7B)

- ☐ Motorsteuergerät defekt (Kapitel 4A)
- ☐ Falsch eingestellter Wahlhebel-Seilzug (Kapitel 7B)

Getriebe rutscht durch, schaltet rau, macht Geräusche oder überträgt keine Kraft

- ☐ Ölpegel zu niedrig (Kapitel 7B)
- ☐ Getriebesensor oder Verkabelung defekt (Kapitel 7B)
- ☐ Motorsteuergerät defekt (Kapitel 4A)

Anmerkung: *Für diese Probleme gibt es zahlreiche mögliche Ursachen, doch der Hobbyschrauber kann sich lediglich um einen korrekten Ölpegel und funktionsfähige Sensorkabel kümmern. Falls weiterhin Probleme bestehen, muss Rat in einer Fachwerkstatt gesucht werden.*

Bremssystem

Anmerkung: *Bevor von einem Bremsenproblem ausgegangen wird, muss überprüft werden, ob die Reifen in Ordnung und korrekt aufgepumpt sind, die Spur der Vorderräder korrekt eingestellt ist und das Fahrzeug nicht ungleichmäßig beladen ist. Abgesehen von der Überprüfung aller Bremsleitungen sollten alle Mängel am ABS von einer Fachwerkstatt diagnostiziert und behoben werden.*

Fahrzeug zieht beim Bremsen zu einer Seite

- ☐ Bremsbeläge einer Seite sind verschlissen, beschädigt oder verölt (Kapitel 9)
- ☐ Bremssattelkolben schwergängig oder fest (Kapitel 9)
- ☐ Bremsbelag-Material unterscheidet sich zwischen beiden Seiten (Kapitel 9)
- ☐ Bremssattel- oder Bremsankerplatten-Befestigung locker (Kapitel 9)
- ☐ Lenkungs- oder Radaufhängungs-Komponenten verschlissen oder beschädigt (Kapitel 1A oder 1B sowie 10)

Geräusche (Schleifen oder Quietschen) beim Bremsen

- ☐ Bremsbeläge bis auf Trägerplatte verschlissen (Kapitel 9)
- ☐ Bremsscheiben oder Bremstrommeln stark korrodiert (z. B. nach langer Standzeit) (Kapitel 9)
- ☐ Fremdkörper (Steine, Äste usw.) zwischen Bremsscheibe und Spritzschutz eingeklemmt (Kapitel 1 und 9)

Langer Bremspedalweg

- ☐ Hauptbremszylinder defekt (Kapitel 9)
- ☐ Luft in Bremshydraulik (Kapitel 9)
- ☐ Bremskraftverstärker defekt (Kapitel 9)

Bremspedal fühlt sich beim Treten schwammig an

- ☐ Luft in Bremshydraulik (Kapitel 9)
- ☐ Bremsschläuche stark gealtert (Kapitel 9)
- ☐ Hauptbremszylinder-Muttern locker (Kapitel 9)
- ☐ Hauptbremszylinder defekt (Kapitel 9)

Zum Verzögern ist übermäßige Kraft beim Treten des Bremspedals nötig

- ☐ Bremskraftverstärker defekt (Kapitel 9)
- ☐ Dieselmotoren: Unterdruckpumpe defekt (Kapitel 9)
- ☐ Bremskraftverstärker-Unterdruckschlauch getrennt, beschädigt oder schlecht gesichert (Kapitel 9)
- ☐ Primär- oder Sekundär-Bremskreis defekt (Kapitel 9)
- ☐ Bremssattelkolben schwergängig oder fest (Kapitel 9)
- ☐ Bremsbeläge falsch montiert (Kapitel 9)
- ☐ Bremsbelag-Material falsch (Kapitel 9)
- ☐ Bremsbeläge verölt (Kapitel 9)

Beim Bremsen treten im Bremspedal oder im Lenkrad Vibrationen auf

Anmerkung: *Durch das ABS können beim starken Bremsen im Bremspedal Vibrationen fühlbar sein – dies ist normal und beeinträchtigt nicht die Funktion.*

- ☐ Bremsscheibe(n) oder Bremstrommel(n) stark verzogen oder verformt (Kapitel 9)
- ☐ Bremsbeläge verschlissen (Kapitel 9)
- ☐ Bremssattel-Befestigung locker (Kapitel 9)
- ☐ Lenkungs- oder Radaufhängungs-Komponenten verschlissen (Kapitel 10)
- ☐ Vorderräder sind nicht korrekt gewuchtet (*Wöchentliche Kontrollen*)

Bremsen schleifen

- ☐ Bremssattelkolben schwergängig oder fest (Kapitel 9)
- ☐ Handbremsmechanismus falsch eingestellt (Kapitel 9)
- ☐ Hauptbremszylinder defekt (Kapitel 9)

Hinterräder blockieren beim normalen Bremsen

- ☐ Hinterradbremsbeläge verschmutzt oder beschädigt (Kapitel 1 und 9)
- ☐ Hinterradbremsscheibe(n) verzogen (Kapitel 1 und 9)
- ☐ ABS defekt (Kapitel 9)

Radaufhängungen und Lenkung

Anmerkung: *Bevor von einem Problem an den Radaufhängungen oder der Lenkung ausgegangen wird, muss überprüft werden, ob das Problem nicht durch falschen Reifendruck, falsche Reifen oder eine schleifende Bremse entstanden ist.*

Fahrzeug zieht zu einer Seite

- ☐ Reifen defekt (*Wöchentliche Kontrollen*)
- ☐ Lenkungs- oder Radaufhängungs-Komponenten stark verschlissen (Kapitel 1A, 1B oder 10)
- ☐ Spur und Sturz nicht korrekt eingestellt (Kapitel 10)
- ☐ Unfallschaden an Lenkungs- oder Radaufhängungs-Komponenten (Kapitel 10)

Räder flattern oder vibrieren

- ☐ Vorderräder nicht gewuchtet (Vibrationen vor allem im Lenkrad spürbar) (*Wöchentliche Kontrollen*)
- ☐ Hinterräder nicht gewuchtet (Vibrationen im Fahrzeug spürbar) (*Wöchentliche Kontrollen*)
- ☐ Räder beschädigt oder verzogen (*Wöchentliche Kontrollen*)
- ☐ Reifen beschädigt oder defekt (*Wöchentliche Kontrollen*)
- ☐ Lenkungs- oder Radaufhängungs-Gelenke, Buchsen und Komponenten verschlissen (Kapitel 10)
- ☐ Radmuttern locker (Kapitel 1A oder 1B)

Starkes Einsinken und/oder Schlingern in Kurven oder beim Bremsen

- ☐ Stoßdämpfer defekt (Kapitel 10)
- ☐ Federn und/oder Federelemente ermüdet oder gebrochen (Kapitel 10)
- ☐ Stabilisator oder Befestigungen verschlissen oder beschädigt (Kapitel 10)

Fahrzeug bleibt nicht in der Spur oder ist generell instabil

- ☐ Spur und Sturz nicht korrekt eingestellt (Kapitel 10)
- ☐ Lenkungs- oder Radaufhängungs-Gelenke, Buchsen und Komponenten verschlissen (Kapitel 10)
- ☐ Räder nicht gewuchtet (*Wöchentliche Kontrollen*)
- ☐ Reifen beschädigt oder defekt (*Wöchentliche Kontrollen*)
- ☐ Radmuttern locker (Kapitel 1A oder 1B)

☐ Stoßdämpfer defekt (Kapitel 10)
☐ Servolenkungs-System defekt (Kapitel 10)

Schwergängige Lenkung
☐ Spurstangenkopf- oder Federbein-Kugelgelenk klemmt (Kapitel 10)
☐ Spur und Sturz der Vorderräder nicht korrekt eingestellt (Kapitel 10)
☐ Lenkgestänge oder Lenksäule verbogen oder beschädigt (Kapitel 10)
☐ Servolenkungs-System defekt (Kapitel 10)

Übermäßiges Spiel in der Lenkung
☐ Lenksäulen-Kreuzgelenk(e) verschlissen (Kapitel 10)
☐ Lenk-Zahnstange verschlissen (Kapitel 10)
☐ Spurstangenköpfe verschlissen (Kapitel 10)
☐ Lenkungs- oder Radaufhängungs-Gelenke, Buchsen und Komponenten verschlissen (Kapitel 10)

Mangelnde Servo-Unterstützung
☐ Servolenkungs-System defekt (Kapitel 10)
☐ Lenk-Zahnstange verschlissen (Kapitel 10)

Starker Reifenverschleiß
Reifenprofil bildet »Sägezähne«
☐ Spur nicht korrekt eingestellt (Kapitel 10)
Reifenverschleiß in der Profilmitte
☐ Luftdruck zu hoch (*Wöchentliche Kontrollen*)
Verschleiß an den Innen- und Außenrädern
☐ Luftdruck zu gering (*Wöchentliche Kontrollen*)
Verschleiß an den Innen- oder Außenrädern
☐ Luftdruck zu gering (*Wöchentliche Kontrollen*)
☐ Spur und Sturz nicht korrekt eingestellt (Verschleiß nur an einer Seite) (Kapitel 10)
☐ Lenkungs- oder Radaufhängungs-Gelenke, Buchsen und Komponenten verschlissen (Kapitel 10)
☐ Sportliche Fahrweise
☐ Unfallschaden
Ungleichmäßiger Verschleiß
☐ Reifen schlecht oder nicht gewuchtet (*Wöchentliche Kontrollen*)
☐ Reifen oder Felge stark verschlissen (*Wöchentliche Kontrollen*)
☐ Stoßdämpfer verschlissen (Kapitel 10)
☐ Reifen defekt (*Wöchentliche Kontrollen*)

Elektrik

Anmerkung: *Probleme mit dem Anlasser werden unter dem Stichpunkt »Motor« behandelt.*

Batterie entlädt nach wenigen Tagen
☐ Batterie stark verschmutzt, sodass Kriechströme entstehen (*Wöchentliche Kontrollen*)
☐ Batterie hat internen Defekt (Kapitel 5A)
☐ Batterieanschlüsse locker oder korrodiert (*Wöchentliche Kontrollen*)
☐ Keilrippenriemen locker oder verschlissen (Kapitel 1A oder 1B)
☐ Lichtmaschine lädt nicht mit korrekter Leistung (Kapitel 5A)
☐ Lichtmaschine oder Spannungsregler defekt (Kapitel 5A)
☐ Kurzschluss verursacht dauerhafte Entladung (Kapitel 5A und 12)

Ladekontrollleuchte leuchtet nach dem Starten des Motors weiter
☐ Keilrippenriemen locker oder verschlissen (Kapitel 1A oder 1B)
☐ Lichtmaschine oder Spannungsregler defekt (Kapitel 5A)
☐ Kabel des Ladestromkreises getrennt, locker oder gebrochen (Kapitel 5A oder 12)

Ladekontrollleuchte leuchtet beim Einschalten der Zündung nicht
☐ Kontrollleuchte defekt (Kapitel 12)
☐ Kabel des Kontrollleuchten-Stromkreises getrennt, locker oder gebrochen (Kapitel 5A oder 12)
☐ Lichtmaschine defekt (Kapitel 5A)

Licht funktioniert nicht
☐ Lampe durchgebrannt (Kapitel 12)
☐ Lampen- oder Sockel-Kontakt korrodiert (Kapitel 12)
☐ Sicherung durchgebrannt (Kapitel 12)
☐ Relais defekt (Kapitel 12)
☐ Kabel getrennt, locker oder gebrochen (Kapitel 12)
☐ Schalter defekt (Kapitel 12)

Instrumente zeigen falsch oder ungleichmäßig an
Tankuhr oder Temperaturanzeige zeigt nichts an
☐ Geber defekt (Kapitel 3 oder 4A)
☐ Stromkreis unterbrochen (Kapitel 12)
☐ Anzeige defekt (Kapitel 12)
Tankuhr oder Temperaturanzeige zeigen ständig Maximalwerte an
☐ Geber defekt (Kapitel 3, 4A oder 4B)
☐ Kurzschluss im Stromkreis (Kapitel 12)
☐ Anzeige defekt (Kapitel 12)

Hupe funktioniert nicht oder nur unzuverlässig
Hupe arbeitet ständig
☐ Hupenknopf klemmt oder hat Dauer-Massekontakt (Kapitel 12)
☐ Lenkrad-Kabelstecker hat Massekontakt (Kapitel 12)
Hupe funktioniert nicht
☐ Sicherung durchgebrannt (Kapitel 12)
☐ Lenkrad-Kabelstecker getrennt, locker oder gebrochen (Kapitel 12)
☐ Hupe defekt (Kapitel 12)
Hupe arbeitet unzuverlässig oder erzeugt krächzende Töne
☐ Kabelstecker locker (Kapitel 12)
☐ Hupen-Befestigung locker (Kapitel 12)
☐ Hupe defekt (Kapitel 12)

Scheibenwischer funktionieren nicht oder nur unzuverlässig
Scheibenwischer funktioniert gar nicht oder nur sehr langsam
☐ Wischerblätter kleben auf Scheibe (Pollen, Baumharz, Blattläuse)
☐ Wischergestänge klemmt, Gelenke stark verrostet (Kapitel 12)
☐ Sicherung durchgebrannt (Kapitel 12)
☐ Batterie entladen (Kapitel 5A)
☐ Kabel getrennt, locker oder gebrochen (Kapitel 12)
☐ Relais defekt (Kapitel 12)
☐ Scheibenwischermotor defekt (Kapitel 12)
Wischerblätter wischen über zu großen oder zu kleinen Bereich der Glasscheibe
☐ Wischerblätter falsch montiert oder falsche Größe (*Wöchentliche Kontrollen*)
☐ Wischerarm falsch auf Welle positioniert (Kapitel 12)
☐ Wischergestänge stark verschlissen (Kapitel 12)
☐ Scheibenwischermotor- oder Wischerarm-Befestigungen locker (Kapitel 12)
Wischerblätter können Glasscheibe nicht wirkungsvoll reinigen
☐ Wischerblätter stark verschmutzt, verschlissen oder eingerissen (*Wöchentliche Kontrollen*)

- ☐ Wischerblätter falsch montiert oder falsche Größe (*Wöchentliche Kontrollen*)
- ☐ Wischerarm-Feder gebrochen oder Scharniere verrostet (Kapitel 12)
- ☐ Waschwasser-Zusatz zu gering, fehlt oder falsch (*Wöchentliche Kontrollen*)

Scheibenwaschanlage funktioniert nicht oder nur unzuverlässig

Eine oder mehrere Düsen funktionieren nicht

- ☐ Düse verstopft – mit Nadel reinigen
- ☐ Schlauch abgezogen, abgeknickt oder verstopft
- ☐ Wischwasserbehälter leer (*Wöchentliche Kontrollen*)

Wischsystem-Pumpe arbeitet nicht

- ☐ Kabel getrennt, locker oder gebrochen (Kapitel 12)
- ☐ Sicherung durchgebrannt (Kapitel 12)
- ☐ Schalter defekt (Kapitel 12)
- ☐ Pumpe defekt (Kapitel 12)

Wischsystem-Pumpe läuft lange, bis Wasser aus Düsen austritt

- ☐ Einwegventil in Schlauch defekt (Kapitel 12)

Elektrische Fensterheber funktionieren nicht oder nur unzuverlässig

Fensterheber arbeitet nur in eine Richtung

- ☐ Schalter defekt (Kapitel 12)

Fensterheber arbeitet sehr langsam

- ☐ Batterie entladen (Kapitel 5A)
- ☐ Fensterheber-Mechanismus festgegangen, Schmiermangel (Kapitel 11)
- ☐ Türverkleidung oder andere Komponenten behindern Fensterheber-Mechanismus (Kapitel 11)
- ☐ Motor defekt (Kapitel 11)

Fensterheber arbeitet nicht

- ☐ Sicherung durchgebrannt (Kapitel 12)
- ☐ Kabel getrennt, locker oder gebrochen (Kapitel 12)
- ☐ Motor defekt (Kapitel 11)
- ☐ Relais defekt (Kapitel 12)

Zentralverriegelung funktioniert nicht oder nur unzuverlässig

Zentralverriegelung komplett ausgefallen

- ☐ Fernbedienungs-Batterie entladen (falls vorhanden) (Kapitel 1A oder 1B)
- ☐ Sicherung durchgebrannt (Kapitel 12)
- ☐ Relais defekt (Kapitel 12)
- ☐ Kabel getrennt, locker oder gebrochen (Kapitel 12)
- ☐ Aktuator defekt (Kapitel 11)

Türverriegelung schließt, aber öffnet nicht oder umgekehrt

- ☐ Fernbedienungs-Batterie entladen (falls vorhanden) (Kapitel 1)
- ☐ Hauptschalter defekt (Kapitel 12)
- ☐ Gestänge oder Hebel ausgehängt oder gebrochen (Kapitel 11)
- ☐ Relais defekt (Kapitel 12)
- ☐ Aktuator defekt (Kapitel 11)

Einzelnes Türschloss funktioniert nicht

- ☐ Kabel getrennt, locker oder gebrochen (Kapitel 12)
- ☐ Betätigung defekt (Kapitel 11)
- ☐ Gestänge oder Hebel ausgehängt oder gebrochen (Kapitel 11)
- ☐ Türverriegelung defekt (Kapitel 11)